U0857494

bahá'í

中国社会科学院世界宗教研究所巴哈伊研究中心
北京大学巴哈伊原典文献翻译与研究项目
山东大学巴哈伊研究所
广州大学巴哈伊研究中心

联 袂 推 出

巴哈伊文献集成

蔡德贵
卓新平
宗树人
于维雅
雷雨田

主编

Chinese Studies on the Bahá'í Faith: A Comprehensive Collection

第

4

卷

山东大学出版社

目录

巴哈伊信仰与现代性*

李维建

现代性的问题是上个世纪后几十年汉语学术界的热门话题，宗教研究领域也不例外。从现代新儒家到人间佛教，可以说在某种意义上都是在现代化的大背景下，围绕宗教的现代性问题而展开的，其目的是为了使古老宗教在新的社会环境下焕发青春。巴哈伊信仰作为一种新兴宗教，只有 150 年的历史，它产生于现代社会，成长于现代社会。也许正是由于这个原因人们忽略了它的现代性问题，认为它不存在历史包袱，讨论它的现代性似乎没有意义；或者纯粹就是因为它是新兴宗教，至今还没有引起学界的足够重视。然而，巴哈伊信仰脱胎于伊斯兰教、产生于初次接触现代化西方的伊朗社会，它既有传统宗教的历史渊源，又有如何在现代社会中生存的问题。只不过它的历史包袱比其他古老的宗教少一些而现代性色彩浓一些而已。因此它也同样面临着传统与现代的矛盾。尤其是作为一种新兴的宗教，在当代新兴宗教蜂起的世界，讨论它的现代性更有现实意义。同时，它的现代化对传统宗教的现代化，对思考宗教在 21 世纪的发展趋势也有一定的借鉴作用。①

巴哈伊信仰是现代性的宗教

初次接触巴哈伊信仰的人，会感觉它许多地方与传统的宗教迥然不同。扑面而来的现代气息不免使人疑惑：这是一个宗教团体还是一个普通的民间组织？通过对其历史、教义的考察与审视之后，发现它仍符合宗教的定义。作为一种完全意义上的宗教，巴哈伊信仰具有宗教所有的构成要件：对神灵的崇拜（上帝）、特定的宗教礼仪（礼拜、祈祷等）、固定的宗教活动场所（灵曦堂或其他宗教的活动场所）、信仰这种宗教的人（巴哈伊）、宗教经典（《至圣书》等巴哈欧拉的著作）、固定的宗教组织（灵体会）等。可见巴哈伊信仰属于一种不折不扣的一神论的新兴宗教，只是它的现代性特征太过明显或过于张扬，几乎掩盖了其作为一种宗教的本质属性。

20 世纪后半叶，巴哈伊信仰迅速发展。究其原因，除了外部的因素之外，众口一词地把这种发展归因于其现代性，也就是说巴哈伊信仰是一种现代性的宗教。“巴哈伊教被教外人士评论为一个具有鲜明特征的现代型宗教……巴哈伊确实不是传统宗教的延续，而是一种新兴的、独立的现代型

* 原载《文史哲》2004 年第 1 期。

① 参见王俊荣：《从巴哈伊信仰看新世纪宗教的发展》，载吴云贵主编：《巴哈伊教研究论文集》，中国社会科学院世界宗教研究所巴哈伊研究中心，第 164 页。

宗教……”①

现代性是现代社会所具有的共同的、普遍的特征，现代性社会是知识，科学和真理一统天下的社会。判断一种宗教是否具有现代性，就是要看这种宗教在多大程度上尊重知识、科学和真理。以此为标准，巴哈伊信仰在许多方面都表现出了现代性的特点。在巴哈欧拉所强调的十项原则中，除了“全球通用辅助语言”和“世界各国共同体”二项外，其余的每一项都是自启蒙时代以来人们所孜孜以求的理想目标。巴哈欧拉去世之后，巴哈伊信仰的发展愈趋向于现代性，世界正义院的成立、选举制的行政管理体系的确立等使其现代性色彩更加浓郁。现代性特征几乎浸透到巴哈伊信仰的各个方面。

巴哈伊信仰现代性的表现

我们常说伊斯兰教是两世兼重的宗教，如果仔细审视巴哈伊信仰的话，会发现它的两世兼重倾向比伊斯兰教更明显。巴哈伊信仰的理想具有明显的二重性，即灵性世界的理想和世俗理想兼具。但是与伊斯兰教不同的是，在巴哈伊信仰的理论中，尤其是在巴哈伊的宗教实践中，存在一种灵性世界理想的弱化或曰边缘化、世俗世界理想强化或曰中心化的倾向。巴哈欧拉所强调的十项原则没有一项直接触及灵性世界的问题，全是围绕世俗世界的理想展开，规范巴哈伊的行为或表达出对巴哈伊信仰中未来世俗世界的模式。巴哈伊信仰在保持宗教些微神性的同时，最大限度地删除了宗教神秘主义。由此观之，这个宗教似乎更强调人而不是神，是一种处于神本论向人本论过渡状态的宗教。欧洲自启蒙运动以来，用人文主义对抗宗教的目的之一就是打击宗教的神性，弘扬人类的理性，开启了宗教现代化的大门。而作为新兴宗教的巴哈伊信仰一开始就站在人文主义的立场上(当然不是彻底的人文主义，因为它毕竟是宗教)，与当代众多的新兴宗教相比，它的现代性特征更为凸显。

巴哈伊信仰现代性的另一特征是宗教仪式的弱化。各种宗教历来十分重视宗教仪式，把严格履行宗教仪式看作宗教虔诚的标志和宗教救赎的必要手段。巴哈伊信仰所源出的伊斯兰教就是如此，它严格要求穆斯林履行规定的各种宗教义务。伊斯兰教的苏菲神秘主义走得更远，必须在导师的指导下通过苦修才能达到与真主的合一或见证真主的存在。巴哈伊信仰则不然，在宗教仪式方面它显然存在着对像伊斯兰教这样的传统宗教的反叛，不但它的强制性减弱，或者某些方面根本不存在强制性，而且其宗教仪式的复杂性也消失殆尽。这一现象与当代宗教为了适应快节奏的现实生活，简化繁琐的宗教仪式的发展趋向是一致的。在弱化传统宗教仪式的同时，为了寻求理论根据，巴哈伊信仰提出了“工作即崇拜”的理论。该理论主张，工作也是履行宗教义务的一种方式，如果每个人都兢兢业业地完成自己的工作，就是对社会的贡献，同时这也是上帝的意愿。这样就把日常工作与宗教崇拜直接联系起来，使每位教徒在工作时就能感觉到是在为上帝服务，从而满足了履行宗教义务的心理需求。“工作即崇拜”的理论试图表明弱化宗教仪式并未导致履行宗教义务程度的减弱，这实际上是为巴哈伊信仰现代化的一种巧妙辩护。

以现代的眼光观之，巴哈伊具有积极健康的宗教伦理道德与开放性的宗教团体，体现出了巴哈

① 蔡德贵:《当代新兴巴哈伊教研究》，人民出版社 2001 年版，第 63 页。

伊信仰的现代性。它着力倡导的许多原则与我们所坚持的世俗道德原则几乎完全一致，不论是在个人、家庭方面，还是在国家、世界的方面，都具有鲜明的时代感，也就是说它把自己的家庭伦理、政治伦理、经济伦理、科技伦理与当代社会联系在一起，力求站在时代的前沿，倡导切实可行、积极向上的道德原则。

巴哈伊信仰的世界主义包含两层意义指向：宗教的世界主义即所有宗教同源，只有一个上帝；政治的世界主义即建立一个世界的共和政体，全世界听命于一个超级政府。这种大同理想与当前全球化、地球村的提法不谋而合，在某种程度上二者的目标是一致的。“我们可以把世界历史从宏观上分为三个大的阶段：前文明、诸文明和多元一体的世界文明或全球文明阶段。”①可以说巴哈伊信仰已经看到了多元一体的世界文明大趋势。以此衡量，巴哈伊信仰具有一种现代性世界眼光，历史上的其他宗教从未达到如此的高度。但是，巴哈伊的现代性与 20 世纪初德国以舍勒和西美尔为代表的保守主义的现代性有某种相似之处，保守主义的现代性主要表现在对多元文化主义以及宗教观念和神学话语的认识上，既承认有限的现代性，又为宗教辩护。

关于巴哈伊信仰的现代性，中国学者已经做了比较全面的总结：开放性、超越性、世俗性、宽容性、融合性、务实性、灵活性、创造性，并且认为巴哈伊信仰传播如此之快的根本原因就在于其现代性。②

巴哈伊信仰具有鲜明现代性的原因

巴哈伊信仰发端于 19 世纪中叶的伊朗，当时的伊朗社会已经有新兴的资本主义生产关系的萌芽。巴哈伊信仰的创立者巴哈欧拉以及其所源出的伊斯兰教教派巴布派的创始人赛义德·阿里·穆罕默德都属于伊朗社会的中产阶级，前者出身于官僚贵族，后者出身于富有的布商家庭。特殊的社会背景和阶级背景使巴哈伊信仰一开始就具有与传统的伊斯兰教不同的现代性色彩。首先是国际主义的眼光。1863 年，巴哈欧拉向土耳其、俄国、普鲁士、奥地利和英国君主及罗马教皇写信，公开宣布自己的使命，希望得到他们的承认和支持，这一行为在以前的宗教创始人那里是做不到的，行为本身就充分表明了巴哈伊放眼世界的现代主义气魄。其次是前所未有的宗教容忍。巴哈欧拉主张的是一种普世的宗教，认为上帝可以有不同的名称，诸如神、安拉、天主等，只是名称不同而实质一样，所以巴哈伊信仰承认现存的世界各大宗教。这种宽容的精神与现代性的共生与发展的思想是相一致的。因此可以说巴哈伊信仰从它刚一落地就已经具有明显的现代性成分了。与此相比，基督教、佛教、伊斯兰教创立时的社会环境及其创始人的思想基础却没有那么幸运，要么是奴隶社会，要么是部落社会，创始人所受到的思想局限性是显而易见的。所以从现代性的眼光看，巴哈伊信仰作为一个新兴宗教，的确是占尽了时代潮流这种“天时”的优势，使之能充分地吸取此前诸种宗教文化的思想成果，再加上鲜明的时代特色，一开始就能站在非常有利的制高点上。

巴哈伊信仰作为一种年轻的宗教，从发展的眼光来看天生就有一种后发的优势。像基督教、佛

① 王思睿：《现代化与人类文明主流》，载李世涛《自由主义之争与中国思想界的分化》，时代文艺出版社 2002 年版，第 289 页。

② 蔡德贵：《当代新兴巴哈伊教研究》，人民出版社 2001 年版，第 63～84 页。

教、伊斯兰教这样的古老宗教经过长时期的发展，已经形成了系统的教义，后人对它任何的改变都会受到来自教内保守力量的阻挠甚至打击，有时还高举宗教法律强制性的鞭子让改革者望而却步。可以说传统宗教向现代宗教的转变步履维艰。基督教和伊斯兰教历史上都曾有充满血腥味的宗教裁判所，布鲁诺、哈拉季就是它们的牺牲品。而巴哈伊信仰作为一种新兴的宗教没有这些沉重的历史包袱，没有“本色化”、“原教旨主义运动”等的困扰，可以自由地采纳现代社会先进思想为本宗教的发展服务。“后来可以居上”的道理也许就在于此。

巴哈伊信仰现代性的矛盾

考察巴哈伊信仰的早期历史，不能说其现代性思想与其所出的伊斯兰教没有渊源关系。但限于手头缺少资料，进一步厘清其早期现代性思想的历史渊源还有一定困难，尤其令人费解的是怎么会从一个典型的中世纪的传统宗教突然产生出现代化的巴哈伊信仰来，并不是前文简单的论述所能说清楚的。[①] 但有一点可以肯定，巴哈伊信仰中的现代性内容，在巴哈欧拉时代还只是一个初步的概念，是比较模糊的。以后经阿布杜巴哈和绍基·阿芬蒂丰富发展，才填充了具体的实际内容。阿布杜巴哈和绍基·阿芬蒂周游了西方世界，看到了欧美现代社会的繁荣，这种繁荣启发他们思考宗教发展的动力来源，把欧美现代性的运作机制借用到宗教中来，也是当然之举。其自身形成的过程决定了巴哈伊信仰现代性有许多不完善的地方，里面多有矛盾之处。还有一点，巴哈伊信仰毕竟是一种宗教，它接受现代性是有限度的，现代性是为基本的教义服务的，这是其现代性思想矛盾重重的根本原因。

巴哈伊信仰高举科学与宗教和谐的大旗，而实际上二者真的能够实现和谐吗？科学与宗教之间的紧张是任何一种宗教都难以避免的。巴哈伊信仰似乎看到了科学的不可抗拒性和不可逆转性，所以它在与科学的对立中作出了最大可能的让步，力争与科学和谐共存。巴哈伊信仰强调宗教与科学的同一性，将两者比喻为鸟之双翼，缺一不可。但是在科学危及其信仰的根基时，它就一反常态了。巴哈伊信仰不承认进化论，认为人类的始祖为古猿的观点荒谬之极。在这里，巴哈伊信仰的现代性与宗教与科学和谐的原则产生了不可调和的矛盾。由此可以看出巴哈伊信仰现代性的有限性。

巴哈伊信仰奉行世界主义，主张建立世界政府，但是政治观点上它的现代性又是不彻底的。它把中庸主义贯彻到政治领域。它要求信徒不要反对当地的政府，这就为默认威权政治提供了可能，这与它所主张的民主原则相矛盾。在世界正义院的运作上，巴哈伊的现代性也摇摆不定。巴哈伊内部的选举制并非完全的民主选举，因为它不允许竞选活动。现代政治学已经公认，公共选举出来的政府效率最高。巴哈伊禁止竞选活动使其建立世界联合政府的可操作性大打折扣。从这里也可以看出其现代性的保守性，它对现代性只是有限认可、充分利用而已，二者是既合作又斗争的关系。

在经济上，巴哈伊信仰是主张相对均贫富的宗教。为此，它设计了两种基本的经济制度：合作制

① 参见金宜久：《巴哈教的世界主义》，载《世界宗教研究》1997 年第 2 期。在谈到巴哈伊信仰的世界主义的问题上，中国社会科学院世界宗教研究所的金宜久先生对其产生的根源进行了比较细致的考察，认为该教之所以强调世界主义是与它的奠基者所处的社会生活环境、阶级出身、个人经历密不可分的。其思想渊源是波斯伊斯兰教什叶派内的异端思想的引申和发展。

和调节制。实行这两种经济制度需要制定一部完美的法律来保证它们被广泛遵守。这些都很现代，与当前社会经济中的互利合作和收入调节的思想相类同。问题是，这些设计有太多的空想色彩，使人不由地想起早期空想社会主义的乌托邦来。经济制度是非常复杂的，现在为止还未见巴哈伊信仰经济制度具体而有效的实践。目前来说，巴哈伊信仰的资金来源还全部是靠教徒的捐献。

巴哈伊信仰是一种现代性的宗教，这一结论乃是与其他宗教相比之下得出的。它的现代性是不彻底的，许多地方只能说仅具有现代性的标签，它也无法解决现代性的知识理性与宗教的非理性之间的尖锐对立，尽管它也强调宗教理性的提法。这也难怪，因为它毕竟是宗教而不是现代性的社会思想运动，只不过它在现代性的道路上比其他宗教走得更远而已。我在这里对巴哈伊信仰现代性矛盾的分析并不是基于对它的批评，而是着眼于它现代化的程度进而探讨宗教现代化的规律而言的。从巴哈伊信仰现代性的矛盾来看我们是否可以这样说：恰恰是它与现代性的矛盾从另一个角度证明它是一种宗教而不是其他。

巴哈伊信仰现代性的未来走向

对巴哈伊信仰的现代性问题，有人评价它是一种俗人的宗教，除了具有上帝的名称之外，不知道它到底还有多少宗教的因素。[①] 无可否认，这是巴哈伊信仰的特点，但也恰恰是它的致命弱点。现代性有可能是巴哈伊信仰为自己积累的一个陷阱。巴哈伊信仰是宗教，宗教上的特点才是其本质属性，现代性是其为了宗教的发展、为了使教徒实现宗教救赎而拿来作为工具使用的。如果说为了片面地追求所谓的现代性而不惜失掉宗教的本质，这绝对是舍本求末、饮鸩止渴的行为，因为巴哈伊信仰的吸引力最终还是来自其宗教的属性而非现代性。把握好世俗性团体和宗教团体的界限至关重要，这样才不至于为现代性的装束而迷失于现代性之中。哈贝马斯认为，完全世俗化的现代性是十分危险的，现代性若想克服历史上所遭遇的各种困扰，有必要接受超验的支配和调节。他的这个观点是对整个社会的现代化而言的，更何况对巴哈伊信仰这样一个宗教团体呢？保持适度的神性必不可少。

巴哈伊信仰是世界性的宗教，而世界各地现代化的程度千差万别。它在欧洲的现代性与非洲的现代性不应该一样。这里存在着一个现代性与神性在量上互动的问题，如何使宗教神性的吸引力与现代性的吸引力处于最佳的组合。总之要使巴哈伊信仰在世界的每一个地方保持最大的吸引力，维持巴哈伊信仰的勃勃生机。

从前述的巴哈伊现代性的矛盾也许能窥出一点它的未来发展来。巴哈伊现代性的矛盾其实也是现代人的矛盾，尤其是巴哈伊中那部分高层次、高收入的人。一方面他们享受着现代生活的富足，享受着现代科技所带来的便利，另一方面他们总觉得内心深处缺点什么。缺什么呢？缺的是心灵的最终归宿，即宗教式的救赎感。不过，要让他们放弃现代生活去全身心地追求那宗教式的救赎，他们是做不到的。非不为也，不想为也，不能为也。因为他们是现代的人。这就产生了矛盾，宗教救赎和现代生活想两全齐美的矛盾。在此情况下，他们环顾四周，突然发现巴哈伊信仰可以使鱼和熊掌兼

① 参见蔡德贵：《当代新兴巴哈伊教研究》，人民出版社 2001 年版，第 73 页。

得。循着这一思路，可能还会有更多这样的人转向巴哈伊信仰，也就是说正是其现代性促进了巴哈伊信仰的发展。

那么，巴哈伊信仰在亚非拉欠发达地区的穷人中的迅速发展又如何解释呢？我认为这恰恰是现代性吸引了他们，而且只有现代性才能吸引他们。与富人们相比，他们更看重巴哈伊信仰的现代性而不是它的宗教性。很显然，巴哈伊的现代性可以改善他们的生活处境，提高他们的生产能力和认识水平，如巴哈伊传授现代种植技术、开办现代式的学校等。在这里，巴哈伊信仰的魅力之源是显而易见的，对这些穷人而言，它的那种类似现代社会组织的作用所带来的吸引力是无法抗拒的。

总之，巴哈伊信仰的现代性成为它迅速发展的原因，某种程度上也决定了它的未来发展方向。但是在现代化程度的选择上它还需要慎重，它必须因时因地地在宗教神性和现代性之间进行适当的调整，这样才能更加有利于它的发展。

巴哈伊信仰的现代性与宗教的现代化

巴哈伊信仰不仅是现代化的宗教，它还是目前所有宗教中最现代化的宗教，我们找不出还有哪一种宗教的现代性比它更丰富、更彻底。如前所述，佛教、基督教、伊斯兰教等传统宗教由于背负沉重的历史包袱而在现代化的过程中遭遇诸多障碍，大大迟滞了它们的现代化进程。新兴宗教是在急剧转型的现代社会背景下产生的一种新的社会现象，如天理教、摩门教、创价学会等，他们本身含有比较多的现代性成分，但是与巴哈伊信仰相比，它们的现代性特征也要逊色得多。正是由于巴哈伊更鲜明的现代性使它在最短的时间内成为传播最广泛的新兴宗教。现代性的社会需要现代性的宗教，只有现代性的宗教才能满足现代人的信仰需要。从巴哈伊信仰迅速发展的原因来分析我们不难得出结论：不管是传统宗教还是新兴宗教，适应时代发展的需要并合理吸收现代的新思想新观念，建立积极向上，具有鲜明时代特征的宗教世界观才是唯一的出路。如若不然，不但宗教本身的发展不可能，还会贻害于社会。当前层出不穷的“邪教”也许能从另一个角度说明这个问题。

迄今为止，可以说宗教的现代化已有几百年时间了。在这段时间内宗教的现代化基本上是沿着世俗化这样一条路走过来的，即宗教远离政治、教育等公共领域而逐渐成为个人的私事，宗教信仰者更关心的是天国、来世而不是像以前那样教权也控制着现实社会。在这个转变过程中，到处都是教俗斗争、宗教战争乃至血腥和杀戮。宗教力量“退居二线”，其中充满了许多被迫与无奈，这在宗教史上都是有据可查的。伊斯兰教是主张两世兼重的宗教，政教结合紧密，由于这一特点它的世俗化就更艰难，以后还有更长的路要走。在许多人眼里，世俗化已成为宗教现代化的代名词，宗教力量退出社会公共领域是必然的发展趋势。但是巴哈伊信仰似乎与这个趋势有些不同，虽然它也主张宗教不干预政治、宗教要服从所在国政府的领导，但是巴哈伊信仰却有自己鲜明的政治主张：建立一个自由、民主、平等的大同世界。它在注重灵性世界的同时，更注重现实世界。每个巴哈伊都要积极入世，参与各种社会活动。在他们看来，宗教不仅仅是个人的私事，它还有助于建设美好的现实世界。巴哈伊信仰不但没有退出教育领域，还努力参与教育活动，它出资建立自己的学校，把科技人文教育与灵性教育并重，宗教教育与世俗教育并举，形成具有自己特色的教育实践。这些反世俗化其道而行之的举动也给未来宗教的发展指出了另一个前进的方向。

无独有偶，一些传统宗教也在悄悄地“反世俗化”，最典型的莫过于“人间佛教”理论的提出。人间佛教是 20 世纪初由太虚大师的“人生佛教”发展而来，后经印顺法师总结深化而提出“人间佛教”之说。该说主张佛教不但是契合于佛法真理的，而且还是适应时代的；佛教应该根据时代发展和社会需要来调整自身，以便服务社会，促进本教发展。儒学“新儒家”的提法在某种程度上也与“人间佛教”不谋而合。这说明宗教为了谋求自身发展愿意根据时代和社会需要进行适当的调整，而且也必须进行调整，否则实现宗教的发展只能是一句空话。

这里所谓“根据时代和社会需要进行适当的调整”，主要就是摒弃宗教不合时宜的成分，增强宗教的现代性，吸收现代性的观念、组织方式等。因为只有符合现代社会的宗教才是有活力的宗教，这也许是其他宗教能够从巴哈伊现代性方面所得到的最大的启发。

巴布的理想*

马通　马海滨

巴布教派产生于伊朗,伊朗古称波斯,中国古代史书上称为安息国,是一个具有四五千年悠久历史的文明古国。16世纪伊斯兰什叶派被宣布为波斯国教。1935年波斯正式改名为伊朗。古代波斯是丝绸之路上的重要商道,与中国有着友好的关系,波斯语曾是中国穆斯林语言交流工具之一,西北历史上有不少波斯后裔。波斯在数学、医学、天文学、建筑和艺术等方面成就辉煌,为世界科学文化以及人类的文明与进步作出了重要贡献。

18世纪初,纳第尔汗领导波斯人推翻了异族统治而建立了波斯人自己统治的国家。但是伊朗封建汗之间不断地发生内乱与战争,使伊朗农田荒芜,城乡凋敝,经济仍然得不到复苏,人民生活得不到改善。到了19世纪,这个落后的封建农业国的生产关系严重阻碍着生产力的发展,致使伊朗经济停滞不前。同时,欧洲帝国主义国家正在寻找殖民地,于是借机迫使伊朗签订不平等条约。1801年英国首先迫使伊朗签订第一个不平等条约。条约使英国获得了商业特权,英国商人可以在伊朗购置土地,建立工厂,自由出入各港口贸易,其商品可以免除进口税,运销伊朗各地。继而又签订了第二个不平等条约,致使伊朗在政治、经济上完全依附于英国。1808年法国也迫使伊朗签订了法伊通商条约,这个不平等条约最大特点是法国在伊朗获得领事裁判权和其他特权。俄国也不甘落后,于1808～1828年期间先后发动两次俄伊战争。伊朗失败后,逼迫伊朗签订了古里斯坦和约,伊朗将达格斯坦、格鲁吉亚等地割让给俄国。俄国既获得领事裁判权又享有治外法权,伊朗既赔款又割地。从此这些国家的资本与商品大量涌进伊朗,不仅使伊朗国内手工业生产衰落,甚至破产,而且开始冲击整个伊朗的封建经济基础。连年的灾荒,严重的疫病,使伊朗人口大量死亡。于是农民背井离乡,大批流入城市,同城市中大批失业的手工业者结合在一起,汇成一股反抗封建统治者、反对殖民压迫的巨大洪流。

1843年伊朗什叶派的塞希特教派的领导者——散义德·卡节姆·拉斯蒂(?～1849)逝世,但未指定自己的继承人,于是名叫散义德·阿里·穆罕默德(1820～1850)的宗教改革者被卡节姆的门徒毛拉侯赛音推为该派继承人。1845年,阿里·穆罕默德公开自称"巴布",宣布伊斯兰教的时代已结束,巴布派统治的新纪元已到来。他自己说:"巴布"就是"门"的意思,"人们所渴望的马赫蒂救世主,将通过此'门'把他的旨意传达给人民,所以马赫蒂降临之前,巴布的使命就是向人们指示真理",他再次声称:先知穆罕默德已经完成了他的历史使命,将由他——巴布开始一个新时期。

1847年巴布自称是"先知的马赫蒂",他把他的理想和宗教教义编写成了一本书,名为《白彦》

* 原载《世界宗教文化》2004第1期。

(意为宣言),也有人译为《默示录》,阐述巴布教派的宗教思想和社会主张。《默示录》是仿照《古兰经》的形式写的,被巴布教徒奉为新的经典。《默示录》中主要说了两点,一是:"人类的社会是一个时代紧跟着另一个时代而发展的。一个时代总要被另一个新时代所代替。后一个时代一定要超过前一个时代并与它有所不同。每个时代都应该有它的特殊制度与法律。旧的制度与法律一定要随着旧时代的结束而被废除,代之以新的制度与法律,不是由普通人制定的,必须是'真主'通过他的使者——人类的'先知'来制定的。真主在每一个时代都派给人们一位新先知。真主通过先知向人们传达自己的指示。"二是:"要建立一个新的正义国。在这个王国里,没有压迫,人人平等,国内的居民,都要信奉新圣经《默示录》,凡拒绝信奉《默示录》的,即是外国人,也不例外地被驱逐出正义王国,并没收其财产,分给巴布教徒。"还要依据《默示录》改革旧的伊斯兰教义。"《默示录》还包括有关保障人身自由,保护私有财产以及保护商人利益的内容"(《伊朗巴布教徒起义》)等。这是巴布教派的总理想,从社会改革角度的理性思维看有一定的合理性,从宗教角度看,已出了宗教改革的范畴,走上了变教道路。

巴布教派认为 19 是表示神性和圣性统一的数字,是安拉本体的数量反映。他把一年分为 19 个月,每月定为 19 天,还把宣教团的人数也规定为 19 人。同时,简化宗教仪式,规定每年斋戒一月共 19 天。不必在规定的时间、地点进行经常的礼拜。除葬仪外,也不必举行集体仪式。还认为净礼不属正式规定,仅属嘉许行为。这样就把一日五时礼拜和七日主麻日以及净礼全抛弃了。"曼斯知之"即礼拜寺也就没有存在的价值了。同时,该派还否认伊斯兰教法和当时存在的一些世俗法。但妇女不必戴面纱,并可以同陌生人交谈,在当时,这是一大进步。巴布派对不平等的社会制度提出改革,坚决废除封建特权,实行财产公有,承认贸易和签订合同自由。允许对赊欠贷款征收利息。政府不强迫信徒缴纳赋税。只许商人和朝觐者外出旅行或航海。取消一切刑法,对犯罪者只罚款等。

巴布原想通过和平方法,说服伊朗卡扎尔王朝的封建统治者达到改革宗教的目的,但世俗和宗教封建主与国外侵略势力相勾结,反而加紧了对人民的压榨,人民的不满情绪,日甚一日。当 1847 年巴布教派领导人阿里·穆罕默德被捕后,另一领导人侯赛音改变了和平路线,而普遍采用暴力手段,于各地发动手工业者、中小商人与城市贫民起义,反对地方统治者的统治。同年伊斯法罕的城市贫民也发生了骚动。1848 年夏季毛拉·穆罕默德·阿里·巴尔福鲁什和查玲·塔什汇合一起来到沙赫鲁德市以东的别塔什特镇进行大规模宣教活动,号召巴布教徒起义迎接"正义五月"的到来。经过宗教鼓动,在大不里士、伊斯得和其他城市都发生了城市贫民与手工业者的反抗与起义,人数发展到 10 万人,特别同年 10 月在塔巴尔西陵墓的起义,引起了伊朗当局的惊恐与不安,开始对巴布教徒进行全面镇压。"塞赫·塔巴尔西陵是伊朗的一座古墓。按照伊朗的古老传统,这里是神圣不可侵犯的宗教禁地,即使里面藏有犯人,政府当局也不能进去搜捕。起义的巴布教徒决定以这里为基地,来实现正义王国的社会理想"。巴布教徒的领导人派人四处宣传,人们纷纷传颂着:"新先知已经降临人间,整个人间都将沐浴真主的甘露,自由、平等将代替奴役与镣铐;正义、纯洁、善良、幸福的生活将代替虚伪、贪婪、残暴的统治。正义将驱走邪恶,正义王国已从理想成为现实。"(《伊朗巴布教徒起义》)起义者在"建立正义王国"的鼓舞下,很快挖好壕沟,筑起了 12 座城堡,盖起了木头房子,并宣布"正义王国"建立了。国王的军队不断增援,不断围困,起义军人困粮缺,战斗力下降,遂在官方的骗局下,义军停止抵抗。当他们放下武器,走出城堡后,即遭到残酷杀害。巴布教徒纷纷逃到伊拉克等地。他们逃到伊拉克后,分为两派:一派为巴布派(即阿里派),由米尔扎·叶哈雅·怒里领导,已无回戈之力，走向衰弱；另一派为巴哈教，由米尔扎·侯赛音·阿里（又称巴哈·乌拉）领导，主张妥协，反对武装斗争，提出了一些与巴布教派不同的主张，以后发展为一种独特的宗教——巴哈伊教，在全世界各地传播。据 1992 年版《大英百科全书》统计，1991 年全球已有 540 万巴哈伊教徒，分布在 205 个国家和地区。

从《确信之书》看巴哈伊教的渊源*

吴云贵

被巴哈欧拉誉为“诸书之王”的《确信之书》，是巴哈伊教最重要的圣典之一。本文从四方面论述了《确信之书》产生的社会历史背景和这部圣典的基本内容，着重论述巴哈伊信仰关于如何获得上帝及其先知的真知以及如何理解和认识上帝天命的统一性问题。作者认为，尽管巴布的《白阳经》和巴哈欧拉的《确信之书》都与什叶派教义有关，但从它们成书之日起就已预示了一个全新的、独立的世界宗教在东方地平线上的诞生。正确理解新兴宗教与传统宗教的联系与区别，有助于人们从历史和发展的观点来认识人类错综复杂、千变万化的宗教现象。

人类宗教史表明，一种新兴宗教通常总是同某一传统宗教有某种渊源关系。就巴哈伊教而言，它是从巴布教派运动而来，而巴布运动最初则是什叶派伊斯兰教内部的一个运动。因此，巴哈伊与伊斯兰教的渊源关系是不言而喻的。如果我们仔细阅读被巴哈欧拉描述为“诸书之王”的《确信之书》，我们会得出同样的结论。

一、《确信之书》撰写的历史背景

据巴哈伊信仰的圣护守基·阿分第，《确信之书》(*Kitáb-i-Íqán*)的手稿原文是用波斯文撰写的，巴哈欧拉之所以决定要“启示”这部著作，是为了回答一位在信仰上困惑不解的什叶派穆斯林商人的提问，以使其坚定信仰、坚信自己的事业。这位提问者名字叫米尔萨·赛义德·穆罕默德，他是巴布母亲的三个弟兄之一，即巴布的舅父。米尔萨·赛义德·穆罕默德是伊朗设拉子的一位商人，当年曾与巴布一起经商。这件事情发生在 1862 年，当时米尔萨及其弟弟正在巴格达拜谒什叶派的伊斯兰教圣地。而巴布是在 1850 年被处决就义的，也就是说，《确信之说》是在巴哈伊信仰的先驱者巴布就义 12 年后完成的。书稿原名为《献给舅父的论文》，后来由巴哈欧拉易名为《确信之书》(一译《确信之道》)。

据说米尔萨在阅读此书后，坚定了自己的信仰，承认了巴布的地位及其所从事的事业的正义性。数年以后，他在一份书面遗嘱中公开宣布了自己的信仰，承认了巴布和巴哈欧拉启示的确实性，并成为坚定的巴哈伊早期信徒之一。

米尔萨当时所提出的四个问题，也是许多什叶派穆斯林共同关心和急于求得答案的精神领域的

* 原载《世界宗教研究》2004 年第 2 期。

问题。它们是：

其一，关于死后复活问题。世上真的存在着肉体复活的可能性吗？如果说真主是正义的象征，那么在末日审判时正义将如何得到张扬，不义将如何受到惩罚？

其二，关于伊玛目复临问题。长期以来，许多教义思想都明确肯定什叶派的末代伊玛目卡伊姆没有死，而只是为了安全而暂时“隐遁”起来，应当如何解释关于伊玛目复临的信仰？

其三，关于经文解释问题。如果根据字面意思来解释经文显然与这些年人们的实际信仰不相符合，但字面解释又不容忽视。应当如何解释这种现象？

其四，关于伊玛目复临的“迹象”问题。根据伊玛目传述的圣训，在伊玛目重返人间之前，一定会有一些重大的事件发生。但迄今却无一重大事件发生。对此应当作何解释？

上述四个问题表明，伊朗的部分信徒对什叶派伊斯兰教的基本信仰产生了怀疑或动摇，而这些人当时大都是谢赫学派的追随者。我们知道，早期巴布运动的追随者大部分是从谢赫学派转化过来的，因此弄清谢赫学派的基本思想观点，不仅在总体上有助于人们“了解巴哈伊信仰的思想渊源，也有助于人们具体地认识和解读巴布的《白阳经》和巴哈欧拉的《确信之书》。

19 世纪下半叶当巴布教派运动在伊朗蓬勃兴起之际，伊朗的什叶派（十二伊玛目派）内部共有三个学派。一度颇有影响的阿赫巴尔学派相当于什叶派内部的“圣训派”，因思想上偏于保守，影响渐衰。正在兴起的主流派乌苏勒学派，思想较为开放，主张以《古兰经》、逊奈、公议和理智为四大法源，通过对伊斯兰教法的解释为社区的一般信众提供指导。而谢赫学派在对教义思想的解释上则独树一帜，它是在伊斯法罕学派“神智学”运动基础上发展起来的。

谢赫学派基本教义思想可以从五方面加以概括。一是认为真主的本质是不可认识的。该派认为，欲认识某一事物，认知主体与客体之间必须有某种相似性；既然人与真主之间没有相似性，因此人不能认识真主的本质。人对真主的认识实际上只是人的一种“想象”。二是认为先知是人与真主之间的中介。但先知与真主之间以及人与先知之间没有相似性，先知不是普通的人，而是具有超凡能力和完美德性的人，这些能力和德性甚至苏非“完人”也望尘莫及。三是关于伊玛目教义。谢赫学派坚信，伊玛目作为真主的第一个造化物，产生于体现真主意志的“真光”，而伊玛目之光照射之结果也就是普通信徒。通过伊玛目之光的启迪，普通信徒可以获得某些关于真主的知识和恩惠。四是关于世界的认识。谢赫学派相信三个世界之说，认为在物质世界和精神世界之间存在着一个“妙体世界”，物质世界的一切在妙体世界都有一个对应物或原型。因此，人有两个躯体，一个存在于物质世界，另一个存在于妙体世界；“隐遁”的什叶派末代伊玛目就居住在常人无法达到的妙体世界。五是关于末世论。谢赫学派企图用“妙体世界”之说来协调宗教信仰与科学理性的冲突，故在肯定伊玛目“隐遁”之说的同时，强调伊玛目生活在远离人间的另一个世界，尽管人们不可能直接接触“隐遁”的伊玛目，但仍可以通过神秘知识获得伊玛目的精神指导。因为在伊玛日居住的“妙体世界”有个体的人的“原型”，可以在精神、心灵上与伊玛目沟通。因此，所谓死后复活实际上是指人在妙体世界的一种精神现象，而不是肉体生命的复活，不能作字面的理解。同样，天园和火狱也都是因为人的善恶行为引起的不同后果，但不论进天园还是下火狱，都是人在妙体世界的事情。

谢赫学派的“妙体世界”之说，由于对什叶派关于“隐遁”伊玛目复临的基本信仰作了完全不同的解释，因而遭到人数众多的、自视正统的乌苏勒学派的反对和压制，被谴责为“异端邪说”。谢赫学派人数很少，据说在伊朗约有 20 万信徒，它只是介于阿赫巴尔学派与乌苏勒学派之间的一个小派别。

在后来的发展演变中，谢赫学派的领导人不断修改自己的观点，态度较为平和，逐渐向正统派靠拢。

关于巴布信仰与谢赫学派之间的联系，伊朗裔英国学者穆坚·莫曼(Moojan Momen)在他的《什叶派伊斯兰教导论》中明确予以肯定。他认为巴布发展了谢赫学派关于"妙体世界"的论点，强调第十二代伊玛目的"复归"，不是伊玛目自身同一肉体的再现，而是一位新人的"光临"，此人也即伊玛目在妙体世界的"原型"。[①] 莫曼还认为，谢赫学派的学说为巴布运动铺平了道路，否则巴布不会有如此众多的追随者。至于巴哈欧拉的《确信之书》与什叶派伊斯兰教，特别是与谢赫学派之间的思想联系，只要浏览一下这本巴哈伊教的经典之作，就会获得深刻的印象。巴哈欧拉的《确信之书》是在创造性地重新解释什叶派伊斯兰教教义和基本信仰的基础上写成的，以上帝的圣使(先知)的名义希望信徒"确信"的，已不再是伊斯兰教信仰，而是一种新信仰，尽管它与伊斯兰教仍有渊源关系。这种既有联系又有明显区别的特征，尤为明显地表现在词语概念的使用和解释上。尽管书中广征博引伊斯兰教的根本经典《古兰经》和什叶派伊玛目传述的圣训，但对经、训的解释完全不同。特别是在对信仰客体的称谓上，《确信之书》的英文译本使用"God"一词，该词语也可以用来指称真主安拉，但这里译为"上帝"，以便与巴哈伊教自己的解释相一致。但值得注意的是，这里所讲的"上帝"不是犹太教、基督教信仰体系中的上帝，也不是伊斯兰教信仰体系中的安拉或真主，但与二者也不是简单的排斥关系。书中对真主启示所作的新的解释，正是巴哈伊信仰体系形成的重要基础。

二、关于如何获得有关上帝及其先知的真知

《确信之书》分为两部分，每一部分都是以引用和解释巴布《白阳经》的一节经文为导言和主题。第一部分的主题是人如何才能获得关于上帝及其诸先知的"真正理解"或真知。《白阳经》指明，获得这种神圣知识的前提是净化心灵，即求知者首先必须使自己摆脱现世物质的诱惑和来世进天堂享福乐的欲望。也就是说，只有按照上帝的方式去认知上帝，达到上帝所规定的精神境界，才能获得真知。按照巴哈欧拉的解释，关于上帝及其诸先知(圣徒)的神圣知识的获得，并不取决于个人的天资或勤奋。相反，这种真正的信仰知识的取得，取决于来自上帝的诸先知之光的照射和启迪，这种真知反映在人的心灵之中，通过对"精神实体"(即诸先知)的理解在心灵深处感悟和体认真理。也就是说，神圣知识本质上是源自上帝之光，只有净化心灵者才能获此光的照明而获取真知。但这里所讲的能给人带来光明、使之感悟真理的"上帝之光"，并不是直接照射到普通信仰者个体的，即使是伊斯兰教中的苏非"完人"也不能直接获得上帝之光，而必须经过一个中间环节，这个中介称之为"上帝的显现"(The Manifestations of God)。"上帝的显现"，在巴哈伊教术语中，也就是上帝在各个时代派往人间的使者，诸如摩西、耶稣、穆罕默德、巴布、巴哈欧拉等。

《确信之书》第一部分中心思想是重新解释长期被人们"误解"的天启的本意，以便为上帝之道，其中包括诸圣使的地位、作用和历史遭遇"正名"。为此，书中大量引用《古兰经》的经文启示，以期证明上帝(真主)为了使世人获得真知，在各个时代不断向人间派遣先知和使者。这些经文中提及的先知和使者包括诺亚、呼德、撒立哈、亚伯拉罕、摩西、耶稣、穆罕默德等，他们各领风骚一个时代，就被

① Moojan Momen, *An Introduction to Shi'i Islam*, Yale University Press, 1985, p. 231.

新的先知和使者代替了。历史上各个时代的先知和使者们都有过被人误解、受人歧视和迫害的不幸遭遇，他们所启示的真理之所以难以被人们接受，一个重要原因是各个时代的宗教领袖们手中握有权力，他们或者因为“权力欲望”，或者因为“缺乏知识”，阻碍人们获取真正的信仰知识。因此，人们对上帝之道的本意存在许多误解，因而历史上“上帝的真正显现”（上帝的诸先知和使者）的每一次光临也都伴之以动乱、纷争和迫害。

巴哈欧拉在著作中所提到的希伯莱先知和阿拉伯先知，确实都曾得到伊斯兰教的承认，因为《古兰经》宣布，这部包含真理的经典，“证实”了以前的一切天经。经典中提到过28位先知和使者。由此不难看到《确信之书》与伊斯兰教的思想联系，其中包括某些共同性的因素，也包括许多经过重新解释而获得新意的内容；这后一部分内容，正是我们特别关注的。这里不妨提出几点加以讨论。

首先，关于获取“真知问题”。巴哈欧拉所讲的获取真知，是指通过“上帝的显现”即上帝的使者作为中介来取得关于信仰的神秘知识。这种间接的认主方式与什叶派伊斯兰教的认主学关系密切。但什叶派通过伊玛目来获取关于真主的神秘知识（真主的旨意）在历史进程中出现了危机，因为末代伊玛目下落不明，一般信徒无法通过这一中介了解主命，从而获得精神指导。后来虽有“隐遁”伊玛目的代理人之说，但人们仍然期待伊玛目复临，而巴布宣称他就是“隐遁”的伊玛目的再现（卡伊德），但此说遭到主流派的十二伊玛目派的否认和谴责。因此，巴哈伊信仰关于获取真知的说法，只能理解为对什叶派信仰的一种全新的解释。此外，《古兰经》中所讲的真主启示“证实”了以前的一切天经，指的是伊斯兰宗教信仰的继承性、连续性，但各教都有自己信仰和崇拜的神明，并没有用统一的上帝取代各个具体的神明的意思，也没有把各教的先知和使者视为同一个上帝神明的圣使系列。这一区别从一个层面认定了巴哈伊是一个独立的宗教信仰体系。

其次，关于如何理解历史上诸先知的预言问题。《确信之书》指出，每一个有辨别力的观察者都会承认，在《古兰经》的天命中，天经和耶稣的事业二者都得到了肯定和证实。至于先知们的名字，穆罕默德曾公开宣布：“我就是耶稣。”[①]作者认为，穆罕默德承认耶稣的神迹预言和言论，证明它们都是上帝的。因此，不论耶稣的人格还是著作，都与穆罕默德的人格和他的圣书没有什么区别，因为两位先知都是为了上帝的事业而奋斗，他们赞美的是上帝的赞词，启示的是上帝的诫命。应当承认，《古兰经》对以前的经典确实采取肯定和证实的态度，也不反对人们从犹太教、基督教的角度解读《古兰经》，但它强调这部包含智慧的经典只是“证实”了以前的经典，并没有说“等同”于以前的经典，此外，伊斯兰教强调先知穆罕默德是“众先知的封印”[②]，即最后一位先知，他与以前的所有先知还是有明确区别的。巴哈欧拉认同伊斯兰教与基督教的善良愿望是可以理解的，因为二者本来就同出一源，都是信奉天经的启示宗教。但它们还是互有区别的，各有自己的经典和使者，各有自己的信仰体系和历史文化传统。

最后，关于如何解释经文问题。《确信之书》立论的基本依据是经文启示，但对《古兰经》有一个如何解读的问题。书中共引用了139节经文，可见对引经据典之重视。巴哈欧拉尤为重视对经文隐义的解释，这也是伊斯兰教经注学的基本要求之一。但隐义的解释极容易引起争议，因为文化背景、价值取向不同，对经文的解释也会相去甚远。最典型的例子是对经文中谈到的日、月、星辰的解释，

---

① *The Book of Certitude by Bahá'u'lláh*, translated by Shoghi Effendi, Bahá'í Publishing Trust, Wilmette Illinois 60091, p. 21.

② 《古兰经》33:40。

巴哈欧拉往往倾向于作喻意式的解释，引申出许多新意。例如，《古兰经》在论述真主创世以及宇宙万物皆取决于主命时说："日月是依定数而运行的"①，"草木也顺从真主的意志"②。巴哈欧拉对这两节经文作了寓意式的解释，这同他把神秘的信仰知识解释为"光"的原则是一致的。《确信之书》据此解释原则把日月星辰解释为"法则"和"学说"，认为法则和学说是由每一个天命所确定的，它们都有自己的"定数"，即运行一段时间之后就会被新的法则和学说所代替。因此，《确信之书》宣布，历史传统表明，在所有的天命中，礼拜的法则都构成了上帝所有的先知启示的基本因素，也就是说，礼拜的形式和式样已经适应了各个时代的各种不同的要求。同样，每一个后来的启示也都废除了前一个启示所专门明确规定的礼拜的形式、习惯和学说。③ 巴哈欧拉认为，这种后来的天启代替先前的天启的法则，在《古兰经》中象征性地表达为"日月"。可见，用喻意的方式解释经文是巴哈伊信仰立论和创新经常诉诸的手段，许多新意是解读出来的。这种神秘主义的解释为理解《确信之书》增加了很大的难度，一般信徒未必能读懂。例如，仅称谓一项就很费解。巴哈伊词语概念中用"上帝的显现"来指称上帝的所有先知，用"真理的太阳"来指称诸先知的崇高地位和诸种德性，用"信奉白阳经的人"来指称巴布信徒等等，这些称谓都需要经过注释，才能为人们所理解。

三、关于如何理解上帝的统一性问题

统一的上帝观念是巴哈伊信仰体系的核心。《确信之书》的第二部分一开始便引用了巴布《白阳经》的一节经文，强调"真理的太阳"、"至上存在的启示者"（即巴布）对天地万物永远拥有不容争议的"主权"，尽管世上无人服从他；他可能一无所有，但他不受人世间的一切控制。他受上帝的天赐而具有神圣智慧，上帝向他启示关于"上帝的事业"的神秘知识。《确信之书》在解释这节经文的意义和目的时指出，经文向人们启示和证明了这一真理：不论在什么时代和周期，都有"真理的发光体"从古老的、不可见的、光辉的寓所被派往人世间，他们像镜子一样反射统一的上帝之光，并以此教育人们的灵魂。他们被赋予一切造物的恩惠，永远被赋予一切不容争议的力量和不可征服的主权。④ 这里所说的揭示真理的"发光体"，也就是当年谢赫学派所说的居住在"妙体世界"的诸先知。所不同的是，这些"发光体"作为圣使，如今接受统一的上帝而不是伊斯兰教的真主的差遣，肩负着向各个时代的人们进行教育的使命。从这一区别和联系，人们不难看到巴哈伊信仰与谢赫学派之间的渊源关系。

上帝何以必须向各个时代差遣自己的使者？《确信之书》对此的回答是：上帝因其不可认知的本质，实际上等于向一切造物关闭了知识的大门。为了证明这一论点，巴哈欧拉引用了《古兰经》的一节经文："真主使你们防备他自己"⑤，意思是说上帝是"孤独"的，无人在他的身边，当然也无从认知上帝。但这里所说的"无从认知"，是指凡夫俗子不能直接认知上帝作为万物之本原的本质，故此《确信之书》宣布，各个时代的上帝的所有的先知和使者，所有的神学家、贤哲和聪明人士都承认他们没

① 《古兰经》55：5。
② 《古兰经》55：6。
③ *Kitáb-i-Íqán*, p. 39.
④ *Kitáb-i-Íqán*, p. 97.
⑤ 《古兰经》3：28。

有能力理解上帝的全部知识。[1] 然而，正因为上帝本质的超越性和包容性，导致了“神圣发光体”（上帝的诸先知）从精神领域向世人的“显现”，人们通过这些“显现”得以了解那个不变的存在（上帝）的秘密，间接获得关于不灭的上帝本质的某些知识。所以，通过诸先知作为中介，像照镜子一样通过他们的形象来认识上帝，是获取神秘的宗教信仰知识唯一可靠的途径。

在巴哈伊文献中，上帝的圣使称为“上帝的显现”或“圣显”，指他们因发布上帝的启示而处于特殊的地位，具有非凡的能力，肩负神圣的使命。《确信之书》谈到的圣使诸如摩西、耶稣、穆罕默德、巴布等，尽管处于不同的时代，使用不同语言，传达不同的天启，但他们都是统一的上帝在各个不同时期的“显现”，都代表一个时代的天命，因此也都是上帝统一性的具体表现。因此，《确信之书》特别强调上帝诸圣使的特殊地位，宣称这些“真理的太阳的显现者”是“最有成就者、最与众不同者和最优秀卓绝者”[2]，号召人们确信他们宣布的天启，遵循他们的教诲，维护他们的权威和尊严。因为圣使这些“原始的镜子”反映的是“不可视见者中的不可视见者”，即永恒的上帝的光辉。通过圣使这一中介，上帝的所有美名和德性，诸如知识、力量、主权、统治、仁慈、智慧、荣耀、恩惠等全部得到显现。[3] 巴哈欧拉在强调上帝的统一性的同时，并不否认每一个“上帝的显现”的独特性或个性。他认为每一个“显现”都有明确规定的使命，一部由上帝前定的天启，以及特别指定的某些限制；每一个“显现”都有一个不同的名称，一种特别的属性，并完成特定的使命，同时也被委托予某一具体的天启。[4] 但这些“显现”像行程中的一个个车站、路段一样，所代表的都是同一个真理，源自同一个上帝的意志。

巴哈欧拉关于上帝统一性的论断是与他的天启进化论的思想观点密不可分的。《确信之书》第一部分中已经谈到天启进化论思想，认为上帝的众先知和使者在各个时代都曾代表上帝发布天启，但每一部天启所体现的天命都不是永恒适用的，随着时间的推移，不断为新圣使传达的新天启、新天命所取代。但第一部分的侧重点在于告诉人们如何获取真正的信仰知识，因此在第二部分中又进一步讨论这一主题。但强调上帝的统一性，如同强调圣使的连续性、天启的进化论一样，都是为了一个共同目的：呼吁人们接受已被伊朗统治当局处决的新圣使巴布。统一的上帝观显然不同于伊斯兰教的真主观。尽管伊斯兰教也讲真主的统一性，但那是在认主独一信仰的基础上论述真主的不可分割性，而统一的上帝观则是指各传统宗教，至少是启示宗教所信仰的神明实为同一个上帝，因此超越了伊斯兰教信仰体系的范围。天启进化论把不同时代的宗教的天启看作不断发展进化的过程，在认识上是超前的。同样，圣使连续性的思想观点，在认识上也是超前的，因为它把不同宗教传统中的先知、使者视为同出一源，甚至认为耶稣的人格与穆罕默德的人格没有区别，实为一人。[5] 由此可见，巴哈伊信仰体系的思想渊源是多元的，它综合了不同宗教的内容。尽管统一的上帝观表达了人类一体、万教同源、世界大同的开放意识和宗教宽容精神，但它在当时的历史条件下难以得到广泛的认同，甚至也没有得到伊朗伊斯兰宗教界和大多数什叶派穆斯林的同情、理解和认同。这是巴哈伊教信徒遭到迫害的主要原因之一。引起教派纷争的原因以两条更为重要。一是信真主、信使者是伊斯兰教的基本信条，许多穆斯林很难接受在“封印先知”之后还有新先知的说法。因此，历史上的新先

① *Kitáb-i-Íqán*, p. 99.
② *Kitáb-i-Íqán*, p. 103.
③ *Kitáb-i-Íqán*, p. 103.
④ *Kitáb-i-Íqán*, p. 176.
⑤ *Kitáb-i-Íqán*, p. 21.

知运动。包括声势浩大的苏丹的马赫迪运动，几乎无不被正统派穆斯林视为“异端邪说”而遭到反对。巴布运动的命运也是如此。二是巴哈欧拉在阐述巴布《白阳经》的同时，对传统宗教思想予以批判，认为以前所有的宗教领袖、智者贤哲都脱离了上帝之道，都没有真正理解信仰的本质，从而阻碍人们正确地理解信仰。这种观点之所以遭到主流的乌苏勒学派的反对，不仅是因为与他们的传统宗教思想相悖，更重要的原因还在于，对传统宗教思想的批判实际上也是对宗教权力机构权威的否定，对他们的既得利益的侵害，因而必然要遭到强烈反对和压制。

四、关于对四个问题的回答

《确信之书》中所提出的四个问题实际上也是什叶派伊斯兰教当时所面临的根本问题。这些问题可以归纳为两大问题：一是经文解释问题，即按照经文的表义还是里义解释《古兰经》启示的问题；二是如何解释什叶派末代伊玛目“隐遁”和“复临”的问题以及与此相关的死后复活、末日审判等问题。巴哈欧拉正是通过讨论这些问题来阐述、构建巴哈伊信仰体系的。讨论的一个显著特点是“借题发挥”，避免“就事论事”，这使《确信之书》在内容上远远超过了解答问题的范围，而成为一部系统地阐述巴哈伊基本信仰的著作。

首先，巴哈伊教的早期信徒都是谢赫学派追随者，而谢赫学派的创始人谢赫·阿赫默德（1753～1826）是巴布运动的先驱者，他主张用神秘主义的观点来解释真主启示，因而巴哈欧拉也继承和沿用了这种重视经文里义解释原则，其中也包括对什叶派（十二伊玛目派）宗教传统的解释。这一解释倾向尤为明显地表现在对真主（上帝）的诸先知的解释上，称他们为“发光体”，像《古兰经》中提到的“日月星辰”一样。按照《确信之书》的说法，最早把诸先知比喻为日月星辰的文字记录见之于什叶派的“哭祷文”（the Prayer of Nudbih）：“光辉的太阳转到了哪里？闪烁的月亮和星星现在何处？”[①]这里所说的“日月星辰”原来都是指什叶派信徒期盼的第十二代伊玛目。而在《确信之书》中则作了更为宽泛的解释。一是用来赞誉上帝的众先知和圣徒，认为这些发光体（妙体）以其知识的光芒普照大地，为人类带来光明。二是用来指称前一个天命中的神学家、认主学家，认为他们如能在后一个天命的启迪下掌握真理，也可以为上帝所悦纳。反之，就只能被宣布为抗绝天命而喜爱黑暗之人。三是用来指称各个时代的宗教领袖，他们也都是“太阳”，因为他们一旦喜爱“真理的阳光”，就会被看作是透明的发光体。反之，便只能成为火狱的居民。此外，重视经文里义的喻意式的解释原则，也是为了用生动感人的语言来揭示宗教哲理。如《确信之书》就宣布：伊斯兰是天堂，把斋是天堂的太阳，而祈祷则是天堂的月亮。[②] 在这里“日月”指的都是真理的象征意义。

下面我们来讨论巴哈欧拉对于其他三个问题的解答。

第一，关于死后复活问题。巴哈欧拉不赞成从字面来解释末日审判、死而复生等问题。《确信之书》指出，在各种经典中，所谓生命是指信仰的生命力，所谓死亡是指非信仰的死亡。[③] 由于人们不能正确了解生与死的真正含义，所以总是藐视和拒绝“上帝的显现”的人格，从而也剥夺了自己接受

① *Kitáb-i-Íqán*, p. 35.
② *Kitáb-i-Íqán*, p. 40.
③ *Kitáb-i-Íqán*, p. 114.

其神圣指导的机会。而所谓末日审判，上帝也只根据一个人的神秘信仰知识来作出裁决，也就是说，复活是指信仰的提升。

第二，关于伊玛目复临的“迹象”问题，巴哈欧拉根据什叶派的一条圣训指明，“复临”的迹象只能在末日审判到来之时才能看到，而审判之日也就是什叶派期盼的救世主卡伊姆（或马赫迪）复活之时。“迹象”也就是《古兰经》(2:210)中所讲的“云荫”，因为经文说：“他们只等待真主在云荫中与众天神同齐降临，事情将被判决。一切事情只归真主安排。”而巴哈伊教所讲的卡伊姆，也就是已被处决的巴布。

第三，关于卡伊姆即“复临”的伊玛目的“主权”问题。巴哈欧拉明确表示，圣训文献和穆罕默德天命中所明确肯定的卡伊姆的主权已经得到显现，他的信徒受苦受难的事实就是最有力的证据，因为历史上所有的新先知，包括伊斯兰教先知穆罕默德都曾受到迫害。但经训文献中所肯定的主权并非仅指卡伊姆的主权，而是指上帝赐予所有的“上帝的显现”（众先知）的一切主权、德性、美名及上帝的其他德性，这些显现体现了上帝的全部德性。[①] 他们是永远不可视见的上帝的神秘知识的启示者，人们只能通过这些显现来了解上帝。《确信之书》中所讲的卡伊姆的“主权”，有其特殊的涵义。它是指包容一切、充满一切的权力、权能，这种主权是固有地由卡伊姆所行使，不论他是否显现为一个具有人世间权威的统治者。因为是否直接行使主权，完全取决于卡伊姆本人的意志。巴哈欧拉提出，主权、财富、生与死、末日审判和死后复活等概念，不同时代有不同的理解。这里主权是指内在于每一个天命中的“真理的显现者”的人格之中并由其行使的主宰权，一种不断在天地万物之中提升其精神影响的权力。此外，卡伊姆的主权在适当的时候会自显于世界，这取决于它在精神领域被人们接受的程度，甚至会自显为穆罕默德的主权。但这里讲的仍然是精神领域的主权，因为在上帝及其选民的眼里世俗的主权是没有价值的。尽管巴哈欧拉认为卡伊姆只能在末日审判时复临，但他强调已经有越来越多的迹象表明卡伊姆已经复临，只是由于人们受传统宗教观念的影响，对这位新先知还不认识。因此，《确信之书》写道：“尽管《古兰经》的全部经文和所有的圣训都指明了一个新信仰，一部新律法和一部新天启，但这一代人仍然盼望和等待看到那位上帝的应许者的到来，他将坚持和提升穆罕默德的天命。”[②]巴哈欧拉认为，妨碍人们正确认识新先知、新律法、新天启的主要障碍是什叶派“哭祷文”中的一些言论：“那位受保护以便恢复条令和法规的人何在?”“那位有权改造信仰和信徒的人何在?”[③]

按照什叶派的传统，当人们对期待的马赫迪的使命产生疑问时，得到的回答总是说：他将行使真主的使者穆罕默德的职责，像穆罕默德那样废除他以前的一切。正是这些传统观念妨碍了人们认识和接受新先知。但关于阿拉伯人的古代智慧也还有另外一个传说：知识是由 27 个字母组成的。所有先知启示的只是其中的两个字母。至今人们所了解的不会多于两个字母。但当卡伊姆站起来之时，他会向人们显示其余 25 个字母这类神秘的解释还有许多，大都来自什叶派伊斯兰教传统，这里不再赘述。这表明，《确信之书》是在重新解释什叶派教义思想的基础上成书的。

① *Kitáb-i-Íqán*, p. 107.
② *Kitáb-i-Íqán*, p. 239.
③ *Kitáb-i-Íqán*, p. 240.

第三届巴哈伊教国际学术研讨会在济南召开*

李维建

2004 年 9 月 8～9 日，由山东大学哲学与社会发展学院主办、中国社会科学院世界宗教研究所协办的第三届巴哈伊教国际学术研讨会在济南召开。山东大学副校长樊丽明教授、中国社会科学院世界宗教研究所副所长兼中国宗教学会副会长金泽研究员、山东大学哲学与社会发展学院副院长刘陆鹏教授、美国太平洋地区发展与教育协会会长饶宇安博士到会祝贺并发表讲话。会议由中国社会科学院世界宗教研究所巴哈伊教研究中心副主任周燮藩教授、山东大学巴哈伊研究中心主任蔡德贵教授、山东大学犹太教与跨宗教研究中心副主任刘杰教授分别主持。来自中国社会科学院、山东大学、山东省社会科学院、山东省社科联、中国孔子基金会、北京语言文化大学及美国、加拿大等地近 40 位学者参加了会议。

在会议主题发言中，蔡德贵教授从巴哈伊教尊重科学和理性、促进民主和自由、推动世界和平的角度论述了巴哈伊教作为当代宗教的独特意义。世界宗教研究所巴哈伊教研中心主任吴云贵研究员在题为《〈至圣之书〉与巴哈伊信仰》的发言中概述了巴哈伊教这部律法经典的主要内容，论述了巴哈伊教法律与伊斯兰教法之间的关系和《至圣之书》对巴哈伊社团的重要作用。美国学者 Tarrant Mahony 博士则重点讨论了巴哈伊教的历史观，论述了巴哈伊教对人类发展史的看法，并指出巴哈伊教特别强调先知在创造历史中的决定性作用的特点。加拿大西蒙·弗雷泽大学 Nosrat Muḥammad-Hosseini 教授在题为《巴布的双重权利要求》的发言中论述了巴布运动的历史过程和巴布作为精神领袖对巴布运动和巴哈伊教的意义。在主题发言之后的讨论中，学者们还围绕巴哈伊教的名称、巴哈伊教的社会性等问题进行了热烈讨论。

* 原载《世界宗教文化》2004 年第 4 期。

阿布杜·巴哈

(1912 年 4 月 19 日)*

[黎]纪伯伦著,李维中译

黎明前,我睡眼朦朦胧胧。空气中夹带着悲剧的气味。泰坦尼克号不幸沉没,多少乘客遇难……这场灾难令我痛苦不堪。这些人都是无辜的。

我泪如雨注。

我六点钟起床,灾难梦魇缠着我,总也不肯离去……我无奈,只有用冷水洗浴,然后喝了一杯咖啡,以期挣脱窒息境界。

七点钟,我与波斯巴哈教派①首领阿布杜·巴哈在一起。

八点钟,我们开始工作。人们陆续到来,大部分是妇女。她们毕恭毕敬地坐在那里,目不斜视。

九点钟,绘画完成,阿布杜·巴哈露出了微微笑容。仅仅一眨眼工夫,人们蜂拥而至。这个向我表示祝贺,那个紧握我的手,仿佛我为每个人都效过力。

这个说:

"奇迹啊,奇迹! 启示降给了你!"

那个说:

"你把导师的灵魂显示出来了!"

每个人说一句……阿布杜·巴哈用阿拉伯语说道:

"和圣灵在一起工作的人是不会失败的! 你的身上有一种来自安拉的力量!"

他又立即修正道:

"先知、诗人都沐浴着安拉之光!"

他再次微微一笑——他的微笑中包含着一个故事——那是暴风的故事,是叙利亚、阿拉伯和波斯的故事。

他的弟子们都喜欢那张肖像画,因为肖像酷似他本人;我也喜欢那张肖像,因为他表现了比我更优秀的一面。

我的眼皮沉重,简直困得睁不开眼。

三个小时够吗? 我睡上三个小时,能够恢复耗去的精力吗?

哈利勒

* 原载[黎]纪伯伦:《纪伯伦情书全集》,李唯中译,天津古籍出版社 2004 年版。

① 巴哈教派为米尔扎·侯赛因·阿里(1817～1892)所创。因其自称为"巴哈·安拉"(意为真主的光辉)而得名。巴哈·安拉任命长子阿布杜·巴哈为教主。在阿布杜·巴哈主持教务期间,巴哈教派的社团在北非、远东、澳大利亚和美国纷纷建立。巴哈教派的圣书包括巴哈·安拉的全部著作及阿布杜·巴哈和沙吉·埃芬迪对上述著作的注释和发挥,巴哈·安拉认为,真主是不可知的,不是人所形容,真主决定通过使者显示自己,其中有易卜拉欣(亚伯拉罕)、穆萨(摩西)、琐罗亚斯德、释迦牟尼、尔萨(耶稣)、穆罕默德和巴布(巴布教派创始人,巴哈教派之源),他们是一体,都是真主在地上的代表,而真主是宇宙的中心。巴布教派源于伊斯兰教的什叶派。

外来宗教的问题*

李亦园

此地所谓外来宗教是指近代始传入中国的宗教，除去天主教、基督教之外，尚包括统一教（其实统一教也是基督教的一个地方教派）、巴海教（或称大同教）、天理教等等。

一些外来宗教的较小宗派，在本质上都属于宗教学上的所谓"复振运动"（Revitalization Movement）的教派（Wallace，1956）。因为其本质是"复振"，所以多少是不满或企图改革主流派教义的，因而在行动和信仰上经常是激烈或怪异的，并且也就引起社会的不安或困惑。前几年统一教的事例是最明显的例子，台东"守望台"基督教派也已近乎这一类型。而那些借大规模聚会祷告以治百病或引导教徒进入精神颤震或恍惚的教派，大部分都是属于这种"复振运动"性质的，这种教派在很多情况下使信徒进入狂热状态，因而产生社会的激荡，是最要加以注意的。目前在台湾基督教及天主教的教派近 80 种（见董芳苑文），而教堂总数在 1974 年底已有 3045 座，约为传统寺庙的三分之一，这一数字似比一般指责台湾乡间寺庙太多的人心目中所想象的要多一些。自然，大部分正统的天主教和基督教都属于"理信"或"灵修"的宗教，因此在绝大多数的情况下都发挥了正常的宗教功能。但是从长远的、客观的立场上看，无论是天主教或基督教，他们的排他性都太强了，这不但对中国社会不利，也对他们本身的传教不利。

* 原载李亦园：《宗教与神话》，广西师范大学出版社 2004 年版。

楚金莲论中国宗教的若干特征*

吴正选

由于中国近百年来在社会生活和文化生活方面发生的激烈变化，除了少数研究传统文化的学者以外，现代中国人已普遍对中国悠久而丰富的精神传统知之甚少。即使学者们对传统的看法也大不一样。这种情况就使得任何想了解中国文化的努力显得困难重重，在对诸如儒学是否是宗教，以及如何理解《道德经》里的"道"等问题上无所适从，莫衷一是。"道"是指自然规律呢，还是指上帝？还是另有所指？最近读了一本题为《中国宗教与巴哈伊信仰》的书，作者楚金莲（Phyllis Ghim Lian Chew）是一位新加坡华裔学者。楚金莲在该书中对儒道两家的基本思想作了梳理，并且把它们和巴哈伊信仰进行比较，结果发现中国的宗教思想与巴哈伊信仰的基本教义之间存在很多相似甚至相同之处。楚金莲对中国的宗教传统的理解给了我很大的启发，使我对中国的宗教传统形成了一个比较一贯的看法，也澄清了一些让我感到困惑的问题。今天，我借这个难得的机会和各位老师一起来探讨楚金莲关于中国宗教的一些观点。

一、终极实在："天"和"道"

楚金莲在书中对照巴哈伊教义，对构成中国宗教和哲学思想之基础的孔子、老子以及孟子和庄子的言论进行了细致的分析。

楚金莲指出，在西方，人们用上帝"God"这个词来指称最高实在，而在中国宗教传统中，用来指称最高实在的词语是"天"和"道"。①

在孔子眼里，"天"是统治人类和整个宇宙的某个至高无上的存在物。孔子对这个在人间和整个宇宙间进行永不停息地创造的一切创造力之终极源泉充满敬畏之情。②《论语》里有些句子就流露出这种敬畏之情。比如，"唯天为大……"（《论语》8：19）"获罪于天，无所祷也"（《论语》3：13），"君子有三畏。畏天命，畏大人，畏圣人之言"（《论语》14：8）。

楚金莲认为，孔子对天怀有深切的信仰。对天的信仰使孔子在遭遇人生危难之际能够安之若素。对"天"的信仰使孔子感到冥冥之中有一种力量在支持着孤独地坚持正义的人。③《论语》里记

* 原载傅有德、[美]斯图沃德主编：《跨宗教对话：中国与西方》，中国社会科学出版社 2004 年版。

① 楚金莲：《中国宗教与巴哈伊信仰》（*George Ronald*，Oxford，1993），第 22 页。

② 楚金莲：《中国宗教与巴哈伊信仰》，第 10 页。

③ 楚金莲：《中国宗教与巴哈伊信仰》，第 11 页。

载着这样一个故事:孔子听说桓魋想加害于自己,对人说:"天生德于予,桓魋其如予何?"[①]

《论语》里"天"的形象,似乎不如犹太一基督教神学里的人格神那样鲜明。但是,《论语》里有些句子表明,"天"是有意志有知识的,关心着人的文化和社会境况。我认为可以把这种情况理解为"天"也具有人格特征。比如说,《论语》第 9 章第 5 节讲:"文王既没,文不在兹乎? 天之将丧斯文也,后死者不得与于斯文也;天之未丧斯文也,匡人其如予何?"有一次在感叹没人理解自己时,孔子说:"不怨天,不尤人,下学而上达。知我者其天乎?"(《论语》14:35)

楚金莲认为,孔子觉得自己受命于天,担负着解决当时中国社会问题的神圣使命。他自认为是天在地上的工具,是一个把人们从道德沦丧的境况中震醒的"木铎"。他确信自己的教诲蕴涵着一种道德的力量,如果把它们加以推广实行,能使天下大治。[②]

楚金莲接着指出,孔子相信鬼神具有种种力量,这也表明他有宗教信仰。孔子在祭祀祖先和别的神灵时毕恭毕敬,态度很虔诚。[③] 并且,他经常祈祷。[④]《论语》里还记录了孔子作的一篇祈祷文:"予所否者,天厌之! 天厌之!"(《论语》6:28)[⑤]

毫无疑问,孔子是一个很虔诚的人。但是,有些人试图证明孔子没有宗教信仰。楚金莲指出,人们经常引用《论语》里的两段话,来说明孔子不信宗教。其中一段是子贡评论孔子的话,说孔子不愿多谈天道。另一段话是当弟子问孔子要不要侍奉鬼神时,孔子说的"未能事人,焉能事鬼?"又说"未知生,焉知死?"(《论语》11:12)楚金莲反驳说,孔子不多谈天道这个事实,不能被理解为孔子对天漠不关心。毕竟,谈论一件大多数人都不理解的事情是无益的。孔子承认,自己到了 50 岁才知天命。跟普通人谈论玄学是没有意义的,更何况他们很可能还不到 50 岁呢?[⑥] 关于孔子不愿谈论鬼神那段话,楚金莲说,这并不意味着孔子对它们的存在表示怀疑。实际上,孔子告诫他的门徒,在敬拜鬼神时态度要恭敬虔诚,就像站在它们面前一样。她说,孔子的这些言论,最好对它们作一种相对的理解,而不要作绝对化的理解。孔子是在鬼神崇拜泛滥的时代施教的,他想把人们的注意力从鬼神崇拜转到现实生活中来。[⑦]

如果说表示终极实在的"天"在《论语》里含义比较模糊,形象不很鲜明的话,老子和庄子对同样表示终极存在的"道"的阐发就全面丰富得多了。楚金莲指出,要理解中国宗教,必须对"大道"有所理解。老子和庄子对"道"所作的阐发被儒家吸收,儒道两家的思想一起构成中国人的世界观和宗教观。[⑧] 据她说,某个杰出的中国学者把儒学概括为六个字:"顺天道,立人道。"[⑨]人生的目的,就在于实现人"道",而"人道"和"天道"是相通的。在中国人的宗教体验中,"道"不仅表示与终极实在进行交流的各种方法,而且表示终极实在本身。"道"既表示本原,也表示认识本原的种种途径。另外,"道"还被中国宗教思想家用来表示宗教本质的意思。他们用"道"来表示自己最玄妙的宗教体验。[⑩]

① 楚金莲:《中国宗教与巴哈伊信仰》,第 11 页。
② 楚金莲:《中国宗教与巴哈伊信仰》,第 12 页。
③ 楚金莲:《中国宗教与巴哈伊信仰》,第 13 页。
④ 楚金莲:《中国宗教与巴哈伊信仰》,第 133 页。
⑤ 楚金莲:《中国宗教与巴哈伊信仰》,第 14 页
⑥ 楚金莲:《中国宗教与巴哈伊信仰》,第 18 页。
⑦ 楚金莲:《中国宗教与巴哈伊信仰》,第 18～19 页。
⑧ 楚金莲:《中国宗教与巴哈伊信仰》,第 22 页。
⑨ 楚金莲:《中国宗教与巴哈伊信仰》,第 22 页。
⑩ 楚金莲:《中国宗教与巴哈伊信仰》,第 23 页。

楚金莲认为,《道德经》和《庄子》所阐发的"道"是个一神论的概念,与印度教的"婆罗门"概念很相似。"道"和"婆罗门"本身及其实质都是不可描述,无法名状的。但是它们的功能和外在的表现却可以由观察宇宙万物而得知。① 举例来说,克里希那在《薄迦梵歌》里说:"……全世界的人都不认识我,我超越于一切人之上,深不可测",同时又宣告"我作为超级灵魂存在于每个人心里","我就是'自我',端坐在一切生灵心中"。道教徒则认为,道无所不在,离人很近,简单质朴。②

庄子的文章典型地阐明了"道"在本质上是不可知的。例如:"……(道)可传而不可受,可得而不可见;自本自根,未有天地,自古以固存;神鬼神帝,生天生地;在太极之先而不为高,在六极之下而不为深,先天地生而不为久,长于上古而不为老……"③

既然"道"无法被人的悟性所把握,也不能用人的语言来描述它,老子和庄子只是试图以否定的方式,间接地描述它对存在界和人类社会的某些影响。在他们看来,既然只有"道"是绝对的,那么,其他一切事物都是相对的,包括人们的一切观点和传统。④

"道"虽然超越人类的经验,不能被人类所把握,却是仁慈而博爱的。它对一切人和自然界万物一视同仁,爱所有的人和事物。《道德经》论述圣人的章节,同样是论述道的品格的,因为圣人就是体"道"之人。例如,《道德经》第 49 章说:

圣人常无心,
以百姓心为心,善者,吾善之;
不善者,吾亦善之;
德善。
信者,吾信之;
不信者,吾亦信之;
德信。⑤

楚金莲补充说,"道"恩惠普施,但这并不意味着它对不公正的事情不闻不问。因为,虽说"天道无亲",却又"常与善人"(《道德经》第 79 章)。楚金莲对此评论说,这里透露出来的信息很有意思,原来非人格化的冷漠的"道",让位给了一个积极能动,能区分善恶的"道"。⑥

概而言之,"道"作为宇宙的"本原"和万物之"母",是"绝对的,不可知的,既存在于世界之中,又超越于万物之外,同时又是仁慈而博爱的"。⑦ "天"和"道"都是中国人对终极实在的称谓。它们是西方神学里"上帝"(God)的对应词。虽然"天"和"道"不像"上帝"那样具有鲜明的人格化特征,中国经典里有些说法暗含了它们的人格化特征。"天"和"道"具有更为明显的非人格化形象,是因为自古以来中国人就相信,人的知识无法把握终极实在,人的语言无法描述终极实在。

① 楚金莲:《中国宗教与巴哈伊信仰》,第 28 页。
② 楚金莲:《中国宗教与巴哈伊信仰》,第 28 页
③ 楚金莲:《中国宗教与巴哈伊信仰》,第 30 页。楚金莲引自盖尔斯(Giles)英译本《庄子》,第 76 页。
④ 楚金莲:《中国宗教与巴哈伊信仰》,第 30 页。
⑤ 楚金莲:《中国宗教与巴哈伊信仰》,第 31 页。
⑥ 楚金莲:《中国宗教与巴哈伊信仰》,第 216 页注。
⑦ 楚金莲:《中国宗教与巴哈伊信仰》,第 39 页。

二、灵魂不灭和命运

楚金莲指出，儒道两家的经典都谈到灵魂永生的问题。这是我从她的书中了解到的新鲜的观点。在此之前我一直以为，儒家和道家是根本不谈这个话题的。楚金莲说，在灵魂是否不灭这个问题上，孔子没有明确表态，但是他并没有否认来世的真实性。他之所以不强调来世，是因为他那个时代的人沉湎于鬼神崇拜而不能自拔。与强调来世相反，他强调人应该把注意力放在今生现世，过好今生现世的生活。他接受古人关于"天"和来世的种种信仰，即对于"天"和来世，不能加以教条化的确定的解释，而只是模糊地承认它们的真实性。①

但是，楚金莲指出，老子，庄子和孟子都明确地谈到灵魂不灭这个问题。老子在《道德经》里确认，持守"道"的人不会死亡：

……盖闻善摄生者，
陆行不遇兕虎，
入军不被甲兵，
兕无所投其角，
虎无所用其爪，
兵无所用其刃。
夫何故？
以其无死地。②

对庄子而言，永生的希望是如此真实，以至于尘世的生活就像是一场梦："……方其梦也，不知其梦也。梦之中又占其梦焉，觉而后知其梦也。且又大觉而后此其大梦也。而愚者自以为觉，窃窃然知之，君乎牧乎，固哉！丘也与汝皆梦也！余谓汝梦亦梦也……"③

楚金莲认为，孟子对"浩然之气"所作的描述，清楚地显示了他对达成不朽的信心。这种"浩然之气"，楚金莲认为，就是巴哈伊信仰所说的"灵魂"。在谈到这种"气"时，孟子说："难言也，其为气也，至大至刚，以直养而无害，则塞于天地之间。其为气也，配义与道；无是，馁也。是集义所生者，非袭义而取之也。"④

楚金莲认为，孟子不认为一个人肉体死亡以后，生命也就结束了。这种"浩然之气"是人永生不灭的内在因素。然而，一个人是否能够保存这种气取决于他如何去养护它。人必须以正义的行为，而且主要地必须以"道"来养护它。⑤

楚金莲说，中国人的宗教心理还包括对命运的信仰。"命"的观念在中国人理解生活和生活危机时，起着重要的作用。楚金莲说，在孔子的时代就流行的一句格言，"死生由命，富贵在天"，到今天还

① 楚金莲：《中国宗教与巴哈伊信仰》，第 32 页。
② 楚金莲：《中国宗教与巴哈伊信仰》，第 33 页。楚金莲引自《道德经》第 50 章。
③ 楚金莲：《中国宗教与巴哈伊信仰》，第 33 页。楚金莲引自盖尔斯英译本《庄子》第 22 章，第 29 页。
④ 楚金莲：《中国宗教与巴哈伊信仰》，第 35 页。
⑤ 楚金莲：《中国宗教与巴哈伊信仰》，第 35 页。

常常被人引用。孔子在《论语》中十三次谈到“命”，例子之一是：“道之将行也与，命也；道之将废也与；命也。”(《论语》14:36)①

孟子更加明确地把“天”看作人格化的命运的主宰。例如他说：“行，或使之；止，或尼之。行止，非人所能也。吾之不遇鲁侯，天也。”(《孟子·梁惠王·下》第16章)②

从以上引述可以得出一个结论，即儒家和道家经典确实对灵魂永生作了肯定的论述，尽管这种论述是间接而隐晦的。另外，古代中国人还很明确地认为，“天”主宰着人的命运。这些信仰使中国传统宗教和其他宗教之间更加具有可比性。

三、中国宗教的人文主义特征

楚金莲指出，要理解中国宗教的人文主义特征，必须首先理解孔子“事人犹事天”的信念。由于在孔子时代，人们盲目地信仰想象出来的许多神灵鬼怪，沉湎于迷信活动之中，孔子想把他们的注意力从崇拜超自然世界转向过好现实生活。楚金莲认为，孔子基本上是一个人文主义者和实干家，对“上帝”或者终极实在不作玄学的推究。③ 他在这方面给后世的中国学者定下了基调，他们尽量避免讨论对诸如上帝和灵魂不朽等在西方哲学家引起广泛讨论的话题。

楚金莲认为，孔子那个时代的人们所需要的，不是要信仰上帝或者超自然存在的呼吁。这样的呼吁是多余的。那个时代所需要的，是呼吁人们要以理性和负责任的行为来崇拜“天”或者上帝。封建时代的中国人需要学习的不是玄学，而是如何过好现实生活。孔子呼吁人们遵循道德规范，因为这是信仰超自然世界蕴含的要求。他提醒人们，崇拜“天”的正确方式，是仁爱地待人，而不在于用祭品来安抚鬼神。④ 孔子所处的时代背景，楚金莲说，使他相信人们所需要的是对“现世”的强调，而不是对“来世”的强调。有一次，有个弟子问他什么是智慧，孔子回答说：“务民之义，敬鬼神而远之，可谓知也。”(《论语》6:22)⑤

楚金莲认为，孔子想改善社会的伦理道德状况。他相信，只要人们遵循某些行为准则，人性是能够自我完善的。⑥ 孔子要求人们把注意力从超自然世界转向现实人生，要求成就为人性。成就人性，就是要发展人的道德品格，作一个君子，涵养“仁”，也就是遵循天道。儒家把理想的人际关系当作其学说的核心而加以强调，原因就在这里。

楚金莲指出，也正是由于这一点，有些论者坚持认为儒学不是宗教，而只是一种人文主义的道德哲学。⑦ 楚金莲认为，这些论者没有认识到，孔子对现实人生问题的关注，是基于这样的一个信念，即侍奉“天”的最佳的途径，在于侍奉人，而不在于向鬼神或者“天”本身献祭。一个真正虔诚的人，应该致力于普及理想的社会和政治行为。圣洁的行为不仅指在寺庙里虔诚礼拜和诵读经文，也指和别

① 楚金莲：《中国宗教与巴哈伊信仰》，第35页。
② 楚金莲：《中国宗教与巴哈伊信仰》，第36页。
③ 参见楚金莲：《中国宗教与巴哈伊信仰》，第14页。
④ 楚金莲：《中国宗教与巴哈伊信仰》，第16页。
⑤ 楚金莲：《中国宗教与巴哈伊信仰》，第16页。
⑥ 楚金莲：《中国宗教与巴哈伊信仰》，第15页。
⑦ 楚金莲：《中国宗教与巴哈伊信仰》，第15页。

人交往时表现出来的良好的态度和行为。楚金莲指出，虽然孔子没有强调信仰“天”的必要性，但这并不意味着孔子主张信仰是不必要的。他没有强调信仰的必要性，原因很简单，因为在他那个时代，任何头脑健全的人都不会否认“天”或者上帝的存在。因此关键不在于强调信仰，而在于强调良好的行为和品德的重要性。①

楚金莲认为，儒家传统介于宗教和哲学之间，介于人文主义传统和宗教传统之间。儒家经典介于宗教圣典和人文主义经典之间。她认为，由于这个原因，应该把儒家学说界定为既是宗教，又是哲学，既然没有一个词语可以同时涵盖这两个概念的含义。她说，不应该把儒学只界定为宗教或者哲学。因为，如果我们只把它界定为宗教，我们就无法理解它的独特之处；而如果只把它界定为哲学，我们就可能忽视了它影响人心的力量。②

楚金莲指出，儒家学者从来不考虑他们的价值体系到底是哲学还是宗教。这个问题在他们的文化里根本没有意义。哲学和宗教在中国文化里是一体而不可分的。③

至于道家学说，楚金莲说，虽然《道德经》对“道”作了详尽的阐发，但是，和《论语》一样，它着重论述的是实际的问题，而不是神秘主义的话题。它教导人们要谦虚，知足，持守中庸之道，少说多做，指明实现幸福人生的智慧。从这些方面来看，《道德经》是非常关注社会的。它指出一个好君主应该如何行事，总结了如何取得成功和怎样避免灾难的经验和教训。④

四、没有启示的宗教

楚金莲在书中探讨了老子和孔子是不是先知的问题。它比较了这两位中国的圣人和各大宗教创始人，比如佛陀、基督以及巴哈伊信仰的创始人巴哈欧拉之间的许多相似之处。比如，像那些伟大的宗教导师们一样，孔子和老子恢复了诸如存在独一而不可知的“道”这样的精神真理，强调了道德和良好的行为的重要性。这些知识在他们的时代被中国人遗忘了。他们并没有否定过去的教诲，尽管他们可能提出了一些新的教诲，或者试图改造某些过时的崇拜形式。他们的教诲既承袭过去，又有所创新。⑤ 像那些精神导师一样，孔子和老子也不被他们那个时代的人们所接受，却不知疲倦地帮助人们转向光明之源——“大道”，普遍律则，真理，“正道”。用老子的话来说，就是“圣人……复众人之所过，……以辅万物之自然……”（《道德经》第 64 章）像那些精神导师一样，孔子和老子也都吸引了一批忠心耿耿的门徒。他们的门徒来自社会各个阶层，不遗余力地传播他们的思想。这些门徒时刻准备牺牲他们的生命来捍卫他们的原则。孔子和老子的生活方式也和这些宗教导师一样，四处传道，对人们提出明确的道德要求。可以把老子和孔子与基督和佛陀这些往来于乡间各地，教化众生的宗教导师相提并论。像其他宗教创始人一样，在他们去世以后，他们的思想学说传播开来，并取

① 楚金莲:《中国宗教与巴哈伊信仰》，第 15 页。
② 楚金莲:《中国宗教与巴哈伊信仰》，第 17 页。
③ 楚金莲:《中国宗教与巴哈伊信仰》，第 17 页。
④ 楚金莲:《中国宗教与巴哈伊信仰》，第 39 页。
⑤ 楚金莲:《中国宗教与巴哈伊信仰》，第 41 页。

得了胜利，开创了人类历史的新纪元。[①]

但是，楚金莲指出，虽然孔子和老子的教导和其他宗教先知的教导很相似，他们自己却不是先知。她引用了孔子自己的话来支持自己的观点。比如，孔子说："（吾）述而不作。"（《论语》7：1）在另外一个场合，孔子说："我非生而知之者（即不像佛陀等人那样），好古，敏以求之者也。"（《论语》7：19节）当有人明确地问他是不是先知时，孔子说："若圣与仁，则吾岂敢！"（《论语》7：37）孔子还说："圣人，吾不得而见之矣；得见君子者，斯可矣。"（《论语》7：26）[②]

楚金莲认为老子也不是先知，但是她没有对此作详细的说明，可能是因为像孔子一样，老子也没有声称自己是先知。

楚金莲提出了两个非常有意思的假设，来解释老子和孔子的智慧的来源问题。中国圣人的智慧"深刻而引人深思"，"像各个世界性宗教的圣典一样，在读者的心中产生一种不可阻挡的悸动"。[③] 既然他们两人都不是先知，他们从哪里获得智慧的洞见呢？一个假设是，老子和孔子都是灵性极高的人，因佛陀（先知）出世而释放出来的灵性之"流"（spiritual waves），被他们敏感地捕捉到了。他们把握了时代的精神，并以各种适合于他们的时代和人民需要的方式，系统地阐发了时代的精神。[④]

她认为另一个更加合理的假设是，老子和孔子都是好学之人，他们读遍了中国古代的藏书。这些古籍有一部分被那个时代的文士视为神圣的经典。孔子和老子很可能都从中国古代的文化遗产中吸取思想的养料，对它们进行加工创造，并以各自独特的风格表达出古代文化的精髓。楚金莲补充说，在某种意义上，可以说老子的贡献更大一些，因为他把散布于古代典籍中的灵性智慧收集起来，再用短短五千言的《道德经》把它们表达出来。[⑤]

在第二个假设的基础上，楚金莲谈到了在很久以前中国曾经出现一个先知的可能性。这个先知出现的年代是如此的久远，以至于人们把他的名字都忘了，但是在他的影响下，古代中国文明被认为远远高于其他各国的文明。这个不知名的先知的教义有一部分被保留在古代典籍里，被老子和孔子重新发现了，并对它们作了思想加工，从而创立了一套道德哲学。这套道德哲学的灵性洞见如此深刻，慢慢地又成了中国人宗教信仰的基础。[⑥]

我认为这种假说是对老子和孔子学说起源的很有说服力的解释。其他世界各大宗教的精神真理都来自先知，为什么中国宗教是个例外呢？当我们注意到老子和孔子都对古代钦羡不已，认为古代某个时期曾经是"大道"流行的时代，这种假说的可信度就更强了。

这样，楚金莲给中国宗教没有先知这个令人迷惑不解的现象，提供一个有说服力的理论假说。中国宗教虽然"不是起源于上帝"（not divine in origin），但就其所起的作用和所蕴涵的灵性洞见的深度而言，却是一个不折不扣的宗教。[⑦] 这样一个宗教的教义不是建立在某种超自然力量的权威之上

---

① 楚金莲：《中国宗教与巴哈伊信仰》，第 44～45 页。楚金莲指出，从中国历史的角度来看，公元 6 世纪是孔子时代的开端，而从世界历史的角度来看，公元前 6 世纪是佛陀时代的开端。

② 楚金莲：《中国宗教与巴哈伊信仰》，第 47 页。

③ 楚金莲：《中国宗教与巴哈伊信仰》，第 51 页。

④ 楚金莲：《中国宗教与巴哈伊信仰》，第 51 页

⑤ 楚金莲：《中国宗教与巴哈伊信仰》，第 51 页。

⑥ 楚金莲：《中国宗教与巴哈伊信仰》，第 48 页。

⑦ 楚金莲：《中国宗教与巴哈伊信仰》，第 66 页。

的。这些教义本来就不被人们当作“启示”来看待，甚至也不被认为是上帝意志的体现。他们本来就不曾被人视为“救赎”的手段，而只是被当作改造人生和悟“道”的指南。①

五、宗教一体性和宗教相对主义

我从楚金莲的著作中了解到的中国宗教生活的另一个重要特征，是中国人看待各种宗教时所持的宗教兼容和宗教相对主义的态度。中国人把宗教看作施行教化的手段，把各个宗教创始人称为“教主”。个别的宗教被看作教育体系的一个分支，而各个宗教创始人和圣人则看作某个学派的“导师”。②

楚金莲注意到，中国人很早就认识到各个宗教都有其不可替代的价值。各个宗教互相承认彼此的价值，逐渐使人们产生这样一个信念，即各个宗教起源相同，目标一致，彼此是兼容和谐的。这种信念和巴哈伊信仰的宗教一体论非常接近，即使不是完全相同的话。楚金莲认为，宗教和谐一致的信念是中国信徒的不成文规定。③

关于各个宗教起源相同，目标和谐一致的论述在中国的宗教文献中屡见不鲜。例如：

“同出而异名，同谓之玄：玄之又玄，众妙之门。”（《道德经》第 1 章）

“道教和佛教在教化的功能上是一样的。不同的宗教产生于不同的时代环境，以解决当时的时代需要，但是它们都是达到同一个目的的‘便利手段’。”④

“孔子寻求建立社会的和平与秩序，佛陀寻求了悟存在的本性，但是他们的目标是一样的。”⑤

“诸教皆源于天，同衔天命。”⑥

“追本溯源。三圣乃同。”⑦

楚金莲认为，中国人想达成各个宗教和谐一致的愿望，导致了宗教调和主义这种有趣的现象。她认为可以把宗教调和主义界定为“一个宗教传统经过调整和选择，从另一个宗教传统中吸收宗教宣称，或者整合另一个宗教的观念，象征以及宗教实践”。⑧

楚金莲认为，虽然宗教调和主义听起来好像很不严肃，很随意，很肤浅，但它不仅仅只是在口头上讲讲宗教一体，不仅仅只是一个希望世界各大宗教和平共处的乌托邦式的梦想。它是为了满足时代的精神需要而协调各个宗教的关系，以及为了防止出现宗教迫害而作的一个慎重而具体的努力。

楚金莲注意到，中国人传统上对不同宗教采取的是宽容的态度，而不是教条主义地对各个宗教加以区分，制造宗教对立。中国人对儒教、道教和佛教这三个主要的宗教的作用作了这样的概括：“儒教主要关注社会秩序；道教关注个人生活，特别关注如何达到心境淡泊宁静；佛教关注前生和来

① 楚金莲：《中国宗教与巴哈伊信仰》，第 65 页。
② 楚金莲：《中国宗教与巴哈伊信仰》，第 66 页。
③ 楚金莲：《中国宗教与巴哈伊信仰》，第 65 页。
④ 楚金莲：《中国宗教与巴哈伊信仰》，第 66 页。
⑤ 楚金莲：《中国宗教与巴哈伊信仰》，第 66 页。
⑥ 楚金莲：《中国宗教与巴哈伊信仰》，第 67 页。
⑦ 楚金莲：《中国宗教与巴哈伊信仰》，第 67 页。
⑧ 楚金莲：《中国宗教与巴哈伊信仰》，第 68 页。

世。”之所以产生这种认识，是因为他们相信，虽然各个宗教彼此不同，产生于不同地方，不同的时代，但在帮助人们认识普遍真理方面，各个宗教的作用是互补的。①

楚金莲认为，中国人一贯强调各个宗教之间的相似之处，而不强调它们之间的区别。他们强调宗教是一种生活方式，而不强调宗教结构、宗教权威、神职人员或者其他属于宗教制度方面的差别。虽然儒家学者，道教徒和佛教徒之间偶尔也有争论和冲突，这些争论和冲突不像其他国家的宗教争端那么血腥和旷日持久。介入争论的教派也没有互相谴责对方为荒谬和邪恶。他们承认对方也拥有某种程度的真理，对方的生活方式即使不如自己的好，也不失为一种不错的生活方式。② 想想当今世界上因宗教优越论和宗教绝对论而造成的种种问题，看到古代中国人对异己宗教竟然如此宽容，真使人感到耳目一新。

六、目前中国精神状况及儒学传统的未来

在《中国宗教和巴哈伊信仰》的结尾处，楚金莲指出，随着中国传统宗教的衰落，中国现在正处在一个精神真空之中。至今还没有找到令人满意的可以替代传统宗教的信仰体系来填补这个精神真空。中国的知识分子，特别是年轻一代，正在寻找某种东西，以填补他们生活中这个巨大的鸿沟。

楚金莲认为，目前的中国很像是一个失落了理想的文明。她说，一个没有理想的文明不可避免地要走向自我毁灭。对终极实在缺乏信仰，只能导致放荡不羁和无法无天。人民失去道德约束以后，正如孟子曾经警告的那样，将行如禽兽。体现宗教精神和道德准则的行为，对维持人类社会极为重要。历史表明，文明无一例外地是由某种道德规范的力量所维持的，而道德规范则是从某个伟大宗教的教义派生而来的。归根到底，历史就是宗教的兴衰史。③

楚金莲说，将来不管是由哪一种信仰和学说来填补这个精神真空，都无法回避中国历史提出的挑战。再者，她说，因为儒学本质上是一套阐发某些永恒真理的精神教导，它的命运永远不会完结，孔子的言论，如果还之以本来面目，将重新散发出智慧的光芒。强调“仁”的个人实现，并把“仁”推广到整个宇宙，永远不会过时。对儒学重新进行研究，就能够重新发现儒学所蕴涵的广泛的人文精神，指导现实人生的智慧和儒家学说的普世性。如果这样的话，楚金莲说，儒学体现在艺术、文学、历史和哲学中的价值观将再一次对全中国有创造力的人的心灵产生决定性的影响力。④

楚金莲认为，尽管古人的教导在中国人的心中还残留着一些影响，比如对天的信仰，尊敬父母等，现代中国人有一种深深的失望和失落感，因为他们看到自己的文化传统无法和现实社会需要联系起来，无力改善社会道德状况。她认为巴哈伊信仰可以帮助中国人从精神迷茫的状态中解脱出来，可以帮助他们重新获得对“天”和“大道”的信仰，因为中国传统宗教和巴哈伊信仰之间有许多相似之处。⑤ 她认为，巴哈伊信仰接续了中国人对终极实在和人生意义的追寻，继承了中国人宇宙和

① 楚金莲：《中国宗教与巴哈伊信仰》，第 69 页。
② 楚金莲：《中国宗教与巴哈伊信仰》，第 70 页。
③ 楚金莲：《中国宗教与巴哈伊信仰》，第 190 页。楚金莲引用阿诺德·汤因比的观点。
④ 楚金莲：《中国宗教与巴哈伊信仰》，第 190～191 页。
⑤ 楚金莲：《中国宗教与巴哈伊信仰》，第 191 页。

谐的思想，继承了实在和人生意义的追寻，继承了中国人宇宙和谐的思想，继承了中国人热爱自然，热爱全人类的传统。巴哈伊信仰通过重申基本相同的信念和价值观，恢复了中国传统的文化、信仰的价值和中华民族的自信心。她认为，巴哈伊信仰在很多方面和中国的人文主义传统是一致的。中国宗教(其他宗教也一样)和巴哈伊信仰有很多相同的精神原则和道德原则。[1]

① 楚金莲:《中国宗教与巴哈伊信仰》，第 192 页。

游荡与闲谈：一个中国人的印度之行(节选)*

西　川

人们空出巨大的场地用于冥思和祈祷。人们空出漫长的时间用于闲着。人们盖起一座不属于任何古老宗教的寺庙：一朵巨大的白色莲花，开放在天空之下。它象征各宗教的世界性融合，连寺庙外分发宣传品的小姐们，也是来自世界各地各种族。

莲花寺，又名"巴哈伊敬拜堂"，是世界上七座同类不同形的寺宇之一。它邀请每一个人，不论你信奉什么，进入其中，无言地祈祷，在静默中敬拜宇宙的造物主。但宽大的庙堂内并无任何偶像，只整齐排放着一排排深棕色的座椅。

庙堂外排成七八支长队，等待进入的信徒、游客早已脱掉了脚上的皮鞋、皮凉鞋和塑料拖鞋，路边草坪上仿佛堆满了鞋子的垃圾。

该世界宗教的发起者是伊朗人巴哈乌拉，生于1817年，1853年遭放逐，逝于1921年①11月28日。当他在世时，巴哈伊信仰便已传至美国、加拿大、英国和欧洲大陆。150多年间，该宗教组织在360个国家、地区、岛屿上建立起2112个不同种族的信众组织。巴哈伊典籍已被翻译成800种语言，其基本信条是：一、开放的人类，二、对于真理的独立探求，三、所有宗教的共同基础，四、科学与宗教的本质和谐，五、男女平等，六、消除一切偏见，七、普遍义务教育，八、宇宙和平。

巴哈乌拉说："神施恩让团结之光笼罩全球。愿刻有'王国属神'字样的封印印在其所有民众的眉宇。"

* 原载西川：《游荡与闲谈：一个中国人的印度之行》，上海书店出版社2004年版。

① 此处有误，应为1892年。——编者注

流浪汉抛弃累赘*

唐麒编著

巴哈安拉曾讲述过这样一个故事：

中世纪的波斯，有一个苦行僧似的流浪汉。他背上背着沉重的沙袋，腰上缠着根大水管，脚腕上拖着根有铁球的铁链。脖子上挂着块大石磨，两手各擎一块大石，头上还顶着个已经腐烂的大南瓜，在赤日炎炎下，步履艰难地向前挪动。

一位农夫见了，惊奇地问："流浪汉啊，你走路那么艰难为什么不扔掉手上的石头、背上的沙袋？你看，这一路上到处都有这些东西。"

流浪汉恍然大悟，扔掉了这两样东西，觉得轻松了许多，但不久，步履蹒跚如故。

走了不久，又有一个农夫奇怪地问："你头上的南瓜已经腐烂，为什么不扔掉？还有，拖着那沉重的铁链干嘛？"

流浪汉感谢农夫的提醒扔掉了这两样东西，走路更轻松了许多，但不久，又蹒跚如故。

流浪汉遇见的第三个农夫又提醒他说："这一路上的水很充足，也随处可弄到饭吃，那大水管和大石磨不必带在身上。"

流浪汉又醒悟了，他扔掉了这些东西，一身轻松，行动再也不受其累了。

巴哈安拉讲述这个故事，目的是劝导人们接受他创立的伊斯兰教巴哈教派的教义。这个故事所蕴含的哲理是非常深刻的，任何有着悠久文化传统的民族，固然有着使它能够自立于世界民族之林的优良成分，但同时也有许多糟粕，形成一种沉重的负担，严重阻碍着它的进步、发展。要想跟上时代的步伐，就必须下决心清除这些糟粕，抛弃这些负担。一个人也一样，大胆地抛弃肩上的阻碍前进的负担，是一种最可贵的智慧。

---

* 原载唐麒编著：《中国综合智谋总集》，时代文艺出版社 2004 年版。

论以巴冲突中的宗教因素（节选）*

韩剑英

在我们上述所说的三大宗教①外，以巴地区还有另外一个在伊斯兰教巴布教派基础上新兴的、世界性、一神教“巴哈伊教”，该教是19世纪中叶由伊朗贵族巴哈欧拉创立的，其称谓得自巴哈欧拉之名，意为“荣耀”，本世纪内获得迅速发展，现在全世界信徒已超过600万。巴哈伊教总部设在以色列海法，称“世界正义院”，又称“万国总灵体会”。海法市在以巴地区是最为和平的一个城市，不论是阿拉伯人、犹太人，不论是信奉犹太教、基督教、伊斯兰教或巴哈伊教，也不论是传统派或世俗派，在这个城市都彼此宽容，和睦相处，而不是矛盾重重，互相排斥，是实现宗教和解的一个理想城市。

巴哈伊教继承和发展了伊斯兰教以及其他一些宗教思想，它把亚伯拉罕、摩西、佛陀、琐罗亚斯德、基督以及穆罕默德都称为往圣，认为巴哈欧拉是最新的一位圣者。宣扬全人类同是一族，而天下团结、构成一个全球性社会的时代已经来临，核心教义是上帝唯一，宗教同源，人类一体，天下一家，强调以下原则，自主寻求真理，人类团结，宗教应带来友爱和睦，克服宗教、种族或派别的一切偏见，世界和平，视人类为一个全球性的家庭，地球就是万民同一的家乡等等。

巴哈伊教继承了伊斯兰教彻底的一神论立场。从安拉的独一性方面来说，巴哈伊教与伊斯兰教是基本一致的，但也有不同。总括起来，巴哈伊教与伊斯兰教的明显差别具体表现在以下几个方面：1. 巴哈伊教否认穆罕默德是“封印使者”，认为每一个时代都会有一个先知做代表，引领人类不断前进。2. 巴哈伊教主张先知是人与安拉之间的中介，人们不仅要服从安拉的戒律，也要接受先知的引导，服从宗教领袖的领导，而伊斯兰教不允许任何一个人超越凡人之上，处于普通信徒和安拉之间，穆罕默德也不能例外。3. 伊斯兰教不设国际中央教义机构，巴哈伊教却设立国际最高机构世界正义院，以协调和管理全世界巴哈伊的行政事务和教务，在巴哈欧拉一切没有明确提及的事情上立法，并且有权随着时代的变化而变更自己的立法，这样就使得巴哈伊律法具有弹性；而非墨守成规。4. 伊斯兰教有严格的念、礼、斋、课、朝五大宗教功课，提倡集体主义原则。巴哈伊教则主张简化宗教仪礼习俗，甚至可以取消，强调宗教生活个人化。5. 伊斯兰教提倡穆斯林皆兄弟，教内人人平等，巴哈伊教则明确主张全人类要实现大同，要组织一个全球性的超级政府。他们认为全人类的统一是可以达成的；具体实现需要通过七个领域的统一：政治领域的统一、世界性事业中思想的统一、自由的统一、宗教的统一、各民族的统一、人种的统一、语言的统一。

从上述分析可以看出，巴哈伊教吸收了19世纪以来的各种社会思潮，具有更加现代化的内容，

* 原载赵学毅、牟钟鉴主编：《宗教与民族》第3辑，宗教文化出版社2004年版。

① 三大宗教，即犹太教、基督教、伊斯兰教。——编者注

有更为简化的宗教仪式，更为宽容、开放和世俗化，特别是它顺应世界经济一体化的趋势，追求全人类的和谐统一，表达了人类共同的理想，所以在 20 世纪 60 年代以后取得了惊人的发展，是值得肯定的。然而，巴哈伊教试图用一种新的宗教形式来取代其他宗教形式的解决办法，否认了文化和宗教的多元性，否认了差异性的存在意义，显然只能是一厢情愿的幻想而已，在当代新民族主义、新国家主义呼声日趋高涨的今天，恐怕更是不可能实现的。

新兴宗教组织*

何锦山编著

巴哈伊教也称大同教，于19世纪中期发源于伊朗(波斯)。其基本教义为：宇宙间有唯一超自然的造物主，各主要宗教本质同源，人类一家，当保持各自文化特色如兄弟般团结一起，个人须独立追求真理，宗教与科学当携手并进，借世界各国共同福利以建立世界和平。因该教教友认为其教义与我国儒家大同思想相近，故在中国取名大同教。1956年，该教传至台湾，后由美国商人苏洛曼向当局申请，于1961年成立财团法人大同教台湾总灵会。据台湾有关文献资料载，该教有教徒2000余人。

* 原载何锦山编著：《台湾民俗》，甘肃人民出版社2004年版。

宗教与人文精神(节选)*

卓新平

在当代社会中,宗教所倡导的人格升华又增加了更多的社会内容,显示出更多的社会责任和使命。例如,当代新兴宗教巴哈伊信仰的重要思想家和代表人物阿布杜巴哈曾将巴哈伊教义精神及其人格原则概括为如下各点:"自由地追求真理;人类一家;宗教乃爱与和谐之因;宗教与科学携手;世界和平;使用一种世界语言;普及教育;男女机会均等;公正待人;为大众服务;消除极端之富裕与贫困;使神圣的精神成为生活中的主要动力。"①在此,巴哈伊教表达了从人类群体意义上应该实现的人格升华,它从"人类一家"、"男女平等"、"普及教育"、"社会服务"、"消除极端贫富"、"世界和平"和"世界大同"、"宗教对话"和"宗教和谐"等层面描述了人性应有的理想特征。

* 原载卓新平:《神圣与世俗之间》,黑龙江人民出版社 2004 年版。

① 参见蔡德贵《当代新兴巴哈伊教研究》,人民出版社 2001 年版,第 113 页。

“大同社会”理想的人类共识(节选)*

戢斗勇

值得注意的是，一些新兴宗教也提出了许多要求实现社会公正平等的社会思想。如19世纪末20世纪初由什叶派伊斯兰教中衍生而出的“巴哈教”提出的社会理想与“大同”理想十分相似，以至于巴哈宗教20世纪30年代传入中国时，曾任北洋政府驻伦敦总领事和清华大学校长的曹云祥在介绍巴哈教到国内来时，直接以中国传统的大同思想翻译巴哈教为大同教，使巴哈教以“大同教”之名在中国活动。巴哈教的创始者巴哈乌拉提出“全地球是一国，全人类是其公民”的主张，他的儿子阿布杜巴哈根据其父的遗著提出“我们在寻求建立一个本质神圣的新世界秩序”，“这是一条联合全世界属于任何国家、宗教和阶级的人类的大道”。巴哈教徒要求信仰并遵循以下四条基本原则：①人类一体、天下一家；②建立体现世界新秩序的国际裁判所；③为实现其世界主义不能从事任何政治派系活动和颠覆活动；④忠于所在国的政府、拥护其法律与政策。这些主张在当代社会无疑是一种难以实现的理想主义愿望，但是它与“大同”理想和其他美好社会理想一样，作为人类对自身生存状态和生存方式的美好善良的向往，作为人类文化的一个重要组成部分，是有其价值的。

* 原载戢斗勇：《儒家全球伦理》，甘肃人民出版社2004年版。

巴哈伊教*

[英]米歇尔·基恩著，张兴明译

巴哈伊教

巴哈伊教渊源于伊斯兰教，是世界上最年轻的宗教之一。它提出了在世界普遍的宗教原则控制下的社会里充满和平与友爱的世界图景。

萨义德·阿里·穆罕默德(Siyyid 'Alí-Muḥammad，1819～1850)——一位年轻的什叶派穆斯林——宣称自己是穆罕默德以后的一系列新的先知中的第一个。他称呼自己为巴布(the Báb)，意思是"上帝之门"。1848 年，巴布教徒(巴布的追随者们的称呼)宣布从伊斯兰教中独立出来，开始了反对波斯统治者的斗争。巴布自己被以谋害波斯王的名义逮捕并于 1850 年被判处死刑。

巴哈欧拉(Bahá'u'lláh)

密尔萨·侯赛因·阿里(Mírzá Ḥusayn-'Alí Núrí)于 1817 年出生于波斯，是巴布的卓越的支持者。在巴布死后，侯赛因·阿里也被逮捕并关进了监狱，他在那里经历了一次神秘的体验，显示了他就是安拉"应许要来的人"。当他于 1863 年告诉他最亲密的朋友们他是真主的新使者时，人们就称呼他为"巴哈欧拉"，意思是"上帝的荣耀"。他曾经遭到波斯政府的流放，因为他们认为巴哈欧拉对他们产生了威胁，巴哈欧拉正是在流放中写下了许多巴哈伊教的著作。

巴哈伊教教义

巴哈伊教教徒相信神是透明的不可知的，它派了许多先知或使者来启蒙人类，每一位先知(包括佛陀、基督和穆罕默德)都已经建立了一个世界性的宗教。但是，这些先知传递的信息已经被巴哈欧拉和他的儿子兼继任者阿博都·巴哈('Abdu'l-Bahá)写下来的神启所取代了。巴哈伊教教义的核心是相信人类将通过摈弃那些建立在众多国家和宗教基础上的世界秩序而得以成熟。

世界能够也应该成为一个真正的整体，团结在巴哈欧拉的远见卓识之下。

礼　拜

和伊斯兰教一样，祈祷对巴哈伊教教徒十分重要，他们每天都要进行祈祷，通常在家里举行。祈

* 原载[英]米歇尔·基恩:《信仰的疆国:漫谈世界宗教》，张兴明译，北京大学出版社 2004 年版。

祷辞的总集从巴哈欧拉和阿博都·巴哈那里流传了下来。巴哈伊教有个强制性的祈祷辞，其中的一个每天都要使用。每个人祈祷时都要面朝巴哈欧拉的坟墓所在地——以色列的阿卡('Akká)——的方向。

巴哈伊教有一套严格的行为规范，这套规范以《至圣经》(*Kitáb-i-Aqdas*)——巴哈欧拉制定的戒律书——为基础。巴哈伊教的斋月(3月2日～21日)是强制性的。吸食麻醉品、喝酒、婚前性行为和通奸是巴哈伊教绝对禁止的。婚姻在巴哈伊教里受到很高的评价。

巴哈伊信仰:来自于伊斯兰教的新信仰*

[英]尼尼安·斯马特著,高师宁等译

霍梅尼治下的伊朗不是一块宽容之地。伴随这股复兴主义的意识形态,某些组织自然会受到追剿。巴哈伊信仰(Bahá'í)就是其中著名的一个,因为它被视为穆斯林异端,而非单独的宗教,而对异端,是不能有丝毫宽恕的。巴哈伊运动已经成为一种世界性的宗教,其美国总部位于伊利诺斯州(Illinois)的威尔梅特(Wilmette),世界行政中心位于海法(Haifa)。但我们还是可以视它为从什叶派伊斯兰教范围内产生的激进现代化运动。

巴哈伊信徒追随的是米尔扎·侯赛因·阿里·努里(Mírzá Ḥusayn-'Alí Núrí,1817～1892)的教诲。此人也就是著名的巴哈欧拉(Bahá'u'lláh),即"神之荣耀"。巴哈欧拉是巴布派(Babis)运动的追随者,追随的是通往真理的门,即"巴布"(the Báb)。被认为是"门"的是一个赛义德(Siyyid)[①],名叫阿里·穆罕默德('Alí-Muḥammad,1819～1850),出生在波斯的设拉子(S͟hí́ráz)。在其门徒看来,巴布是联系他们与什叶派传统中的隐遁伊玛目的纽带。后来他们卷入了反对现政权的起义,巴布在大不里士(Tabríz)被火刑[②]处死。他的学说包括对《古兰经》的象征性解释,以及对救世主到来的期待。

在巴哈伊信徒看来,巴哈欧拉就是这个救世主。巴哈欧拉被囚德黑兰(Tehran)期间,经历了次非凡的宗教体验。此后他宣布自己就是先知,大部分巴布信徒都追随了他。被流放伊斯坦布尔(Istanbúl)之后,他和门徒又被奥斯曼人驱逐到巴勒斯坦,安顿在阿卡('Akká)。巴哈伊信徒也把巴勒斯坦视为圣地。

巴哈欧拉的长子阿拔斯·欧芬迪('Abbás Effendi,1844～1921),也被称为阿卜德·巴哈('Abdúl-Bahá),即"荣耀的仆人",承担传教和组织的工作,先后游历埃及、欧洲和美国。他在遗嘱中指定自己长女之子绍基·欧芬迪·拉巴尼(Shoghi Effendi Rabbání,1899～1957)为继承人。此时整个巴哈伊运动已经由一个委员会来管理了。

巴哈伊信仰的教义带有进化论的色彩。在它看来,世界各宗教,特别是它主要关注的西方三大宗教没有过时,也没有错误,而是都处在道路的不同阶段。因此,可以认为穆罕默德是"众先知的封印",但这只是在他完成了前任工作的意义上而言。即使是巴哈欧拉,也会在适当的时候被人取代。这里更多强调的是神内在的不可知性,但是神的逻各斯会使自己为人所知。因此,巴哈伊在教义上

* 原载[英]尼尼安·斯马特:《巴哈伊信仰:来自于伊斯兰教的新信仰》,高师宁等译,北京大学出版社2004年版。

① 即圣裔。伊斯兰教对穆罕默德之女法蒂玛所传后裔的尊称。——译注

② 此处有误,应为枪决。——编者注

倾向于宗教真理的相对性,以及所有宗教本质上的一致。

从叙述角度来看,巴哈伊信仰认为巴哈欧拉开创了一个新时期,在这一时期,人类社会将成为行动的主要舞台,向着世界政府发展而去,并且重视人类平等及男女平等。世界语言(即英语)和人类事务中的非暴力态度都受到巴哈伊信仰的青睐,因而在伦理方面,巴哈伊信仰强调兄弟姊妹之爱,禁止喝酒,服务人类。

在仪式层面,巴哈伊信仰要求每日私下祈祷,还有一定时间的斋戒,但它不是很仪式化的宗教。由于相信各宗教本质上的一致,因此巴哈伊信仰对各种形式的宗教经验,包括沉思方面的发展都很关注。在组织层面,它有一个神权政治的选举体制。至于物质表现,各种不同的宏伟殿堂,比如位于威尔梅特的那一座,都是给人留下深刻印象的大型建筑,用世界各个信仰的象征标志装点。

简而言之,尽管巴哈伊信仰脱胎于什叶派伊斯兰教,并抓住隐遁伊玛目的概念,使用了什叶派末世论的主题,但它已经发展成一个全然不同的信仰,拥有自己与众不同的和现代化的特点。它是精神革命的范例,在世界文化之全球化状态出现前,它就敏锐地意识到了这一点,并为这个一体化的世界作了宗教方面的准备。

因此,巴哈伊信仰吸引了世界各地的人们,特别是那些对更为传统的宗教之间的冲突感到不满并进行反思的人。在南亚和非洲,它那具有伊斯兰教的色彩但却外向型的信息,使它很有吸引力,信仰人数极大增长。在伊朗,它是最大的宗教少数派,但是近来由于伊朗革命的影响,却身处困境。目前巴哈伊的全球信仰人数约为200万。

欧洲青年伦理委员会*

European Bahá'í Youth Council(EBYC)

饶戈平　张献主编

［成立与性质］ 欧洲青年伦理国际组织(NGO),又译为欧洲青年巴哈伊委员会。

［通信地址］ 45 rue Pergoless F-75116 Paris, France.

［联系方式］ 电话(331)4746 9562　传真:(331)4067 1502

［机构与成员］ 执行委员会。

［宗旨与职能］ 以提高青年伦理道德认识和行为水准为宗旨的非营利性、非政府组织,致力于通过各种途径和形式促进成员之间的相互了解与协作,推动世界和平与全球团结,把精神的重生作为这一代年轻人的使命,提高他们的共同信仰,用巴哈伊教的伦理道德价值观念指引年轻人的成长和自我完善,与其他组织交流观点、经验和工作方法,精心策划项目并组织实施,安排当地核心青年伦理组织委员指引、引导青年团体的发展。

［会议与活动］ 在欧洲发起"立刻行动"青年运动,敦促欧洲大陆上每个青年伦理团体致力于联合和激励同代人以实现全球联合与和平。

［信息与资料］ *Bulletin.*

［网址与邮箱］ http://www.ebyc.org　E-mail.secretaria@ebyc.org

［网站主页］ About The Council/Links/Contact us / Vision/ Calendar/The Challenge.

* 原载饶戈平、张献主编:《国际组织通览》,世界知识出版社 2004 年版。

世界新宗教的特征及其发展趋势（节选）*

罗伟虹

在新宗教的发展过程中，受到社会关注的是其良性发展和恶性发展的两种后果，它们形成了两种完全不同的结局。比较它们的发展过程及对社会的作用，是十分有意义的。

新宗教发展取得成功的典型有巴哈伊教、摩门教和创价学会等。巴哈伊教是19世纪中叶创立于伊朗的“巴布教”的一个支派，源于伊斯兰教什叶派。巴布教的创始人巴布（原名赛义德·阿里·穆罕默德）于1844年开始公开宣教，巴布教派以《默示录》取代《古兰经》，宣扬信徒通过巴布能直接获得真主的知识，简化宗教仪式，并提出“一系列适应新兴资产阶级要求改革社会的主张”。巴布因积极的传教活动和提出改革社会制度的主张，对伊朗官方教士的地位与国王的统治形成威胁，于1847年被捕，并遭杀害。巴哈伊教的信徒亦遭镇压，财产被没收，上万名信徒先后被杀，躲过劫难的信徒纷纷逃往国外。巴布死后，他的继任者巴哈欧拉（原名米尔扎·侯赛因·阿里）继续领导教派活动，他自称是“真主应许要来的人”，是上帝的新使者，创立了巴哈伊教。但他的传教活动同样遭到伊朗政府的镇压，他本人最后被囚禁在巴勒斯坦阿卡的监牢中。巴哈欧拉在狱中和以后十年的流放期间，写下了大量著作阐述巴哈伊教的主张，还不断给一些国家的君主和统治者写信，提出他的新宗教信仰和政治主张，如抛开宗教偏见，实现全人类的团结，建立和平与正义的社会秩序，等等。巴哈欧拉受到大部分巴布教徒的拥护，到了晚年，他的信徒有几十万人，大部分居住在中亚、北美等地。1892年巴哈欧拉去世后，他的儿子阿布都·巴哈被指定为巴哈伊教的领袖和巴哈伊思想的阐述者，他从小跟随父亲过流放的生活，深受巴哈欧拉的思想影响与宗教熏陶。他在被指定为继承人时还处在监禁中，直到1908年土耳其革命爆发时才获得自由。阿布都·巴哈熟悉各种宗教的典籍，思维敏捷，能言善辩。此时巴哈伊教虽在伊朗遭迫害，但在中亚、中东、南亚、北非等地已逐步得到发展。阿布都·巴哈进一步把巴哈伊教推向欧洲与北美，他不断到欧美各国旅行，向西方国家不同宗教信仰的人宣传巴哈伊教教义、思想和社会主张，并广泛接触各阶层人士，这些人中有不少后来成为巴哈伊教的信徒。到1921年阿布都去世时，巴哈伊教已经在33个国家和地区有了信徒，许多地方还成立了巴哈伊社团，有了自己的实体，一个新的、独立的宗教开始出现。20世纪60年代以后，巴哈伊教信徒大量增加，其成员达100万之多，大部分居住在发展中国家，如印度、伊朗，还有非洲、拉丁美洲等地区。据统计，现在全球的巴哈伊信徒有500多万，分布于205个国家与地区。

巴哈伊教在创立过程中，不断经历领导人被关押、杀害、遣送以及教派的内讧、分裂，但最终还是

* 原载社会问题研究丛书编辑委员会编：《宗教、教派与邪教——国际研讨会论文集》，广西人民出版社2004年版。

得到发展，成为最为活跃的新兴宗教之一。究其发展的原因，有两方面是值得注意的。在教义方面，巴哈伊教的宗教思想主要来源于伊斯兰教和基督教，但表现出更强的包容性、开放性和普世性。其基本教义为：上帝独一、宗教同源、人类一家。从这一教义思想出发，巴哈伊教以建立大同社会为目标，提倡世界和平，种族平等，积极关心世俗社会问题，反对贫富两极分化，主张男女平等，重视教育。巴哈伊教教义简明，礼仪简化，关注社会，强调伦理，重视实际行动，对现代社会有较强的适应性，对各阶层的人士有一定的吸引力，它也能包容各宗教的信徒，因此发展很快。在组织方面，巴哈伊教曾多次面临教内争夺领导权而产生分裂。巴哈欧拉去世前，指定其长子阿布都·巴哈为合法继承人，阿布都·巴哈又指定其长孙索基·爱芬迪为接班人，但爱芬迪于1957年突然逝世，家族中没有后裔可以继承。巴哈伊教突然中断了传统的家族继承制，只得由27位“圣辅”承担起管理巴哈伊教事务的责任。1963年，“圣辅”们经过协商，决定召开第一届世界代表大会，在这次会议上，来自世界各国的56个代表投票选举出第一届“世界正义院”的9名成员，世界正义院成为巴哈伊教的最高权力机构，领导成员每5年选举一次。巴哈伊教的管理从教主统治、家族继承到民主选举，组织制度发生了根本变化，标志着其发展进入了一个新的时期。现在巴哈伊教有从地方、国家直至世界性的完备的组织体制，有一些专门的机构从事各种社会活动，在世界上的影响越来越大。

巴哈伊信仰[*]

陆水林

巴哈伊信仰，简称“巴哈伊”，19 世纪产生于波斯。我国旧译“大同教”，或将其作为近代伊斯兰教的一个新兴派别而译作“巴哈派”。至 1991 年 6 月底，巴哈伊信仰在全世界的信徒已超过 500 万人，分布于 214 个国家和地区。巴哈伊宣称它是一种独立的宗教，而非某个宗教的派别。但它与 19 世纪中期波斯穆斯林的巴布教派运动有着很深的渊源关系。巴布教派的创始人赛义德·阿里·穆罕默德（1820～1850），也称“巴布”（意为“信仰之门”），被认为是巴哈伊信仰的先驱。巴布教派运动后遭当局镇压，巴布本人遇害。其弟子米尔扎·侯赛因·阿里（1817～1892），也称“巴哈欧拉”（意为“主的光辉”），亦遭囚禁和流放。巴哈欧拉声称被囚禁时接到上帝启示，开始创立巴哈伊信仰。在此后的流放生活中，他完成了为该教奉为经典的《隐言经》、《七座山谷》和《毅刚经》，并于 1863 年开始宣示上帝给他的使命，其信徒称为“巴哈伊”。从此，巴哈伊信仰作为一个独立的宗教存立于世。

巴哈欧拉指定其长子阿巴斯·阿芬第（1844～1921）为继承人和教义的阐述人。阿巴斯·阿芬第又称“阿博都巴哈”（意为“巴哈欧拉之仆”），他曾随其父遭到囚禁，后周游埃及，北美、欧洲，将巴哈伊信仰向西方传播。他去世时，巴哈伊信仰已传播至 35 个国家。

阿博都巴哈死后，由其长孙守基·阿芬第·拉巴尼（1897～1957）任领导人，称为“圣护”。他建立了巴哈伊教务行政体制，大力向世界各国传播巴哈伊信仰。守基·阿芬第·拉巴尼死后，由他委任的“圣辅”主持教务。1963 年，经选举产生世界正义院，成为巴哈伊信仰的最高机构。

巴哈伊信仰是一种具有调和色彩的宗教。它认为上帝（或安拉）是唯一全知全能的造物主，各宗教均来自同一神圣根源。各宗教中上帝的使者，如基督教之耶稣、犹太教之摩西、佛教之释迦牟尼、伊斯兰教之穆罕默德、印度教之克里希纳，都是上帝派遣的真正使者，是人和上帝之间的中介。该教主张人类不分种族、阶级、信仰、性别，一律平等。人类应该团结一致，实现“地球乃一国，万众皆其民”的世界大同。巴哈伊信仰认为生命是暂时的，而灵魂是永生的。在社会、伦理方面，该教主张服从政府，遵纪守法，不干预政治。该教还主张普及教育、男女平等和妇女解放，倡导一夫一妻制和婚前贞操，主张消除极端的贫富分化，反对奴隶制度，反对乞讨、出家修道、饮酒、吸毒等行为。

巴哈伊信仰的教义十分简单。它没有专职的神职人员和传教士，传教是每一个信徒的义务，但只向有兴趣的人传教义，禁止促使他人改宗变教的做法。即便是信徒的子女，也须在满 15 岁后，由其自行决定是否加入这一信仰。它没有入教仪式，申请入教者只需填表登记。

巴哈伊信仰没有公开或集体性的祈祷，但每个信徒必须进行个人祷告，在洗沐或洗净手、脸后，

[*] 原载陆水林：《巴基斯坦》，重庆出版社 2004 年版。

自行诵读巴哈欧拉指定的三篇义务祷文中的一篇。

巴哈伊信仰有自己的历法和节日。信徒们在巴哈伊历每月第一日集会一次,称作"灵宴会",是巴哈伊团体生活最重要的形式。信徒们一起诵读经文,磋商教务,聚餐,并欣赏文娱节目。参加灵宴会是信徒的义务,不能无故缺席。

巴哈伊信仰对饮食没有具体禁忌,亦不禁食猪肉,只泛泛地规定不得食用不洁之物。

巴哈伊信徒的婚姻由男女双方自行决定,然后征得双方家长同意。婚姻仪式十分简单,新人仅须在两位证人前念一句规定的经文。巴哈伊律法允许离婚,但强烈反对离婚。夫妇不和,先由地方理事会调解。调解不成,双方必须分居一年,如仍不能和好,才被准许离婚。巴哈伊信仰鼓励信徒立下遗嘱,明确遗产的分配,并指明用巴哈伊方式下葬。巴哈伊信徒采用土葬,如地方法律规定遗体须火化,应遵守地方法律。其葬仪十分简单,出席葬礼者朗诵专门的祈祷文。

巴哈伊信仰的基层组织称地方灵体会,由选举产生的 9 人理事会负责有关事务,每年改选一次。各国家或地区设有总灵体会。每隔 5 年,所有总灵体会以秘密投票方式选举国际理事会的 9 名成员,组成世界正义院,是巴哈伊社团的最高机构,其办事处设在以色列的海法。

大同教传行中国始末*

雷雨田

巴哈伊教(Bahá'í)于19世纪产生于伊朗，原属伊斯兰教的一个支派——巴布教派，后来逐渐发展为一个独立的世界宗教，信徒遍及220余个国家和地区。由于该教主张“神的独一、宗教同源”和“天下一家、人类统一、世界大同”，20世纪20年代传入中国后被称为“大同教”。1924年，著名大同教传教士玛莎·露特在广州拜会了国父孙中山先生，该教受到他的嘉许，为以后大同教在中国的传播起了重要作用。30年代，在著名学者、清华大学校长曹云祥等人的倡导下，在上海成立了“大同在教社”，专门翻译出版大同教的经典著作。由于该教在中国传播的时间短，信奉它的中国人很少，1949年后大部分信徒流向海外，大同教在大陆可以说已经销声匿迹，所以新中国成立后很少有学者对其进行研究。本文主要根据一些外文和中文资料，将大同教在中国的传播情况作一梗概性的勾勒，期望学者对其进一步加以研究。

一、早期来华的大同教信徒

最早记载的生活于中国的巴哈伊教信徒是哈吉·米尔札·穆罕默德-阿里，他是大同教尊崇的圣祖——巴布教创始人巴孛的堂弟。他在上海生活的时间是1862～1868年，1870年他定居于香港，经营中国瓷器生意。他的顾客中有伊朗的名流要人，如纳西里丁·沙等。他在中国大陆和香港的商业活动包括出口茶叶、瓷器和金器。他曾在中国做了三个金银相框，捐献给巴哈伊教的圣地——以色列的海法，用来镶嵌大同教创始人巴哈欧拉的相片。从巴哈欧拉与他及其弟弟的一系列通信中可以看出，他们曾经将茶叶盒、茶叶、中国瓷器、蜜饯、肉桂、花种、眼镜等寄往圣地，在海法的巴哈伊国际档案馆里至今仍可看到部分物品。穆罕默德－阿里于1897年逝世于孟买。1881～1882年，巴孛的妻侄曾经在香港住过一段时间。

1902年，阿卡·米尔札·米赫迪·拉什提和阿卡·米尔札·阿布杜·雅兹迪从俄属地土耳其斯坦的伊什恰巴德来到上海，在此建立乌米迪公司的进出口分支机构。巴哈伊教的圣护守基·阿芬第在1919年6月7日的一封书简中提到，在来自于土耳其斯坦和高加索的一群朝圣者中，有一位名叫米尔札·米赫迪·拉什提的人。米尔札·米赫迪·拉什提曾经报道说：“上海在苏醒。中国人开

* 原载赵春晨等主编：《中西文化交流与岭南社会变迁》，中国社会科学出版社2004年版。

始皈依，并把上苍之光传递给他们的同胞。"[①]拉什提后来在上海逝世。

1910 年，有两位美国的巴哈伊查里斯·M·莱梅和豪伍德·C·斯图鲁文访问了上海，拜会了阿卡·米尔札·阿布杜·雅兹迪。他们可能是最早来到中国的西方巴哈伊。那个时期，在中国的巴哈伊社团仍然主要由那两位最早来华经商的波斯巴哈伊组成。直到 1914 年波斯的侯赛因·乌斯库里与另外两位巴哈伊来到上海，才使巴哈伊信仰在中国建立了比较坚实的基础。侯赛因·乌斯库里后来也将家眷带到了上海，他的家成了上海巴哈伊的主要聚会处和外地巴哈伊的造访之地，这里充满了温馨的气氛。1931 年，乌斯库里夫妇与其女儿、女婿苏来曼尼夫妇一起住在上海江西路 451 号。有数位中国人成了巴哈伊信徒，第一个上海地方灵体会可能在 1928 年就已经成立，其通讯地址就是乌斯库里的家。[②] 同期，香港的巴哈伊团体的通讯地址则是中国银行行长崔佩(音译)的地址。

乌斯库里对巴哈伊教的发展贡献良多。他是中国巴哈伊与圣护守基·阿芬第之间的主要联络人，1935 年他曾到台湾为自己的进出口生意采购茶叶。他是有记载的第一个曾经访问过台湾的巴哈伊。作为一位知名的外国巴哈伊，他一直住在上海，直到 1956 年在此地逝世，安葬在上海江湾公墓。

二、早期华人巴哈伊

早年的记录表明，第一位中国巴哈伊是陈海安。他在美国名叫哈罗德·A·陈。他曾在芝加哥大学求学，1916 年 6 月离开这里来到纽约的哥伦比亚大学学习公法，1916 年 12 月从旧金山乘船返回他的出生地上海。此前四五月份，他在芝加哥成为一名巴哈伊。他一皈依巴哈伊教，就以极大的热情推动该教的传播。他曾在一封信中写到自己在芝加哥大学时，在 3000 余名大学生中传播他新发现的福音，在返国前的一封信中表示要努力在上海建立一个巴哈伊灵体会。同年，安东尼·严·塞托(Yuen Seto)与他的夫人一起在夏威夷成为巴哈伊，塞托是夏威夷岛上的第一位华人巴哈伊信徒，也是第一位美籍华人巴哈伊。

1915 年 7 月，世界著名的巴哈伊教旅行传教士玛莎·露特从日本横滨到夏威夷途中，曾在中国满洲里作短暂停留。她的护照表明，中国是她打算访问的国家之一。这是她首次进入中国沿海，但她在此是否进行了传教活动，没有史料可考。但后来的三次中国之行，却对中国巴哈伊的历史产生了重大影响。

1917 年，11 位波斯巴哈伊在上海聚会。主要经过阿卡·米尔札·阿赫迈德与拉迪·塔布里齐的努力，一本巴哈伊教的小册子得以出版，这可能是第一本用中文出版的巴哈伊书籍，它包含了巴哈伊教的十二大原则以及巴哈欧拉的继承人阿博杜·巴哈关于欧战之精神意义的解释节选。此前有位朝鲜人将其翻译成了中文。这本小册子亦曾以波斯文出版过，其中有阿博杜·巴哈的相片。1918 年，阿卡·米尔札·阿赫迈德与拉迪·塔布里齐在哈尔滨又以俄文出版了一本阐述巴哈伊信仰的书籍。

① Jimmy Ewe Huat Seow, *The Pure in Heart*, Sydney, 1991, p. 25.

② 参见《巴哈伊世界》第 2 卷，第 182、185 页。

1919 年，华人陈鼎模(音译)在美国接受了巴哈伊信仰，入教后极为热心，曾将许多有关巴哈伊信仰的书籍带回了中国，保存在上海的一个图书馆里。陈有幸收到过阿博杜·巴哈的一封信，鼓励他努力巩固他在上海所建立的巴哈伊灵体会以及在北京成立的巴哈伊灵体会，宣传巴哈伊圣道，并希望他转达自己对新近加入巴哈伊教的两位中国信徒的最诚挚的热爱与关心，相信他们将成为两支燃烧的蜡烛，将神光赐给中国。信中提到的北京巴哈伊社团，没有其他资料佐证，那两位新信徒可能指的是陈海安，另一位则不知为何人。

三、玛莎·露特与早期的中国巴哈伊

在中国大同教的传播史上，玛莎·露特是一位关键人物。她是 20 世纪上半叶巴哈伊教最著名的传教士之一，曾在 20 年间四次漫游全球，四次到达中国和日本，三次访问印度，并在南美的主要城市留下了她的足迹。她向许多国王、亲王和他们的王后、共和国总统、大臣、出版家、教授、神职人员、诗人作家以及各阶层的人们宣示了巴哈伊教的教义和主张，正式或非正式地接触了宗教会议、和平会议、世界语协会、国家议会、神智协会、妇女俱乐部及宗法组织等。她 8 次拜会罗马尼亚女王，最终劝说她皈依了巴哈伊教。玛莎·露特四次来中国，接触了不少军政要员和知识界人士，其中包括黎元洪和孙中山大总统、广东省政府主席陈铭枢，在百余所大学和其他学校及广播电台作过演讲，在当时刊行的中英文报纸上发表了几十篇文章，内容涉及巴哈伊教、近代教育、世界语以及对中国文化的看法等。

1923 年 4 月 25 日，玛莎·露特从日本大阪来到了华北，住了近一年时间，次年 3 月离开。这是她第三次访问中国，在北京曾住在平安坊里的一家英国女医生开的宾馆里。她进行了多种形式的巴哈伊活动，包括在近百所大中学校讲演和上课，参加公共集会，向许多要人和普通人宣传了巴哈伊信仰，其中有黎元洪的顾问。她在 *English Standard* 和 *North China Standard* 等报纸上发表了关于巴哈伊信仰的文章，部分文章是中英文对照。她向许多中国大学生辅导和教授英文，曾两次在燕京女子学院，一次作为助教在北京世界语学校任教。她在北京的学生曾数次与圣护守基·阿芬第通信。为了有效地进行教学工作，露特曾经致力于中文学习，惜业余时间不多，她未能掌握这一语言。

在阿格尼丝·艾莉山大及其妹妹玛利的陪同下，露特广泛地在中国游历，她在日本的伙伴也来到中国与她会合，1923 年 11 月 4 日在北京举行了有史以来的第一次巴哈伊灵宴会，并有记录可查。[①] 她所会见的一位有影响的中国人是冯玉祥将军的秘书包先生，包曾经在日本会见过艾莉山大。由于这个原因，她们得以在冯玉祥将军所办的一所军官子弟学校宣传巴哈伊信仰。她们会见的另一位中国要人是 W. P. 陈先生，1920 年他从包先生由日本带回上海的巴哈伊教的书籍上第一次知晓了巴哈伊信仰。应包先生之请，陈先生为报纸翻译了一些巴哈伊信仰的书籍。正是在陈先生的帮助下，露特和艾莉山大得以在北京的一次盛大的集会上进行演讲，并会见了邓洁明(音译)，他后来接受了巴哈伊信仰。邓曾经向露特表示自己想在北京办一所巴哈伊学校，在露特离开中国以前就可以着手这项工作。在这所学校里，除一般课程外，还将教授世界语。

① Jimmy Ewe Huat Seow, *The Pure in Heart*, Sydney, 1991, p. 33.

在邓先生的陪同下，露特、艾莉山大和玛利于1923年11月25日离开北京，到东北地区旅行，他们访问了天津、济南府、曲阜等地，曾经在山东基督教学校作了演讲，后来又乘火车经南京到了上海，艾莉山大和玛利乘船去了火奴鲁鲁，露特则在上海待了两个半月时间。她对一系列团体作了演讲，其中有孔学会、神学家和世界语学者。她还在《上海时报》发表了有关巴哈伊信仰的文章，到武昌和杭州等地传播巴哈伊教义。1924年3月27日，她离开上海来到了香港。

4月初到香港后，她就开始忙于宣教活动，访问地方报纸的编辑、大学校长和图书馆员，会见一系列要人。她在此地留下了很好的印象，所以《香港电讯》特地为她发表了一篇社论，介绍她和她的巴哈伊信仰。她在香港大学演讲时，会见了印度著名诗人和教育家泰戈尔。此后，她又从香港返回大陆，到了广州，与人晤谈。不久，她返回香港，又到越南、柬埔寨等国游历，5月底到了香港，接着又乘船到了澳大利亚与新西兰。在此期间，她不仅将巴哈伊信仰传到了中国大陆和香港，而且还传到菲律宾，因为这里出售中文报纸，上面有她写的关于巴哈伊信仰的文章。

六七月间，露特到达了澳大利亚的墨尔本，并乘火车到达了珀斯，会见了在澳大利亚和新西兰建立巴哈伊信仰的圣辅克莱拉和杜恩。当地的一群华侨听取了她在图书馆学院作的“中国的伟大复兴”的演讲。在新西兰的奥克兰和惠灵顿，她作了同样的演讲，并有机会对当地的华民俱乐部发表演说。

露特第二次访华的最重大事件：一是在广州晋谒了孙中山大元帅；二是清华大学校长曹云祥博士接受了巴哈伊信仰。

关于玛莎·露特会见孙中山的情形，广州《民国日报》1924年4月4日曾刊载过一则特别新闻《美国女记者游粤》：“美国新闻记者儒特女士，来粤游历，演讲巴哈的主义。兹闻儒女士，昨午十二时曾携带美国必智市长及该国工商部长介绍函，晋谒孙大元帅，陈述其关于世界和平的意见，并希望孙大元帅以中国和平民族的领袖地位，指挥世界和平运动，大元帅极为嘉许，畅谈至一时之久，始握手约再会而别云。”文中的“儒特”即玛莎·露特，“巴哈的主义”即巴哈伊教，原译为“大同教”。1930年9月露特女士再次访问广州时，在中山大学演讲时曾提及六年前孙中山接见她，“对世界兄弟情谊与合作的国际原则极感兴趣，表示‘愿用吾之生命换取全球之和平’”，并要求露特女士赠给他大同教的创始人——巴哈欧拉论国际和解的书。①

作为当时中国最有影响的革命领袖孙中山，他亲自接见大同教活动家并“极为嘉许”其有关教义，这显然是露特女士及该教所获得的殊荣和幸运，对大同教被中国人认同接受，将具有难以估量的特殊意义。露特女士也深知此次拜会的重要性，故在其演说和文章中，念念不忘传扬此事，既引以为荣，又以其作为传教的鼓动力量。事实证明，有孙中山先生的嘉许和榜样在先，国民政府的高级官员、报纸、电台等，均为露特等大同教活动家大开绿灯，提供方便，特别是在广州、上海、北京等大都市。仅在1924年一年时间，露特就在中国沿海和内地作了广泛的旅行，在近百所学校发表演讲，举办讲座，结识了不少政府高级官员、社会名流和知识界人士。她还在一些中国的英文报纸上发表文章，并将其中一些文章用中英文汇编出版。

另一件要事则是她结识了曹云祥。露特首次去清华时，并没有经过引荐，但却受到曹博士及其夫人的盛情接待。曹博士于1911年毕业于美国耶鲁大学，并在哈佛大学学习过。曹博士的夫人艾

① 参见《新时代的国际教育》一文之编者按，载1930年9月9日《广州英文日报》。

琳·路易斯·海苓是一位美国人,她也在此期成了巴哈伊。在北京清华大学执教8年后,他们迁居到了上海,同这里的波斯巴哈伊建立了密切的联系。1930年,露特在广州与曹云祥重逢。在谈话中,曹博士指出,在当时动荡的形势下,巴哈伊信仰特别适合于中国。他还引证孔夫子的"五百年必有王者兴"的名言,说明巴哈欧拉临世的重要意义。

曹云祥后来将许多巴哈伊的经典翻译成了中文,其中有约翰·爱斯猛博士1931年出版的《巴哈欧拉与新时代》,导言为曹博士的晚辈钟可托牧师所撰,他对巴哈伊信仰和曹博士极为崇敬,赞扬了巴哈伊信仰所宣布的原则。曹博士本可为巴哈伊信仰作出更大的贡献,但不幸的是,他于1937年2月8日的车祸中罹难。次年,曹夫人迁居北京。在三年前,曹博士已经将阿博杜·巴哈的《已答之问题》的主要部分翻译成了中文,他的朋友T. Y.唐为其作了修正。不幸的是,唐先生也于曹博士遇难后不久辞世。所以在1937年,沈义(音译)又补译了所丢失的曹博士该书译文的第39~44章,最终使该书得以在上海出版。

1923年,乌斯库里先生的女儿和女婿里德万妮和阿里-穆罕默德·苏来曼尼作为拓荒者来到了上海,他们与乌斯库里的家人一起,为巴哈伊信仰作出了重要贡献。他们于1950年回到伊朗。后来他们于1954年10月22日到了台湾基隆,成为当地最早的海外巴哈伊。在他们到达之前,这里已经有了10位当地巴哈伊。两年后,台湾成立了巴哈伊地方灵体会。

1926年,受伊达·芬奇夫人宣教的影响,华人吉(音译)先生接受了巴哈伊信仰,芬奇是从日本前来辅助露特进行宣教工作的。吉先生曾经出版过一种杂志,但其巴哈伊活动不详。1933年,侯赛因·乌斯库里报告说,吉先生的弟弟也接受了巴哈伊信仰。

1930年,玛莎·露特第三次访问中国,住了两个月。期间经过香港在广州停留了一星期,在广播电台上以及中山大学和中学作了演讲。在1930年9月23日的《广州日报》的长达两版的特别副刊上,她发表了三篇翻译的广播稿:《新世界语》、《作为普世语言的世界语》和《何为巴哈伊运动?》,上面还特地刊载了阿博杜·巴哈的肖像。在香港短短逗留期间,她主要致力于写作,曾经发表了30篇关于巴哈伊信仰的文章。她还会见了广东省政府主席陈铭枢将军。国民政府主管丝绸业的官员廖崇真和他的妹妹为其担任翻译。陈将军曾表示,大同教的教义最适合当时战乱的中国。

从广州到达上海后,露特又与阿格尼丝·艾莉山大会合,后者是特意从日本前来帮助露特进行宣教工作的。他们会见了曹云祥夫妇以及其他波斯巴哈伊。露特为当地的报纸提供了一系列文章,它们曾经连续8天刊载关于巴哈伊信仰的史事。露特与阿格尼丝在上海花了10天时间宣扬巴哈伊信仰。露特还在南京逗留了10天,1930年10月6日在国立中央大学作了"新时代的国际教育"的讲演,出席演讲的少数女生对巴哈伊信仰的男女平等的主张深为激动。露特还在金陵女子大学作了讲演,并会见了不少政府官员。露特在上海和南京逗留期间,很少有机会在电台上演讲,这是因为国共两党的冲突日益加剧的缘故。据说,当时有10位巴哈伊住在上海。其中有曹云祥夫妇以及侯赛因·图第和乌斯库里一家,他们每两周在乌斯库里家里聚会一次。曹云样博士自告奋勇将《巴哈欧拉与新时代》译成中文。露特推动了这个工程,答应为其翻译出版募集款项。1930年10月22日,露特乘船离开上海,27日抵达日本。两月后返回夏威夷。据报道说,此期间许多中国学者成了巴哈伊,一些广东的巴哈伊将露特的文章译成了中文,并呈递给电台上广播。①

① Jimmy Ewe Huat Seow, *The Pure in Heart*, Sydney, 1991, p. 41.

乌斯库里先生与曹云祥夫妇及其他友人

到1934年,上海的地方灵体会已经牢固地建立起来。当年,T.Y.唐在一封通函中报告说,灵体会的成员由9人组成,曹夫人被选为司库,他本人是秘书兼图书管理员。

1937年6月,玛莎·露特最后一次访问中国,她从日本来到上海,住在专供外国人下榻的国际大酒店。此时正是抗日战争时期,她冒着生命危险,为全国的有关图书馆和以前会见的朋友们运来了中英文巴哈伊文献。由于日本军队轰炸上海,所以她不得不于8月14日撤离。在随后的动乱中,国际大酒店遭到轰炸,多人丧生。她于8月20日到达马尼拉。

从1920年到1940年,许多巴哈伊宣教师访问了中国,包括米尔札·侯赛因·图第、法国的第一位巴哈伊希波里特·德莱掘斯一巴尔尼、圣辅凯斯·兰森基勒夫人、中国艺术史专家F.圣乔治·斯潘德拉乌先生、著名的巴哈伊艺术家马克·托比先生、圣辅西格福里德·绍克福劳赫先生与伊达·芬古夫人等。

波斯巴哈伊图第于1919年1月来到上海,1921年去了菲律宾。1927年返回上海,一直住到1946年。1932年他在日本东京会见了阿格尼丝·艾莉山大。巴尔尼从1920年开始在中国住了一年半时间。

基勒于1931年6~8月间在东京拜会了艾莉山大,8月间赴澳大利亚途中,在上海作了短暂停留。在电台上和其他场合作过讲演。拜会了一系列著名的教育家和官员。廖崇真的妹妹廖凤龄(音译)[①]小姐曾在美国密歇根大学获得硕士学位,时为岭南大学历史系教授,曾经邀请基勒访问广州,使基勒成了廖崇真博士家里的常客。基勒在两年间游历了中国、日本和印度,后来去了波斯。

F.圣乔治·斯潘德拉乌先生是加拿大人,他于1932年来到上海,留经游历南京和北京。1934年,在英国人博纳德·里齐的陪同下,马克·托比在上海拜会了老朋友邓魁(音译)[②],邓是一位艺术家,他在美国华盛顿大学学习时,托比曾向他学习中国的书法与哲学。邓魁向他传授的思想与风格影响了马克后来的画风。1934年5月11日,托比曾向上海的银行家俱乐部讲述了巴哈伊信仰的历

① 廖凤龄,音译,应为"廖奉灵"。——编者注

② 邓魁,音译,应为"滕圭"。——编者注

史。在曹云祥的帮助下,他租用了中国青年会的两间房屋作为巴哈伊图书室。1937年该室关闭。

到了20世纪40年代,许多中国人聆听过巴哈伊信仰,一些人成了巴哈伊信徒。

四、战乱的年月

1920～1940年间,中国曾经派遣许多学者到海外留学,得到庚子赔款的资助。其中许多人应邀出席巴哈伊的活动,一些人皈依了巴哈伊信仰。阿博杜巴哈曾经回忆说,有一位同华盛顿和平会议有关的中国大学生出席了巴哈伊聚会,详细认真地请教了许多问题,最后说:"这是我听说过的最好的宗教。"另一位出身于中华民国领导人之家的大学生读了巴哈伊文献后感慨地说:"这正是新中国所需要的宗教。"

华人学者廖崇真,于1921年在美国康奈尔大学读书时首次闻听了巴哈伊信仰,同年加入了巴哈伊。1923年春他回到故乡广州,帮助露特会见了许多中国的党政要员。在他的安排下,露特于1924年会见了孙逸仙博士,廖崇真担任翻译。曹云祥在其《中国的巴哈伊事业》一文中写道,孙中山听取和阅读了巴哈伊信仰的书籍后,表示巴哈伊信仰最切合中国的需要。在这次访问中,廖崇真的一位妹妹成了巴哈伊,给露特当过翻译。同年,在欧洲皈依了巴哈伊的T.J.庄(音译)先生回到了上海。

廖崇真曾将一些巴哈伊文献翻译成了中文。1937年,他向守基·阿芬第报告说,经过五年时间,他已经认真完成了巴哈欧拉书简的翻译。他还将《隐言经》译成了中文,将圣护撰写的巴哈伊信仰的基本原则和简史印刷了2000册,寄往中国各地的图书馆。在日寇对广州狂轰滥炸之时,他能够再次于1938年6月17日向圣护写信说:"在炸弹和子弹的轰鸣声中,我完成了巴哈伊重要圣典的翻译。具体说来,有《巴哈欧拉书简》和《已答之问题》,我现在正着手第三部书《阿博杜巴哈论神圣哲学》的翻译,因为我坚信新的世界秩序,世界的最终得救都取决于巴哈欧拉各种原则的实现。我愿尽自己的绵薄之力,将此喜讯告知我的同胞。"①1939年,廖崇真完成了巴哈欧拉的《祈祷与默思》一书的翻译。

1939～1945年,在这战乱的岁月里,尽管通讯艰难,但中国大陆的巴哈伊依然同圣护保持着通讯联系。在此期间,少数中国留美大学生成为了巴哈伊。有一位南京人楚耀龙(音译,Y.L.Chu)于1946年4月在华盛顿加入了巴哈伊教,当年6月返回南京,在上海拜会了乌斯库里先生、苏来曼夫妇、博尼丝·沃德女士和吉米·周佳三(音译)先生。朱于1945年8月17日在上海结婚后不日便携家眷迁居南京,在政府部门供职。他曾经向许多朋友宣讲巴哈伊教义,在他的引领下,他的邻居H.C.元(音译)接受了巴哈伊信仰。

1945～1949年期间,在美国克罗纳多州丹佛城受训的一群中国空军军官因同当地巴哈伊的接触并参加其聚会而加入了巴哈伊教,其中有大卫·栾奇(音译)、张铁力(音译)、吉米·周佳三(音译)、M.S.元(音译)。1949年,上述诸人均去了台湾,他们可能是台湾的第一批巴哈伊信徒。

在美国加入巴哈伊教的著名华人希尔达·燕梅(希尔达·燕延星,音译)②,于1905年③生于上

---

① Jimmy Ewe Huat Seow: *The Pure in Heart*, Sydney, 1991, p.52.

② 希尔达·燕梅,现统称为"颜雅清"。——编者注

③ 1905年有误,应为1904年。——编者注

海一个殷富的基督徒之家，16岁时，她作为大学文化交流的学生，获得了奖学金到美国施密斯大学留学，毕业后回到上海，受其叔父曹云祥的影响而了解了巴哈伊信仰。离婚后，她在莫斯科的中国驻苏使馆为其叔父曹云祥[①]大使料理家务，她后来曾到柏林和瑞士工作。第二次世界大战即将开始时，她移居美国。1941～1943年间，她返回祖国，在重庆服务于抗战活动，她的父亲此时任蒋介石内阁的卫生部部长。1944年，她到了美国，次年在伊利诺斯州威尔梅特成为巴哈伊，在联合国公共情报部工作。任职期间，她曾经在美国和加拿大的许多重要集会上代表巴哈伊发表演说，常常在巴哈伊和非巴哈伊聚会上引证守基·阿芬第的话。1949年，在纽约州成功湖举行的国际非政府组织第三次国际代表大会上，她是巴哈伊四人代表团的成员之一。1952年10月6～10日，在纽约联合国总部举行的第五次国际非政府组织国际代表大会上，她又是巴哈伊代表团成员，并任了大会第一工作委员会的副主席。希尔达于1970年3月18日辞世，她的长期挚友M·莫特海德夫人这样称赞她："希尔达·燕梅将在未来中国巴哈伊的历史上占有永恒的地位。"[②]

五、昙花一现的中国大同教

纵观大同教在中国的正式传播和中国信徒的皈依，是在20世纪初期，到其在大陆消匿之时，仅有半个世纪。二三十年代，从其传教的范围、圣典的翻译出版、华人成员的素质等方面来看，可谓盛极一时。但由于中国政权的更替和大同教重要领导人的不幸倏忽离世等原因，大同教未在中国长期立足，实为一件憾事。但是，大同教在近代中国的传行，同与近代殖民主义相联系的基督教在中国的传播，却具有一些不同的特点：

大同教的传播，出于它本身也是一种在其母国受压制、遭迫害的宗教，所以其传教宗旨既不是为了在精神上征服中国，也没有仰仗殖民主义势力。早在百年前，大同教的第二任领袖阿博杜·巴哈就极为景仰中国及其人民，曾对其信徒说："到中国去！到中国去！中国有最大的潜力，中国人追求真理最为诚挚……中国是未来的国家。"[③]露特女士热诚坦率地对其中国听众说："当我们西方还处于蛮荒状态时，你们中国这个杰出的民族就已经孕育和创造了许多文明。中国人有着敏锐的智力……我走了许多国家，还未发现比你们中国人更为文明、更有礼貌的民族。你们热爱自己的文化，发扬其精华；又研究西方文明，用于自己的国家……如果西方认为中国仍在沉睡，那么沉睡的便不是中国，而是西方！"[④]在列强肆意宰割中国的20世纪30年代，如此同情中国人民，盛赞中国文明，并且预见到中国未来前途的西方人士，可谓凤毛麟角。没有对中国人民的深厚友情和对中华文明的深切景仰，是不会持这种友好态度和宏大胸怀的，这同某些西方传教士的欧洲中心主义和文化霸权主义形成鲜明对照。大同教没有专职传教士，它规定信徒皆有传教义务，所以它在中国的传教士也都是具有一般职业的普通人，如商人、学者和记者等。

正是由于大同教的传教士对中国人民所持的友好态度，同时也由于大同教的"世界大同"、"天下

---

① 曹云祥有误，应为"曹惠庆"。——编者注

② 《巴哈伊世界》第四卷，第431页。

③ 载1924年4月4日《中华民国日报》。

④ 载1924年4月4日《中华民国日报》。

一家”、“人类和平”等教义与中国传统文化基本理念的类似性，所以它能够受到中国知识界的认同。这一点与其他外来宗教起初在中国的遭际是颇为不同的，大同教并没有这样一个漫长的冲突与磨合过程。在20～30年代中国的反帝爱国的民族主义情绪空前高涨时刻，大同教却迎来了自己的黄金岁月，就是明证。

中国大同教的基本成员多是在海外受到高等教育的华人或归侨，有的担任过外交官，有的担任过政府或教育部门的高级官员或高等技术职位，他们在大同教于中国的传播方面，特别是经典的翻译以及将其介绍给中国上层人士方面，起了重大作用。也正是因为这样，所以随着这些骨干分子的倏然消逝或政局的更迭，大同教在中国也就骤然间失去了津梁，犹如昙花一现、过眼云烟。

大同教问世于19世纪下半叶，此时正是西方殖民主义列强瓜分世界的狂潮澎湃涌动、世界大战即将爆发的前夜，它的创始人融各大世界宗教中最为普世和比较现代化的成分，提出了“上帝独一、宗教同源、人类一体、天下一家”的主张，呼吁打破信仰、偏见、种族、阶级、性别、语言、地域等界限，消除纷争，实现“人类统一、世界大同”，这确实是先进的人类长期以来所共同追求的崇高理想。再加上该教没有严格的教规和戒律。缺乏宗教所需要的最基本的“神论”和“来世论”的严密结构，所以就在实际上具有明显的乌托邦色彩，缺乏芸芸众生在苦难中所需要的那种企盼苦尽甘来的精神慰藉，故而在其传播的过程中，赞誉者甚多，而皈依者甚寡，真所谓阳春白雪，曲高和寡，没有获得广泛的群众基础。这样，它就不仅在中国信众寥寥，而且至今在世界上虽然传遍了220多个国家和地区，但信徒人数却只有约600万人，比起其他那些将阳春白雪和下里巴人有效地融为一体的世界宗教来，就相形见绌了。不过，在科学技术日益进步，和平与发展逐渐成为人类社会主旋律的今天，大同教却愈来愈显示了它的超前性和未来性，在联合国非政府组织中犹如鹤立鸡群，预示着这种宗教卓尔不凡的前景和生命力。

"19"的由来(节选)*

[德]贝阿特·尼姆斯基著,王彦会译

19的这种显赫地位在土耳其的"Bahá'í宗教"中表现得最为清楚,不过仍是被赋予了神的创造力、神的数字、神的代言人等意义。除此之外,她还出现在所有重要的数据中。神的代言人就是如此宣告的:神召唤他做守望者,寂寞地守望着19这个数字周围存在的某种隐秘知识,没有人能战胜这个数字。Bahá'í的日历就是建立在神圣的数字19的基础之上:每年有19个月,每个月有19天。

* 原载[德]贝阿特·尼姆斯基:《改变命运的十九把金钥匙》,王彦会译,新华出版社2004年版。

访印散记（节选）*

黄德益

印度宗教盛行，世界上主要的宗教差不多印度都有。由于受《西游记》影响，一般都会以为印度主要信奉佛教，其实不然，现在印度最盛行的宗教是印度教和伊斯兰教。全国百分之八十的人是印度教徒，其次是伊斯兰教、锡克教、佛教、基督教、拜火教、犹太教、巴哈伊教等的信徒。在一个晴朗的中午，我们利用休息时间到新德里市郊巴哈伊教灵曦堂参观。巴哈伊教起源于1844年，创始人巴哈欧拉，巴哈伊的意思是“上帝的荣耀”。我们对该教的教义并不了解，之所以要去参观，是被灵曦堂的建筑风格所吸引。这座灵曦堂的建筑主体直径达70米，地面到顶端高34.27米，坐落在一个占地26.6亩的花园草坪之中。主体被设计成莲花形，莲花由45片花瓣组成。花瓣均由白色水泥做成，外层嵌上白色的大理石。整个建筑物被9个水池环抱，主体内部不见一根梁柱，落地玻窗使得堂内十分明亮，堂内设有1300个座位，供信仰者坐着默祷和沉思。此外还有一座附属建筑，内设接待中心、图书馆、视听室和行政办公室。据介绍，印度巴哈伊教灵曦堂被列为世界七大奇观之一，实地游览后，其建筑设计构思精巧和博大的气势的确使人叹服。由于灵曦堂是莲花形，所以我们又给它起了一个中国名字“莲花庙”。建筑师把灵曦堂设计成莲花形是颇具匠心的，因为莲花不仅同印度多数宗教有关系，而且是印度的国花。莲花的根深植于水底污泥中，而花却绽放在水面之上，印度人把这比喻为人虽在世俗间生活，但精神要超凡脱俗。这样的信条与我国荷花“出污泥而不染”，不是同出一辙么？作为洁美和纯情的象征，在宗教信仰上，莲花也是圣洁的。印度教的吉祥天女常手执莲花赐福人类。在文学名著《沙恭达罗》和迦梨陀娑的名诗《云使》里，都把莲花作为美的象征。参观灵曦堂使我们明白了，为什么我们演出木偶剧《玉莲花仙》，每当莲花出现时，印度观众的掌声是那样热烈，这是我们出国前没有料想到的效果。

* 原载黄德益：《抚摸岁月》，成都时代出版社2004年版。

印度:一座宗教博物馆*

吴金光

印度是个宗教大国,几乎人人笃信宗教。走进印度,就像置身于一个巨大的宗教博物馆,这里既有清真寺、也有佛教庙宇,这些宗教场所和信仰各种宗教的信徒,组成了一个丰富多彩的宗教万花筒。我们从加尔各答驱车来到一个印度教的寺庙。只见很多男女教徒在虔诚地朝拜。入庙前要脱鞋还要接受检查;入庙后,只见许多妇女手捧小花篮,纷纷涌入一个大殿并排起了队。我们也好奇地跟着排队。庙中间有一尊塑像,庙门被人拦上了,里面有两个男人,凡是妇女送水的花篮统统收下,送完花篮的妇女则走下台阶,在地上撒有红脂的地方用手指沾上红脂点在眉心上,然后如释重负、心满意足地走开。我们没有花,只好掏出卢比给看门人,奇怪的是,他们接过钱后马上递给我们几朵花和一小块硬饼。我们不懂规矩,不敢擅自处理,只好将它们交给了导游——印度小伙小白,小白用一个信封小心翼翼地将其收藏好,说是回德里后交给他的奶奶。

在加尔各答市区,我们还参观了一座耆那教庙宇。庙不算大,里边花草怡人。耆那教是印度的传统宗教之一。耆那筏驮摩那(传说是耆那教的第二十四祖,他对耆那教进行了改革,耆那教徒称他为“大雄”)的称号,它的本意是“胜利者”。耆那教反对婆罗门教的种姓制度,基本教义是业报轮回、非暴力、苦修主义,以求得灵魂解脱。德里的莲花庙是印度的巴哈伊教教堂,呈莲花状,造型非常独特。教堂里面格外亮敞,摆满了椅子,全部面向屋中心,中心立 个讲坛。巴哈伊教最初由巴字在1844年创立,由巴哈欧拉和阿博都巴哈继承并发扬光大,完成 整套巴哈伊教的理论体系,形成了今天的巴哈伊教。巴哈伊教是一神教,信奉上帝是世界的主宰,倡导世界大同。据了解,印度宗教的形成与发展,至今已有4000余年的历史了。宗教对印度的社会与政治生活有着巨大的影响。在全国总人口中,印度教徒占82.7%,伊斯兰教徒占11.2%,基督教徒占2.6%,锡克教徒占2%,其余为佛教徒、耆那教徒、祆教徒、犹太教徒等。此外,山区一些少数民族还信仰民间宗教。全国有着数不清的寺庙,有可以容纳数万人的金碧辉煌的大庙,也有随处可见的马路边上的神池。几乎每户印度人家都有神龛。仅仅靠几天的时间是无法领略印度宗教的博大精深和奥妙无穷的内涵的。不过走马观花看印度,犹如参观了一座宗教博物馆。

* 原载2005年4月1日《中国民族报》。

巴哈伊教的诺露兹节*

吕耀军

巴哈伊教是19世纪中叶，由伊朗贵族巴哈欧拉，在伊斯兰教巴布教派基础上创立的一个独特的世界性的新兴宗教，其称谓得自巴哈欧拉之名，在中国旧称大同教。宗教的核心思想是"上帝同一，宗教同源，人类一家"；巴哈伊教虽脱胎于伊斯兰教，但在短短160余年的时间里，能成为影响广泛、最为活跃的新兴世界宗教，关键在于与其他宗教相比，有其独特的现代特质，宗教的教义教规与当代社会所关注的问题基本一致。如强调"工作就是崇拜，服务就是祈祷"的宗教理念，强调科学与理性的和谐发展，倡导世界的和平，人权的保护，男女的平等，家庭婚姻的和谐。正是因为巴哈伊教的宗教价值取向与人们的世俗生活中所面临的各种社会问题密切相关，所以常常被称为"俗人的宗教"。

巴哈伊教有自己的历法，与一般使用的公历完全不同，它采用"双十九"制，即每年设19个月，每月设19天，19这个数字暗含波斯语"瓦希德"(独一无二)含义，该词的字母数值为19，年末增加4天(闰年加5天)。每年的公历3月21日(春分前后)为巴哈伊教历新年元旦，即诺露兹节。诺露兹是波斯文，意思是新的一天，即巴哈伊教斋月和旧年的结束，新年的开始。在巴哈伊教里，庆祝节日的方式很多，一般是教友们一起聚餐并有祈祷活动，还可举办演讲、研讨和社交性聚会，亦可组织郊游和社会服务活动，这种方式与现代人的生活习性是契合的。

今年3月20日的晚上，笔者欣逢在北京中旅大厦举行的在京国外巴哈伊教徒庆祝诺露兹节的活动。活动还未正式开始，已经有许多人等候在那里。人们互相亲热地打着招呼，或以特有的方式彼此祝福新年愉快。在这里看不到我们印象中的传统的善男信女，他们都是在中国发展的外国高级知识分子，有驻外机构的工作人员，有医生、商人、律师，也有高级工程师，来自20多个国家。在大厅门口，金黄色头发的小女孩们穿着漂亮的节日衣服，手里拿着精致的节目单，以不同的语言对来宾表示欢迎。

会场灯光调得相对较暗，但布置得非常典雅，椅子以环形摆放，主要是为了宗教纪念活动的方便。圆桌上铺着干净的白色桌布，桌子的中央放着花，四周摆放一圈晶莹剔透的小石子，在小石子的周围，又零散摆放着许多小小的白色蜡烛，营造出一种温馨的节日气氛。巴哈伊教在这种宗教性的纪念活动中的一项重要内容，就是朗读和吟诵祷文，有时还配有音乐，因为巴哈欧拉的继承者，巴哈伊教义权威的解释者阿布杜·巴哈说过，巴哈伊信徒必须用欢乐悦耳的词句来颂扬上帝，以圣诗和赞词来歌颂他，所以朗诵经文是巴哈伊信徒宗教节日中表达信仰的主要方式。同样，中旅大厦进行的庆祝诺露兹节的活动也不例外，第一个节目就是用中文诵读阿布杜·巴哈的作品中的一篇"人类

* 原载《世界宗教文化》2005年第3期。

祷文”，其内容主要是赞颂他们所信仰的万物的创造者，“仁慈的主啊，你是博施仁惠的尊上！我等是你门槛前蒙你慈悲保佑的仆人，你的天佑之阳普照万物，你慈悲之云广临万物……”对阿布杜·巴哈的作品颂读，几乎贯穿于整个活动的全部，各种肤色的信教者分别用英语、西班牙语、法语、波斯语，或唱，或诵。人们侧耳倾听，闭目沉思，一幅肃穆的景象。巴哈伊教对于宗教礼仪没有作特别的规定和要求，讲求自然。一位在中国摩托罗拉公司工作的美国女士，拉奏着小提琴，悠扬的乐曲在大厅中回荡，表达春天的到来。另一位黑色皮肤的非洲妇女用阿姆哈拉语唱经典中的内容，嗓音深沉而舒缓，极富有穿透力，这种用艺术的手法传达教义的方法，比起传统的宣教方式更容易沁入人心。

紧接其后的是 4 个八九岁的男孩背诵经典中的箴言内容，内容涉及世界和平，人类团结，如“当战争之念萌起时，以更强的和平之念对抗它，有恨念时必须以更强大的爱念去消除它”，或者是强调把个人对上帝的交流和虔诚，转化为个人对他人的义务，主张用行动，而不是单靠纯粹的内心虔敬来拯救社会，“通过纯洁和良好的行为，以及值得赞颂和适当的品行，才能达到世界的改进”。巴哈伊教主张一种世界主义，提倡人与人之间放弃一切偏见和斗争，发扬个人的高尚品德和友爱精神，维护世界和平，实现世界大同。

除了传统的表达宗教情感的方式外，用现代方式表达宗教情感在巴哈伊教的宗教活动中司空见惯。巴哈伊教认为宗教与科学是社会发展的两个翅膀，宗教解决精神世界的问题，而科学则解决物质世界的问题，用科学技术的手段帮助贫苦民众摆脱贫困，也是巴哈伊信仰者所经常采用的方法。而在这里，电子手段也是用来作为宣扬宗教的方式。在优雅的乐曲声中，播放了一组精心准备的录像节目，在镜头中，首先闪现出太阳、月亮、山峰、冰雪等冬天的景象，然后是冰雪融化，万物复苏，春天来临。宗教的节日当然离不开对巴哈伊教创立者的缅怀，镜头又切换到位于以色列北部的海法市卡梅尔山，在希伯来语中，“卡梅尔意”为葡萄园。卡梅尔山不仅对犹太人和基督徒来说，是神圣的地方，这里也是巴哈伊教行政中心，巴哈伊教的殉教先驱巴布陵墓位于这里，是海法市著名的标志之一。放眼望去，巴布陵寝被绿葱葱的草坪环绕，与从卡梅尔山顶延伸到山脚的 18 级巨大平台式台阶构成一幅绝妙的画卷。

带有宗教意义的活动，在十多个天真可爱的小孩子的新年歌曲声中结束，歌声明畅轻快，祝福诺露兹新年的到来。精神享受之后，该物质享受了。巴哈伊教规定信徒每年斋戒一次，期限是 19 天，3 月 20 日是斋戒的最后一天，所以当天的晚餐具有特定的涵义。晚餐采取的是自助餐的形式，各种样式的糕点，好多都是巴哈伊朋友从自己家带来的，所以口味各不相同。当然，这不是免费的晚餐，所有参加活动的巴哈伊朋友都要付费；这也与巴哈伊教宗教组织的特点有关，在组织方式上，巴哈伊教没有神职人员和地方教堂，信徒互以巴哈伊朋友相称，没有高低贵贱之别，每个教徒都有传教的义务。巴哈伊教反对不劳而获，要求每个人都要工作，所以宗教经费来源于教徒的自愿捐赠。

晚餐中间，贯穿着娱乐节目，中国传统的民间魔术表演也来助兴。神奇的取金鱼戏法吸引了不少孩子的眼球。最吸引我的，则是巴哈伊信教者自己编排的节目，一位女士跳的印度舞别有风味，尽管不是印度人，但她的眼神，她的手姿，使人们沉醉于印度风情之中。随后的歌曲、舞蹈以及吉他、钢琴表演更是精彩，把诺露兹节的庆祝活动推向高潮。

“取经朝圣”之旅*

——中国宗教工作者代表团埃、以纪行

李寒颖

经国务院批准、受埃及宗教基金部与我驻以色列使馆邀请，由国家宗教事务局叶小文局长率领的中国宗教工作者代表团一行七人，自2月17日开始了为期12天的埃及、以色列之行，其间途径迪拜、伊斯坦布尔。走过三洲四国，参访四大宗教，见证多种文明，其中埃、以之行可谓“取经”之旅，“朝圣”之旅。

一、“取经”之旅

埃及曾经是阿拉伯世界的一个政治、经济和文化中心。穆斯林们在埃及先后建立了独立的土伦王朝、法蒂玛王朝、艾尤布王朝和马木鲁克王朝，伊斯兰教在这片土地上影响深远。目前，埃及全国90%的人口信仰伊斯兰教。伊斯兰教为国教，其教规是共和国立法的主要根据。埃及共和国在处理宗教问题上既有很多成功的经验，也有血的教训。三任总统都曾成为激进宗教组织暗杀的对象，其中被称为“战争与和平的英雄”的萨达特总统于1981年被宗教极端主义分子暗杀。

在行前会上，叶局长将代表团此次访埃的目的定位为：第一，考察埃及在维护伊斯兰教界的稳定以及防止宗教极端主义方面的经验和做法；第二，考察埃及各不同宗教之间的和睦相处的主要经验，政府对各个不同宗教的管理方式和做；第三，了解政府宗教部门的主要机构和功能，加强中埃两国宗教事务部门的友好合作。

抵埃次日，我们会见了埃及宗教基金部部长马哈茂德·哈米迪·扎克祖克。埃及的宗教管理通过宗教基金部进行，因此选拔既有宗教学识又有政治头脑的人很重要，扎克祖克就是这样的一个人。据他介绍，埃及宗教事务管理的重点一是管寺，二是管舆论。

在管寺方面，埃及政府1960年就通过法令，政府把清真寺全部管起来。但是到1982年时，政府只能管5000座寺，大量清真寺在私人和各类组织手中，9年前扎克祖克初任宗教部长时，政府也只管了2万座寺，当时埃及宗教极端势力活动猖獗，袭击外国游客屡屡发生。现在已有9万座寺在政府管理之中，还有1万多座寺也要在今后几年中管起来，政府只任命毕业于爱资哈尔大学的毕业生出任清真寺负责人（伊玛目），要求他们以温和的、宽容的主张进行宗教宣传，否则就撤职。伊玛目的

* 原载《中国宗教》2005年第3期。

工资由政府支付，目前埃及政府每年拨款 15 亿埃镑，(约合 20 亿元人民币)支付伊玛目工资。政府还把分散的宗教财产(卧各夫)全部管理起来，统一调配，用于清真寺的维修。

在管舆论方面，爱资哈尔长老、共和国穆夫提(教法解释官)等有影响位置都控制在温和宗教人士手中，他们对需要在教法中作出解释的问题作出比较温和的解释。如去年法国提出公立学校学生不能着宗教服装(穆斯林学生就不能戴头巾)时，众说纷纭，爱资哈尔长老就作出解释说可以接受，宗教部长也曾亲自写书，以反对西方曲解伊斯兰教为名，以温和的主张阐述了许多伊斯兰教的思想观点。近年为了强化宗教宽容思想，埃及专门建立了宗教对话委员会，与天主教、基督教团体对话，强调宗教上许多思想主张、道德都是近似的。当然，信仰问题不讨论，只研究具体思想、道德问题。埃及还发挥上个世纪 50 年代成立的伊斯兰最高理事会的作用，作为向国内国际进行舆论宣传和引导的一个平台。去年召开的理事会第 16 次年会主题就是"伊斯兰教的宽容思想"，今年 4 月份即将召开的年会主题是"伊斯兰教的人道主义"，通过这些会议来研究与挖掘伊斯兰教与现代社会发展相适应的积极因素，在国际国内重塑伊斯兰教的形象，同时举起反对极端主义的大旗。

叶小文局长一行先后会见了埃及爱资哈尔长老坦塔威(副总理级，为埃及最高的宗教领袖)，爱资哈尔大学(以下简称爱大)校长艾哈迈德·塔伊卜、共和国穆夫提阿里·主麻。他们对中国代表团的到来表示热情欢迎，反复强调两国都是文明古国。爱资哈尔长老和爱大校长在介绍爱资哈尔大学时提到：爱资哈尔精神相信文明的对话与合作，不相信文明的冲突。爱大建于公元 900 多年，是伊斯兰世界最古老的宗教大学之一，是当今世界上规模最大的伊斯兰大学，也是极有影响的伊斯兰思想库。在 1000 多年的风雨中，爱大一直强调伊斯兰教各教法学派和睦相处，并是伊斯兰世界宗教大学中唯一一所各教法学派都开课的地方。近几十年来，为了与宗教极端势力进行斗争，爱大又发展了宗教对话，宗教宽容，中道等伊斯兰教的温和思想主张。

穆夫提则特别强调了穆斯林与非穆斯林相处的三条原则：一是人类同源，各国人民都是朋友和兄弟；二是穆斯林与非穆斯林要合作共事；三是要和睦邻里，包括非穆斯林的邻居。

在几次会见中，叶局长都介绍了我国的宗教信仰自由政策与中国穆斯林现状，同时指出了"东突"势力利用宗教，在新疆进行恐怖活动的情况以及我们的立场。

埃及之行结束前夕，叶局长接受了新华社记者采访，创造性地提出了"兴利除弊，借他山之石反对我国内宗教极端主义，为我两个大局服务"的设想。他认为，埃及的爱资哈尔大学作为阿拉伯和伊斯兰世界具有重要影响力的最高宗教学府，在宣扬"中道"，"宽容"和"防止派别"等宗教思想方面有可借鉴的地方，只要做到兴利除弊，完全能够为我所用，在"拓展我和平发展的战略空间"和"反对极端宗教势力，维护国内稳定，构建和谐社会"方面能够发挥积极的推动作用。

这次采访给我们的埃及之行画上了完美的句号，使此次埃及之行成为一次不折不扣的"取经"之旅。

二、"朝圣"之旅

3000 年前的摩西已经证实，出埃及的道路总不是一帆风顺的。为了从埃及前往以色列，我们不得不每人多办一本护照，并从土耳其的伊斯坦布尔转机。登机前，我们还被以航的安全官员要求打开全部的行李，检查是否被放入爆炸物或其他危险品，所幸我们借着候机的时间，得以走马观花地参观这座曾经是东罗马帝国首都和穆斯林世界中心的历史名城。

以色列是圣经中记载的“应许之地”。有人开玩笑说，上帝说这句话时打了个嗝，把Canada说成了Canaan，这个地方一片沙漠，哪有奶和蜜？如果说宗教是人类精神的奶和蜜的话，上帝的确没有说错，这片土地上产生了世界上最早的一神教犹太教，又衍生出了基督与伊斯兰教。这里有三大宗教共同的圣城耶路撒冷，有耶稣青年时代传教的加利利地区，还有巴哈伊教的信仰与行政中心：海法和阿卡。对于宗教工作者来说，以色列之行无疑是一次“朝圣”之旅。

第一天上午，我们前往圣城耶路撒冷，这里每一个不起眼的角落，都可以讲出一段与宗教有关的故事。我们的第一个目的地是圣殿山，这里是亚伯拉罕领受上帝旨意、祭献儿子的地方，也是他的孙子雅各和天使摔跤，并被赐名“以色列”（与神角力的人）的地方。陪同我们的使馆同志说，由于安全原因，圣殿山很少开放，他们来了这么多次耶城。从没上去过，山上的阿克萨清真寺与萨赫莱清真寺只能远观了。然而一下车，我们却发现上山的通道开着，奇迹般地参观了这个沙龙四年半前依靠上千名警察开路才得以参观的地方。

伊斯兰教的圣地之下就是犹太教的圣地西墙，又称哭墙，这是犹太第二圣殿的遗址，也是两千年来犹太人最重要的祈祷场所。墙边有身穿黑衣黑帽手捧圣经祈祷的犹太教士，有带着满了13岁的孩子前来庆祝成人礼的犹太家庭，还有在纸条上写上愿望塞入墙缝的游客。西墙的拉比热情地接待了我们，并与叶小文局长进行了热情的交谈。

哭墙旁边是一条隧道，从中可看到更多圣殿遗迹。1996年9月23日，内塔尼亚胡下令开通，激起了巴勒斯坦人的极大愤怒，最终引发了死伤近千人的大规模流血冲突。

穿出隧道已是正午，我们踏上了苦路，即当年耶稣受难时所走过的道路。从耶稣背上十字架之地起到受难并复活之地圣墓教堂共14站。此时已近中午，我们一行饥肠辘辘，为了准时出席中午以方的宴请，在这条高低不平的路上连跑带奔，确实找到了一点苦路的感觉。

宗教意味着圣洁，意味着和平，耶城作为三大宗教的圣地，更应是圣洁和平之所。然而，几千年来耶城见证了太多的鲜血、泪水和纷争，自3000年前大卫王建都后，这里历经了37次征服，8次被毁。宗教与政治间的难解难分，使鲜血玷污了神圣，让纷争打断了和平，令杀戮驱逐代替了共存共生。

中午，以外交部负责亚太事务的副总司长阿莫斯·纳达伊与耶路撒冷市长的宗教事务顾问宴请了我团，以方介绍了目前以犹太教的基本情况。

下午，代表团会见了伊斯兰最高法院院长和阿什肯纳齐大拉比，进一步了解了以色列不同信仰群体的状况，以色列作为一个多民族、多文化、多宗教和多语言的社会，存在着严重的非正式隔离模式。虽然官方的政策并没有隔离各民族群体，但社会中的许多不同部分在某种程度上是相互隔离的，并坚定地维护自己的文化、宗教、意识形态和民族特性。以色列并不是一个熔炉社会，倒更像一幅由共同生活在一个民主国家框架内的不同人口群体所组成的镶嵌画。这种政策带来严重的社会分裂，造成了不同族群间的经济差异和不公平感，强化了公民的民族认同却降低了国家认同，这些都成为社会冲突、社会动荡的潜在因素。

次日，我们前往耶稣青年时代传教的加利利地区，参观了报喜堂，这里是加百利天使向玛利亚报喜的地方。与之毗邻的是圣约瑟教堂，是为了纪念玛利亚的丈夫约瑟而建的。报喜堂中有世界各国赠送的形态各异的圣母像，衣着、发型、脸型等因地各有特色，令人慨叹。普世宗教要想传播发展，就不能不顾及世界各地的实际情况，不能不与各地的民族特点、政治结构相结合。

随后，我们又来到新兴宗教——巴哈伊教的圣地：阿卡和海法。这里有巴哈伊教的先驱巴孛的陵墓，巴哈伊教正式的创始人巴哈欧拉的陵墓和巴哈伊教的世界行政中心。"巴哈欧拉"在波斯文里的意思是"上帝的荣耀"，"巴哈伊"的意思则是"巴哈欧拉的信徒"。巴哈欧拉本是一位贵族，由于追随巴孛而被剥夺了一切，过了 40 年土牢监禁和流放生活。他启示了 100 多部经典，高举宗教同源和人类一家旗帜，阐释一种新的人类理想和世界秩序。1892 年，他死在阿卡。巴哈伊教的历史使我们不禁想到了耶稣的受难、穆罕默德的出走。另一个影响很大的新兴宗教——摩门教，同样通过创始人的殉教和继承人的迁徙实现了精神的升华，宗教的发展，看来牺牲与迁徙是宗教的一个永恒主题。

临行前一晚，我驻以使馆陈永龙大使在官邸宴请了代表团一行，宴请中大使提到，由于巴以局势缓和及隔离墙的修建等原因，现在以色列的安全形势已有好转。然而，我们回到特拉维夫的旅馆不久，代表团中就有人听到远处传来一声巨响。随后，我们从房间的阳台上看到一辆辆警车与救护车呼啸而过，几分钟后，又有直升机飞过。打开电视，我们才知道，距离我们的住处仅几百米，有人在一个夜总会外引爆了人体炸弹，后来我们知道，这次爆炸造成四人死亡，数十人受伤。第二天，我们路过爆炸现场，面对被震碎的玻璃窗，面对面色凝重的记者和围观群众，不由得反复追问：圣地何以多血泪？

这次赴埃、以的"取经"之行、"朝圣"之行，既让我们看到了宗教宽容带来的和谐，也看到了宗教冲突带来的血泪。正反两方面的事例让我们深深地感到宗教无小事，这对于我们做好国内宗教工作有着巨大的启示。

巴哈伊教简介*

周加才

我之所以对巴哈伊教进行研究，起因有三：一是2000年5月底，我有幸随团去埃及和以色列访问，除访问了著名的宗教圣地耶路撒冷外，也访问了另一个宗教圣地，以色列北部的天然海港，美丽的山城——海法市。相传，这里过去曾是犹太教、基督教和伊斯兰教的圣地，如今则是巴哈伊教的圣地——巴勃陵寝所在地，也是巴哈伊教总部——世界正义院的所在地。二是巴哈伊教的教义新颖，许多内容相当现代和开放，具有世俗、宽容、灵活等许多特点。三是从资料显示巴哈伊教发展迅速，分布地域很广，目前全世界信徒人数可能已超过1000万，传播范围已扩大到200多个国家和地区，成为在地域分布上仅次于基督教的宗教。后来有机会去香港、澳门考察宗教，顺便去巴哈伊教的中文出版社——澳门新纪元国际出版社有限公司，终于如愿以偿，取得丰硕的资料，才为写此文提供了条件。

一、巴哈伊教的创立和几个主要人物

19世纪初科学技术的发展，工业化的进程加快，引起一些宗教信仰者的困惑和疑虑，有的基督教信仰者从基督教经典找证据，认为人类历史气数已尽，耶稣基督即将再度来临。有的伊斯兰教信仰者则认为，《古兰经》和伊斯兰传统中的各种预言之应验已近在眉睫。就在这种情势下，1844年5月23日，伊朗希拉兹城的青年商人赛义德·阿里·穆罕默德（取名巴勃，阿拉伯文中意味“大门”或“门”的称号）宣称：上帝之日已临近，他就是伊斯兰经典中许诺将出现的那一位圣使，巴勃是巴哈伊教实际创始人巴哈欧拉的先驱者，他的主要使命是为巴哈欧拉的来临铺路。因此巴哈伊认为巴比信仰之创始是巴哈伊信仰之创始。1863年，巴哈欧拉宣告，他就是巴勃所预言过的那位“被许诺要出现者”时，巴比信仰的目的也实现了，这时他已创立了一个称为独特的、独立的宗教——巴哈伊教。

巴哈伊教的几个主要人物：

巴勃（1819～1850）

赛义德·阿里·穆罕默德，又称“巴孛”（也译为“巴布”），是巴哈欧拉的先驱。1844年5月23日，他在波斯宣告他作为上帝使者的使命。他所提出的新的宗教教义引起了众多人士的兴趣。当时

* 本文是根据《巴哈伊》——巴哈伊国家社团提供的有关资料整理而成。原载《金陵神学志》2005年第4期。

的一些宗教领袖们唯恐他的思想扩散，说服当局镇压巴勃和他的追随者。

巴孛被放逐到当时波斯的属地阿塞拜疆，先后囚禁于马库和奇里克的城堡内。一个“临时法庭”对他进行了“审判”。1850 年 7 月 9 日，巴孛在大不里士被一队兵士枪决。

巴哈欧拉(1817～1892)

米尔扎·侯赛因·阿里，尊称“巴哈欧拉”(“上帝的荣耀”之意)，巴孛预言要降临的那位圣使，巴哈伊信仰的创始人。

巴孛殉道后，当局对新宗教的镇压变本加厉，迫害手段越发残酷，大批巴比教徒或惨遭杀害，或受到非人的虐待。巴比社团新崛起的领袖之一巴哈欧拉也遭逮捕，囚禁于德黑兰的名叫“赛亚查尔”(意为“黑坑”)的地牢之中。

1853 年，巴哈欧拉被逐国外，先是到巴格达，之后去君士坦丁堡(今伊斯坦布尔)和阿德里安堡(今埃迪尔内)，最后转到奥斯曼帝国属地巴勒斯坦的阿卡，在此被继续监禁了 24 年。他将阿卡和海法一带命定为巴哈伊信仰的圣地及教务行政中心。1892 年巴哈欧拉在此去世。他的陵墓是巴哈伊圣地中的圣地，是巴哈伊信徒朝拜的中心。

阿博都·巴哈(1844～1921)

阿巴斯·阿芬第，又名“阿博都·巴哈”(“巴哈的仆从”之意)，巴哈欧拉的长子及他指定的继承人和他的教义的阐释人。

自 1853 年巴哈欧拉被从波斯放逐出境，阿博都·巴哈一直都伴随着他父亲，在漫长的流放岁月中患难与共。他的大半生都是一个囚犯。直到 1908 年，青年土耳其党发动革命，他才从阿卡的监禁中获得自由。

1910～1913 年间，阿博都·巴哈游历埃及、欧洲和北美，作了大量的演讲，广扬巴哈伊信仰的教义。由此巴哈伊信仰开始传播到西方。到 1921 年阿博都·巴哈逝世时，有巴哈伊信仰的国家达到 35 个。

守基·阿芬第(1897～1957)

阿博都·巴哈指定他的长孙守基·阿芬第·拉巴尼为巴哈伊信仰的圣护、领袖和教义的阐释者。

在守基·阿芬第的领导(1921～1957)下，巴哈欧拉和阿博都·巴哈的著述中专门规定的巴哈伊教务行政体制建立了起来，其运作程序也逐步规范化，设于海法－阿卡地带的巴哈伊精神及行政世界中心更加巩固。

二、巴哈伊教的信仰、教义、信条

巴哈伊信仰的根本教义是“团结”。巴哈欧拉关于上帝、宗教和人性之教义的精髓是：“上帝唯一，宗教同源，人类一家”。他认为只有一个上帝——宇宙的创造者。横贯历史上帝已通过一系列神圣使者向人类显示了自己，每一位圣使都创立一个宗教。这些圣使包括亚伯拉罕、克里希纳、琐罗亚斯德、摩西、佛陀、基督和穆罕默德。这一系列圣使反映了同一个历史性的"上帝之计划"旨在教育人类认识造物主，并培养人类的灵性、知识和道德能力，其目的一直是为一个全球性，不断演进的文明铺路，以实现人类大同与世界和平，所以也有人译之为"大同教"。巴哈欧拉认为，在人类演进的过程中，统一的范围由家庭逐步扩大到民族、城邦和国家。

巴哈欧拉所倡导的统一是多样性中的统一，即以一个世界联邦制度，将万博纷呈、千姿百态的各国和各民族融合成一体，而这无穷的多样性又给全体人类增姿添彩。在这个世界联邦里，国与国之间的纠纷、仇恨将不复存在；种族之间的敌视与偏见，将让位给和谐、谅解与合作。它将永远地消除一切宗教纷争和肇因，消灭众多人一无所有而少数人富可敌国的贫富悬殊局面，并促进世界各地的经济交流合作。

为了实现全球性社会繁荣，必须遵循一些原则：(1)消除形形色色的偏见；(2)男女两性完全平等；(3)世界伟大宗教的根本一元性；(4)消除贫富极端；(5)普及教育；(6)科学与宗教之和谐；(7)在保护自然和发展技术间维持平衡；(8)基于集体安全和人类一家的原则，建立一个世界联邦体系。

巴哈欧拉的著作中对上述这些原则进行了详尽的叙述。人类一体性的观念是构成巴哈伊信仰中其他社会正义原则的基础。巴哈欧拉认为全体人类，作为唯一上帝的创造物，人类也是同一个人类，肤色、国家、阶级或种族之不同，这是表面性的，任何宣扬个人、种族、地方或国家优越于其他的概念都是应该反对的，他在经文中写道："既然人类是上帝从同样的泥土上创造的，就应如一个灵魂，以同一足行走，同一嘴吃饭。"我们怎么能用种族的颜色来量测并说某一肤色的人——白种人、黑种人、棕种人、黄种人、红种人——是上帝创造者的真正影像呢？我们必须得出结论，肤色不是判断估量之标准，并且它是毫不重要的，因为肤色在本质上是偶然性的。人的灵魂和智慧才是根本性的。一个人的心可以是纯洁的，虽然他外表肤色是黑色的，或者他的心可能是黑暗罪恶的，虽然他的肤色是白色的。关于宗教的一元性，巴哈伊认为，人类历史上一个令人瞩目的现象，就是杰出导师的出现，如释迦牟尼(佛陀)、克里希纳、琐罗亚斯德、摩西、耶稣、穆罕默德等，他们都是各大宗教的创始人，千百年来，他们言行一直广泛地影响着人类的思想和行为，巴哈欧拉是最近现身的一位这样的伟大导师。巴哈伊认为，所有的大宗教都来自上帝，究其来源都是真的。然而，每一个大宗教的教谕又由两部分构成：一部分包含了每个宗教都拥有的相同的根本及永恒的真理；另一部分则是有关宗教形式、仪式典礼和集体生活的律法。当巴哈伊说各种宗教原是一体时，并不意味着各种各样的宗教派别或组织没有区别。但他们相信只有一个宗教，上帝的各位圣使已不断演进地启示了它的本质。巴哈伊还认为其他宗教信仰中的许诺和期望已在巴哈伊信仰中得到实现。如对犹太教背景的巴哈伊，巴哈欧拉是摩西承诺的"与万圣"降临之"万军之主"，作为亚伯拉罕的后裔和"杰西之根上的嫩枝"，巴哈欧拉已来领导各民族"铸剑成犁"。巴哈欧拉被流放到以色列圣地之路途的许多特征，以及巴哈欧拉生平和身后发生的许多历史事件，均被认为是应验了《旧约》中的无数预言。对佛教背景的巴哈伊，巴哈欧拉应验了这一预言："一个叫作弥陀佛，即世界友爱之佛"将出现。他们见证到许多预言的应验，如弥陀佛将来自于"西方"的事实，伊朗确在印度的西方；对印度教背景的巴哈伊，巴哈欧拉是克里希纳的新化身，"第十位阿瓦陀"和"最伟大之灵"。他是"无生无死"者，正如在"巴戛瓦吉它"中所许诺过的；对基督教背景的巴哈伊，巴哈欧拉圆满应验了基督将"以天父之荣耀"回归同时又如"深夜之小偷"来临这互为矛盾的许诺。巴哈伊信仰创立于 1844 年这一时间也与许多基督教预言相合。例如，巴哈伊注意到，中非是在 1840 年代终于向基督教打开大门的。这一事件被普遍认为是完成了这一许诺，基督将在“福音传到所有国家”后重新来临。在巴哈欧拉的教义中，巴哈伊看到基督许诺之实现将所有人民带到一起，“将只有一个羊群，一个牧人”；对穆斯林背景的巴哈伊，巴哈欧拉应验了《古兰经》中“上帝之日”和“伟大之宣告”的预言，那时“上帝”将“被云层遮作”降临。他们在巴比和巴哈伊运动的悲壮事件中看到许多穆罕默德的传统预言之应验，这些预言长久以来一直是使人困惑之谜。

关于科学与宗教，巴哈欧拉在著作中将科学与宗教描绘成把握真实存在的两条不同而和谐的途径。这两条途径从根本上是相容并且互相促进的。他认为科学方法是人类理解宇宙物质方面的工具，它能描述一个原子核的组成，它是新技术的钥匙；然而，他又认为，科学不能够指导人们如何使用这些知识，而上帝的启示则授予人类价值观和目的性的基础，对道德观、人类存在的目的、我们与上帝的关系等等这些科学不能解答的问题提供了答案。巴哈欧拉说，每个人都应该努力把自己从偏见、先入之见和对传统或传统权威的依赖中解放出来。磋商是发现真理的关键工具，他还呼吁采用一种世界科学通用辅助语言，作为促进团结的一种工具。“这一天正在临近，世界各族人民将会采用一种全球性语言和一种通用的文字。”“那时，一个人无论旅行到哪个城市，都像进入自己家园一样。”

巴哈欧拉主张女性与男性平等，在他的经典中特别指明：当教育和资源有限时，女孩应比男孩优先得到权利，因为她将是孩子的第一位教师。在巴哈伊婚姻中，无论丈夫或妻子都不应主宰一切，女性与男性能力的表面不平等，只是由于女性缺乏受教育的机会。巴哈欧拉提出经济公道，也反映了他关于人类一体性的中心主题。他著作中大量写到倡导经济公道的必要性，并提出了帮助控制人类社会中财富极端不平等的处方。例如，通过对收入实行“正负方向累进税”来重新分配财富和利润分享的概念，都在他的教义中明确提出。

巴哈欧拉特别强调教育，他说：“人可视为一座饱含无价珍宝之矿藏。唯有教育，能使它显示其宝藏，使人类因而获益。”因此，他强调教育应该是普及的，并且应该培养积极的精神价值观和道德态度。

巴哈伊同其他任何宗教一样，认为爱是上帝存在的一种基本表现形式，也是上帝与被造物的一种基本关系。通过爱，人类就能与上帝联系起来了，并且认为爱有四种。第一种爱是上帝对人类的爱，上帝的爱是一切爱的源泉；第二种爱是人们对上帝的爱，这种爱使得人的心灵反映真理的光辉；第三种爱是上帝对于自身的爱或上帝自身的显示；第四种爱是人对人的爱。这种爱是上帝对人类的爱的自然延伸，这种爱是人类真正团结与和睦的基石。

但巴哈伊信仰不认为人有“原罪”，也不认为人类基本上是罪恶的或在人的本性中具有内在罪恶倾向。在巴哈伊信仰看来，创造物中没有恶，一切都是善。这与中国圣人孔子所说“人之初，性本善”是吻合的。巴哈伊认为恶的属性是后生的，人类的物质方面的天性是产生罪恶的根源，但并非物欲本身是罪恶的。

三、关于政教关系

巴哈伊信仰较任何一种宗教更关注世俗的社会。巴哈欧拉在他的著作中描述了他们所期望的未来世界统一行政体制的架构，论述了为这个新的世界秩序而做的彻底的宗教改革的必要性。巴哈伊信仰在论及人类、事务方面较其他宗教远为广泛，在实践推行上较其他宗教更为积极，在将教义和原则融于宗教以外的人类生活的其他方面上也似乎比其他宗教走得更远，这都充分说明巴哈伊信仰所具有的社会性。

巴哈伊主张信徒必须“忠于政府”，但“不参与政治”，并且认为这是同一个原则的两个方面。巴哈伊禁止信徒从事任何有可能损害社会的行动，更不能从事任何不忠或颠覆政府的活动。巴哈欧拉强调，忠于政府是一种最主要的精神与社会原则。为了建立良好的社会秩序和经济环境，必须拥护政府的法令与政策。他告诫信徒必须效忠政府，做一个好公民。不忠于政府就是不忠于上帝。巴哈伊要求信徒不得参加或干预政治活动，不允许其拥护和支持某党派、某一政治利益集团或某一政治学说主张。巴哈伊认为世俗的政治基本上是党派的政治，而巴哈伊是反对任何分裂的，包括任何派系活动。巴哈伊信徒可以也应该参加社会公民投票，这是尽一个公民的责任和义务，但这一投票是针对候选人本身而不是他所代表的党派或任何的政治背景。

四、巴哈伊社团

巴哈伊教务行政体制由两部分组成：一部分是经过选举产生的从地方、国家到世界的各级协理会，它们行使所辖巴哈伊社团的一切宗教事务的决定权；另一部分是被委任的一些经验丰富、精明能干的洲际顾问，他们只有顾问和辅助性，不具有圣职权位。

协理会有三级：地方协理会、总协理会、国际协理会。

地方协理会，也叫地方灵体会。每年改选一次，选出九名成员。

总协理会，也叫总灵体会。在一个国家中，巴哈伊社团达到一定数目，就可选举产生一个总协理会。每年改选一次。先由该国各区的成年巴哈伊选出他们的各自的代表，再由这些代表在全国性的蕾兹万节聚会上选出 9 人的新一届理事会。

国际协理会，也称“世界正义院”，是巴哈伊国际社团的最高机构，设于以色列的海法市。国际协理会的成员也是 9 名，每 5 年改选一次。洲际顾问由世界正义院委任，每次任期 5 年。

关于协理会的选举，各级巴哈伊组织的选举都是无记名投票方式进行，没有提名程序，选举期间禁止任何竞选活动和拉帮结派。投票时，选举人必须在选票填写 9 个本社成年巴哈伊的名字，得票最多的 9 人当选为协理会成员。成年巴哈伊，不论男女都有被选举权，选举日期是每年的 4 月 21 日。

1. 地方社团的活动与聚会

巴哈伊信仰没有圣职人员，任何地方，无论大城市、集镇或乡村，巴哈伊社团活动都是由当地的 9 人协理会组织和协调。

协理会的一切事务均由其成员之间的磋商来决定。磋商是巴哈伊用来处理事务、解决问题和形成决定的基本方法。它适用于社团的所有事务，乃至国际关注的问题。这些原则不仅被信仰的自身机构所采用，也应用在巴哈伊拥有的产业与商业中，在巴哈伊开办的学校中，以及在巴哈伊家庭的日常决策中。巴哈伊经典著作详尽阐述了磋商的原则，认为它是揭露一切事物之真相，激发对各种可能性的自由探讨,建立团结和共识以及确保集体决定得以成功贯彻执行的最佳手段。但磋商如果不能一致决定,就必须按少数服从多数原则决定,所有成员都必须坚决服从。

各巴哈伊社团每隔 19 天举行一次聚会,亦称"十九日灵宴会"。各地巴哈伊社团也召开其他的聚会,如巴哈伊的 9 个圣日以及 2 个与阿博都·巴哈有关的节日。

2.入教和崇拜

巴哈伊信仰没有圣礼,年满 15 岁以后由其自己决定是否加入这信仰。一个人若承认巴哈欧拉是上帝的使者,就可向就近的地方协理会提出,经研究同意就成了成员,假如一个巴哈伊信徒不再相信,也有退出的自由。

巴哈欧拉将巴哈伊信仰宗教性仪式简化到最低程度。他指定了三段义务祷文,所有年过 15 岁的巴哈伊每日必须依规定的简单仪式择其中之一个人独自诵读。巴哈伊也聚集在一起礼拜,通常朗读其他祷文和阅读圣文。

3.斋戒

每年 2 月 20～21 日[①]是巴哈伊的斋戒期,从日出到日落这段时间不得进食。但如果年龄不满 15 岁和超过 70 岁、伤病者、旅行及重体力劳动者、孕妇、哺乳期的母亲和经期的妇女例外。

4.历法、圣日和节庆

巴哈伊的历法使用太阳年,以春分为元旦。1 年分 19 个月,每月 19 日,余下的 4 日为闰日(闰年则为 5 日)。

巴哈伊的九个圣日是:

诺灵兹节[②]公历 3 月 21 日

蕾兹万节第一日　公历 4 月 21 日

蕾兹万节第九日　公历 4 月 29 日

蕾兹万节第十二日　公历 5 月 2 日

巴孛宣示日　公历 5 月 23 日

巴哈欧拉逝世日　公历 5 月 29 日

巴孛殉道日　公历 7 月 9 日

巴孛诞辰日　公历 10 月 20 日

巴哈欧拉诞辰日　公历 11 月 12 日

此外,还有两个纪念阿博都·巴哈的节日:

圣约日　公历 11 月 28 日[③]

阿博都·巴哈逝世日　公历 11 月 26 日[④]

---

① 此处有误,应为 3 月 2 日至 20 日。——编者注

② 新年元旦,通称"诺露兹节"。——编者注

③ 此处有误,应为 11 月 26 日。——编者注

④ 此处有误,应为 11 月 28 日。——编者注

五、巴哈欧拉著作与天启过程

巴哈欧拉著作中最重要的一部是《亚格达斯经》，即《至圣之经》，它是巴哈伊周期的“母经”，启示了他被囚禁在阿卡的最黑暗的日子，主要包括了巴哈欧拉为他孕育的“世界秩序”所设计的各种法律和机构。巴哈欧拉提示神秘领域的著作中最知名的一部是《七谷书简》，它描述了灵魂与其创造者重新结合之旅程的各个阶段。巴哈欧拉论证他的使命的主要著作是《确信之道》，它解答了自古以来一直是宗教生活核心的几大问题：上帝，人之本性，生命的目的，天启的功能与作用。巴哈欧拉的道德伦理教育核心包含在一本题为《隐言经》的小书中。在几个大部著作之中，巴哈欧拉写了大量的被称为“书简”的文章，这些书简大多数是致某个追随者的，他自己估计这些书简收集起来超过一百卷。

据巴哈伊相关资料介绍，巴哈欧拉启示的一个重要特征，就是所记载下来的圣言真正完全是巴哈欧拉所启示的。巴哈欧拉之言是在它们被启示的当时就被记录下来，并经过巴哈欧拉确认首肯的。这在几个历史性的文献中都有描述。一个观察者记录了以下一段话：“密尔萨·阿高·简（巴哈欧拉私人秘书）有一个碗大的墨水瓶，他还随时有 10 到 12 支笔和一沓沓大张的纸，那时所有致巴哈欧拉的书信都由他接收。他带着这些信件到巴哈欧拉前，在得到允许后，朗读它们，然后巴哈欧拉指示他拿起笔记录下作为答复而启示的书简。”在记录下每次启示之后，原草稿会被重新誊写，巴哈欧拉亲自审阅并首肯最后版本。

六、巴哈伊教的传播和发展

巴哈伊教的传播：巴哈欧拉规定他的追随者负有传扬教义的义务。巴哈伊信徒必须以言行和榜样向世人传播巴哈伊信仰。他禁止任何促使他人改变自己的宗教信仰的做法。巴哈伊只能向有兴趣者宣讲教义，若对方表示不感兴趣，绝不可强行处理。

巴哈伊教创建时间只有 100 多年，它已成为一个独立的宗教。巴哈伊国际社团于 1948 年得到承认，作为联合国非政府组织，从 1970 年起它一直担任联合国经济与社会理事会及联合国儿童基金会的顾问。它与世界卫生组织和联合国环境组织也有密切的工作关系。

巴哈伊教已跻身于最快速度发展的世界性宗教信仰之列，据《世界基督教百科全书》统计，从 1970 年到 1985 年的 15 年间，全球巴哈伊团体以平均每年 363％的增长率发展着，成为全球发展最快的宗教，其次是伊斯兰教 2.74％，印度教 2.30％，佛教 1.67％，基督教 1.64％，犹太教 1.09％。

巴哈伊信仰者来自各个国家民族、种族群体、文化背景、职业工作、社会或经济阶层，是目前全球分布第二广的宗教，《大英百科全书》1992 年的统计数字表明，巴哈伊信仰已在 205 个主权国家和附属地区奠定了基础。基督教为 254 个，伊斯兰教为 172 个，犹太教为 125 个，佛教为 86 个。

七、其　他

1.九角星图案

一个简单的九角星图案通常被巴哈伊用作他们的信仰的一个象征。“9”这个数字在巴哈伊天启中具有重要的象征意义。巴孛在希拉兹城宣告使命的9年之后,巴哈欧拉在德黑兰地牢中接受了他之使命的讯息。“9”作为单位数的最高数目,象征完满。既然巴哈伊信仰声称为所有以往宗教之预言与期待的实现与应验,这一图案,例如用在九边形巴哈伊圣殿时,反映了应验和完满这个含义。

2.卡梅尔山

自古以来,卡梅尔山就以上帝之山而闻名于世。同巴哈伊一样,犹太教、基督教和伊斯兰教曾经把此山奉为圣山。考古学家们在四壁为石灰石的洞穴里发现了古石器时代克鲁场麦农人的遗骨。伟大的哲学家毕达哥拉斯去埃及的途中,曾经在这里短住。以利亚曾经以此山的两处洞穴为家。据说,耶稣一家从埃及返回的途中曾经在这里休息。公元1150年,十字军将士到此朝圣。16世纪,德鲁士人在此山定居。1868年,德国圣殿骑士在山脚下砌盖了牢固的砖房,建立自己的领地。1891年巴哈欧拉在山脚搭建自己的帐篷,并指着山上的一块地,对其长子阿博都·巴哈说:“此地将是巴哈伊教先驱巴孛遗骸永久长驻之地。”阿博都·巴哈遵照其父的训示,1909年,建造了巴孛陵墓的原始建筑,将巴孛遗骸移放殿内。巴勃陵寝上的金色圆顶,具有装饰作用,使整个陵寝成为海法市著名的标志。1941～1953年,守基·阿芬第亲自督建巴孛陵寝上的装饰物,开发整齐开阔的花园。自1987年以来,从卡梅尔山脚直到山顶环绕巴孛陵寝的18级巨大平台式台阶一直在建设中,6级台阶位于巴孛陵寝以下,另9级在巴孛陵寝以上。以设计建筑印度巴哈伊灵堂而闻名的建筑师法理博·萨巴先生设计了这些环绕着卡梅尔山的园林的台阶,目的是为巴孛陵寝创造最合适的外围环境——巴孛陵寝是巴哈伊最神圣的圣地之一。建筑师法理博·萨巴先生说:“整体构思是视陵寝为一颗宝石,台阶成为其烘托,就像黄金的环饰中镶嵌着一颗璀璨的钻石。”平台式台阶设计为9个同心圆,以巴孛陵寝为中心发散出来。所有的直线和弧线都将目光和注意力引向中心的建筑。整个建筑现已完成,约花1.5亿美元。

八、巴哈伊教的未来远象

巴哈伊认为世界新秩序的概念不只是政治权力的重新调整,如几位世界领袖所声称的那样;也不只是一小群学者所构筑的法律条文。它是巴哈欧拉所亲笔描绘的“奇妙体系”代表他的原则与教义的完全实践与执行,新的世界秩序,如巴哈伊信仰本身一样,包涵了人类活动的全范围,从社会与政治领域到我们的文化、精神、经济和社区生活中的日常关系,它既是内部世界也是外部世界的重新秩序化。

巴哈欧拉所描绘的全人类的团结，意味着一个世界共同体的建立。在这个世界共同体中，所有的国家、种族、信仰和阶级都亲密地、永久地团结在一起，各成员国的自治权和个人自由与主动性将无疑受到完全地保障。这个世界共同体，必须拥有一个世界立法机关。它的成员，作为全人类的信托者，将最终管理所有成员国的整体资源，并将订出必要的法律，以保证生活秩序化，满足人民需求，并协助各民族间的关系。

一个由国际军事力量所支持的世界执法机关，将执行世界立法机关所达成的决议并实施其制订的法律，并将保障整个共同体的有机一体。一个世界法庭将组成此全球体系的各成员间可能出现的一切争端作出仲裁，并发布有制约力的最终判决。

一个全球通讯机制将被设计出来。它将覆盖整个地球，不受任何国家的干扰或限制，以神奇的速度和完善的规律运行。一个世界都市将成为世界文明的神经中枢，它将是生命的各种凝聚力汇集之焦点，也将是振兴生命的影响力放射之源泉。一种世界语言将被发明或者从现存的语言中选定一种世界文字，一种统一的全球货币及度量衡制度将简化及帮助各国各民族之间的交流与理解。

科学与宗教是人类生命中的两大力量，将握手言和，互相合作，和谐发展。在这样的体系下，新闻媒介在给予人类不同观点与见解以充分表达机会的同时，将不再为个人或公众的既得利益所恶意操纵，也将从政府与民族的纷争干扰下解放出来。全球经济资源将被开发和充分利用，其市场将得到协调和发展，产品的分配将被公平合理地规范化。

国家间的竞争、仇恨将终止，种族仇视与偏见将被种族和睦、理解合作所取代。宗教争端的起因将被永远地消除。经济的藩篱与限制将被完全废弃。阶级间的不平分野也将减少。一方极端贫困而另一方则贪婪积累财富的现象将消失。消耗与浪费在战争上的巨大能量，无论经济或政治的，将奉献给开拓人类发明和技术发展领域的事业，提高人类的生产力，消灭疾病，促进科学研究，提高健康水平，发展人类大脑智能，开发利用尚未利用的未知的地球资源，延长人的寿命以及发展促进任何其他能够激励整个人类的智能、道德和灵性生活的机构。

一个世界联邦体系，统治全球并对其不可估量的资源享有无上权威，融合并体现东西方的理念，摆脱了战争的诅咒与不幸，致力于开发地球表面上一切潜在能源，其军事力量成为正义之奴仆，人类被生命的团结统一性力量所驱动并朝着大同的目标前进。

巴哈伊信仰的世界主义*

蔡德贵

《世界宗教研究》1997 年第 2 期发表了金宜久先生的《巴哈教的世界主义》一文，1998 年 9 月北京大学举办"宗教学国际学术研讨会"，金宜久先生为研讨会提供了这篇论文的摘要。金先生确认巴哈伊教是当代新兴的世界性宗教，在教义上有更为广泛的包容性，在组织上有更为适应现代生活的灵活性，在生活上更为关注社会现实和伦理问题。金先生认为巴哈伊教的世界主义与其奠基者的社会生活环境、阶级出身、个人经历有关，而巴哈伊教的世界主义本身是宗教混合主义在社会政治思想中的反映，宗教混合主义不过是苏菲泛神论思想在当代社会政治问题上的应用和再现。几年过去了，随着全球化步伐的加快，金先生有关巴哈伊教的世界主义的探讨似乎更有现实意义。尤其是当今的世界，在宗教派别林立，宗教极端日益严重，宗教战争日益频繁的情况下，巴哈伊教的世界主义更有不可忽视的现实意义。

一、信仰的前提——已知的宗教在根源上是一致的

巴哈伊信仰的产生，本身就是世界主义的产物。该教产生在伊朗，这在思想史、宗教史上是一个非常奇特的现象，是一个典型的物极必反的实例。如所周知，伊朗是一个奉伊斯兰教什叶派教义为国教的国家，在这个国家，伊斯兰教逊尼派是受排斥的。因为根据什叶派教义，逊尼派违背了该派有关穆罕默德的女婿兼堂弟阿里是唯一的正统哈里发的教义。仅就这一点来说，什叶派是一个排他性很强的教派。由此该派有"伊斯兰教极端派"之称。巴哈伊信仰的背景是什叶派中的一个支派。①

巴哈伊信仰，也称"巴哈伊教"，旧称"大同教"，又译"巴哈教"、"白哈教"、"比哈教"、"巴海运动"，是阿拉伯文 Bahá'í 的音译。巴哈伊，意为光辉、容光焕发、美丽、漂亮等。该教的得名，源自创始人伊朗的米尔扎·侯赛因·阿里·努里（Mírzá Ḥusayn-'Alí Núrí，1817～1892）自称"巴哈欧拉"（Bahá'u'lláh 的音译，意为"安拉的光辉"）。该教是一种新兴宗教，它源于伊斯兰教，但又不是伊斯兰教，因为不仅该教公开宣布彻底脱离伊斯兰教，而且伊斯兰世界也不承认它是伊斯兰教中的一个教派。早在 1925 年，埃及的伊斯兰教宗教法庭就作出这样的决定：巴哈伊信仰是一个完全独立的新宗教，它有

* 原载《中国社会科学院研究生院学报》2005 年第 6 期。

① 详见蔡德贵：《当代新兴巴哈伊教研究》，人民出版社 2001 年版，第 36～39 页。

自己完整的信仰、原则及法规。因此，绝无任何巴哈伊教徒可被当作是伊斯兰教徒。[①]

巴哈伊信仰者坚持认为该教从其开始，就是一个独立的新兴宗教，而非某个宗教的一部分或者支派。巴哈伊教确实完全有别于伊斯兰教，因为"根据巴哈伊信仰本身的解释，它并非为了重建或改良伊斯兰教而创立，而自命其根本是源自上苍的新行动，新恩惠及新圣约。其信仰及法规之基础是巴哈欧拉所启示的新圣言，因此，巴哈伊信徒绝非是伊斯兰教徒"[②]。所以英国著名历史学家阿诺德·汤因比得出结论说："巴哈伊教是一个独立自主的宗教，如同伊斯兰教、基督教和其他受公认的世界宗教一样。巴哈伊教不是其他宗教的一个教派。它是另一个宗教，地位和其他受公认的宗教相同。"[③]汤因比认为人类文明发展的最终目的和归宿就是实现四大宗教的全教会社会，这是人类文明发展的最高境界，对上帝的模仿不会使人失望，可以使人保持精神上的强大的凝聚力，"如果没有神的参加，就不能有人类的统一"[④]。显然，巴哈伊教的基本主张符合汤因比全教会社会的思路。

巴哈伊教的基本教义由巴布和巴哈欧拉的多部著作阐述出来。

巴布的主要著作《白杨经》(*Al-Bayán*)，又译《默示录》、《宣示经》等，它系统阐述了巴布的教义、律法及礼仪和社会改革的主张，宣布人的智慧与能力将从迷信中解放出来，那时将出现全新的学术与科学，甚至连小孩的知识都会远远超过现在的所谓饱学之士。巴布的教义创立了一个崭新的、富于生命力的社会的概念，同时又保留了大部分听众和读者所熟悉的文化和宗教成分。[⑤] 因此，《白杨经》成为巴布信徒的根本经典，用以取代《古兰经》。1848 年，其门人正式宣布脱离伊斯兰教。1850 年，阿里·穆罕默德被处死，其门徒流亡到伊拉克，分裂成两派：一派叫阿里派，领袖为叶海亚；另一派叫巴哈伊派，后者又演化成巴哈伊教，成为一个统一的新兴的宗教。巴哈伊教的创始人为米尔扎·侯赛因·阿里·努里，年轻时即成为巴布的信徒，后来自称巴哈欧拉，从此，该派便被正式称为巴哈伊教。巴哈欧拉一生写下了大量著作，其中主要有《至圣书》(*Kitáb-i-Aqdas*，又译《亚格达斯经》)；《笃信之道》(*Kitáb-i-Íqán*，又译《确信》、《意纲经》等)、《隐言经》、《七山谷书》以及其他经典，总共有 100 多部。

《默示录》确立了巴哈伊教的独立宗教意义，它提出的基本思想是：伊斯兰教时代已经结束，而巴布所开创的新时代已经到来。人类社会的各个时代，是依次按周期递嬗发展的，当一个旧的时代结束之时，一个新的时代必然到来，新时代一定会超过旧时代。每一个时代都有自己的特殊制度与法律，当旧的时代结束之时，与该时代相适应的旧制度、旧法律也随之而被废除，而要以新的法律、新的制度来代替旧法律、旧制度。但新法律和新制度不能由普通人制定，而必须由安拉派来的"新先知"来制定。摩西和《旧约》、耶稣和《新约》、穆罕默德和《古兰经》，都是不同时代的产物，曾代表不同的时代。而今，穆罕默德和《古兰经》的时代已经结束，巴布就是代替这一旧时代而出现的新先知的先锋，而《默示录》则是新时代律法和制度的总汇，是取代《古兰经》且高于一切的经典。现存世界中的

---

① 守基·阿芬第：《神临记》(阿拉伯文版)，巴西巴哈伊出版社 1986 年版，第 453 页。参见威廉·汉切尔、道格拉斯·马丁：《巴哈伊教——一个新崛起的世界宗教》，新加坡巴哈伊总灵体会 1993 年版，第 197 页。

② Udo Schaefer: *The Bahá'í Faith And Islam*, p.113. 转引自威廉·汉切尔、道格拉斯·马丁：《巴哈伊教——一个新崛起的世界宗教》，新加坡巴哈伊总灵体会 1993 年版，第 197 页。

③ 阿诺德·汤因比 1959 年 8 月 12 日致土耳其伊斯坦布尔的 N. Kunter 博士的信，转引自威廉·汉切尔、道格拉斯·马丁：《巴哈伊教——一个新崛起的世界宗教》，新加坡巴哈伊总灵体会 1993 年版，第 3 页。

④ [英]汤因比：《历史研究》，上海人民出版社 1966 年版，第 129 页。

⑤ 参见李绍白：《人类新曙光——巴哈伊信仰》，澳门巴哈伊出版社 1995 年版，第 270～271 页。

一切，都应按照《默示录》来衡量，一切律法和制度均应依它来重新制定。[①]

《默示录》还主张，安拉作为至高无上的存在，其本体是绝对存在的，也是超自然的，因而人是不能直接认识安拉的，而巴布本人因为是新先知的先锋，他自己就是反映安拉的镜子，是通向认识安拉、认识真理之“门”，认识安拉必须通过他才能实现。这一点使他被什叶派穆斯林视为异端邪说，因为伊斯兰教认为穆罕默德是“先知的封印”即安拉对人类派出的最后启示者。而且，该书还宣称，安拉的第二位使者即将来临，他将比巴布更伟大，其使命是引导一个和平殷实的纪元。这样就使巴哈伊教有了与其他任何宗教都不同的独特之处：同一个宗教有两个先知。巴布认为，7 和 19 是两个神圣的数字，一切信仰和制度都要依这两个数字为依归。安拉有 7 种德性：前定、注定（宿命）、意定（决断）、意愿（意志）、允准（应允）、末日和启示，安拉由这 7 种德性来主宰世界。而人相信世间一切事物都由安拉预定和安排，按照安拉的旨意去行动，也就成为该教派的基本信仰。要掌握自己的命运，就必须相信安拉，相信安拉所派遣的新使者，相信新天经《默示录》。而要理解安拉启示的深奥意义，也必须崇信神圣而吉利的数字 19，从此出发，该教派规定，每年为 19 个月，每月为 19 天，另有 4 天闰日，全年为 365 天。宗教领袖委员会要由 19 个人组成，来决定宗教和社会中的一切重大问题。因为 19 又是安拉本体的数量表征，安拉有 19 个美名，所以每天都要用安拉的一个美名来命名该天的名称。此外，信徒每年要封斋 19 天，每天要诵读 19 段《默示录》。[②] 巴布否认伊斯兰教法所规定的宗教功课与教律，尤其是主张伊斯兰教的功课要彻底改革。它主张简化宗教仪式，礼拜、斋戒、净礼都可以从简进行。礼拜不必在规定的时间和地点进行，取消伊斯兰教的集体礼拜聚礼，只在举行葬礼时规定一些必要的集体仪式。这样，信徒都可以自由礼拜，而不必受集体的限制，也不必受礼拜时间、地点的限制，每人都可以在自己方便的时候就地礼拜。斋戒不需要 30 天，只用每年最后一个月 19 天即可。该教还否定伊斯兰教圣地麦加的地位，规定巴布本人的出生地为朝觐圣地。

在宗教戒律方面，巴布也提出了一些改革措施。该教派严禁教徒饮酒、赌博、乞讨，严禁向乞丐施舍，严禁任意伤害人命、破坏社会秩序和违反社会公德的行为，还废除妇女戴面纱以及男子不许穿丝绸和佩戴黄金首饰的伊斯兰习俗。巴布教徒塔荷蕾成为第一个揭去面纱的伊朗妇女，成为令人尊敬的妇女解放的典范。

对现存的社会制度，巴布的改革主张涉及男女一律平等，不仅有同等的财产继承权，而且男女均可以离异和再婚。应该重建一个没有压迫、没有剥削、人人平等的正义社会。在这一社会中，人身自由得到保障，财产所有权、继承权均受到尊重。商业和一切交易都是自由进行的，商人有自己的特权，支取商业利息为合法，不受任何限制，商业经营可以畅通无阻。它还主张偿还债务，统一币制，便利交通等。同时，该教还强调社会要有崇高的道德标准，要着重于心灵与动机之纯洁，倡导教育和有益的科学。[③]

巴布之所以提出这些改革主张，并非空穴来风，而是当时伊朗社会深刻矛盾的必然反映。19 世纪初，欧洲英、法、俄等西方强国的势力开始渗入波斯社会，它们的资本以商品输出的形式大量涌入伊朗，冲击了伊朗的封建经济。商品经济的发展，外国资本掠夺的加剧，国内的封建剥削也日趋严重，打破了原有的土地关系。大批农民失去土地。农民不得不忍受地租、高利贷的残酷剥削，城镇的

---

① 参见于可主编：《世界三大宗教及其流派》，湖南人民出版社 1988 年版，第 483 页。

② 参见王志远主编：《伊斯兰教历史百问》，今日中国出版社 1989 年版，第 90 页。

③ 参见《巴哈伊》，澳门巴哈伊出版社 1992 年版，第 19 页。

手工业生产者、小商人，在外来商品的倾销和冲击下也面临破产的威胁。这使得社会阶级矛盾日趋激化。伊朗的阶级矛盾大大激化了。在这内忧外患之际，爆发了伊朗巴布运动(1848～1852)。巴布的主导思想形成于加速工业化时期，是以工业化的出现为标志的。

二、“地球乃一国，万众皆其民”的地球村思想的形成

巴布所提倡的这些主张，已经有很多世界主义的成分，它为巴哈伊教义的制定创造了条件，也为巴哈伊教义的世界主义奠定了基础。由于巴哈伊教义与巴布的主张既有异也有同，而巴哈伊教是在巴布运动的基础上产生的，且《默示录》也一度是巴哈伊教的经典之一，只是后来才被《至圣经》所取代，所以，它们之间的联系是非常紧密的，巴布被理所当然地尊为巴哈伊教的先驱，正如阿布杜巴哈在谈到巴布本人时所说：“这位杰出的人物以巨大的力量震撼了波斯原有的宗教、道德、环境和风俗习惯，同时创立了新的教规、律法和新的宗教。”“他把神的教育传给愚昧的民众，在波斯人的思想、道德、风俗和环境上产生了惊人的效果。”①

巴布所阐述的思想，由巴哈欧拉加以系统化和完善化。巴哈欧拉写下的100多部著作，把巴哈伊教体系化，使之成为一个独立的、典型的新兴世界宗教。②

巴哈伊教继承了伊斯兰教的一神论学说，提倡一种普世宗教。它认为普世宗教只有一个，即巴哈伊教。该教主张，安拉是独一无二的、全知的、全能的，是宇宙的缔造者，也是世间万物和人类的创造者、启动者和支配者。巴哈欧拉说：“所有赞美都归于上帝的一致，所有荣誉都属于他——宇宙的万军之主和无与伦比、无比荣耀的统治者。他从虚无之中创造了万事万物；他从无有之中创造了最精巧优美的组成部分；他将他的创造物从极其谦卑和濒临灭绝的危险中拯救出来，然后把他们带进不朽荣耀的天国。除了他包罗万象的恩典和渗透一切的仁慈以外，任何事物都不可以达到这一点。”③

安拉虽是独一的，但可以取不同的名称，如上帝、神、天主、佛陀，虽然称谓不同，实质却是一致的、统一的。他是宇宙的核心，宇宙的最终目的和本质。他是不可知之本质，是神圣的本体，自古至今，他一直隐藏在他亘古的本质中，并停留在他的实体内，而永远不会暴露在凡人的视野下，他将永远超越一切感官之上，并且无法描述。④ 独一的上帝和同源的宗教成为巴哈伊教世界主义的真正基础。

阿布杜巴哈对《圣经》中上帝所说“让我按我的模样造人吧”进行了解释，认为这里的“模样”并非指外貌，因为神的本质并不局限于任何形式的外观，而是指神的本质特性，如公正、仁爱、恩泽全人类、忠贞诚实、对万物慈悲为怀，所以上帝的模样指神的美德，而人理应成为接受神性荣光的容器。⑤

安拉的旨意要通过亲自差遣的诸先知连续不断地显现，因而各大宗教的先知都应该得到承认，

---

① 转引自李绍白：《人类新曙光——巴哈伊信仰》，澳门巴哈伊出版社1995年版，第269页。

② 参见蔡德贵：《当代新兴巴哈伊教研究》，人民出版社2001年版，第40～41页。

③ 《巴哈欧拉圣言选集》，第64～65页。转引自威廉·汉切尔、道格拉斯·马丁：《巴哈伊教——一个新崛起的世界宗教》，新加坡巴哈伊总灵体会1993年版，第72页。

④ 参见《巴哈欧拉圣言选集》，马来西亚巴哈伊总灵体会1992年版，第3～4页。

⑤ 参见阿布杜巴哈：《世界团结之基础》，马来西亚巴哈伊总灵体会1993年版，第98页。

如亚伯拉罕(犹太人始祖)、克里希南(印度教)、摩西(犹太教领袖)、琐罗亚斯德(袄教即琐罗亚斯德教创始人)、释迦牟尼(佛教创始人)、耶稣(基督教领袖)、穆罕默德(伊斯兰教创始人)、巴布(巴布运动创始人)、巴哈欧拉,都是安拉差遣的先知。[①]

所有先知的本质是相同的、一致的,他们之间的唯一性是绝对的。所以推崇某些先知而不敬重其他的先知,是不容许的。但是,先知们在这个世界中启示的分量必然会有差异,每一位先知所传报的信息都是独特的,每一位都有特定的言行方式来显现自己,由此之故,他们的伟大性才具有差异。安拉派遣先知降世的目的有二:一是要把人类从无知的黑暗中解放出来,指引他们迈向真知的光明;二是要确保人类的和平与安宁,并为人类提供建立和平的途径与方法。[②]

这样,先知和现实世界都是神的体现,每一位先知都有一个预言的周期,穆罕默德的天启应持续至少一千年,而巴哈欧拉启示的周期至少要延续 50 万年,因此巴哈伊信仰应该被视为一个循环的鼎盛期,即一系列连续的、预言性的和演进性的启示之最后阶段。[③]

现实世界的所有人,不分男女,都是安拉的儿女,人人都是平等的,不管种族、肤色、社会地位如何,人类皆兄弟,应该统一和谐,真诚相爱,互相信任。整个人类是一个统一的独特种族,是一个有机体的单位,是安拉创造物的顶点,是创造的生命和意识中最高的形式,能够与安拉的神灵交往。巴哈欧拉一再强调"地球乃一国,万众皆其民"[④]。阿布杜巴哈也指出,人类有肤色种族之不同,风俗习惯、口味、气质、性格、思想观点方面存在广泛的差异,这正是人类既一致又多样化的标志,是完美的象征和上帝恩惠的揭示者。这正像花园中的花朵,"不管种类、颜色和形状有所不同,但是,由于它们受到同一泉水的浇灌而清新,受到同一和风的吹拂而复活,受到同一阳光的照耀而成长,这一多样性便增添了它们的美和魅力"。"如果花园里所有的花草、树叶、果实、树枝和树都是同一形状和颜色,这将是多么的不悦目!不同的颜色和形状,丰富及装饰了花园,而且还增进了它的艳丽。"[⑤]既然人类是一致的,那么就不应该继续生活在充满冲突、偏见和仇恨的混乱世界里,为此,巴哈伊教反对人与人之间互相作对和互相残杀,提倡废除伊斯兰教有关"圣战"的教义。

和人类一致的原则相联系,巴哈伊教还提倡宗教同源的原则。巴哈欧拉阐明了这样的基本原则:"宗教的真理不是绝对的而是相对的,神圣启示是一个相继发展和逐渐演进的过程,全世界所有伟大宗教的起源是神圣的,它们的基本原则完全和谐一致,它们的目标和意旨是一致和相同的,它们的教义是同一真理的不同角度,它们的作用是互补的,它们的差异是存在于教义中的次要方面,它们的使命代表人类社会灵性发展的连续阶段。"[⑥]因此,各种宗教之间不应敌对,千万不要使宗教成为纷争及不和的因素,或仇恨与敌意的根源,对一切宗教和各教派的信徒均应一视同仁,取宽容的态度。人的宗教派别之不同,不应成为相互敌对和疏远的根源,也不应成为和平、安宁和友好交往的障碍。宗教偏见在于:狭隘的信仰原则,只承认自己的信仰是正统和正确的,其他一切宗教均为异端;教条化和僵化,认为宗教真理是绝对的、永恒不变的,因此固守宗教教条不放;因循传统,传统的宗教

---

① 参见金宜久主编《伊斯兰教史》,中国社会科学出版社 1990 年版,第 498 页。

② 参见《巴哈欧拉圣言选集》,马来西亚巴哈伊总灵体会 1992 年版,第 9～10 页。

③ 参见守基·阿芬第:《巴哈欧拉之天启》,澳门巴哈伊出版社 1995 年版,第 8 页。

④ 《巴哈欧拉圣言选集》,第 250 页。

⑤ 阿布杜巴哈:《生活之神圣艺术》,第 109～110 页。以上三条均转引自威廉·汉切尔、道格拉斯·马丁:《巴哈伊教——一个新崛起的世界宗教》,第 76～77 页。

⑥ 参见李绍白:《人类新曙光——巴哈伊信仰》,澳门巴哈伊出版社 1995 年版,第 51～52 页。

逐渐失去探索真理的活力，成为世代因袭的习俗。① 神圣的宗教并不是分歧与争执之道，假如宗教成了对抗与冲突的根源，那么，倒不如没有宗教。宗教应成为国家的活跃因素，假如它成为人类死亡之因，那么它的不复存在对于人类来说反而是一种福祉和裨益。因此，巴哈伊教提倡人与人之间要放弃一切偏见和斗争，发扬个人的高尚道德和友爱精神，维护世界和平，实现世界大同。

巴哈伊教承认天堂地狱是存在的，并对它们赋以新意，认为天堂可以看作是接近上帝的一种状态，地狱则是远离上帝的一种状态。每一种状态都是个人在灵性方面努力发展或是缺乏发展的自然结果，灵性进步的钥匙即是跟随上帝显示者所指之道。这种思想与巴布教派是一致的，巴布有言："天堂者，能认识及敬爱造物，而自修完善，俾死后得进天堂，而享永久之道也。地狱者，不认识造物，不能修到完善之境，而失却天恩也。至于物质之天堂，地狱等，皆属理想而已。"②

因此，巴哈伊教鼓励个人要对安拉忠诚，做安拉的仆人，按照安拉的启示和旨意办事，这样就可以获得幸福，从而过天堂的生活。反之，违背安拉的意愿，不执行安拉的旨意，就会遭受无限的痛苦，从而过地狱般的生活。而服从安拉，也要服从最高的宗教领导人和现存世间政权，所以，巴哈伊教提倡服从政府的法律和政策，以便维护社会的正常秩序和社会的稳步发展，避免社会动乱的发生。与此相联系，为保持社会稳定和连续性，也要继承和发扬各民族的优秀文化，只有这样，才能建立人类的新的综合文化。人类将随着一个全球文化的诞生和崛起，而显现其辉煌的宏旨。③

巴哈伊教义强调宗教与科学不是敌对关系，而是并行不悖的，它们的本质一致。阿布杜巴哈指出："宗教和科学是两只翅膀，人的精神力量乘上它们飞向高处，有了它们，人的灵魂才能取得进步。只有一只翅膀的人就不能飞行了。如果有人想试验只用宗教的翅膀飞行，那他就必然会跌进迷信的沼泽中；另一方面，他如果只用科学的翅膀飞行，也不能取得进步，而只会掉进没有希望的唯物至上的泥坑。目前，各个宗教都沉陷到偏见的习俗中了，它们既不赞成它们所代表教义的真正的基本原则，也不赞成我们时代的科学发明。许多宗教领袖认为，宗教的意义主要在于，坚持规定的教条，坚持行使礼俗和仪式。他们教导人们像他们所信仰的那样关心自己的灵魂得救。他们顽固地遵守外表形式，将它与内部的真理混淆起来。"④他反对将宗教变成盲目地、无意识地顺从某些教士的诫语，认为真正的宗教不应该反对科学、趋向黑暗，倘若宗教能与科学和谐，相互促进，致使人类陷入悲惨之境的许多仇恨和歧视就可以避免了。因此巴哈伊教反对盲从，鼓励独自探索真理："人不应借他人之目来看，不该以他人之耳来听，也不应用他人的大脑来思考。上帝设计人的时候令每个人都有其天赋、能力与责任。那么，依靠你自己的思维来判断、遵从自己寻求来的结果吧！否则，你会完全被无知的恶狼吞噬，并失去上帝的仁惠。"⑤而要寻求真理，就必须普及教育。

这些主张从总体上奠定了巴哈伊教世界主义的基础。而这些主张又通过巴哈伊教的关键人物和西方人士的交流得以传播。

巴哈欧拉在他受迫害的时间里，撰写了大量的书信和作品以宣布他的教义，向一些东方的、欧洲和美洲重要的国王和君主、教皇庇护九世、伊斯兰国家的君王以及其他宗教的领袖寄发了他的使命

① 阿布杜巴哈：《世界团结之基础》，马来西亚巴哈伊总灵体会 1993 年版，第 22 页。
② 爱斯孟：《新时代之大同教》，台湾大同教出版译述委员会 1970 年版，第 11 页。
③ 守基·阿芬第：《号召寰宇》，马来西亚巴哈伊总灵体会 1992 年版，第 1 页。
④ 阿布杜巴哈：《巴黎讲话》，陈晓丽译，孙龙生校，国际文化出版公司 1990 年版，第 124～125 页。
⑤ 阿布杜巴哈：《世界团结之基础》，马来西亚巴哈伊总灵体会 1993 年版，第 18 页。

并发出号召:尽快地统一起来,为建立起一个共同的信仰和持久的世界和平而努力。而阿布杜巴哈则不顾年迈和虚弱的健康状况,游历了埃及、欧洲和北美,以传播巴哈伊信仰。在欧洲他访问了布达佩斯、维也纳、日内瓦、斯图加特、埃斯林根、巴德梅根特海姆、巴黎和伦敦。守基·阿芬第作为牛津大学的毕业生将巴哈伊教的主要经典译成英文出版,促进了教义的传播。继承其事业的是他的夫人拉巴尼,她本人是西方人,加拿大籍,更为教义在西方世界的传播提供了方便。由于这些努力,最新一版的《不列颠百科全书》按地域之分布,把巴哈伊教列为仅次于基督教的第二种世界性宗教。巴哈伊教在联合国有常驻机构,是联合国的咨询成员。而世界正义院则是巴哈伊社团的最高行政机构。世界正义院位于以色列海法市的卡梅尔山上。它致力于建立新世界秩序,建立世界性政府——国际裁判所,推动世界联邦的形成。这样的一些行动都为其世界主义的推广作出了贡献。

巴哈伊教为了贯彻世界主义原则,制定出一套系统的世界性的管理秩序。

为了推行世界主义的主张,巴哈伊教提倡一种平等的经济思想,主张把精神准则应用到经济体制中,形成了以消除极端贫富为核心的经济观。

那么,怎样去实现平等呢?巴哈伊教提倡:"平等产生于人们自愿与他人分享的意愿之中。平等地获得如同富有者与普通人在财富方面的平等一样,高贵者应出于自由意愿和为了他们自己的幸福,而关心自己并照顾穷人。这样的平等就是人类崇高德行和高贵品质的表现。"[①]

可见,平等的实现要靠富有者的仁慈来实现,所以,在巴哈伊教看来,"仁慈比平等更伟大",因为"平等是通过强力获得的,而仁慈则是一种自愿的行为(或是一种选择的方式)。善行使人趋于完美,但此种善举并非强制出来的。富人应对穷人仁慈,即应出于他们的自愿而给予穷人帮助。穷人则不应该强迫富人这样做,因为强制在人类事务中会带来不和,破坏秩序。仁慈是一种自愿的善行,它为人间带来和平,将人类引入光明的境界"。[②] 巴哈伊教反对用强制性的手段实现平等,主张用启发内心的自觉来实现平等。该教竭力让富人相信,在上帝面前,让上帝最为欣悦的事就是为穷人着想,因为穷人更接近上帝,基督降世时,追随者、信仰者主要是穷人和地位卑下者,就是对此观点的证明。穷人的生活充满了困苦,经受着连续不断的严峻考验,他们的希望仅在于上帝,所以一心朝向上帝。为此,富人一定要尽可能帮助穷人,即使牺牲自我也在所不惜。灵性的条件并不取决于是否拥有世俗的财富,物质上一贫如洗时,更可能产生灵性之思维,贫穷是朝向上帝的动力,因此富人都应该多为穷人着想,给予穷人帮助,以便使自己能更接近上帝。

当然,启发富人的内心自觉并不是万能的,还要通过制定法律来限制富人越来越富,实现经济上的平等,所以制定律法也是经济重整的重要内容。

巴哈伊教认为,经济不公平的最终根源是人类的贪婪。因此,要真正解决经济问题,需要人在基本态度上的改变。如果每个人都自私、贪婪和世俗,即使有最完美的经济计划也不会起任何作用。真正要圆满地解决当今世界经济的危机,需要人类心灵的内在改变,因为"整个经济局势的根基,在本质上原是神圣的,并且和人的心灵世界是紧密相连的"。

与此相联系,巴哈伊教主张,人类社会要发展,不仅要有物质文明,而且更要有精神文明。

为了推行世界主义,巴哈伊世界采取了很多具体措施。从这些措施看巴哈伊的思想主张并不是

① 阿布杜巴哈:《未来经济》,新德里 1989 年版,第 18 页。

② 阿布杜巴哈:《未来经济》,第 56 页。

空想主义的，而是可以具体操作的。巴哈伊信徒积极参与联合国非政府组织的和平运动，在诸如此类的会议上，积极参与诸如《地球宪章》等文件的制定，并发表《世界和平之承诺》、《人类的繁荣》、《所有国家的转折点》、《致全球宗教领袖函》等文件，以实际行动和言论表明他们对人类和平事业的关心，以期对世界和平进程有所贡献。也正是由于这一系列积极活跃的行为，使该教在150多年的时间内成长为分布范围仅次于基督教的世界宗教。作为一种宗教，它不单是要求一般意义上的人类和平，而是更注重以积极开放的态度去寻求与其他宗教的和解与交融。巴哈伊着力于组织讨论世界环境、人权等问题的会议，通过此类活动拉近与其他宗教的关系。同时，本着求同存异的原则，巴哈伊在其现行的组织机构体系(以世界正义院为核心的各级灵体会)内，着重提倡并推行磋商等原则，使之逐步健全，希望能为未来社会提供一项行之有效的政治原则，不管这种磋商制度适应范围如何，巴哈伊此举的意义是使求同存异在现代社会中有一种可见可行的方式。在解决实际问题的国际国内环保大会上，时常能听到巴哈伊的声音，有些是非常切合实际的建议，这也正是它备受现代人注意的原因之一。1990年8月，巴哈伊国际社团向联合国环境发展大会筹备会提交了国际环境立法必要性的声明。该教还参与组织了1995年世界九大宗教与环保会议，参与了“圣文基金会”的环保运动，并且曾在里约热内卢环保会议等国际会议上提交了建设性的建议和章程，建立了和平纪念碑，诸多的杂志等媒介亦被巴哈伊用来宣传报道世界环保信息，凡此种种活动，都可以让人们切切实实地看到巴哈伊的环保意识和它对现实生活所起的作用。巴哈伊社团最着力从事的另一事业，是对教育和妇女问题的状况作出改善的努力。在世界各地，尤其是发展中国家落后的偏远山区，办教育成为巴哈伊信仰传播的重要方式。他们在印度的村庄创办学校，在南美的穷乡僻壤设立电台，在帮助人们传播信息的同时，对落后部族进行精神启蒙。还有澳门的巴哈伊小学，玻利维亚、哥伦比亚的大学等，通过创办这些学校，巴哈伊的精神得到传播，他们以“教育抗衡仇恨”的宗旨得到世人认可，因此在巴哈伊教徒中，既有大量高级知识分子，也有落后部族的土著居民，把巴哈伊精神普及到尽可能广泛的层面。

第二十世纪:未竟之业(节选)*

[美]布林顿著,王德昭译

在第 18 世纪的启蒙运动之中,文化的相互关系尚有另一形相,获得充分的表现。此即利用关于一种文化的零星报导——其实多半是错误报导——以助长我们在自己文化中正在推进的政策。在第 18 世纪中,哲学家们喜欢造出明智的波斯人、中国人、印度人、休伦人(Hurons)和南海岛民,他们接触了欧洲的生活方式,而以他们自己的观点的明智,来批评欧洲。症结乃在所有这些黄肤、黑肤、棕肤和红肤之人,以他们被想象的生就的智慧抨击欧洲问题,结果却证明他们自己仍是欧洲哲学家,具有与其他开明人士完全同样的对于是非、美丑、理智与迷信、自然与传统的观念。凡此所谓非欧洲人无非出自虚构,乃乌有之人,乃被用以挞击西方某些事物的巨杖;他们完全不足证明我们西方人在上层伦理思想和形而上学方面,曾从其他民族有所借鉴。由于第 19 世纪中地理学与人类学等一类科学进步的结果,如此颇为天真的策略不能再完全依原样进行。对于原始民族我们所知日多。虽然,技巧固多进步,而同样之事仍在串演,如我们在本尼迪克特(Ruth Benedict)《文化样式》(*Patterns of Culture*)一书中所见的沉静合作的祖尼族人(Zunis)与在米德(Margaret Mead)《萨摩亚岛民之成年》(*Coming of Age in Samoa*)一书中所见的性生活幸福的少女,可以为证。

我们言归本题。历史学家之从事迄今流行于西方的有关大问题的观念丛之研究者,对于西方以外的其他文化,也许不必付以太多的注意。所以作此说者并非囿于地域观念之故,或在其他方面有何恶意;此不过承认一项事实。实在,来自西方以外的影响在此一层次上之仅具边际的、宗派的性质,从近代若干以东方智慧为号召的小团体的命运,可以显见:它们包括从巴哈教派(Bahá'í)或布拉法资基夫人(Helena Petrovna Blavatsky)一类的通神学,以至于学问上对孔子或佛的睿智的崇拜。凡此外来的信仰,无论有的个别的皈依如何深切笃实,皆未曾闯入西方思想和情感的主流。

也可能西方的此种精神的自满会发生变化,而在以后的一二世纪中,在西方也在全世界,会有一派伟大的兼容并包的宗教和哲学兴起,其中将注以东方源远流长的智慧。诺斯罗普教授(F. S. C. Northrop)的近著《东西的交会》(*Meeting of East and West*)可能便是一册预言的、同时也是预兆的著作。也许将会有灵的"世界一家",使肉的"世界一家"成为可能。现在已明白可见,为了种种缘故,西方一大部分男男女女必须学习了解非西方民族的文化,即令了解并不表示便是皈依。但我们不能确知遥远的未来之事,不能确知第 21 或第 22 世纪的宇宙观将有何种新的内容。便是最专心致志的大同主义者,对于另一种可能也不能完全置之度外:在未来的数世代间,也许世界的其余部分会至少被引往西方物质欲望的一边。

* 原载[美]布林顿:《西方近代思想史》,王德昭译,华东师范大学出版社 2005 年版。

生命科学发展史（节选）*

姚敦义主编

宗教也是人类意识活动的产物，最早的宗教产生于对自然力量的崇拜或恐惧，是建立在对大自然缺乏认识的基础上的。最初的宗教形式称为“自然宗教”，如原始拜物教、图腾崇拜、祖先崇拜等，都相信有超自然的神灵控制着自然。阶级社会出现后，剥削阶级又利用了人们对社会力量的无知与无奈，宣扬祸福命运由神操纵的观念和追求“来世”的想法，所以一切宗教都主张灵魂不灭、另生来世、轮回报应的说法，相信来世是宗教的主要特征。宗教随历史而发展，由拜物教到多神教再到一神教，由氏族图腾崇拜到民族神和民族宗教，最后又出现了世界性宗教。最近产生的大同教，更主张世界大同，全人类平等和不反对科学等，但仍信奉皈依真神，承认有来世等。

* 原载姚敦义主编：《生命科学发展史》，济南出版社2005年版。

巴哈伊教派*

[英]玛丽·帕特·费舍尔著,秦英译

巴哈伊教派的工作部分是宗教性的,部分是世俗的。例如,它赞助的这个厄瓜多尔的广播电台,它包括从给家畜接种疫苗到介绍传统盖楚瓦音乐的复兴等广泛的内容。

还有一种宗教试图将所有的人类都团结在一个共同的信仰周围,认为只有一个上帝,他是所有宗教的基础,这就是巴哈伊教派。公元 1844 年它在波斯初步显示出征兆,当时,一个叫巴布的年轻人说,上帝的一个新的信使将在全人类面前出现,因为他是在一个穆斯林国家宣扬这些,在那里穆罕默德被认为是最后的先知,因而他遭到了逮捕,并在 1850 年被杀。据说他的 22000 名信徒也遭到了屠杀。他在监狱里的一个信徒叫巴哈欧拉(Bahá'u'lláh, 1817～1892),来自一个波斯贵族家庭,被剥夺了财产,受尽折磨,驱逐到了巴格达,后来被土耳其人终身监禁在巴勒斯坦。在监狱里,他宣布他就是巴布所说的先知。他给各个国家的统治者写信,说人类将迈向团结,一个单一的世界文明将会出现。

尽管最初受到了严酷的迫害,但这种新的信仰已经传播到了 233 个国家和地区,有大约 500 万来自不同种族和民族的信徒。他们没有神父身份,但有自己的由巴哈欧拉揭示的神圣经典。

巴哈欧拉传播的信息的核心内容都在《信书》当中,他说:

上帝是不可知的。人类无法用他们有限的头脑理解上帝的无限的本性。然而,上帝通过信使们让世界了解他,这些信使是各个世界宗教的创始人,他们都是上帝的表现,是人类理解上帝意愿的渠道。巴哈欧拉说,对人类的精神教育是一个"积极的启示"过程。人类在不断地成熟,就像一个孩子随着年纪的增长,在学校年级的升高,开始不断地理解复杂的思想。每当有一个神的信使降临,传递的信息都是与当时人类的成熟程度相适应的,巴哈欧拉说他的信息是当时最先进和正确的,它包括与以前的启示一样的真理。但又带有新的特征,是当时的人类已经能够掌握的,如所有的人类、先知和信仰的同一性,以及为了世界和平和社会正义而进行的世界性管理的计划。

当代的巴哈伊教派致力于建立一种公平的世界秩序,提出一些创建具有全球理念的学校的计划,还包括提倡商业道德的欧洲贸易论坛,保护环境的运动,以及农村发展计划。巴哈伊教派的礼拜堂对所有的人开放。它有九道门和一个中央圆顶,象征着人类的多样性和同一性。礼拜仪式包括诵读各个宗教的经典,冥想、清唱和诵读由巴布、巴哈欧拉以及他的儿子阿卜杜拉·巴哈等写的祈祷文。阿卜杜拉·巴哈描绘了巴布在幻象中看到的统一的世界:

世界将成为天国的镜子……所有的国家都成为了一体,所有的宗教都统一了起来……对种族、

* 原载[英]玛丽·帕特·费舍尔:《亲历宗教》(西方卷),秦英译,东方出版社 2005 年版。

国家、个人、语言和政治的迷信都消失了。所有的人都在神的荫蔽下获得了永生……国家以及人们之间的关系……达到了这样一种程度，整个人类就像一个大家庭……天国的爱的光芒将照耀大地，敌意和仇恨的黑暗将被驱逐出这个世界。

伊斯兰教把巴哈伊教派看作异端邪说，因为它否认穆罕默德是最后一位先知。巴哈伊教派还在印度教和佛教当中找到了理论上的合法性，这些都不被伊斯兰教认为是可以接受的信奉上帝的宗教习俗。从 1979 年伊朗革命之后，巴哈伊教派就受到了迫害，在革命后的头 5 年里，据说有 170 名巴哈伊教派信徒被杀。

巴哈伊教派力图用信仰来统一世界的尝试也扩展到了政治领域，他们积极地支持联合国统一这个星球的努力。他们的目标是要建立一个统一的、和平的全球社会。为了这个目的，他们为以下原则而努力：

1. 结束一切形式的偏见
2. 男女平等
3. 接受精神真理的相对性和同一性
4. 财富的平衡
5. 教育的普及
6. 个人追寻真理的责任
7. 建立一个世界联盟
8. 科学与真正的宗教的和谐

巴哈派*

[美]约翰・B. 诺斯　戴维・S. 诺斯著,江熙泰等译

在波斯(或伊朗),出乎意料地产生了另一个信仰调和主义的运动,像印度的锡克教一样,它后来成为一种独立且有特点的信仰。这就是巴哈派,它的历史背景是什叶派。受什叶派异端教义的影响,十二伊玛目派相信,其伊玛目是信徒们获得真正信仰之"门",而且隐遁的伊玛目还在进一步寻找引导人们来到他身边之"门"。1844 年,一个名叫米尔扎・阿里・穆罕默德(Mírzá 'Alí Muḥammad)的人,将他的名字加在了伊玛目的名单之上,并自称为巴布("信仰之门"),他的门徒则因之被称为"巴布派"(Babís)。他宣称,他的使命是为随他之后来临的、比他更加伟大的人物扫清道路,这位伟大人物将完成他所开始的改革和正义事业。由于他声称,他的著作如果不是超越《古兰经》,也是与之等量齐观的经典,而且在这个基础上,宣布要进行大规模的宗教和社会改革,因此他被定为异端分子和和平秩序的扰乱者于 1850 年被处死。他的信徒中有一位出身名门的年轻人,他按照巴布派的习惯,自称为巴哈乌拉,意为"安拉的光辉"。1852 年,他被指控为共谋暗杀伊朗国王的狂热巴布派教徒而被放逐到巴格达。他在那里待了约十年,其后,当他与其信徒正打算起程之时,他声称,他就是巴布所说的那个"应该到来之人",他的追随者现在也自称为巴哈教徒,并同他一道离开了巴格达。他前往西方寻求在穆斯林地区获得庇护,但最终被土耳其当局监禁在巴勒斯坦的阿克,并在那里度过了余生。他的著述流传到外部世界。这些著述宣传开明的宗教观,主张真主的统一性,认为如果能正确理解各种宗教的先知预言,它们在本质上就是和谐一致的。他呼吁所有的宗教联合起来,因为每一种宗教都包含着某些真理,而所有先知都见证了由哈巴派卓越代表的那唯一真理。一切人都是真主的"儿女",当巴哈派的事业被人认识和参与时,人类就将通过真主联合起来。在伊朗,巴哈派被宣布为非法,它便将其总部建在了以色列的海法市,其信徒活跃于许多国家,尤其是美国。

* 原载[美]约翰・B. 诺斯、戴维・S. 诺斯:《人类的宗教》(第 7 版),江熙泰等译,四川人民出版社 2005 年版。

伊朗巴布教徒的正义王国*

吴楚主编

“巴布被逮捕了!”巴布教徒们奔走相告,人们义愤填膺,很快,人们把长期以来积压在心中的愤怒表现了出来,1848 年 9 月,700 名巴布教徒在穆罕默德·阿里·巴尔福鲁什的领导下,在伊朗北部的马赞德兰省发动武装起义。

19 世纪中期,卡扎尔王朝统治下的伊朗,封建割据十分严重,各地封建主为了自己的利益互相争霸不休,造成国家长时间的贫穷落后,占伊朗人口 1/3 的游牧部落贵族又坚决反对中央集权,甚至公开否认王权的存在,这种局面严重阻碍着社会经济的发展。

与此同时,俄、英、法、美等国又乘虚而入,在政治、经济方面对伊朗干预、掠夺。

在内忧外患的重重困难条件下,伊朗人民生活困苦不堪,他们希望推翻外国势力与本国封建统治,建立起一个“正义王国”。

1844 年,24 岁的伊斯兰教徒赛义德·阿里·穆罕默德自称“巴布”,在各地传教。他告诉人们,他正在创建一个人人平等、和谐幸福的“正义王国”。“巴布”是“门”的意思,他说,即将降临人世的救世主将通过此“门”传达他的意志,所以希望人们能够跟着他,由此“门”进入“正义王国”之中。巴布的这种宣传,对正处于水深火热的广大伊朗人民来说,具有非常大的吸引力,不久,就有成千上万的伊朗人相信了巴布的宣传,以致形成了巴布教。巴布教徒又很快遍及全国,形成了一股颇大的力量。

其实,巴布本人并没有想要带领巴布教徒推翻政府的统治。因为他反对使用暴力,不喜欢用武器去打败统治者,而是一个改良主义者,他主张把自己的各种想法告诉统治者,让统治者采用自己的意见,从而改变不合理的社会现实。但是伊朗政府仍然非常恐慌,他们害怕巴布教徒越来越多,势力越来越大,政府则越来越难以收拾局面。1847 年,巴布正在宣传他的“正义王国”时被政府逮捕了,并关进了监狱。

遍及全国的巴布教徒借此机会发动了起义。起义军起义后,以塞克·塔别尔西陵墓为基地,与政府军展开了斗争。

巴布教徒驻扎在陵区之后,就开始修筑堡垒防御工事。并按照他们的理想建立起了“正义王国”。他们所修筑的城堡是八角形的,每个角有一个塔楼,城墙周围挖上很深的壕沟,壕沟与城墙之间还布置了许多陷阱。按照传说,塔别尔西陵墓是一块禁地,政府军不得任意进入陵区抓人,这对巴布教徒起义者倒是有保护作用的。

在塔别尔西陵墓,教徒们住在城堡内的木房中,起义者规定:粮食与一切物资归起义者所有,大

* 原载吴楚主编:《话说世界千古风云·世界近代(公元 1640～1911)》,吉林大学出版社 2005 年版。

家平均使用。这个消息一传来，百姓们便扶老携幼，带着吃的用的等物资来到陵墓区加入这个“正义王国”，也有不少人从伊朗其他地方奔来。起义者人数很快增加到 2 万人。

国王为了肃清起义队伍，不得不派王叔马赫迪·古里率军征讨。古里率军住到了陵区附近的阿弗拿村。起义军得到消息后，决定趁政府军不注意时，在夜间袭击他们。这天晚上，起义军首领侯赛因带领一个小分队悄悄地来到了政府军所住的村子，当起义军战士一个个进入村子后，他们一齐呐喊，冲向政府军。政府军官兵正在做着美梦，听见厮杀声，便赶紧起来，但不少官兵还没弄清是怎么回事，便被起义军杀死了。

这次战斗，起义军共杀死 100 余名政府军和一名指挥官，巴布教徒们取得了首战的胜利，这次胜利大大地鼓舞了起义军的士气。

政府军战败的消息传到京城后，从国王到大臣都十分震惊。王叔更是气急败坏，决定亲自征讨起义军。于是他率领 8000 人的部队，急急忙忙地赶赴陵区，要对起义军大加挞伐。

起义军得到王叔亲征的消息后，决定也让王叔尝点他们的厉害。尽管这天晚上天气十分寒冷，伸手不见五指，起义军们在侯赛因的带领下，凭着自己果断、勇敢的精神偷偷来到了政府军周围。随着“杀啊！杀啊！”的怒吼声，政府军宿营地漫天火光腾空而起。王叔见状，早已魂飞魄散、六神无主，抢先逃命去了。他因躲在森林里，才挽回了一条性命。而两个王子的命运则没有他好，因为惊慌失措，王子被大火活活烧死。其他未被烧死的士兵，则迈开腿飞也似的溜了。起义军再次取得了胜利，人们更是兴高采烈。

王叔恼羞成怒重新聚集兵力，向起义军反扑。他率领军队把起义军城堡围了个水泄不通。

这天夜里，400 名起义军在侯赛因的带领下悄悄地走出了城堡，他们为了不制造任何声响，把马蹄子都给包住了。“敌营到了，点火！”一位将领立即下令。眨眼间，烈火熊熊燃烧起来，政府军哇哇乱叫，一片混乱。起义军乘势在敌营里猛烈杀敌。顿时，敌营中血流成河，死尸遍地。

混战中，侯赛因不幸中弹身亡，起义军迅速撤出了战斗。这次战役，共有 400 名政府军被打死，其中军官 35 名，还有 1000 名政府军受了伤，起义军重创了敌军。但巴布教徒的代价也是巨大的，他们伤亡 100 余人，还失去了领袖侯赛因。

起义军的处境越来越艰难，政府军派大部队严密封锁了陵区，几个月以后，城堡中只剩下了 250 人了，粮弹等物资也消耗殆尽。

尽管如此，起义军仍保持着旺盛的斗志，所以 1 万多名王军仍不敢轻易进攻。

1849 年 5 月中旬，一位政府军官手捧伊斯兰教经典《古兰经》向巴布教徒们发誓，如果起义军放下武器，将获得自由，政府不再追究这件事情。这样，一个个起义军在万般无奈之下，慢慢地走了出来。可是，还没等他们弄清怎么回事，政府军就把他们一个个全部杀死了。

政府军用欺骗手段屠杀了起义者，但这并未阻止巴布教徒们继续起义。1849 年 2 月，全国巴布教徒发展到了 10 万人。1850 年 5 月，巴布教徒又在赞兼发动武装起义，消灭政府军 8000 人，12 月政府军把起义军全部杀死，起义失败。1850 年 6 月，尼兹里的巴布教徒又发动武装起义，起义军声势浩大，所向无敌。

为了阻止巴布教徒们的不断起义，1850 年 7 月，伊朗国王下令处死巴布。

巴布被处死后，巴布教徒们并未停止起义，除了公开与政府对抗外，他们还采用隐蔽手法进行活动，极大地动摇了伊朗政府的统治。

把古老文化与现代文明有机结合、创造出发展最快的奇迹(节选)*

曲 伟

以色列人多数信仰犹太教,但他们并不排斥其他教派。以巴哈教派为例子,在世界有 500 万教徒。教派权威是巴哈乌拉,教义包括人人平等、义务教育、消除贫困、追求理性、科学知识和世界和平等等。1890 年巴哈·乌拉访问海法期间,选中卡梅尔勒山作为安息地。经以色列政府同意,巴哈教派把卡梅尔勒山作为巴哈教派的管理中心和精神中心,500 万巴哈教徒捐款 25 亿美元,耗时 10 年建成被称作"世界第八大奇迹"的"光明露台"。海法市长在 2001 年 5 月举办的落成典礼上说:这座从卡梅尔勒山顶到海法市中心山脚下的长达 1000 米的露台,不仅是一座美丽的花园,也是一座精神的花园,他为他的城市得到如此馈赠感到荣幸。

* 原载曲伟:《域外沉思录》,黑龙江人民出版社 2005 年版。

世界三大宗教及其流派（节选）*

于可主编

巴布教派

巴布教派是 19 世纪 40～50 年代在伊朗出现的一个伊斯兰教的重要教派。因创始人赛义德·阿里·穆罕默德（1821～1850）自称“巴布”，故名。

一、形成经过及其发展

巴布教派思想的前驱是 18 世纪初在伊朗产生的什叶派的支派谢赫教派。该派认为，“隐遁伊玛目”作为马赫迪重返人间的日子已经临近，在他到来之前，将出现一位作为马赫迪与穆斯林之间的中间人，为马赫迪的降临铺平道路。赛义德·阿里·穆罕默德进一步发展了此教义。他生于设拉子一个布商家庭，早年曾经到卡尔巴拉和纳杰夫朝圣，结识谢赫教派首领赛义德·卡齐姆·拉西提，成为该教派信徒。1843 年被推举为该派首领。

1844 年赛义德·阿里·穆罕默德自称“巴布”（阿拉伯文意为“门”），意谓人们所渴望的马赫迪（救世主）旨意，通过此门传达于人民。他宣传没有压迫、人人平等、过幸福的生活。从此，以“巴布教派”命名的新教派诞生了，巴布本人在向伊朗统治阶级宣传其学说时遭到反对，并于 1847 年被捕。巴布被捕后，该教派活动日益发展，其著名信徒穆罕默德·阿里·巴尔福鲁什和胡赛因·波什鲁耶等人深入群众，在别达什特镇（今伊朗沙阿鲁德市以东）传教，宣称新先知已降临，《古兰经》与旧法典、旧制度都已失效，无须缴税和服役。宣布废除私有制，主张财产公有、人人平等。信徒颇众。由于统治阶级派兵镇压，该派于 1848～1849 年在马赞德兰、1850 年又在赞詹和伊朗西南的尼里士等地先后举行武装起义，但均受到残酷镇压。1850 年 7 月巴布被处死，幸免于屠戮的教徒则转入隐蔽活动。1852 年该派谋杀国王未遂，随后内部发生了分裂。1863 年巴布门徒侯赛因·阿里创立了巴哈教派。

二、教义

1847 年巴布仿《古兰经》写成《默示录》，作为巴布教派的教义，并以先知马赫迪的身份加以公

* 原载于可主编：《世界三大宗教及其流派》，湖南人民出版社 2005 年版。

布。巴布认为人类社会各个时代递嬗发展,未来的时代一定超过以前的时代。每个时代皆有其特殊制度与法律,旧的制度与法律应随旧时代的结束而废除,代之以新的制度与法律。但它不能由人们自己制定,必须由真主派来的先知制定。先知给人们的指示就是代替旧经典的新经典。他声称穆罕默德的时代已过去,他是受真主委托而降临的先知,《默示录》就是新经典。巴哈教派主张,摩西及其《旧约》、耶稣及其《福音书》、穆罕默德及其《古兰经》都应让位于巴布和《默示录》,一切制度和法律也应按《默示录》重新制定。他认为世俗官吏和神职人员不愿抛弃旧制度,是世界充满不平和倾轧的原因。他宣传没有压迫,人人平等,过幸福的生活。

巴布的教义反映了当时伊朗新形成的商业资产阶级的利益。巴布发出保障人身自由和关于私有权、继承方式等指示,提出很多符合商人利益的要求,如负债必还,严守商业通信秘密,用法律规定借贷利息,改良邮递,统一币制等,巴布信徒进一步发展了巴布的社会主张,提出了"废除私有制,财产公有"的口号。

巴哈教派(比哈教派)

巴哈教派是巴布教派起义失败后,分化出来的新教派。因创始人侯赛因·阿里(1817～1892)自称"巴哈安拉"(阿拉伯文,意为"安拉的光辉"),故名。巴哈教派,亦译作"比哈教派"。

一、形成经过及其发展

巴布教派起义失败后,大批信徒遭到屠杀。幸免于难的一部分人分散到伊朗各地,组成秘密的宗教团体,另一部分人则逃到奥斯曼土耳其帝国统治下的伊拉克。叶海亚和他的异母兄弟侯赛因·阿里两人争夺伊拉克巴布教派的领导权,导致巴布教派分裂。他们争夺领导权的斗争,遭到奥斯曼当局的干预,命令他们离开巴格达。几经搬迁,最后,叶海亚被送往塞浦路斯的法马古斯塔,直到1912年去世。侯赛因则被送到巴勒斯坦的阿克城,1892年死于该地。

叶海亚自称苏布艾泽尔(意为永恒的曙光),坚持巴布教义。

侯赛因·阿里在巴格达郊区一个友人的花园里居住,于1863年4月21日宣称他是巴布所预言的安拉派来的新使者,自称巴哈安拉。这种说法是借用巴布的《默示录》作根据的,因为巴布曾说过,《默示录》应有19章,他只写了11章,还有8章,将由安拉派来的新使者来完成。但叶海亚不承认他的说法,曾驳斥说,按巴布的教义,巴布和新使者之间的间隔时间应为巴布死后的1511年或2001年。巴哈安拉还积极写作,并于19世纪70年代初完成其主要著作《至圣书》。他企图用此书取代《古兰经》和《默示录》。巴哈安拉指定其长子阿布杜·巴哈(1844～1921)为继承人。阿布杜·巴哈临终前则指定其长女之子沙其·爱芬迪(1897～1957)为继承人。现在巴哈派信徒有70万～80万人,绝大部分住在伊朗,其余分布在伊拉克、约旦和以色列。美国、英国、德国、瑞典和印度也有巴哈派活动的中心。

二、教义

巴哈教派的教义不仅远离巴布教派,而且与伊斯兰教也很少有共同之处,实际上它是一种新的宗教。

该派认为，他们信奉的一神，与世界各个宗教信奉的神灵，是同一个神，只是称呼上的不同。别的宗教的神，也是巴哈教派信奉的神，因此，巴哈教派信徒，对各教的教堂庙宇，皆可入而崇拜。该教派承认神派往人间的 9 名使者是：伊布拉欣（亚伯拉罕）、克里希南（印度教）、摩西（犹太教）、琐罗亚斯德（琐罗亚斯德教）、释迦牟尼（佛教）、耶稣（基督教）、穆罕默德（伊斯兰教）、巴布和巴哈安拉。

该派认为，世界人类一源，人皆系神的儿女；主张所有的人，不分种族、民族和社会地位，都是兄弟，互相真诚相爱、互相信任。

该派要求宽容异教，废除圣战，实现“世界和平”，建立“正义王国”；取消国界，用世界语组织统一政府（近年来主张使用英语）；取消或简化宗教仪式，强调个人对安拉的忠诚。

该派强调做“安拉的奴隶”，绝对服从最高的宗教领导人和一切现存政权。

巴拉教中的土壤(节选)*

[瑞士]阿尔蒂尔·利翁·达尔著,张璐译

所有宗教文献都运用隐喻、类比和寓言来把抽象概念形象化。我们对土壤及其生产功用的经验认识包含了极其丰富的意象群,它们有利于强调土壤自身的重要性、传达基本的精神概念。巴哈乌拉的作品以及他儿子阿布杜尔·巴哈的解释借用了波斯和阿拉伯文化中的丰富文学艺术传统,并以土壤和土地来象征物质世界或未开发的人类潜能。

如果把土壤比作灵魂或人类的才能、心灵,太阳则将是上帝的爱,云和雨就是圣人的精神或神谕的馈赠,植物就是精神对物质的作用结果。

"真实的云彩继续向人类能力、现实和人格的土壤挥洒恩泽。"

"在心灵的纯洁土地上播撒智慧和知识的种子,用心珍藏,直至神的智慧风信子从心灵而不是烂泥和黏土中飘逸而出。"

"善之手在仁慈的土壤中播下幼苗,雨水慷慨地滋润着它们。"

"人类的现实好比土壤。如果没有雨水从天上降落,如果太阳的光辉不能穿透土壤,那么世间的一切都将是黑色的、不友好的、贫瘠的。但是如果有雨水滋润,阳光普照,美丽芬芳的花朵将从土中绽放。"

* 原载[法]拉巴·拉马尔、让·皮埃尔·里博主编:《多元化文化视野中的土壤与社会》,张璐译,商务印书馆2005年版。

《世界历史百科全书》中相关知识*

徐寒主编

巴布教派(阿拉伯文 Babí)

近代波斯(今伊朗)伊斯兰教什叶派的教派之一。"巴布"(the Báb)的原意为"门",意即获得安拉和伊玛目的知识之"门"。因创始人赛义德·阿里·穆罕默德自称"巴布",故名。其思想渊源于18世纪的谢赫学派。1844年巴布以先知马赫迪的身份公布《默示录》,声称穆罕默德时代已过去,《古兰经》已陈旧,必须以新的"圣经"《默示录》代替,必须由安拉指派新的先知来完成,而"巴布"就是这样的新先知。1845年,他进而宣称他本人即人们盼望归来的"马赫迪",因而信徒日增。在社会问题上,宣传没有压迫、人人平等,过着幸福生活的世界;主张男女平等,妇女同样应有继承权;提出贸易自由,允许收取利息,废除苛捐和劳役,没收显贵者和统治者的不义之财并分配给贫民,统一币制等。宗教上,主张简化礼仪,规定每年为19个月,每月为19日;斋月亦为19天,在礼拜、净礼等仪式上亦进行相应改革。该派的社会、宗教主张不仅触犯了王室显贵的利益,而且背离了什叶派的律法规定,从而招致王室和教士的愤怒,宣布巴布为"异端"。1847年巴布被捕后,该派活动日益发展,并多次举行起义。1850年春在德黑兰遭到当局镇压,同年7月巴布受难。以穆罕默德·阿里·巴布福鲁什(Mullá Muḥammad 'Alí Bárforúsh)和侯赛因·波什鲁耶(Mullá Ḥusayn Bushrú'í)为代表的教徒深入群众传播巴布的教义,并发展成全国规模的武装起义。起义失败后,教派分裂,出现巴哈教派。

巴哈教派(阿拉伯文 Bahá'í)

伊斯兰教什叶派的教派之一。近代波斯(今伊朗)巴布教派起义失败后分化出来的一个新教派。因创始人侯赛因·阿里(Mírzá Ḥusayn-'Alí Núrí, 1817~1892)自称巴哈乌拉,故名。该派在社会问题上主张所有的人,不分种族、民族和社会地位,都是兄弟,应互相真诚相爱,互相信任。要求宽容异教,废除圣战,实现"世界和平",建立"正义王国";取消国界,用世界语组织统一;取消或简化宗教仪式,强调个人对安拉的忠诚。该派强调做"主的奴隶",绝对服从最高的宗教领导人和一切现存政权。在宗教礼仪上,沿袭巴布教派的改革主张,即规定每年分为19个月,每月分为19日;斋月仅为19天。在礼拜、净礼、天课等方面,亦有相应的简化。最初,该派成员仅在今伊朗内活动;后该派创始人巴哈乌拉被逐出国,部分教徒随之迁出,即以海法(Haifa,今以色列境内)为活动中心。19世纪末20世纪初已从波斯发展到世界各地并逐渐演变为独立的世界性宗教,通称"巴哈教"或"巴哈伊"。

* 原载徐寒主编:《世界历史百科全书》,吉林文史出版社2005年版。

通向巴哈伊教之路*

[英]约翰·布克著，王立新 石梅芳 刘佳译

在那些完善或实践一种既有宗教的新宗教，从犹太教到基督教，再到伊斯兰教的延续过程，是一个早期的范例，因为伊斯兰教宣称穆罕默德是最后的先知(封印先知)。但事实上，这一延续过程并未止于此。1844年，设拉子的赛义德·阿里·穆罕默德(1819～1850)在经过一系列启示异象之后，宣称自己为巴布(the Báb)或大门(Gate)，开启了什叶派第十二位伊玛目的道路，后来他又宣布自己就是那位伊玛目。被称为“巴布教派”(The Babís)的信徒们遭到了其他穆斯林的迫害，而巴布本人也在1850年被处死。大多数巴布信徒忠诚于巴哈·乌拉(Bahá'u'lláh)，这个宗教头衔(意为“真主的荣耀”)被米尔札·侯赛因·阿里·努里(Mírzá Ḥusayn -'Alí Núrí，1817～1892)所采用，他在1844年就成为一个巴布信徒，1852年被拘禁在德黑兰的黑狱，并经历了自己的启示异象。“巴哈伊教”由他而出、在全世界的信徒人数超过500万，坚称上帝唯一、宗教同源和人类一体。它仍不断受到穆斯林们的迫害，被穆斯林认为与穆罕默德和《古兰经》的终极地位相抵触。它已经成为“肯定世界”这类宗教的一个代表。

* 原载[英]约翰·布克：《剑桥插图宗教史》，王立新、石梅芳、刘佳译，山东画报出版社2005年版。

巴布教派运动*

戴康生

巴布教派运动亦称"巴布教徒起义",是 19 世纪 40、50 年代波斯穆斯林谋求社会改革的运动。创始人为赛义德·阿里·穆罕默德(1820～1850),他自称"巴布",故该派被称为"巴布教派",但该派信徒自称为《默示录》(该派经典)信徒。

"巴布"的原意为"门"。苏菲派和什叶派常用以尊称有地位的宗教人士——谢赫为"门",指该人有能力引导穆斯林通过该门进入宗教知识之境。约于 17 世纪末至 18 世纪初,在什叶派的十二伊玛目派中,由阿赫默德·阿赫沙伊(1741～1826)发起谢赫派运动,它主张信徒唯有通过伊玛目之"门"始能认识安拉。该派为巴布教派之前驱。

阿里·穆罕默德系波斯设拉子商人之子,对当时与封建统治紧密结合的伊斯兰教深为不满,企图通过宗教改革来改造社会,使之适合于新兴的商业资产阶级的发展。他曾到卡尔巴拉朝觐,颇受谢赫教派领导人赛义德·卡兹木·拉施蒂(? ～1843)的影响。卡兹木死后,其门徒毛拉侯赛因(布什鲁叶人,? ～1849)遵其遗训寻找即将出现的马赫迪。1844 年抵达设拉子与阿里·穆罕默德相识,他钦佩阿里·穆罕默德的宗教文章,遂奉他为"通往真理之巴布"。1845 年,阿里·穆罕默德公开自称"巴布",宣布伊斯兰教的时代已结束、巴布教派统治的新纪元已到来。

巴布教派以巴布的《默示录》取代《古兰经》,宣扬他是反映真主的镜子,信徒可以通过巴布而见到真主。该派还有某些与伊斯玛仪派相近似的神秘主义教义,如说神有七种属性,即前定、注定、意定、意愿、允准、末日与启示。神利用这七种属性创造世界。视"19"为神圣数字。该派把一年分成 19 个月,每月定为 19 天,管理社团的委员会也由 19 人组成。它还简化宗教仪式,规定每年只需斋戒 19 天(即该派的一个月),不必在规定的时间或地点进行经常的礼拜,除葬仪外,不必举行集体仪式。净礼不属正式规定,仅属嘉许行为。该派否认伊斯兰教法和世俗法,提出一系列有关社会制度的改革主张,如承认贸易和签订合同的绝对自由;允许对赊欠贷款征收利息;政府不得强迫信徒交纳赋税;只许商人和朝觐者外出旅行或航海;取消一切刑罚,犯罪者只罚款及禁止性生活;妇女不必戴面纱,并可与陌生人交谈等。

阿里·穆罕默德把传教士派往波斯各省,企求通过和平方式,即道德感化方式,使统治者接受社会的和宗教的改革主张。巴布在信徒中的地位和威信与日俱增,波斯王国慑于该派势力,在官方什叶派教士的怂恿下,开始对该派进行镇压。巴布本人亦于 1847 年被捕,囚于阿塞拜疆的麦库要塞。以后,巴布教徒又在波斯多处发生骚乱,巴布被解往大不里士,于 1850 年 7 月 9 日被处决。

* 原载戴康生:《戴康生文集》,上海辞书出版社 2005 年版。

巴布被捕后，侯赛因在波斯各地继续宣传其教义的同时，改变了以前企求感召统治者的方式达到改革的目的，而普遍采用暴力的手段，于各地发动武装起义，巴布教派的这一矛头针对封建统治者、外国殖民者以及与封建统治者勾结的宗教上层，它在群众中的影响日大，德黑兰和卡兹温均有著名人物参加运动。1848 年，侯赛因在比德什特召开会议，决定与政府决裂，进行武装起义，并率领一支队伍前往巴富鲁什城，被王国的军队围困在谢赫塔巴西圣陵内。因寡不敌众，侯赛因战死，其余信徒于 1849 年 7～8 月粮尽投降，后全部被杀戮。在坎萨省首府赞詹市的巴布教徒在毛拉穆罕默德・阿里・赞詹尼领导下，也在 1849 年 5 月举行武装起义，攻占阿里麦尔丹要塞。1850 年 2 月被击溃。其他地方如德黑兰、法尔斯的内里兹也有规模不等的起义，亦于 1851 年被击败。1852 年 8 月 16 日伊朗国王纳西尔丁沙被巴布教徒刺伤，政府遂在全国范围对巴布教徒进行更大规模的镇压。巴布教徒纷纷亡命伊拉克。

巴布教徒到伊拉克后分裂为两派：一派为阿里派，由米尔札・叶哈雅・努里（又称“苏布赫・阿扎勒”）领导，坚持原来教义，人数很少；另一派为巴哈教派，由米尔扎・侯赛因・阿里（又称“巴哈・乌拉”）领导，主张妥协，反对武装斗争，提出一种与巴布教派截然不同的教义。以后，它发展为一种独立的宗教——巴哈教（亦称“巴哈伊”、“大同教”）。目前，在世界各地得到传播。

世界公民观:面向可持续发展的全球道德体系*

Rosalyn Mckeown 著,王民　蔚东英等译

有些国家可以在学校宣讲在社会中占支配地位的宗教的价值观念和伦理道德,而有些国家则不行。巴哈派国际宗教团体发表了一份声明,阐述了可持续发展的道德体系,内容如下:

"当国际社会动员起来实施 21 世纪议程的时候,面临的最大挑战是为实现可持续发展需要投入巨大的财力、技术和人力以及精神力量。只有当世界各民族为了全球命运和人类社会的利益表现出强烈责任感的时候,这些力量才能彻底发挥作用,为可持续发展服务。

"这种责任感只能在接受全人类是一个整体的观点之后才能出现,而且只能在全球社会和平、繁荣的情况下才能持久。若没有这样一个全球道德体系,人们就不能积极地参与到可持续发展的世界进程中来。

"要实现可持续发展,世界公民观包含世界人民必须接受的各种道德标准、价值观念、思想意识和行为方式。

"世界公民观倡导理性的爱国主义,它坚持一种广义的忠诚观——爱全人类,但它并不是放弃传统的忠诚思想,对文化多样性进行压制、废除民族自治权以及要强求世界一致。世界公民观的标志是'求同存异',它包括各国内部和各国之间社会和经济公平正义原则,社会各层次的非敌视性决策机制,性别、种族和民族平等观念,民族和宗教的和谐思想以及为共同利益愿意做出牺牲的宝贵精神。从这些提到的思想中可以推断出世界公民观其他方面的内容:维护人类道义和尊严,促进相互理解,倡导合作,增进彼此信任和相互认可以及为人类服务的美好愿望。

"只要各国内部和各国之间还存在着不团结思想、仇视行为和狭隘的地方主义观念,就不可能建立起一个全球的可持续发展模式。"

* 原载 Rosalyn Mckeown:《可持续发展实施指南》,王民、蔚东英等译,地质出版社 2005 年版。

东方传统地域文化的启示(节选)*

汪丽君

不仅是日本,许多东方国家和民族的传统建筑空间中都存在着一些相对恒常的理想关系和秩序以及标志和象征自己文化特色的特定物品。很多东方建筑师也都在积极地提炼本地域、本民族中的优秀传统"原型"。例如前文曾经提到过的柯里亚,通过对印度传统居住建筑中的庭院空间和印度宗教中的传统图案蔓荼罗的分析,提取了"露天空间"(open-to-sky space)这一传统空间类型,并多次将它运用在自己的现代建筑创作中。再如伊朗建筑师萨帕(F. Sahba)在设计印度新德里巴赫伊教礼拜堂时就把"莲花"这个在印度次大陆的文脉和特有文化中具有极其特殊的意义的"原型"应用到设计中,采用了薄壳结构技术将礼拜堂的造型逼真地处理成一朵冰清玉洁、含苞待放的白莲花。薄壳壳体高 25m,厚度仅 13cm,整体全为曲线,没有一根直线。因为在印度人的"集体记忆"中,莲花不仅是世界上最完美无瑕的花,而且是印度各个宗教派别团结、和睦的象征,与人们的宗教信仰和日常生活有着密切的精神联系。巴赫伊教礼拜堂借助莲花造型迅速融入了当地的文化和宗教环境,人们亲切地称它为"神圣的莲花宫殿"。远远望去,整个礼拜堂通体轻盈,一片片莲花花瓣状的混凝土壳体仿佛在随风摇曳。

* 原载汪丽君:《建筑类型学》,天津大学出版社 2005 年版。原文有图,此处未录。

记一位山东的老教育家
——王祝晨先生(节选)*

邓广铭

那时(1922 年冬天)来中国讲学或游历的外国学人,王(祝晨)先生只要知其行踪,便也千方百计邀请其过济南稍留,以便对于山东的文化和教育,得以从事于实际的观察和指导。例如美国的植物学家柯脱博士、创行道尔顿制的柏克赫司特女士,印度诗人泰戈尔,努力于世界语的推行工作的儒特女士和亚历山大女士,遂因此而先后莅济讲演。一时的济南城垣,成了一个极活泼极有光辉的文化重镇,其时肄业于第一师范的学生,不论是专修科或本科的,既全都能够和国内国外的许多学者名流相接触,他们的眼界遂得以无限地扩大,知识也得以急剧地增高。专修科的毕业生多半去做初中教员,本科的毕业生多半去做小学教员,他们分布在全省各县,于是山东全省的教育和文化,也被第一师范的师生们拖带着向前突飞猛进了。

* 原载《邓广铭全集》第 10 卷,河北教育出版社 2005 年版。

海法印象（节选）*

金　姬

海法最出名的景点，莫过于巴哈伊教（又称“大同教”）花园。

1935年，原清华大学校长曹云祥在上海翻译巴哈伊教著作，认为这个教派的主张与我国古代儒家“大同”理想相通，便在译文中将其定名“大同教”。巴哈伊教总部就设在海法，称“世界正义院”，又称“万国总灵体会”，各国或地区的领导机构称“总灵体会”，基层组织为地方灵体会。

如今，海法的瓦迪·尼斯纳斯（Wadi Nisnas）区是犹太人和阿拉伯人和睦相处的最佳典范。人们在那里可以一起庆祝斋月（穆斯林节日）和光明节（犹太人节日）。海法的阿拉伯人大多数聚集在这一区域，他们属于1948年战争中的“遗老”，如今却成了以色列公民。

我到那里参观时恰逢周日，几乎所有店面都关门。虽然这一地区与卡梅尔山上的犹太人居住区相比显得破败一些，但老百姓的生活还算安逸。经过的小轿车内，大声播放着阿拉伯音乐。这里的穆斯林都十分和蔼可亲，看到我是远道而来的游客，也愿意卖给我珠链和具有阿拉伯传统风味的甜点。这里的竞选海报都是阿拉伯语，至少以色列各党派考虑到了这部分选民。

* 原载《新民周刊》2006年第15期。

《当代新兴巴哈伊教研究》(修订本)出版*

李为香

蔡德贵撰写的《当代新兴巴哈伊教研究》(修订本),已由人民出版社出版。该书的初版本于 2001 年 9 月出版,是当时系统研究巴哈伊教的第一部专著。这次的修订本,是对初版本的补充和完善。作者通过进一步阅读大量文献,在原来的基础上厘清了巴哈伊教创办的历史过程,使每个历史阶段都有了更为清晰的框架。该书还对巴哈伊教发展的线索进行了详细阐述,对一些重大理论问题作了进一步探讨,对巴哈伊教产生和发展的历史、现状以及宗教哲学、宗教制度等内容进行了较为客观和全面的介绍,展现了巴哈伊教作为源自伊斯兰教又不同于伊斯兰教的独立的新兴宗教的特点和主张。

* 原载 2006 年 9 月 8 日《人民日报》。

“巴哈伊教专题研究——关于教育与新世界秩序的观点研讨会”在澳门举行*

2006年10月11～15日，由中国社会科学院世界宗教研究所巴哈伊教研究中心与澳门巴哈伊总会和香港巴哈伊总会在澳门共同举办了以巴哈伊教为主题的学术研讨会。来自中国社会科学院世界宗教研究所以及香港和澳门的学者、高校学生80余人与会。中国社会科学院世界宗教研究所副所长金泽，巴哈伊教研究中心主任吴云贵，副主任周燮藩以及巴哈伊教亚洲洲际顾问团委员罗兰、麦泰伦，巴哈伊教澳门总会主席江绍发，香港巴哈伊教总会主席方玉兰等出席会议。会议就巴哈伊教的“新世界秩序”理念和“巴哈伊教的教育思想”两个论题进行了专门的讨论，收到主题论文12篇。关于“新世界秩序”，与会学者首先从巴哈伊教义和宗教史的角度，对巴哈伊教的“新世界秩序”的思想进行归纳和阐述，认为“新世界秩序”理念是巴哈伊教核心教义“上帝独一，人类一体，宗教同源”的重要组成部分，并从各种视角对“新世界秩序”发表了看法。“巴哈伊教的教育思想”是这次研讨会重点讨论的主题。与会学者一致同意巴哈伊教的教育思想是一种“以灵性教育为主导的新型教育观”，其“新”不是因为“以灵性教育为主导”，而是新在其与时代同步的教育内容、教育方法等方面。与会学者分别从宏观与微观两个视角对巴哈伊教的教育思想进行了研讨。把“新世界秩序”理念和“以灵性教育为主导的新型教育观”作为研讨会的两个主题，对学者们关于新兴宗教的研究工作而言具有重要的理论意义。同时，在当今教育、科技等飞速发展，全球化日益推进的背景下讨论这两个主题，也有重要的现实意义。中央政府驻澳门联络办协调部负责人出席了会议并宴请了世界宗教研究所学者一行。

* 原载《世界宗教文化》2006年第4期。

巴哈伊教《亚格达斯经》释义*

吕耀军

在巴哈伊教产生的早期阶段，巴哈欧拉、阿博都巴哈、绍基·阿芬迪三代人，通过持续的努力，确立了巴哈伊教的信仰体系。其中，巴哈伊教的创始人巴哈欧拉，在其传教中期（1873 年左右）降示的《亚格达斯经》（又译《至圣书》），被巴哈伊教徒视为巴哈欧拉诸经典中的“律法著作”。此书被认为可以取代巴布的《默示录》，但由于巴布被认为是巴哈欧拉的先驱，所以在经典关系中，认为这两部经典具有传承性，即巴布教派的《默示录》为《亚格达斯经》的出现，预先作了介绍和引导。阐述教义的《亚格达斯经》，正文尽管不长，权威英译本仅 70 多页，但它代表了巴哈伊教宗教律法的“精髓”，在巴哈伊经典文献中具有至高的地位。因为担心该经典的翻译造成对经典明确意思的曲解，所以《亚格达斯经》只有波斯文和英文版。

《亚格达斯经》所展示的内容和精神，确立了巴哈伊教的基本原则和实践习惯，是巴哈伊信仰的核心，被巴哈伊信徒视为一部新文明的详明宪章。之所以如此，是因为它给人类提供了“维护世界秩序和人民安全的至高方法”。在这本经典中，巴哈欧拉指出巴哈伊教两个主要的目标：一是宣布指导人类实践活动的律法。二是创造一个公正的正义院行政系统，来组织和管理由巴哈伊教徒所组成的社团。

《亚格达斯经》以非常简短的言词，对从礼拜仪式到经典教义，从家庭关系到社会伦理，从宗教禁忌到财产继承等问题，作了具体的规定。在宗教教义方面，关于人在现世的迷误，关于天启与先知的概念、宇宙一神和个人救赎的信仰，贯穿于经典全文。在经文中，强调上帝的唯一性，“除我之外，别无神灵，至大至聪者”，强调神的属性是全能的、全知的、至慈的、永恒的、唯一的、自在的、无与伦比的、至高无上的；在宗教礼仪方面，免除程式化、规范化、标志性的祈祷仪式。主张简化宗教仪式，礼拜、斋戒、净礼都可以从简进行。取消伊斯兰教的集体礼拜聚礼等；在宗教功课方面，规定了祈祷的朝向、时间、地点。规定了每天必颂的祷文。要求巴哈伊教徒从成年时，开始履行祈祷和禁食的宗教功课。指明了诺露兹节前的禁食的时间和期限。规定了旅行者、生病者、哺乳小孩者禁食的免除问题；在宗教禁忌方面，禁止苦行赎罪，禁止除了祭奠亡者之外的公众祈祷。禁止禁欲与修道院生活，禁止讲道坛的使用，废除僧侣制度。明确宣布伊斯兰教提倡的“圣战”应该被禁止，任何形式的宗教纷争也不被准许。

对家庭婚姻、财产关系的处理，在《亚格达斯经》中占重要地位。明显带有对当时影响家庭关系的传统伊斯兰教法改革的痕迹。强调婚姻的重要性及其成立的必备要件，主张巴哈伊教徒须结婚，

* 原载《世界宗教文化》2006 年第 4 期。

以建立一个“充满爱、统一与和谐”的家庭。明确规定一夫一妻。允许与不信仰巴哈伊教的人通婚。规定了婚姻缔结中的聘仪的最高限额，主张从简。谴责离婚，但对感情确实破裂的夫妻，则允许离婚。主张男女平等的离婚权。对待婚期间的复婚是允许的。保护继承权，制定了特有的遗产法，要求每人必须预立遗嘱。对继承份额作了划分，遗产分为七份，分别给予小孩、丈夫或妻子、父亲、母亲、兄弟、姐妹、教师。明确规定了代位继承和男女平等继承权的原则，以及孤儿财产托付、亡者的债务偿还问题。

在社会生活中，要求巴哈伊教徒积极参与社会事务，进行贸易和从事正当职业是巴哈伊教徒的义务。要求巴哈伊教徒学习有利于人类的艺术和科学，禁止攫取别人的财产。在商业活动中，一切交易都是允许的。商人在商业活动中，支取商业利息为合法，商业经营可以畅通无阻。要求巴哈伊教徒严格顺从政府。强调与其他宗教的信仰者建立和谐的伙伴关系。对一切问题，采取协商原则。在处理社会中人与人的关系时，规定了巴哈伊教徒的道德操守原则，强调“己所不欲，勿施于人”的做人原则。要求“用可信赖和忠诚的花环装饰你的头，用敬畏上帝之情装饰你的心，用绝对的坦率装饰你的舌头，用谦恭的衣服装饰你的身体”。巴哈欧拉劝诫巴哈伊教徒以亲善和睦、一视同仁的态度结交其他宗教的信徒。警告他们防止宗教狂热，避免煽动性的议论、傲慢、争吵和辩论。劝导他们清洁自身、好客、坦率、忠诚、自制、谦恭、公正。

《亚格达斯经》对其他问题也作了规定。如朝圣、捐赠基金、正义院的建立；确立了巴哈伊教的年历，规定一年中月份为 19 个月，每月 19 天。规定了巴哈伊教的诺露兹节。规定了成年礼、亡者的葬礼、天课扎瓦特的支付问题。要求父母教育孩子，要求不过分的狩猎，规定了无主埋藏物的分配问题。同时，也规定了一系列禁止的事项，如禁止贩卖奴隶、严禁乞讨、禁止向乞丐施舍。禁止亲吻手，严禁饮酒、吸食鸦片等使人兴奋的或诱使人精神呆滞和迟钝的东西。禁止赌博、纵火、谋杀、盗窃。禁止虐待动物，禁止闲散和怠惰，严禁诽谤或中伤别人、禁止争论和冲突，禁止没有经过主人允许进入室内，禁止同性恋以及破坏社会秩序和违反社会公德的其他行为。与此同时，废除妇女戴面纱，允许男女穿丝绸和动物毛皮，允许使用金银器、允许与离婚的妻子复婚、允许欣赏音乐和唱歌。

在巴哈伊教中，宗教祷文是强化巴哈伊教徒宗教信仰的重要形式。巴哈伊教中在不同场合、针对不同对象，有不同的祷文。之所以如此，正如阿博都巴哈指出的，“祷告的奥妙在于，它带来了仆从与那真实者之间的联络”，认为祷告时，人与上帝联系在一起的祷告者的心态是最佳状况。在《亚格达斯经》中，规定了巴哈伊教徒每日颂读的，分为短、中、长的三篇必诵祷文，以及唯一一篇集体巴哈伊教义务祷文，即为巴哈伊离世者的祷文。在这些必诵祷文中，赞美和感谢上帝，强调上帝的唯一性，是其主要内容，如“你是全能者，至高掌权者”，“你是一切圣名的主及穹苍之创造者”，“你是世界的希望和万国的挚爱者”，“我自行见证你的一致性和你的唯一性，你是上帝，除你之外，别无上帝”。这些祷文，使得巴哈伊教徒随时在不同场合，方便地表达自己的宗教信仰，履行宗教功课。

在《亚格达斯经》中，巴哈欧拉把书中的律法，称为用力量和权威开启的“精选的美酒”，是照亮上帝智慧与神恩的“明灯”，是得到上帝仁慈的钥匙，是维护世界秩序和人民安全的“最高手段”，是上帝对所有人的“最重的证言”。认为遵从这些律法的唯一动机，应当是对上帝之美的爱。其至高目标就是引导人类理解独一和团结的“荣耀”。所以，他警告大家，不要把《至圣书》仅视为一部“纯粹的法典”。巴哈欧拉在本书中所强调的是精神律法和物质律法的统一。他声明上帝为所有的人类规定了两个“孪生”的义务：第一个是精神的，或说是神秘的，那就是要认识到自己所生活的时代，是上帝的显现;第二个是物质的,或说是实践的,那就是遵从上帝的律法。这种精神和物质的统一,只有在《亚格达斯经》中强调的,建立一个平衡的“世界新秩序”中才能实现。在这种新秩序中,精神的进步,可以找到物质发展的目的,在物质领域的完善和发展中,又可以使精神得以体现。这个“世界新秩序”的概念,影响到后来阿布杜·巴哈,以及绍基·阿芬迪的著作中总的思路,成为该教教义发展和行政组织形式的目标和模式。

《亚格达斯经》是巴哈伊教信仰的浓缩,系统阐述了巴哈伊教派的教义、律法及礼仪和社会目标,提出了“世界新秩序”的概念,集中体现了巴哈伊教的社会目标和宗教特质。其既有人们所熟知的传统宗教特有的文化和宗教成分,同时又为人的世俗生活规则贯以宗教的色彩。既强调上帝的统一性,又强调睦邻友好,关注世俗生活的道德追求。肯定了其他宗教的合法性,体现了新兴宗教在创立之初所特有的开放性和包容性。同时也反映了其作为新兴宗教,仍有着与传统宗教不可割舍的渊源关系。其强调在宗教仪式上更为简化,在教义上更为宽容,更为开放,更为世俗化。这都为巴哈伊教能在现代社会迅速普及做了理论上的准备。

以教育促发展，共建和谐世界

——关于巴哈伊教“新世界秩序”理念和“以灵性教育为主导的教育观”的研讨*

李维建

2006 年 10 月 11～15 日，中国社会科学院世界宗教研究所巴哈伊教研究中心与澳门巴哈伊总会和香港巴哈伊总会在澳门共同举办了以巴哈伊教为主题的研讨会。来自社科院、香港和澳门的学者就巴哈伊教的“新世界秩序”理念和“巴哈伊教的教育思想”两个论题进行了专门的讨论。

关于“新世界秩序”，与会学者首先从巴哈伊教义和宗教史的角度，对巴哈伊教的“新世界秩序”的思想进行归纳和阐述，认为“新世界秩序”理念是巴哈伊教核心教义“上帝独一，人类一体，宗教同源”的重要组成部分。其次，与会学者从各种视角对“新世界秩序”发表了看法。有些学者从历史和实践的角度论述“新世界秩序”，把“新世界秩序”与当前布什政府奉行的单边主义政策相联系，批评美国政府的单边主义给世界带来的危害，肯定了巴哈伊教“新世界秩序”思想在当前建设国际政治经济新秩序的努力中具有积极意义。从宗教历史的角度而言，有学者论述了犹太教、基督教和伊斯兰教虽然同属“亚伯拉罕系统”宗教，但同样不能避免宗教间的相互贬斥与挞伐，原因在于传统宗教没能超越宗教优劣论的陈旧观念，而巴哈伊教则倡导“宗教同源，人类一体”，主张人类终将实现“天下大同”的新世界秩序，实现这种超越。有些学者则通过对巴哈伊教关于“新世界秩序”的一些概念分析，得出结论：巴哈伊教的“大同世界”理念与当今世界的主流思想是一致的：当前世界的混乱是“新世界秩序”的必经过程，在混乱的时代中秩序终将出现。还有学者从世界秩序的实现形式入手，探讨了不同的合作模式在人类不同发展阶段的作用，指出宗教合作模式特别是巴哈伊合作模式对“新世界秩序”建设可能作出的贡献。

“巴哈伊教的教育思想”是这次研讨会重点讨论的主题。与会学者一致同意巴哈伊教的教育思想是一种“以灵性教育为主导的新型教育观”，其“新”不是因为“以灵性教育为主导”，而是新在其与时代同步的教育内容、教育方法等方面。与会学者分别从宏观与微观两个视角对巴哈伊教的教育思想进行了研讨。宏观方面，有学者系统地对巴哈伊的教育思想进行了总结：以世界主义信念为教育的根本出发点，以灵性教育为教育的基础和核心，巴哈伊教高度重视教育的意义、价值和功能，并把妇女和儿童教育摆在教育的重要地位；有学者从历史的角度对巴哈伊教的教育思想进行了梳理，把其教育思想的发展过程分为巴哈乌拉时期、阿卜杜巴哈和守基·阿芬第时期、世界正义院时期三个阶段。从这种划分可以看出，巴哈伊的教育思想始终处在不断的丰富与完善之中。微观方面，学者

---

* 原载《世界宗教研究》2006 年第 4 期。

们从巴哈伊教育思想的宗教价值和现实意义、巴哈伊的精神教育、教育与发展的关系、巴哈伊教的家庭教育等方面进行了论述。有学者认为，巴哈伊教育力图将上帝的天国建立在人间。在教育目标上它是宗教的、理论的，在教育方法上它又是科学的、实践的。宗教与科学的统一、理论与实践的结合、个人与社会共同完善，是其新型教育观的最大特点。有的学者从教育的功能出发，认为巴哈伊教育重视灵性教育和精神培养，这是一种促进社会和谐的手段，从而达到以教育促发展的目的，让世界走向真的繁荣之路。还有学者对巴哈伊经典关于家庭教育的主题进行了探讨，认为应让家庭重新获得神圣地位，恢复自身的教育功能，以便为改善社会作出贡献。

笔者认为，把“新世界秩序”理念和“以灵性教育为主导的新型教育观”作为研讨会的两个主题，对学者们关于新兴宗教的研究工作而言具有重要的理论意义。同时，在当今教育、科技飞速发展，全球化日益推进的背景下讨论这两个主题，也具有重要的现实意义。巴哈伊教作为一种新兴宗教，它的许多理念是在总结传统宗教思想的基础上，为了避免传统宗教失误而提出的一种新的宗教思想体系。相对于传统宗教，它的“新世界秩序”理念和“以灵性教育为主导的新型教育观”在许多方面实现了对传统宗教的超越。因为“上帝独一”，所以“宗教同源”，因此“人类一体”是必然的逻辑结论，“世界大同”终将实现。巴哈伊的教育力图为和谐的“新世界秩序”的形成探索一条道路，贡献自己的力量。但是巴哈伊教所主张的“多样性的统一”的实现形式恐怕并不能真正涵盖未来世界的发展模式，而人类教育模式和教育内容的多样性也未必都以“灵性教育为主导”。不过，一种新兴宗教能够提出如此超前的，并且与世界发展潮流相契合的思想理念，已经有充足的理由引起世人的关注，而这次研讨会本身恰好说明研究宗教的学者对巴哈伊教的关注。

《简明宗教辞典》相关词条*

赵匡为主编

巴布教派(Bábí) 近代伊斯兰教派别。19世纪中叶由伊朗人米尔扎·阿里·穆罕默德(Mírzá 'Alí Muḥammad,1820～1850)创立。1844年阿里利用什叶派关于马赫迪"救世主"的信仰,自称"巴布"(阿拉伯语和波斯语Báb的音译,意为"门"),是信徒通往"救世主"的门。1845年,阿里自称为新的先知,提出伊斯兰教先知穆罕默德的时期已经逝去,《古兰经》和教法都已陈旧,须代之以巴布的《默示录》。主张财产公有,男女平等,简化或修订伊斯兰教宗教仪规和刑罚制度。该教派得到下层群众的拥护。1847年阿里被捕后,在下层阿訇和商人领导下,1848年起在马赞德兰、津章和尼里士等地发动起义,都遭镇压。阿里在1850年被处死。后教派分裂,1863年巴布门徒侯赛因·阿里(Ḥusayn 'Alí,1817～1892)宣称自己是巴哈欧拉(意为"安拉的光辉"),建立巴哈派。此派于1981年宣布脱离伊斯兰教,称"巴哈教"或"巴哈伊教"。

* 原载赵匡为主编:《简明宗教辞典》,上海辞书出版社2006年版。

《康普顿百科全书》（社会与社会科学卷）相关介绍*

[美]戴尔·古德主编，徐奕春等编译

巴哈教 Bahá'í Faith

19世纪中叶在波斯（现在的伊朗）出现了一种新的宗教——巴哈教。它源于伊斯兰教。正统的伊斯兰教什叶派成员认为，第十二代亦即最后一位伊玛目，或穆罕默德的继承人，于878年隐遁；有朝一日他将重返人间拯救世界。在他隐循后的一段不长的时间内，有几个人相继采用"巴布"（意为"门"）的名称，充当伊玛目的代言人。1844年，波斯设拉子人米尔扎·阿里·穆罕默德又复兴了这个传统，自称"巴布"。

巴布预言，一个新的先知，或称真主（安拉）的使者，将很快出现。这个消息很快传遍了波斯，并引起占统治地位的伊斯兰教当局的反对。巴布遭到逮捕，于1850年被处死。后来，他的2万多名皈依者也被迫害致死。

巴布的追随者米尔扎·侯赛因·阿里·努尔虽因巴哈教被囚禁并遭流放，但仍坚持信仰。1863年，他宣布自己就是期待已久的先知。他通常被叫作巴哈安拉或巴哈乌拉，是巴哈教奠基人。巴布的大多数追随者都承认他的主张。巴哈安拉在其临终前亲眼看到他的宗教从波斯传到埃及、苏丹、土耳其斯坦、印度和缅甸。

巴哈安拉指定他的儿子阿布杜·巴哈为他的继承人和他的教义的阐释人。在阿布杜·巴哈主持教务期间，巴哈社团在北非、远东、澳大利亚和美国纷纷建立。

巴哈教派最主要的信条是：真主是绝对不可知的，但他通过委派的使者显现自己。在这些先知中有亚伯拉罕、摩西、佛陀、琐罗亚斯德、耶稣、穆罕默德和最近出现的巴哈安拉。因为每位使者都从特定的时间和历史处境的角度说话，所以人们相信，所有的宗教真理都是相对的。然而，启示却随着每位新的使者的出现而发展，因此，真主希望人类知道的真理恐怕也会增加。

根据巴哈教教义，人生的目的就是崇拜真主和促进文明。最终的目标是使所有的人全都信仰一个宗教，这样就会增进和谐、知识、公正、进步与和平。宗教的实践旨在促进家庭团结，促使所有的人都享有平等的权利和机会，以及促使消除贫富的悬殊。

仪式和管理

巴哈教没有教士、圣礼或过于繁复的仪式，有关于祈祷和斋戒、一夫一妻制以及不得喝酒和吸烟

* 原载[美]戴尔·古德主编：《康普顿百科全书》（社会与社会科学卷），徐奕春等编译，商务印书馆2006年版。

的义务。还要求信徒参加巴哈教历每月第一天的叫作“十九天节”的活动。按照巴哈教历，一年分为19个月，每月19天，一年余出4天。如果是闰年，余出5天，新年从3月21日立春开始，那一天被认为是圣日。还有几个其他圣日，它们都用来纪念一件巴布或巴哈安拉生前的大事。

在巴哈教的清真寺里，仪式极为简单。没有传教活动。仪式由诵读各教经籍所构成。巴哈教的圣典文献由巴哈安拉的著作和后人对这些著作的注释所组成。

在地方一级，巴哈教团由选举产生的灵体会进行管理，灵体会对地方教团内的所有事务都具有管辖权。地方教团每年都选举代表出席全国大会。

巴哈教的最高管理机构是国际上的世界正义院。它在全世界作为巴哈教团体的行政、立法和司法机构行使职能。世界正义院的总部设在以色列的海法，邻近巴哈安拉的陵墓。

伊斯兰教派运动（节选）*

安修·Lee 编著

19 世纪中期在伊朗兴起了巴布派革命运动，他们高举反封建、反殖民主义的斗争大旗，在伊朗北部地区蓬勃发展，势不可挡。卡扎尔王朝封建统治者吓破了胆，视巴布派为险恶的“异端”，首先下令将首领巴布逮捕入狱。

巴布在狱中同人民群众继续保持联系，号召人民为建立一个神圣的“正义王国”而英勇战斗。

1848 年 9 月，巴布派教徒 3 万之众，首先在伊朗北部的马赞德省举行了武装大起义。后来被统治者镇压下去。

1850 年 5 月，巴布教徒在黑海西南面的赞詹地区发动起义。起义者在城内构筑街垒工事，设铸造厂，制造土炮与火药，同政府军展开了英勇顽强的战斗，连妇女们也参加了保卫街垒的战斗。女教徒鲁斯腾·阿莉指挥一支别动队，防守在最危险的地段，英勇拼杀。最后，政府军用大炮将这座城市夷为平地，这场大起义终于在 1850 年年底被镇压下去。这场历时半年多的围城战，使政府军损失 8000 人。巴布教徒高呼“真主伟大”的口号，浴血奋战，直到最后一人。

巴布殉道和赞詹起义失败之后，在伊朗其他各地区起义的巴布教徒继续坚持斗争，直到 1851 年，才被卡扎尔王朝的军队镇压下去。从此，巴布教徒大规模的武装起义基本上结束，残存下来的教徒转入地下，进行秘密反抗活动。

* 原载安修·Lee 编著：《宗教简史》，中国友谊出版社公司 2006 年版。

伊朗教徒大起义*

李元秀　武迪等选编

19 世纪初，俄、英、法、美等国先后强迫伊朗签订不平等条约。1828 年，俄国强迫伊朗签订不平等的《土库曼彻条约》。俄国吞并格鲁吉亚、亚美尼亚、北阿塞拜疆，伊朗赔款 2000 万卢布，俄国取得领事裁判权，俄国商人有权在伊朗境内自由贸易，输入伊朗的俄国商品只抽 5% 的关税，豁免国内关卡杂税。1841 年，英国也强迫伊朗签订内容大致相同的不平等条约，并在大不里士、德黑兰、班达尔一布什尔设商业代办处。法、美、奥等国也援例签订类似条约。从此，伊朗变成半殖民地半封建国家。

随着不平等条约的签订，外国商品，尤其是英国商品，倾销伊朗市场。外国商品的倾销，破坏了伊朗的农业和手工业相结合的封建自然经济，扼杀了处于萌芽状态的伊朗资本主义手工业工场，导致大批手工业者和中小商人破产。商品货币经济的发展，加深了伊朗封建制度的危机。封建地主阶级需要大量货币以供挥霍，因此强迫缴纳更多的货币地租，大大增加了农民的负担。国王、总督、州长、高级阿訇为获取大量金钱，高价出卖官爵。买得官爵的人，在任期内疯狂地掠夺农民。贵族和官吏还把封建军事采邑出卖给商人高利贷者，促使封建土地私有制日益盛行，新地主人数激增。伊朗的半殖民地化使阶级矛盾和民族矛盾急剧尖锐化，农民阶级和封建地主阶级之间的矛盾尤为激烈。

封建割据，连年混战，封建主的横暴勒索和抢劫，关卡林立，没有统一的货币和度量衡，封建主的商业垄断，封建统治集团的卖国政策，人民生命财产毫无保障，这一切引起中小商人、手工业者和低级阿訇的强烈不满。他们迫切要求改变现状。有些低级阿訇社会经济地位低下，生活日益恶化。他们比较了解下层人民群众的疾苦，成为人民群众反对封建专制统治的喉舌。

19 世纪上半叶，饥馑、鼠疫、霍乱等天灾人祸频发，南阿塞拜疆地区有一半人口死亡。它对人民起义起了催化剂的作用。在巴布教徒起义之前，赞兼、伊斯法罕、大不里士、亚兹德等地相继发生了零散暴动和起义。到了 1848 年，这些起义发展成为规模较大的巴布教徒起义。

巴布教的创始人是赛义德·阿里·穆罕默德(1820～1850)。他出身于布商家庭，本人曾经经商五年。后来他研究伊斯兰教的神秘学说。1844 年，他自称“巴布”。巴布的意思是“门”，表示即将降临人世的马赫迪(救世主)的意志通过此门传达于人民。1847 年，他干脆自称为马赫迪，写了一部《默示录》，论述自己的学说。

巴布教徒分成两派。

一派以巴布为首，代表城市商人和新地主的利益。这一派幻想建立一个没有封建暴政和外国资

* 原载李元秀、武迪等选编:《世界全史》(珍藏版)，军事谊文出版社 2006 年版。

本家剥削的、人人过着平等幸福生活的"正义王国"。巴布主张把封建统治者和外国资本家的财产分配给巴布教徒，按巴布教徒财产的多少进行分配，即财产多者多分，财产少者少分。他要求废除一切刑法和苛捐杂税，保护私有财产（凡信奉巴布教者，不论地主、贵族、商人，其财产一律受保护），保障人身自由，严守商业通信秘密，用法律规定借贷利息，改良邮政，统一币制。但巴布反对使用暴力，企图通过宣传、感化等和平手段，说服封建统治者采纳他的改良主义主张。然而，反动统治集团却用迫害来回答巴布的要求。1847年，巴布被捕入狱。

另一派是人民派，以农民出身的穆罕默德·阿里·巴尔福鲁什为首，代表贫苦农民和手工业者的利益。这一派主张用暴力推翻封建统治，建立一个新的"幸福王国"，在这个王国里，没有压迫和剥削，没有私有财产，人人平等，一切平均分配。

1848年9月，穆罕默德·阿里·巴尔福鲁什领导巴布教徒在伊朗北部的马赞德兰省发动武装起义。两万起义者以塞克·塔别尔西陵墓为基地，修建城堡，开始在群众中平分财产，实行共餐制。王军用武力进攻失败后，改用欺骗手段诱使起义者放下武器，然后加以屠杀。

王军的血腥屠杀未能遏制巴布教徒起义。1849年2月，全国的巴布教徒发展到10多万人。1850年5月，巴布教徒又在赞兼举行起义。起义者在城里修筑街垒和工事，建立兵工厂。起义者奋勇抗敌，消灭敌军8000人。1850年12月，王军炮轰赞兼城，把起义淹没在血泊中。

1850年6月，尼里兹爆发巴布教徒起义。同年7月，为防止起义蔓延，国王下令处死巴布。虽然遭到各种挫折和打击，巴布教徒的武装斗争一直坚持到1851年。大规模的起义被镇压后，巴布教徒转而采取隐蔽恐怖活动。1852年8月，巴布教徒在德黑兰谋杀国王未遂，首都数百巴布教徒被残杀，接着在全国范围内大肆屠杀巴布教徒。

巴布教徒起义的主要锋芒针对封建王朝，但伊朗封建王朝已成为外国资本主义国家的走狗，因此它在客观上也具有反抗外国殖民者、争取民族独立的性质。巴布教徒起义披着宗教外衣，实际上是一次反封建、反殖民主义的农民起义。

这次起义的失败不是偶然的。起义的主要动力是手工业者、城市贫民和一部分郊区农民。起义只发生在几个城市及郊区，而没有涉及广大农村。掌握起义领导权的商人和低级阿訇始终没有提出解决土地问题的纲领口号，因此未能广泛发动农民。伊朗的封建割据状态，以及起义组织不够严密，各地起义互不通气，各自为战，使反动派有可能各个击破。起义者在战略上犯了错误，只是消极防守，没有进行灵活的游击战，使起义处于被动挨打的地位。起义者往往轻信封建主的伪善诺言，自动放下武器，结果惨遭杀害。

第一节　赞兼城教徒保卫战

血腥的镇压阻挡不住声势浩大的巴布教徒起义。1850年，巴布教徒又在赞兼城发动起义。这次起义酝酿已久，是赞兼的阿訇穆罕默德·阿里（与巴尔福鲁什的阿訇穆罕默德·阿里是两个人）领导的。早在1847年，这里已有数千农民成为巴布的信徒。到1850年春，这里的巴布教徒达到1.5万人。穆罕默德·阿里享有很高的威望，他的指示不仅为巴布教徒，而且也为许多赞兼居民切实奉行。在他的领导下，巴布教徒积极准备武装起义。他们搜集和储存了许多武器、弹药及其他军需品。

1850年5月，一名巴布教徒被当局逮捕的事件成了起义的导火线。5月8日，起义的巴布教徒奋起攻占了城中的要塞。他们开狱释放囚犯，捉拿虐民官吏；驻防官兵仓皇退守西城。于是，赞兼城被切成两半：巴布教徒占领东边，政府当局控制西边。起义的手工业者、贫民和四乡农民第一次成了东半部城市的主人。他们迅速建起了50座街垒，严密监视相距咫尺的敌人。

龟缩西城的官兵企图夺回东城，一再反扑，但均遭痛击而败退。从德黑兰陆续派来的王军投入进攻，亦被击退。人民群众在街垒战中发挥了巨大威力。同成年男子并肩战斗的不仅有妇女，而且有少年儿童。有位青年妇女，是守卫一座街垒的指挥员，她起了个男人的名字——以传说中神奇的伊朗英雄鲁斯腾·阿里的名字为自己命名。这位巴布教徒机智勇敢，经常出没于枪林弹雨之中。

赞兼的起义者也同希赫·塔别尔西的起义者一样，宣布自己是在建立一个“正义王国”；在这个新社会里，人人平等，财产公有。

这一年，起义浪潮席卷了伊朗广大地区。年初，赛义德·雅西·达拉比在伊斯得领导的巴布教徒起义，虽然为时很短，但声势很大；6月，尼里兹又爆发大规模起义。

巴布被囚禁期间仍同他的信徒保持着联系，他利用自己的影响，号召信徒们为建立正义的王国而斗争。伊朗各省甚至土耳其和印度的信徒都远道前来契利克要塞，参拜巴布。巴布的教义日益深入人心。面对巴布教徒方兴未艾的斗争，统治者决定杀害巴布，以示“儆戒”，妄图阻挡人民起义的浪潮。关于这一点，首相达吉汗在国王的报告中写道：巴布活一天，其信徒的起义就一天不停，有可能变成全国范围的人民革命，结果将推翻恺加王朝。7月19日，巴布从契利克要塞被押解到当时伊朗的陪都大不里士，在广场上遭到公开杀害。

巴布的死并未动摇起义者的斗争决心。赞兼保卫战在继续进行。统治者没能达到其预期目的。于是，国王调集配有炮队的3万大军，开赴仅有几千巴布教徒的赞兼，全力镇压。王军依仗军事优势，多次发动进攻，企图一举夺回东城，均被击退。王军指挥官恼羞成怒，下令轰平东城，屠杀城中百姓。几十门大炮随即进入阵地，轮番轰击。在大炮的掩护下，王军倾巢而出，逐步推进。这时，由于城中大批农民离城回到乡间，起义军伤亡严重，人数锐减；由于同四乡的联系早被切断，东城的保卫者孤立无援。更不幸的是，起义军的领袖穆罕默德·阿里在一次激战中也牺牲了。形势变得十分危急。

起义者浴血奋战，同敌人争夺每一座街垒、每一条街道、每一间房屋。王军冲进来了。根据伊朗史家记载，他们冲入东城时，“就如饿狼一样残杀儿童和妇女”。但是，残杀并没有能迫使巴布教徒放下武器，他们宣誓，与城市共存亡。一直到12月底，王军才得以占领起义军的全部据点。对于最后坚守阵地的巴布教徒，刽子手又玩弄其在塔别尔西陵地的无耻故伎：骗使起义者放下武器，然后把他们杀死。

前后坚持8个月之久的赞兼城保卫战最后失败了。但是，统治者也尝到了苦头：在长期围攻中，损失了8000官兵。

1851年初，赞兼的巴布教徒再度起事，但由于第一次起义失败，损失太大，元气未复，很快就流产了。

第二节　尼里兹巴布教徒起义

1850 年年初伊斯得的起义失败后，巴布教徒的又一领袖赛义德·雅西·达拉比率领信徒数百人于同年 6 月转移到尼里兹。尼里兹人民对于贪赃枉法、残害百姓的州长及其同伙早已十分痛恨。雅西·达拉比来到以后，立即抓住时机展开活动。他和他的信徒在清真寺传教，影响巨大。好几千名城乡居民很快就团结在他们周围。在得到人民群众的支持后，雅西·达拉比立即发动武装起义，并迅速攻占城外的一座旧堡。

政府从设拉子派出军队，进行“围剿”。王军包围了起义者的堡垒，开炮轰击。起义战士伤亡很重；他们多次组织出击，均被挡回。困守堡垒的巴布教徒大都是未经训练的农民，既未做战斗准备，又缺少武器。王军指挥官依旧玩弄希赫·塔别尔西陵地的欺骗手法，心存侥幸的雅西·达拉比又上了当。当他放下武器走出堡垒时，王军乘隙攻入，将起义者全部杀死；雅西·达拉比同时牺牲。至此，第一次尼里兹起义失败。

尼里兹的统治者百般迫害同情和帮助过巴布教徒的居民。四乡农民纷纷弃家出走，逃入尼里兹附近山中。官逼民反，不久便爆发了第二次尼里兹起义。在巴布教徒的领导下，起义者利用山地作战的有利形势，同王军和当地封建汗的部队长期周旋。他们常常出其不意发动夜袭，大败讨伐军，趁势夺取其枪支乃至大炮，装备自己。有一次夜袭，巴布教徒神出鬼没地潜入尼里兹城，杀死了罪恶累累的州长。

起义军构筑山地工事，据险固守，讨伐军中有许多士兵同情巴布教徒，不愿攻打起义者，于是出现了两军长期对峙的局面。统治者欲胜不能，一时无计可施。最后，国王只好派遣一些好战的山地部落武装驰往镇压。围攻巴布教徒的部队逐渐增至 1 万多人。起义军被包围，他们同外界的联系被切断，粮尽援绝，情况危急。但是，他们并不屈服，凛然同蜂拥而上的强敌展开白刃战。由于寡不敌众，起义者牺牲过半，其余被俘。被俘者有的被当众烧死，有的被作为“活炮弹”塞进炮口，对空发射；许多人被严刑拷打，折磨致死；许多无辜妇孺被掠卖为奴。刽子手们更以集体屠杀为乐，竟将成批巴布教徒(其中包括妇女和儿童)驱入山洞，然后纵火焚烧，将他们活活烧死。

1851 年，第二次尼里兹起义在残酷的镇压下失败了。此后，巴布教徒运动开始失去自己的群众基础。农民和手工业者逐渐脱离巴布教派，大规模的斗争基本结束。发生这种情况的主要原因是，在起义连遭镇压以后，巴布教徒的领导者提不出足以进一步发动人民群众的革命纲领，首先是解决农民土地问题的纲领。1852 年春，巴布教徒又准备在巴尔福鲁什和赞兼等地发动起义。由于没有获得广大人民的拥护，地方当局很快就把他们镇压下去。

随着运动失去城乡劳动者的有力支持，巴布教徒——主要是一些出身于低级阿訇和商人的传道者，转而采取暗杀手段。但是，个人恐怖与推翻封建统治的群众性正义斗争毫无共同之处。它损害了这一斗争。8 月间，巴布教徒的密谋者在德黑兰谋刺纳歇尔丁未遂，国王只受了轻伤。统治者以此为借口，展开了大规模的搜捕，单在德黑兰一处就逮捕了 400 名巴布教徒，处死了 393 人。白色恐怖笼罩全国。许多巴布教徒被处死(包括库拉图兰)，甚至牵连到不少同情巴布教徒的人。

曹氏介绍“大同教”*

许 康

基督教家庭出身的曹云祥，晚年在信仰上却来了个“突变”，即翻译、宣传“大同教”教义。1935年，曹云祥认定该教的社会主张与我国古代儒家“大同”理想有相通之处，便在译文中将其定名为“大同教”。

何谓大同教？“大同教”英文名称 Bahá'í Faith，根据《大英百科年鉴》统计，这个创立于 1844 年的宗教，其传播的广泛度现在仅次于基督教。

曹云祥按谐音巧妙地译其创立者为“博爱和拉”（英文拼音 Bahá'u'lláh），是一个称号，它来自波斯文“上帝的荣耀”的意思。其创立者原名叫密尔萨·胡赛因·阿里（Mírzá Ḥusayn-'Alí Núrí），出生于 1817 年，被尊为先知。他在 36 岁那年宣示了他新时代的教义与律法，引发当时伊斯兰教教士的愤怒，遂造成他一生的流放生涯。他先后流亡过伊拉克、土耳其及以色列，最后于 1892 年逝世于今天以色列的阿卡城。

大同教是在阿里原属的巴布教派的基础上产生的，而巴布教派宣布脱离伊斯兰教，所以大同教绝不是伊斯兰教。

“大同教信徒”英文称 Bahá'í，即“博爱和拉之追随者”之意，全球 800 种以上的语言对之都采用音译的称呼，因此发音皆相近。

据载 1862 年就有信徒到达上海经商。1921 年一位叫廖崇真的学生成为教徒，他在回国后于 1924 年将美籍教友 Martha Root 引荐给孙中山。1945 年①，上海名媛及外交圈名人颜雅清女士于美国加入该教，并协助其加入联合国外围机构。

该教教义大意如下，其前 4 条使之能适应不同的宗教：

1. 上帝唯一、独一，因此“上帝”、“耶和华”、“安拉”其实都是指那唯一、独一至高的神，他并不专属任何宗教。

2. 宗教是同源的、相对的、演进的。所有的正信宗教都来自上帝，上帝并会随着人类的进步而在不同的时代派遣新的先知以教导人类，使其文明得以不断进步发展，因此各宗教尽管表面不尽相同，但其灵性本质却是完全相同的，因此宗教间不应相互排斥而成为社会分裂之因，相反地，应该成为团结人类社会，友爱众生的力量，任何违反这个原则的宗教都是错误的。

3. 每个人应独立追求真理。“人必须自己寻求真义，舍弃模仿祖先与对传统形式的固执……”

---

* 原载许康：《中国 MBA 早期三杰》，湖南大学出版社 2006 年版。

① 此处有误，应为 1944 年。——编者注

4. 排除各种偏见。“博爱和拉的教诲之一就是人类一家，全人类都是他的羊群，而上帝是仁慈的牧羊人。”

5. 两性平等。

6. 普及教育。

7. 科学与宗教并行不悖。“两者当无矛盾之处，因为真理只有一个。”

8. 遵守法律，服从政府。

9. 订定国际间一种共同语言。

10. 制定国际间一种共同货币。

11. 设立国际间纷争的仲裁机构。

12. 用灵性方式解决经济问题。

曹云祥删去了“大同教对于预言的实践”一段和“预言之解释”一章。

曹云祥着重阐述了几点：

中国人对于宗教之态度

一个受有教育的中国人，你如果告诉他，不信仰一种宗教，将来死后，会要被罚入地狱，他就不会相信。他以为如果他去信仰一种外国的宗教，以求将来的超度，这对于他的祖先，就是不孝顺。他不相信正直的人会受大公无私的上帝的惩罚。因此他觉得还是不改变他的本来宗旨为好，就是孝顺先人，信奉他本国内原有的宗教——孔教与佛教。中国人相信宗教是教人为善的，所有的宗教都是一个目的，那么他们为什么要彼此相争斗呢？这真是中国人不能懂解的一件事，也就是使中国人对于宗教淡漠的原因。因此无论任何宗教，只要它宣传一切宗教的中心理论是一致的，信仰一种宗教并非同时不可信仰其他宗教，或攻击和敌视别种宗教，如果能做到那几步，它就会受中国人的欢迎。

中国的政治思想

中国的历代政治理想，都是以孔子在论语上所讲的话为标准，就是“正心，诚意，修身，齐家，治国，平天下”。中国之国本即建筑在这种人生与政治的哲学上。所谓正心诚意者，就是人类的心灵在道德上的修养。从个人的心灵起，一直到平天下，这全部的过程，就是人类解放的大道。三民主义，对于现时中国的政治与社会，当然是极好的主义，但是从人生哲学的观点上看起来，那就远不及孔子的话了。中山的信徒中，有眼光较远者，于三民主义中，又增加一世界大同主义，以为更高远之鹄的。然而很少有人注意这一点，终于没有人去研究它的究竟。而且当局者也没有诚意，不能以身作则，大同教教义的基础是人类秉上帝的博爱宗旨而互相友爱。

教育在大同教中的地位

大同教的十二大原则之一为教育之普及。而无知者必不免迷信，贫穷与自利。大同教提倡以教育与劳动谋经济之自立。大同教徒的儿女受教育的机会必须是平等的，因为就女子而论，她们是将来的母亲，要担任儿女教育的责任，所以她们的教育是应与男子绝对平等的。这种态度本是很正确的，不过独为大同教所重视，亦足见其在文化进步中，为一开明的宗教。儿童失去入学的机会时，就由公家教养，因为在这种社会中，平素储集得有公款，这种公款完全是由捐助得来的。欲使教育迅速而有效地普遍起来，那就再没有比大同教更佳的计划了。

资本主义的旧制度，造成了生产过剩、失业以及财富分配之不均

按照大同教教义原则，新的经济制度是建筑在剩余财富的自动的均分上。在一个大同教的社会中，人人受有教育，人人有谋生的技能，少数不幸的人民与孩童是容易由公众扶助的。由各人自动的捐助或由各人的遗产中划出一部分以充公，以作此种扶助事业的经费。

世界和平

虽然不同教徒不干预政治，然而他们相信用组织的方法，以促进世界的和平，如国际联盟、国际法庭与国际警察等。战争的主要原因是土地的扩张，经济侵略与爱国偏见。但是大同教的原则，如普及教育，新经济制度，对于人类一体之信仰，就能将这些战争的原因消除了。世界各国竞相扩充军备，每年支出占其收入三分之二以上的费用，我们就可以知道世界为什么要感受经济的不景气了，所以人是与他自己作敌。

《大同教之在中国》译者序[①]

> 《新时代之大同教》为曹云详所译，其出版者补。大同教冶各教于一炉，以博爱为宗旨，以和平为鹄的，提倡人类之一体与世界之大同，而不斤斤于仪节与陈腐信条之束缚，实为现代新兴之开明宗教，适合时代需要与吾国国情。曹云祥先生有见于此，特将大同教理书籍迻译多种，以介绍于国人之前。首先出版者为《新时代之大同教》一书，原著者为爱斯孟博士，对于大同教之历史与教义，叙论极为详尽，译笔亦极畅达。原文中有关于预言之实践二章，因引证圣经可兰经中之预言过多，读者若非耶教徒回教徒，不易引起兴趣，反而多生疑难，故未经译出。惟大同教自经曹先生介绍以来，已渐引起国人之注意……

曹云祥自己则称："译者非宗教家，亦非神学家，但认宗教为广义之教育，而尝一再研究宗教与文化进步之关系也。"他删去"预言"不译，也表明了这种理性的态度。

① 此处不准确，应为"《〈大同教对于预言之实践〉译者序》"。——编者注

宗教伦理学概论(节选)*

陈麟书

第十一章　宗教的文化伦理(节选)

伊斯兰教在阿拉伯半岛创教成功后，就成为一种强势宗教文化，为了统一阿拉伯半岛，创始人穆罕默德就用强力手段消除了游牧民族各部落自成一体的多神崇拜的多中心现象和各部落之间的争斗残杀，消除了酗酒和弃女婴等等的恶习。后来的《古兰经》中关于不准多神崇拜，“唯安拉独一”，不准崇拜偶像，不准喝酒，不准弃女婴等等这些规定，正是针对这些现象而发的。这些规定，特别是“唯安拉独一”的规定，对于统一阿拉伯半岛是具有十分重要的意义的，可以说这是统一阿拉伯半岛的一面旗帜，并由此而建立了一个统一的首创的政教合一的伊斯兰国家，壮大了国力，从而也消除了外族不断入侵的外患现象。这是穆罕默德通过艰辛斗争的努力和人民的大力支持而获得的硕果，完全符合阿拉伯半岛人民的利益，因此，当时伊斯兰教作为强势性的宗教文化是具有历史性的进步意义的。一位美国历史学家希提在《阿拉伯通史》中是这样评价穆罕默德的，他说：“历史舞台已经搭好，一位伟大的宗教领袖和民族领袖上台的时机已经成熟了。”

目前，在伊朗，伊斯兰什叶派是强势性的宗教文化，而巴哈伊教是处于弱势地位的宗教文化，有30万信徒，而什叶派容不得它，处处给予排挤和打击。自1919年以来，有200多名巴哈伊教徒被杀害，有成千上万的人受到了迫害监禁和失去了工作、养老金、受教育的机会，巴哈伊教徒的家经常会受到各种各样的骚扰。2004年6月，伊朗当局在德黑兰拆除了一座巴哈伊教的标志性的历史性建筑，这座建筑是巴哈伊教创始人巴哈欧拉所拥有的，对巴哈伊教具有深远的宗教意义。同年8月，伊朗当局违反允许巴哈伊教青年入读公立大学的承诺，规定不能以巴哈伊教的教籍身份入读大学，当局要求入学的巴哈伊教学生，在申请表上只能在伊斯兰教、犹太教、基督教、拜火教这四个宗教中选择假的教籍身份入学，这是巴哈伊教学生所不能接受的，因而只能被排斥在公立大学门外。尽管巴哈伊教在国际上并不算是一个弱势宗教，而且还是联合国下属组织进行活动的委任机构之一，但在伊朗国内却是一个弱势教派，遭受到了种种排挤，其根本原因就在于巴哈伊教在伊朗境内有着极好的发展势头，这是什叶派所不愿看到的。

从上述列举来说，可以得出这样的一个结论，即强势性的宗教文化，在不同的历史条件下，具有

* 原载陈麟书：《宗教伦理学概论》，宗教文化出版社2006年版。

不同的历史作用。但是，一般说来，强势性宗教文化之所以能够存在，必然具有特定的优胜之处，故而能够获得广大信众的支持。

……

爱因斯坦认为，宗教是人类精神生活的一个重要源泉和领域。他说："一切宗教、艺术和科学都是同一株树的各个分枝。"[①]由此，他认为应力图在宗教范畴之内把宗教改造成为统一的全民"宇宙宗教"，作为改造人类心灵和社会的精神力量。所谓"宇宙宗教"就是对客观普遍的因果关系和自然界那种合理的和谐具有绝对的信念和信仰。人们对于"世界的合理性"和对自然规律的和谐以及这种和谐所显示出来的"高超的理性"感到狂喜的惊奇和确信的坚定性，并热枕地对于自然界的研究而献身于人类的幸福，这就是"宇宙宗教感情"。因此，他说："我认为宇宙宗教感情是科学研究最强有力、最高尚的动机。"[②]

这种"宇宙宗教"的伦理观，实际上是西方科学家、艺术家、众多知识分子的一种具有一定普遍意义的思想反映，也是西方那种宗教教育替代伦理教育的这种实际现实的反映，绝不是爱因斯坦个人头脑发热奇思妙想出来的。况且在当今的现实世界中已经出现了类似于"宇宙宗教"的这种宗教，这就是将在第二十五章中所要谈到的巴哈伊教，它就主张万教归一，实现世界大同。

第二十五章　大同伦理的人本性

巴哈伊教是 19 世纪中叶由伊朗的巴哈欧拉创立，是在伊斯兰什叶派的巴布教派的基础上分化出来的，于 1925 年正式被世界公认为独立的新宗教，因该教的宗旨是实现世界大同，故旧称大同教。该教十分强调为"大众服务"，又强调宗教的世俗化，因此，事实上该教就是由神本性宗教向人本性宗教过渡的一个新型宗教，故把该教的伦理观概括为以人为本的大同伦理。

第一节　实现人类大统一的理想

巴哈伊教的最高理想是实现人类统一，主张废除种族、阶级和宗教偏见，主张人类最终要放弃民族独立和国家主权的原则，取消国界，建立一个世界联邦体系，实现"地球乃一国，万众皆其民"的地球村思想。《至圣书》是巴哈伊教的信仰核心，特别强调"人类皆兄弟"的观念，明确主张全人类要实现世界大同，要组织一个全球性的超级政府。这正如《巴哈欧拉圣言集》中所指出的："你们是同一棵树上的果实，同一树枝上的叶子，用最虔诚的爱、和谐及友情与大家相处吧……团结之光如此强大，它能照亮整个地球"，"地球乃一国，万众皆其民。"（第 250、288 页）总之，人类一体观是该教人本化的核心思想。该教认为，全人类都是上帝的子民，人类既是一体的又是多样的，人类的产生不是为了别的，就是为了推进不断演进的文明。这是巴哈伊教人类一体化的理论基础。该教认为，人类经过长期的磨难之后，目前人类已进入到越来越互相依赖的程度，在当代很有可能在以下六个领域中是可逐步达成统一的：政治领域里的统一，世界性事业中的思想的统一，自由的统一，各民族的统一，人种

① 《爱因斯坦文集》第 3 卷，商务印书馆 1977 年版，第 149 页。

② 《爱因斯坦文集》第 1 卷，第 282 页。

的统一，语言的统一。该教的代表人物阿布杜巴哈把巴哈伊教的基本教义概括为以下十二个要点：自由地追求真理；人类一家；宗教乃爱与和谐之因；宗教与科学携手；世界和平；使用一种世界性语言；普及教育；男女机会均等；公正待人；为大众服务；消除极端之富裕与贫困；使神圣的精神成为生活中的主要动力。这一基本教义也是巴哈伊教的伦理宣言和政治宣言，主张建立一个世界联邦政府来实现这一人类一体化的理想目标，创造一个没有流血冲突和战争的和平幸福的大同世界。"人类一体化"是巴哈伊教教义的轴心，为此，要求人类必须克服四大偏见，即：种族偏见，国家偏见，宗教偏见，政治偏见。该教把人性的最高表现界定为服务人类，服务的最终目的就是实现统一全人类的世界大同，该教的任务就是要推进这一历史进程的长远目标。该教认为，根据当代世界形势的近期目标，就是推动上述所说的六个统一。因此他们所做工作的每一步骤，都按照当前能够做到的事情踏踏实实地去做，一步一步地往前走，而且做得卓有成效，在慈善事业、环保事业、医务事业、人权事业、教育事业等方面做得很有实效，从而获得了国际社会的认同。该教的最高行政机构是由选举产生的"世界正义院"，该教不设教堂和神职人员，也没有繁文缛节的宗教礼仪，更没有教派之纷争，该教的组织机构类似于国际社团组织，并正在为联合国几个机构的组织服务，工作很有成效，因此受到了国际社会的好评，体现了该教为"大众服务"的宗旨，故有"普世宗教"称谓。由于该教主张实现统一人类的世界大同的理想，吸引着越来越多的善男信女，发展迅速，目前已有一千多万信徒，据1992年的统计，该教在世界232个国家和地区，设有16000多个分布点，其地理分布范围之广仅次于基督教。联合国教科文组织曾预言，巴哈伊教将来很有可能成为世界上最大的宗教。

第二节　实现万教归一的理想

万教归一、宗教同源的观点，也是巴哈伊教大同伦理的重要组成部分，即世界要大同，宗教也同样需要大同。巴哈伊教认为：不论是上帝、天主、神、佛陀还是安拉等各教不同的称谓，都是至高、至上、至大、至尊的宇宙创造者，都是同一的造物主，都是一致的和统一的，只是不同的名称而已；不论是释迦牟尼、耶稣还是穆罕默德，都是同一的先知；不论是"佛经"、《圣经》还是《古兰经》，都是造物主同一的圣言圣语。而且，巴哈伊教都把这些纳入其宗教同源论的人类一体化范畴之中，认为这是该教肩任当代乃至今后人类历史发展的使命所应该做的，把异教徒和圣战、圣地的排他性概念一概彻底取消，使巴哈伊教成为海纳百川的大同之教。因此，不论何种教派的成员甚至是无神论者，只要是能为实现世界大同目标而奋斗的人，都可以被接纳为该教的成员，而且还允许他们有保留原有的宗教习俗和理念的自由。但是，在巴哈伊教内绝对不允许有教派之分，也不允许把各种社会政治分歧带入教内引起纷争，所有的该教的信教者只有一个总体目标，那就是为实现世界大同理想而奋斗。正因为这样，巴哈伊教认为一切传统宗教之所以都不能做到这一点，是由于时代赋予的局限性所致，它们只能完成当时历史赋予它们所能做到的一切。巴哈欧拉认为，人类有婴儿期、孩童期、青年期和成熟期的发展过程，时代发展到了今天，已处于由青年期向成熟期过渡的时代，而巴哈伊教正是担当着这一过渡时期的历史任务，其他那种各自为"政"的传统宗教都已处于过时的阶段之中，再也不能担当人类今后的历史使命，这个重任只能历史地落在巴哈伊教的肩上，这是历史的必然结果，也是至上至高至大至尊的上帝所赋予的历史任务，而且巴哈伊教自信能够担当得起这一历史重任，并为此而感到荣幸和自豪。阿布杜巴哈是该教的奠基人，他在《世界团结之基础》中明确地指出："在宗教方面，人类炮制的教义及伦理习俗已过时并毫无生命了，不仅如此，确实它已成为人们敌对的原因……

所以我们的责任是在这个灿烂的世纪里，探索神圣宗教的本质，寻找人类世界大同的根本实质。"(第16页)著名作家华伦·瓦格在 *The City of Man* 一书中是这样评价巴哈伊教的，他说："在所有声称有神圣权威的当代积极宗教中，唯一毫不含糊，一心一意地为团结统一人类而做的是巴哈伊教。"(第117页)

第三节　实现世界大同的理想

在巴哈伊教人类一体化的世界大同的伦理观中，最重要的一个理念就是：全人类不分种族、贫富、性别、老幼，人人都应该是平等的，因为人人都是上帝的子民。而且特别重视经济上的平等，这是实现人类一体的世界大同的基础，但决不主张平均主义，因为这会挫伤人们的进取精神，不利于社会的经济发展。巴哈伊教认为，人的能力有大小，能力强的致富的机会就多，能力弱的致富的机会就少，这种贫富现象的存在是不可避免的合理现象，但是必须限制极端富裕和极端贫困现象的出现。为此，巴哈伊教的设想是：一是提倡以富济贫的自觉精神；二是实行收入的社会再分配制度。巴哈伊教告诫说：穷人是最接近上帝的，因为他们最需要上帝的救助，因而也最受上帝的宠爱。因此，要求富人发扬仁慈之心去接近穷人，协助上帝去救助穷人，这是一种"关心自己并照顾穷人"的平等，没有强制性的仁慈的平等是最佳的平等，被认为是"人类崇高德性和高贵品质的表现"，因此，从这个意义上来说，仁慈比平等更重要，因为极端贫困现象是要依靠富人自觉的仁慈来实现的。当然，仅仅这种精神上的鼓励来协调贫富关系是不够的，还必须把这种贫富协调实行制度化，要有法定的"协调制"，这种制度通过税收制来进行社会收入的再分配，以此来消除极端豪富和极端贫困的现象。巴哈伊教遵守这种中庸之道，认为凡事都要取其中，决不走极端，只有这样，才能使富人和穷人平等相处，使有能力的人能充分积极地发挥其聪明才智，有利于社会的发展；同时，使能力差的穷人也能过上像样体面的日子，不至于穷极潦倒，这对于社会的稳定和协调发展也是十分有利的。由此看来，巴哈伊教所主张的世界大同的目标，并不完全是一种空想的理想主义，而是具有一定合理的现实基础的理想，也是人类从古至今所梦想着的理想，其中就有孔子的大同世界的理想、柏拉图的理想国、犹太教的"千禧王国"、莫尔的"乌托邦"、欧文的"空想社会主义"、马克思的共产主义。按美国《社会中的宗教》一书的作者约翰斯通(Ronald L. Johnstone)的归类法，这似乎应该属于宗教社会主义的范畴。过去曾出现过基督教社会主义、伊斯兰社会主义、佛教社会主义，但都随着苏联的解体而消失了，而唯独巴哈伊教反而坚挺而起，这是十分难得的。

强调精神文明是巴哈伊教的一贯主张，正如该教的创始人巴哈欧拉所指出的，没有精神文明的建设就不能实现人类一体化的世界大同，为此，该教推行了一套"以精神征服全球"的战略计划。阿布杜巴哈指出：人有两种本性，一种是神圣的和高尚的精神本性，表现出友爱、仁慈、公正，是善良的根源；一种是低级的、尘世的物质本性，表现出虚伪、残酷、不公，是罪恶的根源。巴哈欧拉认为：东方有注重精神文明的传统，世界的传统宗教印度教、佛教、道教、基督教、伊斯兰教都发生在东方，关注神与人或人与人的关系，东方是精神文明之乡，但由于不注重物质文明，致使科学技术落后，社会经济发展缓慢；而西方则与之相反，十分重视物质文明，注重人与物的关系，促使科学技术飞快地发展.社会经济发展迅速，但不注重精神文明，后来虽借助了于东方发展起来的基督教文明，但并未从根本上改变西方轻视精神文明的传统，往往惯于用坚炮利器来征服东方。因此，巴哈伊教认为，必须把东方的精神文明同西方的物质文明结合起来，这才能使人类一体化的进程顺利进行。在这两者的结合之中，巴哈伊教坚持把精神文明放在首位，因为物质文明只有在精神文明的指导下才能得到正确的发展。物质文明像人体，再美也是死的，而精神文明像人的心灵，能使人体得到活力。巴哈伊教认为，精神文明的基础是伦理道德，而伦理道德的核心是圣灵教育，通过巴哈伊教的圣灵教育来提高人们的道德水准，这是提高全人类伦理思想必需的神圣文明。巴哈伊教要求其成员必须在这方面作出榜样。《隐言书》是该教的伦理核心，它要求该教成员做到：严守高标准的道德和情操，要诚实、正直、谦恭有礼，慷慨勤奋，守中庸，不与人争执，不随便动怒，奉行“己所不欲，勿施于人”的原则。另外，还特别规定：禁止诽谤、挑拨离间和背人议论，凡事不固执己见，磋商时避免争论，善待他人意见，放弃个人好恶，不能有自私动机。

巴哈依教的灵魂观*

樊美筠

一、巴哈依教简介

巴哈依教是目前被公认最年轻的世界性宗教。在 20 世纪二三十年代，它在中国曾被译为大同教，又译巴哈教、白哈教、比哈教，是阿拉伯文 Bahá'í 的音译。巴哈依，意为光辉、容光焕发、美丽、漂亮等。该教的得名，源自创始人伊朗的米尔扎・侯赛因・阿里・努里(Mírzá Ḥusayn-'Alí Núrí，1817～1892)自称"巴哈欧拉"(Baha'u'lláh 的音译，意为"阿拉的光辉")。

许多学者认为，巴哈依教源于伊斯兰教。但是，这并不意味着它属于伊斯兰教，因为不仅该教公开宣布彻底脱离伊斯兰教，而且伊斯兰世界也不承认它是伊斯兰教中的一个教派。英国历史学家汤因比说："巴哈依教是一个独立自主的宗教，如同伊斯兰教、基督教和其它受公认的世界宗教一样。巴哈依教不是其它宗教的一个教派。它是另一个宗教，地位和其它受公认的宗教相同。"汤因比的这个观点已经为大多数人接受。

巴哈依教的创始人米尔扎・侯赛因・阿里・努里年轻时是巴布教派的信徒，1853 年被流放到巴格达，在那里，他宣称自己就是救世主。十年后(即 1863 年)，他宣称自己是安拉的使者，自称巴哈欧拉。随后他再被流放到阿卡，1892 年，于该地逝世。他一生著作等身，其中主要有《至圣书》(*Kitáb-i-Íqán*)、《笃信之道》(*Kitáb-i-Aqdas*)、《隐言经》、《七山谷书》等，共有 100 多部。

巴哈欧拉去世后，其长子阿拔斯・阿芬第(1844～1920)继任教主，他使该教传布到世界各地，被称为"阿博杜・巴哈"。他的著作有《巴黎片谈》、《圣约与遗嘱》、《已答之问题》等。此时，巴哈依教已拥有 10 万信徒。

阿博杜・巴哈死后，巴哈欧拉的长外孙[①]守基・阿芬第(1897～1957)被指定为该教精神领袖。他曾留学欧洲，通晓多种语言，因此成为将巴哈依经典从波斯语和阿拉伯语翻译成英语的主要翻译者。通过他的翻译，巴哈依的教义迅速向世界各地传播，信徒发展到 40 万，成为一个世界性宗教。他之后，教权由各国长老会选出的世界正义院行使。1963 年 4 月 21 日，第一届世界正义院产生，成为世界民主政治的一个雏形。

---

* 原载陈俊伟、谢文郁、樊美筠主编：《灵魂面面观》，中国社会科学出版社 2006 年版。

① 此处有误，应为阿博都・巴哈的长外孙。——编者注

今天，据 1991 年《大英百科全书》的统计表明，全球有 540 万信徒，分布在亚洲、非洲、欧洲、美洲、澳洲等大多数国家。在《大英百科全书》和《世界基督教百科全书》中，它都是增长速度最快的宗教，在分布范围上它是仅次于基督教的第二广的宗教，有 116000 个分布点。

阿博杜・巴哈曾将巴哈依教的基本教义归纳为以下主要观点：

第一，宗教的一致。"巴哈依信仰的信仰者相信，各宗教都来自同一神圣的根源。我们做一个巴哈依信仰的信仰者并没有违反我们原有的宗教信仰。因为我们相信，上苍一次又一次地给予我们的，实际上，都只是一个宗教。接受各时代的宗教，能使我们信仰上苍的信心更加完善，实际上我们并没有改变信仰。"①

第二，人类团结。巴哈欧拉说："你们不要相视如陌路。你们是同树之果，同枝之叶。你们是一手之诸指，一体之诸肢。"②

第三，废除偏见。"一切偏见，无论是宗教的、种族的、政治的或者是国家的，必须一律废除。因为这些偏见酿成世界的病态。这是一个严重病症，除非加以限制否则将造成全人类的毁灭。"③

第四，宗教科学并进。"科学给我们准备了工具，宗教则告诉我们如何去使用它。""另一方面，如果我们抛弃了科学，不再运用心智于此，则宗教仅成为愚昧与迷信，而为害于世人。""从前，人们认为宗教与科学不能并行，但巴哈欧拉教诲我们，真的宗教与真的科学是互相符合的。"④"阿博杜・巴哈说：'宗教和科学是人类的智能得以凌空翱翔的两只翅膀，有了它们，人的心灵就能进步。单靠一只翅膀是飞不起来的！倘若用宗教之翼去飞，就会很快堕入迷信的深渊；倘若只用科学之翼去飞，不仅同样不能进步，反而还会栽进物质主义的泥潭。'""任何抵触或违背科学的宗教只能是无知，因为无知是与知识对立的。假若宗教为偏见礼仪和繁文缛节所充斥，就不成其为真理了。"

第五，世界和平。为了这个最高目的，"一个最高法庭应该由世界各国政府人民共同建立起来。""设置一种世界语言……如此，一个人只须懂得两种语言，第三种语言就无需有了。能够与任何国家的人民谈话，不需要翻译，这对于各人是怎样的方便与舒适。"⑤因此之故，在一般人眼里，巴哈依教又被视为"peace maker"。

概言之，自由地追求真理；人类一家；世界和平；宗教乃爱与和谐之因；宗教与科学携手；使用一种世界性语言；普及教育；男女机会均等；公正待人；为大众服务；消除极端之富裕与贫困；使神圣的精神成为生活中的主要动力等，即是该教的基本方法。可见，在传统宗教为之困惑的诸多问题上，巴哈依教都提出了自己独特的解决方案。

巴哈依教不仅是目前世界上最年轻的宗教，同时也是最具现代性的宗教，其现代性的集中表现，便是对现代化作出积极的响应，最早试图完成将宗教由传统向现代的转换。也正因此之故，该教日益引起世界各国人民的注意与重视。俄国大文豪托尔斯泰就曾谈到自己对巴哈依教的认识："我与巴比教徒交往多年，对他们的教义有着浓厚的兴趣。我觉得这些教义必定有着伟大的前途，因为它们摒除所有造成分歧与离异的误解，激励人类团结于一个信仰中。"这里所说的巴比教就是巴哈依教。

---

① 《巴哈依信仰浅淡》，Bahá'i Publishing Trust of Malaysia，第 1 页。
② 《巴哈依信仰浅淡》，Bahá'i Publishing Trust of Malaysia，第 13 页。
③ 《巴哈依信仰浅淡》，Bahá'i Publishing Trust of Malaysia，第 14 页。
④ 《巴哈依信仰浅淡》，Bahá'i Publishing Trust of Malaysia，第 14～15 页。
⑤ 《巴哈依信仰浅淡》，Bahá'i Publishing Trust of Malaysia，第 15 页。

世界闻名的盲人海伦·凯勒小姐也对该教给予极高评价:“巴哈欧拉的哲学思想值得我们最好的注意……还有什么比‘世界的福利与各民族的幸福’更崇高的思想值得来占据我们的生活呢?”

诺曼·本维治(Norman Bentwich)博士写道:“巴勒斯坦现在可说已不是三个信仰而是四个信仰的圣地,因为巴哈依信仰及朝圣的中心地点是在阿卡及海法两地,它已达到一个世界性大宗教之地位。它对各地的影响力,是促成国际及宗教间谅解之因素。”[①]

著名科学家、“罗马俱乐部”成员欧文·拉兹洛也指出:“巴哈依对世界和平的召唤在人类历史的关键时刻来临。和平在今日世界已不是一种选择,而是一种必需。世界上所有领袖和人民都必须认识到这一事实,努力达到巴哈依信仰所预见的人类成熟时期的成熟。”

美国前副总统戈尔则这样谈到巴哈依教:“伟大世界性宗教中最新的一个,1863 年由密尔萨·胡赛因·阿里创立于波斯的巴哈依教,警告我们不仅要注意人类与自然的适当关系,也要注意文明与环境的适当关系。”

1992 年在巴哈欧拉离世 100 周年的纪念日,巴西联邦国会召开了全体会议,向这位人类的先知致敬:“巴哈依信仰的普遍实用性、及时性和远见卓识值得我们来到这次大会以颂赞巴哈欧拉。他的教义体现了所有人民——无论民族和信仰——的最深刻最美好的宗教。”

早在 20 世纪初,中国人对巴哈依教已有深刻的认识。20 世纪 30 年代清华大学校长曹云祥(他是巴哈伊信徒)说:“大同教[②]为最适合现代需要之宗教,一方面承认各宗之真理出于一辙,以收集思广益之效,另一方面又指示世界之趋势,以统一人类之信仰,铲除争端,促进世界和平,此诚世界之新曙光也。”

1948 年起,巴哈伊国际社团已参与联合国的无数会议

① 黄心川主编:《东方著名哲学家评传——西亚北非卷》,山东人民出版社 2000 年版,第 546 页。

② 旧时中国将巴哈依教译为“大同教”。

巴哈依教不仅在其教义中体现了传统宗教向现代宗教转化的尝试，而且在社会生活中，它也始终持积极参与的态度。1948 年，它成为联合国一个国际非政府组织，从 1970 年起一直担任联合国经济与社会理事会及儿童基金会顾问，与世界卫生组织、联合国环境组织有密切的工作关系，还是国际非政府组织如“大自然网络全球基金会”、“共同未来中心”、“全网络教育”、“宗教与和平世界会议”、“促进非洲食物保障”等国际组织的成员。总之，在国际舞台上，巴哈依的活动日益引人注目，它在第三世界推广的行动计划如社区学习中心、地方医疗诊所、卫生研习班、农务发展计划、树林再生计划等，无一不受到第三世界的欢迎。

二、巴哈依教的灵魂观

1. 巴哈依的宇宙论

巴哈依教的灵魂观建立在其深奥、完整的哲学体系之上，该体系由巴哈欧拉所创立，并由其长子阿博都·巴哈——巴哈欧拉指定其经典的唯一权威解释者——所阐述和补充。该哲学体系首先指出，上帝即宇宙万物的本质和核心。上帝创造万物，万物源于上帝、依赖于上帝并显现出上帝的属性和本质。

其次，阿博都·巴哈在此基础上进一步论证了上帝的存在。他说：“人的创造者跟人不同，这一点是确定而无可争辩的。”[①]“整个存在界都是同一个道理：连最小的造物都证明它有一个创造者，就像这块面包就证明有一个做面包的人。”“赞美归于上帝！由最小的物质在形式上产生的最小变化都证明造物主的存在；那么这个无穷无尽的大宇宙能以物质及其元素的活动，来自行创造而产生么？这样的臆断是多么荒谬啊！”[②]

人们不仅可以通过万物的存在来证明其创造主——上帝的存在，而且可以通过万物的不完美推断出上帝的完美。因为有不完美，就必然有完美，否则根本无从辨别完美或不完美。阿博都·巴哈说：“尘世是缺憾的源头，上帝是完美的根本。尘世之不完美本身，就是上帝至善至美的证明。例如，你观察人时，就会发现人是弱小的。被创造物的弱小就是永恒全能者力量的一个证明，因为如果没有强大，弱小就无从想象。因此被造物的弱小就是上帝之强大的一个证明。因为没有强就不会有弱，所以由弱而显示出这世上有强。”所以，虽然有一个永恒的全能者，“他拥有一切完美，因为若非如此，他便跟他的造物没什么两样了。”[③]

最后，阿博都·巴哈谈到上帝与万物的关系。他认为，上帝创造万物，万物显现上帝的属性；上帝和万物之间是一种造物与被造物的关系。上帝永远高于万物，它从不下降、分离或进入万物之中。万物源于上帝的过程是“源发”的过程，而非“显现”的过程，犹如演说辞之出于演讲者，动作之出于动作者，演讲者本身并未变成演说辞。而“真正的演说者”一直处于同一状态下，既无改动亦无变迁。“一切造物都显示他的迹象，都发源于他而不是他本身。所有这些征象都在存在之中反映出来……

① 阿博都·巴哈：《若干已答之问题》，(澳门)新纪元国际出版社 2000 年版，第 5 页。
② 阿博都·巴哈：《若干已答之问题》，第 6 页。
③ 阿博都·巴哈：《若干已答之问题》，第 6 页。

地球上能观察到的一切都充分显示了上帝的力量、知识和他贯注万物的恩惠，而他本身却无穷地高超于万物之上。"因此，造物与被造物是不同的，无论这被造物是多么完美。阿博都·巴哈说："一幅画是不可能跟画家一样的，否则那画早就自我创作了。无论一幅画多么完美，跟画家相比它仍处于极不完美的境地。"①

2. 巴哈依论"人"

何谓人？人的本质何在？对于这些问题，巴哈依哲学都有其独特的解释。在巴哈依哲学那里，整个存在界被分为六类：矿物、植物、动物、人类、灵魂和显圣。在这里，人处于第四等级。这六类存在物中，高一等级的总是涵盖着低一等级的，总是具有低一等级所不曾具有的新的能力。

矿物领域是宇宙中最初级、最低层、最基本的领域。巴哈依哲学认为，即使在这个最基本、最卑劣的生存领域里，主宰生存的规律也是爱和相互吸引力，而解散和不团结乃是死亡。

植物领域则高于矿物领域，因为具有一种为矿物所不具有的新的功能：新陈代谢、生长发展和自我生殖。

在植物领域之上，则是动物领域，它具有感官的功能和感觉的能力，这是植物和矿物所不曾具备的。

第四类存在则是人类。什么是人？首先，巴哈依反对"人是高级动物"这种世人习以为常的观点。他认为，尽管人与动物有着躯体上与外在感官上的一些共同点，但决不能说"人是高级动物"，正如不能说"动物是高级植物"一样。阿博都·巴哈说："人类始终是一个独特的种类，是人类，而非动物。所以，母体子宫中的人类胚胎从一种形态过渡到另一种形态而前后情形大不相同，这能够作为其种类有变更的证明吗？难道可以说胎儿起初是动物，是由于器官的渐次发育进化遂成为人的吗？不，绝不！"②在这里，阿博都·巴哈反对人类先祖源自动物这一观点。

其次，阿博都·巴哈说："人是万物中最高贵的。""人处于物质的最高级和灵性的最低级——亦即，他是不完美的终点和完美的起点，他处在黑暗的终结和光明的初始，以至于有言道：人的情形有如夜之末，昼之初，意思就是他具有所有不同层次的缺憾，并拥有各种程度的完美。他既有动物的一面也有天使的一面。"③

在巴哈依那里，始终给予人极高的评价。之所以如此，就在于巴哈依认为人具有动物所不曾具有的全新的能力。它构成了人的本质。

人的本质含有三个层次：第一个层次是躯体，这是人类外在的和自然的本质，这一层次属于物质性或动物性的层次。在这个层次上，人既和动物相同，又与动物有所不同。前者指人与动物一样，也拥有感觉器官，人感觉到冷、热、饥、渴等。这是这一层次本质中低级的一方面，会使人转向物质的一方面，转向人的本性中肉体的一面。

人与动物的区别则是：

(1)动物的感官能力是强于人类的，在人与动物所共有的能力上，动物往往比人更强。如鸽子的记忆力、鹰的视力等。倘若人不具有一种独特的能力，那么他只会臣服于动物之下。在这个意义上，

① 阿博都·巴哈：《若干已答之问题》，第5页。
② 阿博都·巴哈：《若干已答之问题》，第161页。
③ 阿博都·巴哈：《若干已答之问题》，第202页。

人并不高于和优于动物。

(2)动物只是感官的奴隶,受感官的约束,任何在其感官功能之外的、它们所不能控制的事物,是它们永远也不能明白的,而人却能超越感官。

人之所以能超越感官,是由于人的本质的第二个层次,即理性的和智能的本质。人借此能从已知的事物推论出未知的事物,并发现以前未知的事物。"这种天赋智能的结晶就是科学。这是人类独有的特征。"①

这说明人有一种动物所没有的天赋。这种天赋就是人具有意识和自我意识、推理、发现和发明的功能。正是在这里,人和动物不仅完全区分开来,而且人高于动物。

人的这种天赋从何而来?是来源于人的感官?还是源于人的大脑?巴哈依认为都不是。动物也有感官与大脑。巴哈依哲学认为,感官与大脑只是工具,而不是根源。人的发现力即来源于人有灵魂。阿博都·巴哈说:"人具有一种发现隐藏之奥秘的功能,使人与动物区分开来,这就是人的灵魂。"②"灵魂是灯,心智则是灯所发射出来的光。灵魂是树,心智则是果。心智是灵的完美表现,是灵的根本特质,就像太阳之光是太阳的必然要素一样。"③"人类的天赋之所以异于其他生灵万物,概而言之,是因为人类的灵性和其思想本质。这些天赋使人类建立了文明,享受物质荣华。然而仅是这些成就,无法满足人类精神的需要,人的本性使它倾向那超然的境界,那不可见的领域;使人向往那最终的本体,那不可知的圣灵,即称为神。历代先圣为人类带来了宗教。宗教是人类与最终本体之间的基本联结,它激发并精炼人类的能力,使人类达成精神的成就与社会的进步。"④这就是说,灵魂构成人的本质的第三个层次,也是最重要的一个层次。

3. 巴哈依论灵魂

A. 灵魂的本质

在巴哈依哲学中,灵魂是人的本质所在,是人类所具有的一切精神与意识特质的总和,有时它也指这种特质所显示的力量,或者指人的智能和思维。有时它又被叫作"人性灵"或"理性灵魂",而这两个名称——人性灵和理性灵魂——指的是同一事物。

"灵魂乃是上帝的迹象,是一颗天赐的宝石,连最博学的人也无法领悟其本质,心智多么敏锐的人也无法阐明其奥秘。"⑤

"诚然!我指明人的灵魂在其本质上就是上帝的迹象之一,是他奥秘中的奥秘。它是全能者的伟大迹象之一,是那宣告上帝所有界域之实况的前兆。其中隐藏着今世不能理解的奥秘。"⑥因此,灵魂具有一定的神秘性。

灵魂从何而来?阿博都·巴哈说:"人的灵魂是由上帝而来的。"⑦人性灵的产生过程是一个"源发"过程,而非"显现"过程。

① 阿博都·巴哈:《世界团结之基础》,马来西亚巴哈依总灵体会出版社1993年版,第55页。
② 《已答之问题》,曹云祥、孙颐庆译,马来西亚巴哈依国家灵体会1967年版,第187页。
③ 阿博都·巴哈:《若干已答之问题》,第181页。
④ 《世界和平的许诺》,世界正义院1985年10月发表的声明。
⑤ 《巴哈欧拉圣典选集》,澳门新纪元国际出版社1992年版,第35页。
⑥ 《巴哈欧拉圣典选集》,第35页。
⑦ 阿博都·巴哈:《若干已答之问题》,第178页。

关于灵魂的本质,阿博都·巴哈说过,“人的灵魂既非物质的,亦非组合而成的,因而它是不能分割和分解的。”①“我指明人的灵魂超越所有出入的观念。说它是静止的,它却能翱翔;说它是动态的,它却能静止不动。”②

灵魂不是由原子、分子组成的,绝对不是一种物体,它既没有具体的存在形式,也没有存在形式的变化。灵魂只有开始,没有结束,所以灵魂是不灭的,永恒的。

阿博都·巴哈指出,“关于灵之不朽的逻辑证明则如下述:没有任何征象可来自于不存在的事物——换言之,绝对的不存在不可能显示出任何征象——因为征象乃是某种存在的果,而这个果依赖于‘因’的存在。所以没有太阳就没有光芒的闪耀,没有大海就没有波涛的翻涌,没有云朵就没有雨水的飘零,一棵不存在的树结不出果实,一个不存在的人既显示不了也产生不出任何东西。所以只要存在之征象出现,那它们就是征象之具备者存在的证明。”③

由灵魂的不朽,可以推论出“永生”和“死后的生活”或“天国”的概念。阿博都·巴哈说:“生命分为两种:躯体的生命以及灵的生命。躯体的生命是物质的,然而灵魂的生命则表现了天国的存在,就是那种受恩于上帝之灵并因圣灵之气焕发生机的存在。尽管物质的生命也是存在,但对圣者而言,它却是完全的不存在和彻底的死亡。因此人存在,这块石头也存在,但人的存在与石头的存在却有着天渊之别。因为石头的存在对于人的存在而言,即为非存在。”④

B.灵魂与身体的关系

它们之间的关系并不如常人所认为的那样,物质与精神、本质与现象、房客与房子的关系,而类似于太阳与镜子的关系。

首先,巴哈依哲学认为,灵魂并不像一个房客那样住在身体里。灵魂既不在身体里面,也不在身体外面,而是一种处于超越空间、时间与地点纬度的非物质的真实存在的精神,灵魂没有处所。“因为如果你检查人的身体,你是找不到灵魂的特定所在的,因为它从无处所,它是非物质的。它与身体有一种如同太阳与镜子般的联系。太阳并不在镜中,只是与镜子有某种联系。”⑤

其次,巴哈依哲学认识到,灵魂不同于肉体。它之于肉体并不是进入人的体内,阿博都·巴哈说:“人性灵并非是在人体之内的,因为它超乎属于躯体的进出状态。”他强调,“理性灵魂,即人性灵,并不降入人体——就是说,它并不进入身躯,因为降与入者实体的属性,因此它离开了肉体,也不需要另一个驻留之所;不,灵之于肉体的联系,如同光与镜子的关系一样。”⑥

因此,灵魂不会受到肉体的影响。“人性灵始终如一。它既不会因身体的疾患而致病,也不会因身体的康复而还原;它既不会得病,也不会衰弱既不会悲苦,也不会贫穷,既不会变轻,也不会变小——就是说,它不会因身体的衰弱而受损,纵然身体变得虚弱,或手足五官有残缺,或丧失听力视力,也不会对它有任何影响。”“它存在的时限也独立于肉体的存在时限之外。”⑦

① 威廉·S.哈切尔:《人性与人类社会:一个巴哈伊之所见》,载江绍发主编:《毁灭或新世界秩序?》,澳门新纪元国际出版社1997年版,第72～73页。

② 《巴哈欧拉圣典选集》,第36页。

③ 阿博都·巴哈:《若干已答之问题》,第193页。

④ 阿博都·巴哈:《若干已答之问题》,第207页。

⑤ 阿博都·巴哈:《若干已答之问题》,第208页。

⑥ 阿博都·巴哈:《若干已答之问题》,第205页。

⑦ 阿博都·巴哈:《若干已答之问题》,第196～197页。

对科学、宗教与发展的探讨*

法赞·阿巴伯

关于个人经历

我认为，在开展以科学、宗教和发展为主题的研究项目时，我们必须坦率地承认科学在方法论方面起着主要作用，这一点非常重要。然而，如何选择科学方法本身就十分复杂，因此，有必要在这里就此说两句。

广义的科学，涵盖了广泛的自然和社会现象，并且能够接纳各式各样的方法，每种方法又都适合特定研究对象的具体特点。在研究不计其数的体系和过程时，关于上帝的存在或精神生活领域的问题不会出现，合适的方法必须与抽象的思考区别开来，这主要是为了保证科学的严肃性。可是，当这种排斥演变为一种规则并且被教条式广泛运用时，僵化就出现了，这会削弱科学的力量。严格的"科学"方法难以在科学的假设与其外部的信仰体系间保持平衡。它们允许宗教研究，但通常将它当作心理现象或社会现象，认为它来源于人类自身及其与环境间的互动，而在最终的分析中，互动被认为是在原子及分子构成的集合体中发生的，每个原子或分子的行为都与它们天然的复杂性相吻合。但这并不是大多数人的观点，大家都认为，每个人必须充分参与社会转型过程，他的文化、信仰和价值观应该与发展的方案及其实施相一致，由此产生的矛盾严重削弱了那些基于狭隘的科学方法所开展的发展研究的有用性。

我们能严肃地探讨宗教信仰问题，而不致使之流于琐碎或者仅仅只是为之辩护，也不致将信仰问题转换为隐秘孤立的个人世界或者将宗教实践局限于仪式领域。基于人类作为社会性动物的需要，我把以上作为研究计划的前提。当然，这并不是一个新的前提，它是不同学派的社会科学家和神学家研究的基础。可惜的是，在过去数十年，它不曾对塑造发展领域的思想有过明显的影响。

不容回避的是，为了正确处理方法选择方面的困难，我们这项研究的方法必须是可度量的和明智的。因此，希望不久以后以科学、宗教和发展为主题的讨论会继续受到重视，而不是转移到描述性研究或是证明假设上来。为了保证科学性，我们的讨论自然需要符合特定的条件，例如，它的语言须努力达到理性、清晰、客观。当研究对象与每个参与者的自身信仰密切相关时，我们面临的挑战就是

* 原载[加]沙伦·M.P.哈珀:《实验室、庙宇、市场:对科学、宗教和发展的交互作用的反思》,张继涛等译,广东人民出版社2006年版。

尽力达到以上目标。

我认为宗教研究方法还很不完善，它使研究者分裂成两个独立的实体——科学家与信仰者，前者受到学术规范的束缚，后者刻意忽视这种双重性进入他的信仰体系所导致的荒谬。如此站不住脚的方法之所以被广为接受，是由于受到了作为一种根本信条的世俗主义的驱使。因此，在现实中，科学、宗教和社会变迁力量在很大程度上被错误的客观性掩盖了。

能够改变这种主流状况的既不是护教学也不是宗派主义者的论战。我们需要的是以全新的眼光看待理性与信仰的相互渗透，以及与唯物主义无关的对理性方法的系统探索。尽管这样的深入探索不是本研究项目的要求，然而承认其绝对必要性对理论至关重要。

以上目标的实现要求一定领域的研究者将自己的信仰和经历中相关的方面分辨清楚，当然，这还有待进一步探讨。为使这样做有意义，研究者必须明白笃信信念是可能的。有道是"如果我深信某事是对的，那么与之不同的观点就是错的"，尽管这一说法在逻辑上经得起检验，而且也能适用于无数情况，可是一旦讨论的对象相对复杂，其有效性就不存在了。不是说"A"和"非 A"都正确，而是真理的宽广性大多不允许将信仰事务(特别是内容深刻的信仰)简化成这样的对比。这种过分简化的立场要么倾向于宗教和意识形态狂热，要么倾向于相对主义——它摆脱信仰、信奉并崇尚怀疑主义。我们注意到，相对主义对信仰的攻击，最初是针对宗教，而到了后现代时期，攻击目标又移至科学的核心基础。

正是出于以上原因，而非出于为宗教信仰体系辩护的强烈愿望，我会附带解释我自己的信仰中的某些要素。在本文导言部分，我将试图描述我的个人经历和信仰体系是怎样决定我在后面各部分中提到的问题的方式。

发展导言

我最先接触发展问题是在 1971 年，当时我应邀参加一个由跨学科团体组织的有关农村发展的综合性道路的研讨会，此时我正在哥伦比亚的瓦莱大学(Universidad del Valle)做访问教授，帮助他们重建物理学系以使之达到西欧及北美大学的水平。我们的项目属于洛克菲勒基金会为帮助提高国际上一些大学的高等教育水平并将它们建设成为各国现代化的有力武器而开展的行为的一部分。

帮助他国塑造一代能够为其发展打下坚实基础的科学家是令人激动和值得期待的事情，这也是我到哥伦比亚的目的。然而，我们正式的学术努力与成千上万的人的迫切需要和期待之间的差距使我感到惴惴不安。参与所在大学的跨学科团体的学术研讨活动是一个很好的机会，它使我能够继续探寻将科学直接运用于人类社会的现实体系和过程的途径。毕竟，科学作为技术之源，是现代化的动力核心，在整个受教育过程中一直有人教导我们要珍视科学、敬畏科学。

正如后来所见，我对团体内关于经济社会发展本质的充满刺激的学术讨论的热情持续了大约一年。与来拉美的初衷相一致，我和妻子同时卷入了哥伦比亚巴哈伊(Bahá'í)的社区活动，重点在邻近卡利市(Cali)的一个名叫北考卡(Norte del Cauca)的乡村地区。我们在那里所遭遇的生活现实与跨学科团体精心设计的计划之间的鸿沟暴露了无法回避的矛盾。

在我加入跨学科团体的时候，我的同事们早就对发展作了一系列的界定，并且建立了指导未来行动的模式。根据这一模式，幸福取决于以下综合因素：健康、住房、教育、就业、家庭生活、社区组织以及其他一些可以归于"文化"名下的因素。全面发展暗含了各种政府组织为改善这些因素共同采取的行动。

我们这个团体所进行的行动一点也不独特。那时正是发展领域开始关注贫困问题的时期，在罗伯特·麦克那马拉(Robert McNamara)的领导下，世界银行正忙于推进公平，全神贯注于基本需求以促进乡村的全面发展。我们经常接触世界各地的专家，其中一些人来访并向我们传授了最新的发展思想。在他们的帮助下，我们的理论体系越来越精密；我们发现了一些新的因素，修改了一些表述，看到了新的关系，还预估了某个因素的变化对其他因素所产生的影响。

如果我没记错的话，给我们带来最大挑战的主题就是"参与"，在那时，这个主题在发展的讨论中地位越来越突出。我对我们团体应对这个挑战的方式颇为不满，这令我明确地在脑海中拒斥隐含在方式之下的前提。由此，我与团队渐行渐远，在其他几位同事的帮助下，我开始着手制定一个较小的属于我们自己的组织的活动框架。这就是 FUNDAEC(Fundación para la Aplicación y Enseñanza de las Ciencias)，即科学应用与教育基金会①。

我们那时给自己提出的问题与现在所研究的科学、宗教和发展的主题看起来关系密切。多年以后，随着我们活动领域的扩大，有些问题的答案已被找到，而且，FUNDAEC 也成为了一个完善的发展组织。

内在与外在的二分

用之前的组织的话来说：我们的第一个问题是，村民在多学科、多机构的发展干预中应该扮演什么角色？虽然我们所见的有关参与的文献的分析颇能启发思维，但始终未如人意。无论怎样努力，我们都不能摆脱一种不安的情绪，担心不论实行任何哪一种盛行的模式，我们都是在要求当地人参与我们的项目并遵从我们的模式。即使我们想方设法在行动中，尤其是在实施过程中给他们发言权，然而我们很清楚，人们仍会不自觉地执行这一潜在预设。

关于参与主题的一个令人奇怪的现象是，我们越是以"我们"和"他们"的方式思考，就离我们的服务对象越远。钟摆似乎在从一个极端走向另一个极端，即从以前的家长制转到现在的对文化自治或文化自决的赞颂。为什么那么多的发展组织如此坚定地采取了外来者的立场呢？难道人类注定只能非常狭隘地根据民族、种族、阶级、宗教和职业界定群体，并成为一个群体以外的所有群体的外来者？

我在巴哈伊社区的经验与我熟悉的大多数发展项目所做的尝试形成了鲜明的对比。在这里，我成为了社区的一员，这个社区的主体不是靠物质而是以精神为纽带来参与自己的发展计划，接受自己选举的机构的指导，我也为它的物质和精神发展贡献出自己的才智。尽管学习一种文化的精髓需要时间，但从一开始，我在定义上就是这个集体的一员：我不是一个外来者。

作为一个发展组织或慈善机构的代理人还是作为朋友们在一起为同一个目标而努力，对于认识一个民族有着天壤之别。对后者而言，对现实的理解不仅仅是通过从外部描述大众的需求和愿望的学术理论来实现的。尽管也感知到社会不公的严重性，但是与不公正受害者的同甘共苦的经历使外部观察者可以免受一些心理上的折磨，如同情、恐惧、义愤、迷茫以及那种建立在个人成就或挫折基础上的带领他们走一条与发展项目无关的道路的冲动。对我来说，我所在的社区令人吃惊的地方从

① 要了解更多 FUNDAEC 的理念和活动，请参阅其网站(www.bcca.org/services/lists/noble-creation/fundaecl.html)。

本质上讲并不在于物质上的贫乏，而在于不公正从各方面扼制了发展的可能性。智力资源从未得到开发，人们对未来的美好憧憬也从未变成现实。

多年来，我越来越相信我最初认为只是个人选择的问题——学会从我的服务对象的立场看待这个世界，并且与他们一道改造世界——实际上反映出了发展理论极不重视的一个根本性问题。当口口声声提到参与的时候，许多外部干预式的发展项目显现了一种将区隔奉为规范的社会结构——将人们区分为“我们”和“他们”。两者要么相互冲突、相互竞争，要么相互协商、相互合作以及跨越界定彼此的边界相互帮助。这种趋势与一种智能互相强化，即运用作为知识标志的理性发现不同事物的差异及相关性的能力——一切都是以科学的名义进行的。这样一种方法其实是对科学的误解，因为，尽管科学强调分析，但同时也强调综合；它关注各种潜在的统一模式。

当然，宗教对促进团结是不遗余力的。然而，如果把宗教优越感——一个宗教团体相对于另一宗教团体常有的感觉——视为宗教固有的特性，那就错了。对人类团结的信念以及对平等博爱的信念归根结底是一种宗教的实在观念。从统一性的角度来看，发展不再是指一个人帮助他人做事。一个全新的景象开始出现，那就是，无论是富人还是穷人，无论是文盲还是受过教育的人，他们将携手建设一个确保全人类物质文明和精神文明的繁荣昌盛的崭新文明。

如何看待穷人

我们的第二个问题是，发展项目应该如何看待我们为之服务并试图确保他们参与权的对象的本性？同20世纪70年代一样，这个问题现在跟我们仍有关系。从一开始，我和FUNDAEC的同事们就认同后来为人熟知的以人为本的发展观。但是，我们对“穷人中最穷的人”（the poorest of the poor）这一用语所唤起的形象感到不自在，而那时这一用语在关于发展的文献中随处可见。

二战后，当发展经济学家们开始在世界各国推广发展政策时，关于工业化、资本积累、外援和知识转化的技术性讨论暗含了物质的贫乏和人的落后。在一些发展经济学家眼里，这尤其适用于乡民，把他们说得再客气也不过是愚昧迷信、不思进取、生性懒惰之人。有人甚至认为，比例高达50%的乡民实际上没有创造产值，他们随时可以被送入城市并通过提供廉价劳动力来推动工业化进程。或许为了减少这些假设的道德意味，又有人高度赞扬这些人并且称他们是发展中国家的潜在资本。从乡村流向城市的早期移民的历程至今仍让人为之心寒，但这不是历史的偶然，而是受到了发展思想家错误观念的鼓动和驱使。

虽然绿色革命的先驱者反对如此看待乡民，但他们并没有放弃发展经济学的大部分预设。他们指出，不是乡民而是技术状况导致了基于低生产率的平衡。乡民们其实非常善于使用他们的工具。因此，解决这一问题的途径在于传统农业的转型。正如他们的其他同事一样，这些先驱者十分推崇现代理性。因此，他们宣称乡民是“经济人”——这是一种支撑他们为实现农业和畜牧业现代化的细致而且可敬的工作的信仰。

绿色革命取得了局部的成功。粮食产量显著提高，成千上万的人免于可能的饥荒。但是不论是在城市还是在乡村贫富差距都有增无减，而在城市，成群结队的乡村移民希望能在这儿过上舒适的生活。与此同时，发展思想也在向前迈进，它转而强调穷人的需求以及他们在经济增长中的参与。而它对乡民的认识仍没有根本改变。从20世纪70年代早期以来，乡民的形象就是：他们物质上贫困，有着一大堆的问题和需求，他们营养不良且卫生设施缺乏；他们所受教育有限，居住条件落后，缺乏资金,无缘接触现代技术,无法享受适中的消费。这些问题一大堆的人何以受期待成为发展的积极参与者的呢?这个问题很难理解。

问题还远不止于此。试图将发展思想从这些专断式观点解放出来的努力时常陷入了意识形态的陷阱,其核心是对人性的误解。在这些意识形态中,要么是善于竞争、不知疲倦、忙于积累财富的劳动者及企业家,要么是全神贯注于个人和集团权力的政治化了的社会行动者。不论是前者的极端个人主义还是后者的为权力冲突的献身,推断起来都是在为自我服务。通过难以解释的魔力,劳动和斗争构成了不发达国家现代化的社会动力,并推动人类进入繁荣时代。在有关人性的悲剧性误解的圣坛上,几十年来人类大众一直在为之牺牲。

发展理论及其实践难以产生根本性变化,除非人类的本性得到重新审视。这种探索不能仅仅通过思索出一个简单的观点,并将它明确表述出来就能达到目的。对这个重要议题的严肃讨论不可避免地需要科学和宗教在新的层次上进行对话。

人性的诠释

下面将要介绍的大部分内容都是基于我对人性的认识,我认为应该对此给予一定的评说。这里所述的观点有乌托邦之嫌。但是,借现实主义之名对美好愿望的本能排斥已演变成解决社会问题的惯常方法,这种方法虽然不能促进人类进步,但也不愿承认其软弱无力。对人性的普遍看法——可能是现实主义的——往往令人困惑,也自相矛盾。一方面,我们渴望世界的和平与繁荣,并且也在为此而努力;另一方面,所谓的科学理论认为人类是自私自利的,而且不能达到迎接挑战所必需的高尚境界。因此,我们就为超越私利的远大目标而工作。正是这种矛盾性才导致了盛行于社会各阶层集体意志的瘫痪。

为了能从这些造成意志瘫痪的困境中解脱出来,我们首先应该弄清楚人类的历史及其愚蠢行为是否证实了下述假说,如人有原罪、天真的人受到了文明的腐蚀,人类离神或者欲壑难填的动物只有一步之遥等。当友爱、克服自我以及追求超越和美好的众多行动连同人类在发展道路上所经受的磨难被一起审视时,我们看到的是人类的二重性,还有其他的力量在塑造和重塑这种本性。

不可否认的是,我们从动物进化的数百万年中继承了属于上述本源的特征。在动物身上,这些特征无所谓好坏,它们仅仅是动物个体或群体生存所必需的各种特质。但它们并不为人类社会的构成提供现实的基础。有大量来自历史及实验的证据说明我们有着更高级的特征,即一种精神上的特征,它渐渐地使我们有可能在解决生存危机后不断提升的过程中,认识并适度满足物质需求。在关于人类物质属性的一般态度——反对、内疚、被动接受或固恋——当中没有一种能使我们实现超越。我们面临的挑战是要克服生存需求所带来的局限,学会控制动物性欲望并竭力培养更高级的品质。这是每个人都需要解决的任务,同时也是人类集体发展的需要。

推动人类发展进程的主要力量是知识,它是人类在正确了解自我,并意识到导致屈辱、尊严和荣誉的因素的基础上被不断地创造出来的。知识的两个来源是宗教和科学。有了它们的帮助人类就能认识到蕴藏于自身的高尚品格、自由意识和团结精神的力量,并学会借用这些力量来建设一个永不停滞的文明。巴哈乌拉(Bahá'u'lláh)曾说:"你就像一把坚韧的宝剑,隐匿于黑暗的剑鞘之中,它的价值不为其制造者所识。因此,请跳出自我和欲望的束缚,这样你的价值就将变得极高并且为世人所知。"(BPT1994,2:72)。只有秉承与生俱来的高贵品格,人类才能对这个关键的历史时刻的需求作出反应。与众所周知的极端个人主义不同，作为上述信念必然结果的自由是遵从精神现实的原则的结果——这是认识支配宇宙的统一性原则和联系性原则所取得的成果。

对科学的迫切需要

我和FUNDAEC的同事们着力关注的另一组问题——也是与当下的讨论紧密相连——与发展事业的科学性有关。曾经将我引入发展领域的跨学科团体讨论科学的方式让我大吃一惊。在一个方兴未艾的人类知识领域，为什么如此强调精密的模式，如此强调精确的测量，如此强调发现见证人，似乎科学可以被简化为几种严格定义的方法的简单应用？跨学科团体希望我这个新加盟的物理学家能为它的行动带来几分严谨，这令我有点儿诧异。它需要的是灵活性，是对一套事实的逐渐综合，是更深邃的洞察力，而不是创造宏大的理论或复杂的模式。

多年来，经过对大量的发展政策和发展项目的研究，我现在确信，由于对科学的认识不充分，发展领域在各个层次都受到了困扰。首先，缺少一个能被多数从业者接受的一贯的概念架构。它被迫接受各个相互竞争的学科——经济学、农学、公共医疗学、人类学、管理学，等等。每门学科尽管承认其他学科的地位，却坚持根据自己的意识形态的预设来构筑自己的领地。其次，缺乏对科学和技术之间的关系的明确解释，发展理论过于重视后者，却忽视人类科学文化的进步。最后，由于过于倚重特定的、用于规划、报告和评估的工具和程序，忽略了系统化和结构化学习的迫切性，这种学习是任何自诩为科学的方法的一个重要特点。

我的意思不是说，变迁所必需的非常复杂的社会、文化、政治、经济的互动必然是科学的。但也不能认为社会转型是一个由技术控制论者掌控的技术问题，并设想它能沿着由政治经济力量设定的轨道前行。我们有权期待的是关于发展的系统知识，这样，一些确定的知识就可以在社会和机构中逐渐积累起来。

这种反思使FUNDAEC首先致力于创立乡村大学，这个大学被定义为特定的乡村地区的居民学习关于他们自己的发展道路的“社会空间”。在这种情景下，我们全神贯注于乡村生活的所有领域，如生产、销售、决策、教育、社会化，等等。我们为每一领域都安排了一个学习过程，它主要包括研究、行动和培训。当该地区的人们对乡村大学有了主人翁般的感觉时，他们的参与也会与日俱增。

发展不是发达国家或地区送给不发达国家和地区的装满各种计划的“礼包”，而是一个所有人以各种方式参与的过程，这已成为许多组织和机构的共识。在乡村大学的早期实践中，我们认识到，尽管这种发展观将发展领域从简单化、公式化的模式中解放了出来，但它又带来了新的挑战。即使这个过程得到了政治意志的支持，但它也不仅是由应用技术来推动的，它还与系统的科学知识的学习密切相关。虽然科学为研究和学习提供了方法和工具，但它不能独自确定发展方向；发展目标也不能从该过程中自然产生。发展道路必须以源自宗教的精神和道德准则去照亮。但宗教也必须将其建议置于科学的监督之下。

城乡平衡

我在发展方面的经验以深入人口较少的乡村生活为开端，然后才逐步涉及全球性问题。世界上乡村生活的未来景象一直萦绕在我的心头。这个问题对于目前的研究有着重要的意义——它使我们关注各国社会和经济发展的方向。

没人敢说所有的发展目标都会获得一致的赞同。这些目标要么是根据宗教对人性和人类生存意义的深刻反思来制定的，要么是通过科学地探索人类面临的各种选择来制定的。只要认识到了人类事务的复杂性，就不会有人提出如此简单的要求。几十年过去了，大家也希望今后不再随意确定发展这样一个有重大意义的全球性事业的目标。

从实践来看，目前的发展方向仍然是通过工业化来实现现代化。工业化受到了日新月异的持续技术进步所推动。这个方向是由经历了第二次世界大战的人们设定的，也是帝国主义殖民体系的崩溃所决定的。界定发展方向(包括马克思主义发展道路和资本主义发展道路)的理论将城市当成文明最辉煌的成就，并把工厂看成是财富之源。它们认为发展最终会导致农村居民在总人口中只占极少数，甚至于在他们身上也能见到工人的特征。

就我个人而言，我从未有过那种向往美好的过去、宁静的乡村生活或者拒绝财富的精神上的浪漫主义情怀。我想象中的未来是高度技术化的，科学进步将使人类不必再为生存而艰苦奋斗。我看不出一味思考城市和乡村的最终形式有什么意义，尽管很难相信成熟的人类最终会住在我们今天所界定的都市或乡村其中一种生活状态下。对我来说不可或缺的就是为绝大多数的乡村创造一个可以实现的未来，以使乡民们能够充分参与到建设一个全新的世界文明这一意义深远的事业中。而秘鲁利马和印度加尔各答的贫困带就不可取。

事实上，当前乡村生活的瓦解是发展政策直接造成的。那些拥护城市化道路的观念大行其道，因为它们都被解释为发展策略。然而，这样的发展策略使农村的贫困及城市问题日趋严重。最终，资源消耗量越来越大，恶性循环也越来越快。殖民主义曾将令人厌恶的生存环境——工业化初期许多欧洲城市的特征——转嫁给了南方各国的新兴城市。50 年的发展使这些城市也发展壮大起来。然而，尽管有数以千计的机构正在辛勤地努力着，但城市问题似乎仍然难以逾越。这些错误策略的受害者不仅仅是那些一部分在乡下一部分挤在城市贫民窟里的破碎家庭，而且整个世界都受到了以某种形式的工业化和都市化为标志的愚行的影响，因为世界各地的领导人和决策者只沉醉于自己的美梦，并且都置身于孤岛般的繁荣环境中，他们失去了与大众的精神和自然的联系。他们对自认为是进步的东西孜孜以求，但其行动既没有受到严格的科学研究的充分影响，也没有受到宗教的精神洞见的有力影响。

发展方向

多年来，我和 FUNDAEC 的同事们参与了大量的关于发展的性质和目的的讨论活动，并且从那些关注一套相互联系的主题，如技术选择、环境、基本需求、人类发展以及参与性研究和行为的理论中受益匪浅。然而，我总是难以明白有关的讨论的结果本身是如何改变发展的方向的。如果人们仍然仅仅被看作发展项目的受益者而非真正的主角，那么算不算已经设立了新的方向呢？这种变化会不会出现在体现了绝大多数人生活特点的制度真空处？

政府组织和非政府组织(NGO)干预穷人发展的行动大体上可以分为两类：一类是从外部提供服务，另一类是从内部培养出一些能够相互合作进而改善自身生活条件的自为群体。通常地，两类行为明显地都带有培训的成分。培训的目标各不相同，从让受益者为接受服务做好准备的培训到增强政治意识和扩大权益范围方面的培训等等，不一而足。但是，无论范围有多广，这些干预及培训都不能为多数国家确定发展道路。发展道路主要是由负责管理民众事务的机构以政策的形式来加以明确的。尽管大多数民众在选举中忠实地支持张三或李四来管理这些机构，但是这些机构通常属于极少数的强势群体，或者说，它们容易受到强势群体的左右。

为什么在乡村地区及贫穷的城市社区关于机构地位的提升问题总是被许多发展计划所忽视？我一直没能找到一个充分的答案。那些一开始就为整个事业定下基调的经济学家们对机构的重要性有颇多言论，但他们对传统与现代的二元分立的关注使他们更热衷于在所谓的现代社会中创造并强化机构。毕竟，传统社会正在没落，其成员将逐渐进入到为之建设好的现代世界中。当然，这个梦想并未变成现实。相反地，展现在我们眼前的世界却是另外一番景象：大多数人不但饱受贫困之苦，而且越来越被机构所排斥，这些机构在为他们勾画蓝图时本应倾听他们的声音。大多的社会传统机构并非完美无缺，甚至已和高速变动的社会脱节。关键是它们受到了现代化的无情打击后，没能为那些只能被动地看着自己的生活秩序分崩离析的人们提供替代品。其结果是，技术先进的社会与大多数人居住的世界之间的鸿沟日渐扩大。

发展理论和发展实践不能有效应对新兴的世界文明的结构的建立、转型和巩固，在两种长期相互冲突的极端观念的影响下，发展理论和实践的缺陷变得越来越大。一种观念认为，变迁基本上是在个人层面上实现的；另一种观念认为，人类只是社会的产物，革命性的结构变迁是大多数国家走出困境的唯一道路。前一种观念的支持者当然包括了宗教运动的追随者，他们在拯救灵魂的过程中看到了解决人类困境的办法。尽管这一立场遭到了发展界的反对，但令人惊讶的是，很多得到国际支持的发展项目仍然通过实施精心设计的培训计划来增强个人的技能，从而使受训者能得到信任和就业机会，并且在改变社会结构以消除贫困的方向上迈出了力所能及的一步。而后一种观念的支持者中有人已走得相当远，他们甚至认为改善人们的生存条件只是为了延缓革命的到来，这种观念的一个“贡献”就是使大家的注意力偏离了制度发展所面临的挑战。或许在今天，当两种观念已经争得筋疲力尽的时候，社会理论可以通过独立思考个人层面的深刻变化和社会结构的经过深思熟虑的、系统的重构之间各种复杂的联系，来审视人类社会的转型。

制定适用于全球社会的制度，构建在各层面(从地方到国际)将社会凝聚起来的相互联系的网络，也就是将逐渐成为“地球村”全体村民的共同财富的制度，在我看来，如何创立它们是发展战略和发展规划面临的主要挑战。离开它们，全球化恐怕就会变成民众边缘化的代名词。我不知道在目前情况下社会科学如何能有效应对这个挑战。科学的巨大进步对意志和科学方法的严谨运用提出了要求，我们需要远见卓识，但如果人类全部的精神遗产继续遭到忽视，那么这种远见卓识就难以形成。

技术、权力、精神和知识

最后，我尝试阐明我的个人信仰和经历中某些对我处理研究主题产生过影响的因素，为此，我还将对自己看待许多相互关联的发展问题的方式作出评价。

如前所述，作为一个科学家，我最初应邀加入一个关于发展的学术团体时，大家期望我为科学的严密性把关。不久，我就意识到我的任务就是为团队作出技术上的贡献。我干得很努力，也很愉快。但是，我渐渐意识到在技术层面上处理发展问题(实际上包括处理大多数社会问题在内)已经成了我们这个时代日渐增强的、扰乱视听的趋势。我逐渐认识到专家治国(technocracy)的局限性，因而不想再继续待在团队里面。但是专家治国论的批评家建议我敬奉政治和权力，我对此更没兴趣。

不可否认，社会变迁和转型需要权力从中运作。无数发展领域的问题都带有显著的政治因素，这也是不容辩驳的事实。但是，政治经济权势——可理解为个人或群体享有的优势或个人、集团、行业人员、阶层和民族用来获取、超越、控制、抵抗和赢得利益的属性——是造福全人类的力量的假设是不成立的。尽管所有的政治经济权势都不同意这一点，但有史以来还没见到能证明该假设的有力证据。在我看来，以现实主义的名义坚持这个假设这件事本身就反映出社会思想的混沌状态。

西方文明的迅速扩张将启蒙运动的福与祸传遍了全球的每个角落。其中一项福音就包括了全面揭开迷信的面纱。然而，不幸的是，随之而来的粗俗的思想却倾向于排斥理想而呼唤现实，哪怕现实是粗鄙的。经过几个世纪的坚持，结果造成了对人类精神力量的普遍遗忘，而这些精神力量实际上为人类过去的重大成就做出过贡献。这些精神力量主要有团结、高尚的行为、友爱及真理。但即便是以一种尊敬的口吻提到“真理”这个词也变得不能令人接受；真理遭到废黜，它沦为一种可以协商的东西或仅仅是一个统治的符号。“成者为王”的口号曾响彻寰宇，整整一代人都耳熟能详。

提高知识水平的过程为什么会导致我们目前的困境呢？我唯一的解释就是，这是因为人类长期漠视精神领域。现代科学知识已经显示出了自己的力量，它将我们从迷信和宗教自我中心主义的桎梏中解放出来。与此同时，事实证明当它沦为物质主义的牺牲品时，它又会迷失方向。当前推动世界发展的知识体系被碎片化了。彼此分离的碎片不能单独解决迫切需要转型的社会中出现的高度复杂、高度关联的问题。然而，最终能够在现实条件下提升人性的力量正是知识。对知识在发展领域所扮演的角色的认识导致了我对我们的研究主题的反省，我们的研究以培养发展能力为背景，这也是本文第四部分的主题。

进一步的评述

下面，我将对前面的观点作一个小结。这些评述的目的是为了提供与以上观点有关的更多的背景信息，并对它们作进一步澄清。

科学的定义

在撰写本文的过程中，我曾想避免给科学下一个明确的定义。当然，各个领域的文献中都充斥着这样的定义。我从不把这些定义当真，因为我相信只有从多个方面进行研究，我们才能揭示出复杂实体的内部运行状况。只要有益于丰富我们的见识，诸如科学是什么或者不是什么之类的陈述就都是有用的。对于本文而言，类似于“一个知识和实践体系”这样的词组就足以解释科学了，它使我能够从广义上探讨科学。然而，我真心希望显现的事实能与科学(即人类理性精神的力量)的观念一致；理性精神通过感性的和理性的领悟来揭示内在现象和外在现象的本质。

我的科学观的基础是理论物理、一些科学哲学和科学史方面的知识以及在发展领域工作期间接触到的社会科学。然而，正如我在前面的论述中所体现的，我对科学的坚定信念既植根于科学训练也植根于宗教信仰。巴哈伊教笃信科学在推动人类文明前进的大业中起着关键作用，以至于巴哈伊教教徒不能不对人类的科学遗产及其创造成就的潜能敬畏有加。这些教义明白无误地宣称任何与科学研究所证实的结果相悖的信仰都是迷信。下面的声明来自阿卜杜勒一巴哈('Abdu'l-Bahá)，它们只是无数有关论述的代表而已：

人类的美德有许许多多种，而科学是最崇高的美德……科学是真理的光辉，科学是探索宇宙奥妙的力量之源,科学是人类通向上帝的阶梯。

科学是上帝赐予人类的第一种美德。芸芸众生都有在物质上自我完善的潜能,而只有人类被赐予了科学这一更高的美德……一个国家的发展进步与其科学手段和成就的水平同步。通过不断地运用这些手段,国家的实力将日益强大,人民的福祉将得以改善。

我给大家的印象似乎是,在巴哈伊教的教义中只存在对科学的溢美之词,其实不然,我们也能从中找到成段的警语,例如,科学脱离了精神洞察力就会造成危害。"今天的科学是通向真理的桥梁。"阿卜杜勒—巴哈说道:"如果科学不能达至真理,那么除了留下一堆空想外将一无所有。"(BPT 1997,72:3)

宗教与发展

因为囿于我前面所提及的狭隘的"科学方法",发展讨论的局限性实质上并不只停留在理论上,它们对实施发展计划的影响是全方位的。发展思想从一开始就采取了世俗的态度,而在历史上这种世俗主义的传统受到一种片面的知识观的侵害。

这种对待知识的过于简单化的方式使大多数发展专家变成了独眼巨人,即缺乏智慧的科学家。他们开展分析、提出建议并采取行动,但在他们心目中,人们似乎只靠面包过活即可,人们的命运似乎也只剩下了一个物质外壳。

古莱特(1980,p.481,强调部分见于原文)

世俗文化使发展领域显露出一派繁荣景象,然而世俗文化对待宗教的态度却充满了轻蔑甚至敌视,冈纳·缪尔达尔(Gunnar Myrdal)在其名著《亚洲戏剧》(*Asian Drama*)这篇充满自信的文章中直言不讳地对世俗信仰作出了评述。

当然,宗教是重要的。但它不仅仅是对历经数世的古老的经书、玄虚的哲学和神学的诠释。实际上,当西方及南亚的作家模糊地提到印度教、佛教或伊斯兰教的影响时,这些宗教被当作一般概念,并且常常被理性化和玄虚化,而很奇怪,他们却深信自己在谈论这一地区的人。研究宗教应该看清它在民众中的真实存在:宗教是一个仪式化、层级化、高度感情化的信仰和价值体系,它使人们认同神圣、禁忌并且维系着制度性安排、生活方式及态度的稳定。从现实和全面的角度看,宗教通常是维持社会惯性的巨大力量。作家没有看到当今南亚的宗教导致了社会变迁,更不用说看到宗教促进现代化理想的实现了。从规划的角度看,这种宗教上的惯性,正如其他障碍一样,必须被发展规划所克服。但是宗教倡导的信仰和价值观不仅成了人们接受发展规划的障碍,而且,当规划者自己也是信奉者或者不敢打破陈规时,宗教信仰及价值观就会成为自身的障碍。

缪尔达尔(1972,pp.48-49)

诸如此类的权威论断长久以来使发展工作者并未对宗教力量给予应有的重视——哪怕他们自己也有着坚定的宗教信仰。

但是现在5个十年的干预揭示了主流思考模式的优缺点,这种狭隘地理解发展领域所导致的后果令这方面的专家们不满的声音越来越多。威廉·F·莱因(1995)的著作《文化、精神领域和经济发展:开展对话》(*Culture, Spirituality, and Economic Development: Opening a Dialogue*)强烈地表达了这一信息。这本书是作者对世界各地200名有相关经历的人进行采访的一个访问集,是我们现在所作的奋斗的一个起点。

要将宗教主题结合到发展论述中是不容易的。尽管这一领域确实已经理智地向新的观点开放，但是它还是极其不愿意抛弃其根深蒂固的唯物主义思想体系。在痛苦的缓慢推进中，人们的参与、他们的文化和他们的价值观已经名正言顺地被人们接受了，甚至精神领域的话题也受到了一定的认可。可是，只要“宗教”一词一出现，就会立刻招致无数非议。这当然不是在反对古莱特所称的宗教信仰的“工具性”用途。这些反对“主要地被看作是推动或者阻碍目标实现的手段而已，实现目标得靠备受怀疑的价值体系以外的资源”（古莱特，1980，p. 484，强调部分见原文）。虽然发展机构或会对地方价值观较敏感，不过：

> 通常，他们的目标源自这些价值观的外部，即发展模式的或他们各自的学科的一般假设。于是，人口学家就会努力地“利用”当地人的价值观为节育目的或实现人口零增长的目的服务。同样地，农学家会寻求一种传统的方式，并在此基础上向农民“推荐”使用化学杀虫剂。还有，社区组织者会围绕着备受珍视的传统象征来“动员”民众实现政治目标。
>
> 古莱特（1980，p. 484）

与求教的这种工具性处理相伴随的是大量关于宗教与进步关系的肤浅评论，这些评论显示出相关研究并不愿在深入了解各种宗教通过讨论来处理发展问题的传统方面多下工夫。阿瑟·路易斯（W. Arthur Lewis）的一番话体现了这种普遍的看法：

> 宗教究竟是对塑造经济行为有独立的影响，抑或仅仅是对经济状况的反映？显然，宗教信仰会随着经济社会的变迁而改变。宗教教义被反复诠释并被不断调整以适应新情况。
>
> 对于宗教变迁总是因经济变迁而起的论断，我们不能接受，我们也绝不认为宗教变迁无法引起了经济或社会的变迁。当经济利益与宗教教义发生冲突时，前者总会获胜，这种说法也不正确。例如，在印度，牛历经数世而不失其神圣性，尽管这与经济利益有着明显的冲突。又如，西班牙未能抓住并利用发现新大陆的经济机遇，如果不考虑那些阻碍西班牙在与其他国家竞争中发展的宗教信仰和态度，就不能对此做出令人满意的解释。如果一个国家偏执狂热地信奉某种与经济发展不兼容的宗教教义，那么，其经济发展就有可能受到抑制。相反地，一个国家转向一种新的信仰也有可能释放出经济活力。
>
> 路易斯（1955，pp. 106-107）

发展领域

“发展”（development）一词，在英语中有许多含义，在本文中它主要指的是一个历史进程。在20世纪40年代后期和50年代初期，随着帝国主义殖民体系的瓦解，世界经历了前所未有的社会经济转型，并且见证了一系列的行动，除欧洲重建之外，这些行动的目的就在于使当时被认为落后的国家取得“发展”。发展领域，最初只是一群发展经济学家的关注点（见梅尔、希加斯，1984），随后迅速上升为一项席卷全球的宏大事业，各国政府、国际机构、私营部门以及不断增多的非政府组织等都卷入其中。

最初，发展实践均与外援紧密相连。但是，除极少数国家外，大部分国家通过发展项目及政府和私营公司渠道募集的、旨在促进社会经济变迁的财政援助却在逐渐减少。今天，很多情况下这些援助已经可以忽略不计了。然而，发展领域自身无论在参与者的数量方面还是在对公众舆论及公共政策的影响力方面都日益增长,发展的成败成为国家经济政治生活的重要议题,而且,它还向众多科学领域及其他专业领域的杰出思想家的智慧和学识发出了挑战。发展语言也进入到流行词汇中,诸如第三世界、技术转让、基本需求、可持续等等。

我们有理由宣称,今天关于发展多方面的讨论对人类的未来至关重要,其今后的走向也值得严肃思考。在各方面力量的共同作用下,新的观念一旦时机成熟就将广为流传;然而,如果没有对发展思想半个世纪的演变过程的深刻了解,就不可能做到这一点。尽管对发展的更广泛的探讨超越了本研究的范围,但还是有必要评述一下。

初看起来,发展讨论的某些特征可能揭示了发展思想历经一系列界线分明的、渐进的发展阶段的直线型演进趋势。事实上,前 30 年的行动都被反复地以这样的语汇描述。譬如,丹尼斯·朗迪内利(Dennis A. Rondinelli)在其著作《作为政策实验的发展项目》(*Development Projects as Policy Experiment*,1983)中有如下记述:

> 发展政策及援助策略的复杂多变可以从发展理论史的三个主要阶段中看出来。20 世纪 50 年代及 20 世纪 60 年代初的工业化发展策略寻求发展中国家国民经济增长的最大化,并且设想这样的点滴变化和不断扩散的影响会将大部分贫困人口卷进经济生产活动中。这些政策寻求国家产出的快速高效增长而忽视了分配的影响,因此,漫无目标的援助策略频频出炉。
>
> 20 世纪 60 年代的发展政策通过在经济落后的地区重新分配生产资产、开发人力资源、控制人口增长以及发展生产力等措施,力图克服和消除经济发展中的障碍和瓶颈。地区性发展计划寻求改变被视为发展障碍的社会经济条件。这些政策运用半目标性援助手段,即技术和财政援助,以集中解决特定的发展困难,并帮助那些被认为阻碍经济增长的人群。
>
> 20 世纪 70 年代的发展政策寻求经济发展与社会公正的并进;经济政策既考虑了经济产出的速率,又考虑了利益的分配。这些政策力图给贫困者施以援助,给农村地区的自给自足的人口送去资源,为赤贫国家提供基本必需品,并试图提高贫困人口中的"特殊公民"或特殊群体的生活标准。所有这些目标主要是通过运用目标性援助战略来实现的。
>
> 朗迪内利(1983. pp. 23-24)

以上内容向我们展示了从"二战"结束直至 20 世纪 80 年代以来"主流发展行动"的大致情形。此外,它们还应介绍市民社会组织的兴起——这些组织成立之初"犹抱琵琶半遮面",但到这一时期末就已经是声名显赫了。如此一来,这些记述就能详细阐释在 30 多年的时间里,通过两种努力的交互作用,对发展的讨论是如何步步前行的,这些讨论囊括下列主题:发展与公正、基本需求、恰当的技术、妇女地位、规划及其实施,还有在以人为本的发展过程中的学习手段、评估、参与以及社区组织,等等。

尽管这些观点令人印象深刻,但是,很难说发展政策及其实践是循序渐进、颇具成效的。早在 20 世纪 80 年代初,衰落的迹象就已经开始显现。朗迪内利继续写道:

> 20 世纪 80 年代初期,世界经济的剧变以及发展中国家的经济、社会、政治状况使不确定性因素增多,其中包括对外援助目标及手段的不断变化。发展中国家的宏观经济如何适应进口成本的攀升和较低的出口需求成为了新的关注点。私营经济的生产更为引人注目。可用作国际援助的资源减少,在此前的年代里,满足贫困人口的需求及发展其生产力曾受高度重视,被认为是发展理论的主旨,现在,人们对此兴趣日减。
>
> 朗迪内利(1983,p. 24)

当发展讨论重拾一些初始阶段的立场时，过去看似进步的行动，实则是停步不前。在一些观察家看来，整个 20 世纪 80 年代都像是一个“迷失的年代”，而其他人对贫困扩散问题的批评也毫不客气。在非洲，尽管结构性调整在那里发挥了重要作用，但问题仍然突出。与此同时，可持续发展开始引人注目，但直到 20 世纪 90 年代末，这个概念显然还不具备实现其目标的力量。事实证明，那些缩小世界贫富差距的努力难以成为关注的焦点，而贫困问题困扰着现代社会的道德构成。

在我看来。我们在努力探讨科学、宗教和发展这一主题时，我们就会记住发展话语的反面特征，因为它已经历了半个多世纪的演变。

首先，新知识的诞生澄清了众多使发展进程高度复杂化的且相互作用的因素。随着一层层相互关联的问题得以揭示和分析，发展思想至少在文献中越来越深入。然而，发展政策和实践似乎未能汲取一些教训，同一错误不时重现，并且经常随波逐流。一度休眠的发展战略也一夜间醒来，随着一些有影响的机构的权力更迭，它们所热衷的发展项目和方案一下子获得了大量可资利用的资源。

其次，每取得一个进展，发展思想家们就会极力渲染他们的研究结果和理论。一贯宣称价值中立的技术统治论几乎独霸了普遍的运作模式。然而，显而易见的是，重要决策都带有价值驱动和政治高压干预的色彩。

最后，发展思想的演进导致了对人的不断关注。因此，人们的文化、价值、传统和世界观都被视为发展规划及其实施过程的关键因素。尽管精神性对我们大多数人所持的世界观至关重要，但是发展理论及其行动的前提几乎都是物质性的，人类生存的精神领域被遗忘了。

发展干预

在前面“内在与外在的二分”小标题下所陈述的观点，从更广阔的视角看，诠释为“发展伦理”更为准确。作为一个领域，发展必须时刻保持警惕，以免超越了某些限度，否则，那些试图改善人们生活的努力就会蜕变为不道德的干预。“谁授权我进行干预”这一问题将始终困扰着有良知的发展实践者们。马基德·朗内马(Majid Rahnema)已指出了这个挑战的某些令人不安的方面，言辞可谓尖锐：

> 为了避免随之而来的新式殖民化以及更为有害的干预体系引致发展的溃败，有必要深入探讨什么是干预。特别是那些赋予字面词汇以实际意义的“活动家”、所谓的变革代理人及知识分子应该努力从道德维度来研究干预。
>
> 我个人略带痛苦的经历告诉我，在将干预神圣化时必须慎之又慎。当我对一个素不相识的人的现状只有一个个人化的、以自我为中心的印象时，我有什么权力去干预他/她的生活?
>
> 这世界上确实有乐善好施者，他从不准备去干涉他人，而完全是出于自发的同情心去帮助一个倒在沙漠道路旁边的、伤痕累累的、奄奄一息的人。在现代语汇中，这种帮助行为不能被视为干预。这种行为本身别无他意，因此，它只是爱和同情心的象征，用佛教的话来说就是一个“义举”。这里，行动者没有考虑受助者是否会在将来回报自己，也没有考虑他是不是一位圣徒、一个穷人或者一个潜在的罪犯。这也就是为什么说乐善好施者的行为近乎神圣的原因。
>
> 与此不同的是，干预计划形成于某个地方，经常被置于一个制度框架内，目的是为了改变他人的生活，往往产生对干预者有利的结果。但是，干预者至少应该认识到他/她实际上冒着很大的危险。这就使得干预者必须首先分析其行动的目的。为了避免事与愿违，干预者还需要有出

众的品格——大部分品格都是任何类型的真诚关系所必不可少的。

最重要的品格就是留意并关心世界和他人。留意包括了倾听的艺术、注意事物的本来面目(不受先入为主的观念的影响)以及相信每个人的经验和观点都是知识的潜在来源。这样的态度与那些主要根据自己有把握的“知识”或“专业经验”来行动的专家或高薪顾问的态度截然不同。当“权威”们拒绝质疑自己的正确性时,他们不仅极有可能误导那些被干涉者,而且还失去了与自己的知识的真正对象的联系。由于他们不懂得倾听,因此他们就会发现自己积累的知识很快地就过时了,而且这些知识与他们所要应付的不断变化的现实的联系也变得非常少。好战分子及各种“主义”的信仰者、传教士、魅力型的政客以及其他的职业“骗子”,如鼓动家、促销员及各种专家(包括沽名钓誉的“学者”)都属于形形色色的干预者,他们不能倾听其目标听众的声音,更不能向其学习,这使他们丧失了干预的资格。他们几乎从未意识到,他们的行为完全是利己主义的。

只有不断地进行自我反省,以“灵修”的状态来审视真实的自我,摒弃自以为是的态度,干预才会受到正视。这样的干预与制度性的援助和发展不同,完全背离了乐善好施者的自发的、富有同情心的精神。

朗内马(1997,pp. 8-9)

人的尊严

下面即将引述的一段话来自罗伯特·海尔布罗纳(Robert L. Heilbroner)的著作《伟大的攀登:在我们的时代为经济发展所作的奋斗》(*The Great Ascent:The Struggle for Economic Development in Our Time*,1963),不是因为其经济学观点有多么中肯,而是为了揭示发展讨论对待贫困者的方式。“伟大的攀登”指的是全球经济发展,海尔布罗纳认为,在这一过程中,100多个国家——其中大部分在他看来此前“并没有历史”——发展成为“载入史册”的国家实体。他称之为“世界历史的首个真正的行动”。在政治修正教我们避免使用敏感语汇之前,该书就已经出版发行了,毫不改变明显的技术性争论之下潜藏的立场:

根据我们已知的不发达的严格经济意义上的表现,我们知道了什么是经济扩张的核心过程。必须提高生产力水平。生产力水平低是导致贫困的直接原因。正如我们所见到的那样,落后国家低下的生产力水平源于资本的普遍匮乏……

然而,落后国家如何才能积累起它所急需的资本呢?对落后国家和发达国家而言,答案别无二致。任何社会都是通过储蓄来积累资本的。但储蓄并不一定意味着把钱存入银行。这里的储蓄是“真正”意义上的储蓄,就跟经济学家使用它时的意义一样。它意味着社会必须避免耗尽现有的物资和能源以满足现实需求——无论这种需求有多么迫切……

这种为了给后续发展留下空间而抑制满足现实需求的生产的做法,对富国而言问题不大,但对穷国来说情形就大不一样。一个饥馑连连的国家怎能限制其国民维持基本生存的行为呢?一个八成国民都在田地里勤扒苦做以自存的国家又怎能将其能量用来筑堤修路、凿沟建房以及铺铁路建工厂呢?难道因为这些对未来非常重要,其国民今天就不得不勒紧腰带吗?农民们在零碎的地块上辛勤地劳作——这是落后的表现,但至少他们能获得庄稼的根茎及稻谷以自存。如果他们去增加资本——筑堤或挖沟,那么,谁来养活他们呢?当人们自己所剩无几时谁又能供给他人呢？

简而言之，这是大部分不发达国家面临的难题，表面上看起来似乎难以解决。可是，如果我们仔细观察一下，问题就不像看起来那么令人困窘。大量在土地上辛勤耕耘的农民不一定都是在自己养活自己，他们实际上也在掠夺他人。正如我们所见到的，在大部分落后地区，集结在土地上的农民的农业生产率远远低于发达国家的水平……

现在，我们初步找到了解决不发达国家困境的办法。几乎所有的不发达国家都存在着潜在的剩余劳动力，如果他们能脱离农业，就能够增加资本。当然，这种资本是特殊的、低级的——体现在高劳动力消耗低设备需求的大型项目上，譬如筑堤修路、铺设铁路、建简易房、开挖沟渠、安装下水道等。不论多么低级，这些基础性的社会资本对于巩固复杂的工业资本的深层结构是必不可少的。因此，农村劳动力从浪费人力的农业生产中解放出来是解决资本匮乏的首要步骤。

我们已经探讨了不发达社会怎样提高其农业产量而同时又能找到其发展所需的人力资源问题。但是，我们提到的储蓄——意味着对消费的抑制——又从何而来呢？这就涉及资本创造的第二个必要步骤。通过建立大型农场或改进现有农场的生产技术等手段来提高农业生产力水平，由此增产的部分庄稼就必须被储存起来。

换言之，留在土地上的农民现在拥有更高的生产率，他们不可能将所有的农产品吃光用光。相反地，单个农民的产出及所得应该从农业中抽离出来。农民的剩余农产品必须被他储存起来，并与他的堂表兄妹、侄子女及儿女们共享，这些人过去生产效率低下，如今却在为增加资本而服务于某些项目。

人们并不期望一个饥肠辘辘的农民能自愿这样做。相反地，不发达国家的政府必须通过各种税收或强制转移的手段实现食品的再分配。因此，在一个成功实施的发展项目的早期阶段，尽管农民的粮食增产了，但其粮食消费并未显著增长。不过，显而易见的是，确保新增的产品能被储存起来，即不是在农村被消耗掉，而是提供给为增加资本而工作的工人，这种机制是颇为有效的，尽管有时比较苛刻。这也是为什么我们在评估发展计划时必须小心谨慎、不凭单个农民的生活水平来判定发展计划是否成功的原因。这种状况将持续到新的投资项目开始赢利为止。

海尔布罗纳（1963，pp. 92-97）

令人鼓舞的是，过去这些年，很多人对这种贬低人的尊严的言论发出了反对之声，并最终获得了发言权。《社会进步的伦理及精神领域》（*Ethical and Spiritual Dimmension of Social Progress*）是一份提交给1995年世界社会发展峰会的报告，该报告列举了一些有用的例子：

许多文化——古代的及现代的——一个可怕特征是，它将地位的层级与职业和活动的层级联系起来。处于图腾柱最底层的当然是那些无业、失业或无法养家糊口的人。“工作”　不是指他是干什么的或做了什么——决定了个人的身份。当一个人不再具有“生产力”时其尊严就会被剥夺，人们必须富有勇气和智慧，去抵抗这种社会和文化压力。从世界范围来看，也存在如果社会群体和国家对世界经济的增长和繁荣没有做出或不再有贡献，其尊严就会被主流文化剥夺的倾向。对于扫除贫困而言，在与失业和不充分就业作斗争时就必须首先重视所有劳动力的尊严和价值。哪怕它是卑微的、不稳定的或“无利可图”的。

联合国（1995，pp. 32-33）

宗教是保护人类尊严的理所当然的重要堡垒。不幸的是，在历史上，宗教特有的、号召人们从对物质财富的迷恋中解脱出来的召唤被完全扭曲了。由此导致了人们对世俗的排斥并加重了人们对压迫逆来顺受的心理。在与当今泛滥的物欲所作的斗争中，为了能使宗教发挥应有的作用，就必须纠正对它的曲解，这种努力其实已在目前许多宗教运动中显露出来。

在这方面，有一种宗教信仰的元素至关重要，即相信以服务人类的精神完成工作就是崇拜主。这就导致了人们既重视经济增长又不受物质生产奴役的观念。阿卜杜勒—巴哈说道：

> 在巴哈伊教中，艺术、科学及其他所有工艺都被看成崇拜的表现形式。一个人如果全神贯注、竭尽全力、精益求精地制作一张信笺，那就等于是在为真主增光。简而言之，一个人如果受到服务人类这一最崇高的理想的鞭策，做任何事情都全心全意、全力以赴，那么，这就是一种崇拜。所谓崇拜就是服务人类、经邦济世。服务就是一种祈祷。医生不带偏见、体贴入微地救助病人，并且信奉人类的大团结，那就是他对真主的礼赞。
>
> BPT(1995a,55:1)

国家与市场

二战以后，统治世界社会经济生活的两种意识形态在看待国家与市场的关系问题上针锋相对：一方将国家视为集体利益的保护神；另一方将市场当作个人自由的捍卫者。苏维埃制度的瓦解使将国家奉若神明的意识形态戛然而止。但是对"看不见的手"的魔力的崇拜尚在继续。至少在目前，它的声音比以往更加响亮，但它所允诺的繁荣景象对绝大多数人而言是可望而不可即的。与此同时，边缘化则成为司空见惯的现象。难道关注穷人境遇的发展领域利用其丰富的经验为那个捉摸不透的发展梦想贡献智慧，是穷人过分高的期望吗？

尽管这一任务没有明确的承诺，发展文献里的一些说法却表明，如果一些机构产生了这样做的政治意愿，那么它们还是乐意承担此类责任的。世界银行发表的《1992 年世界发展报告：发展与环境》(*World Development Report* 1992：*Development and the Environment*)一文给出了如下例子：

> 人类面临着可持续发展与公平发展的双重挑战。尽管过去一段时间取得了较大的进步，但仍然还有 10 亿人口处于极度贫困之中，他们不能充分享用各种资源——教育、医疗、基础设施、土地和信贷，而这些资源对他们改善生活是必不可少的。发展的根本任务就在于为他们提供机会，以使他们及那些数以千万计的还不富裕的人能够发挥他们的潜能。
>
> 尽管发展愿望得到了普遍认可，但是，近年来人们越来越担忧环境条件是否会制约发展，以及发展是否会导致环境的严重破坏进而损害当代人及后代的生活质量。这是一种迟来的担忧。……
>
> 还有很好的"双赢"的机会没被发现。其中最重要的机会与减少贫困有关——消除贫困不仅仅是一种道德需要而且对环境保护也非常重要。此外，从经济角度来验证的政策本身就会产生巨大的环境效益。取消对使用矿物燃料和水的补贴，赋予农民对他们耕种的土地以所有权，增强高污染的国有企业的竞争力，以及废除赋予毁林者以财产权的规定，这些示范性政策既提高了经济效益又改善了生态环境。同样地，在卫生及水源条件好的地方投资以及在科研和推广服务好的地方投资既可改善环境又可增加收益。
>
> 但是，这些政策还不足以确保环境质量；制定强有力的环保制度和政策也是必不可少的。

在过去 20 年里，人们学会了更加倚重市场而不是政府来促进发展。但是，在环保领域政府必须扮演主角。自由市场不能或很少为降低污染提供动力。无论是城市中心地带的大气污染，还是公共水域的废物倾倒，或是产权不明的土地被滥占滥用，这些都迫切需要集体行动的介入。这里，收入增长和环境保护间也许存在着某种权衡，而当各种备选政策影响到当代人及其子孙后代时，就必须对其效益和成本进行仔细评估。事实证明，从环境保护中获取的收益通常很高，如果采取恰当的策略，这样做的成本也不会很高。经验表明，如果政策立足于治本而非治表，致力于解决困难使改革能获得最大效益，尽可能地运用激励手段而非硬性规定，并且能认识到行政管理的种种局限，这些政策就会行之有效。

世界银行(1992，p. 1，着重部分见于原文)

高贵性

令人惊讶的是，巴哈伊信仰对人类的未来十分乐观。这种乐观情怀来源于它深信人类生来就是高贵的，这种确信无疑产生于其教义之中。下面的例子有助于读者了解巴哈伊教经文是怎样对待这一问题的。

巴哈安拉认为，人类品性完善的第一步在于要有自知之明：

巴哈伊教的圣书首先告诫人们要了解自我并且还要认识到什么因素能导致人的高贵或卑贱、光荣或自卑以及富裕或贫穷。人到达满足和成熟阶段以后就会有财富需求。在评价一个人的智慧时——特别是在那些致力于世界的教育、开启民众智慧的神职人员眼中——个人通过手艺或职业所挣得的财富是值得称颂的。他们为世人实现理想提供了知识和指导。他们将世人引向了一条笔直的大道，并使之找到了自我提升的方式。这条大道将引领他们实现觉醒，并有助于他们成就光荣与伟大。

BPT(1988，pp. 34-35)

如果对自我品性中的高贵性没有信念，一个人要想走一条坦途是不可能的，因为这需要坚忍不拔的毅力。巴哈伊教信徒应时常牢记以下来自仁慈的造物主的训诫：

人类的孩子啊！你是我的灯，而我就是那闪亮的灯芯。从中，你得到你的光辉，除了我你毋庸他求。因为我使你生来富有，我慷慨地施恩于你。

BPT(1994，2:11)

圣灵的孩子啊！我使你生来富有，为何你又使自己深陷贫困？我造就了你的高贵，为何你又归于卑微？我赋予你知识的精华，为何你还需要他人的启迪？我用爱的泥土塑造了你，为何你不专心于此道？返身自顾吧！你会发现，我与你浑然为一，我君临万物，威力无比。

BPT(1994，2:13)

然而，巴哈伊教信徒对人类固有的高贵性的信仰决不会导致他们产生不切实际的空想，即人类将会本能地避免恶行。阿卜杜勒—巴哈严厉驳斥了这种观念：

有人幻想人类先天就有的尊严感将遏止他们犯下恶行，并且确保了其在精神上和物质上完满无缺。也就是说，一个拥有天赋才能、坚定决心和旺盛热情的人将会本能地避免伤害其同胞，并且会热忱地行善，他既不“怀刑”亦不“图报”。然而，回首历史，我们会发现这种荣誉感和尊严感显然是源于先知的教诲。此外，我们还能在婴儿身上发现侵略性和不守规矩的迹象，而且，如果一名儿童脱离了老师的教导,其身上的不良习气就将愈演愈烈。因此,人类的尊严感和荣誉感显然是教化的结果。

BPT(1990,pp.97-98)

阿卜杜勒—巴哈还说了这样一段意味深长的话:

恶行源于无知,因此,我们必须牢固掌握求知的手段。良好的品格一定出自教育。在学校,所有人都可以获得神圣的精神品格,并将明白无误地认识到,没有比拥有邪恶的、不健全的品质更为残暴的地狱、更为惨烈的深渊;没有比拥有理应谴责的品质更为幽暗的黑洞、更为痛苦的折磨。

BPT(1997,111:1)

在巴哈伊教的信仰中,对人类尊严的信念与对教育力量的同样坚定的信念是紧密相连的。教育照亮了人类正确认识自我的道路,它不会使人类自我的恣意专横长期存在下去。

信仰与理性

我们之所以大力推动以科学、宗教和发展为主题的讨论是因为我们坚信发展理论及其实践应该立即关注人类生存的精神领域。在某种程度上,如果这样的呼吁能引起大家的共鸣,那就表明发展领域正在走向成熟。然而,我们必须承认人们之所以愿意讨论精神性并不是重大的理论发展的结果,而是迫于日益加深的危机正在人类奋斗的所有领域,动摇社会秩序的基石。唯物主义哲学的功用难于延及,其预言家们信誓旦旦的承诺仍未兑现。这种制度及其进程的受害者正在觉醒,他们大声质问这种制度为什么会失败:

现在是那些信奉唯物主义教条的——不管是东方还是西方的、也不管是资本主义还是社会主义的——人对这些教条必须承担的道德义务作出解释的时候了。这些意识形态承诺的“薪新世界”在哪里?他们声称致力于世界和平,但和平又在哪儿?由于某个种族、某个民族或某个阶级的发展壮大而产生的文化领域的突破又在哪里呢?当今世界的财富是古代的法老们、恺撒们,甚至是19世纪的帝国主义列强们望尘莫及的,可是,为什么世界上的绝大多数人在饥饿和悲惨的境地中越陷越深,而财富却受着人类事务的仲裁者的支配?

BPT(1995b,p.21)

诚然,将精神性融入人们的行动的需要——无论如何都是无可争辩的——不足以证明研究宗教事务的必要性。也没有多少人愿意卷入科学与宗教之间恒久的争论,对于那些认识到需要立即采取措施解决现实问题的人来说更是如此。但是一旦意识到精神性需求,谁又能不去研究宗教呢?这里的研究不是指探讨宗派之争,而是指探索在文明的发展过程中起关键作用的一套知识和实践体系。精神性的概念并不是含混不清的,最近的一些研究敦促人们将精神性具化为使满足感最大化的必需品,具化为能使人们在以物质为核心的生活中获得精神安宁的种种活动。发展领域面临的一些问题之所以备受关注,是因为它与人类的繁荣息息相关。这些问题涉及人类的本性、个人与集体生活的潜在目的以及社会前进的方向。要弄清这些问题的答案,就必须清晰地揭示出多重关系作用下的新的发展阶段。这关系对人类的生存和发展极为重要,它们主要包括:物种与自然的关系;家庭内部关系;社区内部关系;个人与社会制度之间的关系。人类必须坚持不懈地寻求意义,而这种探寻在本质上具有宗教性。

在反对有关发展的唯物主义方法时,我们也不能因此就说目前的问题都可以通过宗教思想得到解决。我们的任务不是像许多人所热衷的那样去废黜科学。只有认识到科学的巨大成就,人们才会相信科学的地位应该比目前人们所给予的地位更高。提出宗教问题并不是要重归迷信,而揭开伪科学的种种面目也不等于打开了理解精神的大门。人类面临的紧迫问题的解决之道在于精确而充分地使用科学。但是,在实现人们的这一愿望之时,科学有必要与宗教进行严肃的对话。在 20 世纪末,不仅这两大体系,就连建构社会秩序的其他要素,也都处于深刻的危机之中。然而,知识体系出现危机并不是一件坏事,因为这往往是进步的先兆,我希望在本文中说明,发展理论及其实践在很大程度上受到了来自科学和宗教的各种观点的影响;而在随后的几十年内,科学和宗教如果不经历快速的、根本性的转型,那么它们肯定就会消亡。我认为,接受对有关信仰及理性的问题的严肃探讨,同时承认它们与发展政策与项目的相关性,发展领域就将取得所有参与者所期待的巨大进步,同时也能找到卓有成效的发展策略。

科学真理

在我们生活的这个时代,一些对科学一知半解的人要么对它盲目崇拜,要么对它妄加抨击。不少人把科学看作神通广大的造物主。不幸的是,这些人缺乏对科学以及技术本质的深度思考,他们只是局限于有限的科学活动。从事各种事业的学生所学习到的关于科学方法的分门别类的课程使本已根深蒂固的误解越发冥顽不化。

科学始于观察。因此就有了众所周知的故事。科学家用他们的知觉来观察各种事物和现象;他们所受的科学训练保证其观察不带偏见,并且确保了最大程度上的客观性;观察的直接后果就是许许多多的"观察报告";最后,由此产生了科学规律和理论。

观察报告仅仅记录了出现在特定时间的特定事件。而经过训练的观察者可以运用严谨的归纳原理得出更为普遍的推断。而归纳结果正确与否,就必须通过在各种条件下重复观察来加以检验。构成归纳基础的众多观察报告必须充分,只有这样才能判断归纳推理的正确性。一旦获得其有普遍性的结果,就可以使用演绎推理来解释观察到的其他事实,并能推导出其结果,这些结果可以通过实验来检验。预测是科学的重要特征,它是科学成就其重要地位的基础。

以上介绍的是简化了的科学观,但这并不意味着来自实证主义者阵营内的发展理论家不熟悉复杂得多的观念。最近,关于科学的讨论常常涉及理论与观察的复杂关系以及前者对后者的巨大影响力。通过使用概率这一概念以及将归纳方法与继之而起的正当性分离开来,就观察和归纳以及紧随其后的演绎和预测而言,一些思想流派远离了对"科学方法"的简单化解释。一些为解释虚假的科学推理——由伪假设和伪理论构成的科学知识时刻处于被竞争者淘汰的危险之中——而做出的富有独创性的努力带来对科学方法的宝贵的探讨。这种方法一方面引入某种科学范式的概念话语;另一方面又引入与之竞争的研究体系的科学话语,它已经对学术圈产生了显著的影响。然而,对以未经验证的科学观念为基础的科学真理的本质的坚定信念不仅延续下来而且还造就了人类在所有领域内的行动。令人遗憾的是,科学与宗教之间的老掉牙的争论仍在继续,而它们之间的对话却面临着重重障碍。

“科学知识是被证实了的知识”处于这些信念的核心地位。“纯粹的科学是客观的且不受个人观点的干扰。”“科学知识是可靠的知识,因为它是严格使用有效方法的结果。”但是,“客观”、“严格”和“可靠”等词汇并不是价值中立的。语言有时会捉弄思维过程。科学迅速成为无可置疑的真理的唯一来源,而任何其他的知识来源都变得不大重要、不大可靠,最终变得毫无价值、毫不可靠。在这种情况下,宗教又怎么能够受到关注,对宗教和科学的良性互动的探讨又从何谈起?当今的危机要求我们实质性地改变科学观念,因为当前流行的观念源于认识一种强大的新生力量的初步努力,它还没有得到严格的检验就已经飞快地流行开来。

无论科学的过程与方法具有什么样的本质,它显然是一个动态的知识和实践体系,而这一体系会向任何将之简单公式化的努力提出挑战。科学哲学家和科学史学家们的努力创建了解释科学的部分结果和过程的理论。就像科学建立的解释物质现实、智力现实及社会现实的其他模式一样,每种解释的有效性都是有限的。它们一起从多侧面揭示了科学的显著特征,但无一从整体上对科学加以阐述。

科学显然涵盖了信仰的诸多要素。首先是相信宇宙万物存在的秩序以及相信人类有能力澄清这种秩序的意义,并且能用简明扼要的语言对此作出解释。爱因斯坦曾说(1954,第52页):“那些取得了巨大科学成就的功臣,内心充满了真正的宗教信念,那就是,相信我们生存的世界是完美的,它容易受到人类为获取知识所做的充满理性的努力的影响。”

科学理论都是基于假设,而有些假设不能从逻辑上加以验证。它们仅仅代表了人类理性能够接受的命题而已。它们的价值是从成功建立在自身之上的模式和理论中推导出来的,几个世纪以来,为人们所接受的科学,假设支配地球上所有事物的行为的法则与那些支配天体运行的法则不同。事实证明,建立在这一假设基础上的理论缺乏充分的依据。今天,关于科学的一个基本假设是,天上地下有着相同的物理法则,例如,万有引力对宇宙运行、时间及世间万物具有决定意义。目前,这个假设令一个似乎能够解释我们所能观察到的任何现象的模式得以产生,于是也证明了它得到普遍认可的正确性。

科学实践也利用了人类的精神品质,如爱美求真之心。科学高度依赖人的直觉、创造力和想象力,这些东西是人类的理性精神之源,在科学活动中绝不只是偶然地发挥作用而已。它们具有创造性,因为它们受到了训练,而且它们所产生的效果也经过了科学界一致认同的理性的检验。

科学的主要任务就是为现实创造出种种模型。它的模型——足够复杂时就被称为理论——很少表现为简单的自然而然的形式。相反,它们都是由以词汇和数学公式为主的语言构成的。科学语言具有与其目的相称的独特性。在其他方面,它力求做到严格推理、清晰和客观。科学的这些属性是否也令科学赖以产生的诸多环节区分开来还难以确定:科学思维本身十分复杂以至于不能做到完全客观准确、合乎逻辑或者清楚明确。但是,通过在表达和交流时遵循一套严格的语言系统,科学表现出了许多颇受赞誉的品质。

实证主义的内在缺陷近年来充分地暴露出来,但是,受过训练的观察——尽管受到理论的限制,对科学实践仍然是极其重要、不可或缺的。概括、明确陈述的假设、演绎、检验预测以及反证都是科学方法的重要组成部分。但是,应该记住,这些方法并不是由程序化的实体机械地执行的,而是由科学家共同体的成员操作的,他们往往会屈服于社会的压力。这些团体展示了构成人类社会的各种群体的行为模式和特征。特别是,他们的工作是在一定的世界观和理论框架的基础上展开的,这就决定了他们愿意回答什么样的问题以及探索什么样的答案。“范式”这一概念，尽管还不具有普遍有效性，但它是进行科学思考的有力武器。科学知识只能积累到一定程度；有些科学进步始自范式的断然转变，这种变化引起了某种革命。

科学实践依赖于各种各样的、共生共存的研究项目。每一项目对科学家共同体致力构建的理论核心都是极端重要的。研究的一个目标就是拓宽理论能够成功作出解释的现象的范围。但是科学家共同体没有力图解决世上的所有问题。任何科学模式都有一个必不可少的要素，即它必须拥有一套对其效用范围加以界定的表述。更为先进的理论未必就能证明先前的理论就是错误的，它只是澄清了以往理论的局限性及其成因。因此，以相对论和量子力学为例，二者并不是“证伪”了牛顿物理学；相反，它们界定了后者的可靠预测所适用的大小和速率的范围。

前面说了这么多，但我并不想奉行中庸之道，即以某种方式将库恩(Kuhn)的成果与波普尔(Popper)的合而为一或将拉卡托斯(Lakatos)的成果与费耶阿本德(Feyerabend)的合而为一。我想说的是，几十年来，科学哲学家和科学史学家们对一些深奥的问题已进行了探讨和争论，不用参与这些争论我们就能轻易地断定，科学和真理的关系并不像对科学所做的简单描述所宣扬的那样单纯。当然，科学与真理有着极其重要的联系。科学言论都与客观现实有关，它们本身就存在着，而不仅仅是少数几个科学家的智力成果。科学不满足于仅仅提供解释，它还要加以应用，因而带来了技术——还有社会科学带来的政策——反过来又作用于客观现实。就此意义而言，技术好像是内在于科学，技术来自科学，综合其他因素，技术界定了科学的活动范围。虽然受到理性精神的驱动，但科学也还是社会存在的迫切需要，其中就有技术进步的需求。因此，科学知识就变成了对真理的表达，它清楚地揭示了错综复杂的实在，即宇宙的物质实在、社会实在以及人类的精神实在。

宗教真理

现在，让我们带着这种科学观转向宗教。此时此刻，我们面临的问题是：鉴于前面提到的复杂性，科学知识是否涵盖了人类已知的一切实在？如果我们的世界观不是通过盲目模仿而是通过观察、学习和思考获得的，其中的信仰要素包括了对某种精神实在的信仰，而这种精神实在又超越了我们能够感知的世界。那怎么办？如果我们不能证实智力仅仅是组织的更高级秩序的产物这个假设，而把它视为非物质存在的一个特性，那又会怎样？如果存在的特性决定了世界的结构与运行方式——包括能够观察并思考宇宙的人类智力进化，又将如何？如果我们那份无法磨灭的个体特质意识——它最终为“我知道”这个声明作了界定——发现意识将随着肉体的死亡而消亡之类的假设毫无意义，并驱使我们探索永恒与不朽那又如何？

一般认为，某些信仰和假设是不需要的，因此，根据一些简化主义的原则，它们不应该列入考虑，但这种说法至少在两方面回避了问题的实质。首先，它假定对扩大化的实在的否认是客观的，在本质上不是一种对智力发展方向产生意义深远后果的假设。因此，它歪曲了这样一个事实，即每种情况下的选择都是在两个信仰要素（二者都不能证实）之间进行的，而不是在“无假设”和“外来假设”之间进行的。其次，它想当然地把科学的霸权当作研究实在的唯一有效的手段，并把其独立诉求当作这种有效性的毋庸置疑的证据。诚然，与人类精神领域有关的假设对许多科学研究来说是不必要的，但是，我们有什么理由将它推广至所有的研究，并进而否认其他形式的调查研究体系的有用性？如果科学本身不想僵化和弱化，那么就必须与其他的研究体系产生互动。

从历史上看，宗教主要关注精神现实及其与个人生活和集体生活的关系。与科学一样，宗教是一个高度复杂的知识和实践体系，它有着与其特点相适应的发展模式以及与文明的发展难解难分的历史。作为人类社会的实践行动，其自身存在的谬误、腐化及信用的滥用等问题都是不可避免的。但是，它经久不息地发出了追求超越的号召，这是每一个令人称颂的愿望的源头，它点亮了人类的知性，并使之能够区分高低贵贱。

如果我们要想不带偏见地看待宗教，并想发现它是如何与其他科学相互作用的，我们就必须抛弃那些广为人知的疑虑，不论这些疑虑的存在有多么正当的理由。最突出的疑虑就是，"宗教"这种东西是不存在的，存在的只是在本质上相互冲突的种种信仰。这个论断代表了一种非常狭隘的宗教观。不容辩驳的是，宗教冲突与部族冲突、民族冲突和种族冲突一起，构成了人类历史发展的显著特征，与其他罪恶一样，宗教冲突仍将继续在转型时代困扰我们。但是，如果我们承认我们前进的道路是一条物质和精神齐头并进的道路，那么，我们就必须深入研究人类的精神遗产，而不是草率地作出评判。

正如科学与其多重结构一起存在和展现一样，宗教与其结构亦是如此。宗教教义及信仰的表述形式五花八门，表述内容也是千差万别。但这种情形并不否认动态的知识体系以其独有的领域及不断发展的方法和语言而存在。一旦我们摆脱对宗教差别所持的偏见，我们就会惊异地发现，世界上的主要宗教探究的主题具有一致性，而它们针对许多棘手问题提出的解决方案也具有连续性。在这种情况下，表述的差异成了丰富见识的源泉，而不是你争我夺的原因。可是这个观点若要成立，审视每种主要宗教的眼光就必须仍然专注于权威性的经文中所昭示的道德和精神教义。当然，在一些情况下，将这教义同那些由某些对世俗权力贪得无厌的人添加的教义分离开来是件困难的事情，但也不是绝无可能。

就科学而言，被理解和解释的东西就是基本上可以观察到的、客观的现实——物理的、心理的和社会的。但是，作为一定社会内的知识和实践体系，宗教关注的客观现实又是什么呢？为了回答这一问题，就必须探讨处于主要宗教核心层，并且提供了原初动力的教义主体。如果不涉及关于神是超凡的还是无所不在的众所周知的神学争论，人们可能就会随便地说，人类意识和神的屡次相遇导致了一个宗教文本——口头的或书面的——的产生，处于文本核心的就是先知(创始人)以及几个与他关系密切的历史人物的谕告。文本充满了对物质生活和精神生活的描述。它"揭示"了精神现实的方方面面，而一旦精神现实被昭示出来，它就成为个人乃至所有人的探究对象。离开了公开的文本，精神性所表达的就将是个人经验，就不可能得到创造社会知识的、相互作用的知性的验证。因为宗教真理不仅揭示了神秘世界，而且还引发对体系和过程的实验、应用和创造。因此，人类生来就有两本书，即《创世记》和《启示录》，对二者的研究分别形成了"科学"和"宗教"，它们共同推动着人类文明的进步。

科学和宗教的和谐

需要当心的是，那些将宗教刻画成一个知识体系的努力总有走得太远的危险，它们提出的观点可能最终会将宗教变成仅仅是科学的延伸——一个致力于研究看不见的世界的科学知识的分支。一个能够贯穿个人和社会生活方方面面的知识体系不一定就是科学。显然，作为两种主要的知识和实践体系，宗教和科学将会有很多共同之处。信仰的条文、假设、各种心智能力的运用——如理智、直觉和想象、创造现实模型的能力——包括个人和社会的非物质生活、世界观，甚至还有类似于一套共存的研究计划之类的东西，所有这些要素都容易在宗教的运行和发展中见到。甚至可以肯定地说，在其实际运用中，宗教方法是而且必须是科学的。尽管如此，科学和宗教明显属于不同的知识体系，谁也不是对方的子系统。

尤为重要的是，必须划清科学语言和宗教语言之间的界线。在许多方面，表述宗教事实所用的语言，正如科学语言一样，努力做到清晰、客观。但这样做的主要困难是如何超越科学语言的局限以及如何使用诗歌形象、故事、寓言、命令、警告和劝诫以传达意义并直接与人们的心灵对话——这是科学语言无需顾及的。

强调宗教知识和科学知识的差异并不意味着否认其内在联系。关于宗教和科学存在着固有冲突的普遍看法始自基督教历史上的一段危机时期，当时，单纯的科学观念和宗教观念都不足以应对知识的迅猛发展。几个世纪后的今天，我们面临的问题是，我们最近取得的某种认识是否能为二者的互动提供一个新的平台。难道二者的互动不能排开冲突而以和谐为特征吗？要确保它们不落入空想并且各自与其本质相符，求得这种和谐不正是最必需的吗？

关于科学和宗教间的和谐问题可以有多种解决途径。我们有理由认为，这两种体系截然不同，二者之间不可能有大的冲突。科学研究物质世界。它带来的知识成为技术进步的基础，技术既可以造福人类也可以危害人类，既可以建设文明又可以破坏文明。科学自身不能决定将其成果用于何处。相对地，宗教关心的主要是人类的精神生活。其任务是揭示个人的精神生活、探寻动力之源以及利用伦理和道德符号正确引导人们的行为。它可以为技术的发展和运用设定道德框架。文明的进程同时依赖于这两大知识体系，只要它们固定于各自的领域，它们就没有理由产生冲突。

这种科学—宗教和谐观虽然有一定的道理，但只是体现在运用层面上。最终，科学与宗教在运用层面上也分开了，它们各自追求自己的道路，由它们衍生而来的技术与道德的相互作用显示出了重要性。但是，对科学—宗教关系的此种分析很快暴露出了其局限性，因为这两种体系有很多共性，在各自的研究领域常常会有一些现象搅在一起。二者的共性包括了某些假设和信仰要素、属性与立场、方法以及精神和社会过程；至于科学和宗教的其他方面，如果彼此不相抵触，二者只具其一就可以了。这两种体系在运行之中有一部分是重叠在一起的，之所以出现这种交叉是因为物质与精神不可能截然分开。尽管出于许多现实目的，有必要将二者区分开来，以使它们能沿着相互平行的轨道运行，但是，借此否认它们在人类心目中以及在社会中的联系的任何企图都只会剥夺它们所具有的非凡力量。

在思考宗教和科学的关系时，我认为借用由互补性原理带来的对宇宙运行方式的真知灼见是非常有益的。严格地说，互补性原理声称，粒子—波的二元性可以在最小的物质成分中清楚地观察到，这种二元性是科学观测过程本身所固有的特性。例如，不能说粒子一会儿是波，一会儿是粒子；也不能说电子同时既是波又是粒子，更不能说电子既非波亦非粒子。互补性使我们跳出“非此即彼”的逻辑，并要求我们直接面对这样一个事实，即在某种实验设置中，电子总是表现为粒子，而在另外的实验设置中，电子总是表现为波。这两种设置穷尽了所有可能测量到的结果。也就是说，我们不可能通过一种实验来验证这样的问题，即，电子到底是波还是粒子？

我的意思不是说量子力学的互补性可以直接适用于科学和宗教的二重性。事实上，哥本哈根解释已经涉及了上述问题，近年来该问题又浮现出来。但是，无论用何种手段解决这一模式所面临的难题,从根本上来看,是不允许同时用几种方法来测量一定的量,然后用互补性来描述本质的。由于科学测量过程非常复杂,那么这个论断针对的就不仅仅是物质世界了。人类精心创造的理论模式是实验设置手段组合的基础,正如先前所指出的那样,模式就是语言中的结构。因此,不管从哪个方面讲,互补性都向我们阐明了两种共生共存的实在(人类意识和客观实在)及其相互联系。特别是,它向我们提供了深入观察人的大脑是怎样容纳下世界上那么多复杂的情况的方法,而这种复杂性是难以用单一的描述解释清楚的。

如果承认情况确实如此,那么,我们就不得不问自己一些相关问题,即关于物质世界以外的现实的层次问题。假如研究对象囊括了精神实在和物质实在,而且它远比物质世界复杂,那么,一种单一的描述是不是显得不够充分呢?为了理解和解释这种实在,难道人类不需要两种语言(即宗教语言和科学语言)来洞悉其奥妙吗?

进一步的评述

下面的论述对前面的一些观点作了延伸和详细说明。

宗教的目的

"信仰与理性"一节的开头的一段话出自《世界和平的前景》(*The Promise of World Peace*, BPT, 1995b),这个宣言是由巴哈伊教的国际主管机构撰写的。该文分析了有助于在世界各民族中实现和平的社会力量和精神力量,这里的和平不仅仅是指没有军事冲突。它宣称,世界和平是势在必然的,但它的到来必须以世界各地的领导人的集体意志以及一套明确的宗教原则的应用为保障。

《世界和平的前景》阐述的观点表明,巴哈伊教教义十分强调将宗教看作建设文明的手段。然而,尽管宗教作为积极的社会力量受到了赞扬,但是也应当承认它有可能因受到自私的领导人的操纵而被歪曲。的确,各国在宗教的名义下形成的误解和混乱是造成当今世界的糟糕局势的原因之一。将这状况单单归咎于世俗主义的兴起并不公平。在诸多方面,世俗主义在人类发展史上受到了欢迎,这是对宗教狂热和宗教迷信的必然而必需的反应。说到宗教是人类进步的一个手段,巴哈安拉讲了下面一段话:

> 作为反映上帝神圣意志的宗教,其目的就是要在全世界所有的人中建立团结与和谐;而不应让它成为人类争斗的原因。上帝的宗教及其神圣法则是为人类和谐带来曙光的最有力、最可靠的工具。世界的进步、国家的发展、人民的安宁、地球人的和平都体现在上帝的律令中。
>
> BPT(1988, pp. 129-130)

就像对成千上万的拥有不同传统的教徒一样,对巴哈伊教教徒而言,尽管宗教遭到了歪曲(这种歪曲也影响了人的一切行为),但这无损于其对文明发展的重大意义。应当承认的是,如果宗教要避免种种狂热陷阱,它也离不开科学。

科学的危机

至此,许多读者会毫不犹豫地认为,宗教像许多文明一样正陷入危机之中。而说到科学,很多人大概不会这么看。科技高速发展使人类面临的伦理问题已成共识。但是,我们可以把这些问题看作是科技发展进程中自然出现的挑战,必将被科技自身克服。我所指的危机是一个系统性的危机,表现在方方面面，绝不仅仅是一个单纯的伦理问题；由于科学知识的产生和应用过程存在着一些不足，于是就导致了危机。几年前，杰罗姆·瑞维茨（Jerome R. Ravetz）在其名著《科学知识及其社会问题》（*Scientific Knowledge and Its Social Problem*）一书中，揭露了由于缺乏对科学研究性质的“重新理解”而产生的警世的后果：

> 现代自然科学活动改变了我们关于周遭世界的知识，也改变了我们对世界的控制方式；但在此过程中它又在改变着自己；它带来了许多自身难以克服的困难。现代社会越来越依赖于建立在科技成果应用基础上的工业生产；可是成果的创造本身又变成了一项规模庞大、代价高昂的产业；在管理这项产业、控制其产品的效果的过程中存在的任何困难都是紧迫而又艰巨的。过去一段时间里这一切都来得太快，以至于新的情况及问题都不能被很好地了解。这为科学和人类生活开启了新的机遇，但同时又带来了新的问题和风险。就科学自身而言，物质产品的工业化制造与科技成果的创造之间的相似性既会有好的一面也有坏的一面。作为社会性组织活动的产物，科学知识与肥皂截然不同，一遇险阻就会对此视而不见。同样地，如何理解和控制源自科学的技术所产生的影响也带来了一些问题，然而，无论是以往的理论科学还是今天的工业化科学，都缺乏解决这些问题所需的合适的技术和观念。而类似于自然科学是纯粹的、社会无干之类的幻想正在迅速破灭；而将科学粗俗地简化为商业化工业或军事化工业正成为一种趋势。除非科学自甘堕落，除非科技成果的应用是为了使人类直奔社会和生态灾难，否则，就必须对科学研究这一特殊的工作——它一方面如此脆弱而另一方面又如此强大——有一个全新的认识。
>
> 瑞维茨（1973，p. 9）

科学事实

宗教与科学之间的对话正在显现，在此背景下思考科学真理的性质时，有必要认真阅读鲁德威克·弗莱克（Ludwik Fleck，1979/1935）的专著《科学事实的起源与发展》（*Genesis and Development of a Scientific Fact*）。在这本富有真知灼见的德文著作中，弗莱克详细地考察了产生于 20 世纪 20 年代的血清诊断技术的兴起和最终确立这一事实。血清诊断被看作是瓦塞尔曼反应（Wassermann reaction），它可以在容许的统计限度内显示出病人体内存有梅毒，他描述了在梅毒被确认为一种病症之前的一系列复杂因素，这需要将发生于 15 世纪的疾病汇集在一起。在此之前的很长一段时间内，研究者首先获得的是一堆关于各种具有皮肤病症状且发病部位多在生殖器官的慢性疾病的繁杂信息。弗莱克指出了各种思想观念在人们彻底弄清这种病症的痛苦历程中扮演的种种角色。例如，那时有人相信“1484 年 11 月 25 日土星和木星在天蝎座和火星下面处于同一经度”是这一肉体痛苦的根源。因为，“邪恶的土星和火星将善良的木星遮挡住了”，而且天蝎座“主生殖器”。（弗莱克，1979/1935，p. 2）肉体折磨说“为梅毒学奠定了基础，并赋予它鲜明的伦理特征”（弗莱克，1979/1935，p. 3）。

弗莱克接着说：“经过数代人连续的实践，人们终于有可能从众多的慢性皮肤病中分离出一组特别的病变，如果用汞软膏对它加以治疗，疗效较好。”（弗莱克，1979/1935，pp. 3-4）“于是同时产生了两种相互矛盾的观点：（1）这是一种带有伦理特征和神秘色彩的病症；（2）这是一种经验性的可治疗的病症。”（弗莱克，1979/1935，p. 5）随后，人们深信梅毒与人体血液的变化有关，血液脱离了其“原始状态”，这种病一开始发作，“血液就受到了某种病变的污染，而由于感染后没有化脓的症状，因此不易被察觉”。(弗莱克，1979/1935，p.12)后来，随着病原微生物观念的兴起，导致梅毒的病原被确定为梅毒螺旋体素。瓦塞尔曼反应的发现进一步确认了梅毒与血液的关系，并且“有助于区分与梅毒密切相关的脊髓痨和进行性麻痹。因为这种螺旋体在人体感染后不久就能在其淋巴管中被发现，因此，早期梅毒就不再被看成是局部病变了”(弗莱克，1979/1935，p.17)。

弗莱克研究了梅毒被确定为一种病症的历程、瓦塞尔曼反应的发展过程以及作为一个科学领域的血清诊断的出现过程，在他的分析中，他还介绍了许多概念，比如观念体系、思维方式和思想集团。运用此种性质的概念决不会有什么问题。然而，不论大家对某些判断分析有何异议，但在仔细考虑了弗莱克那充满智慧的观点之后，就再也不会被科学真理过于简单的定义所误导了。人们可以修正他的如下论断但决不能忽视它：

> 认识是人类最具社会性的活动，知识是最极其重要的创造。语言结构体现了一个社会的鲜明的哲学特征，甚至一个简单的词汇能够代表一个复杂的理论。那么这些哲学和理论归属于谁呢？
>
> 思想在人际传播的过程中，每次都会发生一些微小的变化，因为每个人都会给它们附加一点不同的观念。严格地讲，接受方从来都不会真正按照传播方的愿望去理解这些思想。经过一系列的传递过程之后，原意实际上已经所剩无几了。那么，被继续传播的思想又会是谁的呢？显然，它已经不属于任何个人，而是属于一个群体。无论一个人把它看作真理或谬误，不论他理解得是否正确，总会有一套说法在该社会中慢慢流传开来，并在影响其他的说法、概念生成、意见和思维习惯的同时，自己也受到修饰、改变、强化或削弱。在社会中经过几次传播以后，一个说法常常又会返流到其创造者那里，但已经变得面目全非了，而创造者也会以不同的心境来对它进行反思。他要么不承认这是他自己的说法，或者认为自己早就预见到其说法会以今天的面目出现，而后一种情况经常发生。瓦塞尔曼反应的历史使我们有机会在一个完全“经验性”的发现特例中看到这样的曲折历程。
>
> 科学活动的本质所固有的社会特征与其实质性后果密不可分。词汇，过去只是简单的术语，可以变成口号；语句，曾经是简单的说法，可以变成战争的号角。这完全改变了其社会思辨的价值。它们不再通过其逻辑意义影响思维——实际上它们常常违反了逻辑意义——而是获得了神奇的力量，并且一旦被使用就会产生精神上的影响。例如，人们可以思考某些术语如“唯物主义”或“无神论”的影响。在有的国家这些术语会使其支持者脸上无光，而在其他地方却是受人们接纳的必要的通行证。某些口号，如“生机论”之于生物学、“特异性”之于免疫病理学，以及“细菌转化”之于细菌学，其魔力显然深入到了专家们的深层研究之中。一旦这样的术语见之于科学文献，它就不是受逻辑性检验了，而是很快地划分出了一个敌我阵营。
>
> 弗莱克(1979/1935，pp.42-43)

美

分析美对一个研究者的吸引力在于其在研究中所起的作用能够给我们带来对科学本质的宝贵认识。不幸的是，在一个简短的评述中，如果不用上数学，是不可能准确地探究美的，例如，在物理学中就是如此。在《上帝的心智：理性世界的科学基础》(*The Mind of God：The Scientific Basic for a*

Rational World)一书中，保罗·戴维斯(Paul Davies，1993)用他那令人羡慕的才能使科学观念接近行外的人，他写道：

> 科学家们普遍认为美是引向真理值得信赖的向导，理论物理的许多进步都是源于理论家对一个新理论的数学美感的追求。有时，在实验室测试难以开展的场合，审美标准变得比实验更为重要。当讨论给相对论做个实验时，有人问爱因斯坦如果实验结果与理论不符怎么办。他对这样的预计一点儿都没感到不安。"这个实验更加不妙，"他反驳道，"相对论是千真万确的！"保罗·狄拉克(Paul Dirac)，理论物理学家，他的美学考虑使他建立起了更具数学美感的电子方程式，这又导致他成功地预测了反物质的存在，他回应了这样的观点，评判道："在方程式中体现美比使之与实验相符合更为重要。"数学美感对于不熟悉数学的人来说并不是一个容易理解的概念，但它颇受职业科学家的赏识。可是，正如其他美学上的价值判断一样，它具有很强的主观性。还没有人发明一种可以不涉及人的主观标准而直接测量事物的美学价值的"测美仪"。我们能不能说某数学形式比其他的形式更美？或许不能。在这种情况下，美是科学的好向导这样的说法听起来有点奇怪。为什么宇宙的法则在人类看来应该很美？毫无疑问，有各种各样的生物的和心理的因素在形塑我们的美感。例如，女性的形体对男性很有吸引力，这没什么值得大惊小怪的，许多雕塑、绘画和建筑结构的曲线无疑带有性的意味。大脑的结构及其运转也会决定什么事物是悦耳悦目的。在某些时尚中，音乐可能会反映出大脑的节奏。无论如何，有些秘密还尚待揭开。如果美完全按照生物程序设计并且只依据其生存价值对之进行甄别，那么，当看到它重新浮现于与生物学没什么直接联系的基础物理学的神秘王国时，我们将会感到更加吃惊。另一方面，如果美不仅仅具有生物性，如果我们的美感源于我们所接触到的更稳定、更普遍的东西，那么，美肯定就是宇宙的根本法则对这种"东西"的主要意义的反映。
>
> 戴维斯(1993，pp. 175-176)

> 我倾向于认为，某些特性，如精巧、有序、美好等，存在着真正的超现实——它们不仅仅是人类经验的产物——而且这些特性还反映在自然界的结构中。我不知道是不是这些特性本身导致了宇宙的形成。如果是的话，我们就可以想象上帝只不过是那些创造性特性的神秘化身，而不是一个独立的行动者。当然，这不可能使那些觉得自己与上帝有着私人关系的人感到满意。
>
> 戴维斯(1993，pp. 214-215)

戴维斯认为上帝仅仅是这些创造性特性的化身的观点与大多数宗教所持的上帝观相去甚远，这当然是正确的。但是，那种认为物理世界在结构上反映了上帝的特性的观念在宗教的说教中引起了强烈的共鸣。例如，巴哈安拉的教义赞成世界上存在着一个本质上永远都不可知的上帝，它宣称：

> 无论天堂和人间是什么，它们本身都是显示上帝的品质和权威的直接证据。因为每个原子都被打下了烙印，这些印迹是至高无上的上帝的启示的有力证据。我认为，离开了神启的力量，没有生命可以生存。每一个细小的原子都闪耀着知识之光，这是何等灿烂的光辉啊！每一颗微小的水滴都涌动着智慧的海洋，这是何等浩瀚的海洋啊！
>
> BPT(1983b，pp. 100-101)

理　性

通常，理性被认为与某种特殊的思维方式有关，理性精神是人类的一大特征；理性的力量包括了科学研究能力、意义理解力以及审美能力。这些力量见之于多种理性思想和行动的创造之中。只有当我们愿意放弃狭义的理性概念时，才能感受到科学和宗教间潜藏的和谐。我们对理性的界定应该虑及所有科学方法明显带有的怀疑主义，我们也应当承认我们经常需要相信一些不可捉摸的东西；因为，如果二者被割裂开来，都将一无所成，这是一个不争的事实。戴维·鲍姆的《整体性与隐秩序》(*Wholeness and the Implicate Order*)一文中有段话解释了我所说的"思维方式"的含义：

> 不过，人类这种将自己与环境区别开来以及分割和分配事物的能力最终导致了大量负面的、破坏性的后果，因为人们没有意识到他们在干什么，于是这种分割就逐渐超出了其正常发挥作用的限度。在本质上，分割过程是这样一种思维方式，它主要考虑的是对实用性的、技术性的和功能性的活动领域方便有用的事物(例如，将一片土地分割成若干块以种植不同的庄稼)。但是，当这种思维方式被推广到人类的自我概念以及他的整个生活世界(例如，他的自我—世界观)时，人类就会不再认为这些分割的结果仅仅是方便有用的，他开始发现并体会到他自己以及他的世界实际上已经被碎片化。在破碎的自我—世界观的引导下，人类就会以这种方式将自己与这个世界分隔开来，以便一切都能符合他的思维方式。人类于是获得了能够证明其破碎的自我—世界观的正当性的表面证据，尽管他显然忽视这一事实：正是他根据自己的思维方式行事，才导致了破碎的情况不以其意志为转移而挥之不去。
>
> 鲍姆(1981，pp. 2-3，着重号见于原稿)

互补性

并不是每一个科学家都赞同将互补性原理用于物理学以外的领域的尝试。首先，物理学家不认同互补性的确切含义，也不能全盘接受哥本哈根解释的首倡者提出的所有哲学观点，特别是尼尔斯·玻尔(Niels Bohr)的观点。例如，在人类的思想能否抓住了事物的本质这个问题上，就存在着很大的争议。玻尔显然对此持怀疑态度；在他看来，正如亨利·斯塔普(Henry P. Stapp，1993)指出的："人类理解力的进步更多地包括了人类对整体自然界的方方面面不断形成了一个错综复杂、相互交织的认识网络。"斯塔普继续说道：

> (这个观点)虽然不认为世界的终极本质可以被一劳永逸地揭示出来，但这的确带来了新的期望，即人类的研究可以永续地发现更新的、更重要的真理。人类希望通过运用其不断增多的互补性观点更清楚地观察一种普遍存在的总体形式，这一愿望会长久存在。但是不能要求或期待这种普遍存在会成为先验直觉的三维空间内在的一部分，也不能完全根据与四维的时空连续统中的点有关的数量来描述这种普遍存在。
>
> 斯塔普(1993，p. 70)

我本人也不完全赞成有关量子力学的哥本哈根解释，最不赞成的就是其极端实用主义。但是就人类知识而言，本文中表达的观点连同上面的论断比那种认为所有的解释最终都将变成一个单一而全面的科学理论的观点更能引起大家的共鸣。

两重性

量子力学的两重性与机械论得以兴盛的二分法有着天壤之别。"新物理学"对当今正在出现的思维模式的最大贡献就在于它反对机械论的二分法。在《量子自我：一个植根于新物理学的关于人类本性和意识的革命性观点》(*The Quantum Self: A Revolutionary View of Human Nature and Consciousness Rooted in the New Physics*)一书中，丹娜·左哈尔(Danah Zohar，1991)深入分析了对宇宙的机械解释所引起的分裂：

> 三种“有害的二分法”使我们不禁要问，有意识的人类与自身(即自己的身体、自己的过去和未来以及自己的潜在自我)、人类相互之间或者人类与自然界及事实之间有什么联系？在尝试解决这些问题的过程中，我们的心理学、哲学和宗教分裂为相互对立的极端。正如叶芝(Yeats)评价这个时代时所言：“一切分崩离析，中心难以为继。”
>
> 精神与肉体的分离，或者内心与外界的分离导致了极端主观主义(没有物质的世界)和极端客观主义(没有主观意识的世界)间的二元对立。于是，唯心论否认物质世界或物质的重要性，并将一切都归到意识名下，而唯物主义否认精神世界或精神的重要性，并将一切都归到物质名下。弗洛伊德认为内心世界是现实存在且可以理解的，而外部世界都是一种投射。许多神秘主义思想都反映了这种观点——例如，印度教认为，现实世界是虚幻世界的面纱。另一个极端是，行为主义认为外部世界是真实的，但否认它与内心世界的联系——它变成了没有心智的心理学。
>
> 个体与同他有联系的事实间的分裂一方面导致了过分的个人主义、过于自私的权力欲和占有欲；另一方面又会导致强制的公有主义(如马克思主义)，它抹杀个体的重要性而强调绝对的关系至上。
>
> 文化与自然的分裂既导致了形形色色的相对主义——事实的、道德的、审美的和精神的(价值判断)——又导致了教条主义和极端原教旨主义。这两个极端间没有中间地带，一个声称看待事物的既定方式只是许多可能性中的一种或是相对方式中的一种，另一个声称只有一种正确的、绝对的看待事物的方式。我们还无法说我们完全不是的文化产物，因而与任何既成的事实无关；或者说是完全的自然(既存的)产物，毫无创造性发展可言。
>
> 在西方，这些二分法使我们的个性脱离了其情景，并将我们置于极度的孤立中，这导致了我们的自恋；我们的内在生活无法从外部加以证实，这导致了虚无主义；我们否认自己观念的真实性，这又导致了相对主义和主观主义。每种观念都助长了某种形式的孤立，而一切形式的孤立聚合起来就将酿成现代主义之祸。
>
> 左哈尔(1991，pp. 217-218)

当我们努力推动对科学、宗教与发展的讨论时，面临的最大的挑战是克服左哈尔在上文中所说的心性：令人沮丧的是，我们的讨论必须集中于发展，而正是发展本身在向全世界传播这些心性。

精神原则与知识的作用

当发展项目在新兴的世界文明的情景中得以表述和执行时，只有在这个意义上，发展项目才能继续与社会生活相关。这并不是说发展领域必须拓宽其范围以触及人类生活的所有方面。相反，作为一项全球性事业，它的价值在于为促进地球上不同民族的繁荣富强作出贡献。但是，为了获得必要的活力，致力于国家社会经济发展的有计划的行动必须建基于将人性纳入下一进化阶段这一伟大的进程之上。

概览一下那些形塑社会结构的历史力量——连同它们造成的动乱以及巨大的变迁——应该能够使那些坚定支持今天的全球政策的人明白,不加抑制的物质进步不是我们真正需要的。在全球各地,从最广大的民众心底发出了两声呐喊:一方面,他们要求物质进步的成果能惠及所有的人;另一方面,他们呼唤精神文明的价值。因为物质文明"就像是玻璃灯罩,而圣灵的文明就像一盏明灯,如果灯罩缺少了灯就只能陷入黑暗之中。物质文明好比是躯体,无论它有多么优雅、多么漂亮,但注定要死去。神圣的文明好比是精神,躯体因精神而生"(BPT 1997,227:22)。真正的繁荣包括了物质的繁荣和精神的繁荣两个方面。

人类正不可抗拒地被推向某种全球一致的生存形式,这是无可争议的。人类面临的抉择是:什么将被全球化,是低俗的欲望还是高尚的理想?这里提出的观点基于这样的信念,即前者目前占据的优势只是一个幻景;只有后者对人类的命运才有最终发言权。因此,这里预测的未来景象是乐观的,它不是指最近的将来,而是指可以预见的稍远一点的将来。

众多的生存形式有一个共同的特征,即它们在达到预定的成熟阶段前都要经历连续的变化。甚至人在开始显示其全部的精神力量之前,他也必须经过婴儿期、儿童期和青春期。成人的属性不是用儿童期的不成熟来界定的,青春期的变化过程也只发生在过渡年龄。历史不是指明了人类集体生活的一个相似模式吗?

如果人类真的在走向成熟,那么其集体生活的每一部门正在发生的令人迷惑的快速变化将两个相互平行的过程——一个是整合,另一个就是带有破坏性的分裂——的特点表现出来。在这样一个混乱无序的时代,摈除人类儿童期的思想、态度及习惯制造的障碍,建构能够反映人类成熟期的力量的新文明,这两个过程都是必不可少的。如果这个关于当代文明危机的看法是正确的,那么,那些我们正称之为发展——它是为了促进人类成年期的制度和实践的出现——的全球性事业而努力的同仁们就应该了解这两个足以影响我们行动的过程。因为,分裂的过程可能会被那些拒绝对新时期的种种紧急情况作出反应的全球各地的领导者们拖延下去,这个痛苦的过程像它的结果一样不可避免。

对我们的时代特征作出这样的解释有助于使我们从过分地依恋旧标准的误区中解脱出来,进而寻求新的、可行的发展道路。如果允许旧例继续存在,那么,人类的命运就将是一个由少数人支配的、受政治经济力量控制的全球社会。这样一个社会对已经成功摆脱掉青春期不良习惯的人类来说是不能接受的。在这种情况下,类似于由"发达国家"向"不发达国家"输出的发展观或每个国家都在竞相模仿的、曾经导致少数国家物质繁荣的工业化模式的发展观就不能成为一个现实的选择。同样地,那种将发展看作是一个偶然的过程,它的目标来自其自身动力的发展观也是不足取的。这里所说的向成熟期的过渡预示着人类将通过形成更高层次的集体意识,并结成一个整体来创造新的成就。当这一切越来越频繁地发生时,唯一能被接受的发展策略就是那种以人及其制度为中心的、将人和制度当作变迁的主角的策略,这包含了人性的各个方面和所有为人类利益服务的制度。如果实在要界定发展,那么就可以说发展就是培养个人、社会和机构的能力,以使他们能有力地参与到建设繁荣的世界物质文明和精神文明的事业中来。

精神原则

显然,上面提到的精神文明和物质文明的关系非同一般。物质与精神以复杂的模式在各个层面展开互动。在发展领域，物质与精神的一种必要的互动应该发生在原则层面。考虑到这个说法今后还需要改进，我更愿意说物质文明的动力从根本上讲来自科学的推动。它来源于人类的理性和智慧的广泛应用。例如，它们被用于理解自然和社会的规律，促进工农业发展，汲取历史经验和教训，研究社会组织，以及创造合理的统治方式。但是，这些应用必须符合精神文明的原则并且受其支配，否则，物质进步的后果将是祸福各半。

在当今世界，我们很难让人信服发展实践应受到精神原则的指导。“目的决定手段”的陈规长久以来一直受到追捧，以至于现在成为了一种文化特征，与之相伴的“成功是真理的最终裁决者”的观念使问题变得更为复杂。如果公平是发展实践应遵循的原则，那么，那种把有意制造不公平作为谋求未来繁荣手段的权宜之举是不能令人容忍的。然而，发展思想不仅在早期支持这样的政策，而且三十年后，即使有了痛苦的经历，同样的政策——虽然在遣词用句上它们显得更加迷人——又冒了出来并且一直延续至今。

将精神原则讨论与对社会经济发展思考融合在一起的努力又引致了其他的困难，其中有许多困难根源于宗教运动史上的不当行为，甚至一提这种融合就能使人联想到那自以为是的傲慢作风，自然遭到抵触。但是，正如在本文其他地方所指出的，觉悟者对陈腐的宗教信仰形式作出的激进反应已经让人类付出了沉重的代价，现在已经到了制定这方面的规则的时候了。信奉并坚持这些原则丝毫没有精神至上的意味。信奉崇高的理想与宣称是它们的化身不是一回事。要将信念转化为行动，一个人就必须投身于学习中，还要有科学的方法作指导。而且，学习的效果取决于谦虚的态度，尽管谦虚过度就会变成虚伪，但这不应妨碍我们赋予谦虚应有的价值。下面关于原则的探讨并不是对宗教虔诚的高谈阔论，而是围绕学习这种发展领域的联想操作模式开展的。

人类的统一性

人类成熟期的特点表现为人类的统一。人类统一性原则并不仅仅是指那种相互亲如兄妹的浪漫情怀，也不是那种彼此包容、相互尊重的虚幻的理想。统一性不等于千篇一律。它与浅表文化的肆意扩张也毫无共通之处；后者醉心于一味地满足欲望，并且还借普遍性之名肆意破坏它所遇到的每一种文化。

这里所提倡的信奉人类的统一性，意味着要拒绝那些单纯用生存需要来解释人类在家庭、群体、部族、城市和国家的集体生活的理论，而要看到集体生活及其制度的进展逐步展现了人类精神的潜力。这个发展过程最终会达到一个完满的阶段，到那时，人类能够承担起为统一的、先进的文明奠定基础的重任。要达到这一目标，社会结构就必须发生迅速的、有机的变化，同时还伴随着人类意识的深刻变化。

在努力认识、遵循统一性原则的过程中，应该牢记统一性必须见之于无穷的多样性这一原则。多样性和统一性相互补充、密不可分。差异并非总会引起敌视和对立。当今的种族差异和民族差异可以被置于历史进程的背景下来加以审视，即这个进程是统一必须经历的发展阶段。与其把差异视作分裂和冲突的原因，不如把它当作稳定的原因。当统一发生时，多样性为整体的各个部分带来了巨大的力量。

宗教、哲学和科学逐渐认识到，在宇宙运行中万物都有内在联系。过去几十年在某些方面所取得的一些进步——例如，在认识生物体系和知识体系的演变方面，在生态方面，在认识宇宙及其最小的微粒方面——使过去建立在钟表机制和撞球互动原理基础上的世界观变得过时。发展思想同样面临着挑战，它必须抛弃源于片面思维的社会观，并在新的科学范式中发现置于实现自身目标的观念和工具。

人类社会统一性原则的施行可以与人体的运行作一类比。在人体内，数以百万计形式多样、功能各异的细胞相互合作，从而使人的生存成为可能。它们相互之间各取所需满足各自的功能，但同时又保证了整体的生长和健康。没有人会用社会理论中某些常用的原理，比如各部分为争夺稀缺资源而竞争，来解释一个健康躯体中的生命现象。维持人体机能的主导原则就是合作。但这不是毫无目的的合作，仅为存在而存在。这种复杂互动的结果就是形成了一个精神殿堂。理性能力出现了，智力——一种似乎是存在于宇宙深层结构中的特性——也自然而然地出现了。难道人类社会就不能成为人类良性互动的舞台？这种互动的目的不在于仅仅享受世间片刻的欢愉，而在于一种更高级形式的事物——人类文明——的诞生。

由此观之，人类统一性原则将在三个层面介入发展话语。首先是在政策和方向层面。不能认为发展加剧了分裂、增加了隔膜以及强化了某个群体相对于其他群体的优势。其次是在道路与方法层面。发展被认为是造福全人类的事业，因此不能通过提倡阶级斗争或意识形态斗争的方式来加以推动。也不能将追求自私的目的及竞争视为社会的组织原则或实现超越的唯一道路，尽管人们可能认为不同的思想观念和产品间应该允许有竞争。如果人类精神中的高贵品质能在合作带来的自由的环境中遍地开花，超越一样可以实现。第三个能让人感受到统一性原则的层面是行动规划层面。人心的逐渐凝聚以及人类在目的、思想和行动上逐步取得的一致必须融入发展项目的目标和方法中；它们还必须成为促进世界各地人民整合的手段，从而形成不断扩大的全球关系网。我相信只有在这个意义上，“思维全球化，行动本土化”(Think globally，act locally)这句名言才能变成现实。

公　正

公正应该成为发展策略的基本立足点，此言不假，但是，如何在实际规划中体现公正以及如何在行动中促进公正，目前仍是众说纷纭。公正主要是一个精神原则，是人类精神的迫切需要，当大家讨论的对象还局限在收入分配和民主原则方面时，公正意识有助于克服困难，并且创造出宝贵的机会。公正概念对明确界定动物王国的关系网络并不适用，毋庸置疑，它是人类生命超越动物性存在的要求。公正原则不仅仅关注社会问题，作为一种精神原则，它还触及个人的深层意识。它的影响推动了参与、提升了意识，并赋予个人、社会和机构以权力。

公正原则的精神根基在于人类的心智能力，它可以使我们能够用自己的而不是他人的双眼去观察和发现。这种能力的发掘使人们产生了摆脱通过模仿延续下来的传统的束缚来考察现实的责任感。一旦心智能力得到了充分的发展，它就能使个人避免成为不断被诱向某种商品、服务或意识形态的市场宣传的受害者。发展过程无疑要求人们探寻一条适合于自己的共同进步之路的同时，不能轻信宣传。

作为一种精神原则，公正原则有助于决策者既能避免平均主义的缺陷又能顾及公正需要。置于公正原则下来审视，人体与统一性思想之间的类比就多了一层新意。人们不是根据与世界的结构无关的同一性去界定社会成员的关系，而是把个人和集体的幸福看作是一个复杂体系的运行结果；该体系能度量人的需要、愿望、才能、动机和表现，并能公正地酬劳所有的人。面对社会问题，如果使用得当，公正原则将是建立团结和统一唯一重要的手段。

离开了公正原则，发展目标就会遭到扭曲。它们要么受制于主流意识形态和强势群体的利益，要么仅仅代表了那些献身于发展领域的人的信仰，当然，他们的信仰通常植根于利他主义。大家可以考虑一下有缺陷的全球化道路所受到的高声赞美，以及种种为掩盖全球化造成的民众的边缘化而做的努力；还可以回顾一下成千上万的发展项目——其初衷是为了减少贫困，但仅仅只能给小部分受益人带去很少的利益，而且，项目实施地的贫富差距仍在扩大。毫无疑问，在行动的每一阶段——从政策的出台到计划的制定再到具体项目的实施——公正原则理应拥有最终的发言权。

男女平等

毫无疑问，男女平等将是现阶段甚至整个转型期注定要出现的一个显著的文明特征。挑战在于：一要保证此原则获准用于指导发展策略；二要保证把它转换成合适的结构和态度被看作专项计划固有的目标。

承认男女平等是一个基本的精神原则就可以终结那些明里暗里支持男性至上观念的观点。作为信仰的一个基本元素，宗教提出的人类精神无性别之分的观念——种族和肤色也是如此——动摇了人类社会对女性的古老偏见。当然，为了铲除错误的信仰，科学也付出了巨大的努力。但是，总有一些民族欣然将谬误当作科学真理，因为他们与生俱来的偏好使他们产生这样的倾向，诸如此类的例子在历史上俯拾皆是。

不幸的是，就女性所受到的待遇而言，大多数主要宗教的记录里并没有留下什么让人印象深刻的东西。但是，将宗教斥为男女不平等的罪魁祸首也有失公允。宗教教义正在不断取得进步，其中有些部分只是专注于宗教宣传所及的人们在历史上的真实状况。这一切都应该被理解为一个前进中的过程，在此过程中，宗教真理被不断地用来应对文明的挑战。

现代社会充斥着这样一种倾向，即尽管某些原则的价值已在很大程度上在理论界和学术讨论中得到承认，但它们还是被束之高阁。男女平等原则若想避免此种命运，它就必须被始终贯彻到一个目标中，即确保男性和女性在所有领域，比如在科学、政治、经济、社会和文化领域，都能并肩作战并且能够同工同酬。对世界上绝大部分的女性来说，这个目标最直接的含义就是她们能够享有受教育权，她们所受的教育与男性所受的教育一样具有科学性，其意义在于，如此一来，女童的教育问题就会成为世界各国的政策中必不可少的议题。人们要小心翼翼地采取一些措施来改变男性的立场以不断强化妇女教育问题，这个问题的严重性由此可见一斑。

尽管这是一件可喜的事情，但是，在一个在成见中组织起来的社会中，改变态度只是问题答案的一部分。男女平等原则意味着社会结构的变化，这将是人类成年期的一大特征。毫不夸张地说，严格执行这个原则将给所有的社会制度带来一场革命，从家庭到政府，从最小的生产单位到庞大的金融组织，从鼓励个体创造性的结构到最复杂的文化集体表述，等等。由于变革的目标不仅仅是给妇女带来与男性同等的机会，即妇女可以做男性今天所做的任何事情，因此如果让妇女过多地承担男性胜任的工作将会是可耻的、残忍的。男女平等原则揭示了人类精神的本质属性将怎样支配社会生活。它是一份关于人类现实的声明，它的实行要求我们实现和平、远离暴力以及建设期待已久的精神文明。离开了男女的平等，发展就不会真正实现。

服务于自然

现代科学时代见证了人们对那种提倡放弃现世以换取来世幸福的宗教观念合理排斥。对世界各地的人们而言，将精神和物质强行对立起来会造成被动，而这种被动本身是因压迫造成的贫困的主要结果。与反对传统相伴随的物质主义信仰并不能修补人类与其生活的物质世界的关系。当上帝遭受冷遇时，所有问题的答案就将在自然的运行方式中探寻，人们隐约感到人类的知觉可以触及自然运行的各个方面。然而，伴随着这种转变，社会发展早期那种人类对自然的敬畏感消失了。地球俨然成了一个物质资源库，被人类用一种敌对的和不负责任的方式开发着。由此造成的生态灾难迫使世界各国的领导人重新审视进步的内涵以及人与自然的恰当关系。

许多批评认为，现代文明中的人类中心主义是造成生态圈失衡的祸首。但是，作为替代物被提出来的生物中心主义似乎也站不住脚。在其极端的表述中，这个思想只不过是唯物主义的变种罢了，它一味地崇拜自然而忽视了人类独有的、独立于物质世界之外的意识的迫切需要。焦点又一次特别对准了人类的生存。人们现在还能相信他们生活在这个星球上的唯一目的就是为了度过几十年的光阴，并且就像鸟儿和鱼儿般地与自然和谐相处吗?

本文提倡的服务原则以人类有超越物质世界限制的愿望为前提，这种愿望在人们尊重自然并与之合作，符合万物统一性的时候产生。它支持整体观和联系观——世间万物包括自然和人类意识都有内在联系。自然体现了上帝在不确定的世界中的意志，人类意识体现了人类对更高级的生存秩序的要求。服务原则要求身为万物之灵的人类必须担当起这样的角色，即做一个地球生命发展演化过程中的一个有意识的、有同情心的和有创造力的参与者。发展思想家不应将当前的生态危机看成是绝望的理由，相反，他们应该将其视为人类意识发展进程中的一个及时的转折点，此时此刻，分割式思维正在让位于整体观。

工作与财富

正如自然一样，在社会发展的每一阶段，财富也受到了人们充满矛盾的对待。钟摆一再地从一个极端摆向另一个极端，一端是对财富的蔑视，认为它腐蚀了人的灵魂；另一端是对财富的崇拜，认为它是幸福的最终恩赐者。显然，财富概念应该在发展过程中得以重新检视，而发展过程应该有利于人类的精神进步和物质进步。

一个有助于确定对待财富的正确态度的精神原则必须与工作的真正性质和目的相一致。工作既是生活的迫切需要也是人类本性中与生俱来的欲望。通过工作，人类精神的基本要求得到了满足，他的许多潜能也得到了实现。但是，不能为了达到目的，就把工作简化为一场生存斗争。也不能把仅仅满足需求看成目的。为人类服务是工作的最高境界，一旦体现了这种精神，工作就演变成了一种崇拜行为。

工作最珍贵的成果表现为精神上和知识上的成就。但是工作也必须创造物质财富以维持个人的生存和社会的稳定，并且为其发展创造机会。处于人类掌控下的、繁荣的世界文明要求创造出令人难以想象的、大量的物质财富。而此举成功的关键在于严格明确了财产所有权，这样就能避免过度的国家控制及财富被无限制地积聚在极少数人手中。极度富有和极度贫困密不可分；只要前者继续存在，后者就不可能被根除。

从这个角度看，只要符合一定的条件，个人财富是可以接受的。它必须通过体力或智力的诚实劳动来获得；个人获取财富不应导致他人的贫困，无论两者间的因果联系有多么间接。此外，物质财富占有的合法性同样取决于它们如何获得以及如何使用。一个人在享受自己的劳动成果、消耗自己的财富的时候，不应只顾自家的利益，而且也应该顾及社会的安宁。

自由与权赋

人类在心灵深处始终向往着摆脱物质生活的桎梏。事物总是辩证的，有动力就有阻力，这种阻力主要来自人类对欲望的屈服。纵观历史，这两个愿望总是形影不离、相互缠绕，制造出了许多的意识形态，每种意识形态在诉诸崇高理想的同时也为自己埋下了毁灭的种子。革命此起彼伏——其最初动机是为了追求自由，但到头来革命者却发现自己又被更卑劣的力量所控制。当今社会中弥漫的绝望情绪主要源于人们不能将真正的自由与对本能的屈服区分开来。

科学为人类获得自由提供了工具和手段。但是，只有宗教之光才能将高贵与卑贱区别开来。在宗教看来，真正的自由就是遵从宗教教义。因为，只有当人类认识到慈爱、慷慨、正义、怜悯、信任和谦让的力量时，他们才能显示出上帝赋予的非凡力量。

诚然，在人类从儿童期到成年期的转折时代，消除压迫就是一项值得拥护的事业。那些正在为此目标奋斗的人很容易发现专制政权的压迫行为，以及由一个集团制定的用来压迫另一个集团的政治经济措施。而更加难以发现的是，目前占统治地位的、与市场活动关系密切的民主形式，却催生了其他形式的压迫，这些压迫尽管不甚明显但同样具有破坏性，因为真正的压迫就是剥夺人民的真实身份。它的武器就是通过控制信息资源，并阻止人民接触知识延续他们的无知。具有讽刺意味的是，作恶者和受害者都发现他们发挥潜能的机会被剥夺了。因此，发展的中心任务就是通过系统地传播精神方面和物质方面的知识来赋权于人民。

知识的作用

如果发展实践受精神原则的支配，那么，就应该重新评价知识的作用了。物质主义无论是被中肯地界定还是隐藏于内在假设，除了将经济活动置于人类生存的中心位置之外别无选择。社会生活的其他过程最终都以这样或那样的方式从属于经济活动，其主要意义来自于其对产生物质满足和物质财富作出的贡献。特别是，知识的价值主要来源于它推动经济发展的巨大潜力，在这方面它常常被人与信息混为一谈。

还有一种进一步的说法认为，一个认识到意识的精神因素的世界观会将知识的产生和运用视为社会生活的主要过程。显然，财富的创造及其被公正分配仍将是必不可少的。但是，经济活动将不会被看作是生活的目标了。除了注意生存需要，人类追求更高目标的手段也应该受到关注。

最后，我们看待社会生活的态度是否需要一个根本的转变取决于我们对生活的意义和目的的看法。无论这些观念是什么，我们越来越难以忽视这样的事实，即植根于教条式唯物主义的发展实践不能确保绝大多数人物质上的富裕。经济压迫和政治压迫是人类现实中的唯物主义观念所固有的，人们又怎能逃避这一现实呢？无论人类与贫困作了多么英勇的斗争，压迫，这一贫困的根源都会以各种各样的方式盛行，除非社会能抒发人性中的更高级需求。

建设一种世界文明——发展领域应当在其范围内组织自身的行动——需要一种远远超出人类

在其漫长的儿童期所能想象的能力。达到这一水平就要求极大地拓宽知识领域。然而，如果只是实现了量的增长，那么，实际的结果将会令人沮丧。如果目前继续将现代科学的所有权划分给各个细小的社会部门，那么，最终的结果只能是贫富差距越来越大。这样的发展不能被看作是为大部分人能够有效使用科技产品做准备。任何社会经济发展计划的焦点应该是，人类不仅有接触信息的权力，而且还有充分参与知识的生产和运用的权力，每个人的参与程度只能由其能力来决定。

就个人的参与水平而言，人类的每一成员能否获得高质量的教育显然起着重要作用，而高级研究中心的成果能否被推广到每个地区一样很重要。除此之外，还应重新调整知识在世界范围内的流动模式。

在很大程度上，我们所说的现代科学知识通常是由工业化国家的大学和专业研究中心创造出来的。而发展中国家仿建的类似机构对此的参与程度则非常之低。从这个复杂的研究和发展体系中，世界上的大部分人都不能受到充分的正规教育以及政府和非官方组织的顾问的技术应用指导，也不能通过一些短期课程学习到他们即将融入的现代社会所需的各种知识。与此同时，他们还得遭受商业宣传、政治宣传和文化宣传的侵扰，这些宣传来自于多如牛毛的团体和组织，它们为引起大众的关注而争斗不休。

不可否认，世界上那些致力于现代前沿科学研究和开发的先进的中心举足轻重。个人和社会需要通过有效的渠道在健康、教育和生产领域获取有益的服务，这也是不言而喻的。但被普遍忽视的事实是，为了应用知识来改造复杂的社会现实，除了提供培训和服务之外，还要求通过灵活高效的研究和各种思想的参与来创造新的知识。

此外，发展研究不能将学术圈的觉醒当作唯一目的，或者由游离于大众之外的科学家来完成，以此去推动大众的发展。即使此种研究的成果非常宝贵，但它不能促进人们知识的创造和应用能力的发展，人们需要的知识不一定处于现代科技的前沿，而是自然科学和社会科学协作解决特定人群的特殊问题领域的知识。这后一种需要是发展领域面临的主要挑战之一。如果能够成功满足这种需要，那么，就有可能打破现行的知识流动模式，将发展与不周全的、破坏性的现代化过程分离开来，并且重视真正的文化进步。

进一步的评述

下面两段评论对清晰展现我所描述的原则的性质是必要的。

关于巴哈伊教的引文

如前所述，这个研究项目所采用的方法鼓励每个参与者都能够弄清楚隐含于他提出的观点背后的宗教信仰。这一小部分主要揭示了与能力培养有关的巴哈伊教教义。尽管其中所表达的观点代表了我本人对这些教义的理解，但我还是想尽量准确地理解巴哈伊教教义中的原文。下面就举例对此加以说明。我对人类成年期这一概念作的简单描述主要是根据巴哈伊教文献中的许多段落。巴哈安拉反复提到了开启人类生活的崭新阶段：

> 这是上帝向人类倾注极大关爱的日子。这是上帝施予所有生命极大恩赐的日子。世界上所有的人都有义务调和彼此的差异，维护美妙的团结与安宁，并生活在满怀关爱与仁慈的上帝的庇佑之下。在这个日子里，无论是什么，只要能提高他们的地位，只要能增加他们的利益，他

们就应该牢牢把握。

BPT(1983a,IV)

阿卜杜拉—巴哈在解释其父的教导时,进一步阐述了这个观点:

一个人从出生到死亡经历了几个阶段,每一阶段都不尽相同。例如,在儿童期,他的条件和要求就体现了这个阶段的智力和能力方面的特征。随后他进入青年期,此时,他过去的条件和需要被适合于新阶段的要求代替。他的观察能力向深广发展;他的智力得到训练和开发;儿童时期的局限和环境再也不能限制他的活力和才能了。最后,他度过了青年期而进入成年期,这就要求他的生活领域必须再一次转型并进一步深化。他拥有了新的力量和洞察力,与其进步相适应的教育和培训占据了其大脑,其不断增强的能力也得到了相应的回报,其青年时期的状况再也不能适应成熟期的思想。同样地,作为一个整体,人类世界也会经历这样的生命阶段……

从各个方面看,人类社会正在经历着变革。先前政府和此前文明的法则正在被修改;科学观念和理论正在发展以适应新的现象;发明和发现正在深入到迄今未知的领域,它揭开了物质世界里新的奇观和隐藏的秘密;工业拥有宽广的领域和巨大的产出;旧的环境逐渐退去,新的变革时代正在到来。整个人类社会都因此经受着阵痛。

这就是人类成熟的周期,宗教改革也与此类似。对祖先信仰的教条般的模仿正成为过去……冥顽不化和教条般地坚持旧的信仰已成为人类相互仇恨的根源,它阻碍了人类的进步,导致了冲突和战争,破坏了人类的和平、安宁和幸福……

对宗教的基本存在所做的改革带来了真正的现代主义精神,为世界的发展指明了道路,显示出了圣书的光辉,为人类解除病患带来了秘方,并为人类的永存打下了基础。

整合与分裂两个相反过程共同作用,世人因此凝聚起来,巴哈伊教文献对此也作了详细的阐述。巴哈伊教号召教徒竭尽全力推动社会整合,同时认识到自己及他人的生活中的破坏性力量所带来的无法避免的后果。他们这样做时,眼前浮现出了对未来的美好憧憬:

国与国之间的争斗、仇恨及阴谋通通作古,种族间的仇恨和偏见将被和睦、理解与合作取代。宗教冲突将永远不复存在,经济障碍和限制完全被废除,杂乱的阶级差别被抹去。贫者愈贫、富者愈富的局面彻底消失。在战争中浪费的巨大能量将转而用于拓宽人类的发明和技术进步、提高生产力、消灭各种疾病、深化科学研究、改善健康水平、促进智力发展、开发新的资源、延长人的寿命以及推动其他能够促进全人类的智力、道德和精神生活的机构的发展。

BPT(1991, p.204)

对于不熟悉巴哈伊教的人来说,这些观点可能有乌托邦和宿命论的色彩,但巴哈伊教教徒并不这样看。考虑到强调个人选择和集体选择的信仰体系的完整性,可以将这些说法理解为一个有机发展的过程,它们阐明了人类生活的可能性。

知识、爱与信仰

这一部分所分析的原则代表了当今越来越多的信教及不信教的人的信念。对巴哈伊教教徒而言,这些原则被当作其信仰体系的基本要素并在经文中被广泛涉及。着眼于本项研究的主题,我力图清楚解析这一信仰总体上与社会转型相关。我担心这样一来会导致对巴哈伊教的狭隘理解。事实上,大部分的巴哈伊教文献都涉及了人类生活的某些神秘方面、崇拜和宗教习惯以及神学观念。

尽管这些并不直接涉及所讨论的问题，但我深信，离开了它们，我讨论的原则就会缺乏带来转型所必需的力量。如果理想要想成为现实，知识就不能离开行动意愿。对一个宗教徒来说，行动意愿的动力来自两个方面，即爱和信仰。阿卜杜拉—巴哈认为："爱是上苍仁慈的光辉，是使人类灵魂生机勃勃的圣灵永恒的气息。……（它）用无穷的力量揭开世界隐藏的秘密。"（BPT，1997，12：1）他还认为，信仰像"磁铁一样使人们坚信上帝"，而仪式像"磁铁一样吸附着上天的力量"（BPT，1997，1：62）。"信仰首先是指慧觉，其次是指善行。"（BPT，1997，3：549）

巴哈安拉告诫道："只能在心田里种下爱的玫瑰。"《博伽梵歌》中有这样一段话："只有通过爱，人们才能看到我、认识我、接近我。"（II：54）《所罗门之歌》明确地告诉我们："再多的水也不能浇灭爱，再大的洪水也不能吞没爱。如果有人倾其财产来换取爱。那只能为人耻笑。"（8：7）从佛教教义中我们得知："有信仰的人无论身处何处都将受到尊敬，因为他德高望重，功成名就。"（《法加经》，21：303）"如果你把信仰当成一粒芥菜籽[①]，"耶稣允诺道，"你就对大山说，从这里移到更远的地方去吧；那么它就会移走；你将无所不能。"（Mt，17：20）《古兰经》的箴言同样强调："真主是信仰者的保护神：他将带领他们走出黑暗，步入光明。"（《古兰经》2：257）

能力的培养

发展理论重视人类生活的精神领域，在探讨其特征时我曾经概括了一些原则，这些原则应该指导发展策略和项目实施。发展是一项全球性的事业，其目的是给全人类带来繁荣；我曾指出，作为全球事业的发展应该在世界文明的兴起中追求其目标。我曾经指出，人类正在经历一个转折时期，最好将这个时期理解为一个从集体儿童期到集体成年期的转变过程，还有，发展努力必须超越青春期的行为模式才能取得好的效果。我把知识的力量当作文明的助推器，并且断言，参与知识的生产和运用是每个地球公民不可剥夺的权利。在此情景下，我主张发展应重点培养个人、社会和机构的能力，三者都应该参与物质文明和精神文明建设。

如果我们承认发展应适应人类从集体儿童期向集体成年期转变的迫切需要，那么，我们也应该承认，在此过程中，文化的和意识形态的概念构件的意义需要深刻的变化。需要改进的词语有一大串——男人、女人、青年、工作、休闲、财富、荣誉、忠诚、自由、民族、国家、统治，等等。尤为紧迫的任务是，我们需要重新思考个人和社会的概念以及它们各自与为人们提供组织生活的机构间的关系。

那些在20世纪中叶将发展专门确立为一个奋斗领域的人相信，这个世界本来就生活着两类人：一类属于绝大多数，根据其行为，他们被描绘为落后、无精打采、固守传统、受制于家族和社会的要求、听命于清规戒律、容易满足以及缺乏进取心。另一类属于"现代人"——他们精力充沛、工作勤奋、遵守纪律、积极进取，并且充满理性。发展的目的就在于渐渐地变前者为后者。半个世纪过去了，关于我们这个星球的居民的想法变得复杂得多，越来越多的现代人行为遭到了严重质疑。恣意放任的个人主义使人类和自然付出了惨重的代价，自高自大的自由主义原来是绝望和混乱的温床。认清个人的权利和义务已成为当务之急。

① 比喻那些大有发展前途的东西。——译者注

早期的发展思想家们在坚持这种明确的个人观的同时，也表现出了矛盾的社区观（the notion of community）——这个概念在当时的西方已经历了几十年的危机，对它的本质及其在现代社会中应担当的角色都缺乏明确的界定。因此，尽管许多发展项目做出了巨大努力，但是社区生活以及传统的社会结构还是瓦解了。与此同时，又未有能够凝聚社区的制度去取而代之。小的社区，特别是乡村地区，一度看起来注定要消亡，而人类唯一的选择就是生活在拥挤、冰冷的城市里。可是，突然间，近年来突飞猛进的通信技术带来了出人意料的后果。过去曾是工业化特征的中心化要求迅速降温，而相对较小的社区有可能成为一个迷人的、可行的选择，它避免了人口的激增，便于人们参与集体行动，并且它还与全球的信息资源相连。显然，社区这一概念也需要加以重新界定。

我认为，只有对权威和权力进行深入的再审视，我们才能对个人和社会（社区）作出新的界定。此外，由于发展与知识密切相关。因此，科学和宗教之间的对话将对权威和权力的本质产生新的认识。

权力与权威

在本文开头，我表达了对贯穿人类的儿童期和青春期的认识和使用权力的方式的担忧。在这里，我坚持认为，当人类渐渐接近成熟时，权力应该被看成个人和社区的属性——在人类精神的推动下，权力是创造文明这一共同目标的必然要求。

为了使这一权力概念能得到广泛认可，我们需要重新认识它对于发挥个人积极性和参与集体事业的意义。个人积极性不同于随心所欲或根据对创造性所作的空洞界定采取的随意行动。为了富有成效，为了避免不受限制的个人主义造成的孤立，创造性必须容纳纪律，积极性必须向一致的方向发展。

纪律需要内在信仰的力量来维系。纪律一旦被强制实施，它只能浇灭创造的火焰。可是，将纪律仅仅看成是个人意志的产物也会产生误导。当人类精神学会向支配人类生活的物质的和精神的主要法则的高级权威屈服时，它显示出了潜在力量。这些法则在科学文献及宗教文献中都有一定的研究。认识这些法则不仅会影响个人的意识，而且也为社会赋予公共机构的权威提供了意义。后者将个人和群体的权力导向共同利益的获得，但这种权威往往被滥用，甚至会蜕变为控制和操纵的权力。

个人与社会公共机构的冲突——一方闹着要获得最大的自由而另一方则要求绝对的服从——长久以来已经成为政治生活的一大特点。今天被极力鼓吹的民主模式把这种冲突视为必然，但又通过调整某些因素以便保证个人权利不被侵犯。无可争辩的是，今天的民主模式比不断侵犯人权的专制政体更为可取。但是民主化的历史进程不会就此止步于现时不成熟的阶段；公共机构的决定权与个人自我实现的权力间存在互动的可能。然而，只有当公共机构不再沦为小集团　　不管是不是通过民主选举上来的——将自己的观念强加到社会及个人头上的工具时，更佳的建制才会出现。当公共机构发展成为社会成员在服务人类的过程中展现自己的才能和活力的渠道时，社会成员就会感觉到这种互动，并且会支持公共机构。反过来，公共机构也会聆听它们为之服务的大众的声音。

当然，社会生活不能简化为个人与公共机构的互动。个人和机构只能在某种环境中存在和发展，他们既要从这种环境中获得生存的资源，又要致力于环境自身的发展。因此，重新理解权力与权威对社会生活的本质及文化都有深远的意义。社会面临的挑战就是，如何创造一种环境，以使个人意志协调起来，权力被扩大并且能在集体行动中展现出来，更高级的人类精神才能够出现。

在简要评述了发展的三个参与者的特点之后，下面就转入能力培养这一主题，我将首先对它作一个粗略的讨论，然后分析在我看来对一个民族的发展而言不可或缺的几种专项能力。

策略的制定与实施

这里所说的能力培养的含义是，它使个人能够以富于创造性的和训练有素的方式来显示先天就有的能力，使公共机构能够行使权力从而促进社会发展，使社会进步能够为文化的丰富创造适宜的环境。三方面临的共同挑战就是：为了促进文明的发展，它们既要学会运用地球上所有的物质资源，又要学会应用人类的智力和精神资源。迎接这个挑战就意味着必须根本改变个人决策和集体决策的过程。今天，无节制的竞争、对权力的迷恋以及对权力的滥用损害了决策方式。这个过程充斥着极端：冷漠或狂热，迷信方法或随意行事，追求细枝末节或倾向抽象玄奥。我们真正需要的是一种贯穿着系统学习的行动模式。

为了便于此处以及随后的讨论，我将以一个国家的某一地区为背景来阐述我的观点。这一地区拥有几个城镇、许多村庄，可能还有一个或更多的城市。这些地区在生态、文化和政治方面都有鲜明的个性，国际机构、本国政府以及民间组织通常会积极参与当地的发展计划。

毫不夸张地说，这一典型地区的大部分居民很少参与事关集体生活的重大决策——例如，那些关于基础设施、工农业生产的种类和规模、技术、教育或通信的决策。这些决策往往由外界或由本地的精英来作出。精英依靠在统一国家内获得的地方分权，在整个国家权力结构中起着重要作用。精英也分成了许多派别，不管这是不是政治安排，却是体现了民主特征。

这里所描述的地区并非立于政治进程之外。时进时退的民主化促进了触及乡村及城镇生活的公共机构的兴起。随着地方分权的价值逐渐得到认可，权力就会适度地下移到地方机构那里。但这离人们充分参与管理他们自己的事务的政治体制还有距离。实际上，即使被选举出来的最小的乡村治理机构也成为了各种政治上的后台老板手中的工具。这些人利用他们的关系为自己人谋取利益，反过来，这些人又效忠于老板，在越来越多的国家实行民主选举的情况下，这种效忠更多地表现于选举形式中。

尽管存在这些不足，但是也不能错误地认为该地区的形势毫无希望。精英不会不受变革的影响，而坚定团结在一起的民众其影响力也逐渐上升。虽然腐败普遍存在，但也存在着为大众带来繁荣的真诚愿望，利他主义与贪婪这一对矛盾体始终共存。

该地区的希望主要来自于非政府的发展组织的逐渐进入。这些组织已在世界的各个角落奋斗了几十年了。它们的工作通过基层民间组织来完成，如合作社、协会、俱乐部等等，这些组织赋予市民社会必要的社会、政治和经济结构。尽管它们的工作非常重要，然而，这些制度性安排毕竟代替不了一种合适的管理体制。由于缺少了这种体制，非政府机构往往会强化地方利益集团的权利，而不管什么样的发展计划，只要它一出台，其资源随时都有可能被利益集团吸收。

要彻底改变这种情况就必须建立和加强真正的管理结构，特别是在基层。但是，有一个问题必须在此提出来，那就是，发展思想家们从哪里获得有助于经验不足的机构参与合理的决策及实施过程的思想观念呢？寄希望于在该地实施的政治策略对此有所帮助将是不现实的。毕竟，变革的目的不是为了操纵，不是为了聚集个人财富、加强集体权利以损害他人利益，也不是为了在一场无休止的、导致多数人贫穷的游戏中成为赢利高手。

那么，发达国家的决策和实施过程具有什么特点呢？它们是否值得其他国家仿效呢？它们是否对我们这一典型地区的居民——直到现在他们仍然被排斥在涉及集体生活的决策过程之外——形成适合自身的发展道路有借鉴意义呢？政治进程在以往为一些国家的富强作出的贡献是否足以证明它们可以实现全人类物质和精神的共同繁荣呢？

如果我们要顺应时代的趋势，只要建立了防止腐败的制度，我们就会对政治进程充满热情。将当前的政治行为模式的缺陷完全归咎于腐败的做法忽视了深深植根于某些基本观念中的缺陷。例如，使用武力在历史上一直是备受权力青睐的工具，但是近来已经失去了其可信性和吸引力。但是，被定义为人们按照兴趣、才能和意识形态分属于不同的群体，然后通过协商作出决定的民主，仍在继续使用暴力。每个群体的目的都是为了获胜。实现此目的的手段就是通过运用经济优势和博取支持来压倒对手。“胜者为王”的历史定律基本决定了正义得以伸张的方式，我们是否要接受它为人类集体决策的发展史上的最大成就呢？

与把集体决策视为掌握操控政治的艺术不同，发展策略将把它看成是对现实的集体研究和对各种选择的理性分析。这一过程尽管不一定复杂，但它对科学方法是开放的。事实上，多年来，与社区行动有关的发展项目已经设计了非常富有想象力的方法，以便发现需求、分析因果链、权衡备选的行动步骤、制定计划和进行监督。诚然，有些尝试对技术的运用很草率。但是也有些计划帮助了一些群体获得集体决策的知识，并把集体决策视为对现实情况的系统研究。这些方法的具体特点不是本文的议题，而重要的是，如此宝贵的知识早就存在于社会科学之中，如果政策重视发展的这个领域，它就能融入主流行动里。

借助科学的力量为集体决策设计出有效的机制并非问题的全部。协商过程带有研究现实的特征，而且也不容易蜕变为冲突和强权行为，但是否能取得成功还有赖于参与者的精神品质。诚实、公正、宽容、忍耐和谦恭都是为人熟悉的品质。要列出所有的品质并不难，但问题在于，这些品质怎样才能培养起来？什么力量可以使人与他自己的感情抗衡，使他坚持真理而不为眼前利益所动，使他接受训练从而具备实事求是精神所需要的勇气以及积极参与所需的智慧？显而易见，这种内在力量本质上来自宗教。

坚持获得对现实进行冷静研究所必需的品质并非是要撇开私利。在协商过程中，要在涉及所有参与者利益的事务上达成一致是困难的，没有人可以否认这一点。人们利用科学和宗教资源来培养决策者的能力，这是它们实现社会功能的要求，这些能力包括：对社会现实以及影响它的力量保持清醒的认识；捕捉历史机遇；正确评估社会资源；在机构内部及与支持者进行自由的、友好的协商；认识到每一项决定都有精神和物质两个层面；作出决定；获得自信、尊重以及决策影响者的真正支持；有效利用一切可获得的人力资源的能量及丰富智慧；将个人及群体的不同的理想和行动整合为一致向前的行动；建立并保持团结；高举公正旗帜；公开灵活地实施决定，避免独断专行。

哪怕是匆匆一览这些能力也能看出，我们这一典型地区的决策机构应该被重建为一个学习型组织。当前的管理模式基础是传统的权力和权威观念，而把它转变成一个以知识为基础的管理模式已经迫在眉睫。毋庸置疑，这项任务要求信奉发展项目过去极少关注的原则。然而，从依赖武力进行统治到依靠知识进行管理难道不是人类由儿童期向成年期进化的显著特征吗？

大　学

如果发展努力完全以学习模式运作，这就不仅仅对社区和组织的经验性学习提出了要求，每个发展中地区都需要一个机构专门致力于知识的生产、应用和传播。在这里我将该专门机构称为大学。大学在多大程度上能够承担传统的任务——提供高等教育以及进行前沿科技的研究等等——取决于各地的具体情况。在将发展视为能力培养的情况下，大学的基本功能就是研究、实践及培训，这一切都涉及人们的社会、经济和文化生活的所有方面。这不仅需要学术活动，而且还需要在投身于工农业生产、市场营销、教育、社会化和文化发展事业的当地民众的参与下开展的研究活动。

就大学与地区发展的关系而言，这种机构出现在所有的社会行动中，比如，它陪伴着人们，使现有知识系统化，催生新知识，将系统知识的结果融入到正式的以及非正式的教育项目中，还为决策机构提供咨询和富有启发性的建议。在任何地区，建立这样一个机构并确定其运行模式都是能力培养的关键环节，这是对创造力和革新能力的挑战。传统的早已停滞的高等教育模式并不能带来什么东西，必须为研究和行动设定新的范围，其目标就是创造一个社会空间，使农场、工厂、学校等都能成为一个个充满活力的学习中心。

发展、转型与技术运用

我们这一典型地区的人民面临的一个高难度任务就是作出恰当的技术选择，这一任务要求他们不断地关注大学及各级决策机构。在发展话语出现之初，技术主题就已经成了其必要的组成部分；现在，技术主题被从各个角度加以审视。一系列的修饰语——大的或小的、资金密集型或劳动密集型的、现代的、先进的、中等的、本土的、效能型的、环保的——以各种各样的形式描述了技术的正当性。与之相关的众多过程，比如转型、革新、研发、调适以及传播，由于运用于人类活动的大部分领域，人们小心地予以研究，充分地论证各种发现。技术与经济、文化、政治和社会等决定性因素的相互影响也得到深入研究。令人困惑的是，有关发展领域的技术讨论还没有一个定论。制定有效的科技政策对大多数发展中国家来说仍然是一个严峻的挑战。每当技术成了关注的焦点，许多其他的因素（主要是政治经济因素）总要冒出来，焦点也因此被分散了。

除了错综复杂的各种影响因素之外，技术进步本身也是一个令人难以捉摸的问题，因为对发展而言，它既是目标又是手段。现代性的定义在很大程度上与现代技术的应用有关。这里并不见得有误解，因为物质进步本身蕴含了技术的变迁。因此，当自来水被引入到村庄，村民们就能振振有词地声称，使用这项新技术使他们的发展又前进了一步。同样地，电脑被引入社会也可以看成是对社会进步作出的一个贡献。当物质与精神的本质联系被忽视，物质文明一马当先而精神现实少人问津时，问题也会随之而来。技术作为实现高级理想的工具的角色从人们的视野中溜走了。相反，技术变成了一种可以形塑未来的神秘而独立的力量。人们又退回到幕后，他们好像除了顺应新技术带来的发明创造趋势之外别无选择。

解决这一难题显然不是去否定技术进步的固有价值，更不是去延续精神方面的以及人与自然和谐关系方面的不当观念。真正需要的是，在各个地区的居民中间培养起做出更为合理的选择的能力，包括个人选择和集体选择，这些选择与发展、转型及技术应用有关。

在一个所有人为追逐经济利益而惯于巧言令色的世界里，拥有合理选择技术的能力与一个老练的消费者掌握必备的技巧别无二致。这显然不在本文的讨论之列。这里所说的能力是指一个由态度、信念、理解、技能和习惯构成的复杂体系,所有这一切都表现了个人和组织在与技术的日常互动过程中的行为特点。

这种行为的一个主要决定性因素即所谓的民族科技文化。由于发展策略不能阐明这方面的文化,也不能通过它来实现变化——它宁愿将焦点对准现代科技的碎片,因此它应该为发展以往的失败负责。我认为,大学是这样一个机构,它通过向一个地区引入各种层次技术的学习过程来扭转上述情况。

如前所述,大学应该在广泛的社会空间里发挥作用,从最复杂的知识领域到服务于地区性的农场和工厂,不一而足。它可以利用这些学习中心来促进科技讨论。以武力捍卫传统往往使大众及掌控传统的人感到恐惧。早已存在于发展中地区人们心中的对知识体系的蔑视或忽视同样是源于不安全感,这里所说的不安全感是指他们对那些期待强制实行变革的人感到不安。这种傲慢心态的不良后果就是孤立和抵触。大学应该努力在受教育者的文化遗产和现代科学成果之间建立起一种健康的关系,从而使他们掌握二者的互动所创造的新知识。

要想使这种主权意识具有意义,就必须辅之以技术的中立并非意识。技术的好坏取决于它怎样被使用的观点有一定的道理,但只是在有限的情况下:显然,一把刀既能用来杀戮也能用来切面包。但是,从根本上看,技术带有意识形态的色彩并且表明了个人和社会生活的组织方式。技术选择与一个地区的生活质量和发展方向的选择有关系。技术本身就表达了各种价值观,如政治的、社会的、文化的、道德的和精神的价值观。大学的任务就是将这种认识注入人们的总体思想以使之成为一个无可辩驳的文化元素。

使一个地区的人们充分认识技术的本质仅仅是培养其技术选择能力的第一步;他们不是无助的市场受害者,而是掌握了自己命运的自觉实体。大学必须不断地在该地区推动关于科学和技术的热烈讨论,并认识到政治力量和商业宣传可以随时破坏业已启动的学习过程。但这并不意味着把发展计划变成哲学讨论,并使之陷入无休止的学术争论中;选择的技术必须被广泛传播并被正确用于物质进步。大学面临的挑战是如何确保技术不以一系列无关乎于社会转型的孤立事件的形式传播。

如果要技术变革成为有意识的过程,并且受到知识丰富的大众的审查,那么,一个地区至少需要开展两项工作。第一,必须采取措施将隐藏在介绍到该地区的每套相互关联的产品、手段、过程和程序背后的价值观显现出来。不幸的是,近年来,"价值观"这一词语,就像许多出现于时髦的社会讨论的其他重要语汇一样,被人随意地、翻来覆去地使用以致它几乎失去了意义。这里所说的对这一主题的研究包括了对一种侵略性文化的勇敢拒斥。这种文化不能正确对待价值观问题,并企图将它简化为个人爱好问题。价值观问题怎能被置于道德和精神的真空中呢?在这样的真空中,目的和身份仅仅只是行动的附属物。相反地,在一种以宗教为根基的文化中,价值观来自于精神教导,它揭示了个人和集体的身份并界定了建设性行动的目的。

第二,应该采取措施来开发这一地区的人们理解隐含在受到推广的技术背后的科学的能力。至少应该有一部分为技术进步作出贡献的科学文献被引入这一地区的知识系统中。这项工作的复杂性取决于技术的性质、特定科学文献的复杂性以及人们以往的成就。为了实现这一目标,大学可以采取多种手段——从推介宣传特定科学主题的出版物和影片到开设各个教育阶段的正式课程。它还有研究这一利器,它用以促使大众从技术的接受者和使用者转变为技术的主人。

除了文化上的关注外，一个地区能力培养的技术领域对负责技术发展、应用和推广的地方机构也有明显的意义。这些机构应得到强化以使之能够履行其重要职责，包括：评估发展过程的技术要求；调查地区性的自然资源和正在进行的活动的副作用以及资源的使用方式；计划和监测技术转让并评估其后果；开展高质量的研究，为具体问题寻找解决措施；重视人们的技术教育需求。所有这些任务的完成必须清楚并熟知当地的生态以及对变化着的社会现实深刻了解；为了确保学习，大学必须与参与这些过程的机构和组织合作。

从上述众多的任务中我们可以看出，专注于某一地区的单个发展项目不能赋予该地民众合理选择技术的能力。技术是一个全球性问题，它在文化进步中的作用必须以全球为背景加以研究和澄清。对科学和技术的讨论必须超越地区界线。本节中所说的大学仅仅是学习机构网络的一个组成部分，这些机构独立于物质成就的发展水平而运行。与技术选择有关的问题真正需要的是一种公开的、世界性的研究，不受决定物质发展方向、拥有大权力的强势群体左右。这些有力的行动必须是科学的，但同时应该吸取人类的宗教遗产以阐述价值和目的问题。当前的通信技术革命使这样一个全球性行动越发显得切实可行。这种革命为世界各地迅速的技术变革所创造的机遇，在几年前发展领域刚刚萌芽时还是不可思议的事情。

青少年教育

一直以来，增强各国政府面向国民的教育供给能力是发展策略的主要组成部分。最初的重点是基础设施，但是，多年以后，其他一些问题又被陆续提出来，如课程、管理、教育技术、教师培训以及学校与社会的关系。应当承认的是，相关领域，特别是初等教育的普及方面，已经取得了巨大的进步。然而，尽管成就显著，但大家还是有一种普遍的看法，那就是，教育离人们的期望尚有差距。事实上，所有的教育体制都遭遇了危机。

对现代教育的病因进行深入研究超出了本文的范围，但为了使后面的思想脉络更为清楚，这里必须略说一二。今天，除了较少的学生能有幸上特殊的学校以外，世界上绝大多数的青少年只能接受日益肤浅的教育，类似教育只能使学生支离破碎的思想模式化，并由此加剧社会的分裂。光靠处理好涉及学校性质的要素和关系、增强课内外教学活动的活力、采用最新的技术或者制定一系列文件以明确每门课程和各研究领域的目标，并不能解决这一问题。当然，这些措施是重要的，它们也反映了各国教育改革的进步。但是，教育危机的根源在于教育体制认识和对待知识的方式。

很多学校的课程都是分门别类的。尽管先进的方法允许教育活动将两三门课合而为一，但是，每门课程内容的取舍仍然没有跳出将知识分成不同的、彼此缺乏联系的框架的套路。知识往往被分成很多相互隔离的部分，比如自然科学和社会科学、艺术与人文以及专业领域如工程和医学等各门学科，这被认为是理所当然的事情。学生们年复一年地积累了许多专门知识，但不懂得各部分间的整体联系，甚至可能对社会生活的内在联系一无所知，更不用说物质世界的内在联系了。

由于将重点放在吸取事实而不是理解深奥的概念上，因而上述问题变得更加棘手了。尽管机械学习遭到了明确反对，然而取而代之的却是索然无味的信息处理技巧。甚至富有吸引力的体验式教学也会因过于突出玩乐而被扭曲。以个人发现的名义做些修修补补的事情被当作科学研究的精髓，而且很少有人将复杂的科学结构理解为一个发展变化的知识有机体，在所谓的科学教育的现代方法中这一点体现得最为明显。从根本上讲，道德被当成了另一个碎片，即另一个分裂的主题。服务于人类的观念在教育中很少出现，而思想觉悟的培养几乎被完全忽视。理论与行动的分裂导致了这样的趋势：实用手工技能和课本知识分别传授给不同的人；少数人获授参与制定发展规划和决策的本领而多数人获授执行命令的技能。在思考能力得不到应有重视的情况下，分析方法被当作思考的手段，结果一群思想敏锐的人越来越注重微观实体以至于不能看清更大的背景，尤其是历史背景。毫不奇怪的是，当这些人晋升到领导岗位，他们往往会在判断事物时忽略伦理道德因素。他们以目标或结果的名义拒斥人类最崇高的情感。那些灵光的、表面上受过教育但思想异常狭隘的人所造成的物质环境和社会环境灾害直到现在才渐渐为人所识。

幸运的是，今天，扩大教育覆盖面的工作得到了广泛热烈的支持。或许前面对教育现状的评价有似是而非之嫌，然而，在我们这一典型地区推行教育体制改革仍应该是发展计划的重中之重。在一条以学习为行动核心的发展道路中，大学应在合理的教育过程的培育中占据主导地位。大学在本质上涉及的是高层次教育。就具体的能力培养而言，大学必须努力地系统地拓展三个教育阶段——学龄前阶段、6～14 岁少儿的基础教育阶段和 15～18 岁青少年的中学教育阶段（以智力和道德的发展和培养为主）——的内容和方法。

在这方面，大学面临的最大挑战是如何将相关知识应用到创造合理的教学计划中，以使计划满足学生的各个阶段的智力和感情发展的需要。在科技突飞猛进的时代，没有人可以否认社会对专门化的需要以及对某些狭小领域高度专业化的技术需要。但是在专门培训开展之前——在某一行业、职业或研究开发中——必须弄清学生的基本心智结构。许多教材的编撰者想当然地认为每个学生都愿意专攻该教材涉及的科目，结果，学生的智力不能健康发展，而各门学科的知识也不尽合理。各地的大学对大多数在校生所受教育的质量的普遍担忧反映出了上述问题的严重性。

当前的形势要求大家以一种新的视角看待知识世界，需要用一种新的方式将不同的知识元素融入到同一门课程中，所有这些科目都注重知识的完整性但也考虑到了其日后的专门化。每一套相互联系的教育活动的中心目标都是培养某一种或某几种能力，比如科学的、艺术的、技术的、社会的、道德的及精神的能力，以使个人能够理解概念、知道事实、掌握方法并能获得足以使他过上幸福生活的技能、态度和品质。在当前的转型时期，特别需要赋予学生双重道德目标：他们应对自己的智力和精神成长负责，同时，他们也应该为社会转型贡献力量。

我认为，一个围绕一套经过精心挑选的能力的培养而组织起来的教育过程与那些普普通通、无所不包的教育计划相比，能向青少年传授更多的知识，对此我有充分的证据。培养上述能力对教育事业的三个阶段都提出了特殊要求。学前阶段要重视儿童性格的培养。应该重视每个儿童的性情并帮助他们获得精神品格，这将奠定他青年阶段的思想观念和态度。通过向儿童灌输自律意识并为其形成稳定持久的道德观打下基础，让他们学会快乐并懂得自由。还要使他们养成思考和求知的习惯，并且鼓励他们早早地显示出清晰的思维和良好的口才。以上目标与开发各种敏锐的领悟能力是协调一致的，后者趋向于占据了大量的在国际上受到热捧的学前教育计划。

无论人们有什么样的基础教育观念，但在一些知识领域，比如数学、自然科学、历史、地理、语言和文学等领域，达到适当的熟练程度显然是其中的一个重要方面。但这里提倡的途径将使教育体制大大地超越其现有的相当保守的目标。我们应该知道，为了使 14 岁的孩子能顺利地由少年转变为青年，八年的学校教育应该在他们身上培养出什么样的品质。我们可以立即说出几个有助于表现教育本质的品质：能认识到正是为人类服务和致力于人类的团结这样的事业才使隐藏于人类天性中的创造力得以释放;能认识到领悟原则以及锤炼、运用意志与个人成长和社会变迁密不可分;深信荣誉和幸福不在于追求财富和权力,而在于实现自尊和崇高的目标,在于正直和道德品质;愿意分析和理解不同形式的政府、法律和公共管理的特点。此外,还应加上提高社会效率所要求的素质:充分了解当地社会发展计划的关注点,比如医疗卫生、农业、手工业和工业领域所开展的计划的关键点;对作为个人和集体成功行动工具的知识的研究能力;认清社会形势并发现其背后原因的能力;表达观点并为社会问题建言献策的能力;能够像一个坚定而又谦逊的参与者一样参与社区活动,并帮助社区克服内部冲突和分裂,为社区形成团结合作精神贡献力量;能熟练掌握至少一项生产技能,并通过它来体会"工作就是崇拜"这一至理名言。

虽然这些目标都是对八年基础教育的高要求,但由此能为每个方向的发展创造一个良好的开端。然后,高中应该承担起责任,并确保这些既与习得知识有关、又与精神品质有关的能力发展到使每个人都能持续地在人类生活中发挥积极作用的程度。但是,这并不意味着高中阶段仅仅是基础教育的延续。相反地,这个转变需要质变,特别是在科学的严密性、语言运用及社会内容方面,因为,在这个教育阶段,关于未来的以及为人类服务的模糊理想必须明确为双重的道德目标。学生应该成为对自己的教育负责的有目的的行动者。学校应该竭尽全力将学生的觉悟提高到一个更高的水平,这种觉悟包括:能意识到个人选择的结果;能意识到支配自己所在社区的社会力量;能意识到自己所处的历史进程的本质。

毫无疑问,这三个教育阶段的计划设计与实施给大学和各地的学校教育系统带来了一个严峻的挑战。只有当一个全球性的发展计划愿意为每一地区的人提供帮助,并且能给他们提供富于创造性的想象力、资金和人力资源时,人们才能迎接前面说到的挑战。这就要求我们从近50年的发展中吸取经验。如果发展不仅仅是为人们解决层出不穷的社会经济危机提供表面措施,那么,新的一代就应该被赋予权力,而不是一味地接受命令。

物质财富

为了说明如何培养一个地区的人们选择自己的发展方向的能力,我在前面简单分析了两个过程——一个与技术选择有关,而另一个与教育有关。如果更深入地探讨这一主题,就会发现,还有另外一些能力需要重视:能够准确高效地处理各种信息,而不是糊里糊涂地对各种政治及商业宣传作出反应;能够在与其他文化互动的过程中促进本土文化的发展;能在人事管理与公共管理中体现公正原则,使社会互动充满真正的公正。重视技术和教育方面的能力培养并不意味着要刻意贬低经济发展的重要性。如前所述,以知识的生产和运用为发展过程的中心并不否认物质财富是不可或缺的。这里所设想的发展,要求成倍增长的物质财富能够以前所未有的规模为世界各地的人民所拥有。

提高一个典型地区的人们实现物质精神繁荣的能力需要增强其经济实力,这个过程包括经济发展但并不等同于它。当然,发展经济的努力离不开某种经济思想。然而,当今天的"经济思想"中的基本观念——几十年来都被视为理性的化身——频频受到质疑时,要找到适当的理论框架绝非易事。环境危机不断加深,曾经一度好评如潮的经济体制开始瓦解,暴露出它们的受害者真实的生存状况,从而加剧了人们的信仰迷失。

对主流经济学的批评来自经济学界内部与外部两个方面,这些批评要求对其方法论及基本概念的分析框架进行修正。批评者认为，与其他许多领域的科学家不同，经济学家不大愿意以一种超然的态度去看待其方法论的性质或者理解其起源。对经典物理学的崇拜促使他们生搬硬套其比喻与方法，全然不顾研究对象的差异。他们的机械性思维使其不能适当地重视一些关键因素，如知识、目的及量变。他们所作分析的概念核心是一个虚构的"人"——他主宰了自己的欲望，为使自己利益最大化而单独作判断。他们假定这些"理性"选择实现的方法即是抽象化的市场，而此类抽象恰恰超出了理性的科学实践许可的范畴。另外，他们用一种令人诧异的方式，将物质世界（一切物质资源之源）与文化（人力资源的形成环境）都降格为次要问题。

由于能力所限，我不能深入分析当代经济学理论的批评者及维护者的观点。然而，以前一直被认为是无懈可击的经济学堡垒，最近却遭到了猛烈的攻击，这种迅速蔓延的学术活动会带来什么后果呢？它将给发展策略带来什么影响？要解决这些问题并非易事。但是，"新经济思想"显露出来的新苗头却令人振奋。例如，我们完全可以认为新经济学既不会忽略价值问题，也不会用面纱将其掩盖。它将坚持男女平等的原则，承认社区的地位和需求，并且不再提倡极端个人主义。我们完全有理由相信，它将高度重视自然资源与环境问题。

以上探讨的经济学理论的新趋势可能会令人充满希望，但是，理论的突破不是指日可待的事情。首先，尽管对一个进入危机的学科来讲这是值得期待的，但由于它的研究范围过于宽泛，因此经济学就出现了这样一种趋势，即企图寻找到能够覆盖个人及社会生活众多方面的理论。坦率地讲，人类有必要复兴道德哲学。这就要求我们选择的方法与研究对象相吻合，而不是对物理学盲从。研究的目的应该明确，其价值和假设都应该透明。最重要的是，在建设文明的进程中，它必须成为一门能够不断地完善其假设的学科，特别是与人类活动相关的假设。只有当它意识到自己制定的政策足以改变价值体系，它才会考虑自己与一个变化着的研究对象间的互动并对有关人类和社会结构的事实不断地进行审视；其经济发展模式及行为都是建立在这些事实之上。这样的科学能否变为现实还是个问题，但我希望我们对科学、宗教和发展的探讨将来能够解决这一问题。

本文的目的不在于评论经济学理论。我要强调的是，建立在能力培养基础上的发展策略需要重视地区能力的各个方面，因为地区能力与物质财富的创造和使用密不可分。这些方面包括：具体的经济活动，商品化的农业生产和小规模的家庭农场；包括大型企业在内的各种规模的工业生产；各种各样的由个人及政府提供的服务；以及经济政策的制定和实施，这些政策能使该地区以一个强大自立的贡献者而不是一个绝望无助的受害者的身份参与全球经济的发展。无论如何，地区经济要强大起来，大量复杂的工作还有待完成；今天，在经济理论必须接受根本而又彻底的修正的时候更是如此。我想重申一遍，如果大家接受本文提出的方法，那么，这一过程不可或缺的参与机构当属大学。它是唯一能够承担双重任务的机构，即一方面在全球范围内不断地寻求新的理论，一方面使知识与该地区发生经济活动的各个领域相协调。

但是，有必要在这里提请大家注意：让那些只专注于穷人的发展项目负起经济发展的重任将是一个错误，要实现人类的繁荣还必须消除贫富两极分化。发展策略应该留意阿卜杜勒－巴哈说过的话，那就是，无论你在哪里发现了极端贫困，只要你再细看一下，你就会同样在那里发现极端富裕。一个地区如此，一个国家如此，整个世界也是如此。

进一步的评述

能力培养是一个巨大的课题，我这几页纸只能略略触及。下面的评述能提供更进一步的见解。

大学的概念

在说到大学时，我援引了自己在科学应用与教育基金会(FUNDAEC)的经验，如本文第一节中提到的乡村大学的概念外延和运行模式就是基于这种经验逐步提出的。在多年的紧张研究和实际行动中，不断有人问我为什么要坚持给一个看起来像其他发展组织的机构——尽管也具有创新性——冠以"大学"的称谓。我希望本文的观点能以某种方式证明使用"大学"一词是正确的。从根本上讲，任何人的发展最核心的内容一定是一个学习过程。人们总是认为学习必于世界各地的决策圈以及有影响的学术机构。但是，仅仅这样是不够的。在任何地区都必须通过学习来实施发展计划，而且，在学习过程中当地居民都应当积极参与。这样的系统学习不会在制度真空里发生。这就需要有一个承担起集体学习任务的机构，而大学就是这样一个拥有众多学科并能满足这类功能的机构。

不幸的是，在大部分发展中地区，大学变得与人民的生活疏离起来；它只重视为各行各业培养毕业生这一常规过程。重塑大学的愿望是出于两方面的考虑：一是必须使知识与发展相协调；二是迫切需要将这个重要的社会机构从它目前的停滞状况下拯救出来。

独立的技术

在思考我们的研究项目的主题——科学、宗教和发展——的时候，我重读了一本对我产生了巨大影响的著作。此书就是兰登·温纳(Langdon Winner, 1978)的名著《独立的技术：技术失控的政治思考》(*Autonomous Technology: Technics-out-of-Control as a Theme in Political Thought*)。20多年前，我们在FUNDAEC开展的技术领域的研究取得了很大进展，我们乐意与其他机构分享我们的研究结果及所见所感，当时，温纳严谨而透彻的分析使我如获至宝。尽管适用技术的变革盛极一时，但草率地对待技术乃是大势所趋。温纳的观点使我相信，我们将这种不幸的局面归咎于一个流传甚广的观念，即技术是一种独立的力量，它引发社会变迁但不受人类支配。有人为之欢欣鼓舞，也有人为之痛心疾首。但是，每一个坚持技术独立观念的人都患有思维麻痹症，他们自己也是麻木思维的受害者。这种认识意味着，我将很难说服发展项目将计划实施地民众的技术选择能力的培养纳入进来——我们在FUNDAEC一直奉行这个观念——并放弃为在更新更好的技术条件下发生的偶然的技术变革所引起的困难寻找办法的习惯。

在该书结尾处，温纳借用了玛丽·雪莱(Mary Shelley)著作中的弗兰肯斯泰因这一形象[①]。如今这也变成了现实：

> 扉页上的两句话极好地诠释了其观点，这两句话出自弥尔顿(Milton)的《失乐园》(*Paradise Lost*)：
>
> 上帝啊！
> 是我请求您将泥土中的我塑造为人的吗？
> 是我请求您让我远离黑暗的吗？

---

① 弗兰肯斯泰因是玛丽·雪莱1818年出版的小说的书名，指"人形怪物"和"脱离创造者的控制并最终毁灭其创造者之物"——译者注

——在我看来，这两句话显示弗兰肯斯泰因处于危险之中：被创造出来却缺少关爱。这个问题抓住了我的研究主题的实质。

维克多·弗兰肯斯泰因是这样一个人，他善于发现各种事物却不愿思考其意义；他创造了新的事物却又完全将其抛于脑后。他的发明具有惊人的力量并且代表了某种技术性能上的飞跃。他将自己的发明带到人间却从不考虑如何将它以最优方式融入人类社会。维克多体现为有着人类独有的生命形式的产物。当成为一个独立自主的力量时他自己都觉得不可思议。他拥有自己的构造，并且顽固坚持自己的种种要求。本来他的存在不在计划之列，可技术发明却给其创造者强加了一个计划。维克多困惑了、恐惧了，他完全不能找到一个办法去修复他那未竟的工作所造成的破坏。他从未动摇过对进步的渴望、对权力的渴求以及那个无可争议的信念——科技的产物绝对是人类之福。尽管他意识到世界上有些事物异常神奇，但不幸的是，他认为此物正是因他而来的。当他克服消极的自我时，他所做事情的后果早已不可逆转，他发现自己在无法选择的命运面前也无能为力。

温纳(1978，pp. 312-313)

温纳认为现在整个世界正面临着同样的困难，于是，他继续写道：

可是，在这些主流观念和态度之外，还存在着更为根本的东西，因为从某种意义上来说，一切技术活动天生都有健忘的倾向。所有的发明、技术、仪器和组织不是都面临着不断的新陈代谢吗？人们都不再费心地对它加以建设、发展或者学习，都不愿为它的结构或内部原理而劳神费力。大家都想着只要技术有用就行。大家判断商品时不用了解其厂家及流通网络，使用能源时不用了解其生产及传输方面的各种相关因素。于是，技术使我们忘掉了我们自己的能动性，它成了通向健忘的通行证。在技术领域，所有重要过程的真实情况都被封闭隔绝起来。我相信，这一切正是造成人类在应对技术手段时极其被动的原因。

温纳(1978，pp. 314-315)

教育的目的

前面对教育体制的评论可能过于苛刻。但是，当我们了解了各个社会的青少年对知识有多么渴望并且体会到他们对教育活动有多么投入时，我们就很难在此问题上采取一种置身事外的态度。FUNDAEC十分成功地开展了一个名为“学习指南体系”(Sistema de Aprendizaje Tutorial)的项目，确定弄清一所乡村大学运转的参数。它涵盖了本文中提出的基础教育的后期阶段以及整个高中阶段。现在，该项目已经延伸到哥伦比亚乡村地区的约4万名学生身上，而且正逐渐进入其他拉美国家。每当我看到一群青年参与该项目并观察他们的活动时，我的心里总是喜忧参半。一些参与者的知识水平令人惊喜，但是，我知道，与每个人身上蕴藏的巨大潜能相比，这仅仅算得上是一个小小的进步，正因为如此，我从不满足于FUNDAEC取得的成就。

FUNDAEC设计的课程的特点在于注重不断提高学生的认识水平，这一点也贯穿于教育过程以及学生参与的所有其他变革过程中。例如，某单元的目的是为了在高中的最后一年强化学生的语言能力，于是就让学生接触到一系列附有练习的相关读物，如此一来，构成教育基础的基本概念也就变得一清二楚了。为了阐明我简要评述过的其中几个观点，我打算引用以下几段阅读材料：

［摘自读物 1］

对于真正成功的教育过程来说，它应该鼓励学生对其教育中的基本概念进行反思。“基本概念”单元将使你有机会进行思考。正如语言单元一样，其目的就是为了帮助你培养表达技能。但是，这些单元的内容将涉及你曾在各门课程中遇到过但又没能深入研究的基本概念。

首先，我们来看看教育的目标。你曾被反复告之你所受的教育是有目标的。但这目标到底是什么？在你多年来所接受的教育计划中它又是如何表现出来的？

只声称教育有目标并无多大意义。任何教育体制都声称自己有值得称道的目标，例如，使学生成为有用的公民，为国家的发展进步作出贡献，成为富有成效的社会成员，获得幸福，找到工作并提高个人的生活水平，等等，这些目标均见诸各种书本及教育文件中。可是，尽管存在着这些明确的目标，为什么大多数学生仍对此感到迷惑呢？为什么真正主动学习的学生还是少之又少呢？在整个学习过程中是什么激发了你的学习热情呢？你对教育目标的认识与你高度的学习动机之间有什么联系呢？

如果要对历年来的教育目标作个总结，那就是，教育使你健康成长并且培养你为社会转型作出贡献的能力。这个简单的说法有很多变体。下面这些阅读材料将清楚地说明它的含义。

FUNDAEC(1998，p. 1)

［摘自读物 3］

增强理解能力是你正在经历的教育过程的最基本的目标之一。下面两则读物选自一位 FUNDAEC 的创始人所作的关于课程编制的系列演讲。其中蕴含的许多观点——有些观点比较浅显易懂——将对你反思自己所受的教育(即使你的中等教育不是由 FUNDAEC 提供的)很有帮助。

“理解”一词显然拥有主体和客体。其主体是人的大脑和心灵；它们必须满足一定的条件才能实现真正的理解。其客体就是那些人的大脑和心灵所要认识的各种事物；它们变化多端、类型各异。随便看看下面一些对话就可从中发现某些类别的客体：

“我不明白你为什么要这样做。”

“我不明白世界上为什么存在着痛苦。”

“他不了解我们的友谊。”

“我要是懂得化学就好了。”

“你知道这个小工具怎么使用吗?”

“我懂你的意思。”

“我不知道你用意何在。”

“你应更加理解他的心情。”

“我完全明白他的观点。”

“我们应该进一步认识危机和胜利背后的动力。”

“我们需要了解人类的本性。”

从以上的例子很容易看出理解的客体可以划分为学科问题、关系、心情、观点、相互作用、原因、意义、目的、原理以及事物的真相或本质。此外，你还可以加上想象、情境、方法、态度、结果、习俗等无数需要理解的事物。你应该意识到，在教育过程中我们会细心地从各类对象中找出很多需要理解的事物以增强你的能力并赋予你认识你自己和周围世界的思想工具。

值得一提的是,有两个工具在调查研究现实的过程中非常有效。一个就是分析,即将事物分解成若干部分然后对各部分的相互联系和相互作用进行研究。另一个工具就是将事物置于越来越宽广的背景之中以洞察其存在的缘由和习性的根源。

FUNDAEC(1998,pp. 15-16)

[**摘自读物** 5]

你正在经历的教育过程具有强调伦理道德的特性。然而,道德关注并不是以善行说教的形式出现的;并非所有的课程都含有关于伦理道德问题的讨论。下面两则读物包括了一份研究适合于当下的道德教育的框架的文献的几个段落。为使这些材料能与本单元相吻合作了一些轻微的改动。

为了在变动不居的人类社会中有效地行动,个人首先应该充满很强的目的意识,这种意识驱使他们改变自我并为社会转型贡献力量。在个人层面上,这种目的在于开发个人无穷的潜能,包括那些能够美化个人的品质和素质以及那些个人独有的才能和个性。在社会层面上,这种目的在于为增进人类的幸福而不断奉献。目的意识的两个方面是不可分割的,因为个人的行为及其标准既会形塑环境,同时也会为社会结构和社会过程所塑造。除非个性和环境的转变能同时进行,否则,人类成熟期的所有潜能就不可能全部实现。

对道德教育而言,有必要深刻地认识到个人成长与社会结构的有机变迁之间的联系。个人的品质和才干不可能依靠个人而只能通过努力为他人的利益服务得到培养。一些先哲们所倡导的懒散的崇拜和长时期的与社会隔绝既不能促进个人的发展也无助于人类的进步。仅仅将目的意识集中于自我潜能的开发就意味着脱离了客观现实并毫无前途。离开了与外界的相互作用和社会目标,个人也就失去了判断自我进步以及衡量自我发展的具体结果的标准。一个忽视道德目标的社会维度的人往往会以自我为中心,表现为自责、自以为是及自满自大。

相反,如果目的意识仅仅为改造社会的愿望所驱使,而不顾个人的成长和转变,就很容易被扭曲。只谴责社会的一切过错而忽视个人责任的人会失去对他人的尊重和同情并且倾向于残忍和压迫。离开了个人品性的改造,社会变迁就变成了一项极为脆弱的事业。

FUNDAEC(1998,p. 35)

[**摘自读物** 7]

"能力"是指根据明确的目的在明确的活动范围内思考和行动的力量。这一词语不是指个人的技能而是指复杂的思想和行动领域所需要的众多相互联系的技能和能力。而且,我们十分重视这样一个观念,即除了掌握技能,逐渐获取某种能力有赖于吸收相关信息、理解一套观念、养成一定的态度以及提升诸多精神品质。

例如,分类就是一种能力,一种精确的技能。每个人都可以获得这种能力,但熟练程度各异。在初始阶段,比如从中学一开始,这种能力就涉及理解一整套概念及其要素和属性。分类能力还要求理解这样的观念,即可以根据事物的共同特性将其分类。即使是在这一阶段,仅有这种认识还是远远不够的,它还要求个人能够认识有待划分的事物的要素的特性。譬如,如果要将物体按照大小分类,就必须具备推测或测量物体大小的能力。至于态度,显然需要做到一丝不苟以及善于鉴别顺序。更为根本的是,坦诚是一种精神品质,它有助于养成个人精益求精和一丝不苟的积极态度。

又如,在语言方面,读写技巧都属于能力,但是在理解的基础上阅读却是一种十分复杂的能力。另一项语言能力就是描述我们在宏大的背景下所观察到的周围的世界。用量化的方法来描述周围的世界是一种数学能力。对现象进行有组织的观察以及设计检验假设的实验都是极其必需的科学能力的实例。正如参与集体事业是一种能力一样,有效参与咨询在社会领域也是一种能力。正确处理自己的私事和责任是一种道德能力,而在感知多样性的基础上构建统一的环境是另一种必要的道德能力。

FUNDAEC(1998,pp. 60-61)

[摘自读物 8]

我们围绕能力而非主题设计课程的方法有助于学生快速地学习。我们试图开发的能力都具有同样明显的社会目的,这使我们能够解决课程整合面临的一个基本的挑战,即如何克服理论知识与实践知识的二元对立。大部分现行的教育体制倾向于传授给一些学生实用的动手能力而向另一些学生传授书本知识;只培养了极少数学生的参与规划和决策的能力,而大部分学生只学会了服从命令。我们试图使学生同时保持对具体活动和抽象活动的兴趣。例如,既向学生传授畜牧业方面的实用技能又向其传授动物生理学方面的理论知识;既教给他们创办乡村商店的步骤又给他们分析抽象的社会经济理论。当我们成功地整合了理论知识和实践知识时,我们发现偏见和虚假的威望都消失了,取而代之的是针对学习和变化而采取的有目的的态度。

但是我们的教育改革面临的最大挑战并不在于物质世界的知识要素和社会知识要素的融合。其最主要的任务就是物质观念和精神观念整合为一套知识体系,这一体系将使所有人能够为创造世界文明——我们认为人类正义无反顾地走向世界文明——作出贡献。为了应对这一挑战,我们既没有设计专门的宗教课程,也没有涉及伦理和社会行为的人文主义研究。精神性被视为一种状态,一种内在状况,它必须在行动中、在日常选择中、在深入了解人性的过程中以及在为共同生活和社会作出贡献中得到表现。按照以上的解释,我们试图将精神性融入到每一教育活动中:每个行动必须成为澄清和运用精神原则的手段。

这样一来,我们发现有许多问题需要解决。精神性必须成为不否认物质幸福或不将幸福寄托于来世的课程内容的一部分。通过使日常活动充满服务精神,而把日常活动变得更为崇高。但是,将精神性与服务截然分开会带来危险,即它会传递出精神性来自于创造幸福的行动的含义。为了弥补这一后果,还必须兼顾人类灵魂深处的渴盼,如通过祈祷和沉思接近上帝的愿望。“存在”与“行动”密切联系,它们不能被人为分割开来。

此外,精神与物质的融合要求进一步理解存在于大脑和心灵中的各种力量间的微妙的平衡,如个人自由与社会义务之间的平衡,君临自然和与之和谐相处之间的平衡,人文与科学之间的平衡,理性与情感之间的平衡,等等。为达致上述种种平衡,个人必须超越智力的特性并触及人性中基本的精神品质。于是,为实现大脑和心灵中的各种力量间的平衡,就必须培养各种精神品质,如正义感、爱心、慷慨、同情心、谦卑和坦诚。而且,如果要使这些品质引发真实反映精神性的态度和行为,在培养的过程中就必须使之相辅相成。否则,一切名曰精神性的品质都将演变为自以为是和精神狂热。更进一步地讲,只有通过理解精神品质的相互作用我们才能将中庸与平庸区别开来——正义感辅以同情心,而非半正义;慷慨大方辅以谦卑,而非谨慎的赐予;至真至诚辅以爱心,而非真诚与谎言参半。

FUNDAEC(1998,pp. 71-72)

伊朗的什叶派(节选)*

[法]伊尔凡·哈比卜著,蓝琪译

在萨法维王朝衰亡和凯加王朝兴起之间的这段转变时期,穆罕默德·巴奇尔·比赫比哈尼(Muḥammad Báqir Bihbihání,1705～1803)无疑是什叶派的主要神学家。尽管他采纳了巴奇尔·马杰里斯的许多立场(例如反苏非学说),然而,他却是乌苏里派的坚定鼓吹者。在凯加王朝统治的最初几年,他的信徒们写了几部著作维护伊智提哈德原则,其后不久伊智提哈德原则已不再存有争议。受过专门培训的法官的权力一经确立,作为一个团体他们可以声称是在适当的时候将以马赫迪现身的隐秘伊玛目的代表,即尼雅巴特·伊玛目(Niyábat Imám)。

然而,已经确立起来的教士们的胜利不断受到挑战;挑战又主要来自千年运动,即设拉子的赛义德·阿里·穆罕默德(Siyyid 'Alí-Muḥammad,1819～1850)的巴布运动。这是谢赫运动的一个分支,赛义德·阿里·穆罕默德的第一位门徒布什鲁亚(Búshruya)的毛拉·胡赛因(Mullá Ḥusayn)于1844年把他与马赫迪等同起来,此后他们的追随者被称为巴布教徒,教徒人数不断增加。在接受穆罕默德的预言时,巴布废除了伊斯兰教法,制定了新的道德准则及民法和宗教仪式细则。它是对已经确立的什叶派教义的彻底背叛,尽管没有政治暴乱的意图。在1848年召开的巴答什特(Badasht)会议上,巴布教徒公开宣扬他们的信仰,这次会议上的一个重要事件就是巴布教女诗人、女英雄和殉教者古拉图尔·爱茵(Qurratu'l-'Ayn,逝于1852年)陵的揭幕仪式。[②] 此后不久凯加政府就开始对该教徒加以迫害。巴布本人于1847年被投入监狱,三年后被处死。1852年谋杀纳斯鲁丁沙赫(1848～1896)的企图导致了反巴布教徒的新一轮恐怖活动,这场运动几乎完全摧毁了该教派。然而,后来巴哈伊教的缔造者巴哈乌拉赫(Bahá'u'lláh,1817～1892)继续要求建立一个类似于巴布的千年教团,他曾经是巴布的早期追随者。[①]

* 原载[法]恰赫里亚尔·阿德尔、伊尔凡·哈比卜主编:《中亚文明史》(第5卷),蓝琪译,中国对外翻译出版公司2006年版。

② 原文有误,应为揭开面纱事件。——编者著

① 参见《伊朗百科全书》art.'Báb'(D. M. MacEoin),第3卷,第278～284页;《伊斯兰百科全书》第2版,art,另见'Báb' and'Bábís'(A. Beusani),第833～835,846～847页。

伊斯兰系新宗教*

金　勋

传入韩国的中东系宗教有伊斯兰教和巴哈依教。

在韩国被称回教的伊斯兰教，1955 年 9 月才由参加朝鲜战争的土耳其士兵伊玛姆·阿卜杜拉·赫曼和祖别鲁克奇传到韩国。在他们的努力下，1955 年 10 月成立韩国伊斯兰协会，首任会长为韩国人金振奎，事务总长尹斗英。1967 年注册财团法人韩国伊斯兰教，1976 年汉城中央圣会竣工。

之后有一些赴中东参加建设的韩国劳动者，由于在中东期间接触了一些伊斯兰文化和信仰，回国后参与到教团之中。韩国许多圣地巡礼团都参加了伊斯兰圣地麦加朝拜活动。目前伊斯兰教在釜山、京畿道、光州、安阳、全州、蔚山等地开设有经学院，并不断得到发展。本部设于首尔龙山区，全国有 5 个清真寺，信徒有 10 万人，现任理事长是朴正南。

该教为了开展教育事业，以筹建大学为目标成立了大学建设委员会，还设有阿拉伯语研修院出版委员会等。此外还经营研修院，刊行出版物。出版物有《穆斯林周报》、《穆斯林新闻》（周刊）等。

韩国伊斯兰系的新宗教有巴哈依全国精神会。巴哈依教的创始者巴哈安拉 1827① 年生于伊朗德黑兰，1863 年创立巴哈依教。巴哈依教传入韩国较早。这一宗教强调的内容有宗教统一、世界和平、人类教育、男女平等、制定世界共同语。这一宗教传入美国后，主要以知识分子为传教对象。后经美国传入韩国。虽然巴哈依教第一次传到韩国是在 1921 年，由阿格涅什·阿勒姗德女士传入韩国，但是传教活动遭到失败，尽管 1928 年成立汉城地方精神会，但是没能开展活动，朝鲜战争时，由驻韩美军再次将巴哈依教带入韩国。最初于 1951 年随军的美国军人重新开始传教活动。1964 年韩国巴哈依全国精神会诞生，1966 年韩国巴哈依全国精神会正式注册。但由于没有积极开展传教活动，因此教势扩展缓慢，没有多少信徒。但信徒一般都是知识分子阶层的男性。

教团组织分为治者和智者。治者主要为韩国巴哈依全国精神会和地方精神会，代表统管两会。代表下面有全国教徒委员会、宣传委员会、常设教育委员会、青少年委员会、财政及资产委员会、家庭委员会、翻译及出版委员会、图书分发委员会、季节学校委员会、环境委员会等各种委员会。智者主要指顾问团顾问。韩国巴哈依全国精神会现任代表是金雨俊。本部设于首尔市龙山区，现有教堂 37 所（地方精神会），信徒 2 万多人。发行《巴哈依会报》。

* 原载金勋：《韩国新宗教的源流与嬗变》，宗教文化出版社 2006 年版。

① 此处有误，应为 1817 年。——编者注

《世界百科全书》(国际中文版·第 1 卷)相关介绍*

美国《世界百科全书》编写委员会编，
中文版《世界百科全书》编译委员会编译

巴哈安拉 Bahá'u'lláh(1817～1892) 巴哈教的创建人。该教派的成员把他看作是神选择的传达神意的先知。他的著作是巴哈教的经典。

巴哈安拉的本名是米尔扎·侯赛因-阿里,生于波斯(今伊朗)德黑兰。他参与由米尔扎·阿里·穆罕默德(通称为"巴布")领导的宗教运动后,1847 年开始采用"巴哈安拉"(意为"真主的光辉")的名号。巴布预言说将有大先知降临人世。1850 年巴布因他宣扬的教义被波斯政府处死,巴哈安拉成为该教的领导人,他在 1853 年曾被政府短期监禁,后被流放到现伊拉克境内的巴格达。

1863 年巴哈安拉宣布自己就是巴布所预言的先知,并建立了巴哈教派。当时统治巴格达的土耳其当局于次年把他驱逐到土耳其。自 1868 年到他去世为止,他一直生活在今以色列境内阿卡地区的一所监禁地。

巴哈教徒 Bahá'ís 巴哈教的信徒。该教于 1863 年在现伊拉克境内创立,后传播到世界各地。

巴哈教徒相信神派遣了一系列的先知宣讲永恒的道理真理和适合时代的社会原则。他们的先知中包括许多宗教领袖,如古希伯来的亚伯拉罕和摩西、耶稣基督、创立了伊斯兰教的穆罕默等。他们认为最新的先知是巴哈教的创始人,即巴哈安拉。

巴哈安拉说,所有的宗教尊重的乃是同一个神,而敬神的最高形式是为他人服务。他还宣扬说,神希望所有的人在相互接纳的基础上组成统一的社会。他反对以年龄、种族和性别为由的歧视行为,并主张建立实行联邦制的世界政府。

巴哈教源于 1844 年在波斯(现伊朗)建立的巴布教派,创始人是米尔扎·阿里·穆罕默德,通称"巴布"。巴布预言说,有一位伟大的先知不久将出现。他有许多的追随者,但他却因其教义而于 1850 年被波斯政府处死,于是巴布教徒流亡至现今的伊拉克。在那里,巴哈安拉成了巴布教派的首领,波斯政府 1853 年逮捕了他后又把他流放到现伊拉克境内的巴格达。他在 1863 年宣布说自己就是巴布所预言的先知。多数巴布教徒接受了他的说法,于是他们渐渐被称作"巴哈教徒"。

巴哈教派在各地大约有 12 万个名为"地方灵体会"的分会组织。其国际管理机构——世界正义院——在以色列的海法。

* 原载美国《世界百科全书》编写委员会编:《世界百科全书》(国际中文版·第 1 卷),中文版《世界百科全书》编译委员会编译,海南出版社、三环出版社 2006 年版。

异教和基督教的祀拜教会(节选)*

[德]奥斯瓦尔德·斯宾格勒著,吴琼译

在东方,每个人的醒觉意识中所固有的、有关感官领悟与词语领悟之间的——因而也就是眼睛与文字之间的——区分,导致了神秘主义和经院主义这类纯粹的阿拉伯方法。天启的确定性,公元1世纪意义上的"诺斯替"①——它们皆是耶稣意欲宣讲的②——以及神圣的冥思和情感,这些都属于以色列先知、伽泰(Gathas)③、苏非派,我们今天在斯宾诺莎(Spinoza)身上,在波兰的弥赛亚巴力·舍姆(Baal Shem)④身上,在巴哈伊教(Bahá'í)的狂热创始者、1850年在德黑兰被处决的穆札·阿里·穆罕默德(Mírza 'Alí Muḥammad)⑤身上,都还能辨认出来。另一方面,"传训"(Paradosis)是典型的塔木德式的字义注解的方法,保罗是这方面的行家。⑥ 它渗透到后来所有的"阿维斯塔"经文、聂斯脱利辩证法⑦和全部伊斯兰神学中。

---

* 原载[德]奥斯瓦尔德·斯宾格勒:《西方的没落》第2卷,吴琼译,上海三联书店2006年版。

① 意即"灵知"。——中译者注

② 《马太福音》第11章第25节以下,参见爱德华·迈耶尔:《基督教的起源和发展》,第286页以下,这里说的是灵知的古代的、东方的(亦即真正的)形式。

③ "伽泰",意为"圣歌"。《阿维斯塔》第一部分"耶斯那"("Yasna")的第28~34、43~51、53章。——中译者注

④ 巴力·舍姆(约1698~1760),波兰犹太教神学家、现代哈西德主义创始人。——中译者注

⑤ 穆札·阿里·穆罕默德(1817~1892)[此处有误,应该是米尔扎·侯赛因·阿里(Mírza Ḥusayn-'Alí Núrí),即巴哈欧拉,而不是巴布。巴哈欧拉也未被处决。巴布被处决于大不里士。——编者注],巴哈伊教的创立者,写有《至圣书》、《笃信之道》等作品,他所创立的巴哈伊教虽然源于伊斯兰教,但并不为正统的伊斯兰教所承认,而是被视作一个完全独立于伊斯兰教之外的新宗教。——中译者注

⑥ 《加拉太书》第4章第24~26节可以当作一个鲜明的例子。

⑦ 洛夫斯(Loofs):《聂斯脱利派》(*Nestoriana*)(1905),第176页以下。——编者注

圣洁的莲花——巴哈依堂*

钟朝辉

团结之光必定普照全球，而“天地各界都是属于上帝的”这个封缄，也将印上每个人的眉宇，这是上帝的旨意。

——巴哈欧拉

在新德里有一个奇特的建筑，神似悉尼歌剧院，造型是一朵雪白的莲花。这是巴哈依教的礼拜堂。在中国，巴哈依教翻译成大同教。

巴哈依教创立于1844年的波斯，后经伊朗贵族巴哈欧拉在伊斯兰教巴布教派基础上创立了一个世界性新兴宗教，其称谓得自巴哈欧拉之名，意为“荣耀”。

巴哈依教教义的核心思想是上帝唯一，宗教同源，人类一体，天下一家。同时强调十一项原则：自主寻求真理，人类团结，宗教应带来友爱和睦，宗教与科学一致，克服宗教、种族和派别的一切偏见，人的生存机会均等，法律面前人人平等，世界和平，宗教不应干预政治，两性平等，妇女应受教育，圣灵的力量是人的发展的原动力。规定信徒每年斋戒一次，戒饮酒赌博、偷窃及使用暴力，禁说谎及背后论人是非，不得乞讨，必须工作，效忠政府，服从当地法律，重视婚姻及家庭生活。承认世界其他宗教的先知——亚伯拉罕、摩西、耶稣、穆罕默德、释迦牟尼……据说还包括中国的孔子。巴哈依教晚于世界主流宗教，但独立于任何一门宗教。

新德里的巴哈依堂是全球9个巴哈依堂中最新的一座。9座巴哈依堂造型各不相同，但九边形是共同的特征，象征完整、统一及团结。按照莲花自然长在水中的特质，形状如莲花的巴哈依堂也被9个大水池环绕着。大水池不仅仅增加了她的妩媚，还是一种很有效的自然冷气系统，使得即使在炎热的印度堂内也不需要冷气设备。

无论何种种族、何种国家、何种宗教，都可以去巴哈依堂做礼拜。光着脚进入，宽大的寺堂内并无供人参拜的偶像，也没有牧师或僧侣之类的神职人员，只有深棕色的座椅非常安静地排列着，寺堂内虽人头攒动，但显得特别安静。

我是和在印度遇到的藏族朋友Jamphel和英国女孩Rose一起来到巴哈依堂的。我没有信仰，也找不到我的上帝，只好静默冥想；Jamphel一定在心中叩拜佛陀，他从小就出家皈依佛门；而Rose呢，虽在英国长大却是无信仰人士。她这两年一直坚守在战乱频仍的巴基斯坦，义务救助一些无家可归的难民。愿她心中的主能保佑她和她保佑的难民们平安。

* 原载钟朝辉：《心灵的异境：从尼泊尔到印度》，广东旅游出版社2006年版。原文配图此处未录。

“一个人爱自己的国家不值得骄傲，唯爱全人类才应得之。地球仅一国，万众皆其民。”巴哈欧拉如实敬告他的子民。

一朵巨大的白莲花，盛放在天空之下。它似乎是在虔诚地邀请、召唤世俗世界的每一个子民，进入其中，静默祈祷，敬拜宇宙的造物主。

印度巴哈伊灵曦堂的访客

年轻的巴哈伊教*

韦秀英编著

巴哈伊教从1844年巴布教阶段算起，至今仅有150多年的历史，这在世界独立宗教中是最年轻的。

在其初期，该教作为发源地伊朗的一种宗教异端，是受压制和排挤的，宗教创始人和主要成员受到过当局的迫害，有的被执行枪决，有的被流放异乡，教徒人数也是少得可怜。到本世纪初，教徒人数仍无大规模增长，在1921年巴哈伊教的真正创始人巴哈欧拉之子阿布杜巴哈逝世时，全部教徒也不过10万人，大部分为伊朗人，分别居住在伊朗或中东其他国家，少部分居住在印度、欧洲和北美的35个国家。守基·阿芬第把巴哈伊信仰发展成一个真正全球性的宗教，至他逝世的1957年，教徒已增至40万人，分布到250多个国家和地区（其中有殖民地）。但在20世纪50年代初，要成为一名巴哈伊还意味着将自己置于人们的怀疑和嘲笑之中，所以到1963年4月21日第一届世界正义院诞生之时，教徒人数仍保持在40万。而到1985年，教徒人数猛增至350万。而根据1992年版《大英百科全书》之最新统计数字，到1991年全球已有540万巴哈伊教徒，分布在205个国家和地区。根据巴哈伊统计学者的数字，1992年已扩大到232个国家和地区。

在《大英百科全书》和《世界基督教百科全书》这些影响很大的著作中，巴哈伊教都是增长速度最快的宗教，成为在分布范围上仅次于基督教的第二广的宗教，有116000个分布点，甚至在伊斯兰世界的腹心地带，如阿拉伯世界的巴林、约旦、科威特、黎巴嫩、阿曼、卡塔尔、阿联酋、也门、摩洛哥、苏丹、突尼斯以及印度、巴基斯坦、马来西亚、土耳其和中亚，都建立了巴哈伊团体。

巴哈伊教在最近的几十年里，发展速度之快，实在令人震惊。俄国伟大作家托尔斯泰在生前接触过巴布教徒、巴哈伊教徒，而且预见会有伟大的前途，说："我与巴比教徒交往多年，对他们的教义有着浓厚的兴趣。我觉得这些教义必定有着伟大的前途，因为它们摒除所有造成分歧与离异的误解，激励人类团结于一个信仰中。"托尔斯泰晚年曾表露，他本人赞同巴哈伊信仰，因为巴哈伊信仰"宣扬博爱、人类平等和在物质生活上作出牺牲以为造物者服务"。

应该说，巴哈伊教能在几十年的时间里取得惊人的发展，其原因是多方面的：既有国际的因素，也有地区的因素；既有宗教的因素、也有文化的因素；既有内部的因素，也有外部的因素。但最根本的原因，还在于该教自身的特点，独特的基本教义和传教方式。

巴哈伊教被教外人士评论为一个具有鲜明特征的现代型宗教，"这一宗教的教义将向全人类展

* 原载韦秀英编著：《青少年必知的人文社科知识全集》，中国长安出版社2006年版。

示一种崭新的全球文明，而不是传统的宗教的延续”。

由于巴哈伊教不设置专职的神职人员，避免了其他一些宗教的神秘性，例如其他宗教中的牧师、僧侣、祭司、阿訇等神职或非神职人员，很容易给教外人士造成一种神秘感，闻到浓重的宗教味。而巴哈伊教没有职业传教士，就使得教务不是由某些专门或指定的人士所从事的事，而成为每一个信徒应尽的义务。同时，巴哈伊教也不像有些宗教那样，要求信徒恪守宗教教条，它反对教条主义和形式主义，甚至没有入教或其他宗教仪式，没有公开或集体性祈祷，提倡每一个信徒独立自行探求真理，不应该盲目崇拜和服从，它在行政管理上引入了选举制度，提倡磋商的原则，这样的运作系统和方式较其他宗教都更为接近世俗社会，从而使该教从整体上来看更像一个慈善性国际社团，而非宗教组织，这种世俗性的特点是巴哈伊教所独具的，是它区别于其他宗教的最为显著的特征之一。

巴哈伊教的"大同"思想*

王利耀　余秉颐主编

巴哈伊教孕育于伊斯兰教,发源地在伊朗。创启者为巴哈欧拉(Bahá'u'lláh,1817～1892),该教由此得名。巴哈欧拉在传教的过程中屡遭迫害,后被逐出伊朗,先后辗转于今天的伊拉克、土耳其等国,晚年住在巴勒斯坦的阿卡城北,后病故于此。巴哈伊教的最高机构是世界正义院(the Universal House of Justice),院址设在以色列的海法市。巴哈伊教在 20 世纪发展很快,到 60 年代初,全世界已有信徒 40 万;1992 年,巴哈伊教约有 500 万信徒分布在五大洲 232 个国家或地区。有 2 万多个地方灵体会,165 个国家和地区性总灵体会,有 10 万多个巴哈伊信徒或巴哈伊团体居住的中心。

巴哈伊教教义的核心思想包括 11 项原则,平等思想非常鲜明。该教强调人类应该团结、友爱、和睦,认为人的生存机会均等,法律面前人人平等,要求克服宗教、种族或派别的一切偏见,还特别提到要做到两性平等、使妇女接受教育等等。巴哈伊教提倡生活与信仰一体,严禁信徒赌博、偷窃及使用暴力,严禁说谎及背后论人是非,要求信徒不得乞讨,必须工作,服从当地法律,重视婚姻及家庭生活。巴哈伊教没有专门教职人员,信徒"自行祈祷",每个教徒都有传教义务,这些同它的平等思想也是一致的。

巴哈伊教的核心教旨有三条:上帝唯一,宗教同源,人类一家。巴哈欧拉具体阐述了该教这三大原则,认为巴哈伊教是一神宗教,神是独一而全能的,是超自然的精神实体;世界各大宗教虽然对神的称谓不同,如称之为上帝、安拉、佛、主等,但神灵本身是统一的,并且各种宗教本质上都来自同一神圣的根源。因此,一个已有宗教信仰的人若再信巴哈伊教,不需放弃原信仰,而巴哈伊教徒也可以自由出入各教的庙宇进行崇拜。该教还承认来自各教的神的使者,即亚伯拉罕、克里希那、摩西、琐罗亚斯德、释迦牟尼、耶稣、穆罕默德、巴布和巴哈欧拉。正因为这样,巴哈伊教致力于消除不同民族和宗教之间的偏见,认为世界人类同源,不论宗教信仰如何,人人皆系神的儿女,一律平等。为了实现不同民族和宗教间的平等沟通,它还希望创立世界共同的语言。①

巴哈伊教社会伦理思想非常丰富,其特点是积极入世、关心世俗生活,其宗旨是实现世界大同。具体主张有:注意培养良好的品德,如诚实、可靠、正义、崇拜神等;要求信徒忠于其政府,并以无私和爱国的方式为国家利益服务,但反对教徒参与公职竞选及参加政治活动;既要消除物质间的贫富差别,也要平衡物质与精神双方的需求;主张男女平等,一夫一妻;促进个体能力的发展,普及教育;维护世界和平,建立世界新秩序,反对任何战争,限制自然资源的开发等。据此社会伦理思想,巴哈伊教徒努力争取为人类服务,实现人类"天下一家"、世界大同的教旨。

---

* 原载王利耀、余秉颐主编:《宗教平等思想及其社会功能研究》,安徽大学出版社 2006 年版。

① 参见蔡德贵:《当代新兴巴哈伊教研究》,人民出版社 2002 年版,第 34～35 页。

建筑隐喻构思的创新（节选）*

戴志中等编著

建筑师常常会把眼光投向过去，从历史情景和传统文化中寻找构思的来源。印度新德里巴赫伊礼拜堂的建筑意象来源于佛教的传统，建筑师法瑞伯兹·沙巴为了表达一种纯洁的意境和紧密团结的象征，受到教义中莲花是完美无瑕的象征这一启发，采用了莲花状的建筑形象。建筑师认为，印度次大陆的文脉和独特文化中，莲花被作为人民生活与“精神联系”的象征和标志。它“不仅是印度宗教教徒们团结的象征，而且是世界上最完美无瑕的花”。他说：“我要设计新的、典雅的、非外来的、令人感到熟悉和亲切的形象。我访问了印度数以百计的教堂和庙宇，不仅为建筑设计找到方向，而且发现了一种概念——这个次大陆的和睦精神。”①巴赫伊礼拜堂采用具有强烈雕塑感的莲花造型，含苞欲放的莲花由三层共27瓣莲花瓣组成了墙与顶。礼拜堂外圈有九个舒展的水池，使这座白色建筑物俨若水面上漂浮的一朵纯洁的莲花。这座莲花形的礼拜堂已经成为巴赫伊教徒们心目中美好的象征。

* 原载戴志中等编著：《建筑创作构思解析：符号·象征·隐喻》，中国计划出版社2006年版。原文有图，出处未录。

① 《新德里巴赫伊教礼拜堂》，载《世界建筑》1990年第6期。

莲花绽开喻纯洁*

孙广来　张娟主编

宗教建筑在建筑史上占有重要的地位，尤其是19世纪以前的宗教建筑，即工业社会以前的宗教建筑。不同时代、不同地域为不同宗教服务的宗教建筑呈现着各自明显的特征。古希腊神庙的端庄典雅，优美绝伦；中世纪哥特式大教堂高直削立、引导精神的升华；文艺复兴时期大教堂的宏伟气魄，震撼人心。这些宗教建筑在一个历史阶段里都形成大量的复制。因而，历史上的宗教建筑往往是因循守旧的。随着现代工业技术的发展，近几十年宗教建筑创作出现了突破。现代大师柯布西埃设计了著名的朗香教堂，独特的雕塑感造型充分体现了混凝土的可塑性。约翰逊设计的迦登格罗夫水晶教堂，引得牧师欣然宣布：上帝喜欢水晶教堂胜过石头建造的教堂。

80年代，宗教建筑又有了新的突破。名不见经传的伊朗青年建筑师法瑞伯兹·沙巴设计建造的印度巴赫伊教礼拜堂，必将成为世界建筑之林中的不朽之作。

巴赫伊礼拜堂采用具有强烈雕塑感的莲花造型，在一层层同心圆内由外向里布置水池、台基、入口和礼拜大厅。含苞欲放的莲花由三层共27个莲花瓣组成了墙和顶。上面两层花瓣曲弧向内，其间巧妙地利用了天窗采光，使直径70米、可容纳1200个座位的圆形礼拜堂光线充足。下面一层花瓣向外张开，构成了9个进入礼拜堂入口上的雨罩。礼拜堂外圈有9个舒展的水池，使这座白色建筑物俨若水面上飘浮的一朵纯洁的莲花。它的合理的使用功能，建筑与结构完美结合产生的室内空间艺术效果与完整美好的建筑造型，说明现代高技术能满足物质功能和精神功能的双重需求。

莲花在印度的美术和建筑中是常见的圣洁的装饰形象，但建筑师赋予它新的内涵，使莲花礼拜堂成为巴赫伊教教徒们心目中美好的象征。

* 原载孙广来、张娟主编：《新编科技知识全书》，内蒙古人民出版社2006年版。

国外部分新兴宗教团体小资料(节选)*

高师宁

巴哈伊教(Bahá'í Faith) 19世纪中叶在伊朗兴起,现已具有国际性的新兴宗教。初创时为巴布教派运动的一部分。巴布教派的创始人赛义德·阿里·穆罕默德(Siyyid 'Aií Muḥammad,1819～1850),又称"巴布"(即救世主"马赫迪"的代理人,原意为"门",是该教的先驱。而该教的直接创始人为米尔扎·侯赛因·阿里(Mírzá Ḥusayn-'Alí Núrí,1817～1892),又称巴哈欧拉(Bahá'u'lláh,意为"上帝的荣耀")。

赛义德·阿里·穆罕默德于1844年自称巴布,并开始公开宣教。巴布教派遭到伊朗当局的镇压,巴布本人于1847年被捕,1850年遭杀害。米尔扎·侯赛因·阿里出身名门望族,因积极投入并资助巴布教派在伊朗各地的传教活动而被当局迫害,其家产被全部没收,他本人则两次入狱,出狱后全家被当局逐出伊朗。在流放巴格达期间,他成为该教团领导,并于1863年宣布他就是巴哈欧拉,即巴布所预言的"真主应许要来的人"是"上帝的显圣者"。该教自此得名。

从巴哈欧拉到他指定的合法继承人即其长子阿布都·巴哈(1844～1921),再从第三代领导人阿布都·巴哈之外孙索基·爱芬迪(Shoghi Effendi,1897～1957)到1963年该教最高权力机构"世界正义院"的成立,领导权的顺利交接,标志着该教进入了成熟的发展阶段。

该教奉巴哈欧拉的著作及阿布都·巴哈与索基·爱芬迪对圣典的释义为其经典。基本教旨可用12个字简单概括:上帝独一,宗教同源,人类一家。按照该教的解释,各大传统宗教都是真理,是人类灵性世界发展的不同阶段之代表,但巴哈伊教代表的是最新阶段;世界各大传统宗教的创始人都是上帝的显圣者,但巴哈欧拉是最新的一位显圣人。

该教的社会理想是建立人类大同社会,为此提出了如下原则:1.排除一切偏见;2.建立世界联邦;3.消除贫富悬殊;4.确保女性拥有与男性完全平等的上进机会;5.普及教育;6.承认真宗教与理性思想及科学知识的追求是殊途同归;7.独立寻求真理是每个人的责任。该教的行政系统分为三级。基层一级即地区或地方灵体会,第二级即全国性的或个别地区性的总灵体会,第三级为最高权力机构即世界正义院。各级领导机构的成员会均由九人组成,第一、二级机构的成员任期一年,第三级任期五年。该教不设专职神职人员,传教为所有信徒的职责。传教方式多种多样,最独特的一种为"拓荒"式传教,即由教徒自愿到还没有该教的地方居住,把该教带到这些所谓的"荒地"。该教入教程序简易,不需举行宗教仪式或宣誓,唯一的条件是承认巴哈欧拉为上帝的使者,并愿意实践其教义。

---

* 原载高师宁:《新兴宗教初探》,中国社会科学出版社2006年版。

该教的宗教礼仪亦不复杂，除每日的祈祷和默思外，每年 3 月 2 日至 20 日信徒须斋戒，在此期间，成年信徒每天日出后至日落前须禁食。此外，该教教法强调婚姻的神圣性，不鼓励独身主义；除必要的医疗需要外，禁用含酒精的饮料和麻醉剂或幻觉剂；信徒只要身体健康都必须参加工作，必须服从本国政府。

注重并强调艺术与音乐方面的教育，积极开展各类文化艺术交流活动，参与国际社会的各项活动，是该教在活动方面的主要特色。目前，该教已被联合国吸收为非政府组织的成员之一，参与联合国属下多项活动计划。

灵曦堂是该教的活动中心，现在共有 8 座母堂，分别位于美国伊利诺伊州的威梅特、澳大利亚的悉尼、德国的法兰克福、巴拿马的巴拿马城、印度的新德里、乌干达的坎帕拉、西萨摩亚的阿波亚及以色列的海法。海法与阿卡城是该教的圣地。对于信徒来说，能够去圣地朝圣，是其一生的最大心愿。近年来，每年都有数千名信徒能够了此心愿。

目前，该教有信徒约 600 万人，分布在 190 个国家与 45 个地区，地方灵体会有 20000 多个，国家或地区性总灵体会有 165 个，信徒居住中心则多达 10 万个。

当代新兴巴哈伊教研究[*]

蔡德贵

序

巴哈伊教是世界九大宗教之一，也是世界宗教史上历史最短的大宗教，其历史从 1844 年到现在只有 160 多年。该教有一条非常清楚的历史线索，但是到现在还没有一部详悉阐述其历史发展线索的著作。该教作为新兴宗教在国内已经开始受到注意，上海辞书出版社 1998 年出版任继愈主编的《宗教大辞典》，在 16 个分支学科中将巴哈伊教作为其中之一。吴云贵肯定地说："以往缺乏研究的……巴哈伊教以及各种新兴宗教等，现在也开始引起部分学者的关注。"卿希泰说："巴哈伊教已跃居为分布范围仅次于基督教的世界宗教，教徒日益成倍增加，国内教徒也增加很快。研究其迅速发展的原因，对防范宗教渗透有重大意义。但至今为止，只有零星论文发表，缺乏系统研究。本课题（教育部'十五'规划巴哈伊教研究项目）应包括巴哈伊教基本教义、创立过程、代表人物、发展状况和发展原因等方面的内容。"教育部因此在"十五"人文社会科学规划中列入了巴哈伊教的研究规划。巴哈伊教研究已经进入宗教学研究的领域。但是我国在该研究领域还是一片空白，这与该教作为世界九大宗教的地位是极不相称的，应该在"宗教思想、宗教教义的历史发展"的重点课题中列入巴哈伊教史研究的内容。国家宗教局局长叶小文在《邪教问题的现状、成因及对策》中说："新兴宗教之中，有的逐渐自成一体。有的又朝着两个方向发展：一个是往上靠，努力朝着传统、主流的宗教靠拢，走向制度化，如巴哈伊、哈盖伊、摩门教。一个是往下沉，反正政府也不承认，大家也不喜欢，就走向神秘，走向极端，走向颓废，走向反政府、反社会，成为异端、邪教。当然，邪教不一定都由新兴宗教演变出来，但确有一部分新兴宗教在走向邪教。"①

* 蔡德贵：《当代新兴巴哈伊教研究》，人民出版社 2006 年版。

① 叶小文：《邪教问题的现状、成因及对策》，载陈红星、戴晨京主编：《"法轮功"与邪教》，宗教文化出版社 1999 年版，第 165～166 页。

作为世界宗教之一的巴哈伊教，源自传统宗教伊斯兰教，是从伊朗什叶派中分化出来的，但已经独立为一种不同于伊斯兰教的新兴宗教。因为该教提倡天下一家、世界大同，所以旧译“大同教”。巴哈伊教在中国得到过孙中山等的充分肯定，丁光训认为该教是当代积极的宗教。该教在 19 世纪末传入中国，新中国成立到改革开放以前有所中断，新时期又活跃起来，有些知识分子还成为巴哈伊教徒。但在当代中国，对该教了解的人并不多。如何对待这种宗教，还没有一个统一的认识。现在是对它的历史进行系统研究的时候了。

该教作为一种宗教，保存了伊斯兰教的宇宙观和上帝观，但在其他方面却进行了较彻底的根本性改革，较早地完成了宗教向世俗化和现代化的转换。对巴哈伊教的历史和现状的研究，国内尚无人进行。通过研究巴哈伊教的历史，可以发现，宗教为了适应人类社会发展的需要，不断地调整自己。巴哈伊教产生于 1844 年，虽然在 20 世纪 70 年代只有 40 万人，但到 1985 年却猛增至 350 万人；而到 1991 年，则猛增至 540 万人；据估计，现在已经达到近 1000 万人了，成为在分布范围上仅次于基督教的宗教，跻身世界九大宗教之列。从目前的发展趋势，可以预知它的未来会以很快的速度发展，这就要求我们制定出相应的对策。究其迅速发展的原因，既有国际的因素，也有地区的因素；既有宗教的因素，也有文化的因素；既有内部的因素，也有外部的因素。充分认识该教的特点、独特的基本教义和传教方式，对我们认识传统文化或传统宗教完成现代转换并在现代社会中所发挥的作用，有重要的借鉴意义。在宗教世俗化和世俗宗教化两大世界趋势面前，研究巴哈伊教的个案，有利于中国传统文化的现代转换，比如说儒学，可以借鉴巴哈伊教的经验，使它在现代化的过程中发挥更大的作用。另一方面，又可以借助巴哈伊教的宽容，消除宗教隔膜和宗教极端主义，对国际恐怖主义会起到一定的限制作用，因为利用宗教来对付宗教极端主义是可能的。因此，以马克思主义理论为指导，来研究巴哈伊教的历史，是我们了解世界宗教现代化转换的一个关键。从此切入，会使我们得到不少启发，从而更为深入地认识宗教，引导宗教与社会主义社会相适应。

巴哈伊教的研究必然要追溯巴哈伊教创办的历史过程，对在伊朗这样一个伊斯兰教什叶派势力极为强大的地区为什么产生了这样一个十分温和的现代化宗教，首先从历史背景方面进行分析，对其先驱巴布运动产生的过程、巴哈欧拉将巴布运动发展为巴哈伊教的过程进行全方位的追溯，挖掘出巴哈伊教与伊斯兰教的内在联系与本质区别，与犹太教、基督教的联系与区别，以及与其他宗教的联系与区别，对其基本教义进行概略性阐释。在此基础上，对该教的现状进行分析，包括在当代世界宗教中的地位、所起的作用，在联合国非政府组织机构中的贡献，对世界环保和可持续发展的基本主张等等方面的内容，同时对其教徒的基本队伍进行全方位的分析和研究，然后探索 20 世纪 80 年代以后从 40 万教徒猛增至近 1000 万教徒的现状，对其现代性、开放性、超越性、世俗性、宽容性、融合性、务实性、灵活性、创造性等特点进行重点剖析，从中寻找该教迅速传播的原因。由于有这些特点，加上该教虽然不设专门传教士，但所有的教徒又几乎都是传教士，使该教在全世界范围内迅速传播，致使该教成为 20 世纪 80 年代以来传播最快的宗教。除此之外，我们也要涉及巴哈伊教在中国（包括在台、港、澳地区）传播的历史。从 19 世纪末传入中国后，孙中山、陈铭枢、曹云祥等中国著名历史人物都接触过巴哈伊教人士，有的自己也成为巴哈伊教徒。美国新闻记者玛莎・露特女士在中国的多次传教活动，扩大了巴哈伊教在中国的影响。改革开放以后，中国留学生在欧美社会进一步了解了巴哈伊教教义，其中有些人成为巴哈伊教徒。随着改革开放的深入发展，国际交往增多，外国巴哈伊教徒也到中国传教，使一些内地人士成为巴哈伊教徒。对此种宗教的世界化及在中国的传播，必须予以足够的注意。同时，也要积极引导该教能适应社会主义中国的现实，为中国的市场经济建设服务。

巴哈伊教研究在国内外均是一个很新的研究课题，研究成果不多。国内只发表过为数很少的巴哈伊教的研究论文，专著只有笔者的这部《当代新兴巴哈伊教研究》。国内可以借鉴的资料很少。新加坡、马来西亚和我国的澳门、台湾出版过一些书籍，国外出版过一些研究巴哈伊教的著作，如守基·阿芬第的名著《神临记》(*God Passes By*)、纳比尔·阿仁的《破晓之光》(*The Dawn Breakers*)、威廉·西尔斯的《释放太阳》(*Release The Sun*)、威廉·哈彻和道格拉斯·马丁的《巴哈伊信仰——新兴的世界宗教》(*The Bahá'í Faith：The Emerging Global Religion*)。但这些著作只是零星地涉及巴哈伊教的历史，《神临记》也只是涉及了该教 100 年的历史。连最新出版的，很权威的，由约翰·布克教授主编的英国《剑桥插图宗教史》(山东画报出版社 2005 年 1 月)，虽然是权威学者撰写的，且设了“新宗教”一节，由主编约翰·布克教授亲自撰写，但是关于巴哈伊教也仅有少得可怜的一点内容。总之，国内外很少出版从学术的角度专门系统研究巴哈伊教的专著。

《当代新兴巴哈伊教研究》自 2001 年出版以来，已经印刷了 2 次，印数达到 6000 册。但是因为是国内出版的第一部该领域研究的著作，还有很多不尽如人意之处。而且限于当时资料的缺乏，很多线索还没有搞得很清楚。因此该书有修订的必要。通过进一步阅读大量的著作，笔者基本上厘清了巴哈伊教创办的历史过程，对每一个历史阶段都有了一个基本的框架：第一个阶段(1844～1853)，是巴布运动阶段，是该教的奠基时期，要回答何以在伊朗这样一个传统的什叶派伊斯兰教国家产生巴哈伊教的问题；第二个阶段(1853～1892)，是巴哈欧拉正式创立巴哈伊教的阶段，要回答为什么同一个宗教会出现并列的两个创始人的问题；第三个阶段(1892～1921)，是阿布杜巴哈将巴哈伊教推广到世界范围的阶段，要回答新兴宗教如何世界化的问题；第四个阶段(1921～1963)，是守基·阿芬第把巴哈伊教在世界范围大力传播的阶段，要总结其世界化成功的经验；第五个阶段(1963～现在)，是世界正义院进一步完善巴哈伊教的教义体系、行政体系的阶段，要回答巴哈伊教何以迅速传播的问题。在此过程中，还要结合巴哈伊教的历史发展，对某些重大理论问题进行深入剖析和回答。研究要以巴哈伊教的基本经典为依据，将巴哈伊教的基本教义[包括三项基本原则：上帝一致的原则、人类一致的原则(地球乃一国，万众皆其民)、宗教一致的原则]，独立探求真理、废除偏见和迷信、宗教和科学一致、男女平等、普及教育、经济上的公平(废除极端的贫穷和极端的富裕)、注重精神力量等重要教义，都作为探讨的重点。而后还要在分析巴哈伊教特点的基础上，广泛探讨巴哈伊教的政治、经济、文化、教育、科学、宗教等各方面的主张，把该教和犹太教、基督教以及其他宗教的同异进行对比，实事求是地分析其在历史上的功过是非，以及在当代国际社会中所发挥的作用。还应该注意到该教对科学的态度，过去一般认为宗教和科学是对立的，而巴哈伊教虽然提倡神秘主义，却又与科学结盟，注意探讨科学的一些前沿问题。这些有前瞻性的思想得到世界上很多有识之士的赏识，如印度圣雄甘地曾说：“巴哈伊教是全人类的慰藉。”俄罗斯大文豪托尔斯泰也曾说：“我们花了一生的时间想打开宇宙人生的奥秘之锁，一位土耳其的囚徒巴哈欧拉，却有那支(把)钥匙。”

研究巴哈伊教在中国传播的历史，也是该书应该继续完成的一个任务。前清华大学校长曹云祥作为当时最高学府的校长，为何选择了巴哈伊教作为自己的信仰，其入教动机是什么？当代中国境内外的中国籍的巴哈伊教徒的入教动机又是什么？这些都需要进行认真调查。

上述研究内容在一定程度上填补了国内外这一领域研究的空白。巴哈伊教史的实际应用价值，在于可以为党中央提供一些前瞻性的参考。宗教作为非常敏感的社会问题，必须谨慎处理。如果处理得好，就可以为我们服务。宗教中的一些教义，可以为市场经济中的道德建设服务。巴哈伊教被认为是一个知识分子的宗教，是一个由神学宗教向伦理宗教过渡的宗教，也是当今世界上宗教味最淡的一个宗教。从巴哈伊教的演变过程，可以发现一些宗教演变的规律，为我们进一步探索宗教与社会主义社会相适应的问题提供借鉴。

导言:东方文化发展的大趋势

一、东方和东方文化的类型

(一)东方世界

东方是太阳升起的地方,自古以来,就带着神秘的色彩,展示出对人类文化的特殊贡献。神话传说中的人祖亚当和其妻夏娃所居住的伊甸园,就在东方;上帝让洪水灭世后,人类的新始祖诺亚,也是在东方世界建造方舟,救出全家和各种禽兽。象征人类文明一定发展阶段的世界四大宗教,都产生在东方:佛教产生于古印度(今尼泊尔南部提罗拉科特山区),基督教产生于巴勒斯坦沙漠,伊斯兰教产生于阿拉伯沙漠,而犹太教则产生于西奈沙漠。[①] 总之,东方是人类最初的诞生地,是人类历史的开端处,是世界文明的摇篮。然而,东方的概念却有着相对性、歧义性和不确定性。它既是地理的,又是民族的和文化的,从某种意义上说,也带有政治的含义。

作为地理概念的东方,现在一般指亚洲和非洲中部、北部地区,也往往泛指东半球,它本是个相对的概念。然而东方既然是相对西方而言,处于东方和西方的国家及民族,在历史上由于全球地理知识的缺乏和主观眼界的局限,对“东方”和“西方”就会有不同的理解。中国古代,称印度为“西方佛国”,佛教徒视印度为西方极乐世界。明代郑和下西洋,其“西洋”包括印度、阿拉伯国家及非洲东部在内的国家和地区。马欢的《瀛涯胜览》、费信的《星槎胜览》、巩珍的《西洋番国志》、黄省曾的《西洋朝贡典录》等明代典籍中所标示的西洋,都表明与郑和同时代的人对西洋的理解,正是我们今天所看作东方的地方。[②]

再早一些,汉代张骞通西域时期的历史记载,古代汉译的佛教著作,往往把位于中亚和南亚次大陆的很多地方称为“西域”。再晚一些,元明以后的一些地理著作,如《岛夷志略》、《东西洋考》,常把南海东部地区(现指东南亚各国)及附近岛屿称为“东洋”,清代以后又把地处我国东邻的日本称为“东瀛”或“东洋”。

从这里可以看出古代中外交通的发展,同时也可以看出,古代中国所谓“东方”和“西方”都是以中国为基点确定的。

而在西方中世纪时代,地中海曾被看作世界的中心,由这一中心来确定东、西的概念。中世纪以

① 参见[埃及]艾哈迈德·爱敏:《阿拉伯——伊斯兰文化史》第1册,纳忠等译,商务印书馆1982年版,第48页。
② 参见季羡林:《东方文学研究的范围和特点》,载《季羡林文集》第8卷,江西教育出版社1996年版,第421页。

后，西方人眼中的世界中心转到西北欧，而且世界的范围扩大到南美洲和北美洲，这种地理和文明范围的扩大，也导致“东方”概念的变化。① 在西方，有“欧洲中心论”，与其殖民主义扩张战略相联系。16～17 世纪时，西方向东方扩张，按离西欧的远近，把东方世界划为三个层次：近东、中东和远东。近东指从地中海到波斯湾一带，中东指从波斯湾到东南亚一带，远东指面临太平洋的地区。②

这样的划分当然是出于西方殖民主义的考虑，是西方中心论的表现。事实上，对东方世界这样划分并不科学，其中有些东方国家并未被包括在内。因而现在除了“中东”的概念还在继续使用之外（而其范围，大多是指阿拉伯伊斯兰世界，其中也包括非阿拉伯的伊斯兰世界，如伊朗、土耳其等），远东还偶尔使用，而近东已不再有人使用了。19 世纪下半期至 20 世纪以来，在东方形成的民族主义思潮，反映了这一时期东方世界企图摆脱西方控制的愿望。由此，东方又被赋予了政治方面的含义，是和资本主义相对立的世界。直至现代，人们称资本主义社会、经济发达国家为“西方世界”，称社会主义社会、发展中国家和不发达国家为“东方世界”，都表现了东方概念在政治和经济方面意义的延伸。

（二）东方文化

就民族和文化的意义上说，历史上居住在东方的民族在这个地区创造了多姿多彩的生活画面，交织着纷繁多变的民族关系。这些，构成了东方文化的内容。据有的学者统计，在亚洲和北非的土地上，现生活着 1000 多个民族，约占世界民族总数的一半以上，他们在人口数量、种族特征、语言属系、宗教信仰，或是在社会发展、经济活动、文化传统、生活方式方面，都是千差万别的。③

东方文化研究的具体对象就是东方各民族创造的文化。而在古代，埃及、巴比伦、印度和中国四大文明古国，像四座灯塔屹立在北非、西亚、南亚和东亚，他们标志着古代东方文化的辉煌。

这里所讲的东方，主要是就历史文化传统方面说的。就此而言，是否确实有一个独特的东方文明方式和生活方式，与西方或其他文明方式相区别呢？对此，这里不想做深入的理论探讨，只想就与本书主题有关的方面作事实性研究。整个世界的文化，是由各地区、各民族国家共同创作的。每一种文化或文明都有发生、发展、演变、衰退的过程。英国历史学家汤因比和其他一些西方历史学家，把过去的人类文化或文明分成许多独立的体系，认为各个体系之间文化的发展是并不平衡的。现在学术界则普遍认为，在众多纷繁的文化或文明中，显然是有文化圈的存在的，即是说“在某一个比较广阔的地区内，某一个国家或民族的文化或者文明，由于内部和外部的原因，影响了周围的一些国家和民族，发挥了比较大的作用，积之既久，就形成了这样的文化圈。……圈内的国家间有着文化交流，圈与圈之间也有文化交流”④。

（三）东方三大文化圈

古希腊和罗马文化，从希伯来起到伊斯兰时期的闪含族文化、印度文化、中国文化，都形成了这

① 参见[埃及]阿里·胡斯尼·赫尔布突里：《东方学家和伊斯兰史》，埃及图书总局 1988 年版，第 12 页。

② 参见美国不列颠百科全书公司编著：《不列颠百科全书》第 11 卷“中东”条，中国大百科全书出版社 1999 年版，第 178 页。

③ 参见李毅夫：《东方民族与文化》，载季羡林、张光璘编选：《东西文化议论集》，经济日报出版社 1997 年版，第 328 页。

④ [法]汪德迈：《新汉文化圈》，陈彦译，江西人民出版社 1993 年版，第 2 页。

样的文化圈。而这四大文化圈，又分为西方文化和东方文化两大文化体系。西方文化体系指从希腊、罗马直到今天的欧美文化，东方文化体系则大致包括中国文化圈、印度文化圈和阿拉伯伊斯兰文化圈。①

这三大文化圈，对应着古代东方的四大文明古国，只是其中古埃及文化和古巴比伦文化已经消亡，被其后继者阿拉伯伊斯兰文化取代，而中国文化和印度文化则流传到现在。

东方文化的中国文化圈也叫“儒学文化圈”、“儒教文化圈”、“汉字文化圈”，或形象地称为“筷子文化圈”。中国、日本、朝鲜、韩国、越南、新加坡等国家都属于这一文化圈。这一文化圈的国家受儒学和中国传统文化很深的影响。

印度文化圈除印度以外，还包括一些印度文化尤其是宗教文化（主要是婆罗门教、佛教、印度教）影响很深的国家，如斯里兰卡、尼泊尔、不丹、泰国、柬埔寨、老挝、缅甸等。

阿拉伯伊斯兰文化圈的范围很广，包括了所有的伊斯兰国家，其中最主要的有二十几个阿拉伯国家、地区和印度尼西亚、巴基斯坦、孟加拉、伊朗、土耳其、阿富汗，从苏联独立出来的几个中亚国家，如乌兹别克斯坦、哈萨克斯坦、土库曼斯坦、吉尔吉斯斯坦、塔吉克斯坦，也都属于这一文化圈。

这三个文化圈是各自独立的文化体系，各有其特点，又互相渗透。在中国文化圈内传入了不少印度文化和伊斯兰文化的因素，如中国、日本、韩国的佛教文化，中国的伊斯兰教文化；印度文化圈内也传入很多阿拉伯伊斯兰文化的因素；阿拉伯伊斯兰文化圈内也有佛教文化因素等。但这种渗透却不能抵消和代替三大主干文化系统。

这样，这里所说的东方，就是指整个亚洲和非洲中部、北部的国家和地区，包括以上所提到的三个大的文化体系。东方文化和东方哲学的研究，是以这三大文化体系为基点的。

二、东方文化的特点

（一）东方文化的核心——哲学与宗教

如上所述，东方文化大体包括中国（儒学）文化、印度文化、伊斯兰阿拉伯文化这样三大文化体系，东方哲学研究也就是以这三大体系为基点的。关于文化与哲学的关系，就一般认识来说，哲学可以说是文化的核心，是在文化整体中起主导作用的。但哲学往往又与宗教纠缠不开。文化随着社会经济基础的演变而演变，但每一个民族都有表现在共同文化上的共同心理素质，民族的共同心理具有相对的稳定性，它是在长期占统治地位的哲学、宗教的熏陶下形成的。② 哲学和宗教对于民族共同心理形成的影响，表明哲学和宗教在文化中的重要地位。有的学者甚至提出：哲学就是思想的发展，是有系统的、理性的、逻辑的、批评的思想，这种发展也可称作“文化”。“如果将文化当作一种活动，那么哲学是一种价值上、思想上的活动。”“哲学是心灵的创造，是对世界的一种认识与价值的把握，以及对人本身的理想的实现。因此没有哲学也就没有文化可言。”“哲学不但为文化本质之自觉与文化理想的反射，亦且为文化活动之理性指针与引动力源。”③哲学与文化的关系如此，东方哲学

---

① 参见季羡林：《比较文学与民间文学》，北京大学出版社 1991 年版，第 290～292 页。

② 参见张岱年：《中国文化与中国哲学》，载季羡林、张光璘编选：《东西文化议论集》，经济日报出版社 1997 年版，第 300 页。

③ ［美］成中英：《从中国哲学论中国五千年文化独特之价值》，载［美］成中英：《中国文化的现代化与世界化》，中国和平出版社 1988 年版，第 44、58、59 页。

与东方文化的关系亦如此。东方文化中的每一体系，及每一体系中各个国家民族的哲学和文化都是这样的关系。

因此我们现在讨论的东方哲学，是东方各国人民的世界观、社会伦理观和思维方式。它是东方人民对世界的一种认识和价值的把握，以及对人本身的理想的实现，是东方民族和国家文化活动之理性指针。

东方哲学和东方文化的特点是相对西方哲学和西方文化而言的。表面看来，它与西方不同的特点在于它的非单一性。它的民族之众多，内部体系之复杂，使其哲学在理论来源、哲学类型上均不尽相同。例如中国哲学与印度哲学是两个独立发展的形态，阿拉伯哲学也有其独特的介于东西方文化之间的特性。就是在受中国文化影响的儒学文化圈内不同国家和地区，由于受中国文化影响的程度（汉化程度）的不同，各国本土文化的背景不同，政治制度的不同，它们在文化和哲学思想上的差异也是很大的。但是，"汉文化各民族不仅由于久远地使用汉字的传统受同一文化精神所熏陶而成为一体，而且它还有一个与众不同的物质文明上的特点，即筷子的使用"。"政治上的差异丝毫不足抵消这些国家和地区在生活方式、思维方法和社会关系等方面惊人的相似性。"①

整个东亚，整个儒学文化圈的文化就是统一性和分歧性的共存。而这可以说是由多元文化组成的世界文明的一个典型或缩影。无论多元的各色文化差异有多大，它们之间都有人类共享的价值和精神文明成果。东方哲学无疑也表现了东方民族在世界观、伦理观和思维方式上共性的一面。

现在把东方哲学和文化作为儒学和儒学文化圈的大背景来考虑，也就是在承认东方儒学内部不同体系及各民族文化彼此差异和各具特点的前提下，来寻找它们属于共性的特点。诚然，这样考虑是排除了西方（欧洲）传统的东方学，由于历史和种族的偏见而把东西方对立起来的看法，②也排除了受冷战时期两极对立思维惯性的影响而把种族的和宗教的差异夸大为文明冲突根源③的看法。正如有的学者指出的：

> 现代文化理论的重大进展之一是认识到——这一点几乎得到了普遍的认同——文化是杂生的、多样的；各种文化和文明……如此相互联系、相互依赖，任何对其进行一元化或简单化描述的企图都注定要落空。④

像"东方"和"西方"这样的词没有与其相对应的作为自然事实而存在的稳定本质。况且，所有这类地域划分都是经验和想象的奇怪混合物。⑤

（二）东方文化的特点

关于东方哲学的特点，有的研究者概括为五条：(1)东方古代哲学发达，内容丰富、绚丽多彩；(2)东方哲学均有承袭数百、数千年的特点，属于类型保持型；(3)东方哲学注重人生，重点在于研究人生，研究人的行为规范、道德实践及人生幸福及归宿；(4)与西方哲学的理性主义特色不同的是，东方哲学具有浓厚的非理性主义倾向；(5)东方哲学与宗教关系密切，各国哲学几乎都是在宗教的怀抱

① [法]汪德迈：《新汉文化圈》，陈彦译，江西人民出版社1993年版，第2、3页。
② 参见[美]爱德华·W·萨义德：《东方学》，王宇根译，三联书店1999年版，第47、49、61页。
③ 参见[美]塞缪尔·亨廷顿：《文明的冲突与世界秩序的重建》，周琪等译，新华出版社1999年版，第5页。
④ 参见[美]爱德华·W·萨义德：《东方学》，第447页。
⑤ 参见[美]爱德华·W·萨义德：《东方学》，第426页。

里孕育形成，而且东方哲学在整个发展过程中长期未与宗教分离。[①]

黄心川先生在《东方著名哲学家评传·总序》中，从哲学思维的高度，认为东西方哲学在其发展过程中提出了很多共同的问题，但回答这些问题时所持的立场、思维方式和运用的语言、范畴有所不同。西方哲学注重自然对象，与自然科学结合紧密，东方哲学也研究自然，但其立场是人本主义的，探索重点是人与神、人与社会的关系，进而探讨人的生命本源和终极归宿，人的道德完善、行为规范，社会的至善理想等；西方哲学往往在科学实验的基础上注重从微观上把握物质、自然和世界，目的是征服自然，而东方哲学则常常从整体上，从人与自然、人与社会的和谐关系中寻求世界的统一；西方哲学从亚里士多德起就一直把哲学看作求智的学科，强调知识，重视理性，而东方则强调直观、内省、入神、顿悟，通过悟性的逻辑推演证悟事物的内在本质等。[②]

笔者过去在探讨东方文化特点时指出了四个特点：第一，怀旧情感浓重。东方人的思维特别重视承续性，先人如何说，祖宗如何说，是东方人普遍比较重视的。古代东方先民直观思维的遗风，很容易使人们把远古初民与想象中的神明联结到一起，并加以理想的描绘，涂上一层神圣、贤明的光圈。第二，注重神（天）人合一，物我相混。由这种天人合一、物我相混的思维定式而形成一种模糊的世界观，它有利的一面是为人类认识的发展准备了深层的条件，表现出人类灵性的一种自然状态，容易产生由人及物，由爱人到爱物的激情，有利于和周围自然环境的协调。不利的一面则是往往限制了人对外部世界的认识和改造，不容易激发出科学技术的发明。第三，神秘主义色彩浓郁。这种神秘主义贯穿在东方人对神人之际、天人之际、自然与文化之间的关系等等方面。它通过非常规的认识途径来昭示存在和生命的意义，提示人生真谛，它们对于直观和体悟的过分强调，往往使人们从感觉出发而最终又摆脱感觉经验。尽管这样，神秘主义还是从负面反衬出人类追求真善美的信心和理想，而且，只要社会尚未达到理想的美好境界，人类受到社会变化的压力，自然有一种对精神慰藉的需求，获取理想的补偿。第四，重感悟而轻理性。在宗教气氛非常浓郁的东方世界，流行着创世说、启示真理说、灵魂不死说等非理性主义产物，是通过直观、内省、神秘主义的个人体验而获得的一种认识。[③]

这些特点也是与上述有关哲学的特点相吻合的。

将上述看法归纳起来，简单地说，可以认为东方文化有如下几个特点：重传统，重保持；重人本，重人生；重整体，重和谐；重直觉，重感悟，轻理性（主要指知识理性）；宗教哲学发达，神秘主义浓厚。

值得注意的是，许多东方的学者对东方哲学的特点有与上述相似的看法。如一位日本学者指出："在西方近代科学高度发达的时期，产生了宗教和科学的尖锐对立，但是，在东方却看不到这种情况。""在东方文化传统中，宗教与经验科学——对于人的生命问题的基本目标，往往是一体化的。换言之，也就是采取宗教的认识乃至认识的宗教这一形式。因此基于人的主体实践积累的经验，宗教哲学体系被组织化了……它和在外向的自然中寻求绝对超越的东西的西方思维方式相反，而是在内向的自然的'心'中寻求超越的一种思维方式。"[④]

又如印度著名文学家、哲学家泰戈尔说："虽然西方人已经把勇敢地宣布他与他的圣父合为一

① 参见任厚奎、罗中枢：《东方哲学概论·导言》，四川大学出版社 1991 年版，第 5～9 页。

② 参见黄心川：《东方著名哲学家评传》，山东人民出版社 2000 年版，总序第 22～23 页。

③ 参见蔡德贵：《东方文化及其发展趋势研究》，载《中山大学学报》1998 年第 6 期。

④ ［日］汤浅泰雄：《东方文化的深层》，日本名著刊行会 1982 年版，第 122～124 页。

体,并劝告信徒们要把像上帝一样完美的人奉为导师,然而这种观念决不会与我们和无限存在合一的观念一致。""东方最高的智者认为:为了任何特殊的物质目的去利用至高神、获得它,这不是我们灵魂的职能……生命不是从任何需求而是从我们与无限者的密切关系中涌现。这是我们在灵魂中所拥有的完美原理。"[①]他们都是从生命的根本境界上来分析东方哲学中人与自然、人与神、人与社会以及宗教与科学、认识与体验的关系,因而无形中把上述特点综合到一起了。若从这样的角度来认识东方哲学的特点,也就容易理解作为东方哲学的特点了。

(三)儒家文化的独特之处

对于独具特色的儒学文化或"汉文化",有人曾从东亚共同文化背景的角度提出:汉文化与印度教文化、伊斯兰教文化、基督教文化等带有浓厚宗教色彩的文化区域不同,它并无一个上帝或一个佛祖来作为其精神支柱,但这一文化区域所表现出来的内聚力并不比任何一个文化区域弱。[②]

原因何在?有的学者认为其重要原因是拥有一个共同的文字基础——汉字。[③] 也有不少人认为儒学的神学特色并不突出,然而它的特色正表现在作为一个伟大的思想体系与其主要的社会制度结构之间的相互联系、历史交互作用过程中。"历史上,儒家的伟大力量在于家庭、学校和国家;同样,它的最大问题就在于这些如何可能共处,以及……所有这些成分怎么能与宗教相联系。"[④]"在道的东方形成的宗教、哲学,却几乎毫无例外地建立在现观性一体观之上。……在我日本,我们最优秀的民族中出现的建国思想,也是以统一的国土、统一系统的国体为一般国民之理想,遵循文化建设的思想,实现国民一体、上下一心、忠孝统一。在报国的实际中常形成统一体,指导国家的发展,不断建设文化的日本。"[⑤]

如何看待这些见解,以及如何理解在东方哲学和东亚共同文明背景下的儒学的特点,这是在另外的书中所要探讨的重要问题。

三、东方文化的发展阶段

(一)两种划分方法

关于东方文化的发展阶段,目前国内有两种划分方法:一种是按东方文化自己的发展过程和特点,一种是按通常西方哲学的分期方法,将其发生、成长、荣枯、新生的过程,大致分为古代文化、中世纪文化、近代文化和现代文化几个阶段。例如任厚奎、罗中枢主编的《东方哲学概论》(四川大学出版社1991年),在探讨包括阿拉伯哲学、印度哲学、中国哲学、日本哲学的东方哲学时,将其分为开端(远古～前3世纪)、发展(前3～13世纪)、繁荣(8～19世纪)、演变(18～20世纪)四个时期。

当然,这两种方法大体上是不矛盾的,而且使用起来各有所长。

从东方文化的各个体系来看,其发展中的共同特点是:古代文化发达,中世纪的界限不明显,而

① [印度]罗宾德拉纳特·泰戈尔:《人生的亲证》,宫静译,商务印书馆1996年版,第87、88页。
② 参见[法]汪德迈:《新汉文化圈》,陈彦译,江西人民出版社1993年版,第3页。
③ 参见[法]汪德迈:《新汉文化圈》,第1页。
④ [美]狄百瑞:《东亚文明——五个阶段的对话》,何兆武、何冰译,江苏人民出版社1996年版,第3页。
⑤ [日]高楠顺次郎:《作为新文化原理的佛教》,日本大藏出版社1947年版,第27～28页。

在近现代则遭遇了西方文化和哲学的强烈冲击。18世纪以来，随着西方殖民主义势力的侵入，西方文化也以各种方式进入东方，由此，东方国家在面临现代化道路的选择时，东方国家的文化、东方国家的哲学也遭到空前的考验。现代化问题往往与文化问题交织在一起，难解难分。这是从东方文化自身的特点来看的。

从另一方面看，如本导言第一部分所述，世界上东方和西方的概念本来是具有相对意义的。东、西方文化，东、西方哲学就世界人类文明发展的总体上来说，也没有严格的分界。将东、西方文化按同一种方法划分阶段，更便于在大视野中把握东西方文化交流的关系，并对东、西方文化进行比较。实际上，人类文明的发展是有着某种共同的先后一致的阶段性的。生于19世纪的德国存在主义哲学家卡尔·雅斯贝斯[①]曾经把人类历史分成四个阶段，并提出轴心时代的观点。他认为其中第三段对于人类文明发展具有特殊重要的意义。这就是以公元前500年为中心，从公元前800年到公元前200年的“历史的轴心”时代，在这一阶段，人类几大文明区的精神基础同时地、独立地在中国、印度、波斯、巴勒斯坦和希腊开始奠定。而直到今天，人类文明的发展仍然附着在这一阶段所定的精神基础之上。[②]

雅斯贝斯说：

> 在公元前800年到公元前200年间所发生的精神过程，似乎建立了这样一个轴心。在这时候，我们今日生活中的人开始出现。让我们把这个时期称之为“轴心的时代”。在这一时期充满了不平常的事件……这都是在几世纪之内单独地也差不多同时地在中国、印度和西方出现的。[③]

“轴心时代”的观点可以作为提出世界多元文化的深刻的历史理由。人类文明有各种不同的文化表现，不同的轴心时代的文明有不同的精神资源，不同的潜在力和不同的发展脉络。同时，探讨轴心时代文明特色的尝试也启发人们对人类文明发展的阶段性进行反思。“轴心时代”的观点被不少学者所认可。例如当今新儒家的代表人物杜维明在肯定雅斯贝斯的看法时，还把“轴心时代”多元文明起源的观点作为进行儒学的世界性研究、儒家传统的现代转化等问题讨论的广阔背景。这也是十分有益的。

现在从轴心时代的观点再来看东方文化的发展阶段问题。

(二)东方古代文化

东方古代文化的开始可以追溯到公元前4000年到公元前2000年初。大约从公元前3000多年开始，东方的文明古国就已进入了奴隶制时代，在埃及的尼罗河、美索不达米亚的底格里斯河和幼发拉底河，南亚的印度河、恒河，中国的黄河流域，孕育了世界最早的文明，也产生了早期的东方哲学思想。

---

① 卡尔·雅斯贝斯(Karl Jaspers，1883～1969)，德国著名哲学家，著有《存在主义》、《估计与展望》等。

② 雅斯贝斯把人类历史分成的四个阶段是：第一段为“普罗米修斯的时代”，即语言应用、工具发现、引火及用火的时代；第二段为公元前5000年至前3000年，古代文明出现在埃及、美索不达米亚和印度河流域，稍后出现在中国黄河流域；第三段(见上)；第四段为公元前200年至今，其间只有一个崭新的，物质上和精神上截然不同的事件能与其他历史重要事件相比拟，这就是科学和技术时代。它在中世纪末萌芽于欧洲，17世纪建立了理论基础，18世纪末进入广泛发展的时期(参见冯天瑜：《文明的可持续发展之道》，人民出版社1999年版，第29～30页)。

③ [德]卡尔·雅斯贝斯：《人的历史》，载田汝康、金重远选编《现代西方史学流派文选》，上海人民出版社1982年版，第39页。

1. 埃及古代文化

在埃及，原始的居民已开始探讨世界起源问题，人们崇拜太阳，将太阳神“瑞”看作宇宙的主宰，歌颂尼罗河给予万物生命，追求生命不朽，崇尚不害人、正道、宽恕等美德；古埃及的哲学思想和宗教神话交织在一起，流传下来的许多宗教经文，如《金字塔文》、《死人书》、《生命之书》等，此外还有大量道德“箴言”。古代两河流域巴比伦最初的哲学家也用神话的方式探讨宇宙的成因、人与自然的关系等，在著名的《创造之歌》中记述了“众神之主”马尔都克创造世界的神话、男女之神用爱情使万物死而复生的神话以及诺亚方舟的神话和吉尔伽美什的神话等等。这些流传的神话有的被写入了《旧约》。

2. 印度古代文化

印度哲学思想大约在公元前 2000 年就已萌芽了。印度最古的宗教历史文献及神话、文学作品汇集而成的《吠陀》，内容所涉及的时间范围大致从公元前 16 世纪至公元前 9 世纪。《吠陀》的思想表现出很多宗教成分，最初宣传的是对自然力量崇拜的多神论，山河草木、风雨雷电、日月星辰，都被当作神崇拜。随着时间推移和阶级的出现，多神崇拜有向一神教或准一神教发展的趋势。《吠陀》包括《本集》、《梵书》、《森林书》、《奥义书》，其中《奥义书》是它的最后一部分，在公元前 800 年至公元前 500 年间产生。《奥义书》探讨世界的本原、人生命的根本等问题，带有更严格的哲学思想意味。其中提出一种重要的“梵我同一”的观点，以“梵”为宇宙本体(大我)，“我”为人的主宰体(小我)，认为梵是个我的本质，人如果能摈弃社会生活、抑制情欲，便可直观灵魂的睿智本质，亲证梵我的同一，获得精神最后的解脱。

3. 中国古代文化

东方哲学的另一个原发地是中国。在这里，文明的最初发生、发展是与上述文化体系大体同步的。中国至今已有 6000 多年有文字可考的历史，公元前 2000 多年，即夏朝时，中国进入了奴隶制社会，并一直延续到商朝和周朝。从《诗经》、《尚书》、《左传》、《国语》这些典籍中可以看出，春秋以前中国古代的学术思想和哲学思想，主要分为四项：一是鬼神。原始时代的人，以为宇宙万事万物，都由神来主宰。所谓鬼神，当时不外乎天神、地祇、人鬼、物魅四者，都出于自然崇拜和灵魂崇拜。当时的神是多个，并具有人格的神，所以神能降福受享，能凭降于人。二是术数。立术数之法，是为探鬼神之意，察祸福之机。术数包括天文、历谱、五行、蓍龟、杂占、形法六种，这些术数都有专门的官来掌握，所以就有觋、巫、宗、祀等官职，都是专门事神的官，像埃及的法老、犹太的祭司长一样。三是天。夏商之后，天帝的观念兴起，或称上帝、皇天之帝等，说明多神观进展为一神观，然而多神的观念仍延续着。“天”除了这种主宰万物的带有宗教意义的天的含义之外，也包含有形之天、自然之天、义理之天等意义。四是祖。在中国古代，敬天与敬祖并重。《礼记 · 郊特牲》称：“万物本乎天，人本乎祖。”所以孝的观念占有重要地位。敬祖与敬天观念结合，于是产生了全人类为一大家族的思想产生。殷周之际还有两部著作——《洪范》和《易经》。前者以箕子和周武王对话的形式写成，讲述箕子向周武王陈述天地之大法的“洪范九畴”之事，后者是萌芽于殷周之际的古代卜筮之书。两部书都是在宗教的外衣下，阐述古代朴素的哲学观念，如五行和阴阳等。

4. 伊朗古代文化

此外，早在公元前两千多年，伊朗就出现了奴隶制城邦。后来，波斯人从中亚移居到伊朗高原。公元前 6 世纪中叶，波斯帝国建立，最早的琐罗亚斯德教(拜火教，又称祆教)的经典《阿维斯陀》(即

《波斯古经》)就产生于这一时期。由于波斯人与印度人同属雅利安族,波斯与印度具有共同的文化渊源,《阿维斯陀》中记载的人物和神均可在《吠陀》中找到相对应的名称和形象。① 以上可以大略看出东方哲学多元体系早期哲学思想的萌发,这些都是对后来东方哲学各体系和宗教的形成及发展有重要影响的。

(三)古代东方哲学和世界宗教的兴起

然而,古代东方哲学和世界宗教蓬勃兴起的时期是在公元前6～前5世纪。当时在波斯有琐罗亚斯德建立了琐罗亚斯德教;在希腊,诡辩派开展了大规模的活动,在印度出现了沙门思潮,使思想界长期居主导地位的婆罗门教的思想体系遭到挑战。沙门思潮是反婆罗门教或各种非婆罗门教思潮的总称,据文献记载其种类有数百种之多,反映了印度在公元前6～前2世纪思想界活跃的状况。沙门思潮中影响较大的是“六师”②,但是经过演化后流传下来的主要是佛教、耆那教和顺世论,其中佛教是沙门思潮最大的派别。原始佛教提出了一套四谛十二因缘的说教,奠定了初期佛教宗教教义的基础。初期佛教的重要哲学思想都与之相关或为之作论证,因而它在后来佛教的发展中占重要地位。在中国,从殷周以后的春秋之世起,就进入一个极重要的社会变革时期,凡政治制度、经济制度、社会组织,都发生深刻的变革;思想和学术的活跃,呈现百家争鸣的局面,带来有些学者所称的子学时代。冯友兰说:“在中国哲学史各时期中,哲学家派别之众,其所讨论问题之多,范围之广,及其研究兴趣之浓厚,气象之蓬勃,皆以子学时代为第一。”“此种种大改变发动于春秋,而完成于汉之中叶。此数百年为中国社会进化之一大过渡时期……在中国以往历史中,殆无可以比之者。即在世界以往历史中,除近代人所遇所受者外,亦少可比之者。”③

诚如一般人所知道的,老子和孔子诞生于这一时期,中国哲学的各家各派,所谓阴阳、儒、墨、名、法、道德等六家或九流十家者都源出于这一时期,老子之后的庄子,孔子之后的孟子、荀子也出在这一时期,此即哲学在中国真正产生的时代。

(四)中世纪东方文化

中世纪在西方是与欧洲文艺复兴运动相关联的概念,欧洲中世纪从公元5世纪延续到15～16世纪,被看作是一个长达千年的黑暗蒙味的时代。④

其间有日耳曼部落对罗马的征服、罗马帝国的衰落,以及试图在宗教——基督教基础上进行政治结构建设和社会文化整合的过程;在哲学上突出的表现是神学的统治和经院哲学内部的争辩。然而通过“封建结构的瓦解,意大利城邦的增强,西班牙、法国和英国国家君主制的出现以及如世俗教育的兴起这类文化上的发展”,最后终于导致了“一个具有新精神的、自觉的新时代的诞生。这个时

---

① 参见季羡林:《东方文学史》上册,吉林教育出版社1995年版,第113～121页。译名《阿维斯陀》取自《不列颠百科全书》第2卷,中国大百科全书出版社1999年版,第86页。

② “六师”即不兰那·迦叶(Pūrana·Kassapa)、末·伽梨·拘舍罗(Makkhali Gosāla)、阿耆多翅舍钦婆罗(Ajita Kesakambala)、婆浮陀·伽旃那(Pakudha KACCāyana)、散若夷·毗罗梨子(Sanjaya Belatthiputta)、尼干陀·若提子(Nigantha Nataputta)(参见楼宇烈:《东方哲学概论》,北京大学出版社1997年版,第8页)。

③ 冯友兰:《中国哲学史》,中华书局1961年版,第30、35页。

④ 参见美国不列颠百科全书公司编著:《不列颠百科全书》第11卷,第178页。

代回顾古典学术，汲取灵感，亦即称作文艺复兴的时代”。①

中世纪为人文主义者本身向文艺思潮的转变提供了基础，表现了西方文明在历史发展中连续性与阶段性的统一。其历史过程中各种事件的具体表现虽然没有普遍性，然而它所体现的社会文明发展的阶段性与不同民族、国家、地区原有的思想资料的连续性的辩证统一是有规律的、有普遍性的。

与西方相比，在东方中世纪的概念显得含混，各国、各地区、各文化体系进入中世纪的时间界限也不相同，有的从话语习惯上甚至没有划分出中世纪的阶段，或者被认为没有明显的中世纪。例如中国文化或日本文化，就是如此。②

但是尽管如此，“很显然，在东方各国社会发展过程中，有一个连接古代和近代的历史时期，这个时期有它自己的特点，特别是在哲学思想资料的继承方面有它的连续性”③。

1. 印度中世纪文化

有的学者认为印度的中世纪从公元 3～4 世纪开始，至 18 世纪资本主义萌芽产生为止。中世纪初期，印度婆罗门正统六派（即数论派、瑜伽派、胜论派、正理派、弥曼差派、吠檀多派）的哲学形成系统，非正统派也在活动，佛教由小乘转入大乘，呈现出长时期的各派哲学并行发展的历史时期。

2. 阿拉伯中世纪文化

在阿拉伯半岛，虽然 7 世纪起穆罕默德才开始创建伊斯兰教，确立了《古兰经》在阿拉伯哲学中的地位，8 世纪才开始产生或逐渐形成伊斯兰经院哲学的代表凯拉姆哲学，但在 7 世纪之前，阿拉伯哲学已经在继承古代埃及哲学并吸收古代希腊哲学基础上开始萌芽。公元 9～12 世纪，在阿拔斯王朝时期，阿拉伯学者曾大规模地翻译并注释希腊哲学和科学著作，以及印度和波斯的古典著作，这一时期重要的阿拉伯哲学家的代表，如法拉比、伊本·西拿、伊本·鲁西德等，都是在传播希腊哲学和东方传统思想过程中产生的。所以我国著名的伊斯兰学者马坚曾说：“西欧人在中世纪时代关于希腊文献的知识大半是从阿拉伯译本重译为拉丁文后才得知的。伊斯兰哲学传入欧洲后，黑暗时代的欧洲人才听到亚里士多德的名字……”④他在这里说明了阿拉伯哲学在沟通西方古代和近代哲学中所起的特殊重要的作用。

3. 中国中世纪文化

在中国，如前所述，一般没有中国中世纪哲学的提法，但是老一代的学者在划分“子学时代”时，多认为其终止于汉初董仲舒“独尊儒术”的主张推行的时期。冯友兰说：“董仲舒之主张行，而子学时代终；董仲舒之学说立，而经学时代始……自此以后，孔子变而为神，儒家变而为儒教。”⑤另有一些西方学者在研究儒学时也往往以汉代为界限来划分“古典儒学”与后来的儒学，并因而有“新儒家”的提法，用来指宋代以后的儒学。他们以为唐宋之际是一个新局面的转折，“最近几个世纪里西方所接触到的那个近代中国的大部分根本特征，就是在这个时代出现的”⑥。

由此也可以看出他们对中国哲学划分“古代”和“中世纪”的思路，这种思路与在西方中世纪的观

---

① 参见美国不列颠百科全书公司编著：《不列颠百科全书》第 11 卷，第 178 页。

② 关于中国哲学，历来的中国哲学史著作都没有“中世纪哲学”的提法；关于日本哲学，可参见楼宇烈：《东方哲学概论》，北京大学出版社 1997 年版，第 31 页。

③ 黄心川：《东方著名哲学家评传·西亚北非卷·总序》，山东人民出版社 2000 年版，第 7 页。

④ [德]第·博尔：《伊斯兰哲学史·译者序》，马坚译，中华书局 1958 年版，第 2 页。

⑤ 冯友兰：《中国哲学史》，中华书局 1961 年版，第 40 页。

⑥ [美]狄百瑞：《东亚文明——五个阶段的对话》，何兆武、何冰译，江苏人民出版社 1996 年版，第 44 页。

念和上述印度或阿拉伯哲学关于中世纪的概念是有相通之处的。

(五)东方近现代文化

东方近、现代文化大多开始于18世纪左右。这与东方各地区、各国前近代的进程与发展状况有关,也与西方殖民主义者的入侵有关。例如印度近代史的序幕是在莫卧儿王朝衰落,封建生产关系瓦解,英帝国主义入侵、资本主义畸形发展的背景下揭开的。而1798年拿破仑侵入埃及,奥斯曼帝国被列强瓜分,从而揭开阿拉伯近代史的序幕。19世纪初,印度沦为英国的殖民地,19世纪末20世纪初,奥斯曼帝国及阿拉伯各国先后沦为半殖民地。在中国,通常把1840年鸦片战争作为近代史的开始,中国近代的意识形态是以救亡图存、变法维新和反清革命为主线的。在东亚其他国家,除了日本没有成为殖民地,其近代哲学随着资本主义的发展而产生外,朝鲜半岛在19世纪初李朝的封建生产关系衰替,随之沦为半殖民地和殖民地;越南也是在19世纪末沦为法国殖民地的。如此,近代东方的大多数国家都面临着救亡图存、富国强兵的共同主题,从近代到现代,思想家和哲学家所从事的思想启蒙和文化启蒙、宗教改革和社会改革,引进西方思想与批判转换自身传统的运动,都是在这样一个背景下进行的。

(六)东方儒学的研究

对东方儒学的研究大体上应该遵循以上东方文化分期的框架,此外,还有两点需要说明:

第一,儒学作为东方文化的一个方面和一部分,与东方文化的其他方面既有同步性,又有自己的发展过程和逻辑。而东亚各国儒学的发展也有一个共享文明价值的过程,这个过程虽因文化的丰富性而在时间先后上表现出差异,但总可以通过比较而建立一种共同的时间框架。所以美国学者狄百瑞曾以四个广泛的阶段来讨论东亚文明,即形成阶段(约公元前11世纪至公元2世纪)、佛教时期(公元3世纪至10世纪)、新儒学(指理学即宋学)时期(公元11世纪至19世纪)、近代,并以此为基础来讨论儒学在当今东亚的作用和可能的前途,以及东亚与西方在当今的相互作用。①

当然,其他国家的学者对东亚儒学的发展阶段也有另外的观照。② 这些都可以作为讨论儒学发展趋势的参照。

第二,这里的东方儒学侧重在儒学作为东方传统文化和哲学在近代以后社会转型中的遭际,和东亚各国在接受西方科技、引进西方市场经济、创造自身现代化模式中儒学的自我更新和转换,只是为了叙述的方便,所以我们将儒学分为形成和展开阶段、近现代转型和演变阶段,及儒学在当代的发展阶段。对于中世纪,这既是儒学发展定型和传播的时期,又是东亚各国前近代特征显露并开始向近代转型的时期,所以不仅在儒学形成展开阶段应该有所论述,而且在儒学近现代遭际中也应该有所涉及。

四、东方文化不同体系之间的相互渗透与交流

东方文化是在长期历史过程中形成的一种多元文化。有时候,人们说起东方文化,常用亚洲文

① 参见[美]狄百瑞:《东亚文明——五个阶段的对话·序言》,第2页。

② 参见[韩]黄秉泰:《儒学与现代化——中韩日儒学比较研究》,刘李胜等译,社会科学文献出版社1995年版,第一、五章。

化来代称，其实亚洲文化应包括东亚、南亚、东南亚、西亚文化等。这也说明，东方文化的多元，从体系上包括上文所说的三种类型或三大文化圈，而具体来说，则包括不同地区、不同国家的文化。从这个意义上说，所谓中国、印度、阿拉伯伊斯兰几大文化体系或曰"文化圈"的说法，又不可能完全包容和概括百花齐放、丰富多彩的东方文化现状。

世界文化是有体系的，这已为许多学者所共识。但所谓体系，也只是说一种文化有特色，有独立性，对其他国家有影响，或影响的范围较大。① 所以讲"体系"也离不开讲交流，文化体系是文化长期交流的结果，体系之间的相互渗透也是通过广义的文化交流来进行。②

文化交流的原则是历史上文化多元性的事实证据。文化交流使得民族文化和文化体系的概念成为开放的、变化的、发展的动态概念，而不是封闭的和保守的概念。例如中国文化体系的形成就是多元文化交融的过程。

（一）中国文化的内部交流

中国传统文化的发源地是中原地区。后来，以中原为中心向外辐射，在以曲阜为都城的鲁国得以保存和发扬。但在鲁国，因为其所在地原是东夷人居住之地，所以在先鲁文化和鲁文化中都有东夷文化的因素。鲁国建国之时，采取"变其俗，革其礼"、"尊尊而亲亲"（《史记·鲁周公世家》）的建国方针，一切从周典出发，所以使"周礼尽在鲁矣"（《左传》昭公二年），"周公以来，素称守礼之国"。③ 尊尊、亲亲，仁与礼的互制等特色，形成鲁国思想的主流学派——儒家学派。而在春秋战国时，儒家也只是诸子百家之一种。

在东方的齐国，本有一套与鲁不同的文化系统。齐国"蔚为大国，临海富庶，气象发皇，海国人民，思想异常活跃"④，齐太公在建国之初，实行"举贤而上功"（《淮南子·齐俗训》）的政策，结果造成了齐文化有很强的兼容性，先后容纳了儒家、道家、法家、墨家、阴阳家、纵横家、农家、兵家、术士、方士等百家之学，成为春秋战国时期百家争鸣和融合的主要基地⑤。胡适把这个叫作"思想大混合"，而"这个大混合的思想集团，向来叫'阴阳家'，我们也可以叫他做'齐学'"。⑥

齐、鲁文化之不同，主要表现在：齐文化具有很强的兼容性，鲁文化则是单一性文化；齐文化有很强的变通性，鲁文化则表现出守常性；齐文化是智者型文化，鲁文化是仁者型文化。⑦

它们之间的对立和冲突是存在的，但它们之间的相互渗透也是存在的，稷下学宫是战国时两种文化交融的主要场所，而汉代董仲舒则是齐鲁文化融合的完成者。汉代以后，齐鲁文化合流，形成以儒家为主体、道家为补充的中国传统文化。

---

① 参见季羡林：《文化交流的必然性和复杂性》，载《东西文化议论集》上册，经济日报出版社 1997 年版，第 8 页。

② 广义的文化交流，也包括由两种文化的冲突所引起的文化交流，例如近代以来中西文化的碰撞，表现为又冲突、又汇合。参见季羡林：《东西文化议论集》上册，经济日报出版社 1997 年版，第 2、29、30 页。

③ 梁启超：《儒家哲学》，载《饮冰室诸子论集》，广陵古籍刻印社 1990 年版，第 27 页。

④ 梁启超：《儒家哲学》，载《饮冰室诸子论集》，第 27 页。

⑤ 参见蔡德贵、刘宗贤：《智者乐水仁者乐山——论齐鲁两种文化的不同氛围和特点》，载台湾《哲学与文化》1997 年第 1 期。

⑥ 《胡适学术文集·中国哲学史》，中华书局 1991 年版，第 274、470 页。

⑦ 参见蔡德贵、刘宗贤：《智者乐水仁者乐山——论齐鲁两种文化的不同氛围和特点》，载台湾《哲学与文化》1997 年第 1 期。

(二)中国文化与外来文化的交流

中国传统文化成型之后,并不排斥外来文化,而是不断吸收外来文化,接受外来文化的渗透。最先传入中国的外来文化是印度佛教。佛教在汉代传入中国,经过了撞击、吸收、改造、融合、同化的不同阶段。① 吸收的结果是道家演化成道教,使中国有了土生土长的宗教;改造的结果是使印度佛教演变成中国禅宗。魏晋时期,儒家文化和道家、道教文化相互渗透、吸收,形成魏晋玄学。隋唐以后,儒、释、道又相互吸收,逐渐形成三教合一的宋明理学。宋明理学是东方两大文化——中国文化和印度佛教文化长期融合的结果。

唐朝时期,伊斯兰教传入中国。但伊斯兰教在中国起初只是在寄住中国的阿拉伯人和波斯人中流行,到明末清初,经过长期的相互渗透和交融,形成了儒、释、道、清(伊斯兰)四教会通型的文化体系,出现了一大批著名的有影响的思想家,如刘智、王岱舆、马注、马复初等。这是东方两大文化——中国文化和伊斯兰阿拉伯文化长期相互渗透和交融的结果。

从中国文化中不难看出东方各大文化体系之间的相互渗透与交融。

(三)印度文化与阿拉伯伊斯兰文化的交流

同样,印度文化、阿拉伯伊斯兰文化也都不是单一的文化体系。印度文化是以宗教为突出特色的文化,整个印度可以说是一个多宗教的博物馆。虽然自笈多王朝以来,婆罗门教开始上升到主导地位,但后来的印度教并不像伊斯兰教或佛教那样有一个统一的体系,而是许多宗教的大集会,"每一印度宗教都可以成为其成员,只要它遵守这个集会的某些简单规则……印度教惊人的大扩充主要是吸收了流行于古代婆罗门发源地以外的印度各地的信条"②。印度这种多宗教的特点与其多民族的状况相一致,正显示了印度文化的多元特色。③ 至于阿拉伯伊斯兰文化,更是多种文化源流互相影响、融会贯通直至发展和创造的成果。

中国著名阿拉伯史学家,穆斯林学者纳忠在艾哈迈德·爱敏著的《阿拉伯——伊斯兰文化史·译者序言》中说:"'阿拉伯——伊斯兰文化'乃由三种文化源流汇合而成:一是阿拉伯人的固有文化;一是伊斯兰教文化;一是波斯、印度、希腊、罗马……等外族的文化。"④在这三种源流中,除了阿拉伯语言、文学、谚语、传说、星象,以及《古兰经》、《古兰经》注、"圣训"教义学、教法等阿拉伯伊斯兰的文化遗产外,还有大量的外来文化影响,如波斯的语言、文学、传说、故事、艺术、音乐、历史、哲学、政治,印度的哲学、数学、医学、天文,希腊的哲学、自然科学;罗马的政治、法律等。

阿拔斯王朝时期,阿拉伯学者受到当时统治者的鼓励,去远游各方、搜寻古籍、访求学问,并把波斯、印度、希腊的古典著作系统地译成阿拉伯文。当时在巴格达建有一所著名的"智慧之宫",集中了一大批专门从事翻译和研究的人员。中世纪的阿拉伯伊斯兰帝国幅员辽阔、民族众多、文化繁荣、蔚为大观。正是这种广为吸收和继承各种文化遗产的开放精神,为阿拉伯伊斯兰文化的发展打下坚实基础,使之形成某种介于东西文化之间的独特风貌。

---

① 参见季羡林:《中印文化交流史》,新华出版社 1991 年版,第 4 页。

② [英]查尔斯·埃利奥特:《印度教与佛教史纲》第 1 卷,李荣熙译,商务印书馆 1982 年版,第 25、29、30 页。

③ 印度是个多民族的国家,尽管国内居住着许多人口众多的大民族,却没有一个大民族的人口超过全国总人口的半数(参见李毅夫:《东方民族与文化》,《东西文化议论集》上册,经济日报出版社 1997 年版,第 330 页)。

④ [埃及]艾哈迈德·爱敏:《阿拉伯——伊斯兰文化史·译者序言》第 1 册,纳忠等译,商务印书馆 1982 年,第 3 页。

(四)中国文化与印度文化的交流

历史上中国和印度之间的文化交流与融合,也对东方文化体系的形成产生了重要影响。中国和印度是东方的两大文明古国,都有悠久的历史和丰富的文化遗产,而且,印度佛祖释迦牟尼和中国圣人孔子生存的时代也大致相同。中国的儒家思想和道家思想传播到朝鲜半岛、日本、越南等,对那里文化的建构产生深远的影响;印度的佛教文化传入了中国,经过中国本土文化的吸收和改造,不仅形成了中国特色的佛教,影响了中国文化的发展,而且由中国传入朝鲜和日本,也影响了那里的文化发展,乃至社会风俗和习惯。在这里,印度的佛教,中国的儒道文化,经过广泛的文化交流,都已超出了它们原发生地的意义,在东亚影响深远的宋明理学就是儒家、佛教、道教文化相互融合的产物。①

同样,中国文化对印度文化也有影响,这种影响也是源远流长的。据季羡林先生考证,印度古书上不乏对中国的记载,印度史诗《摩诃婆罗多》中就有很多地方提到中国(Cina),另一部大史诗《罗摩衍那》中,“Cina”这个词也多次出现。②

众所周知,唐代高僧玄奘对于沟通中印两国信息和官方关系作出了重要贡献。据《慈恩传》卷五记载,玄奘在印度与戒日王初次会面时,戒日王问玄奘:“师从支那来,弟子闻彼国有《秦王破阵乐》歌舞之曲,未知秦王是何人? 复有何功德,致此称扬?”玄奘答:“玄奘本土见人怀圣贤之德,能为百姓除凶剪暴、覆育群生者,则歌而咏之。上备宗朝之乐,下入闾里之讴。秦王者,即支那国今之天子也。未登皇极之前,封为秦王,是时天地版荡,苍生乏主……四海困长蛇之毒。王以帝子之亲,应天策之命,奋威振旅,扑剪鲸鲵,杖钺麾戈,肃清海县,重安宇宙,再耀三光。六合怀恩,故有兹咏。”戒日王说:“如此之人,乃天所以遣为物主也。” ③

这里,玄奘在向戒日王介绍秦王李世民时,无意中也涉及了儒家的圣人观与中国的帝王思想,而从戒日王的回答中可看出,双方的思想是能够相互沟通的。

还有一件明显的事实是:古代印度的历史几乎全部隐没在一团迷雾中,只有神话和传说,而对于历史科学来说最重要的年代,也无从确定。只有确定了释迦牟尼的年代,才能确定其他一些大事的年代。而恰恰是在这个重要的问题上,中国载籍起了很大作用,《大唐西域记》对确定佛陀的生卒年月也起过作用。④ 因此,英国的印度史学家史密斯(Vincent Smith)曾说过:“印度历史对玄奘欠下的债是决不会估价过高的”。印度著名历史学家阿里(Ali)也说:“如果没有法显、玄奘和马欢的著作,重建印度史是完全不可能的。”⑤中国文化对印度的影响,还有一个非常有趣的现象,就是季羡林先生提出的“佛教的倒流现象”,“佛教从西天传入中土,将这枝叶植入中华之土中,又生根干,传回西天”。⑥

季先生引用了宋代赞宁在《宋高僧传・含光传》中所写的一个“系”,说明唐玄宗开元年间以前已经有了佛教倒流的现象。这个“系”说:“又夫西域者,佛法之根干也。东夏者,传来之枝叶也。世所

---

① 关于中国宋明理学在东亚的深远影响,如狄百瑞说,“从东亚作为一个整体的观点来看,新儒家(宋明儒——笔者注)乃是塑造一种新的共同文化的首要力量。”(参见《东亚文明——五个阶段的对话》,江苏人民出版社 1996 年版,第 45 页)

② 参见季羡林:《中印文化交流史》,新华出版社 1991 年版,第 12～13 页。

③ 转引自季羡林:《中印文化交流史》,第 75～76 页。

④ 参见季羡林:《玄奘与〈大唐西域记〉》,载《大唐西域记》,中华书局 1995 年版,第 126～127 页。

⑤ 参见季羡林:《玄奘与〈大唐西域记〉》,载《大唐西域记》,第 137 页。

⑥ 季羡林:《中印文化交流史》,第 111 页。

知者,知枝叶不知根干,而不知枝叶殖土亦根生干长矣。……盖东人之敏利,何以知耶?秦人好略,验其言少而解多也。西域之淳朴,何以知乎?天竺好繁,证其言重而后悟也。由是观之,利在乎念性,东人利在乎解性也。如无相空教出乎龙树,智者(指智𫖮——季羡林按)演之,令西域之仰慕。如中道教生乎弥勒。慈恩解之,疑西域之罕及。将知以前二宗殖于智者慈恩之土中枝叶也。入土别生根干,明矣。善栽接者见而不识,闻而可爱也。"[①]这都是中国文化影响印度的实例。

(五)中国文化与阿拉伯文化的交流

中国和阿拉伯世界的交往,在司马迁《史记·大宛列传》中就有记载,公元前138年,张骞奉命出使西域,中阿交流被加载入史册。但长期以来,阿拉伯载籍对中国记载不多。公元7世纪上半叶,伊斯兰教创始人穆罕默德对中国的悠久文化惊叹不已,用这样的格言训诫自己的弟子和穆斯林:"学问虽远在中国,亦当求之。"[②]阿拉伯人如何求得中国之学问呢?根据现在所掌握的资料,最早记载中国见闻的是伊本·胡尔达兹巴的《道路与列国志》,成书于公元844~848年。该书记载了从巴士拉通向东方的海路和陆路,是第一部用阿拉伯文留下的有关中国、阿拉伯商人在中国情况的著作。[③]只是此书对中国精神文化的记载语焉不详。

稍后是佚名作者写的《中国印度见闻录》,记载的是著名阿拉伯商人苏莱曼东来的见闻。该书第1卷写成于伊斯兰教历237年,即公元851年,经过后人改编后,以《苏莱曼东游记》闻名于世。书中详细记载了中国的宗教情况,认为"中国人的宗教很接近佛教",说:"中国人崇拜偶像,向偶像做祷告,在偶像前叩头礼拜,而且有经书。"又说:"中国人没有自己专门的教义,他们的宗教是印度宗教派生出来的。中国人说,是印度人把佛陀带给中国的,印度人是中国宗教的真正大师。"[④]公元988年,著名历史学家伊本·奈迭木著成不朽著作《书目》,转述了一位从中国回到巴格达的阿拉伯基督教商人对中国的印象,提到了在中国流行的基督教的情况,说"中国的基督教徒已经消失,因种种原因已不复存在,在整个中国,仅仅有一个基督教徒幸存";"中国的教堂已成为废墟";因此基督教义"无法向任何人传授"。[⑤] 这里说的基督教,显然指聂斯脱利派,在中国当时称"景教"。

阿拉伯文化中对中国有记载的典籍非常多,只是有关精神文化方面的,一时还很难梳理出来。

那么,中国、印度、阿拉伯,这三大文化体系的相互渗透与交流又说明了什么呢?

文化的一体化和多元化从来都是同时发展的,因为人类文化的正常发展需要多样性的传统和智能,而人类社会的正常发展也有赖于多种文化、多种智能的渗透。有人曾就此提出"文化生态"的问题。[⑥]

就东方文化系统来看,其各文化圈的文化都是在多元交汇中形成了各自特点;同时各文化圈之间又相互交流和影响,从而形成东方文化在整体上不同于西方文化的某些特点。正因为这样,我们才能在理论上和事实上找到一种依据,从而能够越出中国的范围,把历史上亚洲乃至东方受儒学不同程度影响的国家和地区的儒学发展作为一个整体的对象来研究。而在当代,文明越发展,文化越

---

① 《季羡林文集》第4卷,江西教育出版社1996年版,第461~462页。

② 转引自陈炎:《海上丝绸之路与中外文化交流》,北京大学出版社1996年版,第154页注21。

③ 参见黄培炤:《唐代的中阿文化关系》,载《阿拉伯世界》1992年第4期。

④ [法]费瑯:《阿拉伯波斯突厥人东方文献辑注》,耿升、穆根来译,中华书局1989年版,第77页注1,第78页注4。

⑤ [阿拉伯]伊本·奈迭木:《书目》,埃及开罗商务出版社,第349页。

⑥ 方李莉:《要重视"文化生态"问题》,载2000年11月14日《光明日报》。

开放，文化交流对文化发展的影响就越大。因而可以预见，当代东方儒学的出现并不是一种特殊现象，它也代表了东方文化进展的某种趋势。

(六)文化交流的规律

从上文中可以看出文化交流的一些规律问题，这都是有关专家常谈到的，了解这些规律，可以帮助我们更好地认识亚洲不同国家和地区儒学发展的多样化问题。

其一，文化交流的对等性和多向性问题。对等，指文化交流的双方处在同等的位置上，影响是交互的；多向，指一种文化往往通过多方途径向不同的国家和地区传播，有时从一个地区传向另一个地区。也就是说，世界文化是世界上各个国家和民族共同创造的，贡献或大或小，地位没有轻重。正如季羡林先生所指出的：

> 在历史上和现在，世界上的国家和民族林林总总，幅员有大有小，历史有长有短，人口有众有寡，资源有瘠有富，但是，无不对人类文化做出了或大或小的贡献。有了文化，必有交流，接受者与给予者有时候难解难分，所有国家和民族都同时身兼二重身份。投桃报李，人类文化从而日益发扬光大，人类社会从而日益前进不停。[①]

其二，文化交流中的同化问题。一国的文化传到另一国后，不可能一下子被对方所接受，往往有一个适应的过程。适应的过程就是根据新的环境改变自己的某些特点以适合当地文化发展的需要。适应的过程也就是同化的过程。季羡林先生认为两种陌生文化的交流至少要经过五个阶段：撞击——吸收——改造——融合——同化。[②]

其中最高的阶段就是同化。同化是两种不同文化的相互磨合，其实对于传入方的文化来说，也就是本土化的过程。印度佛教在传入中国后，经过了两晋南北朝、隋唐时期的改造与融合，直到宋元才进入同化阶段，而此时，印度佛教在印度已面临灭绝，不可能再有新的发展。所以宋明理学濂、洛、关、闽诸派对印度佛教的吸收和改造就是一种不受干扰的、自主的吸收和改造过程。宋明理学这几大家反佛、排佛而又融佛的事实恰恰能说明这一点。同样，中国的宋明理学经过交流和传播，在东亚产生了重要影响，在当时的日本和朝鲜，都有朱子学和阳明学的流派形成，但日本的朱子学、阳明学，朝鲜的朱子学、阳明学绝不是中国朱子学、阳明学的仿造，它们已经过了日本和朝鲜的改造和同化，成为日本人民和朝鲜人民的文化创造。

其三，文化交流的复杂性问题。两种文化或多种文化互相交流时，产生的现象非常复杂，有交流、有汇流、有融合，也有分解。[③]

一种文化流传时，其流向也异常复杂，在它流向不同地区时，所产生的影响也不会相同。而且，文化传播的方式也是多种多样，或通过宗教使团和和平交往，或通过武力征服和殖民地化，有时，大量的移民也带来某种文化的传播和影响。文化交流的这些复杂情况，使得一些地区的文化呈现出纷繁复杂的面貌。例如东南亚地区的文化就是这样。这一地区可分为大陆和海岛两部分。大陆各民族以信仰佛教为主，其所信仰的佛教又不相同：越南信大乘佛教，是由中国传入的；缅甸、泰国、老挝、

---

① 季羡林：《中印文化交流史·导言》，新华出版社 1991 年版。

② 参见季羡林：《中印文化交流史》，新华出版社 1991 年版，第 4 页。

③ 参见季羡林：《对于文化交流的一点想法》，载季羡林、张光璘编选：《东西文化议论集》上册，经济日报出版社 1997 年版，第 2 页。

柬埔寨主要信小乘佛教，系印度佛教由斯里兰卡传来的另一系。而海岛各民族主要信奉伊斯兰教，如印度尼西亚、马来西亚等国。至于菲律宾，其国内天主教徒约占全国人口87%，被称为“亚洲唯一的天主教国家”。[①] 之所以形成这样复杂的局面，主要是由于东南亚地处南北陆路交通与东西水路交通的十字路口上，是多种文化影响交汇的地区。亚洲的三大文化除了上面提到的印度文化、伊斯兰阿拉伯文化之外，中国文化及东亚文化在此地区也有很重要的影响，而这一影响又与民族迁徙，特别是近代以来大批华人迁居到东南亚各国有关。

五、世俗的宗教化和宗教的世俗化

从世界范围来说，虽然世界文化五光十色、错综复杂，但按照季羡林先生的说法，共有四个文化体系：中国文化体系，印度文化体系，波斯、阿拉伯伊斯兰文化体系，欧洲文化体系。[②] 按照梁启超的说法，在世界文化中，印度、犹太、埃及文化注重人和神的关系，希腊及西方文化注重人和物的关系，中国文化注重人与人的关系。[③] 按照梁启超的观点，也可以说印度文化体系、阿拉伯伊斯兰文化体系是宗教文化，而中国文化体系是世俗文化，但具体细说起来，又不是那么简单。

（一）传统文化的宗教化趋势

中国文化的主体是儒学。儒学本身具有宗教和世俗双重身份。儒最早作为一种职业，是殷民族礼教的教士，保存殷人的宗教典礼，穿殷人的服装，在六七百年中，逐渐成为治丧、相礼和教学等各种活动的教师。这说明儒的职业是与宗教活动有关的。从孔子开始，逐渐形成儒家学派。儒作为一种思想体系，既是“学”，又是“教”，也有宗教因素存在其中。何以见得？有儒家代表人物和经典为证。

1. 孔子的宗教性因素

作为儒家始祖的孔子，在其思想中，既有“学”，又有“教”。关于孔子和其他儒家代表人物的“学”，似乎不用多说，所有学者都注意到了。而其“教”的方面，很多学者是不承认的。即使承认其“教”，也是在“说教”之“教”或“教化”之“教”的意义上承认的。事实上，孔子的思想中，确有宗教因素，不注意是不对的。孔子说“畏天命”（《论语·季氏》），“不知命无以为君子”（《论语·尧曰》）；弟子颜渊死时，说“噫！天丧予！天丧予！”（《论语·先进》）在遭受迫害时，他又说“天生德于予，桓魋其如予何！”（《论语·述而》）“天之将丧斯文也，后死者不得与于斯文也！天之未丧斯文也，匡人其如予何！”（《论语·子罕》）在困境中，孔子表现出对超自然的力量、超人间的力量——天命的信仰和敬畏，这说明他有宗教心理的追求，有对终极境界和终极关切的追求，这正是孔子思想中宗教性因素所致。

2. 孟子思想中的宗教性

孟子也肯定天命的存在，说“莫之为而为者，天也；莫之致而至者，命也”（《孟子·万章上》），又说“君子行法以俟命而已矣”（《孟子·尽心下》），“莫非命也，顺受其正，是故知命者不立于岩墙之下。尽其道而死者，正命也；桎梏而死者，非正命也”（《孟子·尽心上》）。他认为天命是人伦道德的根源，而人伦道德又是天命的体现。“存其心，养其性，所以事天也；夭寿不贰，修身以俟之，所以立命也。”（《孟子·尽心上》）他提倡“尽其心者，知其性也；知其性，则知天矣”（《孟子·尽心上》）。归根到底，

---

① 李毅夫：《东方民族与文化》，载季羡林、张光璘编选：《东西文化议论集》上册，经济日报出版社1997年版，第336页。

② 参见季羡林：《比较文学与民间文学》，北京大学出版社1991年版，第294～295页。

③ 参见梁启超：《儒家哲学》，载梁启超：《饮冰室诸子论集》，江苏广陵古籍刻印社1990年版，第2页。

孟子崇拜的还是天的权威,孟子的最高范畴还是天。这也是孟子有宗教心理的表现,是孟子思想中有宗教性的证明。

3. 荀子思想中的宗教性

荀子常被学者们誉为唯物主义的哲学家,是没有宗教因素的。其实不然。虽然荀子提倡"天行有常,不为尧存,不为桀亡",提倡"明于天人之分"(《荀子·天论》),且反对迷信,主张"善为《易》者不占"(《荀子·大略》),但荀子把"诚"看得高于一切,认为"诚心守仁则形,形则神,神则能化矣",认为"天地为大矣,不诚则不能化万物"(《荀子·不苟》),把"诚"抬高到这样的地位,不能不说与宗教情怀有关。而且,荀子也肯定"神道设教"的办法,认为求雨的活动"以为文则吉,以为神则凶"(《荀子·天论》),这"以为文",就是"神道设教",属于宗教性特征的表现。荀子还承认上帝的存在,如说"皇天隆物,以示下民。或厚或薄,帝不齐均"(《荀子·知赋》),"皇天"、"帝"显示着天帝的神通广大,这明明是对旧时代人格神的承认。

4. 董仲舒使儒学完全演变成宗教的努力

董仲舒在儒家发展过程中是个非常关键的人物,过去对这一点认识是不够的。董仲舒在战国时邹衍"天人相类"思想的基础上,又吸收了齐学中的其他一些思想因素,想把儒学改造成儒教,建立中国的宗教。他试图建立起"天"的绝对权威,使"天"有近乎"上帝"的意义,"天者,百神之大君"(《春秋繁露·郊语》)。董仲舒建立起天的绝对权威,目的是建立起地上君主的绝对权威,这正是董仲舒的真实目的所在,"天人之际,合而为一"(《春秋繁露·深察名号》)。他努力建立天与人之间的联系,即神权与王权的联系,主张"唯天子受命于天,天下受命于天子","王者承天意以从事"(《春秋繁露·尧舜汤武》),"春秋之法,以人随君,以君随天"(《汉书·董仲舒传》)。以"天"为最高范畴,董仲舒建立起天人感应论、三统说、灾异说,这些都是真正的宗教学说。宗教性的因素在他的思想中比其他任何儒家学者都要多。如果沿着此路发展下去,有可能建立起中国的"国教"。但是,董仲舒思想中的天人感应论作为思想信仰的层面逐渐减少,而术的成分不断增多,逐渐演化出一套谶纬迷信,完全堕落成专讲灾异祥瑞的宗教巫术,受到人们的批判,后来又由于受到当权者的禁止,导致了它的衰落,使儒学没有完全演变成宗教。

5. 中国儒学四种类型都有宗教性

中国儒学从发生到后来的发展,可以分为四种类型:独尊儒术型、儒道互补型、三教合一型、四教会通型。这四种类型,都有宗教性因素。而且,越是到后来,宗教性越强。但能不能说中国的学术儒学就是儒教呢?还不能这样说,因为即使是宗教性很强的四教会通型儒学,其矛盾的主要方面也还是"学",而不是"教"。

真正"独尊儒术"的儒学几乎是很少存在的。"罢黜百家,独尊儒术"(董仲舒《天人三策·第三策》)是汉代董仲舒最早提出来的,但他并没有做到独尊儒术,在他的思想中,已经杂糅了许多属于阴阳五行等齐学的内容。这说明独尊儒术是非常难的,连提出者也做不到。从儒学道统来说,真正恪守孔子学说的,有战国时的孟子,唐代的韩愈,宋代的安定、泰山、横渠、涑水四派,真可以说是凤毛麟角。儒道互补型又可以分为两种:一种是儒家思想与道教思想互补,如北宋濂溪、百源诸派,另一种是儒家思想与道家思想互补,如魏晋玄学。三教合一型是宋代以后儒家学派势力最大的一派,程朱、陆王诸派概莫能外。四教会通型的儒学是明代以后出现的儒学新派别,有两种类型:基督教与中国传统文化的会通和伊斯兰教与中国传统文化的会通。基督教与儒教的会通不是成功的,没有形成中国特色的基督教学派。伊斯兰教与儒学的会通是成功的，出现了有中国特色的伊斯兰教学派，如刘智、王岱舆、马复初等明末清初的思想家，都是四教会通型的伊斯兰教学者。

儒教的概念，早已有之。“儒教”的“教”字，最先有教育内容和教育方法的含义，如《史记·游侠列传》中有“鲁人皆以儒教”，就是此类。

后来，“教”字有思想体系的含义，如三国《吴书》中“孔老设教”，宋元之际刘谧的《儒释道平心论》说：“儒教在中国，使纲常以正，人伦以明，礼乐刑政，四达不悖，天地万物以育，其功于天下大矣。故秦皇欲去儒而儒终不可去。”这些都属于此类。近代以来，出现了“孔教”的概念。孔教有两种用法，有在宗教意义上使用的，如陈焕章、康有为。他们认为宗教是“人类不能外者”，中国在2500多年以前便有了“凡有血气莫不尊崇”的孔教，他们尊孔子为“黑帝降神、素王受命”的中国特出之教主，要人“宗祀孔子以配上帝，诵读经传以学圣人”（康有为《孔教会序》）。但是陈焕章所说之孔教，并不是西方严格意义上的宗教，与西方的神道宗教不同，而是一种人道宗教。孔教派力倡“尊崇孔教”，是用以保存国粹，维系人心，目的在于熔国粹于一炉，因此被当时的人们指斥为笼络一切学派以抗击新思想。

6. 朝鲜、韩国和日本的儒教

在我们的近邻朝鲜和韩国，也早有儒教的说法。但在开始时，一般也是与儒术、儒学、儒道同义的，是一种国家的统治理念。到1899年，朝鲜李氏王朝的高宗皇帝，有意把儒教宣布为宗教，却遭到儒生们的反对。今韩国成均馆馆长崔根德认为，儒学试图对普通人的日常生活，包括人们的行为和活动施加直接的影响，是宗教而非哲学的任务，因此从这一意义上来理解，把儒学说成是宗教或准宗教，亦未尝不可。可见，韩国的儒教，也并不是严格意义上的宗教。

日本也有不少学者使用“儒教”这一概念，但其意义比较含混，大多是把儒教当作一种学说，而非宗教。当然也有少数人认为儒教是宗教，而且把儒教的精神纳入到日本人的精神生活之中，出现过神（神道教）儒合一论。

7. 当代中国有关儒教的争论

在当代中国，到20世纪80年代，著名学者任继愈先生连续发表《儒家与儒教》（《中国哲学》第3辑，三联书店1980年）、《论儒教的形成》（《中国社会科学》1980年第1期）、《儒教的再评价》（《社会科学战线》1982年第2期），提出原始儒学本身有进一步发展成宗教的可能，而到汉代以后，儒家逐渐演变成宗教，宋明理学的建立标志着中国儒教作为宗教的完成，信奉的是天、地、君、亲、师，把封建宗法制度与出世的宗教世界观结合起来。支持任先生观点的，有中国社会科学院世界宗教研究所的研究人员和其他单位的学者。近几年，李申先生重申任先生的观点，并出版了一部《中国儒教史》上下两卷（上海人民出版社1999、2000年）。该书出版后在学术界引起了强烈反响，有可能重新引起有关儒教问题的争论。

在中国学术界也有反对任先生观点的，主要有何克让、李国权、崔大华，代表性文章是前两人合作的《儒教质疑》（《哲学研究》1981年第1期）和崔大华的《“儒教”辨》（《哲学研究》1982年第6期）。据笔者片面的接触，国内有很多学者都不同意儒学是宗教的说法，认为中国历史上有过的“儒教”之“教”，是教化之“教”、名教之“教”、学说之“教”，而非宗教之“教”。他们认为真正意义上的宗教，是一种信仰的学说体系，有教主、教义、教规、经典，随其发展还会有教派，这些儒学都不具备，且儒学不讲出世，不主张有一个讲来世的天国。

可以说,“儒”虽然有宗教性的因素,但还构不成严格意义上的宗教。这也就可以说,中国的儒学始终没有上升为国教,直到今天,中国还是一个没有国教的国家。所以,中国是儒学中国,而不是儒教中国。[①] 从这一点说,中国确实是世俗文化占统治地位的国家。

8. 香港和海外把儒学演变成宗教的原因

鉴于中国没有儒教这一原因,香港和海外有些华人正在致力于把儒学演变成宗教(有人主张“儒”本来就是宗教,无需演变,但需强化其宗教功能)。他们的动机有二:一则他们看到当代新儒家虽在形上学方面作了不少努力,但儒学并未真正复兴,新儒家代表人物还不时被当作新文化保守主义来批判,因此,仅通过形上学来复兴儒学已不可能,有将儒学宗教化之必要。二则宗教的重要性越来越被人所注意,以至有人说21世纪将是宗教的世纪。至今仍有活力的世界大宗教有九个:基督教、伊斯兰教、犹太教、印度教、佛教、耆那教、锡克教、道教、巴哈伊教,其中仅有道教是土生土长的中国宗教,绝对无法与其他世界大宗教相抗衡。香港汤恩佳先生接手孔教学院,力主建立一个真正有中华民族特色的宗教——“孔教”,以应时代之需要,请求将孔教定为国家宗教,建立起中国的国教。汤先生吸收日本创价学会将佛教演变为俗人的宗教的经验,想把儒学也变成像创价学会那样的宗教。汤先生主张,中国人应有中国人之宗教,中国人之宗教是道德、伦理、人性的宗教,因人之性而取体中和,用中庸为最胜义,融情理于一炉,化人神于一体。他认为,一个国家这样大,人口众多,一定要找出一个合乎中华民族传统的宗教来,以应人民之需,时代之需,借以启发民智,填充道德真空,以恢复良知,培养民德。如果再不重视,再不想出善法,当心其他宗教专家会来给中国人换祖宗,中华民族的文化和信仰会面临被肢解及被同化的危险。因此,作为永久的策略,他主张用孔子思想与其他宗教信仰竞争最为恰当,用宗教方式去推崇孔子的思想,才能稳步发展儒学的理论。

(二)宗教世俗化的过程

在具有宗教传统的社会中,作为思想意识和社会组织的宗教,几乎就是社会成员个人人生的全部。但是,自19世纪初叶以来,传统宗教由于其日趋制度化和模式化,因此在教义体系、组织机构等方面表现出一种明显的衰落趋势,也就是一种世俗化的过程。而这种传统宗教的衰退趋势,为新兴宗教的诞生提供了必要的宗教环境。在对宗教与现代化问题的思考和讨论中,虽然有的学者已经提出,现代化或许能引起世俗化,但也有学者认为,世俗化只是宗教对现代化作出反应的一种可能的形式,因为现代化本身所产生的问题也会带来人们对宗教的新需求,从而可能导致宗教复兴。就目前世界上宗教发展的状况来看,这两种倾向确实都是存在的,但还应该看到,越是在宗教复兴、原教旨主义盛行的国家,宗教越是容易出现世俗化的倾向,以适应宗教与现代化不相适应的形势。

(三)巴哈伊教的世俗化

巴哈伊教的世俗化,就是这种努力的一部分。

巴哈伊教在巴布运动的初创阶段,已经表示出这种宗教的世俗化倾向。当巴布号召他的追随者们从伊斯兰教传统的律法“沙里阿”中解脱出来之时,这种世俗化便开始了。巴布教女教徒塔荷蕾在参加一次宗教会议时,采取了一种非常大胆的举动:她当众揭去了披在自己头上的、当时传统妇女必

① 参见蔡德贵:《儒学儒教一体论》,载《中山大学学报》2001年第5期。

须披戴的面纱。正统的什叶派穆斯林因此而指责巴布信徒是无神论者，主张性开放，并且共同享有财产。塔荷蕾的行动，带来了一个新时代的特征，那就是解除妇女不享有平等地位的种种戒规，她所引发的是宗教领域里的一场妇女解放运动，这一运动成为宗教世俗化的一种尝试。

巴哈伊教正式创立以后，巴哈欧拉、阿布杜巴哈、守基·阿芬第三代宗教领导人持续不懈的努力，使该教在宗教世俗化方面走得更远，甚至被作为一种普世宗教和“俗人的宗教”。该教废除了教主世袭、圣战和异教徒等概念，建立了一套世俗的教务行政制度，消除了职业性的传教职位及施洗，没有主教的权威及其所赋有的特权，行政机构要经过民主选举产生，选举过程是开放式的，不预定候选人，不允许私下接触，投票者本人享有最大的选择自由。由这样的民主方式选出的行政机构，主要任务是为信徒提供许多机会，以响应巴哈伊为人类服务的计划。这就使新入教的信徒感到他们加入的是一个社团，而不是一个教区。这样的行政教务机构，没有任何形式的教士制度，既无牧师，也无宗教仪式，并且完全由其忠诚的追随者们的自愿捐献来维持。巴哈伊信仰者们忠于他们的政府，热爱他们的国家，而且急欲时时刻刻促进它的福利。同时，又把全人类当作一个整体，深深地关心它的切身利益，会毫不犹豫地把每一个特殊利益，不论是个人性还是区域性或者国家性的，隶属于高于一切的全人类的利益之下。巴哈伊教提倡“地球乃一国，万众皆其民”，把祈祷也世俗化了，认为工作就是祈祷。该教还建立了一套世俗的教务行政制度，把磋商引进了这套制度中。巴哈伊教的基本教义提倡自由地追求真理、人类一家、宗教乃爱与和谐之因、宗教与科学携手、世界和平、使用一种世界通用性语言、普及教育、男女机会均等、为大众服务、消除极端之富裕与贫困、使神圣的精神成为生活中的动力。

由于巴哈伊教不设专职的神职人员，因而避免了其他宗教中的牧师、僧侣、祭司、阿訇等神职或非神职人员，给教外人士造成的那种神秘感和浓重的宗教味。并且，巴哈伊教没有职业传教士，就使教务不是由某些专门或指定的人士所从事的事，而成为每一个信徒应尽的义务。同时，巴哈伊教也不像有些宗教那样，要求信徒恪守宗教教条，它反对教条主义和形式主义，甚至没有入教或其他宗教仪式，没有公开或集体性祈祷，提倡每一个信徒独立自行探求真理，不应该盲目崇拜和服从。它在行政管理上引入了选举制度，提倡磋商的原则，这样的运作系统和方式较其他宗教都更为接近世俗社会，从而使该教从整体上来看更像一个慈善性的国际社团，而非宗教组织，这种世俗性的特点是巴哈伊教所独具的，是它区别于其他宗教最为显著的特征之一。

（四）宗教文化和世俗文化的靠拢接轨

东方社会的宗教文化和世俗文化两大系统正在逐渐靠拢接轨，这或许证明东方世界的一体化进程正在加快。经济的一体化必然会伴随文化上一定程度的一体化，这个文化的一体化并不是消灭多元化的文化，使世界文化统一，而是在某种程度上有一定的认同。宗教的世俗化和世俗的宗教化就体现了这种认同。

当然，我们在注意宗教的世俗化和世俗的宗教化之时，还应该看到宗教的极端主义倾向。宗教的世俗化和世俗的宗教化都没有什么可怕的，而宗教极端主义却是可怕的，它在世界范围里造成的巨大威胁和破坏是有目共睹的。另外宗教渗透的无孔不入，也是我们应该注意的。至于邪教，其危害性众所周知，也是我们应该随时提高警惕的。

六、东方价值观面临的挑战和响应

东方虽然存在三大文化体系，但它们之间既有区别，又有联系，互相渗透，互相影响，一直在不断地进行着交流。而且，三大文化体系也有共性的东西，比如说在价值观方面，东方三大文化体系就有共同的地方。对此，梁启超曾说过："救济精神饥荒的方法，我认为，东方的——中国与印度——比较最好。东方的学问，以精神为出发点；西方的学问，以物质为出发点。"①

巴哈伊教的一位代表人物阿布杜巴哈也说："不论是现在还是过去，真理的精神太阳始终是从东方地平线上升起……所有伟大的精神导师都出现在东方世界。"②这就肯定了东方文化是在长期历史过程中形成的一种多民族的、多宗教的、多元的精神文化。

(一)东方共同的价值观

这种多元的精神文化拥有基本上一致的价值趋向，而这一趋向促成了共同的东方价值观的形成。

比方说，历史上受儒家文化濡染的国家和地区，也就是中国文化体系，其价值观被称为东亚价值或亚洲价值。其思想内涵正如新加坡提出的五大原则所言：国家先于社会和社会先于个人；国之本在家；国家、社会要尊重个人，和谐比冲突更能维持社会秩序，种族和睦或宗教和睦。也就是李光耀所概括的"社会第一，个人第二"。③ 这和黄心川先生概括的基本一致，即尊重权力，个人服从社会，步调一致，牢固的家庭价值观念，勤劳节俭，重视教育等。④ 印度文化中价值思想的一系列原则主要有：中道、达摩(正法)、苦行、布施、爱、喜、诚、非暴力、禁欲、同情、梵我同一、真理即神、智行信统一等。⑤ 阿拉伯文化中的价值取向，重视人的地位和价值，重视整体团结，强调人的社会关系，重视道德修养，主持正义和公正，诚实宽恕，尊敬父母，关心邻人，同情弱者，仗义疏财等。⑥ 这些价值原则的共同基础都是重精神，轻物质。

(二)西方文明的冲击

近代以来，东方受到西方文明的冲击和殖民主义的侵略。西方资产阶级的价值观广泛地影响到东方世界，由此决定了东方文化在价值观方面发生了一些变化。一方面，东方开始吸收西方的先进文明，尤其是先进的科学技术；另一方面，西方价值观也开始被一些东方人所接受，如经济功利主义、科学技术至上论、元伦理学和价值学、个人主义和合理利己主义、自由、平等、博爱的基本价值观念等，都在东方有了相当广泛的市场。西方注重分析，不注重综合的思维方式，强调知识和理性对信仰的独立性及对人类的意义，弘扬了科学精神和科学理性意识的价值，促进了人类精神文明的进步；但也由于这种思维方式在理性层面上的自我完结以及与本源性自然相分离，因而陷入深刻的主客对立

---

① 梁启超：《东南大学课毕告别辞》，转引自季羡林：《中印文化交流史》，新华出版社 1991 年版，第 182 页。

② 阿布杜巴哈：《巴黎讲话》，陈晓丽译，国际文化出版公司 1990 年版，第 8 页。

③ 参见张海晏：《近年有关儒学的讨论》，载 1999 年 1 月 1 日《光明日报》。

④ 黄心川：《亚洲价值观与亚太文明和宗教的发展》，北京"宗教·道德·文化"国际学术研讨会论文，1998 年，未刊本。

⑤ 参见石朋、孙晶：《印度哲学思想价值》，载李德顺主编：《价值学大辞典》，中国人民大学出版社 1995 年版，第 899～902 页。

⑥ 参见冯怀信：《伊斯兰文化价值取向浅识》，载《阿拉伯世界》1998 年第 3 期。

与分离。①

这一思维方式的另一恶果是对自然界穷追猛打，强调征服自然，暴烈索取，导致了生态危机。②西方的这些价值取向，自近代以来对东方形成了巨大的冲击，其积极方面自不待言，消极影响也是显而易见的，尤其是西方的物质主义、色情犯罪、个人主义等对东方社会造成的危害已是有目共睹的事实。

（三）东方价值观的现代重构——新加坡和巴哈伊教的经验

鉴于以上事实，东方价值观既面临着西方文化的挑战，又面对着现代化的严重考验，所以东方价值观的现代重构已成为无法回避的必然趋势。这就要求东方人在两个方面作出努力：一是完成东方传统价值观的现代转换，二是将西方价值观中的合理因素有机地融入东方文明中去。东方世界在这两方面做得比较好的，有新加坡政府推行的儒家伦理运动和巴哈伊教的现代转换。

1. 新加坡推行的儒家伦理运动

新加坡推行的儒家伦理运动，始于1982年2月教育当局决定在中学德育课中增列的"儒家伦理"课程。新加坡朝野人士一致认为，儒家伦理在现代社会仍会有积极作用。在个人方面，儒家注重修己爱人，强调设身处地，讲求自省慎独，使人人做堂堂正正、自尊尊人的君子。青年可以把前代坚强不屈、谦和通达、自力更生的精神继承下去，以免走上极端个人主义、物质主义及颓废消沉的路去；在经济方面，儒家以礼待人，讲信用和尊重别人的原则，能促进人际关系的协调，而且儒家主张上司对下属应宽厚谦和，而下属则应忠于职守，这种上下合作的精神，合乎现代企业管理原则。儒家所谓"选贤与能"、"天下为公"、"子帅以正，孰敢不正"，都可以理解为人民有参政权利，既平等而又有竞争性，为政者必须是正人君子，廉政公平，尽心尽力地为人民利益和社会安定做出贡献；在文化方面，政府希望建立一个有文化有修养的高度文明的新加坡社会，而儒家重视精神生活与艺术修养，孔子以"六艺"授人便是证明；这些对新加坡的文化发展都会有正面的促进作用。③

新加坡的儒家伦理教育，在分析儒家所强调的五伦关系及主要德目仁、义、礼、智、信、勇时，采用了西方心理学家和教育家所使用的价值观念澄清法、心智发展法、道德推理法和判断法等④，对儒家伦理进行现代转换。在使用时，注意配合现代社会的需要，从现代关系去解释儒家观念，如对五伦，把"父子"改称为"父母与子女"，"君臣"改称为"国家与人民"，"兄弟"改称为"兄弟姐妹"，五伦的内容也作了适当调整，强调男女平等，表示男性为中心的社会已一去不返，夫妻双方应互敬互爱，互相容忍，对五伦的其他关系也强调相互间的正确关系，而不是强调单方面的关系。儒家伦理教育的目标包括：培养学生具有儒家伦理的价值观念，成为有理想、有道德修养的人；使学生认识华族固有的道德观念和文化，认识自己的根源；培养学生积极的正确的人生观，使学生将来能过有意义的生活；帮助学生确立良好的人际关系。⑤

新加坡儒家伦理教育的效果是十分明显的，儒家以修养德性为中心的传统价值观对促进新加坡

① 参见卞崇道：《东方哲学的现代重构——其必要性与可能性》，载《东方文化的现代承诺》，沈阳出版社1997年版，第60页。

② 参见季羡林：《"天人合一"新解》，载《东西文化议论集》上册，经济日报出版社1997年版，第83页。

③ 参见王永炳：《新加坡的儒家伦理教育》，载《孔子研究》1990年第1期。

④ 参见中国孔子基金会编：《儒学国际学术讨论会论文集》，齐鲁书社1989年版，第1362～1363页。

⑤ 参见王永炳：《新加坡的儒家伦理教育》，载《孔子研究》1990年第1期。

的社会整合，弱化工业社会"功能特定的人际关系"、工具理性、极端个人主义以及色情犯罪等社会问题都起了积极作用。由于系统地进行了传统文化教育，学生一般都具有社会使命感、同胞感情和国家观念，对西方文化持独立态度，而且鄙薄西方的物质主义价值观。

2. 巴哈伊教由传统向现代的转换

巴哈伊教既是最年轻的世界宗教，也是最具现代性的宗教，其现代性的集中体现，便是对现代化作出积极响应，最早试图完成将宗教由传统向现代的转换。巴哈伊教创始人巴哈欧拉强调，人类整体也像一个人一样，有婴儿期、孩童期、青年期，而今天人类已进入早已被预言过的成熟期的门槛。在这一时期，对祖先信仰的教条式模仿已经过时，因为那些信仰曾经是宗教演变之轴心，但现在已不再能结出正果，反而成为人类堕落和造成障碍的原因；顽固地坚持和教条式地硬套古代信仰，已成了人类间仇恨的中心和主要来源，成了人类进步的障碍，战争和冲突的原因，和平、安宁和幸福的破坏者。因此，宗教主要本质的改革和更新构成了现代思想之真正精神。①

人类已有能力认识到自身的发展过程乃是一个不可分割的整体，人类之被创造，乃是为推进一个不断演进的文明。② 而迈向成熟所面临的挑战，是要承认全人类是同一种族的人民，要从各种派别和信条的局限中解放出来，奠定全球文明的基础。为此，巴哈欧拉又强调，一个全球性社会的繁荣，必须基于这样一些基本原则：消除形形色色的偏见，两性间完全平等，世界宗教的同源性，消除极端贫富，普及教育，科学与宗教的和谐，在保持自然环境与发展科学技术之间保持平衡，基于集体安全和人类一家的原则，建立一个世界联邦体系。地球乃一国，万众皆其民，人类一家的思想，已经普及到更多的人群和种族。对于当代社会的各种问题，巴哈伊教都十分关心，并采取一种特殊的、有时是变革性的解决办法，对传统宗教的一些基本要领也进行了更新。如上帝在巴哈伊信仰中，并非一种有形的、男性化的偶像，而是不可知之本质、万物之精髓、神圣之本体，是宇宙的原动力和终极目的，完全超越人的一切属性。天堂，是做善事接近上帝的一种精神完美状态；地狱，是远离上帝的一种状态。对祈祷，不再重视宗教仪式，而是主张为人类服务的工作就是祈祷。重视行动，轻视说教，认为信仰的精髓在于少说多做，凡言多于行者，其生不如死。认为人真正的敌人是自己，提倡普世之爱，甚至要爱自己的敌人。另外，取消教主、异教徒、圣战等传统宗教的概念，也都是该教进行价值重构努力的一部分。由于进行了这些努力，致使该教成为最有活力且发展最快的新兴世界宗教。

3. 新加坡和巴哈伊教价值观重构的意义

新加坡和巴哈伊教价值观重构的经验告诉我们，传统的东西不得不面对两大难题：如何适应现代化的进程和如何应对西方价值观的挑战。对此，新加坡和巴哈伊教虽然摸索出了一些经验，但是否普遍适用于东方三大文化体系，还无法验证。东方要保持自身的文化传统，并使之焕发出新的生机，必须加入世界一体化的进程。但在全球化的过程中，必须掌握一个原则，那就是：

> 目前，东方需要物质上的进步，而西方则需要精神上的理想。如果西方醒悟，并能转向东方国家，同时把西方的科学知识介绍给东方人，这样做对西方是有益的。这种取长补短的交流一定要进行。东西方一定要联合起来，互相帮助。这个联合将产生一种真正的文明。在这个文明中，精神的东西将在物质中表现出来并成为现实。③

---

① 参见阿布杜巴哈：《世界团结之基础》，马来西亚巴哈伊总灵体会 1993 年版，第 121～123 页。

② 《巴哈欧拉圣典选集》，朱代强、孙善玲译，澳门新纪元国际出版社 2004 年版，第 140 页。

③ 阿布杜巴哈：《巴黎讲话》，陈晓丽译，国际文化出版公司 1990 年版，第 8 页。

这个原则也就是东西方交流的一个原则。东方要实现现代化，既要学习西方先进的东西，又不能全盘西化；既要改造自己的传统文化和价值观，又不能为了倒洗澡的脏水连同小孩一同倒掉。东方在保持自己优秀传统的基础上，学习西方的优秀文化，“拿来”是要有原则的，绝不能良莠不分地一齐“拿来”。在东方传统文化这个旧瓶里，不妨装进一些西方文化的优秀成分的新酒。这应该是对旧瓶装新酒的“新解”。

4. 用精神原则解决社会问题会焕发新的生机

到达20世纪末，从全球来看，各类财富大量而迅速地增长，越来越多的人在短时间内脱贫致富，或显著地改善了物质生活的环境与条件，人类取得了物质文明的空前伟大成就。但同样不争的事实是：一味追求物质文明进步的浪潮已经造成负面后果；压倒一切的经济发展在使人类受益的同时，也正在越来越严重地威胁人类社会及文明的根基，结果导致发展的不可持续性，而且还伴随出现了许多社会问题，如贫富悬殊，种族与性别的不平等，贪污腐败，人际关系紧张，人情淡薄，金钱至上的新拜物教盛行，心灵空虚，心理和精神问题日益严重，家庭维系的时间越来越短，毒品泛滥，犯罪猖獗。总之，人性之扭曲，行为之堕落，社会机体之腐败与溃散，将会无以复加。人格被贬低，信心受动摇，纪律神经松弛，良心之声哑然，体面与廉耻被混淆，责任、团结互惠与忠诚的概念被曲解，欢乐与希望的美好感觉日见消失。① 在此形势下，人类应该充分认识到：发展应该是精神文明与物质文明并举协调的发展。必须要有一系列普世的价值观和精神原则加以引导，在多样并存、大同团结的方针下，采取适度、中庸的原则，求其综合、全面与平衡；重视人的精神本性和需求，在最大程度上激励所有人的充分参与，发挥民众的主创性和能动性也就是要寻求用精神原则或所谓价值观，为解决社会问题提供答案。唯其如此，东方文化才能重振雄风，焕发出新的生机。

① 参见江绍发：《毁灭或新世界秩序》，澳门新纪元国际出版社1997年版，第5页。

第一章　巴哈伊教概貌

巴哈伊教的产生是世界主义的产物。该教产生在伊朗，这在思想史、宗教史上是一个非常奇特的现象，是一个典型的物极必反的实例。众所周知，伊朗是一个奉伊斯兰教什叶派教义为国教的国家，在这个国家，伊斯兰教逊尼派是受排斥的。因为根据什叶派教义，逊尼派违背了该派有关穆罕默德的女婿兼堂弟阿里是唯一的正统哈里发的教义。仅就这一点来说，什叶派是一个排他性很强的教派。由此该派有伊斯兰教极端派之称。

巴哈伊教的背景是什叶派中的一个支派。但巴哈伊信仰者坚持认为该教从其开始，就是一个独立的新兴宗教，而非某个宗教的一部分或者支派。巴哈伊教确实完全有别于伊斯兰教，因为“根据巴哈伊信仰本身的解释，它并非为了重建或改良伊斯兰教而创立，而自命其根本是源自上苍的新行动，新恩惠及新圣约。其信仰及法规之基础是巴哈欧拉所启示的新圣言，因此，巴哈伊信徒绝非是伊斯兰教徒”①。所以英国著名历史学家阿诺德·汤因比得出结论说，“巴哈伊教是一个独立自主的宗教，如同伊斯兰教、基督教和其他受公认的世界宗教一样。巴哈伊教不是其他宗教的一个教派。它是另一个宗教，地位和其他受公认的宗教相同”②。汤因比认为人类文明发展的最终目的和归宿就是实现四大宗教的全教会社会，这是人类文明发展的最高境界，对上帝的模仿不会使人失望，可以使人保持精神上的强大的凝聚力，“如果没有神的参加，就不能有人类的统一”③。显然，巴哈伊教的基本主张符合汤因比全教会社会的思路。

新兴的世界宗教巴哈伊教，对于绝大多数中国人来说，还是一个十分陌生的宗教。虽然笔者已经出版了《当代新兴巴哈伊教研究》，而且还多次印刷，但是该书的读者在中国还是占极少的数目。因此要撰写巴哈伊教的历史，就不能像写其他已熟知的宗教那样去写。巴哈伊教史必须采取独特的写法。在了解巴哈伊教史以前，必须让读者先了解什么是巴哈伊教。

第一节　巴哈伊教的创立过程

在当代多元化政治格局中，多元文化成为政界、学界非常关心的问题。而文化因素中的宗教，则

① 转引自[加拿大]威廉·哈彻、道格拉斯·马丁：《巴哈伊信仰——新兴的世界宗教》，苏逸龙、李绍白译，澳门新纪元国际出版社 1999 年版，第 2 页脚注。

② [英]阿诺德·汤因比：1959 年 8 月 12 日致土耳其伊斯坦布尔的 N. Kunter 博士的信，转引自[加拿大]威廉·哈切、道格拉斯·马丁：《巴哈伊信仰——新兴的世界宗教》，苏逸龙、李绍白译，第 I 页。

③ [英]汤因比：《历史研究》，曹未风等译，上海人民出版社 1966 年版，第 129 页。

成为关注的焦点，尤其是美国哈佛大学资深教授、奥林战略研究所所长塞缪尔·亨廷顿发表《文明的冲突》（美国《外交》季刊1993年夏季号）之后，不管对其观点是赞同还是反对，他对宗教问题的关注确实引起学人的高度重视。在西方世界有很大影响的东方新兴宗教——巴哈伊教，就是在西方世界受学人关注的研究领域，以色列耶路撒冷希伯来大学在2000年12月召开了“现代宗教、宗教运动暨巴布巴哈伊信仰第一届国际学术研讨会”，而在中国，对这种新兴宗教却知之甚少。中国社会科学院最近几年，也举办过两次巴哈伊教的学术研讨会，但是中国对它的了解还是很不够。这里对这一新兴宗教做一简单勾勒，以引起国内对它的重视。

一、何谓巴哈伊教

巴哈伊教，又译“巴哈教”、“白哈教”、“比哈教”、“巴海教”、“巴赫伊教”、“巴哈依教”、“巴孩教”、“白衣教”、“白益教”、“峇亥教”、“峇海教”、“巴亥教”、“巴哈易教”等，是阿拉伯文“Bahá'í”的音译。也有意译为“大同教”、“博爱社”的，或既有音译又有意译的“伯哈尔大同教”、“巴海大同教”等，不一而足。巴哈伊，意为光辉、容光焕发、美丽、漂亮等，指跟随巴哈欧拉的人。该教的得名，源自创始人伊朗的米尔扎·侯赛因·阿里·努里（Mírzá Ḥusayn 'Alí Núrí，1817～1892）被称为“巴哈欧拉”（Bahá'u'lláh 的意译，意为“上帝的荣耀”）。而他的先驱则是赛义德·阿里·穆罕默德（Siyyid 'Alí Muḥammad，1819～1850），被称为“巴布”。该教是一种新兴宗教，它源于伊斯兰教，但又不是伊斯兰教，因为不仅该教公开宣布彻底脱离伊斯兰教，而且伊斯兰教世界也不承认它是伊斯兰教中的一个教派。早在1925年，埃及的伊斯兰教宗教法庭就作出这样的决定：巴哈伊信仰是一个完全独立的新宗教，它有自己完整的信仰、原则及法规。因此，绝无任何巴哈伊教徒可被当作是伊斯兰教徒。① 巴哈伊教完全有别于伊斯兰教，因为“根据巴哈伊信仰本身的解释，它并非为了重建或改良伊斯兰教而创立，而自命其根本是源自上苍的新行动，新恩惠及新圣约。其信仰及法规之基础是巴哈欧拉所启示的新圣言，因此，巴哈伊信徒绝非是伊斯兰教徒”②。俄国文豪托尔斯泰也说：“巴布的教义由伊斯兰教背景产生，它通过巴哈欧拉的训导，已逐渐地发展开来，现在显现于我们面前的是一个至高至纯的宗教教义。”③

巴哈伊信仰的基本教义是：（1）人类一家。（2）上帝唯一。（3）个人需独立追求真理。（4）各主要宗教之本质同源。（5）宗教与科学当携手并进。（6）男女平等。（7）消除各种偏见。（8）普及义务教育。（9）以精神方法解决世界经济问题。（10）推行世界共同的辅助语言。（11）借世界各国共同福利以建立世界和平。巴哈伊教的核心主题是全人类同是一族，而天下团结，构成一个全球性社会的时代已经来临，巴哈伊教申言上苍已展开历史动力，推翻种族、阶级、教条及国界方面传统的障碍，并为未来缔造一个普及寰宇的文明，地球上人类面临的最大挑战就是要接受万民一族的事实，并为团结合一的过程尽一臂之力。

二、巴哈伊教是如何形成的

巴哈伊教的历史开始于两个并列的先知：巴布和巴哈欧拉。

① 守基·阿芬第：《神临记》，巴西巴哈伊出版社1986年版，第453页。

② ［加拿大］威廉·哈彻、道格拉斯·马丁：《巴哈伊信仰——新兴的世界宗教》，苏逸龙、李绍白译，第2页脚注。

③ 转引自守基·阿芬第：《号召寰宇》，马来西亚巴哈伊总灵体会1992年版，第6页。

巴布是第一个先知，为了创教而殉难。他是该教的奠基者，所以要了解巴哈伊教，首先必须明了巴布。

(一)先驱者巴布

尽管学者们已经肯定，巴哈伊教无论如何也不能被视为伊斯兰教什叶派的分支[①]，但同时无论如何也不能否认，巴哈伊教是在伊斯兰教什叶派中的一个小教派所引起的巴布运动的基础上，分化出来独立而成的一种宗教。所以要明了巴哈伊教的创办过程，首先必须知道它的伊斯兰教背景，了解巴布运动 。

巴布即赛义德·阿里·穆罕默德(Siyyid 'Alí Muḥammad，1819～1850)[②]他把自己说成是通向上帝和认识真理的门——"巴布"，之后被他的拥护者尊称为"巴布"。巴布在港台地区也译作"巴孛"、"巴普"、"巴勃"等。他生于伊朗南部设拉子市(今属法尔斯省)，其父为富有的布商，全家属于伊斯兰教什叶派。

伊斯兰教什叶派在伊斯兰世界是少数派，与多数派逊尼派相对。什叶派是阿拉伯文"S͟hí'ah" 的音译，意为同党、党派，专指伊斯兰教中拥护阿里一派的人，所以也有称"阿里派"的。阿里是伊斯兰教创始人穆罕默德的堂弟，又是其女婿，是穆罕默德之后的第四位哈里发。他以前的三位是艾布·伯克尔、欧麦尔、鄂斯曼。什叶派认为，阿里以前的三任哈里发都不是穆罕默德的合法继承人，只有阿里才有资格充当这一角色，因为只有他是穆罕默德直接的亲戚。什叶派主要分布在伊朗、伊拉克、巴基斯坦、印度、也门等地，内中又分为许多支派。

在一个什叶派家庭中生活，巴布早年便接受系统的伊斯兰教宗教教育，精通波斯语和伊斯兰教的通用语阿拉伯语，对伊斯兰教的经训、教义和教法也十分熟悉，尤其通晓什叶派各派学说。稍长，他在伊拉克受到什叶派支派谢赫派长老萨义德·卡兹姆·拉西提(Sayyid Káẓim-i-Ras͟htí，？～1843)的影响，成为该派信徒。1844 年，在他自称巴布之后，被谢赫派尊为通往真理之"巴布"，意为通往真理之门，同时被推举为该派"长老"，即宗教领袖。

"谢赫"意为长老，谢赫派是什叶派中十二伊玛目派的一个支派。十二伊玛目派是什叶派中的温和派，因尊崇阿里及其直系后裔十二个"伊玛目"(即政教首领)而得名。阿里是第一代伊玛目，而第十二代伊玛目穆罕默德·马赫迪(Muḥammad Mihdí)自公元 874 年从世界上突然失踪(十二伊玛目派称为隐遁)之后，十二伊玛目派认为他并没有死，而是被安拉藏在人所不知、人所莫及的地方。由于他是社会独一无二的首脑，不能被人合法地取代，有朝一日他将重返人世，会以"马赫迪"(即救世主)的身份再现，给被压迫者和贫民以赎罪和自由。而在他再世之前，宗教领袖负有义务和责任来指导社会。担任这种义务的宗教领袖叫"穆智台希德"，意为"勤奋者"，是教派内公认的权威学者，在处理法律和神学问题时，有权根据教法原则提出个人的意见，因此可以成为隐遁伊玛目的代言人，一旦被人选中，就将具有最高地位。[③] 十二伊玛目派又分为众多小支派，谢赫派是其中之一。

① 参见 Siyyid Ṭabáṭabá'í, *S͟hí'ah Islam*, p. 76.

② 此处萨义德·阿里·穆罕默德的生平，采自阿拉伯文资料。国内资料多认为他生于 1821 年，不确切。也有阿拉伯文资料认为他生于 1820 年，系伊斯兰教历纪年与公元纪年换算方法不同所致。

③ 参见[美]凯马尔·卡尔帕特：《当代中东的政治和社会思想》，陈和丰等译，中国社会科学出版社 1992 年版，第 573 页。

谢赫派是从十二伊玛目派中分裂出来的，因创始人谢赫·艾哈麦德·艾哈萨伊（Shaykh Aḥmad-i-Aḥsá'í，1753～1826）而得名。该派教义有别于十二伊玛目派教义，其主要教义为：（1）信仰的宗旨在于追求真理，求知者与认知对象之间有某种相似性，才能达到真理。因为人与安拉之间没有相似性，因而人不能认知安拉的本体。（2）先知是安拉选定传达天启即安拉指示、启示的使者，具有超群的才智、优秀的品质和崇高的精神境界。（3）相信源于安拉意志的第一个创造物是穆罕默德之光，进而产生伊玛目之光，继而是信士之光，伊玛目是安拉创世的工具和最终原因，因此世人只有通过伊玛目这一中介，才能理解安拉、认识安拉。（4）在物质世界和精神世界之间有一个中间世界，即"原型形象世界"，它是世界本原，现实世界的一切事物，在中间世界都有对应物，人也有两个身躯，一个在物质世界，一个在原型世界，十二伊玛目已经居住到原型世界，求知者不能与其面见，但可以通过虔修，求得伊玛目的神秘知识。（5）信仰有四条原则：信安拉、信先知、信伊玛目、信隐遁伊玛目的代言人。[①] 该派教义在伊朗后来被视为异端，19世纪的巴布以此为基础而创立新的信仰。

由于阿里·穆罕默德对谢赫教派的深切了解，受到派内人士的尊重。1844年，他宣布自己就是通向隐遁伊玛目的"巴布"——门，人可以通过他去了解隐遁伊玛目的旨意。他在这年派出门徒18人，连同自己凑成数字"19"，分驻到各地去传教。1845年他又进一步宣称自己就是人们期待已久的救世主，即隐遁的伊玛目马赫迪，他要铲除人间不平，消除压迫、剥削，建立平等、公正与幸福的"正义王国"，遂正式创立巴布信仰。

巴布信仰创立之后即被视为异端，巴布本人于1847年被捕。因为在什叶派看来，这一学说不仅是异端邪说，而且是对伊斯兰教根基的直接威胁。他们认为伊斯兰教义是完整的，包容了审判日来临以前人类的一切需要，穆罕默德作为封印先知的地位是不容动摇的，对神的旨意的任何进一步启示都不会、也不应该产生。巴布的信仰意味着对什叶派神职人员所享有的神圣权力和地位的挑战，还揭露了什叶派神职人员的无知、腐朽和堕落，他们被视为波斯复兴的主要障碍。[②] 这就难怪巴布被投进监狱了。

在狱中，巴布写出《默示录》（*Al-Bayán*，又译《白杨经》、《巴杨经》、《宣示经》等），它系统阐述了巴布的信仰、律法及礼仪和社会改革的主张，宣布人的智能与能力将从迷信中解放出来，那时将出现全新的学术与科学，甚至连小孩的知识都会远远超过现在的所谓饱学之士 。巴布的教义创立了一个崭新的、富于生命力的社会的概念，同时又保留了大部分听众和读者所熟悉的文化和宗教成分。[③] 因此，《默示录》成为巴布信徒的根本经典，用以取代《 古兰经》。1848年，其门人宣布脱离伊斯兰教。1850年，巴布被处死，门徒流亡到伊拉克分裂成两派，一派叫阿里派，领袖为叶海亚，该派不断受到谴责最后消亡。另一派跟随了巴哈欧拉，成为巴哈伊教。

（二）正式创立者巴哈欧拉

新演化成的巴哈伊教，其创始人为米尔扎·侯赛因·阿里·努里，他生于伊朗德黑兰，年轻时即成为巴布的信徒。巴布被处死之后，他因涉嫌谋杀国王而被捕，因缺乏证据于1853年获释，被流放

① 参见杨克礼等主编：《中国伊斯兰百科全书》"谢赫学派"条，四川辞书出版社1994年。

② 参见李绍白：《人类新曙光——巴哈伊信仰》，澳门新纪元出版社1995年版，第254～255页。

③ 参见李绍白：《人类新曙光——巴哈伊信仰》，第270～271页。

到伊拉克巴格达，在这里，他宣称自己就是巴布所预言的救世主马赫迪。1863 年，他进一步宣称自己是安拉的使者，向伊朗、土耳其、俄国、普鲁士、奥地利和英国君主及教皇、神职人员公开宣布自己的使命，自称巴哈欧拉，从此，该派信仰便被称为“巴哈伊教”。1867 年，他又重申自己就是巴布预言的人们所期待的马赫迪。他作为领袖被奥斯曼政府流放到巴勒斯坦的阿卡，1892 年死于该地。他于 1871～1874 年写成《至圣书》(*Kitáb-i-Aqdas*，又译《亚格达斯经》)。另外，他还写有著作《确信经》(*Kitáb-i-Íqán*，又译《确信之道》、《意纲经》、《毅刚经》、《笃信之道》等)、《隐言经》、《七山谷书》，以及其他经典，总共有一百多部。

《确信经》是为回答巴布的一个舅舅而写的。该书内容广博，对一些宗教最本质的问题一一探究，博引犹太教、基督教和伊斯兰教的经典，详述了宗教同源的原理和宗教启示演进的理论和证据。这部书被认为构造了巴哈伊教义的基本骨架，是巴哈伊信仰的奠基之作，是巴哈伊启示著作中的最优越者。[①]《隐言经》是一部散文诗风格的格言集，以真主之口吻表达了巴哈欧拉本人对信仰、道德和灵性精神的观点，成为巴哈伊教伦理的核心，体现了真主与人的灵魂的沟通，是天启灵性指引的精华。

《七山谷书》是为答复一位苏菲教派学者而写，用一个象征主义的神话故事，描述灵魂经历探索、爱、知识、团结、惊奇、真贫和绝对虚无这七座山谷，飞向真主怀抱的过程。本书也是优美的散文体裁，用神秘的比喻手法，追求无人知晓的神秘王国和探索人类灵魂深处的秘密，描述了人类精神不断提升的永恒主题。

(三)教务主持者阿布杜巴哈和以后的巴哈伊教

巴哈欧拉死后，其长子阿拔斯·阿芬第('Abbás Effendi，1844～1921)继任领袖。他生于德黑兰，死于巴勒斯坦(今属以色列)海法。在他主持教务期间，在北非、欧洲、远东、澳大利亚和美国等地建立起众多分支机构和宗教社团，使该教传布到世界各地。因此，他被称为“阿布杜巴哈”('Abdu'l-Bahá，意为光辉之仆)，在港台和马来西亚则称“阿博都巴哈”。1911 年，他在欧洲访问了 4 个月，1912 年他又前往欧洲访问，随后又到美国和加拿大，访问了 40 多个城市，大大促进了巴哈伊教在这些地区和国家的传播。阿布杜巴哈在欧洲和北美访问期间，曾发表过许多演讲，在欧洲演讲的大部分都收集在《巴黎片谈》一书中。他最重要的著作，是 1908 年起草的《遗嘱与圣约》。该书详细概括了巴哈欧拉所指示设计的巴哈伊中心机构的本质和职权。它们是“圣护”和“世界正义院”。圣护被阿布杜巴哈指定为其长外孙守基·阿芬第·拉巴尼(Shoghi Effendi，1897～1957)，他是巴哈伊教义唯一被授权的解释者，所有信徒必须将有关巴哈伊信仰的一切问题呈交给他处理。世界正义院被规定为巴哈伊国际社团的立法和行政机构，圣护由一组他自己委任的且具有特别资格的个别信徒辅佐，这些人被称为“圣辅”，世界正义院则监督巴哈伊社团的国际行政秩序。阿布杜巴哈的另一著作是《已答之问题》，该书收集了他随意的桌旁谈话系列，讨论了从精神、哲学到社会的广泛问题。

阿布杜巴哈死后，其长外孙(长女之长子)守基·阿芬第成为宗教领袖。守基·阿芬第在港台地区也翻译为“萧格·爱芬蒂”、“守基·阿芬第”。他很小的时候便开始学习英语，年轻时先在黎巴嫩的贝鲁特美国大学求学，后又到牛津大学深造，精通波斯语、阿拉伯语、英语等多种语言，因此成为将

① 参见李绍白:《人类新曙光——巴哈伊信仰》，第 283 页。

巴哈伊经典从波斯语和阿拉伯语译成英语的主要翻译者。而作为阿布杜巴哈之后巴哈伊教义的唯一权威阐释者,他对巴哈伊社团的发展有极为深远的影响,确保了教旨的一致,从而大大减少了巴哈伊教分裂成派的危险。守基·阿芬第将该教总部从阿卡迁往海法。他本人与一位加拿大女子结婚。他一生主要从事翻译和注释巴哈伊经典,自己的著作是一些书简,大大方便了西方对巴哈伊教义的理解。

守基·阿芬第死后,该教教权不再世袭传承,改由各国灵体会(或称"正义院")所选出的世界正义院行使。世界正义院设于以色列海法,成员定额9人。1963年4月21日,第一届世界正义院产生,以不记名方式投票选出了9名成员,他们来自四大洲的三大宗教文化背景(犹太教、基督教和伊斯兰教)。从那时起,世界正义院每5年选举一次,作为最高行政管理机构,其职责是对全球巴哈伊团体的成长和发展提供指导。世界正义院之下,在各国设总灵体会或称"长老会",也由9人组成,由不记名投票方式选举产生。到1995年,全世界已有175个国家设立了巴哈伊总灵体会。总灵体会之下设地区灵体会(也称"地方正义院"),也由9人组成,管理地方巴哈伊行政事务。

巴哈伊教徒的人数,在巴哈欧拉于1892年逝世时,大约有5万名教徒,分布在中东和印度次大陆的大部分国家和地区。1921年阿布杜巴哈逝世时,有10万巴哈伊信徒,大部分是伊朗人,多居住在伊朗或中东其他国家,少数居住在印度、欧洲和北美的35个国家。1957年守基·阿芬第逝世时,已有40万信徒,分布在250个国家、地区或殖民地。根据1992年《大英百科全书》的统计,到1991年,全球已有540万巴哈伊,分布在亚洲、非洲、美洲、欧洲、澳洲的大多数国家,在175个国家有总灵体会。①

各国灵体会也由选举产生,由9人组成。各国灵体会之下是地方灵体会,由9名巴哈伊教徒组成。在中国台湾、香港、澳门等地区,也设有这种地方灵体会。台湾地区过去称巴哈伊教为"大同教",最近也改称"巴哈伊教"。

第二节　巴哈伊教的基本教义

正像前面所述,巴哈伊教是在巴布运动的基础上产生出来的,所以要了解巴哈伊教的基本教义,就先要了解巴布的基本思想。

一、巴布为巴哈伊教义奠定基础

巴布的思想,主要体现在《默示录》一书中。该书有阿拉伯文和波斯文两种文本。因为该书系统阐述了巴布的教义、律法、礼仪和社会改革思想,所以在其信徒中一开始便与《古兰经》一样受到尊崇,后来则取代《古兰经》,成为巴布信徒的基本经典。

《默示录》提出的基本思想是:伊斯兰教时代已经结束,而巴布所开创的时代已经到来。人类社会的各个时代,是依次按周期递嬗发展的,当一个旧的时代结束之时,一个新的时代就必然会到来,新时代一定会超过旧时代。每一个时代都有自己的特殊制度与法律,当旧的时代结束之时,与该时

① 参见《巴哈伊》,澳门新纪元国际出版社1992年版,第14页。

代相适应的旧制度、旧法律也随之被废除，而要以新的法律、新的制度来代替旧法律、旧制度。但新法律和新制度都不能由普通人来制定。摩西和《旧约》，耶稣和《新约》，穆罕默德和《古兰经》，都是不同时代的产物，曾代表不同的时代。而今，穆罕默德和《古兰经》的时代已经结束，巴布就是代替这一时代而出现的新先知，而《默示录》则是新时代法律和制度的总汇，是取代《古兰经》且高于一切的经典。现存世界中的一切，都应按照《默示录》来衡量，一切法律和制度均应依它来重新制定。[①]

《默示录》主张，安拉作为至高无上的存在，其本体是绝对存在的，也是超自然的，因而人是不能直接认识安拉的，而巴布本人因为是新先知，他自己就是反映安拉的镜子，是通向认识安拉、认识真理之“门”，认识安拉必须通过他才能实现。巴布认为“7”和“19”是两个神圣的数字，一切信仰和制度都要依这两个数字为依归。安拉有 7 种德性：前定、注定（宿命）、意定（决断）、意愿（意志）、允准（应允）、末日和启示，安拉以这 7 种德性主宰世界。而人相信世间一切事物都由安拉预定和安排，按照安拉的旨意去行动，也就成为该教派的基本信仰。要掌握自己的命运，就必须相信安拉，相信安拉所派遣的新使者，相信新天经《默示录》。而要理解安拉启示的深奥意义，也必须崇信神圣而吉利的数字 19，从此出发，巴布规定，每年为 19 个月，每月为 19 天，每年另有 4 天闰日，全年为 365 天。宗教最高机构要由 19 人组成（巴哈欧拉改为 9 人），来决定宗教和社会中的一切重大问题。因为 19 又是安拉本体的数量表征，安拉有 19 个美名，所以每天都要用安拉的一个美名来命该天的名称。此外，信徒每年要封斋 19 天，每天要诵读 19 段《默示录》。[②]

巴布否认伊斯兰教法所规定的宗教功课与教律，尤其是主张伊斯兰教的功课要改革。它主张简化宗教仪式，礼拜、斋戒、净礼都可以从简进行。礼拜不必在规定的时间和地点进行，取消伊斯兰教的集体礼拜聚礼，只在举行葬礼时规定一些必要的集体仪式。这样，信徒都可以自由地礼拜，而不必受集体的限制，也不必受礼拜时间、地点的限制，每人都可以在自己方便的时候就地礼拜。斋戒不需要 30 天，只用每年最后一个月的 19 天即可。该教还否定伊斯兰教圣地麦加的地位，定巴布本人的出生地为圣地。

在宗教戒律方面，巴布也提出了一些改革措施。他严禁教徒饮酒、赌博、乞讨，严禁向乞丐施舍，严禁任意伤害人命、破坏社会秩序和违犯社会公德的行为，废除妇女戴面纱和男子不许穿丝绸和佩带黄金首饰的伊斯兰教习俗。巴布信徒塔荷蕾成为第一个揭去面纱的伊朗妇女，成为令人尊敬的妇女解放的先驱和典范。

对现存的社会制度，巴布的改革主张涉及男女一律平等，不仅有同等的财产继承权，而且男女均可以离异和再婚。应该重建一个没有压迫、没有剥削、人人平等的正义王国。在这一王国中，人身自由得到保障，财产所有权、继承权均受到尊重。商业和一切交易都是自由进行的，商人有自己的特权，支取低额的商业利息不受任何限制，商业经营可以畅通无阻。该派还主张偿还债务，统一币制，便利交通等。同时，巴布还强调社会要有崇高的道德标准，要着重于心灵与动机之纯洁，倡导教育和有益的科学。[③]

巴布所提出的这些主张，为巴哈伊教义的制定创造了条件。虽然巴哈伊教义与巴布的教义有所区别，但由于巴哈伊教是在巴布信仰的基础上产生的，其经典的地位仅次于巴哈欧拉的著作如《至圣

① 参见于可主编：《世界三大宗教及其流派》，湖南人民出版社 1988 年版，第 483 页。

② 参见王志远主编：《伊斯兰教历史百问》，今日中国出版社 1989 年版，第 90 页。

③ 参见《巴哈伊》，澳门新纪元国际出版社 1992 年版，第 19 页。

书》等，且《默示录》也一度是而且现在仍然是巴哈伊教的经典之一，只是后来才被《至圣经》的地位所取代，所以，它们之间的联系是撕扯不断的，巴布被理所当然地尊为巴哈伊教的先驱，正像阿布杜巴哈在谈到巴布本人时所说："这位杰出的人物以巨大的力量震撼了波斯原有的宗教、道德、环境和风俗习惯，同时创立了新的教规、律法和新的宗教。""他把神的教育传给愚昧的民众，在波斯人的思想、道德、风俗和环境上产生了惊人的效果。"[①]所以，巴哈伊教与巴布思想的基本点是一致的。

二、巴哈伊教义的简要内容

(一)彻底的一神论学说

巴哈伊教继承了伊斯兰教的彻底一神论学说，提倡一种普世宗教，并主张普世宗教只有一个，即巴哈伊教。该教主张，安拉(后来在有些英文版的著作中改为"上帝"、"上苍"，以便与伊斯兰教的安拉、真主相区别)是独一无二的、全知的、全能的，是宇宙的缔造者，也是世间万物和人类的创造者、启动者和支配者。巴哈欧拉说："一切赞美归于独一的上苍，一切荣誉归于他，他是至高无上的主、无与伦比的、最为荣耀的宇宙统治者。他从绝对的虚无创造了万物的真性；由空无一物创造出他的创造物中最纯粹精妙的元素。他也把其创造物从远离他的卑微中，从最终绝灭的危险中拯救出来，安置于他不朽荣耀的天国。缺少他那笼罩一切的恩泽，弥漫万有的慈悲，任何东西都是不能完成这伟业的。"[②]安拉虽是独一的，但可以取不同的名称，如"上帝、神、天主、佛陀"，虽然称谓不同，实质却是一致的、统一的。他是宇宙的核心，宇宙的最终目的和本质。他是"不可知的本质"，是"神圣的存在"，"自古以来，他一直掩盖于他那永恒的本质之中"，并停留在"凡夫的视觉永远不能看见"的他的"实在里面"，而永远不会暴露在凡人的视野下，他将永远超越一切感官之上，"他是敏锐者、明察秋毫者"。[③] 阿布杜巴哈对《圣经》中上帝所说"让我按我的模样造人吧"进行了解释，认为这里的"模样"并非指外貌，因为神的本质并不局限于任何形式的外观，而是指神的本质特性，如公正、仁爱、恩泽全人类、忠贞诚实、对万物慈悲为怀，所以上帝的模样指神的美德，而人理应成为接受神性荣光的容器。[④]

(二)先知连续不断显现

上帝的旨意要通过亲自差遣的诸先知连续不断的显现，因而世界各大宗教的先知都应该得到承认，如亚伯拉罕(犹太教始祖)、克里希那(印度教领袖)、摩西(犹太教领袖)、琐罗亚斯德(火袄教即琐罗亚斯德教创始人)、释迦牟尼(佛教创始人)、耶稣(基督教领袖)、穆罕默德(伊斯兰教创始人)、巴布、巴哈欧拉，都是上帝差遣的诸先知。[⑤] 所有先知的本质是相同的，他们之间的唯一性是绝对的。所以推崇某些先知而不敬重其他的先知，是不容许的。但是，先知们在这个世界中启示的分量必然会有差异，每一位先知所传报的信息都是独特的，每一位都有特定的言行方式来显现自己，由此之

① 《阿博都巴哈著作选集》，曾佑昌译，澳门新纪元国际出版社 2004 年版，第 24 页。

② 《巴哈欧拉圣典选集》，朱代强、孙善玲译，澳门新纪元国际出版社 2004 年版，第 41 页。

③ 《巴哈欧拉圣典选集》，朱代强、孙善玲译，第 29～30 页。

④ 参见阿博都巴哈：《世界团结之基础》，马来西亚巴哈伊总灵体会 1993 年版，第 98 页。

⑤ 参见金宜久主编：《伊斯兰教史》，中国社会科学出版社 1990 年版，第 498 页。

故，他们的伟大性才具有差异。安拉派遣先知降世的目的有二：一是要把人类由无知的黑暗中解放出来，指引人类走向真正了解的光明境界；二是要确保人类的和平与安宁，并为人类提供一切建立和平与安宁的手段。① 先知和现实世界都是神的体现，每一位先知都有一个预言的周期，穆罕默德的天启应持续至少 1000 年。而在巴哈欧拉时期，真理之太阳达到那个位置时，便以鼎盛的光辉充分地发射光芒，因此，巴哈欧拉预言的启示期至少要持续 1000 年，巴哈欧拉自己说"在整整 1000 年结束之前，无论谁声称能直接从上帝那里得到天启，此人无疑是撒谎的江湖骗子"②。阿布杜巴哈说这一启示期"不限定于 1000 年或 2000 年"，"将延续许多时代，直至进入未来的时间范围"③。他在给一名有火袄教背景的巴哈伊信徒的信中又预言巴哈伊教的周期是 50 万年，这一点在巴哈欧拉那里没有提到过。④

（三）人人平等

现实世界的所有人不分男女，都是上帝的儿女，人人都是平等的，不管种族、肤色、社会地位如何，人类皆兄弟，应该统一和谐，真诚相爱，相互信任。整个人类是一个统一的独特种族，是一个有机体的单位，是上帝创造物的顶点，是创造的生命和意识中最高的形式，能够与上帝的神灵交往。巴哈欧拉说："你们是同一棵树上的果实，同一树枝上的叶子，用最虔诚的爱、和谐及友情与大家相处吧……团结之光如此强大，它能照亮整个地球。"⑤他一再强调"地球乃一国，万众皆其民"⑥。阿布杜巴哈也指出，人类有肤色种族之不同，风俗习惯、口味、气质、性格、思想观点方面存在广泛的差异，这正是人类既一致又多样化的标志，是完美的象征和上帝恩惠的揭示者。这正像花园中的花朵，"尽管种类、颜色和形状有所不同，但是，由于它们受到同一泉水的浇灌而清新，受到同一和风的吹拂而复活，受到同一阳光的照耀而成长，这一多样性便增添了它们的美和魅力"。"如果花园里所有的花草、树叶、果实、树枝和树都是同一形状和颜色，这将是多么的不悦目！不同的颜色和形状，丰富及装饰了花园，而且还增进了它的艳丽。"⑦既然人类是一致的，那么就不应该继续生活在充满冲突、偏见和仇恨的混乱世界里，为此，巴哈伊教反对人与人之间互相作对和互相残杀，提倡废除伊斯兰教有关"圣战"的教义。各种族之间不应敌对，对一切宗教和教派的信徒均应一视同仁，取宽容的态度。人的宗教派别不同，不应成为相互敌对和疏远的根源，也不应成为和平、安宁和友好交往的障碍。巴哈伊教主张，"用智能和话语之剑，征服人心的城堡"⑧。解放人类的方式是扬弃暴力和高压，选择服务、智能和爱。正如阿布杜巴哈所阐述的，上帝的圣道纯粹是灵性的，不属于物质世界。

阿布杜巴哈说：

> （巴哈伊教）不为冲突或战争而来，不为伤害或羞耻而来；它既不为与别的信仰争吵而来，也不为与其他国的争执而来。它唯一的军队是上帝的爱，它唯一的喜悦是它知识之纯醇，它唯一

① 《巴哈欧拉圣典选集》，第 49～50 页。
② 《阿博都巴哈著作选集》，第 60 页。
③ 《阿博都巴哈著作选集》，第 61 页。
④ 守基·阿芬第：《巴哈欧拉之天启 新世界体制之目的》，澳门巴哈伊出版社 1995 年版，第 7～8 页。
⑤ 《巴哈欧拉圣典选集》，马来西亚总灵体会 1992 年版，第 188 页。
⑥ 《巴哈欧拉圣典选集》，第 163 页。
⑦ 以上三条均转引自［加拿大］威廉·哈彻、道格拉斯·马丁：《巴哈伊信仰——新兴的世界宗教》，第 7 页。
⑧ 转引自 Paul Lample：《创造新思维》，台湾人德文教发展机构 2002 年版，第 137～138 页。

的战争是阐明真理；它的圣战之一是抵抗固执的自我和人心中邪恶的引诱。它的胜利是顺从和退让，而无我则是永恒的荣耀。简而言之，它是灵性加上灵性。

正如圣典所言，作战在这最伟大的天启里，并不是拿起刀剑和长矛、枪和锐箭，相反的，而是用纯洁的意图，正直的行为、有益和有效的建议、神圣的属性、让全能者喜悦的行为、有天国般的品德等等做武器。象征它对全人类的教育，是所有人的指引，它散播灵性的甜美气息，传播上帝的证据，陈述结论和神圣的辩词，行善事。①

（四）宗教同源

和人类一致的原则相联系，巴哈伊教还提倡宗教同源的原则。巴哈欧拉阐明了这样的基本原则："宗教的真理不是绝对的而是相对的，神圣启示是一个相继发展和逐渐演进的过程，全世界所有伟大宗教的起源是神圣的，它们的基本原则完全和谐一致，它们的目标和意旨是一致和相同的，它们的教义是同一真理的不同角度，它们的作用是互补的，它们的差异是存在于教义中的次要方面，它们的使命代表人类社会灵性发展的连续阶段。"②因此，各种宗教之间不应敌对，千万不要使宗教成为纷争及不和的因素，或仇恨与敌意的根源。人的宗教派别之不同，不应成为相互敌对和疏远的根源，也不应成为和平、安宁和友好交往的障碍。宗教偏见在于：狭隘的信仰原则，只承认自己的信仰是正统和正确的，其他一切宗教均为异端；教条化和僵化，认为宗教真理是绝对的、永恒不变的，因此固守宗教教条不放；因循传统，传统的宗教逐渐失去探索真理的活力，成为世代因袭的习俗。③ 神圣的宗教并不是分歧与争执之道，假如宗教 成了对抗与冲突的根源，那么，倒不如没有宗教。宗教应成为国家的活跃因素，假如它成为 人类死亡之因，那么它的不复存在对于人类来说反而是一种福祉和裨益。④ 因此，巴哈伊教提倡人与人之间要放弃一切偏见和争斗，发扬个人的高尚道德和友爱精神，维护世界和平，实现世界大同。

（五）天堂、地狱

巴哈伊教承认天堂、地狱是存在的，但对它们赋以新意，认为天堂可以看作是接近上帝的一种状态，地狱则是远离上帝的一种状态。每一种状态都是个人在灵性方面努力发展或是缺乏发展的自然结果，灵性进步的钥匙即是跟随上帝显示者所指之道。这种思想与巴布是一致的，巴布有言："天堂者，能认识及敬爱造物，而自修完善，俾死后得进天堂，而享永久之道也。地狱者，不认识造物，不能修到完善之境，而失却天恩也。至于物质之天堂，地狱等，皆属理想而已。"⑤因此，巴哈伊教鼓励个人要对上帝忠诚，做上帝的奴隶，按照上帝的启示和旨意办事，这样就可以获得幸福，从而过天堂般的生活。反之，违背上帝的意愿，不执行上帝的旨意，就会遭受无限的痛苦，从而过地狱般的生活。服从上帝，也要服从最高的宗教领导人和现存的世间政权，所以，提倡服从政府的法律和政策，以便维护社会的正常秩序和社会的稳步发展。与此相联系，为保持社会稳定，也要继承和发扬各民族的

---

① 转引自 Paul Lample：《创造新思维》，第 138～139 页。

② 守基·阿芬第：《号召寰宇》，马来西亚巴哈伊总灵体会 1992 年版，第 2 页。

③ 参见李绍白：《人类新曙光——巴哈伊信仰》，第 51～52 页。

④ 参见阿博都巴哈：《世界团结之基础》，马来西亚巴哈伊总灵体会 1993 年版，第 22 页。

⑤ 爱斯孟：《新时代之大同教》，曹云祥译，台湾大同教出版译述委员会 1970 年版，第 11 页。

优秀文化。只有这样，才能建立起人类的新的综合文化。人类将随着一个全球文化的诞生和崛起，而显现其辉煌的宏旨。[①]

(六)宗教与科学

巴哈伊教义强调宗教与科学不是敌对关系，而是并行不悖的，它们的本质一致。阿布杜巴哈指出："宗教和科学是两只翅膀，人的精神力量乘上它们飞向高处，有了它们，人的灵魂才能取得进步。只有一只翅膀的人就不能飞行了。如果有人想试验只用宗教的翅膀飞行，那他就必然会跌进迷信的沼泽中。另一方面，他如果只用科学的翅膀飞行，也不能取得进步，而只会掉进没有希望的唯物至上的泥坑。目前，各个宗教都沉陷到偏见的习俗中。他们既不赞成他们所代表教义的真正的基本原则，也不赞成我们时代的科学发明。许多宗教领袖认为，宗教的意义主要在于，坚持规定的教条，坚持行使礼俗和仪式。他们教导人们像他们所信仰的那样关心自己的灵魂得救。他们顽固地遵守外表形式，将它与内部的真理混淆起来。"[②]他反对将宗教变成盲目、无意识地顺从某些教士的戒语，认为真正的宗教不应该反对科学、趋向黑暗，倘若宗教能与科学和谐，相互促进，致使人类陷入悲惨之境的许多仇恨和歧视就可以避免了。因此巴哈伊教反对盲从，鼓励独自探索真理："人不应借他人之目来看，不该以他人之耳来听，也不应用他人的大脑来思考。上帝设计人的时候令每个人都有其天赋、能力与责任。那么，依靠你自己的思维来判断、遵从自己寻求来的结果吧！否则，你会完全被无知的恶狼吞噬，并失去上帝的仁惠。"[③]而要寻求真理，就必须普及教育。

(七)社会思想

在社会思想方面，巴哈伊教提出了一些表面看来是相互矛盾的主张。一方面，该教提倡人追求幸福是合理的，过舒适和豪华的物质生活是理所当然的事，人可以住豪华住宅，使用金银器皿，穿丝绸服装，使用玫瑰露和高级香水，允许倾听歌曲。为此，它不仅承认私有制的合法性，而且主张贸易自由、开办银行，甚至可以获取适度的利息。另一方面，该教又认为人们的财产不会给自己带来什么好处，富人只是由于无知和缺乏理智才占有财产和拥有财富的，一旦他们意识到这些财富是无益的，他们就会把自己的财产统统分出去。富人是可怜的，因为他们只知道去追求财富，而忘记了对死亡和后世的考虑。巴哈欧拉说："你们要知道，真确的，财富乃一道巨大的藩篱，横隔在寻求者与其所寻、爱慕者与其所爱之间。富人，绝不可能到达他(指上帝)尊前之天庭，也不可能进入那知足与顺命之城，只有极少数例外。凡是不受其财富阻碍得以进入永恒之国、亦不曾让财富剥夺不朽之域的富人有福了。"又说："切莫因贫穷而烦恼，也别自信于富贵。因为富贵紧跟着贫穷，贫穷又紧跟着富贵。然而，一贫如洗却拥有上帝的，此乃一件奇妙的礼物。切莫小看其价值，因为最终它将使你富于上帝里。这样，你将明白这句话的意义：'实质上你们皆为穷人。'以及这句圣言的含义：'上帝乃一切之拥有者。'"所以他号召："洗去财富之污秽，以平静舒坦地进入贫穷之境；如此你便能从那超脱之涌泉畅饮永生之甘醇。"[④]另外，巴哈伊教也提出了不参与政治的问题。所谓不参与政治是指信徒"别讨论

---

① 守基·阿芬第：《号召寰宇》，第 1 页。

② 阿布杜巴哈：《巴黎讲话》，陈晓丽译，国际文化出版社公司 1990 年版，第 124～125 页。

③ 阿博都巴哈：《世界团结之基础》，第 78 页。

④ 巴哈欧拉：《隐言经》，澳门巴哈伊总灵体会 1994 年版，第 44～46 页。

政治”，信徒的“任务是关心精神生活，因为这确实能给人类带来上帝的世界的欢乐”，“不要提到人间诸王以及世俗政府”，要把“语言限制到传播上帝之天国的福音，说明圣言的感化力和圣道的神圣性”，“要讲述永久的欢乐和心灵的喜悦、神圣的品质以及真理之阳光已在地平线上升起、讲述将生命之灵气吹入世人的肉体的情况”。① 但是同时巴哈伊教又要求所有的信徒都要服从所在国政府，“每个人都顺服、服从和忠诚于自己的政府”，“对政府心存善意”，“服从它的法律，怀有对所有民族的爱”。②

巴哈伊教的这些主张，基于这样的理论基础：尘世的物质文明虽是人类进步的途径之一，但只有当物质文明与精神文明结合起来，才能达到理想的目标——人类幸福。物质文明如同一个玻璃球，精神文明如同光源，没有光明时，玻璃球只是漆黑一片。物质文明又如同躯体，无论多么别致、典雅与美丽，它本身是缺乏生机的。而精神文明有如灵魂，躯体的生命来自灵魂，没有灵魂时它仅是行尸走肉。③ 为了提高人的精神文明程度，就要限制自己的物质欲望。凡是追寻世俗的欲望与专心于物质享受的人，不能算为巴哈伊的信徒。一个人若能路经遍布黄金的河谷，而仍如浮云般，毫不迟疑地直行而过，不屑回顾。这样的人才是真正信奉上帝的人。一个人若能在遇见一个绝代佳人时，他的心灵丝毫不会被贪恋美色的阴影而吸引，这样的人才真正是贞洁无瑕的创作。④

（八）独到的见解

巴哈伊教的教义不单独属于伦理或论理的学说，其教义的内容是无所不包、无所不有的，从人性至灵魂、思想、精神，以至于生命的活力、生命的意义与生命的永存，都有其独到的见解。⑤

巴哈伊教不仅把伊斯兰教日常使用最多的“安拉至大”变换成“上帝最荣耀”，⑥而且对伊斯兰教的宗教仪式进行了彻底的改革，它主张简化甚至可以取消一切宗教仪式，因为通向上帝的道路是隐蔽的。⑦

如果要礼拜，那么一天两次就足够了，即晨礼、宵礼。清真寺中的集体礼拜要予以废除，每个教徒只需单独祈祷。旅行时，整个祈祷只用一个磕头礼就可以完成，甚至只用口诵“赞美上帝”就算完成。净礼只洗手、脸、脚，或清水浸浴即可。年终是斋月，采用巴布颁布的历法，一年 19 个月，每月 19 天，另加闰日。斋月过完之后即是新年的元旦。婚礼废除诵祷词，仅由灵体会派人证婚。该教将所有的宗教义务简化为这几项：每日祈祷、斋戒、勤奋工作、传播上帝的事业、禁烟禁毒、遵守该教婚姻制度、服从政府、不参与政治、不得中伤他人。⑧

在这几项义务中，巴哈伊教重视祈祷，认为通过祷告才能使人与上帝联系。《至圣书》这样论证说：“每天早晚吟诵（或背诵）上帝的语言。忽略了这点的人，便是不忠于上帝的规诫与他的圣约。凡

① 《阿博都巴哈著作选集》，第 83 页。
② 《阿博都巴哈著作选集》，第 258～259 页。
③ 参见阿博都巴哈：《世界团结之基础》，第 32 页。
④ 参见《巴哈欧拉圣典选集》，第 76 页。
⑤ 参见慈领佛士德：《释迦牟尼与阿弥陀佛》，施知本译，马来西亚巴哈伊出版社 1988 年版，第 37 页。
⑥ 守基·阿芬第：《神临记》，巴西巴哈伊出版社 1986 年版，第 215 页。
⑦ 参见阿布杜·门伊姆·哈弗尼主编：《哲学百科全书》，黎巴嫩贝鲁特伊本·宰楚出版社（无出版年月），第 113 页。
⑧ 参见杨克礼等主编：《中国伊斯兰百科全书》，“谢赫学派”条。

今日放弃祈祷的人,便是已经背弃上帝的人。"[①]但是这种祈祷仅只是形式上的或表面上的,真正的祈祷是工作和为人类服务。只要人能竭其所诚,只要他是被为人类服务的热忱动机所激励,就是崇拜上帝。为人类服务以满足其需要,就是崇拜,就是祈祷,因为人性最高的表达方式便是服务。一个人的内在发展,成为自己的真诚,要完成于他为人类统一的构想服务之时。个人灵性纪律之目的,在于将灵魂从自我的困惑中解放出来,加深对人类的认同感,并将精力集中于为他人服务上。[②] 为此,巴哈伊教得到很高的评价,"在所有声称有神圣权威的当代积极宗教中,唯一毫不含糊,一心一意地为团结统一人类而工作的是巴哈伊教"[③]。俄国文豪托尔斯泰在俄国报纸上发表文章赞扬巴哈伊教,说巴哈伊教是"最高尚和最纯洁形式的宗教"。[④]

(九)核心是"团结"

总之,如果用两个字来总结巴哈伊的教义,那就是"团结"。上帝只有一个,人类只有一个,各大宗教实际上是上帝对人类的旨意发布天启的不同阶段,它们之间没有根本分歧。将所有民族团结在一起、组成一个和平统一的全球社会的时代已经到来。巴哈伊教主张先知是一体的,都是上帝在地上的代表,是上帝的具体体现,上帝是世界的中心。人类是上帝所创造物中最高贵和最完善的,有永恒灵魂,灵魂脱离肉体后会以新的形式独立存在。巴哈伊教主张万教归一,天下人皆为兄弟,强调社会伦理,不重视甚至否认宗教仪式,主张废除种族、阶级和宗教偏见,最终的世界大同就是全世界各国都要放弃民族独立和国家主权的原则,目的是最终取消国界,世界语应作为全世界的通用语言,用它来建立统一的世界议会,用以实现世界大同的理想。[⑤]

该教教义和主张主要体现在巴哈欧拉的《至圣书》、《确信经》等经典中,这些经典已被译成多种语言。它被认为是巴哈伊教至高无上的经典,其他经典还有巴哈欧拉另外的著作,阿布杜巴哈的《遗嘱与圣约》等。守基·阿芬第也写有许多著作,阐述该教教义,但是不是巴哈伊教的根本经典。

第三节　巴哈伊教与伊斯兰教的联系与区别

巴哈伊教是在巴布思想的基础上产生的,而巴布已宣布脱离伊斯兰教,所以巴哈伊教绝不是伊斯兰教,这已为埃及逊尼派伊斯兰教法庭的判决结论所证实:巴哈伊教是一种完全独立于伊斯兰教之外的新宗教,因此,正如佛教徒、婆罗门教徒或基督教徒不可被看作穆斯林一样,任何巴哈伊信徒,都不可被看作穆斯林,而任何穆斯林,亦不可被看作是巴哈伊信徒。[⑥]

巴哈伊教已经彻底脱离伊斯兰教,伊斯兰教也不承认巴哈伊教是该教中的一个教派,因此巴哈

① 转引自李绍白:《人类新曙光——巴哈伊信仰》,第 196 页。

② 参见[加拿大]威廉·哈彻、道格拉斯·马丁:《巴哈伊信仰——新兴的世界宗教》,第 165 页。

③ 华伦·瓦格:*The City of Man*,第 117 页,转引自[加拿大]威廉·哈彻、道格拉斯·马丁:《巴哈伊信仰——新兴的世界宗教》,第 127 页。

④ 《俄罗斯巴哈伊社团小史》,载《天下一家》1997 年 1～3 月。

⑤ 参见乔治·塔拉比什主编:《哲学家词典》,黎巴嫩贝鲁特先锋出版社 1987 年版,第 171 页。

⑥ 转引自[加拿大]威廉·哈彻、道格拉斯·马丁 :《巴哈伊信仰——新兴的世界宗教》,第 178 页。

伊教绝不是伊斯兰教，而是一种新兴的世界宗教。但是，因为它是从伊斯兰教分化出来独立而成的新宗教，又与伊斯兰教有联系。

一、巴哈伊教与伊斯兰教的联系

从联系方面来说，巴哈伊教继承了伊斯兰教的一神论立场。

在犹太教、基督教的基础上，伊斯兰教构筑起彻底的一神论体系。安拉的独一是这一体系的核心，“万物非主，唯有真主”是这一独一性的高度概括，而与此相联系的是安拉的如下一些特性：

第一，安拉是独一无二的，他没有配偶或子嗣，他未产，亦未被产，他永远受到万物的祈求和仰赖，无开始，无终止，无一与他对等的。（参见《古兰经》第 112 章第 1～4 节）

第二，安拉是至仁至慈的，是万有的保障，是公平的至尊的主。他是万物的创造者和监督者，是万物的起始者，也是万物的终结者。他能使人生，能使人死。他无时不在，无处不有，是无所不在的永恒的唯一的真神。（参见《古兰经》第 57 章第 1～6 节；第 59 章第 22～24 节）

第三，安拉是仁慈的，是万物的供养者，他是慷慨的，也是和蔼的；是多恕的，也是温和的；是宽容的，也是特慈的；是独一的，也是公正的。（参见《古兰经》第 3 章第 31 节；第 11 章第 6 节；第 35 章第 15 节；第 65 章第 2～3 节）

简言之，安拉是独一的，并且是永恒不灭的，他无形体，是整个宇宙的创造者，是万王之王，万主之主。他无处不在，无时不有，没有开始，没有结束。他对自然万物和人类的恩典是数不清的。

巴哈伊教接受了伊斯兰教的这种一神论观念，不管是把安拉叫作上帝、上苍，还是真主，他都是无形无体的精神本体，既超乎万物之外，又贯乎万物之中，既是万因之因，又是无因之因。对这样一个安拉，人类无法领悟其伟大无比的神圣的本体，而只能明白其本质。巴哈欧拉论述说：“你们无疑了解这一真理：未被看见者绝不能使他的本质成为肉身，将他的本质启示给人。他如今超越，过去一直超越所有可以被描述、可以被感知的事物。……永远对凡人的眼睛隐蔽着的他，唯有通过他的圣使才能被认知，而圣使对其使命的真实性所作的举证，以证明他自身的位格者最为充分。”①

二、巴哈伊教与伊斯兰教的区别

伊斯兰教是在犹太教、基督教的基础上产生的，吸收了这两大宗教的不少思想资料，是两大一神论传统的延续，伊斯兰教的伦理准则也与犹太教十分相似。②

（一）伊斯兰教与基督教的区别

伊斯兰教与基督教的区别是十分明显的，主要表现在四个方面：

第一，伊斯兰教反对基督教的原罪说。基督教认为人类始祖亚当和夏娃在伊甸园受蛇诱惑，违背上帝命令，偷吃了禁果，此罪成为全人类的共同罪过，且延续到今天的人类，成为人类一切罪恶和灾祸的根由。即使刚出生，甚至刚出生就死去的婴儿，也是带有与生俱来的原罪，仍需要基督的救赎。而伊斯兰教坚决否认人有原罪之说，这对于人类来说，自然是一种解放。

① 《巴哈欧拉圣典选集》，第 4 页。

② 参见蔡德贵：《阿拉伯哲学史》，山东大学出版社 1992 年版，第 84 页。

第二，伊斯兰教坚持彻底的一神论，坚持安拉独一说，反对基督教的圣父、圣子、圣灵三位一体的观点。基督教虽然宣称上帝只有一个，但包括圣父、圣子、圣灵三个位格。圣父是独一上帝（天主）、全能的父，是创造有形无形万物的主。圣子在万世以先，为圣父所生，万物都借他受造。圣灵是主，是赐生命的，从圣父出来，与圣父圣子同受敬拜，同受尊荣。基督教认为这三个位格虽各有特定位份，却又完全同具一个本体，同为一个独一的真神，而不是三个神，但又非只是一个位格。对这种三种位格的说法，伊斯兰教认为它只会使"上帝只有一个"的理论不够严谨。

第三，伊斯兰教只承认先知，而不承认救世主。伊斯兰教承认每一个民族都有一位先知，但先知也是凡人，既不能创世，也不能救世，耶稣基督只是众先知中的一位，不是救世主，除耶稣基督之外，还有许多先知，而穆罕默德是最后一位先知，故称封印先知。所以伊斯兰教认为，世界上无论何人、无论何地，都不应受到崇拜，除了安拉，任何人或物都不能成为祈祷对象，不应为了人世间短暂一生的好处而向安拉以外的人或物祈祷，因此，伊斯兰教徒只向安拉跪拜，而不向任何人低头作揖，哪怕他是国家元首，也无权享受只有安拉才得以享受的跪拜。

第四，伊斯兰教没有基督教的教会戒律，不设教会，也没有天主教意义上的宗教组织，因为根据伊斯兰教理论，伊斯兰教不设牧师，没有圣徒，没有僧侣统治集团，也没有圣礼。更没有一个人能超越凡人之上，处于普通信徒与安拉之间。伊斯兰教只允许有研究神学的理论家，有《古兰经》注释家、评注家，也有宗教法官为世俗当局提供咨询。然而不允许有中央教义机构，没有相当于主教、红衣主教、红衣主教团一类的职位，也没有教皇，人与安拉之间用不着中间人。因为没有圣礼，所以任何人都不需要特殊声望或等级来履行圣礼。没有神职人员，所有穆斯林都是平等的，都可以领头做礼拜或者布道。

（二）巴哈伊教与伊斯兰教的明显差别

第一，从安拉的独一性方面来说，巴哈伊教与伊斯兰教是基本一致的。巴哈伊教承认安拉的独一，也承认先知，但它与伊斯兰教的明显差别也是存在的。这种差别主要表现在：伊斯兰教承认以前各大宗教各有一位先知，而穆罕默德是最后一位先知，因为穆罕默德已经顺利地完成了安拉差遣的使命，所以穆罕默德之后安拉不再需要派遣新的先知。巴哈伊教则否认这一点，承认穆罕默德之后，还可以有新的先知，每一个先知都代表一个时代，因为"通过这真理之阳的教导，所有人都将获得进步与发展，直到能充分地表现他们内在的真实自我被赋予的潜能。就是为了这个目标，在每一个时代、每一个启示期，上苍的先知以及他所拣选的圣哲出现于人们中间，表现出来自上苍的力量和只有永恒者才能显现的大能"[①]。

因此，巴布是先知，巴哈欧拉也是先知，而巴哈欧拉先知的启示期要延续至少1000年。这是与伊斯兰教绝不一致的，是伊斯兰教正统派所坚决反对的。

第二，伊斯兰教不允许任何一个人超越凡人之上处于普通信徒和安拉之间，穆罕默德也不能例外。而巴哈伊教却继承巴布的传统，主张先知是人与上帝之间的中介，上帝借先知才得以显现，所以，普通人不仅要服从上帝的戒律，也要接受先知的引导，服从宗教领袖的领导，认为"认知了他们就如同认知了上帝，倾听他们的召唤就如同倾听上帝的声响，验证了他们启示的真理就如同验证了上

① 《巴哈欧拉圣典选集》，第43页。

帝的真理。背弃他们就等于背弃上帝,不信奉他们就等于不信奉上帝。他们每一位都是连接此世与天界的上帝之道,并且代表天地间上帝真理的准则。他们是人世中上帝的显示者,他真理的明证和荣耀的表征”①。

第三,伊斯兰教不设国际级中央教义机构,巴哈伊教却设立国际最高机构世界正义院,以协调和管理全世界巴哈伊的行政事务和教务。世界正义院在1963年成立后,由9人组成的委员会被赋予权威,在巴哈欧拉一切没有明确提及的事情上立法,并且有权随着时代的变化而变更自己的立法,这样就使得巴哈伊律法具有弹性,而非墨守成规。世界正义院自成立至今,已向世界范围发布了一些重要文告,如《世界和平的承诺》(1985年)、《人类之繁荣》(1995年)等。巴哈伊还设立国家级总灵体会和地方级总灵体会,不仅用以管理宗教事务,而且对各类重大问题做出决策。

第四,巴哈伊教不像伊斯兰教那样有烦琐的宗教礼仪。伊斯兰教有五大功课:念功、拜功、斋功、朝功、课功,从身、心、性、命、财五个方面,尽其礼,以达于天,即“身有礼功,心有念功,性有斋功,命有朝功,财有课功”。② 而巴哈伊教则主张简化宗教礼仪,礼拜每天两三次即可,每天必须选择三条必诵祷文之一来诵读。斋功缩短为19天,圣战被取消。不朝拜麦加,而只拜巴哈欧拉的陵墓。阿布杜巴哈甚至认为斋戒仅只是一种表记,说“斋戒为一种表记。斋戒者,避肉欲也。禁食无非避免肉欲耳,除作为表记外,并无他意也。且斋戒非完全不食也。印度有一教派完全禁食。不食虽不至死,但人之智力受损失。若人因不食而弱其身脑,则不足事奉造物;因其力量减少,不足以有为也”③。

第五,伊斯兰教虽然提倡人人平等,人类皆兄弟,但并没有明确提出世界大同的思想。而巴哈伊教则明确主张全人类要实现大同,要组织一个全球性的超级政府。阿布杜巴哈论述说,在过去的宗教周期里,虽然也建立了和谐,但由于缺乏途径,因而未能达成全人类的统一,大陆与大陆之间被遥远的距离所阻隔,甚至同一大陆的各种族人民也几乎不能相互交往或进行思想交流,无法达至统一。今天,交通、通讯的途径已大增,使得地球上的五大洲实质上成了一大洲,人类家庭的所有成员,也变得越来越相互依赖,谁也不再可能自给自足了。因而全人类的统一是可以在今天达成的,具体表现在七个领域的统一:政治领域里的统一,世界性事业中思想的统一,自由的统一,宗教的统一,各民族的统一,人种的统一,语言的统一 。④ 伊斯兰教提倡天下穆斯林是一家,天下穆斯林是兄弟,对非穆斯林往往不以兄弟相待,而且没有提出明确的世界大同思想。而巴哈伊教则明确主张“地球乃一国,万众皆其民”,主张全人类要实现大同,要组织成世界议会组织,用世界语来组织政府。

第六,巴哈伊教不像伊斯兰教那样提倡一套严谨的生活习俗。伊斯兰教的饮食禁忌包括:所有各种令人兴奋或晕醉的酒类饮料;猪肉及其制品,用利爪或牙齿杀害其他动物的野兽、掠食的鸟兽、爬行类的动物,其他非偶蹄的动物,以及未经屠宰而致死包括自己死亡的鸟、兽肉及其制品和一切动物的血。此外还禁止各种形式的赌博、偷盗,婚姻以外的性关系,以及所有在大庭广众面前有可能招惹诱惑、挑激欲念、引起怀疑甚至显示粗鲁下流的言谈、举止、仪态以及服饰,女子除眼、手以外,全身都是羞体,要求女子的衣着要把身体的所有部分都遮住,只有手和脸可以露在外边,若不用面纱将头脸遮盖起来,不将全身遮起来,就是冶容诲淫;也不允许女子正视陌生男子;男子则不准穿丝绸衣服,

① 《巴哈欧拉圣典选集》,第31页。

② 刘智:《天方典礼择要解》,上海古籍出版社1996年版。

③ 爱斯孟:《新时代之大同教》,曹云祥译,台湾大同教出版译述委员会1970年版,第121页。

④ 守基·阿芬第:《新世界体制之目的》,澳门巴哈伊出版社1995年版,第81~82页。

不准佩戴金银首饰等。而巴哈伊教的宗教禁忌则不那么严格，除了违背社会公德的行为如赌博、偷盗，以及麻醉剂、饮酒等，它的宗教禁忌要少得多。它主张男女平等，女子不戴面纱，男子可以佩戴金银首饰，穿丝绸服装，凡是有利于人类健康的食品包括猪肉都是可以食用的。巴哈伊教和伊斯兰教一样，绝对禁酒，而对吸烟，巴布在创教之初，就明确提倡禁烟。而巴哈欧拉在早期有理由吸一点烟，但他最终完全戒掉了，后来颁布《至圣经》，里面没有明确禁止吸烟，所以有些教友也就没有戒烟，但因为巴哈欧拉对吸烟总是表示厌恶，所以巴哈伊教基本上也是禁止吸烟的，认为“烟草肮脏，气味难闻，令人作呕，吸烟是一种邪恶的习惯”，“危害尽管缓慢，但对健康极为有害”，因此“是令人深恶痛绝的”。[①] 至于类似于鸦片一类的毒品，巴哈伊教更是绝对禁止，因为它们会“牢牢附着在灵魂上，所以，吸食者的良心泯灭、头脑中的记忆被抹掉，感知遭削弱。它把活者变为死者。它扑灭了人的本性之火”。巴哈伊教徒应该“摆脱一切污秽，戒除所有不良嗜好”。[②]

从社会生活方面来说，伊斯兰教提倡集体主义原则，每星期五，要求教徒都要到清真寺去做聚礼，即使不是聚礼日，平时的礼拜也最好在一起进行，以体现穆斯林之间的兄弟关系。巴哈伊教则虽然提倡世界大同，但却把个人的宗教生活看得比集体生活更为重要，所以它废除聚礼，祈祷是义务的，只是依靠个人的自觉行为。可以不去清真寺，而是根据自己的意愿决定做还是不做，在此地做还是在彼地做。

以上的分析仅是非常初步的，而且是相当粗略的。从这一简略分析中不难看出，从宗教性质来说，伊斯兰教与巴哈伊教有许多共同点。但巴哈伊教把伊斯兰教的安拉改换成上帝或者上苍。而从这两种宗教的基本教义、仪礼、宗教生活来看，它们之间的区别也是很明显的。所以简短的结论是：巴哈伊教不是伊斯兰教中的一个教派，而是一种新兴的世界宗教。由于它有更为现代化的内容，有更为简化的宗教仪式，更为宽容，更为开放，更为世俗化，就有可能为更多的人所接受，所以在 20 世纪 60 年代以后巴哈伊教取得了惊人的发展。该教在东西方的发展势头证明了这一点。对这种宗教的发展趋势，是要注意认真研究的。

第四节　巴哈伊教之特点及迅速传播之原因

巴哈伊教从 1844 年巴布的奠基阶段算起，至今仅有 160 多年的历史，这在世界独立宗教中是历史最年轻的。在其初期，该教作为发源地伊朗的一种宗教异端，是受压制和排挤的，宗教创始人和主要成员受到过当局的迫害，有的被执行枪决，有的被流放异乡，教徒人数也是少得可怜。到 20 世纪初，教徒人数仍无大规模增长，在 1921 年巴哈伊教的真正创始人巴哈欧拉之子阿布杜巴哈逝世时，全部教徒也不过 10 万人，而大部分还是伊朗人，分别居住在伊朗或中东其他国家，少部分居住在印度以及欧洲和北美的 35 个国家，守基·阿芬第把巴哈伊信仰发展成一个真正全球性的宗教，至他逝世的 1957 年，教徒已增至 40 万，分布到 250 多个国家和地区（其中有殖民地）。但在 20 世纪 50 年代初，要成为一名巴哈伊教徒还意味着将自己置于人们的怀疑和嘲笑之中，所以到 1963 年 4 月 21

① 《阿博都巴哈著作选集》，第 131、130 页。
② 《阿博都巴哈著作选集》，第 131～132 页。

日第一届世界正义院诞生之时，教徒人数仍保持在40万。而到1985年，教徒人数猛增至350万。而根据1992年版《大英百科全书》之最新统计数字，到1991年全球已有540万巴哈伊教徒，分布在205个国家和地区，根据巴哈伊统计学者的数字，1992年已扩大到232个国家和地区。

在《大英百科全书》和《世界基督教百科全书》这些影响很大的著作中，巴哈伊教都是增长速度最快的宗教，成为在分布范围上仅次于基督教的宗教，有116000个分布点，甚至在伊斯兰世界的腹心地带，如阿拉伯世界的巴林、约旦、科威特、黎巴嫩、阿曼、卡塔尔、阿联酋、也门、摩洛哥、苏丹、突尼斯以及印度、巴基斯坦、马来西亚、土耳其和中亚，都建立了巴哈伊团体。

巴哈伊教在最近的几十年里，发展速度之快，实在令人震惊，原因何在？

俄国伟大作家托尔斯泰在生前接触过巴布教徒、巴哈伊教徒，而且预见了巴哈伊教会有伟大的前途，他说："我与巴比教徒交往多年，对他们的教义有着浓厚的兴趣。我觉得这些教义必定有着伟大的前途，因为它们摒除所有造成分歧与离异的误解，激励人类团结于一个信仰中。"①托尔斯泰晚年曾表露，他本人赞同巴哈伊信仰，因为巴哈伊信仰"宣扬博爱、人类平等和在物质生活上作出牺牲好能为造物者服务"。② 而且世界其他名家如屠格涅夫、伊莎贝拉·格里涅夫斯卡亚、莎拉·贝纳尔、纪伯伦等都对巴哈伊教有所认识。圣彼得堡著名诗人伊莎贝拉·格里涅夫斯卡亚还创造了一部反映巴哈伊教创建历史的话剧，在20世纪20年代以前在圣彼得堡、巴黎、伦敦和柏林多次公演。③

托尔斯泰何以预见巴哈伊教必定有伟大的前途？应该说，巴哈伊教能在几十年的时间里取得惊人的发展，其原因是多方面的，既有国际的因素，也有地区的因素；既有宗教的因素，也有文化的因素；既有内部的因素，也有外部的因素。但最根本的原因，还在于该教自身的特点，独特的基本教义和传教方式。

一、对巴哈伊教特点之分析

巴哈伊教被教外人士评论为一个具有鲜明特征的现代型宗教，"这一宗教的教义将向全人类展示一种崭新的全球文明，而不是传统的宗教的延续"。④

是否会向全人类展示一种新的全球文明，我们认为尚无充分的证据能加以证明，但是巴哈伊教确实不是传统宗教的延续，而是一种新兴的、独立的现代型宗教，其现代型的主要特征是：

(一)现代性

参加世界新宗教环保同盟的有九大宗教：犹太教、基督教、伊斯兰教、佛教、印度教、耆那教、锡克教、道教、巴哈伊教。⑤ 在这九大宗教中，巴哈伊教既是最年轻的宗教，也是最具现代性的宗教。其现代性的集中体现，便是对现代化作出积极响应，最早试图完成将宗教由传统向现代的转换。

但什么是现代化？对现代化的理解可以说是千差万别、形形色色。国内著名学者李慎之先生提到的一个观点是：现代化就是全球化，而西方化是全球化的第一个阶段。他提出，1992年，联合国有

① 转引自李绍白：《人类新曙光——巴哈伊信仰》，澳门新纪元国际出版社1995年版，第Ⅷ页。

② 格莱特·古维翁、菲利普·茹维翁：《造物者之园丁：认识500万巴哈伊信徒》，载《天下一家》1993年10月。

③ 参见《俄罗斯巴哈伊社团小史》，载《天下一家》1997年1～3月。

④ 李绍白：《人类新曙光——巴哈伊信仰》，第Ⅲ页。

⑤ 新宗教环保同盟于1995年4月29日至5月4日在英国伦敦温莎堡圣乔治教堂召开的世界九大宗教领袖高峰会议上成立。

一个决定，不讲哥伦布发现美洲，而是航行到美洲，但仍认为这是一个转折点。如果要讲全球化，这确实是一个转折点。从哥伦布开始，全球化年代出现，但亦是以西方文化为中心，经济全球化是 20 世纪 90 年代的一个特点，但从工业发展的角度来看，全球化起码已经有 500 年的历史。这 500 年确是以西方为中心，谁也无法改变这个事实。①

我们更倾向于把现代化理解为人类求进步、求革新的过程。这一过程，是一种连续性的不断的变革和创新的过程，它是以科学知识为基础、以科学技术为利器，在不同的历史条件下，不同的社会环境下，以不同的速度、顺序、样式发展变化，使人有更美好的生活、更高效率的工作，更舒适的物质享受。可以说，现代化是对传统的挑战，会影响到整个社会，包括政治、经济、文化、教育和各种社会制度的变化。

这样，就引出传统与现代化之间的关系问题。就伊斯兰世界而言，伊斯兰教是世界三大天启宗教（犹太教、基督教、伊斯兰教）中最年轻的一个，至 19 世纪中叶，也已有 1200 多年的历史了。伊斯兰教既是一种宗教，又是一种生活方式、行为方式，是一种恢宏而博大的文化体系。但在 1798 年 7 月 1 日，拿破仑作为东方军司令，率法国舰队入侵埃及亚历山大港，处在奥斯曼土耳其素丹统治之下的埃及，受到了伊斯兰教外的西方势力的挑战。从此之后，中东的伊斯兰世界的广大领土相继变成英、法等国家的殖民地或“保护国”。过去被认为是固若金汤的伊斯兰世界，为什么竟在一夜之间变成了法国人和英国人的殖民地？伊斯兰教内教外的历史学家、思想家们开始认真地反省传统，从此，伊斯兰教传统和现代化之间的关系，便成为伊斯兰世界思想家们在当代的永恒话题。

19 世纪初，许多国家和地区都在期待着新的救世主出现，被科学发明和工业化浪潮的深远含义所深深困扰，各种宗教背景的信仰者转向各自信仰的经典，试图理解这越来越快的变化过程，有人在基督教经典中找到了证据，支持他们的一个新信念：人类历史气数已尽，耶稣基督将再度临世。而在伊朗，人们看到古代灿烂的文化丧失殆尽，已衰弱到极点，政府腐败，经济崩溃，教育废弛，百业不振，公理埋没，卫生不讲，道路不修，土匪遍地，抢劫掳掠，日必数起，科学与艺术被视为宗教之大敌而被深恶痛绝。在这样混乱污浊的环境中，类似于基督教世界的热潮也在伊朗涌动：新的圣使，将会显现，他将宣布新时代之肇端。②

正是在这样的大背景下，巴布于 1844 年 5 月 23 日宣布，他就是一道门，经由他，全人类期待的新圣使即将出现。巴布的新宗教从一开始就试图与现代化接轨，其著作《默示录》废除了一些伊斯兰教法律，宣布新圣使将来临，他将取代穆罕默德作为封印先知的地位，领导一个新时代，强调要用崇高的道德标准来挽救道德之堕落，提高妇女与穷人的地位，且倡导教育和有益的科学。巴布敦促自己的追随者们要从中世纪以来很少变化的思想境界里解放出来，从伊斯兰教的传统框架中解放出来，迎接新圣使的降临。巴布运动经过巴哈欧拉之手，转变成巴哈伊信仰，巴哈欧拉向世人宣布，他就是人们期待已久的新圣使。

巴哈欧拉强调，人类整体也像一个人一样，有婴儿期、孩童期、青春期，而今天人类已进入早已被预言过的成熟期的门槛。在这一时期，对祖先信仰的教条式模仿已经过时，因为那些信仰曾经是宗教演变之轴心，但现在已不再能结出正果，反而成为人类堕落和造成障碍的原因，顽固地坚持和教条

① 参见李慎之：《文化中国和全球化道路》，载《文化中国》（加拿大）1996 年 9 月号（第 3 卷第 3 期）。

② 参见爱斯孟：《新时代之大同教》，曹云祥译，台湾大同教出版译述委员会 1970 年版，第 7 页。

地硬套古代信仰，已成了人类间仇恨的中心和主要来源，成了人类进步的障碍，战争和冲突的原因，和平、安宁和幸福的破坏者，因此，宗教主要本质的改革和更新构成了现代思想之真正精神。①

人类已有能力认识到自身的发展过程乃是一个不可分割的整体，人类之被创造，乃是为推进一个不断演进的文明。②

而迈向成熟所面临的挑战，是要承认全人类是同一种族的人民，要从各种派别与信条的局限中解放出来，奠定全球文明的基础。为此，巴哈欧拉又主张，一个全球性社会的繁荣，必须基于这样一些基本原则：消除形形色色的偏见，两性间完全平等，世界宗教的同源性，消除贫富极端，普及教育，科学与宗教的和谐，在保护自然环境与发展科学技术之间保持平衡，并基于集体安全和人类一家的原则，建立一个世界联邦体系。

在巴哈欧拉逝世以后的100多年里，巴哈伊教得到长足的发展，"地球乃一国，万众皆其民"，"人类一家"的思想，也普及到更多的人群和种族，对于当代社会中的各种问题，巴哈伊教几乎都十分关心，并采取一种特殊的有时是变革性的解决办法，巴哈伊教经典及其教徒们广泛而多元的活动，几乎涉及当今世界的每一个重要趋势：从关于文化多元性、环境保护的新思维到决策的分散民主化，从对家庭生活和道德的回归到新世界秩序的建立；都体现出该教的现代性，而且由于该教的现代性，又引发出其他一系列特性。

（二）开放性

巴哈伊教的开放性，首先表现在它不排斥其他任何一种宗教，它认为，不论是世界上哪一种宗教，犹太教也好，基督教也好，伊斯兰教也好，甚至佛教、耆那教、印度教、锡克教等等，虽然有不同的名称，但都是来源于同一个上帝。上帝可有多种名称，耶和华、安拉、真主、佛陀，但本质都是一个，即是一个超然的存在，是人类不可知的本体，又是全知全能的万物之主宰者。因此，巴哈伊教承认其他各大宗教的经典同时也可以是巴哈伊教的经典，巴哈欧拉所著的《确信经》引证了包括《古兰经》在内的大量其他宗教经典。在巴哈伊教的灵曦堂内，允许各种宗教人士和非宗教人士在其中诵读各种各样的宗教经典。

鉴于同样的理由，巴哈伊教接受各种宗教或非宗教的信仰者入教：佛教徒、基督教徒、印度教徒、耆那教徒、犹太教徒、伊斯兰教徒、锡克教徒、琐罗亚斯德教徒、拜物教徒和无任何宗教信仰者，都可以被接受为巴哈伊教徒，从同一个国际管理体系中得到不断的引导。

巴哈伊教的家庭是一个开放的系统，一个出生在巴哈伊家庭的儿童，一般是被当作巴哈伊社团的成员加以抚养，他们要学习巴给伊教历史、教义，也学习其他世界主要宗教的经典和教义，一旦他们成长到15岁，也就进入了巴哈伊社团认为的人的成年期，他们可以自己负责个人灵性的发展，决定或拒绝成为巴哈伊教徒，决定或拒绝继续参与巴哈伊的社团生活。

成为一个巴哈伊信徒的主要条件是精神上的，"主要的动机，永远都应是人对上帝信息之响应，承认他的使者。那些宣称自己为巴哈伊信徒的人们，应当为巴哈伊教的完美教义所陶冶，为巴哈欧拉之爱所感动，参加者不一定要懂得圣典中所有的证明、历史、法律及原则，但除了获得教义之火花

① 参加阿博都巴哈：《世界团结之基础》，马来西亚巴哈伊总灵体会1993年版，第121～123页。

② 参见《巴哈欧拉圣典选集》，第140页。

外，他们基本上要知晓巴哈伊教的中心人物，了解他们所须遵行的法则和行政原则”①。

如果有人要求入教，他们可以向地方灵体会提出申请，如果灵体会认为申请人已经明白了作为一个信徒的含义，并准备按照巴哈伊教义生活，那他们便算是被接纳入教了，而不需要任何礼仪或宣誓。一旦成为一名巴哈伊教徒，不管他原来的宗教背景如何，犹太教徒、基督教徒、伊斯兰教徒或其他宗教背景者，他们在成为巴哈伊信徒之后，不一定要放弃其原来的宗教信仰，只要相信自己是作为上帝的信徒，承认上帝定时派来的显圣者，而不用坚持巴哈伊教的教义超越于其他的宗教。因为显圣者的连续出现是没有开始的，因而也不会有终结，因此巴哈伊教不宣称它是人类灵性发展过程中的最后阶段，上帝派遣的先知将连续不断地显现，派遣会到那无终止的终止，甚至在巴哈伊教举行的灵宴会上，教徒们也可以自行选择自己的诵读祷文，既可以选择巴哈伊教的经典，也可以选择其他天启宗教的经典。

巴哈伊教对世界文化的态度也充分地体现出该教的开放性特点，巴哈欧拉曾经呼吁，要采用一种世界通用辅助语言，作为促进全人类团结的工具。这种语言或者重新发明，或者从现存的语言中选定，以作为世界文字，促成一种世界文学的诞生。他认为这一天正在临近，世界各族人民将会采用一种全球性语言和一种通用的文字，到那时，一个人无论走到哪个城市，都会像进入自己的家园一般，但是，巴哈欧拉非常慎重地使用了“辅助”一词，他强调的不是文化单一性的命令，而是应该珍视并且提倡文化的多元性。巴哈伊教重视多样性的统一，“它既没有忽视，也没有试图隐瞒那些使世界上各种族、各民族彼此相异的在种族起源、气候、历史、语言、传统、思想与习惯等方面的多样性。它召唤更宽厚的忠诚、更博大的抱负，超越于任何曾经激励过人类的忠诚与抱负”。这是一种“多样性的统一”。正像阿布杜巴哈所解释的：“当多种层次的思想、气质和性格由同一种中心力量的作用和影响联结在一起的时候，人类的完美才会显露，其美丽与光耀才会显现。只有那统治和超越一切事物之本质的上帝之圣言的神圣效力才能够使幼童般的人类相互分歧的思想、感情，观点和信念和谐起来。”②

鉴于这样的理由，巴哈伊教认为世界上每一个民族，不论大小，都对世界文化做出过贡献，都是世界文化这一大花园里的迷人的花朵，这些花朵品种、颜色、形态、形状各有不同，正由于其多样性丰富和装饰了花园，并增强了美的效果。所以，每一个巴哈伊教徒都应该尊重自己所接触的每一个民族的文化，不允许以任何理由自以为自己所代表的文化是最高尚的文化，而以别的民族的文化为低下文化，在巴哈伊的观念里，种族主义、文化沙文主义没有任何存在的余地。种族肤色不应该成为评判文化优劣的标准，肤色无关紧要，肤色在本质上是偶然性的，人之灵性和聪明才智才是根本性的。白种人、黑种人、棕种人、黄种人和红种人，都是上帝的子民，他们创造的文化应该一视同仁地得到尊重。

然而，所有的文化又都不是完满的，就东西方两大文化体系来说，各种宗教几乎都产生于东方，许多先进文化也产生于东方，但西方文化急起直追，后来甚至超过东方文化。东、西方文化都不是十全十美的，就一般而言，东方人不知西方之事，西方人亦不能了解东方人之观念，所以东西方文化也都应该采取开放式态度，交换互补，这样，全人类将受益无穷。阿布杜巴哈详论说：“现与昔时相同，

① 巴哈伊世界正义院：*Wellspring of Guidance*，第 32 页。
② 守基·阿芬第：《新世界体制之目的》，澳门巴哈伊出版社 1995 年版，第 85～86 页。

真理之灵体如太阳，摩西在东方兴起教导人类，耶稣、穆罕默德亦生于东方，巴哈欧拉与巴布亦生于东方之波斯国，是则灵界之大教师，皆产在东方也。耶稣之太阳，虽出自东方，但其光，在西方亦得见之，其教训之圣光，在西方之荣耀，较其产生之地尤为明显。现今东方各国，需要物质上之进步，而西方需要精神方面的进步。假若彼此交换，东方把精神方面的知识输给西方，西方把科学方面的知识输给东方，那就再好没有了。东西宜联络，如此方能产生真文化，而灵体之精神，亦可在物质中表现之矣。彼此既能交换所长，则太平立致，人类亲密和谐，一切纠纷自免。到此时，世界将如明镜，能反照造物之性质矣。"[①]巴哈伊教所追求的，是要创造一种超越国籍、种族、肤色、语言、文化及宗教信仰隔阂的世界文明，这种追求充分表现了该教的开放性。

(三)超越性

1. 源于各大宗教、超越各大宗教

巴哈伊教之超越性，首先表现在它的宗教理论和教义既源于世界各大宗教，又超越世界各大宗教。

巴哈伊教对各大宗教的权威都加以承认，并把它们确立为自己的根本基础，各大宗教都是同一个宗教永恒历史和连续演进过程中的不同阶段，巴哈伊教决不图谋要推翻世界各宗教体系的灵性基础，而是扩大它们的基础，重申它们的基本教义、调和它们的目标，振作它们的生命，显示它们的同一性，恢复他们早期教义的纯洁性，调整它们的功能，并且协助它们实现其最高愿望。[②]

但是，巴哈伊教又从根本上否定了各大宗教都是终极绝对真理的说法，宣布宗教之真理不是绝对的，而是相对的，神圣的启示乃是有序的、连续的、演进的，而不是间歇无常的或是终极的。[③] 宗教的目的是培养可嘉的美德，提高社会道德水平，促进人类灵性的发展，赢得真正的生命及神圣的恩典。[④] 但是神圣宗教并不是分歧与争执之道，假如宗教成了对抗与冲突的根源，那么，倒不如没有宗教。宗教应成为国家的活跃因素，假如它成为人类死亡之因，那么，它的不复存在对于人类来说反而是一种福祉和裨益。[⑤] 既然宗教是神圣本质的外在表现，因此必须富有生命和活力，且需要不断运动发展。神圣原则总是充满活力，不断进化的。因此，启示这原则的宗教也须是持续发展的，万物皆须更新。科学、艺术、工业，发明等都在改革，伦理观念、法律制度也在更新，思想界同样经历了革新，从前的科学与哲学理论不再适应今天的需要。[⑥] 这样的观念确实超越了以前的所有宗教。

2. 对理性的召唤和回归

巴哈伊教的超越性表现在它对理性的召唤和回归上。

一般说来，信仰是人类情感的升华，是对上帝或某人，某种主张极度相信和尊敬，以至于以它们作为自己行动的榜样或指南，而理性则是属于判断、推理等高级精神活动，因此，信仰与理性总是有悖的。而巴哈伊则超越了一般的宗教信仰，重视理性。阿布杜巴哈指出，面对有思想的听众，每一个

---

① 转引自李绍白：《人类新曙光——巴哈伊信仰》，第 68～69 页，爱斯孟：《新时代之大同教》，台湾大同教出版译述委员会 1970 年版，第 113 页。

② 守基·阿芬第：《巴哈欧拉之天启》，澳门巴哈伊出版社 1995 年版，第 24 页。

③ 参见守基·阿芬第：《巴哈欧拉之天启》，第 26 页。

④ 参见阿博都巴哈：《世界团结之基础》，第 12 页。

⑤ 参见阿博都巴哈：《世界团结之基础》，第 22 页。

⑥ 参见阿博都巴哈：《世界团结之基础》，第 86 页。

论点都必须具备理性的依据和逻辑的论证。这种依据有四种:感性认识,理性思维、传统观念或经典权威、灵感。阿布杜巴哈分析说:在神圣先知看来,感性认识这一依据并不可靠,感性认识是易出差错的依据,因为它并不完善,如视觉是感觉中最重要的部分,但难免有误差和错觉。理性思维被视为判断的最重要手段,是真正可靠的,但理性认识并不是没有缺陷的,也有不可靠的地方,因为坚持以理性思维为判断依据的哲人们,对每个人所研究的问题都意见不一,有时结论甚至互相矛盾。传统观念或经典权威也有缺陷,因为如何理解和阐释会因人而异,人的思维各不相同,对经典的阐释就会相互矛盾。灵感是来自内心深处的暗示和感受,但有时人内心的暗示是邪恶的,那又怎能分辨善恶呢?人怎样才能区分某个论点是出自慈悲心理还是邪恶心理呢?这样看来,人们借以下结论的四个判断依据都是不完善、不正确的,它们都容易导致错误的结论。如果面对的观点既能得到感官的证实,思维的认可,又合乎传统观念和经典,并与内心暗示的灵感相一致,那么就可以说是完全正确的,可以信赖的,它经由判断依据的检验被证实是完整而全面的。①

为了使人的认识完整而全面,巴哈伊教明确反对盲目接受任何现成的教条和成见,鼓励信徒独立地去追求真理。巴哈伊提倡,人能够追求真理,要借理性思维来发现,要接受前人所发现的既真且确的一切,但不能沿袭或盲从祖辈的一切。“他不应盲目效仿或追随任何人,也不该不经探索就完全信赖任何人的看法,不,每个人都应独立明智地去追求真理,得出客观正确的结论,并只须遵从这一真理。人类失落、绝望的最大根源就是来自盲从无知的。”“上帝赐予人用来探寻的双目,人借此可以发现认识真理;他赐予人双耳使他(人)可以听到本质的信息,他赋予人理性思维,他因此能够为自己发现事物,这是人的天赋,是他用来寻求本质的工具。人不应借他人之目来看,不该以他人之耳来听,也不应用他人的大脑来思考,上帝设计人的时候令每个人都有其天赋、能力与责任。那么,依靠你自己的思维来判断,遵从自己寻求来的结果吧!否则,你会完全被无知的恶狼吞噬,并失去上帝的仁惠。”②巴哈伊教反复强调人不应满足于简单地沿先人走过的道路行进,每个人都有责任去寻求本质,别人的探索代替不了自己的追求。因此,人人都必须独立地去追求,世代相传的思想信仰是不够的,因为拘泥于此只会产生形而上学,而形而上学总是错误的向导及失望之根源。“去追求本质吧,那么你会摘取真理与生命之果。”③巴哈伊的这些思想已经超越了宗教领域的信仰。

3. 尊重科学,提倡科学

巴哈伊教尊重科学,提倡科学,也表现了它的超越性。

一般来说,宗教与科学总是两股道上跑的车,天主教是非常典型的。但是科学所取得的惊人成就迫使宗教不得不认真看待科学。天主教曾致力于抵制现代化与世俗化的浪潮,但到 20 世纪 60 年代,天主教内部也有了要求改革的呼声,发出了“赶上时代”的呼声,但一直到最近一些年,罗马教廷才对伽利略事件认错道歉,把这件事作为调节自身以适应现代世界的一种举动。④

但巴哈伊教从其创始人开始,就适应现代社会的需要,提倡宗教与科学结盟的重要性,巴哈欧拉指出,上帝赐给人类最伟大的礼物就是理智,巴哈伊教徒要运用理智来研究所有的存在现象,包括那

① 参见阿布杜巴哈:《世界团结之基础》,第 90～92 页。
② 阿博都巴哈:《世界团结之基础》,第 76 页。
③ 阿博都巴哈:《世界团结之基础》,第 79～80 页。
④ 参见杜红:《对宗教与现代化问题的思考》,载《宁夏社会科学》1996 年第 4 期。

些属于精神的本质，而其研究的工具是科学的方法。[①] 阿布杜巴哈更明确地说："宗教必须符合科学与理性，否则它就是迷信，上帝已创造了人，使他能察觉存在之真谛，并赋予他思维，或称理性，以发现真理。因此，科学知识和宗教信仰必须符合对人这一神圣机能的分析。"[②]"真正的宗教和科学之间没有矛盾。如果一种宗教站在科学的对立面，那么它就是纯粹的偏见；知识的反面就是无知。"[③]"人有一种天赋智能，有用这种智能探索外部世界奥秘的能力，这种天赋智能的结晶就是科学，这种科学的力量可以探索并理解造物及其遵循的法则，所以，人类最高贵最值得称颂的成就，就是科学知识和成果。"[④]这就是人的宗教信仰必须符合科学的理由，宗教和科学的本质应该是一致的，因为真理如果只有一个的话，那么，一件事物绝对不可能在科学观点上是假的，而在宗教观点上是真的。"如果宗教信仰和观点与科学的标志相反，那么它们仅仅是迷信和空想；因为知识的对立是无知，无知的产物就是迷信。毫无疑问，正确的宗教和科学是一致的。如果与发现一个问题的真理有抵触，我们是不能相信和信仰它，它除了令人犹疑、动摇不定的意识外，不会有任何结果的。"[⑤]

既然科学的真理是已经被发现的真理，而宗教的真理是天启的真理，二者之间就没有也不应该有矛盾，应该使它们之间互相补充。对此，阿布杜巴哈论述说："宗教和科学是两只翅膀，人的精神力量乘上它们飞向高处，有了它们，人的灵魂才能取得进步。只有一只翅膀的人就不能飞行了。……另一方面，他如果只用科学的翅膀飞行，也不能取得进步，而只会掉进没有希望的唯物至上的泥坑。……许多宗教领袖认为，宗教的意义主要在于，坚持规定的教条，坚持行使礼俗和仪式。他们教导人们像他们所信仰的那样关心自己的灵魂得救。他们顽固地遵守外表形式，将它与内部的真理混淆起来。"[⑥]因此，他希望宗教和科学要互一补，认为科学与宗教一致的实践所产生的结果，将会加强宗教，而不会削弱宗教，那时，就会使宗教和科学保持高度一致的和谐："当宗教从迷信、偏见和不明智的教条中解放出来并同科学保持一致的时候，就会在世界上形成一股团结，纯粹的力量，就会扭转一切战争、不和及争执的局面，然后人类将在真主仁爱的威力下团结起来。"[⑦]

对于这样一种宗教，除它还保有上帝的名称之外，我们不知道它到底还有多少宗教的因素，难怪有人评价巴哈伊教完全是一种俗人的宗教，而这也正是巴哈伊教的另一个特性。

(四)世俗性

在对宗教与现代化问题的思考和讨论中，虽然有的学者已经提出，现代化或许能引起世俗化，但世俗化只是宗教对现代化作出反应的一种可能的形式，因为现代化本身所产生的问题也会导致人们对宗教的新需求，从而可能导致宗教复兴。[⑧] 就目前世界上宗教发展的状况来看，确实这两个倾向都是存在的，但还应该看到，越是在宗教复兴、原教旨主义盛行的国家，宗教越是容易出现世俗化的倾向，以适应宗教与现代化不相适应的形势，巴哈伊教的世俗化，就是这种努力的一部分。

① 参见[加拿大]威廉·哈彻、道格拉斯·马丁：《巴哈伊信仰——新兴的世界宗教》，第Ⅳ页。
② 阿布杜巴哈：《世界和平之传扬》，美国威尔米特巴哈伊出版社 1982 年版，第 287 页。
③ 阿布杜巴哈：《巴黎讲话》，陈晓丽译，国际文化出版公司 1990 年版，第 123 页。
④ 阿博都巴哈：《世界团结之基础》，第 55 页。
⑤ 阿布杜巴哈：《世界和平之传扬》，第 181 页。
⑥ 阿布杜巴哈：《巴黎讲话》，第 124 页。
⑦ 阿布杜巴哈：《巴黎讲话》，第 127 页。
⑧ 参见杜红：《对宗教与现代化问题的思考》，载《宁夏社会科学》1996 年第 4 期。

在巴布的初创阶段，已经表示出宗教世俗化倾向。当巴布向他的追随者们号召让他们从伊斯兰教传统的律法“沙里阿”中解脱出来之时，这种世俗化便开始了。女教徒塔荷蕾在参加一次宗教会议时，采取了一种非常大胆的举动：她当众揭开当时的传统妇女所戴的面纱。正统的什叶派穆斯林因此而指责巴布信徒是无神论者，主张性开放，并且共同享有财产。塔荷蕾的行动，带来的是一个新时代的特征之一，那就是解除妇女不享有平等地位的种种戒规，她所引发的是宗教领域里的一场妇女解放运动，这一运动成为宗教世俗化的一种尝试。

到巴哈伊教创立之后，经过巴哈欧拉、阿布杜巴哈、守基·阿芬第三代人持续不断的努力，巴哈伊教完全变成了一种“俗人的宗教”。他们废除了教主世袭，建立了一套世俗的教务行政制度，消除了职业性的传教职位及施洗，没有主教的权威及其所赋有的特权，行政机构要经过民主选举产生，选举过程是开放式的、不预定候选人，不允许私下接触，投票者本人享有最大的选择和自由，由这样的民主方式选出的行政机构，主要任务是为信徒提供许多机会，以响应巴哈伊为人类服务的计划。这就使新入教的信徒感到他们加入的是一个社团，而不是一个教区，这样的行政教务机构，“没有任何形式的教士制度，既无牧师，也无宗教仪式，并且完全由其忠诚的追随者们的自愿捐献来维持。巴哈伊信仰者们忠于他们的政府，热爱他们的国家，而且急欲时时刻刻促进它的福利。然而同时，又把全人类当作一个整体，深深地关心它的切身利益，不会犹豫把每一个特殊利益，不论是个人还是区域性或者国家性的，隶属于高于一切的全人类的利益之下”①。

由于巴哈伊教不设置专职的神职人员，避免了其他一些宗教的神秘性，例如其他宗教中的牧师、僧侣、祭司、阿訇等神职或非神职人员，很容易给教外人士造成一种神秘感，闻到浓重的宗教味。而巴哈伊教没有职业传教士，就使教务不是由某些专门或指定的人士所从事的事，而成为每一个信徒应尽的自觉的义务。同时，巴哈伊教也不像有些宗教那样，要求信徒恪守宗教教条，它反对教条主义和形式主义，甚至没有入教或其他宗教那样严谨的仪式，只要简单的仪式，不重视公开或集体性祈祷，更为重视的是心灵的信仰，提倡每一个信徒独立自行探求真理，不应该盲目崇拜和服从，它在行政管理上引入了选举制度，提倡磋商的原则，这样的运作系统和方式较其他宗教都更为接近世俗社会，从而使该教从整体上来看更像一个慈善性国际社团，而非宗教组织，这种世俗性的特点是巴哈伊教所独具的，是它区别于其他宗教的最为显著的特征之一。

（五）宽容性

人类一家，促成全人类的团结，“地球乃一国，万众皆其民”，是巴哈伊教的核心观念。出于这一观念，巴哈伊教徒不把自己看作是孤立的，与他人分开的，处在不断与他人的冲突和竞争之中的，而是属于人类群族的一部分，只有借助于和平、团结与合作，才能做更多的事情。

但是，令人遗憾的是，在一些宗教原教旨主义盛行的地方，宗教战争愈演愈烈，由于自称是被上帝“选中”的，“最后的”、“唯一的”、“最好的”宗教，所以使宗教战争不断升级。这样的自我标榜把人们分隔开来，并以“上帝”的名义为一切等级的暴力和破坏行为辩护。②

究其原因，这种问题的发生多与偏见有关，正如阿布杜巴哈所说，“可以确证，所有的偏见都会破

① 守基·阿芬第：《今日与明日之向导》，英国伦敦巴哈伊出版社版，第8～9页。

② ［瑞士］H. B. 丹尼什：《精神心理学》，陈一筠译，社会科学文献出版社1996年版，第173页。

坏人类的社会体系，只要这些偏见存在，人类就仍然受着生存斗争的支配，野蛮与掠夺仍然会继续下去。所以，如同过去一样，人类社会只能通过消除偏见，培养崇高美德，才能脱离自然的黑暗束缚，并获得光明”①。如此，巴哈伊教提倡一种宽容的精神，既然人类来自于同一个地球，就必须克服自我中心主义，克服偏见，要避免卷入争论和施行报复，有的宗教提倡以眼还眼，以牙还牙，巴哈伊教反对这样做，而是提倡“必须认敌为友，将恶意者看作善意者，并友善地对待他们。这样做，你们的心灵便可摆脱仇恨”②。

在这样一种宽容精神的指引下，巴哈伊教建造了灵曦堂。其建造的主要目的不是专为巴哈伊社团服务，而是开放给所有各种宗教背景的人士，或无宗教信仰的人们，作为他们崇拜同一上帝的场所，灵曦堂内举行的崇拜仪式不带任何教派色彩，可以诵读世界各宗教的圣典，它所具有的九个边和一个圆顶的建筑样式，象征巴哈伊教容纳各种宗教传统，各种宗教的崇拜者可以从不同的门进入其中，聚集在一起，去崇拜同一个上帝。

出于同样的宽容精神，巴哈伊教废除了有些宗教使用的“异教徒”的概念，因为它不符合“人类一家”的原则，巴哈伊教能够容忍其他各种宗教人士的风俗习惯，可以和他们同桌而食，而且食用其他民族的食品，包括猪肉类食品。

巴哈伊教还鼓励教徒和教外人士通婚，提倡不同民族，不同宗教的人士互相往来，其目的都是为了实现人类一家。在人际关系方面，巴哈伊教奉行的基本原则是爱与团结，它要求信徒严守高标准的道德和情操，要诚实、正直、谦恭有礼、慷慨勤奋、中庸、超脱，去虚伪与骄矜，不自私和偏激，在逆境中不悲伤，不与人争执，不随便动怒，奉行“己所不欲，勿施于人”的原则，巴哈伊教还特别规定，禁止诽谤、挑拨离间和背后批评第三者，信徒也被要求凡事不可固执己见，在磋商问题时，要避免争论，要善意地对待别人的意见，放弃个人的好恶和自私的动机。

正是由于巴哈伊教奉行这样的宽容精神，赢得了一些国际观察家的赞誉：它是人类各民族完全的结合的一个实际典范，坚定操守，避免宗教的争论或批评其他宗教，它消除了常与现代宗教运动联系在一起的道德丑闻与财政舞弊，它不凭借逼人的改宗活动来进行传教，它成为以热情好客著称的社团。③

(六)融合性

巴哈伊教是对各种传统宗教进行融合的产物，它虽然对各种宗教不是全盘接受，而是有选择地接受，但总的说来，它对各种宗教经典均不排斥，允许在灵曦堂内自由地诵读。巴哈欧拉本人在撰著的《确信经》一书中，大量引用了犹太教、基督教和伊斯兰教的经典，并将各种教义融会贯通，形成巴哈伊教容纳百教的独特风格。“在任何情况下，它都不会试图取消那些赋予以往之宗教生命并成为其基础的首要的和持久有效的教义原则。由上帝赋予各宗教的权威，它都加以承认并使之确立为它的基本基础。它只是把它们看作同一个宗教——神圣而不可分，它自认也是其中不可缺的一部分——之永恒历史和连续过程中的不同阶段而已。它既不致力于掩盖它们的神圣根源，也不贬低它们所取得的巨大的已被公认的成就。它绝不纵容企图歪曲它们的要点或愚弄它们所灌输之真理的

① 转引自李绍白：《人类新曙光——巴哈伊信仰》，澳门新纪元国际出版社1995年版，第61页。

② 转引自 H. Colby Ives: *Portals to Freedom*，第169页。

③ 参见[加拿大]威廉·哈彻、道格拉斯·马丁：《巴哈伊信仰——新兴的世界宗教》，第191页。

任何行为。它的各条教义原则一点也不违背它们所祀奉的真理，而且它的信息的影响力一点也没有降低它们所施加的影响力或由它们所激发的忠诚。……这些神圣启示的各宗教是不会死亡的，只是被更新……难道不是童年屈服于青年，而青年又屈服于成年吗？然而儿童与青年都并未消亡啊！"①

巴哈伊教也主张对各种文化进行融合，世界文化是多元的，世界各民族所创造的物质文化和精神文化，都是人类文化宝库的重要组成部分，不能说哪一个民族创造的文化就比别的民族更高明。物质文化和精神文化必须同时并举，共同发展，因为"人有两翼都是必要的，一翼是物质的力量和物质文明；另一翼是灵性力量即神圣文明。只有一翼不可能飞翔，两翼都是必要存在的。因此，无论物质文明多么发达，除非通过灵性文明之提携，否则它不能达到完美"②。以精神文明见长的东方文明，必须与以物质文明见长的西方文明融合，才能形成真正代表人类文明发展水平的世界文明。

巴哈伊教之所以有融合性的特点，与该教反对走极端，奉行中庸之道有关，世界上完美的事物是不存在的，因此对各种事物应该注意兼收并蓄，取其长，弃其短。巴哈欧拉提倡中庸之道。他说："在一切事情中，中庸之道是可嘉的。如果一件事被做过度，就会被证明是邪恶的起因……在地球上存在着奇怪而令人震惊的东西，但是它们被隐藏于人之思维和理解力之外。"他还说："所有当权者的所行所为都务必要合乎中庸之道，凡是超越中庸之道的行为都不会有好的影响。譬如自由，文明等诸如此类的事件，无论明智的人多么地推崇他们，如果是走向极端，必会带给人类恶性的影响。"③

如"自由"，在西方是最受崇拜的概念之一，但巴哈欧拉对自由却基本上持否定态度，只在一定意义上予以肯定。他说："自由最终必导致动乱，此种动乱之火无人能扑灭，他如此警诫你们，他乃是结算报应者，全知者。你们须知自由的化身与象征是动物。人应当屈服于适当的约束和限制以保护自己，不受无知的驱使和作恶多端者的陷害。自由会使人僭越适可而止的界限，以及违反人性的尊严。它贬低人的地位，使人陷入极端堕落与邪恶的地步。人类可以比喻成一群绵羊，需要牧羊人看管和保护。诚然，这是千真万确的真理！某些情况下，我们需要自由，但在别的情况下，我们却不批准自由。"④文明也是一样，因为"人类的文明往往被精通艺术与科学的倡导者们所渲染，倘若让它超越了中庸之道的范围，它必会为人类带来极大的邪恶。全知的他如此警告你们，倘若文明走向极端，它将成为邪恶的根源，就如同当文明受中庸之道的约束时，是一切善美的根源一般"。所以巴哈欧拉主张："坚守正义的人，在任何情况下，都不会僭越中庸之道的界限。他靠着明察秋毫的他的指引，看穿一切事物的真理。"⑤

由于奉行这样一种中庸之道，也就使巴哈伊信仰体系本身成为一种中庸之道的产物，它对其他宗教和世俗事务上采取的态度，是一种中庸的原则，即既不完全赞同和吸收，也不绝对否定和排斥，而是兼收并蓄。⑥ 这就使巴哈伊教带上了极为鲜明的融合性的特点。

（七）务实性

巴哈伊教是一个务实性很强的宗教，注重经世致用，反对教条主义，轻言重行。巴哈欧拉在《隐

---

① 守基·阿芬第：《巴哈欧拉之天启》，第 24～25 页。

② 阿布杜巴哈：《世界和平之传扬》，美国威尔米特巴哈伊出版社 1982 年版，第 11～12 页。

③ 《巴哈欧拉书简集》，美国威尔米特巴哈伊出版社 1988 年版，第 69 页。

④ 《巴哈欧拉圣典选集》，第 219 页。

⑤ 《巴哈欧拉圣典选集》，第 84～85 页。

⑥ 参见《巴哈欧拉圣典选集》，第 224 页。

言经》中告诫信徒说:“给人引导一向通过语言,而现在却要通过行为。每个人都必须表现出纯正而圣洁的行为,因为语言是众人皆有的财富,但纯正而圣洁的行为只属于我们所宠爱者。那么,全心全意去努力吧,以你的行为令自己杰出超群。我们在这篇神圣而光辉的书简里,如此地劝勉你。”①他还劝导人们:“要注重静,避免无益的言词,因为口舌是将燃的火,而多言是致命的毒液。实在的火能烧死人,但是口舌的火烧毁心灵。前者的效力在一小时内就消失,但是后者在百年之间犹不灭。”②阿布杜巴哈说:“光是嘴上说说普天仁爱多么美好,大同理想多么崇高,又能有什么益处呢?只要这些想法未被付诸行动,它们就毫无价值。”“世上的种种不公平之所以存在,就是因为人们只顾高谈阔论他们的思想,而没有努力把理想化为行动。要是行动代替了语言,那么世界上的苦难很快就会变成幸福和安乐。”“做了好事而不声张的人,在行尽善尽美之道;做了一点好事就炫耀的人,其价值微不足道。”③他又说:巴哈伊“必须少说多做。他们必须是靠行动而不单是言辞来证明他们富有同情心。他们必须在任何时候和情况下用行动来证实自己所说的。他们的行为必须证明他们的诚实,他们的举止必须显露出神圣之光”④。巴哈伊教提倡天下一家,但绝不把它作为一个空洞的口号,而是把它纳入整个信仰体系的各个方面,发展成为一套完备的世界大同的实践规划和全球统一行政体系的架构蓝图,并竭尽所能、孜孜不倦加以实践推广。⑤ 巴哈伊较其他宗教更成功地将宗教事务和世俗生活结合在一起,创造出成功的巴哈伊社区的范例。在国际舞台上,巴哈伊积极参与各类国际性事务,于 1948 年成为联合国的一个国际非政府组织,从 1970 年起一直担任联合国经济与社会理事会及儿童基金会顾问,与世界卫生组织,联合国环境组织有密切的工作关系,还是国际非政府组织,如“大自然网络全球基金会(资源保护与宗教)”、“共同未来中心”、“全网络教育”、“宗教与和平世界会议”、“促进非洲食物保障”等国际组织的成员。对于社会与经济发展,巴哈伊也积极参与,在第三世界推广了一套行动计划,设有社区学习中心、地方医疗诊所、卫生研习班、农务发展计划、树林再生计划、戒酒辅导和儿童宿舍,推动第三世界的福利开发活动。巴哈伊与其他国际组织携手推动的计划,以健康教育、营养问题、农业、扫盲运动,基础教育等为最常见。这些表现出该教务实性特点的活动,在第三世界国家越来越受到欢迎。

(八)灵活性

巴哈伊教另一个比较明显的特点是它惊人的灵活性。

巴哈伊教承认,所有的宗教都源自上帝,但却是上帝的意志在不同时期和不同地区的显现。因此,各宗教的真理是相对的,而不是绝对的,因为它们适应不同时代的不同需求,而且,对真理的认识也是一个渐进的过程,由于人类社会的演进,除了各宗教共同涵盖的一套基本的、永恒的真理外,各宗教的组织形式、礼仪律法等,均须随着时代的不同而更改,巴哈伊教就是要创立一个适应现代生活和未来社会的新型宗教。在根据时代和社会不同需要而作相应调整和变更上,巴哈伊较其他宗教更具灵活性,如其他宗教信徒,如果愿意接受巴哈伊信仰,不必放弃原有的宗教信仰,仍然可以保持犹

① 巴哈欧拉:《隐言经》,澳门新纪元国际出版社 1994 年版,第 54 页。
② 《笃信之道》,马来西亚巴哈伊总灵体会(无出版年月),第 58 页。
③ 《巴黎谈话——阿博都巴哈 1911 年巴黎演讲录》,陈晓丽、李绍白译,澳门新纪元国际出版社 1999 年版,第 2 页。
④ 《巴黎谈话——阿博都巴哈 1911 年巴黎演讲录》,第 64 页。
⑤ 参见李绍白:《人类新曙光——巴哈伊信仰》,澳门新纪元国际出版社 1995 年版,第Ⅳ页。

太教、基督教、伊斯兰教、佛教、耆那教、锡克教、琐罗亚斯德教、道教等宗教背景，尊崇原来宗教的经典。信徒可以保留各宗教原有的教义，但要放弃人为的教条和偏见，在歧异中实现统一，而且，信徒还可以自愿地和独立地去追求真理，可以用自己的传统和语言去理解和实践巴哈伊信仰。巴哈伊家庭的孩子有独立选择自己宗教信仰的自由，即使选择了信仰巴哈伊教，如果觉得自己的信仰需要改变，也可以得到允许。巴哈伊教主张一夫一妻制，但是因为考虑到一夫多妻制的背景，如果一个男子在入教以前已经有超过一个以上的妻子，那他不必放弃其中的任何一位，但是不许可再娶。这种灵活性避免了在多妻制地区引起混乱。但是各地区的人们在渐渐引入了巴哈伊教的法律之后，将普遍遵循一夫一妻制。

（九）创造性

有些接触过巴哈伊教的非宗教人士，看到巴哈伊教对于各大宗教的基本教义都有所继承，且承认世界各大宗教同源，均来自于绝对的唯一的上帝，因此就下断语，说巴哈伊教没有什么创造性，只不过是对各大宗教的综合。

事实上，巴哈伊教绝不是世界各大宗教的简单拼凑，而是在继承各大宗教的优秀成分的基础上，又有自己的创新，是继承中有创新。我们看一下巴哈伊教的主要经典，不管是《默示录》，还是《至圣经》、《确信经》，以至于其他经典，都大量引证了其他宗教的经典，如《旧约》、《新约》、《古兰经》，但是在引证之后，用喻义式的解释，赋予传统经典以新意。甚至于对伊斯兰教什叶派虽然有所继承，但是在继承之后，却形成了一个全新的宗教，使它既与什叶派划清了界限，也与伊斯兰教划清了界限。以《确信经》为例，“复活”是指后来的先知本身崛起去弘扬上苍的圣道。凡在每一后起之天启期里先于众人接受上苍之信仰者，凡从那位“圣美者”的手上饮到知识之清泉，并抵达信仰与确信之最高峰者，在名义上、实质上、言行上和等阶上，他们都可以被视为那些在前一天启期里达到类似之杰出地位者之“复活”、“再临”。“统权”所指的是：在每个天启期里，属于那位显圣者，那位“真理之阳”本身的、由他所行使的那种统权。这样的统权是一种灵性的支配地位，由他淋漓尽致地对天地间的一切行使，并在适当的时候，与世人的能力和灵性接受力成正比地彰显于人间，正如“真主的使者”穆罕默德所拥有的统权在今时今日彰显于人间一样。“众先知之封印”乃“众先知之全体”的意思，因为他们都是同一个人、同一个灵魂、同一个圣灵、同一个存在、同一个显现。他们全都是“始”与“终”、“首先者”与“末后者”以及“可见者”与“隐蔽者”之彰显者。而“始”与“终”、“首先者”与“末后者”、“可见者”与“隐蔽者”等等说法皆适用于他，那位“万灵中的至内在之灵”、“万千本质中的永恒本质”。① 巴哈伊教还把各种宗教里的撒旦之说赋予新意，认为撒旦之说纯属象征性寓意，实际上，撒旦乃对人的低级本性的拟人化说法。这种本性如果不改变，就会毁灭一个人。天堂和地狱也不能仅从字面意义来理解，它们实际上是指人接近或远离上帝的状态。所以天堂是灵性进步的结果，而地狱则是灵性未取得进步的结果。这种创新性是不容置疑的。巴哈伊教虽然对各大宗教均有继承，但其创新性是不可抹杀的。

巴哈伊教最突出的创造性，主要表现在：

1. 宗教理性化

巴哈伊教可以说是一种理性化的宗教。巴哈伊教是一种信仰体系，信仰往往和理性相矛盾，这

① 巴哈欧拉：《确信经》，小鸥译，未刊本，第 41 页。

是人们通常的说法，这种说法对巴哈伊教就不合适。

宗教理性并非始自巴哈伊教，在它以前，基督教和伊斯兰教都在某种程度上提倡宗教理性。中世纪的基督教神学由于受理性本体化的影响，而使宗教与理性结盟。本体化的理性观念经新柏拉图主义和斯多噶派的发展，在中世纪又与希伯来文化相结合，形成了基督教的宗教神学。这种宗教神学吸收了古希腊传统理性精神，形成了一种有理性的宗教。古希腊哲学中的宇宙理性或理念世界，演变成一个人格化的上帝，理性的至上、至善、至美，已经由万能的上帝所代替。但是，“基于这样一种宗教理性，人类对自身的认识带有一种浓重的色彩：人是有原罪的，这种原罪源于人类灵魂因受肉体感性欲望的引诱而堕落这一事实；人必须甘心忍受现实苦难，向上帝忏悔，终生赎罪，死后才能进入天堂。在这种宗教理性的统治下，人们的社会生活和日常生活，精神生活与物质生活都渗透了一种神秘色彩，人类被自身设置的陷阱所迷惑。作为完整的人在这里发生了灵与肉、感性与理性、精神与物质的严重分裂，人类生活世界陷于矛盾和困境”①。

基督教的宗教理性对人性的限制，在某种程度上被伊斯兰教所解放。伊斯兰教更为重视理性，《古兰经》对人们加深理性是十分重视的，其中有很多经文表示了对理性的渴求。如“他们站着，坐着，躺着纪念真主，并思维天地的创造。[他们说]，‘我们的主啊！你没有徒然地创造这个世界’”(3:191)。“有眼光的人们啊！你们警惕吧！”(59:2)“有知识的与无知识的相等吗？唯有理智的人能觉悟。”(39:9)“天地的创造，昼夜的轮流，在有理智的人看来，此中确有许多迹象。”(3:190)②出于理性思考，伊斯兰教坚决排斥和反对基督教的人有原罪之说，认为人没有原罪，每一个人生下来都是自由的，每个人都直接对真主负责，而不需要任何中介，即使像穆罕默德那样的圣先知，也是一个和别人一样有血有肉的人。就是说，人在本质上是一样的。但是，伊斯兰教的宗教理性同样有局限性，虽然承认人在本质上是一样的，却又提出了“异教徒”的概念，而且，为了对付异教徒，伊斯兰教徒提倡人人都有权为讨伐异教徒、捍卫真主的宗教而举行“圣战”。

巴哈伊教更为尊尚理性，把理性和智能看作是尘世和天国中两盏最明亮的灯烛，赖此灯烛，存在之殿堂闪耀出不断增强的光辉。在人类王国中，只有当理性之光释放出最大能量、发展得最完美时，人类才算真正成熟。③ 巴哈伊教提倡克服造成人类悲剧的四大偏见：种族偏见、国家偏见、宗教偏见、政治偏见。作为宗教，巴哈伊教特别提倡克服宗教偏见，认为现代那些不幸的战争就是因为人们之间狂热的宗教仇恨或种族间的偏见而引发的，往往正是教士们鼓励国家投入战争，而宗教的仇恨从来都是最为残忍的。巴哈伊教提倡人类应该谦逊，不抱任何偏见，要喜爱别人胜于自己，“我们永远不要说：‘我是信教的，而他不信教。’‘我离真主近，但他已被真主驱除。’”④为此，巴哈伊教不仅废除了“异教徒”和“圣战”的概念，而且提出了一套用精神原则解决争端和战争的思想，认为精神原则或所谓价值观，是能够为任何社会问题提供解答的，“因为，从本质上来说，和平的信念发自一种基于精神或道德立场的心态，要找到长治久安的解决办法，首先就必须培养出这种心态”⑤。世界正义院的《人类之繁荣》、《世界和平的承诺》等文件，都阐述了这些思想。这正是巴哈伊教创新性的表现。

① 王勤：《理性精神的新发展与人类自我认识的新阶段》，载《文史哲》1999年第1期。

② 冒号前数字为章，冒号后数字为节。引文均据《古兰经》，马坚译，载中国社会科学出版社1991年版。

③ 参见阿博都巴哈：《世界团结之基础》，马来西亚巴哈伊总灵体会1993年版，第5页。

④ 阿布杜巴哈：《巴黎讲话》，第129页。

⑤ 江绍发主编：《毁灭或新世界秩序?》，澳门新纪元国际出版社1997年版，第11～12页。

2. 不重强行去传播教义

巴哈伊教重视教义的传播，但是更重视用行为对人去进行感化。巴哈伊教从来不否认自己有一套严密的信仰体系，但该教从来不重强行去传播教义，不主张强迫别人改宗，放弃自己原有的信仰，该教提倡的是独立探求真理，不盲从任何教条或信仰。因此，巴哈伊教虽然提倡每一位巴哈伊信仰者都是自觉的传教士，但这种"传教"不侧重于简单的教义和信条的宣读或讲解，而是强调用高尚的品性和行为去感化人。因此，在联合国非政府组织机构里，在发展中国家最落后的地区，都可以看到巴哈伊人士积极投身于人类的教育、医疗卫生、环境保护和各项其他事业。该教用这样一句话来鼓励教徒们去投身有利于人类繁荣和发展的事业：信仰的精髓在于少说多做，凡言多于行者，其生等于死。阿布杜巴哈告诫说："赞同世界范围的友谊是有益的，但仅仅谈论把人类种族的联合当作一个崇高的目标，这能有什么用呢？只要这些想法，没有付诸行动，它们就一钱不值。世界上的不公平之所以继续存在，就是因为人们只是谈论他们的理想，而没有把理想化为行动。要是行动代替了语言，那么世界上的苦难不久将会变为幸福和安康。"又说："一个做了好事而不说的人正是走在这条尽善尽美的道路上的。做了一点好事就夸夸其谈、加以夸张的人，其价值实在很渺小。""做了大量好事的人是极少谈及他的所作所为的。"人在履行上帝的训诫时，"应该做自己的事情，不要自夸"。[①] 所以，巴哈伊教没有职业传教士，人人都是实践家。这也是该教的创新之处。由于这种重行甚于重言的特点，使巴哈伊教徒所在的地方，都能获得人们的好感和尊敬，用行为感化人往往取得了比用语言传教更好的效果，因受巴哈伊教徒行为感化而入教的，大有人在。

正是由于这九个方面的特点，使仅有 160 多年历史的巴哈伊教在世界宗教界异军突起，独领风骚，成为巴哈伊教迅速传播的原因之一。当然，巴哈伊教得以迅速传播，还有其他原因，这正是下面所要讨论和分析的问题。

二、巴哈伊教迅速传播的原因

应该说，巴哈伊教在世界性独立宗教中是最年轻的，从其先驱巴布算起，也仅有一百六十多年的历史。在历史上巴哈伊教教徒数目见之公开报道最多的是 1912 年 12 月 8 日伦敦的《预算周报》，提到当时巴哈伊教徒有 300 万。[②] 1921 年 12 月 3 日伦敦的《光明报》说有数百万。[③] 但从 1957 年到 1963 年，该教实际上是保持在 40 万教徒的规模，而在 20 世纪 60 年代以后，到 1991 年，一下子猛增至 540 万人。简单地追溯一下该教的传播和发展史，是有意义的。

从 1844 年到 1890 年，巴哈伊教基本上是在伊朗和中东地区传播的，西方人知之者甚少。

1890 年，英国剑桥大学东方学家爱德华·G·布朗教授拜会了巴哈欧拉，他成为最早向西方世界介绍巴哈伊的西方学者。1893 年，美国芝加哥世界商品交易会召开"宗教议会"大会，一位基督教发言人引用了巴哈欧拉 1890 年对布朗谈的一段话，这是美国最早提到巴哈伊的记录。稍后，一位在埃及开罗加入巴哈伊教的叙利亚商人易布拉欣·海路拉移居美国，在他影响下，美国保险公司的一位董事桑顿·蔡斯，成为美国的第一位巴哈伊信徒。之后，露易莎·格辛尔也成为巴哈伊，并成为赫雷拉的妻子。之后是百万富翁菲尔毕·厄斯特太太入教。他们组织了 15 名巴哈伊信徒，于 1898 年

① 阿布杜巴哈：《巴黎讲话》，第 2 页。
② 参见白有志：《阿博都巴哈——建设新秩序的先锋》，澳门新纪元国际出版社 2001 年版，第 270 页。
③ 参见白有志：《阿博都巴哈——建设新秩序的先锋》，第 367 页。

12 月 10 日到达以色列阿卡去朝圣，他们成为美国巴哈伊活动的开端者。之后，巴哈伊教在欧洲和北美洲缓慢地传播着。1906 年，阿布杜巴哈造访伦敦、巴黎、斯图加特等城市，1912 年又访问纽约、芝加哥等四十多个城市，后来又访问加拿大蒙特利尔等城市，扩大了巴哈伊教的影响。在这一阶段，传播巴哈伊教最力的是 1908 年入教的玛莎·露特女士，她是美国的名门望族，从 1915 年开始环球旅行。她的四次环球旅行长达 20 年，把巴哈伊传统带给了各国社会的不同层次：国王、王后、大臣、大学校长和普通百姓。罗马尼亚王后玛丽亚和中国清华大学原校长曹云祥，都是经过她而加入巴哈伊教的。但是，这时巴哈伊教无论如何传播，还只是处于自发的、无系统组织无计划传播的阶段，所以全部教徒也不过 10 万人，还未形成世界性大宗教。

对巴哈伊教传播贡献最大的是守基·阿芬第。他本人出身于英国牛津大学，有西方文化的系统知识。他用娴熟的英语阐释了许多巴哈伊教著作，用极大精力来发展巴哈伊教务行政体系。从 1937 年开始，他开始推动一系列计划，系统地向世界大部分国家推介巴哈伊教义。1937 年 4 月开始的巴哈伊教的第一个“七年计划”实现了三个主要目标：在美国的每一个州和加拿大的每一个省至少建立了一个地方灵体会；确保拉丁美洲每一个国家，至少有一位巴哈伊导师；完成美国芝加哥第一个巴哈伊灵曦堂的设计。1946 年开始第二个“七年计划”，完成的主要任务是：在西欧各国建立地方灵体会、拉丁美洲各国建立地方灵体会，在加拿大建立国家级灵体会，并登记成为社团法人。1953 年又推行“十年世界拓荒运动”，虽然守基·阿芬第于 1957 年逝世，但预定的目标均已实现，1963 年 4 月在以色列海法，56 个国家总灵体会的代表选出了由 9 名成员组成的第一届世界正义院，40 万教徒分布到世界绝大多数国家和地区。可以说，经过守基·阿芬第的推动，巴哈伊信仰真正成为一个全球性宗教。

世界正义院成立以后，又开始推行新的全球性发展战略。从 1964 年开始，先后开始了“九年计划”、“五年计划”和“七年计划”，全都顺利完成，到 1991 年底，巴哈伊教成为分布范围仅次于基督教的拥有 540 多万教徒的新兴世界宗教。

20 世纪 60 年代以后，巴哈伊教为何发展得如此之快？除了巴哈伊教本身具有的特点以外，尚有以下几个原因：

(一)巴哈伊教人士积极主动的传教

巴哈伊教没有神职人员，不设职业传教士，每一位信徒都有义务和责任向他人传播巴哈伊信仰。巴哈欧拉号召信徒，必须宣扬上帝之圣道，因为上帝已命定每个信徒宣扬巴哈伊教义，并且将此举视为至高至圣的善行。[①]

巴哈伊社团是一个俗人组织，其成员不论是职务和地位高低，都被要求广泛地参与圣道事务的管理。世界正义院成立伊始就认识到，一个仅有 40 万教徒、规模如此小的社团，只有通过全体或至少是绝大多数成员们甘心乐意地积极参与社团的计划，才有可能获得或扩大人力资源。正是出于这样一种考虑，世界正义院将“群体的共同参与”规定为第一个全球性传教计划的主要目标之一。1964 年，世界正义院发表的声明说：“每个信徒的参与是极为重要的，它乃为我们前所未知的力量与活力之源……如果每个信徒都履行这些神圣义务，那么我们就会惊喜地看到整体力量的增长，这一力量

① 转引自李绍白：《人类新曙光——巴哈伊信仰》，第 205 页。

接着又将会进一步促进圣道之发展，使我们沐浴在上帝更大的恩惠之中。群体共同参与的真正秘诀是教长(即阿布杜巴哈)反复提及的心愿，即教友们应当互相友爱，互相鼓励，共同奋斗，团结为一个机体，一个灵魂，以便成为真正健康的有机体，为圣灵所明照而生机勃勃。”[①]巴哈伊教认为，传教是教诲别人，而在教诲别人之前须先教诲自己，通晓巴哈伊教的基本精神和原理，避免以其昏昏，使人昭昭。而且还应该在行为上做他人的榜样、生活上要严于律己。巴哈欧拉训导说:“巴哈伊信仰的教友们必须以其智能为主服务，以其生活施行身教，以其行为显示上帝的光辉。在真理的显示上，行为的效果比言词更有力……有的人会为言词所满足，可言词的真实性惟有靠生活行为的表现来验证。”[②]巴哈欧拉为信徒们制定了一套细微的行为规范和道德标准:富足时须慷慨，身陷逆境时须感恩。要值得他人的信任，待人接物时当和蔼可亲。对穷困的人，当有如一座宝库;对富裕的人，要时时劝勉;对无生计者的哭唤，当有求必应;对你所许下的诺言，当谨守不怠。你的见解要公正，说话时要三思而言。不可偏袒任何人，对待所有的人都要谦逊柔顺。当有如夜行者的明灯，悲伤者的欢乐，干渴者的海洋，受苦受难者的天堂，被压迫者的护卫。以诚实和正直作为你言行的准则。使异乡人无拘无束，做落难者的慰藉，逃亡者的寄所。当作盲人的双眼，迷途者的引导之光。当有如真理面容上的装饰，忠诚额头上的冠冕，正直庙堂中的栋梁，苏醒人类躯体的气息，正义万军的旗帜，品德地平线上的明星，滋润人心沃土的灵水，知识海洋上的方舟，恩惠天空中的朝阳，智能冠冕上的宝石，当代苍穹中的灿烂光源，谦逊树上的果实。[③]

在这样的道德原则指引下，巴哈伊地方灵体会积极组织传教活动，成为制定和执行传教计划的主体。而具体的传教活动，则是由教徒以个人方式进行的，信徒们被鼓励做广泛的社交和旅行，到那些尚未有教徒的国家去传教，称之为“拓荒”，被视为一项特别光荣的事情。在这样的地区“拓荒”，教徒们被要求要尊重当地人民的风俗习惯，了解他们的文化传统，以便灵活地有针对性地传播教义。

这样积极主动的传教活动，使巴哈伊赢得了大批新信徒，其中有一些是文化素养和社会地位较高的成员。而由于他们的积极参与，形成了一种“滚雪球”效应，进一步扩大了巴哈伊教徒人数。

(二)欧美社会对精神力量的需求

欧美国家继承的是古希腊文化，欧洲工业革命之后，技术也跟了上来，使欧洲文化光照寰宇，普天之下，莫非欧风，欧美人昏昏然陶醉在自己的胜利之中，以“天之骄子”自命。到第一次世界大战爆发，基本上是欧洲人打欧洲人，这一打，惊醒了西方世界的有些有识之士。1917 年，德国学者奥斯瓦尔德·斯宾格尔开始写《西方的没落》一书，预言当时如日中天的西方文化会没落。该书语出惊人，一经出版，立即洛阳纸贵，之后在 20 世纪 20 年代，欧洲思想界开始反思，出版了一本风行一时的书——《欧洲的沦亡》，说欧洲要垮台、要灭亡，要欧洲仰望东方。再后是英国学者汤因比，从 1934 年开始撰写《历史研究》，到 1961 年才完成，他继承斯宾格尔的意见，认为文化都有从生长一直到灭亡的过程，他反对“欧洲中心主义”，寄希望于东方文化。[④]

在西方世界，科技日益进步，物质文明日益丰富，人们的物质生活水平日益提高，但是社会的疾

① 世界正义院:*Wellspring of Guidance*，1964 年，第 32 页。

② 转引自李绍白:《人类新曙光——巴哈伊信仰》，第 205～206 页。

③ 参见《巴哈欧拉圣典选集》，第 186～187 页。

④ 参见季羡林:《东西文化议论集》，经济日报出版社 1997 年版，第 9、67 页。

病也越来越严重。于是，随着越来越多的人对科技救世、财富对改变精神力量的作用、政治行动的功效失去了信心，许多地区的人便越来越相信，根本性的社会改革依赖于某种形式的灵性和道德改革。也就是说，在许多思想家中形成了这样一种共识：科学与技术使“地球村”的建立成为可能，但只有当某种普遍的价值系统，能够导致目标的统一性之时，“地球村”才能成为人类居住的地方。巴哈伊教向来注重人的精神力量的超升和灵性及道德的培养。阿布杜巴哈根据巴哈欧拉“地球乃一国，万众皆其民”即“地球村”的宣示，及时地概括出20世纪的“新时代精神”是：独立追求真理、人类一家、宗教同源、种族和谐、消除各种偏见、科学与宗教协调、男女平等、普及教育、消除极端贫富、工作的崇拜、社会公道、采用世界通用辅助语言、建立世界联邦、实现世界和平。他致力于将人类从转瞬即逝的物质世界提升至崇高永恒的精神王国，劝告世人不要只追逐世间的物欲，追逐物欲的人如拉磨的驴，劳累终生，却只是在原地上打转，没有前进半步。人应有纵向的飞腾，人应该更卓越，而这卓越并非是财富上的卓越，而是精神上的卓越，因为除卑下者以外，以财富而自傲是与人格不相配的，仅有愚者方以财产自骄。他对美国批评说：“如今，物质文明已经达到了一个先进的水平，但还缺少精神文明。仅仅物质文明是无法令人满意的，它不适合现阶段的情况与需要。物质文明所能带来的利益仅局限于物质世界之中，而人类的精神是不受限制的，因为精神本身是渐进发展的，如果神圣文明得以建立，那么人类精神将会得到提高。迄今为止，物质文明已得到扩展，现在应对神圣文明加以传播。除非两者步调一致，否则人类将不可能获得真正的幸福。仅仅依赖智力的发展和理性的力量，人类是不可能达至最高境界的。也就是说，仅是依靠有才智的人是不能完成由宗教所带来的发展的。诚然，当美国人民获得一种惊人的物质文明时，我希望，精神的力量将使这个伟大的国家更加生气勃勃。”①

阿布杜巴哈对精神世界的追求获得美国人的赞许，斯坦福大学首任校长乔丹称他为一个以实际之足行走于灵性之途的伟人，著名阿拉伯旅美作家纪伯伦则将他视为“基督再临”，并以他为原形创作了他的肖像。后来，许多社会科学家也都承认，调整人类的价值系统本身已成为生存问题，诸如阿尔文·托夫勒、马利林·福古森、弗利乔夫·卡普拉及约翰·耐斯比等人，在自己的著作中已将巴哈伊地球村的信息和玄奥的灵性方面的隐义传递给了广大读者。② 就此可知，巴哈伊推行“以精神征服全球”的计划，满足了美国人对灵性世界的需求，因而也就容易在欧美广为流传了。

（三）巴哈伊教的团结统一对教外人士的吸引

宗教的继承权是至关重要的问题，继承权解决不好，很容易引起宗教内部的分裂，引起宗派之争。世界各大宗教几乎都有教派分裂的状况出现，印度教、佛教、犹太教各大宗教的分派自不用说，基督教、伊斯兰教的分派简直令人吃惊，基督教今天已有2000多个教派，伊斯兰教也有1000多个教派。教派的产生，往往是由于争夺对圣典的最终解释权而造成的。但巴哈伊教是个例外，是没有分裂的宗教。

巴哈伊教始终把团结当作神圣来源之标志，巴哈欧拉从一开始便以最强硬的言词，谴责任何有意将政党或教派活动引入其社团的企图，强调没有什么“自由主义的”、“正统的”或“改革派的”巴哈

① Badi Shams, *Economics of the Future*, Bahá'i Publishing Trust, New Delhi, India, 1989, p. 57.

② ［加拿大］威廉·哈彻、道格拉斯·马丁：《巴哈伊信仰——新兴的世界宗教》，第193页。

伊信徒，只有一种巴哈伊信徒，即一个有机地统一起来的巴哈伊社团。巴哈伊教的团结和统一最初来自于巴哈欧拉、阿布杜巴哈、守基·阿芬第，后两位在成为巴哈伊教的指定继承人之后，维护了巴哈伊教的统一和团结，而在守基·阿芬第之后，巴哈伊信仰的管理权则是由民主选举而产生的机构即世界正义院来掌握的。这一行政机构被赋予一种神圣权力，即可以取消任何经劝告或警告后仍企图制造分裂的个人或小团体的信徒资格。在一个高度多样化而又迅速成长壮大的宗教社团里，在一个社会如此广泛崩溃的时代，世界正义院对维护巴哈伊教的团结和统一起了关键的作用。

巴哈伊教十分重视团结的作用，阿布杜巴哈说："宗教应团结人心，使战争和纠纷从地球上消失，创造灵性，将生命和光明输入每个人心中。假若宗教成了憎恶、仇恨和分歧的原因，那还不如没有宗教。而从这种宗教组织中退出来，反而是真正的宗教行为。因为很明显，药剂的功用是在诊病，假若药剂仅能使病人感受更大的痛苦，那就不如抛弃不用。无论哪一种宗教，假若不能成为爱和团结的原动力，就不能称之为宗教。所有圣名的显示者都是诊治心灵的大夫，他们教给诊治人类的药方。"①这种对团结的珍视，不仅能使教内人士团结一致，对教外人士也是一个极大的吸引。在巴哈伊信仰里，还特别把肤色的差别作为人的非本质的差别，主张"竭诚努力以使白人和黑人团结和睦，并由此证明巴哈伊世界的团结。在巴哈伊世界中，不考虑肤色的差别，只考虑心灵"，"朋友们心心相连，无论他们来自东方还是西方，来自北方还是南方，无论他们是德国人、法国人、日本人、美国人，也无论他们属于白色、黑色、红色、黄色或棕色人种。肤色、国家和种族的差异在巴哈伊信仰中并不重要；相反巴哈伊信徒的团结能克服所有这些差异"。②

长期处于战乱和宗教纷争的中东地区，有不少人放弃原来的宗教信仰而加入巴哈伊教，正是被其团结和谐的精神所吸引。美国前总统老布什说："巴哈伊关于宗教兼容，人类团结，消除偏见，男女平等和世界和平的教义，正体现了所有具良好愿望的人们所敬仰和支持的基本准则。"③吸引教外人士的原因，正在于此。

（四）男女平等和消除极端贫富思想的吸引力

巴哈伊主张男女平等，阿布杜巴哈说："人类有一双翅膀——一边是女性，一边是男性。只有当两翼均衡地成长，这鸟儿才能飞翔。假若一只翅膀仍然弱小，就不可能飞起来。只有当女性与男性在获取品德与善美方面并驾齐驱时，人类才能获得本当达到的成功与繁荣。"④然而几千年来，男女一直处于不平衡的状态，天平一直向男性倾斜，女性成为男性的附庸品，智能和技能长期得不到有效的开发和利用，从而形成恶性循环。造成两性不平等的原因，并非天然本性造成，两性都是人，在体力与功能上两者相辅相成，不平等是由于人为和社会的原因而造成，其中最为重要的因素是教育，因为女性被剥夺了男性长久以来享有的机会，特别是受教育的权利。因此，巴哈伊教认为，教育不仅能改变这种状况，而且也是实现男女平等的根本途径。所以，一个家庭如果有一个男孩和一个女孩，而家庭的各方面条件又只能允许让一个孩子上学，那么应该让女孩去上学。因为母亲是婴儿的第一位教师，母亲受到良好教育，下一代也能受到良好教育和培养。

---

① 《生活的艺术》，澳门新纪元国际出版社 1995 年版，第 57～58 页。
② 《阿博都巴哈著作选集》，曾佑昌译，澳门新纪元国际出版社 2004 年版，第 100 页。
③ 《美国前总统布什的贺函》，载美国巴哈伊《曙光》中文杂志 1993 年 6 月号。
④ *Selections from the Writings of 'Abdu'l-Bahá*, Haifa, 1978, p. 302.

巴哈伊教将妇女解放提高到实现世界和平的高度来认识，世界正义院《世界和平的承诺》中说："妇女的解放，男女完全平等的实现，是和平最重要的前提之一，尽管认知这点的人并不多，否认这种平等便是使世界上一半人口受到不公平待遇，并且使男性养成有害的态度和习惯，而影响到他们在家庭、工作场所、政治生活，以及国际间的人际关系。没有任何道德的、实际的和生理上的理由能支持否定男女平等的论点。只有当妇女能自由地参与人类各阶层与专业的活动时，才能在全人类道德和心理上创造出导向世界和平的风气。"[①]

男女不平等是社会不稳定因素之一，而贫富的两极分化，则是社会动乱的基本原因之一，因为经济上的不平等，也是社会其他不公平现象的温床。因此，巴哈伊教认为，贫富两极分化在本质上是不公平和不道德的，是全人类团结与和睦的根本障碍。巴哈欧拉告诫富人说："洗去财富之污秽，以平静舒坦地进入贫穷之境；如此你便能从那超脱之涌泉畅饮永生之甘醇。""财富乃一道巨大的藩篱，横隔在寻求者与其所寻、爱慕者与其所爱之间。富人，绝不可能到达他（上帝）尊前之天庭，也不可能进入那知足与顺命之城，只有极少数例外。"

只有穷人才是上帝的信托，"你们当中的穷人是我的信托；你们要看护他们，别只顾着自己的安乐"[②]。由于经济和物质分配的严重不平衡，使极少一部分人拥有巨大的财富，而且基本上控制了生产和分配权，而大多数人则生活在极端贫困和苦难之中。国与国之间也是如此，一些高度工业化的国家拥有巨大的财富，而其他国家则仍然被剥夺了生活必需品，这表明现存经济制度是不公平的。巴哈伊建议用两条基本制度来消除这两个方面的贫富两极分化，一个是合作制，一个是调节制。

合作制是关于资源再分配的，是在企业之间和内部广泛建立合作的机制，以代替竞争的机制。企业用合伙关系取代雇佣关系，工人除了工资收入，还要占有企业一定比例的股份，可将企业资本的20%划归雇员占有，分红时，再按比例抽取红利，这样既能改善雇员的经济地位，又能不过分牺牲资本家利益。这种合伙制规定的是工人对资本20%的无偿占有，是生产资源的一种再分配形式，而与股份制由工人入股不同。

调节制是关于收入再分配的，实行个人收入调节税制，用累进税制对个人收入征税，税款构成公积金，从而实行收入再分配。如果一个人的收入不够他分内的需求，可以从公积金得到补偿。

根据这样的原则，"百万富翁"在巴哈伊社团是不会存在的，因为人不可能积累到如此巨大和不必要的财富。但因为有些人的服务对社团的福利特别重要，如医生、农民，对他们要特别鼓励，因此工资上的差别是允许的。但巴哈伊的原则是工资差别将建立在规定适当的极限里，目的是要保证既没有人能积累过多的财富，也没有人会遭受被剥夺生活必需品的困苦。[③] 这样的经济主张对发展中国家的人民是有极大诱惑力的。

总而言之，巴哈伊教适应现代化的需要应运而生，而且不断调整自己以适应现代化，可以说，巴哈伊教是宗教与现代化接轨成功的范例，这足以引起我们对宗教的作用进行重新审视，在现代化的条件下，宗教可以体现人类探索世界和自身的不懈努力，体现人类对灵性世界和精神的需求和终极关怀，所以西方学者预言21世纪将是宗教的世纪[④]，值得引起我们的高度重视。季羡林先生说，宗

---

① 《世界和平的承诺》，澳门新纪元国际出版社1992年版，第18页。

② 巴哈欧拉：《隐言经》，澳门新纪元国际出版社1994年版，第46页。

③ 参见[加拿大]威廉·哈彻、道格拉斯·马丁：《巴哈伊信仰——新兴的世界宗教》，第89页。

④ 参见杜红：《对宗教与现代化问题的思考》，载《宁夏社会科学》1996年第4期。

教是人的一种需要，宗教需要有多种含义：真正的需要、虚幻的需要、甚至麻醉的需要。虽性质不同，其需要则一。他认为宗教会适应社会的发展、生产力的发展而随时改造自己，改变自己。[①] 巴哈伊教的创生和迅速发展，已经证明季先生的结论是完全正确的，由此，我们也应该进一步加强对宗教现象的研究。只有百余年历史，号称“大同教”的巴哈伊信仰，其致力方向实不在超越的终极关怀，而在于建设一个非西方，亦非东方，全体种族、信念、阶级和国家融合的全球新文明。与其说它是宗教，不如说它是一个跨越国家、阶级、种族的社会群体。

① 参见季羡林：《人生絮语》，浙江人民出版社 1996 年版，第 6～7 页。

第二章　巴哈伊教的思想系统

巴哈伊教的思想系统是开放的、不断发展的。巴哈伊教的创始人巴布，在伊斯兰教什叶派的基础上创立了一种崭新的宗教思想信仰体系，但巴布本人显然富有对旧有宗教的批判精神，在《默示录》一书中，他描绘了这样一个时代，在这一时代，所有波斯人浪费精力写成的书籍将会被烧毁，人们的知识能力将从迷信中解放出来，全新的学术和科学领域将出现。巴布之所以带有浓厚的批判性，与他所处的时代有一种必然的联系，英国东方学者布朗描述这一时代说，此时波斯在学术活动中的论文、评论、专著，都是不可研读的垃圾，它们的存在是认真的学者所厌恶的。事实上，不只是在波斯，整个伊斯兰世界的情况也相差无几，埃及近代著名思想家穆罕默德·阿布笃也常说当时的书籍资料应该烧掉，因为这些书籍资料只会压垮书架，培养空想，造就模糊的知识。[①]

在创建一种新思想、新宗教的时候，对以前的旧思想和旧文化必然要进行批判，所谓“不破不立”就是指这种现象。但是，任何一种新思想、新观念，当然也包括新宗教，绝不会是空中楼阁，不会是凭空而来的。经巴布之手所创立的巴哈伊教的初级阶段，发展的重点是批判。一旦在批判的基础上创立了一种新宗教，与伊斯兰教分道扬镳，巴哈伊教就开始从一切宗教、文化中吸取养分，以不断地发展自己。巴哈欧拉在这方面做了很多卓有成效的工作，其代表作《确信经》对犹太教、基督教、伊斯兰教，甚至琐罗亚斯德教，都进行了吸取，引用了许多《旧约》、《新约》和《古兰经》的经文。正是在综合吸收世界各种宗教文化的基础上，才形成了巴哈伊教内容丰富多彩的思想体系。

作为一种完整的思想体系，巴哈伊教涉及人文学科和其他科学的各个领域，形成了以独一的上帝为最高存在的哲学宇宙观、以人类一体观为核心的人学观、以科学和宗教相调和的宗教观、以限制极端贫富为核心的经济观、以道德教育为核心的教育观。有关巴哈伊教宗教观的内容，在本书的其他各章节中已有了分散的论述，在第二章巴哈伊教之特点已做了比较集中的论述，所以宗教观的思想不具论，而是专门论述哲学、人学、经济、教育思想。

第一节　上帝独一论

一、对上帝存在的证明

在巴哈伊教的思想体系中，“上帝”是宇宙观的核心概念。在巴哈伊教的经典里，沿用了伊斯兰

① 参见[加拿大]威廉·哈彻、道格拉斯·马丁：《巴哈伊信仰——新兴的世界宗教》，第24页。

教“安拉”的概念,在守基·阿芬第译成西方文字的巴哈伊经典里,用了“God”这一西方人更易接受的概念。实质上,安拉与上帝是等同的。巴哈伊教另外还有“永恒美尊、上苍、永存者、永生者、永生之尊、永恒者、永恒之尊、不朽之尊、不朽者、永在者、亘古之尊、千秋万代的亘古之尊”等称呼。

(一)上帝的本质

关于上帝的本质,本书第一章第三节“巴哈伊教和伊斯兰教的联系与区别”中已经论及。巴哈伊教的“上帝”和伊斯兰教的“安拉”在本质的规定上基本上是一致的。

巴哈伊教也认为,“上帝”是整个宇宙的创造者和绝对统治者,是宇宙的本质和最终目的,宇宙间的万物均发源于上帝,来自于上帝,要依赖上帝并受上帝保护,因此上帝是既在万物之先,又在万物之后,是无始之始,无终之终,永远高超于万物之上。但是上帝又没有任何具体形象,更不是男性化的偶像,而是不可知之本质、神圣之本体,其属性和美质既要通过创造界的万物来实现,又会永远隐蔽于凡人视野之外。巴哈欧拉论述说:“对每一颗聪慧明净的人心来说,很显然的,上帝是不可知的本质,是神圣的本体,完全超越于一切人的属性,例如肉体的存在、升降和出入等等。他的荣耀高不可及,没有人的言语能充分地赞颂他,没有人心能理解他深不可测的奥秘。由古至今,他一直隐藏在他亘古的本质中,并停留在他的实体内,而永远不会暴露在凡人的视野下。”①

上帝的本体如此之神圣,是隐蔽中之最隐蔽者,因此,“绝不会把他的本质具体化而显现在人的面前,他将永远超越一切感官之上,并且无以描述”,“洞悉上帝亘古本体的知识之门将继续并永远地在世人面前紧闭着,没有人的理解力能达到他神圣的殿堂”。但上帝最终又选择了人类,“并赋予人类独特的优越性和能力来认识他和爱慕他”,“把所有圣名和属性的光芒集中地照射在人的本质上,使其成为反映他自身的明镜”。②

(二)上帝存在的证明

对这样一个人类不能认识的神圣的本体,怎么能够证明他的存在呢?巴哈伊教像伊斯兰教一样,借助于理性推理来证明上帝的存在。

对安拉存在的证明,伊斯兰教这样认为:当我们环顾四周之时,发现每一个家庭都有一个家长,每所学校都有一位校长,每座城市都有一位市长,每一个省都有一位省长,每个国家都有一个元首。同时,人们日常所使用的每件器物,都是某位生产者工作的结果,每件艺术精品,也都是艺术家花费心血的力作。当人们在看到大自然的那种神奇而迷人的美景,无边无际的天涯和那遥不可及高不可攀的冥冥苍穹,漫无止境而又井然有序地交替着的白昼和深夜,日月星辰有规律的运行,有生物和无生物构成的这个世界,以及人类生生不息一代又一代地繁衍绵延之时,便想去探知人们所赖以生活并且尽情享受的这个世界,会有一个创造者。再说,宇宙间的万物都是在极有秩序的情况下,各成其形,各行其道,并且已经如此地存在了上千万年的岁月,能说这一切的一切只是偶然的巧合吗?人在生活中可以为自己的生存而制订计划,而人类自己本身的存在和整个宇宙万物的生生不息,必然也都是根据某项有计划的方针而来,因此,宇宙间必有一股拟定计划的意志力,有一个独一无二的大意

① 《巴哈欧拉圣典选集》,朱代强、孙善玲译,澳门新纪元国际出版社2004年版,第3页。
② 《巴哈欧拉圣典选集》,第4～5页。

志，致使万物从无到有，并且使它们一直保持着有秩序的生息和运行，这个力量是宇宙间所有力量中最伟大的，其名字就叫作“安拉”。

巴哈伊教关于“上帝”存在的证明，也是采取了同样的办法。阿布杜巴哈在《已答之问题》和《致福雷尔书简》中都给出了理性的证明：整个存在界中，连最小的存在都证明它的创造者的存在，那么这个无穷无尽的大宇宙又怎么能以物质及其元素的活动来自行创造而存在呢？同时，大自然本身是没有意志没有智力的，万物的自然运动都是被强制性的，小到原子大到天体，全都受制于一种绝对的组织、确定的法则和完备的秩序，永不违背，永不偏离分毫，无一会有自主的行动。那么，一个自身毫无理智也无意志的大自然，又怎能是它所具备的规律和法则的设计者呢？显然，大自然是在一个全知全能的造物主掌握之中，他按照自身的智能将大自然控制在精妙的管理与法则之下，使大自然显现出他的意志。①

阿布杜巴哈说：“人类未曾创造自己，这是上帝存在的一个证明与证据。不但人未曾创造自身，人的创造者与设计者还不同于人。”“人类的创造者与人不同，这是肯定无疑的。因为一种无力量的生物不能创生。而创造者，即造物主，必须拥有一切完美方能创生。有可能创造物是完美的，而造物主反不完美吗？有可能画是杰作，而画家却技艺不精湛吗？当然不可能，因为前者乃后者的艺术品，是他的创造物。再者，画不可能与画家一样，否则画早就能自我创作了。无论一幅画是多么的完美，与画家相比，它仍处于最不完美的境地。”“尘世是种种缺陷之源，而上帝是完美之源。尘世的不完美本身就是上帝完美的证明。”②

对此，阿布杜巴哈举例加以证明：

> 例如，当你观察人类的时候，会发现人多么弱小啊。创造物的弱小本身就是永恒伟大者力量的证明。因为，倘若威能不存在，就无法想象出弱小……因此有弱即有强。又如，尘世上有贫富；既然贫穷显然存在，就必然存在富有。尘世上存在无知，就必然存在知识……倘若没有“存在”，就无所谓“不存在”。
>
> 无疑，这个依赖性的世界受制于一种规律和法则，永不能违背。甚至人也不得不听命于死亡、睡眠及其他种种境况。也就是说，人在某些方面是被主宰的，这种受主宰的状况本身就意味着一个主宰者的存在。因为尘世生命的一个特点是其依赖性，这种依赖性是一种根本的需要，所以必有一个独立者，其独立性也是根本性的。③

他因此得出结论，“显然存在一个永生而万能者，他拥有一切完美。倘若他不拥有一切完美，他就会与他的创造物一样了”。“连最小的东西形式上的最小的变化都证明了其创造者的存在，那么，这个伟大无垠的宇宙，竟能自我创造，经由物质与元素之间的作用而产生吗？”④

二、存在界的各领域

（一）造物存在的证明

上帝之存在既已被证明，接下来要证明的，就是造物的存在。

① 参见陈丽新：《巴哈欧拉》，载《东方著名哲学家评传·西亚北非卷》，山东人民出版社1999年版。

② 阿布杜巴哈：《已答之问题》，马来西亚巴哈伊国家灵体会1967年版，第5～6页。

③ 阿布杜巴哈：《已答之问题》，第5～6页。

④ 阿布杜巴哈：《已答之问题》，第5～6页。

巴哈伊教认为，造物之被创造与存在，完全来自于上帝的爱。上帝是完美的，受其自身完美本质之决定，上帝便将这种属性投影到创造界，因此“上帝的创造自古已存在，并将永远地存在，其起源无始点，其结束无终点”①。

“神的一切称号与属性都要求造物的存在。如果我们假设有一段时间里只有造物主而无创造物，这一假设也就否认了造物主的存在。再者，绝对的不存在不能变为存在。如果万物在开始不存在，那现在也不会有任何存在。由于本原之精（即上帝之存在）是亘古永存的，也就是说，无始无终，因此这个存在之世界，这个无边无际的宇宙，也就既无始点也无终点。”②这就是说，上帝是无始的。但是万物起源于一，起源时只有一种物质，同一物质以不同的面貌出现于每种元素中，于是产生了不同的形态。这些不同的形态在产生时渐渐固定下来，每个元素开始独具特性。然后这些元素被组合、组织并结合成无数的生命。③ 因此，上帝在造物的过程中虽然显示了自己的属性，但其本质永远高超于万物之上，从未下降、分离甚至于进到万物之中，就是说，上帝永远是上帝，而万物永远是万物，万物永远不能等同于上帝，这种观点使巴哈伊教与泛神论划清了界限。

既然物质世界是没有开始的，那么是不是一开始就是现在这个样子？巴哈伊教认为，虽然现存宇宙中的一切自古即已存在，但并不是以现在这个样子存在。地球也一样，并不是一开始就是现在这个样子，而是经历了不同阶段的长期变迁之后，才形成了现在这种完整的状态。整体的生命相似于个体的生命，并可相互模拟，因为这两者都服从于同一种自然的体系、同一个宇宙的定律和神圣的机制。④

中国哲学家老子说：“道生一，一生二，二生三，三生万物。万物负阴而抱阳。”巴哈伊教的上帝造物，很类似于道家的这种哲学宇宙观，只要把“道”字换成“上帝”，就很能说明巴哈伊教的上帝创生万物。

（二）存在没有开始

在巴哈伊教看来，“存在”的最初是没有开始的，它和上帝同时存在，但上帝在创造“存在”之初，只创造了一种物质，那单一的物质以各种元素及不同的特性出现，产生不同的形态，这些形态一经产生便固定下来。但这种固定不是简单产生的，而是经过长时间的变迁和不同阶段的逐渐演化才达到今天存在之完美境地的，经历了组织、组合和结合成无数的形式。阿布杜巴哈论述说：

> 经由上帝的智能和它亘古先存之力量，这些组合与安排，产生了一种自然的组织，而这种组织是依循智能并按照一个普遍的规律以最伟大的力量组织结合而成的。由此可见这是上帝的杰作，而非偶然的组合与排列。每种生命只能从自然的组合诞生，而不能从随机的组合中生成。例如，若一个人按照自己的意志和聪慧收集一些元素，将它们组合，并不能创造出一种生命，因为这个系统非自然的。这也回答了一个隐含的问题：即生物既然是由不同元素的组构结合而成的，为什么我们就不能收集一些元素，混合在一起，创造出新的生命来？这是一个错误的假设，因为这种组合源自上帝，且是按照自然的系统完成，才有了生命，由于人不能创生，故人为的组

① 《巴哈欧拉圣典选集》，第 29 页。
② 阿布杜巴哈：《已答之问题》，第 180～181 页。
③ 参见阿布杜巴哈：《已答之问题》，第 182～183 页。
④ 参见阿布杜巴哈：《已答之问题》，第 182 页。

合不能产生任何事物。[①]

(三)存在界的分类

巴哈伊教将上帝创造的世界进行了分类，整个存在界被分成六类：矿物、植物、动物、人类、灵魂(信仰的精神)、显圣。[②]

矿物领域是存在界的最低领域，它是以分子、原子或更细的单位结合所组成的，这是一个有空间、有形式的物质之存在领域。平常所说物质世界的相当多的一部分都被划分为这一领域，如水、土、空气、石头等。在巴哈伊教看来，矿物世界也是有生命和各种功能的，其生命和功能的形成同样来自于爱，虽然这种爱表现为最初级的形式，但支持这种爱得以形成的，也是一种特殊的吸引力。正是由于爱和相互吸引力而使矿物的生命得以形成，而解散和不团结则能导致死亡。

植物领域比矿物领域高级一些，元素的组合更为完整，因此它除了具有矿物界所具有的生命和功能外，更进一步具有一种新陈代谢、生长发育和自新生殖的功能。

动物领域比植物领域更为高级，在矿物、植物所具有的功能之外，它还具有新的感官功能。在动物身上，体现出比矿物、植物更大幅度的自由度，可以走动、觅食，但在本性上，动物的自由仍然是有限的，仍然是感官的奴隶，要受到感官的约束。感官功能之外，是动物所无法企及的。自然界中万物虽然纷繁复杂，但不外这三个等级：矿物、植物、动物，在每一类中又包括许多物种。

人类领域是最高等的种类，因为人类除了拥有矿物、植物、动物所具有的功能之外，还有一个特异之处，这是其他生物所不具有的，这就是思智，由于思智，使人成为万物中最高贵的。因此，人处于物质世界的最高级，也处于灵性世界的最低级，既是不完美的终点，又是完美的起点，或者说，人处在黑暗的终结和光明的开始，人占有所有程度的不完美，同时也拥有不同程度的完美，既有动物的一面，又有天使的一面。[③]

对存在界这四个领域来说，巴哈伊教认为它们之间的界限泾渭分明，不可逾越。所以，进化论是有限度的，只能在同一类中进化，而不能越类进化。阿布杜巴哈说：

> 《新约》中说，上帝就像一个制陶者，他"创造一个陶器是尊贵的，而另一个却是粗陋的"。这粗陋的陶器无权向制陶者抱怨，"为什么你不把我制成一个精美的杯子，使人们爱不释手呢?"这段话告诉我们，万物众生的地位各不相同。在最低界的存在，像矿物，没有权利抱怨说："上帝啊，为什么你不赐予我植物的完美呢?"同样，植物无权抱怨自己被剥夺了动物界的完美。动物也不应抱怨缺乏人的完美。不，所有这一切在它们自身的界域里都是完美的，它们必须努力去获得符合自身地位的完美。如我们所说过的，低等的生物，既没有权利也没有力量去乞求升至一个更高、更完美的界域，它们只能在自身的界域中力求完美。[④]

出于这种有限度的进化论，巴哈伊教坚决反对人这种动物是由猿这种动物进化而来的观点。对此，阿布杜巴哈论述说：

> 人类在其存在之初，在地球的怀抱中，就像一个在母体中的婴儿一样，逐渐成长发育，经历

---

① 阿布杜巴哈：《已答之问题》，第182～183页。

② 参见陈丽新：《巴哈欧拉》，载《东方著名哲学家评传·西亚北非卷》，山东人民出版社1999年版。

③ 参见阿布杜巴哈：《已答之问题》，第235～236页。

④ 阿布杜巴哈：《已答之问题》，第249页。

不同的形态，不同的模样，直到呈现为现在这样的优美、和谐、力量和能力。

人类起初肯定是不具备现在这样的可爱、优美和雅致的。他只是逐渐地形成这种形态，这种模样，这种美丽与优雅的……人类在地球上的成长发展，到他达至现在的完美，就类似于胎儿在母体中的生长发育：两者都是逐渐地从一种状态变化到另一种状态，从一种形式到另一种形式，从一种模样到另一种模样，因为这是宇宙体系和神圣定律所要求的。

也就是说，胎儿经过不同的状态，度过不同的阶段，直至达到这种形态，显现出理智和成熟的迹象，才真正体现出"赞美归于上帝，最善之创造者"这句话的含义。

同样的，人类在地球上的存在，从起始到现在，其中必也经历了漫长的岁月，度过了许多不同的阶段。但从生存之初，人类就是一个独特的种类。如同胎儿在母体中，起初是一种很奇怪的形状，然后这胚胎从一种形状变成另一种形状，一种模样变为另一种模样，直至以一种最优美完善的形态诞生于世。但胎儿即使是在母体中形态奇异，与现在完全不同时，也仍是一种高级生命的胚胎，而非动物之胚胎，其种类及本质并未改变。人类的某些器官以前存在，现已消失，但其痕迹依然可见，这并不能用来证明生物种类的不稳定性和非本源性，至多它只能证明人的形状、体态和器官已经进化了。人类始终是一个独特的种类，是人类，而非动物。只因为胎儿在母体中经历了不同的形态，从第一个阶段过渡到第二个阶段时彼此大不相同，就可将其作为种类有了更改的证据吗？难道可以说胎儿起初是动物，由于器官的渐次发育进化，遂成为了人吗？不，绝不是的！这种想法是多么幼稚而无所根据啊！因为人之种类的本源性和人类之本质的稳定性，其证据是明显确凿的。①

阿布杜巴哈极力想证明，人种自始就存在，并不是后来由动物进化而来的。动物之存在先于人类这一事实，并不是种类进化与变迁的一个证据，也不能表明人类是从动物进化来的。人的某些器官如尾巴消失了，也不是人由猿进化而来的证据，即使人在有尾巴时，人也仍然是人。从有尾巴的人进化到没有尾巴的人，仍然是在人的界域内进行的，而非由动物进化到人类的。所以，人的存在出自于上帝的创造，而非由猿进化而来的。在人的创造上，巴哈伊教坚持神创论的观点。人的种类在自我界域中的变化方面，巴哈伊教坚持进化论的观点，试图用理性的论证和灵性的证据，来确定物种的本源性和演化规律，人在最初也是有思维和灵性的，因此，形式的变化不等于物种的变迁，这样，就解决了神创论和进化论之间的矛盾。②

（四）灵魂世界

下一步，就是证明存在域中的灵魂世界。

灵魂领域是存在界一个非常独特的领域，严格说来，它不是一个物质领域，而是一个精神领域。这一领域与人类的存在有关系，是伴随着人的诞生而开始的，但又可以脱离人的存在而存在。要说明巴哈伊教的灵魂观，是一个非常棘手的问题。

阿布杜巴哈曾说过：人具有一种发现隐藏之奥秘的功能，使人与动物区分开来，这就是人的灵魂。③

---

① 阿布杜巴哈：《已答之问题》，第183～184页。

② 参见陈丽新：《巴哈欧拉》，载《东方著名哲学家评传·西亚北非卷》，山东人民出版社1999年版，第519页。

③ 参见阿布杜巴哈：《已答之问题》，第187页。

在巴哈伊哲学看来，灵魂既不是在躯体里面的，又不是在躯体外面的，而是一种处于超越空间、时间和地点纬度的非物质的真实存在的精神，它不是由原子、分子组成的，绝对不是一种物体，既没有具体的存在形式，也没有存在形式的变化。灵魂只有开始，但没有结束，所以灵魂是不灭的，永恒的。

灵魂的起点始于精子与卵子形成受精卵的那一刻。然后灵魂的发展经过两个阶段：与躯体结合的阶段和与躯体分离的阶段。

灵魂与肉体的联系就好像太阳与镜子的联系，是一种既在里面又在外面，既不在里面又不在外面的一种联系，如果镜子（肉体）碎了，只是镜子（肉体）与太阳（灵魂）的联系断了，太阳（灵魂）仍在。灵魂是始终如一的，不会受肉体和心智之弱点的影响，生病的人，灵魂与肉体的联系有了障碍，灵魂本身不会受到任何生理失调的干扰，每一种侵扰人体的疾病只是一种阻止灵魂发挥其固有力量的障碍。人死后，灵魂也将继续存在："一旦灵魂脱离了人体，它将显示出举世无双的优势和影响。每一个纯真及高尚圣洁的灵魂都将赋有伟大的力量和无限的喜悦。"①"当灵魂脱离肉体之后，将继续进展，直到亲临上帝的尊前。其进展时的状态与品质不受岁月旋转和世态变迁的影响而改变。它将与上帝的天国、主权和威力同垂万古。它将反映出上帝的征象和属性，并显示出他的慈爱和恩典。"②

但是，并不是每个人的灵魂都毫无差别，而是每个人的灵魂都有自己独特的个性，人所获得的知识、爱的能力、各种美德和完美的品质，都是属于灵魂的特性。人的灵魂以两种不同方式来感知和行动，一种是无需工具的灵性旅行，如梦境和灵感；另一种是借助工具的实体旅行，这要通过感官来实现。感官是有限的，如肉眼只能看到几公里之外，而灵性旅行则可凭内觉之眼透视到千里万里之外。所以只有灵魂不受肉体的束缚时，才是超凡的。灵魂是分有等级的，处于同一等级的灵魂能够完全明了彼此的能力、个性、成就和优点，而属于次一等级的灵魂便无法明确地领悟比它高一等级之灵魂的地位，或评估它们的优点。巴哈欧拉告诫说：

> 真理是这样的：倘若人的灵魂一直行走在上帝之道上，它必然会归聚在钟爱者的荣光下。上帝是真正无欺的！这种灵魂将进升到的境界是非笔墨或口舌所能形容的。对上帝的圣道尽忠职守并且不偏不倚地遵行其轨的灵魂，在其绝世升天之后，将具有无与伦比的力量，使得所有全能之主所创造的世界都因其而获益。③

也就是说，忠信于上帝的灵魂会反映出上帝的荣光，并将归返于上帝。这样的灵魂依循其创造者的旨意而活而行，并且迈进至高的乐园。居住在天堂之琼楼玉宇中的仙女们会来围绕着它，上帝的先知都将与它为友。相反，对其创造主失去忠信的灵魂，则将成为自我和欲望的受害者，最后乃堕入深渊。遵行上帝之道的人，一旦离开了这个世界，便将经历不可言喻的欢乐，而生活在歧途上的人，死后将受到惧怕与战栗的侵袭，并且充满无以复加的惊慌。④ 巴哈伊教的灵魂领域理论与阿拉伯哲学家既有联系，又有区别。阿拉伯哲学家伊本·西拿特别重视灵魂，在其长篇巨著《治疗论》中，专门列出一卷论述灵魂，该卷的中译本由王复翻译，商务印书馆初版于1963年，最近又重印。伊本·西拿的灵魂学说，将灵魂分为三种：植物灵魂、动物灵魂和人类灵魂。植物灵魂有三种机能：营

---

① 《巴哈欧拉圣典选集》，第32页。
② 《巴哈欧拉圣典选集》，第33页。
③ 《巴哈欧拉圣典选集》，第35～36页。
④ 《巴哈欧拉圣典选集》，第33～38页。

养机能、生长机能和生育机能。动物灵魂除具备植物灵魂的三种机能外，又具有运动机能和知觉机能。知觉机能又分为两种，一种是从外部知觉的机能，另一种是从内部知觉的机能。前者依靠视、听、嗅、味、触五种感官，后者则有五种机能：臆想机能、想象或成型机能、组合和分解机能、评价机能、保存——回忆机能。人类灵魂则除了具有动物灵魂所有的机能外，还多了一个理性灵魂，使人具备了理性认识。理性灵魂有四种机能：认识机能、行动机能、理论（思辨）机能、实践机能。伊本·西拿承认灵魂不灭，认为人的死后生活必须在纯粹的精神意义上来理解。[①]

巴哈伊哲学的灵魂是人独具的，实际上与伊本·西拿的理性灵魂很相似，其灵魂不灭论也与伊本·西拿的观点相似。但巴哈伊教比伊本·西拿更为注重人的精神生活，主张用灵性的力量解决世界的许多问题，这对当今的世界有重要的现实意义。

（五）显圣领域

存在界的最后一个领域是显圣领域，这是存在界的最高领域。

显圣即"上帝之显示者"，又称"先知"、"信使"、"上帝之挑选者"、"圣洁的明镜"、"上天宝座之圣鸟"等。巴哈欧拉如此描述其性质："既然在唯一真神及其造物之间不存在一种可让两者直接交流的关系，而在易变者与永恒者、或然者与绝对者之间也不可能存在任何相似之处，于是，他（上苍）便命定了，在每一个时代、每一天启期里，会有一位纯洁无瑕的完人显现在天与地之王国里。他为这位奇妙而神秘的仙国尊者赋予了两重属性：从属于物质世界的肉体属性，以及由上苍本身的实质诞生出来的灵性属性。这些超脱的本质、这些光辉的实质，乃是渗透一切的神恩之灵渠。他们赋有至高的统权，在绝无差误的指引之光的引领下，他们被委以重任，以其圣言的感召力，借其可靠的恩典之倾泻，凭其天启那令人圣洁的和风，涤荡每颗期待和接受的心灵，使之除去俗世的烦恼和局限之渣滓和浮尘。"[②]这是一个介于上帝和人类之间的领域，是人类认识和了解上帝的唯一途径，也是上帝向人类传达其意志的唯一媒介。在巴哈伊看来，世界所有大宗教的创始人如佛陀、摩西、耶稣、琐罗亚斯德、克里希那、摩尼、穆罕默德、巴布、巴哈欧拉，都是显圣者的领域。（至高）普世显圣者，又称"Supreme Manifestation"（至高显圣者），指巴哈欧拉。巴哈伊教认为存在界里的一个宇宙周期（universal cycle）意味着一段很长的时间，包括无数的天启期和发展期。在这样的一个宇宙周期里，会有多位显圣者光辉璀璨地显现在这个可见的领域里，直至一位伟大的（至高）普世显圣者将人间变成其荣光普照之中心。他的出现令世界成熟，他名下那个周期所包含的岁月极其漫长。在他之后，会有别的显圣者在他的庇荫下崛起，因应时代的需要而更新某些与物质性的问题和事务有关的诫命，同时继续受其庇荫。我们所处的宇宙周期（巴哈伊宇宙周期）是由亚当开始的，其（至高）普世显圣者是巴哈欧拉。显圣者的存在，是因为上帝与其创造物之间没有直接的联系，所以在每一个天启周期里，要任命一位纯洁无垢的灵魂显现于天地的国都之中，使每个人都得以发挥一切潜能，走在上帝之途上。显圣是上帝和凡人之间的中介，具有双重地位。巴哈欧拉论述说：上帝给予显圣双重性能：一种性能是属于物性的，与物质世界的事物有关；另一种性能是属于灵性的，是由于上帝本身的性质而衍生的。因此，显圣又被上帝授予双重身份：

① 参见蔡德贵：《阿拉伯哲学史》，山东大学出版社 1992 年版，第 218～228 页。

② 《巴哈欧拉圣典选集》，第 66～67 页。

第一种身份与他内在的本质有关，象征他的声音就是上帝的声音。以往的经外传说也如此传述："我与上帝之间的关系是多面的，也是奥秘的。我就是他，他就是我；但同时，我又是我，他又是他。"……①

第二种身份代表其凡人的本性。以下的经外传说对此身份加以形容："我跟你们一样，只是一个凡人。""赞美归于我的主！难道我比凡人高尚吗？是一位门徒吗？"这些超凡的本质，这些灿烂的本体乃是上帝之宏恩遍布的渠道。②

上帝派遣显圣的目的有两个：一个是要把人类从无知的黑暗中解放出来，并且指引他们迈向真知的光明；另一个是要确保人类的和平与安宁，并为人类提供建立和平的途径和方法。

与这两种目的相应，人类被创造也有两种任务：其一就是认识上帝，认识上帝是人生在世的价值所在，因为上帝选择人类，并赋予人类独特的优越性和能力，来认识上帝和爱慕上帝，因而这种能力必须被视为整个创造界的推动力和首要目的。"领悟上帝的存在是一切事物的开始；严谨地遵守他普施于天地的神圣旨意是一切事物的终极。"③其二就是推进社会文明："人被创造的目的是推进不断演进的文明。人若行如飞禽走兽便丧失了其存在的价值。与人性的尊严相匹配的美德是以同等的忍耐、慈悲、同情和友爱来对待地球上所有的人。""从此清澈的溪流中畅饮那源自万能之主的天恩，让他人也能奉我的圣名分享到此溪流中的恩水，这样各地的领袖们能清楚地认识这永恒真理的化身显现于世的目的，以及他们本身被创造的原因。"④

在巴哈伊教看来，所有的显圣都是从圣意天国派遣降世的，他们都起来宣扬上帝不容抗拒的圣教，因此被认为是同一个本原，同一个人体。他们同饮上苍之爱的美酒，共享上苍唯一性之树的果实。但是他们的地位是两重的，第一重是纯粹的抽象与本质的一致，就这一点来说，显圣们之间没有任何差别，都穿着先知之袍，披着荣耀的斗篷。第二重地位是他们的差别性，每一位显圣者都具有不同的个性，有一项目前规定的使命，一条预定的启示，一种特定的局限性，甚至会有一些显圣超越另一些显圣的情况。⑤

到此为止，我们可以看出，巴哈伊教在显圣领域的论点与伊斯兰教的联系与区别。伊斯兰教也承认先知，但是认为先知也是凡人，有的也是血肉之躯，每一位先知都是平等的，但穆罕默德是封印先知，在他之后安拉不再派遣先知。而且先知的使命只是传达上帝的旨意，每个人都可以直接与上帝沟通，是不需要中介的。而巴哈伊教的先知，包括了穆罕默德以前的先知，也包括了穆罕默德之后的先知，巴布、巴哈欧拉都是穆罕默德之后的先知，而且在巴哈欧拉之后还会有新的先知出现。在巴哈伊哲学里的先知，地位比伊斯兰教的先知要高，其结果是否定了穆罕默德封印先知的地位，又使众先知的地位都得以提高，这种做法当然是创立一种新宗教所必需的，对扩大巴布和巴哈欧拉的影响是必要的，但也因此而遭到伊斯兰教的强烈反对，致使巴哈伊教与伊斯兰教彻底分道扬镳，成为一个独立的宗教。

读过中国哲学史的人都知道，宋代哲学家周敦颐画过一个先天太极图，提出了宇宙生成论："无

① 《巴哈欧拉圣典选集》，第6～7页。
② 《巴哈欧拉圣典选集》，第9～10页。
③ 《巴哈欧拉圣典选集》，第1页。
④ 《巴哈欧拉圣典选集》，第50～51页。
⑤ 《巴哈欧拉圣典选集》，第31～33页。

极而太极。太极动而生阳，动极而静，静而生阴。静极复动，一动一静，互为其根，分阴分阳，两仪立焉。阳变阴合而生水火木金土，五气顺布，四时生焉。五行一阴阳也，阴阳一太极也，太极本无极也，五行之生也，各一其性。无极之真，二五之精，妙合而凝。乾道成男，坤道成女。二气交感，化生万物，万物生生而变化无穷。"（周敦颐《太极图说》）

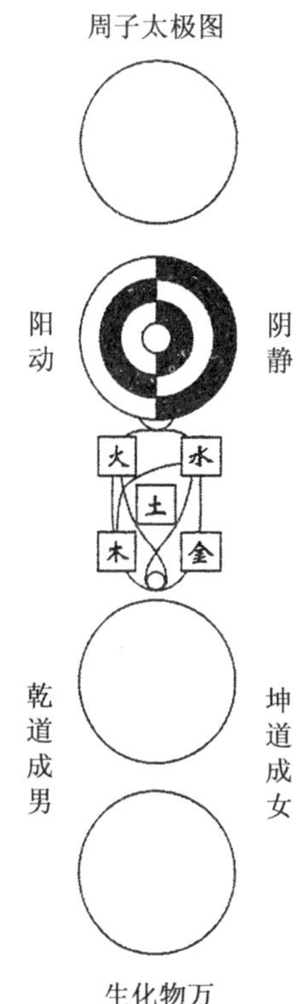

周敦颐根据道士陈抟传世的《无极图》改制为自己的《太极图》，图分五层。第一层是一个圆圈，称为"无极而太极"。第二层一圈黑白虚实相间，称为"阴静阳动"。第三层为水、火、木、金、土五气。第四层一圈，称"坤道成女，乾道成男"。第五层一圈"万物化生"。周敦颐又作《太极图说》，依据此图来解释宇宙的起源和自然界、人类社会的构成与变化。《易·系辞》说："易有大（太）极，是生两仪（天地）。两仪生四象（老阳、老阴、少阳、少阴），四象生八卦。"周敦颐采《老子》的"有生于无"说，提出天地、阴阳、五行、万物都出于太极和无极，最后又回到太极、无极。周敦颐的全部哲学著作都在说明太极（一）和无极（无）这两个基本概念。

巴哈伊教也有一个圈，这个图可以表示出上帝、显圣和人类的关系。这个图案的最上面一横，代表上帝的领域，最下面一横代表人类的领域，其形状相同，象征着上帝按自己的形象造人，两横之间的距离又意味着上帝与其创造物没有直接的沟通关系，因此中间又有一横代表先知的领域，来沟通上帝和人类。中间一道竖，代表圣灵，源于上帝之气息，贯穿并连接先知和人类的领域：先知通过圣灵的力量向人类传达上帝的意旨，而人类通过圣灵的辅助认识先知，进而认识上帝。左边一颗星代表先知巴布，右边一颗星代表先知巴哈欧拉，他们是这一时代的两位先知。[①]

阿布杜巴哈对巴哈伊的哲学宇宙观作过简略的概括：上帝的创造没有二、三、四、五个，而是一体的，统一的，只是有不同的水平，不同的层次，不同的完美程度。矿物、植物、动物、人类，都是在一个统一的世界里，灵性的领域，虽然不是物质的，也还是在同一个世界里，就像胚胎中的婴儿与我们同在一个世界里，灵魂的世界也隐蔽在这个世界的内在实体中。但是婴儿在出生之前并不知道这个大千世界的存在，他那时的天地还只局限在小小的母亲的子宫里。我们在这个世界里，也不会真正了解和认识灵魂领域和那一个世界，因为下面的层次不能了解上面的层次，层次的差异带来理解的局限。[②] 至此，巴哈伊教的结论就显而易见了：上帝对于人类来说，永远是一个不可认识的领域。

① 参见陈丽新：《巴哈欧拉》，载《东方著名哲学家评传·西亚北非卷》，山东人民出版社 1999 年版，第 513 页。
② 参见阿布杜巴哈：《已答之问题》，第 60～61 页。

第二节 人类一体观

作为巴哈伊教的重要代表人物，阿布杜巴哈将巴哈伊教的基本教义归纳为以下各主要观点：上帝独一；宗教同源；自由地追求真理；人类一家；宗教乃爱与和谐之因；宗教与科学携手；世界和平；使用一种世界性辅助语言；普及教育；男女机会均等；公正待人；为大众服务；消除极端之富裕与贫困；使神圣的精神成为生活中的主要动力。从这个概括不难看出，巴哈伊教的基本思想涉及的几乎全是人类本身的问题，虽也有宗教、上帝等核心概念，但即使这些概念也越来越失去宗教的神秘性，而越来越多地带有世俗性和现代性，甚至可以说，巴哈伊教是一种由神本论向人本论过渡的宗教。其人本论思想的核心，就是人类一体观。

巴哈伊教的人类一体观涉及的人学思想异常丰富，这里主要探讨的是其相互紧密联系的几个方面：人类一家的基础、人的本质、人与社会、两个文明、宗教的本质、人的认识标准、教育之重要等。

一、人类一家的基础

巴哈伊教的人类一家思想，是建立在这样的理论基础之上的：所有人类都是上帝的子民、人类既是一体的又是多样的、人类的产生是为了推进不断演进的文明。

在巴哈伊教看来，人类都是上帝的子民，起源是完全相同的。巴哈欧拉在《隐言经》中以上帝的口吻说：

> 你们是否知道我为何由同样的尘土创造了你们？谁都不应该自以为比别人更优越。时时在你们心中反省你们是如何被创造的。既然我由同一种物质造生了你们，你们必须如同一个灵魂，以同一双脚走路，用同一张嘴进食，并在同一片土地上居住，如此通过你们的品性行为，由你们的内在生命显现出团结之征象以及超脱之精神，此乃我对你们的劝诫，光之民众啊！不要忽视此训言，你们才能从奇妙的荣耀之树上摘取神圣之果实。①

上帝如何以尘土造人？巴哈伊教继承了基督教有关上帝根据自己的影像造人的观点，但赋予自己的新意。

(一)人是上帝的影像

长期以来，人们以为上帝用尘土造人的说法是神话，认为生命起源于海洋，但美国科学家在20世纪90年代用实验证明“生命起源于黏土之中”。这项研究成果是20世纪60年代英国桥拉斯哥大学研究人员开始的，他们最先提出了导致生命产生的化学演变是在黏土中进行的“生命黏土生成说”。美国国家航天局的科学家为了证明这一理论，进行了长达二十多年的一系列实验，结果发现，普通黏土具有储存和输送能量的功能，而这两种功能对生成生命来说是必不可少的。根据这一结果，推论大约在40亿年前，黏土像一座化工厂，利用这种能量将一些无机物原料加工为合成分子，这些合成分子又演变成第一个生命。这项成果当然是初步的，但至少为进一步研究提供了合理的依

① 巴哈欧拉：《隐言经》第1卷，第68节，澳门新纪元国际出版社1994年版。

据。对于各种生命起源的状况，阿布杜巴哈论述说：

无疑，万物源于一：一切数字起源于一而不是二。因此很明显地在起源时只有一种物质，同一物质以不同的面貌出现于每种元素中，于是产生了不同的形态。这些不同的形态在产生时渐渐固定下来，每个元素开始独具特性。但是这种固定并非凝固不变的，要经过相当长时间后才达到圆满和完美的存在。然后这些元素被组合、并结合成无数的形式，或者说从这些元素的组织与结合中产生了无数的生命。……

人类在地球上的存在，从起始到现在，其中必也经历了漫长的岁月，度过了不同的阶段。但从生存之初，人类就是一个独特的种类。如同婴儿在母体中，起初是一种很奇怪的形状，然后这胚胎从一种形状变成另一种形状，一种模样变为另一种模样，直至以一种最优美的形态诞生于世。但(人类)胎儿即使是在母体中形态奇异，与现在完全不同时，也仍是一种高级生命的胚胎而非动物的胚胎，其种类及本质并未改变。[①]

人与动物的区别，就在于人是上帝按自己的影像造出来的。巴哈欧拉说："隐蔽于我远古的存在里，于我本质的亘古永恒里，我知道我对你的爱；因此我创造了你，把我的形象镌印于你，并把我的圣美启示于你。"[②]阿布杜巴哈进一步论证说：

根据《旧约》之言，上帝说过，"让我们按自己的形象创造人，像我们一样"。这意味着人是上帝之影像，也就是说，上帝之种种完美与神圣美德，都反映和启示于人之真谛里。就像太阳之光芒照射在一个光洁的镜子上被完全璀璨地反射。因此同样的，圣美之品质与特征也从一颗纯洁的心灵深处闪耀出来。这就是人乃上帝最高贵之创造物的一个证据……

让我们现在更具体地探讨人如何是上帝之影像，以及什么才是量度和评价人的标准或准绳。这个标准不可能是其他，只能是启示于他的神圣美德。因此，每一个赋予神圣品质的人，反映着上天之道德与完美的人，体现理想的与值得称赞的品性的人，真正是上帝之影像。[③]

值得注意的是，在巴哈伊教的概念中，"上帝"并不是一种有形的男性化的偶像，而是不可知之本质，万物之精髓，神圣之本体，是宇宙的原动力和终极目的，具有完全超越人的一切属性。在巴哈伊教看来，存在之世界，即这辽阔无际的宇宙，是没有始点的。在这一宇宙之中，不可能有创造者而无创造物，也不能想象有供养者而无受供养者。因为神的一切称号与属性都要求造物的存在。如果假设有一段时间里只有造物主而无创造物，这一假设也就否认了造物主的存在，那么现在也就不会有任何存在。上帝之存在作为本原之精，是亘古永存的，无始无终，因此，这个存在之世界，这个无边无际的宇宙，也就既无始点也无终点。宇宙既不会陷于无序又不会毁灭，整个存在之宇宙是永恒不灭的。[④]

既然人类出自于完美的上帝之创造，所以人就被赋予上帝的影像，这种影像不是具体的，并非指外貌，因为巴哈伊教的上帝的本质并不局限于任何形式的外观，而是指上帝的本质特性，如公正、仁爱、忠贞诚实、对万物慈悲为怀，因此上帝的影像指上帝的美德，人理应成为接受神性荣光的容器，从

① 阿布杜巴哈：《已答之问题》，第 180～184 页。

② 巴哈欧拉：《隐言经》第 1 卷，第 1 节，澳门巴哈伊总灵体会 1994 年版。

③ 阿布杜巴哈 1912 年 4 月 30 日在美国伊利诺伊州芝加哥亨得尔大厅"促进有色人种全国协会"第四届年会上的讲演，载《巴哈伊》，澳门巴哈伊出版社 1992 年版，第 51 页。

④ 参见阿布杜巴哈：《已答之问题》，第 180～184 页。

而形成上帝的影像，所谓“上帝之影像”是指人具有上帝完满之美德。所以，所有人类的起源都是一体的，“你们是同一棵树上的果实，同一树枝上的叶子，用最虔诚的爱、和谐及友情与大家相处吧”[①]。这就是巴哈伊人类一体的原则。这一原则被当作巴哈伊教的核心原则，守基·阿芬第把“人类一体”称之为巴哈欧拉的教义所环绕的轴心。[②]

(二)人类出自一个种族

这种人类一体观告诉人们，人类原先出自一个种族，后来也始终是一个种族，所有“种族优越感”的理论都是巴哈伊教所坚决反对的。身体上的差异，如肤色、毛发，只是表面的，与种族优越感毫无关系。一个人可能是白种人、黑种人、棕种人、黄种人、红种人，但这都不影响所有的人都是上帝的子民，“肤色不是判断估量之标准，并且它是毫不重要的，因为肤色在本质上是偶然性的。人的灵魂与智能才是根本性的……因此，让大家都知道肤色或种族是毫不重要的。凡是上帝之影像者，是上帝种种恩典之显示者，就能在上帝的门槛前被接受——不管他的肤色是白是黑还是棕色，这毫无关系。人不是仅仅因为身体之特征而称其为人的，神圣度量与判断之标准是他的智能与灵魂”[③]。“世界各国人民，不论是何种族或信仰何宗教，都由同一神圣之源获取灵感，都是同一上苍的子民。信仰各宗教的人民所服膺的教规有差别，应归因于这些教规被启示的时代不同，所以要求也不同。”世界不应该有纷争甚至战争，全世界应该“朝向团结一致”，“根除引起纷争的因素”，这样，“人们才能成为一个城市的公民，一个宝座的占据者”。[④]

(三)人类之间存在差别

但是，同时巴哈伊教又认为，人类一体的原则并不否认人类之间的差别，因此，人类一体是多样性的一体，而不是单一性的一体。肤色、性格，甚至思想观点方面存在差异是正常的，为此，阿布杜巴哈指出：

> 如果有人争论在这世界上是无法实现真正的和永久的团结，是因为全世界的人民在风俗习惯、口味、气质、性格、思想和观点方面存在着广泛的差异；我们对这个问题的回答是，差异有两种：正如争论和不和的精神所说明的那样，一种是造成破坏的原因，它怂恿敌对的民族和国家相互冲突；而另一种是多样化的标志，是完美的象征和秘密，是上帝恩惠的揭示者。
>
> 想一想花园中的花朵，尽管种类、颜色和形状有所不同，但是由于它们受到同一泉水的浇灌而清新，受到同一和风的吹拂而复活，受到同一阳光的照耀而成长，这一多样性便增添了它们的美和魅力。如果花园里所有的花草、树叶、果实、树枝和树都是同一种形状和颜色，这将是多么的不悦目！不同的颜色和形状丰富及装饰了花园，而且还增进它的艳丽。同样的，当不同的思想、气质和性格在同一媒介的力量和影响下结合在一起时，人类无上的美和荣耀将会被揭示和显现出来。无他，仅有统治和超越所有事物本质的圣言之神力能协调人类和人民不同的思想、

---

① 《巴哈欧拉圣典选集》，第188页。

② 参见守基·阿芬第：《巴哈欧拉之天启　新世界秩序之目的》，澳门新纪元国际出版社1995年版，第86页。

③ 《巴哈伊》，澳门新纪元国际出版社1992年版，第51页。

④ 参见《巴哈欧拉圣典选集》，第142页。

情感、观念和信仰。①

同样,人类被分为男人和女人也不影响人类一体的原则,因为"人类有双翼——一翼是女人,另一翼是男人。只有这两翼都同等地成长,人类之鸟才能飞翔。如其中一翼弱小无力,就不可能飞得起来"。②

巴哈伊教这种人类一体的原则,已被许多思想家和科学家所接受,如美国古生物学家理查德·利基(Richard E. Leakey)就用下列语言对此作了认同:"我们是同一个种类,同一个民族。地球上每一个人都是现代人的一分子。我们所看到的各民族间地理学上的差异,只不过是同一个基调中生物学上的细微差别而已。人类在文化方面的才智使得他能以多种多样而又迥然不同方式创造和发展。这些文化常常千差万别,但不可视为人类的分野所在。相反,文化的真正含义应该是:它们是专属于人类的最高宣言。"③

(四)人类的发展演化

整体的人类从远古发展进化到今天,经历了不同的发展演化阶段,正如个体的人要经历婴儿期、童年期、青春期,然后会经历影响一切的变化走向成熟一样,整体的人类也已走过了它的童年期,现在已经进入青春期,处在成熟期的门槛上。守基·阿芬第指出:"人类必须经历的漫长婴儿期和童年期已成为过去。现在人类正体验到种种动乱,是人类进展最骚乱的青春期的时期。当此青春的鲁莽和激烈的情感达到高潮,随后必须是被成年期所特有的冷静、智能和成熟的意识所逐渐取代。然后人类才达到成熟期,并将使人类获得最终发展之必须依赖的所有力量和能力。"④

最终人类必将进入的成熟期,守基·阿芬第强调人类社会会发生本质的变化:

那个神秘的、渗透一切的、然而又难以确定的变化,我们把它当作是个人生命中必然会有的成熟阶段。这些变化必定会在人类社会组织的延展中,以同等形式体现出来。在人类的集体生活中迟早会达到类似的阶段,在世界关系中产生更加惊人的奇迹,将这样富裕的潜力赋予全人类。这些潜力通过以后的几个阶段,将提供最终完成人类崇高使命所需要的重要推动力。⑤

随着全人类的团结一致和全球文明的形成,一个新的社会结构将会出现,在这一社会结构中,合作和互惠将占主导地位,会减少或消除利益冲突,创造出一个新层次的人类意识,即人类基本一致的成熟期也就真正到来了。所以,阿布杜巴哈的结论是:人类起源同一,所有成员源自同一家庭。因此,实质上人类同居一家。上帝并未创造任何差别。他创生人类如一体,使得这个家庭可能在完美的幸福与安宁中生活。⑥

二、人的本质

有关人的本质,巴哈伊教涉及的领域主要是人之所以区别于动物的本质属性和人性恶的问题。

---

① 转引自[加拿大]威廉·哈彻、道格拉斯·马丁:《巴哈伊教——一个新崛起的世界宗教》,第 75 页。
② 《阿博都巴哈选集》,第 266 页。
③ 转引自巴哈伊国际社团:《所有国家的转折点》,澳门新纪元国际出版社 1997 年版,第 30 页。
④ 转引自[加拿大]威廉·哈彻、道格拉斯·马丁:《巴哈伊信仰——新兴的世界宗教》,第 76 页。
⑤ 转引自[加拿大]威廉·哈彻、道格拉斯·马丁:《巴哈伊信仰——新兴的世界宗教》,第 76 页。
⑥ 参见阿博都巴哈:《世界团结之基础》,第 42 页。

(一)人类是存在物中最高级的特殊生物体

在巴哈伊教看来,偌大一个宇宙,所有的物质存在物一共可以分为四大类:矿物、植物、动物和人类。矿物领域是存在的最低级、最基本的领域,包括以原子、分子、以太或更为细小的物质单位组成的有空间、有形式的物质存在之领域。植物领域是原子、分子按照一种特殊的规律和完美的秩序组合而形成的生命,并按照一种自然而有秩序的规律生长、生殖和新陈代谢的存在领域。动物领域也是有原子、分子按照一种特殊的规律和完美的秩序组合而形成的生命,但动物除了有生长、生殖和新陈代谢的功能外,还有一种感觉的功能,但其感官可以感觉到的东西有极大的局限性,而且只有同类才能对之有一种知觉。人类则是存在物中最高级的特殊生物体,具有用智能探索外部世界奥秘的能力。阿布杜巴哈论述说:

> 假如我们以洞察一切的双眼去看这个物质世界时,我们发现众生万物可类分为:第一是矿物,就是说,以不同形态的组合而出现的东西或物质。第二,是植物,具备矿物的优点,加上增长或生长的能力。第三,是动物,具有矿物与植物的性质,加上感官感觉的能力。第四,是人类,在可见的造物中,是最高级的特殊生物体,包含了矿物、植物和动物的品质,加上一种在较下界中绝对没有的理想的天赋,以智能探索外部世界之奥秘的能力。这种天赋智能的结晶就是科学。这是人类独有的特征。这种科学的力量可以探索并理解造物及其遵循的法则。此天赋能够发现物质世界的奥秘,是惟有人类才有的能力。因此,人类最高贵最值得称颂的成就就是科学知识和成果。①

很明显,在上帝所创造的四种可见存在物中,人类是最高级的。之所以最高级,是因为人的本质含有三个层次:第一个层次是躯体,这是人类被赋予的一种外在的或自然的本质,这一层次属于物质性或动物性的层次,它是从物质世界中产生出来的。从躯体的角度看,人也属于动物界,人与动物的身体都是由各种元素所组成,为引力定律所结合,服从于自然律。这一层次既有人与动物共有的,又有人所特有的。共有的部分是人与动物一样,也拥有感觉器官,会感受到冷、热、饥、渴等,是这一层次本质中低级的一方面,会使人转向物质的一面,转向人的本性中肉体的一面。人受这种物性品质的诱导,会从崇高的地位坠下,变得比本来低于人的动物还要野蛮,还要不公,还要卑鄙,还要残酷,还要恶毒得多。人与动物的区别则是,动物的感觉功能是强于人类的,但是动物只是感官的奴隶,受感官的约束,任何在其感官之外的、它们所不能控制的事物,是它们永远也不能明白的,而人却能超越感官。之所以能超越感官,是由于人的本质的第二个层次,即理性的或智能的本质。人类智能的本质支配着自然,人类所享用着的科学发现和成果,曾是自然中深奥的隐秘,人类能够揭示这些奥秘,变不可见为可见。人赖此能从已知的事物推论出未知的事物,并发现以前未知的真理。第三个层次,是人具有一种发现隐藏之奥秘的功能,正是此功能使人和动物区别开来,这就是人的灵魂。

(二)人的真正本质是灵魂

根据巴哈伊教的教义,人的真正本质是灵魂。灵魂又叫精神。在人的肉体之外,有一个由上帝创造的理性灵魂。它不是物质的实体,不依赖于肉体。灵魂在人的肉体形成时就产生了,但肉体死

① 阿博都巴哈:《世界团结之基础》,第 55 页。

亡以后，灵魂继续存在。灵魂才是人的本质所在和意识的所在地。对此，巴哈欧拉论述说：

> 须知，人的灵魂是超凡的，它不受肉体与心智的弱点的影响。一个生病的人，表现出衰弱的表征，是由于肉体与灵魂之间的联络有了障碍，因为灵魂是不受任何肉体的病痛所影响的。……当灵魂脱离了肉体以后，它将表现得那么高超，它表现的力量那么伟大，没有任何世俗的力量能够跟它匹比。……试想那被云层遮蔽的太阳，你可见到它灿烂的光辉被减弱，然而，实际上它的光源是保持不变的。人的灵魂可比喻作太阳，世界上的物质则应比喻作人的肉体，只要两者之间没有外在的障碍物，肉体将完全地反射着灵魂的光，而且受它的力量支持。但当一块布阻塞在它们两者之间时，那光的强度便显得微弱了。……人体的灵魂便是照耀其肉体的太阳，靠着这灵魂的照耀，肉体便得到扶持。应该这样解释。……当灵魂脱离了肉体以后，它将继续进展到亲临上帝的境界。其状态不受任何岁月及世态变迁的影响，它将与上帝的天国，他的主权，他的统治与威力同垂万古。①

（三）灵魂不灭

灵魂之所以不灭，是因为“灵魂同元素没有联系。灵魂不是由许多原子组成的。它是由一些不可分的东西组成，因此是永恒的。它完全独立于肉体生灵规律范围之外，它是不朽的”②。这是阿布杜巴哈对灵魂不灭所作出的补充说明。

对于灵魂能离开肉体而独立存在和灵魂的永存，巴哈伊教的代表人物都试图作出逻辑上的证明。其中一个最重要的证明便是梦境。巴哈欧拉证明说：一个人沉睡在住所中，门户紧闭，但突然间会发现自己已身处远方的城市中，而人却又不曾移动自己的身体。在梦境中，人不用眼睛，可以看见；不用耳朵，可以听见；不用舌头，可以说话。这种梦中所出现的一切实景，或许会在十年以后的外部世界亲眼看到。③ 阿布杜巴哈进一步分析证明说：人类灵魂的力量及其理解力属于两种类型，以两种不同的方式理解、行动：一种是通过工具和器官的，灵魂用眼看，用耳听，用舌讲，灵魂经由器官和工具，通过眼睛在观察，通过耳朵在倾听，通过嘴巴在演说。另一种则不借助工具和器官，如在梦境中，不用眼睛，也能看见；不用耳朵，也能听见；不用舌头，也能说话；不用脚，也能走路。灵魂常常在睡梦中看见的情境，却能在几年后相继发生的事件中显现出来。清醒中不能解决的问题，却能在睡梦中解决。人在清醒时，两眼所见只是很短的距离，两腿所行，也只是很短的距离；而在睡梦中，人在东方甚至能看到西方，一眨眼的工夫，人已横跨东、西方。因为灵魂游历的方式有两种，一种是不借助工具的灵性的游历，另一种是借助工具的实体的游历。④ 既然灵魂可以离开肉体而行动，那么灵魂自然可以脱离肉体而存在，即使肉体不存在，灵魂也可以存在，灵魂是可以永存的。

正是由于灵魂的存在，将人与动物区别开来。在发明与洞悉事物方面，在感官功能方面，动物可能比人类要强。以记忆力为例，一只鸽子飞到一个遥远的国度，它会再飞回原地，因为它记住了路途。狗也有很强的记忆力。其他功能，如听觉、视觉、嗅觉、味觉、触角等方面，动物也可能比人类强。但动物却不能洞悉理性的事物，动物只能看见它视力范围内的东西，在视力范围之外的就不能觉察，

---

① 《巴哈欧拉圣典选集》，第 100～101 页。
② 阿布杜巴哈：《巴黎讲话》，陈晓丽译，孙龙生校，国际文化出版公司 1990 年版，第 77 页。
③ 参见巴哈欧拉：《七谷书简》，载《透视》，国际文化出版公司 1995 年版，第 18 页。
④ 参见阿布杜巴哈：《已答之问题》，第 225～229 页。

也不可能想象到。而人却能从已知的事物证明出未知的事物，并发现以前未知的真理。动物是感官的奴隶，受感官的约束；任何在感官功能以外的不能控制的事物，动物是永远也不能明白的。而人则具有一种发现隐藏之奥秘的功能，它把人与动物区别开来，这就是人的灵魂。[①] 灵魂何以能成为人与动物区别的根本所在？

(四)人的两种本性与思智

阿布杜巴哈指出：人有两种本性，一种是精神的、高尚的，另一种是物质的、低劣的。“人具有两个天性：一个趋向于道德的高尚和知识的圆满，而另一个是转向卑鄙的堕落和世俗的缺陷。”[②]在一种本性中，人接近上帝，而在另一种本性中则只为尘世而活着。在人身上可随时发现这两种本性的迹象。在物质的本性中，人表现出虚伪、残酷与不公，这都是低级本性的流露。而在人神圣的本性中，则表现出友爱、仁慈、善良、真知与公正，这都是高尚本性的表现。每一个良好的习惯，每一种高贵的品质，都来自于人的精神本性，而一切不完美与罪恶的行为都出自于物质本性。所以，人既能够行善，也能作恶。倘若人行善的意志占主导地位，克服了作恶的倾向，那么此人就可以称为一个圣洁者；如果人拒绝上天的完美品质，屈服于自己的邪恶欲望，就与禽兽无异。[③]

在人的灵魂与躯体之间有一种媒介，这种媒介，阿布杜巴哈有时把它称之为“思智”(心智)，有时称之为“魂”。当人让灵魂经由它启发其领悟力时，人就包容了一切创造物。因为人作为万物之灵与进化之顶峰，在人之中蕴涵了一切低于人的界域。经由这种媒介，在灵光之照耀下，人闪烁的思智使之成为造物之冠。另一方面，如果人不开启思智朝向灵魂之恩赐，而是转向物质的一面，转向本性中肉体的一面，就将从崇高的地位坠下，变得比本来低于人的动物还要低贱。受圣灵之气息滋养的魂或思智的灵性品质，如果从未被使用过，就会逐渐衰退、萎缩，直至无能；而其物性品质若被一再运用时，就会使人变得比本来低于他的动物还要野蛮，还要卑鄙，还要残酷，还要恶毒得多。如果思智或灵性品德得到强化，以至于控制其物质性的一面，那么人就会变得圣洁，其人性变得如此荣耀，以至天庭之美德都显现于他身上，闪耀着上帝的仁慈，激励着人类的精神进步，因为他已成为照亮人们道路的明灯。[④]

巴哈伊教极力证明灵魂是人的本质所在，灵魂即人类所具有的一切精神与意识特质的总和，有时也指这种特质所显示的力量，或者指人的智能和思维。灵魂有一定的神秘性，巴哈欧拉有时把它叫作上帝的表征、天堂的宝石，认为其真质连最有学问的人也不能了解，其奥秘没有任何敏锐的心智能够揭示出来。[⑤] 但是，透过这种神秘的一面，我们应该看到巴哈伊教是追求精神灵性的，人不仅要过物质生活，而且更要过精神生活，精神生活比物质生活更为重要，这对于在现代化过程中过于追求物质生活的人来说，无疑是一种清醒剂。

三、人与社会

巴哈伊教没有明确提倡人的本质属性是社会性，但对人与社会的关系进行了许多有益的探讨。

---

① 参见阿布杜巴哈：《已答之问题》，第185～190页。

② 《阿博都巴哈著作选集》，曾佑昌译，澳门新纪元国际出版社2004年版，第254页。

③ 参见阿布杜巴哈：《人之本质》，*On the Radiance of the Innermost Reality of Man*，美国1979年，第24～25页。

④ 参见阿布杜巴哈：《人之本质》，*On the Radiance of the Innermost Reality of Man*，美国1979年，第12～15页。

⑤ 参见李绍白：《人类新曙光——巴哈伊信仰》，澳门新纪元国际出版社1995年版，第74页。

(一)人类的最高需求是合作与互助

巴哈伊教认为,人是必须在社会中生活的,人与人之间应该互相帮助。阿布杜巴哈指出:

人类的最高需求是合作与互助。人们亲善与同盟之纽带愈坚强,在一切人类活动的领域建设性与成就性就愈强大。[①] 在自然界中,有一些生命能够独自生存,譬如一棵树,可以不需要别的树提供帮助和合作而生存下去。有一些动物也是离群索居,但对人类来说这都是不可能的。合作与相互联系对他的生活和生存来说是必不可少的。通过联系与相聚,人类才会得到个人和群体的幸福与发展。比方说,如果两个村落之间相互进行交流与合作,那么可以肯定,每一方都可以获得发展。同样,两个城市之间互相交流,两方都会获益并取得进步。如果两个国家之间达成一个相互合作的基本识见,则它们各自与相互的利益都会获得巨大的进展。[②]

(二)人与社会各种基本关系的变化

当今的世界已进入巴哈伊教所主张的青春期,正在向成年期转化,逐步趋向成熟,而今天世界到处出现的动荡与改变正是这种转化所具有的特征。在这一新时期中,人与社会的各种基本关系,必须发生相应的变化。这些基本关系涉及个人与自然、与集体、与家庭、与社会机构诸方面。在人与自然的关系方面,人类再也不能对大自然持掠夺性的态度,历史已经证明,个人和团体的贪婪、不断积累财富,只会加重对环境的破坏。人们只注意自己的利益,就会忽视大自然的一体性。必须选择与自然和谐的态度,清醒地认识到资源的开发与利用,要基于对生态的动力性平衡和宇宙一切有机生命之间的无限关系网的了解。在个人与集体方面,要改变人与人之间是一种社会统治关系的观点,要使个人与集体之间的关系达到更成熟的状态,要注意社会秩序的精神特性。每个人都应该认识到,个人的满足不在于统治别人,而在于为他人作出贡献,这样创造出一个能使每一个成员都能发挥他的潜力的社会。在家庭中,既不能有重男轻女的观念,又不能有过分强调忠实于家庭而使个人不能对社会负责任那种家庭观念。[③] 在个人与社会机构方面,应该改变历史上个人对自由的欲望和社会机构对服从的要求之间长期处于一种紧张状态的事实,建立起一种新观念,这就是承认真正的自由基于自制,而不顾他人的自由必然导致过分,而社会机构必须保证不成为少数人自私愿望的工具或统治人民的方法,而是成为使群众的才能、能力和集体力量顺利贡献于社会的渠道。

(三)磋商原则的重要

为了使个人与社会之间的关系保持团结与和谐,巴哈伊教特别提倡一种磋商的原则,因为"磋商使人获得更清醒的认识,将猜想转变为确定性。它是在黑暗的世界中给人指引的一束光。对于任何事情来说,都有并将继续有一个完善与成熟的阶段。领悟这一天赋的成熟通过磋商而显露出来"[④]。共同磋商的目的是探求真理:"表达意见的人不应把自己的观点当作是正确无误的,而应作为对团体意见达到一致的贡献,因为当两种意见恰巧一致时,真实之光就显露出来了,正如火在产生于燧石与

① 参见阿布杜巴哈:《世界和平之传扬》,美国威尔米特巴哈伊出版社 1982 年版,第 338 页。
② 阿布杜巴哈:《世界和平之传扬》,第 38 页。
③ 参见罗兰:《道德教育》,澳门新纪元国际出版社 1994 年版,第 18～20 页。
④ 《巴哈欧拉》,马来西亚巴哈伊出版委员会 1988 年版,第 2 页。

火镰碰撞之时。人们应当以安详、平静和坦然的态度来衡量自己的见解。在提出自己的意见之前，应该仔细考虑别人已经提出的意见。如果发现已经提出的意见更接近真理和更有价值，就应当立即加以接受，而不是有意固执己见。”“真正的磋商是在友爱的态度和气氛下的精神聚会。参加磋商的成员应以和睦亲善的精神相互友爱，以取得圆满的结果。爱和友情是根本所在。”①这种磋商的原则，显然基于人类一家的基本理论。

(四)两种文明的共存

在人类社会中，有两种文明是必须共存的，一种是物质文明，一种是精神文明。两者步调一致，才能真正使人类得到幸福。“物质文明借助于惩罚性与报复性法律的力量来制止人类的犯罪行为”，而精神文明则是“通过教育、启迪人们，使其精神得到净化，以至不是因为害怕受惩罚与报复，而是自觉避免一切犯罪行为”。②

阿布杜巴哈在20世纪初就指出，当时的美国，物质文明已经达到了一个先进的水平，但还缺少精神文明。仅仅有物质文明是无法令人满意的，它不适应现阶段的情况与需要。物质文明所能带来的利益仅局限于物质世界之中，而精神是不受限制的。他针对当时东西方的现状，指出“目前，东方需要物质上的进步，而西方则需要精神上的理想。如果西方醒悟，并能转向东方国家，同时把西方的科学知识介绍给东方人，这样做对西方是有益的。这种取长补短的交流一定要进行。东西方一定要联合起来，互相帮助，这个联合将产生一种真正的文明。在这个文明中，精神的东西将在物质中表现出来并成为现实”③。

巴哈伊教把物质文明看作玻璃球，精神文明是光，没有光的玻璃球还是黑暗；物质文明像人体一样，无论它多么美，多么优雅，还是个死体，精神文明像人的心灵，人体从心灵得到活力，没有心灵就变成死体。对于整个人类也一样，如果没有精神文明，只有物质文明，人类也就没有生命。④ 只有将物质和精神的完美结合在一起的文明才是真正的文明，或称神圣文明。⑤ 宗教是神圣文明中不可忽视的重要因素，起着举足轻重的作用。宗教的本质是爱，是团结，因此，真正的宗教是人间爱与和谐之源。“宗教是世界之光。人类的进步、成就与幸福源自对圣典所制定之律法的遵从。”“在现实社会中，无论内在或外在，宗教都是一座内外结构最为宏大的堡垒，它最牢固可靠，最坚韧持久，护卫着人类世界。它确保人类精神和物质上的完美，并保卫着社会文明与人类幸福。”⑥但是，可惜的是，尽管神圣宗教的真理始终如一，世界各大宗教均来自于同一个上帝，但现今人类却深陷于模仿与幻觉中不能自拔。迷信掩盖了根本的真理，世界一片黑暗，宗教之光被淹没不见了。这种黑暗助长了差距与分歧，出现了众多的仪式和教条，由此导致了宗教派系之间纷争的出现，忽视了统一的本质，因而无法接受宗教的荣光。“宗教本意要带来生命，却导致了死亡；本应是知识的证据，如今却成了无知的证明；曾是崇高人性的因子，如今却成了人性堕落之源。因此，宗教信仰者的国土日益缩小黯淡，

① 《巴哈欧拉》，第9页。

② 《阿博都巴哈著作选集》，曾佑昌译，澳门新纪元国际出版社2004年版，第117页。

③ 阿布杜巴哈：《巴黎讲话》，陈晓丽译，国际文化出版公司1990年版，第9页。

④ 参见罗兰：《道德教育》，澳门新纪元国际出版社1994年版，第18页。

⑤ 参见阿布杜巴哈：《已答之问题》，第185～190页。

⑥ 阿布杜巴哈：《神圣文明的隐密》，澳门新纪元国际出版社1996年版，第41～42页。

而拜物主义者的疆域却不断扩展。"[①]

(五)宗教革新

阿布杜巴哈主张宗教革新,"宗教是神圣本质的外在体现,因此必须富有生命与活力,且需要不断运动发展。假如宗教停滞不前,它就缺乏神圣的生命,就是死的。神圣原则总是充满活力、不断进化的。因此启示这原则的宗教也必须是持续发展的"[②]。巴哈伊教根据时势的发展和需要,及时地废除了"圣战"、"异教徒"等概念,也及时地废除了有些经典毁书的律令,正是对革新思想的具体贯彻。

(六)人应该独立探索真理

和一般宗教不一样,巴哈伊教主张人不应该盲从和模仿,而应独立去探讨真理。阿布杜巴哈说:"上帝赋予人用来探寻的双目,人借此可以发现认识真理;他赋予人双耳,使他可以听到本质的信息,他赋予人理性思维,他因此能够为自己发现事物。这是人的天赋,是他用来寻求本质的工具。人不应借他人之目来看,不该以他人之耳来听,也不应用他人的大脑来思考。上帝设计人的时候令每个人都有其天赋、能力与责任。那么,依靠你自己的思维来判断、遵从自己寻求的结果吧!"他又说:"每个人都有责任去寻求本质,别人的探索代替不了自己的追求。""因此人人都必须独立地去追求。世代相传的思想信仰是不够的,因为拘泥于此仅会产生形而上学,而形而上学总是错误的向导及失望之根源,去追求本质吧,那么你会摘取真理与生命之果。"[③]

巴哈伊教之所以提倡人应该独立探索真理,是因为通常人们所宣称的真理的四个标准都是有缺陷的。这四个标准是:感性、理性、传统、灵感。阿布杜巴哈指出,感性标准是不可靠的,看一面镜子以及镜子中反映的影像,这些影像并非物质形态之存在,感官时常受骗,人无法区别实质和假象。理性标准同样不可靠,理性就是思维,人类理性在本质上是有限的,它经常会导致错误的结论,不可能全部地了解真理之本源。传统也不值得信赖,因为宗教的传统无非是对经典的理解和阐释的记录,而这些阐释和理解都是通过人类理性的分析,而理性分析已被证明是不可靠的。灵感之不可靠是因为它就是人类心灵的冲动,但邪念也是人类心灵的冲动。所以所有人类的判断标准都是有缺陷的,受限制的。人要通过独立地追求获得圣灵,圣灵本身就是光明,就是知识,通过圣灵,人类的思想得到了激发,被赋予正确的结论和完美的知识。[④]

但是,提倡人独立地去探求真理,并不是否认人应该接受教育;相反,巴哈伊教十分重视教育。巴哈欧拉指出:"人应是至上法宝,但缺少教育一直剥夺了人的潜能。人是一座含无价之宝的富矿。惟教育能使它显露,使人类从中受益。"[⑤]阿布杜巴哈进一步说明:"自然的世界是不完美的,经过教化的世界才完美。也就是说,训练和文明将人类从自然界的危难之中解救出来。因此,教育是必要的和义务的。然而,教育的类型很多。如身体锻炼,使人健康发育。还有学校和大学提供的理解力

① 阿博都巴哈:《世界团结之基础》,马来西亚巴哈伊总灵体会1993年版,第73页。
② 阿博都巴哈:《世界团结之基础》,第86页。
③ 阿博都巴哈:《世界团结之基础》,第78～80页。
④ 参见阿博都巴哈:《世界团结之基础》,第51～53页。
⑤ 《笤浩拉拾穗》,马来西亚笤亥出版社1980年版,第260页。

和心智的教育。第三类教育是精神教育。人若吸入圣灵的气息，便会升华到道德的境界，为圣恩之光所指引。而只有通过那'永在之太阳'的光芒和灵性的生机勃发才能达到这道德的境界。"①这可见要想取得圣灵，必须通过精神教育。

至此，我们粗浅地探讨了巴哈伊教有关人学思想的基本轮廓。对于当代人来说，巴哈伊教的人学思想最值得珍视的是人类一体观和对人的精神灵性的高扬及对教育的高度重视。

第三节　以消除极端贫富为核心的经济观

巴哈伊教是一种宗教信仰体系，而不是经济体制，而且，巴哈伊教的创始人也都不是专业的经济专家，没有什么经济学专著。但是，巴哈伊教坚持用精神途径解决经济问题，指出人类的纠纷来源于精神上没有很好通融调和。因此，巴哈伊教对经济问题的看法，大多是间接的。与上帝独一论、宗教同源论、人类一体论相一致，巴哈伊教提倡一种平等的经济思想，主张把精神准则应用到经济体制中，形成了以消除极端贫富为核心的经济观。

一、经济重整的必要性

(一)贫富两极分化是社会动乱的原因之一

巴哈伊教认为，上帝是独一的，是宇宙万物包括人类的创造者。既然全人类都是来自于统一的上帝之创造，所有的宗教也都源自于同一个上帝，没有本质上的不同，那么，全人类不管是属于哪一个种族或肤色，都应该是人类大家庭的成员，应该是团结统一的。但在现实社会中，人类并不是团结统一的。社会动乱不断发生。其原因之一是贫富的两极分化。世界上一小部分人掌握着极大的财富，他们基本上控制着生产和分配的权力，而世界人口中的绝大多数，则生活在极其贫困的状况之中。这种状况不仅在同一个国家存在，而且也在国际间存在着。一些高度工业化的国家拥有巨大的财富，而其他大多数国家则被剥夺了生活必需品，其资源得不到有效的利用和开发。物质利益方面严重的不平衡，使贫富之间的鸿沟越来越宽，造成了经济上严重的不平等，并由此导致了其他不公平现象的产生。巴哈伊教认为，这种严酷的社会现实说明现行的社会经济制度，不足以修复社会的失衡现象，巴哈欧拉通过《致维多利亚女皇书》，向全世界的各国统治者发出警告说：

> 你们要一起商议，并将你们的心思只用于关注人类的利益以及改善他们的处境。……要把世界视为人类之躯体，虽然这躯体被创生时是完整和完美的，却由于各种原因已备受灾祸和弊病的折磨。它一天也未能安宁，甚至越病越重，因为它落入了庸医手里，而那些庸医驱策着他们世俗欲望之野马，已可悲地走入歧途。即使在某个时候，某个有才能的好医生曾对它精心调理，使得躯体的某部分得到康复，但其他部分仍然如从前一样受着病苦的折磨。这些就是那全知者、全智者告诉你们的。……主为整个世界之康复而命定的特效药和最有力的工具乃是：全世界的人民要团结在一个全球性事业中，团结在共同信仰中。要达成这个目标，除了通过一位医

① 阿布杜巴哈：《世界和平之传扬》，美国威尔迈特巴哈伊出版社1982年版，第329～330页。

术高明的、全能的、被赋予灵感的神医之力量之外，别无他途。真确地，此乃真理，除此之外，都只是谬误。①

(二)经济的重整

如何来医治这个社会呢？阿布杜巴哈给出的药方就是经济的重整。

阿布杜巴哈论述说：对人类经济标准的重新调整及均衡化是有关民生的问题。显然，在现有的政府体制和状况之下，当一些人生活在十分舒适并远远超过他们实际所需的环境中时，穷人则陷入极度贫困的境地。从上帝至大平等的宣示中可知，穷人将获得酬劳和充分的扶助，在人类经济环境中将会有一次重新的调整，以便在将来不再会有畸形的富裕或令人难堪的贫困。他认为，对社会经济的重整是极其重要的，因为它能确保世界的稳定，除非经济得以重整，否则人类将无法获得幸福和繁荣。但是，对涉及国计民生的经济法所做的重新调整又必须具有实效，以使全人类能按照他们各自的地位生活在极大的幸福中。②

社会需要经济重整的原因在于，人类社会与生物界不同。所有的生物都可以孤立存在，一棵树可以生长在荒漠，一只动物可以生活在大山，它们不需要相互间的合作与团结，也能享受到极大的安逸和快乐。而人类则不同，人类不能孤独地生活，人类需要相互之间的合作与帮助。本来，全人类同属一个大家庭，都来自于上帝的创造，应该非常和谐地生活在一起，相互之间充满爱心地过日子。但很可惜，现实社会中由于缺乏和谐的关系，因而导致"一些人尽享安逸，而另一些则处于极度悲惨的境况中；一些人得到满足，而另一些却忍饥挨饿；一些人衣着华贵，而另一些人则衣不蔽体，食不果腹"。原因是什么呢？阿布杜巴哈认为，这是由于人类这个大家庭"缺乏必要的互惠和均衡，这个家庭的事务安排不当，缺乏一个完善的法则，已制定的所有法则不能确保幸福，没有带来舒适"。因此，需要经过经济重整，"给这个家庭制定一种法则，以使其所有成员共享平等的安宁与幸福"。③

可见，经济重整可以实现平等，改变家庭中的一员忍受极度的痛苦和卑贱的贫穷而其他成员尽享舒适的状况，阻止贫穷的恶化。而"阻止贫穷产生的最佳途径是：建立并实行社会律法来避免少数豪富而多数赤贫的贫富悬殊现象"。所以，"巴哈欧拉教义之一是对人类社会中生活资料的调整，在这种调整之下，可以使得人类的生活在财富及生计方面不会出现两极分化"④，尽量做到平等。但是平等不是平均，在现实社会中绝对平等只能是一种幻想，是不可能实现的，即使在短时间之内实现了，也不可能长期维持下去。现实社会是需要秩序的，一旦绝对平等的存在成为可能，那么整个世界的秩序就将被打破。而要使秩序得到正常的维持，等级的保存就是必需的，"因为社会需要财务人员、农民、商人及体力劳动者，如同军队必须由司令、军官及士兵所组成一样，不可能人人都当司令，也不能人人当军官或士兵。在社会结构中，每个人都必须是称职的；每个人均按其能力大小发挥其作用，但必须公正地给予所有人同等的机会"⑤。差别是客观存在的，"一些人富有才智，一些人智力平平，另一些则缺乏悟性。在这三种人中，有的是秩序，而不是平等，在智者和愚笨者之间怎么可能

① 转引自守基·阿芬第：《巴哈欧拉之天启》，澳门新纪元国际出版社 1995 年版，第 82～83 页。
② 参见阿布杜巴哈：《未来经济》，新德里 1989 年版，第 10 页。
③ 阿布杜巴哈：《未来经济》，第 11～12 页。
④ 阿博都巴哈：《世界团结之基础》，第 39 页。
⑤ 阿博都巴哈：《世界团结之基础》，第 39 页。

该是平等的呢?”所以“等级能力上的不平等是一种自然的特征,必然地,将会有富有者,也会有人缺乏生计,但是,在整个社会中,将会有价值和利益的均等与重新调整”。[①]

(三)平等的实现

怎样去实现平等呢? 巴哈伊教提倡,“平等产生于人们自愿与他人分享的意愿之中。平等的获得如同富有者与普通人在财富方面的平等一样,高贵者应出于自由意愿和为了他们自己的幸福,而关心自己并照顾穷人。这样的平等就是人类崇高德行和高贵品质的表现”[②]。

可见,平等要靠富有者的仁慈来实现,所以,在巴哈伊教看来,“仁慈比平等更伟大”,因为“平等是通过强力获得的,而仁慈则是一种自愿的行为(或是一种选择的方式)。善行使人趋于完美,但此种善举并非强制出来的。富人应对穷人仁慈,即应出于他们的自愿而给予穷人帮助。穷人则不应该强迫富人这样做,因为强制在人类事务中带来不和,破坏秩序。仁慈是一种自愿的善行,它为人间带来和平,将人类引入光明的境界”。[③] 巴哈伊教反对用强制性的手段实现平等,而是主张用启发内心的自觉来实现平等。该教极力让富人相信,在上帝面前,让上帝最为欣悦的事就是为穷人着想,因为穷人更接近上帝,基督降世时,追随者、信仰者主要是穷人和地位卑下者,就是对此观点的证明。穷人的生活充满了困苦,经受着连续不断的严峻考验,他们的希望仅在于上帝,所以一心朝向上帝。为此,富人一定要尽可能帮助穷人,即使牺牲自我也在所不惜。灵性的条件并不取决于是否拥有世俗的财富,物质上一贫如洗时,更可能产生灵性之思维,贫穷是朝向上帝的动力,因此富人都应该多为穷人着想,给予穷人帮助,以便使自己能更接近上帝。

(四)用法律限制富人越来越富

当然,启发富人的内心自觉并不是万能的,还要通过制定法律来限制富人越来越富,实现经济上的平等,所以制定律法也是经济重整的重要内容。阿布杜巴哈论述说:

> 人类个体之间在能力上的差别是客观存在,不可能所有人都一样,也不可能所有人都同样明智。巴哈欧拉所启示的原则是用以实现人类不同的能力的调整。他说,任何可能在人类管理中实现的事情都受到这些原则的影响。当他所制定的法律得以实现时,在社会中不可能出现百万富翁,同样也没有极端的贫穷。这将通过调整人类不同的能力来实现。社会最重要的基础是农业,是土地之耕作,所有的人都必须是生产者。社会中的每个人,只要他的收入与其个人的生产能力相符,他便可免交税,直至达到调整的效果。也就是说,一个人的生产能力与其需要将通过税收而趋于相符和协调。如果他的需要超出了他的生产能力,他将得到足够数量的补助,从而达到平衡或调整的目的。因此,税收将与能力及生产成果相称,在社会中将不会出现穷人。[④]

为了从制度上限制极端富裕,巴哈伊教提出了所谓胡库古拉的所得税的税收政策,这种政策规定,凡是巴哈伊教徒拥有 19 个米卡尔(Mithqál 的音译,1 米卡尔略重于 3.5 克)黄金的财产,就有义务一次性地从中拿出 19%,给巴哈伊社团缴纳所得税。居室等固定资产可以免缴。此后,在每年的结算

---

① 阿布杜巴哈:《未来经济》,第 19～20 页。
② 阿布杜巴哈:《未来经济》,第 18 页。
③ 阿布杜巴哈:《未来经济》,第 56 页。
④ 阿博都巴哈:《世界团结之基础》,第 40～41 页。

时，在扣除一切开销后，如果剩余还超过19个米卡尔，那么每超过一个米卡尔，均应该缴纳19%的黄金所得税。巴哈伊教认为，胡库古拉是上帝赐给教友的一项恩赐。但教友缴纳它的精神要正确，这点十分重要。首先，任何人都不应觉得被迫支付它。缴纳胡库古拉的信托人，除非他觉得捐献者给得欢喜，否则不要收。信托者也不能主动向教友或非教友索取。假如有人捐出地上所有的财宝，却让圣道的荣耀低下……哪怕只是如芥菜种子般大小，这种捐献也是不可以的。反过来说，捐献所带来的益处会回转到捐献者自己身上。通过这样的调节，可以缩小贫富之间的差别，从而杜绝乞讨。巴哈伊教反对乞讨，认为再没有什么行为比假借上帝之名乞讨金钱更受责难的了。

对于胡库古拉，阿布杜巴哈论述说：

如果一个人，用发现万物真理的眼睛去观察，那会很明显，连结存在界最伟大的关联，就在创造物本身的范围内。合作、互助和互惠是存在界一体之重要特征，由于所有存在物是紧密相连，每一个体都直接间接受到其他个体的影响或益处……因此当考虑到人类世界的种种，你会看到那些令人惊叹的现象，以最完美的状态从各方面显现出来，因为这种状态的行为是合作、互助和互惠性的，且不限于肉体或物质世界，而是所有状况，不论是物质或灵性……这种相互关联性越强化和扩大，则人类社会的进步和繁荣就越大。确实的，没有这种关联，人类世界要获得幸福和成功，就完全不可能……这就是胡库古拉制度(Institution of Ḥuqúqu'lláh)，即上帝的权利建立的基本原则，因为它的收入是专用来强化这些方面的……这个诫命的智能在于，施与的行为，在他的评价里是多么地令他高兴，以致他将之归于自己。①

巴哈伊教认为，通过实施这样的制度可以有效地限制极端的富裕。

这正是巴哈伊教提倡经济重整的基本思路，而其实现，则要靠两种基本的经济制度。

二、两种基本的经济制度

巴哈伊教提倡两种基本的经济制度，一种是合作制，一种是调节制。

(一)关于合作制

合作是巴哈伊教的一个非常重要的概念。该教认为，所有的人都是同一个上帝的仆人，住在同一个地球上，受同一个天国的庇荫，这样就使人类存在一种自然关系，存在一种兄弟关系和依赖性，因此，互助与合作就是人类幸福的必要原则。阿布杜巴哈指出，人类不能单独地生活，他需要与他人不断合作与互惠。如独个儿生活在旷野中的一个人，最终将会饿死，他不可能永远地自给自足。因此，他需要与人合作与互惠。上帝创生的人类如一体，是一个大家庭，都应该在完美的幸福与安宁中生活，“因为，人类的每一成员都是整体的一分子。任何一个成员若在受苦或遭受疾病的折磨，所有其他成员也就必然相应受苦。比方说，眼睛是人类的器官之一，如果眼睛受害，将会累及整个神经系统。因此，如果整体中的一个成员受到了痛苦的折磨，实际上，从同情关系的角度来看，所有的人将分担此痛苦，因为这(受难的)是一群中的一个，是全体中的一部分。有可能一个或一部分在受难，而另一个成员安然无恙吗？不可能！因此，上帝希望全人类同享完美的幸福与安逸”②。人类同属一

① 转引自Paul Lample:《创造新思维》，台湾人德文教发展机构2002年版，第31页。

② 阿博都巴哈:《世界团结之基础》，第42～43页。

个家庭，但却存在两极分化，贫富悬殊，就是因为这个大家庭缺乏必要的互惠互助及合理分配，安排不当，缺乏一个完美的律法。以前制定的所有律法都未能保证幸福，它们没能为人类提供安逸。因此，要为这个家庭制定出一种律法，使所有成员都可以通过解决贫富悬殊的问题而共享最大的安康与幸福，而对整体的社会秩序却没有任何的伤害。这个律法要贯彻这样一条基本原则：人类的最大成就要由群体中所有成员来分享，每个人都极其幸福与安乐地生活。[①] 这就是合作制要贯彻的基本原则。

(二)关于调节制

巴哈伊教认为农民比其他阶级更为重要，所以先在农民中贯彻调节制。每个村庄都要建一个总仓库，里边存放农产品收入税、牲畜收入税、矿产税、无继承人者遗产、土地里发现的任何财富。农产品收入税要视农民每年收入多少而定，如果收入与支出相等，就不收税；如果收入是 2000 元，而支出是 1000 元，那就收取什一税；如果收入是 1 万元，甚至是 2 万元，那就收取 1/4 作为高收入税；如果收入是 10 万元，而支出是 5000 元，那就收取 1/3 作税；如果收入是 20 万元，而支出是 1 万元，那就收 1/2 的税，这样仍可有 9 万元的盈余。用这种比例计算法确定收入税的数额，税收的全部收入都归总仓库。总仓库要拿出一部分作紧急支出，如一个农民支出达 1 万元，而收入仅有 5000 元，那就从总仓库支出 5000 元，使他生活不至于窘迫。孤儿、无劳动能力者，如盲人、老人、聋人等，都将得到照顾。这些收入还要用于建学校，教育儿童。村民中选出几位智者任理事来管理这仓库。仓库在支付了所有的费用后仍有盈余，剩余部分须上缴国库。实行这种制度，农村群体中的每个人都不需要受任何人的恩惠，就能过上安乐幸福的生活，而等级将保留下来，秩序便得以维持。但农产品收入税以外的几种收入，巴哈伊教的有些规定合理，有些是不合理的。牲畜税与农产品收入税一样，按照收入越多，征税的比例也就越大的原则，是可行的。无继承人的死者的遗产也好处理。但巴哈伊教认为，如果某人在土地上发现一眼矿，自己可占 2/3，1/3 交总仓库；某人在路上拾到财物，2/3 归自己，1/3 交总仓库；某人发现一处大宝藏，自己拿 2/3，1/3 归总仓库；这些原则可能适合当时的社会情况，但是违背社会主义国家基本法律，是不能接受的。

在工厂，则要用调节制来限制少数人过度的资本膨胀，保障大众的基本需求。必须制定出适当的法律，既维护劳动大众的利益，也使资本家的权益受到保护。财产、矿产、工业产品的拥有者应该将其收入与雇员分享，并将其利润的一部分分给工人，使雇员在工资收入以外，还能从企业的总收入中获得部分利益。工人从厂主那里除了获取工资外，还要按照厂主能接受的程度，获得工厂利润的 1/4 或 1/5 作为花红，或者工人与厂主平分利润或好处。比方说，每个拥有 1 万股份的工厂，要将其中的 2000 股份分给它的雇员，并将股份写在他们的名下，使得他们能够保证得到这份利益，其余部分则归资本家所有。在每月月底或每年年底，在支付所有的开支和工资以后，所剩的收入，将按股份的数额在劳资双方之间进行分配。[②] 在调节制之下，工业奴隶制将被废除；托拉斯也将完全被消除；尤其竞争也将不复存在。

巴哈伊教认为，竞争和工业奴隶制是现代人类社会的两大问题，必须加以解决。自然界中最根

① 参见阿博都巴哈：《世界团结之基础》，第 44 页。

② 参见阿博都巴哈：《世界团结之基础》，第 49 页。

本的特征是为生存而斗争，其结果是适者生存，但在人类社会，适者生存的法则却是一切灾难的源头，它导致战争、冲突、敌意和仇恨。①

在经济生活领域，造成经济上不公平的基本原因之一，就是过多的挥霍和巨大无谓的竞争。不可否认，在生产工具不太发达的历史时期，有限的竞争无疑会刺激生产，但是现在必须以合作取代它，因为在现代社会支配下的人力和物力，必须是为了全人类的长远利益，而不是为了少数人的短期利益，只有当合作取代竞争并作为有组织的经济活动基础时，才能实现这一点。②

(三)调节制和合作制的基础

巴哈伊教提倡的调节制和合作制，是以私有制为基础的，它承认私有财产的神圣不可侵犯性，认为人类需要追求财富，通过劳动积累起来的财富是值得肯定和赞扬的。所以巴哈伊教义接受财产和私有制观念和私人经济首创精神的必要，但这种私有制并不赞成每个人的收入都应该一样。人的需要和能力有自然的差别，社会中的有些服务工作应该比其他服务得到更多的报酬。当然，收入应该确定一个极限，人人都有能满足自己基本需求的最低收入，如果其收入不足他分内的需求，他将获得公众基金的补偿。但一个人的收入也不应该过高，要通过渐进的征税制度和其他措施，来阻止个人积累超过某一限定的财富。这正是巴哈伊教主张实行两种经济制度的用意之所在。

巴哈伊教所提倡的两种经济制度是否能取得成功，我们不得而知。但是日本企业家创立的企业经营管理“三神器”，却取得了很大成功。“三神器”与这两种经济制度有一定的相似之处。“三神器”之一是终身雇佣制，最高经营者就是家长，雇员是家庭成员，实行这种制度，使雇员把自己的前途与企业、公司的前途紧密联系在一起，雇员有参与意识和认同感，乐于为公司的利益和荣誉作出贡献。这样，雇员与雇主构成一个命运共同体。“三神器”之二是年功序列制，雇主根据雇员的资历决定其工资级别，避免公司内部激烈的经济竞争，维护了雇员之间的和谐。“三神器”之三是集团主义，提倡个人应属于团体，团体给成员归属感和安全感，成员对团体有忠诚和献身精神，每个成员都能从这种相互信赖、相互依靠的关系中得到相当的满足。③ 这虽然名之曰“三神器”，但也是以合作为主体的。三神器是在公司内部推行，一个公司就是一个命运共同体，所以取得了成功。而巴哈伊教的经济制度则不仅局限于一个企业内部，而且适应于企业之间，这就使其带有一种理想主义的成分，不一定会为所有企业所接受。守基·阿芬第也曾强调：巴哈伊教义的经济思想虽然明确，但还不能充分地有系统地让任何信徒在自己限制的范围内做完全推行的试验，因为社会条件尚未达到运用巴哈伊经济原则的程度。而且，巴哈伊对经济问题的作用应被视为间接的，而不是直接的，巴哈伊主要是一种精神指导原则。这些原则将指导未来的巴哈伊经济学家创立出一个调整世界经济关系的体制。④

三、精神文明和新商业道德模式

巴哈伊教认为，经济不公平的最终根源是人类的贪婪。因此，要真正解决经济问题，需要人在基本态度上的改变。如果每个人都自私、贪婪和世俗，即使有最完美的经济计划也不会起任何作用。

① 参见阿布杜巴哈：《未来经济》，第 70 页。

② 参见[加拿大]威廉·哈彻、道格拉斯·马丁：《巴哈伊信仰——新兴的世界宗教》，第 88 页。

③ 参见蔡德贵：《东方各国的儒学现代化》，载《齐鲁学刊》1992 年第 1 期。

④ 参见李绍白：《人类新曙光——巴哈伊信仰》，澳门新纪元国际出版社 1995 年版，第 137 页。

应该把正当工作看作是每个人的神圣任务，无论穷人还是富人，都应该工作，世界上既不能有好吃懒做的富人，也不能有失业的穷人。工作是每个人在思想上都应该认识到的，是上帝提供的为人生服务的机会。①

（一）重视人类心灵的内在改变

巴哈伊教认为当前经济危机的存在不单单是经济问题，仅从经济入手，是解决不了经济问题的。真正要圆满地解决当今世界经济的危机，需要人类心灵的内在改变，因为“整个经济状况的本质是神圣的并且与人的心灵世界是密切相关”②。

（二）精神原则解决经济问题

与此相联系，巴哈伊教主张，人类社会要发展，不仅要有物质文明，而且更要有精神文明。100多年前，阿布杜巴哈针对当时的世界和美国的现实情况，深刻地指出：

> 如今，物质文明已经达到了一个先进的水平，但还缺少精神文明。仅仅物质文明 是无法令人满意的，它不适合现阶段的情况与需要。物质文明所能带来的利益仅局限于物质世界之中，而人类的精神是不受限制的，因为精神本身是渐进发展的，如果神圣文明得以建立，那么人类精神将会得到提高。
>
> 迄今为止，物质文明已得到扩展，现在应对神圣文明加以传播。除非两者步调一致，否则人类将不可能获得真正的幸福。仅仅依赖智力的发展和理性的力量，人类是不可能达至最高境界的，也就是说，仅是依靠有才智的人是不能完成由宗教所带来的发展的。
>
> 诚然，当美国人民获得一种惊人的物质文明时，我希望，精神的力量将使这个伟大的国家更加生气勃勃。③

在巴哈伊教看来，人类的光荣与高超显然是某种超越物质财富的东西。物质上的安乐仅是枝叶，人类崇高之根源乃是良好的品德，这正是人类本质的装饰。人的美德是神圣之显现，天国之恩典，是崇高的情感，是对上帝的爱和认知；是睿智多才，理性的洞察力，科学的发现能力；是公正与平等，信任与仁爱，是自然的勇气，天赋的刚毅；是尊重他人的权利，谨守信约；是在所有的情况下都刚正不阿；是在任何条件下都服务于真理；是为全人类的利益牺牲自己的生命；是友爱尊重所有民族；是遵从上帝的教义；是为神圣的天国服务；是指引民众，教育世人，如此等等才是人类之财富。④ 至于物质的财富，必须追求合理，运用得当，那也是值得赞扬的。比方说，财富如果是通过一个人的努力和上帝的仁慈，在商业、农业、艺术和工业方面取得的，如果它用于慈善之目的，那么它是值得高度称赞的。毕竟，如果一个明断而机智的人实施一些能使人民普遍富裕的措施，那么，没有什么事业会比这更伟大。⑤ 巴哈伊教认为，在上帝眼中，这会被当作最高的成就，因为这样一个仁善者能够满足许多人的需要，并使他们的安乐和幸福得到保障。“假若全体人民富裕了，财富就是最值得赞赏的。

---

① 参见慈领佛士德夫人：《释迦牟尼与阿弥陀佛》，施知本译，马来西亚巴哈伊出版社 1988 年版，第 34 页。

② ［加拿大］威廉·哈彻、道格拉斯·马丁：《巴哈伊信仰——新兴的世界宗教》，苏逸龙、李绍白译，澳门新纪元国际出版社 1999 年版，第 90 页。

③ 阿布杜巴哈：《未来经济》，第 57 页。

④ 参见阿布杜巴哈：《未来经济》，第 57 页。

⑤ 参见阿博都巴哈：《神圣文明的隐密》，澳门巴哈伊教出版社 1996 年版，第 21 页。

如果少数人拥有过度的财富而多数人贫困不堪，如果从财富中不会产生任何收益，那么，它对其拥有者来说就只能是一个负担。而如果它用于知识的发展，初级和其他学校的建立、艺术和工业的促进以及对孤儿和穷人的培训——简言之，如果它被投入到社会福利中——它的拥有者将作为生活在地球上所有人类之中最优秀者，而突出地站在上帝与人类面前，并被算作天堂的一员。"①

当今的世界，贫困问题愈益严重，人们为解决贫困问题提出了各种方案，但这些方案都认为现存的资源或者利用科技可以产生的资源，足以缓解甚至根除这种长久的人间疾苦。但是这些方案均未能奏效，其原因就是科技的发展，以解决一些与百姓的真正利益无甚关联的问题作为其优先目的。巴哈伊教认为，倘若要为世界解决贫困这个重担，首先要重排社会发展目标的优先次序。"要做到这点，需要立下决心来寻求适当的价值观；这将是对人类的精神及物质资源的严峻考验。一些宗派教条分不清知足与听天由命的态度，宣扬贫困是人间生活的固有特征，只有死后才能摆脱它。如果依然让这些教条把宗教束缚着，宗教与科学携手寻求新价值观的过程便会遇上极大的障碍。宗教精神要能够有效地帮助人类争取物质福利，就必须从它所来自的神圣灵感泉源找寻新的精神概念和原则。而这些概念和原则是应该适合一个在人类事务上建立团结与正义的时代。"②

（三）新商业道德模式

正是出于这样一种精神原则的考虑，巴哈伊教提倡一种新商业道德模式。这种新商业道德模式把表面看来是背道而驰不可相提并论的两个领域——"商业"与"心灵修养"联系到了一起。在传统商业道德观看来，"商业"意味着实用、实际与利益至上，而"心灵修养"则意味超逸、振奋与神妙的体验，所以许多人认为商业与道德没什么关联，甚至认为商业根本就不是道德的，而心灵修养则往往被视为道德与伦理价值观的本质。巴哈伊教则努力将商业与精神价值观联系到一起。作为这方面的代表，捷克管理学中心访问教授桃乐丝·马西博士提出了一些独到的见解。她指出，国际商场环境近年经历巨大的改变。在今天，管理方法的理论偏重的是个人价值而非机器工具，集体决议而非上层主权，齐心合力而非独断独行，创造财富而非开采资源。她认为："我们现在开始采纳的观念是以精神价值观作为基础的。虽然，我这种观点不是所有的人都同意，但如果实际上是跟着这样的路线走，用什么名堂来形容它都不是重要的。因为，以我今天所谈的价值观来经营的商业，真的比墨守成规的企业兴隆。"③

巴哈伊商业人士批评说：现行的商业道德模式，认为可以在法律规范和社会道德规律的范围内尽量争取利润，但这是短浅的看法，尤其是在国际商场上，这种方法不能持久，过一段时间后必定会失败。所以新商业道德模式应该改变这种现行模式，认识到商人也是推进社会发展的主要人士。所以，巴哈伊商人关注的问题，往往不是通常商人所留意的，如社区发展、社会正义、环境保护、资源的持续和在商界为妇女争取平等。巴哈伊商界论坛为此经常开展讨论，研究全球经济国际化、一体化带来的新价值观点和工商管理方法，这些新思想包括新职业道德的必要、财富的创造、劳资分享利润和运用磋商作为决策的方法。通过这些研究和讨论，他们明确认识到道德价值观念不单是商业成功的基石，也是社会发展不可缺少的基础："由于每个国家和文化有个别的情况，不能规定一式一样的

① 阿博都巴哈：《神圣文明的隐密》，第 21～22 页。
② 世界正义院：《人类之繁荣》，澳门新纪元国际出版社 1995 年版，第 11～12 页。
③ 《欧洲巴哈伊商界论坛提倡新道德模式》，载《天下一家》1995 年 4 月号。

商业道德规范。然而商业的成功基石是由一些放诸四海而皆准的价值观念所组成的。例如,'信用'便是世界上任何地方的商业的共同点。普世大众都明白这是任何事业的基础。如果失信于顾客、物资供货商和合资者,一个商人就绝不能成功。"①

如此看来,巴哈伊教提倡的新商业道德模式,并没有提出一个普世接受的规范,而只是提出了一个普世应遵循的原则,那就是用精神或灵性力量来解决问题,甚至扩展到经济以外的其他领域。正是由于巴哈伊教提倡重视灵性,所以当世界宗教议会发表《走向全球伦理宣言》时,巴哈伊教的代表胡安娜·康拉德等六人首先在该宣言上签字。该宣言称:"宗教并不能解决世界上的环境、经济、政治和社会问题。然而,宗教可以提供单靠经济计划、政治纲领或法律条款不能得到的东西:即内在取向的改变,整个心态的改变,人的心灵的改变,以及从一种错误的途径向另一种新的生命方向的改变。人类迫切需要社会的和生态的变革,但是人类对灵性更新的需要也同样迫切。作为宗教的或灵性上的人群,我们立志献身于这项任务。宗教的灵性力量可以提供一种基本的信赖感,一种意义的根基、终极的标准和精神的家园。当然,宗教要得到信任,就必须消弭出自宗教本身的冲突,消除相互之间的傲慢、猜疑、偏见甚至敌对的形象,从而表明对信仰不同的人们的各种传统、圣地、节期和仪式的尊重。"②

(四)灵性力量

宣言提倡的灵性力量,正是巴哈伊教所孜孜以求的。巴布、巴哈欧拉、阿布杜巴哈等代表人物,都把精神力量作为自己唯一的依赖。现在,我们再回头看一看阿布杜巴哈在《巴黎讲话》中所说的一段话:

> 目前,东方需要物质上的进步,而西方则需要精神上的理想。如果西方醒悟,并能转向东方国家,同时把西方的科学知识介绍给东方人,这样做对西方是有益的。这种取长补短的交流一定要进行。东西方一定要联合起来,互相帮助,这个联合将产生一种真正的文明。在这个文明中,精神的东西将在物质中表现出来并成为现实。
>
> 如果一方受到另一方欢迎的话,那么最伟大的和睦就会出现,整个世界将会成为一个整体,一种高级的完美状态便会成为现实。这就形成了一条紧密联结在一起的纽带,这个世界也将成为一面照见真主品质的闪光镜子。
>
> 我们大家,东方和西方的各民族,一定要夜以继日地、一心一意地努力争取完成这个伟大的理想,完成地球上各民族统一的团结。那么,每颗心就会变得年轻,每双眼睛就会睁开。每个人都会浑身充满神奇的力量,人类世界的幸福就有了保障。③

在20世纪初,能提出这样的思想,诚属难能可贵。但阿布杜巴哈虽然提出了这种思想,却并没有付诸实现,现在的巴哈伊社团虽然在朝着这个方向努力,但取得的成果也仅限于巴哈伊世界。而在中国,由于改革开放以来,邓小平理论一直提倡两个文明一起抓,两手都要硬,所以物质文明和精神文明都取得了举世瞩目的成绩,此时再回顾一下阿布杜巴哈在一封书简里所说的话,是非常有意味的。那封书简说:"中国是属于未来的国家……中国有着伟大的潜力,中国人追求真理也最为诚挚

① 参见《欧洲巴哈伊商界论坛提倡新道德模式》,载《天下一家》1995年4月号。

② [德]孔汉思、库舍尔编:《全球伦理——世界宗教议会宣言》,何光沪译,四川人民出版社1997年版,第13页。

③ 阿布杜巴哈:《巴黎讲话》,陈晓丽译,国际文化出版公司1990年版,第8~9页。

……在中国，一个人可以传导许多人，可以教育培养崇高的人士，他们将成为人类世界中的明亮灯烛。诚然我说，中国人能免于任何狡诈伪善，为崇高的理想奋斗。"①

第四节　教育思想

巴哈伊教是一个十分重视教育的宗教，而且它所重视的教育，不只是宗教教育，而是更多地包括世俗的科学知识教育和人文教育。而且，巴哈伊教不只是重视对巴哈伊教徒的教育，还投注于对教外平民尤其是落后的发展中国家的教育，在教育领域取得了举世公认的成就，获得了联合国的认可。

一、教育的重要性

（一）教育是通向上帝之路

巴哈伊教作为一种世俗的宗教，认为宗教应团结人心，使战争和纠纷从地球上消失，创造灵性，将生命和光明输入每个人心中。假若宗教成了憎恶、仇恨和分歧的原因，那还不如没有宗教，反而从这种宗教组织中退出来，会成为真正的宗教行为。因为在巴哈伊教看来，就像药剂一样，药剂的功用是在诊病，假若药剂仅能使病人感受更大的痛苦，那就不如抛弃不用。宗教也一样，无论哪一种宗教，假若不能成为爱和团结的原动力，就不能称之为宗教。② 所以，进一步来说，宗教并不是一系列的信念，不是一整套的惯例，宗教是制定人类真正生活、激励人类高尚思想、修炼人类品格、奠定人类光荣基础的教育。③ 换一个说法，宗教的目的是为了获得可嘉的美德、道德的改善、人类精神的升华、真正的生命及神圣的恩典。所有的先知都是这些原则的倡导者，他们中没有人宣扬腐败、堕落和邪恶，都是召唤人类追求尽善尽美，将人类团结于宗教中，规劝世人和睦一致。为此，巴哈伊教反复强调教育的重要性，把教育看作是通向上帝之路、实现人类进步的必要手段。

对教育的重要性，巴哈伊教论证说：人好比一座满藏无价之宝的矿山，惟有教育才能使其宝藏毕露，人类才能因而获益。任何人只要默想一下那些自上帝神圣旨意之天堂所施降下的神圣典籍中所启示的圣言，他便会轻易地了解其宗旨是要所有的人团结在一起，有如一体的灵魂。如此，"天国是上帝的"，天灵才能深印在每一颗人心中，并且天赐的恩典、恩惠和慈悲才能环绕着人类。上帝的荣耀是无比崇高的，唯一的真神为自己从来不希求任何事物。人类的忠贞，对上帝没有任何助益；人类的邪恶，对上帝也没有任何伤害。但是，倘若各时代中的学者和智者让人们吸取友爱和亲爱的芬芳，每一颗善解的人心都会领悟到真自由的意义，同时发现无纷扰的和平及绝对安宁的秘密。④

（二）教育是经济和社会发展的关键之一

阿布杜巴哈甚至认为不仅人类需要教育，而且当人们考察世界万物时，就知道矿物界、植物界、

① 转引自李绍白：《人类新曙光——巴哈伊信仰》，澳门新纪元国际出版社 1995 年版，第 311～312 页。

② 参见阿布杜巴哈：《生活的艺术》，澳门新纪元国际出版社 1995 年版，第 57 页。

③ 参见《阿博都巴哈著作选集》，第 47 页。

④ 参见《巴哈欧拉圣典选集》，第 170 页。

动物界和人类世界一样，都是需要教育者的。比方说，假如土地不被开垦，便会杂草丛生；而如果有人来开垦土地，就会生长出滋养生命的庄稼。显然，土地需要农夫的耕耘。树木如果没有种植者去管理，就不会开花结果，既无果实，也就是无作用的了。但假如得到园丁的细心照料，原先那些无果之树，就硕果累累。经过耕耘、施肥、接枝等，原来果实苦涩的树木，也会结出甜美的果实。对动物来说，也是如此。动物经训练后就可以被驯化。而人若缺乏教育，就会与野兽无异，甚至凭借物性的支配，会比兽类还要卑劣。反之，人若受了教育，就会如天使一般。所以，教育是经济和社会发展的关键之一。正是教育将东西方置于人的权威之下，正是教育产生了大工业，正是教育传播了伟大的科学与艺术，也正是教育启发了新的发明与制度。假如没有教育者，就不会有舒适、文明或人道这些东西了。如果一个人被弃在荒野之中，不见任何同类，他无疑将变成一只野兽。因此，人显然需要教育者。① 在巴哈伊教的经典里，多次反复申述了教育的重要性。如阿布杜巴哈在《世界和平之传扬》中说：

> 正由于无知和缺乏教育是隔阂人类之藩篱，所有的人都必须受到训练和教育。通过这一方法，互相理解之缺乏将得到弥补，人类之团结将巩固和加强。全球教育是一个全球性法律。因此，尽其所能教育和指导孩子是每个父亲义不容辞的责任。如果他不能教育他们，作为人民代表之政府团体则必须为他们提供教育的途径。②

他还说：

> 最根本、最迫切的需要是促进教育。除非解决了这个首要的基本问题，否则任何国家要获得繁荣与成功都是不可想象的。民族衰落的主要原因是无知。今天，大众甚至对一般事务都所知甚少，更从何谈起把握理解时代的重大问题与复杂需要之核心？③

（三）正反两面的实例证明教育的重要性

阿布杜巴哈从正反两个方面用实例论证了教育的重要性。他在1875年时曾表达过这样的看法：缺乏教育会使一个民族衰弱、堕落。从人口来看，中国是世界上最伟大的国家，约有4亿多人。由此看来，它的政府应是世上最杰出的，它的人民应是最为人所称道的。然而，正好相反，由于缺乏文化及物质文明方面的教育，中国是所有弱小国家中最软弱无助的。不久前，一小支英法联军与中国开战并取得决定性的胜利，占领了中国首都北京。假如中国政府与人民能早早跟上这个时代科学的发展，假如他们早就熟知文明社会的各项技艺，那么，即使世上所有国家全部出动与之作战，他们也会打败入侵者，侵略者从哪里来的，还得退回到哪里去。相反，比这一事件更为奇怪的是：日本近些年来由于开始觉醒，采纳了当代的先进科技，在民众中倡导科学，发展实业，并竭尽全力将公众思想集中于改革之上，目前日本已获得长足的发展，虽然其人口仅是中国的1/6，甚至只是1/10，但它最近向中国提出挑战，并最终迫使其妥协。这就足以证明教育的重要性，教育与文明的各种技艺是如何给一个政府及其人民带来荣耀、繁荣、独立及自由的。④

① 参见阿布杜巴哈：《已答之问题》，马来西亚巴哈伊国家灵体会1967年版，第7～11页。

② 阿布杜巴哈：《世界和平之传扬》，美国威尔迈特巴哈伊出版社1982年版，第300页。

③ 阿博都巴哈：《神圣文明之的隐密》，第72页。

④ 参见阿布杜巴哈：《已答之问题》，第110页。

(四)教育理应是发展的根本手段

为了强调教育的重要性,一方面要及早写出有益的文章与书籍,明确指出今日人民之需要和推动社会幸福进步的动力之所在,至少使领导者在某种程度上觉醒起来,使他们能沿着给他们带来永恒光荣的道路努力奋斗。因为包含高尚思想的书籍一经出版,必成为生活主干线上的动力,成为世界之灵魂。思想犹如无边的大海,而存在的表象及各种状况则如同海浪不同的形态及各自的领域,只有当大海汹涌沸腾起来的时候,才会海浪翻卷,将知识之珍珠撒向生活之岸。另一方面则是实现普及教育,甚至在最小的乡镇和村落中开办学校,千方百计让子女进学校念书识字,如果需要,甚至应实行强制性教育,直到一个民族的神经及动脉勃发出生机与活力,所试行的各项措施才能行之有效。一个民族就好比人体,其奋斗的决心与意志就仿佛是灵魂,而一个没有灵魂的身体是无法行动的,每个民族的本性中都存在着极强的活力,教育的普及才能将它完全释放出来。① 但是,可惜在100 年前阿布杜巴哈就提倡的普及教育,至今并没有实现,所以,1985 年 10 月,巴哈伊教不得不再次敦促世界各国:

> 教育普及事业虽然已经得到各国和各宗教人士的支持,但是,仍然需要各国政府的鼎力相助。因为无知确实是民族衰落和偏见产生的主要原因。一个国家若要成功,就必须实施全民教育。资源的缺乏使许多国家满足这一要求的能力受到限制,这就必然要作出轻重缓急秩序的适当安排。有关决策机构最好优先考虑妇女和女孩的教育,因为正是通过受过教育的母亲,知识的利益才能最有效和最迅速地传遍整个社会。为了符合时代的要求,还应该考虑将世界公民的概念纳入儿童的规范教育之中。②

从这样的基本认识出发,巴哈伊教把教育看作是经济发展中最好的投资。人是至上法宝,因为缺乏教育而使人的潜能被剥夺。通过教育可以使人的潜能得以恢复和提高,而教育不仅仅意味着掌握某方面知识的程序,还意味着培养领悟和推理的能力,向学生灌输不可或缺的道德品质。因此,教育理应是发展的根本手段,正是这种全面教育的方法,能使人民投身于财富的创造之中,并促进财富的公平分配。③ "教育是全人类一切优秀品质必不可少的基础,它让人类能够努力攀登永恒荣耀之高峰。如果孩子在婴儿期就得到培养,通过神圣园丁关怀备至的照料,他会像涓涓流淌的小溪之间的小树一样汲取清澈的精神与知识之圣水。他一定会将真理之阳的明亮聚集到自己身上,通过它的光和热,在生命之园中茁壮成长。"④教育如此重要,巴哈伊教全身心地投入到教育之中,提出了许多教育理论、方法,进行了多方面的教育实践。

二、教育的类型

巴哈伊教把教育分为三种类型:物质的、人文的和灵性的。

(一)物质的教育

物质的教育是最简单的教育,是关于人身体的生长与发育的,让人知道通过获取身体所需要的

---

① 参见阿布杜巴哈:《已答之问题》,第 112 页。

② 《世界和平的承诺》,《毁灭或新世界秩序》,李绍白译,澳门新纪元国际出版社 1997 年版,第 11 页。

③ 参见《所有国家的转折点》,澳门新纪元国际出版社 1997 年版,第 18 页。

④ 《阿博都巴哈著作选集》,曾佑昌译,澳门新纪元国际出版社 2004 年版,第 114～115 页。

食物及物质上的舒适与安逸，使身体健康成长。

为了保证人的身体健康，巴哈伊教在饮食方面几乎没有什么禁忌，认为凡是有利于人的身体健康的食物都是可以食用的，因此，有些宗教中的饮食禁忌在巴哈伊教里被取消。但巴哈伊教反对人们因健康和繁荣而沉浸在物质欲望中，去追求兽性和魔鬼般生活的逸乐。在巴哈伊教看来，物质的世界是一个必朽的世界，是邪恶与黑暗的世界，是兽性与暴行的世界，是嗜血的世界，是野心与贪婪的世界，是自我崇拜的世界，是自私与情欲的世界，是一个未开化的世界，因此，人需隔绝尘世的影响，必须牺牲那些属于外在的物质世界的习性。[①] 只有摆脱尘世的品质，牺牲那凡俗的特性与欲念，才能表现出人的完美。欲望过多，会造成痛苦。比方说，吃得太多，毫无节制，就容易得肠胃病；如果饮酒止渴，不死，也要害一场大病；如果嗜赌如命，最后便要倾家荡产，所以巴哈欧拉在物质的教育方面，告诫说：

人们啊，除非饿了，否则不要进食。睡觉时不要喝任何东西。

空着肚子运动是好的，这会使肌肉强壮。肚子饱了运动，则非常有害。

除非食物都消化了，否则不要再进食补充营养。食物要咀嚼透彻才吞下。

如果觉得需要，别忽略了医药治疗。一旦康复了，就把医药搁置起来。应优先考虑食物性治疗。而且避免使用毒品或药物。假如单单一种药草足以治好病，别诉诸综合性的药物……身体要健康，宜禁各种药物，需要时方可妥善应用。

假如桌上有两种性质互相排斥的食物，别混在一起吃。必须满足于只吃其中一种。

先吃液态的食物，然后再吃固态的食物。

吃一顿轻便的早餐，身上便充满精神。[②]

巴哈伊教特别提倡清洁，认为在生活的各个方面，纯洁神圣、清新雅致都有助于提高人的地位，虽然肉体的清洁是肉体方面的事情，然而它对于精神的生活也有极大的影响，物质上的清洁有利于人的灵魂。所以，巴哈伊教禁止人们食用任何不洁之物，这些不洁之物包括香烟、酒类和鸦片。

吸烟是一种被禁止的事物，吸烟既肮脏，气味难闻，又影响他人，是一种恶癖，其害处显而易见。因此，在上帝眼中，吸烟是不受赞成的，令人讨厌的，对健康极为有害的。吸烟还浪费金钱和时间，使吸烟者成为恶习的俘虏。所以，这种习惯是被理智和经验所谴责的，戒除烟瘾将为大家带来思想的轻松与安宁。而且戒烟以后，人才可能吐气清新，手指干净，头发不再有令人讨厌的难闻气味。

酒精等麻醉剂或幻觉剂、兴奋剂，对人类的肉体和智力的高级能力都有严重的伤害，而且会妨碍灵性的发展，因此禁止以任何形式吸用此类东西。唯一的例外是医生的治疗处方为治病而用，但必须是没有其他可替代品的情况下才可使用。

至于鸦片，在巴哈伊看来，这东西既臭气难闻又遭人诅咒，人的理智告诉人类，抽鸦片是一种疯狂，鸦片是被禁止的，吸食者绝对要受诅咒。鸦片吸食者应完全被弃绝于人类领域之外，因为这种行为会摧毁人之所以为人的根基，使吸食者永远沦为被剥夺的人。因为鸦片腐蚀灵魂，使吸食者的良心泯灭，心智被抹杀，理解力被侵蚀一空。鸦片使活人变为僵尸，把自然的热力浇凉。因此，再也象像不出什么东西会比鸦片所造成的危害更大。

---

① 参见阿布杜巴哈：《人之本质》，*On the Radiance of the Innermost Reality of Man*，美国 1979 年版，第 50～53 页。

② 阿布杜巴哈：《生活的艺术》，澳门新纪元国际出版社 1995 年版，第 41 页。

巴哈伊教谆谆告诫人们:戒除香烟、酒类和鸦片等毒品,有益于健康和精力,有益于思维的开阔与敏锐,有益于体力的增长。①

(二)人文的教育

人文的教育意味着文明与进步,政府、管理、慈善、贸易、艺术与工艺、科学技术、伟大的发明以及完备的机构,这些内容统统包括在巴哈伊教的人文教育里。

人文教育的实施,主要是获取各门学科的知识。而知识分为两类:一为主观性知识,即内在直觉的知识;一为客观性知识,即通过理解而获得的知识。理解事物,了解万物的实质从而获得知识,有四种方法。第一种方法是通过感官,通过视、听、味、嗅、触五种感官感受到的都是通过感官而领悟的,但这种方法并非完美,因为它会产生错觉,比方说视觉是感官功能中最重要的,但它照样能产生错觉。造成视觉上的错误是很多的,因此,不能完全信任感官。第二种方法是通过逻辑推理,这是智能的基石,是理解事物的途径。哲学家们都用这种方法,但他们之间却存在着巨大的分歧,其论点是相互矛盾的。第三种方法是通过传统教义,就是通过圣典中的经文,但这种方法同样也是不完美的,因为传统教义是通过理性逻辑来理解的。而理性本身易出差错,用理性从经文中推论出来的,不一定是真理。理性如同天平,圣典文献中的含义好比被称量之物,天平如果不准,称量的东西又怎能保证准确无误呢?第四种方法就是圣典的惠赐给予人类理解事物的真实途径,只有这种方法是准确无误的。②

人文教育的目的在于提高综合素质,所以,举凡世界上的一切优秀文化,都应该作为学习的对象。比方说音乐,它是人类教育与发展的一个重要手段,音乐虽然是物理现象,但它与精神相连,精神可由此手段获得升华,音乐会唤醒人真实、自然的本性,即人的本质。音乐在人际交往中,在塑造人的内在和外在的品性与人格中,都扮演着重要的角色,因为它能激发起生理与精神的情感。诗歌也一样,巴哈伊教认为,诗歌即是词组的对称排列,是经由和谐与韵律产生喜悦的,因此诗歌较之于散文,更能打动人心,情感表达更为有效、完整,因为诗歌有更为精致的组合。就连上苍之教导,也是以赞美诗或是以祷文的形式,被悠扬地演唱时,才是最动人的。③

这样看来,巴哈伊教所提倡的人文教育,包括了我们通常所说的自然科学知识和人文社会科学知识的总和,人应当尽力学到这两种知识,丰富、发展和提高自己。

(三)灵性的教育

灵性的教育就是天国的教育。什么是“天国”?巴哈伊教有自己的解释,认为“天国”的外在表现称为“天堂”,但天堂只是个比喻和模拟,并不是一种实体的存在。因为天国并不是一个物质的地方,它是超越时空的。它是一个灵性的世界,一个神圣的世界,也是上帝之权威的中心,它脱离肉体及肉体的一切属性,它圣洁并且超越于人类的一切现象。④ 灵性的教育要靠宗教来获得,因为宗教是神圣本体的外在表现,“宗教进一步来说,不是一系列的信念,不是一整套的惯例;宗教是制定人类真正

① 《阿博都巴哈著作选集》,第132页。

② 参见阿布杜巴哈:《已答之问题》,第297～299页。

③ 参见'Abdu'l-Bahá, *Compilation of Compilations*, vol. 2, 1991, Australia, pp. 76-78.

④ 参见阿布杜巴哈:《已答之问题》,241页。

生活、激励人类高尚思想、修炼人类品格、奠定人类光荣基础的教育”[①]。宗教教育的实施，主要靠上帝的启示，因为灌输给所有创造物的能力，都是这个最受赞颂之圣名的启示所带来的直接成果。对此，巴哈欧拉说：

想想看上帝以灵性的导师这个圣名的光辉所散发出的启示。你们看这个启示的迹象如何显现在万物中，同时所有的生物如何受到它的影响而改善。此类的教育分为两种：一种是世界性的教育，其影响力遍布万物，鼓舞万物，因此上帝有“万千世界之主”的尊称；另一种教育限于那些来到此圣名庇荫之下的，同时要求这个至大启示庇护的人。那些没有寻求此庇护的人就等于失去了这第二种教育的特权，并且无能享受到灵粮的滋润，而这灵粮乃是经由这最杰出之圣名所负载的天赐神恩而施降的。这两者之间的差距是多么大啊！倘若帐幕能够掀开，那些全心全意转向上帝并且因敬爱上帝而抛世弃俗的人，倘若他们荣耀的地位能显现出来，所有的创造物必会惊慌失措。[②]

在巴哈伊教看来，宗教有两个主要部分：灵性的部分、实用的部分。灵性的部分永不改变，所有的宗教先知都教导人类同样的真理，给予人类以同样的灵性律法，教人以同样的道德准则，在每个宗教的灵性的、永不改变的律法里所包含的关于道德的一切规范，在逻辑上都是正确的。这是由于宗教与科学的结盟，“宗教和科学是两只翅膀，人的精神力量乘上它们飞向高处，有了它们，人的灵魂才能取得进步。只有一只翅膀的人就不能飞行了。如果有人想试验只用宗教的翅膀飞行，那他就必然跌进迷信的沼泽中。另一方面，他如果只用科学的翅膀飞行，也不能取得进步，而只会掉进没有希望的唯物至上的泥坑”[③]。实用部分则要随着时代的变更而变更，如“以牙还牙，以血还血”，被巴哈伊教改变成“爱你的敌人，为恨你的人做善事”，严厉的律法被改用仁爱、慈悲和容忍的律法。

宗教的灵性教育，主要就是精神教育。“教育者的目标是通过灵性教育使天国的教育能克服人类动物性的一面。”[④]上帝的最高诫命之一是教育人类的品行，其影响就如太阳普照树木果实一样。儿童必须是最得到关心，保护和教育的——否则，儿童会像杂草般野生——不知道对与错，分不清人类的最高品质来自于卑微还是邪恶，他们会在虚荣中长大……[⑤]精神教育的重点是道德教育。

（四）道德教育要实现的目标

道德教育有四个灵性要求：第一个灵性要求是使人的品格达到卓越与完美。巴哈伊教的卓越与完美有特定的含义，其最终目标是：拥有灵性学识的人必须具备内在外在的完美，必须拥有智能、才干、洞察力、直觉、谨慎和远见，拥有自制、对上帝的敬仰和由衷的畏惧。要实现这一目标，要求三个必要的条件：第一个条件是保护自己，但保护自己的基本含义是获得灵性与物质完美的品性。“完美的首要品性是学识和思想的文化造诣。巴哈伊教认为，只有当一个人将属于上帝的那些复杂而超出人类知识的现实，《古兰经》中的政治与宗教法律的根本真理，其他信仰之典籍的内容，以及促成强国

① 《阿博都巴哈著作选集》，第 47 页。
② 《巴哈欧拉圣典选集》，第 123～124 页。
③ 阿布杜巴哈：《巴黎讲话》，第 124～125 页。
④ 阿布杜巴哈：《已答之问题》，第 235 页。
⑤ 参见'Abdu'l-Bahá, *Compilation of Compilations*, vol. 1, Australia, p. 263.

的进步与文明的规则与秩序的有关知识融会贯通，这超凡的境界才可达到。他还应该通晓体现了其他国家治国之道的法律、原则、习俗、环境、礼仪及物质与道德的优势，精通当今知识的所有有用的分支，研究过去的政府与民族的历史记载。因为如果一个具有学识的人对神圣典籍和神性与自然科学的所有领域，对宗教法学、管理艺术、当代的不同知识以及历史上的伟大事件不甚了解，他便可能在必要时无法胜任工作，而且，这也不符合综合知识的必需条件。"[①]完美的第二个必要条件是正义和公正，"这意味着对一个人自身的利益和自私的便利不加任何考虑，实施上帝的法律时对其他任何事物不做丝毫的关心。这意味着一个人应把自己仅仅视做万有之上帝的一个仆人，在取得灵性的卓著之外，绝不存在区别于他人之企图。这意味着一个人应把社团的利益当作一个单独的个体，把自我视做其肉体形式的一部分，意味着一个人应明确地知道假若疼痛和伤害使那躯体的任何部分遭受痛苦，它必然不可避免地导致其余所有部分遭受痛苦"[②]。第三个必要条件是以完全的真诚和纯正的目的起来教育大众："竭尽全力教授他们知识与有用的各门科学，鼓励现代进步的发展，拓宽商业、工业与艺术的范围。促进能够增加人民财富的措施"，"以完全的真诚和纯正的目的，仅为上帝之故，去告诫和动员大众，并以知识之药水澄清他们的视线"。此外，完美还包括其他一些要求："敬畏上帝，通过爱上帝的仆人来爱上帝；保持温和、容忍和镇静；真诚、顺从、仁慈、富于同情心；拥有决心和勇气，可靠、精力充沛、努力进取；慷慨、忠诚、毫无恶意，具有热情和荣誉感，高尚而宽宏，考虑他人的权利。"[③]只有具备上述诸项要求的人才是完美的人。

与知识的拥有者相关的第二个灵性要求是人应当成为其信仰的维护者。有关上帝之信仰必须通过人类之完美、优秀的品质和灵性的行为得以传播，人必须以可靠与诚实、节制与谨慎、高尚与忠贞、廉正与敬畏上帝而出类拔萃。拥有信仰的人的特性是正义、公正、容忍、同情、慷慨、体谅他人、坦率、可靠、忠诚、温顺、忠实、坚定和仁爱，反对狂热、偏执、互相指责、夸耀、嘲弄和侮辱他人。[④]

第三个灵性要求是"抑制激情"。巴哈伊教认为这四个字"是一切值得称赞的人类品质的根基。事实上，这几个字体现了世界之光明，体现了人类所有灵性特征的坚实基础。这是一切行为的平衡之轮，是使人类所有美德保持平衡的手段"。"因为欲望是使饱学之士一生无数收获化为灰烬的火焰，是他们那日积月累的知识之海也无法熄灭的吞噬一切的大火。"[⑤]欲望会使人远离正义，步入危险而黑暗之途，追随激情与欲望只能使人堕入恐怖之海。

第四个灵性条件就是"遵守主的训诫"。"宗教是世界之光明，人类的进步、成就和幸福来自对载入神圣之书中的法律的遵守。"在人的生命中，"内在与外在的最强大、坚实、持久、护卫着世界、确保人类灵性与物质的完美、保障社会的幸福与文明的建筑即是宗教"[⑥]。所以，"上帝的宗教是人类灵性与物质完美的真正来源，是全人类启蒙与有益的知识之源泉"[⑦]。

宗教灵性的教育能使人的思维与领悟进入超自然的世界，受益于圣灵的圣洁和风，且能与至高

① 阿博都巴哈：《神圣文明的隐密》，第 24～25 页。
② 阿博都巴哈：《神圣文明的隐密》，第 27～28 页。
③ 阿博都巴哈：《神圣文明的隐密》，第 28～29 页。
④ 参见阿博都巴哈：《神圣文明的隐密》，第 30 页。
⑤ 阿博都巴哈：《神圣文明的隐密》，第 32 页。
⑥ 阿博都巴哈：《神圣文明的隐密》，第 41～42 页。
⑦ 阿博都巴哈：《神圣文明的隐密》，第 62 页。

佳境相联系，使人获得各种神圣美德，成为神圣赐福的焦点，使上帝“以自己的样式来造人”得以实现。[①]

(五)教师应该具备三方面的素质

人的教育通过物质的、人文的、灵性的方式得以实现，而人类的教师也必须同时具备这三方面的素质。“人类之师必须同时是物质的、人文的及灵性的导师。他需拥有超自然的力量，方能胜任这一神圣导师的职位。假若他不能显示出这种神圣的力量，也就不能教化人类。因为假如他是不完美的，又何以能给予完美的教育呢？假如他是愚昧的，又何以能授人以智能呢？假如他是偏颇的，又如何能教他人公正呢？假如他是世俗的，又如何使他人神圣呢？”[②]而具备这所有条件的神圣力量只能是天启，因此，必须经由这种超乎人力的神圣力量去教育这个世界。“而每一个天启都有三个基本特征。第一，解释上帝的本质、人的地位和我们周围的世界等这些事物的真义；第二，引导我们善言笃行，警告我们避开邪恶；第三，将有关宽恕、涤罪和拯救的好消息传达给那些怀有信仰并接受其劝导的人，给人类进步和文明提供新的推动力。”[③]可见，巴哈伊教虽然将教育分为物质的、人文的、灵性的，但显然最重视的还是灵性的宗教教育。世俗的物质的教育和人文的教育只有与灵性教育结合起来，才能取得实效。

三、教育的实施与实践

巴哈伊教认为，对人的物质、人文、灵性教育的实施，应该从儿童和妇女开始。

(一)儿童教育的实施

儿童教育之所以放在首位，是因为“儿童就像青嫩的幼苗，你怎么培育他们，他们就怎么成长。要最耐心细致地教导他们崇高的理想和目标，这样，一旦长大成人，他们就会如同明亮的灯烛一般照亮人间，且不会疏忽大意地、不知不觉地被动物性的欲望与情感所玷污，而是把心思放在获取永久的荣誉和人类所有卓越的成就上”[④]。所以巴哈伊教强调，“在所有服务于上帝的工作中，最伟大的乃是教育儿童，使这些孩子在得救之途上得到恩惠的滋养，如同神圣恩典之珍珠在教育之贝壳里成长，终有一天会镶嵌在荣耀之皇冠上”[⑤]。对儿童的教育，最稳固的基础是科学与艺术的教育。以神圣的训示来培养儿童，使他们能在神圣的教义中成长，发掘出潜藏在人类心灵里的神圣美德。具有美德的人，生命才有价值。“每个孩子都有可能成为世界之光，同时也可能成为世界的阴暗面”[⑥]，所以巴哈伊教把道德教育放在儿童教育的首位，认为“道德与良好行为的培养比书本知识重要得多。一个清洁宜人、性格温良、品行端正的孩子，即使无知，也胜于一个行为粗鲁、肮脏不洁、品性不良却精通科学与艺术的孩子。因为，行为端正的孩子，即使无知，却有益于他人；而品性不良、行为不端的孩子却是堕落的，对他人有害无益，即使他博学多闻也无用。然而，如果孩子受到训练，既见多识广又

① 参见阿布杜巴哈：《已答之问题》，第7～10页。

② 阿布杜巴哈：《已答之问题》，第11页。

③ 苏海勒·布什鲁伊：《至圣书——崇高的诸方面》，转引自《天下一家》1996年1～3月号。

④ 《阿博都巴哈选集》，第120页。

⑤ 《阿博都巴哈著作选集》，第118页。

⑥ 《阿博都巴哈著作选集》，第115页。

品行端正，结果就会是锦上添花"[①]。对学校的管理，阿布杜巴哈也提出了非常具体的意见：

> 关于学校的管理，如果可能的话，学童们应穿着同一样式的衣服，即使衣料质地不同也无妨。当然最好是衣料质地也统一；但如果不可能做到的话，也没有什么要紧。学生们越干净越好；他们应该是清爽的。学校所在之处必须空气清新。要细心地培养孩子们，使他们谦恭有礼，行为端正。要不断地鼓励他们，使他们渴望达到人类所有成就的顶峰，教导他们从小树立远大目标，出色地表现自己，忠贞纯洁，高尚无瑕，学会在做任何事情时都具有坚强的决心和坚定的目标。告诫他们不要嬉戏人生，虚度光阴，而须认真地向着自己的目标前进，这样，在任何情况下，他们都会是刚毅而坚定的。[②]

(二)要特别重视女童教育

巴哈伊教特别重视女童教育。女孩有优先教育权，如果一个家庭有两个孩子，一个男，一个女，而家庭经济和各方面条件只允许让一个孩子上学，那就毫不犹豫地让女孩上学，因为将来女孩要成为母亲，而母亲是婴儿的第一位教师，下一代将从母亲所提供的教育中获得较大的益处。另外，这还可以改变在长期历史中女性受到不平等待遇而形成的文化素质偏低的状况。为此，"应特别注意利用一切方式教育女童，教给她们各门知识、良好的举止及正确的生活方式，培养她们优良的品格，如坚贞忠诚，刚毅顽强，果决勇敢，传授给她们持家教子之方及女子所需之一切。如此，当她们成为母亲之后，可从婴儿时起培养她们的孩子具备优秀的品质、端正的行为"[③]。"母亲是第一位教育者，第一个导师；的确，母亲将决定自己小孩的幸福、未来的成就、礼仪之道、学识与判断力、悟性和信仰。"[④]

在重视教育的思想指导下，巴哈伊在世界范围内开办了各种演习班和学校，从学前教育、初等教育、高等教育、业余教育等多层面进行教育实践，并摸索出了一些经验。

(三)学前教育的实践

巴哈伊教在南部非洲的一个小国斯威士兰，开展了学前教育。因为母亲们在家外工作，所以没有时间在家里辅导孩子，巴哈伊社团便依靠受过专业训练的教育工作者的技能、充足的志愿人员以及社团的合作精神，建立了许多学前教育中心，设置了学前教育课程，课程突出了斯威士兰国情的特点，用当地的材料辅助教学，采用和斯威士兰文化因素相适应的内容，不时地请母亲们到校讲述斯威士兰的故事。这种教育方式，受到斯威士兰父母亲的欢迎。[⑤]

(四)初等教育的实践

巴哈伊教实施的初等教育，以巴西、印度和澳门地区为代表。巴西的万邦学校是在巴西首都办的，学生主要是各国驻巴西外交官的子女。因此该校的宗旨是在教育学生怀有世界公民意识，学校

---

① 阿布杜巴哈：《已答之问题》，第 134～135 页。
② 阿布杜巴哈：《已答之问题》，第 136 页。
③ 阿布杜巴哈：《已答之问题》，第 124 页。
④ 《阿博都巴哈著作选集》，第 111～112 页。
⑤ 参见《斯威士兰的学前教育进展关键在官民合作》，载《天下一家》1993 年 1 月号。

课程采取葡萄牙语和英语双语教学，强调国际文化交流、道德和宗教精神教育，以便适应孩子们在多元化和互相依存的世界里学有所用的要求。宗教课程不仅包括巴哈伊教，而且包括犹太教、佛教、基督教、伊斯兰教和印度教。孩子们认识别国的人民和文化，是学习的重要内容。该校还对学生实施和平教育，即世界公民教育，因此学生们比较友善，爱结交朋友，而且特别乐意争取经验。学生们被教导要欢迎多样化，而且被鼓励去主动寻找多样化。①

巴哈伊教在我国澳门地区于1986年开办了联国学校，该校强调国际主义精神和道德教育，如和平精神教育、环境保护教育，用普通话和英语双语教学，为1999年回归祖国做准备。这在以粤语为教学语言的澳门是极有先见之明的。该校的宗旨是通过教育这样一个"发掘个人潜能和推动社会转变的强有力的手段，培养学生投身文明进步所必须具备的素质，完善他们的品性，提高他们的心智能力"②。

印度新纪元中学是兴办最早的巴哈伊教育项目，始办于1945年8月。该校的基本宗旨是培养在道德观念与服务态度方面得到优秀发展的公民，注意通过实践培养学生的服务能力。该校还开办精神发展课程，其内容包括灵魂的性质、死后灵魂的继续存在、灵魂的演进与在世间为人类服务等。通过该课程的教育，学生们不会去干坏事或伤害别人，因为学生们将永远记住：无处不在的上帝会过问人的行为。③ 该校既提供谋生技能培训，也传授新社会服务观，使学生具有新观念、新心态、服务志愿、不断增强的自信并认识到服务社会与自身成长之间的关系，使学生在学到技艺的同时，树立起为社会服务的观念。④ 印度的中央邦开办了一所巴哈伊罗巴尼学校，该校的成功之处在于贯彻了教育和社会服务相结合的原则，从而使学生能注意实践课堂里所学到的东西。学校教育不局限在校园里，因为学校是社会的一部分，应当适应社会的需求，学校和社会必须是建立起相互作用的关系，使学生认识到为他人服务的重要，以使他们长大后具有为他人服务的精神。为此，环境教育、农业和畜牧业职业教育、宗教教育都是教育课程的重要内容，学到的知识直接服务于邻近的乡村，因此取得了丰硕的成果。⑤

（五）高等教育的实践

高等教育是巴哈伊教近年来开始创办的，玻利维亚的努尔大学和瑞士的兰德格学院是开办得很成功的范例。

努尔大学是拉丁美洲玻利维亚第二所比较大的私立大学，由于提供了综合学术与实用科目的教育、创新的行政管理及独特的教育哲学观而在教育界得到很高声誉。该校的教育哲学提倡将传统的学术知识及实际经验与一些道德规则的教导相结合，道德规则包括重视社区服务、社会的公义及尊重人类社会的多元多样。不仅教给学生学术科目，而且教给学生生活上的基本原则，如无拘束地独立探索真理，摒除偏见和男女不平等，该校着重培养的科目有五项主题：个人成长、社区发展、文明的发展、生物科学和领导能力训练。宗教研究涉及世界各大宗教，学士学位课程有六个主修系：农业经济学、商业管理学、商业工程学、实用电子计算机科学、社会通讯学、公共关系与社会进展学。社团意识特别受到重视，学生必须活跃地参与社团生活。该校办学宪章强调要发展每个人的潜能，并且发

① 参见《培育下一代世界领袖人才》，载《天下一家》1994年10月号。

② 《澳门联国学校的德育课程荣获国际赞誉》，载《天下一家》1996年4～6月号。

③ 《半个世纪以来，新纪元发展学校树立教育服务先行者的榜样》，载《天下一家》1997年10～12月号。

④ 参见《澳门联国学校的德育课程荣获国际赞誉》，载《天下一家》1996年4～6月号。

⑤ 参见《印度的罗巴尼学校为乡村青年提供了优良的教育机会》，载《天下一家》1991年9月号。

展整合的、在不断发展的人类文明，其中特别注意到社会中长期被忽视的乡村地区的所需。①

瑞士兰德格学院是瑞士的名校，创办于 1986 年，但创办伊始，就与世界一流教育接轨，主办具有国际一流水准的学术会议。1990 年，举办“第一届渡向全球性社会国际对话”，一百多名知名学者与会，其中有联合国教科文组织总干事弗雷德里科·梅厄、罗马俱乐部秘书伯特兰·施奈德、诺贝尔奖得主著名科学家伊利亚·普里高津、联合国教科文组织欧洲科技办事处主任奥古斯托·福蒂、维也纳未来研究学院院长艾文·拉兹洛等权威学者。会议集中讨论人类如何能最有效地掌握由于全球互相依赖的急剧增加而产生的多层面改变，以全球化的必然趋势为假定前提展开讨论，认识到转变成全球性社会就是变迁成一个全部革新的社会，与此相应需要有新的价值观和新的伦理思维。会议决定成立一个“渡向全球性社会国际对话协会”，兰德格学院被委任为该会的秘书处。② 1993 年 11 月，该校举办了“农业及乡村发展国际协会第三届年会”，讨论会强调多学科共同探讨，认为乡村的发展需要一个多层面并以家庭及社区为基础的方针，要包括保健、营养以及增加收入与管理，在社会发展方面则要顾及男女平等、普及教育以及平等与公开的磋商，还要引导群众善于使用新增加的收入，并且推进家庭及社区的团结安定。③ 事实上，兰德格学院在培养学生方面，也朝向国际一流水平发展。该校的文学硕士学位包括 8 个专业：艺术、冲突解决、教育、领导与管理、心理学、宗教、妇女及文明。该校为了满足越来越多的国家及背景的不同学生的需要，灵活安排课程，有全日制、非全日制和异地上学等就学方式。校长 H. B. 丹尼什博士特别强调，未来的大学，要培养综合型的知识范式，而兰德格学院各项课程的核心是“实用精神”。实用精神的概念反对将宗教与科学隔离开来这种将知识一分为二的做法，主张应代之以综合的范式。在 1997 年 9 月 29 日的开学典礼上，北京大学副校长王逸奎也作了《科学教育中的人文精神》的定调发言，强调从五个方面使科学教育人文化：即精神激励、历史、美学、社会价值和科学思维方法。④

（六）职业教育的实践

巴哈伊教还注重职业教育和开展多种多样的研习活动，研习活动的主旨和首要信息是提倡“多元一体”，任何人无论有什么差异和不同，既然被创生于世，就要给这个世界一些回报。许多研习组织主动接触沾染种族偏见、有组织暴力和吸毒的青年，用积极的人生价值观和精神原则感化他们，用种种艺术形式传达出消除种族歧视、免于吸毒、妇女解放及其他正面社会原则的主旨。研习组织的巴哈伊青年精力充沛、朝气蓬勃，力求高尚情操、严于律己并以身作则，不吸毒、不饮酒、反对婚前性行为。⑤许多巴哈伊组织为问题青少年提供没有吸毒、酗酒和性滥交的场所，注重从多方面去提高个人的尊严和价值观。⑥ 职业教育与普通教育一样，也都把道德教育放在首位，这是非常值得重视的一种经验。

总起来看，巴哈伊教的教育思想虽然不适合在所有学校里全面推广，但有两点是值得所有学校借鉴的：一是特别注重道德教育，把教人如何做人放在首位；二是注重综合素质的提高，不培养书呆子式的学生。这是我们应该注意到的。

① 参见《努尔大学：玻利维亚教育界新秀成绩超出举国的预期》，载《天下一家》1991 年 3 月号。
② 参见《国际“对话”探索将来临的全球蜕变》，载《天下一家》1991 年 6 月号。
③ 参见《粮食农业研讨会强调多学科共探讨》，载《天下一家》1994 年 4 月号。
④ 参见《兰德格学院新研究生课程开学》，载《天下一家》1997 年 10～12 月号。
⑤ 参见《在世界各地，巴哈伊青年举办各种研习活动，倡导兼容美德》，载《天下一家》1997 年 7～9 月号。
⑥ 参见《研习班于精神辅导为青少年带来希望》，载《天下一家》1994 年 1 月号。

第三章 巴布揭开巴哈伊教的序幕

第一节 巴哈伊教产生之前的伊朗

伊朗古称“波斯”，原指伊朗南部的波西斯(即现在的法尔斯)。它虽然是南方的一个省份，却是波斯最大的两个王朝——阿开民王朝和萨珊王朝的故乡。希腊人把古波斯语的“Pārsa”误写成“Persis”，而且用作伊朗全国的名称。因此西方学术界过去把整个伊朗都叫作“波斯”。1935 年以后，根据伊朗政府要求，改称“伊朗”。而古代伊朗文化，现在仍称“波斯文化”。

一、波斯开始有记载的历史

波斯有记载的历史和文化开始于公元前 2700 年，即埃兰王国文明。该王国在公元前 14 世纪以后实行王位世袭制，中央集权得到加强。公元前 742 年以后，由于国内分裂割据，造成王权衰弱。公元前 7 世纪，埃兰王国首都苏萨被亚述王国的军队夷平。据说，埃兰王国还不是真正的伊朗人所建。

大约在公元前 2000 年以后，印度欧罗巴语系的伊朗人开始在伊朗高原出现，在公元前 1300 年左右，成为伊朗高原的统治力量。其中的米底人和波斯人西迁两河流域和埃兰附近。公元前 612 年，米底人攻占亚述王国首都尼尼微，与巴比伦瓜分了亚述王国。居鲁士二世摆脱米底人统治，于公元前 550 年建立强大的波斯帝国，取代了米底王国。

居鲁士二世先后征服吕底亚和巴比伦，其子后来又征服埃及。公元前 522 年，波斯帝国发生暴动，王族将领大流士镇压暴动，重新统一全国并登帝位，旋于公元前 516 年侵入欧洲，但严重失利。公元前 500 年，希腊波斯战争爆发。公元前 330 年，波斯帝国被马其顿国王亚历山大所灭。

公元前 3 世纪，安息省摆脱希腊人统治，建立安息王国。公元前 226 年，安息亡国，萨珊王国建立。萨珊王朝时，波斯曾一度繁荣，文化发达。

二、阿拉伯人的征服和伊斯兰教国家

公元 642 年，阿拉伯人入侵，萨珊王朝灭亡，之后波斯变成阿拉伯帝国的一部分。

阿拉伯征服以后，波斯约有 8 个多世纪一直在异族统治之下。16 世纪初出现沙法维王朝(Safavid，1502～1736)，成立了现在意义上的民族国家——波斯。沙法维王朝开国的伊斯迈尔一世采用了“沙王”这一传统的波斯帝王称号，并宣布以什叶派的“十二伊玛姆”教义为国教。

鼎盛时期的沙法维王朝，几乎恢复了过去萨珊王朝的全部版图。帝国思想的活跃促进了波斯古

老文化的复兴。由于什叶派思想信仰的统一，提高了波斯的民族意识，但也使伊斯兰教正统派逊尼派与什叶派之间的对立趋于尖锐。营建新首都于伊斯法汗的阿拔斯王，大肆铺张，建造了缀以豪华雕饰的宫殿、寺院、学院、庭园等，因而有“伊斯法汗是世界的一半”的赞语。[①]

从1800年开始，信仰同一种宗教的西方国家政府对信仰另一种宗教的民族国家一个接一个地、坚定而毫不留情地进行占领、侵略，欧洲以一连串的征服、并吞和保护国关系，想一口一口地吃掉穆斯林世界。而这一企图，一直到至1850年前后，才被伊斯兰教世界所察觉。

三、西方列强的占领

18世纪末19世纪初，波斯成为西方列强觊觎的对象。拿破仑很早就把波斯包括在自己远大的远征计划里面，把波斯看作是进攻印度的一个作战基地。拿破仑跟俄罗斯发生冲突的时候，在1807年5月7日和波斯沙王订立共同反俄条约，并派一位将军做特使，从华沙到德黑兰去任职。可是不久之后，波斯沙王想从拿破仑那里得到援助的希望落空，因此转向英国，要求英国遣派军官训练波斯军队，继续法国军事代表团所开始的工作。19世纪初，俄国开始进攻波斯。1812年，一支俄国军队沿阿拉斯河进攻，把波斯军队打得一败涂地，英籍的步兵司令也战死。波斯被迫接受和约，把笛宾特、巴库、希尔万等地，以及里海边上基兰省内大部分的塔里什地区割让给俄罗斯，并保证不在里海驻扎任何军舰。1827年春天，俄罗斯将军帕斯凯维奇率兵攻入波斯国境，同年10月13日，俄罗斯军队攻下埃里温，占领了大不里士，11月间又劫掠沙法维王朝的发源地阿尔达比尔。1828年2月21日，波斯沙王不得不接受土库曼查和约，放弃对埃里温和纳克奇温两省的要求，允许俄国人在波斯领土内享有治外法权。此后欧洲其他国家也相继要求享有这种治外法权。给俄国的战争赔款使波斯陷于经济困难。英国利用这个机会，使穆罕默德沙王同意放弃1814年英国在德黑兰签订的条约中所答应的援助。沙王愈来愈受俄国大使达马尔提亚伯爵西蒙尼奇的影响。西蒙尼奇派几个俄国军官为他服务，指挥作战。1838年6月，英国派387名骑兵到波斯湾上的哈迦拉克小岛，威胁波斯沙王说，如果不肯从赫拉特撤围，就要进攻波斯。

1839年，英国占领喀布尔和坎大哈省，为了要防止印度边境再次遭到波斯和俄国方面来的威胁，英国把萨都采部族的沙舒贾作为埃米尔执行它的政策的一个很驯服的工具。但是1842年，多斯特·穆罕默德把英国军队打得一败涂地，迫使英国撤出阿富汗，承认多斯特·穆罕默德为埃米尔。

四、沙王纳绥尔·丁的统治

1848年9月4日，穆罕默德沙王死去，由16岁的长子纳绥尔·丁继位。阿塞拜疆有一个卡加尔族的青年可汗叛乱，在呼罗珊找到了盟友，还得到阿富汗人的支持。纳绥尔·丁虽然得首先平乱，但他的政权开始时看来还算顺利。这个青年国王任命侍从军官塔基·汗为首相。塔基·汗是先王穆罕默德的大臣家里厨子的儿子。塔基不用大臣的官衔，只用“陆军总司令”(阿米里·尼扎姆)的称号。他努力废除行政上不可胜数的弊端，初时虽然取得了成功，不过却因此树敌。太后是他有力的对头之一，到1851年，因为他在军队甚得人心，受到国王的疑忌。他被逐出宫廷，不久即被杀死。各地受害的人民纷纷起义(例如1850年的伊斯法罕起义)，此外还爆发了宗教运动，这些都严重威胁到

① 参见《回教世界的发展史(三)——回教世界的分裂》，http://www.makuielys.info/wenzl。

纳绥尔·丁的统治。

总的来说,在国王纳绥尔·丁统治之下,波斯有近20年稳定的发展。国王对那些能够加强自己权力、增加自己收入的西方文明的成就感到兴趣。1864年,他批准了一个英国的工程计划,从巴格达经过基尔曼沙和哈马丹到布西尔架设电讯线路。1870年,西门子兄弟公司把这条线路接上从伦敦到亚历山大罗夫斯克、敖德萨、梯弗里斯和大不里士的电讯线路。然后英国技工又在其他省份添设支线,使中央政府能够更有效地监督各省。1872年波斯首相准许英籍朱利叶斯·德·路透男爵获得大规模的垄断事业,交换条件是替波斯建筑铁路、开矿和开设一家国家银行。第二年,波斯沙王到欧洲旅行,想借此扩大眼界,可是到圣彼得堡碰到很大钉子,到伦敦,也没有人对这些计划感到热情。他在回国之后,很正确地决定,取消这种垄断权的出让。

波斯沙王此后又到欧洲两次:一次在1887年,另一次在1889年参观巴黎国际博览会。但是所花的费用之大,比之他的国家由此获得的任何实际的好处都不相称。在后一次旅途中,波斯沙王于1889年在慕尼黑遇到泛伊斯兰主义的鼓动家哲马鲁丁·阿富汗尼,回国时把他带回德黑兰。阿富汗尼1886年在波斯沙王的宫廷中短期逗留后就不得不离去,因为他虽然在波斯人中的威信很高,但看来会危害当时的统治者。国王纳绥尔·丁对他的革新思想初时颇感兴趣,可是在首相阿塔贝格·阿扎姆·阿里·阿斯加·汗的影响之下,不久就转而反对他。阿富汗尼躲在德黑兰的阿卜杜·阿齐姆的圣堂里避难,这个地方被视为不可侵犯的避难所,他在这里待了7个月,继续对他的崇拜者发生影响,他们不久就组织成一个革新的党派。1891年初,波斯沙王把他从这个地方抓出来,经过土耳其边境,把他驱逐到伊拉克去。他后来到伦敦,从伦敦不只鼓动欧洲方面反对波斯政府的愿望,而且不断用公开信影响波斯国内拥护他的人。不久之后,阿卜杜勒·哈米德邀请他访问伊斯坦布尔,希望能够利用他做自己的泛伊斯兰主义计划的工具。土耳其虽然不肯把他引渡给波斯,可是苏丹一直对他严加监视,尤其是在波斯沙王被刺之后更加厉害。阿富汗尼在那里一直住到1897年,同年3月9日死于尼山塔什。

五、贫弱的国家

在巴哈伊教创立之时,伊朗是一个极其贫弱和黑暗的国家,被腐败的习俗和顽固的思想牢牢地束缚着全国。“当政者毫无效率,不顾廉耻,道德败坏的例子,比比皆是。上下层的官员,没有能力改革。时尚的想法是自以为清高而满足,一切都守成不变,思想上的瘫痪,使一切发展行动都显得不可能。”[①]那时,伊朗是一个被称为“教会之邦”的国度。“宗教虽然盛行,然而,当时却变得贪污、残忍及腐败。正统回教(伊斯兰教)的教规是国家的基础,其影响力深入国家与人民社会生活的核心。除此以外,这个国家便没有法律,没有宪法来指引公共事务的管理。当时没有法庭,没有立法议会、国会或宗教法庭。沙王是专制的,他专横的命令,通过所有高低级的官员,甚至最偏远的官吏反映出来。没有民事仲裁庭的设立来审查、限制或修改帝皇的权力。国王的命令便是法律,他是为所欲为的。对部长、官员、法官的委任或辞退,都是依国王的好恶为根据,他有生杀予夺的绝对权力。杀人的权力操在他一人手里,国家的政府法律的施行,也在他一人的命令下。”“……沙王的家族,霸占了全国所有最有利可图的职位。这样一代一代地传下去,这些家族甚至侵占了许多小职位,为数之多,竟遍

① 纳比尔·阿仁:《破晓之光·简介》,第2页。

布全国各地，甚至国家不胜负荷这个王族。他们并没有实际的才干，只是依靠血统关系。所以波斯有句话说：‘骆驼、跳蚤和王子到处都是。’”[①]阿布杜巴哈 1913 年在伦敦讲演时说：

> 大约在 60 年前，当时的东方正陷于战事纷冗中，各宗教派别相互敌对攻伐……巴哈欧拉降生了。黑暗笼罩在东方的地平线上；无知的乌云掩盖了天空；宗教的偏见盛行。东方的人民如同浸于盲目的教条与传统的海洋中。各宗教的神职人员彼此憎恨，不共戴天。如果他们在同一屋檐下共处，他们将自认受了污染……巴哈欧拉在这种情况下出现，并大胆地宣示了全人类一家的教义。[②]

19 世纪下半叶，资本主义和市场经济的发展使俄国和英国在伊朗取得了受法律条款保护的种种经济特权，这些特权是君主转让给它们的。而此时的君主则沉醉于过奢华的生活，越来越背离了伊斯兰教虔诚和行为表率的传统。“在这种情况下，宗教领袖们起而反对国王和外国势力，以保卫信仰并间接保护伊朗国家的利益。”[③]

六、王室的腐败

王室的腐败也是十分惊人的。有记载说，宫中的财政是由一个从前当过女奴的妇女管理。跟她一起的还有一个咖啡桌旁的侍女也很受宠幸。她们所享受的特权之一是：从御服上捉到一只跳蚤，拿到一个王子面前，王子有义务购买这荣誉，即把这只胆敢伤害统治者御体的小动物杀死。这一笔很大的款是由沙王在事前亲自规定的。宫中的生活是奢侈无度的。得宠的塔乌斯夫人一个人每年花在厨房作料的钱，据说不下 1.2 万杜曼（等于 2.3 万美元）。国王子女众多，每逢婚嫁，总预备丰厚妆奁。穆罕默德沙王和两个叔父为了争夺王位，还引起了全国的混乱。

七、宗教仇视

在宗教方面，18～19 世纪的伊朗盛行宗教仇视，各宗教派别互不相让，把对方看作自己的敌人。伊斯兰教什叶派与拜火教（琐罗亚斯德教）、犹太教、基督教之间敌对情绪非常高。“他们彼此躲避、讨厌、互相排斥、轻视对方。他们把异教徒看成污浊肮脏的狗，彼此诅咒谩骂已到了走火入魔的地步。一个犹太人或拜火教徒最好不要走在下雨的街道上，因为如果他们淋湿的衣服一旦碰到一个回（伊斯兰教）教徒，后者会觉得受到亵渎，前者就有遭杀身之祸的可能。回教徒从犹太人、拜火教徒或基督徒手中接过钱时，一定要把它洗涤干净才能放入口袋里。犹太人若看到他的孩子递一杯水给一位乞讨的回教徒，他马上会把杯子从孩子手上夺走，然后砸破在地，因为他认为异教徒只配得到诅咒。回教徒之间也分成许多派系，而且彼此纷争不已，冲突事件层出不穷。明哲保身的拜火教徒则不愿涉入纷争的旋涡里，异地而居，不与外教人相往来。”[④]

总之，当时的伊朗，“社会紊乱，宗教腐败，教育废弛，西方的科技和艺术被视为不洁，是反对宗教的大敌，为他们所深恶痛绝。公理被嘲弄，抢夺盗窃司空见惯；道路不修，土匪猖獗，卫生设备破败不

---

① 纳比尔・阿仁：《破晓之光・简介》，第 3～4 页。

② 白有志：《阿博都・巴哈——建设新世界秩序的先锋》，澳门新纪元出版社 2001 年版，第 283 页。

③ ［美］凯马尔・卡尔帕特编：《当代中东的政治和社会思想》，陈和丰等译，中国社会科学出版社 1992 年版，第 576 页。

④ 约翰・约瑟曼：《巴哈欧拉与新时代》，台湾巴哈伊出版社 2001 年版，第 16～17 页。

堪”[①]。这种状况正好和18世纪的整个世界局势相应:“18世纪几无任何历史价值可言,也无史实可传。那是个往昔从来没有过的充满虚伪的世纪!行为已无知觉,虚伪何其壮大,伪事是如此之甚,已到了病入膏肓的地步,因此必须由法国大革命来结束……麻木而轻妄的人们有再获得精神启迪的必要,否则将沉沦至猿猴的蛮荒境地。”[②]

第二节　伊朗历史上的宗教

宗教在伊朗一向占有十分重要的地位,是持续的历史现象,从公元前2000多年以前伊朗还在亚述—巴比伦统治时期,就存在着一些早期宗教。伊朗的宗教大致可以分为四个阶段:早期宗教阶段、琐罗亚斯德教阶段、摩尼教阶段、伊斯兰教阶段。另外在伊朗,犹太教、基督教、佛教也有自己的发展历史。

一、早期伊朗宗教

伊朗人最古老的宗教信仰是非常原始的,是适合定居类型的农业和牧畜经济基础的,但也保存着一些游牧生活的某些特征。他们最早崇拜自然物,曾向最高的山奉献牺牲。他们也崇拜水,崇拜火。在自然崇拜的基础上,产生了对于自然界最古老神灵的崇拜,认为神灵是宇宙现象的人格化。

伊朗人信仰的神灵有苍天神。这是一个男性大神,但它有双重性格,既是世界的创造者,又是毁灭者;既给予生命,又给予死亡;既是光明,又是黑暗。除苍天神外,还有大地、水和丰产女神安娜希塔,主要管理河川、丰产和生育,其神殿和庙宇有神娼侍奉。在波斯古代的宗教仪式中,人们要使用一种豪麻草。这是一种药草,从中可以榨取汁水,有酒的香味,具有兴奋和麻醉的作用。在进行宗教仪式之前,祭祀需要饮用。榨取和饮用时,也需要经过特定的仪式,因此豪麻草本身也被尊为神灵而成为崇拜对象。

此外,古代波斯还有所谓时间之神楚尔凡,分为两种,一是无限时间神楚尔凡·阿卡兰纳,另一种是有限时间神楚尔凡·达乐歌。有限时间神将统治人类12000年。时间神的观念后来被琐罗亚斯德教加以改造,前者无限时间神成为善神的创造者,后者有限时间神化成具有狮头的怪物。古波斯人还把死者看作是具有繁殖职能的精灵,人死后用雄牛作祭品,含有求取永生之意,相信人死后经过严峻的关口就能获得永生。

在古代的伊朗宗教中,只有安娜希塔进入了伊朗人的宗教信仰体系,而且还在中亚各族人民之间流传。

二、琐罗亚斯德教

琐罗亚斯德教在中国俗称“祆教”、“火祆教”、“火教”、“拜火教”,俗称“白头教”。公元前6世纪由伊朗人琐罗亚斯德在伊朗东部大夏(今属阿富汗巴尔赫地区)创建,以后发展到伊朗各地。公元7

① 约翰·约瑟曼:《巴哈欧拉与新时代》,第17页。
② 转引自约翰·约瑟曼:《巴哈欧拉与新时代》,第8页。

世纪伊朗被阿拉伯人征服之后，绝大多数伊朗人改信伊斯兰教，而琐罗亚斯德教在伊朗本土逐渐式微，最后衰落，仅在南部地区、印度孟买地区还有教徒。大约在公元6世纪南北朝时期，琐罗亚斯德教传入中国。南宋以前在中国有信徒，宋以后史籍不再有记载。

琐罗亚斯德（公元前628～前551），名字意为“骆驼的驾驭者”。他出身于一个低微的骑士家庭。他的出生地说法不一。一说他出生于波斯美地亚的拉各斯（今德黑兰）。一说他出生于阿塞拜疆的伽山。传说他20岁时，弃学隐修。30岁时，对伊朗古教进行改革，并创立新教琐罗亚斯德教。此后，他一直在伊朗很多地区宣传他的新宗教。他42岁时，受到大夏国王维斯塔巴及其臣民的信奉，该教从此骤然兴旺起来，由伊朗东部传播到西部及其邻近地区。公元前551年，琐罗亚斯德参加大夏国王统帅的一次战争，在激战中被杀于神庙。

琐罗亚斯德教的圣典为《阿维斯陀》，意为“知识”、“经典”、“谕令”，又译《波斯古经》。据说该经是用金水写在12000张牛皮上的，约有35万字，分为21卷，记载了琐罗亚斯德的生平和琐罗亚斯德教的教义。现存本仅有8.3万字左右，为原本的1/4，分为：《耶斯那》，是祭司向神供献祭品时的颂歌；《维斯柏拉特》，是对前部分的补充，为祭祀时的诵诗、祷词和咒语；《维提吠达特》，为驱魔书，并配有17条戒律；《耶斯特》，由神歌组成，是对神祇和天使的赞歌；《小阿维斯陀》，是全经的缩编，包括对太阳、月亮、水、火及灵魂的祷词、祭祀各种鬼魂唱的歌谣、宗教节日的祝愿和祈祷、每月30天的宗教仪式。

琐罗亚斯德教的主要教义是二元论的，宣称在太初之际存在着光明与黑暗或善与恶的两种神灵，他们都拥有各自的王国。在光明王国中，阿胡拉·玛兹达（意为智能之主，阿胡拉意为大神，玛兹达意为智能）是最高神，是唯一永恒自存、不被创造的神。它是宇宙的创造者，具有光明、生命、创造等德性，也是天则、秩序和真理的化身。在它之下，有七大天使和诸小天使，它们分别代表了人格化的精神或物质。

和阿胡拉·玛兹达对立的魔鬼为安格拉·曼纽（或称“阿里曼”），它是恶界的最高神，它是人格化了的谎言、不义、不净、破坏、死亡等恶行和黑暗的象征。在它统治的黑暗王国中，也有众多的魔鬼，它们拥有黑暗、破坏、死亡等德性。《阿维斯陀·耶斯那》上说：

> 起初确有两个孪生的神灵，以相互冲突而闻名。在思想、语言和行为上，他们是两个，一个是善，一个是恶。其中，那智能的选择正义，而愚妄的则没有。当这两个神灵最初相遇时，他们同时创造了生命和非生命。最后，那邪恶的追随者得到了最坏的存在，而那正义的追随者得到最好的居所。[①]

光明与黑暗进行了长期的、反复的斗争，这种斗争是全宇宙和全人类生活的基础。斗争经历了4个时期共12000年，这斗争的过程也就是世界创造和劫灭的过程。但最终还是光明之神取得胜利，它前后创造了精神世界、物质世界以及周围人类始祖的原人。在最后一个时期，善神彻底战胜恶神之后，它引导人类进入光明、公正和真理的王国，从而完成了历史的使命。

对于人类来说，该教认为在善恶两端的斗争中，人有自由选择的意志，也有决定自己命运的权利。但人的道德箴言应该是善思、善言、善行。人死之后，阿胡拉·玛兹达将根据其在世时之善恶言行，进行末日审判，通过“裁判之桥”，把他送上天堂或投入地狱。

① 龚方震、晏可佳：《祆教史》，上海社会科学院出版社1998年版，第57页。

琐罗亚斯德教的二元论学说对犹太教、基督教、摩尼教都有一些影响，犹太教和基督教中的魔鬼撒旦，就是源自安格拉·曼纽。另外，希腊哲学中的毕达哥拉斯、赫拉克利特等人也受过该教不同的影响。

三、摩尼教

摩尼教又称“明教”、“明尊教”、“末尼教”、“牟尼教”，在中国宋时，被诬为“吃菜事魔”、“魔教”。该教因其创始人叫“摩尼”而得名。

摩尼(约216～277)，又译“牟尼”、“末摩尼”。他生于波斯古都泰西封，出身贵族，其父帕蒂克系基督教徒。摩尼24岁时脱离基督教，宣称自己受上帝之嘱，遂建立摩尼教。240年，在泰西封传教，后又到东方各地旅行，到过印度俾路支地区，据传还到过中国新疆地区。242年，摩尼返国受到波斯新建萨珊王朝国王沙普尔一世的接见，参加新王的加冕典礼。在沙普尔一世的庇护下，该教得以广泛传播。但其信仰和活动威胁了当时是正统宗教的琐罗亚斯德教及其贵族的统治，因而在瓦拉姆一世执政时被取缔。摩尼本人被逮捕，经过审讯，摩尼被宣布为异端并被钉死在十字架上。在思想方面，摩尼教在琐罗亚斯德教二元论的基础上，吸收了佛教、基督教的思想因素，创立了“二宗三际论”。

二宗指世界的两个本原：光明与黑暗、善与恶。三际指世界的三个发展过程，即初际(过去)、中际(现在)、后际(将来)。该教认为在原初没有天地之际，光明与黑暗是互相对立的王国，在光明王国中充满着爱、信、崇高、智能等德性，该王国之最高神为大明尊，它是清净、光明、威力和智能的集中体现者。大明尊的属下有五明子(五种光明的分子或元素)，即净气、妙风、明力、妙水、妙火；在黑暗王国中有魔王及其所属的五类魔(五种黑暗的分子或元素)，即浓雾、熄火、恶风、毒水、黑暗(暗气)。在中际，魔王及其所属黑暗势力侵入了光明王国，光明分子和黑暗分子互相吸引或排斥，开展了一系列的斗争。大明尊首先通过其使者善母创造了原人——人类最初的原型，但原人在斗争中也为魔众所败。嗣后，大明尊又召唤明使、第三使和最后的使者——摩尼参与了斗争过程。在经历了多次反复的战斗后，光明力量终于战胜了黑暗力量。在斗争过程中，明使把五明子和五类魔两种力量和合起来，创造了世界，把那些从五类魔死尸中摆脱出来的光明分子造成了日月，把那些受到了污染的黑暗分子造成了天上的星群，把其中解脱不出来的分子的皮盖造成了苍天(十天)，用他们的死尸造成了大地(八地)，抽出了他们的骨头筑成了江海。以后第三使又以风、水、火三轮组成了“宇宙的机械”，使已经解脱了的光明分子逐步进入月宫、日宫以至光明王国。

后际就是光明战胜黑暗，天地人伦从创造到劫灭而复归于初际的过程。在后际中，“真妄归根，明既归于大明，暗亦归于积暗，两者相复，两者交归。”(《摩尼光佛教法仪略·出家仪第六》)

该教认为，人的灵魂在性质上是与上帝相同的，灵魂也就是上帝在世界上的一部分。上帝决不会不拯救自己的肢体，他的肢体一定会与他的本体重新合一，因此上帝救人也就是自救，而人同样也是被拯救的拯救者，人的灵魂是被拯救者。人的智能是拯救者。该教主张，人不可沉湎于肉欲而甘为物质之奴，人不可行淫、生育、拥有财富、耕稼、杀生、食肉或饮酒，因为这些事都会玷污人，亵渎本来禁锢在人的肉体内的光明。

摩尼教后来先后传至北非、南欧及亚洲的其他国家，其教义对基督教诸斯替教派及希腊、罗马的哲学都有影响。

四、犹太教、基督教、佛教

波斯在居鲁士二世当政时期，作为巴比伦囚虏的犹太人得以返回故乡耶路撒冷。在居鲁士二世的帮助之下，犹太人建立了由祭司集团统治的犹太教自治神权政体。犹太教的法典《摩西五经》在波斯国王的支持下，不仅成为犹太居民的法典，而且成为各地犹太移民必须遵守的法律。因为居鲁士二世的贡献，犹太教祭司把他奉为“弥赛亚”（救世主）。希腊化时期，托勒密和塞琉西争霸巴勒斯坦地区，犹太人又流落他乡，波斯成为犹太移民的理想庇护所，犹太教得以在波斯生存和发展。祆教成为国教之后，犹太教在伊朗受到限制甚至迫害。近代以来犹太教徒在伊朗仍然存在，主要居住在大城市。犹太教会开设有学校和非宗教的教学机构，犹太教堂也设在各大城市。有的教堂中设有培养犹太教神职人员的学校，很多拉比在这里毕业。

基督教聂斯脱利派反对上帝一位论的学说，主张基督二位二性说，神性本体依附在人性本体上，把基督看作具有两个不同的位格。这种学说在 431 年的以弗所会议上，被判为异端，聂斯脱利被革职流放，信徒也被镇压，不得不逃亡。其中一部分信徒在波斯受到国王的宽待和保护，在萨珊王朝大行于波斯。在伊斯兰教时期，聂斯脱利派被承认为合法宗教，受到当权者的保护，一度有较大发展。景教在中国的出现，就是波斯的聂斯脱利派传入的结果。现在的伊朗仍然有一些信仰基督教的少数民族，主要是亚美尼亚人、亚西利亚人、格鲁吉亚人，他们也是绝大多数居住在城市。

佛教在波斯仅限于东部地区，安息时期在木鹿一带相当繁荣，在东伊朗语民族中，佛教繁荣了几个世纪，犍陀罗佛教艺术就是与波斯的佛教有密切联系的。

五、伊斯兰教

伊朗在 16 世纪以前作为一个伊斯兰教国家，其居民的绝大多数属于逊尼派穆斯林。到 16 世纪初，沙法维王朝建立（1502～1763）。该王朝的国王伊斯梅尔·沙法维自称为“沙王”，他原是和奥斯曼逊尼派做斗争的苏非教团领袖。因此他在掌权以后，反前王朝的逊尼派信仰，奉行和传播什叶派伊斯兰教，把它奉为国教。他强迫居民改宗，并且迫害逊尼派宗教学者。从此，什叶派伊斯兰教成为伊朗的国教。

什叶派伊斯兰教在伊朗的政治和宗教事务中起着决定性的作用。该派承认穆罕默德的女婿和堂弟阿里是穆罕默德的唯一合法继承人。按照其教义，真正的伊斯兰教继承人都是由阿里传下来的，从阿里以来的继承人叫伊玛目，一共有 12 位。每一位伊玛目都是一贯正确的教主，能够创造奇迹，任命继承人。所有的伊玛目都将殉难，死于暴力。第十二伊玛目穆罕默德·马赫迪为隐遁伊玛目，自 874 年从世界上隐遁于某一个洞穴之中，到世界末日来临之时，他将以救世主的面貌出现。十二伊玛目派被伊朗宪法规定为国教，因此大多数伊朗人都是十二伊玛目派穆斯林。

第三节　对伊朗产生过重大影响的伊斯兰宗教哲学

阿拉伯哲学是由阿拉伯伊斯兰宗教哲学和阿拉伯世俗哲学两部分组成的。但学术界往往把两者等同，且有轻视伊斯兰哲学的倾向，认为伊斯兰哲学没有什么思辨的内容。事实上，这是一种偏见，和把阿拉伯哲学等同于伊斯兰哲学的偏见无异。这里对伊斯兰宗教哲学加以详论，以辨明巴哈伊教的思想源头。

一、伊斯兰教哲学有别于阿拉伯哲学

阿拉伯哲学并不等于伊斯兰哲学，那种把阿拉伯哲学和伊斯兰哲学等同起来的说法，是错误的。阿拉伯哲学在伊斯兰教创立以前，就有过最初形态，而在伊斯兰教创立之后，则是在阿拉伯哈里发们的征服下，由阿拉伯人、波斯人、塔吉克人、埃及人和其他民族共同创造的。阿拉伯哲学不是纯粹伊斯兰的，因为许多景教徒、基督教徒，犹太教徒、琐罗亚斯德教徒以及其他一些伊斯兰教外人士或非宗教徒也都参与了它的创造。但伊斯兰教的世界观在阿拉伯哲学中无疑占有十分重要的地位，不管是伊斯兰教哲学家还是阿拉伯世俗哲学家，都不能或无法绕开它，都会受到伊斯兰世界观或多或少的熏陶或者影响。

因为伊斯兰教的经典《古兰经》是伊斯兰教的“圣先知”穆罕默德在长期吸取犹太教、基督教的基础上形成的，所以在伊斯兰教的创立中，本来就有其他外来思想的影响，但主要的却是宗教方面的影响，不像后来在哈里发时期，由大量地翻译希腊哲学书籍而形成的对阿拉伯哲学的那种更为广泛、更为深刻的影响。严格说来，《古兰经》主要是一部宗教经典而非哲学专著，但在《古兰经》中却经常涉及宗教和哲学共有的一些问题，如理智的认识、思维和存在、现象和本质、真理和谬误、空间和时间、创造和被造等等。

《古兰经》对阿拉伯人的影响十分广泛，它甚至深入到阿拉伯人的生活、思想的每一个层面之中。正是由于《古兰经》，阿拉伯人树立了最初的宗教哲学世界观。因此，伊斯兰教一直在众多阿拉伯人的思想中占统治地位，它成为阿拉伯人的主导思想。这种思想后来虽又吸取了外来的思想而不断发展，但它的伊斯兰教的本质始终未变。可以说，阿拉伯哲学的产生和成长，一直伴随着伊斯兰教的势力，与伊斯兰教同生共长。当伊斯兰教宗教教条削弱的时候，哲学方面对理智的探讨也削弱了，对理智的探讨是经常从属于对教条的探讨的。所以，无论从哪个角度，我们都必须如实地把伊斯兰教作为阿拉伯哲学的第一个来源，而探讨伊斯兰宗教世界观则是阿拉伯哲学研究所面临的义不容辞的重要任务。

伊斯兰教既有独特的同化能力，又有充分的宽容精神。伊斯兰教不把自己的信仰强加给受它统治的人民，它不反对别的宗教。在伊斯兰教的大帝国内，统一了两种不相同的文化：一种是具有悠久历史和多样性的地中海希腊、罗马、以色列和近东的传统文化，另一种是具有阿拉伯生活和思想的阿拉伯传统文化。由于许多民族、宗教（如犹太教、基督教、萨比教、巴哈伊教等）、思想在伊斯兰教的社会范围内互相混合，就产生了一种新的阿拉伯文化，它的来源和创作者尽管各不相同，但它的一切表现和特征都打上了阿拉伯伊斯兰教的烙印。这也就是阿拉伯哲学史既包含伊斯兰哲学，又不等于伊斯兰哲学的原因所在。

二、《古兰经》的哲学

伊斯兰教宗教哲学的形成以《古兰经》的颁布为主要标志。在穆斯林的心目中，《古兰经》就是人类精神的保障，《古兰经》都是真主安拉所说的话，而且所有的话都表示存在的意义和真正的本质。《古兰经》对于善辩的阿拉伯人来说，不仅是宗教典籍，而且是 300 多种学问的源头，如法律学、语言学、历史学、文学、自然科学、天文学、哲学……因此,《古兰经》在它的信徒中有很大的影响,它包括了法律、规章、政治、文明和社会制度等方面的内容,它还催促人们去追求学问、理论、希望和思想。《古兰经》对天地的形成、天地的结构、日夜的交替、风的变化、海的奇事、人类创造的奇迹、理智和认识的区别和发展、人类对万物的选择和利用(如对无机物、动物、植物等的利用)以及提高人类的物质的和文化的生活水平等等方面的内容,都有十分广泛的阐述。只要明白了这一点,那我们就不用奇怪,伊斯兰的思想家们何以要把弄懂这部天书的真正意义作为自己的第一要务了。

围绕着《古兰经》这部"天书",思想家们对它的内容展开了讨论。这些讨论开始于对《古兰经》的注释,由于对经文的理解不同,就导致了注释的不同。对《古兰经》的注释一般可分为两种类型:一种是只满足于对经文字句表面意义的理解,阿拉伯人称之为"表学派"或"札希里学派",另一种是不注重于文句的表面意义而看重于对它的本质的探讨,阿拉伯人称之为"内学派"或"巴颓尼叶派"。伊斯兰宗教哲学最初正是在对《古兰经》的注释中发展起来的。

在伊斯兰教内部,后来又有各种不同的派别。这些派别既有政治派别、哲学派别,也有教法派别。这些派别都是由于政治观点、哲学观点、教法观点不同而形成的。伊斯兰宗教哲学的派别则大多是在注释《古兰经》时,由于对经文的理解不同,而表现出了各派自己的哲学观点。

三、伊斯兰宗教哲学的主要派别

就伊斯兰教宗教哲学的特点来说,其基础是《古兰经》中的伊斯兰教教义,它也吸收了基督教神学与古典希腊哲学中的某些内容,但其基干却始终是伊斯兰教的。阿拉伯世俗哲学与之不同,世俗哲学在某种程度上是希腊哲学的阿拉伯化,探讨的问题有很多是希腊哲学中已经探讨过的,但后来却在希腊失传了的内容,虽也涉及伊斯兰教中的某些内容,但这种哲学的主干却是世俗的。不可否认,在希腊哲学的阿拉伯化的过程中,阿拉伯哲学家付出了许多创造性的劳动。

伊斯兰宗教哲学的派别主要有苏菲派、穆尔太齐赖派、艾什耳里派、伊斯玛仪派、精诚同志社,以及后来的照明学派。伊斯兰教最伟大的哲学家是安萨里。

(一)苏菲派

苏菲派是伊斯兰教中的一个神秘主义派别,是伊斯兰教中的异端派,开始出现于公元7至11世纪,延续至现在。苏菲派来自阿拉伯文"Sufi",其本义为羊毛,这种派别常穿粗制的毛料衣服以示质朴,故名。在苏菲派那里,金钱是微不足道的,重要的是自身的清正。清贫、坚忍、苦行、禁欲,使他们专注于内心的精神修养而不讲究外部的打扮,这种简朴的穿着便于他们席地而坐和随处卧倒,便于经常的流浪生活。有人说大概印度的瑜伽派(Yoga)的学说对于苏菲派曾有重大的影响[①],因为他们有些人可以或吃玻璃、走炭火,或吞火焰、食活蛇,或以针、剑扎肉体,或以音乐伴奏狂舞,这些行为颇类似于印度瑜伽派,目的在获取一种超自然的能力,以求神人合一时的快感。我国战国时代的墨家子弟摩顶放踵,"墨子服役者百八十人皆可使赴火蹈刃,死不还踵"(《淮南子·泰族训》),与苏菲派也有很相似的地方。

苏菲派的代表人物有阿布·哈希姆(?～778)、拉比阿(?～801)、比斯塔尼(?～?)、哈拉智

---

① [德]第·博尔:《伊斯兰哲学史》,马坚译,中华书局1958年版,第55页。

(858～922)、伊本·阿拉比(1165～1240)、鲁米(1207～1273)等人,安萨里在哲学上也属于神秘主义,但其贡献远远超出一般神秘主义者,其思想另节专论。

苏菲派反对理性主义,因此和主张唯理论的穆尔太齐赖派是针锋相对的。苏菲派的哲学观点,主要分为三方面的内容。

1. 神秘主义

神秘主义与禁欲主义交织在一起。禁欲主义是苏菲派的一种修行方法,他们修行的目的,是认识真主,喜爱真主,与真主联合为一,而不是企图在来世获得真主的报酬。苏菲派对真主的这种认识,是凭借个人的灵魂闪光获得的一种神秘的直觉,而不是通过理智或公认的“圣训”而求得的对于真主的认识。[①] 他们主张,人生的目的不是别的,就是接近真主和爱慕真主。对于真主,每个人都希望能够获得亲身的、直接的亲近和更亲切的经验。除真主的本体外,苏菲派不承认任何物的存在。他们只承认他们心中随时涌起的、对于真主的向往和思慕等情操是实在的,真主是永恒的美,而达到真主的道路则是爱,这种爱是精神的爱,是摈弃一切肉欲而专注于精神,所以他们主张苦修、禁欲,因为尘世生活中的荣华富贵会使人在爱真主的过程中分散精力,丧失功效。就这样,爱变成苏菲派神秘主义的精髓。

2. 神智论

神智论是苏菲派的认识论。他们认为,只有入神才能真正认识真主,除此,别无他法。他们主张,只有凭借个人的神秘的直觉,即修炼者个人亲身的、直接的、内心的经验才能获得知识,这种知识只有通过一定时期的冥思默想达到入神状态才能引起。苏菲派把入神(Wajd)看作高于宗教的礼仪实践。入神意味着人的思想、精神、心灵达到完全忘我的境界,其最终目的则是“寂灭”(Faná)和“永存”(Bagá)。只有达到“寂灭”和“永存”时,才是认识上达到了真理,也就是达到了神,人和真主便可融合为一。这种知识是基于真主对人的影响而获得的,所以是神智,或神秘的知识。这种知识的获得,是真主通过自身的神智使人认识真主。除了真主赐予人的神智以外,不存在其他知识。这种知识完全是直觉的内心经验,脱离人的实践和感性活动,纯粹是内心修炼的纯精神活动。

苏菲派的神智论与我国宋明理学中对天理的理论,如心学派强调内心自觉,通过内心修养去体认天理的思想是很相似的。

3. 泛神论

苏菲派肯定真主的存在并主宰着世界万物。而宇宙万物在本质上则并不是真实的存在,而只是一种非存在。但他们又无法否认外部世界的现实性和客观性,因此,他们认为外部世界只是真主的一种反映,真主这一绝对实体在世界万物之中,并通过万物反映出来。所以他们说“真主存在于万物”[②]。就是说,真主只有通过他自身所创造的万物才得以显现,这样,真主也就遍布于一切事物之中,存在于一切事物之中了。

真主不仅存在于万物之中,还存在丁人身上。“我就是真主”、“这长袍里只有安拉”、“我即我所爱,所爱就是我;精神分彼此,同寓一躯壳;见我便见他,见他便见我”[③]。这样,人人都成了真主的体现。这无异于宣布人就是真主,从而也就否定了真主。这样也就走上了反对伊斯兰正统教义的道

① 参见[美]希提:《阿拉伯通史》上册,马坚译,商务印书馆 1979 年版,第 516 页。
② [德]第·博尔:《伊斯兰哲学史》,第 55 页。
③ [德]第·博尔:《伊斯兰哲学史》,第 55 页。

路，所以泛神论在"个别地方甚至着了无神论的边际"[①]。

（二）穆尔太齐赖派

"穆尔太齐赖派"一词含有分离的意思，在伊斯兰教初期就出现了，其表示的意义是：当一个人看见两党相争之时，他自己尚没有一定的见解，或因为双方都越出正轨，他自己采取中立的态度，不愿意参加任何一方面的争执和战争。这样的人，就叫作"穆尔太齐赖"。[②] 穆尔太齐赖派则是专指 8～12 世纪伊斯兰出现的一个唯理论的哲学派别，主要代表人物是瓦绥勒·本·阿塔和伊本·欧白德等人。

穆尔太齐赖派的哲学观点，主要有四个方面的内容：

第一，否认安拉具有本体以外的任何属性，如知、能、听、视等永恒的德性，他们反对正统派的"神人同形说"，认为安拉无影无形，除本体外，没有任何属性。他们认为，主张安拉具有种种永恒德性的观点，无疑是多神论者的观点。安拉是唯一的，无偶的，决无超越其本体的。安拉是纯精神的，不具有永恒的神质，因为真主是无始的。这被称之为"认一论哲学"。

第二，主张安拉并没有造化人类的行为，人类的行为是自己造化的。安拉不专横于一切，安拉的意向不决定人的行为，人类将来或受惩罚或受奖赏，是安拉根据人的行为的善恶进行奖惩，善有善报，恶有恶报，所以安拉是公正者。

第三，主张理性主义和人的意志自由，主张不是依据信条，而是依据理性和逻辑推理来判断真理。他们说："理性是多么伟大呀，它就是你在幸运中和不幸中的伙伴！它是一个法官，能够以审判出席者的正确性来审判缺席者……它的特性之一就是能区分善恶……"[③]人有意志自由，人是在没有安拉的干预之下，自身行为的支配者，所以人应对自己的行为负责。

第四，主张《古兰经》是在安拉之后由人创造出来的，这就是"《古兰经》是受造之物"的说法。

穆尔太齐赖派又叫公正派、统一派，是伊斯兰教中的唯理论派的早期代表。

（三）艾什耳里派

艾什耳里派是伊斯兰教正统派经院哲学的主要流派，由阿布·哈桑·本·伊斯梅尔（绰号"艾什耳里"）于 10 世纪创立于巴格达。艾什耳里从小追随穆尔太齐赖派，40 岁以后脱离该派，独立门户自成一派，被认为是正统派伊斯兰教的最大权威。安萨里后来又对该派理论加以综合，形成正统派的神学理论基础，并把伊斯兰教维系至今。艾什耳里派的代表性著作是《宗教基础诠明》、《伊斯兰教学派言论集》等。他们的哲学思想是以宿命论为核心的安拉创世说，用理性弥合信仰，用唯心主义解释古希腊自然哲学的原子论，用以说明宇宙的形成、安拉的万能。

1. 本体论

在本体论方面，艾什耳里派主张安拉创世说，他们从宗教神学立场出发，认为安拉是至高无上的超绝万物的造物主，其本质是超物质、超时空的永恒的精神存在。安拉本身没有存在的原因，但他是一切事物存在的原因，万物都是由安拉创造的。

---

① 《马克思恩格斯全集》第 7 卷，人民出版社 1973 年版，第 413 页。

② 参见[埃及]艾哈迈德·爱敏：《阿拉伯—伊斯兰文化史》第 1 册，纳忠译，商务印书馆 1982 年版，第 304 页。

③ 转引自[苏]特拉赫坦贝尔：《西欧中世纪哲学史纲》，于汤山译，上海人民出版社 1960 年版，第 52 页。

安拉是怎样创造万物的呢？他们认为，安拉不是通过若干中间环节，而是凭借万能的本体直接地创造了万物的实体，而这种创造是无限的、任意的、偶性的。艾什耳里派把古希腊的原子论和偶因论加以结合，提出安拉创造的实体就是原子，世界就是由安拉创造的原子和虚空构成。物体是原子的组合，物体本身不是实体，而是实体的联合。

艾什耳里派还把物质和时空割裂开来，认为自然界是由安拉创造的彼此无联系的实体和偶性构成的，各实体之间相互分离，原子是只有位置而无空间，借其位置才充满空间。空间没有广延性，所以是有限的；时间是由若干个别的不相衔接的片刻组合而成的，所以是有始的。

他们主张偶因论，认为人能知觉的世界是若干忽隐忽现的偶然性，这些偶然性附着于若干实体，而实体正由于偶然性，所以是变化无常的。这个实体不是客观存在的物质及其形式，而是变化莫测的精神存在，是安拉创造万物的形式或模型。

既然事物都是偶然的，那么在因果关系上就没有必然的联系，而且整个自然界也没有客观规律。所谓规律只能是安拉安排在自然界中的习惯和经常的情状，这种习惯不是必然的，因为真主在任何时候都能创造奇迹，使习惯发生或者中断。他们认为，如果真主愿意，火可以变成冷的，人可以变得像山一样大，跳蚤可以跟象一样大。

2. 伦理观

在伦理观方面，该派主张，由于安拉与人类的关系是创造者和被创造者的关系，所以人对安拉只能绝对地无条件地服从。人的命运和行为都是预定的，善恶是人不能完全选择的，是由安拉预先决定的。但既然这样，安拉为何还要赏善罚恶呢？他们这样解释：在支配事物方面，安拉是有绝对意志自由的，而人类无绝对意志自由。安拉虽然预见到人们的行为，但善恶行为并不是安拉强制人去干的，安拉的预定，并不完全排斥人的意志自由，人的行为是他自己支配的，因此，人要对自己的行为负责。这样，人类就会既有善的行为，也有恶的行为。

3. 认识论

在认识论领域，艾什耳里派认为，安拉对人的启示是人们获得认识的源泉，启示就是安拉赋予人的先天的灵知及教义教条。人类认识的对象和目的，就是认识安拉的存在及对人的恩泽，从而绝对顺从安拉，在理性和信仰的关系问题上，他们既反对把理性看作宗教认识的基础，又不绝对地排斥理性在认识中的作用。他们认为，关于安拉的知识，关于教义的真理，是超理性的，但又不是无理性的。他们的理性，实际是指合乎安拉天启的"灵魂感应"，即思想上的绝对信仰。理性无法获得可靠的知识，安拉的真理不可能被理解，而只能被信仰。所以艾什耳里派最终还是宣扬信仰高于理性。这是属于信仰主义和蒙昧主义的。

他们还认为，人对安拉的正确认识就是真理，安拉的意志既是真理的源泉，又是真理的标准。《古兰经》是永恒的绝对真理，包含着神圣的内容，是信仰的全部准则，是不能怀疑和动摇的。

总之，艾什耳里派是对伊斯兰教贡献最大的宗教派别之一，他们从哲学的角度对伊斯兰教进行了论证，使其信条系统化和理论化，其结果是巩固了伊斯兰教的地位，使伊斯兰教延续至今。同时，它又使伊斯兰教趋向保守和教条化，窒息了哲学和自然科学的发展，对阿拉伯社会的发展有延缓作用。

(四)伊斯玛仪派

伊斯玛仪派是伊斯兰教什叶派内的一个支派，又称"七伊玛目派"。公元8世纪下半叶，第六代伊玛目加法尔·萨迪格曾选定其长子伊斯玛仪为继承人,但后来发现他有酗酒的恶习,就剥夺了他的继承权,立次子穆萨·卡齐姆为伊玛目,由此而引起内部意见分歧。伊斯玛仪约在公元760年去世,他的追随者就把伊玛目的数目限于七个,认为伊斯玛仪是第七个伊玛目,也是最后一个伊玛目,即隐遁的伊玛目。

伊斯玛仪派在政治上后来成为一个秘密组织,秘密发展教徒。在哲学上,该派受新柏拉图主义的影响,建立了复杂的宗教哲学体系,由于他们认为《古兰经》的含义有表里两方面,但主张用隐喻法求内在的含义,所以又被称为"内学派"。

1. 新柏拉图主义

伊斯玛仪派受新柏拉图主义的影响,建立起宇宙流出说的理论。该理论的基本观点是:安拉是宇宙间的最高存在,没有先于他的存在。但安拉本身并没有形象,除了独一性外,也不具有任何属性。他超越一切生物的和无生物的,也是超越人的理解力的,是不可知、不可名、不能言的。安拉按照自己的意愿创造了理智,这是第一理智,也称为宇宙理智,理智是除安拉以外所有存在的原因,既是万物的第一起源,又是安拉的表现形式。然后从宇宙理智中流出一系列的创造物和万有:从它流出宇宙灵魂、第一物质、灵魂的联合体、人类理智、物质、时间、空间,并产生各星体和自然界的运动。[①] 再具体一点说,就是从理智中又流出灵魂,从灵魂中又流出七个拥有众星的天体,这些天体能自我运转。自我运转的结果,由其单一因素和许多特性,如燥和湿、冷和热等,相互混合,形成了合成物,即土、水、空气等。这之后便产生了带有植物灵魂的植物,又由植物中产生出带有感觉灵魂的动物,又由动物中产生出带有理性灵魂的人。物质世界是由精神世界,即由安拉的表现形式宇宙理智中流溢出来的,物质世界由安拉流出的步骤有七个,即安拉、宇宙精神(第一理智)、宇宙灵魂、原始物质、空间、时间、大地和人的世界。[②] 这个世界流出之后,被恩赐给了七位立法的先知,即阿丹(亚当)、努哈(诺亚)、易卜拉欣(亚伯拉罕)、穆萨(摩西)、伊萨(耶稣)、穆罕默德、伊斯玛仪的儿子穆罕默德·塔木。

伊斯玛仪派的宇宙流出说在伊斯兰教宗教哲学中是独有的,是为了反对正统派逊尼派的宇宙创造说,吸收新柏拉图主义的因素而形成的。新柏拉图主义认为,世界万物是从"太一"(即神)中派生出来的,神是完满的,它既不追求任何东西,也不需要任何东西,它是充溢的,从它流溢出别的实体。流溢的过程是:太一首先流溢出宇宙理性(即理性世界),再从宇宙理性流溢出宇宙灵魂,再从宇宙灵魂流溢出物质世界。伊斯玛仪派发现,伊斯兰教正统派逊尼派的宇宙创造说认为安拉是万物的本原,安拉能够创造一切。这个理论有很大的弊端,承认安拉能够创造一切,也必然要承认善恶都是来自于安拉的,这也就等于承认了安拉是恶的本源,有损于安拉的权威。伊斯玛仪派吸收新柏拉图主义流出说的因素,把安拉和物质世界之间的关系说成不是直接创造的关系,它们不直接发生关系,而是要通过若干中间环节。这样就既坚持了物质世界来自于安拉,安拉又不用对世界上的任何罪恶负有责任,这就捍卫了安拉的绝对权威。

2. 认识论和历史观

伊斯玛仪派的认识论主要是对知识的看法,他们认为《古兰经》具有明意或隐意,隐意被明意掩

---

① 参阅穆罕默德·赛费格·格尔巴勒主编:《简明阿拉伯百科全书》,黎巴嫩复兴出版社1981年版,第160页。

② 参见[美]希提:《阿拉伯通史》上册,第526页。

蔽着，只有该派的传教者才能用譬喻、暗示或象征的方法解释它。所以他们被称为“内学派”、“里学派”或“暗示派”。

他们认为知识的作用就是为了救世、为了拯救人的灵魂。世界上只有两种人是最有知识的，只有他们的灵魂能够得到或者有希望得到拯救。这两种人就是该派的各级神职人员和信徒。人类的其余部分则都是愚昧的。

在该派看来，人类历史以七为周期进行循环。“七”这个数字被认为具有神圣性，他们由七来把宇宙现象和历史事件加以分类和分期，每一个周期都有一个管理者，七个周期共有七个管理者，即上述提到的七位立法的先知。但人类社会是漫长的，而管理者却只有七位，这又如何解释呢？他们认为，这是由于每一位管理者的灵魂都可以转世。这种历史观使我们很容易想起中国古代的五行说，也容易想起邵雍的元会运世的历史观和佛教的七道轮回说。

（五）精诚同志社

精诚同志社是公元10世纪中叶出现于巴士拉的一个伊斯兰教秘密社团，他们的哲学观点包括在52篇论文中，编成一本论文集。这是一本百科全书式的论文集，参加编辑的主要有4人：白思谛、赞查尼、奈海尔朱列和伊本·利法尔。

这本论文集的52篇文章分成4组：第一组是关于数学的，有14篇文章；第二组是关于天体和人类的（大世界和小世界），有17篇文章；第三组是关于理智的，有10篇文章；第四组是关于宗教和天道的，有11篇文章。事实上最后一篇文章是全书的概括和总结。这部论文集的特点是企图调和哲学和宗教，但结果却既未使伊斯兰教正统派神学家满意，又未能使阿拉伯的哲学家满意，但他们对古希腊哲学在阿拉伯世界的传播，是起过一定的推动作用的。他们的哲学，可以归纳成以下几个方面的内容。

1. 灵魂和认识

精诚同志社认为，人类的灵魂是由万有的灵魂即世界的灵魂流出的。在世界万有中，人类的灵魂居于中央，人与世界的关系是小世界与大世界的关系。人类各个体的灵魂，合成一个大实体，这就是人类的灵魂。人类的灵魂介于物体世界和心智世界之间，深入于物质之中，所以须变成理性。灵魂有许多能力，最可贵的就是思维的能力。通过思维，可以获得认识，认识是灵魂生活的精华。

人类的灵魂可以通过三条路径认识一切可知的事物，即灵魂借感官去认识比事物的本质更低的，借证据去认识比事物的本质更高的，借思维去认识事物的本质。而灵魂对自身的认识，是各种知识中最亲切可贵的。

2. 星相

精诚同志社对星占学有许多学说，他们相信星宿能预示吉凶，甚至能直接影响月球以下的一切事物。万物的吉凶都是由星宿降下的，木星、金星主吉，土星、火星、月亮主凶；水星又主吉又主凶，能赋予人学问和有关善恶的知识；其余的各星座也都有自己特殊的势力范围，一个人如果不夭折，那么他终生都要受到各星体逐一的支配。

3. 真主的世界

精诚同志社认为，真主是至高无上的实在，世界完全导源于真主，万物都是由真主流出的。由真主依次流出如下一些东西：原动的精神；被动的精神或万有的灵魂；第一物质；能动的自然（万有的灵魂所具有的能力之一);绝对的物体,又称“第二物质”;天体世界;世界的元素;由各元素构成的矿物、植物、动物。

根据精诚同志社的哲学,现实世界就是天体中永恒原型的世界。经验世界的各种现象只是理念世界的虚幻的映像。最高的实在是精神实在。

(六)安萨里的宗教哲学

安萨里是对伊斯兰教有特殊贡献的人物,他是伊斯兰教义学家,是伊斯兰教最有创见的思想家之一。在伊斯兰世界,流传着这样一句话:假使穆罕默德之后还可以有一位先知,安萨里就一定是那位先知了。①

安萨里既与艾什耳里派有联系,他确定了艾什耳里派最后的形式;又与苏菲派有联系,他晚年成为苏菲神秘主义的代表;还与精诚同志社有联系,受过精诚同志社论文集的影响。可以说,安萨里是集伊斯兰教宗教哲学之大成者。

安萨里的哲学思想是对伊斯兰教各宗教哲学派别的综合,他的主要哲学著作《哲学家的宗旨》,简述了阿拉伯亚里士多德主义者的哲学体系;《哲学家的矛盾》,反驳了在上部著作中所叙述的体系,特别是伊本·西拿的观点;《宗教学科的复兴》,又译《圣学复苏》,从逻辑上反驳对伊斯兰教来说是最危险的亚里士多德主义的原理。

他的哲学思想的主要观点是:

1. 真主从无中创造宇宙

他强调宇宙不是永恒存在的,而是真主从无中创造出来的。他驳斥了三派哲学家有关的观点:

一是无神论者,他们不承认造物主和宇宙的主宰,认为世界是早已存在的,不是由真主创造出来的,而且认为动植物也都是无始的。

二是自然哲学家,他们研究自然界,研究动植物的发展成长过程,目睹造化之工的玄妙,不得不承认造物主的存在,但他们不承认死后还有灵魂,不承认末日。安萨里认为,信仰的根本是信真主和末日。

三是形而上学家,如苏格拉底、柏拉图、亚里士多德等,他们的许多学说和观点是违背
宗教教义的。

同这三派哲学家的观点不一致,安萨里从三个方面来反驳他们:反驳世界永恒性原则,并提出真主从无中创造与之对抗;确认真主的天意和指导不仅普及到一般现象,而且普及到局部现象;反驳否认个体不死、肉体复活、末日审判、肉体在天堂享乐和在地狱受苦的观点。

安萨里关于世界的主张是:世界是先无而后有的,世界的发生是由于真主,真主是世界存在的原因,真主以自己的意志和能力创造了世界。而时间也是有始的,是被创造的。因为它由世界的运动生出,而世界的运动是有始的。这就强调了真主是先于世界和时间而有的。

2. 由怀疑主义走向神秘主义

在认识论方面,安萨里由怀疑主义走向神秘主义。

最初安萨里认为感官的知识是不可靠的,如眼有错觉,常将物影认为是静止的,其实是运动的;

---

① 参见[美]希提:《阿拉伯通史》上册,第 512 页。

又将星体看作是渺小的，其实比地球大若干倍。后来，他又认为，否认感官知识的是理性的知识亦不可靠。起初被信任感官的知识后因理性的否认而舍弃了。如果没有理性，他或许会继续信任感官，由此他又怀疑理性，认为"在理性的认知外，或许有其他的判断者；当那判断显现时，他将否认理性，正如理性显现时否认感官一样。那个判断者虽未显现，但不能证明其永不显现"。[①] 由此。安萨里主张，必须摈弃理性，把自己的全部精力用在对真主的直接静观上，只有神秘的直觉，只有受到真主启发的灵魂才能进入完善的认识。在入神状态下，人的灵魂才能同真主融合。因此，他觉得只有苏菲派的道理是可信的。他导人于修身养性，去体认真理。就这样，安萨里从怀疑主义走向神秘主义，认为只有通过神秘的直觉才能发现理性所不能认识的真理，真主赋予信仰者心灵里的直觉知识才是体认终极真理的可靠手段，他坚持把入神的体验作为了解宗教玄义和人生意义的直接途径。

3. 否认因果关系

安萨里认为，认识的出发点是对因果性原则的批评。他认为自然界的规律是不存在的，原因与结果之间没有必然的联系。坚持因果有联系的哲学家认为，"因果是必然相连的，有因而无果，有果而无因，都是不可能的事"。安萨里反对这种因果观，认为它无法解释奇迹。从宗教的观点看来，一切事物都是各自独立存在的，彼此之间没有因果联系，而我们所认为是联系的东西，只是事件在时间上的持续。他举例说，棉花遇火燃烧，但棉花燃烧的原因不是火，因为火本来是无生物，决无作为，因此不能成为燃烧的原因，而燃烧的原因是真主的意志，真主的意志是世界上一切事物发生的唯一的和终极的原因。安萨里认为，除"他（真主）"之外，再没有任何"他"了，也就是说，除唯一的真主之外，再没有任何活动着的本体了。

安萨里认为，真主是意欲者，"他怎么能不是意欲者呢？一切行为都是自他发出的，也能够自他发出这些行为的对立面"[②]。真主是一切有始者的安排者、策划者，在天国和地上王国中除靠他的命令之外，绝不会发生任何或多或少的变化。真主有权力和征服力，能创造和命令，天体环绕在他的周围，事物的变化离不开他的能力，而他的能力是无限的。真主的意志是绝对的，没有限度的，没有条件的。通过真主的意志，有始者按照真主前定的无始知识在相连续的时间里开始发生。真主对一切事物是全知的，也是全能的，他是一切事物的第一因，而且是唯一的原因。世界通过真主的意志而发生，也通过真主的意志而毁灭。真主的意志不像我们人类的意志要受各种因素的制约和限定，而是纯粹的、随意的、真主想怎么做就怎么做。

安萨里认为真主是万物的第一因和唯一的原因，这是对自然界中因果之间必然联系的一种否定。他认为，世界上只存在一种行为，那就是作为意欲者的真主的实有的行为，而自然界中的一切行为则是不真实的，因为理智不能把这种行为看作是两种事物之间时间上的纯粹关系。[③]

安萨里说："习惯上所认为的原因和结果之间的联系，在我们看来不是必然的。两个事物之间（原因和结果）的联系，并不能用这个的那个、那个的这个来表示。肯定其中的一个事物，并不包含着肯定另一事物，否定其中的一个事物也并不包含着否定另一事物。因此，有其中的一方面，未必有其中的另一方面；无其中的一方面，也未必无其中的另一方面。如饮水与滋足、食与饱，遇火与燃烧、光亮和太阳、死亡和断头、痊愈和服药、泻肚子与吃泻药，诸如此类，以及其他关于医学、天文学、工艺学

① ［德］第·博尔：《伊斯兰哲学史》，马坚译，中华书局1958年版，第146页。

② 《宗教学科的复兴》第1卷，开罗阿拉伯文献复兴研究社，第95～96页。

③ 参见杰米耶·索里巴：《阿拉伯哲学史》，黎巴嫩贝鲁特书局1973年版，第375页。

中互相联系的所有现象,都是这样的。因果之间的联系,仅能来自于真主的前定之中,是真主预定要顺序地制造它们。它们的构成在其自身是没有必然性的,用不着去做区别。虽不食,真主也能创造饱;虽不断头,真主也能创造死亡;虽断头,真主也能创造永生。诸如此类,以至于一切相互关系的方面。"[①]如果用一个例子来说明,就像棉花遇火,燃烧的行为者不是火,而是真主。他声称:"哲学家们并无证据,不过是看到遇火时发生的燃烧现象而已。这种燃烧现象只能证明是在火上发生的,而不能证明是通过火发生的,因为除真主之外,别无原因。"[②]

安萨里指出,人们看到互相联系的两种现象发生,便把第一种现象叫作原因,把第二种现象叫作结果。但他认为,只是习惯上看到这种互相联系的现象,不能说第一种现象是第二种现象的原因,也不能从观察到的这两种互相联系的现象中得出结论,说这种联系是必然的和永恒的。这也就是说,安萨里完全否定了自然现象中的因果律。

在近代哲学家中,只有英国的休谟在这一问题上效法了安萨里。休谟否认因果之间有必然的联系,宣称人们看到的只是两种连续的现象,在它们的连续中没有证据能证明存在着因果性,没有理由说第一种现象应该是第二种现象的原因,而第二种现象是第一种现象的结果。如果我们看到第二种现象的发生是紧随在第一种现象的发生之后,这只能归因于习惯。是习惯暗示出这种结论,并且允许这种说法成立:只要第二种现象和第一种现象在过去的经验中保持着联系,那么,在未来的经验中也必然保持这种联系。因此,因果性的思想是纯粹主观的,它来自于想像的错觉,只是在理性判断中才有存在的余地。[③] 休谟说:"人之知甲如是,乙亦当如是者,特由于习惯而生联想,非真能知因果的必然性。"[④]可见,休谟的思想先驱是安萨里。

在安萨里看来,火不是燃烧的原因,药物不是痊愈的原因,因为真正的行为者是真主,是真主创造了这些现象,并使其中的一部分有秩序地随在另一部分之后。这些现象本身的组成并没有什么必然性,人们对它们是极为无知的。他认为,真主的行为是连续的,只要真主愿意,就可以使一种现象和另一种现象相联系,使一种运动和另一种运动相联系。如果真主愿意,又随时可以中断这种联系。这种观点很接近笛卡尔所主张的"上帝在一切时间内都在创造世界"。[⑤]

安萨里将真主的行为作为自己立论的基础,他对因果律作为必然性原则的否定就毫不奇怪了。因为在他那里,真主既是万事万物的第一因,也是万事万物的最终原因。自然界和真主的意志是紧密地联系在一起的,自然界不是自己行动的。从自然界与其创造者(真主)之间的联系方面,自然界是被使用者。自然界中一切行为的真正原因,都要归于真主的意志和世界之间的联系。至于自然界中一部分与另一部分之间的因果关系,则并不是通过它们自身而有价值的,除非依靠真主的意志,否则它们是没有任何意义的。可见,安萨里只是在捍卫伊斯兰教的宗教教条时,才对自然界的因果原则不发生怀疑。他坚决地捍卫了真主是万事万物的第一因的伊斯兰教观点,否认了自然界自己能作为的无神论观点。因为在他看来,如果说自然界能够按照永恒的原则和秩序自己作为,那就和真主对万事万物是全能的说法相抵牾。一切有始者都是真主的作为,都是真主的创造,都是真主的发明。

① 安萨里:《哲学家的矛盾》,开罗知识出版社 1955 年版,第 195 页。

② 安萨里:《哲学家的矛盾》,第 195 页。

③ 参见杰米耶·索里巴:《阿拉伯哲学史》,黎巴嫩贝鲁特书局 1973 年版,第 378 页。

④ 转引自[德]第·博尔:《伊斯兰哲学史》,马坚译,中华书局 1958 年版,第 154 页。

⑤ 杰米耶·索里巴:《阿拉伯哲学史》,第 378 页。

同时，如果说因果之间有必然性，那也和伊斯兰教关于存在奇迹的说法相抵牾。安萨里把奇迹归于真主意志的影响，他说："同样，死者的复活，棍棒变成蛇，都可以通过这种途径成为可能，因为物质是万物的接受者。因此，土可以变为植物，植物在动物食用之后可以变成血液，血液可以变成精液，精液在子宫中种植，就会产生动物。"[①]他认为血液变成精液，水变蒸汽，是物质脱离一个消减了的形式，而接受一个新生的形式，所以物质是共同的，而形式是变化的。[②]

总之，安萨里所承认的唯一原因是真主的自由意志。真主是全知者，全能者，意欲者，想做什么就做什么，根据所想进行裁决，随心所欲地创造各类事物，因此独一无二的真主就是绝对的原因。那么自然界中的原因和结果就不存在必然的联系，宇宙中的每一事件都和意欲者真主的作为相联系。这样，他就将因果律从自然界转移到神的世界，最终论证了真主的至高无上性，和其真主是世界的造物主的观点统一起来了。

4. 伦理道德思想

在道德观方面，安萨里认为，品德是人类灵魂潜在意识的表现。人的美德应该是理智、勇敢、纯洁、公正，万事适中为止，走向两极都不是美德。他还认为，品德是后天养成的。在他看来，孩子的心灵很纯洁，天真无邪，像白纸一样，可以画上任何图画。引导他到哪里，他就到哪里。如果他受到良好的教育，他就是幸福的，他的父母和教师都作出了贡献。如果他受到恶劣的教育，或者像牲畜一样被放任自流，毫无照顾，他必然会痛苦，走向毁灭。所以家长和教师负有重大的责任。

既然人的品德是后天养成的，那就是说人的品德是可以改变的，改变的方法是通过教育和刻苦磨炼。一个人的品德和其身体一样，不是生来就成熟的。品德的成熟要靠教育。由于人的性格和素质各不相同，培养的方法也不相同。他非常重视儿童教育，他认为教育儿童的要点是启发儿童的智力，提高他们区别好坏事物的能力，培养他们刻苦学习的精神。但学习又要适度，过度疲劳会使智力崩溃，使身心受到损伤。在家庭中，父要严，母要慈，孩子的饮食起居要简朴，以养成克勤克俭的精神，避免好逸恶劳的不良习气。环境对儿童的品德也极重要，因此儿童交朋友要注意选择，不要良莠不分。

安萨里关于道德和儿童教育的思想是其思想中极有价值的部分，对阿拉伯教育起过很大作用。他的儿童教育著作《致孩子们》，已由联合国教科文组织译成英、法两种文字出版。

总之，安萨里站在正统派伊斯兰教神学家的立场上，适应当时阿拉伯统治阶级的政治需要，将伊斯兰各教派的哲学思想体系进行了综合，维护了伊斯兰教神权，再次统一了伊斯兰教的思想，因此而被尊为伊斯兰教权威和"圣教文彩"，他的名字在今天的伊斯兰世界仍然是人们所熟知的。

(七)伊斯兰神秘思辨照明哲学

公元9～13世纪，在神秘主义苏菲派中又出现了一股神秘思辨的哲学思潮，伊斯兰世界的主要代表有伊本·麦萨赖、苏哈拉瓦迪、伊本·阿拉比、伊本·赛卜英等人，他们统称为"照明学派"。

1. 伊本·麦萨赖

伊本·麦萨赖是西部阿拉伯世界最先对光进行哲学说明的神秘主义哲学家。他的思想对复杂

① 安萨里：《哲学家的矛盾》，第68页。

② 参见[德]第·博尔：《伊斯兰哲学史》，第154页。

的照明学派产生过一定的影响，是照明哲学的先驱者。

他在哲学上拥护恩培多克勒(公元前490～约前430)的学说，但他自己所创建的哲学体系，是把照明学派的观念和古老的神秘学说结合起来，把恩培多克勒的原理同摩尼教善恶、光明与黑暗的二元论学说融合在一起。他的思想的核心是重新说明民间的认识是先知最早放射的光，世界最终是由神主宰的。除了神的主体之外，还存在一种精神性的物质，世间的万物都是由它产生的。他根据流出说的理论，说明流出的五种本质，即第一物质、理智、灵魂、自然和第二物质。第一物质是普遍的一，它是不可界定、不可言说的，但它又是可知的物质，只不过和我们所处的世界上的物质有区别，而且先于世界上的物质。实际上，第一物质是精神性的"物质"。

伊本·麦萨赖的思想对后人产生了很大影响。人们通过他，"又听到了史前有关光的神话和东方对光的原始经历"[①]。伊本·阿拉比就是受到他的影响而提出了一套完整的照明学派的理论。他的学说还通过西班牙的犹太哲学家传给欧洲。

2. 苏哈拉瓦迪

苏哈拉瓦迪是东部阿拉伯世界照明哲学的最早代表，他对伊本·西拿哲学中的神秘因素加以发展，提出了一套较完整的光的形而上学理论。

苏哈拉瓦迪著述十分丰富，达十余种。这些著作大致可分为两类，一类是教理和哲学，另一类是短篇论文。他最主要的著作是《照明的智慧》和《光的构架》。前者共分两部分，第一部分论逻辑学，第二部分论神的光明，由此而产生照明学派的名称。按照照明学派神秘的学说，必须把神和精神世界解释成光明，而人的认识过程，就是上界对人的照明过程。但照明不是上界对人直接完成的，而是以诸天体的精神为媒介的。[②]

苏哈拉瓦迪在思想上受到亚里士多德哲学和琐罗亚斯德教、摩尼教的影响，尤其是受到伊本·西拿象征体的故事《哈义·本·叶格赞》中神秘主义思想的启发，企图调和传统哲学和神秘主义，成为照明学派在东方阿拉伯世界最著名的代表。

关于照明这一哲学术语，苏哈拉瓦迪是这样界说的：照明就是理性之光的显现，理性之光是从脱离了实体物质的完全灵魂中流出的。[③] 在《照明的智慧》一书中，他分析了光和光的本质，分析了众光之光及由它而产生的事物，分析了存在的等级，以及众光之光的行为。他创造了一系列象征性的语言。

苏哈拉瓦迪的全部学说，集中在一个轴心上，就是光。他认为，没有任何事物会比光更显明。事物可以分为两类：光明和黑暗。光明是自身本体就有光的，黑暗是自身本体没有光的，所以黑暗就是没有光。

光又是分为许多等级的。有一种光，他把它叫作"抽象的纯净之光"。抽象的纯净之光也不是一样的，它或者是短缺的、贫乏的，如理智和灵魂；或者是富有的、绝对的，从各个方面都不缺乏，因为在它之外不再有光，这就是真主本身。因此，真主是众光之光，是全知之光，是神圣之光，是白日之光，是最高级最伟大之光，是领导之光，是不可抗拒之光。[④]

---

① [西德]赫伯特·戈特沙尔克：《震撼世界的伊斯兰教》，陕西人民出版社1987年版，第235页。

② 参见[美]希提：《阿拉伯通史》下册，马坚译，商务印书馆1979年版，第703页。

③ 参见苏哈拉瓦迪：《照明的智慧》，德黑兰，1952年，第298页。

④ 参见杰米耶·索里巴：《哲学辞典》，黎巴嫩作家出版社1982年版，第94～95页。

光的等级实际上也就是上界和下界的存在中的等级。众光之光是周知其他一切光的，有了众光之光，才有其他光的存在。一切实体的存在都有赖于众光之光，光就是显。光之于暗的关系，犹如显之于隐的关系，万物从无到有的显现，也就是从暗到光的显现。本质产生于知识，因此，没有客观真实性和客观存在，所谓存在只不过是单一的连续性。存在的最高发展阶段也就是抽象的纯净之光——众光之光。

整个世界是由元素构成的，这就是众光之光的影子。因为众光之光是渗透在万有的一切等级之中的，这种渗透是无始的、永恒的，就像众光之光是永恒的无始的一样。因此，运动也就是无始的。运动又不是在同一时间内发生的，运动是连续的，一部分紧随一部分，直到无终。而无终的运动只能是圆周的运动，因为直线的运动绝不会继续到无终。时间是测量运动的，因此，时间也没有起点和终点。① 运动是由众光之光的热而产生的。热在自然界的运动中起着根本的作用，热使石头下落，使水蒸发，使水蒸气凝结成雨，使雷鸣电闪。这些现象都不是自然的，而是由于热。热和接近于热的运动最后还要回归到众光之光。②

苏哈拉瓦迪将伊本·西拿思想中已有肇端的照明哲学加以发扬，提出了较为系统的照明哲学的形而上学理论，为阿拉比创造带有思色彩的照明哲学准备了条件。

3. 伊本·阿拉比的神秘思辨、照明哲学

伊本·阿拉比是阿拉伯神秘主义哲学的著名代表，是照明哲学的完成者。他使照明哲学带上思辨的内容，对后世阿拉伯世界和西方世界都有重要影响。

伊本·阿拉比一生写了270多部著作，留下来的也有156部之多。其著作的内容，涉及神学、哲学、传记和诗歌，其中最为著名的是《麦加的启示》。全书共4部20卷560章，3000多页，书中叙述了他自己所懂得和曾经亲身体验过的伊斯兰神秘哲学，以及有关自己内心生活的有价值的知识。另外两部影响较大的著作是《智慧的珠宝》和《夜行到上界》。前者简述了他的有关"完人"的理论和先知穆罕默德的真理。后者对穆罕默德登上第七层天的说法加以发挥，但丁创造的《神曲》，就是受到该书启发，因此他被称为但丁的先驱。③

伊本·阿拉比将伊斯兰教中非系统的重要神秘主义教义编入自己的理论体系，使伊斯兰教的神秘主义思想成为一种较成熟的哲学。他的哲学思想主要有以下两方面的内容：

(1)存在单一论

伊本·阿拉比致力于调和哲学和神学，试图用神秘主义的思辨哲学来回答长期争论的一些问题。他提倡存在单一论的思想，认为整个存在是单一的，万有的存在是造物主存在的表现，安拉的存在是真实的存在，而世界的存在则是虚幻的存在。安拉的存在是绝对的，是万有的本源。而宇宙万物的存在则是相对的，虽然它们在对安拉的认识中是永恒的存在物，但作为安拉的外部形式，它们又是暂时的非存在物。无所谓"无中生有"的创造，世界与安拉是互为表里的。本质与属性之间，即安拉与世界之间，本无差别，安拉与外部世界是一致的。安拉既是超越宇宙的，同时又存在于宇宙万物之中，安拉的超然存在和内在性，是人得以认识安拉的实在性的两个方面。安拉虽然是绝对的超然的"有"，但安拉又具有隐和显两种自我存在的形式。当安拉处于隐的状态时，现象世界的宇宙万物

① 参见[美]马吉德·洁胡里：《伊斯兰哲学史》，黎巴嫩贝鲁特联合出版社1974年版，第408～409页。

② 参见苏哈拉瓦迪：《照明的智慧》，第117页。

③ 参见[美]希提：《阿拉伯通史》下册，第703页。

以固有的“原型”潜在于安拉的认识之中，从那里流出来，即依据其“原型”显现为相对的、现实的存在，但将来还要流回到安拉那里去。所以宇宙万物虽然殊异多样，但只不过是安拉的显现与外化。[①]这样，伊本·阿拉比由神秘主义走向了泛神论，既提倡“除了神外，无物存在”，又肯定“万物是真主”。[②]

(2)完人的思想

伊本·阿拉比认为，安拉不仅在万物中显现，也在人中显现。人是安拉以自身的形象显现的，是安拉在宇宙的代理。但不是每个人都能体现安拉之道，只有先知才能体现安拉之道，而穆罕默德居于众先知地位之首，因而是完人。完人是反映安拉一切美德的缩影，具有安拉的一切德性与本质，因而也是宇宙的理性原则，是世界的原因。

人可以通过自身认识安拉，因为人都是安拉的显现。人在安拉的显现状态中即可认识安拉，这种认识必须借助于一个向导，即内心的光明。伊本·阿拉比具体描述了他自己认识安拉的本体的神秘过程：“富有灵性的想象力终于在我的形体内产生如许力量，使我得以看到我所敬仰的一个具体的、真实的、超想象的神明形体。这犹如天使哲布勒伊来曾具体出现在先知面前的情景一般。起先我无勇气注视此神体。神体对我说了话；我聆听了并理解了……当时不论是站着，还是坐着，不论是在走动时或休息时，我都目不转睛地凝视此神体。”[③]

认识安拉是为了爱安拉，同时也被安拉所爱。伊本·阿拉比将爱分为三类：神性的爱、精神的爱和自然的爱。神性的爱是纯粹精神的爱，爱者只有精神而无躯体；自然的爱是躯体的爱，爱者只有肉体而无精神；精神的爱兼有精神和躯体。[④] 因此，神性的爱是最高尚的爱，通过这种爱，可以摈弃一切肉体的欲望而专注于精神，达到一心向主的最高境界。可见这种完人思想最终还是要人与安拉融通为一，这是其泛神论思想的这一步发展和必然的结果。伊本·阿拉比的神秘的爱和照明哲学的思想，对后来的神秘主义有很大的影响。

4. 伊本·赛卜英

继承伊本·阿拉比照明哲学的思想家，既有东方阿拉伯世界的，也有西方阿拉伯世界的。

西方主要是伊本·赛卜英，东方主要是鲁米、贾米和夏姆苏丁·拉赫奇等人。

伊本·赛卜英写过一部《对西西里人所提问题的答复》，该书对西西里国王弗雷德里克二世所提的四个哲学基本问题进行了答复。这四个问题是：世界的永恒性问题、神学问题、十范畴问题、灵魂的性质和不灭的问题。在这部著作中，他按照伊斯兰神秘主义的观点，详述了古今哲学家的有关学说。他的另一部哲学著作是《照明哲学的秘密》。因为他对伊斯兰教神秘主义的卓越贡献，他赢得了“圣教的北极”这一荣誉称号。伊本·赛卜英哲学思想的核心仍然是存在单一论和对安拉的神秘的爱。他提倡只有一种存在，就是安拉，宇宙万物只不过是安拉的显现。由于他的著作语言含混，故后人对他的解释多有歧义。

5. 鲁米

贾拉鲁丁·鲁米是波斯籍神秘主义思想家，也是神秘主义诗人。其主要著作是诗集《玛斯纳

---

① 参见金宜久：《伊本·阿拉比》，载《中国大百科全书》哲学卷。

② 参见金宜久：《试论苏菲派的哲学思想》，载《外国哲学史研究集刊》(6)，上海人民出版社1984年版。

③ 拉赫玛杜拉：《伊斯兰教中的神秘主义》，载《信使》1981年10～11期合刊。

④ 参见金宜久：《试论苏菲派的哲学思想》，载《外国哲学史集刊》(6)。

维》，这是一部洋洋 4.5 万行的长篇史诗。鲁米所代表的神秘主义思想在西方很有名气，其教派以旋风般的托钵僧而著称。在他看来，安拉的住房不是在天房，而是在人。但人原先只是石头，先是变成植物，然后变成动物，最后才变成人。人将面临着灭亡，变成人的眼睛从来没见过的东西。① 他认为条条大道都通向安拉，他自己则选择了音乐和舞蹈，认为热爱者可以从倾听音乐中加深他的情感，因为音乐能使他想到第一次见到主时的喜悦。问题在于人的心灵是否澄明，为此，他说："你可知道你的镜子为何照不出东西？这是因为镜子上积满了锈垢之故。一旦锈垢和污秽被消除，这镜子便能反射出真主的光辉……只有不但认识到而且承认自己有缺陷的人，才能迅速地日臻完美。相反，自认完美者将不能接近万能的真主。任何毛病都不如自认完美那样更能蹂躏你的灵魂。"②只要能随时保持心灵的纯洁、澄明，就可以达到认识安拉的目的。因此，人的真正自由是从物质和需要之中解放出来，而死亡不是水滴消失在大海之中，而是接近于安拉。正像铁接近于火，便取得了火的一些特性，但也不丧失铁自己的特性。③

6. 贾米和夏姆斯丁·拉赫奇

贾米是 15 世纪波斯神秘主义者，他发挥伊本·阿拉比的神秘的爱的思想，提倡人类炽热的爱情可使人对安拉发生神圣的爱，他详细具体地论述了这种神圣之爱，说："如若你想自由，那就去成为爱情的俘虏。如若你想快乐，那就坦然地去经受爱情的磨难。爱情的醇酒会带来温暖和快慰。一旦爱情消失，剩下的就只有冷冰冰的自私之心……你可以追求许多理想；但是只有爱情能把你从自我超脱出来……如若你渴望品尝神秘主义的美酒，请先呷一口现象之酒。"④

另一位波斯神秘主义者夏姆斯丁·拉赫奇则发挥了伊本·阿拉比的内心光明的思想，提出了灵光的学说。他说："我看见整个宇宙世界均由'灵光'所构成，万物都化为一色。所有的物质原子都通过它们各自的存在形式以及各自的特性在宣告：'我就是真理。'我无法确切说明使它们发出这种宣告的是何种存在形式。当我在幻境中看到了这种情形，在欣喜若狂和无比兴奋之中，一股非凡的渴望和喜悦在我心中油然升起。我真想飞上天去。但是我发现在我脚下有一块类似木板的物体拖住了我，使我不能飞起。我气急已极，竭尽所能以脚踹地，终于把这块木板踹开。我顿时宛若离弦之箭飞了起来；也许，比离弦之箭的动力还要大出百倍。当飞抵第一重天界时，我看到月亮已熔化了。我穿过了月球，然后我又从那个虚无缥缈的幻境返回，我倏然醒来了。"他把这种神秘过程称之为发现"汉高"即神秘主义住所的过程，叙述说："在那出神入化之中，我进入了一个幻境。我面前出现了那玄虚莫测的'汉高'，它的门开着，我置身其内。突然，我发现我已走出此'汉高'，从此便发现了构成世界万物的本原'灵光'。"⑤

伊斯兰教的神秘主义思想直到今天仍然是有活力的思想，对这种思想，可惜我们还不能完全理解，也不可能对它作出恰如其分的分析和批判。

伊斯兰教作为最有活力的世界大宗教之 ，充满活力的原因有很多，但毫无疑问，伊斯兰哲学是其支柱之一。我们可以清楚地看到，在巴哈伊教的创始人巴布和巴哈欧拉的思想里有很明显受到伊

① 参见阿布杜·门伊姆·哈弗尼：《哲学百科全书》，黎巴嫩贝鲁特出版社，第 218 页。

② 拉赫玛杜拉：《伊斯兰教中的神秘主义》，载《信使》1981 年 10～11 期合刊。

③ 参见阿布杜·门伊姆·哈弗尼：《哲学百科全书》，第 291 页。

④ 转引自拉赫玛杜拉：《伊斯兰教中的神秘主义》，载《信使》1981 年 10～11 期合刊。

⑤ 夏姆苏丁·拉赫奇：《梦境》，载《信使》1981 年 10～11 期合刊。

斯兰教思想影响的内容，尤其是有关光的理论。而巴哈伊本身就是来自于“光”的。了解伊斯兰哲学对于了解巴哈伊教有很重要的参考意义。

第四节 巴布的幸福王国

一、“双生明星”的出现

19 世纪初期，在全世界的范围里，由于日益加速的科学发明和工业化过程所冲击，人们的宗教信仰也在一定程度上受到困扰，虔诚的宗教信徒和神学家力图在自己宗教的经典里找到救世主即将来临的证据。在欧洲和美国这些科学发达的国家里，围绕着“世界末日”和“基督再临”的预言，许多新的教派也应运而兴起。如坦普尔教派（圣堂会）和米勒教派（基督再临教派）、耶和华见证会、七天降临会等等，都在竞相宣传自己教派的主张。其中有的教派甚至明确地计算出基督再临的时间是 1840～1847 年。

在伊斯兰教世界里，19 世纪是一个在许多地方都期待救世主出现的时代。一些神学家相信，《古兰经》和伊斯兰教的传统中各种预言即将应验。在伊朗，伊斯兰教什叶派相信，两位圣者“卡义姆”和“卡尤姆”将在伊朗相继显现于世。尤其是谢赫教派中两位关键人物谢赫·阿赫默德·阿萨伊（Shaykh Aḥmad -i-Aḥsá'í，1753～1831）和其门徒赛义德·卡西姆（Siyyid Káẓim，1797～1843）。1816 年他们在一起的几个星期里，一致宣称马赫迪伊玛目即将作为人们获得知识之“门”而显世。因此，谢赫·阿赫默德·阿萨伊和赛义德·卡西姆被认为是为巴布铺路的两位先驱，前者是谢赫教派的创始人，曾著书 96 部，其教义为巴布的降临铺好了道路，后者是前者的大门徒及指定的谢赫学派的继承人。巴布的首位门徒毛拉·胡赛因，以及其他一些杰出的巴比信徒都曾拜卡西姆为师，卡西姆在 1843 年 12 月 31 日去世。谢赫·阿赫默德·阿萨伊和赛义德·卡西姆在巴哈欧拉的《确信经》里被称为“双生明星”。

在本章第一节中，我们已经描述过，19 世纪中期的伊朗，封建割据十分严重，各地封建主为了自己的利益互相争霸不休，造成国家长时间的贫穷落后。占伊朗人口 1/3 的是游牧部落，部落贵族坚决反对中央集权，甚至公开否认王权的存在。这种局面严重阻碍着社会经济的发展。与此同时，俄、英等国又乘虚而入，在政治、经济方面对伊朗进行干预、掠夺。在内忧外患的重重困难条件下，伊朗人民生活困苦不堪，他们希望推翻外国势力与本国封建统治，建立起一个“正义王国”。巴布就是“正义王国”的提倡者。这一“正义王国”的主张，宣扬信徒通过巴布直接获得真主的知识，简化宗教仪式，被认为是“提出一系列适合新兴商业资产阶级要求改革社会制度的主张”。①

二、关于巴布“起义”

巴布被当作巴哈伊教的第一个创始人，原名是赛义德·阿里·穆罕默德（Siyyid 'Alí Muḥammad，1819～1850）。过去在中国出版的各种宗教史著作中，都是这样提到巴布的：他生于伊朗南部设拉子市（今属法尔斯省），其父为富有的布商，全家均系伊斯兰教什叶派。19 世纪 30 年代的伊朗

① 戴康生主编：《当代新兴宗教》，东方出版社 1999 年版，第 135 页。

各种矛盾尖锐，特别是欧洲列强的资本输入和巧取豪夺使矛盾进一步激化。1848～1852 年爆发了巴布运动，史称"巴布起义"。领导这次运动的是赛义德·阿里·穆罕默德，自名为"巴布"，意为"门"，即认为只有通过他这一扇"知识之门"，才能达到安拉的正确信仰。在武装斗争失败后，该派成员大批遭到屠杀，巴布本人也被处死。不久，残余力量内部分裂。巴布的早期追随者米尔扎·侯赛因·阿里另创巴哈伊教。巴哈伊教得名于他自称"巴哈欧拉"，宣称是新先知并且是弥赛亚、耶稣复临，伊玛目马赫迪、毘湿努(印度教)、释迦牟尼的化身，奉受新的启示以指导人类。

有的著作则直接称"巴布教"，把巴布教看作是伊斯兰教在伊朗的新教派，宣扬"救世主"马赫迪的意志将通过自己这个"门"传给人民。认为巴布教的宗旨是建立保障人身自由权、私有权和人人平等、没有压迫的"正义王国"。"巴布起义"爆发后不久，统治阶级处死了巴布。"巴布起义"得到广大人民的支持，很快达到十多万人，但最终还是遭到镇压。这类著作颇具代表性的是苏联学者谢·亚·托卡列夫所著《世界各民族历史上的宗教》，其中第 24 章有"巴布教派与巴哈教派"一节。这部著作给人造成的误解非常大，它把巴哈伊教仍然看作伊斯兰教的一个分支，而且说"巴布鼓吹人人平等、友爱——无疑仅限于信道之穆斯林。巴布自称为先知的继承人，负有向世人宣布新律法的使命。巴布的教说为神秘主义观念所充斥，近似泛神论。……(巴哈欧拉)仍鼓吹人人平等、人人对土地所获均有权享用，如此等等；然而，他不承认暴力和公开斗争，鼓吹友爱、宽容、逆来顺受，——似为基督教观念濡染所致。穆斯林教义和律法，经巴哈欧拉改铸，趋于平和。新说被赋予其鼓吹者之名……它与民众情绪不相契合，更盛行于知识界。于是巴哈教说，作为伊斯兰教之业经修琢、改革和现代化之说，在西欧和美洲寻得追随者"[①]。他的著作在我国改革开放之后翻译出版，其观点对国内学者影响很大，类似的观点在当代国内学术界仍然有很大的影响力。

但是经过最近一些年来和巴哈伊世界的广泛接触，巴哈伊世界的学者认为国内教科书中称的"巴布起义"和"巴布教"都是和历史事实不符的。他们认为从来也没有一次"巴布起义"，而只有巴哈伊教在被镇压时的抵抗，或者是自卫。

三、真实的历史状况

真实的历史情况是这样的：1844 年 5 月 23 日，赛义德·阿里·穆罕默德自称"巴布"，在伊朗的设拉子向一个年轻的神学家毛拉·侯赛因启示《古兰经》"优素福章"的评注之后，向他说："这个时刻，在未来的许多年代，将被当作是最伟大、最有意义的节日庆祝。"然后他宣告惊人的消息：上帝之日已经临近，他本人就是伊斯兰教经典中许诺过的"那位将升起者"，即"卡义姆"。人类正站在一个新纪元的门槛上，人类生活的各个领域将剧烈动荡和重新建构。他自己就是人类必须经由的那道"门"。"今日，东西方的国家和人民，必须赶紧趋向我的门槛，寻求仁慈的我的恩泽。任何犹豫不前的人，必将蒙受可悲的损失。"[②]"巴布"在阿拉伯语中是"门"的意思，表示救世主马赫迪的意志，将通过此门传达给人民，把人们引入美好的境界。

之后，他在伊朗各地广为传教。他用宗教的语言给人们勾画出一幅"正义王国"的美好蓝图。在这个王国里，人人平等，没有欺压，大家都过着快乐、幸福的生活。

① [苏]谢·托卡列夫：《世界各民族历史上的宗教》，魏庆征译，中国社会科学出版社 1985 年版，第 605～606 页。

② 参见纳比尔·阿仁：《破晓之光》，梅寿鸿译，马来西亚巴哈伊出版委员会 1986 年版，第 45～46 页。

(一)巴布的初次宣示和婚姻

巴布1819年10月20日出生在伊朗南部设拉子市的一个棉布商家中。他出身于当地闻名的阿拉伯家族(巴布本人也认为自己是阿拉伯人),是伊斯兰教的创立者穆罕默德的直系后裔,父母都有穆罕默德的血统。他的名字前面冠有"赛义德"就是证据。只有穆罕默德的直系后裔才允许有"赛义德"这种称呼。他年幼时,父亲就去世了,由舅父抚养。他很小的时候,就开始研究宗教问题。他受舅父之命,在私塾学习,但老师发现他是那么超群,觉得不配做他的老师。于是在他15岁时,老师不再教他,他就弃学跟随舅父经商。成人后,他曾在一小镇上独立经商5年。1841年结婚,婚后生有一子,取名为艾哈迈德,但是在1843年不幸夭折。巴布意识到儿子的死是自己在上帝"喜悦之道上自我牺牲的序曲"①。

巴布的妻子赫底彻·巴库姆(Khadíjih Bagum)是其母亲的亲侄女,巴布的表妹,出身名门,活到1882～1883年。她是在巴布宣示前两年嫁给巴布的。由于她的心地纯洁,所以很早就认出丈夫的地位,并承认了他的圣道。纳比尔·阿仁写道:"巴布的妻子不像他的母亲一样,在他启示的最早期就感知了他使命的荣耀、独一,并且觉察到其力量。除了塔荷蕾(Ṭáhirih)之外,当代妇女没有人在自发的献身精神和信仰的热切上能超越她的。巴布曾对她透露了自己未来要受苦的秘密,并且在她的眼前揭露了将要发生的事情的意义。他吩咐她不要把这秘密告诉他母亲,而且要她忍耐和认命。他也启示并亲笔写下一篇祷文给她,向她保证说,只要她念这篇祷文,她的困难就会排除,敌人给她的重担就会减轻。他说:'当你烦恼的时候,可在睡前记诵这篇祷文,我自会出现并驱散你的焦虑。'在对他的规劝忠实的情形下,她每次祈祷而转向他时,他不失败的指引之光就会照亮她的道路,解决她的困难。"②

虽然他们的婚姻带有包办性质,但他们很幸福。赫底彻·巴库姆说:"婚后,我的心里不曾怀藏过世俗的事物。我的心完全被他这个人所吸引。从他的话语、他的举止、他的宽大、他的庄严,我很清楚他是个杰出的人。但我从来没想过他就是卡义姆——那位应许要来的人。他大部分的时间都是在祈祷和阅读经句——正如一般商人一样,他晚上会索取商务账簿,但我注意到,那些不是商业文件。有时我会问那些文件是什么,有一次他答说,那是全世界所有人的账簿,要是有访客突然来访,他会拿帕子盖在上面。所有亲密的亲戚如叔叔婶婶都知道他的崇高人格。他们尊敬他,对他极为恭敬,直到1844年5月22日。那个晚上,吉纳比·巴布·巴布(Jináb-i-Bábu'l-Báb),即毛拉·侯赛因到达巴布的尊前,并且承认他圣道的真理。那真是一个值得纪念的晚上!巴布透露我们有一位他很亲近的贵客要来,他好像着了火一样,很兴奋。我很想听他说话,但他吩咐我去睡觉。尽管我没睡,我还是躺在床上,我不愿违背他的话。一整个晚上我都听得到他和毛拉·侯赛因讲话的声音。他阅读上帝的话语,并且引用证据。后来我注意到,每天都会有一位陌生的客人到达,巴布对每个人都做了类似的讲话。如果我尝试去描述那些日子所受到的痛苦与迫害,我就没有办法承受谈论时的痛苦,你也不会有足够的坚强去倾听……一天晚上,我半夜醒来,发现治安官阿布杜勒·哈米底('Abdu'l-Ḥamíd)和他的手下从屋顶进到屋里来,什么理由都没说就把巴布带走了,从此我再也没见

① 威廉·西尔斯:《释放太阳》,台湾大同教(巴哈伊)出版社1984年版,第45页。

② 阿迪卜·塔赫萨德:《巴哈欧拉的天启》第2卷,李定忠译,澳门新纪元国际出版社2004年版,第158页。

到他。"[①]

早在1843年，巴布所在教派的首领去世，未指定继承人，他本人当时深得众望，被认为是一个品格纯洁，有风度，不自私，为人正直、虔诚的人。[②] 于是他在1844年5月23日，自称"巴布"，向毛拉·侯赛因宣示了的使命。"巴布"即"门"，所谓"门"，是说他要扮演一个渠道的角色，通过他这个渠道，一位暂时隐藏在荣光面纱后面的完美大圣，将出现在世人面前。他作为门，是随这位大圣的旨意而行动，也紧系着对他的爱。[③]

据说这一天恰是1000年前第十二代伊玛目遁世的日子，什叶派的第十二伊玛目派还在等待他重临世间。据巴布自己所述，他自己已经意识到受天命要充当人类与神意执行者伊玛目之间的"门"。这时候，他开始破除伊斯兰教的一些戒律，比方说伊斯兰教不允许虔诚的穆斯林使用银杯，但是巴布开始使用银杯，而且用来公开招待客人。[④]

这种有关"门"的说法，也是伊斯兰教什叶派，尤其是谢赫教派所一直提倡的。巴布更进一步，自称为来自安拉的点、原点或启示点，又自称为"卡义姆"（在世界末日从先知家族中出现的人），最后自称为神的启示的化身。毛拉·侯赛因就成了他的第一个门徒，被称之为"门"之"门"。[⑤] 后来，毛拉·侯赛因成为巴布的坚定信徒，最后殉道。

巴哈欧拉对他的评价极高，说"若不是他，上帝之道将尚未被建立"[⑥]。

（二）巴布公开宣教

巴布在1844年12月到达麦加，利用在那里朝圣的机会，公开宣布了他创建的新宗教。在麦加朝圣的最后一天，他当众宣布："看吧，我们现在一起站在神圣的陵墓前，在这神圣的庙堂里，安居于此的圣灵能使真理马上被人们知悉，使真伪被分辨，使正误被辨别。我真确地宣称，现在除了我以外，东西两方没有人能宣称自己是人类通往上苍的知识之门。我的证据就是先知穆罕默德用来确立他的真理的证据。……有真理者将闻名，虚伪者将永远被谴责、被羞辱，然后真理之道才显现于全人类。"[⑦]

他还利用在麦加的机会，写了一系列文章，他的门徒把这些文章当作神的启示来看，在伊朗引起巨大的反响。他返回伊朗时，他的口才，他的特别的智能和知识，以及他作为一个改革者的勇气和热心，在他的随从者中引起最巨大的热情，但是在正统的穆斯林中则产生了极大的惊慌和敌意。他的信息带给伊朗人民的冲击如此之大，以至当他从麦加朝圣回来后不久，整个国家都深受震动。纳比尔·阿仁记载："一波探询的热潮震撼了市井百姓与各界领袖。那些从巴布所派遣的信使口中听到各种预示显圣即将来临的征兆和验证故事，都令人惊奇万分。皇亲贵胄或宗教要人不是亲自就是委派能干的代表来发掘这项令人注目的运动之真相。……穆罕默德沙王想要调查清楚这些报告的实情，弄清真相，就委派最博学、最富辩才、最有影响力的臣子赛义德·叶海亚·达拉比（Siyyid

① 阿迪卜·塔赫萨德：《巴哈欧拉的天启》第2卷，第159～161页。

② 参见纳比尔·阿仁：《破晓之光》，第60页。

③ 参见约翰·约瑟曼：《巴哈欧拉与新纪元》，台湾巴哈伊出版社2001年版，第18页。

④ 参见纳比尔·阿仁：《破晓之光》，第20页。

⑤ 参见纳比尔·阿仁：《破晓之光》，第16页。

⑥ 威廉·西尔斯：《释放太阳》，第93页。

⑦ 纳比尔·阿仁：《破晓之光》，第105页。

Yaḥyáy-i-Dárábí)去会见巴布，并回来向他报告调查结果。沙王深信他的公正、能力以及深刻的灵性真知。他在波斯领袖间所享有的地位是如此的崇隆，以至不论是参加什么会议，不论有多少宗教领袖参加，他总是他们的主要发言人。没有人敢在他前面主张不同意见。大家总是充满尊敬地保持缄默；所有的人都见证了他的睿智，他无可超越的知识和成熟的智能。"[①]后来，不断有人加入门徒的行列，有了 18 个门徒，其中包括一个女性塔荷蕾。塔荷蕾以外的 17 个门徒是：毛拉·侯赛因、穆罕默德·哈桑（毛拉·侯赛因的弟弟）、穆罕默德·巴奇尔（毛拉·侯赛因的侄子）、毛拉·比斯塔米、毛拉·阿里、毛拉·哈桑、赛义德·侯赛因、米尔扎·穆罕默德、赛义德·辛迪（印度人）、毛拉·麦哈穆德、毛拉·佳利尔、毛拉·艾哈迈德、毛拉·巴奇尔、毛拉·尤素夫、米尔扎·哈迪、米尔扎·穆罕默德·阿里、库都斯。

巴布连同他的门徒一共 19 个人，一起到各地去传播他的新教义。他对这些门徒说："你们是由原点（即巴布）产生的第一批门徒，由这启示之泉喷出的泉水。……我准备你们面对一个伟大的日子，尽你们最大的努力吧，庶几我来世在上苍的圣座前为你们的善行与光荣的成就感到快慰。那伟大的日子的秘密现在隐藏着，不能被泄露或估计。在那日子，新生的婴儿将胜过今日最聪明、最受人尊崇的人物。在那日子，最低贱、最没有学问的人的理解力，将超越今日最博学、最有造诣的教士。"[②]

（三）巴布运动的开始

巴布的宣传很能打动穷苦百姓的心，迎合了他们改变现实不平等生活的期望，吸引了千千万万的伊朗人，形成了轰轰烈烈的巴布运动。1847 年，巴布进一步自称是先知马赫迪，信徒们的热情更高了，教徒很快遍布全国，成为一股强大的势力。伊朗政府感到十分恐慌，匆忙于同年逮捕了巴布，并开始缉捕巴布的信徒，这就点燃了武装自卫的导火线。

巴布本人并非想推翻当局的统治。他反对使用暴力，不提倡用武器去打败统治者，而是主张把自己的各种想法告诉统治者，让统治者采用自己的意见，从而改变不合理的社会现实。之所以不主张使用暴力推翻当时的政府，因为他认为暴君在历史上来去匆匆，而时间对他和他的信徒是有利的。他认为"杀戮一条灵魂是不容于上帝的"，"如果任何人这么做，就代表他从未遵循《默示录》，罪大莫过于此"。[③] 他在《古兰经》的《优素福》评注中，已经详细论述了自己对"圣战"的观点，号召其追随者遵守所在社会的法律秩序，不准攻击穆斯林。《默示录》也没有规定"圣战"的内容，规定信徒不得用刀剑来推行自己的教义。[④] 他拒绝用武力传教，就是牺牲生命，也不使用武力。他在一开始就确定了自己教义的使命是和平性质的，完全依赖精神力量，把精神力量看作自己教义的支柱。[⑤] 尽管如此，统治者仍把他看成是危险分子，将他逮捕，并开始镇压他的信徒。

当巴布被囚禁在马库城堡里时，典狱长阿里·汗（'Alí Khán）是个执行任务很严酷的人，他不准

---

① 纳比尔·阿仁：《破晓之光》，第 133 页。

② 纳比尔·阿仁：《破晓之光》，第 70 页。

③ 威廉·西尔斯：《释放太阳》，第 84 页。

④ 参见威廉·哈彻、道格拉斯·马丁：《巴哈伊信仰——新兴的世界宗教》，苏逸龙、李绍白译，澳门新纪元国际出版社 1999 年版，第 15 页。

⑤ 参见威廉·哈彻、道格拉斯·马丁：《巴哈伊信仰——新兴的世界宗教》，第 23 页。

任何教徒到巴布跟前。但是后来他改变了态度。纳比尔·阿仁详细记载："典狱长坚持要见巴布。我把话转达给巴布，巴布下令立刻带他进来。当我步出巴布的会客室时，看到阿里·汗恭敬地站在门口，他的面容露出不寻常的谦恭和茫然，平日自以为是和骄傲的态度完全不见了。他谦虚而极为有礼的回答我的敬礼，并且请求准许他觐见巴布，我便带着他到巴布的尊前去。当他跟着我走时，他的四肢颤抖不止，脸上笼罩着一种无法隐瞒的激动。巴布从座上起立迎接他。阿里·汗恭恭敬敬地鞠了一躬，走上前去就仆跪在他脚前。'求你把我从困惑中解救出来，'他请求说，'凭着上帝的先知、你著名的祖先之名，我恳求你驱逐我的疑问，因为它的重担几乎要把我的心压碎。刚才当我骑马穿过野外快到城门口时，正是黎明时分，我忽然看到你站在河边祈祷。你正举起双臂，抬起目光，呼唤上帝的名字。我静静地站着看，想等你结束祈祷好前去责骂你，说你大胆，竟敢不经过我的允许就离城。在你和上帝灵交之时，你似乎是完全沉醉在崇拜当中，以至完全忘了自己。我悄悄靠近你，你沉浸在喜悦之中，完全不知道我的靠近。那时，我忽然感到极大恐惧而退缩。我决定离开你而去找卫兵，骂他们为什么这么疏忽。很快的，我就惊奇地发现，城堡的内门和外门都是关闭的。在我的要求之下，他们打开城门，我被带到你的尊前，现在我发现你竟然坐在我面前，我完全困惑了，现在都不知道我的理智是否离我而去。'巴布回答说：'你所目睹的是真实而无可置疑的。你小看这个启示并傲慢地侮蔑其作者。慈悲的上帝不愿惩罚你，所以在你眼前显示出真理来。由于他的介入，他已在你心中注入他所拣选者的爱，并使你认知他信仰的不可攻陷的力量。'这次惊人的经验完全改变了阿里·汗的心。那一番话恢复了他的平静，降低了他的敌意。他决定尽所有的力量来补偿他过去的行为。他赶忙说：'一位贫穷的谢赫渴望拜见你。他住在城门外的清真寺里，我恳求你让我把他带来见你。借此，我希望我的邪行可以得到宽恕，我亏待你的教徒的污点得以洗清。'他的要求获得了准许。他立刻就到谢赫·哈桑的住处去，并带他到他的主的尊前。"①

(四)被迫进行武装抵抗

巴布被捕之后，其门徒进行了一段时间的武装抵抗。1848 年 9 月，700 多名巴布信徒在穆罕默德·阿里·巴尔福鲁什的领导下，在伊朗北部的马赞德兰省被迫进行武装抵抗。他们以塞克·塔别尔西陵墓为基地，与政府军展开了斗争。按照传说，塔别尔西陵墓是一块禁地，政府军不得任意进入陵区抓人，这对巴布信徒的抵抗是有保护作用的。巴布信徒驻扎在陵区之后，就开始修筑堡垒防御工事，并按照他们的理想建立起了"正义王国"。他们所修筑的城堡是八角形的，每个角有一个塔楼，城墙周围挖上很深的壕沟，壕沟与城墙之间还布置了许多陷阱。教徒们住在城堡内的木房中，他们规定：粮食与一切物资归集体所有，大家平均使用。这个消息一传开，百姓们便扶老携幼，带着吃的用的等物资来到陵墓区加入这个"正义王国"，也有不少人从伊朗其他地方奔来。抵抗者的人数很快增加到 2 万人。

抵抗队伍的迅速壮大，引起了伊朗国王的恐慌，国王下令要消灭他们。于是，地方政府便派出军队与巴布信徒们作战，但一次又一次，政府军被抵抗者打得落花流水，以至于地方政府官员们听到"巴布"二字就异常惊恐。在这种情况下，国王为了肃清抵抗队伍，不得不派王叔马赫迪·古里率军征讨。古里率军驻到了陵区附近的阿弗拿村。抵抗者得到消息后，决定趁政府军不注意时，于夜间

① 阿迪卜·塔赫萨德：《巴哈欧拉的天启》第 3 卷，第 282 页。

袭击他们。这天晚上,首领侯赛因带领一个小分队悄悄地来到了政府军所住的村子,当他们一个个进入村子后,一齐呐喊,冲向政府军。政府军官兵正在做着美梦,听见杀声,便赶紧起来,但不少官兵还没弄清是怎么回事,便被他们杀死了。这次战斗,抵抗队伍共杀死一百余名政府军,一名指挥官也被抵抗队伍打死了。

塞克·塔别尔西陵墓

巴布信徒们取得了首战的胜利。这次胜利大大地鼓舞了抵抗队伍的士气,他们知道,政府军是不会善罢甘休的,所以,他们立刻投入更大的战役准备中去了。果然,政府军战败的消息传到京城后,从国王到大臣都十分震惊。王叔更是气急败坏,决定亲自征讨抵抗队伍。于是,他率领 8000 人的部队,急急忙忙地赶赴陵区,要对抵抗队伍大加挞伐。抵抗队伍得到王叔亲征的消息后,决定也让王叔尝点他们的厉害。尽管这天晚上天气十分寒冷,伸手不见五指,抵抗队伍在侯赛因的带领下,偷偷来到了政府军周围。随着"杀啊!杀啊!"的怒吼声,政府军宿营地燃起漫天火光。王叔抢先逃命,因躲在森林里,捡回了一条性命。而两个王子被大火烧死。1850 年 5 月,巴布的信徒又在赞兼发动武装抵抗,消灭政府军 8000 人。同年 12 月,政府军把抵抗队伍全部杀死,抵抗失败。很多门徒遭到当权者的镇压,又不得不起来抵抗。其中叶齐德城一个叫"瓦希德"的门徒是一个典型。

(五)"崇高的瓦希德"

瓦希德(Vaḥíd)是赛义德·叶海亚·达拉比(Siyyid Yaḥyáy-i-Dárábí)的外号,巴哈欧拉说他是"他的时代里独一无二的人"。[①] 他曾经是一位有地位的伊斯兰教僧侣,后来接受了巴布的信仰。他博学多闻,有惊人的记忆力,能背诵整本的《古兰经》及超过 3 万条的伊斯兰"圣训";他广受公众的尊敬,并在皇室的圈子里受到高度的崇敬与信任。

瓦希德的故事带有传奇性。他最初是被沙王派去试探巴布的地位的。当瓦希德受命前去设拉子会见巴布前,他正在德黑兰做沙王的贵客。据说沙王赠给他一匹马、一把剑和一百 túmáns(当时很多的金钱)的旅费。他和巴布是在 1846 年 4 月或 5 月里会面的。纳比尔·阿仁描述说:"瓦希德

① 参见纳比尔·阿仁:《破晓之光》,第 135 页。

是在哈吉·米尔扎·赛义德(Ḥájí Mírzá Siyyid 'Alí)的家里见到巴布的。他遵守了既是巴布门徒也是瓦希德的密友的阿仁所要他遵守的礼节。在大约两小时之间,他把巴布的注意力引导到伊斯兰教里形而上的教义中最深奥、最难解的题目《古兰经》里最隐晦的章句和伊斯兰教里有关伊玛目的神秘圣传与预言上去。巴布首先倾听了他有关伊斯兰教律法和预言的话,记下所有的问题,然后逐一给以简单而有力的回答。他简洁而明快的回答激起了瓦希德的惊讶和敬佩。他被自己冒失和骄傲的羞辱感所击倒。他的优越感完全消失了!当他起身告辞的时候,他告诉巴布这话:'上帝啊!下次当我觐见你时,我会将其余的问题全数提出,并以此做探查的总结。'当他退下之后,他去见阿仁并将情形告诉他,他说:'我在他的尊前不当地铺陈我的学识,他可以用几个字就回答我的问题,解决我的困扰。在他面前我深觉卑下,只得赶忙托词告退。'"纳比尔·阿仁提醒他自己先前提出的建议,恳求他下次不要忘了。

在第二次会面时,他更惊讶地发现,巴布以他惯有的简洁明快方式回答了他刚刚忘掉了的问题。事后他说:"我好像陷入深睡之中,他的话、他回答我原已忘掉的问题,重新叫醒了我。一个声音仍在我的耳际一直告诉我:'可不可能这只是一个巧合?'我深受刺激而没能整理我的思绪。我再次托词告退。""我又去见阿仁,他冷淡地接待我,并坚定地说:'……下一次你好不好恳求上帝恩准你,使你在到他尊前时能够谦卑和超脱,这样也许他就会仁慈地将你从不肯定和怀疑的压迫中解脱出来。'"①他下定决心,再和他会面时,要从内心的最深处要求他为自己启示一篇有关《古兰经·多福章》(Kawthar)的评述而不诉诸口舌。假如他能不经要求就以一种迥异于目前《古兰经》评论家的文体启示这篇评述,他就相信其使命的神圣性,并且接受其信仰。如果不是这样,他就不承认。当他被带领到巴布的尊前时,一种莫名的恐惧突然袭来。当他看到他的面容时,四肢开始发抖。一向惯常觐见沙王毫无惧色的他,这时竟然如此受惊,且抖得无法站立。

巴布看到他的情况,就站起身向他走来,握着他的手,让他在自己身旁坐下来并说:"向我寻求你心里所想的愿望吧。我会启示给你的。"他惊讶得说不出话来,像一个既不了解又不会说话的婴儿一样,无法响应。巴布看着他微笑着说:"如果我为你启示《多福章》的评述,你肯不肯承认我的话语是生自于上帝的灵呢?你肯不肯承认我的话绝非骗术和魔法呢?"当他听到巴布这样说,眼泪不禁流了下来。他当时只能说出《古兰经》这段话:"喔!我们的主啊!我们自己不公正的对待自己,如果你不宽恕我们、不同情我们,我们就要腐朽了。"②

瓦希德说:"当巴布要哈吉·米尔扎·赛义德把他的笔盒和纸拿过来时,也只不过是下午时分,然后他开始启示《多福章》的评论。我要怎样才能描述那无法表达的庄严呢?一句句的话语快速从他的笔下流泻而出,令人难以置信。他快速的笔法、温柔的吟诵之声、文风的威力,令我惊讶万分而陷于迷失之中。他就这样子一直工作到日落时分,在整个评述完成以前都没有停下来。之后,他放下笔并要茶喝,然后开始在我面前大声地念。当我听到他用难以表达的甜美朗诵出潜藏在那超绝的评述之中的宝藏时,我的心狂跳不已。我如此地沉醉在它的美当中,至我三度濒临昏厥边缘。他用几滴玫瑰露洒在我的脸上,让我苏醒过来。这样我才恢复精神,继续听完。"

"当巴布朗诵完毕后,就起身离去。临行前,他将我托付给他的舅舅。他告诉他说:'在他和毛

① 纳比尔·阿仁:《破晓之光》,第135~136页。

② 纳比尔·阿仁:《破晓之光》,第136页。

拉·阿布杜·凯利姆(Mullá 'Abdu'l-Karím)一起缮写完这新启示的评述,并校正完以前,他将是你的客人。'毛拉·阿布杜·凯利姆和我共花了三天三夜才完工。我们轮流念一部分给对方听,直到完成为止。我们确认了文中所有的'圣训',发现它们都正确无误。这就是我得到坚信的情形,如果地上所有的力量都起而与我作对,它们也没有办法动摇我对他圣道的伟大之信心。"[①]

瓦希德事后写了一份详尽的调查报告给沙王。当沙王听到瓦希德已改奉巴布的信仰时,据说他告诉他的宰相:"最近我们据报,瓦希德已经成为一位巴比教徒了。如果这件事属实,我们就不要再小看那赛义德的信仰了。"瓦希德也写了一封信给同乡人,告诉他们巴布的使命之真相。[②] 他全心全意地接受巴布的地位。从他自巴布尊前退下来开始,到他多事的一生结束以前,他献身给他的信仰。他起来热切地传扬巴布的道。他旅行全国,在群众之中公开传扬他的信仰。就在这些旅行之中,他于德黑兰见到了巴哈欧拉。他从那里往南走到叶齐德(Yazd)城。带着他的剑,骑在骏马上,他到了先前会见乡民的地方。数以千计的人聆听他宣示伊斯兰所应许的人就要来了,群众中许多人就接受了巴布的信仰。

瓦希德最后被敌人赶出叶齐德。他前往 Nayríz,宣示圣道,最后成为殉道者。

巴布的信徒们有不少次起来自卫。据说在这类防御战争中,他们经常派出少数的人马来对抗众多的敌人,而且差不多每次都大败敌人。[③]

(六)巴布的信徒迅速增加

巴布的信徒最初在上层宣传其学说,遭到统治阶级迫害后,转而面向广大人民群众。这时,原巴布学说中的一些反封建的民主思想得到进一步发展。一些比较接近劳动群众的巴布信徒宣传家,如毛拉·侯赛因·别什鲁伊、哈志·穆罕默德·阿里、毛拉·穆罕默德·阿里、赛义德·叶海亚·达拉比等人,明确宣称:新先知即将降临,新世界即将诞生,一切旧制度与旧教典均已失效,人民已没有义务再向统治者纳税服役,高高在上的统治者将要失去他们的特权,降为平民。巴布信徒的这些宣传得到城乡人民的热烈欢迎,巴布运动迅速发展,许多手工业者、农民、小商人和低级阿訇纷纷加入巴布运动中来。1849 年 2 月,伊朗已有巴布信徒 10 余万人。

(七)新独立信仰的出现与巴布的殉道

在巴布的感召下,一些旧传统被废除,旧习惯被改变。1848 年在一次巴哈欧拉参加的 81 名教徒的集会上,巴布的第一位女信徒塔荷蕾,突然揭去面纱出现在众人面前,成为这个新时代的表征。这在传统的即使看一眼她的倩影都会被认为是不当之举的伊斯兰社会,是一种何等大胆的行为。信徒们的生活习惯随之发生了革命性的改变,他们的崇拜的态度经历了突然性的基本转变,热诚的崇拜者向来所谨守的祈祷仪式都被彻底地抛弃了,甚至少数自己的同伴都认为改变得太过激进,近乎异端。[④] "由新教义的诞生开始,绝对避免任何暴力行动,忠于政府,否定采取圣战。"[⑤]就是在这次集

---

① 纳比尔·阿仁:《破晓之光》,第 136~137 页。
② 纳比尔·阿仁:《破晓之光》,第 138 页。
③ 参见阿迪卜·塔赫萨德:《巴哈欧拉的天启》第 2 卷,第 125~127 页。
④ 参见纳比尔·阿仁:《破晓之光》,第 217 页。
⑤ 纳比尔·阿仁:《破晓之光》,第 424 页。

会上，巴布的追随者宣布：全体脱离伊斯兰教及其教法，并对这种新信仰和伊斯兰教的关系作出了一个明确的结论，巴布的启示不是伊斯兰教的一个分支，而是一个新的独立信仰。

1850 年 6 月，尼兹里的巴布教徒又发动武装抵抗。抵抗队伍声势浩大，所向无敌。为了阻止巴布信徒们的不断抵抗，1850 年 7 月，伊朗国王下令处死巴布。伊朗首相下令给一个王子，要他在大不里士杀死巴布。但是王子认为“只有卑鄙的人，才会接受这件差事”，他根本就不愿意去“杀害一个上苍的先知的后裔”。当再次被强迫去执行命令时，王子装病拒绝去执行。执行只得换人。[①]

1850 年 7 月，行刑以前，英国医生科米克(Cormick)受当权者召请去狱中检查巴布的精神状态，巴布向他表露不怀疑欧洲人会相信自己的教义。这位英国医生在当时已经意识到巴布的教义和基督教有关系，他从修筑监狱的亚美尼亚籍的木匠口中得知，巴布在监狱中研读《圣经》，而且在木匠面前不仅不遮掩，还跟他们讨论《圣经》。[②] 7 月 8 日行刑这天，大群官兵守卫着广场，周围站满了群众，一个叫穆罕默德・阿里(Mírzá Muḥammad 'Alíy-i-Zunúzí)的年幼信徒希望和巴布一起去殉道。当巴布和他的这个信徒带着镣铐被押进广场时，人群中发出了低低的哭泣声。穆罕默德・阿里要求刽子手把自己的身体绑缚在巴布的身体前面，头部贴在巴布的胸口，以掩护巴布的身体。由 750 名基督徒组成的行刑队手持来复枪准备射击，行刑队长是一位基督教徒，他走近巴布，向巴布祈祷说自己是基督教徒，而且自己的内心对巴布并无敌意，但愿能够被免去犯下如此滔天大罪。巴布回答他说，如果祈祷是真诚的，上帝会满足他的愿望。[③] 结果是出现了这样的一个场面：枪响后，浓烟冒起，人们定睛看去，不禁惊呆了，巴布不见了，他那忠诚的门徒却毫无损伤地站着。顿时人群骚动，祈祷、欢呼声响成一片。原来行刑者只打断了悬吊巴布的绳子，巴布趁机逃到附近的平房里，行刑队马上搜捕，最后是那位从狱中提出他的军官，在原来的地方找到了他。他安详地坐着，正在给自己的信徒交代最后的遗言。他转向那位军官，笑着说，现在，他在世上的使命已经完成，准备用牺牲来证明他的真理了。

巴布被重新带进刑场，但基督徒行刑队长拒绝再度下令枪杀这个他认为是纯真圣洁的青年，他率领部下走了。结果，另一队士兵被派来执行死刑。这一次，上百粒子弹聚射在巴布和他忠诚的信徒身上。

巴布被杀害时年仅 31 岁。然而巴布的思想已深入人心。

巴布被处死后，巴布教徒们并未停止抵抗，但除了公开与政府抵抗外，他们还采用隐蔽手法进行活动，极大地动摇了伊朗政府的统治。

(八)巴布遗体的最终被安葬

巴布被处决以后，他和那位殉道的小信徒的遗体纠结在一起，被抛弃在大布里士城的壕沟边上，喂食鸟兽。巴布的一个信徒苏莱曼・汗(Sulaymán Khán)冒死把他们的遗体偷运出来，装入灵柩，先运到米兰(Mílán)的一个巴布信徒哈吉・艾哈迈德的丝工厂里，藏在一堆堆丝下。后来在巴哈欧拉的指示下，遗体又被运到德黑兰，藏在一座清真寺内。而后的 50 年里，遗体被辗转移藏在清真寺和

---

① 参见纳比尔・阿仁：《破晓之光》，第 357～358 页。

② 参见纳比尔・阿仁：《破晓之光》，第 9～10 页。

③ 参见 G. 汤士便德：《神临记》英文版《引言》，鸥翎译，未刊本，第 8 页。

信徒家里，直至在 19 世纪的最后一年，1899 年 1 月 31 日，灵柩被运到以色列海法的卡梅尔山上，不久，缅甸仰光的巴哈伊捐赠的大理石棺运抵海法，几个月以后巴布陵寝开始动工。但是接着是巴哈欧拉家人的反叛行为阻挡了工程的进展。他们诬告阿布杜巴哈是在建筑工事，图谋聚众谋反。阿布杜巴哈的活动再次被限制，不得出阿卡城。后来经过长期调查，也没有落实阿布杜巴哈有反叛倾向。直到土耳其青年党革命，阿布杜巴哈才得以获得自由。经过长达 10 年的周折，巴布的遗体在 1909 年 3 月 21 日才得以安葬在巴布陵寝的中央地窖里。①

(九)巴布信徒的隐蔽活动

1851 年后，大规模的武装抵抗基本结束，巴布的信徒转入隐蔽活动。1852 年 8 月巴布的几个信徒违背巴布的意愿，在德黑兰谋刺国王未遂，使城内数百名巴布信徒惨遭杀害。接着，伊朗当局在全国各地加速逮捕和屠杀巴布信徒，有的被烧死，有的被绑在炮口上轰死，其中有许多妇女和儿童。他们遭受了非人间的折磨，有的先下油锅而后被烧死，有的人尸体被肢解而后又被暴晒于市，头颅被当球踢，或做长矛的装饰品。有的被拔掉胡须，有的被割下舌头，惨状令人不敢目睹。一位奥地利上尉记载了这种惨烈的场面，有些"被人用手指抠去眼珠或被剁掉耳朵的人还得当场将自己的眼珠或耳朵吃掉，他们的肩膀和胸口被剜了一个个大窟窿，然后将点燃的火把插在这些窟窿里，火把将人体烤得噼啪作响，市场被火把照得通亮"②。这种极端的镇压行动，使信徒遭到灭绝性的打击。至此，经过 4 年之久的巴布信徒武装抵抗终于失败。

但是巴布的信仰并没有被消灭，而是通过一些信徒的传扬，扩大了影响。其中被称为"崇高的瓦希德"所起的作用是非常大的。

巴哈伊历史学家纳比尔·阿仁记载当时的情况说："巴布的声望传遍全国，连首都和各省份的达官都听到。一阵探讨的热潮在领袖与平民之中兴起。那些听闻巴布的门徒，讲述巴布显现前的征兆与证据的人都感到惊讶不已。"③

四、巴布的第一部经典

《伽瑜姆勒·阿斯玛》或《伽瑜姆勒之圣名》(伽：音 gā，又译《卡雍慕拉斯玛》)，是巴布所写的一本关于《古兰经》第 12 章《约瑟章》(又译《优素福》)的评注。这是巴布的第一部经典。此经之于巴布信徒，犹如《古兰经》之于穆斯林。它的第一章是巴布于 1844 年 5 月 22 日傍晚为毛拉·侯赛因启示的。后者因此认出了巴布的地位，成为他的第一位门徒。巴哈欧拉说"在(巴布)众经之首，他最伟大、最重要的圣典，那本名为《伽瑜慕·阿斯玛》(即《伽瑜姆勒·阿斯玛》)的著作中，他预言了自己的殉道。该书中有这样一段话：'神的遗迹啊！完全是为了您，我牺牲了我自己；为了您，我接受了万千诅咒；我尢所希求，只渴望在爱您的路途上殉道献身。足以为我作证的乃是真主，那位"崇高者"、"保佑者"、"千秋万代的亘古之尊"'！"④巴哈欧拉视此经为巴布的"众经之首"，经典中"第一本也是最伟

① 参见白有志：《阿博都巴哈——建设新秩序的先锋》，澳门新纪元国际出版社 2001 年版，第 70、99 页。

② 纳比尔·阿仁：《破晓之光》，第 135 页。

③ 纳比尔·阿仁：《破晓之光》，第 136～137 页。

④ 巴哈欧拉：《确信经》第 2 卷，小鸥译，未刊本，第 54 页。

大和最重要的"[①]。根据圣护守基·阿芬第的说法,此经的意义在于巴布"预言了在后继之天启中,那位'真正的约瑟'(巴哈欧拉)将遭其胞弟的毒手"[②]。

巴布在该书中首先确定了自己的先知地位,是"神圣之原点",他明确地说:"我是那神秘之庙宇,由全能之手所建起。我是那神圣的灯,被上帝之指点燃于壁龛内并使之以不朽的光辉照耀。我是曾燃烧于西奈快乐之地,而后隐藏于燃烧之丛林中的那神光之火焰。"他以上帝之口吻说,"我在你身上只看到那'伟大的宣告'——由上天众灵所发出的神圣宣告。凭着这个名,我见证,环绕着荣耀之宝座的人们曾经认识你。"[③]同时,他又是为巴哈欧拉的降临铺路的,"很清楚明显,所有在它(指《默示录》)之前的天启之目的乃是为穆罕默德——上帝之使徒——的来临而铺路。这些天启(包括穆罕默德之天启)接着以卡义姆(指巴布)所宣示的神圣启示为目的。而作为这个神圣启示之基础的目的,也与在它之前的那些启示一样,同样地是为了预告他——上帝将使之显现者——的信仰之来临。接着,这个信仰——上帝将使之显现者的信仰——又与所有在它之前出现的神圣启示一起,把那个注定了要继承它的神圣显示作为它们的目的。并且以后出现的,也会像它之前的所有神圣启示一样,为那个将随它之后出现的神圣启示铺路。真理之阳的升降过程如此无穷无尽地继续下去——这个过程没有开端,也将没有结束"[④]。因此,巴布的地位是双重的,既是巴哈欧拉的前驱,又是独立的先知。用阿布杜巴哈的话说,他是"圣尊崇高者(巴布乃是上帝之合一性和唯一性的神圣显示者),也是亘古美尊(巴哈欧拉)的神圣先驱"[⑤]。巴布进一步确定了巴哈欧拉的更伟大先知的地位,指出"伟大而全能的主啊!通过你权能之神力,你将使我显现,并提升了我来宣示这个神圣启示。我只将你当作我所信靠,我只坚信你的意志……你这上帝之遗迹啊!我已完全地为了你而牺牲了我自己:我为你的缘故而受咒骂,并且只渴望在你爱之路上殉道。对我充分的见证乃是上帝,那崇高者,保护者,亘古之日"。"当那指定的时刻来临,只要你经由上帝(那全智者)之许可,从那最崇高神秘之山透露出一丝极微弱的你那不可测知的奥秘之微光,那么,当一眼瞥见那围绕着你那天启之强烈的红艳的光芒时,那些已认识西奈之光辉的人们便会昏死过去。"[⑥]

五、《默示录》和其影响

《默示录》是巴布最有名的经典。在《默示录》第3章,巴布说:"凡是凝视巴哈欧拉之神圣体制并感恩于他的主人的人有福了!因为他一定会被显现。诚然,上帝已将不可改变地命定在《默示录》中了。"[⑦]

在巴哈伊教看来,巴布是春分时的太阳,而巴哈欧拉则是盛夏的太阳。[⑧] 在马库被囚禁的9个月号间,巴布集中精力著述《默示录》。当时巴布的处境非常艰难。他在伊斯兰教神职者面前受审,被判以"杖足之刑"(即杖打足底的酷刑)。他被监禁在荒凉简陋的马库堡达几个月里,夜里没有灯光

---

① 守基·阿芬第:《巴哈欧拉之天启　新世界体制之目的》,澳门新纪元国际出版社1995年版,第6页。
② 守基·阿芬第:《神临记》,巴西巴哈伊出版社1986年版,第23页。
③ 守基·阿芬第:《巴哈欧拉之天启　新世界体制之目的》,第35页。
④ 转引自守基·阿芬第:《巴哈欧拉之天启　新世界体制之目的》,第28页。
⑤ 转引自守基·阿芬第:《巴哈欧拉之天启　新世界体制之目的》,第37～38页。
⑥ 守基·阿芬第:《巴哈欧拉之天启　新世界体制之目的》,第6页。
⑦ 转引自守基·阿芬第:《巴哈欧拉之天启　新世界体制之目的》,第56页。
⑧ 参见守基·阿芬第:《巴哈欧拉之天启　新世界体制之目的》,第37页。

照明。他的监房除了土砖所砌的墙壁以外，连一道门也没有。所以，他把这个监狱称为"开放的山"。在他殉道之前，他被囚于奇厉克堡近两年，受到更加严厉的监禁。他称这个监狱为"忧伤的山"。

《默示录》由数千节经文组成，采取波斯文口述的形式颁布。这是他的一部最重要、最具启发性、内容最广博的著作，基本上把巴哈伊教后来的教义、戒律和法规订立下来，明确地宣布了一个新宗教的兴起，呼吁信徒们去追寻那"上苍将派来的显圣"。[①] 他宣布自己的双重使命：呼唤人们回归上帝，同时宣布所有几世纪宗教所应允者即将到来，将在他之后出现。这位先知的地位非常重要，以致"若一个人能自他那里听到一首诗节并加以背诵，将胜过背诵《默示录》千遍。他们所信仰的是同一个宗教，他是先驱，而即将到来者则是创始者。或者如人所说他是黎明，而即将到来者是太阳。巴布希望人们准备好自己的心田来迎接这位伟大的世界牧羊者的降临，以便摧毁所有的暴君，经由他的正义，消除各种形式的压榨"[②]。因此《默示录》是巴布关于其教义的主要著作。在圣护守基·阿芬第所著的《神临记》(*God Passes By*)中，《默示录》被描述为"一座关于新天启之律法与规诫的纪念碑式的宝库，一处珍藏了巴布关于那位'上苍将使之显现者'的绝大部分论述、赞美和警言的宝藏"。这本《默示录》总共 9 章，除了最后一章只有 10 节，其他每章 19 节，共约 8000 句。它是巴布信仰的关键著作，"应当首先被视为是一首为那位'圣书所允诺者'而谱写的赞歌，然后才是一本为未来几代人作永久指南的法典"。此外，巴布还以阿拉伯文启示了另一部《默示录》，相对而言，"较前一部简短，重要性也逊于前一部"。[③]

六、《默示录》的主要内容

《默示录》认为人类社会各个时代依次发展，后来的时代一定超过以前的时代。每个时代皆有其特殊的制度与法律，旧制度与旧法律应随旧时代的结束而结束，代之以新制度与新法律，新制度与新法律必须由上帝派来的"新先知"制定。新先知给人们的指示就是代替《旧圣经》的《新圣经》。巴布宣称他是受上帝的委托而降临的独立先知，但他的使命是为另一个独立先知——"上帝之宇宙性圣使"的出现而铺路的，这个先知就是比他大两岁的巴哈欧拉。《默示录》就是新的经典，一切制度和法律都应按《默示录》重新制定。巴布指出世俗官吏和高级阿訇不愿抛弃旧制度是世界不平和倾轧的原因，他主张人人平等，反对剥削压迫。但是，巴布并没有提出废除私有制，相反却主张要保障私有权、继承权、债务关系，并提出其他许多有关商人利益的要求，如严守商业通信秘密、改良邮递，统一币制等。他还主张取消伊斯兰教法中关于 30 天斋戒、婚姻、继承权等有关规定，取消公共礼拜和呆板的礼拜仪式，每人都可在自认为方便的时候做礼拜；严禁饮酒和乞讨，也禁止向乞丐施舍；提倡男女平等，允许离婚和再婚；严禁扰乱社会治安和随意伤害人命。他把"19"这个数字看得特别神圣，这是阿拉伯字"瓦希德"(独一)和"伍珠德"(存在)的结合。他因此把一年分为 19 个月，一个月分为 19 天，斋月也变为 19 天。《默示录》也强调单独祈祷的重要性，这也正是巴哈伊教与伊斯兰教的根本区别之一，因为伊斯兰教最强调集体祈祷，祈祷要有人领拜。而巴布适应资产阶级的个人自由，提倡单独祈祷的必要，他在《默示录》中说：

> 在祷告的时刻必须独处一室的理由是，你乃可全神贯注于对上帝的纪念，你的心得以在所

---

① 参见纳比尔·阿仁：《破晓之光》，第 184～185 页。
② 威廉·西尔斯：《释放太阳》，第 65～66 页。
③ 参见守基·阿芬第：《神临记》，第 40 页。

有时候为他的神灵所激励，而不为如面纱般隔绝于你最钟爱者之外。[①]

《默示录》也特别强调宗教的神圣性，提倡宗教应该绝无功利目的，说：

崇拜上帝的方式是，如果你的崇拜导致你陷入火坑，你也不应改变你的崇拜，同理，如果你的报偿是天堂的话，你也应坚持下去。如此也惟独如此，才是适宜崇拜唯一真神的方式。如果你因为畏惧而崇拜他，这将不适合他尊前之圣洁天庭，也不能被视为你献身于他存在之一体性之作为。或者如果你的着眼点是天堂，你带着这个希望崇拜上帝，你将使上帝的创造与他同格，尽管天堂受人渴望是个事实。……狱火与天堂在上帝尊前皆要躬身匍匐。合乎他本质之崇拜方式是因他的缘故而崇拜他，而无惧于狱火或盼望于天堂。……尽管崇拜者献出真诚的崇拜时，他将被救出火坑，进入上帝的喜悦之天堂，然而这不应该成为他的行为之动机。[②]

巴布指出，上帝在派遣他的先知穆罕默德当天，已经预定了他的先知周期之终止。[③] 巴布的宗教不是伊斯兰教，也不是另一个别的什么宗教，而是巴哈伊教的重要组成部分。这在巴布在世时，就已经确定了。巴布传导的教义与伊斯兰教的态度"形成一个鲜明的对比"，英国医生科米克对此作了善意的称颂，认为巴布的教义与基督的教义是相似的。[④] 法国驻伊朗大使康特·戈比诺（Count Gobineau）以及欧内斯特·勒南（Ernest Renan）、柯曾勋爵（Lord Curzon）和英国剑桥大学教授布朗（Browne）都做了同样的肯定。巴布自己也认同这一点，他认为自己的教义无论是在精神上还是目的上，都与基督的教义是一致的，而基督也是为他的出现铺路的。他的著作中也曾经引用过基督教的一些话。[⑤]

巴布对先知的态度与伊斯兰教有了明显的区别。伊斯兰教承认穆罕默德是最后一位先知，称"封印先知"。而巴布却承认先知的连续显现，他指出："当一切存在完全仰赖每一天启期中的崇高实体之宝座时，你们当中有谁能挑战他们呢？诚然，上帝自无始之始至今日为止，一直都使反对他们的人完全灭绝，并经由真理之力量决定性地证明了真理。"[⑥]他把自己定位为那位将升起者，预言另一位全人类期待着的所有经典的许诺者，"上帝之宇宙性圣使"即将出现，而他自己的出现则是为他铺路的，并将为之而牺牲。他提出："我是那神圣的原点，万物由它而产生……我是上帝之圣容，其光辉永不黯淡；我是上帝之光，其光芒永不消失……上帝已选定把天堂的所有钥匙放在我的右手，而把地狱的所有钥匙放在我的左手……凡是承认了我的人便已经了解真确的一切，并已获得善美的一切……上帝用以创造我的物质并非那用以塑造其他人的泥土。"[⑦]"我凭天界与地上的主发誓：我的确是上苍的仆役，我已经被指定为上苍的明确证明的肩负者"；"我是天堂的女仆，是由光的圣灵产生的。"[⑧]所以他在1844年5月23日对他的第一个信徒毛拉·侯赛因说："你是第一位相信我的人！诚然，我说，我是巴布，是通往上帝之门，而你就是巴布之巴布，是门之门。最初必须有18个人自发自愿地接受我并承认我的启示是真实的。既无需事先告诫，又不必事后邀请，他们每一位都在独自地

① 转引自世界正义院汇编：《励心集》，苏英芬译，台湾大同教（巴哈伊）出版社1990年版，第14页。
② 转引自世界正义院汇编：《励心集》，第10页。
③ 参见世界正义院汇编：《励心集》，第27页。
④ 转引自G·汤士便德为《神临记》英文版写的《引言》，鸥翎译，未刊本。
⑤ 参见G·汤士便德为《神临记》英文版写的《引言》，鸥翎译，未刊本。
⑥ 转引自巴哈伊世界正义院选录：《励心集》，第21页。
⑦ 守基·阿芬第：《巴哈欧拉之天启　新世界体制之目的》，第35～36页。
⑧ 世界正义院编：《圣言与默思——巴孛、咨浩拉、阿都咨哈之言》，马来西亚咨亥（即巴哈伊）出版社，无出版年，第3页。

寻找我。等到他们人数达到 18 个时,其中一位要被选出,陪伴我到麦加和麦地那去朝圣。在那里,我将把上帝的旨意转告给麦加的市长。”①在《默示录》中,巴布宣称,自己的启示只是天堂无数树叶中的一片,他和他以前的使徒一样,都是为这个“上帝之宇宙性圣使”铺路的。② 而《默示录》所预言的“上帝之宇宙性圣使”即巴哈欧拉。这样就在创教之初确立了两个先知会同时出现的特例。这是过去任何一个宗教都没有过的。

巴布说:“你若能记诵那上帝所要显圣的他的一句话,这要好过记诵整本的《默示录》,因为在那日,那一句话可以救你,而整本的《默示录》却救不了你。”巴布并证实巴哈欧拉的崇高地位,说巴哈欧拉可以将先知的地位赐给任何人。他说:“如果他要使地球上的每个人都成为先知,所有的人在上帝的眼里都是先知——当上帝所要显现的那一位启示之时,地球上所有的人就依他的意旨而成为那种人——因为,除非透过他的意旨,否则上帝的旨意是不能显示的;除非透过他的所愿,否则上帝的愿望是不能显现的。他真确是全然征服的,全然有力的,至为崇高的。”③

巴布号召说:当巴哈之阳在永恒之地平线上璀璨照耀时,你们必须拜谒于他的宝座前。他对巴哈欧拉的力量和显圣的地位深信不疑:“你们所有人被创生出来,是为了让你们去寻求他的亲临,并达至那崇高而荣耀的地位。确实,他将从他仁慈之天堂降下有益于你们的东西,而任何由他恩赐的事物都将令你们能够独立于全人类……确实,如果他乐意,无疑他可以通过他自己所说出的一个字使万物复兴。真确地,高于并超越于所有这一切,他乃是无比威力者,全能者,万能者。” ④

伊斯兰教认为《古兰经》是安拉颁降的最后而且是唯一完整而没有经过任何改动的天启经典。而巴布则径直宣布:《默示录》“真实是我们对一切造物的决定性证明,世上的所有人民在其言辞之启示前皆失去力量。它珍藏了过去与未来的所有经典之全数”⑤。在此基础上,巴哈伊教先后有百多部经典颁布,这也是与伊斯兰教有根本区别的。

巴布的生活习惯也与伊斯兰教有了一些区别,如伊斯兰教有一条戒律,虔诚的穆斯林不能使用银杯,而巴布却使用银杯喝水,且用它来招待客人。⑥ 巴布对伊斯兰教的教历也大胆进行了彻底废除,并且确定了自己宗教的节日。

七、巴布确立的基本原则

巴哈伊教的核心教旨有三条:上帝唯一,宗教同源,人类一家。巴布确立了这些基本原则,而巴哈欧拉具体阐述了这些原则。

巴布主张上帝唯一的一神论宗教,神是独一而全能的,是超自然的精神实体。在巴布的著作中,反复肯定和强调上帝是无可匹敌者,无与伦比者,真实者,是自有永有者,除上帝之外无神明,上帝是天上与地下,以及其间一切之王国的至高无上之主,是万王之王。上帝造物,说要有它,它就有了。

① 纳比尔·阿仁:《破晓之光》,第 47 页,参见秀那索拉比改写《纳比尔手记》,杨英军译,澳门新纪元国际出版社 2004 年版,第 20 页。

② 参见守基·阿芬第:《巴哈欧拉之天启 新世界体制之目的》,第 28 页。

③ 阿迪卜·塔赫萨德:《巴哈欧拉的天启》第 2 卷,*The Revelation of Bahá'u'lláh*,李定忠译,澳门新纪元国际出版社 2004 年版,第 157 页。

④ 巴哈伊世界中心编辑部编:《神圣辅助的力量》,澳门新纪元国际出版社 1999 年版,第 14 页。

⑤ 巴哈伊世界正义院选录:《励心集》,第 26 页。

⑥ 参见纳比尔·阿仁:《破晓之光》,第 20 页。

他指出:“诚然,我是上帝,除我以外无神祇,除我以外之一切皆是我的造物。……我已颁令,补凡接受我的宗教者,也应相信我的一体性,我已将这个信仰与对你的纪念相联结”①,这个最高的神,就是“在万物之前存在,在万物之后存在,也将在万物之外存在的上帝,……是知晓万物的上帝,高超于一切之上,……是以慈悲待万物,审判万物,监察涵盖万物之上帝”②。因此,“宗教的第一与首要条件是认识上帝”③。作为信徒,就应该赞美上帝“本质之一体性”④,“自亘古以来”,“(上帝)一直也将永远是唯一的真神”,除上帝“以外之一切皆为匮乏与贫穷者”⑤。但是,对于这样一个至高无上的上帝,人的认识是不能达到的,因为上帝的“地位太高超,是赋有理解力者之手所不及”,上帝的“内涵太深奥,是人的心智与领悟之河所无法流溢者”⑥。巴布强调人类一家,“在上帝同一与不可分割的宗教里,你们当成为真正的兄弟,免于区别。因为诚然,上帝希望你的心成为信仰里反映你兄弟的明镜,则你可在他们身上反映自己,他们亦反映于你。这是上帝,全能者之真道”⑦。巴布明确宗教同源的原理,认为世界各大宗教虽然对神的称谓不同,如称之为“上帝”、“安拉”、“佛”、“主”等,但神灵本身是统一的,并且各种宗教本质上都来自同一神圣的根源;因此一个已有宗教信仰的人若再信巴哈伊教,不需放弃原信仰,而巴哈伊教徒也可以自由出入各教庙宇进行崇拜。

鉴于此,虽然巴布自认为是一个无比伟大之启示的卑微前驱,但巴哈欧拉把他称为那允诺再临的卡义姆,他是如此一位神圣启示者,他证实了那很快将要代替他自己的那位更高超的启示者之杰出卓越。阿布杜巴哈则肯定巴布“创设新规则,新法律,和新宗教”。⑧

八、巴布的历史地位

守基·阿芬第说:巴布的地位“虽然逊于巴哈欧拉,却被赋予了与他一起掌握这个至高天启之命运的统领权”,他“以其青春的光辉照耀着这幅心灵的画卷,他有无限的温柔,不可抗拒的魅力,无比卓绝的英勇”,他与巴哈欧拉是“两位独立却又迅速相承接的神圣显示者”,有“奇迹般释放出来”的“奔流力量”。⑨ 巴哈伊教以外的人也认同了巴布作为创立者之一的巴哈伊信仰是一种新宗教的地位。俄罗斯学者皮沃瓦洛夫在《宗教:本质和更新》(《哲学译丛》1994 年第 4 期)中说,巴哈伊教被称为“新世界思维的原理”的原理,它“用现代神学、科学、哲学和政治学语言把佛教、基督教和伊斯兰教结合起来”,其主旨“是以神话形式体现人类对立面的统一和斗争规律”。

美国前副总统戈尔说:巴哈伊教是那些最新的济世宗教派别中的一个。其教义不仅告诫我们要正确看待人类与自然的关系,还必须重视文明与环境的关系。可能是由于其主导思想形成于加速工业化时期,巴哈伊教派看起来十分注重这一大变革中的精神含义并对这一变革有着鲜活的描述:“我们无法把人类的心灵与其自身之外的环境分离开来,并且宣称一旦变革其中之一,一切都会得到改

① 巴哈伊世界正义院选录:《励心集》,第 25 页。
② 巴哈伊世界正义院选录:《励心集》,第 33 页。
③ 巴哈伊世界正义院选录:《励心集》,第 17 页。
④ 巴哈伊世界正义院选录:《励心集》,第 36 页。
⑤ 巴哈伊世界正义院选录:《励心集》,第 38 页。
⑥ 巴哈伊世界正义院选录:《励心集》,第 40 页。
⑦ 巴哈伊世界正义院选录:《励心集》,第 6~7 页。
⑧ 转引自李绍白:《人类新曙光——巴哈伊信仰》,澳门新纪元国际出版社 1995 年版,第 269 页。
⑨ 参见守基·阿芬第:《巴哈欧拉之天启 新世界体制之目的》,第 1~2 页。

善。人与自然是一个有机整体。人的内在生命塑造了环境,而其本身又受到环境的深刻影响。一方作用于另一方,人类生活中每一个影响深远的变化都是双方相互作用的结果。"巴哈伊教派的神圣典籍中还有这样的警句:"常常被学识渊博的艺术与科学的阐释者们大加吹捧的文明,如果让它逾越适用的界限的话,将给人类带来极大的灾难。"[①]而英国学者尼尼安·斯马特则认为,巴哈伊信仰带有进化论的色彩,在教义上倾向于宗教真理的相对性,以及所有宗教本质上的一致,对各种形式的宗教经验,包括沉思方面的发展都很关注。它对那些为传统宗教之间的冲突感到不满并进行反思的人,有极大的吸引力。虽然脱胎于什叶派伊斯兰教,并抓住隐遁伊玛目的概念,使用了末世论的主题,"但它已经发展成一个全然不同的信仰,拥有自己与众不同的和现代化的特点。它是精神革命的范例,在世界文化之全球化状态出现前,它就敏锐地意识到了这一点,并为这个一体化的世界做了宗教方面的准备"[②]。

巴布出现之后,人类在物质与灵性文明上都发生了惊人的进展。科学上的发现在很短的时间里,产生前所未有的增加,建立起难以置信的联络网。巴哈欧拉的信仰就是靠这个工具传遍整个地球的。这个现象是早期的巴哈伊信徒们所不能想象与相信的。巴布曾经说过,人类要建立一套快速的传播系统,这样,"上帝将要显现的那位"的消息才能传达全世界。现在,一切都实现了,整个世界变成一个国家。当人类的知识在灵性与物质上都能平衡发展时,一种神圣的文明才能出现,巴哈欧拉的启示就是要在人类社会中创造这种平衡。当这种平衡达到之后,就会出现巴哈伊文明。上帝的知识要充塞、主导人类的灵魂,高贵的性格和神圣的道德就成为人类的特性,人类的成就会进入一个全新纪元。巴布作为巴哈伊教创始人之一的地位是巴哈欧拉所确立的,任何人都不能对此有任何一点动摇。巴哈欧拉断言"现在,宣告上帝之圣言者不是别人,正是再次显现的原点"[③]。他说:"我们真确地相信,那名号称为巴布的他,是由上苍——万王之王——的意旨派遣下凡来的。"[④]

巴哈欧拉在《瓦法书简》里说:"想想看巴扬元点的启示——他的光荣是受尊崇的。他宣布那第一个相信他的人是穆罕默德——上帝的信使。如果一个凡人和他争辩说这人来自波斯,那人来自阿拉伯,或这人叫侯赛因,那人叫穆罕默德,这样是适当的吗?不,我凭着上帝之名起誓——他是崇高、最伟大的。当然任何聪明有理解力的人都不会对限制或名字在意,他注意的是穆罕默德所赋有的——也就是上帝的圣道。这种有理解力的人也会考虑侯赛因和他在上帝圣道所占有的地位,上帝是全能、崇高、全知和全智的。既然第一位接受巴扬天启的信徒被赋予类似穆罕默德——上帝的信使——的统权,所以巴布宣布他就是后者的复临和复活。这种地位超越了所有的限制和名字,在这里面只看得到上帝。他是独一的、无比的、全知的。"巴布的启示预告了上帝之日即将到临,它有特别的意义,拥有巨大的潜能。就像一粒种子,拥有一棵大树的潜能一样,他的圣道生出一个比他的信仰还要大的信仰。巴哈欧拉赞美巴布,说他是"所有先知和信使的本质所环绕的点"、"他的层级超越所有的先知"、"信使之王"和"精华中的精华"。他的信仰揭开了为期 50 万年的巴哈伊周期。他的早期信仰者中有一些是众先知和受拣选者的复临。比如说,巴布给第四位"活神的字母"毛拉·阿里·比斯塔米(Mullá 'Alíy-i-Basṭámí)伊玛目阿里的地位。这位伊玛目在什叶派伊斯兰教徒的眼中是穆罕

① [美]阿尔·戈尔:《濒临失衡的地球—生态与人类精神》,陈嘉映等译,中央编译出版社 1997 年版,第 230 页。
② 尼尼安·斯马特:《世界宗教》,高师宁、金泽、朱明忠等译,北京大学出版社 2004 年版,第 537~538 页。
③ 转引自守基·阿芬第:《巴哈欧拉之天启 新世界体制之目的》,第 49 页。
④ 守基·阿芬第编:《巴哈欧拉著作拾穗》,梅寿鸿译,马来西亚巴哈伊出版社 1980 年版,第 34 页。

默德的正统继承人。[①]

巴哈欧拉对巴布的评价极高:“他将为穆罕默德曾为之事,他将毁掉他之前的东西,一如‘真主的使者’曾毁掉那些先他而来者所立的规矩那样……知识就是二十七个字母。众先知曾启示的所有知识是其中两个字母。迄今为止,没有人晓得比这(两个字母)更多的知识。但是,当卡义姆崛起时,他将致使余下的二十五个字母显现人间。”[②]想想看,他宣称,知识是由 27 个字母所组成,并把从亚当起直至“封印”为止的所有先知视为是仅仅两个字母的阐释者,认为他们仅将两个字母带到了人间。他还说,卡义姆将启示余下的全部 25 个字母。

巴哈欧拉祝愿众生的生命皆奉献给他——巴布,那位“万众之主”,那位“至为崇高者”。他曾专门给各城的神职者启示了一篇书简。在这封函件中,他充分地陈述了他们当中的每一个人对他的否定和拒绝分别属于什么性质。“因此,赋有洞察力的人们啊,你们可要警醒啊!”他之所以要谈及这些神职者的对抗,旨在驳斥巴扬之民,将在那位“被祈求者”(慕斯达格斯)显现之日、在那个“末后的复活日”中可能提出的这样一种异议:“在巴扬天启期里,曾有好些神职者接受了他的信仰,而在后一个天启(期)里,为何连一个神职者都不曾承认他的声明呢?”他的目的是要向人们作出警告,免得他们罔顾天禁,因执着于一些愚蠢的想法而令自己失去了福分,而无缘朝拜那位“圣美之尊”。“是呀,我们所提及的那些(已接受了巴扬天启的)神职者,大部分都不是很有名气,借着上苍的恩典,他们全都洗脱了俗世的虚荣,避免了权欲之陷阱。……此乃真主的恩典;他乐意给谁就给谁。”[③]阿布杜巴哈说:“他完全孤立地,以一种超出想象的方式,在那以宗教狂热主义闻名的波斯人中托起了圣道,这个杰出的灵魂以如此超凡的能力崛然而起,以至于动摇了波斯的宗教、道德、社会状况,及其风俗习惯的支柱,并制定起新的规则、新的律法,建立起了一个新的宗教。”[④]

---

① 阿迪卜·塔赫萨德:《巴哈欧拉的天启》第 4 卷,第 438～440 页。

② 巴哈欧拉:《确信经》第 2 卷,第 56～57 页。

③ 巴哈欧拉:《确信经》第 2 卷,第 53 页。

④ 《阿博都巴哈著作选集》,第 24 页。

第四章　巴哈欧拉完成巴哈伊教的创立

巴布在其《默示录》中断言巴哈欧拉是在他之后出现的新圣使，“那包藏着即将降临的启示的潜能之胚种被赋予的力量超过我所有信徒联合起来的力量，……我对那继我之后而来的他最伟大的颂词是：我承认我的任何言辞都不能充分形容他，我在《默示录》上对他的提及不足以描述他的圣道之万一”①。熟读一千遍《默示录》，“也比不上细读那‘上帝将使之显现的他’所启示的一句诗文”。《默示录》“只是处于种子阶段，在那‘上帝将使之显现的他’开始显现的时候，它的最终完美将明显地显现出来”②。

巴哈欧拉也被称为“天佑美尊、完美圣尊、福佑美尊”。

第一节　巴哈欧拉的使命

每一个新产生的宗教几乎毫无例外都受到过迫害，其创教先知也无不受到时人的残酷虐待。巴布如此，巴哈欧拉也是如此。巴哈欧拉说：“考验与折磨由古至今，已是上苍特选之民以及他的至爱者的命运。那些除了他以外超脱一切的仆役们，那些不受任何物质影响对全能的他的铭记，那些在上苍启示了训言之后才发言，才依照他的诫命行事的人，必遭遇这些困境，这是上苍由古至今以至将来，都一致采用的方法。”③他自己遭受的折磨更是常人难以忍受的，“每日清晨，当我起身时，我发现无数的折磨包围着我的门外。每天晚上，当我倒下在床上的时候，啊！我的心已被敌对者魔鬼似的行径撕碎了。当我解决了一件困难时，我马上又遭遇到加倍的新折磨。我所喝的每一滴水，都混合着苦涩的考验。我所走的每一步都有不可见的灾难在前，极大的痛苦在后”④。

巴哈欧拉对此现象解释说，第一个原因是，当时的人都盲目跟随教士，而大部分教士都是反对新先知的。第二个原因是，新的显圣带来新的教义，他废除了旧的律法，建立起新的秩序，这种巨大的改变使宗教领袖们不悦，视他为旧权威的挑战，因而倾全力反对他。第三个原因是，每一个宗教都留下了一些蛛丝马迹的征兆，供后世找寻下一个显圣。不幸的是，后世的人都按它的字面意思来找寻，因此而无法辨识出新的显圣。第四个原因是，新显圣所经验的考验往往令人难以接受，以致时人无

① 《巴哈欧拉圣典选集》，朱代强、孙善玲译，澳门新纪元国际出版社2004年版，第5页。

② 参见守基·阿芬第：《巴哈欧拉之天启　新世界体制之目的》，澳门新纪元国际出版社1995年版，第5～6页。

③ 守基·阿芬第编：《沓浩拉著作拾穗》，梅寿鸿译，马来西亚巴哈伊出版社1980年版，第62页。

④ 守基·阿芬第编：《沓浩拉著作拾穗》，第57页。

法相信他是新的显圣，比如摩西是杀人者。①

一、宣布显圣地位

巴哈欧拉明知道将来要受到迫害，但还是早早宣布了自己作为创始人的显圣地位：“在这个充满暴君和叛逆者的腐败世界里，他们的残暴与压迫行为阻绝了全人类的和平与安宁，我降世的目的就在于透过上帝的力量与权柄，建立起正义、信任、安全和信仰的力量；比如说（将来）有一位妇女拥有举世无双的美貌，身上装饰着至为精巧无价的珠宝，不戴面纱，独自从世界的东边旅行到西边去，经过许多地方，旅行过各个国家，那时的正义、可靠和信仰的标准会如此的高，且没有叛逆和堕落的行为，以致不会有人抢劫她的东西或觊觎她美好的贞操！……透过上帝的力量，我要将世人转变为那样崇高的地位，为全人类开启这扇至大之门。”②

一位叫米尔扎·麦赫迪的素行不良的巴哈伊写了一封信给巴哈欧拉亲近的教友阿卡·穆罕默德，信中用不礼貌的言词诋毁巴哈欧拉的地位，阿卡·穆罕默德便把这封信交给了巴哈欧拉。巴哈欧拉启示了一篇很长的书简回答这封信，这封信就是《巴迪书简》(*Kitáb-i-Badí*)，其长度是《确信经》的两倍。这篇书简由巴哈欧拉启示，他在三天里，每天2小时，才将它全部启示完。阿卡·穆罕默德做记录。这本书解释了他就是巴布所说的“上帝所要显现的那一位”，对巴布信徒产生了很大的影响力，使许多巴布信徒们认识到巴哈欧拉确实就是“那一位应许要来的”。巴哈欧拉对米尔扎·麦赫迪信中不实的指控，逐一详细地加以反驳。他在信中所显示出来的力量与迫人的活力，使人觉得米尔扎·麦赫迪简直就像是老鹰强壮爪子里的小鸟，实在是微不足道。令人惊奇的是，巴哈欧拉自己证实了，巴布经典他没有全部读过，包括《默示录》在内，可知他所依赖的是神圣的知识。③

一篇于阿卡启示的书简是给俄罗斯沙皇亚历山大二世的。信中巴哈欧拉宣示了自己的地位，说自己是天父，呼唤他以他的名起来，宣示他的使命，集合万国到他的圣道里来。④

阿布杜巴哈在一篇书简中说，当巴哈欧拉在启示上帝的话语时，启示所释放出来的力量在他的内心中所产生的悸动如此大，以至他无法用餐，有时他吃很少，有时则完全吃不下。⑤

在 Súriy-i-Haykal 一文里，他用迷人的方式假仙女代表“至大之灵”来宣示他的使命。他形容那神秘之灵如何降临他身上的经过说：“在被苦难所吞噬当儿，我听到一个至为美妙、至为甜美的声音，在我的头上方召唤我；转头望去，我看到一位仙女——我主之名的表征——悬空飘在我的面前。她是如此的喜悦，以至她的脸庞放射出上帝的欢心，她的面颊发出全能慈悲者的光辉。就在天地之间，她发出了吸引人类心灵的召唤。她向我传扬使我灵魂和那些上帝所荣耀的仆人的灵魂均感喜悦的信息。指着我的头，她告诉天上地下所有的人说：‘凭借上帝之名！这是万千世界的至爱，但你等不明白！这是上帝置于你们之间的至美，他的统权力量存在你们之间，愿你等明白。这是上帝的奥秘和他的宝库，这是上帝之道以及他赐予那些启示和创造之国的人之光荣，但愿你等明了。这是上帝

---

① 参见阿迪卜·塔赫萨德：《巴哈欧拉的天启》第1卷，李定忠译，澳门新纪元国际出版社2004年版，第12～13页。

② 阿迪卜·塔赫萨德：《巴哈欧拉的天启》第2卷，第91页。

③ 参见阿迪卜·塔赫萨德：《巴哈欧拉的天启》第2卷，第155页。

④ 参见阿迪卜·塔赫萨德：《巴哈欧拉的天启》第3卷，第245页。

⑤ 参见阿迪卜·塔赫萨德：《巴哈欧拉的天启》第3卷，第349页。

的奥秘、他的财宝、上帝的道和他的光荣在那些启示的国度和创造的国度，愿你等明白。'"[①]

二、巴哈欧拉的惊人智慧

巴哈欧拉 1817 年 11 月 22 日诞生于伊朗德黑兰的一个贵族家庭，原名米尔扎·侯赛因·阿里·努里（Mírzá Ḥusayn 'Alí Núrí），后来以"巴哈欧拉"著称，马来西亚等国家称为"峇浩拉"。巴哈欧拉是"Bahá'u'lláh" 的意译，意为"上帝的荣耀"，也有"天主的荣耀"、"上帝的荣耀"和"真主的光"等不同译法。他也被信徒尊称为"圣美之尊"。他的父亲做过马兹达兰省的省长，因为政治才干的出色和廉洁以及杰出的书法而闻名于朝野。

巴哈欧拉有一种与生俱来的惊人智能，更具有高贵的品质和不寻常的气质。他的人格令所有接触过他的人都受到感染，不管是朋友、亲属，还是陌生者，甚至敌人。1835 年 10 月他 18 岁时，和贵族之女阿西叶·卡农结婚。在舒适而无忧无虑的环境中，巴哈欧拉长到 22 岁。这一年，他的父亲去世，当时的伊朗首相一度想让他出任父亲的官职，遭到他的拒绝。他当时已经迷恋于巴布所开创的事业，因此漠视任何去朝廷做官的机会。因为乐善好施，他年纪轻轻就被称为"穷人之父"。[②]

巴哈欧拉"没有进过学校"[③]，但是根据史料记载，他能够背诵很多古代诗人的诗作，如他在从巴格达流放到君士坦丁堡的路上，一位谢赫朗诵了波斯苏菲派诗人贾拉尔丁·鲁米哲理双行诗《玛斯纳维》(*Mathnawi*)中的一部分，而他则脱口而出，背诵了其中超过 60 句的诗句，令在场的人大为惊讶。当巴哈欧拉隐居在库尔德地区的苏莱曼尼亚山区时，当众启示了一篇阿拉伯文诗。当时那里的伊斯兰教高僧要求巴哈欧拉做一件从来没有人做到的事，写一篇和著名的阿拉伯诗人伊本·法里德(Ibn-i-Fáriḍ)所作的一篇诗韵相同的诗。在接受了众人的要求之后，巴哈欧拉坐在他们中间启示了不下两千节的诗文，一时举座震惊，并着迷、倾慕于他的杰作。他们宣称他的诗文不论在美丽、澄清、深刻上都远远超越伊本·法里德的原诗。巴哈欧拉知道众人没有能力了解这么多，他便选择了其中的 127 节供人抄写复制。[④]

他对《古兰经》也相当熟悉，对伊斯兰教的有些习俗则持批评态度，认为伊斯兰教沿袭下来的那些清规戒律，乃是许多家园毁坏之因，也是不团结、分崩离析、苦痛折磨和灾难深重的根源。[⑤]

三、作为巴布的信徒

巴哈欧拉 27 岁的时候，成为巴布的信徒，与巴布本人多次取得了联系。1848 年初夏，在 22 天的时间里，巴哈欧拉和其他 81 个巴布的门徒在巴达什特聚会。在会上，他给每个与会者取了一个与本人的精神品质相关的名字，给自己取名"巴哈"，即荣耀之意。在这里的聚会，几乎每天都有新的规则被制定出来，而旧的传统被废除。就是在这里，巴布的女信徒塔荷蕾当众揭去罩在自己脸上的面纱，露出了美丽的面容。她的大胆举动让在场的众人目瞪口呆，甚至他们当中也有人认为她的举动属于"异端"，但最后是她的行动得到巴哈欧拉的肯定，后来也得到巴布本人的肯定。从此，一个新秩序的

---

① 阿迪卜·塔赫萨德：《巴哈欧拉的天启》第 3 卷，253 页。

② 参见巴哈伊国际社团公共信息处：《巴哈伊》，澳门巴哈伊出版社 1992 年版，第 18 页。

③ 巴哈伊世界中心编：《亚格达斯经律法纲要》，梅寿鸿译，马来西亚出版（无出版年），第 17 页。

④ 参见阿迪卜·塔赫萨德：《巴哈欧拉的天启》第 1 卷，第 14 页。

⑤ 参见阿里·阿克巴·福鲁坦编撰：《巴哈欧拉故事集》，韩秀维译，澳门新纪元国际出版社 2004 年版，第 87 页。

号角声响起了，约束人们的旧习俗，被这一勇敢的挑战一扫而清。①

1852年8月，在巴布被当局处决后两年多的时候，当局对巴布信徒的镇压变本加厉，大批信仰者或遭杀害，或遭虐待。面对恶劣的生存环境，有些信徒起而自卫。其中有两名信徒在8月12日这天竟然丧失理智，违背了巴哈伊教的教义原则，用装有霰弹的猎枪图谋刺杀伊朗国王。刺杀失败，结果是使这新宗教进一步受到迫害。巴哈欧拉也因为这次突如其来的事件而被当局怀疑为谋杀的幕后指挥而被当局逮捕。

被捕后，教士们准备判他死刑，“木匠们带来了锯子和斧头，屠夫们拿着刀，泥瓦匠和建筑师扛着铁锹。在丧心病狂的毛拉们的煽动下，这些人争先恐后地要杀死他”。政府大臣和行政长官只是“担心引发暴乱，对是否执行这个判决迟疑不决”。② 后来他就被送到德黑兰拘押起来。

巴哈欧拉被囚禁在波斯沙王皇宫外不远的地牢里，他所遭受到的待遇是极其不公正和残忍的。这座地牢原先是一座地下水库，只有一个出口，里面关着许多囚犯，不少人衣不蔽体，也没有床铺。里面既潮湿又黑暗，气味恶臭异常，地面又湿又臭，狱吏、狱卒极为粗暴，巴布的信徒就是被铁链锁在这里的地下第二层。狱方把两条粗重铁链轮流挂在巴哈欧拉的脖子上，一条铁链重达51公斤，另外一条也有45公斤重，这对一般人而言都是难以忍受的负担，更何况是身高5尺，体重只有40多公斤的巴哈欧拉。这两条铁链深深切入他的肌肉，在他的身体上留下了终生的疤痕，而他的身体自此终生无法挺直。

四、巴哈欧拉首次获得天启

就在这几个月的囚禁当中，巴哈欧拉首次获得天启，宣称自己就是古代诸先知所应许要来的“克利希那”转世，“第五佛”，“夏巴兰”，“万军之主”，基督以“天父之荣耀”复临，“上帝之灵”，也是巴布所说的“上帝所要显现的那一位”。巴哈欧拉描述了当时的情形：“在那些日子里，我躺在德黑兰的监狱中，虽然沉重的铁链和恶臭的空气让我难以成眠，可是在那些经常半醒半睡的时刻，我觉得好像有些东西从我的头顶上流到我的胸口，就有如一股激流从山巅奔流而下，我的四肢就像燃烧一样，那时我口中所吟诵的无人可闻。”③

在被关押4个月以后，因为涉嫌谋杀的证据不足，巴哈欧拉被宣布释放，但因为他作为巴布信徒的重要成员，他的家庭惨遭洗劫，家产被没收，本人则被政府流放。出狱后的巴哈欧拉财产已经被剥夺。他因为在狱中被迫害，背部佝偻，颈部肿大，健康受损。可是他并没有向任何人透露他获得天启的神秘经验。但亲近他的人都注意到他身上出现了一种从前所没有的新精神，新力量和新焕发出来的气息。

五、巴哈欧拉被流放到巴格达

巴哈欧拉被释放以后，俄国驻伊朗的外交代表多尔戈鲁基王子要在俄国领土上为他提供庇护④，但是巴哈欧拉拒绝了，他知道如果接受了这样的庇护，势必会招来一些政治势力的误解和歪

① 参见纳比尔·阿仁：《破晓之光》，梅寿鸿译，马来西亚巴哈伊出版委员会1986年版，第214～218页。

② 参见《巴黎谈话——阿博都巴哈1911年巴黎演讲录》，陈晓丽、李绍白译，澳门新纪元国际出版社1999年版，第59页。

③ 参见阿迪卜·塔赫萨德：《巴哈欧拉的天启》第1卷，第5页。

④ 参见《俄罗斯巴哈伊社团小史》，载《天下一家》1997年1～3月。

曲。巴哈欧拉当时已经病得很重，伊朗政府决定把他流放到巴格达。

在严寒的冬天，巴哈欧拉和家人、随从启程去伊拉克。经过千辛万苦，1853 年 3 月他们来到巴格达。这是他 40 年流放生涯的开始。

在巴格达，巴哈欧拉身体复原之后，马上开始整顿因为巴布殉道而陷入混乱的信徒队伍。当时有几个人也自称是巴布指定的“上帝将使之显现”的圣者，巴布的信徒队伍开始分裂成几个小派系。为了避免分裂，巴哈欧拉出面激励和鼓舞信徒们，尽最大努力使信徒们团结起来。随着巴哈欧拉声望的提高，引起了他的同父异母弟弟密尔扎·叶海亚的嫉妒。本来巴布曾经任命他在“上帝将使之显现”的圣者莅临之前，作为巴布信徒们名义上的领袖。他充分利用这一资源，在一个别有用心的伊斯兰教神学家赛义德·穆罕默德·伊斯法罕尼的怂恿下，开始诽谤和攻击自己的哥哥。

六、退隐库尔德山区

不得已，巴哈欧拉于 1854 年 4 月 10 日[①]退隐到伊拉克北部库尔德山区的苏莱曼尼亚，艰苦地隐居了两年多。他自己说：

> 倘若浩瀚宇宙也以公正之目来审视，它也无法承受这些话语的分量！在我们刚刚抵达这个国家的时候，当我们辨别出即将发生的大事之预兆时，我们便决定在事情发生之前退隐而去。我们出走荒野，离群索居，过了两年完全孤独的日子。我们的眼睛涌出痛苦的泪水，我们滴血的心里澎湃着剧痛的海洋。多少个夜晚，我们粒谷未进；多少个日子，我们辗转无眠。凭着那位“手中掌握着我的生命者”为誓，尽管经受着这些苦恼与从未间断的灾难之雨，我们的灵魂却被欢欣喜悦所包围，我们的整个生命散发出一种难以言喻的喜乐。因为，在独处之时，我们感觉不到任何人的伤害或利益以及任何灵魂的健康或病患。我们独自与我们的圣灵交谈，忘却了尘世及其内的一切。然而，我们不知道，神定命数之网超出了最宽宏的凡夫之构想，天意圣谕之飞镖超越了最大胆的俗子之企图。无人能够逃离上天所安排的陷阱，除了顺从他的意志，谁也不能得到解脱。凭着上苍的正直为誓，我们隐退之后，并不打算复出，我们既已离别，便不指望重聚。我们之所以隐世索居，唯一目的，是要避免让自己成为那群忠信者当中的不和之因、或成为我们的伙伴当中的不安之源；是要避免被人利用作为伤害任何人的工具、或引起任何心灵的悲伤。在此以外，我们别无意图，除此之外，我们别无目的。然而，每个凡人都只是按照自己的愿望来打算，而追求自己徒然的幻想，直到那个时辰到来：从那“玄妙之源”传出了呼唤声，命令我们返回原处。我们服从了神的命谕，放弃了自己的意志来遵从他的旨意。
>
> 有哪一支笔能够描述我们返家后所目睹的情形啊！两年的时间飘然而逝，此间，敌对者锲而不舍地图谋灭绝我们。所有人都可以为此作证。然而，忠信者当中，无人起来协助我们，也没有谁愿意伸出援手，来解救我们。没有！不单没有援手，反而，他们的恶语丑行所导致的连绵悲雨击打着我们的心！我们就是这样，屹立在他们当中，手上提着自己的性命，全然服从上天的意志。由此，借着上苍的慈爱与恩典，也许这个已彰显人间的“神圣字母”能够牺牲他的生命，奉献在“原点”这位“至为崇高的圣言”之道路上。凭着“圣灵奉其命谕而发言的那一位”为誓，若不是为了我们心灵的这个渴望，我们一刻也不会再逗留在这个城市。“真主足以为我们作证。”我们

---

① 参见白有志：《阿博都巴哈——建设新秩序的先锋》，澳门新纪元国际出版社 2001 年版，第 12 页。

就用以下这些话来结束我们的论证吧："惟真主掌握着威权与力量。""人皆属于真主，人必返归真主。"[①]

伊拉克北部的苏莱曼尼亚山区

七、重返巴格达并启示巴哈伊教经典

1856年，在巴布信徒们的要求下，巴哈欧拉回到了巴格达。1858年，巴哈欧拉经常在底格里斯河岸边散步。有一次，他灵感突发，如喷泉般涌现，回来时欣喜异常，就吟出了如诗一般隽永的智慧箴言《隐言经》。他的随从人员记录和保存下这部《隐言经》。它以阿拉伯语和波斯语两种古老形式的语言，写出了神秘主义的八律散文诗，谱写了爱的罗曼史——上帝对造物的爱和上帝对人类的爱，阐述了精神道德的基本准则，揭示了潜留在每个人心中的永恒美德，把团结作为新时代的主导精神，暗示了人类新纪元的到来。它一共有153节，上、下2集：上集71节，阿拉伯文吟成；下集82节，波斯文吟成。它成为信仰者洗涤心灵尘埃的清泉。英文版是守基·阿芬第在朋友的帮助下翻译成的。

之后，巴哈欧拉又启示了《七谷书简》。该书以一个旅行者的身份，来追求无人知晓的神秘王国，探索人类灵魂深处的秘密。它以诗一般迷人的语言，描述了灵魂由尘世渐趋进步，乃至到最高境界的七座山谷：探寻之谷、爱之谷、知识之谷、合一之谷、满足之谷、惊奇之谷、真贫之谷和绝对虚无之谷，展示了灵魂内在晋升的奥秘。

1862～1863年之间，他开始颁降《确信经》一书，这本书在整个巴哈伊教中比创始人巴布的著作传播得更广。为了解除巴布的大舅父对巴布所赋有的显圣者之地位的疑窦，巴哈欧拉在宣示其使命的两年前，在巴格达启示了这本经典。他仅用两日两夜的时间完成了这本著作。圣护守基·阿芬第曾将《确信经》形容为巴哈欧拉那波涛汹涌的天启之洋冲上岸滩的至为无价的珍宝之一，并断言此经兑现了巴布关于"圣书所允诺者将完满《默示录》的经文"这一预言。此经"除了《至圣经》以外，在整

---

① 巴哈欧拉：《确信经》，小鸥译，未刊本，第58页。

个系列的巴哈伊经典中所占有的地位是任何一本著作都不可与之匹敌的"[①]。

该书长度几乎和《古兰经》等同，是巴哈伊经典中无出其右者，也是最重要者。它围绕着殉难的巴布的使命进行了系统而有力的阐述，也对宗教的目的和本质进行了全面论述，确证上帝的众先知都是上帝的一脉相传的代言人，用以唤醒人类的灵性和道德潜能。从此信仰不再是盲从，而是自觉的认知。社会性的教义会随时代改变，灵性的教义则不变，各宗教的教义是一体的。教士的指导不复需要，每个人都可以在开化和教育普及的年代里，靠自己天赋的推理能力产生响应神圣指引的能力。《确信经》教信徒如何认识上苍、上苍的使者以及宗教的根源和本质，借此帮助信徒达到确信。巴哈欧拉在帮助信徒如何领悟耶稣的预言时写道："有一天，他（耶稣），这位'不可见的圣美者之显现者'，对其门徒说起有关自己将要离开尘世的事，点燃了他们心中哀伤之火。他对门徒说道：'我将离去，但又会再来到你们面前。'在另一处，他说：'我将离去，而另一位将到来，他将告诉你们我未曾告诉你们的一切，也将兑现我所说过的一切。'这两句话都只有一个意思，只要你能用神圣的内觉来沉思一下上苍之唯一性之诸显圣（上苍的使者）的故事，便会明白。"[②]

在谈到穆罕默德与耶稣的关系时，巴哈欧拉指出："每一个明察之人都将承认，在《古兰经》的天启中，耶稣的圣典及其圣道都受到了肯定。关于'名字'一事，穆罕默德自己宣称：'我乃耶稣。'他承认耶稣的征象、预言及圣言皆是真理，并见证这些真理皆属于上苍。在这个意义上来说，耶稣其人及其经典都无异于穆罕默德其人及其圣作，因为两者皆拥护上苍的圣道，赞美上苍，并启示他的诫命。因此，正是这位耶稣自己宣告说：'我将离去，但又会再来到你们面前。'看那太阳，假如它现在说：'我乃昨天之日'，它说的是真话。而假如它念着时间顺序的问题，而声称本身并非昨天之日，它说的仍然不假。同样，假如说，所有的日子都是同一个，是一样的。这说法正确无误。假如，因考虑到其名各殊，称谓有别，于是说：这些日子都不一样。这说法也没错。因为，虽然它们都是一样的，我们还是得承认其各有不同的名称、特定的属性以及独有的品质。因此，思考一下神圣的诸显圣（上苍的使者）之间的区别、不同以及统一的特征，那么你才能理解那位一切名号与属性之创造主（上苍）对'区别与统一'这个奥秘作出的暗示，从而找到你的问题的答案，明白为何那位永恒的圣美者，在各个不同的时候，给自己一个不同的名字和称号。"[③]

巴哈欧拉还对基督教《圣经》里的一些象征性语汇作出了令人信服的解释："关于人子将'驾天云降临'中的'云'，此字所指乃是那些与人类的看法及期望相左的事物。正如已引述过的（《古兰经》）经文：'常常当有圣徒带着你们的灵魂所排斥的信息来到你们当中时，你们总是傲气冲天地冷待他们，或指之冒名行骗，或残忍地杀害他们。'在另一个意义上，这些'云'代表（前一位使者所带来的）律法被废止、前一天启被废黜、流行在人们当中的仪式和习俗被废除以及不识字的忠诚者被提升至那些对抗信仰的学者之上。在另一个意义上，'云'又指那位不朽的圣美者以凡人的形象显现人间，受制于饥渴、贫富、荣辱、眠醒等人类的状况以及其他事物，使得人们心生疑窦，使得他们不信而去。所有这样的障碍皆象征性地被喻为'云'。"[④]

在表白神圣使者的使命及其宗旨时，巴哈欧拉写道："'我们仅为上苍之故来滋养你们的灵魂；我

① 守基·阿芬第：《神临记》，巴西巴哈伊出版社 1986 年版，第 171 页。

② 巴哈欧拉：《确信经》，第 6～7 页。

③ 巴哈欧拉：《确信经》，第 7 页。

④ 巴哈欧拉：《确信经》，第 17 页。

们既不要你们的报酬，也不要你们的感激。'这就是给那些心灵纯洁者及灵性受启发者赋予永生的面包。这就是经中(《古兰经》)所提及的面包：'主啊！从天上给我们降下你的面包吧。'这面包(精神的食粮)，配者必得，永不竭尽。它永恒地生长在恩典之圣树上；四季不断地从公正与慈悲之天降下。正如他(穆罕默德在《古兰经》中)所说的：'你们难道不明白上苍把善言比作什么吗?'他把善言比做一棵好树；其根稳固，其枝干高耸及天；一年四季，果实不断。"①

八、公开使命

由于巴布信徒居留在那么靠近伊朗边境的地方——巴格达，对波斯政权似乎还是有威胁，所以波斯政权与奥斯曼帝国政府协商把他们移到帝国的内地去。

在1863年即将被进一步流放到君士坦丁堡之前，从4月21日到5月2日的12天时间里，巴哈欧拉在底格里斯河岸边的天堂花园——"蕾兹万"花园里，向伴随他的人宣布了自己就是巴布为之出现而牺牲了生命的"上帝将使其显示者"。在巴哈欧拉要离开巴格达之前，他通知那些即将陪伴他前往爱丁诺堡的教友，留像托钵僧教派信徒所留的长发，因为这个措施可以给他们一些特权和保护，托钵僧教派在土耳其很有影响力，不过这项声明不能被视为是巴哈欧拉准许教友们蓄长发，他这样做只不过在适应环境，以确保他们的安全。在昔日的波斯，社会上有相当多的托钵僧，人们不会去理会他们，也不管他们的信仰和行为。在一般的情形下，如果城里来了个陌生人，居民都会急于想知道他的身份和来此的目的，但对托钵僧则例外，一般人看惯了来来往往的托钵僧，都懒得去查问。在信仰的早期，这种情况帮助了一些波斯传教老师，他们常会留着一头的长发，穿着和托钵僧一样的衣服，这样他们就可以自由自在地旅行全国而不怕受到骚扰和迫害。

九、新的流放地君士坦丁堡

1863年5月3日，巴哈欧拉一家12口人，连同26位随从，在众人和权贵们的欢送中，离开巴格达，前往君士坦丁堡(今伊斯坦布尔)，路上用了接近4个月的时间。8月16日他们到达君士坦丁堡。

伴随巴哈欧拉到君士坦丁堡的，包括他忠实的兄弟阿卡伊·卡里姆(Áqáy-i-Kalím)和米尔扎·穆罕默德·库里(Mírzá Muḥammad-Qulí)，以及26位门徒。另有两人则在路上加入他们的行列：纳比尔·阿仁和米尔扎·叶海亚(Mírzá Yaḥyá)。守基·阿芬第描述了君士坦丁堡之旅："旅队包含50头骡子、10名骑马的军人和军官、7对驮轿，每一对背负了4把阳伞。他们轻松地分段前进，在110天内，蜿蜒地穿越高地、狭谷、树林、山谷和草原，经过风景如画的东安那托利亚、山宋港和黑海。他有时骑在马上，有时坐在驮轿上休息，他的同行者则步行走在他的四周。在他北行的路上，纳米克·帕夏(Námiq Pás͟há)下令沿路的市长、省长、副摄政、地方首长、地方父老、伊斯兰律法师、法官给予他们热烈的款待……在一些地方，当巴哈欧拉即将到达之时，会有一群代表前来迎接；离开的时候，也会有一群代表送行。有一些站会为他举办欢迎会，村民准备了食物供他享用，有些人会渴望提供能使他们舒适的东西，这些都使他们想起巴格达的人们一再向他表现出来的敬意。"②

① 巴哈欧拉：《确信经》，第7页。
② 守基·阿芬第：《神临记》，第190～191页。

巴哈欧拉到达君士坦丁堡时受到极高的礼遇。当他下船的时候，政府当局以很大的荣耀欢迎他。政府准备了房子供他们全家住，并派专人服侍他们。高级官员每日问候致敬，其中一位就是卡玛勒·帕夏(Kamál Pá<u>sh</u>á)。他是前任首相，现任苏丹的部长。他精通好几种语言，并以此为傲。巴哈欧拉谈到他时说：

一天卡玛勒·帕夏拜访我这受错待的人。我们的话题转到裨益人类的事。他说他学过几种语言，我们回答说："你已经浪费了你的生命。你和其他的政府官员应召开一个会议，从各种语言当中选出一种语言和文字，要不然就是创造一种语言和文字，在全世界的学校里教授。这样，孩子只需学习两种语言就够了，一种是母语，另一种则是全球通用的语言。如果人类谨守这点，整个地球就会像一个国家一样，而所有的人类就可以从学习和教导各种语言的痛苦中解脱出来。"他在我们面前倒也默认，甚至可以说相当高兴和满意。随后我们告诉他应把这件事提报给政府，好让这件事可以在各国实施。可是后来尽管他常常回来看我们，却从来没再提过这件事——即使我们的建议可以促进全人类的和谐与团结。①

十、再流放到"神秘之地"爱丁诺堡

在很短的时间内，他们在君士坦丁堡的存在似乎让当局也感到了威胁。1863 年夏天的一个早晨，他们突然被命令要在两天内离开该地。巴哈欧拉告诉当局，两天准备旅程实在不够，他说他的管家欠商家一些钱，要当局释放一些囚禁在牢狱中的教友，以便变卖他们的三匹马清偿债务，这样才能走。当局转交了与马匹等价的钱给他。随后旅行的准备就开始了。准备总共花了 8 天，然后给他们准备了将近 50 辆车子。挤在车子周围的许多人，不管是伊斯兰教徒、基督徒或犹太教徒都哀伤哭泣。悲伤的情况比巴哈欧拉离开巴格达时还有过之。巴哈欧拉对每个人说些安慰的话，并且道再见。每天一位官员会到外房见阿布杜巴哈。军人则包围着房子，日夜看守房子。几位外国领事前来觐见巴哈欧拉，军人们没有阻拦他们。他们对巴哈欧拉都表现出真诚的敬意和谦卑，并表示自己的政府愿意提供保护。但巴哈欧拉清楚地说，他不会寻求任何政府的协助。他唯一的避难所是在上帝那里。领事们来了好几次，不管他们如何坚持，巴哈欧拉还是拒绝了他们的好意，并一再说，他把自己交托给上帝，且无时不刻不转向他。②

他们终于又被武装押送，离开君士坦丁堡前去爱丁诺堡。造成巴哈欧拉再次被流放的官员是首相阿里·帕夏('Alí Pá<u>sh</u>á)、外交部长福阿德·帕夏(Fu'ád Pá<u>sh</u>á)和波斯大使哈吉·米尔扎·侯赛因·汗(Ḥájí Mírzá Ḥusayn <u>Kh</u>án)。巴哈欧拉预言到阿里·帕夏和福阿德·帕夏会被上帝之手所击倒，以作为对他们行为的处罚。至于哈吉·米尔扎·侯赛因·汗，巴哈欧拉有一次透过哈吉·米尔扎·哈桑·萨法(Ḥájí Mírzá Ḥasan-i-Ṣafá)传信给他，说如果他反对他的目的只是要摧毁他这个人，世上没有任何事情可以阻止他这么做，但如果他的目的在消灭上帝的道，那他就要晓得，世上是没有任何力量可以浇熄上帝所引起的火。他的火焰会包围全世界。③

巴哈欧拉 1863 年 12 月 12 日刚刚到达爱丁诺堡的时候，正是冬天，他们一家 12 口挤住在一幢

① 阿迪卜·塔赫萨德：《巴哈欧拉的天启》第 1 卷，第 66 页。
② 参见白有志：《阿博都巴哈——建设新秩序的先锋》，第 16 页。
③ 参见阿迪卜·塔赫萨德：《巴哈欧拉的天启》第 2 卷，第 169 页。

三个房间的屋子里，满屋子都是臭虫和跳蚤。这期间，巴哈欧拉在那里继续宣称自己就是巴布所预言的那个神圣显示者，绝大多数巴布的信徒接受了他的地位和权威，从此他们被称为“巴哈伊”。他成功地使巴哈伊教义中的伊斯兰教和神秘主义的成分逐渐消失，而为一种一般的人道主义宗教所代替。他在这里很快就得到当地官员的敬重，引起了当局的紧张。

君士坦丁堡当局在知道包括库尔希德·帕夏（Khurshíd Páshá）在内的杰出人士都是巴哈欧拉的敬仰者时，大为紧张。库尔希德·帕夏经常造访巴哈欧拉的住宅，对他表现出像对国王一样的尊敬。他们也知道各国驻当地领事也受到他的吸引，并常常谈到他人格的伟大。进进出出爱丁诺堡的朝圣者，更使情况恶化。波斯和土耳其官员的报告、背叛信仰者的投诉，使巴哈欧拉不得不再度被流放到更远的阿卡。

爱丁诺堡被巴哈欧拉称为“神秘之地”。[①] 在爱丁诺堡他们待了 4 年半，由于弟弟密尔扎·叶海亚那派拒绝承认他，因此发生了分裂。巴哈欧拉颁布了《命令书简》，在文中明确告诉弟弟，他就是“上帝将使之显示者”，命令弟弟承认他的地位。但是弟弟在赛义德·穆罕默德·伊斯法罕尼的支持下继续策划夺权斗争，为了争得对巴布信徒的领导权，他甚至在一系列夺权阴谋失败后，派人两次行刺巴哈欧拉。[②]

纠纷发展到这种动武局面的时候，奥斯曼政府只得把这两个派系隔离分开。

十一、最终的流放地阿卡

在君士坦丁堡当局极力反对巴哈欧拉之时，爱丁诺堡省长库尔希德·帕夏则尽一切努力，设法阻止他们的企图，可惜失败了。宰相阿里·帕夏从苏丹王阿布杜·阿吉兹处弄到了圣旨，1868 年 7 月 26 日下令放逐巴哈欧拉到阿卡，终身监禁于城内。与他一起被放逐的还有巴哈欧拉两位忠诚的兄弟阿卡·凯里姆（Áqáy-i-Kalím）和米尔扎·穆罕默德·库里（Mírzá Muḥammad-Qulí）、忠诚的仆人德尔维希·西德基·阿里（Darvísh Ṣidq-'Alí）、巴哈伊信仰的敌人——一个叫赛义德·穆罕默德·伊斯法罕尼（Siyyid Muḥammad-i-Iṣfahání）的基督徒及其随从阿卡·贾恩（Áqá Ján Big）。苏丹王给阿卡当局的圣旨中，指示他们把囚犯关在城堡内房里并严加看守，以确保被逐者不会和任何人来往。[③]

守基·阿芬第简短记载了巴哈欧拉离开爱丁诺堡的情形：1868 年 8 月 12 日，巴哈欧拉及其家人在土耳其队长哈桑·阿芬第（Ḥasan Effendi）的护送下启程前往加里波里。他们坐在车上，沿途停留在 Uzún-Kúprú 和 Káshánih。巴哈欧拉并在 Káshánih 启示了 Súriy-i-Ra'ís。

巴哈欧拉曾住过的地方的居民聚集起来向巴哈欧拉道别，目击者写道：“带着最深刻的哀伤和遗憾，他们亲吻他的手和衣袍，表达他们对他离开的悲伤。那天真是奇异的一天，我想整座城市、它的墙、它的门都表达了它们对即将来临的分离的哀伤。”“在那天，”另一位目击者写道，“教长家门口出现了许多伊斯兰教徒与基督教徒，分离的时刻实在令人怀念。在场大部分人都在哭泣和哀号，尤其是基督徒。”“这位年轻人已离开这个国家，并在每棵树下和石头下埋藏了一个上帝不久之后会经由

① 参见白有志：《阿博都巴哈——建设新秩序的先锋》，第 16 页。
② 参见威廉·哈彻、道格拉斯·马丁：《巴哈伊信仰——新兴的世界宗教》，澳门新纪元国际出版社 1999 年版，第 38 页。
③ 参见阿迪卜·塔赫萨德：《巴哈欧拉的天启》第 2 卷，第 174 页。

真理的力量带来的一个信托。”①

巴哈欧拉劝一些刚到的人离开，不要沦为被放逐的人。他安慰他们，告诉他们他的新目的地不明。在这些人之中有两位是哈吉·加法尔·大不里士（Ḥájí Ja'far-i-Tabríz）和卡比拉伊·塔吉（Karbilá'í Taqí）兄弟。在听到巴哈欧拉说他们不要想陪伴他后，哈吉·加法尔·大不里士暗地里决定自己宁可死也不要离开他们的主；他拿了把刀走到布满军人和官员的外房去，将头伸出朝街道的窗户外面割颈自刎。站在附近的阿卡·穆罕默德（Áqá Muḥammad）听到他可怕的叫声，把他拉了进来发现他已自刎；他们立刻叫阿布杜巴哈，所有的人都惊骇万分。军人们告诉哈吉·加法尔·大不里士，医生很快就来给他治疗。哈吉·加法尔·大不里士虽然口不能语，却比比手势表示，就算医生帮他缝好伤口，他还是会再割。

阿布杜巴哈督促哈吉·加法尔·大不里士，要他和医生合作，并且答应他可以跟从巴哈欧拉。他们在他的伤口处敷上棉花直到一位叫穆罕默德的医生来了为止。可是哈吉·加法尔·大不里士不愿伤口缝合。最后巴哈欧拉到了他的床边，伸手触摸哈吉·加法尔·大不里士的头和脸，向他保证一旦他伤愈，一定会召唤他到流放的新地点。他让他留在爱丁诺堡直到完全康复为止。当巴哈欧拉回到房里后，医生开始缝合伤口，但是伤口却不断裂开，医生只好一次一次地做。在这过程中，哈吉·加法尔·大不里士动也不动。他的精神力量如此之大，以至承受痛苦时眉头连皱都不皱。

几位从君士坦丁堡来的教友已在加里波里等着他们。到了之后，巴哈欧拉对完成任务即将回去的哈桑·阿芬第说：“告诉国王，他的疆土即将易手，他的事务就要陷入混乱。”对此，记下此景的阿卡·里达（Áqá Riḍá）写道：“巴哈欧拉进一步说：‘不是我这样说的，而是上帝说的。’他说这些话时我们在楼下不经意听到。这些话是如此的热烈和有力，我想，房子的地基都会颤抖。”②

到加里波里三天了，仍然不知道巴哈欧拉的目的地是哪里。政府原先的命令是将巴哈欧拉、阿卡·凯里姆、米尔扎·穆罕默德·库里和一位仆人放逐到阿卡去，其他人则到君士坦丁堡去。这道命令引起了难以言喻的苦痛，但在巴哈欧拉的坚持和一位受命伴随放逐者的欧麦尔·阿芬第（'Umar Effendi）的协助下作废了。最后决定，这批70人的放逐者都放逐到阿卡去。另外，指示上还说，一些叶海亚的追随者，包括赛义德·穆罕默德·伊斯法罕尼及其随从阿卡·贾恩都要伴随着这群放逐者，巴哈欧拉的四位追随者则要跟着叶海亚的信徒到塞浦路斯去。

当巴哈欧拉要离开加里波里的时刻，他所面对的危险和考验是如此的大，以致他警告随行的教友说：“此行将和以往的旅程不一样”，任何人如果觉得自己“不够男子汉而不能面对未来者”，最好“离开而前往他所喜欢的地方，以免遭受考验，因为自此以后，他就没有办法离开了”，对这一警告，随行的人都一致不加理会。③

巴哈欧拉和他的门徒再次被流放，1868年8月21日早上，他们登上了一艘奥地利莱德号汽轮离开加里波里前往埃及的亚历山大港，中间停靠 Madellí，并在士麦娜停了两天。在亚历山大港，就在巴哈欧拉登上船要到海法的码头去时，四位被迫和叶海亚一起被放逐的教友之一，被巴哈欧拉赞美为“超脱、爱和信任上帝”的阿布杜·加法尔（'Abdu'l-Ghaffár），由于绝望而大喊：“呀巴哈欧阿帕

① 守基·阿芬第：《神临记》，第220页。
② 阿迪卜·塔赫萨德：《巴哈欧拉的天启》第2卷，第181页。
③ 参见阿迪卜·塔赫萨德：《巴哈欧拉的天启》第2卷，第181页。

哈!”随即投海自尽。他在被救上岸,尽力抢救之后,仍然遭铁石心肠的官员们强迫继续旅程,前往他们发配的目的地。他们中途短暂停靠塞德港、加法港(Jaffa)。在海法登岸后几小时,然后换乘一艘小船经过一段难忍的航程,于1868年8月31日下午,他们下了船,到达当时巴勒斯坦地区的阿卡城。[①] 赛义德·穆罕默德·伊斯法罕尼和他的一个同伙同时被流放到那里。弟弟密尔扎·叶海亚则被流放到塞浦路斯。1912年他死在那里。

巴哈欧拉和同伴于1868年抵达阿卡城

阿卡久享盛名,有光辉灿烂的历史文化。它位于海法以北23公里,自古代到19世纪一直是巴勒斯坦地区地中海沿岸的主要港口,其历史贯穿数十个世纪,有着极为厚重的文化积淀,至今仍保存着大量中世纪和近代文明的遗迹,被联合国教科文组织宣布为世界保存最好的100个中世纪文化遗产之一。先知何西阿说,阿卡是“希望之门”。以西结也说它是“东望之门”,以迎接“来自东方之以色列的上帝之荣耀”。穆罕默德说“造访阿卡的人有福了,拜访阿卡访客的人有福了……在阿卡待一个月,胜过在别处呆1000年”[②]。

但阿卡在当时却是世界上最荒凉的监狱城市,恶劣的状况不堪入目,气候污染,饮水污浊。当时人们形容,即使飞鸟在此地上空飞过,也要被污染致死,掉落下来。

巴哈欧拉到达阿卡的第一天十分艰苦。在经过长途的海上旅途后,所有的人都极为疲惫。在经过曲曲折折的路径后,他们到了阿卡的军营里。狱中的空气恶臭不堪,天气又热,阿布杜巴哈的妹妹“至大圣叶”因此晕倒。狱中当天除了一摊人家洗过的水外,不提供饮水;那摊水很脏,即使想到都会令人生病。在又热又渴的情形下,哺乳的母亲都无法喂小孩吃奶,孩子哭着要喝水和吃东西。阿布杜巴哈向卫兵求情好几次,要他们可怜可怜孩子,他并且送信给省长,但一切都没有结果。第二天早晨才有一些水和每人每天三条面包的配给;面包质地极差,不适合食用,又经过一段时间以后,他们

① 参见阿迪卜·塔赫萨德:《巴哈欧拉的天启》第2卷,第181～182页。

② 白有志:《阿博都巴哈——建设新秩序的先锋》,第20页。

才可以把它拿到市面上去换两条品质较好的面包。住处的条件很差，狭窄而肮脏，一个小小的房间要住13个人，而一大群人则不得不拥挤在一个大旅社里。①

巴哈欧拉家属和随从中的病弱者不堪折磨，不断有人死去。城内没有可供饮用的清净水源，城外约10分钟路程的地方有一口井，大部分人都到此取水回家用，不过这里的水也不好喝。巴哈欧拉和他的同伴也使用由教友们到此汲取的水，一位叫阿卡·阿奇姆(Áqá 'Aẓím-i-Tafríshí)的教友自告奋勇，担当挑水人，取水供巴哈欧拉和他的同伴使用。那是困难的工作，因为他必须要来回走很多次，将水一袋袋挑回去。后来，他设法从往巴基方向约半小时路程的Kabri泉处汲取口味较佳的水。

十二、亲子遭受牺牲

没多久，省长过来巡视军营，阿布杜巴哈在几个人的伴随下，前去见省长。但是省长举止无礼，对他们讲些刺激人的话，他威胁说如果有人逃走的话，就要减少食物的配给，说完就叫他们回囚房去。阿布杜巴哈的随从之一侯赛因·阿什奇听了这些话，再也忍不住，怒气冲冲地回敬了他。阿布杜巴哈立刻在省长面前狠狠地打了他一耳光，然后令他回房去。此举不但驱散了危险的状况，并且使省长了解到，谁是囚犯中的领袖——一个秉持权威和正义行动的人。

侯赛因·阿什奇对自己被处罚反倒引以为傲，他说由于这个事件，省长对阿布杜巴哈的态度从此改变了。他了解到，阿布杜巴哈和他的家人出身贵族，和一般犯人不同。他后来对这些犯人变得较有人性。后来他还同意将配给的面包换成现金，并且准许一小群犯人在卫兵的戒护下，每日前往阿卡的市场购买日用品。

在巴哈欧拉和同伴们到达三天后，苏丹王判他终身监禁的命令在清真寺宣读，一干人被定为败坏社会道德的罪犯。命令宣布他们要囚禁狱中，不得与任何人来往。

有一次，阿布杜巴哈在海法和教友的谈话里，描述了是如何被阿卡省长召去聆听圣旨的。当向他宣读到他们要永远留在狱中时，阿布杜巴哈回答说圣旨的内容没有意义，也没有根据。听到这句话，省长大怒并反驳说那是来自苏丹王的圣旨，他要知道这为什么没有意义。阿布杜巴哈说明道："永远"囚禁是不合逻辑的，因为人活在这世界只是很短的一段时间，犯人早晚死活都要离开监狱。省长和他的官员们对他的解释都印象深刻，不觉释怀。

有趣的是，不久后阿布杜巴哈成为阿卡城及邻近地区最杰出和受敬爱的人，阿卡的人不论老少常向他寻求协助，当先后几位省长和他的高官们征询他的建议并坐在他的脚前接受他的启发时，苏丹王的命令和其他相关的文件就被从官方的档案里撤走，由一位官员呈给阿布杜巴哈。早期阿卡监牢的生活是极为艰困难熬的。有三个月之久，官方不允许巴哈欧拉到唯一可以洗澡的公共澡堂洗澡。卫兵受到严格的命令，不准任何人拜访他们，甚至一位理发师前来为巴哈欧拉理发，都要有卫兵的陪伴，使他不能和他说话。阿布杜巴哈住在一楼一个原先是停尸间的房间里，它潮湿的空气影响了他终生的健康。在抵达军营后不久，十个卫兵里有九个都病倒了；霍乱和痢疾更增添了他们的考验。阿布杜巴哈在教友的协助下服侍病人并日夜照顾他们。官方没有召医施药，阿布杜巴哈没有东西可用，只能为他们煮简单的汤和米饭，卫生状况十分糟糕，白天温度很高而且没有足够的水可供盥洗。

① 参见白有志:《阿博都巴哈——建设新秩序的先锋》,第25页。

就在这种状况下，三个人死了。首先是 Abu'l-Qásim-i-Sulṭán Ábádí，然后是 Ustád Muḥammad-Báqir 和 Ustád Muḥammad-Ismá'íl 两位以裁缝为业的兄弟。三人死后，巴哈欧拉特别为狱中教友启示了一篇短篇医治祷文，要他们虔诚重复朗诵，据说教友们依此行之，很快就康复了。

巴哈欧拉在正式被放逐到阿卡以前，早就在一篇书简里暗示到自己会被流放的地方。他形容阿卡的种种恶劣环境并宣布不久后它的气候会改善，因为它的建造者会光临而且用他至大圣名来装饰它。后来干净的水终于引入城内，民众欣喜异常。为纪念这件事，他们放了 101 响礼炮庆祝。

在阿卡，巴哈欧拉惨遭的更大不幸是，阿布杜巴哈的弟弟"至洁圣枝"米尔扎·马赫迪（Mírzá Mahdi）从军营的屋顶上摔落地面，意外身亡。

米尔扎·马赫迪生于 1848 年，当巴哈欧拉被囚禁在德黑兰的地牢中时，这个生性纤弱的两岁大孩子经常在害怕和焦虑中度过，他唯一的保护者就是慈爱的母亲。当巴哈欧拉被放逐到巴格达的时候，由于天寒地冻，旅途倍极艰辛，体弱的他被寄养在德黑兰的亲戚家里。达 7 年之久，他饱尝着与父母分离之苦。他在 1860 年才被带到巴格达和父母团聚。这位纯洁而神圣的青年人一接触到他父亲的力量，就注定要将他的每一分每一秒用来服侍他的父亲。他是巴哈欧拉在巴格达、爱丁诺堡和阿卡的伴侣，直到他去世以前，他都是他父亲的书记员，给后世留下了一些书简的手稿。

"至洁之枝"很像阿布杜巴哈，在他短暂而多事的一生中，他展现了像阿布杜巴哈一样的灵性品质，教友们爱他也敬他，一如他们对教长的态度一样。在阿卡，他住在靠近父亲的军营里，他经常会在下午觐见巴哈欧拉。1870 年 6 月 22 日下午，巴哈欧拉通知他的儿子说，他不需要他写东西，因此他可以按习惯到屋顶上去祈祷和冥思；对囚犯来说，夏日傍晚到屋顶上透透气是常见的事。当天傍晚，"至洁之枝"一边闭目踱方步，一边口中朗诵巴哈欧拉在库尔德斯坦时所启示的一篇诗。他是如此沉醉在诗中所带来的喜悦，以致不幸从屋顶的天窗跌落至地面的一个木条箱上，身受重伤，大量流血。巴哈欧拉接受了他的牺牲。

在"至洁之枝"亡故后约 4 个月，阿卡的大门终于开启。巴哈欧拉、他的家人和他的同伴在被囚禁两年两个月又 5 天后，离开了军营。时间是 1870 年的秋天。

"至洁圣枝"米尔扎·马赫迪

十三、转折的开始

出了军营后，巴哈欧拉住过马立克（Malik）大宅、曼苏尔（Mansúr Khavvám）大宅、拉比（Rábí'ih）大宅和哈马尔（Khammár）大宅。巴哈欧拉的其他同伴都住在一家叫栋梁Khán-i-'Avámíd 的旅店里。

巴哈欧拉的同伴们虽然住在军营外，但是情况严酷一如军营。他们的食物少，也不够吃，可是他们很快乐。阿布杜巴哈说："巴哈欧拉被视为囚犯而关在城堡之城的阿卡达 9 年之久，不管是关在军营那段时间或是随后的时间里，警察和军士不停地监视着他。他住在很小的房子里，足不出户，他的压迫者不断看守着门户。9 年过后，命定的日子过去了，在忤逆暴君阿布杜哈密德和他爪牙的意愿的情况下，巴哈欧拉带着威严与权柄出了城堡，迁居至一所皇宫式的房子里。”[①]

巴哈欧拉从来对物质不感兴趣，对教友经常送他的礼物，他不时会接受，但他解释说，当他接受教友的礼物时，他的理由只不过是赐恩给送礼物的人。接受礼物的举动能赐予人永恒的幸福。巴哈欧拉个人用的东西往往十分简单，他的衣着冬天是毛料，夏天是棉料。他一生中豪华的生活，在被关到德黑兰的地牢里后，就从此与他绝缘了。教友有时会送地毯、衣服之类的东西给巴哈欧拉，但他很少自己用，而会转送给别人。贪求东西的人是他的书记员阿卡·贾恩(Mírzá Áqá Ján)。他知道巴哈欧拉对物质没有兴趣，因此自己渴望拥有，巴哈欧拉不时会赐予他一些东西。阿卡·贾恩不了解这是对他的考验，并会给他带来最终的末路。上帝永远在考验人，人在服务的领域地位越高，考验就越大。阿卡·贾恩物欲太高，结果在巴哈欧拉在世后期从高处落下，成为破坏圣约者，最终导致自己的灵性死亡。[②]

十四、反对者的阴谋

赛义德·穆罕默德·伊斯法罕尼不满意巴哈欧拉住所环境的改善，掀起了一次新的阴谋。他煽动当地的民众去攻打巴哈欧拉的住宅，企图把他置于死地。这种新的挑战激起一些巴哈伊教徒的愤怒情绪，他们忘记了非暴力和平主义的原则，7 个信徒在情绪失控的情况下，在一次蓄意的打斗中，杀死了赛义德·穆罕默德·伊斯法罕尼和他的两个帮凶。这次行凶的结果，激起了当地对巴哈伊教的公愤，把巴哈欧拉置于一种非常险恶的困境之中，而且损害了巴哈伊教的非武力主张。[③]

巴哈欧拉在当时写的一封信中激烈地批评了这些信徒，指出他们的行为实际上是在帮助追随赛义德·穆罕默德·伊斯法罕尼，他说：“囚禁并不能侮辱我，相反，却给我的生命增添了光辉。使我羞辱的是那些宣誓爱我的信徒，他们干出如此的行径，实际上他们是在追随那魔鬼。”[④]民事法庭调查以后，确认巴哈欧拉与这场暴行无关，才使公愤渐渐平息下来。

十五、生涯的转变

巴哈欧拉在阿卡城继续创建巴哈伊信仰，于 1873 年左右写出了该教的经典《至圣书》。该书看起来像是一部宗教律法书，但是巴哈伊信徒认为它简直就是一部新文明的详明宪章，给人类提供了维护世界秩序和人民安全的最好方法。从此，巴哈欧拉创立巴哈伊教的地位最终正式确立，他的信徒们也正式成为巴哈伊，“巴哈伊”即追随巴哈欧拉的人。

1877 年，当巴哈欧拉迁居玛兹洛伊大厦(Mazra'ih)大宅后，他的生涯才发生转变。阿布杜巴哈设法用每年 5 镑的租金，租用了玛兹洛伊大厦 5 年的使用权，动员在城墙监狱里住了 9 年的父亲到那里住。这所大宅位于一片平原的花园当中，一边看得到迦利利山，另一边则看得到海。一楼的一个房间是巴哈欧拉的会客室，许多教友就是在这里见到巴哈欧拉的，他的房间则是位于二楼可以俯瞰乡间景色的一间。阿布杜巴哈、他的母亲和他的妹妹“至大圣叶”则住在阿卡。巴哈欧拉在这里住了 2 年后搬到巴基(Bahjí)大宅居住。

① 阿迪卜·塔赫萨德：《巴哈欧拉的天启》第 4 卷，第 450 页。
② 参见阿迪卜·塔赫萨德：《巴哈欧拉的天启》第 3 卷，第 359 页。
③ 参见威廉·哈彻、道格拉斯·马丁：《巴哈伊信仰——新兴的世界宗教》，第 42 页。
④ 守基·阿芬第：《神临记》，第 231 页。

巴哈欧拉以囚徒身份来到阿卡，在这里度过了 24 年的囹圄时光。1892 年 5 月 29 日早晨，巴哈欧拉在阿卡城以北约两公里处的巴基逝世，当时，他名义上仍是奥斯曼土耳其帝国的一名囚犯。

十六、"上帝话语"的启示者

19 世纪的波斯受过教育的人极少，只有教士、政府官员和其他少数人才有机会。一般所谓的饱学之士仅限于宗教领袖与高僧。他们通常会花上数十年的光阴钻研伊斯兰律法、哲学、医学、天文学和最重要的阿拉伯文学。至于官宦人家的教育也少得可怜，他们通常学习读写、作诗和书法，再加上一些《古兰经》与骑射，如此而已。因此尽管他们掌握了无上的统治权，但力量更大的教士们通常视其为次等人，不值得与其共赴知识之领域。巴哈欧拉就是出生在这个阶级里。他的知识直接来自天启。

显圣、先知、"上帝话语"的启示者、圣使、上帝和他的创造物之间的媒介、上苍的委托者、永恒之光的显示者，这些概念在巴哈欧拉的经典里的意思是"以上帝道义的解释者及新音信的启示者出现于世"①，实际上也是我们平常所说的宗教的创始人。对于自己的巴哈伊教创始人的地位，巴哈欧拉指出，巴布已经在《默示录》中明确了他的这种地位，巴布说"那即将降临的显圣的胚种赋有超越我所有的信徒联合起来的力量和潜能。……我所奉献于那继我之后而来的心最伟大的一点是我对他的承认，我没有能力恰当地形容他。我在《默示录》中对他的叙述也不能形容他的教义于万一"②。巴哈欧拉自己也确认了这种先知地位，因为"有极其明显的真理证明他的教义"，"先知们明晰的预言都为他应验了"，他虽然不是一位学者，没有进学校，没有辩论的经验，但是他"能向人们浇淋多方面的知识"，他活在人世时，"大部分时日都在敌对者的魔爪下受折磨"③，他虽然被抛进监狱，但上帝已经选择了他，作为上帝"强大的号角，这号角声象征着全人类的再生"④。他宣称自己就是耶稣，就是穆罕默德，就是巴布，是巴布的再显现，"我从光荣的云端来了，上苍使我具备了不能征服的力量……我其实已准备面对你们以对待我之前的显圣的态度来对待我"⑤。

在《至圣经》里，巴哈欧拉谈到自己作为"上帝话语"的启示者，在他升天之后，保证他会永远支持他的信徒：

> 世人啊！当我圣美的太阳下山，我圣殿之天堂隐藏在目光之外时，不要沮丧，起来传扬我的圣道，并在世人之间崇赞我的话语。我们任何时刻都和你们在一起，并会经由真理的力量强化你们。我们真确是全能的。任何认知我的人都会起来并且以如此的果决精神服务我，以至天地的力量都无法挫败他的目的。⑥

在《至圣经》里，巴哈欧拉断然谴责托钵僧和禁欲苦行。他强烈不同意离群索居，认为这些行为不会带来灵性进步，在上帝的眼里没有功德。巴哈欧拉描述了人类的崇高地位，要人类拥有高尚的品格，做可以提高荣耀和高贵的事。巴哈欧拉禁止告解，因为那会带来羞辱。人应该向上帝忏悔，请求上帝宽恕。一个人向另一个人认罪，请求恕罪是不可以的，也不会得到神的宽恕。

---

① 守基·阿芬第编:《咨浩拉著作拾穗》，梅寿鸿译，马来西亚巴哈伊出版社 1980 年版，第 24 页。

② 守基·阿芬第编:《咨浩拉著作拾穗》，第 4 页。

③ 参见守基·阿芬第编:《咨浩拉著作拾穗》，第 27 页。

④ 参见守基·阿芬第编:《咨浩拉著作拾穗》，第 14 页。

⑤ 守基·阿芬第编:《咨浩拉著作拾穗》，第 48 页。

⑥ 阿迪卜·塔赫萨德:《巴哈欧拉的天启》第 3 卷，第 342 页。

巴哈欧拉在《至圣经》里说，上帝为人此生完成每件事而创造了工具或途径，他督促人们利用它们。比如说，他敦促教徒们有病要看医生，不要只祈祷而不采取行动！因为，尽管祈祷在人生占有重要地位，但只祈祷而没有行动是没有用的，两者都应兼顾。巴哈欧拉在世的时候，每当教友生病，他往往要他们去找医生，而不希望教友仰赖他的神圣力量，这点连他自己家人生病时也不例外。①

（一）启示不依靠世俗知识

巴哈伊教认为，上帝话语的启示从来不是依靠世俗知识的。带来神的信息的人大部分都没有受过教育。穆罕默德不曾受过教育，可是当神圣的启示降临到他身上时，他就说出了神的话语。巴布和巴哈欧拉都只受过很少的教育，可是他们的知识却是生而有之，来自于上帝，无所不包。巴哈欧拉在《智慧书简》上说，上帝赐给他的知识记录在他心中的书简里，他的舌只是将之译出的工具而已。在另一篇书简里，他说他只是上帝意旨之风所吹动的一片树叶而已。神和他的显圣者之间的神圣关系，凡人是无法了解的。人们对这方面的了解来自于巴哈欧拉。显圣者的话有内在的灵和外在的形。最深层的灵是具有无限潜能的；它属于未创的世界，由上帝的圣灵所造。上帝的话语之外形就像一个管道一样，上帝的圣灵之流就流动在其中。

因此，尽管巴哈欧拉并没有上过为教士和学者所设的学校，但许多当时的饱学之士都见证说，巴哈欧拉的波斯文和阿拉伯文著作如果纯从文学角度来看，其富美和流畅都是无与伦比的。通常需要教士穷其一生才可能精通的阿拉伯文语汇和文法，巴哈欧拉却轻而易举地启示出来，并创造了一种独特、令人无限神往的文体。这一点就像先知穆罕默德在昔日以一介未受教育之商贾之身，却能创造出一种独特的文体一般。

巴哈欧拉说阿拉伯文是“流畅的语言”，波斯文是“光明的语言”、“甜美的语言”。他阿拉伯文的著作充满了力量与权威、庄严与流畅，而波斯文著作则是温暖、美丽而吸引人。巴哈伊教认为，凡人的著作事后总是一改再改，神的显圣者却非如此，他不但不会更改，而且在日后需要重新引述时，也极少更动。在少数发生更动的情形里，更动的总是次要的字眼。这可不是简单的事情，因为巴哈欧拉一生著作超过 15000 件，任何凡人要在这么多的著作里，正确而快速地引述以往作品，几乎不可能。另外一个事实就是，巴哈欧拉启示时速度非常快，令记录人员难以跟上。比如说《古兰经》，它包含了约 6300 个经节，是穆罕默德在 23 年之中先后逐一启示的。但巴哈欧拉的启示是如此丰沛，以至有时他在一小时里，就可以启示 1000 节经文，令时人赞叹。这也是他能够吸引当时伊斯兰教世界里许多达官贵人、名流政要以及社会精英的原因。巴哈欧拉一生的启示全部编辑起来，可以达到 100 卷以上。②

当巴哈欧拉启示的时候，除了他的书记以外是不允许有别人在场的。不过有时候巴哈欧拉会允许一些信徒在场一阵子。这些蒙受特别恩宠的信徒，可以亲眼看到巴哈欧拉启示时身上所发出的特殊光华。

巴哈伊信仰的信徒之一，哈吉·密尔萨·黑达·阿里停留在阿卡的时候，有一次获准在巴哈欧拉启示时可以留在现场，他留下了一段有关这次难得经验的记录：“在获准之后，帘子拉开了，我进了

① 参见阿迪卜·塔赫萨德：《巴哈欧拉的天启》第 3 卷，第 331～332 页。
② 参见阿迪卜·塔赫萨德：《巴哈欧拉的天启》第 1 卷，第 7 页。

那间万王之王，今世与来世的统治者，不，上帝万界之统治者所庄严安坐的房间。当时他正在启示当中，上帝的话语倾盆而下。我想门扉、墙壁、地毯、天花板、地板和空气都变得芬芳而被照亮了。它们都长了耳朵而充满欢乐和狂喜。每一样东西都复苏而充满了生命的脉动……就像任何有同样经验的人一样，我不知道自己到了什么世界，在什么状态。”①

（二）上帝的话语是造物中最高贵的

在巴哈伊教看来，上帝的话语是上帝所创造的东西中最高贵的，它远非人类所能了解。巴哈欧拉说，上帝话语的每一个字就像镜子一样，经由它可以反照上帝的属性，而透过上帝的话，所有的创造物才得以出现，所以他的话具有创造力。巴哈欧拉说：“发自上帝之口的每一个字都被赋予了如此的力量，以至它可以将一股新生命注入每一个人身上，愿你能了解这个真理。你在这世界上所见到的奇妙的工艺都是在他至高无上的意旨和他奇妙不变的目的之下所运作而显现的。经由‘创生’一词之启示，他宣示了他的属性给人类，这种释放出来的力量可以在连续的时代里产生各种人类的双手所能做出来的艺术，这确是一项真理。这灿烂的字一说出之后，那在万物中激荡的生命力就会生出这种艺术产生与完美化所需的方法和工具……你当确知，每一个圣名的启示都伴随着一种类似的神圣力量；每一个出自上帝之口的字，都是一个母字，每一个发自神圣启示泉源的他的字，都是母字，他的书简就是母书简。了解这个真理的人是好的。”在另一篇书简里，巴哈欧拉谈到他的话语之力量：“从我们口中所发出的每一个字都被赋予如此的再造力量，以致它能够创造出一个新的造生……这种造生之范围与幅度除了上帝之外，没有人明了。”②

巴哈欧拉认为，上帝的显圣所说出来的话，是上帝的启示所生出的灵性力量的外在形体。潜藏在这话语里的最深层本质之潜力是无止境的。它属于上帝的世界，人无法全然了解。人类有限的心智仅足以掌握这话语部分的意义、力量与创造力。

巴哈欧拉说，每一个神圣启示自天所降下的字都充满了缓缓流动的神圣奥秘与智能。从这些巴哈欧拉的书简里，巴哈伊可以了解到宗教的奥秘在哪里。在宗教史上，人类从来没有像今天一样可以清晰地了解宗教。这些都是透过文字才做到的，这并不是说文字是传达信息的完美工具，但随着文明的发展，文字的使用愈加精练、达意，足以充分传达人类文明中最为奥秘的东西了。巴哈伊教认为巴哈欧拉的经典精简易懂，但阅读的人须纯洁、圣化他的心。要了解巴哈欧拉的启示，并不需要依赖学识，甚至未受教育的人都可以辨认出那神圣知识的源头。这一点，从信仰的历史之中可以找到许多明证。相反的，世俗的知识常常会阻碍人类接近神圣的知识。不过，这并不意味人类不需要求取知识；事实上，巴哈欧拉大大赞美那些真正博学又不骄傲、虚荣的人。如果他们既博学又拥有上帝的知识，他们就是真正值得赞美又有功德的人。巴哈欧拉说这种人是全人类“至为强大的海洋之巨浪”，“荣耀苍穹之星”。③

（三）最动荡的时期启示多

巴哈欧拉呆在爱丁诺堡的 4 年半，是他一生中最动荡的时期。对他的挑战和考验特别多，但其

① 阿迪卜·塔赫萨德：《巴哈欧拉的天启》第 1 卷，第 9 页。

② 参见阿迪卜·塔赫萨德：《巴哈欧拉的天启》第 1 卷，第 10 页。

③ 参见阿迪卜·塔赫萨德：《巴哈欧拉的天启》第 1 卷，第 11 页。

信徒们抵御不忠诚的人也最坚强。特别是他启示得尤其多，给世界各国统治者的书信也特别多。巴哈欧拉在这段期间所启示的书简数量之大，令观察家们感到惊奇。爱丁诺堡位于西方的大门之处，这使他在一生中第一次离欧洲这么近，他充分利用这一有利条件，在这里以书信继续向东西方传播他的新信仰，向伊朗发出信件，扩大其在伊朗的影响。从 1867 年 9 月开始，他不断给西方各国写信，向土耳其、俄国、普鲁士、奥地利和英国等国统治者以及罗马教皇公开宣布了自己的使命，把巴哈伊信仰从东方的伊朗扩大到西方国家。

在他给维多利亚女皇的信中，他称赞女皇取缔了贩卖奴隶的交易，把顾问的权力交到人民代表的手中。但是议会代表应该具有向上帝祈祷的精神，肩负为全人类服务的职责。人类本来是一体的，生来就是完美的，但是因为严重失调而受尽折磨。医治人类疾病的唯一灵药是以一个世界性的事业、一个共同的信仰将世界各国人民团结在一起。在给教皇的信中，他向基督教徒呼吁把他的教义传达到西方世界。在给俄皇亚历山大二世的信中，他对俄国大使对他的善意表示感谢，让俄罗斯沙皇认识到他的教义是伟大的。在给拿破仑三世的信中，他重申了人类一家的思想，人类应该如同一个躯体、一个灵魂。各民族只有团结起来，抛弃他们各自追求的利益，才能医治好人类自己的病症。①

巴哈欧拉的启示构成了他的基本思想，包括了上帝的世界和存在界，以及新世界秩序的建立。

第二节　上帝的世界和存在界

巴哈欧拉对上帝的解释是："他那神圣的存在，一直隐藏在他崇高本体之不可言喻的尊严里，并将永久地继续深藏于他那不可知的本质之看不透的奥秘里……有一万名神圣先知，人人都是一个摩西，在他们探寻之西奈被上帝那严峻的声音吓呆了，'你们将绝对看不见我！'又有一万名神圣先知，个个都如耶稣一样伟大，在他们天上的宝座中被一句禁令吓得惊愕地站着，'我之本质是你们永远也不能领悟的！'"②

一、上帝的本质不可知

巴哈欧拉认为，上苍，那"不可知的本质"，那"神圣的存在"，乃是无限崇高的，超越一切诸如肉体的存在、升与降、进与出等人类的属性。人类之舌远不能恰当地赞美他的荣耀，人心亦无望理解他那深不可测的奥秘。他从古到今都隐蔽于他那亘古不朽的本质里，亦将永远地隐藏在他那不为人见的实质里。"任何视力都不能看见他，但他却能看见一切；他乃敏锐者，明察万象者。"没有一条直接交流之纽带可将他与其造物相连接。他高高在上，超越了一切分离与团聚、一切接近与疏离。没有任何征象能够显示其临在或不在；因为凭其命谕的一个字，便使天地间诞生了万物，借其意旨，也就是那"初始意志"本身，万象便从绝对的虚无踏进了存在之境，也就是那个可见的世界。③

在巴哈欧拉看来，上帝的世界是纯粹的灵性世界。上帝的灵性世界是无尽的光荣、神秘和广阔

① 参见 G·汤士便德：《神临记》英文版《引言》，鸥翎译，未刊本。

② 守基·阿芬第：《巴哈欧拉之天启 新世界体制之目的》，澳门新纪元国际出版社 1995 年版，第 22～23 页。

③ 参见巴哈欧拉：《确信经》，第 23 页。

的,远远超过人类的理解之外。

巴哈欧拉在一封书简里提到四个这种世界。

哈渊(Hahút)世界是一体之天(Heaven of Oneness),是神界(Divine Being)——不朽精质之界。这个领域极为崇高,即使是上帝的显圣也无法了解它。

下一个是拉湖(Láhút)世界。这是神圣的领域,是天庭。从巴哈欧拉的经典来看,拉湖(Láhút)的世界对他的显圣与拣选者而言,可能就是上帝的世界。沉浸在他尊前之海,他们不敢宣示任何地位,在他尊前,他们有若无物。在此世界,没有任何一位可以等同于上帝。

再就是庶巴路(Jabarút)世界,也就是最高的领域。那些住在这里的人的地位密切地等同上帝,他们显现上帝所有的属性,以他的声音说话,和他联结在一起。这个世界是上帝的拣选者被赋予他的威权的境界。

上帝的显圣和拣选者具有双重地位。和上帝相比,这些神圣的人灵有若无物,但和创造界相比,他们被赋予了上帝的所有属性,密切地等同于上帝。

第四个灵性世界是玛拉窟(Malakút),也就是历代先知所指的上帝的王国。巴哈欧拉形容它是"正义之天"。人世和天启都是经由上帝的恩典所创生的。如果运作的原则不是恩典而是公义,哪怕只有一瞬间,整个创造界都会停止存在。①

在《瓦法书简》中,巴哈欧拉谈到了广大无边的灵性世界。他说:"上苍的世界是无可计数、广袤无垠的。除了全知者、全智者上苍以外,没有任何人能计算或了解他们。试想想你入睡时的情形吧。诚然,我该说,这种现象的确是上苍在人们中间的许多表征之中最奥妙的一种,愿人们在心中仔细思量。看吧,你梦中所见的事物,经过一段相当长的时日,会完全成为事实。假若你的梦境与你生活于其中的现实世界是同一个世界,那么,发生在你的梦境中的事物,必定会在其发生之时为这个现实世界的人们所感知。倘若如此,你自己便可作证了。然而,事实并非如此,顺理成章,你梦中的世界与现实世界是不同的、分隔开的。梦中的世界是无始无终的。倘若你争辩说,梦中的世界,正如最为荣耀者、全能者上苍所命定的那样,是在你本身里,被包裹在你里面,这样说是对的。倘若你认为你的精神超越了睡眠的限制,脱离了一切世俗的依恋,从而由于上苍的促使,在隐藏于这个世界的最内在的实在里的境界中畅游,这样说也同样有道理。我实实在在地说:上苍的创造含括这个世界和其他无数的世界,这些受造物和无数其他受造物。在这些世界中,上苍命定的事物,除了他,那探究一切者、全智者本身以外,无人能探究。"②

二、复临与末日

在基督教里,"复临"是一个经常提到的课题。基督教徒相信世界"末日"时耶稣基督会再度降临世界。在《瓦法书简》里,巴哈欧拉解释到"复活之日"的"复临"。那个日子是上帝显圣者出现的时刻,是"死人"从他们的墓穴起来的日子。在《确信经》里,巴哈欧拉解释说,当上帝的显圣者出现时,承认他的人就是透过信仰之灵从灵性"死人"变成复活。巴哈欧拉进一步解释说:在显圣者出现的时候,除上帝之外所有东西不论高低都要平等放置在一起。复临之日对谁都一样是无法探究的,一直

① 参见阿迪卜·塔赫萨德:《巴哈欧拉的天启》第1卷,第12～13页。

② 《巴哈欧拉圣典选集》,第99～100页。

要到神圣启示应验后为止。他确实是随意而降旨的。当上帝的话语启示给万物后，那些侧耳倾听召唤的人确实是最为杰出的灵魂——即使他只是一个拾荒者。那些转头而去的人则是他的仆人中之最低下者——即使他是一位统治者，是天上地下所有书的拥有者。

巴哈欧拉所描述的有关"复临"的另一层面意义是，上帝可以透过无所不在的力量和绝对的权威，在任何灵魂身上显示出另一个人的素质之"复临"。他举巴布为例子说，巴布宣示第一个信仰他的人毛拉·侯赛因是先知穆罕默德的复临。巴哈欧拉在《瓦法书简》里说："想想看巴扬元点的启示——他的光荣是受尊崇的。他宣布那第一个相信他的人是穆罕默德——上帝的信使。如果一个凡人和他争辩说这人来自波斯，那人来自阿拉伯，或这人叫侯赛因，那人叫穆罕默德，这样是适当的吗？不，我凭着上帝之名起誓——他是崇高、最伟大的。当然任何聪明有理解力的人都不会对限制或名字在意，他注意的是穆罕默德所赋有的——也就是上帝的圣道。这种有理解力的人也会考虑侯赛因和他在上帝圣道所占有的地位，上帝是全能、崇高、全知和全智的。既然第一位接受巴扬天启的信徒被赋予类似穆罕默德——上帝的信使——的统权，所以巴布宣布他就是后者的复临和复活。这种地位超越了所有的限制和名字，在这里面只看得到上帝。他是独一的、无比的、全知的。"

在巴哈伊教看来，巴布的启示预告了上帝之日即将到临，它赋有特别的意义，拥有巨大的潜能。他的圣道生出一个比他的信仰还要大的信仰。他的早期信仰者中有一些是众先知和受拣选者的复临。比如说，巴布给第四位"活神的字母"毛拉·阿里·比斯塔米（Mullá 'Alíy-i-Basṭámí）伊玛目阿里的地位。这位伊玛目在什叶派伊斯兰教徒的眼中是穆罕默德的正统继承人。至于第一位"活神的字母"毛拉·侯赛因，巴哈欧拉说"要不是为了他，上帝就不会建立起他慈悲的宝座，也不会升上永恒光荣的宝座"。毛拉·侯赛因在他有生之年的最后一年，用巴布送他的头巾装饰他的头，跨上战马，高举黑旗，一马当先，骑在 202 位巴比信徒的前头往 Mázandarán 前进，并在那里为他们的主的道途牺牲掉大部分人的性命。就是这样，巴布赐给了他伊斯兰教先知的地位。① 在《瓦法书简》里，巴哈欧拉解释了天堂和地狱的意义。他说，在这个世界，天堂就是透过爱上帝和博得他的喜悦来获得。在那里，每一个举动都会依上帝的评估而有补偿。每一个举动都有赏罚。对无知的人的处罚就是他的无知，对博学的人的奖赏就是他的知识。他也规劝人们不要排斥自己所不了解的东西，当恳求上帝为你的心房打开真知的门户，好让自己可以了解没有人了解的事物。天堂并不是一个地方，而是一种象征，表示趋近上帝。与上帝同在就是真正的天堂，至于地狱就是远离上帝。不认知上帝，一定遭受远离上帝的苦难。"这远离就是绝对的虚无，是地下的折磨之火。"②

巴哈欧拉清楚地指出，存在界有三界：第一界是神界。这一界我们无法了解。第二界是显圣界，它比人世要崇高。第三界是人世，也就是服务界。人所能达到的最高地位就是服务。这就是为什么我们为人要谦卑，要虚怀若谷，服务人世，服务社会，不要计较，不要争辩的意思，因为这真正是有益灵魂的。人在服务上帝的圣道时，最大的保护来自于谦卑。谦卑一向都是为人处事的上策，这是人能献给上帝的最好礼物，谦卑也是上帝唯一没有的属性。③

① 参见阿迪卜·塔赫萨德：《巴哈欧拉的天启》第 4 卷，第 438～439 页。
② 《巴哈欧拉圣典选集》，第 44 页。
③ 参见阿迪卜·塔赫萨德：《巴哈欧拉的天启》第 1 卷，第 22 页。

三、宇宙的创造

《智慧书简》是巴哈欧拉启示给阿卡·穆罕默德·卡因(Áqá Muḥammad-i-Qá'iní),外号叫“纳比尔·阿克白尔”(Nabil-i-Akbar)的杰出教友的。这篇书简用了许多哲学字眼,谈到古希腊哲学家,深入解释了上帝话语的影响,创生的肇因及其源头,大自然的神秘运作和其他许多重大的议题。

在创生的肇因方面,巴哈欧拉说《智慧书简》里的每一个字都隐藏着一个海洋。在回答纳比尔·阿克白尔有关“创生的肇因”这一问题时,巴哈欧拉说:“关于你对创生肇因的主张,这是一个因人思想意见不同而异的事情。如果你主张它从前一直存在并会一直存在,这是正确的;假如你主张的和诸圣典的看法相同,那也没问题,因为那些书是上帝——诸世界的主——所启示的。他确是隐藏的宝藏。这种地位是永远无法描述或提及的。关于这问题‘我确实希望使自己被知晓’,上帝是存在的,而他的创造物从没有起头的起始起也一直存在于他的庇荫下,由一个不能被视为第一因的‘第一因’所起始,且源于一个所有博学之士所不能了解的肇因所肇始。”[①]

这段话,巴哈欧拉清楚地解释了创生既无开始也无结束,因为上帝既是永在的,他的创生也就是不停的,不会有片段时刻是无有的。阿布杜巴哈解释说,创生源自于上帝,不是来自于化生。“源生”和“化生”之间的不同可以这样比喻:一本书“源生”于其作者,作者不构成书的任何一部分,因此他不化身为书;相反的,一粒种子会“化生”为一棵树,种子成为树的一部分;另一个例子就是太阳和阳光。阳光源于太阳,太阳不会化为千千万万的阳光;上帝和他的创生就是这个道理;如果上帝化为千千万万的创造物,他就不再是上帝,而落为凡尘了。上帝是先存、永在的,他非来自于因果,因此不生不灭;反之,创造物虽也一直存在,但它的存在是源自上帝,受因果律所左右,有生有灭。从“存在”的层次上来看,和上帝的存在相比,万物的存在等于是不存在,因为创造物是在生生灭灭当中不断变迁的,它不是永生、永恒的。在《智慧书简》中,巴哈欧拉确认,创造是一直存在的,但不是以同一形态存在。

宇宙在层次上是无限而在时间上是永恒的。事物的特性就是“变”,任何经由组合而生的东西终会分解,宇宙虽是永恒的,可是它的个体却是分分秒秒在解体和生成当中。《智慧书简》中提到,存在界是经由活动力(active force)及其受力者间的互动所产生的热所造成的。两者相同却(又)彼此相异。“大宣示(the Great Announcement)如此地告诉你这光荣的结构。此种创造的影响力及其接受到的冲击,都是经由上帝不可抵御的话语所创造出来的,上帝的话语是整个创造的肇因,他的话语以外的东西都是受造物及其‘果’。”

上面这段话里的“活动力”和“受力者”,是指希腊哲学里的四要素:火、气、水、土。熟悉的人都知道,“活动力”和“受力者”是指同一件但又不同的东西。巴哈欧拉证实了:上帝的话语会产生“活动力”和“受力者”,两者间的互动会产生热,热产生存在界。事实上,上帝的话语是物质生命和灵性生命的肇因。类似的说法在别的宗教经典里也有。正如人不能理解上帝一样,人也不能了解为什么上帝的话语产生了创造物。对于上帝话语的神圣性质,《智慧书简》说:“你当知道,上帝的话语——他的光荣是崇高的——是高于并远超过感觉所能体会的,因为它超越任何属性和实体。它超然于已知的因素之外,比任何主要和受承认的性质要崇高。它不需任何言语和声音来显示,是无所不在的上

① 阿迪卜·塔赫萨德:《巴哈欧拉的天启》第4卷,第381～382页。

帝的诫命。它从未不给予世界。它是上帝无所不在的恩典，从它处，所有恩典得以源出。它是一个超越过去和未来的实体。”①

在一篇启示给信托者哈吉·阿布·哈桑·艾敏（Ḥájí Abu'l-Ḥasan-i-Amín）的书简当中，巴哈欧拉说，运动是由热所造成的，而热则是由上帝的话语所造成的。巴哈伊教认为，这段意义深远的话，第一部分已由科学所证明，第二部分则由宗教所教导。这个宣示不仅仅实质上是对的，同时具有深刻的灵性意义。宗教的热忱是由人心中的温暖所产生的。假如服务信仰没有灵性的爱火，服务就不会有效果；服务时如果没有燃烧的爱，就会造成挫折感、绝望和迷惑，这时信仰就会动摇。要想在教友心中创造出对巴哈欧拉的爱，最有力的工具就是上帝的话语，再来就是虔诚的教友透过密切交往而给别人的影响。②

此生的创造是透过大自然发生的。大自然可以视为“上帝原志”在这个物质宇宙的表现。《智慧书简》确认：“大自然在本质上是我圣名的具体表征……它的显现因不同的肇因而不同，在这种不同当中，只有有感知力的人才看得出记号。大自然是上帝的意志，并且是这个变迁世界的表现。它是神的天道，由‘降旨者’——全智者——所降下。如果任何人确认它是上帝的意志显现在世界上，无人可以怀疑这种说法。它赋有一种力量，这个力量的本质，博学的人也无法领悟。确实的，一位有洞察力的人从当中除了我们圣名——创造者——的光华外，什么也感觉不到。当如此说，这种存在没有腐朽，大自然在它的显示面前、逼人的证据面前及其包围宇宙的光华面前也觉迷惘。”③

许多人都知道巴哈欧拉没有阅读过巴布大部分经典，包括《默示录》。可是巴哈欧拉在他40年的生涯里常常从巴布的经典里摘录一些话。巴哈伊教认为，这种能力从凡人的眼里来看是不可能的，可是显圣者能，因为他的知识是神圣的，不学而知的。他知道过去、现在和未来的所有知识。《智慧书简》说：“你十分明白我们没有阅读过人类所拥有的书，我们没有得到他们当中的知识，可是，当我们想摘录博学或智者所说的话时，当场你的主的面前，就会出现世上出现过的任何事物，与各圣典所启示过的东西。我们就如此写下所看到的一切。真确的，他的知识包袭了地上天上。这是不可见之笔将过去和未来的知识写下的一篇书简——这些知识除了我奇妙的舌头可以解释外没有别人。”④

巴哈欧拉指出，人可以攀登道德与灵性的顶峰。他召唤信徒们以一颗纯洁和献身的心转向他，并且超脱物外以达到这个地位。巴哈欧拉在许多书简里都说，人的最大成就就是除上帝之外超脱一切。人的灵魂依其超脱的程度不同，而获得不同程度的信仰与晋升。但超脱和弃世不同，一位僧侣终日躲在寺院里，不做裨益人世的事就是弃世；相反的，一位终生享受荣华富贵的人却可能是个超脱的人。巴哈欧拉反对弃世的人。拥有世上的东西并非必会执着。巴哈欧拉说人和上帝之间有三种障碍，一定要能通过，才能到达他的跟前。第一个就是执着于这个凡界，第二个就是执着于来世及来世所要给人的东西，第三个就是执着于“万名之国”。人的行为只有在为爱上帝而做并且不计回报的情况下才是受赞美的，否则就是执着。巴哈伊教主张人应该将自己的生命好好安排，以便能服务信仰。如果人能毫无私心，动机纯正地追随上帝的道，他的生命就会受到很大的祝福，他的灵魂就会显

① 阿迪卜·塔赫萨德：《巴哈欧拉的天启》第4卷，第381～382页。

② 参见阿迪卜·塔赫萨德：《巴哈欧拉的天启》第4卷，第462页。

③ 阿迪卜·塔赫萨德：《巴哈欧拉的天启》第4卷，第383～384页。

④ 阿迪卜·塔赫萨德：《巴哈欧拉的天启》第4卷，第385～386页。

现出上帝的力量和属性。假如他追求这些属性以满足他的自我,这样他就会被剥夺了上帝的慈悲与恩典。

四、上帝的属性对人类的影响

在这个世界里,上帝所有的属性都有个名字,而每一个名字都显现出上帝的属性。比如说:"慷慨"是上帝的属性之一,它可以显现在人的身上。不过,有这种属性的人往往容易骄傲,喜欢人家赞美他的慷慨,每当人家说他慷慨时,他就喜不自胜,反之则不乐。这就是执着于"万名之国"。通常人会将这些美好的属性归因于自己,而不归因于上帝,好借此来满足自我。例如博学的人借着他的知识来沽名钓誉,也属于这种情况。

巴哈伊教主张,现代社会的影响往往对人的灵魂有害。它没有教人类去过服务与牺牲的生活。相反的,它教人类如何以成就为傲。孩子从小就被训练去发展自我,追求成功与权力。巴哈欧拉的启示就是要倒转这种现象。人的灵魂必须要学习谦卑、无我,如此才能超脱于"万名之国"之外。被认为是巴哈伊信仰的"完美典范"的阿布杜巴哈,据说就是以他的行动来展现这种德性的。他一生都不求闻达,比如,他很不喜欢照相,认为照相会强化人的性格。在他访问伦敦的头几天里,他一直拒绝人家给他照相,后来由于新闻记者的压力和教友的一再请求,为了让他们高兴,他才接受照相。

在巴哈欧拉的新世界体制里,有一项特点:个人并无权力,只有机构才有权力,任何人如果违反了这项标准就是执着于万名之国,就会被剥夺掉上帝的恩典。对一个巴哈伊来说,要超脱"万名之国"可能是最困难的,那种挣扎也许要持续一辈子。如果他能了解到他的道德本不属于他,而只是反映上帝的属性罢了,那他就可以解脱出来,变得真正的谦卑,这也是神给人的最崇高地位。①

巴哈欧拉规劝人类要烧掉任何人和上帝之间的帷幕,只有这样,人才可以看到上帝的美和光辉。其中的一种帷幕就是自我。当人尝试要提升自己,求取名声时,事实上他是和自然之道背道而驰,这样的人会阻碍自己得到上帝所给他的恩典。尽管在外表上他是成功的,可是事实上他却没能实现他被创的目的。真知和学识之间的差别在于,前者会造成谦卑而后者往往造成虚荣与争名。在获得真知的人当中,巴哈欧拉评价很高的,有一个就是米尔扎·阿布·法德勒。他既是巴哈伊学者,也是巴哈欧拉的门徒。他以博学著称,这不只是在巴哈伊教区里如此,在整个东方也是如此。他在多方面,包括历史和神圣哲学,是公认的权威,而且又是阿拉伯和波斯文学的杰出专家。在埃及的学术界里,他被视为是"文曲星、历史的栋梁、知识和道德的柱石"②。

第三节　确立世界新秩序

巴哈欧拉最早提出了世界新秩序的概念,用来概述未来世界一系列政治、社会和宗教生活的巨大变化。他预言:正在逼近的巨变与大动乱的迹象,现在就能察觉到,而现存体制看来却是可悲得无能为力。现存秩序即将被卷起,而一个新的秩序将代之而展开。"世界受了这个伟大的新世界秩序

① 参见阿迪卜·塔赫萨德:《巴哈欧拉的天启》第 2 卷,第 78 页。
② 参见阿迪卜·塔赫萨德:《巴哈欧拉的天启》第 2 卷,第 80 页。

的震动力的影响失去了平衡，人类的生活规律也受了这奇特的神奇制度的影响而起了革命性的变化——这是人类前所未见过的。"[①]这个革命性的变化包含了人类活动的全部范围，从社会与政治领域到文化、精神、经济和社区生活中的日常关系，既是外部世界也是内部世界的重新秩序化。这个秩序形成的征兆是：一个世纪以来，妇女及少数民族争取更多平等权利的潮流、朝向经济公道和消除传统上贫富不均与阶级差别的趋势，以及全球越来越相互依赖的趋势。贯穿这个秩序始终的，应该是团结、爱、勇气、远见、自我牺牲和谦卑，这些品质是带来团结的要件，能够导向洞察力和理解力。巴哈欧拉所描绘的全人类的团结意味着一个世界共同体的建立，所有的国家、种族、信仰和阶级都将亲密地永远地团结在一起，各成员国的自治权和个人自由将无疑受到完全的保障。这个共同体必须拥有一个世界立法机关，其成员作为全人类的信托者，将最终管理所有成员国的整体资源，制定出相应的法律，保证生活秩序化，满足人民需求，并负责协调各民族的关系。在这样的秩序中建立起一个世界联邦体系，来管理全球，享有无上的权威，融合并体现东西方的思想，摆脱战争的诅咒与不幸，开发地球上的能源，把军事力量变成正义的奴仆。如此国家间的竞争、仇恨与阴谋将终止，世界和平将得以实现。世界和平必须具备的必要条件是：所有国家都公认的稳定的边界；所有人民思想与旅行的自由；全面裁军；世界各国联邦的建立；一个世界法庭的建立，以裁决国际争端；一个国际军事力量创立，能够通过集体安全的原则维持和平；保护文化多元性的约定。[②]

一、传扬教义的重要

巴哈欧拉规劝他的信徒起来传扬他的道，并警告他们说刀剑不能给信仰带来胜利。圣道必须靠纯洁的行为、超脱和坚信而获得崇隆，如果否认圣道的人攻击他们，他们就要以他话语的力量打败他们，而不是诉诸武力。上帝给了每个教徒传扬圣道的责任。任何起来执行这个责任的人，在宣示他的信息以前，一定要用正直和值得赞美的品格来装饰自己，这样他的话才能吸引那些有接受力的人的心；如不这样，他绝对不能影响他的听众。他反复强调"我们已经废除了以刀剑来协助我们的圣道的教规，代之以人们的语言所发挥的力量"，以"言语作钥匙打开人们的心灵之城"。[③]

巴哈欧拉在一篇书简中，告诫教徒们避免激起骚乱和离间，这样可以保护灵魂免于不敬神，使社会免于腐败。在另一篇书简中，说教友们绝不可参与任何会造成些微的离间和不和的活动。他劝他们要像逃避毒蛇一样地逃避它们。在又一篇书简中，巴哈欧拉说："生活在世上的人们啊！这杰出的至高启示之所以能超群出众，是因为我们一方面已将上苍的圣书中造成人类之子纷争、怨恨和不和的篇章抹掉，另一方面又规定了和谐相处、了解与彻底而恒久的团结的必要的先决条件。坚守我们的规定者幸运有加了。我们再三地规劝我们所眷爱的人，避免，不，应该是尽量远离，带有造成不和意味的事物。世界已经极其混乱，世人的思想已陷入严重困惑的境地。我们祈求全能者，仁慈地以公正的光辉照亮世人，使人们发现在任何情况下、任何时候都对他们有利的事物。"[④]巴哈欧拉在一篇致骄傲而又傲慢的教徒加马尔·布鲁基第(Jamál-i-Burújirdí)的书简中说："在今日，没有事情比在教友间制造不和、争斗、吵闹、疏离和冷淡更能对圣道造成更大的伤害的了。你等当透过上帝的力量

① 守基·阿芬第编：《峇浩拉著作拾穗》，第 65 页。

② 参见巴哈伊国际社团公共信息处：《巴哈伊》，澳门巴哈伊出版社 1992 年版，第 73～77 页。

③ 《巴哈欧拉圣典选集》，第 198 页。

④ 《巴哈欧拉圣典选集》，第 62 页。

与统权，远远逃开，并应以他的圣名，那团结者、全知者、全智者，努力将众心联合在一起。”①

巴哈欧拉在书简中启示了成功的传教的奥秘在于：“当用会引起树丛燃烧的话语和呼唤，‘真确的，除我之外没有别的上帝，我是全能的，不受束缚的’，来传扬上帝的道。当如此说，人世的话语是一种渴望发出影响力的精质，因此须中庸。至于它的影响，那就要看用字遣词是否精练，这点又要看说的人的内心是否超脱与纯洁而定。至于中庸，这就必须像诸圣典中所说的一般和技巧与智能连在一起。冥思这从你的主之意志之天所流出的话语——他是所有恩典的源头——如此你也许可以掌握圣书中的深处所隐藏的意义。”②

二、灵性世界与物质世界原则相同

巴哈欧拉说，这个存在界上的每一个东西在上帝的所有世界里都有一个对应的东西。所以，这俗世里所运作的律法和原则在上帝的世界里也一样是在运作着。所不同者，后者所运作的是在层次更高的层面，它具有层次较低者所没有的特性。

举例来说，主导树的生命的一些原则就和主导人的生命的原则相似。树的根深入泥土中以吸取养分，维持树的生命。但是树干、树枝和树叶却向相反的方向生长，情形一如人生。人一方面要从物质上求取肉身的存活，一方面又要超脱物外，追求灵性的生命。假如树木有知，选择向地下生长，树木就绝不能开花结果，反而要腐烂枯萎。巴哈欧拉解释说，人的灵魂，也就是理智力，是从上帝的诸世界所放射出来的；人的各种能力不论是肉体的或灵性的，都是灵魂的表现。例如，每一种感官的能力都是源自于灵魂，每一种灵性品质都是因之而起；但这并不是说，这些能力加起来就是灵魂。那么，灵魂到底是什么呢？巴哈欧拉认为，灵魂是不可知的。他说：“在认知了你无法对灵魂有充分的了解后，你就必会承认，任何人或造物企图对那活神、那不减光华的太阳、那古远的永存之日的奥秘进行探究的努力是徒劳的。”③人如果只追求物质的俗世生活，不顾灵性生命的需要，他也必要腐朽死亡。反之，如果人能超脱，就可以接受到真理阳光（上帝的显圣）的照射，他的灵魂就会结出果实，生出信心的灵，这就是创生的最终目的。④

三、自由的真正意义

今天全世界的人都追求自由，捍卫自由，但巴哈欧拉对自由的定义和标尺另有不同的标准。《至圣经》里说：“试想人们的心智多么幼稚，他们欢迎有害的事物，却抛弃对他们有裨益的事物。他们的确是迷途很远的人。我们发觉有些人贪慕自由，而且对它感到骄傲，这些人的确非常愚鲁无知。自由最终必然导致叛乱，这混乱之火无人能扑灭。全知全明的他这样地警告你们。你们须知，自由的化身与象征是属于动物性的。那适宜于人性的是顺从那些能避免他陷于无知之行，保护他免受恶作剧者伤害。自由致使人们超越了适可而止的界限，侵害人的尊严。它贬低了人的地位，使人陷于极腐败、极邪恶的地步。人类可比喻作一群绵羊，需要一个牧人的保护，这是千真万确的道理。我们同意在某种情况下的自由，在别的情况下，我们不肯核准它。……真正自由的含义，包含人们顺从我的

① 阿迪卜·塔赫萨德：《巴哈欧拉的天启》第2卷，第83～84页。

② 阿迪卜·塔赫萨德：《巴哈欧拉的天启》第4卷，第387页。

③ 阿迪卜·塔赫萨德：《巴哈欧拉的天启》第2卷，第93页。

④ 参见阿迪卜·塔赫萨德：《巴哈欧拉的天启》第2卷，第310页。

诫命，这方面你们所知甚少。倘若人们谨守我们由启示之天所派遣下来的诫命，他们必定能获致完美的自由。……对你们有裨益的自由，除了完全臣服于上苍永恒的真理之外，无处可寻。任何已尝试过其甜蜜滋味者，必会不肯以它交换天地的统治权。"[①]巴哈欧拉谴责绝对自由的观念。任何社会或国家如果允许绝对自由的存在就不会有进步。绝对自由如果存在，社会就会陷入无政府状态。自由如果超越中庸之道，必定对人类产生害处。[②] 人们"必须表现出能确保和平以及为不幸者、受压迫者谋求幸福的行动，……才可能解脱被拘禁者的锁链，使他们能得到真正的自由"[③]。只有"全人类都必须坚持上苍惠赐的一切启示"，"人类才能达到真正的自由"。[④]

四、团结

巴哈欧拉特别提倡团结的重要性，人类必须"亲密无间，情谊深厚，团结如一人"[⑤]。在巴哈欧拉的教义里，正义是主要的灵性原则之一。团结人类的力量是爱、慈悲和宽容，但团结各国使其成为一个灵性上一统的世界的力量却是正义。[⑥] 他指出，"所有的人必须协调他们之间的差异，必须和平团结地在上苍的荫庇下、在他仁爱的树下遵守他的训诫"[⑦]。"上苍的先知须被当作人类的神医。他的工作是扶助世界及人类，通过一致的精神，治好人类的分裂。"[⑧]"通过至高的圣笔所启示的书简，爱与团结的门已在人类面前被打开了。我们刚才已宣称——我们的话是真理——'与所有宗教的人友善地交往吧。'通过这启示之言，任何致使人们互相背离，造成分裂、不和的事物都已被废除。……这个至高至圣的教义，所以出类拔萃、杰出超群，是因为我们一方面把上苍的圣书中造成人类分裂、敌对的篇章涂掉，一方面又铺下了解及团结的要素。"[⑨]

巴哈欧拉最担心的是人类的分裂，他真心地希望人类"必须如一手之指，一体之各部分"[⑩]。人类"须面向团结的太阳，让它的光辉照耀着"，"必须集在一起"，为了上苍"决心根除引起纷争的因由"，"世界的居民才能成为一个城市的公民，成为同一个王座的占有者"。[⑪]

在《团结书简》上，巴哈欧拉解释了一些团结的特性。他说首先就是宗教团结，就是人类须接受同一个宗教，也就是今日的巴哈伊教。当一个国家的多数人接受了他的信仰，政府就可以把他的教义付诸实行。

团结的第二个层面就是言辞。言辞的分歧会给说话和听话的人剥夺掉上帝的恩典。他也启示道，圣道在用中庸的言语谈论时，会吸引神圣的恩典，如果超过中庸，则会变成灵魂腐朽之因。在这篇书简中，他进一步规劝教友用温和和中庸的方式传教，好让话语能具有牛奶对婴儿般的效果。他也警告教友不要在早期阶段拿太多的细节让听者无所适从。就像给婴儿一顿大餐一样，不但不会有

① 巴哈伊世界中心编：《亚格达斯经律法纲要》，梅寿鸿译，马来西亚出版（无出版年），第 19 页。
② 参见《巴哈欧拉圣典选集》，第 141 页。
③ 《巴哈欧拉圣典选集》，第 59 页。
④ 《巴哈欧拉圣典选集》，第 61 页。
⑤ 《巴哈欧拉圣典选集》，第 111 页。
⑥ 参见阿迪卜·塔赫萨德：《巴哈欧拉的天启》第 3 卷，第 312 页。
⑦ 守基·阿芬第编：《咨浩拉著作拾穗》，第 2 页。
⑧ 守基·阿芬第编：《咨浩拉著作拾穗》，第 37 页。
⑨ 守基·阿芬第：《咨浩拉著作拾穗》，第 45～46 页。
⑩ 巴哈伊世界中心编：《亚格达斯经律法纲要》，第 12 页。
⑪ 守基·阿芬第：《咨浩拉著作拾穗》，第 105 页。

益孩子的生命，说不定会要他的命。

团结的第三个层面就是行动。当教友们起来传教并用道德装饰自身，他们的行动就会团结一致。他悲叹过往诸天启的分裂，将之归因于信徒的不团结，就是这个问题，才使得各宗教的基础被破坏。

团结的另一个层面就是信徒们的地位。他们的团结可以使上帝圣道的地位在人类当中提高。世人当中有些人自视自己高于他人，因而使得世界陷入可悲的状况。他说那些从他启示之洋深饮的信徒才是真正转脸朝向他崇高地平线的人，他们应视自己如同站在同一阶层上，占有同样的地位。巴哈欧拉宣称，自视高人一等就是大罪。

巴哈伊行政教务机构里的团结架构，如果因为其中一位委员的自我意识而被破坏的话，大考验和试炼就会跟着来。如果这种事发生了，所有的成员就会经历巨大压力和痛苦，那个灵体会就会销蚀。

在《团结书简》里，巴哈欧拉说，如果他要完全解释团结的所有层面，他要振笔疾书好几年才行，这势必无可能，因此他再说明另一个层面——人类的团结。他说人类的团结可以经由对上帝的爱和上帝话语的影响力而达到。当人类转向上帝的话语并谨守它，他们就会团结。① 他相信，“团结之光那么灿烂，它能照亮整个世界”②。

五、祈祷

巴哈欧拉在《阿什拉夫书简》当中，包含了一篇在无欲的情况下祈祷的力量的说明。他宣称说，今日所倾倒出来的恩典如此宏大，以至任何人如果举起双手乞求上帝赐予天上地下的财富，在他的手放下来以前，他的愿望就实现了，但他必须不执着于所有的创造物才行。最纯洁的祈祷方式就是无欲。这种祈祷会使上帝的恩惠降临这灵魂。但一般人总是凡人，难免有欲望，那他的祈祷就应该是讨上帝的喜悦才行。有时，即使是服务圣道的渴望也不一定能带来救赎，信仰的历史上充斥着这类起先努力服务圣道，到后来却灵性死亡的例子。最适当的祈祷形式是赞美上帝。透过这种方法，恩典的渠道获得开启，他把力量和赐福降予个人。以祈祷方式转向上帝，目的只在荣耀他的名，赞美他的属性，这是人对他的造物者最自然的举动。人是不是拥有真正的灵性生命就要看他是否渴求上帝，想要崇拜和荣耀他。③

巴哈欧拉在《至圣经》里提到另外一种崇拜，就是为服务人类所从事的“工作”。这个教义在宗教历史上是独一的。尽管崇拜上帝是信仰者的最大责任与生命的目的，但巴哈欧拉说，如果一个人终生忙于崇拜上帝，却没有纯洁的行为和能有助促进圣道的灵性品质，他的崇拜行为对他无益，也不会有结果。

另一种巴哈欧拉赐予的无上特权是，他召唤所有的信徒来服务圣道。在从前的天启期里，上帝的圣道通常是由少数的宗教领袖或教士来负责的，其他人没有这种机会。而在巴哈欧拉这个天启期里，每一个人都可以服务圣道。人生再没有比服务圣道更大的恩典了，但动机要纯洁。如果服务的目的在求取名利、影响力或一些今生或来世的益处，那这种服务对灵魂就是一种重大的负担，它会使

① 参见阿迪卜·塔赫萨德:《巴哈欧拉的天启》第 4 卷，第 434～435 页。

② 《巴哈欧拉圣典选集》，第 188 页。

③ 参见阿迪卜·塔赫萨德:《巴哈欧拉的天启》第 2 卷，第 119 页。

人生充满哀伤和挫折感；巴哈欧拉也宣布，这种服务不会得到上帝的喜悦，因为只有纯洁的行为和动机才会被接受。①

六、超越

巴哈欧拉在一篇书简里说："一个正直的行为富有如此的力量，以至可以提升沙尘，使它超越天堂外的天堂。它可以将各种联结劈开，并拥有恢复已消逝的力量的能力……任何人在今日起来协助我们的圣道，并招来嘉行与直行之万军协助他者，这样的行为本身所流泄出的影响必然会发散到全世界去。"②"必须捐弃世界及世界上的一切，超脱一切世俗的事务，以便天堂的居者能由他们的衣袂间闻到圣杰生活的芳香；世人都能由他们的容貌认识满怀慈悲者的光辉；而且通过他们，全能全智的上苍的表征将得以广为散播。那些因为追求肉体的安逸而使上苍的圣道之美誉失去光泽的人，显然是大错特错了。"③"超脱"不只一再出现于巴哈伊经典中，它也出现在其他宗教经典中。超脱指的是过一种虽然是世俗的但必须和创造律相合的生活。"一个人，若经过富有金银珠宝的山谷而能超脱，如浮云般直趋而过，毫不犹豫，毫不恋栈的"，倘若遇见一位绝代佳人，"自己的心毫不为她的美色诱惑"，才是真正的巴哈伊信徒。④ 但是，巴哈欧拉允许信徒享受一切上帝所赐给人类的东西——只要信徒不让它成为自己和上帝之间的障碍就行。否则信徒就会被剥夺掉上帝的恩宠，而在灵性上死亡。尽管物欲是人的灵魂的最大考验之一，但禁欲以修德却也不正确。人能否亲近上帝，标准就在是否超脱，这对贫富人而言都不是容易的。阿布杜巴哈在一篇书简中说得很清楚，社会中兼具有贫人和富人是上帝的创造律，宇宙万物莫不如此，否则他的创造就不完美。他又说，只有在上帝的道上贫穷才是有功德的。当人贫穷时，要满足，要耐心；当人昌盛时，要慷慨。在一次谈话中，阿布杜巴哈解释说，一个人穷苦但有耐心和宽厚，这比人富裕而知足要好。如果人贫困而感恩，要比贫困而有耐心要好，不过，最有功德的却是富人为他人而散财。

巴哈伊信徒必须自行谋生，绝不可乞讨。这也是财富之来源，上帝的恩典对信徒而言就足够了，信徒最重要的属性是上帝所赐给信徒的，信徒要知足，要顺服接受，巴哈欧拉说："万善之源就在信托上帝，顺服他的旨意，满足于他的神旨与意愿。"⑤巴哈欧拉描述了人类的崇高地位，要人类拥有高尚的品格，做可以提高荣耀和高贵的事。人应该向上帝忏悔，请求他宽恕。一个人向另一个人认罪，请求恕罪是不可以的，也不会得到神的宽恕。⑥

七、国王制的未来

巴哈欧拉的启示宣告说：人类之中有两种人的权力被剥夺了——国王和神职人员。巴哈欧拉宣示所产生的创造性影响力，启动了宗教组织的解体过程及其领袖的渐次坠落。在这个天启期中，巴哈欧拉废除了教士制度，而把他的信仰管理权交托到正义院的手上。⑦

---

① 参见阿迪卜·塔赫萨德：《巴哈欧拉的天启》第 3 卷，第 347 页。
② 阿迪卜·塔赫萨德：《巴哈欧拉的天启》第 2 卷，第 121 页。
③ 《巴哈欧拉圣典选集》，第 64 页。
④ 参见《巴哈欧拉圣典选集》，第 76 页。
⑤ 阿迪卜·塔赫萨德：《巴哈欧拉的天启》第 2 卷，第 136 页。
⑥ 参见阿迪卜·塔赫萨德：《巴哈欧拉的天启》第 3 卷，第 330～331 页。
⑦ 参见阿迪卜·塔赫萨德：《巴哈欧拉的天启》第 2 卷，第 131～132 页。

关于国王制度，巴哈欧拉指出，这世界是否成熟的表征之一就是，没有人会想要担负王位的重任。王位会存在，但它的重任没有人愿意单独承担。到那日，智能就要显示人间。只有为了要宣示上帝的圣道和传播他的信仰，才会有人愿意承担这项重担。那些为了爱上帝和他的圣道，为了上帝，为了宣示他的信仰而将自己暴露在大危险之中，并接受这工作和麻烦的人是良善的。在巴哈欧拉的经典中，他提出人类成熟的三个征象：一个是国王；另一个是质子的转换，即炼金术的出现；第三个是在《至圣经》里所提到的，全球采用一种共同的辅助语言。巴哈欧拉在一篇书简中宣布：尽管共和制的政府给世人带来益处，但是，庄严的国王制却是上帝的象征。我们不期望世上的国家因之遭受剥夺。巴哈伊教义预见，将来一种适当运作的君主宪政会在许多国家重新建立起来。巴哈欧拉在另一篇书简里预言到这种制度：不久，上帝会在地上显现出来，一些国王会倚在正义的长椅上，像管理自己一样地管理人民。他们确实是我全部创造物中的最佳创造物。他指出，“每一个国王必须好像太阳一般的慷慨，抚育所有的生物，赐给一切生物应有的东西。每一个国王也必须如雨云般的慈悲宽厚，向每一块土地洒下甘霖”①。

在《至圣经》里，巴哈欧拉预言将来有一天，世上的国王和统治者会接受他的信仰，他并且赐福给这种国王：“那起来并在我的国度里协助我的道，除我之外超脱一切的国王是大大受赐福的！这样的国王是殷红方舟的伴侣——那方舟是上帝为巴哈子民所准备的。所有的人都要荣耀他的名，必须尊敬他的地位，并且帮助他，用我圣名之钥开启城市，上帝是居住在可见和不可见王国的居民的全能保护者。这样的国王是人类之眼，是创造物之眉的光明饰物，是赐给全世界幸福的源头。”②

八、显圣的超自然知识

上帝的显圣特性之一是，他和普通人不一样，不管情况有多重要和逼人，他的思想行动不一定会指向当时急迫的问题。他绝不会被单一的问题所占据，而忽略了其他问题。因为他不是居停在有限的世界里，虽然他住在地上，但他却是由上帝的灵所驱动的。③

关于先知的超自然知识，巴哈欧拉在《智慧书简》中说：“你很清楚我们没有念过人类所拥有的书，我们没有他们之间所流行的学问。但是，每当我们想要摘录学者与智者的话，在你的主的面前就会出现一篇书简，上面记载了整个世界出现过的事，所有圣典上启示的东西。在这篇书简中，‘不可见之笔’将过去和未来的知识记入其中——这种知识除了我奇妙之舌外，没有人可以解释。”④“在我们的智识宝库里，藏有尚未启示的知识，如果我们把它启示出来——哪怕只是一个字——就会使每个人承认上帝的显示者及其全知，使每一个人发现所有的科学奥秘，并达到如此高的地位，以致发现自己全然独立于过去与未来的学问之外。其他的知识我们也有，但我们不能透露一个字，人类也不能够听懂它的意义——哪怕只是参考而已。”⑤巴哈欧拉在 Súriy-i-Haykal 里启示说，上帝的力量是超乎人类的理解之外的。经由这种力量，所有的创造物才被创造出来。假如他愿意，他可以在一刹那之间取任何东西的命，赐任何东西的命。他说：只要我们愿意，我们有力量使一丝浮尘在一眨眼之

① 守基·阿芬第编：《含浩拉著作拾穗》，第 115 页。

② 阿迪卜·塔赫萨德：《巴哈欧拉的天启》第 3 卷，第 259～260 页。

③ 参见阿迪卜·塔赫萨德：《巴哈欧拉的天启》第 2 卷，第 185 页。

④ 阿迪卜·塔赫萨德：《巴哈欧拉的天启》第 3 卷，第 345 页。

⑤ 阿迪卜·塔赫萨德：《巴哈欧拉的天启》第 3 卷，第 251～252 页。

间产生无限多的太阳，发出不可想象的光华，使一滴露珠，变成广大而无数的海洋；在每个字里注入如此的力量，以至可以使其有能力显露过去和未来所有的知识。他解释说，创造物就像树的叶子，它的生命和营养取自树根，可是外表上看，树叶的繁发是独立而超然于树根之外的。①

上帝的显示者都由上帝“那里产生知识与力量，都由他那里得到权能”，通过他们，“上苍的美质如知识、力量、权能、统治、仁慈、智能、光荣、慷慨及恩泽等名字都得以显现于世”。所有的先知都毫无例外地被赋予上帝的美质，所有先知都是上帝“美质的依附体”。② “每一位显圣的行动与工作，以及所有关于他们的一切，和他们对将来的启示，都是上苍所命定的，而且这些都是上苍的意旨及目的的反映。”③先知因此应该得到更多的尊重，在巴哈欧拉给拿破仑的书简中，他提到了巴哈伊信仰中的两大节日：蕾兹万节和巴布宣示日，再就是他的诞辰日和巴布的诞辰日。④ 就是出于这一原因。

九、磋商是人际关系的中心

巴哈欧拉重视磋商，认为“磋商能获得更大的了解，能使犹豫变成坚信。它是黑暗世界中发光的灯，给予人们指引。每一事物都有一个完美或成熟的阶段，有了天赋的领悟力，通过磋商将会达到结论明确的成果”⑤。“倘若你们关心自己的职责，那么必须共同磋商，只关注造福人类、改善人类状况的事务。”⑥因此，巴哈伊天启里的一个基本特征就是磋商。巴哈欧拉主张团结地磋商，思想要一致。他所倡导的“磋商”程序，是重新构思所有人际关系的中心。巴哈欧拉说：“凡事必要磋商。……天赋之领悟力通过磋商才变得成熟。……只有履行正义，人才能提升至其真正地位。只有通过团结，才能拥有力量。只有经由磋商，才能获得福利与幸福。” ⑦因为“磋商使人获得更清醒的认识，将猜想转变为确定性。它是在黑暗的世界中给人指引道路的一束亮光。对任何事情来说，都有并将继续有一个完善与成熟的阶段。对成熟的领悟往往通过磋商而显露出来。……只有通过团结，权力才会存在，只有通过磋商，才会达到幸福与和平”⑧。

巴哈伊的磋商是要在爱和团结的气氛下进行的。巴哈欧拉说：“神圣智能之天被磋商和仁慈两盏明灯所照亮。你等当凡事磋商，因为磋商是引路的导灯，能赐予理解。”⑨

十、尊重教育与知识

教育在巴哈伊信仰里是十分重要的。巴哈欧拉主张，“人是至高的灵性物，然而，缺少适当的教育已剥夺了人天生的能力。人可比喻作一个丰富的矿藏，蕴藏着不可估量的宝石。唯有教育能使之显露出来，使人类获得裨益。” ⑩“人类好比钢，其精华是隐藏的，通过告诫和讲解、好的建议和教育，

① 参见阿迪卜·塔赫萨德：《巴哈欧拉的天启》第 3 卷，第 251～252 页。

② 参见守基·阿芬第：《咨浩拉著作拾穗》，第 22～23 页。

③ 守基·阿芬第：《咨浩拉著作拾穗》，第 28 页。

④ 参见阿迪卜·塔赫萨德：《巴哈欧拉的天启》第 3 卷，第 242 页。

⑤ 《共同磋商》，马来西亚巴哈伊出版委员会 1988 年版，第 2 页。

⑥ 《巴哈欧拉圣典选集》，第 137 页。

⑦ 世界正义院：《人类的繁荣》，澳门新纪元国际出版社 2004 年第 3 版，第 12～13 页。

⑧ 世界正义院研究部编：《磋商》，伦敦巴哈伊出版社 1990 年版，第 1 页。转引自《人的转变——教育篇》，澳门新纪元国际出版社 2004 年版，第 97 页。

⑨ 阿迪卜·塔赫萨德：《巴哈欧拉的天启》第 3 卷，第 320 页。

⑩ 《巴哈欧拉圣典选集》，第 170 页。

那精华才得以显现。然而，如果任其停留在原始状态，色欲和贪婪的腐蚀就会无情地摧毁他。"他指出："一个人缺少知识和技能是没有价值的，因为那样他只不过是一棵不结果实的树。因此，你们需以知识、智能、灵性的感悟和精彩的演讲之果实装饰存在之树。"[①]巴哈欧拉非常重视追求知识，他说："艺术、工艺和科学使物质世界向前发展，并有助于它的升华。知识犹如人类生活的翅膀，助其攀登的云梯。追求知识是每一个人的责任，然而。应当追求那些能造福于人类的科学知识，而不是那些始于空谈、止于空谈的知识……事实上，知识是人类宝贵的财富，是带给他荣耀、慷慨、欢乐、升华、振奋和愉悦的源泉。忠实于它的人将得到幸福，无心于它的人将遭受灾难。"[②]知识必须是有用的，必须避免空谈的学术，"当代有识之士必须引导人们去学习有用的知识，这样，有识之士本身和普罗大众都会从中受益。那些局限于空谈的学术追求，一直没有，也永远不会有任何价值。波斯的大多数博学之士将他们的毕生精力投入到对哲学的研究中，最终也只是空谈而已"[③]。在他看来，孩子们必须尽力学习读写技能，对于能应急的写作技能，对某些人就足够了，但是如果他们花费更多的时间去学习其他的实用的知识，就更好，更合适。[④] 他要求，"在所有的艺术和科学中，让孩子们学习那些对人类有益的，对其进步和提高有保障的知识。这样，不法的恶毒、污浊的空气就会被驱散，也只有这样，通过各国领袖的极大努力，使人民生活在宁静、安全与和平之中。……学有所成的能人与思想敏锐的智士，是人类的两只眼睛。……地球永远都不能失去这两份最重要的礼物"[⑤]。"在上帝的眼里，各种崇拜上帝的方法之中，最好的就是教育儿女并训练他们追求完美，没有任何其他的行为比这高贵的。"[⑥]要"以智能、善行、诚实和正直的德行来装扮"孩子们。[⑦] 因此，巴哈伊教的使命应该致力于协助教育人类的事业。巴哈欧拉主张教育分为两种：一种是普及性的教育，其"影响力渗透一切事物，并支持一切事物"，就是因为这个原因，上苍被称为"万千世界之主"；另一种教育是"那些在这圣名的荫庇之下出现，并寻求这最伟大的启示保护的事物"。[⑧] 那些不追求这种教育者的保护的人们，是没有能力得到通过伟大圣名所派遣下来的精神力量的裨益的。两者之间的差距是异常明显的。"倘若隐蔽视觉的布幕被揭开了，而那些一心一意倾向上苍，为了爱上苍而抛弃世界的虔诚信徒们的荣誉被显现出来了，整个创造界将为之惊呆了。"[⑨]与尊重教育相联系，巴哈欧拉提倡尊重学者和知识，他说："崇敬圣哲者和学者；崇敬那些言行一致的人；那些言行不越轨的人；那些判断切合圣书中的告诫的人……那些不愿或背弃圣哲者与学者的人，实际上改变了上苍对他们的恩赐。"[⑩]在他看来，"知识是上苍最伟大的恩赐，每一个人都须获得它。这些目前所显现的技艺及工具都来自上苍的知识及智能，都是由至高的圣笔所启示的。这圣笔来自智能之珍珠及技艺之宝库"[⑪]。但是在所有

① 巴哈欧拉：《波斯文书简》，转引自《人的转变——教育篇》，澳门新纪元国际出版社2004年版，第111页。

② 巴哈欧拉：《致狼子书简》，转引自《人的转变——教育篇》，澳门新纪元国际出版社2004年版，第112页。

③ 《巴哈欧拉书简集》，转引自《人的转变——教育篇》，澳门新纪元国际出版社2004年版，第113页。

④ 参见巴哈欧拉：《波斯文书简》，第113页。

⑤ 《巴哈欧拉书简集》，第114页。

⑥ 阿迪卜·塔赫萨德：《巴哈欧拉的天启》第3卷，第322页。

⑦ 参见巴哈欧拉：《波斯文和阿拉伯文书简》，转引自《人的转变——教育篇》，澳门新纪元国际出版社2004年版，第114页。

⑧ 参见《巴哈欧拉圣典选集》，第123～124页。

⑨ 守基·阿芬第编：《咨浩拉著作拾穗》，第91～92页。

⑩ 守基·阿芬第编：《咨浩拉著作拾穗》，第61～62页。

⑪ 世界正义院编：《圣言与默思——巴孛，咨浩拉，阿都咨哈之言》，梅寿鸿译，马来西亚咨亥（即巴哈伊）出版社，无出版年，第78页。

的学识中,"至高的最终的学识是对他(上帝)的认识",绝对不能让"世俗的学识"所蒙蔽。①

巴哈欧拉指出,荣耀之笔劝诫所有的人关注儿女的教育与训导,"每一个为人父者都受命令,须教导他的儿女读与写的技术以及圣简里的一切指示。倘若有人搁置此命令不理,上苍的信托者若有能力,便须代他负起这任命;倘若他没有经济能力,责任便落在正义院。真确的,这命定是贫困者的保护之所。教育自己的儿女及他人的儿女者,就等于养育了我的儿女。我的光荣、我的仁爱以及我的慈悲将归于他"②。

十一、医药和饮食、婚姻

巴哈欧拉曾说医药科学和医术会获得发展,他在一篇书简里提倡,人如果生病就要治疗。首先是用食疗法,无效后才用药。在这篇书简中,他也开列了一些有益人体健康和有关饮食的建议,他强调人要知足的重要性,坚称悲伤和烦恼会给人带来最大的灾难,并说忌妒会伤身,怒火会伤肝。书简中规劝医生在执业前应先转向上帝,寻求他的协助,然后才开处方。巴哈欧拉说,医生如能承认上帝并充满对他的爱,就会发出一种影响力,以至他光去看视病人就可以恢复病人的健康。在这篇书简里,巴哈欧拉赞美医药科学为最有功德的科学,是上帝为人类的安康所创造的科学。在它的结尾,他启示了最著名的祷文之一的医治祷文:"你的圣名是我的灵药,我的上帝啊! 怀念你是我的良方,亲近你是我的希望,对你的爱慕是我的伴侣。你所赐我的恩典,是我在今世和来世的灵药与救助。"③巴哈欧拉告诫教徒们要保持清洁,一尘不染。尽管这条戒律指的是外表的清洁,但它却可以给人带来高贵和杰出,在灵性上发挥可以察觉出来的影响。因为外表的清洁代表灵性的纯洁和生命力。阿布杜巴哈在一生中的任何阶段——不管是狱中或平日,都谨守这个教义。不论教徒或敌人,对阿布杜巴哈记得最清楚的印象之一,就是他的一尘不染和外表。④ 巴哈欧拉鼓励人们结婚,并称它是人类幸福与团结之因,其目的是繁衍子孙。为避免不和,巴哈伊的婚姻必须获得双方家长的同意,否则不能成婚。巴哈伊教义里称,真正的婚姻是在男女双方之间创造灵肉的团结,这种婚姻就变成永恒的伙伴关系,给双方的内心带来快乐和喜悦。

阿布杜巴哈具体阐述了巴哈伊教的婚姻观,"婚姻在人身是一种肉体的连结,这种联结只是暂时的,因为它最终是要分离的。不过,在巴哈的子民当中,婚姻必须是灵肉的联合,因为男女双方都醉于同样的酒,着迷于同一无比的脸,都透过同样的灵而活着、动着,都受同样的光荣照亮。这种联结是灵性的,是可以永恒持久的。同样的,他们也在这世界享受着坚强而持久的关联。如果婚姻是灵肉兼顾的,这种联结就是真正的关结,可以持久。反过来说,如果它只是肉体的结合,它必然是暂时的,会冷酷的结束。"所以,当巴哈的子民结婚,那种联结必然是一种真正的关系,兼具灵肉,这样,经过人生的各个阶段,在上帝的各个世界里,他们的联结都会持续,"因为这种真正的一体性是发自于上帝的爱"。⑤

① 守基·阿芬第编:《书函拉著作拾穗》,第 96 页。
② 巴哈伊世界中心编:《亚格达斯经律法纲要》,第 11 页。
③ 阿迪卜·塔赫萨德:《巴哈欧拉的天启》第 3 卷,第 332 页。
④ 参见阿迪卜·塔赫萨德:《巴哈欧拉的天启》第 3 卷,第 337 页。
⑤ 阿迪卜·塔赫萨德:《巴哈欧拉的天启》第 3 卷,第 338 页。

十二、品性的重要

巴哈欧拉在巴格达启示过一篇“可靠”(trustworthiness)的书简。他谈到这个品性的重要,视它为“巴哈子民的装饰”,说:“现在,我们要和你谈‘可靠’和它在上帝——你的主、全能宝座之主——眼里的地位。一天,我们退隐入我们的‘绿岛’(Green Island)。当我们到达时,我们看到它的流泉淙淙,林木茂盛,阳光嬉游其间。转眼右看,我们看到纸笔所无法形容,而人类之主在那最为圣化、最为崇高、最受祝福、最为超绝地点所见到也是无法表达的景象。转眼左看,我们看到一位来自至为超绝天堂的美女,站在一道光柱上面,高声地说:‘地下天上的居民啊!请看我的美、我的光华、我的启示和我的灿烂。凭借着上帝——真实的那位!我是“可靠”和来自于它的启示,也是来自于它的美。我会补偿那些谨守我、认知我的地位和紧附我衣角的人。我是巴哈子民最伟大的装饰,也是赐给创造王国(kingdom of creation)的光荣衣袍。我是世界繁荣的至高工具,也是赐给受造物的确认地平线(horizon of assurance)。’”

巴哈欧拉一再要求信徒用圣性和品德的衣袍装饰自身,他更特别强调“可靠”的重要。巴哈伊信仰者无法想象,世上还有什么事情能比觐见巴哈欧拉尊前更大的恩惠的,可是巴哈欧拉说,在上帝的眼里,信徒拥有“可靠”这项品德,比他赤足长途跋涉觐见他尊前要有功德得多,并说,“任何在他宝座尊前无法拥有这项品德的人,会被视为失去眼界(vision)”[①]。巴哈欧拉在致苏丹王阿布杜·阿齐兹('Abdu'l-'Azíz)的书简 Súriy-i-Mulúk 上说了这段话:“你当确知,任何不信上帝的人都是不可靠和不真诚的。这真确是真理,毫无疑问的真理。任何以叛逆对待上帝的人,也会以叛逆对待他的王。任何事情都不能阻止他做邪恶的事,任何事情都不能阻挠他背叛他的邻人,任何事情都不能引导他行走正道。”[②]

巴哈欧拉也倡导公正,认为公正是值得赞美的品性。他说:“须知公正的本质及泉源是合并于上苍的显圣所命定的法规中的,愿你了解这一真理。你的确为所有的创造物制定了公正的、至高无误的标准。倘若他的法规使人们心里震动,它所显示的无他,只是公正。”[③]

巴哈欧拉告诉巴哈伊教徒,人应该对他的生命感兴趣,为改善世界而努力,并协助建立新世界体制。这点和世界上一些弃世、遁世的宗教信徒完全不相同。巴哈欧拉曾在一篇书简上说道:“如果一个人要用世上的装饰品来装饰自己,穿着任何衣服,或者享用任何好处,这并无害处——如果他不让任何东西阻碍了他和上帝的话。因为上帝降下了天上地下所有的好东西给真正相信他的仆人。”[④]

巴哈欧拉曾作过预言:“世界正备受煎熬,纷扰正日渐严重。它的脸已转向刚愎自用,转向不信上苍。世界将陷入的灾难如此严重,现在予以揭示既不适当,也不合宜。世界的任性执拗将持续很久。当那命定的时刻届临时,突然的事变将使世人皆为之震惊。那时,惟有那时,神圣的旗帜才将招展,天堂的夜莺才将鸣放其妙音。”[⑤]

---

① 阿迪卜·塔赫萨德:《巴哈欧拉的天启》第4卷,第369页。
② 阿迪卜·塔赫萨德:《巴哈欧拉的天启》第4卷,第374页。
③ 守基·阿芬第编:《沓浩拉著作拾穗》,第84页。
④ 阿迪卜·塔赫萨德:《巴哈欧拉的天启》第4卷,第451页。
⑤ 《巴哈欧拉圣典选集》,第76页。

十三、世界性机构

巴哈欧拉设想的这个新世界体制所主张建立的世界性机构，有一个以民主的方式选举出来的世界性国会，有一个世界性首都、警察和裁判所或法庭。这个机构表示只为东方或西方，不偏袒白皮肤或深皮肤，不偏袒犹太人或非犹太人，此机构的唯一目标是奉献给全人类福祉。它要建立统一的度量衡及货币系统，发掘并统一调配全球的自然资源，调剂市场，消除极端的贫富不均，但是保留因人的天赋及勤奋之不同而自然形成的差异，因此贫穷国家将不复存在，极端富裕的人也不存在。劳资双方将达到协调，同时保护劳工之权益及资方的利益。为了确保这个机构的统一性，还要创造一种世界性辅助语言。总之，这个新世界体制，就是采取一切必要的手段和步骤，以带来一个和平、友爱、进步、繁荣的人类大家庭。[①]

阿布杜巴哈肯定了巴哈欧拉的新世界体制，“必须建立最高仲裁法庭。尽管国际联盟已经成立，然而，它无力建立世界和平”。“巴哈欧拉已阐述过的最高仲裁法庭将以最大的权威和力量来完成这一神圣的使命。他的计划是：每个国家的国民大会，即下议院，应选出两个或三个最优秀的代表，他们精通有关的国际法和政府之间的关系，知道人类世界当今的基本需求。这些代表的人数应与该国的居民人数成比例。……最高仲裁法庭将由这些人组成，因而，全人类都将在其中有自己的代表，因为这些代表团中的每一个人都完全代表自己的国家。当最高仲裁法庭要么全体一致地，要么按多数裁定的原则就任何国际问题作出裁决时，就不会再有原告的借口或被告的反对理由。假若任何政府或国家在执行最高仲裁法庭的无可辩驳的决议时，玩忽职守或拖延怠慢，其余的国家就会群起反对它，因为世界上所有的政府和国家都支持这个最高仲裁法庭。”[②]

守基·阿芬第对巴哈欧拉的新世界体制进行了系统总结，指出：“巴哈欧拉设想的全人类统一，意味着建立一个世界联邦。在这个联邦里，所有的国家、种族、信仰和阶级紧密和永久地团结与和睦相处；各成员国的自治及各国人民的个人自由与主创性得到明确和充分的保障。就我们目前所能想象的，这个联邦必须有一个世界立法机关，其成员肩负全人类的委托，最终将控制所有成员国的全部资源，并制定规约所有国家和民族的生活、满足其需要和调整其关系所需的法律。它还包括一个有一支国际部队支持的世界执行机构，对作出的决定加以执行，实施这一世界立法机构所通过的法律，保障整个世界联邦的有机团结；一个世界法庭将对这一世界体制中不同成员之间的任何纷争进行裁断，作出并送达其具有强制力的判决……一种世界语文、一种世界文学、同一的全球货币和度量衡标准，将为各国人民和种族之间的交往和谅解提供便利的条件。”在这一世界体制下，“国家间的敌对、仇恨和阴谋将会终止，种族仇恨和偏见将被民族间的和睦谅解与合作所取代。宗教冲突的肇因将永远根除，经济堡垒和限制完全被废除，阶级之间的过度差异将被消除”[③]。

十四、新世界体制的阶段

巴哈欧拉所构思的新世界体制是由三个连续的阶段构成的。

---

① 参见威廉·西尔斯：《释放太阳》，第217页。

② 《阿博都巴哈著作选集》，第270页。

③ 守基·阿芬第：《巴哈欧拉的世界秩序——守基·阿芬第书信选》，Wilmette，Illinois：Bahá'í Publishing Trust，1974，第203～204页。

第一阶段是这个世界处于一种大动荡的阶段，全球陷入危机之中，全球性的灾难来临。在这样的阶段中，人类“既被要求交代自己过去的所作所为，也被荡涤净化，为将来的使命作准备。人类既不能逃避过往的责任，也不能推卸将来的义务”[①]。巴哈欧拉说：“世界各族人民啊！你们须确知，一场不能预见的灾难正跟随着你们；一个悲痛的报应正等着你们。莫以为你们的罪行已被从我的视域中抹掉。”[②]

第二阶段是“小和平”即“世界大和平”的阶段。在这一阶段里，国际安全体系初步确立，这种体系可以有效地防止国家之间的战争的爆发。世界各国将一致达成国际“共同安全”协议，所有国家都根据这一协议，来制服发动侵略的国家。巴哈欧拉说：“伟大之神意欲启示世界和平与世界各民族的进步所必须具备的条件时，这样写道：世人将普遍地认识到迫切需要举行一次包括所有人士的大集会，这个日子一定会来到。各国的统治者与国王，都必须出席这个集会参与磋商，必须考虑建立世界大和平的基础的方法与手段。这个世界大和平，需要各强国为了世界各族人民的和平安宁而决定完全和谐和解。倘若有任何国王向别国发动战争，其他各国必须联合起来阻止他。如果能做到这点，那么各国便再也无须维持庞大的军备，只需拥有足以维护国家安全和维持境内社会秩序的军警便够了。这将确保一切民族、政府、国家的和平与稳定，我们欢跃地希望各国的君主与统治者——他们是上苍仁慈全能圣名的镜子——能达到这个境界，使百姓免受暴虐的摧残。”[③]

第三阶段是“至大和平”的阶段。这是巴哈伊教的最终目标和最高理想。在消除偏见、减少冲突、促进世界范围内社会各阶层之间的相互了解与合作的基础上，全人类的团结将会形成。巴哈欧拉借神之口说：“备受钟爱的人们啊！团结的棚帐已搭建起来，你们切莫以陌生者相互对待。你们都是同树之果，同枝之叶。我们怀抱希望，愿正义之光照耀世界，使之免受暴政的统治。倘若世界上的统治者和君王，那些上苍——愿她的荣耀得颂扬——的大能的象征，决心起来献身于促进人类的最高福利事业，正义的统治必定确立于世，其灿烂的光辉必将笼罩全球。”[④]他在对世界各国的君王所发出的信件中说：“消除你们之间的分歧，削减你们的军备，这样才能减轻你们的负担，你们的心灵才能获得安宁。克服分裂你们的歧见，这样，除了保卫城市和领土所需的军备以外，不再需要额外的军备。你们须敬畏上苍。莫超越中庸之道的界限，成为放肆越轨的人。”[⑤]

巴哈伊教认为，在这样一个时代，不仅会出现一个新的世界文明，而且全体人民都将迎来属于自己的大众的精神文明。这是人类成年期的到来。对这样一个时代，守基·阿芬第诠释说：“到那时，一个繁荣和不朽的世界文明将诞生，这时一个前所未见也从未想象过的人类经书的诺言都得以履行不误，所有以往时代的先知们的预言都将成为事实，先觉者和诗人们的预见都得到实现。到那时，普天之下崇拜同一个上帝，奉行同一个信仰，笃信同一个启示，由此，在其固有的限度内，这一星球将最大限度地反射出巴哈欧拉威权的灿烂光辉。……它将被宣布为人间天堂，通过其创造者的爱与智能，它定能完成那自远古就被赋予的不可言表的命运。”[⑥]

---

① 威廉·哈彻、道格拉斯·马丁：《巴哈伊信仰——新兴的世界宗教》，第133页。
② 《巴哈欧拉圣典选集》，第137页。
③ 《巴哈欧拉圣典选集》，第162～163页。
④ 《巴哈欧拉圣典选集》，第142～143页。
⑤ 《巴哈欧拉圣典选集》，第163页。
⑥ 威廉·哈彻、道格拉斯·马丁：《巴哈伊信仰——新兴的世界宗教》，第135～136页。

第四节　巴哈欧拉的追随者

一、在蕾兹万花园赢得大批追随者

巴哈欧拉在他宣示了自己的使命之后，迅速赢得了很多追随者。在他前往君士坦丁堡的消息在巴格达和邻近的城市流传开来之后，许多人都想到他面前来向他做最后的致敬。因为他房子太小了，不能适应这种需要。巴格达的一位名人纳吉布・帕夏（Najíb Páshá），将他的花园供巴哈欧拉使用。这座花园被巴哈伊信徒们命名为"蕾兹万（天堂）花园"。

1863 年 4 月 22 日下午，巴哈欧拉迁往该花园，并在那里停留了 12 天，这就是蕾兹万节的由来。巴哈欧拉搬迁的时候，引起巴格达从来没见过的大骚动。各行各业的人，无论男女，无论贫富，无论老少、学者文人、王亲贵胄、政府官员、商贾工人，尤其是信徒们，挤在巴哈欧拉家门口和通往河边的街道两侧及屋顶上。

在花园中，巴哈欧拉显得无比的喜悦。一些信徒们感觉到巴哈欧拉宣示使命的时刻即将到临，尤其是发现他在当天离开巴格达家门时，戴着一种和平常不同的帽子。巴哈欧拉终于向他的随行教友们喜悦地宣示了他的地位，并且宣布蕾兹万节的开始。纳比尔・阿仁记录说："每天黎明前，园丁们会摘取花园里四条大道旁的玫瑰，将它堆放在巴哈欧拉帐篷中央的地上。花堆是如此的高，以至当教友们聚集在巴哈欧拉尊前喝早茶时，都看不到对面的人。巴哈欧拉会亲手把花分给每一位离去的教友，要他们转交给城里他的阿拉伯和波斯朋友……一天晚上，那是满月的第九天，刚好轮到我值夜看守他那受祝福的帐篷。当午夜降临之时，我看到他从帐篷里出来，经过几位教友睡着的地方，在月光下的花园大道来回踱着方步，四方传来的夜莺歌声十分响亮，以至只有靠近他的人才能听清楚他的声音。他走着走着，然后停在大道中间说：'想想看这些夜莺——它们是如此地爱着玫瑰，以至从天黑到天明都没有睡觉，唱着美丽的旋律，并热情地和它们所崇拜的目标灵交。那些宣称热爱着像玫瑰般美丽的受挚爱者如何能睡着呢？'连续三个晚上，我看守和环绕着他受祝福的帐篷。每次我经过他所睡着的长椅，我发现他都是醒着的，每天从天明到黄昏，我都看着他不停地和来自于巴格达城的访客们谈话，我不曾看到他的话里有任何的虚假痕迹。"[①]本来当权者是想借着驱逐巴哈欧拉来熄灭巴哈伊教之火的，但是，现在他们亲眼看到了巴哈欧拉的影响越来越大，也看到巴格达的居民是如何地荣耀和尊敬他，他们感到极为丧气与失望。对这至大节日，巴哈欧拉说那天"宽恕之风吹遍了整个创造物"，而"所有的创造物都沉浸在净化之洋中"。[②]

二、三项重要声明引起的轰动

尽管巴哈欧拉宣示的方式并不清楚，但透过巴哈欧拉的一篇书简，人们知道，蕾兹万节的第一天他向教友们作了三项重要的声明。

---

① 守基・阿芬第：《神临记》，第 189～190 页。

② 参见守基・阿芬第：《神临记》，第 189～190 页。

第一项声明是，在他的天启期中，禁止使用剑（广义指武器）。在巴布的时代，巴布信徒们曾经自卫过。巴哈欧拉多次在他的书简里告诫教徒们要智能地、谨慎地传教，不要激起对方的敌意。他要教徒们小心，不要落入敌人之手，一旦面临殉道，宁愿牺牲性命也不要杀害迫害者。他说教友们的舌就是最锐利的剑，赋有极大的力量。就这样，巴哈伊信徒的态度产生了巨大的改变，从此武器被命令不再使用。在巴哈欧拉和阿布杜巴哈的时代里，许多教友在波斯境内殉道而没有诉诸暴力，他们的鲜血见证了上帝圣道的真理。但是这并不表示他们不要自卫。

第二项声明是，在1000年结束前，不会有另一位上帝的显圣出现。这一点在《至圣经》里也说："无论谁，在这完整的1000年结束之前，自命是直接由上苍派来的显圣，这样的人必定是假冒的骗徒。我们向上苍祷祝，祈求他仁慈地协助他，使他取消及拒绝这样的宣称。倘若他悔改，无疑地，上苍必定宽恕他。然而，倘若他固执他的错误，上苍必然派遣一位冷酷的执法者来对待他，上苍的惩罚的确是可怕的！任何人若曲解了这一训言的明确意义，必定会被剥夺了上苍及他包围一切的慈悲。你们须敬畏上苍，不要追随空虚的幻想。"①

第三项声明是，在他说那些话的那一刻，所有上帝的万名和属性就在万物之内完全地显现了。这意思就是，新时代已来临，万物被注入了新的能力。

当巴哈欧拉离开巴格达时，守基·基阿芬第留下了生动的记载："一位目击者写道：'我们心中所想到的"聚集之日"、"审判之日"在那场合都看到了。无论是教徒或非教徒都哭泣哀伤；聚集的各界领袖与名人皆深感惊异；情绪上的激动到达笔墨难以形容的程度，在场的人无不受到感染。'登上了他的信徒所能买到的最好赤菊青色骏马，身后跟着大群恭身的热烈仰慕者，他揽辔前行，踏上君士坦丁堡的旅途。纳比尔·阿仁写道：'路边两侧万头攒动，屈身跪在马前的地上，亲吻着马蹄，无数人挤上前来拥抱他的马镫。'一位随行者见证道：'那些象征真诚的人是何其的多啊！他们跪倒在他的马前，宁死也不愿和他们所挚爱的人分离！我想，那匹受赐福的马都要踩到那些心地纯洁的人身上了。'巴哈欧拉自己宣布：'是上帝使我离开本城的，以无人可比的庄严装扮着，这除了否认者和恶毒者之外，没有人不知道的。'"②

后来巴哈欧拉在阿卡的监狱写下的《快乐佳音》中，宣布了他带给人类的15个佳音：(1)圣战的法规已经被废除；(2)与各宗教信徒友情融洽地为友；(3)采用现存的一种语文，或创造一种新语文以教导全世界的学童，以使全世界成为一个国家；(4)统治者要保护被压迫的人民，人民爱戴统治者；(5)对国家政府效忠并且忠实可靠；(6)小和平的建立；(7)对服饰和发型的选择归人们的自我判断；(8)反对隐遁，反对过出世的孤独生活；(9)反对在人面前忏悔，只向上帝祈求宽恕；(10)以前的经典和巴布经典里指定毁书的法规被废除；(11)允诺对科学和文学的研究；(12)劝诫信徒学习技艺或者经商；(13)成立正义院以处理人民的事务；(14)反对对死者坟墓进行崇拜；(15)肯定共和政府对世界全人类有助益，但是尊贵的国王制是不应该被失去，最好把国王制和共和制结合起来。③ 这些内容也都是巴哈伊教的基本教义。

---

① 巴哈伊世界中心编：《亚格达斯经律法纲要》，第9页。

② 守基·阿芬第：《神临记》，第189～190页。

③ 参见世界正义院编：《圣言与默思——巴孛，宫浩拉，阿都宫哈之言》，梅寿鸿译，马来西亚宫亥（即巴哈伊）出版社，无出版年，第70～74页。

三、最初的追随者

当巴哈欧拉离开蕾兹万花园的时候，一个叫谢赫·阿布杜·哈米德(Shaykh 'Abdu'l-Hamíd)的伊斯兰教徒，对巴哈欧拉非常敬佩。为了表示对他的敬意，他前导十余公里，护送巴哈欧拉出城。他的一个儿子谢赫·穆罕默德·阿拉比(Shaykh Muḥammad-i-'Arab)后来成为巴哈伊，几年之后，一路步行到阿卡觐见巴哈欧拉，然后回到波斯成为一位传教人。

和巴哈欧拉同行的人当中，有一位是米尔扎·阿卡·伊卡山尼(Mírzá Áqáy-i-Káshání)，外号叫"伊斯玛因·拉胡·穆尼布"(Ismu'lláhu'l-Muníb)，年轻时他受巴布信仰的吸引而成为一个巴布门徒。他的父亲是卡山(Káshán)的著名商人，对巴布怀有敌意。在知道儿子是巴布门徒后，决定要杀死他。一天他带着儿子到城外无人烟的沙漠里去，预备实行他的计划。儿子告诉他，如果他杀死自己，卡山的巴布门徒绝不会坐视不管，一定会采取行动来惩罚他，因此他就放了儿子，条件是永远不要回家。发生了这事以后，穆尼布旅行到巴格达并见到了巴哈欧拉，同时获准留在那儿一段时间。穆尼布独自住在一间破陋的房子里，没有什么东西可吃，所有时间都用来抄写经典。当他获准陪伴巴哈欧拉前往君士坦丁堡时，决定全程步行而不是伴随巴哈欧拉骑马。许多晚上，他常和阿布杜巴哈一左一右，走在巴哈欧拉的驮轿旁，他还常引灯走在巴哈欧拉的驮轿前面。穆尼布陪伴着巴哈欧拉直到他再度要被流放到爱丁诺堡为止。巴哈欧拉派遣他到波斯去告诉巴布门徒，他的宣示及地位。在任务完成后，他赶到爱丁诺堡拜见巴哈欧拉。当巴哈欧拉再度要流放到阿卡的时候，穆尼布病了，亟须就医。尽管如此，他仍恳求巴哈欧拉准许他陪伴流放。最后，他的要求获准，他设法和其他人赶到加里波里。但由于他过于衰弱，只得由他人抬他上船。随后，他的情况急遽恶化，船长强迫他在士麦娜港下船。他被带到士麦娜医院不久之后，灵魂就飞升天国了。帮忙把他抬下船的人里还包括阿布杜巴哈。后来阿布杜巴哈要求教友们找寻他的墓地，让朝圣者可以拜访他的墓地，以他为典范。

四、谢赫·萨勒曼

谢赫·萨勒曼(Shaykh Salmán)是第一个在巴哈欧拉到了伊拉克不久后，也到了该地的信差。他在随后的40年里，将巴哈欧拉的信送到波斯去，并将回信送到巴哈欧拉的手中。他每年都要徒步数千里拜见巴哈欧拉，经过他的手所送的信件不计其数，没有一封丢失。

谢赫·萨勒曼身体韧力惊人，生活很贫困，每天吃得很简单，常常只是一条面包和生葱而已；他不识字，但他深入了解信仰的真面貌，并对灵的世界有清楚的认识。许多教友要拜谒巴哈欧拉，必须先得到他的准许。巴哈欧拉常常依赖谢赫·萨勒曼的判断而决定见或不见，并且有一个时期甚至授权给他，由他决定要不要见。

萨勒曼本性单纯，具有洞察力，面对危险或困难时，既有智能又有技巧，对巴哈欧拉的信仰更是坚定。谢赫·萨勒曼因为长期和教友有密切的关系，本人又深切了解信仰，因此对巴哈欧拉的著作有着非比寻常的洞察力。他常携带着许多书简，要分发给波斯境内的教友，但是书简上都没有注明要给谁，这是为了要保护教友的缘故。每当他到了一处安全之处，他会取出这些巴哈欧拉所启示的书简，叫人家念给他听，然后从它的内容和语气，判别它是要给谁的。

五、第一个基督徒归信者和萨迪克

法理德(Faríd)也许是第一个接受巴哈欧拉信仰的基督徒,凭借着自己阿拉伯文和对《圣经》的了解,他成为一位忠实的信徒,对巴哈欧拉的地位有深刻的了解。

在巴哈伊教史上,毛拉·萨迪克·呼罗珊尼(Mullá Ṣádiq-i-Khurásání)是巴哈伊天启里最笃信的教徒之一。就在他接受了巴比信仰之后不久,迫害与痛苦就降临他身上,但他都以忍耐和欢喜承受了下来,他也是在波斯最先受到严厉拷打的三个信徒之一。另外两人是库杜斯(Quddús)和毛拉·阿里·阿克伯尔(Mullá 'Alí-Akbar-i-Ardistání)。

六、第一位犹太人归信者

第一位承认巴哈欧拉启示的犹太人,叫哈奇姆·弥赛亚(Ḥakím Masíḥ),他是著名医生。由于医术高明,所以被委任为穆罕默德沙王的御医。当沙王到伊拉克时,他也随同前往。在巴格达,他听说塔荷蕾住在一位早期教友的家中,和城里的高僧进行论战,他就跑去。当他听到她滔滔不绝地为自己的信仰雄辩众高僧,而他们却无力辩驳时,他不禁为她的辩才与人格所吸引。尽管他并未获准加入辩论,但他感到很好奇,想知道塔荷蕾是如何得到超乎自然的辩才和力量的。当巴哈欧拉听说他已经改奉的消息,就启示了一篇书简给他,并向他保证他已赐给他崇高的地位。哈奇姆·弥赛亚后来向他的家人传教,他们也都变成热心的教徒。他的后世子孙里出名的有他最小的孙子鲁特夫·拉·哈奇姆(Luṭfu'llah Ḥakím)。他曾热心服侍过阿布杜巴哈和守基阿芬第,并在1963年当选第一届世界正义院委员。

波斯境内其他犹太人在他影响之下也成为巴哈伊,先是一些犹太人在哈马丹和卡山接受了信仰,随后许多犹太社区里的人加入了信仰,使得信徒数量大为增加。巴哈欧拉后来也启示了许多书简给犹太裔信徒。

七、改奉巴哈伊信仰的祆教徒

祆教徒改奉巴哈伊信仰也是件奇事,下面这段故事是阿布杜巴哈讲的:"听说一位卡尚的巴布教徒的财物被掠夺,家人被驱散。他们剥掉他的衣服鞭打他,弄脏他的胡子,让他面向后的骑在驴子背上,在各种乐器声中残酷的驱赶他游街市。一个什么都不懂的祆教徒刚好坐在旅店的屋角,听到人声嘈杂他就赶到街上看热闹。在弄清了压迫者和被压迫者是谁以及他在公众面前遭受羞辱的原因以后,他开始去追寻。在接受新信仰成为巴布教徒时,他说,'这种滥用的羞辱就是真理的明证,是最好的辩词。当时要不是如此,像我这种人就是一千年也搞不清楚'。"

根据一位历史学家的说明,那位巴布教徒叫哈吉·穆罕默德-里达,至于那位祆教徒则是苏赫拉卜-普尔-卡武斯。

巴哈欧拉在世时,第一位接受他的信仰的祆教徒是凯-霍斯劳-胡达达德。他生于亚兹德,住在卡尚。他接受信仰的过程和苏赫拉卜-普尔-卡武斯很类似。一些早期从祆教徒改奉巴哈伊信仰的教徒们都是透过他的传扬而接受的。

凯-霍斯劳-胡达达德在祆教徒之间很出名。他是一位叫马尼克齐·萨希卜的人所创立的"祆教徒理事会"的成员。马尼克齐·萨希卜从印度到波斯去,目的是为了要帮助教友们争取更多的自由。

他觐见了沙阿并成功地获得了一道圣旨，免去了袄教徒多年以来需要缴纳的宗教税。他也广邀一些杰出的袄教徒服务这个受到沙阿所承认的理事会。这个理事会由亚兹德地方的最杰出的袄教徒所组成，有一个时候，它的 19 位理事中有 6 位成为巴哈伊。

越来越多的袄教徒加入巴哈伊大家庭，宣称巴哈欧拉是袄教所预言要来的巴赫拉姆王，此举招来了反对与迫害。一位叫胡达巴赫什的著名教长虽然不是巴哈伊，却因为同情和支持巴哈伊而遭到枪杀。其他的袄教徒也遭到不同方式的迫害，但改奉的袄教徒还是越来越多，令回教和袄教徒同感惊奇的是，许多的家庭都承认巴哈欧拉的地位，使得信徒日益增多起来，尤其是在亚兹德和周围的乡村。

马尼克齐·萨希卜觐见过巴哈欧拉，并仰慕他。虽然他终其一生都没有成为巴哈伊，但却是朋友。他常和巴哈欧拉通信，协助他的人就是在接受了巴哈伊信仰后又充任他的秘书好些年的著名教徒米尔扎·阿布-法德勒。[①]

① 参见阿迪卜·塔赫萨德：《巴哈欧拉的天启》第 3 卷，第 302～305 页。

第五章 阿布杜巴哈把巴哈伊教推广到西方

巴哈欧拉死后，其长子阿拔斯·阿芬第('Abbás Effendi, 1844～1921)被尊称为“阿布杜巴哈”('Abdu'l-Bahá，巴哈之仆人)，被委任为合法的继承者及授权阐释教义者。他被称为“圣约中心”、“教长”、“至伟圣枝”，是“一个以实际之足，行走于灵性之途的人”(斯坦福大学首任校长乔丹语)。在巴哈伊世界，他被称为“完美的典范”。巴哈欧拉对他寄予厚望，指出“‘至伟圣枝’的言辞力量和他的权威尚未完全显露。将来，人们将看到，他如何以力量、权威和神圣的光辉、独自而不假外力地在世界的中心，举起‘至伟圣枝’的旗帜。人们会看见他如何将世人安置于和平及和谐的帐营底下”①。阿布杜巴哈也饱经了流放和囚禁的磨难。土耳其青年运动后，他才获释定居海法。他曾历游埃及、欧洲及北美，宣传其父亲的教义。在他有生之年，巴哈伊教已传至北非、欧洲、远东及美国。阿布杜巴哈逝世于1921年。他的逝世标志着巴哈伊教英雄时期的结束及形成、发展时期的开始。到1963年，巴哈伊信仰的形成时期才最终完成。所以，巴哈伊教是现代社会的宗教。在美国，它被统计在新宗教里。阿布杜巴哈虽然不是先知，不是“上帝之神圣显示者”，没有宗教创始人的地位，但是，他由于巴哈欧拉的圣约所命定的特殊身份，而成为巴哈伊教的“一个神圣信仰的三个中心人物”之一，地位仅次于巴布和巴哈欧拉。②

第一节 在巴哈欧拉身边成长

1844年5月23日午夜之前，阿布杜巴哈诞生于德黑兰，这正是巴布宣示自己是“巴布”的同一个时刻。出生之后，他被以祖父的名字阿拔斯('Abbás)命名。据说，阿布杜巴哈的崇高是无人可否认的，连巴哈欧拉的死敌都承认这一点。比如说米尔扎·艾哈迈德(Mírzá Aḥmad-i-Karím K͟hán)，就曾在讲坛上说，如果巴哈欧拉的宣示有任何证据的话，唯一的证据就是他生了一个像阿布杜巴哈这样的儿子。

一、不寻常的少年

阿布杜巴哈少年时就经历了许多磨难，肩负起许多责任。7岁时，他得了肺结核，几乎没有痊愈的希望。8岁时他在德黑兰的地牢里亲眼见到巴哈欧拉被囚禁，父亲形容憔悴，鬓发蓬松，脖子上带

① 白有志：《阿博都巴哈——建设新秩序的先锋》，澳门新纪元国际出版社2001年版，第34页。

② 参见守基·阿芬第：《巴哈欧拉之天启 新世界体制之目的》，澳门新纪元国际出版社1995年版，第40页。

着笨重的铁枷锁,身体被铁枷锁压得弯曲着,在他心里留下了永远的记忆。而他的家庭因为财产被当局没收,已经到了穷愁潦倒的地步。他自己经常挨饿,但是没有面包可吃。饿得厉害的时候,他母亲在他手上倒一点面粉,他就舔面粉以代替面包果腹。① 因为从小是巴布的信徒,所以小时候他经常受到人们的欺负。

他9岁时肺结核还没有好,但父亲被放逐到巴格达,他也随之在1853年4月去了巴格达。到那里以后,他的病居然好了。这时他已经深信父亲所担当的重要角色了。10岁时,他又经历了巴哈欧拉在1854年4月10日归隐苏莱曼尼亚山区,他不得不强忍与父亲分离的痛苦,肩负起料理家中事务的重任。两年中,抄写和背诵巴布的书简成为他的重要慰藉。1856年3月,巴哈欧拉回到巴格达,在这个时候,他已经被发现是个奇才。

尽管没受过什么教育,阿布杜巴哈却展现了杰出的信仰品质和德性,显示出超人的理解力和知识。十几岁的时候,阿布杜巴哈参加了一个高僧们的聚会。这些人对信仰相当友善,他们很喜欢阿布杜巴哈在旁边,每当他说话时,他们都会注意听。讨论之中,有人提到说米尔扎·艾哈迈德在一篇著作里把一个波斯词当阿拉伯字用。所有的僧侣都认为他犯了一个错,可是阿布杜巴哈说,尽管米尔扎·艾哈迈德是巴布信仰的敌人,但他在这件事上却没有错。那个词虽然看起来是波斯文,却源自于阿拉伯文。僧人们坚持己见,阿布杜巴哈叫他们查字典,他们发现那个字果然是个阿拉伯词。②

一次,一位叫阿里·绍凯特·帕夏('Alí-Shawkat Páshá)的伊拉克"贵人",在巴格达要求阿布杜巴哈为他诠释一段伊斯兰"圣训"的深意,这段"圣训"揭示了人和上帝及创造物之间的关系,上帝说:"我是隐藏的宝藏,我喜爱被知晓,因此我造物以知我。"巴哈欧拉指示当时正值青春年华的阿布杜巴哈为这个题目写评述。阿布杜巴哈写了一篇极深刻的长文来回答他。此举不仅使阿里·绍凯特·帕夏大为讶异,并在他的眼前展开了知识与理解的宏伟图景。从此以后,他变成一位阿布杜巴哈热心的支持者。许多读到这篇论文的人,都被阿布杜巴哈的学识所感动,并了解到他有不寻常的知识与智能。③ 到现在,这篇论文还在巴哈伊信徒中广为流传,甚至教外人士知道的也很多。④ 事实上,阿布杜巴哈不仅精通伊斯兰教的经典,而且也精通犹太教和基督教的各种经典。⑤ 他经常和基督教徒谈基督教的问题,和伊斯兰教徒则谈伊斯兰教的问题,引经据典,深得他们的敬重和佩服,使其中一些人被感化,而后成为巴哈伊信徒。⑥ 他对《圣经》的评价很高。认为它"是由天国感召写成的上帝的圣书,它是救世的《圣经》,高贵的'福音书'。它是天国的奥秘和光。它是圣恩,上帝引导的象征"。⑦ 这说明,巴哈伊教是对各大宗教均有所继承的。

二、巴哈欧拉的得力助手和护卫者

阿布杜巴哈是他父亲的得力助手和护卫者,靠他超人的智能和判断力,担负起接待众多来拜访他父亲宾客的重任。宾客如果是真诚追求真理的,他会引见给他父亲。否则,就不让他们见父亲,以

① 参见白有志:《阿博都巴哈——建设新秩序的先锋》,第8页。
② 参见阿迪卜·塔赫萨德:《巴哈欧拉的天启》第2卷,第163页。
③ 参见阿迪卜·塔赫萨德:《巴哈欧拉的天启》第2卷,第164页。
④ 参见约翰·约瑟曼:《巴哈欧拉与新纪元》,台湾巴哈伊出版社2001年版,第54页。
⑤ 参见白有志:《阿博都巴哈——建设新秩序的先锋》,第4页。
⑥ 参见白有志:《阿博都巴哈——建设新秩序的先锋》,第26页。
⑦ 白有志:《阿博都巴哈——建设新秩序的先锋》,第114页。

免给父亲增加麻烦，分散他的精力。有闲暇的时候，他也会去骑骑马，骑马是他的业余爱好，也是他最重要的消遣。

1863 年 5 月 3 日，巴哈欧拉被当局决定流放到君士坦丁堡。他们用了 110 天才到达黑海的山宋港口，在旅途上，每天阿布杜巴哈第一个到达目的地，为大队安顿住处，第二天，又是最早启程的人。他随时照料父亲。

在君士坦丁堡，他们又被放逐到爱丁诺堡。一路上，他们又历经千辛万苦，冒着刺骨的寒风，在 1863 年 12 月 12 日才抵达爱丁诺堡。在爱丁诺 4 年半的日子里，阿布杜巴哈做了许多传播教义的工作，因此赢得了"教长"的雅号。巴哈欧拉还称他为"至伟圣枝"、"上帝的奥秘"。在一封名为《至圣书简》的信中，巴哈欧拉向世人宣布，阿布杜巴哈是上帝"赐予你们的最大恩典"，"透过他，一切朽骨都得以复兴。转向他的人就等于转向上帝，离弃他者等于离弃我的至美"。①

1868 年 8 月 21 日，阿布杜巴哈跟从巴哈欧拉和随从、家人七十多人，乘奥地利莱德号船从加里波里前往亚历山大港。后来又到达塞得港，从这里换乘小船，在盛夏之中，横过地中海的海湾，到达海法，在 8 月的最后一天，又到达新的也是最后的流放目的地阿卡。

三、婚姻

阿布杜巴哈娶穆妮里·哈农(Munírih Khánum)为妻的那年，刚好是巴哈欧拉《至圣经》启示的同一年——1873 年。

在那个时代里，贵族间的婚事都是在孩子小的时候就安排好的，当事人没有置喙的余地。当阿布杜巴哈还小的时候，他们为他选择了亲戚莎合蕾·芭努(Shahr-Bánú)，并且订了婚。女方是巴哈欧拉同父异母的哥哥米尔扎·穆罕默德·哈桑(Mírzá Muḥammad-Ḥasan)的女儿。当巴哈欧拉及他的家人被放逐到伊拉克时，莎合蕾·芭努留在努尔(Núr)的地方，一直到 1868 年巴哈欧拉指示他的叔叔毛拉·宰伊努(Mullá Zaynu'l-'Abidín)去把莎合蕾·芭努带到德黑兰为止。当这消息传到巴哈欧拉的同父异母姐妹莎·哈农(Sháh Sulṭán Khánum)那里时，她起来阻挠这项婚事。她把莎合蕾·芭努带回她家，并强迫她嫁给宰相的儿子。此举使莎合蕾·芭努陷入长期的哀伤和痛苦之中。婚后，她热切祈祷上帝解救她，不久就得病死去。

年轻的阿布杜巴哈

至于穆妮里·哈农和阿布杜巴哈的婚事，穆妮里有非常令人惊奇的记载："亲戚后来秉承巴哈欧拉连续的指示，要带她(从伊朗)到圣地去。一路上许多人用各种理由劝他们不要去，说他们进不了阿卡城。这些消息困扰着我们，我们不知道要怎么办才好，但是谢赫·萨勒曼(Shaykh Salmán)保证说这种事不会发生在我们身上，因此我们才相信，就算所有的教友都被关

① 白有志:《阿博都巴哈——建设新秩序的先锋》，第 18 页。

进牢里，我们进城也不会有问题。在经过许许多多的困难险阻后，我们终于到达阿卡。一些神圣家庭的成员前来拜访和欢迎我们。我跟着他们回家，终于第一次站在圣美的尊前。我当时的狂喜是无法形容的。巴哈欧拉的第一句话是：'当会见之门向所有的教友们关闭时，我们将你带进监牢里来，理由无它，只是要向每一个人证明上帝的力量和能力。'我一直住在凯里姆(Kalím)的家将近五个月。我拜访过巴哈欧拉许多次。每次凯里姆面圣回来，总要告诉我他无尽的恩典，并把他给我的礼物转交给我。一天，他回家时脸上带着极大的快乐说：'我给你带来一件最美好的礼物，就是他给你一个新名字穆妮里(Munírih，光明)。'结婚之夜日益靠近，我身上穿着至大圣叶亲手缝制，比天堂的丝和天鹅绒还要珍贵的白衣。约莫 9 点钟，我获准站在巴哈欧拉的身前，在至大圣叶的参加下，我听到圣美的话，'欢迎，欢迎！我亲爱之叶和女仆啊！我们已拣选并接受你作为至大圣枝的伴侣而服侍他。这是来自于无比的我处的恩典；天上地下的宝藏都无法比拟……你当极度感恩，因为你已获得了这最为伟大的恩惠和赐予……愿你永远置身于上帝的保佑之下！'"[①]

四、艰苦的生活

在 1878 年的一段时间里，阿布杜巴哈短期离开阿卡出访了贝鲁特。在那里他多次会见了埃及著名改革哲学家穆罕默德·阿布笃，后者对他极力赞赏，甚至愿意陪他到阿卡去。[②] 只是阿布杜巴哈以此举会有害于其地位为由，说服并阻止了他去阿卡。巴哈欧拉在阿布杜巴哈访问黎巴嫩的时候，给他写的信说："赞美归于所有名号环绕着的他，他的光临使'巴之地'(贝鲁特)获得了荣誉。地球上的所有原子已经向一切创造物宣告：从那神圣的监狱城之大门后出现了在它的地平线上照耀着的伟大的、上帝的至伟圣枝的圣美之阳——他那亘古而不变的奥秘——正在赶赴另一个地方。监狱城被伤感所笼罩，然而，另一个地方却欢欣愉悦。"[③]从这封由秘书笔录的信可以看出，巴哈欧拉当时已经初步明确了阿布杜巴哈接班人的地位。

回到阿卡以后，阿布杜巴哈设法用每年 5 镑的租金，租用了玛兹洛伊大厦 5 年的使用权，动员在城墙监狱里住了 9 年的父亲到那里住。巴哈欧拉在这里住了 2 年后搬到巴基(Dahjí，快乐之意)大宅居住。巴基位于阿卡平原，是一种乡村的景象。巴哈欧拉非常喜欢农村的环境，说乡村是灵魂的世界，城市是肉体的世界。[④] 正是体会到父亲的这种心情，阿布杜巴哈才做了这样的安排。

而阿布杜巴哈之所以不住在玛兹洛伊大厦或后来的巴基，是为要解除父亲的过重负担，所以自己一肩负起所有的琐事。阿布杜巴哈将一些他在巴格达获赠的礼物变卖，用那些钱来修理房间供同伴们住，他将自己的房间排在最后修理。后来因为钱不够，他的房间没能修理。他的房间墙壁潮湿，屋顶漏水，地板则积满了灰尘，他的坐卧之处就在房间的席子上。他的棉被是羊皮，房子里充满跳蚤。当他睡在羊皮下的时候，跳蚤会集合起来叮咬他，因此阿布杜巴哈想出一个办法来对付跳蚤。他每隔一阵子就把羊皮翻过来盖，让跳蚤找不到他，因此每天晚上睡觉要翻转羊皮近十次。

在事情太多的情况下，他只得留在城里。他每天从一大早忙到很晚，会见官员、宗教贵人、文化界和商界人士，张罗市民、穷人、病人、老人、寡妇、孤儿、临死的人之所需；省长和官员常来这里寻求

① 阿迪卜·塔赫萨德：《巴哈欧拉的天启》第 2 卷，第 106～107 页。
② 参见守基·阿芬第：《神临记》，巴西巴哈伊出版社 1986 年版，第 235 页。
③ 守基·阿芬第：《巴哈欧拉之天启　新世界体制之目的》，第 85～86 页。
④ 参见白有志：《阿博都巴哈——建设新秩序的先锋》，第 30 页。

建议；宗教领袖坐在他的脚前，领受他的知识与智能。他被认为是每个人的顾问，是穷人与被压迫者的真正仁爱朋友。他每天要花很长时间来拜访病人，给需要的人医药治疗、食物和衣服，他真正成为阿卡的教长。阿布杜巴哈的妹妹图芭·哈农(Túbá Khánum)描述说：

> 教长在阿卡的生活充满着为人而忙的工作。他会一大早起床，喝过茶以后就前去做爱人的工作，常常要忙到晚上很晚才回家，没有休息也没有吃饭。
>
> 他常先到对街租来的一间大型会客室去，我们则经常从窗口看人群挤在那里向教长求助。一个想要开店的人来征询他的建议；另一个人来索取介绍信或推荐函以谋取政府差事；一个可怜的妇人家丈夫被诬告或抓去当兵，害得她和子女挨饿；或哀告孩子被虐待；要不就是妇人被丈夫或兄弟痛打了。[①]

对那些无助妇女的来访，阿布杜巴哈会派遣堪任的人，陪她们到法院向法官申诉案由，以争取公道。在会客室里，他也接待其他各类客人，会客室因此被视为“利益中心”。律师、省长、酋长或朝廷官员常单独或成群地光临，拜访他。会客室里用特制可口的咖啡款待他们，在边喝边谈之下，他们谈论时事，请求他解释、建议或评论，他们视他为博学、智能、慈悲、实际和助人的人。当有争讼时，法官会毫无例外地造访会客室。谈到复杂的案情，不论案情多复杂，总会解决问题。有的时候，他几乎看不到家人，涌到会客室来求助的人实在是太多了。教友或非教友病人很多，令他极为关切，当他们想要见他时，他都会前去。除了自己的休息和吃饭外，他什么事都不会忽略；穷人的事是他第一关切的事。任何送来的糖果、水果、蛋糕，他都会拿到会客室去款待客人，宾主常因此尽欢。阿卡没有医院，因此阿布杜巴哈支薪聘请 Nikolaki Bey 医生照料很穷的人。医生被要求不要透露是谁出钱请他的，“他的右手不知道他的左手做的事”。当穷人遭遇其他困难时，他们的眼光总会转向阿布杜巴哈。

五、为巴哈伊教的未来设计

图芭·哈农说：

> 有一次，当阿布杜巴哈散步在花园里(靠近巴布灵寝)，他的眼光落在海中和阿卡城好一阵子。在一段时间的沉默后，他说，“我看过国外许多的城市，但没有一个地方像巴布灵寝(当时只有石造的六间房间而已)一样有这么新鲜的空气和美丽的景色。不久之后，这座山会变得可以住人。许多美丽建筑会建在上面。巴布灵寝会以一种最特别的风格建起来，十分美观和华丽。梯阶状的花园会从山底建到山顶。山底到灵寝有九阶，灵寝到山顶有九阶。每一层的阶梯上都种满了多姿多彩的花。一条两边种有花圃的大道要连接海边和灵寝。搭船到达的朝圣者可以从很远的海上就看到灵寝的圆顶。地球上的王，不戴冠冕，偕同王后，会带着花束走在灵寝的大道上。他们会垂首朝圣，在神圣的门槛前跪下来”。[②]

阿布杜巴哈的设想来自于巴哈欧拉的指示。有一天，在卡梅尔山半山腰的柏树树阴下，巴哈欧拉指着下面的一块岩石，说在那个地方应该建造一座陵寝，以奉祀先驱巴布藏于故乡达几十年之久的遗骸。阿布杜巴哈后来一直努力使这一愿望实现，他看到卡梅尔山的独特之处，对一些圣地的信徒谈到：

---

① 阿迪卜·塔赫萨德：《巴哈欧拉的天启》第3卷，第365页。

② 阿迪卜·塔赫萨德：《巴哈欧拉的天启》第4卷，第424页。

卡梅尔山的未来非常光明。我现在就可以看到它覆盖在光海下。我看到海法港停泊着许多船。我看到地球上的国王手上捧着花，带着决然的献身精神，在祈祷与恳求心情下，庄严地走向巴哈欧拉和巴布的灵寝。当人们把荆棘的王冠放在耶稣的头上时，耶稣已经看到地上众王在他身前俯首称臣，可是其他人看不到。

现在，我不只可以看到强力的灯照亮整座山，我也可以看到灵曦堂、医院、学校、残障之家、孤儿院和其他人道机构建立在卡梅尔山上。[①]

柏树的位置即为巴哈欧拉于 1891 年站立的地方，
他指出建立巴孛灵殿的位置（约摄于 1909 年）

六、为巴哈欧拉分担责任

就是因为阿布杜巴哈的努力与负责，终于使得巴哈欧拉免于被俗事所困扰，而得以专心从事启示的工作和会见教徒。每当阿布杜巴哈有机会时，他总会拜见他的父亲，此举常常给巴哈欧拉带来快乐。[②]

1892 年 5 月 29 日清晨，巴哈欧拉离世。巴哈欧拉生前确定了阿布杜巴哈在巴哈伊信仰里的独特无二的地位，是“圣约之中心”，是巴哈欧拉“信仰的领导人”和其“话语的诠释者”，是“无误的天平”，阿布杜巴哈也声明了自己的“圣约之中心”的地位，肯定“人类一家的枢纽，就在于圣约的力量”，“古时的经书，书简及经典，都不过是圣约”，“圣约之灯乃世界之光”。[③]

5 月 29 日当天，阿布杜巴哈给奥斯曼土耳其苏丹拍电报，称“巴哈之阳已落”，并且告诉他巴哈欧拉的遗体将葬于巴基大厦周围。在葬礼结束之后，他以“圣约之中心”的名义，给各国巴哈伊信徒

① 阿迪卜·塔赫萨德：《巴哈欧拉的天启》第 4 卷，第 424 页。
② 参见阿迪卜·塔赫萨德：《巴哈欧拉的天启》第 4 卷，第 365～366 页。
③ 白有志：《阿博都巴哈——建设新秩序的先锋》，第 38 页。

发去了他的第一封信：

他是最为荣耀者！

世上最伟大的灯，一度光耀全人类的灯已经熄了，他将自阿帕哈地平线他那荣耀不灭的国度永恒发光，自天上照耀他的爱民，以永生的气息充填人们的心田和灵魂。……

真理之阳，那至大之光，已经浮现在世界的地平线上，放射出不朽的光辉，以遍照“无际之域”。在他的至圣之书里，他呼吁他的朋友要坚定不移：“世人啊！如果我的美丽光辉受掩，我的身体的殿堂遭隐，切勿慌乱，反要振作而起，我的教义将得胜，我的话将为全人类所聆听。”①

阿布杜巴哈在1899年和第一批西方朝圣者临别时说：“现在我要给你们一个诫命，做我们之间的约定：你们要有信心；你们的信心要坚定如磐石，任何风暴都不能摇撼，任何事情都不能干扰，它要恒久直到末了；即使你们听到你们的主已被钉上十字架，信心也不能动摇；因为我永远会和你们在一起，不管生或死，我会和你们在一起直到末了。只要你们有信心，你们就有力量和赐福。这就是天平，这就是天平，这就是天平。”②

在巴哈伊信仰里，恐怕再没有人比阿布杜巴哈更了解巴哈欧拉的真正地位了。阿布杜巴哈平日总是很小心地不让自己子与父的关系干扰到他与神的显圣者之间的关系。他总是显示出最高的无我精神。每当阿布杜巴哈前往阿卡城外的巴基大宅觐见巴哈欧拉时，他常常是骑驴子去的。当他从遥远的地方望见大宅，他就会立刻下驴子，以表现对巴哈欧拉的谦卑。他是巴哈欧拉的仆人，而仆人是不能骑驴马到主人的尊前的。不只如此，他还常以身作则，教育巴哈欧拉周围的人，要他们学习无我的精神。当朝圣者到来时，他也会亲自接待他们，准备好以迎接那光荣的觐见时刻。

从另一方面来说，巴哈欧拉也总是赐给阿布杜巴哈特别的爱与关切。他常赞美和荣耀阿布杜巴哈，赐给他崇高的名号。当阿布杜巴哈要造访巴基大宅时，巴哈欧拉总是十分欢喜，渴望见到阿布杜巴哈。他常会派其他儿子或家中的男子，到大宅一段距离外的地方，去等候阿布杜巴哈；有时他自己会亲自站在阳台上远眺，见他走过来时会指着他说，他多么有威仪，容貌有多好，性格有多坚强。不过，巴哈欧拉常常必须隐藏对他的爱，以免他的兄弟和家中其他成员嫉妒。

巴哈伊教认为，巴哈欧拉给这个时代带来的不只是一套伟大的教义，他还赐给这个世界一个无价的礼物，就是阿布杜巴哈。同时又认为，尽管阿布杜巴哈地位非常崇高，但他绝不是显圣者。巴哈欧拉在升天之后，阿布杜巴哈被遗命指定为“圣约之中心”，有许多教友甚至视他为显圣者，阿布杜巴哈在一篇书简里否认了这点。他只承认自己是一个巴哈欧拉门槛前的仆人而已。③

第二节　行使“圣约之中心”的使命

阿布杜巴哈“圣约之中心”的地位是由巴哈欧拉多次申明的，在《至圣经》中巴哈欧拉说：“世界人民啊！当神秘之鸽从赞美之圣所展翅飞出去，寻找远方的目标、隐蔽的栖息地的时候，你们要向他请教经书中你们不懂的任何问题，他是从这伟大主干长出的圣枝。……当我临在之洋落潮、我启示之

① 白有志：《阿博都巴哈——建设新秩序的先锋》，第37页。

② 阿迪卜·塔赫萨德：《巴哈欧拉的天启》第4卷，第442页。

③ 参见阿迪卜·塔赫萨德：《巴哈欧拉的天启》第2卷，第166～167页。

经书结束时，将你们的脸转向上帝指定的他，他是从亘古圣根长出的圣枝。”[①]巴哈欧拉还亲笔给阿布杜巴哈写下这些话：“你，我所最珍爱的人啊！我之荣耀、我的仁爱之海洋、我的恩典之太阳、我的仁慈之天堂都以你为基础。我们祈求上帝通过你的知识与智能照亮世界，并为你注定将喜悦你的心和安慰你的眼之一切。”在另外的书简里，他说：“上帝之荣耀落在你的身上，并落在所有服务你和环绕你的人身上。凡是宣誓忠诚于你的人有福了；凡是与你为敌者将被地狱之火所折磨。”“我们已经使你成为全人类的避难所，成为保护天上与地下所有人的盾牌，成为一切信仰上帝的人们之门槛——上帝乃是无可比拟的，全知的！上帝应许通过你便能保护他们、充实他们并鼓舞他们，并且他将赋予你灵感，那将成为一切被创造物的财富之涌泉，成为给予全人类的恩典之海洋，成为赐予全体人民的仁慈之黎明。”[②]

一、“圣约之中心”的特殊身份

“圣约之中心”并不是先知，绝对不能具有与巴哈欧拉同等的地位。那种“主张把巴哈欧拉和阿布杜巴哈神秘合一的观点”，那种确立阿布杜巴哈与巴哈欧拉或与以前的所有神圣显示者同等地位的观点，都是巴哈伊信仰所不允许的，没有存在的余地。[③] 阿布杜巴哈，是而且只是“圣约之中心”，是巴哈欧拉教义的解释者。阿布杜巴哈自己也明确了他的这种地位，“我乃是上帝之圣言之明白诠释者”，“谁若是违背我的解释，将受害于他自己的幻想”。[④]

阿布杜巴哈在巴哈欧拉去世之后，开始行使“圣约之中心”的使命。但是在开始的时候，他的地位并不是很稳固的。他首先遭遇到自己的同父异母弟弟的挑战。巴哈欧拉有两个妻子，为他生了5个儿子。除了不幸去世的那位，阿布杜巴哈还有三个弟弟。其中一个叫米尔扎·穆罕默德·阿里（Mírzá Muḥammad 'Alí）的二弟，被其小弟米尔扎·巴迪欧拉（Mírzá Badí'u'lláh）揭发，在巴哈欧拉去世的当天早晨，盗走了巴哈欧拉的印玺和写作材料。米尔扎·穆罕默德·阿里在巴哈欧拉的圣约之书中，被命名为“更大之枝”，地位仅次于阿布杜巴哈。他的叛乱等于对阿布杜巴哈争夺巴哈伊信仰的领导权。配合他的还有巴哈欧拉的另一个儿子米尔扎·迪亚欧拉（Mírzá Ḍíyá'u'lláh）和他的书记米尔扎·阿格·贾恩（Mírzá Áqá Ján），后者甚至辱骂阿布杜巴哈。反叛越来越公开，阿布杜巴哈和妹妹、妻子、四个女儿以及一个舅舅，被孤立在阿卡。他甚至连巴哈欧拉的灵堂都无权进去。邵基·阿芬第提到，巴哈欧拉的家人、巴布的亲戚以及著名的教义导师，有40余人联合起来向“圣约之中心”挑战，企图颠覆他的地位。[⑤]

当阿布杜巴哈被关在阿卡的时候，圣约破坏者和土耳其政府联手要取他的性命。阿布杜巴哈写了一封信给哈吉·米尔扎·穆罕默德·塔基（Ḥájí Mírzá Muḥammad-Taqí），指示他，一旦他的生命受到威胁，他就立刻筹办选举世界正义院。信中他谈到了圣道的伟大，并且预示未来会有人攻击它。当时巴哈伊信仰只传扬到极少数的西方教友那里：“圣道是多么伟大啊！地上的人们的攻击又是多么的猛烈啊！不久，整个非洲、美洲的群众之吵嚷；欧洲人、土耳其人的哀号；印度和中国的呻吟都会

① 《阿博都巴哈著作选集》，曾佑昌译，澳门新纪元国际出版社2004年版，第188～189页。
② 转引自守基·阿芬第：《巴哈欧拉之天启　新世界体制之目的》，第45页。
③ 参见守基·阿芬第：《巴哈欧拉之天启　新世界体制之目的》，第47页。
④ 守基·阿芬第：《巴哈欧拉之天启　新世界体制之目的》，第48页。
⑤ 参见白有志：《阿博都巴哈——建设新秩序的先锋》，第45页。

传遍远近。所有的人都要起来，倾全力抗拒他的道。那时，主的武士会在他恩典的协助下，受信仰所强化，在理解之力的帮助下，借着圣约兵团的支持，奋起并彰显下面这句话：'看那降临在战败的部族身上的混乱啊！'"哈吉·米尔扎·穆罕默德·塔基为信仰带来胜利和光荣，因此阿布杜巴哈说他是《圣经》启示录里所说的坐在上帝尊前的二十四位长者之一。[①]

反对派使出了浑身的解数，甚至不择手段地向奥斯曼土耳其当局给阿布杜巴哈造谣，结果导致阿布杜巴哈于1901年8月再次被关进阿卡监狱，直到1908年冬天，由于土耳其青年党的革命，才使他获得释放。在监狱中的这段时间，他完成了被守基·阿芬第誉为"新世界秩序之宪章"的《遗嘱和圣约》一书。书中说：

> 亲爱的朋友们！如今我处于极大的险境里，一小时保命的希望也不可得。因此我被迫写下这些话语以保护上帝的圣道，保存他的律法，保卫他的话语以及保全他的教义。
>
> 借着亘古美尊之名！这个被冤屈的人没有对任何人怀藏任何怨恨之心，亦不对任何人表现恶感，且不发一句任何无益于世界之语。然而，我的至高必要之职责，激发我守护并保存上帝的圣道。[②]

在困难的时期，他深信自己的"圣约之中心"的地位，会对支持他的人产生无比的力量，他说："竭尽全力奋起协助上帝之圣约，并在他的葡萄园中服务，要相信，他将赐予你们一个确认，并在他那方面使你们成功。诚然，他将以他圣洁的天使来支持你们，以神灵的气息来增强你们，使你们能够登上神圣安全之方舟。他将显示明白的征象，给予生命之灵，宣示他的诫命与训导之本质，引导四散离群的羊羔，并给予祝福。在这个新世纪里，你们必须努力尽你们所能，热诚且明智地奋斗。凭借着上帝，诚然，万军之主乃是你们的支持者，众天使乃是你们的协助者，圣灵乃是你们的伴侣，圣约之中心乃是你们的助手。不要怠惰，要积极无畏。"[③]

二、圣约的力量

1908年，65岁的阿布杜巴哈获得自由以后的第一个行动，就是去拜谒父亲的灵堂。第二件事，就是1909年3月21日，在卡梅尔山上，将巴布的遗骨装殓进由缅甸巴哈伊信徒捐献的大理石棺柩里。巧合的是，同天芝加哥的巴哈伊信徒决定了灵曦堂的建造地点。阿布杜巴哈所预见的卡梅尔山及巴布灵寝的未来，当时只不过是一座不能住人的石头山，今天，他的预见大半已实现。

阿布杜巴哈1913年第三次造访巴黎时，住在巴尔迪摩旅馆。5月8日早晨，他在这里解释了圣约的独特意义。他说："天佑至善曾训练我为别人负重，而并非将我的负重加诸他人之肩头。"两天后，他说圣约的目的是确保教义的力量和权力；没有它，巴哈伊的圈子将会完全地破坏。"有些人曾以为，天佑至善是把父子关系扯进来。他们不知道他建立了圣约的力量是为宣扬上帝的教义以及为他的圣道之胜利。"[④]

阿布杜巴哈的生命，从一篇他谈到自己健康的声明里可以清楚看出来。1913年当他在巴黎的时候生病了，他和同伴们说到这件事。他见证说，他的生命不是由肉体所支撑的，而是由神所决定

① 阿迪卜·塔赫萨德：《巴哈欧拉的天启》第1卷，第26页。

② 白有志：《阿博都巴哈——建设新秩序的先锋》，第97～98页。

③ 巴哈伊世界中心编辑部编：《神圣辅助的力量》，澳门新纪元巴哈伊出版社1999年版，第26页。

④ 白有志：《阿博都巴哈——建设新秩序的先锋》，第304页。

的。他说他病在巴黎是有奥妙的，要不是这么一病，他就不会停留超过 1 个月，但实际上他停留了将近 4 个月。当巴哈伊信仰者回顾他所做的事以后了解到，他工作的一个重要部分是，一些东方重要政治人物和有影响力的人得以觐见他，感受到他的光华，受到他话语的力量和他人格的魅力之影响而不觉谦卑下来，其中一个就是波斯沙王纳绥尔・丁（Náṣiri'd-Dín S̲h̲áh）的儿子，曾任伊斯法罕省长，傲慢不驯的王子马苏迪・米尔扎（Mas'úd Mírzá）。在他的治下，两位杰出的巴哈伊教徒——"殉道者之王"、"殉道者之挚爱"双双被处死。但是他后来竟然在阿布杜巴哈面前表示了极大的尊敬。

阿布杜巴哈告诉他的同伴说，他的生命不是受自然律所主宰的；他的病并非起于肉体原因，而是源自于上帝的意志。他回忆自己 7 岁时生病的情形，当时他身体衰弱得了肺病，被认为病情无望治愈。但是他自己说，上帝的手置于他的病的后面，事后才知道奥妙的所在。因为如果他健康的话，他就会被送到巴哈欧拉位于 Mázindarán 的老家住。就是因为他病了，他只得留在德黑兰直到巴哈欧拉被捕入狱，他自己亲眼目睹那新启示的诞生，然后再陪伴他放逐到巴格达去。后来，他被医生宣布为不治的病，突然完全复原。

三、超脱的"完美典范"

阿布杜巴哈被巴哈伊认为是超脱的"完美典范"。当他在 20 世纪初到美洲旅行传教时，他的随行人员发现坐火车旅行十分累人，尤其是对一个年近 70 岁的老人更是如此。尽管如此，他还是常常拒绝多付一点点钱以换取一个卧铺，而宁愿整夜坐在坚硬的木椅上闭目休息。

而对穷人，他则非常慷慨。就是在去美国的这次旅途中，许多人都亲眼看到，他是如何打开钱包，慷慨地将一个个金币或银币放在穷苦人的掌心里，充分反映了他人性的慈善。阿布杜巴哈珍惜每一分金钱，但即使如此，他在美国之旅中却多次拒绝了教友和陌生人所慷慨赠送的金钱和礼物。有一次，当阿布杜巴哈在纽约时，一些教友送给他一些钱，他没有接受。虽然他们一再请求他笑纳，但他说："替我送给穷人，就像是我自己送的一样吧！对我而言，最好的礼物就是团结、服务圣道、传播神圣气息、实现圣美所要求的诸项教义。"①守基・阿芬第说阿布杜巴哈的特质是"慷慨、爱、公平、不分彼此"。② 对待每周五早上拥到他家门口，挤满他庭院的穷人，他亲手分配救济品，定期慷慨地布施，从而赢得了"穷人之父"的美名。就是在面对威胁时，他也"绝不允许任何事情阻碍他援助穷人、孤儿、病人和受压迫的人，没有任何事情，可以阻止他亲自拜访无力或羞于请求协助的人"③。

阿布杜巴哈对人充满了爱心，他在许多书简里有类似的保证："凭借天国的主！如果有人以纯洁的心、充满对上帝的爱、舍弃这世界的态度起来传扬上帝的话语，万军之主就会以穿透存在物核心的力量来协助他。"④

四、预见

值得注意的是，1911 年阿布杜巴哈在巴黎与日本驻西班牙大使 Arawaka 子爵谈话时，他说道：

---

① 阿迪卜・塔赫萨德：《巴哈欧拉的天启》第 3 卷，第 226 页。

② 参见守基・阿芬第：《巴哈伊教务管理》，第 194 页，转引自 Paul Lample：《创造新思维》，台湾人德文教发展机构 2002 年版，第 29 页。

③ 守基・阿芬第：《神临记》，第 269 页，转引自 Paul Lample：《创造新思维》，第 29～30 页。

④ 阿迪卜・塔赫萨德：《巴哈欧拉的天启》第 3 卷，第 341 页。

“科学发明促进了物质文明。世界上存在着一种惊人的力量。庆幸的是，目前它尚未被人类发现。让我们祈求上帝——那受钟爱者——愿这种力量在灵性文明主宰人心以前，不要被科学所发现。人类之手在低下的物质本性主导下，这种力量能够摧毁整个地球。”①巴哈伊教认为在这里他显然是预见了原子弹的发明和使用。1912 年 5 月 1 日，在芝加哥他给日本驻美国大使写信，提出在人类尚未成熟的时候，核武器的发明将给人类带来灾难。

第三节　到西方传播巴哈伊教

1910～1913 年，阿布杜巴哈不顾年迈体弱，游历了埃及、欧洲和北美，以传播巴哈伊信仰。在当时的欧洲，巴黎和伦敦的一些地方已有了巴哈伊社团。

一、由埃及到法国和英国

1910 年 8 月，阿布杜巴哈离开海法，乘坐赫底维尔(Khadívi)号轮船，前往埃及塞德港。在那里，他停留了一个月，然后到达亚历山大港。埃及的报纸对他的活动进行了大量报导，说“他是一位年高德劭的人，尊贵，学识渊博，具有高度神学修养，精通伊斯兰教各派以及其发展的历史……凡是和他会晤的人，都会发现他是一位极为博学多闻的人，他的言辞迷人，能吸引人的心与灵，他献身于人类一家的信念……他的教义和引导，环绕着捐弃偏见——宗教的、种族的、国别的——之轴心运转”②。1911 年 5 月他到达开罗，8 月 11 日离开埃及，乘坐科西嘉号轮船前往法国马赛。而后在瑞士的日内瓦湖畔休息了几天，于 1911 年 9 月 4 日到达英国伦敦，住在布隆菲德女士(Lady Blomfield)凯道根花园 97 号的一栋楼里。9 月 10 日他面对西方的听众，在圣公堂开始了他生平第一次公开的演讲。其演讲的内容被记者刊登在 1911 年 9 月 13 日的《基督教共同体》期刊上，题目是《朝向属灵之团结——阿布杜巴哈访问记》。9 月 17 日，他在西敏寺圣约翰教堂演讲，阐述上帝之不可知的本质，内容登在 9 月 20 日的《基督教共同体》期刊上。中间有一些时间，他会见朋友或者对他怀有敌意的人。9 月 23 日至 25 日他还到布里斯托的克里福顿宾馆住了几天，会见了 90 多位那里的著名居民。回到伦敦后，他应伦敦市长邀请，拜访了市长官邸。9 月 30 日发表了在伦敦的最后一次讲演，阐述巴哈欧拉的“任务是化无知的宗教狂为普世爱心，奠定人类团结之基础于他的信徒心中，促使人类平等之实现”③。

1911 年 10 月 3 日，他启程前往法国巴黎。在巴黎，他在凯德帕西区的克蒙恩斯大街 4 号住了 9 个星期。在这里，他几乎每隔几天就发表一次谈话。后来这些谈话结集为《巴黎讲话》出版。有关巴哈伊教的 11 条教义就是在巴黎阐述的。阿布杜巴哈在伦敦和巴黎总共待了 3 个多月。他在伦敦对西方听众所宣讲的内容，主要是巴哈伊教的社会和属灵的观点，而在巴黎则侧重于巴哈伊教的智性内涵与力无匹敌的释义。④

---

① 阿迪卜·塔赫萨德：《巴哈欧拉的天启》第 4 卷，第 446 页。
② 白有志：《阿博都巴哈——建设新秩序的先锋》，第 107 页。
③ 白有志：《阿博都巴哈——建设新秩序的先锋》，第 120 页。
④ 参见白有志：《阿博都巴哈——建设新秩序的先锋》，第 125 页。

二、西行到美国

1911 年 12 月 2 日阿布杜巴哈离开欧洲，到达埃及。整个冬天他都是在埃及度过的。1912 年春天他启程到美国访问，朋友建议他乘坐作处女航的豪华邮轮“泰坦尼克”号，他没有接受，他宁愿乘坐较慢的“雪得利克”(S. S. Cedric)号。该轮船于 1912 年 3 月 25 日起航，4 月 11 日在纽约靠岸，下榻于安索尼亚(Ansonia)饭店。

1912 年 4 月 13 日，阿布杜巴哈在亚历山大·摩顿(Alexander Morten)夫妇家里进行了演讲，中心内容是谈基督和巴哈欧拉对精神力量的重视。次日，他在升天教堂发表了在美国的第一次公开讲演，强调世界需要全球性的团结和修睦，但是种族差别和爱国偏见，阻碍了这种团结。[①] 4 月 19 日，他在哥伦比亚大学讲演，“科学工作和人类主宰以及超越自然”是这次讲演的主题。这一天，他把 2000 法郎纸币换成零钱，分发给在包尔蕊传道所(Bowery Mission)的 400 多名社会遗弃者。4 月 20 日他赶到华盛顿特区，连续在东西方团结大会上、霍华大学、普救说者教会发表演讲，强调人类一体的思想，认为上帝不看肤色外观的区别，而是看人心。他提出黑人和白人应该共同努力，“彼此心怀爱和团结，人类一家因此可得”。[②] 4 月 24 日一天他做了三次讲演。25 日土耳其大使设晚宴款待阿布杜-巴哈及其一行，27 日美国财政部长设午宴招待，当天晚上在帕森斯太太(Mrs. Parsons)家中的告别仪式上，将军、国会议员以及瑞士的部长都出席了，后来成为美国总统的罗斯福也在其中。在 4 月 28 日傍晚离开华盛顿以前，英国大使前去造访他。阿布杜巴哈得到了意想不到的尊荣。

1912 年 4 月 29 日夜幕低垂之时，他到了芝加哥。芝加哥是美国大陆第一个响应巴哈欧拉号召的城市，阿布杜巴哈是非常钟爱这个地方的。4 月 30 日一天，他作了多次讲演，对巴哈伊教的基本教义做了阐述。在胡尔屋厅(Hull House)举行的黑白二族修睦会发表讲演，在韩德尔厅(Hande Hall)举行的全美“促进有色人种权利协会”第四届年会上发表演讲，论述人类种族和谐的必要性。这一天，他促成了一对黑白青年的婚姻，并亲自主持了他们的婚礼。5 月 1 日，在芝加哥的威尔麦特，他用 把艾琳·荷姆斯太太(Irene Holmes)特意定做的小金铲，为西方的第 个灵曦堂奠基，放置了 块石头。同一天，他给日本驻美国大使写信，提出在人类尚未成熟的时候，核武器的发明将给人类带来灾难。5 月 2 日他在广场旅馆演讲的主题是磋商的原则。5 月 3 日为印度人组成的一个协会演讲，4 日在普里茅斯公理教会演讲，6 日早晨离开芝加哥，下午抵达克利夫兰，7 日到匹茨堡，8 日再度去华盛顿。5 月 11 日，他又启程前往纽约。之后他先后在 40 个城市逗留，用了 8 个月的时间。8 月，住在华盛顿特区的帕森太太，约请他到她在新罕布什尔的督柏林做客，会见了二十多位美国的杰出人物。[③]

除了 8 月 30 日到 9 月 8 日在加拿大活动以外，他大多数时间都在美国东西部活动。到过波士顿、费城等城市。在这些城市，他的讲演都是阐述巴哈伊教的基本观点。

---

① 参见白有志:《阿博都巴哈——建设新秩序的先锋》，第 137 页。

② 白有志:《阿博都巴哈——建设新秩序的先锋》，第 142 页。

③ 参见白有志:《阿博都巴哈——建设新秩序的先锋》，第 24 页。

阿布杜巴哈于 1911 年访问欧洲三个月，并于 1913 年
再次造访(1911 年 9 月摄于英国的布里斯托的克里福顿宾馆)

1912 年 4 月至 12 月，阿布杜巴哈造访北美访问(1912 年摄于美国芝加哥林肯公园)

1912年10月7日，他到加州旧金山附近的奥克兰，在日本独立教会对日本基督教青年会演讲，首次公开对日本人传达巴哈伊教的信息。在加州，他还访问了旧金山、洛杉矶、沙加缅度和丹佛。在旧金山，斯坦福大学首任校长乔丹(Dr. D. S. Jordan)为了表示敬意，徒步到他的住处看望他。10月8日上午他应乔丹的邀请到斯坦福大学讲演，1800多名学生和180名教师参加了他的讲演会。① 他强调了科学的重要性，指出"科学会一直照亮人类世界。它是人类的永恒荣耀之肇因，其权威远胜于君王之权威。君王的统治有极限；君王本身会遭罢黜；然科学的主权永恒而无止境"②。他的讲演产生了极大的轰动效应。演讲结束后，乔丹宴请他，称他为以实际之足，行走于灵性之途的人。他在美国的活动，在当地的各大报纸都有报导，《纽约时报》、《芝加哥日报》等都把他对巴哈伊教的传播做了大量报导，尤其是加利福尼亚《帕罗阿坦报》(*The Palo Alton*)的编辑席姆京斯(H. W. Simkins)，他在11月1日的报纸上，用几个整版面的篇幅，报道了阿布杜巴哈在斯坦福大学的活动以及他们之间的通信，把阿布杜巴哈波斯文信函的复印件也在报纸上刊登出来，扩大了巴哈伊教在美国和加拿大的影响。阿布杜巴哈在美国演讲的对象除了公众人物以外，还针对各种宗教，如犹太教、基督教、伊斯兰教、唯一神教派③、美以美教④、印度教、通神学者⑤演讲，传达宗教同源的教义，促进宗教的和谐共存。

11月6日讲男女平等，11月7日讲人类的团结与和谐，11月8日讲上帝只有一个，上帝的光芒唯一，人类是唯一真神的仆役。而对巴哈伊教的整体全面介绍，则是11月17日在纽约宗谱厅做的，他集中表述说："真理之阳巴哈欧拉，已经从东方地平线上升起，将其永不消失的光明与生命，流泻给各地……他将20世纪的神圣精神具体化，且适用于此人类世界的生命成熟期的教义是："人类一家；圣灵的庇佑与指引；宗教基础同源；宗教必须是团结之因；宗教必须与科学和理性和谐；独立追求真理；男女平等；排除人间的一切偏见；世界和平；普及教育；设立世界通用语言；解决经济问题；设立国际仲裁机构。"

他指出，"在这些教义中可以发现各种欲望与渴求的满足，可以找到世界快乐之因，心灵的激发与启迪，进步与提升的动力，万国团结的基础，人类相爱的泉源，和睦的中心，和平与和谐的方法，以及联结东方与西方的维系"⑥。

三、再度到欧洲

1912年12月5日，阿布杜巴哈离开美国再度前往英国利物浦访问。告别时，他再次强调人类一体的重要性，"全人类都是源自同一个上帝的仆人……地球是一个国度、一个家庭，全人类都是一

① 参见守基·阿芬第：《神临记》，第352页。

② 白有志：《阿博都巴哈——建设新秩序的先锋》，第224页。

③ 唯一神教派是基督教中的一派，不主张三位一体者。

④ 美以美教是"M. E. M."的音译，美以美教是从美国基督教新教脱离出来的教会，由卫斯理派的阿斯伯里和科克指导，于1784年脱离圣公会而成立。属于循道宗的一支，强调圣灵的能力能够坚定信徒的信心并改变信徒的个人生活，信仰的核心在于个人与上帝的关系。该派既遵循卫斯理的原则，又针对新居住区和边疆地区的需要而有所变通。

⑤ 通神学者即 theosophy，19、20世纪对宗教思想的发展有触发作用的一种有神秘主义倾向的宗教学说。主张人的灵魂深处有一种灵性实体，人可以通过直觉、冥想、聆听启示进入超乎人的正常知觉状态而与这个实体直接相关。强调秘传教义侧重于解释经文的奥意。它还着眼于超自然现象，提倡一元论，主张万物同根，皆出于心或灵。通神学各派都主张向亚洲的宗教哲学靠拢。美国的代表人物是布拉瓦茨基夫人。

⑥ 白有志：《阿博都巴哈——建设新秩序的先锋》，第254～255页。

个父亲的子女”。他希望“全人类变成一个大家庭，相处于爱与亲善中；东方能协助西方，西方支持东方。因为全人类都是一个星球上的居民，都是一个祖国的子民，以及一个牧人的羊群”[①]。

再度到欧洲以后，他先后在利物浦、牛津、爱丁堡、渥京、布里斯托、伦敦等城市发表演讲。他在牛津大学拜访了一些教授，在曼彻斯特学院的一个聚会上发表了演讲。聚会是该学院院长卡本特(J. Estlin Carpenter)主持的。卡本特的著作《比较宗教》于1913年由伦敦威廉斯与诺盖特出版社出版，涉及了巴布的信仰和巴哈伊教，认为巴哈伊教宣称一种普世性的教义，有可能形成一个流衍世界的宗教。1913年2月，阿布杜巴哈又一次访问巴黎，在2月19日的讲演中谈到，当代的科学和技术的大进展，假如方法和工具设计得出来，人类将可以到达其他星球。[②]

1913年6月，阿布杜巴哈前往埃及以前又到欧洲的一些城市，访问了匈牙利的布达佩斯，奥地利的维也纳，瑞士的日内瓦，德国的斯图加特、埃斯林根、巴德梅根特海姆等地，并且第三次访问了巴黎。阿布杜巴哈6月12日到达法国的马赛，6月17日到埃及塞德港，以后分别在伊斯梅利亚、亚历山大、塞德港居住，直到12月5日，阿布杜巴哈乘船返回海法。在埃及期间，他也不断派人到世界各地去传播信仰，其中有一个陪他在美国和欧洲访问的赛义德·阿萨都拉(Siyyid Asadu'lláh)，被派往高加索，7月10日启程。

四、在西方的讲演和信件

在美国和加拿大的这些演讲，最后结集成《世界和平之传扬——阿布杜巴哈美加之行讲坛录》，由美国威尔米特巴哈伊出版社于1982年出版。西方之旅中，担任秘书及书记的是密尔扎·麦哈穆德·扎伽尼(Mírzá Maḥmúd Zarqání)。

在西方期间，他还给西方的巴哈伊信徒发出了大批信件，号召他们把巴哈伊教传播到整个西方世界。其中在1916年3月26日～1917年3月8日写出的信件已经被编辑成《神圣计划书简——阿布杜巴哈致北美巴哈伊》，此书由姚锦心小姐翻译，梅寿鸿先生校阅修改，以《垦荒圣牒》的书名于1982年在马来西亚巴哈伊出版社出版。在这些信中，他对美国西部、中部、北部、南部和加拿大各州省的巴哈伊信徒所作出的工作，进行了表彰，但也指出了另外一些地区对巴哈伊教还一无所闻，希望他们成为光芒四射的星星，把巴哈伊教传播到各州省，并且还具体指示他们如何把信仰传播到美国和加拿大全境。让他们派出“一些口才流利，忠心虔诚于上苍，涤除一切贪欲的信徒”[③]，前往那些巴哈伊教没有传到的地区传教。

阿布杜巴哈把这些信徒称为巴哈欧拉的“使徒”，他们具有这样的一些条件：第一，“是坚定于上苍的圣约，因为圣约的力量保护巴哈欧拉的圣道免受错误者怀疑”，圣约“是上苍的圣道的堡垒，是宗教的坚强栋梁”；第二，“信徒们之间要友谊亲爱”，“必须互相倾慕对方的品质”，“随时乐意为对方牺牲自我”；第三，“传教者必须不断地访问大陆的每一个角落，甚至整个世界”。总之，他们“必须庄严脱俗”，其目标是：“传教者必须有纯洁的心愿，独立的心灵，平静的思想，坚定的意志，豁达高尚的胸怀，在上苍的天园中，成为一枝光耀的火炬。”[④]

① 白有志：《阿博都巴哈——建设新秩序的先锋》，第260页。
② 参见白有志：《阿博都巴哈——建设新秩序的先锋》，第293页。
③ 阿布杜巴哈：《垦荒圣牒》，第11页。
④ 阿布杜巴哈：《垦荒圣牒》，第23～25页。

阿布杜巴哈对美国芝加哥的巴哈伊信徒所作出的贡献表示了很大的关注，对那里所建立的美国第一座巴哈伊灵曦堂和威尔米特出版社以及出版的《西方之星》，给予高度的评价，希望能够通过这里的教友，把巴哈伊信仰传播到美国的每一个城市和乡村。[①] 他及时地指出西方灵体会的团结是关键，“在西方，上帝所钟爱的人们和慈悲者的女仆们应日益和谐一致地更紧密团结起来。在实现这一点之前，工作绝不会有进展。这些分会总的说来是达到团结与和睦的最有效的工具。这个问题极其重要，这是把上帝的确认吸引下来的磁铁”[②]。

阿布杜巴哈非常重视巴哈伊教在西方世界的传播。他说：东方人常说，西方人没有灵性。可我没有这种感觉。感谢上帝，我看到并感觉到，西方人民有许多精神追求，甚至他们的精神悟性有时也比他们的东方兄弟强。要是东方的教义能在西方得以认真推广，那么现在的世界就是一个更开明的世界了。[③]

阿布杜巴哈还具体指示密尔扎·阿里·阿克巴·纳贾瓦尼到高加索，密尔扎·马穆迪·扎格尼到印度，依姆简·哈格女士到意大利去传教，宣扬巴哈伊教。[④] 他自己则多次表示希望能够亲自到印度和日本去。

他回到圣地以后，预见到战争即将发生，便在巴勒斯坦泰伯尔斯的地方，组织了大规模的农业规划，种植了大片小麦，预防了当地的一场大饥荒。1920年4月27日，因为他的这项成绩，在海法军事省长的花园里，他被英国女皇册封为骑士勋爵。

1921年9月阿布杜巴哈致信瑞士著名心理学家福雷尔，详细地从巴哈伊教的观点谈到了许多哲学和宗教的问题。

五、巴哈伊教传播的成果

阿布杜巴哈在世时，巴哈伊教已经传播到35个国家和地区[⑤]，扩大了巴哈伊教在西方世界的影响。

阿布杜巴哈相信，宗教所能产生的影响是毫无疑问的，历史上充满着这种例子。阿布杜巴哈提到摩西把以色列人从法老的手中解救出来，给他们自由与公义，使他们得以建立一个伟大的文明，以至一些伟大的希腊哲学家都特地前往他们的圣地，学习他们的知识。同样的，基督教也带来一个传遍西方世界的文明；它扫除了罗马制度，而代之以一种全新的生活方式。它启发了亿万人的心灵，建立起一个学习与知识的新基础。最杰出的例子来自于伊斯兰教。伊斯兰教的发源地是阿拉伯半岛，在先知穆罕默德降世以前，那里是最野蛮、最迷信、最无知的地方。借着伊斯兰教的教化，它的人民灵性化，并成为学问与知识的温床。它的学者和科学家为多种艺术与科学奠定了良好的基础，甚至后来传到基督教世界，使他们的生活起了革命性的变化。爱尔兰的学者 George Townshend 谈到了伊斯兰教的影响：“由于作为文学奇迹的《古兰经》的核心地位，以及阿拉伯人对自己语言的骄傲，阿拉伯语和阿拉伯文学都占有重要的地位。许多学校和大学纷纷成立，里面挤满了来自各国的学生；

---

① 参见阿布杜巴哈：《垦荒圣牒》，第38～40页。

② 《阿博都巴哈著作选集》，第75页。

③ 参见《巴黎谈话——阿博都巴哈1911年巴黎演讲录》，陈晓丽、李绍白译，澳门新纪元国际出版社1999年版，第55页。

④ 参见白有志：《阿博都巴哈——建设新秩序的先锋》，第316页。

⑤ 参见胡斯曼·法提阿尚：《新园》，澳门新纪元国际出版社2002年版，第35页。

各个领域的题目都产生了伟大的成果;图书馆里收集了数以十万计的书籍;哈里发们遍搜全球,找寻知识;派出远征队前往异国求取各种学问;他们雇用了大量的翻译员,把希腊、埃及、印度和犹太的著作译为阿拉伯文;他们尽心学习文法和法律,大规模的编印了许多的字典、辞典、百科全书;他们从中国引进了纸;从印度引进数字系统(通常称为'阿拉伯数字')。阿拉伯文成为世界语;哈里发们会邀请一些国际知名的文人到宫里来,各国的学者、哲学家、诗人、文法家常会在首都的大书店里不期而遇。"现在巴哈伊教已经创立,阿布杜巴哈相信西方世界接受了巴哈伊教之后,世界也会发生很大的变化。他对这种变化深信不疑。他说:"当上帝的召唤响起,一种新生命就吹入人类之中,而一股新的灵则注入整个创造界里。为了这个理由,整个世界陷入深渊,人的心灵和良知被唤醒。不久之后,这种振兴的证据就会显现出来,沉睡就会醒来。"①

1921 年阿布杜巴哈去世以后,巴哈伊信仰进入了一个新的历史阶段。在他的遗嘱中指定,他的外孙守基·阿芬第为信仰的"圣护者"和被授权的教义的权威阐释者。

六、著作

阿布杜巴哈的著作很多,主要的有:

《神圣文明的奥秘》(又译《神圣文明的隐秘》),有 1910 年伦敦和 1918 年芝加哥两个英文版,当时的书名为《文明的秘密力量》。该书是他在 31 岁时(1875 年)写出的,是针对当时伊朗的状况而写的一篇关于现代文明的专题论文,他解释了幸福如何依赖人类智力和精神的成长才能获得,主张世界和平,诚实政府,真正的宗教,呼吁社会、政治和宗教领袖接受诚实、廉正和信任的新标准,认为这才是世界秩序唯一和真正的基础。他阐述了原本拥有光荣的文明而今却陷于民族主义、种族主义、物质主义和宗教主义泥淖的伊朗,怎样才能摆脱贫穷和腐败,走向富庶与荣耀。

《旅行者手记》,记录了巴哈伊的早期历史。

《世界团结之基础》,马来西亚巴哈伊总灵体会 1993 年出版中文版。

《世界和平之传扬——阿博都巴哈美加之行讲坛录》,是根据 1912 年阿布杜巴哈在美国和加拿大的演讲结集而成的,由美国威尔米特巴哈伊出版社 1982 年出版。

《忠诚者的纪念》,是阿布杜巴哈对 79 位早期巴哈伊信仰者的回忆,以他们对巴哈欧拉的爱为全书的主线。

《遗嘱与圣约》是阿布杜巴哈在 1901～1908 年的 7 年之间陆续写完的。该书用 3 个章节的篇幅论述巴哈伊教的教务行政体系,以便保证该信仰的完整与团结。

《已答之问》是阿布杜巴哈在 1904～1906 年在中午就餐时回答罗拉·柯丽弗·巴尼所提出的问题而形成的,波斯文版的副标题是"午膳片谈"。当时他们的问答由阿布杜巴哈的秘书兼翻译尤尼斯·汗医生(Yúnis K͟hán Afrúk͟htih,著有《阿卡 9 年回忆录》)担任口译②,阿布杜巴哈的一个女婿或者三个秘书中的一个做记录,记录由阿布杜巴哈本人审阅过,个别地方还有他用麦秆笔做的一些修改。编辑成书时,由罗拉·柯丽弗·巴尼进行了一些分类。英文版有 1908 年、1964 年、1981 年的几个版本。中文版有曹云祥和孙颐庆翻译的《已答之问题》,上海商务印书馆 1933 年版,马来西亚根据

① 阿迪卜·塔赫萨德:《巴哈欧拉的天启》第 3 卷,第 318～319 页。

② 参见白有志:《阿博都巴哈——建设新秩序的先锋》,第 65 页。

该版本在 1967 年重印。另外有根据 1981 年美国英文版，由廖晓帆翻译的《若干已答之问》，澳门新纪元国际出版社 2000 年出版，2004 年第 2 次印刷时改名为《已答之问》。

《巴黎谈话》是阿布杜巴哈 1911 年 10 月到 12 月在巴黎对访问者即席发表的讲话，讲话时用的是波斯语，当场由人翻译成法语，萨拉·路易莎·布罗姆菲尔德等四人记录下来，后来由他们翻译成英语。该书有中文的三个版本：台湾大同教出版社 1984 年出版的《阿博都巴哈的巴黎片谈》；中国大陆国际文化出版公司在 1990 年出版，由陈晓丽翻译、孙龙生校对的《巴黎讲话》，是根据 1984 年德文第 4 版翻译的；澳门新纪元国际出版社 1999 年出版《巴黎谈话——阿博都巴哈 1911 年巴黎演讲录》，由陈晓丽、李绍白翻译，孙龙生、陈源兴、苏行、李绍白校对。

《神圣计划书简——阿布杜巴哈致北美巴哈伊》，此书由姚锦心小姐翻译，梅寿鸿先生校阅修改，以《垦荒圣牒》的书名于 1982 年在马来西亚巴哈伊出版社出版。

第四节　对巴哈伊教教义进行系统总结

阿布杜巴哈对世界各大宗教都予以肯定，强调宗教同源。但是他也认为虽然上帝的宗教是一个，只有一个，它是人类的教师，但它仍然需要不断地更新。阿布杜巴哈肯定上帝是最高的主宰，说："所有的造物皆源自于上帝——也就是说，借着上帝，万物得以出现；借着上帝，万物得以存在。第一个源自上帝的就是宇宙实体——古代哲学家称其为'第一心'(First Mind)，巴哈子民称其为'第一意'(First Will)。这种'源出'不受时空的限制；它没有起始和终结——起始和终结在上帝眼里都是一样的。上帝的先存就是实体的先存，也是时间的先存。"①

他指出："从亚当时代至今，上帝的宗教一个接一个地显现于世，其中每一个都履行了它自己适当的职能，使人类复兴，并给人们以教育和启迪。它们使人们摆脱了自然界的黑暗，引导他们进入天国的光明境界。随着每一个后继的信仰和律法被启示，在若干世纪中，它将一直是一棵果实累累的大树，人类的幸福都寄托在它上面。然而，几个世纪以后，它衰老了，不再枝叶繁茂，再也结不出果实，因此到那时，便需要使它重新焕发青春。"②阿布杜巴哈认为巴哈伊教就是这样的在各大宗教基础上产生的一棵新树。

一、团结是巴哈欧拉教义的基础

阿布杜巴哈的一个巨大功绩是把巴布和巴哈欧拉的教义进行了系统的总结，指出"人类团结是巴哈欧拉教义的基础。他的最大愿望是，人人心中充满爱和亲善"③。"巴哈欧拉教义的本质是博爱，爱包容了人类所有的美德。它使每个人一往直前。它给每个人的遗产是永生。"④爱就是"善待和广容天下人"，并要"化为行动"。⑤ "爱的思想能创造出兄弟般的情谊、和平、友爱和幸福"，"爱是

① 阿迪卜·塔赫萨德：《巴哈欧拉的天启》第 4 卷，第 383 页。
② 《阿博都巴哈著作选集》，曾佑昌译，第 46 页。
③ 《巴黎谈话——阿博都巴哈 1911 年巴黎演讲录》，陈晓丽、李绍白译，澳门新纪元国际出版社 1999 年版，第 30 页。
④ 《阿博都巴哈著作选集》，第 59 页。
⑤ 《巴黎谈话——阿博都巴哈 1911 年巴黎演讲录》，第 1 页。

人心之中的圣灵气息”。[①]

这种博爱是来自上帝的伟大的爱，“要向世界上每一个社会集团表示友爱、体贴、慷慨与慈爱。现在热爱上帝的人们必须奋起执行他的命令：使他们成为孩子们的慈父，成为年轻人宽厚的兄长，成为克己奉老的晚辈。确切地说：你们必须对每个人都亲切友爱，即使对你们的敌人，也要以纯洁的友谊、愉快的心情和充满深情的爱来欢迎他们。当你遭受他人的残酷虐待时，对他坚守信义；当别人对你怀有恶意时，报之以友好的感情”[②]。阿布杜巴哈把基督教的思想引进巴哈伊教，因为“基督教的教义反射出真理之光辉，它的信徒们被教导爱天下人如同兄弟，要学会大义凛然，视死如归，要像爱自己一样去爱别人，要忘却个人的利益，为人类最高度的繁荣昌盛而奋斗。使每个人的心都接近上帝的光芒四射的真理，这就是基督教的伟大真理”[③]。

当然，也不只是基督教，实际上“所有来自上帝的先知都带来了爱的教义，他们当中没有任何人教导战争与仇恨是对的”。[④] 但是由于宗教被有些人误导，所以会出现偏激之见。如有一次，阿布杜巴哈听到一个犹太教拉比对年轻教徒说“犹太人啊，你们是真正上帝的民族！其他所有民族和宗教都出自魔鬼”，阿布杜巴哈认为“像这些被引入歧途的人正是地球上仇恨和隔阂的原因”。[⑤] 这些偏见是应该被克服的，巴哈伊教应该“对全人类都富有同情心和亲切友好”，“对待陌生人如同朋友一样”，“像珍爱自己一样珍爱他人”，“视敌人如朋友；视恶魔如天使；给暴君以犹如给忠诚者一样的伟大之爱”。[⑥] 他详细论述了爱的力量的无限：

> 爱是上帝天启之奥秘，是满怀慈悲者之显示，是圣灵涌喷之泉源。爱是天国仁慈之灵光，是圣灵复活人类灵魂之永久气息。爱是上帝向人类启示之因，根据神圣的创造论，爱是万物实质中重要的内在纽带。爱是保证今生与来世都能得到真正幸福的唯一手段。爱是黑暗中的指路明灯，是将上帝与人联系在一起的活生生的纽带。它确保每个受启迪的人能够成长。爱是统治这个伟大神圣周期的至大律法，是把这个物质世界的各种元素结合在一起的独一无二的力量，是引导天空中天体运行的最巨大的磁力。爱以可靠而无限的力量揭示了宇宙的潜在奥秘。爱是人类美丽身躯的生命之灵气，是这人世间真正文明的创建者，并给予具有崇高目标的每个种族和民族以不朽的荣耀。[⑦]

二、爱的四种类型

阿布杜巴哈对基督教中的博爱思想加以引申，非常细致地分析了爱的四种类型：

> 第一种爱出自上帝对人类的爱；它包含了无穷尽的恩典、神圣的光辉和天道的启迪。
>
> 世界因这种爱而得着生机。人类由于这种爱而被创生，并通过圣灵的气息——乃同一种爱——得到永生并反映出上帝的形象。这种爱是创造世界中一切爱的根源。
>
> 第二种爱出自人类对上帝的爱。这是信仰，是对上帝的向往，是光明和进步，是通向天国的

① 《巴黎谈话——阿博都巴哈 1911 年巴黎演讲录》，第 14 页。
② 《阿博都巴哈著作选集》，第 19 页。
③ 《巴黎谈话——阿博都巴哈 1911 年巴黎演讲录》，第 14 页。
④ 《巴黎谈话——阿博都巴哈 1911 年巴黎演讲录》，第 1 页。
⑤ 《巴黎谈话——阿博都巴哈 1911 年巴黎演讲录》，第 30～31 页。
⑥ 《阿博都巴哈著作选集》，第 64 页。
⑦ 《阿博都巴哈著作选集》，第 24～25 页。

道路，是对上帝恩典的接受，是接受天国之启迪。这种爱是仁心的根源；这种爱使得人的心灵反射真理之阳的光辉。

第三种爱是上帝对自身或上帝一体性的爱。这是他完美的化身，是他的一体性在其创造中的表现。这是爱的本质所在，这是亘古不变的爱，是万世永存的爱。得这爱的一线光辉的照耀，其他的爱就有了。

第四种爱是人与人的爱。存在于信仰者们之间心中的爱是由精神团结的理念所激发的。这爱得自对上帝的认识，是神圣之爱在人的心灵中的反映。每一个人都发现他人灵魂中映照出的上帝的美，知道了这一共同点，人们就在友爱中团结起来了。这种爱使所有的人成为同一个天国上的繁星，同一棵果树的果实。这种爱将带来真正和睦的实现，将成为真正团结的基石。①

他认为"这四种爱都源自上帝"，所以"福音书里说上帝就是爱"。因为"爱给予无生命者以生命"，"给予冷淡的心以炽热"，"给绝望之心带来希望，给忧伤之心带来快乐"，所以，这四种爱就是"存在之阳的光芒"、"圣灵的气息"、"存在的标识"。②

三、巴哈伊教的三个核心教义

阿布杜巴哈对巴哈伊教总结出三个核心教义：上帝唯一，人类一家，宗教同源。这是他 1911 年 9 月 10 日在游历欧洲时在伦敦的市圣堂做第一次演讲时阐述的。③ 同年 9 月 30 日在伦敦通神学会的最后一次讲演，第一次对西方世界把巴哈欧拉的教义的基本信条作了简要而系统的陈述："世上所有种族、国家和宗派，亦应视为同一个上帝的仆人。整个地球是一个家，全人类，只要他们都了解，都沐浴在上帝慈悲的一体里。上帝创造一切。他抚养万物。在他恩典庇荫下，他引导教养一切。我们必须遵从上帝亲自给我们的典范，而排除一切纷争和议论"。④

在另外的场合，他又有三个核心教义的另外说法：第一是独立探求真理，因为盲从过去会妨碍心智的发展。而一旦每个人都在探求真理，社会就将摆脱老是重复过去的愚昧现象。第二是人类的同一性，所有的人都是上帝的羔羊，上帝是他们充满爱心的牧羊人，毫不偏心地悉心照料每一个人。所有的人都是上帝的仆人，都乞求上帝的恩宠。第三是宗教是一个强大的堡垒，但宗教必须产生爱，而不是恶意和产生仇恨。要是宗教导致恶意、怨恨和仇恨，那就完全没有价值。因为宗教是药方，要是药方引起疾病，那么，就抛弃它。⑤

四、教义内容的扩大

以这三个核心教义为基础，阿布杜巴哈把巴哈伊教的基本原则归纳出十一项（前三项是重复核心教义）：

其一，探求真理：人类必须抛弃一切偏见，杜绝自身的虚妄幻想，毫无阻碍地去寻求真理。各宗

① 《巴黎谈话——阿博都巴哈 1911 年巴黎演讲录》，第 154～155 页。
② 《巴黎谈话——阿博都巴哈 1911 年巴黎演讲录》，第 154～155 页。
③ 参见白有志：《阿博都巴哈——建设新秩序的先锋》，第 111 页。
④ 白有志：《阿博都巴哈——建设新秩序的先锋》，第 121 页。
⑤ 参见《阿博都巴哈著作选集》，第 220 页。

教的真理是一个，是不可分割的。各民族之间的表面差异只是他们固执己见的结果，如果人们惟真理是求，就会发现他们本是一致的。

其二，人类一体：唯一的上帝把他的神圣恩惠赐给全人类，所有的人都是上帝的仆人。上帝把他的慈悲、仁爱和善意倾洒在他的每一个创造物上。所有的人都是同一棵树上的叶子和果实，他们的根源相同。上帝面前人人平等，上帝对所有的人都一视同仁。

其三，宗教应带来仁爱和亲善：宗教若不成为人们友爱和团结的动因，那就不是宗教了。所有神圣的先知都是拯救灵魂的医生，他们对症下药，诊治人类。宗教应团结所有的心灵，使战争和纠纷从地球上消失，推进精神文明，给每一颗心带来生气和光明。

其四，宗教与科学的和谐：任何抵触或违背科学的宗教只能是无知，因为无知是与知识对立的。科学是一只翅膀，宗教是另一只翅膀，一只翅膀是毫无用处的。人的智能所不能理解的东西，宗教也不会接受。宗教要与科学并肩前进，凡违背科学的宗教都不是真理。

其五，宗教、种族或派别的偏见破坏了人类的基础：分裂、仇恨、战争和血腥暴行都是由这些偏见引起的。宗教、种族或国家都只是人为划分所致，只是在各自的成见中有必要。上帝是天下所有人的上帝，对于上帝来说，凡人皆为同一种创造物。因此应该把整个世界看作是一个国家，把所有的民族看作是一个民族，所有的人都属于一个种族。

其六，同等的生存机会：每个人都有生存的权利，每个人都有权享受安宁和一定程度的财富。穷人也应该达到起码的生活水准，谁也不应该饿死，不应该让任何人贫穷困苦。

其七，人的平等：法律面前人人平等。应该普行法治，而不是人治。惟其如此，世界才能变得美好，天下一家才能实现。

其八，世界和平：经由各国人民和政府选举产生一个全球最高法庭，来自各国家和政府的成员在这个法庭里商讨天下大事，一切争端都提交该法庭，它的任务就是防止战争。

其九，宗教不应介入政治：宗教关心的是精神问题，政治则处理世俗事务。宗教在思想领域起作用，而政治则属于外部情况的世界。宗教和政治毫无干系，教士的工作应该是教育、指导和规劝人民，使他们取得灵性进步。

其十，教育和指导妇女：妇女与男人有同等的权利，她们是宗教和社会里的极重要分子，只要她们受束缚而不能最大限度地发展其能力，那么男人就无法取得有可能属于他们的伟大成就。

其十一，灵性只有通过圣灵的力量才能得到发展：只有圣灵的气息才能使灵性发展，失去了圣灵的赐福，身体就无异于行尸走肉，灵魂是给肉体带来生气的，要是没有灵魂，人体就只能是了无生气、死寂沉闷的。[①]

对这些教义，阿布杜巴哈在有的地方说的是十条：第一，探求真理；第二，人类大同；第三，世界和平；第四，科学与神圣启示之间的一致性；第五，消除种族、宗教、世俗与政治的偏见；第六，公正与正义；第七，提高道德与宗教教育的水平；第八，男女平等；第九，普及知识与教育；第十，经济问题。[②]关于人类一家的思想，他反复引用巴哈欧拉的“世人啊！你们是一树之果，是一枝之叶”[③]的话。另外，阿布杜巴哈还指出了其他的一些教义：创立一种能在世界上普遍推行的语言；在人类之中自愿地

① 参见《巴黎谈话——阿博都巴哈1911年巴黎演讲录》，第106～109页。

② 参见《阿博都巴哈著作选集》，第95～96页。

③ 《阿博都巴哈著作选集》，第25页。

与他人分享自己的财产;尽管物质文明是人类世界进步的手段之一,然而在它与神圣文明结合之前,不会取得人类幸福这一渴望的结果;提倡教育;主张正义与公正;维持和保护人的普遍关系的适度的自由……[①]

五、教育的重要性

由于教育在巴哈伊教义中所占的重要性,巴哈欧拉高度的赞美了老师和教育工作者。在《至圣经》中,教友的遗产要分为七种,最后一种就是分给教师。阿布杜巴哈也在一篇书简里形容教师的服务是真正的崇拜上帝,极有功德。[②]

阿布杜巴哈也强调儿童教育的重要性:"在这新的时代里,教育和训练儿童在上帝的书中被视为是义务而不是自愿的;也就是说,父母有义务尽全力训练儿女,在知识的胸前养育他们,在科学和艺术的怀里抚养他们。如果他们忽略了这件事,他们就要在严肃的上帝面前负责并受到责难。……从一开始,孩童们必须施以神圣的教育,必须提醒他们要缅怀他们的上帝。让他们对上帝的爱和母亲的奶混合一起,充塞他们的内在。我希望这些孩子们能接受巴哈伊的教育,这样他们才得以在今生与来世进步,并且内心充满欢喜。"[③]

六、磋商的重要和信徒的品德

阿布杜巴哈对磋商这个题目多次谈论:"事情不论大小,都应磋商再采取行动。自己的私事若没有磋商就不要采取重大步骤。彼此之间要相互关切,彼此要协助对方的计划。相互间要忧患与共。愿整个国家里没有人匮乏。要彼此交好,直到你等变成一体……"[④]信徒们有些被选为总会或地方分会的委员,在进行磋商时就面对考验,他们被要求的动机、行为和举措标准是很高的,阿布杜巴哈谈到这种崇高的标准时说:"那些在一起磋商的人的先决条件是动机纯正,精神焕发,除上帝外,超脱一切,受他神圣芬芳的吸引,在他所钟爱者之中要谦卑低下,困难中要忍耐和长期受苦,服侍于他崇高的门槛前——第一个条件就是在灵体会当中要保持绝对的爱和和谐;他们必须完全免于疏离感,并在他们身上表现出上帝的一体,因为他们就如一海之波,一河之水滴,一天之星辰,一阳之光,果园中之树,花园中的花朵……"[⑤]

阿布杜巴哈重视品德的培养。关于巴哈欧拉提倡的"可靠"这项品德,阿布杜巴哈在一篇书简中说,假如一位教友成功地作出所有的善行,却没能表现可靠和忠实,那他所有的善行不过是枉然。他这样说:"假如一个人做了所有的善工,可是却迟疑而不能全然的'可靠'和'诚实',他的善行会变成像干燥的火绒,他的失败会变得像燃烧灵魂的火。如果相反的,他每件事情都做不到,可是却可靠又诚实,那他所有的缺陷都最终会改正,所有的伤害会得到补救,所有的虚弱会得到治疗。我们的意思是,在上帝的眼里,'可靠'是他信仰的基石,为众德与完满的基础。一个人没有了这项品德就等于缺乏任何东西。没有了'可靠',信仰和敬神又有什么用呢? 它们能带来什么后果呢? 它们能有什么益

---

① 《阿博都巴哈著作选集》,第 266～269 页。
② 参见阿迪卜・塔赫萨德:《巴哈欧拉的天启》第 3 卷,第 322 页。
③ 阿迪卜・塔赫萨德:《巴哈欧拉的天启》第 3 卷,第 322 页。
④ 阿迪卜・塔赫萨德:《巴哈欧拉的天启》第 3 卷,第 320 页。
⑤ 阿迪卜・塔赫萨德:《巴哈欧拉的天启》第 3 卷,第 210 页。

处呢？因此阿布杜巴哈要劝诫教友们，不！热切地恳求他们，要如此警戒地守护上帝圣道的圣洁，并保持个人的高贵，以至万国都会知道且荣耀他们的可靠与诚实。如若不然，就是劈断上帝圣道的根。我们要躲藏在上帝处，免得犯下这可憎的罪，并祈祷他庇护他的所爱，以免犯下如此重大的错。"①

在一篇致圣辅 Jináb-i-Ibn-i-Abhar 的书简里，阿布杜巴哈说，在和教友来往时，教友们应采取最高标准的诚实和可靠："你写到关于教友间做生意时，应该相互采取什么态度这问题。这是一个最重要的问题，值得给予最热切的关注。对于这种关系，上帝之友应表现出最高的可靠与诚实。轻慢这点就是背离圣美的规劝和上帝的训诫。一个人在家中如不能以全然的可靠和诚实对待亲属朋友，他待外人的态度不论多么可靠和诚实，都没有用。首先他应该处理好自己的事情，然后才处理外面的事情。一个人当然不该争辩说，教友间无需过分关心，也不该说，他们在教友之间不必要过分重视实践'可靠'，但在他们对待陌生人时，正确的行为是很重要的。这样的说法实在是全然的幻想，会带来损害和损失。那些在人们之间发出可靠光芒而成为全人类间完美的象征的人是受祝福的。"②

阿布杜巴哈认为，降低自我并遵循上帝的旨意是人最难的工作，如果他做得到这一点，他就能够收到上帝无限的恩典。阿布杜巴哈在一篇书简里说道，一个信徒在上帝的道途上所能牺牲的最高层次就是放弃自己的意志，而以上帝的意志为意志，从而成为圣美所钟爱者的真实仆人。因为上帝的地位是超然的，他并不需要信徒服侍他，因此服务他最好的方式就是服务他所钟爱的人，也就是信徒。③

七、对教义的总结和教徒义务的规定

阿布杜巴哈在对巴哈伊教教义总结的基础上，肯定"巴哈欧拉的教义是这样的教义，世界上所有的社团，无论是宗教、政治或伦理的，古代的还是现代的，都可以在其中找到对他们最大愿望的表述"，"一切关于人类世界的美德和构成人类世界幸福的上帝的宗教的基本原则，都可以在巴哈欧拉以最完美的方式表述的教义中找到"，因此，巴哈伊教"能够建立完全适应现有条件的世界宗教"。④"巴哈欧拉的遗言是慈悲之雨，是真理之阳，是生命之源，是神圣之灵。"⑤

阿布杜巴哈在《遗嘱与圣约》中对巴哈伊教徒的个人义务做了特别强调，重要的要求有：其一，保卫信仰，维护团结，这是信仰之首。其二，传播信仰，因为圣道是巴哈伊教基础中的首要基石。阿布杜巴哈在一篇书简中写道："传教者的动机要纯洁，心灵要独立，精神要吸引人，思想要平和，决心要坚定，度量要高远，对上帝的爱要明亮如炬。只要他做到这些，他崇高的气息就会连石头都受影响；否则，什么结果都不会有。"⑥其三，服从政府，不干预政治。其四，捐献胡库古拉，这种献金用于传教和善举等公益事业。其五，正直操行，无论对朋友还是陌生人，都要表现出最大的仁爱、正直的操行、坦诚的态度和真挚的友好。

按照这样的教义去实践，世界就会从"黑沉沉的地平线上"出现光亮的七道"烛光"：政治领域的统一；世界事务中思想上的统一、自由方面的统一、宗教的统一、各国的统一、种族的统一、语言的统

① 阿迪卜·塔赫萨德：《巴哈欧拉的天启》第4卷，第373页。
② 阿迪卜·塔赫萨德：《巴哈欧拉的天启》第4卷，第374页。
③ 参见阿迪卜·塔赫萨德：《巴哈欧拉的天启》第3卷，第353页。
④ 《阿博都巴哈著作选集》，第269页。
⑤ 《巴黎谈话——阿博都巴哈1911年巴黎演讲录》，第146页。
⑥ 阿迪卜·塔赫萨德：《巴哈欧拉的天启》第3卷，第324页。

一。所有这一切必然会实现。[①]

阿布杜巴哈的一生“是全然克己、连续不断、无条件服侍神及人类的一生,他未曾逃避辛劳困苦”,“是个动机慷慨、不图私利的规劝者”。[②] 守基·阿芬第评价阿布杜巴哈:他是,也该在任何时候被尊为巴哈欧拉无以匹敌和无所不包的圣约的中心和主轴,他是巴哈欧拉最高超的手艺,他光辉无瑕的明镜,他教义的完美典范,他话语无谬误的诠释者,每一个巴哈伊的化身,每一个巴哈伊美德的具体实现,是从亘古之根——上帝律法的四肢——发出来的伟大枝干,是“所有名号所围绕”的人,人类一家的主发条,至大和平的标记,这个最为神圣的传道期中心圆球的月亮——各种格调与名号都是明确并在他神奇的名字“阿布杜巴哈”中找到最真实、最崇高和最美好的表现。他除了这些尊称之外,还是“上帝的奥秘”——这是巴哈欧拉选来赋予他的。这赐号并非要使我们将他的地位视为先知,但却指出了在阿布杜巴哈的身上,人性和超人的知识与完美等不兼容的东西,可以完全地调和与融结在一起。[③]

阿布杜巴哈为巴哈伊教奉献了自己的一生,扩大了巴哈伊教的影响,壮大了巴哈伊信徒的队伍。但是,到此时为止,巴哈伊教还没有在世界范围里得到承认,作为独立体系的一个新信仰还有待官方的正式承认。这个艰巨的任务等着由守基·阿芬第去完成。

---

① 参见《阿博都巴哈著作选集》,第 29 页。
② 白有志:《阿博都巴哈——建设新秩序的先锋》,第 3 页。
③ 参见白有志:《阿博都巴哈——建设新秩序的先锋》,第 381 页。

第六章　守基·阿芬第使巴哈伊教成为世界宗教

阿布杜巴哈虽然已经预见到，在“巴哈欧拉的教义中，能够建立完全适应现有条件的世界宗教，它实际上能立即治愈不治之症，缓解一切疼痛，给予解毒药，对一切致命毒药肯定有效”[①]。但是在他作为教长期间，巴哈伊教还没有得到世界的承认，巴哈伊教在实际上还没有成为世界宗教。邵基·阿芬第1921年12月从英国回到海法，开始作为巴哈伊教的唯一合法继承人，领导巴哈伊教直至1957年去世。在这一段时间里，守基·阿芬第的功绩是使巴哈伊教获得了广泛的国际承认：1925年5月10日埃及的伊斯兰教宗教法庭宣布了巴哈伊教作为独立宗教的地位；1948年联合国接纳巴哈伊国际社团作为联合国的非政府组织机构成员；巴哈伊社团在世界各地开花结果，地方灵体会、国家灵体会在很多国家建立起来，而巴哈伊的经典著作也被翻译成660种文字，得到了广泛的传播；卡梅尔山上的巴哈伊世界中心，也是他花费大量精力建成的。所有这一切都是在守基·阿芬第时期完成的。

阿布杜巴哈与外孙守基·阿芬第

（摄于1919年）

第一节　圣护制的形成和圣护的成长

一、守基·阿芬第简单的经历

守基·阿芬第·拉巴尼（Shoghi Effendi Rabbání，也写作“守基·阿芬第”），1897年3月1日生于巴勒斯坦阿卡（今属以色列），他是阿布杜巴哈长女迪亚伊娅（Ḍiyá'iyyih Khánum）的长子，其父亲则是巴布的亲戚，因此他被当作两棵圣树上长出的圣枝。小时候，他在父母身边成长，接受了巴哈伊教系统的教育。阿布杜巴哈给予他很多关爱，直接教育了他。1913年8月1日，他和阿布杜巴哈的妹妹“至伟圣叶”、巴哈欧拉的长女齐亚卡农（Zia Khánum）特意从海法赶到埃及塞德港去见很长时间

① 《阿博都巴哈著作选集》，第269页。

一直在外访问的外祖父，外祖父亲自教导他念祷文。①

守基·阿芬第的中学开始是在海法的法国耶稣会兄弟学院（中学）读的，但是他不满意该校的教育质量，转学到贝鲁特天主教学校就读。1918 年，守基·阿芬第就读于叙利亚基督教学院，即后来的黎巴嫩贝鲁特美国大学，系统接受西方教育，获得文学学士学位。回到圣地阿卡以后，担任阿布杜巴哈的秘书和口译，并书面翻译其致西方教友的书简。后来在 1920 年春天又到英国牛津大学巴里奥尔学院深造，在那里他已经开始把巴哈伊教的许多圣典翻译成英文，以便供不能读阿拉伯文和波斯文的信徒们阅读。他未及毕业，因为外祖父阿布杜巴哈于 1921 年 11 月 28 日的逝世，便赶忙返回阿卡，接任巴哈伊教领袖。阿布杜巴哈生前指定他为圣护。

他在返回阿卡之前，曾经从牛津来到伦敦，住到格兰小姐家中，受到布隆菲德女士、格兰小姐和爱斯猛博士的照料。1921 年 12 月 16 日他和妹妹及布隆菲德女士乘船回到海法。② 1922 年 1 月，阿布杜巴哈的《遗嘱与圣约》公布，遗嘱指定他的任务是做阿布杜巴哈的法定继承人。

二、承担重任

守基·阿芬第回到海法的重任是：维系巴哈伊团体的团结、防止对巴哈欧拉和阿布杜巴哈文献的错误诠释和对巴哈伊教义的异化、正常运行巴哈伊教的日常活动、传播巴哈伊教。可以说，对于一个 25 岁的青年来说，这四大任务哪个也不轻。他所进行的第一项工作，就是按照阿布杜巴哈《遗嘱与圣约》的指示精神，筹建巴哈伊教的行政管理系统。

在 20 世纪 20 年代以后，欧洲的巴哈伊遭受了重大的打击，先是苏联对境内的巴哈伊进行了镇压，把在其境内的灵曦堂没收充公，后来是纳粹德国对巴哈伊的疯狂镇压，巴哈伊的机构被摧毁，使德国的巴哈伊几乎遭受灭顶之灾；而在伊朗的巴哈伊则被剥夺了基本的人权。为了振兴巴哈伊教，守基·阿芬第一方面想方设法巩固已建设起来的巴哈伊社区，另一方面决定自 1937 年开始执行一个七年（1937～1944）计划，通过美国的巴哈伊信徒在拉丁美洲开展大规模的传教活动，扩大了巴哈伊教在那里的影响。从 1953 年开始，他又决定推行十年拓荒活动，把传教的重点放到东亚地区和其他落后地区。

守基·阿芬第于 1957 年 11 月初去伦敦为巴哈伊世界正义院档案馆购买器材，患了亚洲感冒，引发心脏病，11 月 4 日去世，葬于当地新南门公墓。

他去世之后，由他任命的 32 位圣辅，有 27 位协助他的妻子拉巴尼夫人，保证了巴哈伊行政机构的正常运转。后来条件成熟了，依照阿布杜巴哈和守基·阿芬第的指示，1963 年 4 月 25 日世界正义院第一届 9 名成员诞生了。这个机构每 5 年选举一次，并且对管理和领导全球巴哈伊社团负责。继承守基·阿芬第事业的是他的夫人拉巴尼（Rúḥíyyih Kh͟ánum Rabbání），她是加拿大籍，与守基·阿芬第在牛津同学，2002 年去世。

守基·阿芬第这位牛津大学的肄业生将巴哈伊教的主要经典译成英文出版，促进了教义的传播。他自己的著作有《新世界体制之目的》，是他在 1931 年为阿布杜巴哈逝世 10 周年而作的纪念性论文，又翻译为《世界之趋势（大同教宣言）》，署名沙基芬地撰，上海商务印书馆 1932 年版，翻译者不

---

① 参见白有志：《阿博都巴哈——建设新秩序的先锋》，第 312 页。

② 参见白有志：《阿博都巴哈——建设新秩序的先锋》，第 368 页。

详。另有《巴哈欧拉之天启 新世界体制之目的》合订本，澳门巴哈伊出版社 1995 年出版。另外有《巴哈伊行政管理》、《巴哈欧拉的世界秩序——巴哈欧拉书信选》、《号召寰宇》、《神圣正义的降临》、《致巴哈伊世界的信——1950～1957》、《承诺之日来临》、《致加拿大巴哈伊函》、《信仰堡垒——致美国巴哈伊——1947～1957》，最有代表性的著作是《神临记》。他从波斯文和阿拉伯文亲自翻译成英文的经典有《巴哈欧拉圣典选集》、《确信经》、《隐言经》、《七谷书简》、《四谷书简》、《致狼子书简》、《祈祷与默思》等。

三、圣护制

阿布杜巴哈在他的遗嘱中指定他的长外孙守基·阿芬第·拉巴尼为巴哈伊信仰的圣护和教义诠释人。他说：

> 我所爱的友人啊！当这位被错待之人离世后神圣树上的阿格善（大枝，巴哈欧拉的亲戚）与阿弗南（小枝，巴布的亲戚），上帝圣道的圣辅以及阿帕哈美尊的钟爱者务必要转向守基·阿芬第——那是从两棵神圣树上分枝出来的青春枝干，也是圣树两枝分枝的结合而长成的果实——他是上帝的表征，拣选的枝干和上帝圣道的监护人，所有阿格善与阿弗南和上帝圣道的圣辅以及他所钟爱的人都必须转向他……这神圣而青春的枝干，上帝圣道的监护人和全巴哈伊世界所选举出来的世界正义院都受到阿帕哈美尊的关照和保护，也受到圣尊者与崇高者（即巴哈欧拉和巴布）永不谬误的指引和庇护（愿我能为他们献身）。他们所决定的任何事都是来自上帝的，没有服从他或是他们的人也就是不服从上帝……在所有阿格善、阿弗南之上的正义院，以及圣辅必须对上帝圣道的监护人表示服从、谦卑、忠诚，并转向他，在他面前卑下……①

圣护守基·阿芬第

这份文件明确号召巴哈伊教徒要在阿布杜巴哈去世之后转向守基·阿芬第，因为他是上帝的表征，是上帝圣言的诠释者，是继阿布杜巴哈之后圣道的守护者，因此必须服从他。违抗他，就是违抗上帝；背离他，就是背离上帝；否认他，就是否认唯一真神。守基·阿芬第履行这些职责直到 1957 年去世。在 36 年的履职期间，他深孚众望，作为圣护，他将巴哈欧拉和阿布杜巴哈的许多著述翻译成英文，详细解释其涵义，鼓励世界各地的巴哈伊建立他们自己的地方和全国性组织，指导了一系列全球宣教计划。

在圣地，守基·阿芬第的一项丰功伟绩是指导建起了巴哈伊信仰世界中心。巴布陵墓的完成和巴哈伊国际档案馆的建筑，也凝聚了他大量的心血。守基·阿芬第还亲自设计和布置了巴基和卡梅

① 白有志：《阿博都巴哈——建设新秩序的先锋》，第 374～375 页。

尔山坡两处美轮美奂的守基·阿芬第花园。

守基·阿芬第说：

> 那股产生自上帝的神圣力量，其横扫一切的威力势不可挡，其潜能不可计算，其方向难以预测，其作用极为神奇，其显现令人畏惧——这股力量，正如巴布所写道的“在一切被创造物的内在生命中震荡”，并且，根据巴哈欧拉所说，已通过其“震荡性影响力”，“打破了世界的平衡并革新了它有秩序的生活”——这样一股神圣力量，犹如一把双刃的利剑，下在我们的眼前，一方面切断了多个世纪以来把文明社会的各方面联结起来的已老化陈旧的关系，另一方面砍掉了仍然束缚着这个幼嫩而未获自由的巴哈欧拉之信仰的镣铐。①

守基·阿芬第对巴哈伊社团的未来充满希望，他说：

> 面临这样一个挑战，这个迄今已攀登上永恒胜利之高峰的社团既不可以再踌躇，也不可以退缩。对其命运充满信心，依赖上帝赐予它的力量，由于意识到它过去已取得的胜利而更加坚强，因看到正在逐渐瓦解的文明而被激励起来行动，我毫无疑问地相信，它将继续果敢地达成其任务之当前要求，确信在它所走的第一步以及它所经历的每一个阶段，神圣的光与力量之清新启示将指引和推动它前进，直至在它成熟的时候和当它的力量达到顶峰的时候，它完成那与闪光之命运不可分离的神圣计划为止。②

守基·阿芬第对第二阶段巴哈伊教的发展，说：

> 奇妙地释放出来的神圣力量，以及有计划的实际行动将致使实施的步骤惊人地有效。这些步骤将保证第二阶段神圣计划的完成。已意识到这紧急使命之崇高性，并已组织起来的社团应充分地和迅速利用这些力量。各种机构，包括地方的、地区的、国家的、洲际的组织将直接地负责神圣计划的贯彻。这个计划目前要求我们在各自的范围内完成任务。③

守基·阿芬第鉴于在世界各地全面建立各级正义院的时机尚不成熟，当机立断地决定，首先依靠北美已经拥有众多信徒的有利条件，分阶段地定期在世界各地逐步成立相应的机构。他亲自动员有条件的男女信徒，到世界各地去成立拓荒团。这些男女必须在当地安家落户，自谋生路，以自己的实际行动表明什么是巴哈伊信仰。他们可以吸收新信徒，但是绝对不允许强迫非巴哈伊改宗，或劝人改变信仰，也不允许采用传播“福音”的办法去吸收信徒。他们可以实施在当地发展巴哈伊的计划，帮助提高当地人民的生活水平，改善生活条件。不分民族，不分肤色，不分信仰，一视同仁。邵基·阿芬第特别重视信徒个人的独立思考，曾提出紧迫的忠告，“切莫等待任何来自其教区里当选的代表们任何的指示，或期待任何特别的鼓励，也不要受那些亲朋同胞所可能放置在他的道路上的障碍所阻挠，也不要在意批评者和敌人的责难”④。在巴哈伊教信仰里的三个中心人物和守基·阿芬第的经典里，充满了关于个别教友在传道的发展上所不可取代的角色的忠言和规劝。在守基·阿芬第的号召之下，很多有条件的信徒远赴他乡，浪迹天涯海角。在他们的努力下，世界各地的巴哈伊信徒的人数逐渐扩大。在1921年阿布杜巴哈去世时，全球据说有10万巴哈伊信徒。但也有说当时有

① 巴哈伊世界中心编辑部编：《神圣辅助的力量》，澳门新纪元巴哈伊出版社1999年，第36～37页。

② 巴哈伊世界中心编辑部编：《神圣辅助的力量》，第38～39页。

③ 巴哈伊世界中心编辑部编：《神圣辅助的力量》，第40～41页。

④ 转引自世界正义院：《155年蕾兹万节文告》。

300 万或数百万教徒的说法。[①] 显然后边这种说法没有什么根据。守基·阿芬第去世时已发展为 40 万教徒。

四、指导行政教务

守基·阿芬第编辑了《巴哈伊教务管理》，指导了该教行政教务的建设。该教行政教务非常具体地涉及圣护、世界正义院、巴哈伊国家总会、巴哈伊地方分会、巴哈伊社区、灵曦堂和个人在社区里的行为规范。

圣护和世界正义院的责任就是要施行巴哈欧拉制定的原则，"广传律法，保护机构，忠诚且贤明地依社会演进的需要，采行应用信仰原则，成就信仰的创教者赐给世界永不腐朽的遗产"[②]。他肯定圣护在任何情况下绝对不会废止或者些微减损世界正义院的权柄。世界正义院则"受巴哈欧拉授予权威，得以制定他神圣经典里未明确记载的律法"，"可以因应时代的所需和改变，废止前任正义院已制订和执行的律法"。世界正义院的重大责任是"确保持续那源自信仰之源的神圣命定权威，维持信徒间的团结，护卫教义的完整和弹性"[③]。因此，"必须信任时间和上帝的世界正义院之指引，以期对它所提出的和其意涵，得到更清晰且更完整的了解"[④]。

守基·阿芬第指示说，在成立任何地方分会或总会时，不应该寻求"单一化"，"因为巴哈伊教务管理体制的基石，就是异中求同的原则"[⑤]。管理人员必须"以极为谦卑的态度来看待他们的工作"，展现"开放的心胸"、"高度的正义和责任感"、坦白、谨慎、"对教友们、圣道、全人类的福祉和利益的完全专注"，这样才能赢得人们"真心的支持和尊敬"。总会的成员应该"让教友了解他们的计划，与教友们分享他们的困难和焦虑，并寻求他们的忠告和咨询"。[⑥] 总会的重要任务是，"尽最大的努力，让新教友熟悉信仰的基本灵性真理；一个神圣指派的教务管理体制的源头、它最终的目标和目的以及过程；更加熟悉信仰的历史；更深入了解巴哈欧拉和阿布杜巴哈的圣约；丰富他们的灵性生活；让他们更加努力，并密切参与传导和信仰活动的管理；启发他们为信仰的利益做出必要的牺牲"[⑦]。通过总会的努力，"使个别教友和地方分会实现他们各自的工作"，并"经由他们一再的呼吁，经由他们随时准备好去驱逐误解和排除障碍，经由他们生活的典范，他们毫无放松的警觉，他们高度的正义感，他们的谦卑、奉献和勇气，他们必须向他们所代表的人展示，他们不逊于教区其他人，力足以扮好推进计划的角色"。[⑧]

个人在社区里的行为规范，守基·阿芬第主张要过一种贞节和圣化的生活，因为贞节和圣化的生活是所有巴哈伊信徒行为举止的准则。具体来说，"贞节和圣化的生活，也就是包含中庸、纯洁、自制、正派和心地纯净在内的意涵，表露在外时，不外乎是在衣着、言辞、娱乐和所有艺术和文学的嗜好上，秉持中庸。它需要每日有所警惕地控制自己的肉欲和腐败的倾向。它需要放弃轻浮无益的行

---

① 参见白有志：《阿博都巴哈——建设新秩序的先锋》，第 271、367 页。
② 转引自 Paul Lample：《创造新思维》，台湾人德文教发展机构 2002 年版，第 20 页。
③ 转引自 Paul Lample：《创造新思维》，第 64～65 页。
④ 转引自 Paul Lample：《创造新思维》，第 114 页。
⑤ Paul Lample：《创造新思维》，第 109 页。
⑥ 转引自 Paul Lample：《创造新思维》，第 72～73 页。
⑦ 转引自 Paul Lample：《创造新思维》，第 77 页。
⑧ 转引自 Paul Lample：《创造新思维》，第 78 页。

为，和过度迷恋于肤浅而经常被误导的娱乐。它需要完全禁戒饮酒、吸食鸦片或使用会上瘾的毒品。它谴责艺术和文学上的色情、裸体和试婚、婚姻关系上的不贞，以及所有形态的杂交、过度随便亲密和性罪恶。它绝不容忍与这个堕落时代中带来的学理、标准、习惯和极端的行为相妥协。相反的，它要透过典范的动力，显示那一类理论的有害性，那些标准的虚伪，主张的空洞，习惯的邪恶和那种极端行为的亵渎性”①。超脱、纯洁和无私的服务，被当作所有信徒的真正动机，是灵性力量的显示。而严重的物质主义、能够腐蚀灵魂的世俗牵绊、使人分心的恐惧和焦虑、占据时间的欢乐与消遣、使看法阴暗的偏见和敌意、瘫痪灵性官能的冷漠与昏睡，都是要用超脱克服的障碍。②

对巴哈伊教的管理体制，不能在一开始就过于要求完美而看不见神圣的目标。任何人都不可能是完美的，甚至“上帝的先知，有时也会厌倦，而在失望之余哀叹”③。因此，宽容、容忍应该表现在人与人之间，应该避免自满，但是服务圣道的人必须保持持久的“不偏不倚的正义感，不被充满腐败的政治生态所显现出来的惊人败德所影响”。这充满正义、平等、真实、诚实、公平、可靠、信赖的正直行为，必须凸显巴哈伊社区生活的各层面。巴哈欧拉宣布“上帝的伙伴在今日是让世人发酵的面团。他们必须表现出如此的信赖、真实和坚持，如此的行为和性格，以致全人类可以从他们的典范获得裨益”④。管理的成员更要“完全不顾自己的好恶，个人的兴趣和倾向，全心关注那些可以给巴哈伊社区带来福祉、快乐，并倡导公众利益的措施”⑤。

分会、总会、委员会和代表大会等机制全是媒介，是信仰之灵的工具，不应该被看作“本身即是最终目标”。这些机构应该以自己的能力，去“推动信仰的利益，协调活动，应用原则，将概念具体化，执行巴哈伊信仰的宗旨”⑥。不管是总会、分会或是社区，如果通过磋商或是通过表决达成了决议，那么成员们就必须“服从多数的声音，因为教长告诉我们，那是真理之声，不能挑战，而应全心地推行”⑦。

在每个社区，原则上应该建立一座灵曦堂和附属机构，它应该在地方分会的指导下运作，是巴哈伊群体崇拜的中心，并负责给受难者提供救济，给贫困者提供食品，做旅人的庇护所，给丧家者以抚慰，并教育无知者。所以，灵曦堂的重要性是无可置疑的，“这个痛苦世界的救赎，终需得确实的依赖对巴哈欧拉天启有效性的意识，加上一方面和他的圣灵有灵性上的沟通，及在另一方面明智的应用，和忠实地执行他所启示的原则和律法。在所有和他的圣名有关联的机构中，毫无疑问的，除了灵曦堂外，没有任何机构，更能适当提供巴哈伊崇拜和服务之所需了”⑧。

传教是每个巴哈伊信徒的义务，是绝对不能忽视的事情。大胆、奉献、不屈不挠、自制和不吝惜的献身等重要的特质，能够使巴哈伊信徒“放弃他们的家园，抛弃其所有，散布到地球各角落，走赴天涯之一角高举巴哈欧拉的旗帜”⑨。守基·阿芬第认为，传教是一种艺术，一个有效的传教者依接受

① 转引自 Paul Lample:《创造新思维》，第 38 页。
② 转引自 Paul Lample:《创造新思维》，第 51 页。
③ 转引自 Paul Lample:《创造新思维》，第 27 页。
④ 转引自 Paul Lample:《创造新思维》，第 23 页。
⑤ 转引自 Paul Lample:《创造新思维》，第 85 页。
⑥ 转引自 Paul Lample:《创造新思维》，第 95 页。
⑦ 转引自 Paul Lample:《创造新思维》，第 112 页。
⑧ 转引自 Paul Lample:《创造新思维》，第 120 页。
⑨ 转引自 Paul Lample:《创造新思维》，第 47～48 页。

对象的需要和接纳能力，而去介绍信仰的内涵。传教的步骤包括：找寻有接受能力的人，用智能传达信息、协助个人接受信仰、巩固新教友的信仰，直到他们可以自立为止。[①]

在 36 年中，他将许多巴哈欧拉及阿布杜巴哈的经典译成英文，详述其中意义，鼓励地方性及国际性巴哈伊组织的成立，并领导一连串发展计划，以达成将巴哈伊理想传遍世界的目标。在圣地海法，他永垂千古的纪念物，就是他为巴哈伊世界中心所缔造的壮丽环境。巴布陵殿的完成及国际巴哈伊文献馆的建设，也都是他努力的成果。在巴基及卡梅尔山坡上美丽悦目的花园也是由守基·阿芬第设计规划的。

守基·阿芬第亲自致力于建设巴哈伊教的基础设施。他陆续购买进一些土地，扩大圣地海法的规模。他建成了巴布陵墓的金黄色穹顶，将陵寝修建成今天的模样，并在陵寝周围的平台上建造了美丽的花园，修缮了阿卡和巴基的巴哈欧拉故居。

巴布陵寝是由加拿大建筑师威廉姆·麦克斯韦尔(William Maxwell)设计的，大理石柱体现了古典罗马的建筑风格，科林斯式雕花柱冠令人回想起古希腊时尚，而庄严高贵的贴金穹顶又融入了东方的特点。守基·阿芬第还作出了修建梯田花园的规划，并亲自丈量了各层梯田的位置，最终想建成卡梅尔山上的巴哈伊世界中心，可惜他 1957 年逝世，致使这个规划在他在世时未能得以完全实现。1987 年，巴哈伊世界中心任命加拿大籍建筑师法理博·萨巴主持设计和建成了梯级花园。

守基·阿芬第翻译的各种巴哈伊教的经典，对于西方人来说，是十分重要的。因为原来的巴哈伊教经典，大多数由于是波斯文或阿拉伯文写出的，因此西方人阅读起来有很大困难，往往使他们无法理解巴哈伊教义。为了让西方的读者能够理解巴哈伊教，守基·阿芬第花费了大量时间来翻译这些经典。由于他对巴哈伊教的深刻理解，所以他的翻译绝对没有任何误译，译文达到了信、达、雅。守基·阿芬第翻译了《确信经》英文版，纳比尔·阿仁的《破晓之光》英文版等著作。他自己则完成了一部巨著《神临记》，对巴哈伊教从 1844 年到 1944 年 100 年的历史进行了系统的总结。这部著作成为研究巴哈伊前 100 年的历史不可越过的著作。

他任命了 32 位圣辅，另外使 10 位巴哈伊具有圣辅的地位。通过他的努力，巴哈伊教最终没有出现分裂，没有出现无政府主义，巴哈伊教的经典没有被误解。他在前三位核心人物开创的宗教现代化的基础上，使巴哈伊教进一步完成了现代化的改造，使这一从伊斯兰教中独立出来的新宗教和世界一体化的进程完全一致。

守基·阿芬第坚称："'人类一家'(Oneness of Mankind)的原则，巴哈欧拉教义所环绕的中轴，不是单单的无知情绪主义的爆发，或是仅仅表达一个模糊和神圣的期望。它的诉求，不能只被视同为同胞爱和人类间善意精神的复苏，它也不是只针对培养个人和国家间的和谐合作而已。它的义涵更深，它的宣示，比过去所有先知被授意去推动的更伟大。它的信息不仅应用于个人身上，而是主要的关系到，那些联结万国为一家的必要关系之本质。……它义涵着现今社会架构的一个有机改变，一个世界从未经历的改变……它代表着人类演进的顶点。……巴哈欧拉所宣示的人类一家的原则，带来的是一个严正的断言，即要在这巨大演进中，臻至其最终阶段，它不只必要，更是无法避免。而它的具体实现，则快速地在接近，为达成它的建立，造物主没有不能的力量。"[②]

① 参见 Paul Lample:《创造新思维》，第 56 页。

② 转引自 Paul Lample:《创造新思维》，第 137～138 页。

守基·阿芬第肯定公正是无与伦比的光辉，世界的组成和人类的安宁仰赖它。巴哈欧拉解释，公义是征服人心和灵魂的强大力量，提升了爱和恩典的标准。它的目的就是带来团结。除非透过他的正义，否则无人可以达到他真正的地位。除非经由团结，否则无任何力量存在。所以“团结”力量的根源就是正义（公义）。巴哈欧拉解释说：“人类之光是公义，不要以压迫专制的逆风扑灭它。公义的目的是要在人间实现团结。”巴哈欧拉的一生就是见证：“因为他承受不正义，正义才显现于地球上。因为他甘受屈辱，上帝的威严才得照耀人间。”①

一个人对别人宽容，与对自己的正直标准，两者应相提并论。要正直，就需要谨慎地用神圣教义来检视自我，要在眼前立起上帝无谬误的天平，并且每日在那天平上，衡量自己的行为。正如阿布杜巴哈所说：“我期望你会考量这件事，那就是你会细查自己的缺点，并无视于别人的缺点，尽全力挣脱不完美。轻率的灵魂总是挑剔别人的错处。伪善的人对自己的错盲而不见，哪能知道他人的错？这就是《七谷书简》中话的含义，它是人类行为的指引。只要一个人无视于自己的错，他绝无法完美。对人而言，没有比知道自己的缺点更有成果的事了。天佑至善说，‘人不知己错，能奈何？’”②如巴哈欧拉所说：世界要接受公义的锻炼，因为世界是由赏罚两根柱石来支撑的。这两根柱石乃是世界生命之源。“现在你等既然拒绝了至大和平，现在则须抓紧这初期和平。这样，你们或许能在某种程度上改善自己以及老百姓的状况。”③

这里所讲的“初期”和平的目的是废除全球战争。今天人类已经建立起巨大的毁灭性武器库，总威力早已足以毁灭全人类。巴哈伊教认为，“次和平”恐怕是拯救全人类免于绝灭的不得不然的措施。“次和平”虽然远不如“至大和平”，但它也是人类文明演进过程里的里程碑。至大和平的来临，就是耶稣基督所预言的“地上的天国”，也是巴哈欧拉所预言的“巴哈伊全球共同体”。守基·阿芬第预言，巴哈欧拉“所应许的至大和平之旗帜必将展现，世界巴哈伊共同体将以其全力及光辉浮现，一个世界文明终将诞生并繁荣”④。他说：

> 从另一方面来说，巴哈欧拉所抱持的至大和平是全球灵性化，各种族、各信条、各阶层、各国的融合所必然带来的结果，除非透过隐含在那和他圣名关联的世界秩序里之神圣指定律法，否则至大和平没有建立的基础和媒介。借由至大和平的建立和全人类的灵性化，人就成为一个高贵的族类，具有神圣的德性和完美的品格。这是巴哈欧拉的启示所带来的果实，是他所应许的。人类的高贵品质和他的灵性发展会在将来把他带到如此崇高的地位，以至没有人会在别人没有食物或遮蔽处的情形下享受食物或在家中休息的。巴哈欧拉的使命就是在创造如此的一种新人类。⑤

守基·阿芬第还说：

> 我们不是靠着数字，不是靠着一套新而高贵的原则，不是靠着组织良好的传教计划……甚至不是靠着我们坚定的信仰或高度的热忱，期望能最终在这严格和怀疑的世人目光下，证明阿帕哈启示的至高宣示。只有也只有一个东西能绝不失败的获取圣道的无疑胜利，那东西就是：

① Paul Lample：《创造新思维》，第 27 页。
② Paul Lample：《创造新思维》，第 26 页。
③ 《巴哈欧拉圣典选集》，第 137 页。
④ 转引自 Paul Lample：《创造新思维》，第 89 页。
⑤ 阿迪卜·塔赫萨德：《巴哈欧拉的天启》第 3 卷，第 249～250 页。

我们内在的生命和性格要能多方面反映出巴哈欧拉所宣示的永恒原则的光华。[①]

守基·阿芬第保证说：

今天，能够吸引上面来的赐福的就是传扬上帝的信仰。天堂的万军正在天地之间等待，耐心地等待巴哈伊站出来并以纯然的献身精神来传扬上帝的圣道，这样他们才能冲出来帮助他。愿那些想要不朽的人站出来并发出神圣的召唤。他们会讶异于他们所获得的灵性胜利。[②]

守基·阿芬第在一封信里还说道，"爱"和"慈悲"是过往诸天启的规劝。今天，巴哈的子民则应是"为了彼此而牺牲所有的东西"。巴哈伊教认为这不能视为是乌托邦的想法，在巴哈伊的历史上，这种事情屡见不鲜。巴哈伊教区的团结就是人类未来的光荣和应许。[③]

守基·阿芬第重申了有关祈祷和斋戒的律法。这里所说的"祈祷"是指"义务性的祈祷"，而不是指普通的祈求性的祈祷。关于这两条律法，守基·阿芬第论述道："斋戒……与义务祈祷一起，构成了支撑天启律法的两大支柱。它们作为灵魂的激素，对它起着强化、复活和纯化的作用，并借此保证其稳步成长。"[④]

五、突出巴哈伊教人类一体化的教义

守基·阿芬第说："包围世界的黑暗尽管是如此的浓，这个世界所要遭受的痛苦考验仍在蓄积而未发，其黑暗是无法想象的。我们正站在一个新时代的门槛，这个时代的痉挛毋宁宣示了旧秩序的死亡和新秩序的诞生……"[⑤]

守基·阿芬第之所以对巴哈伊教教义突出其人类一体化的方面，就是他根据当时世界局势作出的新解释。人类一体化的原则正好表明了人类进化过程的最终结局。这一进化过程最早从家庭生活的出现开始，接下来是部落团结，再发展为城邦国家，其后又演进到独立的主权国家。巴哈欧拉倡导的人类一体化的原则包含着一个庄重的断言：这个伟大的演进历程最终的功德圆满非但是必需的，更是无可避免的；它的实现已指日可待；只有上帝赋予的力量才能成就这项千秋大业。[⑥]

他认为人类漫长的婴儿和儿童期——人类的必经之路——已经过去。如今人类正经历她成长历程中最混乱的青春期，因此不可避免地带有这个时期所特有的骚动，年轻人的冲动和热情达到极点。但逐渐地，作为成年期主要特征的成年人的沉着、睿智和成熟将取而代之。这样人类才能成熟，并由此获得其最终发展所必需的各种力量和能力。[⑦]

---

① 阿迪卜·塔赫萨德：《巴哈欧拉的天启》第3卷，第325页。

② 阿迪卜·塔赫萨德：《巴哈欧拉的天启》第3卷，第341页。

③ 参见阿迪卜·塔赫萨德：《巴哈欧拉的天启》第4卷，第434页。

④ Shoghi Effendi, *Directives from the Guardian*, p. 27.

⑤ 阿迪卜·塔赫萨德：《巴哈欧拉的天启》第3卷，第318～319页。

⑥ 参见守基·阿芬第：《巴哈欧拉的世界秩序——守基·阿芬第书信选》，Wilmette, Illinois: Bahá'i Publishing Trust, 1974，第42～43页。

⑦ 参见守基·阿芬第：《巴哈欧拉的世界秩序——守基·阿芬第书信选》，Wilmette, Illinois: Bahá'i Publishing Trust，第202页。

第二节 对世界各地的传教工作

一、制定传教计划

阿布杜巴哈在世时，巴哈伊教传播到35个国家和地区，而守基·阿芬第在世时，巴哈伊教已经传播到了251个国家和地区。[①] 这要归功于守基·阿芬第在1937年4月至1944年的第一个七年计划、1946年开始1953年完成的第二个七年计划和1953年开始推行的十年神圣计划，制定了十年东征(1953～1963)计划，他把美国巴哈伊看作自己建立教务行政制度的合作者。地方灵体会和国家总会的建制，就是先在美国试行而后在其他地区推广开来的。他甚至相信，西方的精神领域也会取得和东方一样的胜利，而且还会超过东方："这一天即将来临，你们会目睹，……西方是怎样取代东方而放射出神圣指导光芒的。"[②]

在第一个七年计划里，他设定的三个目标已经完全实现：在美国的每一个州和加拿大的每一个省至少建立一个地方灵体会；确保在拉丁美洲共和国至少有一位巴哈伊导师；完成美国的第一个灵曦堂的外部设计(1944年5月，完成芝加哥威尔米特的灵曦堂的外部设计)。

在第二个七年计划，主要目标定在欧洲、北美。欧洲的巴哈伊社团要增加，当时仅在德国和英国有国家总会。第二个七年计划时期，加拿大巴哈伊总会在1948年成立，并于1949年经过加拿大国会批准注册为合法的社团法人。这在巴哈伊教的历史上是一个突破性的发展，守基·阿芬第认为这个成就"无论在东方或西方的巴哈伊历史上都是独一无二的"。1953年芝加哥威尔米特的灵曦堂全部竣工，海法的巴布陵寝也在这个时期完工。[③]

守基·阿芬第在十年计划里，主张应该发动一场传教运动，把巴哈伊教传播到地球上的各个角落，包括所有巴哈伊教尚未传播到的地方。他列出了27个目标，提到世界上有131个信仰之光还没有照耀到的地方。他规定，凡是到尚未有巴哈伊教信徒的地方去传教的成功者，就被封为拓荒的巴哈欧拉骑士。一大批外籍教友来东方各地从事传教活动。1953年10月，响应他的号召，美国加州巴哈伊弗朗西斯·海勒太太到澳门去传教，成为澳门的巴哈伊骑士。1954年11月4日，在经过守基·阿芬第同意之后，她又到墨西哥成为那里的拓荒者。

二、对世界各地巴哈伊组织的指导

守基·阿芬第一直关切着各地区灵体会的建设，经常派圣辅去做指导，或亲自发函鼓励教友们热心传教，这给各地传教者们极大的鼓励与鞭策。这些信函为建立选举和集体决策提供了指导方针。现在这种选举和集体决策的体制已经成为巴哈伊教的一个显著特征。

守基·阿芬第详细地解释了巴哈伊教义的含义与深刻影响，包括从家庭生活到世界体制的广泛主题。他还详尽地解释了巴哈伊教与其他宗教的关系，阐明了巴哈伊教的伦理学、神学和历史学等

---

① 参见胡斯曼·法提阿尚：《新园》，澳门新纪元国际出版社2002年版，第35页。

② 威廉·哈彻、道格拉斯·马丁：《巴哈伊信仰——新兴的世界宗教》，第63～64页。

③ 参见威廉·哈彻、道格拉斯·马丁：《巴哈伊信仰——新兴的世界宗教》，第65页。

方面的观点。他对巴哈伊教的发展提供了源源不断的鼓励与支持的源泉，尤其是当时的巴哈伊世界绝没有现在的队伍那么庞大的时候，作为一个巴哈伊教徒要冒一定的风险的时候，他的这些信，无疑给巴哈伊信仰者提供了勇气。他对巴哈伊教的信心，激励了一代巴哈伊信徒，使他们充满信心地去传播巴哈伊教的教义，把巴哈欧拉的思想传达到世界各地。①

守基·阿芬第非常重视环境，认为“我们不可能将人的心灵与我们外部的环境分离开来，只要其中一个变革了，其他的也会改善。人与世界是有机联系着的。他的内心生活塑造了环境，同时又受到环境的深刻影响。一个作用于另一个以及人生中的每一个持久变化乃是这些相互作用的结果”②。

三、对西方传教的贡献

守基·阿芬第认识到西方对巴哈伊信仰的需求是非常迫切的，因此他花费很大的力气来翻译巴哈伊教的经典。在守基·阿芬第以前，曾经有过对巴哈伊教经典的翻译偏离和歪曲原文③，所以阿布杜巴哈强调“当用有力而优美的文体翻译这些经书和书简，译文与原文保持一致时，它们的内在意义的光辉就会洒向国外，并照亮全人类的眼睛”，因此“要尽最大努力确实做到译文与原文保持一致”④，在翻译时“务必至为小心谨慎，以便精确体现原文”⑤。

遵照阿布杜巴哈的精神，守基·阿芬第为翻译这些经典花费了极大的心血。他的翻译不仅反映了他对英语的卓越驾驭，而且也是他对经典的权威诠释。他确定的英文翻译标准，是要找到一种英文文体，能够忠实地传达出巴哈欧拉的波斯文和阿拉伯文崇高而感人的文风，最后他选择了略带古风的英文文本，带有詹姆士王版《圣经》的余韵。同时，他也选择使用阳性代词来指代上帝，尽管巴哈伊教反对上帝是有任何性别的。这当然是出于无奈之举，也是继承了巴哈欧拉的原著中使用阳性代词的习惯。巴哈欧拉指出过，上帝是超越于任何对人类形体或性别的模拟的。因此，谈到上帝时用“他”、“她”还是“它”，对于巴哈伊来说，不是会引起争议的问题。⑥ 他还选择使用区分号来帮助标明阿拉伯文和波斯文名称的发音，这个标准一直沿用至今。由于他的努力，在将巴哈伊教经典翻译成英文的过程中，诞生了一种新的风格，在现代英语和巴哈欧拉的原著的波斯文及阿拉伯文的风格之间架起了桥梁。后来被翻译成西方其他语言的蓝本不是巴哈欧拉的原著，而是守基·阿芬第的翻译著作。从那个时候到现在，巴哈欧拉著作的一部分已经翻译成八百多种语言，对传播巴哈伊教起了巨大的作用。⑦

守基·阿芬第特别欣赏美国的巴哈伊信徒所作出的贡献，“美国的信仰者们卓越的行为对信仰的发展进程所起的空前的推动作用；由西方第一座灵曦堂所唤起的各种族和各民族人民的极大兴趣”；“在世界上 40 多个最先进的国家中崛起并得以稳定巩固的巴哈伊机构；以 25 种以上最广泛使

---

① 参见巴哈伊国际社团公共信息处：《巴哈伊》，澳门巴哈伊出版社 1992 年版，第 57 页。

② 参见《守基·阿芬第 1933 年 2 月 17 日通过其秘书给一位巴哈伊的信》，转引自《探索真发展之路——〈天下一家〉发展通讯集》，澳门新纪元国际出版社 1999 年版，第 325 页。

③ 《阿博都巴哈著作选集》，第 198 页。

④ 《阿博都巴哈著作选集》，第 59 页。

⑤ 《阿博都巴哈著作选集》，第 198 页。

⑥ 参见巴哈伊国际社团公共信息处：《巴哈伊》，第 34 页。

⑦ 参见巴哈伊国际社团公共信息处：《巴哈伊》，第 25 页。

用的语言所普及的巴哈伊书籍”，扩大了巴哈伊教的世界影响。①

第三节　对巴哈伊教前 100 年历史的总结

一、系统总结巴哈伊教

1934 年巴哈伊教的历史进入了第 90 年，守基·阿芬第在给西方各国首脑的一封信中肯定了巴哈伊教作为世界宗教取得的国际性的地位。② 1944 年在巴哈伊教结束第一个百年的时候，守基·阿芬第出版了他的力作《神临记》。这部著作“讲述了一件神圣的事件，在我们当中诞生了一个新的世界性信仰——该信仰是继过去所有的世界宗教而来，并且承认之、完美之，将其共同目标带至一个尽善尽美的境界；它向基督徒——福音之人民——发出了一个特别的召唤，号召他们起来帮助将它的信息传扬到整个世界”③。

1947 年，在联合国刚刚成立两年的时候，守基·阿芬第在给联合国一个特别委员会所写的一篇报告中，简略地叙述了巴哈伊教的历史，肯定了它作为独立宗教的世界意义。他肯定了这一信仰产生于什叶派伊斯兰教的中心地区，并且在早期被伊斯兰教徒当作是一个默默无闻的教派或是伊斯兰教的一个支派的事实，但是后来它已经不是伊斯兰教的一部分。他明确肯定巴哈伊教“的确堪称一个世界性的宗教”，巴哈伊社团“随着时间的推衍而演化成为一个全球性的联邦，它的实现象征着人类的黄金时代，那时人类的团结必定稳固地建立了，而进入成熟期。人类将随着一个全球文化的诞生和崛起，而显现其辉煌的宏旨”。④

二、肯定巴哈伊教的三位关键人物

在对巴哈伊教历史的总结中，守基·阿芬第肯定了巴布的先驱地位，其作用就是宣称自己是以往各圣典所预言，为一位比他更伟大的导师之降临而铺路的先驱者。而根据那些以往的经典，那位伟大导师的使命是来宣布一个公正和平时代的届临。这个时代将被欢呼为以往各天启的至高期望，而且在人类的宗教历史中展开一个新周期。⑤

守基·阿芬第肯定巴哈欧拉是巴布所预言将要降临的更伟大的先知，他重申了巴哈伊教的律法与规则，颁降了上百部经典来阐释巴哈伊教教义原则，向东西方的君王和统治者，向基督教徒和伊斯兰教徒以及袄教徒宣扬教义，并且向教皇等宗教高层人士致书宣扬教义。⑥ 构成巴哈伊教义的基本原则是：宗教的真理不是绝对的，而是相对的；神圣的启示持续不断，而且逐步演进；世界上所有伟大的宗教本质上都神圣永恒；它们的基本原则完全和谐一致；它们的目的与要旨都相同；它们的教义是同一真理的各面；它们的作用相辅相成；它们只在教规的细节方面有所差异；它们的天职代表人类社

① 参见《巴哈欧拉之天启　新世界体制之目的》，澳门新纪元国际出版社 1995 年版，第 3 页。
② 参见《巴哈欧拉之天启　新世界体制之目的》，第 3～4 页。
③ G·汤士便德：《神临记》英文版《引言》，鸥翎译，未刊本。
④ 守基·阿芬第：《号召寰宇》，马来西亚巴哈伊总灵体会 1992 年版，第 1 页。
⑤ 参见守基·阿芬第：《号召寰宇》，第 3 页。
⑥ 参见守基·阿芬第：《号召寰宇》，第 4 页。

会灵性相继进化的各个阶段。守基·阿芬第明确申明,巴哈欧拉的教义不是摧毁,而是应验以往各宗教的许诺;不是贬抑以往先知们的地位、削弱他们的教义,而是重申他们教义的基本真理和原则,使之配合当代的需要,适宜于解决当前人类所面临的问题及困难;巴哈欧拉的教义是调解而不是强调各信条的分歧,是这些分歧瓦解了当今的社会,分歧是应当弥合而不是应该加深的;巴哈欧拉的教义也没有宣布自己是最终的启示,而是预定在人类的将来,全能之主的上帝将赐予人类更明澈的真理。巴哈欧拉的特殊地位在于他颁布了上百部经典,在这些经典里包含的宝贵的箴言,重大的律法,特殊的原则、激情的劝勉、再三的警戒、惊人的预言、庄严的祷祝、有力的评论,这些都是以往的所有先知未曾有过的。[①] 总之,守基·阿芬第强调巴哈欧拉创立的巴哈伊教是这样的一种宗教:

巴哈伊教伸张上苍的一体性,承认各先知的一致性,并且训导人类一家的原则。它宣称全人类的团结是必要且不可避免的;强调它必将逐渐地发展而成,并认为须以圣灵之力,或通过他今日特选的发言人,才能最终使之实现。它还训导信徒们须肩负起独立寻求真理的基本任务;谴责一切偏见及迷信;宣称宗教的目的乃促进友爱与和谐;表明它须与科学协调,并认为它是和平与人类社会循序渐进的主要工具。它明确地维护男女权利和机会平等的原则,坚持推行普及教育;消除巨富与赤贫;废除牧师职位;禁止奴隶制度、苦行、行乞及出家;规定一夫一妻制;不鼓励离婚;强调绝对服从政府;推崇虔诚服务的精神等于崇拜上苍;吁请创造或选择一种世界辅助语;制定促进人类永久和平的机构之纲要。[②]

守基·阿芬第分析了这种宗教信仰的核心,就是那联系人与上帝的神秘感。这种灵性上的交往,可借着冥思和祈祷而达成。这就是为什么巴哈欧拉如此强调崇拜的原因。祈祷对信徒的内在灵性发展是绝对不可或缺的,这是上帝宗教的目的。[③]

不仅如此,守基·阿芬第还指出巴哈欧拉启示了巴哈伊教的教务管理的基本原则,建立了它的机构,指定了他的话语的诠释者,并且赐予能补订和执行他律法的机构,必要的权威。巴哈欧拉确定了阿布杜巴哈的巴哈伊教圣约中心的地位,将巴哈伊教的领导责任首先传给了他的儿子,确保了巴哈伊教的领导权不会被分裂者夺走。然后,又通过圣护和世界正义院两个孪生机构的设立,进一步使巴哈伊教的管理机构畅通无阻,能够稳定地据守在巴布和巴哈欧拉所开创的轨道上。

很少人会浑然不知,巴哈欧拉吹给世界的灵气,它直接的经由他的支持者所展现的努力,间接地借着某些人道组织,以不同程度的强度显现出来。然而,除非且直到它能具体化为一种可见的体制,这体制身负他的名号,认同他的准则,以他的律法来运作,否则它绝无法充满人间,产生持久的影响。

我们应该体认,巴哈欧拉不只是将一种新的和再生的精神,注入人间而已。他也不只是宣告了某些全球性的原则,或提出一种哲学论点而已。不论这些是如何强而有力、完善且具全球性。除此之外,不像从前的天启,他和阿布杜巴哈已经清楚且特别订下了一套律法,建立明确的机构,并且提供了神圣经济(Divine Economy)的要义。这些都注定要成为未来社会的一种模式,为建立至大和平(the Most Great Peace)提供至高的机制,为团结世界,创建代理机构,并宣

① 参见守基·阿芬第:《号召寰宇》,第15页。
② 守基·阿芬第:《号召寰宇》,第10~11页。
③ 参见Paul Lample:《创造新思维》,第64~65页。

示以正直和公义统治世界。[①]

守基·阿芬第第一次明确了巴布、巴哈欧拉、阿布杜巴哈是巴哈伊教的三位关键人物，他们"组成了一个神圣信仰的三个中心人物"[②]，前两位都具有先知或显圣的地位，是"两位独立的迅速相继而来的显圣"[③]，巴布独立先知的地位，是守基·阿芬第明确予以肯定的，巴布不仅仅是巴哈伊信仰的"一个被赋予灵感的前驱"，"巴布完全无愧于被列为上帝之神圣显示者之一，他乃是自足的；而且他被赋予了最高的权能与权威，并行使着独立的先知的地位所拥有的权力与权威"。"他被赋予了一个独立的宗教天启所固有的权能，在于他掌握了一个独立的先知的地位所拥有的权力，这权力之大是所有在他之前的神圣显示者无法与之相比的。"[④]

而阿布杜巴哈不是显圣，他是其父亲巴哈欧拉的继承者，但是不占有他父亲的显圣的地位。"他应该永远地视为首要和主要的，是巴哈欧拉那绝世无双的、包含一切的圣约之中心和支点，是他最崇高的杰作，是反映他的光之净洁明镜，是他的教义之完美典范，是他圣言之不误的诠释者，是巴哈伊全部理想之化身，是巴哈伊所有美德之体现，是从亘古之根长出来的至伟圣枝，是上帝律法之圣枝，是'被所有名号所环绕'者，是'人类一家'的主发条，是至大和平之旗帜，是这个最神圣天启的中心行星之月亮——这些含蓄的称呼和名衔都在那个神奇的名字阿布杜巴哈找到它们最真确、最高境界、最公正的表达。比这些称号更高、更高超的，他乃是'上帝之奥秘'——这是巴哈欧拉亲自选择用以为他命名的词汇，无论如何，这个称号不应令我们顺理成章地给他配上先知的地位，同时，它表示出来本来难以兼容的人类本质的特征与超凡的知识及完美如何地在阿布杜巴哈这个人身上融合在一起，并且完全达到了和谐。"[⑤]阿布杜巴哈是巴哈欧拉教义的合法继承者和教义阐释者，在为期三年的访问中，他历游埃及、欧洲及北美，向各地传播巴哈欧拉的教义，预言巨变即将降临于人类。

三、"英雄时期"和"形成时期"联系的链条

阿布杜巴哈逝世，结束了巴哈伊教史上最动人的一章——"使徒时期"[⑥]，或者叫"英雄时期"、"神圣启示期"，因为这个时期"由巴布开始而巴哈欧拉使之达到顶峰的、这个伟大的预言周期中诸先知所期待和颂扬的这个时期，乃是以近五十年连续和演进的神圣启示为显著特点的——这个时期，凭它持续的时间及丰富的内容，必须被视为在整个世界灵性历史领域里无与伦比的"[⑦]，巴哈伊教从而开始了形成时期。使徒时期是巴哈伊教的始创期，它的地位要高于形成时期，超越和独立于形成时期。而形成时期则要被以后的黄金时期所胜过。这三个时期的连续性组成了永久不可分离的链条，"信仰之种子慢慢发芽的那个时期便必定见到它繁花盛开的时期，和紧接着的种子最后结出金黄硕果的时期紧密地联系在一起了"[⑧]。"英雄时期"和"形成时期"联系的链条就是阿布杜巴哈的《遗嘱与圣约》。

---

① 转引自 Paul Lample:《创造新思维》，第 64～65 页。
② 守基·阿芬第:《巴哈欧拉之天启　新世界体制之目的》，第 40 页。
③ 守基·阿芬第:《号召寰宇》，第 12 页。
④ 守基·阿芬第:《巴哈欧拉之天启　新世界体制之目的》，第 31～32 页。
⑤ 守基·阿芬第:《巴哈欧拉之天启　新世界体制之目的》，第 43 页。
⑥ 参见守基·阿芬第:《巴哈欧拉之天启　新世界体制之目的》，第 2 页。
⑦ 守基·阿芬第:《巴哈欧拉之天启　新世界体制之目的》，第 51 页。
⑧ 守基·阿芬第:《巴哈欧拉之天启　新世界体制之目的》，第 52 页。

形成时期即是建立巴哈伊教的行政体系的时期。巴布预言了它的建立，巴哈欧拉启示了它的律法，阿布杜巴哈描绘了它的轮廓，国家灵体会和地方灵体会的建立为它打好了基础。因此巴哈伊教的行政体系被注定要在这一时期显现。巴哈伊教的教务行政制度与传统宗教的不同，因为它的本质神圣，稳固地建立在创教者亲笔明确制定的律法、规则和机构的基础上，而且严格遵照明确授权的继承者的指示而运作，从一开始就避免了分裂的危险，成功地保持了它多元的、广泛的支持者的团结，从而使教友们能够一致地、有系统地在世界各地拓展和巩固其教务行政机构。他详细阐述了这个行政体系的特点，指出：

> 这个行政制度所服务、所保护及所促进的教义，本质是超自然、超国家主义，完全非政治性和非集团性的，而且绝对反对种族、集团及国家的竞争政策和思维。它没有神权，没有牧师，也没有宗教的仪式，全赖教友的自由捐献及义务服务来维持。巴哈伊信徒们虽然忠于他们的政府，虽然爱他们的国家，而且急欲时时刻刻促进它的福利，却把人类当作一个整体，深深地关心它切身的利益。他们会毫不犹豫地把一切福利，不论是个人的，区域性的或是全国性的，隶附于全人类的利益。他们完全明白，在这个人民及国家构成须互相依赖的世界上，先顾及整体的利益，才是获得个别利益的最佳方法。倘若忽略了整体的利益，任何一个组合的单位，都不能有持久的利益。
>
> 另外，不可忽视的一点便是，巴哈伊信仰独立性以及其信仰的特征是被伊斯兰教国家所承认的，并且摆脱了一些伊斯兰国家正统教规的束缚；其独立信仰地位是由伊斯兰教国所作证的，且赢得王族们的尊重。[①]

四、巴哈伊教是宗教永恒历史的延续

守基·阿芬第认为，正是经过巴布、巴哈欧拉和阿布杜巴哈三个中心人物的相继努力，才致使这个新信仰从伊斯兰教中独立出来成为一个彻底一神论的宗教。这个宗教既反对所谓的“神圣化身说”，也反对拟人论和泛神论。守基·阿芬第引用巴哈欧拉的《确信经》强调说：“对于明察而亮堂的心，这一点是显而易见的：上苍，那‘不可知的本质’，那‘神圣的存在’，乃是无限崇高的，超越一切诸如肉体的存在、升与降、进与出等人类的属性。人类之舌远不能恰当地赞美他的荣耀，人类的心亦无望理解他那深不可测的奥秘。他从古到今都隐蔽于他那亘古不朽的本质里，亦将永远地隐藏在他那不为人见的实质里。”“任何视力都不能看见他，但他却能看见一切；他乃敏锐者，明察万象者。”“没有一条直接交流之纽带可将他与其造物相连接。他高高在上，超越了一切分离与团聚、一切接近与疏离。没有任何征象能够显示其临在或不在；因为，凭其命谕的一个字，便使天地间诞生了万物，借其意旨，也就是那‘初始意志’本身，万象便从绝对的虚无踏进了存在之境，也就是那个可见的世界。……‘上帝乃是独在的；除他之外，没有别的神’这句话正是其真理的确实证言。上帝的众先知及其特选者、所有的神职者、贤哲以及每代人中的智者都一致地承认自己无力理解那‘一切真理之精髓’，都自认自己无法明白他，那‘万物之内在实质’。”[②]所有的先知包括巴哈欧拉在内，即使是被看作来自上帝的神圣显示者，也绝对不可等同于上帝本身。他们的存在只是为了传达上帝的启示，和

---

① 守基·阿芬第：《号召寰宇》，第5～6页。

② 巴哈欧拉：《确信经》第2卷，小鸥译，未刊本，第23页。

独一而崇高的上帝相比，就是先知也无法等同于上帝，而是在上帝面前，先知的本我比“泥土还要低下”。[①] 而且，巴哈欧拉并没有认为自己是最后一个先知，而是把自己看作为以后的先知铺路的，还明确肯定“那位将在我之后被派遣下来的人”，“将被赋予伟大的统权和非凡的主权”。[②]

而且，巴哈伊教也绝对不会废除以往各大宗教作为其基础的首要的和持久的有效的教义原则，相反，各宗教的权威，它都加以承认，并使之确立为它的根本基础。它把它们看作是同一个宗教的永恒历史和连续演进过程中的不同阶段，它自己也是其中的一个阶段。

所以巴哈伊教既不致力于掩盖以往各大宗教的神圣根源，也不贬低它们所取得的举世公认的成就。巴哈伊教声明，绝没有图谋要推翻世界各宗教体系的灵性基础，它不变的目的乃是扩大它们的基础，重申它们的基本教义，调和它们的目标，振作它们的生命，显示它们的同一性，恢复它们教义早期的纯洁性，调整它们的功能并且协助它们实现其最高愿望。在守基·阿芬第看来，所有的神圣宗教是注定不会灭亡的，只是会被更新。[③]

第四节　建立世界新体制

一、从人类一体出发建立世界新体制

守基·阿芬第把“人类一体”称之为巴哈欧拉的教义所环绕的轴心和基石，他认为“人类一体”的思想不应该被看作是无知的激情主义的爆发，也不是模糊的虔诚的愿望之表达，在巴哈欧拉的启示期里，上苍信仰的基础以及他的律法的特殊性质，就是关注人类的一体性。[④] 他论证了它的必然性，从现实的历史中看到了它实现的希望：

> 不应仅仅把它的呼吁等同于人类兄弟情谊和友善精神之复苏，它的目的也不仅仅是培育各种族各民族人民之间的和谐合作。它的含义更深刻，它的主张比以往任何的先知们被允许提出的更伟大。它的信息不仅仅适用于个人，更主要地关注于必定把所有国家和民族结合为一个人类大家庭之成员的那些基本关系之本质。它不仅仅只是一个理想之阐述，而是不可分割地联系着一个能够适当地体现它的真理、证实它的有效性、并且使它的影响力永存不朽的机构。它意味着当今之社会结构在组织上的变化，这种变化是世界从来未曾经历过的。它包含着一种挑战、勇敢无畏且遍及全球，直指已陈旧过时的对民族主义信条的信仰——这些信条盛行的时代已经过去，必将受天命的决定和控制，按照事物发展的通常路向，屈服于一个新的准则——这个新准则从根本上不同于并且无限优胜于世人所构想出来的任何信条。它起码要求重新建设整个文明世界并使之非军事化，使这个世界有组织地在其生活的各个重要方面，如政治机构、精神抱负、贸易金融、语言文字等方面同一起来，而且仍然保留着各联邦单位民族特征之无限多样性。

① 守基·阿芬第：《巴哈欧拉之天启　新世界体制之目的》，第 23 页。
② 守基·阿芬第：《巴哈欧拉之天启　新世界体制之目的》，第 27 页。
③ 参见守基·阿芬第：《巴哈欧拉之天启　新世界体制之目的》，第 24 页。
④ 参见守基·阿芬第：《号召寰宇》，第 23 页。

它代表着人类演进之顶峰。人类的演进最初是由民族家庭生活的诞生而开始的，后来经过发展达成了宗族部落的团结，然后又导致城邦国家的构成，以后经过扩张发展为独立的主权国家制度。

正如巴哈欧拉所宣示的，“人类一体”的原则恰好包含了这样一个神圣的断言：在这个伟大的人类演进史中，不但有必要而且不可避免要达至这个最终的阶段；它的实现快速临近；而且，只有源自上帝的力量才能成功地把它建立起来。

如此惊人的构想已经在那些表明拥护巴哈欧拉之信仰的人们之努力中得到最早的显现，并由他们踏出了谨慎的第一步。这些信仰者们意识到其事业的崇高性，他们从学习巴哈欧拉崇高的行政管理原则开始，经受锻炼，勇往直前地在地球上建立他的王国。

世界团结之精神从正在瓦解的社会之混乱状态中自发地形成，而这种精神的逐渐传播，使那伟大的构想达到间接的体现。[①]

守基·阿芬第论证它实现的可能性，基于它不是废除所有的旧体系从头建设新体系，而是在现有的体制基础上进行改造，所以是可能实现的，而不是空中楼阁。他论证说：

它的目的绝不是破坏现有的社会基础，而是扩大这个基础，改造其体制，以满足一个不断变化的世界的需要。它不抵触合法的效忠精神，也不削弱必要的忠诚心。它的目的既不在于压制人们心中正常而理智的爱国热情，也不在于发出民族自治体制，而这种体制对避免过度中央集权的恶果是极其必要的。它既不忽视，也不会企图去抑制种族特性、风俗习惯、历史传统以及语言和思想等诸方面的差异，而这些差异正是造成国家和民族千姿百态的因素所在。它要求一种更为宽广的忠诚心，一种比以往任何记录里人类进步的抱负更为博大的雄心壮志。它强调国家的意志和利益必须服从于一体化世界的迫切需要。它一方面拒绝过度的中央集权，另一方面也反对所有强求一律的企图。它的口号是“求异存同”。[②]

二、世界新体制的核心

守基·阿芬第认为，这个世界新体制的核心是“使世界成为一个有生机、有灵性、团结的整体”。“一个世界团体的出现，世界公民的意识，世界文明及道德的建立”，是这个体制要致力解决的问题。[③] 它最后的结果，就是“建立一个世界联邦，使世界各国、各族、各种学说及各阶级亲密地永远团结在一起，而且各成员国的自治权及个人的自由与自主都绝对受到保障。在这个世界联邦，根据我们所能设想到的，必须拥有一个世界性的立法机关。它的成员国将最终控制全球的资源，并制定法律来治理人民，满足人民的需求，并调整全人类的关系。一个受世界军力支持的施法部门，并执行世界联邦的决策，施行立法机构的法律，保证整个世界联邦的根本团结。一个世界法庭将对各方面的纠纷作出判决，发布强制性的命令。一个世界通讯社机构将被设计，它将包括全世界，不受任何国家的干扰或限制，神速及持续地工作。一个世界都将会成为世界文化的中心，一切生活上的凝聚力，将集中于它，它的影响力也向四周扩散。一种世界语文将被发明或由现存的语文中被选定，并在所有

① 守基·阿芬第：《巴哈欧拉之天启　新世界秩序之目的》，第86～88页。

② 守基·阿芬第：《巴哈欧拉的世界秩序——守基·阿芬第书信选》，Wilmette, Illinois：Bahá'í Publishing Trust，1974，第41～42页。

③ 守基·阿芬第：《号召寰宇》，第39～40页。

成员国的学校教学，作为母语以外的辅助语文。一种世界文字、世界文学、一种统一的世界货币，重量及测量制度，将简化及助长各国各族之间的交流与了解。在这样的世界社会里，宗教与科学，人类生活中的两大力量，将获协调，互相合作并和谐地发展。报章在这样的制度下，将提供更大的篇幅让不同的见解发表各自的见地与观念。不再被个人或公众的既得利益恶意地玩弄，也将挣脱纷争的政府与民众的影响。世界的经济资源将被重组，它的原产品将被掘取，并充分地加以利用。它的贸易市场将获得协调及发展，产品的分销将获得公平的分配。国际间的竞争，仇恨及阴谋将终止，种族仇视与偏见将被种族亲善、了解及合作所取代。宗教分裂的因素将永远被消除；经济的藩篱与限制将完全废弃；阶级间的不平等分野将灭迹；两极分化将消失。不论是经济或政治的战争所消耗的巨大能源，将奉献给开拓人类的发明及技术发展，以增加人类的财富，消灭疾病，促进科学的研究，改善人类的健康，增强人类的智能，延长人类的寿命，促进一切对人类的智能、道德及灵性有激励作用的机构”①。

守基·阿芬第在《巴哈欧拉之天启》这篇论文里，论述了有关巴哈伊信仰的一个极为重要的目的——“建立一个新的世界体制”的问题。他明确地描述了那些造成人类今时今日所面临的困境的原因，认为只有巴哈欧拉的教义具有充分的力量来引入一个“和平安康、天下一家”的新时代。他向人类发出了一个挑战，鼓励世人为建立一个新的世界体制而努力，使世界各国的国家利益服从于大同世界所发出的势在必行的要求，在这场世界灵性历史上最伟大的戏剧中扮演好各自的角色，无论这个角色是多么的微不足道。这个新的世界体制是靠巴哈伊教的行政管理架构的双生支柱——圣护和正义院来维系的。

三、正义院的设想

关于正义院的思想，首先是由巴哈欧拉提出来的，而由阿布杜巴哈完善并使之运行的。圣护制度，也是巴哈欧拉在《至圣经》里首先提出设置的，阿布杜巴哈则为之进行了解释。

守基·阿芬第认为圣护和正义院（分别有地方的、国家的和世界的三级）作为双生机构，其根源是神圣的、其功能是必需的、其宗旨和目标乃是互补的：保证从信仰之源泉流出的神圣指定之权力的连续性，维护信仰之追随者们的团结，并且保持其教义原则之完整性与灵活性。它们各自管理着巴哈伊的事务，协调它的活动，促进它的利益，执行它的律法，保护它的属下机构。它们各自在一个被清楚地确定了的管辖范围内运作，各自也配备了附属机构，在各自被限定的范围内行使其权能、权威和权利。

圣护制是阿布杜巴哈根据长子继承制制定出来的，本来应该是阿布杜巴哈的长子来继承做圣护，但是由于阿布杜巴哈膝下无子，所以由其女儿的长子守基·阿芬第来做圣护。阿布杜巴哈规定圣护的职能是，“他是上帝之圣言的诠释者，在他之后将由他的嫡系后代中第一个出生者所继承”。“通过遵从上帝圣道之圣护，强大的堡垒将保持坚固和安全。”因此，世界正义院之成员、上帝圣道之圣辅们“都必须对上帝圣道之圣护表现出遵从、顺服和服从”②。而守基·阿芬第因为没有孩子，所以在他去世之后，圣护不再设立，致使今天的巴哈伊教已经没有圣护这一职位。

---

① 守基·阿芬第：《号召寰宇》，第43～44页。

② 转引自守基·阿芬第：《巴哈欧拉之天启　新世界体制之目的》，第59页。

守基·阿芬第对这两种制度解释说，巴哈伊信仰之圣护被指定为圣言之诠释者，而世界正义院被赋予了对未曾明确地在经典中启示的事宜进行立法的职能。圣护在自己的职权范围内工作，他的解释与世界正义院所制定的条文一样具有权威和约束力。世界正义院所独有的特权，是宣布和传达它对于巴哈欧拉未曾明确启示的律法和诫命所作出的最后决议。这两个机构中的任何一个都不会，也将永远不会，侵犯另一个的神圣指定的范围，也将不会谋求削弱彼此的已被神圣赐予的具体而确定的权力。而且，圣护被任命和指定为巴哈伊教的一个终身首领，即使有这样神圣的权力，那他也绝对不可以，即使是在短期内独揽立法权。他不能推翻世界正义院大多数成员所作出的决定，但他有责任坚持让他们重新考虑那些他自己意识到是与巴哈欧拉之话语的意义相抵触，并背离了其精神原则的那些法令条例。他对已经具体启示的著作进行解释，而且除非是他以世界正义院成员的身份，否则，他不能参与立法。他被禁止独立地制定那用以指导其他成员组织性活动的章程，也被禁止以一种会侵害那些享有神圣的权利去选举他的合作者的人之自由的态度来施加他的影响。①

很清楚，圣护的地位是被限定在这样的领域里，他既不能与先知并列，也不能与圣约的中心并列。这样，就把圣护和巴布、巴哈欧拉和阿布杜巴哈的地位进行了根本的界定和区别，他不能自称为巴哈欧拉教义之完美典范或反映他的神光的无瑕明镜。他不可以用任何借口为自己攫取巴哈欧拉特别赋予他儿子阿布杜巴哈的那些权力、荣誉和特权。他的地位要永远地卑逊于巴哈欧拉和阿布杜巴哈。因此，如果有人称呼他为圣尊，寻求他的祝福，庆祝他的生日或纪念与他的生平有关的事件，就等于背离了巴哈伊信仰的原理。守基·阿芬第自己申明“对于我本身，若然犹豫于承认这个如此紧要的真理或踌躇于宣示如此坚定的信念，便已无耻地背叛了阿布杜巴哈对我的信任，并且不可饶恕地篡夺了赋予他的特权”②。

世界正义院的建制，参考或者在其结构中结合了分别存在于三种被承认的世俗政体中的一些元素，但并不是复制它们之中的任何一种，也没有把它们中固有的不良特性引入它的机制内。世界正义院作为一种行政管理体系，既不是纯粹民主性的，不是纯粹专制性的，也不是纯粹贵族政制的。然而，它在自己的架构中规定、调和并吸收了这三种政制中的健康成分。具体来说，就是：

> 圣护被任命行使的世袭权威，世界正义院所承担的重大而必要的职能，要求由信徒之代表参加民主选举的具体法令——所有这些合在一起显示出这个神圣启示之体系（绝不能把这个体系等同于亚里士多德在其著作中所提及的任何一种政体类型）包括并融合了灵性的真理，而那些存在于其他公认政体中的有益成分则被建立在这些灵性真理之上了。而那些政体中各自固有的公认的有害的因素，则被严格地承认和永久地排除在这个独一无二的体系之外，因而，无论它持续多久，分支多广，它也永远不会退化到那些迟早要败坏一切人造的具有根本性缺陷的政治制度之机构的暴力政治、寡头政治或煽动者政治的任何一种形式。③

圣护制和世界正义院是巴哈伊教第二阶段即形成期的主要标志。在守基·阿芬第在世时，这个体系还处于幼嫩阶段。这个体系具有这样的特点：它的指导原则是阿布杜巴哈在西方的公开讲演中已经明确阐明的，指导其运作并限定其职能的律法已经明确地在《至圣经》中做了规定，它的灵性活动、博爱活动和行政管理活动群集的中心地带，是灵曦堂及其附属场地。维护它的权威并支撑它的架构的

① 参见守基·阿芬第：《巴哈欧拉之天启　新世界体制之目的》，第60页。

② 守基·阿芬第：《巴哈欧拉之天启　新世界体制之目的》，第62页。

③ 守基·阿芬第：《巴哈欧拉之天启　新世界体制之目的》，第65页。

支柱,是圣护制和世界正义院两种制度。激励它的中心的或主要的目的,是建立起由巴哈欧拉所设计的新世界体制。它使用的方法以及所灌输的标准,“既不偏向东方,也不偏向西方,既不偏向犹太人,也不偏向非犹太人,既不偏向富人,也不偏向穷人,既不偏向白人,也不偏向有色人。它的口号是人类团结,它的旗帜是‘至大和平’,它的顶峰是黄金时代的到来——在那圣日里,世界各国都将成为上帝自己的王国,成为巴哈欧拉的王国”①。

1957年守基·阿芬第去世的时候,巴哈伊教在世界范围内已经建立起许多地方灵体会和国家级的总会。这样,必要而广泛的基础已经形成,从而使建立世界正义院具备了足够的条件。于是在1963年世界正义院的第一届成员就顺利诞生了。

① 守基·阿芬第:《巴哈欧拉之天启 新世界体制之目的》,第68页。

第七章　世界正义院完善巴哈伊教务行政体系

世界正义院，早期译名也有称“万国总灵体会”的，但是后来弃用了。它是巴哈伊教的最高行政管理机构。各国或地区的行政管理机构，称国家或地区“正义院”，或“国家总会”、“地方分会”。为了强调它们的纯灵性功能，也被称为国家或地区“总灵体会”。巴哈伊教的基层组织，则称为“地方灵体会”，也有称为“地方协理会”的。巴哈伊教的第一个协理会产生于伊朗。[①] 各级灵体会均由 9 人组成，民主选举产生，定期换届。

世界正义院成立于 1963 年，由 9 名成员组成。之后，每 5 年选举一次。该机构负责协调教内的一切活动。世界正义院设在以色列海法市的卡梅尔山上，大楼是一座由白色大理石建成的豪华建筑，外围环绕着 58 根石柱，正面朝向海法湾对岸位于巴基的巴哈欧拉陵殿。阿布杜巴哈指出：“这个正义院处于上帝的无误指引和保护之下。如果这个正义院对于在圣典中未曾提及的问题一致或多数票通过作出决定的话，所作的决定或指令会得到保障而免于差错。尽管世界正义院的委员作为个人并不具备本质的无误性；但世界正义院这个机构是处在神的保护和无误指引之下的”，因此也有上帝“所授予的无误性。”[②]

第一节　巴哈伊组织体系的基石：世界正义院

一、正义院的永久性

阿布杜巴哈在《遗嘱与圣约》中确定了巴哈伊信仰的两大基石：圣护制和正义院。他确定圣护制的起因，是有鉴于以往宗教，在第一代创始人去世之后，往往会出现分裂的状况。为了避免这种分裂，他决定在自己的有生之年指定继承人，以免在他之后出现分歧和不和。他选择继承人的条件是，超凡脱俗，纯真无瑕，应该对上帝怀有敬畏之心，知识渊博，明智，并有科学性。按照孩子是其父亲秘密精华的说法，当后来圣护的长子不符合这一规律时，其性格与荣耀的血缘不协调，那么，就应该从非直系亲属中寻找继承人。1921 年阿布杜巴哈去世时，他没有儿子，所以指定了长女的长子守基·阿芬第作为圣护的唯一人选。守基·阿芬第自己也没有子嗣，所以他在去世的时候，对继承人没有提出新的人选，表示一切权力归于世界正义院。由此，圣护由守基·阿芬第开始，也到他为止，以后

① 参见《巴黎谈话——阿博都巴哈 1911 年巴黎演讲录》，第 57 页。

② 《阿博都巴哈著作选集》，第 179 页。

圣护制便告以终结。在 1960 年,有一个 80 多岁的美国籍圣辅查尔斯·马森·雷米突然宣布自己是圣护的继承人,对他的这种明目张胆的篡权行为,其他圣辅根据阿布杜巴哈的《遗嘱与圣约》,将他逐出信仰,最后他于 1974 年孤独地死去,连最初的朋友也都远离了他。[①]

所以,作为两大基石之一的圣护制,是临时的,只有短暂的历史(1921～1963)。随着守基·阿芬第的去世,已经永远地变成了历史。圣辅也有一定的历史局限性,巴哈欧拉任命了 4 位圣辅,他们均已过世。阿布杜巴哈在遗嘱中规定圣护任命圣辅,而且指明成立常设的圣辅机构,以协助圣护的日常工作。由圣护守基·阿芬第任命的圣辅有 32 位。到 1992 年还有 3 位在世。因为现在不再指定新的圣辅职位,所以以后也不会再有新的圣辅了。

而正义院则是永久性的组织建构。设立世界正义院的想法,最早是由巴哈欧拉提出的,其权能由巴哈欧拉赐予,而阿布杜巴哈把它的组织形式加以完善,确立了它的地位。巴哈欧拉确定了正义院的基本原则,他指示,正义院由社团内的所有成年信徒定期投选出的 9 名成员组成。巴哈欧拉指示说:"在每一个城市,设立一个正义院,这正义院须有 9 个议员,必要的话可以超过这个数目……这些议员必须是仁慈之主的信托者,他们必须自认是上苍所委任的人间之保护者。他们必须集在一起,共同磋商。他们必须为了上苍,关心人们的福利,爱人如爱己地采取适当的决策。"[②]在这 9 名成员中,没有女性成员。这是阿布杜巴哈规定的,他说:"根据上帝明晰的律法条文,(世界)正义院仅限于男人;这是由于神的智能,这一点不久就会像正午的太阳一样清楚地显示出来。"[③]

二、正义院的构成

正义院分为三级:地方的正义院,市镇或地区都可以成立,后来这种正义院一般都称为"灵体会";国家正义院,也称为"国家灵体会"。世界正义院,这是巴哈伊最高的管理机构。由世界正义院制定的法规具有圣典的权威,巴哈伊信徒必须遵守。而它可以随着时代的变迁,不断地撤销或者更正已经制定的法规。世界正义院建立在卡梅尔山上,是由巴哈欧拉确定的,因为在他看来,"上苍圣容的光辉已经升起",照耀到卡梅尔山上,上苍已将自己的"宝座建立于卡梅尔山上",已将卡梅尔山作为上苍的"神迹之始源",作为上苍的"启示的证据之源"。[④] 所以遵照巴哈欧拉的指示,世界正义院就建筑在卡梅尔山。

有关世界正义院的具体设置,阿布杜巴哈在《遗嘱和圣约》里论述说:

> 我们现在来看看有关正义院的事宜,它是上帝制定一切美善的根源,能免除任何错误,它必须以世界性的普选来完成,那就是,全体信徒来选。它的委员必须敬畏上帝,是知识和理解的拂晓,坚定上帝的圣道,为全人类的衷心祝福者。这里所说的正义院是指世界正义院而言,也就是说,在每一个国度里,一个次级的正义院必须成立,此次级正义院要选举世界正义院的委员。一切事宜都得提报这机构。它制定圣典里没有明确指示的所有规条和律法。透过这个机构,所有的难题都将获得解决。
>
> 每一个人都必须遵守《至圣经》书,里面没有明确说明的任何事宜都得提报世界正义院。这

① 参见威廉·哈彻、道格拉斯·马丁:《巴哈伊信仰——新兴的世界宗教》,第 68 页注 2。
② 巴哈欧拉:《亚格达斯经律法纲要》,第 9 页。
③ 《阿博都巴哈著作选集》,第 71～72 页。
④ 参见《巴哈欧拉圣典选集》,第 8、9 页。

机构以一致或多数票通过的，诚然就是真理，是上帝的意愿……大家都要寻求圣道中心和世界正义院的指引。任何人转向了其他方向，就是重大的错误。①

守基·阿芬第认为“这个行政体制基本上与以往任何先知所建立的不同。这是因为巴哈欧拉亲自揭示了它的原则，建立其机构，指定圣典的诠释人，并赋予这机构以必要的权威，使它能执行和适用他的律法条规”②。

世界正义院是国际性的组织机构，其9名委员每隔5年在4月21日蕾兹万节的第一天选举一次。常设机构在以色列的海法。不存在候选人和竞选宣传。作为巴哈伊最高管理机构，世界正义院负责对各种巴哈伊经典的解释和具体实施，有权对直接与生活方式、当代事件相关而巴哈欧拉没有提过或没有明确表态的问题进行立法，立法一般要通过9个成员的磋商之后进行表决。表决以不记名方式进行，每个成员都对自己的立场绝对保密，表决以多数(可能是绝对多数，也可以是相对多数)通过以后以世界正义院的名义发布，全体巴哈伊信徒对法律性的规定，必须遵守。而作为世界正义院的成员个人，无论他是多么受人尊敬，但他自己绝对没有任何权威和权势。只有当世界正义院的成员们聚集在一起开会时，他们才能被看作是从神圣之源得到指引。这样就避免了个人崇拜的倾向。③

卡梅尔山上世界正义院的行政大楼是1982年7月12日开工，1983年建成的，在这之前，巴布的陵寝奠基于1909年，其金色圆拱顶结构完成于1953年，19级花园式平台，先后花了10年时间，用了巴哈伊信徒匿名捐献的2.5亿元美金，于2001年5月正式对外开放。经典研究中心大楼设有学者研究所，专门研究巴哈伊教的经典文献。国际传道中心大楼设有受指派的人员所组成的机构，协助世界正义院工作，通过居住在世界各地的洲际顾问，指导全世界的巴哈伊社团。

三、世界正义院成立后的活动

就在世界正义院成立那年(1963年)的4月28日到5月2日，在伦敦举办了第一届巴哈伊全球大会，约6200名来自世界各地的巴哈伊参加了会议，这是历史上第一次大规模的、多元背景的巴哈伊聚会，表现出人类的一致。不同种族的、着不同民族服装的人群组成了一个巴哈欧拉的巨大花环，庆祝巴哈伊教在十年神圣计划里取得的成绩。

从1964年开始，世界正义院执行传教计划。第一个九年计划完成于1973年，第二个是七年计划，完成于1979年。第三个也是七年计划，完成于1986年。经过这三次大规模的传教活动，扩大了巴哈伊教的信徒队伍。

1992年5月29日，世界正义院在海法组织了一次3000名巴哈伊信徒参加的聚会，纪念巴哈欧拉逝世100周年。同年11月23日至26日，世界正义院组织在纽约召开了一次更大规模的第二届巴哈伊全球大会，参加者有来自180个国家的3万人。这次大会的目的，是庆祝和加深理解，自从巴哈伊信仰的创始人巴哈欧拉1892年逝世以来，百年间巴哈伊教取得了很大的成就，尤其是巴哈伊社团特有的团结。尽管巴哈伊信徒是那样的多样化，文化和宗教背景是那样的多元化，但是却成功地

① 白有志:《阿博都巴哈——建设新秩序的先锋》，第378页。

② 守基·阿芬第:《巴哈欧拉的世界秩序——守基·阿芬第书信选》，Wilmette, Illinois: Bahá'i Publishing Trust, 1974，第145页。

③ 参见巴哈伊国际社团公共信息处:《巴哈伊》，澳门巴哈伊出版社1992年版，第46页。

避免了分化成不同的派系。这种经验对于多样化的人类社会或许会带来希望。世界正义院给大会的致辞中强调"除非积极地运用精神原则来寻找解决社会问题的方法，否则，在此之前，震撼社会基础的风暴是不会停止的"。"不团结是问题的关键，它严重地困扰着这个星球。更严重的问题就是不团结的现象普遍地存在于宗教之间以及宗教内部，在破坏所有宗教都致力弘扬的精神和道德影响。"因此，人类的同一性应当是医治不团结以及建立世界新秩序的主要精神原则。"这原则的作用远远超过了只是唤醒人们之间的兄弟情谊和其他美德，它意味着在当今社会的结构中将发生一种有机的变化，这是一种整个世界从未经历过的变化。"[①]大会开得丰富多彩，有声有色，许多巴哈伊艺术家参加了大会期间的音乐表演。

四、世界正义院的成员

世界正义院的最近一届成员有：哈特马・格罗斯曼，生于德国，精通英语和德语，曾经在芬兰担任大学教师。费瑞多・贾瓦赫利博士，生于伊朗，农艺学博士，长期在非洲冈比亚和赞比亚工作，曾经担任过联合国粮农组织首席技术顾问，也担任过巴哈伊国际社团的洲际顾问。法赞・阿尔鲍博，生于伊朗，物理学博士，担任过哥伦比亚洛克菲勒基金会主席，1993 年首次入选世界正义院。济塞・巴内斯，生于美国，有政治学和法学学位，在美国担任过律师，并且是人权组织和劳工关系领域的高级职员，2000 年首次入选世界正义院。胡泊尔・顿巴，生于美国，曾经是好莱坞电影演员，还是画家，曾经在中南美洲教授英语和艺术，1988 年首次入选世界正义院。彼特・康博士，生于澳大利亚，在美国和澳大利亚担任过电器工程学教授，1987 年首次入选世界正义院。道格拉斯・马丁，生于加拿大，有商业管理和历史学学位，是作家兼编辑，1993 年首次入选世界正义院。格雷佛德・米

首届世界正义院成员(摄于 1963 年)

① 参见《天下一家》1993 年 4 月。

切尔,生于牙买加,哥伦比亚大学新闻学硕士,是作家和编辑,曾经在哈佛大学教授英文和新闻学,1982 年首次入选世界正义院。伊恩·森姆普,生于英国,牛津大学德语及法语语言和文学专业硕士,是注册会计师,1963 年首次入选世界正义院,是资格最老的成员。

首届成员中有 2 位伊朗人,4 位美洲人(其中 1 位黑人),1 位英国人,1 位澳大利亚人,1 位爱尔兰人。他们中除了伊恩·森姆普,还有大卫·霍夫曼,生于英国,当过演员、播音员、作家和出版商。1963 年入选世界正义院,1988 年退休,2003 年去世。

第二节 圣辅的贡献

巴哈欧拉在一篇《智慧书简》中宣布,任何教友在今日听到上帝的召唤,就全心全意转向他的至高领域,超脱世俗的任何东西,这样即可视为是人群中的圣辅——圣道之辅教者。

他把圣辅比喻为"上帝之手",说:"这些手(圣辅们)将奋勇地为这位神圣青年(巴哈欧拉)赢得胜利,他们将把人类从无赖与无法无天之污泥中提起并清洗干净。这些手(圣辅们)将装备起来为上帝之信仰去赢取胜利,并且,将以我自生自在的、威力强大的名征服地球上的各种族人民。他们将走进城里,并使城中的居民充满了畏惧。这些便是上帝之威力的证据;他的威力是多么的可怕与猛烈啊!"①

一、巴哈欧拉任命的四位圣辅

不过,除了巴哈欧拉、阿布杜巴哈、守基·阿芬第之外,没有人有资格或有权利提名教友为圣辅。巴哈欧拉任命了 4 位圣辅:哈吉·毛拉·阿里·阿克伯尔(Ḥájí Mullá 'Alí-Akbar-i-S͟hahmírzádí)、米尔扎·穆罕默德·塔基(Mírzá Muḥammad-Taqí Ibn-i-Abhar)、米尔扎·阿里·穆罕默德·本·阿斯达克(Mírzá 'Alí-Muḥammad Ibn-i-Aṣdaq)、米尔扎·哈桑·阿迪布(Mírzá Ḥasan-i-Adíb)。阿布杜巴哈在任期内没有任命圣辅,但他曾提到几位杰出的教友拥有圣辅的地位。他们是毛拉·萨迪克(Mullá Ṣádiq-i-Muqaddas)、纳比尔·阿克拜尔(Nabíl-i-Akbar)、阿里·穆罕默德('Alí-Muḥammad-i-Varqá)和谢赫·蕾黛·叶齐德(S͟hayk͟h Riḍáy-i-Yazdí)。守基·阿芬第则在最后 6 年的任期里任命了 32 位圣辅,并给 10 个人圣辅的地位。圣辅由圣护选择和任命,依据阿布杜巴哈的定义则是:散播神圣的芬芳、教化人灵、提倡学习、改善人类性格,在任何时间、任何状况下,超凡入圣,摆脱俗事。他们必须以行动、举止、言语表现他们的敬畏上帝。

巴哈欧拉任命的首位圣辅是哈吉·毛拉·阿里·阿克伯尔。他自小就渴望获得宗教知识。19 岁的时候,他接触到巴布门徒。当他阅读到巴哈欧拉的《确信经》后,信仰在他心中形成,从此他为信仰付出了一生。地位、财富和他绝缘,痛苦和迫害紧跟着他。他一再被囚禁,即使是结婚之时也不例外,新婚才三天,他就被囚禁了 7 个月,他新婚时住在破旧的房间里,手边的财富只有一张羊皮和一只茶壶。他一生被拘禁 6 次,总共 7 年,囚禁时手铐脚镣一个不少,忍受着极大的痛苦,可是他不改

① 转引自守基·阿芬第:《巴哈欧拉之天启 新世界体制之目的》,第 18 页。

其乐。哈吉·毛拉·阿里·阿克伯尔于 1888 年第二度觐见巴哈欧拉。过后他定时写信给巴哈欧拉,并接到巴哈欧拉的各种书简。有一次,他写信给巴哈欧拉的书记员抱怨些事情。巴哈欧拉知道以后写信给他,告诉他没有权利抱怨,因为神圣的天堂赐给他数都数不尽的灵粮和利益。因此他应该感恩,感恩,感恩,感恩,感恩,感恩,感恩,感恩,感恩(九遍)!

巴哈欧拉任命的第二位圣辅是米尔扎·阿里·穆罕默德·本·阿斯达克。他是最杰出的教友——毛拉·萨迪克(Mullá Ṣádiq-i-Muqaddas),巴哈欧拉赐号为伊斯木·拉·阿斯德克(Ismu'lláhu'l-Aṣdaq)的儿子。他显然继承了父亲的品格与道德。米尔扎·阿里·穆罕默德在教友间以伊本·阿斯德克(Ibn-i-Aṣdaq,Aṣdaq 的儿子)之名著称。他小时候就陪伴父亲到巴格达去见巴哈欧拉。和巴哈欧拉面对面的经验,给他留下不可磨灭的印象。回家后不久,他和父亲就双双被当局囚禁和拷打。长大后,他常伴随父亲旅行波斯传教。30 岁前后,他写信给巴哈欧拉,请求他赐予他一个可以超脱"生与死"、"灵和肉"、"存在和虚无"、"名誉和荣耀"的地位,要的是"全然自我牺牲"的地位,也就是殉道。巴哈欧拉在回信中给了他许多赐福,并解释"殉道"不限于流血,在上帝的眼中,活着也可以算殉道。两年后,他再度要求殉道。巴哈欧拉向他保证,上帝已经赐予他殉道者的地位,称他是 S͟hahíd-Ibn-i-S͟hahíd(殉道者,殉道者之子)。就这样,父子两人都拥有了活身殉道者的地位。他的命运和哈吉·毛拉·阿里·阿克伯尔完全不相同。他娶一位公主——Fatḥ 'Alí S͟háh 沙王的曾孙女为妻。这位公主也是一个虔诚的教友。此举使他得以和权贵们保持亲近的关系,也使他能够向那些有影响力且能帮助巴哈伊教区的人传教。他常说,人要猎狮子,不要只猎狐狸。他经常在波斯境内旅行传教。巴哈欧拉在一篇书简中规劝他说:当为了上帝而到处旅行时,这种行为一直会,且必会影响世界。巴哈欧拉去世以后,他仍旧不断旅行。阿布杜巴哈继任后,他的旅行更扩大到缅甸、'I s͟hqábád 甚至欧洲。1919 年,他在教友的陪伴下,亲自呈献一封由阿布杜巴哈致设在海牙的"永续和平中央组织"的信。他的其他功绩还有:协助组织一个教师训练研习营,以教育德黑兰的巴哈伊妇女。他也在巴哈欧拉在世时,呈送一篇由阿布杜巴哈所写的方案给沙王。他比巴哈欧拉任命的其他三位圣辅活得都久,于 1928 年去世于德黑兰。

巴哈欧拉任命的第三位圣辅叫米尔扎·穆罕默德·塔基(Ibn-i-Abhar,Abhar 之子)。他年轻时就接受父亲的建议,独立寻求真理,从仔细阅读巴布的《默示录》,就认定巴哈欧拉就是那位应许要来的人。他在父亲死后,财产就被没收了。1876 年,他致信巴哈欧拉,询问究竟是殉道较有功德,还是用智能传教有功德。巴哈欧拉在书简里说后者才是正确的,要教友们运用智能,小心谨慎,不要自愿送命。当然,在上帝的道途上殉道,是最大的恩典,可是那必须是在环境无法控制之下不得已而为之的。米尔扎·穆罕默德·塔基定居在德黑兰市,但常在波斯境内广泛地旅行传教。在一篇书简中,巴哈欧拉说他是受造来赞美上帝,荣耀他的圣名,传扬他的道和服务于他的。1891 年,波斯境内发生政治事件,巴哈伊又再度被牵扯进去,再次遭诬陷。这时他被关进 Qazvín 监狱,遭到许多虐待和拷打。然而他却深以当年挂在巴哈欧拉脖子上的铁链如今却挂在他脖子上为荣。由于狱中欠缺食物,巴哈伊就固定地给他送饭。有两位巴哈伊妇女装作他的姊妹每天给他送食物和必需品去。由于狱中无纸供犯人写字,他利用包糖、茶叶和蜡烛的纸,写了许多小字条给她们带出来。有时他还会用同样的方式写长信,回答一些非教徒的问题。在狱中他向其他囚犯传教,使他们接受新信仰。当巴哈欧拉去世时,他仍在狱中。他无法承受这个打击,哀伤久久不能平复,不得已之下只好写信给阿布杜巴哈求助。阿布杜巴哈的回信给他带来了很大的安慰。他告诉米尔扎·穆罕默德·塔基,狱中如无巴哈伊书,可以研读《古兰经》。1895 年获释后,他到圣地觐见阿布杜巴哈。阿布杜巴哈指示他前往'Ishqábád。在阿布杜巴哈的任期内,他到处旅行,拜访教友,传教,拜会高级官员。波斯、高加索和印度都留下了他的足迹。1907 年,他在两位美国教友 Hooper Harris 和 Harlan Ober 及 Maḥmúd-i-Zarqání 兄弟的陪伴下到印度去,他先后 11 次到圣地觐见阿布杜巴哈。他的特别贡献是妇女教育。他和妻子两人在波斯社会的女权提倡上扮演着重要角色。1909 年,两人都在新成立的妇女解放委员会里担任委员。大约在 1910 年,一个全部由妇女所组成的巴哈伊妇女灵体会成立了。哈吉·毛拉·阿里·阿克伯尔和米尔扎·穆罕默德·塔基两人的妻子都是委员。后来这个成立约七年的灵体会,转向全部由男性所组成的德黑兰灵体会寻求某些议题的指引。在他的鼓励下,他的妻子在德黑兰成立了第一间巴哈伊妇女学校。他于 1917 年逝世于德黑兰。

巴哈欧拉任命的第四位圣辅叫米尔扎·哈桑·阿迪布,是一位杰出的博学之士。在接受信仰以前,他在皇室周围的文学圈子里享有崇高的地位。有一段时间他还是伊玛目 Imam-Jum'ih(很高的宗教地位),并且在 Dáru'l-Funún——唯一以西方的教育形态成立的学校——当教师。后来他碰到一位巴哈伊给他一本经典,并介绍一些知名的巴哈伊传教老师给他,尤其是著名的纳比尔·阿克拜尔(Nabíl-i-Akbar)。在他们的影响下,1889 年,他成为一位虔诚的信徒。他用诗歌宣示上帝之日的降临,并决心献上他的所有来服务圣道。不久,巴哈欧拉就指派他为圣辅。可是他却不像其他圣辅一样有机会见到巴哈欧拉。他只见到过阿布杜巴哈。他努力传扬教义,并写了几本有关本信仰证据和历史的书。他的诗歌也令许多教友振奋。他在成立德黑兰灵体会一事上,发挥了很大作用,是该会的主席。他对青年人的教育尤感兴趣。他在德黑兰成立了 Tarbíyat 男校。这所学校多年来被视为是该国最好的教育机构,也是全国各地巴哈伊学校的先驱。这些巴哈伊学校后来由于不理教育部圣日也要上课的要求,而于 1934 年遭关闭。他于 1919 年死于德黑兰,墓地和其他三位圣辅在一起。

二、圣辅拉巴尼夫人

守基·阿芬第在 1952 年任命了一位女圣辅——拉巴尼夫人。拉巴尼夫人 1910 年 8 月 8 日出生于美国纽约,其父亲威廉·麦斯克威尔是加拿大著名建筑师,也是著名的巴哈伊圣辅,其母亲梅·艾丽丝·波尔是欧洲的第一个巴哈伊。她出生后被父母取名为玛丽·苏德兰·麦斯克威尔。少年时代,她在加拿大度过,活跃于蒙特利尔巴哈伊社团之中,就读于蒙特索里学校,后来到蒙特利尔的麦吉尔大学学习过一段时间。很小的时候,她就开始写剧本和诗歌。

露赫叶·拉巴尼夫人

1937 年 3 月 25 日,她嫁给圣护守基·阿芬第,婚后改名为露赫叶·拉巴尼。他们的婚姻带有一定的传奇色彩。她自己说他们结婚之前单独相处的时间不到 15 分钟,但是他们之间有热情,有爱情,互相尊重。他们共同承担肩负的重任,虽然他们都感到了没有孩子的痛苦,但是他们的婚姻是十分幸福的。在婚后的 20 年里,她主要担任守基·阿芬第的秘书,负责回复大量来信，并代表他出访世界各地。1951 年，守基·阿芬第任命她去负责巴哈伊国际理事会的工作，这是世界正义院的前身，有 9 个成员。1952 年，她被任命为圣辅，1957 年守基·阿芬第去世后，她一直和其他 8 个圣辅担任巴哈伊国际理事会的工作，主持巴哈伊信仰的一切事务，直到 1963 年选出世界正义院的首批 9 名男成员，她不再担任要职，主要是到世界各国旅行。她到过 185 个国家和地区，代表世界正义院出席了各种国际会议。

之所以她没有担任世界正义院的成员，是因为阿布杜巴哈曾经引用过巴哈欧拉的一句话"正义院的男人们啊！"①就是说，巴哈欧拉规定了女性不参加世界正义院。而她自己的体会是，从几十年的经验中真诚地感到这个决定对妇女有利。正义院的工作无止境，又很辛劳，因此巴哈欧拉豁免了妇女的这一使命。拉巴尼夫人把这看作神对妇女的恩赐，是妇女的特权。②

拉巴尼夫人精通英语、法语、德语和波斯语，著作有《无价珍珠》和《生活的处方》。前者是守基·阿芬第的长篇传记，后者是指导巴哈伊如何在实际生活中运用精神原则。2000 年 1 月 19 日，拉巴尼夫人逝世，被安葬在海法。

第三节　在世界正义院指导下的教务制度和各种机构

世界正义院负责协调全世界的巴哈伊教活动，包括帮助策划各大灵曦堂的建设，督促成立地方灵体会，国家灵体会、洲际顾问团，组建巴哈伊国际社团，制定教务行政制度，规定崇拜、斋戒及各种节庆。

一、灵曦堂

灵曦堂的确切意思应该是，神在黎明时传达旨意的地方。作为巴哈伊教祈祷和沉思的场所，灵曦堂不同于基督教的教堂、伊斯兰教的清真寺，或其他宗教的神殿。所有的灵曦堂都有 9 个门和一个圆顶。9 在个位数中是最大的，在巴哈伊教中是个吉祥的数字，象征着无穷多的意思，而且还象征统一、和平，表明巴哈伊教的大门是向所有人开放的，人们可以从任何一个门进去。而圆形屋顶则象征着上帝、宗教和人的一体性。所有可以想象的光的象征都被交织在灵曦堂的图案中：日、月、星辰之光，今日与昨天的启示者所揭示的灵性之光。因此，任何时候，它都是光芒四射的，不会也不允许有黑暗侵入。白天有自然之光照耀，而夜间用人造光源照耀。无论从哪个角度走近，都可以看到它所显示出来的对上帝的崇拜精神。而从空中看下去，则像是从天而降的一个九角星，在地球上找到了自己的安息之所。③

按照阿布杜巴哈的说法，灵曦堂是"上帝那灵光普照之启源和神圣证据的宣示处"④，是"念记上帝之始点"，是"以最为圣洁的方式"举行聚会的地方，"在规定的时间，人们会知道是聚会的时间了，所有的人都应聚集在一起，大家协调一致地进行祈祷，通过这种聚会，团结友爱的精神就会在人们的内心茁壮成长"。灵曦堂"能给热爱上帝的人们以灵感并愉悦他们的心灵，使他们变得坚定不移"，虽

① 《巴黎谈话——阿博都巴哈 1911 年巴黎演讲录》，第 157 页。
② 参见格莱特·谷维永、菲利普·汝维翁：《天国的园丁》，未刊本，第 57～58 页。
③ 参见 G·汤士便德：《神临记》英文版《引言》，鸥翎译，未刊本。
④ 《阿博都巴哈著作选集》，第 86 页。

然它外表看来“只是一座物质建筑，然而它具有精神效果。它锻造了心灵之间的纽带；它是人们心灵的共同中心”，“作为赞美上帝之所，只有在念记上帝时，内心才能得到安宁”。① 灵曦堂被看作至大和平之精神与上帝之光辉的象征。因此，社区生活的焦点和人道关注之体现，集于它一身。在巴哈伊教看来，“灵曦堂是世界上最重要的社会公共机构之一，它有许多附属分支机构。虽然它是敬神的处所，但也与医院、药房、旅客招待所、孤儿院和进行高级研究的大学连在一起”②。

既然灵曦堂是一个祈祷和沉思的场所，那么所有得到天启的宗教的圣典，均可在灵曦堂里宣读。世界上的第一座灵曦堂是阿什哈巴德灵曦堂，建于今土库曼斯坦境内。因为在伊朗，当局是不准建灵曦堂的。为了方便伊朗人，便选择了离伊朗最近的这个地方来建。该灵曦堂 1902 年 12 月开始动工，1908 年竣工。作为灵曦堂，它的存在时间不长，到 1938 年被当时的苏维埃政府没收，后来毁于地震，最后在 1962 年被完全拆除。现在世界上总共有 7 个灵曦堂，芝加哥灵曦堂是西方的第一个，坐落于伊利诺伊州的威尔米特。其他几个分别坐落在乌干达的堪培拉、巴拿马的巴拿马城、印度的新德里、澳大利亚的悉尼、西萨摩亚的阿皮亚、德国的法兰克福。巴西正在建第 8 个灵曦堂。

二、地方灵体会

地方灵体会，也叫“地方协理会”、“地方正义院”，是巴哈伊宗教社团的地方性行政机构，这是在巴哈欧拉的圣典《至圣经》中命定的。地方灵体会的成员每年要选举一次，时间定在蕾兹万节（即 4 月 21～5 月 2 日）的第一天，由社团内已成年的（21 岁以上）的信徒选举 9 位委员。所有成年信徒，无论男女，都享有同等的权利参加选举，或被选举。灵体会的成员必须具备这样的品质：公认的忠诚，无私奉献的精神，经过良好训练的头脑，被公认的才干和成熟的经验。③ 灵体会负责巴哈伊地方性社团的事务，主持巴哈伊教徒的婚礼和节日的庆祝活动，关心信徒个人的福利，帮助解决个人的困难，组织信徒们在 19 天节日时轮流在信徒的家中聚会，加强巴哈伊社团的凝聚力，集思广益，让每一位信徒都有发表自己意见的机会，对社团建设提供参考意见，加深相互了解和对巴哈伊教义的理解。这种聚会也可以称为“炉边灵宴会”。按照阿布杜巴哈的说法，19 天节日表示的含义是“天国之门敞开着，每一位受宠爱的人都坐在主的圣宴桌旁，领受自己那份天国圣宴”④。

19 天节日包括三个元素：精神净化、事务磋商和友谊交往，要把宗教崇拜与民主管理、社会交往结合起来。⑤

在聚会中，要进行祈祷，也与地方灵体会一起，对社团事务进行磋商。阿布杜巴哈指示说，“成员们应该以避免出现不良气氛和争执的方式一起磋商。要做到这一点，每一位成员都必须畅所欲言，直抒已见。若有异议，也不必介意。盖不经过充分讨论，便无从求得真知。若无意见交锋，哪来真理火花？讨论之后全体达成一致，善哉！假如意见仍不统一（但愿不会），就要使用少数服从多数的原则”⑥。

祈祷有义务祷文，在巴哈欧拉为信徒们启示的众多祷文中，信徒们从其中必读的 3 篇中选出一

① 《阿博都巴哈著作选集》，第 84～85 页。
② 《阿博都巴哈著作选集》，第 89 页。
③ 参见巴哈伊国际社团公共信息处：《巴哈伊》，澳门巴哈伊出版社 1992 年版，第 42 页。
④ 《阿博都巴哈著作选集》，第 51 页。
⑤ 参见巴哈伊国际社团公共信息处：《巴哈伊》，第 14 页。
⑥ 《毁灭或新世界秩序？》，澳门新纪元国际出版社 1997 年版，第 129 页。

篇来读。在磋商之后举行愉快的招待会。信徒每天也要念义务祷文。比较短的祷文是:"我的上帝啊！我见证,你已创造了我,以认识你和崇拜你,此时此刻,我证实我的无能和你的全能,我的贫穷和你的富有。除你之外别无上帝,你是苦难中的救助者,自生自在者。"①

地方分会是相对独立的组织,和其他的地方分会保持横向的联系,属于国家总会指导之下的组织机构,要向国家总会通报自己的活动,如果有在其范围内无法解决的问题,可以请求国家总会帮助解决。

三、国家灵体会

国家灵体会,一般称"总会",也可称为"国家协理会"或"国家正义院",也是每年由信徒选举出 9 位委员。在一个国家中,如果巴哈伊信徒达到一定的数目,就可以成立国家级的灵体会。选举分为两级:首先由各地的巴哈伊信徒选出各自的地方代表,而后在全国性的蕾兹万节聚会上选出 9 人委员会。国家灵体会负责组织、安排全国性的巴哈伊社团事务和活动:宣扬巴哈伊信仰,负责出版发行、广播、通讯、教育,制定发展规划,与所在国政府交涉。巴哈伊社团的主要任务是推进男女平等,结束种族冲突。② 但国家灵体会因为所在的具体国家不同,所以其任务也不同。在不发达国家的灵体会,其任务侧重于分阶段满足当地人民的精神和物质生活的需要,如学龄儿童的就学、成年人的扫盲、医疗机构的建立等。而在发达国家的灵体会,其任务则应该侧重于解决吸毒、污染、环境的破坏、社会的不公正、种族主义等。③

不论是国家灵体会还是地方灵体会,都必须服从所在国家的法律和忠于所在国家的政府。他们可以接受非党派性的政府职位,但是不允许参加党派性的政治活动。④

四、洲际顾问

洲际顾问是由世界正义院直接任命的机构,每届任期 5 年。顾问必须是无限忠诚的杰出巴哈伊信徒,其职责是辅助世界正义院的工作和在各地帮助地方灵体会开展工作。洲际顾问从 1986 年开始设立,以后基本上取代了原先的圣辅。洲际顾问为了各自工作的方便,可以任命一些助手,他们被称为"顾问助理"。现在全世界总共有 81 名洲际顾问,另有 9 名国际顾问驻在海法的巴哈伊世界中心,协助世界正义院协调分布在 5 个大洲的顾问的活动。81 名洲际顾问分布在各大洲:非洲 19 名,美洲 19 名,亚洲 19 名,大洋洲 11 名,欧洲 13 名。全世界一共有 990 名顾问助理分布范围是:非洲 234 名,美洲 234 名,亚洲 288 名,大洋洲 108 名,欧洲 126 名。洲际顾问由理事会主持日常工作,而国际传导中心负责协调。

世界正义院在海法还设立了一些常设机构来负责日常的具体管理工作,如海法的巴哈伊世界中心秘书局、统计局、图书馆、档案馆和经典研究中心,纽约、巴黎、日内瓦和香港的巴哈伊新闻处。1973 年,还成立了巴哈伊国际传教中心,负责人由世界正义院任命,任期不限,领取专门的薪金。国际传教中心的作用是具体协调、促进和领导洲际顾问的工作。后者向他们反映存在的问题,寻求他们解决问题的办法。他们还负责世界正义院和洲际顾问之间的联系。

---

① 巴哈伊国际社团公共信息处:《巴哈伊》,第 36 页。

② 参见巴哈伊国际社团公共信息处:《巴哈伊》,第 10 页。

③ 参见格莱特・谷维永和菲利普・汝微翁:《天国的园丁》,未刊本,第 6～7 页。

④ 参见巴哈伊国际社团公共信息处:《巴哈伊》,第 10 页。

五、巴哈伊国际社团

巴哈伊国际社团是世界正义院派驻联合国的常设机构，是一个代表并包括全球巴哈伊团体的国际非政府组织，负责处理和巴哈伊教外部世界的关系问题。办公室设在纽约联合国大厦，有一个秘书处、一个联合国办事处、一个公共信息处、一个环境部和一个妇女发展部。该国际社团通过在海法的巴哈伊世界中心及在纽约、日内瓦、巴黎、香港、伦敦、耶路撒冷和斐济的代表机构，参与范围广泛的活动，涉及和平、人权、教育、卫生、环境保护和维持资源的平衡发展、促进妇女拥有与男子同等的权利等。它还参与大自然网络全球基金会(资源保护与宗教)、共同未来中心、全网络教育、宗教与和平世界议会、促进非洲食物保障等国际组织的活动，是这些组织的成员。① 它经常代表世界正义院出席联合国的各种会议，发表各种文告。巴哈伊国际社团 1948 年 3 月参与联合国，成为联合国非政府组织机构的成员之一。首任代表是米尔德・莫特德女士，1908 年生于美国新泽西州西波利特，1928 年成为巴哈伊。她是联合国的早期倡导者之一，出席过旧金山《联合国宪章》的签字仪式，1948 年成为巴哈伊国际社团驻联合国首席代表，一直任职到 1967 年 10 月。她于 2000 年 2 月 17 日去世。巴哈伊国际社团 1967～1990 年的首席代表是维克多・德・阿劳若博士，1990～1996 年是泰切斯特・阿德罗姆，1996 年以后是史蒂芬・卡尼克。1970 年 5 月，巴哈伊国际社团被联合国授予经济与社会委员会顾问的地位。1997 年，巴哈伊国际社团驻联合国办事处发信给各国巴哈伊社团，希望各国巴哈伊灵体会参与人权教育活动。巴哈伊国际社团属下的巴哈伊国际新闻社主办有《巴哈伊世界》杂志，是一本年鉴式的年刊，主要介绍全世界地方和国家级的巴哈伊社团的计划和活动。

巴哈伊国际社团是由联合国任命的一个国际非政府组织，担任联合国经济与社会理事会及联合国儿童基金会的顾问，并积极参加环境与发展行动。它与联合国世界卫生组织、环境与发展组织也有广泛的联系。1991 年 4 月 5 日巴哈伊国际社团给联合国环境与发展大会筹备处递交了有关《地球宪章》的声明，指出，任何全球性的环境与发展行动的呼吁，都应当以遵从世界公认的价值观和原则为基础。环境与发展行动不应当只局限于技术功利主义的建议，而应当深入研究环境危机的根源。真正的解决方法，需要一种以世界各国、各民族和各阶级的团结和乐意合作为基础的对未来理想的共识。而这对更高道德标准的追求和献身、男女平等以及有助于社会各阶层团体各展所长的协商技巧的发展则是不可缺少的条件。②

1992 年在巴西举行的地球峰会上，巴哈伊社团的活动丰富多彩。在里约热内卢机场入口处，巴哈伊国际社团和巴西巴哈伊社团树立了一座沙漏式的和平纪念碑，作为地球峰会和 1992 年全球论坛的永恒象征。纪念碑里装有来自许多国家包括中国的土壤，碑的四面分别用英文、葡萄牙文、中文和巴西的一种土语特伦纳文刻写了巴哈欧拉的"地球乃一国，万众皆其民"的话。③

1992 年 6 月 4 日，巴哈伊国际社团在联合国环境与发展大会上递交和宣读的宣言，强调要促进资源维持下的发展，国际合作要加深而精神原则在改变思想态度的工作上举足轻重。因为作为人类本质的精神，可以被理解为超越窄狭自私心的素质的泉源。这些素质包括爱心、同情、宽忍、诚信、勇

① 参见巴哈伊国际社团公共信息处：《巴哈伊》，第 60 页。

② 参见《巴哈伊为撰写〈地球宪章〉发表的声明内容摘要》，载《天下一家》1992 年 11 月。

③ 参见《巴哈伊献给里约热内卢会议包括和平纪念碑儿童书画册》，载《天下一家》1992 年 11 月。

气、谦恭、合作以及为共同美好的事物自我牺牲。[①] 在联合国的 1200 个经济与社会福利项目中，有一些是由巴哈伊负责建设的，并在 2000 年汉诺威世界博览会上展出。

巴哈伊社团虽然严格禁止对党派政治的参与，但仍尝试向公众阐明其认为带有根本性的原则问题。例如，在过去数年中，巴哈伊社团曾通过其选举出来的 180 个国家总会，致力于鼓励世界各国政府采纳全面的人权教育计划。所采取的形式，有时是由巴哈伊国家总会就在学校中推广人权课程做特别的推荐，有时是推动政府官员增进对人权教育在建立公正的社会文化方面重要作用的了解。如果这样的文化可以发展起来，诸如关于行政管理和公正执法的培训、社会资源的公平分配，以及提升历史上长期被排除在社会提供的利益和机会之外的个人和群体地位等实际的问题，就可以得到有效的解决。[②]

六、教务行政制度

巴哈伊未来的世界联邦，唯一的架构是扩大的巴哈伊教务行政制度。这也是世界联邦的模式与核心。

巴哈伊教务行政制度，跟其他宗教在其教主死后演化而成的制度不同，它稳定地建立在创教者亲笔明确制订的律法、规则和机构的基础上，并严格遵照受权的诠释者依据经典的指示而运作。该教务制度所服务、所保护及所促进的教义，本质上是超自然、超国家主义的，完全非政治性的、非集团性的，而且绝对反对种族主义。任何国家的教友，必须对那里的政府忠诚。巴哈伊信徒不得参加任何一个政治派系。它没有神权，没有牧师，全赖教友的自由捐献及义务服务来维持。这些原则使巴哈伊信仰以及其信徒的社团能牢固地保持教内的团结，而不受到宗教分裂和内部纠纷等古老病害的破坏。

巴哈伊信仰没有神职人员。大都会的、小镇的或乡村的巴哈伊社团活动，均由一个 9 人理事会来协调。这些理事会由巴哈欧拉的圣文所制订。它之所以被称为"地方灵体会"，是非政治性的。每名成年巴哈伊都有被选为理事会成员的权利。选举的日期是每年的 4 月 21 日，每年改选一次。每隔 19 天就有一个集会，让所有的信徒进行祈祷、磋商事务和联络感情。目前世界有 18279 个巴哈伊地方理事会。如果一国之中，有相当数目的巴哈伊社团，就有必要选出一个总理事会，每年改选一次。1991 年的统计表明全球共有 155 个巴哈伊总灵体会。

每一阶段的巴哈伊选举都是秘密投票的，没有任命的职位，也不许有竞选活动和分门立派。处理事务时，理事会成员之间必须互相磋商。他们须以坦诚、礼貌及不持偏见的讨论，以磋商的方式决定一件事最好的方向。如不能取得一致就进行投票，以大多数赞成者为准。

七、崇拜、斋戒及节庆

巴哈伊信仰把宗教的仪式减至最低程度。每一名年龄 15 岁以上的巴哈伊信徒，必须从他指定的三个义务祷文中，任选其一，每日以所指示的简单仪式诵读。

巴哈伊社团通常在私人住宅或租来的场所召开集会。根据巴哈欧拉的指示，灵曦堂最终必须在

① 参见《最严峻的挑战》，载《天下一家》1992 年 11 月。

② 参见巴哈伊国际社团：《在公共机构中抵制腐败与确保公正：巴哈伊观点》，荷兰海牙 2001 年。

每一个城市或乡村兴建起来。巴哈伊信仰禁止禁欲主义和在寺院修道。巴哈欧拉鼓励人们积极参与团体生活，促进社会大众的利益，维护婚姻和家庭的和谐。

巴哈伊教没有圣礼。当一个人接受了巴哈伊之后，须向其最近的地方分会宣告他的信仰，经该会通过后，接受他成为巴哈伊社团成员，而无需其他仪式。

巴哈伊的日历以太阳年为根据，一年分为19个月，每月19日。他们视19为神性和圣性统一的数字，第19个月是斋戒月。即每年的3月2日到20日间，从日出到日落戒用一切食物和饮料。那些年龄不足15岁和超过70岁者、经期的妇女、孕妇、哺乳期的母亲、病人、旅行者及重体力工作者，则可豁免。“因为这种物质上的斋戒是精神斋戒的外在标志；它是自我克制的象征，是对自己的所有自我欲望的克制，具有精神的特征，迷恋于天国之微风，因上帝之爱而激动。”[①]巴哈伊信仰有九个节日：诺露兹节（巴哈伊新年）、蕾慈万节第一日、蕾兹万节第九日、雷兹万节第十二日、巴布宣示日、巴哈欧拉逝世日、巴布殉道日、巴布诞辰、巴哈欧拉诞辰。此外还有两个纪念阿布杜巴哈的节日：圣约日及阿布杜巴哈逝世日。

第四节　世界正义院对世界局势的看法

一、《世界和平的承诺》

1985年世界正义院向联合国递交了一份题名《世界和平的承诺》的呈文，表达了巴哈伊教对人类未来的关切。走向世界的和平，走向人类的大同，是巴哈伊信徒奋斗的最终目标。

《世界和平的承诺》指出：世代善良百姓所渴慕的，和自古经书圣典所允诺的“太平盛世”即将到来。人类正稳健地朝着世界统一秩序的方向发展。20世纪初叶，国际联盟的诞生，继之而来的是基础更广泛的联合国组织。二战之后，绝大多数国家纷纷自主独立，说明了国家的建立过程已告完成，同时新兴的国家已能与历史悠久的国家一起过问彼此关切的事情，许多民族与集团，以往互相隔离敌对，如今却进行广泛的合作和交流。在此得天独厚的世纪，科学与技术突飞猛进，正预示着此星球将面临一个社会演进的高潮，同时也为解决人类共同的问题提出了具体途径。然而，障碍依然存在，猜忌、误解、偏见、怀疑与狭隘的自私集团正困扰着国家与国家、人与人的关系。深刻的灵性与道德的责任驱使我们共同探讨一个世纪前巴哈伊的启示者首次对人类统治者表达的深刻哲理：“绝望之风四面八方吹袭，分裂及折磨人类的纷争正与日俱增。迫在眉睫的遽变与灾难现已出现，然而现时制度却显得可悲无能。”这一预言已为人类共同的经验所证实。目前制度的瑕疵已显而易见，由主权国家组成的联合国，并无法驱逐战争的幽灵，无法遏制国际经济体系崩溃的威胁，对无政府主义及恐怖主义束手无策，更无法解除为这些痛苦所折磨的千百万人们。

人类的光明出路，是统一在巴哈伊教的世界宗教同出一源、人类一家的观念上，重新建立文明世界并使之非军事化的，成为一个在政治机构、精神抱负、金融贸易、语言文学等基本方面统一的世界，但在这统一的联邦组织中，同时又存在着各国民族的种种特点。

---

① 《阿博都巴哈著作选集》，第62页。

该文告被译成几十种文字，印刷达数百次。拉巴尼夫人代表世界正义院向当时联合国秘书长德奎利亚尔赠送了该文告，1987 年联合国授予巴哈伊国际社团“和平使者”称号。[①]

二、《忠贞圣洁之生活》

1988 年世界正义院委托巴哈伊世界中心编辑了《忠贞圣洁之生活》（马来西亚出版有梅寿鸿翻译的中文本，无出版年）的小册子，引用世界正义院 1973 年的一封函件的话，肯定维持灵性之生命，也有一些法则，这些法则在每个时代由上苍之显圣启示给人类，对个人的发展及团体的和谐来说，遵守它是极重要的。倘若个人违背了灵性法则，不但本身受害，也会贻害团体。同样，社会的不良情况，也会直接影响个人。在此原则的指导下，世界中心从巴哈伊经典里选择了一些道德法则，作为指导巴哈伊信徒在现实生活中应该遵守的道德原则。这些道德原则被世界正义院所认可，并被推广到全体巴哈伊信徒。道德原则肯定真正的自由是维持及保存世界良好关系的中庸的自由，而忠贞的准则是保持高水平的道德行为，绝对不可与禁欲或极端的洁净派混为一谈。所谓忠贞圣洁之生活是指中肯、纯洁、和蔼可亲、思想纯正之行为，包括在服装、言词、娱乐、艺术及文艺等方面，都严守中庸之道。必须在日常生活中控制个人的物欲及邪恶的倾向。也须终止轻浮之举止；断绝令人误入歧途之享乐。必须完全戒酒、戒鸦片以及一切包括印度大麻迷幻药在内的所有麻醉剂。这本小册子里谴责所有黄色艺术与书籍；非议天体主义、试婚、不忠贞及滥交等行为。同性恋在灵性上也是受谴责的，认为它歪曲了人类自己的天性；不道德行为同样受谴责。小册子对这腐败时代的乖戾谬论以及腐行恶习绝不容忍，绝不妥协。不但如此，还通过典范的力量，来证明他们的谬论为害人间，他们的标准错误，他们的主张空洞及他们的习惯违反伦常。

三、《人类的繁荣》

《人类的繁荣》是 1994 年由巴哈伊国际社团发表的声明，被认为是《世界和平的承诺》的续篇及补充，它系统地提出了巴哈伊信仰的社会观、人权观和发展观。它指出，如果以为无需重新彻底地审视现时社会与经济发展的基本态度与假定，便能构想出世界文明进展的下一阶段的图景，这种想法实在是异想天开。从全球范围来看，丰富的知识与巨大的精神力量正在寻找表达的机会。这些力量逐渐增强，与近数十年里人类所受到的挫折成正比。各地有愈来愈多的迹象显示，地球万民都渴望结束冲突，并且终止那些无处可以幸免的痛苦和祸害。这些与日俱增的要求变革的力量必须得到利用和引导，去克服剩余的障碍，以实现长久以来梦寐以求的世界和平。要凝聚这项工作所需要的意志力，单凭呼吁大家采取行动来整治为患社会的无数弊端是远远不够的，还必须被一幅人类真正繁荣的远景所激励。也就是说，要让人们醒悟到，今时今日，精神幸福与物质福利已是唾手可得。然而，其受益者必须包括全地球的所有居民，并且对他们一视同仁，而且不能强加上与人类事务重整过程的所有基本目标无关的任何条件。现在大部分发展计划的指导思想都是基于物质主义，把社会发展的目标局限在培养能成功地推进物质繁荣的方法。往日人们以为物质主义的方法能够带来良好的转变，但这些乐观的预测已消失在这道越来越阔的贫富悬殊的深渊之中。

一个发展策略要能使世界所有人民对全球的共同命运负责，必须以人类一家的思想作为基石。

① 参见格莱特·谷维永、菲利普·汝微翁：《天国的园丁》，未刊本，第 7 章，第 9 页。

人类是一个民族的概念，在一般言论中貌似简单，然而却是对当代大多数社会机构的运作方法的基本性挑战。

当前的重要问题就是如何去规划科学和技术活动。如果科技工作的主要目标是在保护那些生活于少数国家中的权贵的优越地位，那么其既已造成的巨大贫富差距显然只会继续扩大，后果便是世界经济浩劫。科学和技术是改革社会与经济的强有力的工具，所以不应继续被社会的优越分子所垄断，而必须得到重新调整，使各地人民都可以按照自身的能力来参与这方面的活动。除了要制订教育方案，让人人按本身的学习能力来接受所需的教育之外，更要在世界各地兴办充满活力的学术研究中心，以培养各民族参与创造和运用新知识的能力。发展策略在顾及个人能力有极大的差异的同时，其主要目标之一，必须是让全世界人民有公平的机会接触到科技工作，因为这是他们天赋的权利。由于通讯技术日新月异，全球各地众多的人民，不分地区和文化背景，都已经有可能获得信息和接受训练。以往主张保持现状的观点，也因此而逐渐丧失了说服力。

巴哈伊认为，宗教对人类生活的许多伟大贡献，都是在道德方面的。有史以来，世界各地无数的民众接受宗教思想，以那些被宗教思想所启悟的人的榜样，发扬了博爱的能力。他们学会约束天生的兽欲，为公众利益作出巨大的牺牲，在生活上实践宽恕、慷慨和忠诚，并善用财富及其他资源来促进人类文明。同时他们亦建立机构体系，把这些道德成就广泛地转化为社会生活规范。虽然，克利希那、摩西、释迦牟尼、琐罗亚斯德、耶稣和穆罕默德等超凡卓绝的导师激活的精神力量被教条主义所蒙蔽，并且被派别冲突转变了方向，但这些精神动力依然是教化人类的主要影响力。

四、《所有国家的转折点》

为庆祝联合国成立 50 周年，巴哈伊国际社团 1995 年 1 月 23 日发表了《所有国家的转折点》的声明，对联合国改革提出了一套系统、具体和可行的措施和步骤。基于人类越来越相互依赖和共存的事实，指出联合国的改革必须依顺这个趋势。因此世界人民在各个层面参与联合国的活动是必要的，让人类的大多数参与讨论联合国有关国际秩序的设想和方案。声明提出进化观的指导作用，认为进化观意味着能够预想出一个制度的长久结构，认识到它内在的潜力，确立规约其发展的基本原则，制定高度有效的短期实施策略，甚至预见其发展道路上的急剧间断。文告提出的改革建议有：使联合国大会具有像国际公约那样的法律性质和约束力，提高对成员国的最低要求，设立边界委员会寻求解决各国边界与领土问题，采用一种全球通用的辅助语言，试行单一货币。应该发展联合国具有实质意义的执行功能，而唯一最重要的执行功能是强制实施共同安全公约以及一些加强国际法院的措施。

五、《致全世界巴哈伊教友》

《致全世界巴哈伊教友》是世界正义院在 1999 年发表的 155 年蕾兹万节文告。文告强调三项发展带给巴哈伊殷切的期待。其一是研习课程带来具体成果。过去的两年里，数以万计的个人参加了至少一次研习课程。立即的效果是参与者加强了信念，更清晰地体认到其灵性的身份，以及对巴哈伊服务有更坚定的承诺。其二是有关成立和恢复地方分会的条件的显著改进。决定这些教务机构只能在蕾兹万节的第一天成立，且其成立主要由选区所属的教友来承担举办选举任务的决议，在 1997 年付诸行动。其三是教友对传教燃起一股新的信心，在多个地区产生了丰硕的绩效。新教友稳定和扩大的入教一直存在着很大的潜力，随着目前计划的执行，使这个潜在的能力正前所未有地被有规律地发展出来。

四处的人类同胞都不知觉地陷入矛盾和无所适从的情绪深渊，其因是“盛衰兴亡、整合和解体、秩序和混乱”等相反的力量在双轨同时地进行着。这两股势力就是守基·阿芬第所说的上帝的大计划和小计划——上帝实现他意旨的两个轨道。大计划跟动乱、灾难有关，且以明显但不规则的骚动的方式往前进，但事实上，它却是无情地将人类推向团结与成熟，其促成者绝大部分是对于这个趋势无所知悉，甚或对其目的怀有敌意的人。如同守基·阿芬第所指出的，上帝的大计划引用“尊贵和卑微的人士作为其塑造世界的兵卒，以实现他立即的目的和最终建立起他在地球上的王国”。它所产生的加速进程，推动了种种发展，虽然这些发展的初期充满了痛苦和辛酸，但巴哈伊视之为初期和平出现的征兆。

六、《巴哈伊国际社团千禧年世界和平高峰会声明》

该声明是 2000 年 8 月 28 日巴哈伊国际社团秘书长爱伯特·林肯先生代表国际社团在“千禧年世界和平高峰会”的开幕式上提交的，该声明指出：历史上许多不正义和苦痛都是假宗教之名。每天，宗教的宣传和煽动在世界各地都造成恐惧、仇恨和战争。如果宗教成为敌意之肇因，宁愿没有宗教。可是各大宗教创教者的教义并不支持令许多人痉挛的冲突和偏见。不宽容和狂热只能扭曲真宗教的价值。巴哈欧拉宣称：“宗教是建立世界秩序和居住其上的人们的和平安宁的最伟大工具。”“宗教的目的，在于建立人与人之间的团结和和谐；不要使它成为纷争和斗争的肇因。”真正和持久的和平必须依赖团结，一种拥抱和接受多元性的团结。要将各宗教的核心原则——待人如己——做良心的实践，这样就可以给世界带来巨大的改变。要在塑造人类未来上扮演建设性的角色，宗教领袖必须将焦点放在各宗教传统都能接受的积极性道德价值核心上，而不是它们的差异性。人们可能会认为自己的宗教是最好的，但必须尊重别人的灵性选择——即使认为他们是错的。假如宗教间必须有竞争，那就让每个宗教在引导人们到和平共存、道德正直和互信上努力争高下吧！

七、《艾滋病病毒/艾滋病与性别平等——转变态度和行为方式》

为 2001 年 6 月 25～27 日在联合国举办的艾滋病特别会议，巴哈伊国际社团准备了这份文告，即《艾滋病病毒/艾滋病与性别平等——转变态度和行为方式》，阐明自己对防止艾滋病的看法。文告认为要防止艾滋病的传播，男女两性都要在性态度和性行为方面有切实的改变。文告分析了艾滋病蔓延的现状，批判婚外情性的危害，指出“应完全了解在婚外满足性渴望的行为对于男人和女人所造成的种种后果，对妇女和儿童进行教育是非常必要的，但现阶段男女力量的失衡导致了妇女不能按照她们自身的利益行事”。文告特别提倡关注人类精神的提高，发挥宗教的积极作用有利于改变现状。“由于培养人类的高尚的精神核心一直是宗教的范畴，宗教团体能够在改变人的内心并最终改变人的行为方面发挥重要作用，而人的行为方式的改变可能会成为抵制艾滋病的有效途径。”而对已经患有艾滋病的群体，不应该歧视他们，而应该对他们怀有爱心，“用爱和同情心去对待那些直接或间接受艾滋病危机影响而遭受痛苦的人”。“宗教团体需要通过坚持不懈的努力，消除自身对艾滋病患者的妄评态度。”[①]

八、《光明的世纪》

2001年世界正义院发表了长篇文告《光明的世纪》，在全球化气象万千的背景中，把信仰的演变与整个世界的演变结合起来，指出巴哈伊信仰与世界发展的同步性和密切相关性，也展现了巴哈伊信仰与整个人类命运的关联性和巨大的影响力，昭示了人类文明演进历程的不可逆转性和不可避免性。巴哈伊教的独特之处，在于它的创始人有一种以往的宗教创始人所没有的全球胸怀，提倡人类统一的思想，始终以全人类为考虑问题的出发点，也以全人类的福祉为最终目的，相信人类在经历青春期的种种磨难和阵痛之后要进入成熟期。世界将在国家、民族、信仰和语言等方面实现融合，而同时又保留各自的特性与传统，表现出“存小异，求大同”的趋势。世界正义院在这个文告中把20世纪看作整个人类命运的转折点，要求巴哈伊信徒洞悉20世纪所出现的重大事件的影响，把握20世纪历史演化的重要意义。20世纪引发的演进过程，是靠着所引起的意识的根本变革来推动的，使个人摆脱传统的自负与偏好，坚信天下大同是人类发展的大势所趋，是激励人类奋斗的力量。[②]

九、《在公共机构中抵制腐败与确保公正：巴哈伊观点》

巴哈伊于2001年在荷兰海牙发表了《在公共机构中抵制腐败与确保公正：巴哈伊观点》。巴哈伊认为，社会的进步源自于融合社会的理想和共同信念。发展有助于培养积极的人际交往模式的品质和态度，和技术能力的获取一样，都可以带来有意义的社会变革。真正的繁荣——一种建立在和平、合作、利他、尊严、正直的行为和正义基础上的良好状态——既来自于物质方面的发明和进步，也发自灵性感悟和美德之光。要将宗教的重要特征和那些假冒其名义的歪理邪说区分开来，是颇具挑战性的。然而，宗教毕竟是知识和动力必不可少的来源，即价值观、悟识和能量的源泉，舍之则社会凝聚力和集体行为就很难、甚至不可能形成。通过宗教的教导及其道德指引，很大一部分人已经学会克制本能私欲，转而培养有助于实现社会有序和文化进步的品质。这些品质，诸如诚信可靠、怜悯、宽容、忠实、慷慨、谦虚、勇敢和公而忘私，在无形中构成了推动社会生活不断向前发展的根本基础。宗教为社会提供了砖石和灰泥，即道德准则和理想，将人们团结在社会中，并为个人和集体的生活明确了方向和意义。构筑社会的人文、经济和道德结构所需的一系列能力，取决于智力和精神两方面的资源。诚实、责任感和忠诚，这三种在人类的进步中发挥着核心作用的文明美德，是由心灵的语言和良知的声音培育的。法律规定和刑罚固然重要，但效力有限。利用深藏于人类本体和目标中心的精神动力，才是抓住了确保社会真正扭转的主脉。因此，在巴哈伊的观点看来，可以赢得公众信任且能避免腐败的公共机构的产生，是与道德和精神的发展过程密不可分的。

巴哈伊将整个文明的发展视为人类的道德和创造能力不断觉醒的精神过程。创造一个“没有腐败”的公共环境，最终要依靠个人、团体和社会机构道德能力的建立。

设计系统地推进道德发展的教学途径和方法，是巴哈伊特别关注的焦点。巴哈伊相信，一个因道德原则的注入而生机勃勃的、和平而公正的社会秩序的出现，归根结底在于从根本上重新定义所

① 《天下一家》2001年4～6月号。
② 《天下一家》2002年10～12月号。

有的人类关系——个人之间、人类社会和自然界之间、个人和社会之间以及个别公民和他们的管理机构之间的关系。需要特别提出的是，关于权力和权威的过时概念应该被抛弃。对社会现实的一个根本性的概念重组就是这样设想的，这种现实在精神和实践两个方面都反映了人类一体性的原则。接受"人类是一个不可分割的整体"，就是要承认每一个人都是"本着对全体的信任降生到这个世上的"。

巴哈伊十分重视集体决策，并将社会事务的组织责任分配到自由选举出来的地方、国家和国际层次的管理委员会。这种等级制度将决策权下放到最低的可执行层，由此为基层参与公共管理创设了独特的途径，同时还提供了一定程度的协调和权威，使全球规模的协作成为可能。巴哈伊选举程序独一无二的特点是，通过禁止提名制、候选人制和游说，使选民拥有最大的自由选择权。一个人能否被选举到巴哈伊管理机构与其说是看他个人的雄心，毋宁说是依靠其得到认可的能力，丰富的阅历，以及服务的精神。由于巴哈伊体制不容许施加专制意志或独裁，因此它不会被用作获取权力的途径。决策权掌握在社团全体成员手中。巴哈伊社团的所有成员，不论他们暂时在管理体系中身居何职，都被要求将自己视为仍在学习的过程中，仍在努力理解和实践其信仰的律法和原则。值得注意的是，世界上大部分地区的首次民主活动实践都产生在巴哈伊社区内。

巴哈伊经典劝告那些从事政府服务工作的人"以完全超脱、正直和独立的精神，以及彻底神圣和圣洁的目的，履行他们的职责。"他们的个人成功并不是来自于物质的回报，而是来自"发明确保人类进步的方法"，来自体验"分配公正的喜悦"，以及饮自"澄清的良知和真诚的意愿之泉"。到最后，公仆们的幸福和伟大、等级和地位、快乐和安宁并不在于他的"个人财富，而在于他优秀的品格，高度的决心，广博的知识，以及解决困难问题的能力"。

在公共生活中清除腐败的挑战，从本质上讲是一个多方面的问题。管理程序和法律保障的制定，无论有关措施多么重要，都不会对个人和机构的行为带来持久的改变。因为管理从实质上讲，是一种道德和精神的实践，其指针只能在人们心中找到。因此，只有当人们的内心世界得到改变时，"品格真正文明化"的远景才能实现。

十、《世界正义院致全球宗教领袖函》

2002 年，巴哈伊向全球宗教领袖发出《世界正义院致全球宗教领袖函》。因为在巴哈伊看来，长期以来，宗教以其可信的形象助长了狂热主义。女性被认为是低人一等的类别，她们的天性被迷信思想所束缚，否决了表现其人类灵性之潜能的机会，而被归入为男性服务的角色。显然，这样的情况在世上还有不少地方仍在持续着，甚至受到狂热的辩护。然而，在全球范围的对话中，"男女平等"之概念已在理论界和信息媒体中都享有相当的权威。两性地位问题上所发生的改变如此触及根本，这使得那些男性优越论的提倡者们不得不从一些正当主张的边缘上去寻找支柱。种族主义偏见在历史的进程中也受到了同样的快刀斩乱麻式的待遇，因为历史的步伐对于如此自负的借口已忍无可忍。在这一点上，对过去的否定尤其起着决定性的作用。由于种族主义和 20 世纪中所出现的一幕幕惨剧密切相关，它如今已显得污迹斑斑，甚至已被视为一种精神上的病态。尽管它仍然作为一种社会成见存在于世上的很多地方，并且作为一种摧残灵性的疾病影响着人类相当一部分，但种族主义偏见已在法理上遭到普遍的谴责，世上再也没有哪个族群可以安然无恙地以种族主义作为标签。

宗派教条主义是人类思想生命的背叛。这种背叛，甚于其他因素，剥夺了宗教所固有的、在影响全球事务方面发挥关键作用的能力。由于纠缠在一些分散和损耗人类能量的事务中，宗教机构往往作为一个主要的负面角色，妨碍着人们去探索事物的实质和运用人类特有的智能能力。假如它们不着手开始坦率地面对以往的失职所造成的根本问题——广大信众生活在各种社会弊端的不良影响之下，既缺乏免疫力又无力自卫——单是对物质主义和恐怖主义作出谴责，对于应付当代的道德危机并没有实质的帮助。

随着种族隔阂的藩篱纷纷倒下，那堵被前人认为是不可克服的、永远将天国生命与尘世生命分隔开来的隔墙也在我们这个时代瓦解了。所有宗教的经典都教导其信徒，要把服务他人视作不仅仅是一种道德上的责任，而且是一条正直的大道，可让自己的灵魂借此走近上苍。如今，不断进步的社会调整给这条耳熟能详的教义增添了新的多元的意义。自古以来人类就期盼着一个以公义原则为基础的新世界，随着这个古老的允诺逐渐地成为一个现实可行的目标，人们日益明白，在成熟的精神生活中，满足心灵的需要和满足社会的需要乃是互惠互动的两个方面。

如果宗教的领导层能够挺身迎接上述认识所代表的挑战，这样的积极响应必须从承认这一点开始：宗教与科学乃是两个不可或缺的知识体系，只有通过这两个体系，人类意识的潜能才能被开发。这两者决非互为矛盾，恰恰相反，作为人类心智探索事物实质的基本模式，它们事实上是相互依赖的，在那些罕有却愉快的历史时期中，当这两方面互为补足的性质得到承认之时，其创造力更佳。由科学进步所产生的知识和技术都必须寻求灵性上的指引并承担道德上的义务，从而保证它们得到正当的应用。而另一方面，在宗教上所获得的信念，无论多么受到珍爱，都必须欣然地和满怀感激地交由科学作公正不偏的检验。

十一、世界正义院对国际局势的独特解释

世界正义院对世界局势的看法，有自己的一套思路。它认为当前一个特别值得警惕的发展趋势是分散的组织形式和宗教化的恐怖主义。而恐怖主义、原教旨主义以及暴力现象的上升只是旧秩序垂死前剧痛的一部分，它仍然在抵制那将在全世界的广泛认同中绽放的人类一家原则和全球性组织。面对解决危害社会安定局面的众多因素，零散地解决像恐怖主义这样的问题，结果只能是治标不治本。所有国家必须寻求建立一种广泛社会公正和集体安全的国际新秩序，而不是简单地、孤立地处理这些全新的日益严重的问题。联合国组织必须不断自我更新，发挥更大的作用，逐步在世界范围内建立起一套全世界都认同的道德价值观体系。这些价值观包括：宗教间互相宽容、经济上的公正、普及教育、消灭各种形式的种族歧视、承认男女在各方面的平等等。必须要有新的思维方式，这种思维方式的核心原则是天下一家。①

① 参见《恐怖主义与旧秩序的末路》，载《天下一家》2002年10～12月号。

第八章　巴哈伊教在东西方世界的传播

巴哈伊教是非常重视传教工作的，希望能够把它传播到更广泛的地区和更多的人群中去。尤其是阿布杜巴哈，他多次具体论述传教的方法，有一次他说："在任何情况下都必须传扬教义，但须明智地进行。如果这项工作不能公开进行，那么就让他们在私下传教，这样，方能在人类的子女中产生灵性与友谊。例如，如果每一位信徒都成为一位未觉悟者的忠实朋友，以绝对正直无私的表现与这个人交往，以最大的仁爱之心对待他，亲自举例证明自己已经接受的神圣教导、良好的品质和行为模式，随时按照上帝的告诫办事——那么，他肯定会逐渐成功地唤醒那位从来不觉悟的人，将其愚昧无知转变成懂得真理。"对传教者来说，重要的是"表现出亲切友好，以极大的爱渐渐引导"，那么"信教者的数量就会每年倍增"。[①] 巴哈伊教的传播者正是按照这种指导去传教的。只是与基督教不同，巴哈伊教不是依靠神职人员去传教，而是依靠普通信徒去传教——所有的信徒都有义不容辞的传教任务。在巴哈伊信徒自觉或被鼓舞去传教的情况下，该信仰被传播到东、西方世界。

第一节　印度的巴哈伊教

对于印度的宗教状况，朱明忠在《印度现代教派斗争的起因与社会影响》(《当代亚太》2000 年第 10 期)一文中说："自古以来，印度就是一个多宗教、多民族的国家。印度教、佛教、耆那教和锡克教发源于印度，伊斯兰教、基督教、拜火教很早就传到印度，到了近代又有巴哈伊教传入。故而，在现今的印度国土上，有八种宗教并存。"

到今天，印度仍然是这个情况。只是巴哈伊教在印度的发展是很快的，超过了人们的预料。

印度的巴哈伊教开始于巴布时期。巴布的 18 个门徒之一就是印度人。后来，一个印度托钵僧密尔扎・侯赛因自印度来到伊朗寻找巴布，当他见到巴布以后，便接受了这个新信仰。后来被巴布指示去印度传教。[②]

印度的第一位巴哈伊教信徒，是在巴布创教初期在伊朗朝圣时见过巴布的阿斯库・莎赫尔(Iskí-Shahr)，他被巴布赐名为卡露拉(Qahru'lláh)，受巴布之命，到印度去宣扬"圣道"，巴布指示他"必须同样地抱着来这里朝圣的热诚，独自步行回家乡，不断促进教义"[③]。之后，一个叫谢赫・赛德・辛迪(Shaykh Sa'íd Hindí)的信徒受巴布之命去印度传教。他在姆尔顿(Multa)传教，结识了印

---

① 《阿博都巴哈著作选集》，第 234～235 页。

② 参见威廉・西尔斯：《释放太阳》，第 71 页。

③ 纳比尔・阿仁：《破晓之光》，第 225 页。

度盲人赛义德·巴西尔·辛迪，并且向他传教，讲述了巴布及其新启示，赛义德·巴西尔·辛迪当时就接受了这个新的宗教，并且立即决定动身去伊朗拜见巴布。他的伊朗之行没有机会见到巴布，因为其时巴布已经被囚禁在马库。但是他有机会在努尔见到了巴哈欧拉，并从巴哈欧拉那里获得了极大的鼓舞和灵性知识。他后来成了一个坚定的巴哈伊。①

另外两位早期的信仰者对巴哈伊教义在该地区的传播作出了不可磨灭的贡献。一位是加马尔·阿芬第(Jamál Effendi)，他又被称为印度的征服者。

在1878年前后，几位阿弗南(Afnán，巴布的亲戚)家族中的成员，在印度的孟买成立了一家贸易公司，后来又成立了一家印刷厂。这个厂也是巴哈伊世界里第一家出版巴哈伊经典的印刷厂。1882年出版了《确信经》和《神圣文明之奥秘》。此举使得孟买成为巴哈伊聚集、波斯朝圣者往返经过的地点。当阿弗南了解到印度人对信仰有接受力后，他们送了一封请愿信给巴哈欧拉，要求派遣一位有巴哈伊知识又有传教经验的教徒到印度去，费用由他们负担。当信到了巴哈欧拉的手上时，加马尔·阿芬第刚好在阿卡，因此被巴哈欧拉派遣前往印度传教。这位老先生接到指示后便高高兴兴上路了。加马尔·阿芬第本来容止高贵，配上他长长的斗篷及特别的头巾，使他看起来就是有学识的思想领袖。在印度境内，他到处旅行，还到过锡兰。由于在锡兰遭到佛教领袖的迫害，他便跑到缅甸做短暂的旅行，随后还旅行了10年多。其间，他碰到来自各领域和宗教界、思想界的领袖。他真诚的友谊和爱，他愉快的性格和举止；他那引人的谈话和仔细倾听的态度，都使他在传教上获得成功。

各界的人都转向他寻求启发和灵性赐福。他出版了波斯文的《七谷书简》并分送给一些人。他吸引了许多人到圣道里来，一部分人成为热心的信徒，其他人则终生成为信仰的仰慕者。在马德拉斯城，加马尔·阿芬第碰到一位父母原居伊拉克，年约20岁叫赛义德·穆斯塔法·鲁米的年轻人。这位年轻人笃信伊斯兰教，热心参与该教教内活动。但加马尔·阿芬第迷人的人格和灵性光辉深深吸引住这个年轻人，并给他留下恒久的印象。他极感兴趣地倾听加马尔·阿芬第解说宗教通论，尤其是巴哈伊信仰。在坐着聆听这位老师的谈话时，他特别被巴哈欧拉这个人所吸引。很快的，他就认识到圣道的真理，在知道上帝的至高显圣者终于向世人显示自己后，他感到特别兴奋。他是加马尔·阿芬第在印度次大陆所吸收的教徒中最杰出者。

在巴哈欧拉升天后，阿布杜巴哈指示加马尔·阿芬第留在印度次大陆继续他传教的活动。由于他的传教，许多人加入信仰，尤其是爪哇岛，一些统治者和贵人都受到他的影响。他在缅甸的成就更大。在曼达莱(Mandalay)城，据说超过6000个伊斯兰教徒改奉巴哈伊信仰。可是他没有揭露一个事实：巴哈欧拉已带来一个新的天启，本身具有新的律法和教义——因为他们尚未准备好。一些当地教徒见证说，他们承认巴哈欧拉所带来的信息之真理性，可是行动还是像个伊斯兰教徒。

他为巴哈伊教在印度和缅甸的传播做出了巨大贡献。加马尔·阿芬第曾在印度次大陆及其他与中国接壤的地区奔波传授巴哈伊教义。在圣地见过巴哈欧拉以后，他在巴哈欧拉亲自授意下回到印度继续推广教义。1888年，在哈吉·法拉吉·拉(Ḥájí Faraju'lláh Tafríshí)的陪同下(一位阿卡的被驱逐者)，他们访问了许多国家，其中包括缅甸、泰国和新加坡。他们还去了亚洲北部一些地区，如克什米尔、中国的西藏等地。然后又去了Badakhshan和阿富汗。现在还没有迹象表明这些地区有

① 纳比尔·阿仁：《破晓之光》，第416页。

人成为巴哈伊，但是在印度与缅甸显然有许多人成为巴哈伊的信仰者。[①]

另一位对巴哈伊教义在印度地区的传播起重大作用的人，是巴哈欧拉的忠实追随者赛义德·穆斯塔法·鲁米（Siyyid Muṣṭafá Rúmí），他是加马尔·阿芬第的一位杰出朋友。他是在加马尔·阿芬第的影响下，于 1875 年在 Madras 变成巴哈伊的。1878 年，赛义德·穆斯塔法·鲁米来到缅甸并在仰光定居下，之后，他留在缅甸建立巴哈伊社团和教授教义。赛义德·穆斯塔法·鲁米于 1945 年在缅甸去世。他死后被圣护守基·阿芬第追认为"上帝之手"，即圣辅。赛义德·穆斯塔法·鲁米在缅甸最杰出的贡献是把整个 Daidanaw 村落的人都变成巴哈伊的信仰者。缅甸的巴哈伊们献出了大理石的灵柩，用来盛放巴布的遗体。[②] 他努力服务信仰，尤其是在缅甸的时候，付出了很多努力，他的墓地被视为"缅甸教区中第一陵"。

加马尔·阿芬第回到圣地后，阿布杜巴哈指派米尔扎·马赫兰（Mírzá Mahram）到曼达莱去，清楚地向他们宣传巴哈伊信仰的独立性、废除伊斯兰律法并灌输新天启的律法。米尔扎·马赫兰忠实执行了这个任务。这些新教徒在听到新律法和旧律法差距这么大以后，2/3 的人大怒，立即拒绝巴哈欧拉的信仰。不但如此，有些人还集合起来要杀他。有一天，一大群人聚集在他家门前打算动手，要不是一位英国警官反应快，他们就要得逞了。据说，身为基督教徒的警官问米尔扎·马赫兰："你到底说了什么话竟然使他们要杀你？"他答说："我说了基督在他那个时代里所说的话。"米尔扎·马赫兰最终还是留在曼达莱一段时间。他向其余的新教友进行传教，使他们全然接受了上帝的圣道，并将他的律法和教义应用到日常生活中。[③]

圣辅密尔扎·穆罕默德·塔基 1895 年获释后，到圣地觐见教长。教长指示他前往'Ishqábád。在阿布杜巴哈时期，他到处旅行，拜访教友和高阶官员，进行传教。波斯、高加索和印度都留下了他的足迹。1907 年，他在两位美国教友 Hooper Harris 和哈兰·奥伯（Harlan Ober）及密尔扎·麦哈穆德·扎伽尼（Mírzá Maḥmúd Zarqání）兄弟的陪伴下到印度去。哈兰·奥伯 1912 年 7 月 17 日在美国的婚礼是由阿布杜巴哈主持的，他是在圣地时受阿布杜巴哈之命去印度传教的。密尔扎·穆罕默德·塔基先后 11 次到圣地觐见教长。

阿布杜巴哈 1913 年在英国伦敦时，一位印度刹帝利的王子宴请他，他在谈话时提到一位巴哈伊凯忽斯洛。凯忽斯洛是有袄教背景的巴哈伊，在孟买他听到一位叫西尼·史布列格（Sydney Spragus）的巴哈伊在旁遮普患了霍乱，就立即赶到那里，日夜侍候在床侧，西尼·史布列格痊愈了，而他自己却被感染去世了。[④] 他的这种精神很感动人。西尼·史布列格是著名的密尔扎·阿萨都拉（即运送巴布灵柩到海法的那个巴哈伊）的女婿，也是早期的拓荒者之一，有著作《同印度缅甸巴哈伊们生活一年记》，他还对德黑兰的巴哈伊教育学校提供经济赞助。他另外有《巴哈伊运动史话》的著作。[⑤]

1920 年 12 月，在孟买召开了第一届印度巴哈伊全国大会，《印度时报》大量报道了会议的情况。1923 年 4 月，守基·阿芬第成立了印度和缅甸巴哈伊的国家灵体会。1941 年，三个地方社团组织及

---

① 参见 Jimmy Ewe Haut Seow, *The Pure In Heart*, Bahá'í Publications Australia, 1991, p. 22.

② 参见 Jimmy Ewe Haut Seow, *The Pure In Heart*, Bahá'í Publications Australia, 1991, p. 24.

③ 参见阿迪卜·塔赫萨德：《巴哈欧拉的天启》第 4 卷，第 427～429 页。

④ 参见白有志：《阿博都巴哈——建设新秩序的先锋》，第 288 页。

⑤ 参见白有志：《阿博都巴哈——建设新秩序的先锋》，第 105、117 页。

正常运行的地方灵体会在海德拉巴、科塔和班哥劳尔成立。第二年，另外三个地方灵体会和几个巴哈伊集体（即所拥有的巴哈伊不足 9 名的社团）得以建立。到 1944 年该规划结束时，印度已经拥有了 29 个地方灵体会。1953 年，世界传教中心大会在 4 个不同国家的不同城市举行（分布在 4 个不同的洲），新德里就是这 4 个城市之一。1953 年 10 月的德里大会既标志着印度 15 年间的三个主要传教项目的完成，又标志着守基・阿芬第世界性的"十年神圣计划"的开启。但是到 1953 年前后，印度的教徒仍然数量不多，只有 1500 人左右。此时守基・阿芬第指示印度的巴哈伊教徒要学习非洲巴哈伊的传教经验，到穷苦的地方去传教。这之后，印度的巴哈伊有了很大的发展，到 1963 年数目一下子增加到了 20 万之多。到 1997 年，在印度有 200 万多名教徒。而现在，印度的巴哈伊教徒已经有 220 万之多了，成为巴哈伊信徒最多的国家。

印度巴哈伊教的一个巨大贡献是建造了"莲花庙"——清新亮丽的灵曦堂。该灵曦堂位于新德里南郊，1953 年开始征地，面积为 26.6 公顷。1980 年动工，1986 年底完工，被赞誉为 20 世纪的泰姬陵。它是一座风格别致的建筑，既不同于印度教寺庙，也不同于伊斯兰教清真寺，甚至同印度其他比较大的教派的寺庙也无一点相像。它的设计造型是一朵浮在水面、周围由荷叶衬托、含苞欲放的荷花。这座灵曦堂由世界著名的加拿大籍伊朗人设计大师法里布兹・萨哈巴（Fariborz Sahba）设计。萨哈巴为此曾考察了数百座印度教寺庙，最后确定以含苞欲放的荷花为外形，以此象征宗教的圣洁、超欲出凡，走向清净的大同境界。德里灵曦堂的形状之所以采自莲花，与印度的历史有一定关系。莲花在印度教和佛教派中被奉为神物，在当代印度人心目中又贵为国花，而荷花象征着纯洁，与印度宗教崇拜的精神相一致。所以这座庙宇一建成就备受印度人的喜爱。灵曦堂高 34.27 米，底座直径 70 米，分 4 层，上面 3 层为荷花形，由 27 朵花瓣组成，每层 9 朵。第一层花瓣开放，第二层半开，最顶层欲放，富有立体动感。也按照莲花自然地在水中生长的原理，底层每片花瓣之间修建了一个个椭圆形水池，注满清水，用于调节温度，就好像池塘正在把莲花托起。在可容纳 1300 人的大厅里放置了一排排木石混合制作的椅子，框架由红木制作，背面雕刻成波浪形，象征湖水涟涟。而椅面则由白色大理石制作，简洁而明了。大厅内部设置十分简单，只是一个高大空阔的圣殿，里面既无神像，也无雕刻、壁画等装饰物。在二三层花瓣的空隙，阳光从此射入，设计十分巧妙，别具一格。其建筑结构与悉尼歌剧院很相似，故也有人称其为"第二个悉尼歌剧院"。灵曦堂外层用白色大理石贴面，通体雪白，纯洁无瑕。整个工程耗资 1 亿卢比，每天有不少各种肤色的教徒来此参谒。

进庙的巴哈伊教信徒以及参观的人不需进行什么特殊的仪式，只要是脱鞋进殿，走到木框架的大理石椅上就座，然后沉思默祷就行。参观灵曦堂可以获得中文介绍材料，中文的材料上印着巴哈欧拉的"团结之光必定普照世界，而'天地各界都是属于上帝的'这个封缄，也将印上每个人的眉宇，这是上帝的意旨"的话，这段引文大概是引自《巴哈欧拉著作拾穗》，马来西亚梅寿鸿先生的译文是"上苍已承诺让团结之光包围整个世界，'神的天国'—印即将印在每一个人的眉宇间"[①]，告诉参观者它是为所有不同宗教及种族背景的人士去崇拜上帝。灵曦堂的周围是一大片碧绿碧绿的草坪，其间点缀着一簇簇花木。在风和日丽的日子里，走到褐红色的甬道上，抬眼望去，蓝天之下，百花盛开，绿油油的草地上绽放着一朵巨型白莲花，令人叹为观止。

为切实促成一次明确将精神价值和观点考虑在内的、关于发展和社会转型的对话，约 100 个有

① 守基・阿芬第编：《咨浩拉著作拾穗》，第 5 页。

影响力的发展组织、国际及政府机构、宗教界的代表以及学者2001年聚集在新德里参加一个主题为“科学、宗教与发展”的研讨会。此次活动的首要目标是探索科学方法和宗教悟识的统一交融如何促进人类能力的提升，尤其是在公共管理、教育、技术和经济活动的领域。此次活动是由印度巴哈伊社团和世界繁荣研究学院（巴哈伊国际社团的一个研究机构）所组织的。在全球性的层次上，巴哈伊们也参与世界银行和各大宗教之间举行的极富建设性的“世界宗教发展对话”。①

2003年12月17～19日，由印度新德里巴哈伊总会中心组织，在新德里巴哈伊灵曦堂举办了“教育——每个儿童应有的权利”的国际会议，对南亚地区的教育体制改革提出很多建设性的意见，强调应该在南亚强化和建立组织间的沟通和网络关系，使得所有儿童（尤其是女童）都能够接受有质量的基础普及教育。巴哈伊国际社团驻联合国首席代表巴妮·杜加尔·古扎尔女士的观点引起了重大的反响，她提出教育的重要性在于是一种社会的“开明自利”，“今天在儿童教育上的投资在长远的将来会获益甚丰，造福于世”。②

巴妮·杜加尔女士出生于印度，在美国获得纽约沛斯大学法学院环境法专业硕士学位，在印度担任过律师工作。1994年她来到纽约的巴哈伊国际社团工作，自2001年担任临时代表，2003年3月接替2001年辞职的泰彻斯特·阿德若姆被任命为巴哈伊国际社团驻联合国首席代表③，同年6月当选联合国主管妇女事务的非政府组织委员会主席。④

第二节　新加坡、印度尼西亚和马来西亚的巴哈伊教

一、新加坡和印度尼西亚

新加坡南洋理工大学国立教育学院中文系王永炳在《新加坡社会伦理与公民道德教育》中说，新加坡是个名副其实的弹丸小国，总面积为683.7平方公里，没有天然资源。目前，新加坡人口（包括永久居民）331.91万人。其中华人占76.5%，马来人占13.8%，印度人占8.1%，其他种族占1.6%。新加坡宗教方面种类繁多，主要有九大宗教：巴哈伊教、佛教、基督教、兴都教（印度教）、伊斯兰教、犹太教、锡克教、道教和琐罗亚斯德教。新加坡是个移民社会，也是个世俗国家，来自中国、印度、马来亚等地区的不同种族带来了不同的语言文化。1965年建国后，人民还是延续了各自的语言文化、宗教习俗。

新加坡的多元种族和谐的社会是许多国家所羡慕的，因为各族人民不但能和睦共处，各种族宗教也能互相容忍，互相体谅。每年7月21日是新加坡的种族和谐日，最近几年，由新加坡宗教联谊理事会（Inter-religious Organisation，1949年成立）组织九大宗教举行活动。九大宗教代表也在各种庆典中上台祈祷，为世界和平、国泰民安以及种族、宗教和谐祈求和平。新加坡九大宗教联合在跨种族宗教的盛典聚会中为世界祈祷，是新加坡多元种族宗教和平共处的重要特色。

① 参见巴哈伊国际社团：《在公共机构中抵制腐败与确保公正：巴哈伊观点》，荷兰海牙2001年。
② 载《天下一家》2003年1～3月号。
③ 参见《天下一家》2003年4～7月号。
④ 参见《天下一家》2003年10～12月号。

新加坡净宗学会经常接触巴哈伊教，他们认为巴哈伊教的中心思想很难得，很值得赞叹，它的思想是整个地球是一个国家，地球上的居民都是这个国家的国民，就是世界统一，大家再不要打仗，不要国与国的争、族与族的争、宗教与宗教的争，希望所有的争执大家都放下，我们是一个国家，我们都是同胞，这个思想不错。所以这个教历史虽然不太久，但在全世界发展很快，许多人是高级知识分子、许多大企业家都信奉巴哈伊，巴哈伊祈求世界和平。

据说第一个听说巴哈伊信仰的新加坡人是一个女学生。她于1930年在香港大学听过玛莎·露特(Martha Root)宣讲巴哈伊，被教义所折服。第二天她去找玛莎·露特并问到："如果我想在我的家乡新加坡推广巴哈伊，我应该怎么做?"但是后来没有关于这个女学生的确切信息。[①]

其他到达这些地区的先锋们还包括来自伊朗的拉哈曼·拉·姆哈吉尔(Dr. Raḥmatu'lláh Muhájir)和他的妻子伊拉·姆哈吉尔(Írán Muhájir)。拉哈曼·拉·姆哈吉尔生于1923年。他们家族的名字取自阿布杜巴哈的一封书简，其中有这样的问候："姆哈吉尔啊，先锋们!"他们于1954年根据圣护的意愿到达印度尼西亚的Mentawai群岛。那时候Mentawai群岛是澳大利亚和新西兰国家灵体会的一个目标。他们夫妇于1954年2月巴哈伊十年世界计划初始的时候到达Muara Siberut，他们被指派到Mentawai群岛，拉哈曼·拉·姆哈吉尔曾作为医生为印度尼西亚健康部工作过。他们的献身精神，对当地信仰者的鼓励和爱护很快有了结果。很多当地人成为巴哈伊，数个地方灵体会被建立起来。截至1958年他们夫妇离开Mentawai群岛的时候，4000多人变成巴哈伊，33个地方灵体会和一所巴哈伊学校被建立起来。他们还用捐款购买了一块巴哈伊土地，并将一本巴哈伊小册子翻译成Mentawai语。拉哈曼·拉·姆哈吉尔被称为"巴哈伊群体传教之父"，尤其是在菲律宾，印度和马来西亚等国有很高的知名度。1957年10月，他被圣护任命为"上帝之手"即圣辅。1979年，拉哈曼·拉·姆哈吉尔在Quito的Ecuador去世。[②]

其他在十年世界传教期间去印度尼西亚的先锋们还包括：Keykhosrow先生和Parvaneh Payman女士，Manutschehr博士和Maliheh Gabriel女士，Aflatoon先生和Talieh Payman女士，Faḍlullah博士和Lamia Astani女士，Núroddin博士和Bahereh Soraya女士。Keykhosrow先生和Parvaneh Payman女士 是第一对到达印度尼西亚的先锋，他们于1961年到达，在那之前曾在印度呆了6年。

据署于1955年4月13日的一封伊拉·姆哈吉尔女士给澳大利亚和新西兰国家灵体会亚洲传教协会的信中记载着：第一个在印度尼西亚成为巴哈伊的华人是1955年3月或4月成为巴哈伊的Njo Suntian先生。因为Mentawai群岛是澳大利亚和新西兰国家灵体会的一个传教目标，所以伊拉·姆哈吉尔女士经常给协会写信报告当地的巴哈伊活动情况。Suntian先生是在印度尼西亚Mentawai的Muara Siberut成为巴哈伊的。一封署于1957年6月13日该协会写给东南亚巴哈伊灵体会秘书的信中记载道：两个年轻华人，Wong Ching Gea先生（18岁）和Tamway先生(15岁)，在1956年8月18日加入了巴哈伊教。他们有可能在比这个时间更早的时候就加入，接受了巴哈伊信仰。记载中Suntian先生于1955年12月12日宣誓加入巴哈伊教，这和伊拉·姆哈吉尔女士1955年4月13日的信有所冲突。现在没有关于Suntian先生和那两个年轻华人的具体记载。另一个早期在印度尼西亚加入巴哈伊教的华人是Lena Tan女士。她后来移居新加坡，并成为1972年成立的

① 参见Jimmy Ewe Haut Seow, *The Pure In Heart*, Bahá'í Publications Australia, 1991, p. 57.

② 参见Jimmy Ewe Haut Seow, *The Pure In Heart*, Bahá'í Publications Australia, 1991, p. 65.

第一个新加坡国家灵体会的成员之一。①

Harry Clarke 先生，Charles Duncan 先生，John 博士和 Greta Fozdar 女士，Minoo 先生和 Marjorie Fozdar 女士作为先锋去了 Brunei。Jamshed Fozdar 先生去了越南。Ḥishmatu'lláh Azizi 先生作为先锋去了中国大陆，后来又去了中国澳门。Udai Narain Singh 先生 1953 年作为先锋去了 Sikkim。1956 年他又去了中国西藏。Jeanne Frankel 和她的母亲，Margaret Bates 女士，1957 年作为先锋去了 Nicobar 群岛，并在回美国之前在 Kota Kinabalu 的 Sabah 待了 3 个月。除了上面列举的先锋们，还有许多其他巴哈伊作为先锋去了那些地区。

K. M. 医生和 Shirin Fozdar 女士是到达东南亚的早期先锋。1950 年他们把巴哈伊信仰带到了新加坡和马来亚。阿布杜巴哈在神圣书简中提到过那些国家。当他们到达新加坡时，为了向当地人展示巴哈伊教关于为人民服务的宗旨，夫妻两人开办了一所学校，为非特权阶级的三百多名妇女教授读写知识。头两年，当地人接触后，反响不是很强烈。他们时常感到疲劳和沮丧。但是不久当地人民开始接受巴哈伊信仰。当新加坡第一个地方灵体会于 1952 年成立后，教书环境有所改善。K. M. Fozdar 博士，Shirin Fozdar 女士，John Fozdar 医生，Teo Geok Leng 先生，G. Datwani 先生，都是当时巴哈伊活跃分子。

新加坡的第一个巴哈伊是 Naraindas 先生。第一次演讲可能发生在 Rotary 俱乐部。George Lee 女士，一个很杰出的华人，也是新加坡的最早接受巴哈伊信仰人的之一(1958 年 2 月)。1964 年她成为第一个马来西亚地方灵体会的成员。

另一位为巴哈伊教在那些地区的传播做出巨大贡献的华人是梁达志(Leong Tat Chee)先生。他是在 1955 年在马来西亚的 Malacca 从 K. M. Fozdar 夫妇那里听说巴哈伊教以后变成巴哈伊的。该地区主要有五种宗教组成：道教、儒教、佛教、基督教和伊斯兰教。梁达志在 1955 年成立的第一个 Malacca 地方灵体会中任主席。他将他的房子捐给马来西亚灵体会作为 Malacca 的巴哈伊中心。他还曾代表华人在 1963 年出席在伦敦举行的世界大会。1963 年梁达志被选为马来西亚第一个巴哈伊国家灵体会的成员。1965 年在袁其良先生的陪同下，他前往中国的香港、澳门和台湾传教。梁达志在启发马来西亚信仰者们对中文传教的重要性和巴哈伊教对中国的重要性的认识方面做了许多基本工作。②

新加坡实行多种族和谐共处政策，多元种族、多元信仰，宗教信仰很自由。九大宗教之间近年来自发地互相访问，交流沟通，互相尊重、互助合作，尽管大家信仰不同、文化不同、肤色不同、语言不同，却能和睦地像一家人一样，时常在一起聚会，共同举办利益社会、利益人群的公益事业。体现出“政通人和”，能沟通就能融和，不通就有问题。新加坡教徒认为，放眼当今世界，展望未来前途，惟有倡导教育，加强宗教教育，让所有人都知道以上帝爱世人的胸怀、佛菩萨慈悲一切的心量来包容一切。因为所有宗教的根是无私的爱心，宗教的不同是发扬这一根本的方式方法的不同，只要寻找到根，世间种种差别只会让世间更加多姿多彩，不会构成人们交流的妨碍。新加坡九大宗教变成一家了，非常稀有难得。

9 月 21 日是世界和平日，过去每年有 60 多个国家以政府或非政府组织名义，在全球同步举办

① 参见 Jimmy Ewe Haut Seow, *The Pure In Heart*, Bahá'í Publications Australia, 1991, p. 62.

② 参见 Jimmy Ewe Haut Seow, *The Pure In Heart*, Bahá'í Publications Australia, 1991, p. 65.

世界和平日的庆祝活动,共同宣扬世界和平的观念。2004 年 9 月 21 日,新加坡宗教联谊会、新加坡佛教居士林和 The Amriteswari Society,在新加坡佛教居士林首度合作举办"为世界和平祈祷会"活动,号召九大宗教联合主持特殊的祷告会。

新加坡宗教理事会是在 1949 年成立的,为配合理事会成立 50 周年,特别于 1999 年 1 月 15 日发行一套纪念邮票。这套邮票以理事会的徽章和格言为设计图案。格言是"多元宗教,团结一致",邮票上也印有理事会的九种宗教名称。它们的排名是根据各宗教发起日期而定,分别是兴都教(印度教)、犹太教、拜火教、佛教、道教、基督教、伊斯兰教、锡克教和巴哈伊教。

2005 年新加坡举行世界和平万人祈祷大会,成千上万的新加坡人以祈祷会迎接了 2005 年新年来临。世界和平万人祈祷大会于 1 月 1 日在洛阳大伯公宫举行,为 2004 年 12 月受海啸影响而失去人的家属祷告,求神安慰保护他们。与会者点燃手中的一根根蜡烛,默默为海啸受难者祈祷。大会由新加坡道教总会主办,新加坡宗教联谊会、新加坡佛教居士林、伊斯兰教传道协会、兴都教基金会、锡克教中央管理局、巴哈伊教灵修中心、天主教新加坡教区团及 Parsi Association of Singapore 协办。主办单位希望通过这项活动,结合众人的意愿和力量,为国家和世界的永久和平祈祷,也为海啸灾区灾民祈求消灾解难。

二、马来西亚

马来西亚的第一位华人巴哈伊信徒是芙蓉的袁其良,1957 年他与从印度孟买的佛之达医生到马来西亚槟岛传教。不久,有两位美国巴哈伊詹妮·弗兰格小姐和她的母亲马可烈·巴娣女士到达槟岛,在她们影响下,牙医逊德南和夫人珊塔、美发师莉莉·简斯女士成为巴哈伊。1958 年槟岛的本地人有不少接受了巴哈伊信仰,在这年的 4 月成立了槟岛的第一届巴哈伊灵体会。这些早期巴哈伊信徒到其他各地去传教,扩大了巴哈伊的信徒数目。①

由于袁其良(世界正义院称其为马来西亚第一个被启发的巴哈伊)的不懈努力,巴哈伊信仰在这些地区,尤其是在当地的华人中间有了进一步的发展。袁其良是在 1949 年泛太平洋和平大会上在 Shirin Fozdar 太太那里第一次接触到巴哈伊信仰的,于 1953 年 12 月 19 日在马来亚变成巴哈伊。那时候在 Kuching 的 Sarawak(现在的东马来西亚的一部分,那时是英国殖民地)也有巴哈伊。他们是 Stephen Wong, Jimmy Sim, Tan Tech Kee 和 C. K. Chih 夫妇。他们也是 Kuching 的第一个地方灵体会的成员。袁其良 1899 年 11 月 19 日出生在马来西亚的 Selangor 一个锡矿工的家中。他曾是一个天主教徒。他是一个药剂师,同时又为当地的一家报纸画漫画。袁其良将巴哈伊介绍给众多的马来西亚同胞和一些土著居民,其中一些人后来变成了巴哈伊。在他的努力下,Seremban 的第一个地方灵体会得以在 1954 年 4 月 21 日建立起来。他被当地信仰者亲昵地称为"Uncle Yankee"。许多马来西亚和周边国家的许多巴哈伊们视其为"精神之父"。他经常奔波在外,在该地区的华人中积极宣传巴哈伊教,并为 Burma 和菲律宾带来了第一个巴哈伊。1964 年,他被选举为马来西亚灵体会的成员和秘书。1968 年,世界正义院任命他为东南亚大陆委员会顾问,这是该委员会里的第一位华人顾问,他从事巴哈伊传教 32 年,于 1986 年 6 月 17 日在马来西亚的 Ipoh 去世,享年 86 岁。世界正义院发给马来西亚巴哈伊社团的唁电中说,"袁其良启发了他的追随者,并为华人朋友在建立神圣人类文

① 马来西亚槟岛巴哈伊地方灵体会:《巴哈伊信仰》,第 12 页。

明社会方面作出了榜样"。他的女儿 Rose Ong 则在 1985 年被任命，继承他的职务。他的另一个女儿 Lily Ng 太太，则以慈爱著称，被人们亲切地叫作"Lily 阿姨"，她在 20 世纪 70～80 年代花费大量时间奔波于香港和澳门之间进行传教。

梁达志也是马来西亚华人，也是从 Shirin Fozdar 太太那里接触了巴哈伊教的教义，他的家庭成员中有许多人都成为巴哈伊。Tei Teik Hoe 和尹鸿顺(Yin Hong Shuen)也是马来西亚早期的巴哈伊信徒，他们在 Taipajx 进行传教，上百名小岛的居民听他们宣讲巴哈伊信仰。后来他们二人又到澳门传教。在 20 世纪 70 年代，大量马来西亚巴哈伊教徒跨出国门，到不同国家去传教，一直延续了很长时间。1975 年，有马来西亚合唱团到澳门举行篝火歌唱会，对传教也起到一定的作用。

马来西亚的巴哈伊社团包括三百多个地方灵体会，他们很注意自然环境的保护和物资回收工作。在 20 世纪 90 年代开展过大规模的回收活动，将各种可回收再生的物资如报纸、玻璃、橡胶和金属制品等回收再利用，取得很好的成果。马来西亚的德国籍巴哈伊信徒浮士德医生推动沙捞越地方各宗教代表之间合作来服务社会，他认为世界上至今还存在许多偏见，其中宗教之间的偏见是很严重的，甚至导致战争和流血，必须保持警惕的就是宗教间的偏见还没办法消除。巴哈伊教的全球性的使命，即促进全球宗教间的融洽、了解来消除宗教间的成见。

第四节　日本的巴哈伊教

一、向日本传播巴哈伊教的人

日本无疑是一个现代国家，但是也是一个很传统的国家。日本宗教的历史可以追溯到 2000 年以前，神道教的建立是从日本原始宗教发展而来的。后来又吸收了儒教的观念和佛教的教义。神道教和佛教是日本的两种主要宗教，很多日本人同时信仰这两种宗教。

1903 年，阿布杜巴哈奖励美国的巴哈伊教徒到日本旅行并传播巴哈欧拉的教义。1907 年 5 月，他说日本已经在物质文明方面取得了令人惊叹的进步，但是它应该变得更完美，也将致力于精神的发展。1920 年 6 月，又说日本不久将被变成一个天国，变得像玫瑰花园一样。响应阿布杜巴哈的号召，1909 年，两个美国巴哈伊教徒来到日本，在位于东京神田的东京青年会馆发表了演说。包括外国人在内，共有 75 人出席了这次演讲。

从那时候以来，很多巴哈伊教徒开始在东京青年会馆集会。1923 年的关东大地震使东京青年会馆遭到破坏，但重建以后仍是巴哈伊教徒集会的场所。访问过日本的美国巴哈伊教徒，最有影响的是阿格尼丝·鲍德温·亚历山大(Agnes Baldwin Alexander)小姐。她 1914 年 11 月来到日本，到 1967 年离开日本为止，其间间断地共在日本生活了 31 年，对巴哈伊教的发展做出了贡献。

阿格尼丝·鲍德温·亚历山大小姐 1875 年生于夏威夷一个富有的家庭。她的祖父是最早到夏威夷传播基督教的传教士之一。她本人在 1900 年接受巴哈欧拉的教义成为巴哈伊教信徒之前，一直是一个虔诚的基督教徒。

她从 1900 年初在檀香山听津田梅子(津田塾大学的创建者)的讲座以来，就打算访问遥远的日本了。1914 年，受阿布杜巴哈的激励，阿格尼丝·鲍德温·亚历山大小姐来到日本。那时，有个叫

George Auger 的美国巴哈伊教徒已经来到了东京。阿格尼丝·鲍德温·亚历山大小姐与 George Auger 合作开始举行世界语讲座。经他们两人的努力，扩大了巴哈伊教的影响。1915 年，玛莎·露特也到过日本。

那时，参加巴哈伊教集会的，有著名的作家秋田雨雀、后来成为日本最早的女议员之一的神近市子、早稻田大学及其他大学的学生等。

二、初期的日本巴哈伊教徒

在参加上述集会的人当中，最早成为巴哈伊教徒的是福田菊太郎。当时 18 岁的他，听了阿格尼丝·鲍德温·亚历山大小姐"女史之话"的讲座，当即就感觉到其真实性。于是他成为住在日本国内的日本人中最早接受巴哈欧拉教义的人。

作为日本人最早成为巴哈伊教徒的，是三个移居美国的日本人。最早的是山口县出身的山本宽一，他是 1902 年在夏威夷接受巴哈欧拉教义的。他的子孙作为巴哈伊教徒现在还在美国活动。第二个成为巴哈伊教徒的是藤田左弌郎，是 1905 年在加利福尼亚滞留期间接受巴哈欧拉教义的，直到 1976 年去世，他一直在以色列的巴哈伊世界中心工作。第三个巴哈伊教徒是鸟饲建藏，他 1910 年在华盛顿接受了巴哈欧拉的教义，写了题为《世界新文明》的日语小册子，这本小册子在日本广为流传。

日本妇女最早成为巴哈伊教徒的是望月百合子。她后来留学法国，作为最早的女记者之一而为人知。她与阿格尼丝·鲍德温·亚历山大小姐一起发行巴哈伊刊物《东方之星》。

再就是盲人学校的学生鸟居笃治郎，在 1915 年成为巴哈伊教徒，后来他成为盲人会的会长，因其对盲人服务工作所做出的杰出贡献，被授予作为国民最高荣誉的三等勋瑞宝章。他也为巴哈伊教做了不少贡献，并且把很多巴哈伊教书籍刻成盲文。

玛莎·鲁特（前排左二）、阿格尼丝·鲍德温·亚历山大（后排左二）与日本巴哈伊

藤田左弌郎(左一)与华人信徒司徒先生合影

三、向昭和天皇传教

在增岛绿一郎博士的帮助下,守基·阿芬第向昭和天皇发送了一封书简和一封电报。增岛博士是著名的国际法专家,也是中央大学的创建者之一。他是巴哈伊教徒的朋友,在诸多方面对巴哈伊教给予了援助。守基·阿芬第在给昭和天皇的书简中,有如下内容:熟读这巴哈伊的文献,陛下就能理解巴哈欧拉启示的庄严性和贯通力,为了其世界性的认识和胜利,恭请陛下珍惜这个难得的机会……

这封信是与美国巴哈伊教徒送来的 7 册巴哈伊书一起,于 1929 年由增岛博士呈献给天皇的。巴哈伊的文献至今还是天皇藏书的一部分。

那时,美国记者玛莎·露特,为了传播巴哈伊教周游世界,她曾向罗马尼亚玛丽王后传播巴哈欧拉之教,玛丽是维多利亚女王的孙女,是最早成为巴哈伊教徒的女王。

1930 年,玛莎·露特来到日本,并为了把守基·阿芬第的祝词和纪念品献给天皇而申请天皇会见,但未获得宫内省的许可,不过纪念品和祝词被收下了。其祝词(电报)的内容是:“烦请东京美国大使馆转交玛莎·露特女士。请代表我本人和全世界的巴哈伊教徒,衷心祝愿天皇陛下幸福及其古来的领土繁荣,并转达我深深的敬爱之情。”

四、阿布杜巴哈会见荒川子爵

1912 年,驻西班牙的日本大使荒川子爵夫妇住在巴黎的宾馆,得知阿布杜巴哈也在巴黎。夫人热切地希望能够见到阿布杜巴哈。但夫人表达自己的愿望说:“非常不幸,感冒很严重,明天一早又要回西班牙，就不能想想办法让我见见那位尊敬的先生吗？”夫人的愿望传达给忙碌了一天刚刚回到住处、疲惫至极的阿布杜巴哈。阿布杜巴哈随即表示：“如果夫人不能到我这里来的话，我就去拜访她，请转告大使先生和夫人。”就这样，阿布杜巴哈在深夜，冒着寒冷，雨中专程前往荒川夫妇下榻的宾馆去会见他们。阿布杜巴哈受到大使夫妇的热情接待。

阿布杜巴哈为荒川夫妇讲述了日本的状态及其在国际上的重要性、对人类的贡献、为废止战争而努力、改善工人的生活条件、给予男女共同接受教育机会的重要性等问题。他还讲了宗教的理想，即宗教“是人类福祉的源泉”，“宗教决不能用来作为党派政治斗争的工具”，“神的政策是强大的，人的政策是微弱的”。进而说明宗教与科学就像是人类飞升时的两个翅膀，并且发出了如下惊人的预言：“科学发现增进了物质文明。所幸的是，人类虽然尚未发现，但却存在着具有无比威力的东西。让我们向敬爱的神祈祷，直到精神文明支配人类的心，也别让科学发现这具有无比威力的东西。如果具有低俗性格的人类一旦掌握了这种力量，就可能破坏整个地球。”[①]阿布杜巴哈在这种具有无比威力的东西、即原子弹投向日本的34年前，就已把这件事告诉了日本的领导人。

阿布杜巴哈进而在1920年给日本巴哈伊教徒的信中也这样说道：“神预言在日本有可怕的原子弹爆炸。为此，那些已做好准备的人们要使真理的太阳之光高扬、普照。”

五、阿布杜巴哈会见日本女子大学校长成濑氏

1912年，著名的银行家涩泽荣一子爵，与日本最早创立女子大学的成濑仁藏校长和东京大学的姊崎政春博士一起掀起了文教运动。其目的是探寻全体国民能够和睦的共通基础。

为了这一运动，成濑校长周游世界，随身带着名人名言集这样的笔记本，记下了所访问过的不同国家著名人士的善意的言论。回国后，将这些言论翻译成日语并出版发行。

1912年，成濑校长拜会了在伦敦滞留的阿布杜巴哈，《东方评论》登载了关于在日本开展的文教运动的消息。阿布杜巴哈谈了巴哈伊大业的原则，指出为了实行这些原则，无论如何必须借助于神的力量。他说：“正如太阳是太阳系的光源一样，在今天，巴哈欧拉就是人类和睦和世界和平的中心。”成濑校长把阿布杜巴哈的衷心祈祷的话记录在名人名言集中，回到日本，曾热心地弘扬这些崇高的理想。日本女子大学成濑氏的资料保管所，现在还保存着如下的祈祷词：“噢，神啊！宗教间、国家间、人与人之间的争论、不和、战争的黑暗，模糊了真实的地平线，遮蔽了真理的天空。为此，神啊，请赐恩惠于我们吧，让真实的太阳照亮东方与西方！”

1912年9月12日，阿布杜巴哈在美国芝加哥巴哈伊信徒柯林·楚伊(Corinne True)太太家里做客，日本学生，同时也是巴哈伊信徒的藤田在这里拜会阿布杜巴哈。在先前，藤田曾经在克利夫兰初次见到过阿布杜巴哈。阿布杜巴哈这次见到他，眼睛一亮，问他我们的日本朋友好吗？随后的一段日子，藤田到加州服侍阿布杜巴哈，服务很热忱周到。后来他放弃了自己的一切事业，到圣地服侍朝圣者，得到很高的评价，成千上万的朝圣者都留有他在圣地的记忆。[②]

1912年10月7日，阿布杜巴哈在旧金山附近的奥克兰“日本独立教会”发表了讲演，他说：长久以来，我一直渴望认识一些日本朋友。日本已在短短的时间内表现出相当大的进步，一个令全世界

---

① 阿迪卜·塔赫萨德：《巴哈欧拉的天启》第4卷，第446页。

② 参见白有志：《阿博都巴哈——建设新世界秩序的先锋》，第207～208页。

惊奇的进步和发展。随着该国物质文明的进步，他们的灵性发展应当也相当可观。为此之故，我非常渴望认识该国的人。根据报导，日本人不是一个偏见的民族。他们察监真理。一旦发现真理，即坚爱以终。他们不会执着于旧有的信仰和教条的盲目因袭。因此，我切切殷望和他们讨论一个话题，使东西方国家的团结与融洽进一步达成。如此，宗教、种族及政治上的偏见、派别与门户意识，得以自人间消除。任何形式的偏见，都有损国家全体。① 1919 年 7 月 15 日，阿布杜·巴哈在阿卡与雷明顿谈话时还表示，如果情况允许的话，他希望到印度和日本去访问。②

六、日本巴哈伊的发展

1914 年，阿格尼丝·鲍德温·亚历山大小姐来到日本以后，巴哈欧拉之教在神户、京都、北海道和各地传播开来。同时也传播到了朝鲜半岛和中国。并且于 1932 年在东京设立了日本最初的地方分会。1937 年，阿格尼丝·鲍德温·亚历山大小姐为了访问长年景仰的以色列世界中心离开了日本。但是，由于世界形势的恶化，她再也未能返回日本。日本的政治形势也恶化了，国家被军国主义者所支配，开始进入了第二次世界大战。分散的巴哈伊分会就连小规模的集会也无法进行了。活动被迫停止，直到第二次世界大战结束。阿格尼丝·鲍德温·亚历山大小姐在圣地以色列见到守基·阿芬第时，守基·阿芬第这样说道："日本最近的将来是黑暗的，日本是苦难的。现在不是大踏步前进的时候。太平洋因战争的临近将成为暴风雨的中心，深重的苦难即将到来。"

阿格尼丝·鲍德温·亚历山大 1921 年在日本通过自己的堂兄——美国旧金山商会会长的介绍，认识了日本"近代工业之父"涩泽荣一爵士。其时 83 岁的涩泽荣一在自己的住宅招待了她，她向他介绍了巴哈伊教的情况和基本教义。阿布杜巴哈有关巴哈伊教与政治无关、对于宗教、人种和政治及国家的偏见是对人类世界的破坏的观点，对涩泽荣一震动很大，他非常高兴地听了她的介绍。他表示对这一宗教的教义有兴趣，认为巴哈伊教是与政治无任何关系的宗教。涩泽荣一对阿格尼丝·鲍德温·亚历山大小姐评价也很高，认为她的信仰很虔诚、生活简朴，是一个值得尊敬的有个性的淑女。③

战后，美国的巴哈伊教徒再次来到日本，巴哈伊开始活跃起来，1948 年，在东京设立了战后最初的地方分会。阿格尼丝·鲍德温·亚历山大小姐也于 1950 年再次返回到日本。其后，日本巴哈伊成员逐渐增加，在 1974 年成立了日本全国总会，巴哈伊的活动也更加充实起来。1997 年，巴哈伊教徒居住在全国 200 个地方，并且在全国行政会的指导下开展各种各样的活动。④

1955 年，在日本日光召开了第一次东北亚传教大会，该次会议是亚洲召开的第一次巴哈伊教会议，世界正义院派代表 Charlotte Linfoot 参加会议，并且是这次会议的实际负责人。当时由于东北亚国家灵体会尚未成立，由东京地方分会全权负责大会的一切事宜。来自关岛，中国台湾、香港、澳门，朝鲜，伊朗，加罗林群岛等地的代表参加了会议。1957 年 4 月，东北亚日本国家总会在日本成立，在这一地区的入教卡都被送到这个机构。1969 年，东北亚国家总会租用了一间很大的房子作为巴哈伊中心，其时名单上有 12 名成员。

① 参见白有志:《阿博都巴哈——建设新世界秩序的先锋》，第 222～223 页。

② 参见白有志:《阿博都巴哈——建设新世界秩序的先锋》，第 342 页。

③ 此处原文来自日文，是笔者 1999 年在瑞士兰德格学院访问时复印的一份材料，译文由王大建女士帮助完成。

④ 以上大部分的资料来自日本巴哈伊教网站，日文版，由牛建科先生翻译成中文。

日本于1974年成立巴哈伊教总会。今天，日本巴哈伊致力于团结和有差异的模式社区的建造。他们注重精神，教育和管理。巴哈伊团体在日本不断发展，虽然数量上并不多，但其团体以它的人力资源和劳动能力以及来自很多不同背景的人的差异和富裕而著名。

第四节　美国和加拿大的巴哈伊教

西方世界第一次听到巴哈伊教的信息，是在1888年3月29日英国泰纳新城堡文协会上，剑桥大学教授E.G.布朗在会议的讲演里，首先提到了巴哈欧拉和巴哈伊信仰。[①]

一、美国

在美国第一次提到巴哈伊信仰，是1893年9月23日在芝加哥举办发现美洲400年的哥伦布博览会期间召开的一次“世界宗教议会”上。当时基督教派驻叙利亚的亨利·杰萨普牧师的代表，宣读了他的一份报告书，里面提到：“在叙利亚岸边的阿卡城堡外的巴基大厦里，一位著名的波斯圣人——巴比圣徒，名叫巴哈欧拉即上帝的荣耀——庞大的伊斯兰教改革党的领袖，几个月以前死了。他接受新约为上帝的话语，接纳基督为人类的救主，他认为天下万邦为一，全人类都是手足兄弟。……(他说)‘天下万邦都应在信仰里合一，全人类也情如兄弟；人子之间的感情契合及团结应加强；宗教分歧应止息，种族歧视应废止。如此行之，何害之有？因而应予实现。……让人们不以爱其国家为荣，让人们宁以爱其同类为荣。’”[②]

亨利·杰萨普牧师(摄于1869年)

后来建成的芝加哥巴哈伊灵曦堂，也把巴哈欧拉的这种思想写在介绍该教的前言里，“宗教的根本目的是要团结全人类，促进友爱精神使人类获得幸福。倘若宗教使人类分裂或互相敌视，那它的存在便是多余的”，“正确的宗教信仰能改变人类的心灵。狂热的，极端的宗教信仰，却造成许多仇视与敌对，这是有目共睹的”。所有到芝加哥灵曦堂去的游客，都可以了解巴哈欧拉的这一思想。

第一个到美国去传教的是叙利亚商人易卜拉欣·海路拉(Ibráhím George Khayru'lláh)。他本是基督教徒，一次偶然的机会，在开罗从一位伊朗德黑兰商人那里无意中接触了巴哈伊教，后来他成为巴哈伊信徒，而且得到过巴哈欧拉写给他的书简。1892年12月他抵达美国纽约，1894年2月迁居芝加哥，开始传教。第一个由西方基督教徒成为巴哈伊教徒的，是桑顿·蔡斯(Thornton Chase)，

① 参见巴哈伊国际社团公共信息处：《巴哈伊》，澳门巴哈伊出版社1992年版，第23页。
② 白有志：《阿博都巴哈——建设新秩序的先锋》，第49～50页。

他也是美国的第一个巴哈伊。20世纪初，他到阿卡监狱拜望了阿布杜巴哈，回美国后写书《在加利利》，介绍巴哈伊教、巴哈欧拉和阿布杜巴哈，说阿布杜巴哈是教长，“他是这个伟大年代中的基督精神！他是那受膏油者！是他的父亲所命定的！那父亲是上帝之至大的显示者——巴哈欧拉。他是圣约的中心；渴望之新的医疗和满足者！服务人类之王！”[①]他于1912年去世了。

据易卜拉欣·海路拉说，到1897年，在芝加哥等地有数百人在他影响下成为巴哈伊，其中有一个年轻而又精力充沛的女信徒露薏莎·葛兴革(Louisa Getsinger)，后来所起的作用十分大，被阿布杜巴哈命名为“西方传教之母”。她走遍了芝加哥以外的美国各地，把巴哈伊教传播开来。在传教过程中，她遇见了参议员乔治·赫斯特(George F. Hearst)的太太菲比·赫斯特(Phoebe Hearst)，使她成了巴哈伊。在露薏莎·葛兴革那里，圣辅拉巴尼夫人的母亲梅·艾丽丝·波尔也成为巴哈伊。1898年菲比·赫斯特太太组织了15人的朝圣团去阿卡拜见阿布杜巴哈，易卜拉欣·海路拉夫妇、露薏莎·葛兴革夫妇都在其中。他们于1898年12月10日到达阿卡，拜会了阿布杜巴哈以后，以为他就是救世主。但阿布杜巴哈予以否认，说“我的名字是阿布杜巴哈，我的资格是阿布杜巴哈，我的本质是阿布杜巴哈”[②]。这次对巴哈伊教圣地短暂的访问，在西方世界早期巴哈伊教的发展历史上产生了重大的影响。“朝圣者带回了巴哈伊信仰早期的意识，……在美国，巴哈欧拉圣道的所有活动都出自那十几个人。”[③]此后，西方信仰者拜会阿布杜巴哈的活动一直继续到他去世的1921年。

在这15人中，有菲比·赫斯特太太的侄女董伯太太(Mrs. Thornburgh)和其女儿密莉安·董伯(Mary Thornburgh-Cropper)。董伯太太是住在法国巴黎的美国人，其女儿是住在伦敦的美国人。而梅·艾丽丝·波尔则在埃及加入巴哈伊。赫斯特太太的仆役罗勃·特纳是接受巴哈伊教的第一个美国黑人。阿布杜巴哈对他说：“罗勃，你的主爱你。上帝给了你黑色的皮肤，却给了你一颗洁白的心。”[④]梅·艾丽丝·波尔在阿卡被阿布杜巴哈交代了一项特殊任务，留在巴黎传教。她到巴黎后，在几个月之后建立了那里的也是欧洲大陆的第一所巴哈伊中心。她在巴黎使一个年轻的英国人汤玛斯·布列克威尔(Thomas Breakwell)成为英国的第一位巴哈伊。汤玛斯·布列克威尔后来也到阿卡朝圣过，回到巴黎后，他和阿布杜巴哈经常通信，得到很多教诲，也为巴哈伊信仰做出了很多贡献，被守基·阿芬第称为“巴哈欧拉信仰苍穹中的一颗天体”。他去世之后，阿布杜巴哈赞美他“成为至高天境之星，天使群中之灯，至高世界之灵”，“已荣登不朽的宝座”。[⑤]她的朝圣同伴，定居伦敦的美国巴哈伊密莉安·董伯·柯洛伯协助她，使艾索·珍娜·洛森柏格(Ethel Jenner Rosenberg)这位小型画的画家成为不列颠的第二位巴哈伊，以后为巴哈伊信仰的传教热忱工作了30多年。美国人赫勃·哈泼(Herbert Hopper)也在她影响下成为巴哈伊。而希波利铁·遂法斯(Hippolyte Dreyfus)是巴黎在她影响之下成为法国和欧洲访问伊朗的第一个巴哈伊，后来他到加拿大、美国和日本旅行，传播巴哈伊教义，翻译了很多巴哈伊教历史和教义的著作，直至1929年去世。在阿布杜巴哈访问欧洲时，他随侍在侧。他的夫人萝拉·柯丽弗·巴尼(Laura Clifford Barney)是巴黎有名的美国文学家，在20世纪初成为巴哈伊，先后五六次到阿卡朝圣，阿布杜巴哈的《已答之问》就是她在1903

① 转引自白有志：《阿博都巴哈——建设新秩序的先锋》，第51页。
② 威廉·哈彻、道格拉斯·马丁：《巴哈伊信仰——新兴的世界宗教》，第51页。
③ 威廉·哈彻、道格拉斯·马丁：《巴哈伊信仰——新兴的世界宗教》，第51页。
④ 白有志：《阿博都巴哈——建设新秩序的先锋》，第57页。
⑤ 白有志：《阿博都巴哈——建设新秩序的先锋》，第62页。

年到1906年间多次到阿卡访问时，阿布杜巴哈回答她的问题而她笔录而形成的。

梅·艾丽丝·波尔在1902年5月2日与加拿大年轻的建筑工程师威廉·麦斯克威尔（William Sutherland Maxwell）结婚。婚后他们到加拿大蒙特利尔居住，一年后他也成为巴哈伊，他们在那里建立了加拿大的第一个巴哈伊中心。阿布杜巴哈对梅·艾丽丝·波尔评价极高，说由于她的努力，使许多信徒们经常很友爱地在一起。希望通过她和其他信徒，“蒙特利尔能奋起，使天国的曲调由此地传播到世界各地，而圣灵的气息，将散播到美国的东西两方”[①]。她作为1898～1899年第一批到阿卡朝圣的西方教友之一，被视为巴哈伊信仰在西方世界的少数灵性巨人之一。当她过世之后，邵基·阿芬第形容她是阿布杜巴哈所钟爱的仆人和杰出的门徒，并给她殉道者的地位。她在回忆中曾经提到她到阿卡朝圣的经历：

> 在经过大约半小时的行程，我们到达巴哈欧拉在放逐的岁月中居停很久的那座花园。尽管这座花园很小，可是它却是我们所见过最可爱的地点之一。巴哈欧拉经常对他的园丁阿布·卡西姆（Abú'l-Qásim）说：“这是世界上最美丽的花园。”它那些高高的树、茂密的花和其中的喷泉，就像无比的宝石被两道泉水所围绕，一如《古兰经》中所形容的；现场弥漫的圣化气氛、神圣意义、如天堂般的和平安宁是如此的浓馥，难怪有一天，一位旅人在经过门口时停下来往门内望，看到巴哈欧拉坐在桑树的树荫下，他说：“那天篷不是人手所造。”因而想起了《古兰经》里所记载的预言，而认出他的主并赶紧跪在他脚前。
>
> 我们拜访了花园后端的小房子，并站在巴哈欧拉热天时最常坐的房间的门槛前，一个一个地跪了下来，眼中含着爱的泪水和渴求，亲吻他受祝福的脚所放置的那一块地。[②]

梅·艾丽丝·波尔的贡献还远不止此，他们的女儿的诞生使阿布杜巴哈异常兴奋，写信祝贺，说：“生命园中一朵玫瑰吐蕊开放，这是最鲜艳欲滴，最芬芳郁香，最鲜艳的花朵……我祈求神使这个婴孩成为天国伟大、美妙的人。”[③]这个女儿就是后来的守基·阿芬第夫人，一般尊称“拉巴尼夫人”。威廉·麦斯克威尔后来是巴布陵寝的建筑设计师，1951年升任圣辅，1959年去世。20世纪初，美国巴哈伊信徒到阿卡的朝圣者中，有一位伊莎贝拉·布利廷翰太太（Isabella D. Brittingham，1852～1924），她是美国最早的巴哈伊之一，因为她使超过40个人成为巴哈伊，被阿布杜巴哈称为“巴哈伊制造者”，受她影响而成为巴哈伊的苏珊·慕迪医生，后来在伊朗行医达13年之久。[④] 1902年12月到阿卡的人，还有纽约著名律师麦伦·费尔普（Myron H. Phelps）和卡娜娃箩伯爵夫人（Countess M. A. de S. Canavarro）。他们在阿卡足足待了1个月，比较深入地接触了巴哈伊教和了解了阿布杜巴哈的人格魅力，麦伦·费尔普近距离地目睹了阿布杜巴哈的生活方式，写出《阿布杜巴哈的生活与教导》一书，此书是最详细描述阿布杜巴哈的为人和周济阿卡穷人的著作，而且记录了一个阿富汗人24年中对阿布杜巴哈怀有敌意，最后终于被阿布杜巴哈的人格所感化的动人故事。

在这些早期的西方巴哈伊中，易卜拉欣·海路拉应该说在传教方面也是有贡献的，他建立了西方基督教世界中的第一个巴哈伊中心，阿布杜巴哈把他誉为“光明的彼得”。但是他后来却居功自傲，产生了极大的野心，而且想与阿布杜巴哈瓜分领导权，让阿布杜巴哈负责东方，他自己负责西方。

---

① 阿博都巴哈：《垦荒圣牒》，第47页。

② 阿迪卜·塔赫萨德：《巴哈欧拉的天启》第4卷，第375页。

③ 格莱特·谷维永、菲利普·汝微翁：《天国的园丁》，未刊本，第56页。

④ 参见白有志：《阿博都巴哈——建设新秩序的先锋》，第75页。

这种分裂行为遭到全体巴哈伊信徒的反对，而他自己则执迷不悟，竟然与叛逆者密尔扎·穆罕默德取得了联系，在分裂的道路上越走越远，在阿布杜巴哈多次极力挽救之后，他仍然不悔改，所以后来他被开除出巴哈伊。所幸的是美国的巴哈伊教并没有因为他而产生分裂。

梅·艾丽丝·波尔

年轻时期的拉巴尼夫人(玛丽·麦克斯韦尔)

在美国的早期巴哈伊中，阿格尼丝·鲍德温·亚历山大小姐是阿布杜巴哈评价很高的一位。他把她比喻为"天国的女儿"、"巴哈欧拉的女仆"，她"独自跋涉到夏威夷和檀香山去，目前她在日本获得属灵的胜利。你们可以想想，这女士如何在夏威夷得到保证，成为引导人们的工具"。"夏威夷通过亚历山大小姐的努力，已经有一些人达到信仰的彼岸"，"这是多么令人快慰的呢?"她所创造的"君权""是永恒的，它的荣辉是永远不朽的"。同样，罗布落女士也是阿布杜巴哈评价很高的一位，她"独自到德国去，她也获得广泛的承认"。① 1910年3月21日，《巴哈伊新闻》在美国创刊，该刊日后改为《西方之星》，在向美国传播巴哈伊教方面做了很多工作。

玛莎·露特被认为是美国最杰出的巴哈伊信仰者之一，她出身于美国俄亥俄州的一个名门望族，成名于职业记者，1909年成为巴哈伊教徒。她入教后受塔荷蕾事迹的感染，历时数年，到伊朗和伊拉克等塔荷蕾到过的地方，深入调查塔荷蕾的亲属，得到塔荷蕾的孙子的支持，从他口中获得了不少他父亲给他讲述过的祖母塔荷蕾的情况，得到许多非常珍贵的资料。她阅读了所有可能获得的文字资料，参考了大量文献，写出了塔荷蕾的传记。1938年在卡拉奇出版，后来在美国多次重版。尽管身体不好，也不是十分富有，但为了广为传播巴哈伊教义，1915年，她下决心进行环球旅行。在20年的四次球球旅行中，她四次访问中国和日本，三次访问印度，足迹遍及南非各主要城市和欧洲各国，把巴哈伊信仰带给不同层次的社会人士，其中有国王、王后、大臣、大学校长、宗教领袖和普通百姓，如罗马尼亚王后玛丽亚、南斯拉夫王后、挪威和伊拉克国王、奥地利总统等。最后，她于1939年

① 参见阿博都巴哈:《垦荒圣牒》，第16、17页。

在夏威夷去世，墓地就在夏威夷。她去世后被封为圣辅。她的传教活动受到守基·阿芬第的高度赞扬，誉之为宗教使者领袖。

1901年，阿布杜巴哈派遣米尔扎·阿布·法德勒(Mírzá Abu'l-Faḍl)到美国去帮助教友深造。回来之后，他和一些美国朝圣者坐在教长的面前。朝圣者开始赞美他给他们的协助，说他向许多人传教，捍卫圣道，并协助在美国建立起一个强大而具有献身精神的教区。当他们不断在赞美他时，他变得消沉和沮丧起来，最后竟放声大哭起来，教友们大感惊愕，不知所措，他们还以为自己赞美不够才如此呢，原来是他自己感觉不应该受此赞美。①

美国巴哈伊社团致力于种族团结的工作，自1920年就开始主办“种族和睦”的系列大会，以后还开展了一系列活动，包括主办座谈会和讨论会，编导促进文化交流的地方戏剧，举办形式简单的种族团结聚餐会，开办形式紧凑的对话小组讨论，使人们能够分享各自对种族团结最深刻的思想，以便为种族团结提供一种相互团结的模式，让黑人和白人在各个层次上自由地交往，而不仅仅是在工作中和在学校里交往。他们呼吁，“力争消除一切偏见、敌意和不公正”，“为全人类、所有种族与宗教的和平及团结”而奋斗。②

自1947年，美国巴哈伊社团就是联合国新闻处承认的非政府组织，以后多次参加联合国的有关项目和会议。美国巴哈伊社团领导人、外展事务秘书，耶鲁大学的荣誉历史教授费鲁兹·卡泽姆扎德在1998年被克林顿任命为美国国际宗教自由委员会的主席。美国的巴哈伊社团曾经督促美国及时交纳联合国会费。③

美国巴哈伊经常举办巴哈伊学术研究会，1995年在旧金山举行了该研究会的第19届年会，纪念联合国宪章在该城签署50周年。研究会在“变混乱为秩序：全球团结”的主题下，探讨巴哈伊教作为一种宗教运动的学术研究情况，以及巴哈伊教如何看待妇女、人权、经济发展和世界秩序等广泛的问题，为讨论种族团结、无家可归、减少暴力、吸毒、酗酒和为经济发展所忽略的有色人种等地方性的问题提供了平台。④

美国马里兰大学在1992年由全球巴哈伊社团捐资，成立了世界和平课题的“巴哈伊世界和平教席”，隶属于该校的国际发展与冲突管理中心，是一个受资助的教学与研究教席，其宗旨是通过鉴别和应用普世伦理与道德原则，研究出解决冲突的非暴力方案。苏海勒·布什鲁伊是该讲座的第一位教授，开设讲座以来，他组织了许多旨在促进国际间和宗教间对话的研讨会，出访各国举办从全球化到人权等各种主题的讲演，投入大量精力推动价值观的讨论、道德观念的改革和精神家园的重建，对世界和平作出了一定的贡献，获得了专门嘉奖为促进不同宗教间相互理解做出独特贡献的“2003年度茱丽叶·霍利斯特奖”。⑤

后来印度的印多尔大学和以色列耶路撒冷的希伯来大学，也设有巴哈伊主讲教授。希伯来大学巴哈伊主讲教授是一个匿名人士捐助的，由著名学者摩西·沙龙主持。

阿布杜巴哈对美国的巴哈伊教给予了特别的关注和及时的具体指导。美国1893年开始出现巴

① 参见阿迪卜·塔赫萨德：《巴哈欧拉的天启》第2卷，第80页。

② 载《天下一家》1992年11月号。

③ 参见《天下一家》1999年7～9月号。

④ 参见《天下一家》1996年1～3月号。

⑤ 参见《从文学大师到和平信使》，载《天下一家》2003年7～9月号。

哈伊教徒，在阿布杜巴哈1912年访问美国以后，有了更多的巴哈伊教徒。阿布杜巴哈1916年3月给美国北部各省州写的信里，肯定在大西洋沿岸的北部各州，包括缅因州、新罕布什尔州、佛蒙特州、宾夕法尼亚州、新泽西州、纽约州已经有了许多信徒，但是即使在这些州里，有的城市对巴哈伊教还是一无所闻。而在美国南部各州如德拉威州、马里兰州、弗吉尼亚州、西弗吉尼亚州、北卡罗来纳州、南卡罗来纳州、佐治亚州、佛罗里达州、亚拉巴马州、密西西比州、田纳西州、肯塔基州、路易斯安那州、阿肯色州、俄克拉荷马州、得克萨斯州等州的信徒很少，所以他要求信徒们到这些州去“指引人们进入天国”。[①] 在中部各州伊里诺伊州、威斯康星州、俄亥俄州、密歇根州和明尼苏达州，“信徒们虔诚坚定地共处一起，他们昼夜不停地从事于散播上苍的芬芳，努力宣扬天国的训诫”[②]。而在印第安纳州、艾奥瓦州、密苏里州、北达科他州、南达科他州、内布拉斯加州、堪萨斯州却只有少数信徒，所以他号召朋友们必须尽力使这些地方的人民，受上苍仁爱的热力所吸引，倾向天国，使这些地区变得光辉灿烂，使其居民吸收到天国的芬芳。[③] 在西部各州加利福尼亚州、俄勒冈州、华盛顿州、科罗拉多州已经有许多信徒，但是在新墨西哥州、怀俄明州、蒙大拿州、爱达荷州、犹他州、亚利桑那州和内华达州，还不曾有信徒存在，他希望“朋友们必须集中你们的力量于一区，或是单枪匹马地，或是选择某人以作代表地跋涉到这些地区去传教”[④]。

对于美国的巴哈伊教状况，国内学者已经开始予以关注。如童皖在《评〈美国宗教嬗变论〉》(《世界宗教研究》1995年3期)上，就注意到在美国乃至世界上影响日增的教派中有巴哈伊教。根据刘澎的《当代美国宗教》(社会科学文献出版社2001年版)：美国是个多元宗教国家，基督教(涵盖所有各种不同派别)、犹太教、伊斯兰教、印度教、锡克教、佛教、巴哈伊信仰、道教、美洲原住民宗教(即印第安人的民间信仰)、新兴宗教及各种准宗教都拥有自己的市场份额，但基督教占据绝大部分，高达80%以上。据1997年出版的《不列颠百科全书1997年年鉴》，基督教在美国所有宗教中位居首位，但同时其他宗教信仰者，特别是穆斯林、印度教徒和新兴宗教信仰者的人数也增长很快。根据该年鉴的报告，目前美国有基督徒24114.7万人，犹太教徒385万人，穆斯林333.2万人，新兴宗教信徒143.9万人，印度教徒128.5万人，佛教徒56.5万人，巴哈伊教徒37万人，锡克教徒25.7万，华人民间宗教教徒12.3万人，信仰部落宗教者4.7万人，儒教徒2.6万人，耆那教徒4000人，萨满教徒1000人，神道教徒1000人，其他为49.1万人。美国的37万巴哈伊教徒，分布在50个州的7000多个居民点，涉及所有种族、多种文化和原住少数民族。(1991年大约有11万信徒，分布在5000多个居民点，约30%是黑人，还有一定比例的土族人、亚裔、美籍拉丁人和大约1万伊朗人，多系1980年从伊朗逃亡到美国的。)[⑤]

夏里阿利医生和太太是来自伊朗的移民，他毕业于伊朗设拉子医学院，获博士学位后在美国密西西比大学医学院修肌骨病理学、路易斯维尔大学修整形外科和风湿外科，2002年由复旦大学出版社和上海医科大学出版社联合出版了他的学术专著《镜外关节手术》。他们一家人都是巴哈伊教的忠实信徒，他们曾多次去中国大陆和中国台湾、香港访问和参加学术会议。从1991年开始，他们固

① 阿布杜巴哈：《垦荒圣牒》，第3页。
② 阿布杜巴哈：《垦荒圣牒》，第5页。
③ 参见阿布杜巴哈：《垦荒圣牒》，第6页。
④ 阿布杜巴哈：《垦荒圣牒》，第7页。
⑤ 参见《天下一家》1992年11月号。

定在每个月最后一个星期六的晚上，在他们家中的宽大客厅（夏季天热时则改在室外的草坪）举行一次友好晚宴，招待来自世界任何地方的客人，不分种族、肤色，任何人都可自愿来参加，不论认识或不认识的人士。每逢这一天，从晚上6点半开始，一批批老朋友带着他们的朋友，或朋友的朋友，来到他们位于洛杉矶北区帕沙迪那市（Pasadena）的家中。一般是主人准备了丰盛的自助餐，任由客人们自行取食。接下去从8点到10点左右，邀请一位或几位音乐家来一段演奏或演唱；再有一位或几位人士做一次专题演说，讲述一段个人的旅行经历、学习心得或其他有意义的话题，有时还穿插放映有关的录像带或幻灯片。最后，主人又端出一盘盘水果和糕点，请大家享用。宾客三三两两聚在一起，边吃边谈，无拘无束，真正体现了人类一家亲，和睦共处的高尚境界。每逢新年元旦、中国春节和巴哈伊新年（一般在每年3月21日），他们还举办特别盛大的庆祝活动。为了旅居异乡的华人，每年春节前后的一个周末，他们还特别邀请当地华人去他们家包饺子，女主人特地穿上由中国带回来的中式旗袍，使我们倍感亲切、愉快和温馨。年复一年，他们全家人就这样殷勤、无私而又热情的奉献精力、时间和金钱招待过不计其数来自五湖四海的客人，同时也以他们的实际行动，宣扬了巴哈伊教的"天下一家"教义。

二、加拿大

加拿大是一个巴哈伊教徒比较多的北美国家，巴哈伊教在很早就传入这个国家。

1974年，在加拿大巴哈伊总会的鼓励之下，成立了巴哈伊研究协会，开展大学里有系统地研究巴哈伊教的活动。为了配合这种研究，威廉·汉切尔和道格拉斯·马丁合著了《巴哈伊教——一个新崛起的世界宗教》。后来这部著作成为加拿大的大学宗教学教材。

近些年来，加拿大的巴哈伊教徒参与了许多国际性活动，也组织了很多与中国有关的活动。在蒙特利尔，他们就主办过国际龙舟节，蒙特利尔巴哈伊中心以"世界本一国，万众皆其民"的精神，和蒙城华人一起参加华人的传统节日——端午节联欢晚会。活动以"展示中华文明，展示华人风貌；感受真爱温暖，融入世界大家庭"为主题，演出的节目有：魁北克本地人用纯粹的中文唱两首中文流行歌曲，外国人用中文讲中国笑话、职业京剧演员演唱京剧；美丽的新疆舞蹈；中国古筝演奏；柬埔寨民歌、魁北克歌曲；全体华人（包括观众）合唱等等。

加拿大学者出席多种国际学术会议，用巴哈伊教观点解释世界当前的局势，提出解决冲突的办法。1994年5月联合国儿童基金会在联合国总部大楼举行全球家庭暴力讨论会，加拿大著名精神病学家、曾经担任过加拿大巴哈伊总会书记的丹尼什博士，在会上发表了主旨演讲，他强调家庭一向是而且永远都是培育下一代的上佳环境。孩子们在家庭中成长，形成对自我和外在世界的概念，理解生命的目标和意义。但是一切的家庭多是以强力为本的，强力的模式就是一切盲从和遵命，父亲是传统的掌权者。近代以来在西方则出现了对这种传统家庭的反叛，出现了"以放任为本"的家庭，无权威中心，任意而为。这种家庭都相信生活的要事就是满足私欲，这样就导致思想和感情的放荡。这两种家庭在当今相依共存的世界都是失败的，不能锻造出好的下一代。现在应该培养一种新的家庭模式，以和谐为本的家庭，男女平等和各人公正地相处是建立这种家庭的基石。以和谐为本的家庭充满合作和无私的爱心，是成熟的家庭，是无暴力的家庭。[①] 作为有30多年临床和教学经验的精

① 参见《以和为本的未来家庭》，载《天下一家》1994年10月号。

神病学家，丹尼什博士对精神心理学有独到的研究，他出版的《精神心理学》在中国大陆出版中文版[①]，产生很大的反响。该书把人类的精神能力分为三种：知识、爱心和意志，认为它们有巨大的能量。知识的力量在于发现和说明所有存在之事物，而且赋予人发现现实的能力。爱的力量表现为相互吸引，是使万物具有活力的一种要素，物质内部各原子的吸引力形成了物质的特性，吸引的力量也使家庭得以聚合，保持团结。意志的力量是一种选择、决定和行动的力量。这三种力量和人的三种基本"关心目标"——自我、(人与人的)关系、时间，联系起来，组合成一种交叉关系，每个交叉点可以划分出人类成长和发展的几个阶段，许多心理上的问题和病态都出自一个人在一个或一个以上的阶段成长的失败。如自我和知识的结合产生于三个阶段：自我体验、自我发现和自我领悟。人在童年以自我为中心，青年进入自我发现，成年则进入自知自觉。如果这种常规的精神发展道路受阻，如在自我中心或自我发现的阶段成长失败，问题就会随之产生。[②] 丹尼什博士另外还著有《和平的创造性基础——团结》(1979 年由多伦多出版，澳门由新纪元巴哈伊国际出版社 1992 年出版。)、《无暴力社会——献给孩子们的礼物》(1979 年加拿大渥太华出版)。

2003 年 8 月，加拿大律师芭荷伊·查弗尔被任命为巴哈伊国际社团驻联合国代表，负责处理和世界繁荣及可持续发展问题相关的事务，和首席代表巴妮·杜加尔女士一起工作。她生于多伦多，在巴黎大学和渥太华大学获得法律学学士学位，此前她先是在加拿大最好的一个律师事务所担任司法律师，后是到纽约担任电视新闻制片人。[③]

加拿大巴哈伊社团充分认识到艺术的作用，于 2003 年在埃德蒙顿举办"2003 年度因与果巴哈伊电影节"。加拿大的巴哈伊认识到今天的传媒充斥着与谋杀、战争和各种暴力相关的新闻，整个社会堕入负面的情绪，人类的精神陷入沮丧之中。因此巴哈伊电影业必须将所有正面的东西带到台前，展示人类精神所取得的成就。其艺术理念表现出一种兼容并包而非唯我独尊的特点，通过这样的理念鼓舞精神，有益身心，启发思想，提高品质。这样的电影展是有史以来第一次以巴哈伊为主题的电影节。[④]

第五节　欧洲、澳洲和拉丁美洲的巴哈伊教

欧洲最早提到巴哈伊教的著作是 1852 年雪儿夫人(Lady Sheil)的《波斯民情数瞥》(*Glimpses of Life and Manners in Persia*)一书，对 1852 年的巴布信徒的活动有生动的记载。宾宁(R. B. M. Binning)的《波斯和锡兰等地两年游记》涉及巴布本人，构比诺伯爵(Comte de Gobineau)则在《中亚的宗教与哲学》(*Les Religions et les Philosophies dans I'Asie Centrale*)里大量提到了巴哈伊信仰。构比诺 1855 年来到伊朗，担任法国驻德黑兰的公使，1858 年返回法国。1862～1863 年再度出使伊朗，担任拿破仑三世的代表。他本来是一个褊狭的种族主义者，提倡种族决定论的思想，对后来在西方发展起来的种族主义理论及其实践活动产生过极大的影响。他 1853～1855 年写出的《人种不平等论》

① [瑞士]丹尼什：《精神心理学》，陈一筠译，社会科学文献出版社 1997 年。
② 参见《书评：〈修身心理学〉》，载《天下一家》1995 年 10 月号。
③ 参见《天下一家》2003 年 7～9 月号。
④ 参见《天下一家》2003 年 10～12 月号。

断言白色人种比其他人种优越。但是就是这样一个人物，在1855年到伊朗以后，却写出了向西方介绍巴哈伊教的著作。这是颇有讽刺意味的。由于这本书的影响，英国的东方学家爱德华·布朗(Edward Granville Browne)对该教产生了浓厚的兴趣。[①]

一、俄罗斯

俄罗斯是最早对巴哈伊信仰有联系的国家。在巴布开始传播自己的信仰阶段，俄罗斯驻伊朗的外交代表多尔戈鲁基王子就注意到这个信仰。在巴哈欧拉被囚禁，后来又要被流放的时候，这位外交代表出面与伊朗国王联系，希望他能够允许巴哈欧拉到俄罗斯避难。巴哈欧拉鉴于自己的意愿，没有去俄罗斯避难，而是选择巴格达作为流放地。最早对巴哈伊教有所认识的是俄罗斯的东方学者，加马佐夫、罗森、米尔扎·卡森·贝格、亚历山大·图曼斯基、伯纳德·多恩、茹科夫斯基，都研究了巴哈伊教的初期发展，并介绍巴哈伊教到欧洲，使欧洲国家对该宗教有了初步认识。后来一些大师级的作家也对巴哈伊教很感兴趣，乌马内兹是最先确认巴哈伊教是一个独立宗教的俄罗斯记者，随后屠格涅夫、托尔斯泰、伊莎贝拉·格里涅夫斯卡雅也对这一新信仰发生了兴趣。

巴哈伊历史上第一座灵曦堂，就建在当时俄罗斯境内的伊什卡巴德。十月革命以前，仅伊什卡巴德这一个地方的巴哈伊教徒就有4000余人。苏联时期，巴哈伊活动被限制，灵曦堂被充公。苏联解体以后，巴哈伊活动重新开始，并且迅速发展起来。建立了几十个巴哈伊地方灵体会，大约有9000名巴哈伊信徒活跃在俄罗斯和前苏联各加盟共和国境内。俄罗斯学者皮沃瓦洛夫在《社会更新》1990年版发表文章《巴哈主义：新世界宗教的产生和人类历史意义的更新》，又在《哲学科学》1992年第2期发表《宗教：本质和更新》的文章，称“上世纪中叶，伊朗出现了一位经验批判精神的教民巨擘，他提出了如今被称做‘新世界思维的原理’的原理。100多年来，巴哈教派所宣扬的思想已在东方土地(伊朗、埃及、土耳其和巴勒斯坦)上逐渐成熟，这片沃土是由先知巴哈欧拉的热情追随者的鲜血浇灌的，现在这些思想已传遍所有大陆。”他认为“巴哈主义的辩证法基于两个神圣的原则：作为唯一真正尘世主体的人类的有机统一的原则；个人、民族和国家这样的类似神的创造物力量之间的和谐(而不是斗争)原则。领悟这两条原则(其实所有宗教都已有所领悟，但领悟得不透彻)，全球万众通过自己独特的(民族的、宗教的、文化的)奋斗实现大同——这种必然性业已成熟，并加以神圣化”。[②] 俄罗斯巴哈伊总会书记舍杰·波塞尔斯基认为，之所以有巴哈伊的快速发展，是因为它具有兼收并蓄、海纳百川的性质，并承认其他宗教启示的真理性，这使俄罗斯人感到新鲜，人们欢呼这个观念。还因为“人民厌倦了不稳定，厌倦了种族冲突和宗教团体之间的冲突。因此这个教义对俄罗斯人很有吸引力。另一个吸引之处是它的时代性。这个信仰很适合现代生活。它没有繁文缛节，没有神职人员，具有很强的科学性”[③]。

二、法国

法国驻大不里士总领事在20世纪初，写出了一本介绍巴哈伊教初期历史的著作，尤其对巴布运动的细节多有描述。20世纪30年代，法国东方学者意泼里特·德瑞夫斯发表了巴哈伊教的研究论

---

① 参见白有志：《阿博都巴哈——建设新秩序的先锋》，第48～49页。

② 皮沃瓦洛夫：《宗教：本质和更新》，载《哲学译丛》1994年第4期。

③ 《俄罗斯巴哈伊社团再度逢春生机盎然》，载《天下一家》1997年1～3月号。

文，对巴哈伊教的介绍是很早的，他认为巴哈伊信仰扎根于犹太教、基督教和伊斯兰教三大宗教，但它的教义独特，很现代化，又不同于这三大宗教。阿布杜巴哈 1911 年在巴黎居住时期，亲自向巴黎和法国的听众讲演，介绍巴哈伊教的基本教义，扩大了巴哈伊教的影响，也使法国人听到了原汁原味的巴哈伊教。

法国的第一位巴哈伊信徒希伯利铁・遂法斯（Hippolyte Dreyfus）在 1901 年加入信仰者行列，他后来与在法国的美国人萝拉・克利福特・巴内结为夫妻。[①] 希伯利铁・遂法斯翻译了很多巴哈欧拉和阿布杜巴哈的著作，也自己写了介绍巴哈伊教的著作，其中的《巴哈伊运动金言摘录》具有很高的价值。后来他到加拿大、美国和日本旅行，传播巴哈伊教义，翻译了很多巴哈伊教历史和教义的著作，1929 年去世。

1998 年 11 月 27～29 日，在法国巴黎埃菲尔铁塔之下，2000 多人举行大型公开集会，纪念和庆祝巴哈伊信仰传入欧洲大陆 100 周年。英国也在同年举行过类似的活动，活动还包括"世界同韵律"的巡回音乐会，为活动组建的合唱团由不同种族背景的英国人组成。[②] 2004 年 2 月 10～12 日，为了迎接将在 2004 年 5 月 1 日加入欧盟的 10 个新国家，巴哈伊国际社团在法国斯特拉斯堡欧洲议会的丘吉尔楼一楼的会议厅，举办了一次"百年来全欧洲促进多样性统一的巴哈伊国际社团"展览，通过文字和照片介绍了巴哈伊社团所开展的旨在促进和平、跨文化整合、宗教宽容和商业道德方面的一些活动，说明不同文化和民族的统一是一个自然的过程，而且表明欧洲及全球的巴哈伊为建立统一的世界大家庭而作出的努力。[③]

现在据说法国有 1000 多名巴哈伊信众，分属于 30 多个地方灵体会。在全国则设有巴哈伊教育委员会、教义研究会和青年委员会。1988 年，在里昂召开了巴哈伊全国活动日。[④] 巴哈伊教也影响到法国的一些艺术家，如巴黎派的斑点画派画家马休主要受亚洲哲学、禅、道和巴哈伊教义的影响。他的作品隐含有趣的特点，虽然他作品的耸动性，往往招来否定的评价。马休称自己作品为诗意的心理抽象，以有别于几何抽象艺术。

三、欧洲巴哈伊商业论坛

欧洲巴哈伊商业论坛成立于 1990 年，是一个非营利组织，对所有宗教背景的人开放，至今已经在 50 多个国家发展了 300 多名会员。该论坛凝聚了来自不同信仰的商业领袖们相互学习、交往、激发和共同创造的需要。把道德或精神问题当成各行各业必须关注的前沿问题。论坛涉及商业工作环境里的灵性问题，倡导在商业界和社会改革机构中推崇道德价值观、个人美德以及道德领导模式。他们的宗旨是建立起一套价值观和行为准则，以此团结所有的宗教和民族，统一他们的商业行为。在世界范围内，它已经和越来越多的非宗教组织开展合作项目。该论坛的现任主席为温迪・莫门，秘书长为乔治・斯塔奇。[⑤] 除欧洲巴哈伊商业论坛，还有欧洲巴哈伊青年议会、巴哈伊教医疗协会等巴哈伊教的组织。

---

① 参见白有志：《阿博都巴哈——建设新秩序的先锋》，第 62～63 页。
② 参见《天下一家》1998 年 10～12 月号。
③ 参见《天下一家》2004 年 1～3 月号。
④ 参见格莱特・谷维永、菲利普・汝微翁：《天国的园丁》，未刊本，第七章《近代宗教》，第 8 页。
⑤ 参见《天下一家》2003 年 1～3 月号。

在欧盟"罗约门进程"(Royaumont Process)的赞助下,巴哈伊国际社团已经创立并在东南欧数国中实施了一个多年度的、旨在促进种族团结和社会凝聚的道德教育计划。通过改编"幸福河马秀",使它成为一个专门用独特的戏剧形式探讨道德和伦理问题的互动性电视和广播节目,巴哈伊国际社团已经为教育界人士、传媒代表、新闻记者和非政府组织举办了数期培训研讨班。这个计划在如何寻找积极的解决办法处理生活问题方面提供了范例,并因此得到了公众和政府官员们的广泛认可。创立克服群体间冲突和歧视的建设性方法,已成为该计划的首要课题。上述培训研讨班在阿尔巴尼亚、波斯尼亚—黑塞哥维那、保加利亚、马其顿、克罗地亚、匈牙利、罗马尼亚和斯洛文尼亚的成功举办,还派生出了几个跟进项目。克罗地亚和保加利亚的广播和电视节目以及罗马尼亚的小学教育课程,目前都在运用这个节目的技巧,展示道德水准对社会稳定和繁荣的问题如何产生重要的影响。最近,联合国行政官和科索沃问题秘书长的特别代表也表达了在科索沃激活"幸福河马"项目的意愿。"幸福河马"这一形式还曾被改编用于芬兰、意大利、俄罗斯、瑞典、摩尔多瓦、挪威和马来西亚的价值观教育项目。欧洲巴哈伊商业论坛,最近和世界劳工组织(ILO)合作,联合发表了一篇题为"对社会负责的企业重组"的工作报告。ILO以此报告为基础组织了几次培训会议,并将其分发给世界各国政府、雇主协会和工会组织。欧洲巴哈伊商业论坛还在东欧举办了一系列的商业道德专题研讨会,并与全球最大的商业学生组织之一的国际经济学商学学生协会(AIESEC)结成了教育伙伴关系。①

受欧洲巴哈伊商业论坛的影响,意大利巴瑞大学在2002年12月聘请了商业论坛的成员、意大利巴哈伊教社团的罗巴尼为课程协调员,在该大学开设道德与经济的常规课程,在2003年开课,将巴哈伊教的重要价值观和思想,如磋商、公正与道德、平等、普及教育、科学与宗教的统一,在课堂上讨论和讲授,而且还探讨它们与商业和经济世界的关系。

四、瑞士

阿布杜巴哈1911年9月2日去伦敦之前,曾经住在瑞士日内瓦和平旅馆,只是因为时间很短,没有机会见到太多的瑞士人。但他觉得有可能在巴哈伊教传达到瑞士人的时候,会涌现出热心拥护者。一位英国籍巴哈伊史丹娜太太(Stanard)在日内瓦建立了一个巴哈伊办事处。曾经在开罗执业的法国牙医约瑟夫·德波(Joseph de Bons)和夫人艾蒂斯·马凯(Edith MacKaye)作为拓荒的巴哈伊在瑞士发挥了很大作用。他们的女儿后来继承了他们的事业。再后来,瑞士著名精神病学家、神经解剖学家和昆虫学家福雷尔(August Henri Forel)博士在1920年成为巴哈伊。福雷尔在自己的遗嘱中认为巴哈伊教"是人类社会福利的真正宗教。它没有传教士,也没有教条,它将居住在这个小地球上的人类团结一起,我已经成为一位巴哈伊,愿此宗教继续成长成功"。1921年7月28日,他给阿布杜巴哈发去一封信,请教有关问题,阿布杜巴哈的回答就是著名的《阿布杜巴哈致福雷尔书简》,该书简被守基·阿芬第称为"教长所写过之最具重要性"的书信。②

五、英国

英国剑桥大学东方学者爱德华·布朗在拜访巴哈欧拉时留下了一段记录:"当我脱鞋的时候,带

① 参见巴哈伊国际社团:《在公共机构中抵制腐败与确保公正:巴哈伊观点》,荷兰海牙,2001年。

② 参见白有志:《阿博都巴哈——建设新秩序的先锋》,第348页。

路的人停了下来；然后，他很快地做手势，然后便退了下去。我拉开帘子，发现自己置身于一间大房间里，沿着上面的末端有一条长椅，门对面则放着两三张椅子。我有点狐疑我究竟该往哪里去，而我要见的人又是什么样子。一两秒钟过去了，一种惊讶的感觉突然袭来，我深深觉得房内不是没有人。就在墙角和长椅连接处，坐着一位美好而可敬的人，他的头上戴着一顶高帽子，帽檐底下绕着白色的头巾。我所注视的脸庞虽然用言语难以描述，却叫人无法忘怀。他的眼睛似乎可以看穿我的灵魂；他的浓眉带有一股威严和力量；前额和脸庞的深纹意味着他的年长，这和他乌黑的长发不相称。这时再无须问我是站在谁的跟前了，我向那位大家所崇拜敬爱，连国王都要忌妒，皇帝都要慨叹不如的人深深鞠躬。"①

有一位英国人是当地电报局的局长。他当时也在场。他说："我无法想象任何行走在地球上的人能够知道人们内心的感觉和想法，或告诉人们他们的未来。我素来与这些人来往并明白他们的个性、脾气、生活方式。现在这些都写在这些给他们的书简上。现在我知道阿布杜巴哈的灵性力量是至高无上，包含万物的。我是见证。"这里提到的英国人名叫威廉·吉·帕晨（William J. Patchin），他接受了巴哈伊信仰。向他传教的是阿巴迪赫（Ábádih），威廉被称为第一位教友，号沙拉居乐·胡卡玛 Siráju'l-Ḥukamá' 的米尔扎·阿塔胡拉（Mírzá 'Aṭá'u'lláh）。苏散·木迪（Susan Moody）医生——一位早期到波斯的美国拓荒者记载到："William J. Patchin 先生，28 岁，伦敦市人。于 1910 年 12 月 31 日死于德黑兰市。他过着巴哈伊的生活，并经常服务信仰。后来他辞去印欧电报公司的职位，以便到埃及去见阿布杜巴哈。然而却突然蒙主宠召。"②还有布隆菲德女士（Lady Blomfield），也是最早加入巴哈伊教的英国人，是一个献身于巴哈欧拉"圣道的人"。③

1919～1920 年冬天访问过阿卡和海法的英国苏格兰人爱斯猛（John Ebenezer Esslemont），作为阿布杜巴哈的贵宾达两个半月，写出了在西方影响很大，并且其中的三章半得到过阿布杜巴哈亲自修改的著作《巴哈欧拉与新纪元》（曹云祥译为《新时代之大同教》，于 1933 年出版中文版，另外有台湾巴哈伊出版社 2001 年中文版，署名为约翰·约瑟曼，书名为《巴哈欧拉与新时代》）。1924 年，他又应守基·阿芬第之邀请，离开英国来到海法，1925 年 11 月在海法去世。死后被守基·阿芬第封为圣辅。

阿布杜巴哈对伦敦的巴哈伊教徒十分满意，满怀激情地说："伦敦的信徒确实坚定而忠诚，他们坚定不移地侍奉上帝；受到考验时，他们不动摇，他们的热情也不随时间的流失而减退；确切地说，他们是巴哈伊信徒。他们属于天国，他们充满灵光，他们是属于上帝的。毫无疑问，他们将成为弘扬圣言、促进人类世界大同、宣传上帝的教义、到处传播人类种族平等思想的原动力。"④

1892 年 5 月 27 日，巴哈欧拉去世，阿布杜巴哈成功使一个英籍妇女劳拉·克里福德·巴尔奈信奉他的教义，并把他的作品译成英文和法文进行宣传，而且替他的巴哈伊教争取新教徒。到 1893 年的时候，巴哈伊教已经在美洲出现，不久所有大城市都有巴哈教徒，除了从其他宗教改宗的教徒之外，还有很多有色人种的人入教。

1963 年 4 月 23 日，世界巴哈伊教代表大会在伦敦召开。来自中国台湾的苏莱曼同朱耀龙参加

---

① 阿迪卜·塔赫萨德：《巴哈欧拉的天启》第 2 卷，第 71～72 页。
② 阿迪卜·塔赫萨德：《巴哈欧拉的天启》第 4 卷，第 475 页。
③ 参见白有志：《阿博都巴哈——建设新秩序的先锋》，第 10 页。
④ 《阿博都巴哈著作选集》，第 243 页。

了在伦敦举行的首届巴哈伊教世界大会。

2004 年 10 月 27 日，英国教育大臣查理斯·克拉克公布了英国第一份全国性的中小学宗教教育指导大纲(《中国教师报》2004 年 11 月 11 日)。这份长达 50 页的大纲要求学生不仅要了解诸如耆那教(印度非婆罗门教的一派)、波斯教等不太熟悉的宗教，还要学习各宗教间的共性和冲突。指导大纲已送达所有负责学校课程设置的地方教育部门。在英国，所有 18 岁以下的学生必须接受一定程度的宗教教育。克拉克在发布指导大纲时说，对于学生深入理解更广阔的世界，宗教教育"是必不可少的"。指导大纲指出，信教和不信教的学生都应该被同等对待。小至 3 岁的儿童应该学习宗教，以帮助他们形成自己"对世界的理解"，以及相关的社会能力与交往技能。英国的这份宗教教育指导大纲征求了许多宗教组织的意见。这些宗教组织建议，每个孩子在接受基督教教育的同时，还要学习佛教、印度教、伊斯兰教、犹太教和锡克教等其他重要宗教。此外，诸如巴哈伊教、耆那教和波斯教等其他宗教传统，以及像人本主义、无神论等世俗哲学也应了解和学习。但指导大纲要求，不同的宗教信仰不能单独教授："学生还应该学习各宗教是如何相互关联的，认识到不同宗教间以及同一宗教内的共性和差异。应该鼓励学生思考以下问题：不同宗教信仰间对话的重要性，宗教对于社会融合的重要贡献，以及如何与宗教偏见与歧视作斗争。"大纲还要求，学生应该有表达自己观点的自信，且能够以开放的心态讨论这些问题。与此同时，指导大纲还试图打消对基督教在学校宗教教育中逐渐被边缘化，仅仅成为内容更广泛的宗教课中的一种宗教的担忧。大纲要求学生上学期间都要学习基督教。

克拉克说："孩子有权利，事实上也应该被告知，什么是那些有着不同宗教信仰的朋友所看重的……各个宗教团体应该抓住这个机会，丰富自身的资源，以提高人们对本宗教信仰的了解，同时让人们知道本宗教对世界问题的响应。我支持能够在指导大纲框架内使用的资源的建设。"克拉克还说："宗教教育能转变学生对自己和他人的评价，以及对更广阔世界的理解。在我看来，对于扩大学生的包容度、促进他们对差异性的理解，以及提倡宽容，宗教教育是必不可少的。"在英国，学生在 16 岁之前都要上宗教课，除非家长决定让孩子退出。学生上宗教课并没有考试的要求，不过宗教已逐渐成为英国学生的选考科目。在英国的 GCSE(普通中学教育证书)和 A-level(中学高级水平课程)考试中，选考宗教学的学生越来越多。GCSE 考试中选考宗教学的人数增长了 6.6%，从 2003 年的 132304 人增加到 2004 年的 141037 人。A-level 考试也同样，报考人数增长了 13.8%。

英国的宗教课积极地弘扬真理、公正、对所有人的尊重以及对环境的保护等价值观。它特别重视学生对自己及他人的评价，重视家庭和社区在宗教信仰和宗教活动中起的作用，重视对不同群体的共性与差异的理解，珍视社会的多样性，同时重视人类对地球的保护。宗教教育同时认识到社会的本质性变化，包括宗教习俗、宗教表达的变化，以及宗教在地区、国家和全球社会中的影响的变化。

作为巴哈伊教徒，2003 年时年 59 岁的凯利博士曾以联合国武器核查专家的身份前往伊拉克。生于 1944 年的他先在英国利兹大学获得细菌学学士之后，又在牛津大学荣获博士学位。毕业后他加入牛津大学微生物学院，成为一名生物杀虫剂方面的专家。凯利家住英格兰中部的牛津郡，作为当地一户名门望族，凯利家族曾多次整理出版地方志，在当地备受尊敬。40 岁的时候，他被任命为英国国防部生化研究实验室的负责人，1991 年，凯利领导了联合国生化武器核查小组，在对伊拉克生化武器核查工作中起到了重要作用。当时核查小组在他的领导之下，在伊拉克发现可以生产出大量炭疽菌的某生化工厂，其所产炭疽菌的数量足以填充数枚"飞毛腿"导弹弹头。由于深受英国国防部的信任，凯利还经常受任与伊拉克叛逃到西方的官员会面，因而手中掌握着诸多秘密军事情报。凯利作为一名虔诚的巴哈伊信徒，1999年开始笃信“地球乃一国，万众皆其民”，主张打破任何种族、阶级、国籍之间的障碍。教友马努徊·沙米说，“每一个认识凯利的人都十分尊敬他，他是一个非常诚实的人”。凯利逝世后，家人表示会按其教规为凯利举葬。

德国巴哈伊信仰史由1904年一位美国的巴哈伊迁居德国开始。1913年，阿布杜巴哈访问德国时，在斯图加特和埃斯林根已经有了大的巴哈伊社团。在纳粹的统治下，巴哈伊信仰是被禁止的。第二次世界大战后，巴哈伊信徒才被允许重建他们的社团。现在的德国政府做了大量的工作，要求制止伊朗迫害巴哈伊信徒。在德国巴哈伊社团是被公认的宗教组织，并且参与国际宗教间的对话。给巴哈伊基金的捐款是自愿和匿名的，他们只接受该教信徒的捐款。

六、澳大利亚

在阿布杜巴哈的指示下，克莱拉和海德·东(Clara & Hyde Dunn)夫妇从美国加州到澳大利亚定居。他们于1920年4月到达。当时人称“东老爹”的海德·东已经62岁，1937年他看到澳大利亚和新西兰巴哈伊总会成立。1941年2月时，守基·阿芬第尊称他为澳大利亚的“灵性征服者”，数年后，又被封为圣辅。“东妈妈”克莱拉则在1952年2月被守基·阿芬第委任为圣辅，传教一直到92岁即1960年去世为止。①

澳大利亚巴哈伊社团提倡社会要容纳不同的种族，各个不同的文化要互相宽容，以人性尊严和社会团结作为理想目标，而且要把这些理想付诸实行。它还主张关怀新移民，致力于促进文化交流及种族和睦。该社团设立有妇女进步处，该处在1999年9月16～18日在布里斯班举办了一次“探讨新千年伙伴关系”的国际妇女会议，15个国家的450名代表参加了会议，会议被认为是妇女发展新阶段的转折点。与会者探讨了在接受和重视多样性的前提下，在社会各层面和各领域建立新的伙伴关系，促进妇女进步和用精神道德价值观巩固成果。在会议上，澳大利亚的土著人第一次感觉到真正的平等，感到自己被尊重，参与了所有的会议并发表了自己的观点。会议认为男女完全平等是世界和平的先决条件，建议采用新的战略来巩固在世界各地妇女已经取得的被承认的成果。②

20世纪90年代时，澳大利亚有1万多名巴哈伊信徒，针对澳大利亚族群复杂多元的情况，巴哈伊社团提倡文化交融和种族宽容的新观念，主张应该宣扬人性尊严和社会团结的价值观，并且雷厉风行地加以实践推行。他们身体力行，组织了很多为推行这些主张的活动，如与土著人共同组织大型文化节，歌颂土著人的文化创造力和多姿多彩，品尝民族风味食品、参观手工艺展览，这些活动不仅有澳大利亚人士参加，还有太平洋区域的其他国家和地区的人士参加。在每年一度的“全国难民周”活动期间，召开有关澳大利亚所面临的困难的研讨会，主办跨宗教祈祷会等活动。他们还在有的地区成立了反歧视工作小组，实施打击种族歧视的措施，举办旨在促进多元文化的社区活动。通过这些活动，致力于推广天下一家的思想，看到每个民族的长处，人类应该互相借鉴和学习。使人们认识到种族和文化之间的差异性并不重要，重要的是人类的同一性。在肯定和维护种族与文化特征的同时，普天之下，结成一家。③

① 参见白有志:《阿博都巴哈——建设新秩序的先锋》，第345页。
② 参见《天下一家》1999年7～9月号。
③ 参见迈克尔·戴:《澳大利亚巴哈伊社团关怀新移民促进文化交流与种族和睦》，载《天下一家》1995年4月号。

七、拉丁美洲

拉丁美洲的巴西和玻利维亚都是巴哈伊传播到的地方，而且发展势头也很好。

巴西很早就成立了巴哈伊出版社，出版了不少巴哈伊著作。而由巴西的“人类充实工程”实施的“公正教育计划”，是巴哈伊教另一项致力于在政府中倡导伦理领导才能的努力。巴西教育部与全国法官和检察官协会合作，已经批准了一项由“人类充实工程”成员针对约6000名法律专业人士开发的培训计划，这些人士的直接工作对象是已经被巴西司法机关起诉或判罪的青少年。这项培训计划的原型，是探讨保护青少年和儿童有关的伦理和价值观的材料。巴西众议院于1992年5月28日举行一项纪念巴哈欧拉逝世100周年的特别会议；而今巴哈欧拉的影响力已逐渐为世界上的各社会与知识分子所熟悉。他所呼吁的团结清楚地打动巴西众议员的心弦。会议进行当中，众议院代表各党派的发言人对经典的著作人发表赞辞，一位代表形容这是“由一位独一无二者之笔所写出的宗教巨著”。并且针对他们对地球的未来是“超越物质的界限，亦即涵盖了全人类，没有国籍、种族、限制或信仰之差别”的观念大表赞赏。①

玻利维亚第二大私立高等学府——努尔大学，将学术知识与实践经验、伦理训练相结合，并且特别重视社区服务、社会公正以及对人类多样性的尊重。努尔大学创立的宗旨，在很大程度上，是要培养能够理解个人和社会变革之间联系的领导者。其教育原理是基于巴哈伊教义的观念和原则。努尔的“道德领导才能项目”教育其学员把探索和接受道德准则并在生活中实践它们当作一项必须履行的义务。领导才能被视为是每一位社会成员都要承担的责任，它需要特定道德能力的发展。这些能力的基石，就是在人类事业的一切领域都要追求和实践真理的承诺。这一项目已经遍及玻利维亚的400多个乡村社区以及十多个拉丁美洲国家。努尔的“公正管理项目”对公务员、政府技术官员及社区基层组织成员进行培训。它试图通过探索道德领导才能的各个方面、强化公共部门的管理及决策能力以及倡导关于玻利维亚社会未来发展的对话，达到推广良好公共管理的目的。许多地方政府部门和市政当局都参与了这个项目。另一个相关项目是在5000名公立中学的学生中倡导“青年领导才能”。它通过促进青少年积极投入社区服务，来减少他们参与犯罪、暴力及使用酒精饮料和毒品。努尔还曾尝试将学校教师培训为社区发展的执行者。目前，这个项目在玻利维亚、阿根廷和厄瓜多尔已有超过2000名教师参加，很多参与者都对该项目给予了良好的评价。一位学生写道：“学习这个课程对我有帮助，其中最重要的是，让我明白了用原则指导生活的重要性。我现在已经开始尝试着去帮助那些有需要的人而不希求得到赞扬，去原谅那些可能曾经伤害过我的人而不心怀怨恨，同时，与他人分享我所学到的东西，这样，我就为自己和他人的幸福作出了贡献。”②

① 参见巴哈伊国际社团新闻处：《谁在写我们的未来？——二十世纪的省思》，澳门新纪元国际出版社2004年版，第1页。

② 参见巴哈伊国际社团：《在公共机构中抵制腐败与确保公正：巴哈伊观点》，荷兰海牙，2001年。

第九章 巴哈伊教在中国的传播

第一节 巴哈伊教和中国

一、中国对巴哈伊教义的理解和评论

改革开放以后，国内学术界对巴哈伊教有了一些评论：

国务院宗教研究中心编的《世界宗教总览》指出：巴哈欧拉除规定教义外，还阐述了该教丰富的社会伦理思想，其特点是积极入世，关心俗世生活，实现其世界大同的宗旨。具体主张有：注意培养良好的品德，如诚实、可靠、正义、崇拜神等；要求信徒忠于其政府，并以无私和爱国的方式为国家利益服务，但反对教徒参与公职竞选及参加政治活动；既要消除物质间的贫富差别，也要平衡物质与精神双方的需求，反对行乞，主张自食其力；消除各种族、各宗教、各阶层、各国家及性别间的偏见，主张男女平等，一夫一妻，促进个体能力的发展，普及教育，维护世界和平，建立世界新秩序，反对任何战争，限制自然资源的开发等。据此社会伦理思想，巴哈伊教徒努力争取为人类服务，实现人类天下一家、世界大同的教旨。①

中国社会科学院世界宗教研究所副所长金泽在《民间信仰的聚散现象初探》(《西北民族研究》2002年第2期)中说：近代产生的巴哈伊教虽然坚持唯一神的信仰，但将世界上各大宗教的创始人都看作这位唯一神的"显现"，有效地消解了一神教与其他宗教的紧张关系。

彭耀在《社会转型期中国宗教的新趋向》(《世界宗教研究》1995年第3期)上说：我国宗教近几年还有另一种新的趋向，即海外一些新兴宗教近若干年来正积极踊跃地进入中国，试图在中国立足并发展壮大，如巴哈伊教、灵仙真佛宗、观音法门、统一教、新约新会、耶和华见证会、门徒会、灵灵教等等。新兴宗教是一种国际现象，多系外部渗透而入，多有一定的政治企图，在教义的解释上多倾向于自由化、神秘主义与实用主义。

闵家胤在《时代呼唤"多"的哲学》(《系统辩证学学报》1996年第1期)说：在19世纪与马克思和恩格斯同时代的波斯贵族巴布和巴哈欧拉创立巴哈伊教，阐述了宗教多元论的道理。宗教同源，上帝只有一个。宗教是进化的，九大宗教的先知克里希那、摩西、亚伯拉罕、琐罗亚斯德、释迦牟尼、耶稣、穆罕默德，以及巴布和巴哈欧拉，都是上帝先后派来的使者，所以巴哈伊在五大洲兴建的灵曦堂

① 参见宗教研究中心编：《世界宗教总览》，东方出版社1996年版。

有同样的底层结构——九边形和九扇敞开的大门，表示九大宗教的会聚。巴哈伊教已成为发展最快的世界性宗教，这情况昭示它是属于未来的具有超循环结构的宗教，唯有巴哈欧拉的道理能消弭宗教的纷争和宗教引发的战争。

国家宗教局局长叶小文在《当前我国的宗教问题——关于宗教五性的再探讨(续)》(《世界宗教文化》1997 年夏季号)说：宗教是一种国际现象。讲宗教的国际性，首先因为宗教是一种国际现象。世界上几乎没有一个国家不存在着宗教。基督教、伊斯兰教、佛教是世界性宗教。据《1990 年大不列颠统计年鉴》统计，到 1989 年，全世界共有人口 52 亿多，其中各宗教信徒的总数为 41 亿，占世界总人口的 78.8%。其中，基督教徒约有 17.12 亿，占世界信徒总数的 41.76%；伊斯兰教徒 9 亿多，占信徒总数的 22.56%；佛教徒约有 3 亿多人，占总数的 7.59%；其他各种宗教信徒，如印度教、犹太教、神道教、巴哈伊教，包括一些地域性宗教等合计约有 10 多亿，约占总数的 28.01%。在亚洲，佛教、伊斯兰教有着广泛的社会影响，宗教的影响渗透到政治、经济、文化等各个领域，其中有的还在一些国家中被奉为国教。

金宜久研究员在《对伊斯兰教的几点认识》(《世界宗教研究》1998 年第 2 期)说：巴哈教派起源于 19 世纪中叶从波斯伊斯兰教什叶派的谢赫学派中兴起的巴布教派。巴布教派被波斯当局镇压后，从中衍生出巴哈教派。1863 年，巴哈乌拉自称先知，同时也被他的追随者承认为先知。20 世纪以来，该教派越是得到愈来愈多的不同国籍信徒的拥戴，它也就越是从混合主义方面发展它的教义。随着时间的推移，它很自然地与伊斯兰教决裂并演变为新的世界性宗教——巴哈教(根据译音为“巴哈伊”，有人称“巴哈伊教”)。

吴晓群在《世界文化的命运和未来》(《现代教育报》2003 年 10 月 29 日)说：当代最富活力的世界性宗教之一巴哈伊教在“地球一村，人类一家”的思想基础上所提出的“多样性之统一”原则就可视作是对“和而不同”传统的一个现代阐释与发展。它的“和”是在对“人类一体”认识上的统一，“不同”则是各自对自身文化的自信、对异文化的尊重。且“多样性之统一”的原则又较好地解决了“和而不同”所面临的两大难题：它与巴哈伊另一同样重要的观念“人类一家”结合在一起，能够克服各种各样的文化中心论及大文化的心态；它是以接受至高、普世的上帝为前提的，这就解决了文化主权之间的问题。

明世法在《论当代宗教对环保的新贡献》(《西北民族大学学报(哲学社会科学版)》2004 年第 2 期)中说：“新兴宗教之一的巴哈伊教社团积极参与文化、教育、卫生、环保、妇幼等领域的活动，关注世界和平与社会发展。巴哈伊教国际社团作为非政府性机构，被联合国委托为咨询机构。他们参与联合国多项社会与经济发展计划以及关注人权、妇幼、人口与居住条件、和平裁军、环境保护等各项活动，出席各种磋商与研讨会议、国际论坛。”

武汉大学哲学宗教学系教授麻天祥在《谈佛光山“四化”(四)》中说：只有百余年历史，号称“大同教”的巴哈伊信仰，其致力方向实不在超越终极关怀，而在于建设一个非西方，亦非东方，“全体种族、信念、阶级和国家融合”的全球新文明。与其说它是宗教，不如说它是一个跨越国家、阶级、种族的社会群体。

二、阿布杜巴哈对中国的重视

巴哈伊教希望并提倡每一个巴哈伊信徒都是传教士。传教士必须有纯洁的心愿、独立的心灵、高尚的精神、平静的思想、坚定的意志、豁达高尚的胸怀,在“上苍”的天国中,成为一枝光耀的火炬。因为传教士有了这些优秀品质,那么他高洁的气息,必将影响顽石。[①]

1916 年,阿布杜巴哈在致美国和加拿大巴哈伊的一封信中谈到:宣扬巴哈伊的训诫,高呼上苍的召唤,宣布万王之主的佳音,即传教的工作是一项光荣而艰巨的任务,虽然这一工作目前的成就还未明显,传教者服务上苍的意义还不为人知晓,但是不久后,人们将目睹他们每个人都成为一颗灿烂的明星,普照着引导之光,并成为人们的永生之道。他希望,不久的将来,传教者的成就将照亮世界各方,他们在世界各地,均能得到像在美国的成就。通过传教者们,教义的芳名将传至东西方,并且在五大洲,宣布天国来临的好预兆。他非常具体地谈到应到达的世界各地,包括五大洲的许多国家,对亚洲,他特别谈到日本、韩国、泰国、马来亚、印度、锡兰、阿富汗、中国的传教工作,他说:“要是一队包括男女的教友,能一起跋涉到中国和日本去加强友爱关系,宣扬本教,将能建立大同世界。”[②]在 4 月 19 日的同样致美国和加拿大巴哈伊的信中,更具体地谈到,那些跋涉到外国去传教的人,必须熟悉该国的语文。例如:一位通晓日语的信徒,可以到日本去;一位通晓中文的,须赶快到中国去。他希望在美国的巴哈伊信徒到欧洲、非洲、澳洲,并到日本和中国去,而在德国的巴哈伊信徒,也要到美国、非洲、日本和中国去。巴哈伊信徒到各大洲和海岛去,在短期内便能产生神奇的效果,天下太平的旗帜将飘扬,世界大同的光辉将照亮整个宇宙。[③]

值得注意的是,阿布杜巴哈特别关心巴哈伊教在中国的传播,对中国表示出极大的兴趣。

他对巴哈伊信徒号召说:“中国,中国,到中国去!巴哈欧拉的圣道一定要传导到中国。那位圣洁崇高的启导中国人的教师在哪里?中国有着伟大的潜力,中国人追求真理也最为诚挚。启导中国人的巴哈伊教师一定要先具有中国人的精神,了解中国人的经书,学习中国人的习俗,用中国人的语言与他们交谈。这些教师应以中国人的灵性福祉为念,而不得有任何的私心。在中国,一个人可以传导许多人,可以教育培养崇高的人士,他们将成为人类世界中的明亮灯烛。诚然我说,中国人能免于任何狡诈伪善,为崇高的理想奋斗。如果身体许可的话,我会亲自去中国。”他说:“中国是属于未来的国家。我们希望胜任的教师能受鼓舞而到那广大的国家去,建立上帝王国的基础,促进神圣文明的本质,并高举巴哈欧拉圣道的旗帜,去邀请人们参加上帝的圣宴。”[④]

事实上,早在 1875 年,阿布杜巴哈就对中国有了一定程度的了解,他认识到,中国拥有世界上最丰富的物质和精神资源,其前途必然光明无比,但是中国的问题是缺乏教育。他不无感慨地说:“看看,缺乏教育会使一个民族衰弱、堕落到何等程度!今天(1875 年),从人口来看,中国是世界最伟大的国家,有 4 亿多人。由此算来,它的政府应是世界上最杰出的,它的人民应是最为人所称道的。然而,正好相反,由于缺乏文化及物质方面的教育,中国是所有弱小国家中最软弱无助的。不久前,一小支英法联军与中国开战并取得决定性的胜利,占领了中国首都北京。假如中国政府与人民能早早跟上这个时代科学的发展,假如他们早就熟知文明社会的各项技艺,那么,即使世上的所有国家全部出动与之作战,他们也会打败入侵者,侵略者从哪里来的,还得退回到哪里去。”而中国的邻国日本,却正相反,“比这一事件更为奇怪的是:日本政府原是中国保护下的附属国(原文如此),由于近些年

① 参见阿布杜巴哈:《垦荒圣牒》,第 25 页。

② 阿布杜巴哈:《垦荒圣牒》,第 17 页。

③ 参见阿布杜巴哈:《垦荒圣牒》,第 26～27 页。

④ 转引自李绍白:《人类新曙光——巴哈伊信仰》,澳门新纪元国际出版社 1995 年版,第 311～312 页。

来，日本开始觉醒，采纳了当代的先进科技，在民众中倡导科学、发展实业，并竭尽全力将公众思想集中于改革之上。目前日本已获得长足的发展，虽然其人口仅是中国的六分之一甚至只是十分之一，但它最近向中国提出挑战，并最终迫使其妥协。仔细看看，教育与文明的各种技艺是如何给一个政府及其人民带来繁荣、独立及自由的”[①]。阿布杜巴哈希望西方的巴哈伊信徒能够到中国和日本去传教，在到其他国家传教时能够顺便去这两个国家，“经过日本和中国，这似乎要好得多，也可以从中得到更多的乐趣”[②]。

看来100多年以前巴哈欧拉和阿布杜巴哈不仅对灿烂悠久的中国文化了如指掌，而且对当时中国的症结可以说是鞭辟入里，指出科技教育落后是中国的主要病因，而科技教育落后就要挨打，科技教育先进就能打败侵略者。从巴哈欧拉和阿布杜巴哈等人所了解的中国文化来看，中国文化与巴哈伊教义是有许多契合之处的。尤其是中国哲人早就提倡大同世界和天下为公的思想，如《礼记·礼运》中说：“大道之行也，天下为公，选贤与能，讲信修睦。故人不独亲其亲，不独子其子。使老有所终，壮有所用，幼有所长，矜寡孤独废疾者皆有所养，男有分，女有归。货恶其弃于地也，不必藏于己；力恶其不出于身也，不必为己。是故谋闭而不兴，盗窃乱贼而不作，故外户而不闭。是谓大同。”由于有这种相似，所以中国旧译巴哈伊教为“大同教”。另外，中国人民爱好和平、讲道德，这也与巴哈伊教的基本精神相合，这些相同点就像纽带一样把中国文化和巴哈伊教这两种东方文化联结起来了。

三、中国人信巴哈伊教的原因

20世纪30年代，清华大学校长曹云祥博士在分析中国人信巴哈伊教的原因时，说：“分析一下中国文化便会发现，东方的哲学家们遇有忧虑时便深自反省。巴哈伊运动是种深自反省的新方式。巴哈伊的教义为他们提供了他们正在寻求的帮助。中国，实际上整个世界此刻都正在呼求灵光。人们当前对巴哈伊教义以及解释这些教义的书籍显示出极大的兴趣，其原因就在于此，既然有需求便会有探索。因此也就会有满足。这是一种伟大价值的新预言，它正在解放人们的思想，促使人们活跃起来。使得宗教在解决世界性难题时更加具有能动性。对于这一切都有一种需求，中国的有识之士都认识到了这一迫切需要。我们已经不可能再回到原有的陈腐不堪、半死不活的教义中。巴哈伊的这一预言提供了一种新的理想，不依照它，世界便行不通。各种旧的宗教会不断地挣扎下去，直到这些宗教消亡。它们大概从来没有达到接受这种教义的目的。整个世界会不断地沉沦下去，直到喝到了最底层的沉渣，然后才又会再次浮起，中国社会一直都是这样。一些年的多灾多难之后，就会出现某位统治者或圣贤，于是社会就有数百年的进步。之后又会故态复萌，旧病复发。然而现代中国已经经受不起旧病复发了。孔夫子本人[③]就曾教谕过，每五百年必有王者圣人或改革者兴。”他又说：“我有时候问我自己，中国人民会怎样对待这些教义？在东方各民族中，有些民族对待宗教的严肃程度远远超过西方或中国。近东和中亚的人民把宗教视为命根子。这些民族为了宗教可以不顾一切。我的问题是，中国人民会像近东各民族那样严肃地对待巴哈伊运动吗？根据以往的历史，如果没有政府或某位君主的鼓励，中国人民很少曾经这么热切地对待过宗教。根据现代中国新统治者们的情况看，他们已经学得了很多很现代化的西方思想，所以现政府及其领导人还并没有试图用宗

---

① 阿博都巴哈：《神圣文明的隐密》，第74页。

② 《阿博都巴哈著作选集》，第91页。

③ 此处应为孟子。——编者注

教运动来帮助解决中国的事务。然而在解决这些国内事务中，他们并没有取得预期的迅速进展。因此，严肃的思想家们和正致力于深刻反省人类心灵并正在从精神上帝处寻求精神指导的领导人们，不妨借鉴并了解一下这一来自巴哈欧拉的新预言的价值。因为这一新运动不但满足了当今需要，而且还为人类的未来提供了一种理想。在彷徨徘徊之际，中国人民可以在此看到一线灵光。"经过比较，曹云祥得出结论说："巴哈伊的这些教义放之四海而皆准，为这一新世纪提供了教育、经济和社会问题的解决办法，不仅中国，而且全世界都需要这些教义。而因为中国的领导人们现在正在黑暗中求索光明，所以中国尤其需要这些教义。"①

巴哈伊教人士被悠久灿烂的中国文化所吸引，而处于关键时刻的中国人需要了解外部世界及其文化。在这种双方的相互需要中，巴哈伊教徒来到了中国。

第二节　在中国大陆的传播和影响

一、早期传教者

有历史记载的第一个到达中国的巴哈伊教徒，是伊朗人哈志·米尔札·穆罕默德·阿里（Ḥájí Mírzá Muḥammad-'Alí'），他是一位富商，与巴布本人有亲戚关系。他于1862年到达上海，专门从事贸易，主要经营茶叶、金银首饰和瓷器生产，一直到1868年。后来，他又于1870年到达香港，以商人的身份定居在那里，从事瓷器买卖，还包括茶叶和金器出口。那时香港已经成为一个大商埠，巴哈伊教是提倡经商的，他从中国往圣地送过茶柜、瓷器、茶叶、果酱、苹果香、花种、镜片、特制书写纸张和衣物等用品，还把一个伊朗人捐献的三个中国制造的金银制相框来镶嵌巴哈欧拉的照片。他在上海和香港是否传教不得而知，因为没有史料能证明当时已经有了中国巴哈伊教徒。他1897年在回设拉子的途中在孟买逝世。

受兄长的影响，哈志·米尔札·穆罕默德·阿里的弟弟哈志·米尔札·布尔泽格也于1879年来到香港，和哥哥一起从事贸易，他们合开了一家贸易公司，有关生意方面的情况，常写信给巴哈欧拉和阿布杜巴哈，但未谈及在中国传教的情况。稍晚一些时候，巴布的另一个亲戚，妻侄阿卡·米尔札·易布拉欣也于1881～1882年间到过香港。这期间来港的巴哈伊教徒主要是经商，而且人员往来流动性大。但是已经有一种说法，即在100多年前巴哈伊教已经传进了香港，只是这种说法还有待于进一步证实。

19世纪最后两个来华的巴哈伊，于1888年到过西藏，但并没有更进一步的材料。进入20世纪，巴哈伊教在中国的活动多起来。

1902年，伊朗人阿卡·米尔札·马赫迪·拉什迪（Áqá Mírzá Mihdí Rashtí）和阿卡·米尔札·阿布杜勒·巴基·叶齐德（Áqá Mírzá 'Abdu'l-Baqí Yazdí）到达上海，创办欧麦德（Ummi'd）公司，前者除在1919年到圣地朝圣以外，其余时间一直住在上海经商，直到1924年1月1日在上海去世。有材料证明，在他影响下，上海已有了巴哈伊信仰者 。

---

① 转引自[美]玛莎·露特:《中国文化与巴哈伊教》，载1931年1月29日《巴哈伊周刊》。

1910 年，查尔斯·莱梅(Charles M. Remey)和哈罗德·斯特鲁芬(Howard C. Struven)来到上海，据说他们是第一批到中国的西方巴哈伊信徒。

1914 年，真正有组织的巴哈伊传教活动在上海开始。39 岁的侯赛因·乌斯库里(Husayn Uskuli)和他的两个同伴在这年到达上海，稍后，他的家人也来到上海。他的家早期住址不详，但已经成为巴哈伊信徒在中国最早的又是固定的活动地点。1923 年，乌斯库里的女儿雷兹婉尼(Riḍványyih)和女婿阿里·穆罕默德·苏莱曼('Alí-Muḥammad Suleimání)作为先锋来到了上海。他们和乌斯库里夫妇一起为巴哈伊信仰作出重要贡献。1950 年 8 月，因为当时中国的艰难时事，他们离开上海返回伊朗。几年后，他们又作为先锋去了中国台湾，1954 年 10 月 22 日他们到达基隆，成为第一批定居于当地的外国巴哈伊。他们到达该地时，那里已经有了 10 名本地的巴哈伊。两年后，他们成立了第一个当地灵体会。

1928 年，乌斯库里将家搬到上海江西路 451 号，女儿、女婿夫妇也住在一起。乌斯库里上海的家的地址被列为巴哈伊教的邮政地址。一些中国人在他和其他巴哈伊信徒的影响下成为巴哈伊，他的家也就成为中国巴哈伊信徒的集会点，同时也成为访问中国的外国巴哈伊教徒的接待站。就在这一年，首届上海地方灵宴会(当时称“精神议会”)成立，成员中既有外国巴哈伊，也有中国巴哈伊，乌斯库里担任第一届秘书。他还负责和守基·阿芬第的联系。1935 年，他转赴台湾，在那里做茶叶生意，是第一个有记载的到该地的巴哈伊。后来又返回中国大陆，在抗日战争和解放战争时期仍然居留在中国，直到新中国成立后于 1956 年 2 月 25 日在上海去世，在华时间达 42 年。他享年 82 岁，被葬于上海的一个公墓，身后留下一子四女。1917 年，阿卡·米尔札·艾哈迈德和拉迪·塔布里兹等 11 名波斯巴哈伊信徒，一起来到上海，成为有历史记载以来来华最集中的一次巴哈伊传教活动。他们在上海出版了一部介绍巴哈伊信仰的小册子。一个原在上海的朝鲜族巴哈伊信徒和他们有协作活动，将一封阿布杜巴哈的书简翻译成中文，这封书简被认为是在中国出版的最早的巴哈伊中文材料。

二、玛莎·露特

1915 年，巴哈伊传教史上最富于传奇色彩的女信徒玛莎·露特开始了她的长达 20 年的环球旅行，于 1917 年第一次来到中国东北地区。

玛莎·露特(Martha Louise Root) 1915 年 6 月 31 日起航前往夏威夷，中途曾在满洲里稍做停留。这大概是她第一次到达中国彼岸。她的护照表明中国是她计划前往的国家之一。东北没有留下她传教的记录。但是她后来三次访问中国，对该地区巴哈伊的发展历史起了重大影响。

她第二次到达中国是在 1923 年 4 月 25 日，是从日本大阪启程前往中国北京。到达北京之后，她住在由一位英国女医生开办的“平安坊”旅舍。在北京，一直待到 1924 年 3 月，为期将近一年。从 1923 年 5 月开始，她开始了传教活动。先是在燕京女子师范大学发表了两次讲演，并担任一些教务工作。她在 *Chinese Standard*，*The North China Standard*，*English Standard* 等英文报刊上发表文章，介绍巴哈伊信仰，并将这些文章中的一部分汇编后用中英文出版。1923 年初秋，她到北京世界语学校任助理教师，通过她，该校的一些学生开始和守基·阿芬第通信。她先后在 100 多所不同的大学和学校做讲座，召开会议，给许多重要人物宣讲巴哈伊教义等等，其中有一人是当时中国总统黎元洪的幕僚。她在北京认识了许多有影响的中国人，其中之一便是冯玉祥将军的秘书，Mr. Pao。

因为他的缘故，她得以在冯玉祥将军开办的军官子弟学校里宣讲巴哈伊教义。另一位是 Mr. P. W. Chen。他从 Mr. Pao1920 年从日本带回上海的巴哈伊书籍中第一次得知巴哈伊教。他曾在 Mr. Pao 的要求下为报纸翻译了一些巴哈伊文章。由于 Mr. Chen 的帮助，玛莎·露特和 Agnes Alexander 得以在北京的一个大型集会上发言，并认识了邓宸铭(Mr. Deng Chieh-ming)。邓宸铭为巴哈伊教所吸引，后来变成了一名巴哈伊。他希望能在北京开办一所巴哈伊大学。除了日常课程外，他的学校每天还提供世界语的讲座。①

传说就在这时，清华大学校长曹云祥博士结识了她，并且和夫人——一个美国籍瑞典人 Ellin Louise Halling 一起接受巴哈伊教义，成为巴哈伊信徒。他安排玛莎·露特在清华大学礼堂向学生们讲巴哈伊教，还邀请对巴哈伊教有兴趣的学生召开座谈会。

三、曹云祥

根据曹云祥自己说，他本人“非宗教家，亦非神学家，但认宗教为广义之教育，而尝一再研究宗教与文化进步之关系也。当读大同教义之初，即觉其含义之广大，而适合现代之思想”。因此他“数年前曾宣读大同教十二条大纲于一广义之耶教堂中，颇受听众之赞许；即爱国爱种如孙中山、陈铭枢诸先生者，亦皆大加称许；盖彼等默察社会之现状及人心之缺点，深知欲促进社会之进化，舍大同教莫由”②。他自己“深信大同教能改造人心，造福人类”③。这样看来，曹云祥是不是巴哈伊教徒并不重要，重要的是他对巴哈伊教的宣传。

曹云祥（英文名 Yun-Siang Tsao，简写作 Y. S. Tsao，1881～1937)，字庆五，浙江嘉兴人。上海圣约翰大学毕业后，留校任助教三年。尔后，在常州、宁波、上海先后担任中学校长、教务长及《南方报》编辑。光绪三十三年(1907 年)春，考取公费留美。1911 年在美国耶鲁大学毕业，又入哈佛大学商业管理系，1914 年获工商管理硕士学位，旋赴英国伦敦大学经济学院做短期研究，任伦敦大学经济学院研究员。接着任驻英公使馆二等秘书。1917 年 8 月，兼署伦敦总领事。1919 年返国后，遍游南北各地，考察国内情形，并发起组织留学生联合会，当选为总书记。接着任驻丹麦公使馆一等秘书及代理公使。1921 年任北京北洋政府外交部参事，华盛顿会议中国代表团秘书长帮办。1922 年 4 月任北京清华学校监督、代理校长，10 月任清华学校校长兼清华学校董事长，同时兼任长沙雅礼大学副董事长。其间，曾任华盛顿会议中国代表团副秘书长。1922 年清华学校男生节不久，时任代校长的曹云祥对《清华周刊》记者发表谈话，表示“清华首先要改人治为法治，要变更学制，10 年后扩成正式大学”。1925 年夏，他被任命为中国出席太平洋国民代表联合会代表之一。翌年 3 月，兼任清华研究院(国学门)主任。1928 年 8 月，曹云祥辞去清华大学校长之职，南下上海，出任英美烟草公司顾问及中国红十字会总干事和商务印书馆总经理。1937 年 2 月 8 日 4 点 30 分，他在回家途中没有任何病症，突然死在车内。对于他的死因，有的说是死于心脏病，有的说是死于车祸。

曹云祥是清华学校第八任校长。他到清华之日，正是校内酝酿改革之时，前任校长金邦正被驱逐出校。他到任后便因势利导，锐意推行改革。校史称他主掌清华的时期为改革时期。据黄延复著

① 参见 Jimmy Ewe Haut Seow, *The Pure In Heart*, Bahá'í Publications Australia, 1991, p. 44.

② 守基·阿芬第:《世界之秩序》曹云祥《译者序》(此书即澳门巴哈伊出版社 1995 年出版之《巴哈欧拉之天启　新世界体制之目的》中的《新世界体制之目的》)，上海 1932 年版，第 2 页。

③ 阿布杜巴哈:《已答之问题》曹云祥“序”，上海 1932 年。

《清华大学的校长们》(中国经济出版社 2003 年)说:曹云祥对清华的主要贡献有五个方面:一为建立校务协进会、评议会等民主管理校务的组织机构,创造符合中国国情的民主管理制度。二为领导完成将清华由预备留美学校改办成自主培养大学生的大学和创建国学研究院。三为实施教授治校制度,开清华教授治校的滥觞。四为重视延聘名师,大力发展高质量的师资队伍。这个时期到校的名师有 20 多位,包括号称国学院"四大导师"的王国维、梁启超、赵元任、陈寅恪及朱自清、吴宓、朱希祖、李济等。其中王国维、朱希祖是他浙江嘉兴的同乡。五为改善华籍教职员的物质待遇,以求所聘之华籍教职员及他们的眷属在清华有一个较好的生活环境。

曹云祥认为,所谓教育,是欲养成高尚完全之人格、为国储才,以才救国、陶铸一种新精神,建设一种新事业。对教育内容,他主张"融会中西","课程则中西并重,目的则体用兼赅"。对国学研究,他指出:"夫国家精神,寄予一国之宗教、哲学、文词、艺术,此而消亡,国何以立?谓宜以西洋治学之方法,整理之、发扬光大之,则国学研究不容缓也。"对校务管理,他主张中国的学校应创造自己的制度,不能跟着美国走。他提出,在"校务、教务、学生三方面皆本教授治校之方针"。他还主张学校与学生的合作。

曹云祥在清华做了近 6 年的校长(1922 年 4 月~1928 年 1 月),是清华学校时期所有校长中任职最久的一个。在任职期间,他为清华的发展作出了很大努力:大学部的正式成立,国学院的兴起,教授治校制度粗具雏形等等,实现了将清华由一个中等程度的留美预备学校改办为完全大学的计划。他报请北洋政府外交部批准了《清华大学工作及组织纲要(草案)》,将清华学校改组成大学部、留美预备部、研究院三部分。高年级学生从平房宿舍搬进当时十分罕见的大楼,楼里有暖气炉和钢丝床,厕所里还有淋浴和抽水马桶。1925 年 5 月,大学部正式成立,他要求大学部创建中文系、社会学系、政治系、物理系等 17 个系,招收清华历史上第一批大学本科生,为清华升格成正式大学,打好了基础。这是清华历史发展的一个转折点,清华的教育和学术独立向前跨了一大步。同时他拍板决定创办清华国学研究院,由吴宓任筹备处主任,延致通儒,如王国维、梁启超、陈寅恪、赵元任四大导师,使中国文化与西方文化相沟通,大大提高了清华的学术地位和影响。可是由于这时清华的情况已经发生了很大变化,清华早期的毕业生陆续回校任教者日渐增多。这些留美回来的学生们大多不满清华的落后状态,以改革清华、提高清华的学术地位、反对官僚政客控制学校、实行"教授治校"等主张相号召,形成了一个颇具声势的"少壮派"。而曹云祥尽管任用了清华第二批留美学生张彭春为教务长,并支持"少壮派"对清华的改革,却仍然满足不了"少壮派"的要求。在清华内部形成了"少壮派"和校长曹云祥及其亲信的保守派势力相对抗的局面。1926 年 6 月,教务长张彭春因受到保守势力的攻击而辞职,从而引发了所谓"挽张去恶"的风潮。在"少壮派"教授们的支持下,学生们在校内游行请愿,高呼"打倒清华恶势力"、"改造清华"等口号,当面要求"与清华前途发展有妨碍者三人辞职"。被要求辞职的三人,便是曹云祥安排的亲信,时任清华机要部主任、斋务处主任和大学专门科筹备主任,当时被清华学生称之为"清华三恶"。

这一风潮发生以后,校内就展开了改造清华的运动,留美归来的年轻教授们要求按照美国大学的机制来改造清华,反对少数行政寡头治校,曹云祥接受了"教授治校"的原则。但是,随后不久,"少壮派"教师就利用教授会迫使曹云祥辞职。

曹云祥 1928 年 1 月辞去校长一职。1928 年 1 月 14 日,严鹤龄到校接替曹云祥为校长。交接仪式在工字厅举行,老友们欢送曹云祥并摄影。在他任上海商务印书馆总经理、上海英美烟草公司顾问期间，译有《科学管理之实施》等。1934年，中国红十字会举行理事联席会议，公推王正廷为会长，史量才、刘鸿生为副会长；蒋中正为名誉会长，黄绍雄、吴铁城、颜惠庆、虞治卿为名誉副会长，聘曹云祥为秘书长。

除了办教育，曹云祥对巴哈伊在中国的传播做了大量工作，他于1931年将《巴哈欧拉与新纪元》翻译成中文，并在巴哈伊刊物*Star of the West*，*The Bahá'í World*撰写文章，论述巴哈伊精神与中国传统文化的关系。1937年完成《新时代的大同教》的翻译著作，并且开始翻译阿布杜巴哈的《已答之问题》。他还翻译了其他几部巴哈伊著作为中文，可惜未及出版，就于1937年2月8日猝然逝世于上海。他死后两年，1939年由他翻译的阿布杜巴哈的著作《已答之问题》正式在上海出版中文版。

四、亚历山大小姐和玛莎·露特的传教

另一个对中国传播巴哈伊教贡献很大的美国女信徒是阿格尼丝·鲍德温·亚历山大小姐，她于1875年7月21日在夏威夷出生，其父亲威廉·鲍德温·亚历山大是夏威夷王国国王的一个秘密委员会的成员。亚历山大小姐1900年接触巴哈伊教人士，1913年春天她的父母去世，她离开夏威夷以巴哈伊教师的身份到外国传教，访问加拿大的蒙特利尔等地，1915年2月4日在日本参加她的第一个世界语会议，以后用世界语在日本、中国传播巴哈伊教。她1971元旦去世，时年95岁。

1920年初在日本时，阿格尼丝·鲍德温·亚历山大小姐通过报纸了解到有一个中国新闻记者团和中国学生团访问日本，便找到他们，向他们介绍巴哈伊教的教义和巴哈欧拉的训示。其中的一个记者回国后在发行范围很广的《广东时报》上发表了巴哈欧拉和阿布杜巴哈的言论摘录。1922年5月，阿格尼丝·鲍德温·亚历山大于日本东京结识了来自中国北平女子师范大学的19名女性，这些女性邀请她到自己的学校讲演。1923年，她访问了北平女子师范大学，做了讲演，还在陆军学校散发了介绍巴哈伊教的小册子。1923年11月4日，玛莎·露特与阿格尼丝·鲍德温·亚历山大一起组织了中国历史上第一次巴哈伊的精神会餐——灵宴会。在此前后，玛莎·露特通过曹云祥的安排，在冯玉祥开办的军校里发表演讲，介绍巴哈伊信仰。有万余名师生听了她的演讲。这次她在北京的其他活动还有，在东单牌楼清真寺向阿訇介绍巴哈伊信仰，结识了中国当时社会名流、政府官员、知识分子，其中包括黎元洪的顾问，使其中的一部分人成为巴哈伊。

玛莎·露特、阿格尼丝·鲍德温·亚历山大在邓宸铭的陪伴下于1923年11月25日离开北京来到中国的东部、北部，访问了许多城市，她们从天津到达济南，在济南的齐鲁大学做过演讲，后到曲阜、烟台等地进行了活动，然后南下徐州、南京、苏州、武汉，于12月底到达上海。

玛莎·露特在上海逗留了3个月。从1924年1月开始，上海有9家报纸登载了她有关介绍巴哈伊信仰的文章。1月13日，她在一家学校举办了有关推广世界语的讲座，顺便介绍了巴哈伊信仰。第二天的《国民日报》便报道了她的这次活动。2月中旬，她到中部城市武汉等地进行了为期19天的旅行演讲，而后又回到上海。在上海期间，她先后在世界语协会、儒教学会、神学会等团体中做讲座，与《上海时报》主编成为好友，经常为该报撰稿介绍巴哈伊信仰。从3月17日开始，她在各学校和俱乐部中马不停蹄地做了10天的讲座。3月27日，她离开上海去香港。香港最早的巴哈伊信仰也是得益于她的传教。到达上海以后，阿格尼丝·鲍德温·亚历山大12月27号乘船去往夏威夷的火奴鲁鲁。玛莎·露特又在上海多待了两个半月，对若干社团做了讲话，其中包括儒学社，通神学会和世界语协会。她又抓住机会为《上海时报》等报刊写了一些关于巴哈伊的文章，并深入内陆，到

武昌和杭州宣讲巴哈伊教义。

玛莎·露特 1924 年 3 月 27 日离开上海前往香港。她到达香港后，开始了她繁忙的传教活动，造访当地报纸的编辑、大学校长、图书馆藏家，进行演讲，会见知名人士。香港电讯还专门发表了一篇关于玛莎·露特和巴哈伊教的社论，因为她在港期间给人留下了很好的印象。她在香港大学做了演讲，并在那里为正在中国访问的印度著名诗人、教育家、人文学家泰戈尔讲解了巴哈伊教义。在香港，玛莎·露特逗留至 3 月底，她在准备启程去越南和柬埔寨之前，其间曾经再度返回中国大陆，在广州进行活动，在广州做了多次演讲。她这次在广州最重要的成果，是通过广州的中国巴哈伊教徒廖崇真[①]，在 1924 年 4 月 3 日拜会了孙中山先生。她称孙中山为“中国的华盛顿”，是“共和国的不朽之父”，是“伟大的理想主义者”，其“雄才大略不是基于战争，而是以合作为基础，其最终目的便是世界和平”。[②] 她谈到巴哈伊教的世界大同主义，孙中山非常感兴趣。1924 年 4 月 4 日的《广州民国日报》发表文章《美国女记者之游粤》报道：“美国新闻记者儒特女士(玛莎·露特)来粤游历、演讲巴海的主义。兹闻儒女士昨午 12 时曾携带美国必智市长及该国工商部长介绍函，晋谒孙大元帅，陈述其关于世界和平之意见，并希望大元帅以中国和平民族的领袖地位，指挥世界和平之运动。大元帅极为称许，畅谈至 1 时之久，始握手约再会而别云。”[③]她在广州短期访问的又一项成果，是介绍廖崇真的一个姐妹廖奉恩成为巴哈伊，并充当她拜会孙中山先生的翻译。曹云祥先生在他的著作《巴哈伊教在中国》中提到“孙中山先生曾经听说并读到过巴哈伊教，他认为巴哈伊教会对中国的发展有所帮助”。

回到香港后，玛莎·露特花四天的时间乘船沿海岸线到了越南的首都河内。玛莎·露特还大致访问了柬埔寨。在那里她在当地的中文和越文报纸发表了关于巴哈伊的文章，并在一个学校里进行了演讲。这所学校的学生来自于不同的宗教背景。玛莎·露特 1924 年 5 月回到香港，并在此后乘船前往澳大利亚和新西兰。玛莎·露特在报纸上发表的关于巴哈伊的文章给巴哈伊教在中国大陆和中国香港的传播带来巨大的影响。这些影响甚至随着中文报纸的传递波及菲律宾地区。

玛莎·露特于 1924 年 6 月底 7 月初到达澳大利亚的墨尔本，然后乘火车到 Perth 与 Clara 和 Hyde Dunn 汇合。在那里她在图书馆做题为“中国之伟大复兴”的演讲时认识了一批来听她演讲的当地华人。她在新西兰 Auckland 的艺术社团的大演讲厅里做了同样的演讲。在新西兰，她还为 Auckland 和 Wellington 的华人爱国者俱乐部做了讲话。

她 1930 年 8 月底第三次来华再次到广州的时候，在广州市政府无线电播音台的演讲中提到和孙中山的那次会见，她说当时和孙中山谈到巴哈伊教的世界大同主义，孙中山对她说：“我对于一切提倡世界和平的主义，均异常注意。我若能够促进或实现世界和平，我就是牺牲自己的性命也是非常甘愿的。”[④]他希望她回到纽约的时候，能够寄两本巴哈伊教的著作给他。她后来不无深情地写下了这样一段话：

> 巴哈伊运动正开始给中国这一拥有 5 亿人口的伟大国家带来崭新的面貌，中国今后的所作所为将会对世界上每个国家产生影响。可以这样说，如果这个占世界人口 1/4 的国家变成一个

---

① 1930 年 9 月 23 日《广州市政日报》称“廖崇圣”。

② [美]玛莎·露特：《中国文化与巴哈伊教》，载美国《曙光》杂志 1992 年第 11 期。

③ 《广州民国日报》的复印件由广州中山大学周樑教授提供。

④ 载 1930 年 9 月 23 日《广州市政日报》。

军事大国，则会主宰整个文明世界的沉浮；如果中国坚定地实行巴哈欧拉的普遍原则，中国就会在一两个世纪之内促使世界出现薪新的梦寐难求的国际合作。1924 年当我在广州拜见孙逸仙博士时，这位新共和国的不朽之父、“中国的华盛顿”带着极大的兴趣聆听了巴哈伊教义，他要求送给他一些巴哈伊的著作。这是位伟大的理想主义者。他的雄才伟略不是基于竞争，而是以合作为基础，其最终目的便是世界和平。①

1930 年 9 月，玛莎·露特在广州拜会了当时的广东省政府主席和将军陈铭枢。她认为他是一位著名将军，多次亲临前线，出生入死，是一位具有远大眼光和深思熟虑的人。陈铭枢告诉她：“前两天你送我那本小册子之前，我原对巴哈伊运动所知不多。读了这本小册子之后，我认为巴哈伊是个预言家，这种教义起码可以使中国和其他每个国家获益极大。没有任何一个国家比中国更适合接受这些教义，因为中华文明的基础便是世界和平。当前我们正处于严重的兵荒马乱境地，可是当中国恢复和平，我们与其他国家地位平等之后，中国将会在所有的国际事务中取得她应有的地位。”②她因此而对陈铭枢评价极高，认为他很像孙中山，没有一个人比他更清醒地意识到没有任何力量可以使中国实现和平，唯有理想才能最终战胜。

这次在广州时间虽短，但她在广州电台作过讲演，在《广州市政日报》上发表文章，宣传巴哈伊教义。

1930 年 9 月 20 日，玛莎·露特从广州来到上海。从日本来的阿格尼丝·鲍德温·亚历山大与她在上海共度 10 天时光。这期间，她们在英国皇家亚洲协会做了三次讲座，并与上海当地哲学与人文学会的学者们进行了座谈，与曹云祥博士再次会面。所有上海当地的报纸，连续 8 天刊登了有关巴哈伊信仰的文章。

1930 年 10 月 1 日，她与苏莱曼(Sulaymání)先生从上海到达南京，访问了 7 天。这 7 天，玛莎·露特的传教活动十分繁忙。她拜会了南京政府的前交通部长叶钧召。叶钧召对她说：“常识像一条线一样贯穿于中国的漫长历史中。这一常识清楚地说明，为什么中国的普遍理想是世界和平。中国的思想家们写了大量的文学作品谴责战乱。中国对其他国家从无野心。所以，一旦中国把自己国内的事情处理好了，中国就会随时准备按照中国固有的传统的思想和道德在物质和人类精神方面与全世界合作。”玛莎·露特还到南京国民政府外交部部长办公室拜会了外交部长王博士③。王博士对她说：“我们从来不是一个侵略成性的国家，这一点有我们四千年的历史事实作证。我们一直从事文化及和平发展，蒙古人好战，中国人却并非如此。如果我们自己有什么美好的事物，而全世界需要它，我们愿意让全世界共同享有。可是我们从不把我们的风俗习惯和法律强加于其他民族，我们从来没有征服过日本，也从未企图征服日本，可是他们却采用了我们的书面语言和我们的文化。”王博士对她肯定地说：“中国用不着 100 年就可以在自己的国土上实现和平。”她还与当时国民政府教育部长张孟林进行了接触，送给他有关巴哈伊教的书籍。他们之间的谈话，涉及新式大学教育和巴哈欧拉的教义，并赞同曹云祥所一再申明的，巴哈欧拉的教义为解决人类教育、经济及社会问题提供了

① 转引自[美]玛莎·露特：《中国文化与巴哈伊教》，载 1931 年 1 月 29 日《巴哈伊周刊》。

② 转引自[美]玛莎·露特：《中国文化与巴哈伊教》。

③ 此处王博士是王正廷，耶鲁大学博士，先后担任南京临时政府参议院副议长，北洋政府工商部次长、外交总长、代理内阁总理等职。1928 年 7 月就任外交总长。

新的方法，而这些解决办法在以前所有的各种宗教中都从来没有提出过。[①]

她在与张孟林的接触时，问张孟林有关在学校里讲授宗教的情况，张孟林向她阐述了当时国民党政府在宗教教育方面的态度："就公立学校而言，目前在这些学校中没有教授宗教的情况，这和美国的做法相同，但是又做了进一步的规定，包括私立学校在内，不管何人所建，个人也好，社会或宗教团体也好，初中以下的学校不得教授宗教。然而高中以上的学校，这指的是师范学校和各类大专院校，由于学生的年龄已大，可以独立思考了，所以许可选学宗教课程。但教师们不得强迫学生听课，这些传教士们太过分了，我们的做法比起有些国家来要宽厚多了。"[②]南京的大专院校国际俱乐部于1930年10月6日在中央大学安排了一次专门讲座，玛莎·露特向在场的数千名青年学生做了讲演，题目是《新时代的国际教育》，这是她根据巴哈欧拉有关新式大学教育的计划而准备的一个题目。大部分听众都是男性。少数的女性听众在听到巴哈伊教中关于男女平等的教义时非常兴奋。玛莎·露特还在金陵大学为女学生做了讲话，并认识了若干政府官员。10月7日，玛莎·露特返回上海，送别阿格尼丝·鲍德温·亚历山大。10月22日，她本人也离开上海乘轮船赴日本，10月27日到达目的地。

1937年6月玛莎·露特由日本来到上海，最后一次造访了中国。在上海她住在外国租界，外国人聚居的地方。因为时值中日战争，她这一次造访非常短暂。她不顾生命危险，安排将中英文的巴哈伊文献运送到全国各地的图书馆，加深与旧朋友的友谊。1937年8月14日，由于日本侵略者的轰炸，她被迫从上海撤离。外国租界被轰炸，许多人在随后的混乱中失去了生命。但是当一个装有一根巴哈欧拉头发的小盒子从玛莎·露特的手袋中掉出来时，她相信一定可以安全到达。乌斯库里先生带她到码头登上一艘船并很快加入杰弗逊总统船队，于1937年8月20日到达马尼拉。

通过这几次访问中国，她对中国文化的认识逐渐加深。她认为，西方世界可以得益于考察中国文化的根源，并扪心自问：中国的伟大文明是否含有可以对国际合作作出贡献的成分。她认为，中国亲身目睹和经历过许多朝代的兴盛和衰亡。中国产生过自己的发现者、发明家、美术家、哲学家、诗人和学者。当西方人还处于生活在平原高地上的野蛮状态时，中国就已经在公元前551年诞生了自己的伟大圣人和预言家孔夫子。她对孔子的思想极为赞赏，特别是孔子提倡中庸之道，克己复礼以修身养性，从而达到治国平天下，以及四海之内皆兄弟也，都使她深获教益。她还听取了一位持有重农主义学派观点作家的下述观点：孔夫子施教的全部目的在于恢复人性，这种人性原本光辉灿烂，无限美好，系由上天所赐。但是由于世俗的愚昧无知和贪婪欲望，这种人性已经变得模糊不清，黯然失色了。因此孔夫子谆谆告诫国人服从天命，敬畏上天，友好睦邻如同自己；不可随心所欲，"己所不欲，勿施于人"；欲施于人，则须名正言顺。非礼勿听，非礼勿行，非礼勿思，非礼勿言。其精髓部分现在仍然未能做到，还需要在天下大众中提倡。孔夫子的大任就是引导世人乐天知命，返璞归真，中国在没有遵循孔夫子的教诲期间所遭受到的一切灾难与西方在没有按照耶稣基督的教义去生活期间所遭受到的各种灾难如出一辙。这些伟大的预言家和圣人贤哲们——巴哈欧拉即是其中的一位，一代又一代地降临世间"复活宗教"。这些圣人先哲们的教义凭借上天的伟大创造力，规劝人们改邪归正，使之翻然悔悟。[③]

① 转引自[美]玛莎·露特：《中国文化与巴哈伊教》。

② 转引自[美]玛莎·露特：《中国文化与巴哈伊教》。

③ 转引自[美]玛莎·露特：《中国文化与巴哈伊教》。

当她离开上海之时，心情激动地写下了下面这段话：

今天清晨 6 点钟，正当我结束这场沉思冥想的时候，此时此刻在上海，我亲眼看到了巴哈伊教义将来能够造福于中国的象征，凭高窗眺望，我看到乌云在笼罩着中国，笼罩着大海，笼罩着扬子江。天看上去仿佛是黑暗之日，无比阴霾，然而此时此刻在那邪恶可怖、缓慢移动的黑暗后面，一轮巨大的光环正在冉冉升起，那笼罩大地的乌云正渐渐地、无奈地从视野中慢慢消失，不可思议地缓缓地融进那白昼之美妙中，一轮红日熠然跃起，光芒四射！如此天光，势不可挡！今天终于阳光明媚，所有的黑暗已成过去并为人所忘却。巴哈欧拉正像太阳一样出现在中国的思想家们面前。这些思想家们在清晨等候一个新纪元的破晓之时，瞥见了真理之太阳！[①]

两年后，她在夏威夷去世。她死后葬在夏威夷，被守基·阿芬第尊为“第一个巴哈伊世纪中所建立起来的圣辅中的最杰出者”[②]。

守基·阿芬第在《神临记》中深情地赞扬她的世界旅行，在 20 多年中包括几乎连续不停地去传达上帝的声音，4 次环绕地球，她先后 4 次旅行到中国和日本，3 次到印度，参观南美洲的一些重要的城市，把新时代的消息传送给国王、王后、王子和公主，共和国的总统、部长，教授和诗人以及在各种各样职业里的许许多多人，与超过 50 个国家的政治家单独会晤过，并且联系而且参加了各种官方又非官方的宗教代表大会以及各种集会，在超过 400 所大学和学院里发表了演讲。他誉她为不可征服的人。[③]

F. St. George Spendlove，一位加拿大的巴哈伊于 1932 年去圣地朝圣后访问了上海。他去了南京和北京，之后去了日本。1934 年，Mark Tobey 在 Bernard Leach（一个通过 Mark 获知巴哈伊教义的英国人）的陪同下到上海拜访了他们的朋友 Teng Kuei。当 Teng 在华盛顿大学学习时，Mark 曾向他学习过中国书法的技巧和哲学。Teng 所教的风格对 Mark 之后的画风有很大影响。Mark 在上海的时候曾于 1934 年 5 月 11 日在银行家俱乐部讲巴哈伊的历史。他和曹博士一起在中国基督教青年会（简称 YMCA）租了两间房间给上海的巴哈伊作图书馆。1937 年，图书馆关闭。Mark Tobey 和 Bernard Leach 一起造访了日本。

五、其他信徒和传教者

巴哈伊信徒陈海安（Chen Hai An），他在美国时称为 Harold A. Chen。他是美国芝加哥大学和哥伦比亚大学的留学生，1916 年 4 月至 5 月间，他认识了著名巴哈伊信仰者 Zia Baghdádí，在芝加哥成为一名巴哈伊。1916 年 12 月 22 日，他启程从旧金山回到上海。行前，他给一位朋友去信，称：“我将于 12 月 22 日乘船返回。请为我祈祷，上帝将指引我的工作。我将在上海与一个名叫巴希的巴哈伊信徒会晤，并将努力在上海建立中国巴哈伊灵体会。”他后来在一个学校任教，他说：“我正致力于将我新得到的信仰传播到学校里的 3000 名学生中去。”守基·阿芬第曾致信，高度赞扬他留在上海的重要性，并叮嘱他在传教时小心在意，以免陷入困境。[④]

也在 1916 年，一位定居美国夏威夷的华人司徒威和他的夫人 Mamie Loretta O'Connor，正式接

---

① 转引自［美］玛莎·露特：《中国文化与巴哈伊教》。

② 白有志：《阿博都巴哈——建设新秩序的先锋》，第 345 页。

③ 参见守基·阿芬第：《神临记》，第 493、496 页。

④ 参见 Jimmy Ewe Haut Seow, *The Pure In Heart*, Bahá'í Publications Australia, 1991, p. 29.

受巴哈伊信仰，成为夏威夷群岛的第一个华人巴哈伊，也成为美籍华人中第一个巴哈伊信徒。[①] 1917 年，11 个波斯籍巴哈伊在上海聚首。在其中两人——阿卡·米尔札·艾哈迈德（Áqá Mírzá Aḥmad）和拉迪·塔布里兹（Radi Tabrízí）的主推下，一份巴哈伊小册子得以出版。这可能是第一份中文巴哈伊出版物。其中包括"Twelve Bahá'í Principles"和阿布杜巴哈解释欧洲战争精神重要性的文章。该文章早期由一位朝鲜籍巴哈伊翻译成中文。这份印有阿布杜巴哈照片的小册子也同时以波斯语出版。一年后，一份俄语版巴哈伊信仰的简单诠释在黑龙江省哈尔滨市面世。

1919 年，另一位来自大陆的华人，陈廷默（Chen Ting Mo），在美国接受了巴哈伊教。陈廷默对于他新找到的信仰抱有同样的热情。他带回中国许多巴哈伊书籍，并将其存放在上海的一个图书馆里。他曾有幸收到过阿布杜巴哈给他写的一封信简。信中阿布杜巴哈激励他合并加强上海和北京的灵体会，继续传播巴哈伊信仰。阿布杜巴哈还拜托陈廷默给两位新入教的信仰者带去他最诚挚的爱和友好，并说他会为他们祈求神的指引，使他们能够拥抱神的福祉，成为两支闪耀的蜡烛，为中国投下天堂的光辉。没有别的文献曾提到过当时北京巴哈伊社团的建立情况。

另一个贡献较大的中国巴哈伊教徒是广州人廖崇真。根据《佛山历史文化辞典》：廖崇真（1897～1970），早期担任过广东蚕丝局长。祖籍广东蕉岭，生于广州，1927 年从美国康奈尔大学农学院深造回国，1933 年就任广东省蚕丝改良局长，出于工作需要，他长期驻留顺德，实干苦干，为了培训技术骨干，接管了设在大良的省立第二农业学校（后改名为"顺德农业学校"，亲自兼任校长），在种桑、制种、育蚕、缫丝、纺织技术的改良及推广等方面，做了大量工作，为恢复和发展广东蚕丝业作出较大贡献。

廖崇真是一个多面手，年轻时是运动员，后来又是学者。1915 年在中国上海参加第二届远东运动会排球比赛，1917 年 5 月 8～12 日，在日本东京举行的第三届远东运动会上，廖崇真作为田径运动员代表广东队参加比赛。他在康奈尔大学读书时成为巴哈伊信徒，得到著名巴哈伊人士 Roy Wilhelm 和 Fazel 两人的传授。1923 年春天，他回到广州，在政府部门建设厅任农林局副局长兼农业课长。1924 年玛莎·露特与孙中山会晤，就是由他安排的。1930 年，顺德丝业商人集资在乐从兴办蚕丝学校，并从广东蚕丝业研究所和岭南大学延聘师资，培训技术人员。此后，经广东省政府批准，又开设顺德农业职业学校，由升任广东省蚕丝局局长的廖崇真兼任校长，1939 年以后担任岭南农科蚕丝学院校长、中山大学农学院教授。他将巴哈欧拉的《隐言经》、《世界书简》、《美德书简》等著作的英文本译成中文。他的妹妹廖芳玲（本名廖奉玲）通过他也成为巴哈伊，并和他一起接待了巴哈伊人士 Keith Ransom-Kehler。他的另一个妹妹 Foulk I. W. 则通过玛莎·露特成为巴哈伊，并充当她的翻译。廖崇真本人与守基·阿芬第有书信来往，1937 年曾去信向他汇报说，经过五年的审慎工作，他完成了《巴哈欧拉书简》的翻译工作，这是巴哈欧拉的著作首次被翻译成中文。他翻译的另一部著作是《隐言经》。他还曾经将他翻译的《十二个基本原则》和圣护所写的巴哈伊简史编成小册子，并印刷了 2000 多份。这些译作被送到了分散在中国各地的许多图书馆。他的工作受到守基·阿芬第的赞扬，他和他一家人的照片被守基·阿芬第挂在海法巴哈欧拉住过房子的墙壁上。

当时他不顾战争中日本人对广东的轰炸进行工作，在给守基·阿芬第写的信中说："在枪林弹雨中，我完成了两部重要巴哈伊文献，《巴哈欧拉书简》和《已答之问题》的翻译。现在我正要开始第三

① 参见 Jimmy Ewe Haut Seow, *The Pure In Heart*, Bahá'í Publications Australia, 1991, p. 29.

部文献——《阿布杜巴哈关于神圣哲学的评论》的翻译。我坚信世界新秩序和最终解放依赖于巴哈欧拉的准则的实现。我愿意尽自己微薄的力量将这欢乐带给我们的人民。"1939 年,廖先生完成了巴哈欧拉《祈祷和默诵》的翻译。

其他早期中国巴哈伊信徒有刘灿松,他 1921 年在美国康乃尔大学读书时加入巴哈伊教。T. J. Chwang,1924 年在欧洲成为巴哈伊后回到上海。Zhi 先生,1925 年在上海通过 Ida Finch 成为巴哈伊,并出版了一份巴哈伊期刊。Zhi 的弟弟也于 1934 年成为巴哈伊,还有陈海安和陈廷默的兄弟也在这前后成为巴哈伊。

重要的巴哈伊传教活动包括:Keith Ransom-Kehler 在 1931 年 8 月 12 日在上海电台应邀介绍巴哈伊信仰。他举办公开讲座,与知名政府官员和教育家进行了会谈;Mark Tobey 于 1934 年 5 月 11 日在上海音乐家俱乐部讲演,介绍巴哈伊信仰的历史。

1920 年到 1940 年之间,中国曾派出许多学者到海外求学。他们受 Boxer Endemnity 基金的资助为中国的发展建设学习新的知识和技能。这些学者中的许多人被邀请参加各种不同的巴哈伊活动,一些人随后成为巴哈伊。阿布杜巴哈曾提到一位在华盛顿参加和平大会的中国学生,在参加一个巴哈伊会议的时候,带着浓厚的兴趣问了许多问题。在会议结束的时候他说:"这是我听说过的最好的宗教。"另一位中国学生(他的家长是民国时期的某位领导人)以极大的热情阅读了巴哈伊文献后说道:"这正是新中国所需要的。"①

20 世纪 40 年代,中国有很多人已经听说过巴哈伊信仰,并有一些人加入了巴哈伊。在 1976 年 9 月香港的巴哈伊世界大会上,一位中国长者说他在 20 世纪 30 年代就在上海听说了巴哈伊信仰。②

20 世纪 40 年代成为巴哈伊的中国人,最著名的是曹云祥朋友的侄女黑尔达·严·梅尔(Hilda Yen)。1905 年 11 月 29 日她生于上海 F. C. Yen 和 Siu Ying Chou 家中。她的父母在上海是富有和有影响的公众人物。他们信仰基督教。其父是上海的一位著名政治家。16 岁时,她便获美国史密斯学院奖学金,成为该校获此奖学金的最小的学生。毕业后,她回到上海。1923 年,通过叔父的朋友曹云祥,她第一次听到有关巴哈伊信仰的消息,但并未成为巴哈伊。她曾在莫斯科的中国使馆为她的叔叔工作。她的叔叔曾经是中国驻俄国大使。后来她又到柏林和瑞士工作过。第二次世界大战初期,当中国满洲里战争爆发的时候,她搬到了美国。1941 年至 1943 年间,黑尔达·严·梅尔回到重庆——中国的战时首都,为战争尽力。这段时期,她的父亲在蒋介石政府任卫生部长。1944 年她回到美国,并于 1945 年在伊利诺伊州的威尔米特成为巴哈伊教徒。同年,她为联合国公共信息部工作。在联合国任职期间,她代表巴哈伊在美国和加拿大参加了许多公共会议。她还经常在巴哈伊和非巴哈伊会议的讲话里引用守基·阿芬第的话。1949 年 4 月 4 日到 9 日,在塞克赛斯湖畔,她主持了联合国组织的第三届国际非政府组织的会议,是 4 个主要组织者之一。1952 年,她又作为巴哈伊成员,参加了在纽约联合国总部召开的第五届非政府组织的国际会议,担任第一工作组副主席。她是联合国非政府组织机构中最著名的中国籍巴哈伊教徒。1970 年 3 月 18 日,她在美国去世。

与曹云祥朋友之侄女成为巴哈伊的同时,一位南京人朱耀龙(Chu Yao Lung)于 1945 年 4 月在美国华盛顿成为巴哈伊,1946 年 6 月他回到中国并造访了在上海的乌斯库里、苏莱曼等人。1945 年

① 参见 Jimmy Ewe Haut Seow, *The Pure In Heart*, Bahá'i Publications Australia, 1991, p. 49.

② 参见 Jimmy Ewe Haut Seow, *The Pure In Heart*, Bahá'i Publications Australia, 1991, p. 49.

8月17日，朱耀龙在上海成婚，婚后他和妻子于8月21日回到南京，在国民党政府部门任职。他向许多朋友宣讲了巴哈伊教，在他影响下，邻居阮绪茋(H. C. Yuan, Yuan Hsu-chang, Yuan Chui-chang)也成为巴哈伊。另外，据说冯玉祥将军的一位秘书也是巴哈伊。阮绪茋从日本带回许多巴哈伊书籍，并让P. W. Chen摘录一部分翻译成中文在中国报纸上发表。冯将军的秘书据说是与廖崇真、曹云祥并列“三位杰出巴哈伊”，只是其事迹不详。

1945～1949年间，一些在美国科罗拉多州丹佛市受训的中国飞行员在参加过多次巴哈伊会议后成为巴哈伊。这些飞行员们经常去看望住在丹佛市外Wheat Rudge的伊丽莎白·克拉克和她的孩子们，并在那里展开关于巴哈伊的非正式讨论。他们是Mr. David Luan Chi, Mr. Chan Tien-Lee, Mr. Jimmy Chou Chia-San和Mr. M. S. Yuan。[①]

新中国成立后，巴哈伊教的活动在中国大陆很长时间销声匿迹。由于巴哈伊教的特殊宗教文化背景和地位，该教并没有在中国被注册为合法的宗教社团法人，不在中国承认的世界宗教之列。因此，巴哈伊教在中国的公开传教活动是非法的。随着对外开放的进一步发展，中国人对巴哈伊教逐步有所了解。

六、巴哈伊教在中国传播的途径

(一)中文出版物

巴哈伊教在中国传播的第一个途径，是各种中文出版物。

巴哈伊教的迅速发展，在国际上的地位越来越高，国内各种出版物中也越来越多、越来越详细地介绍它。由任继愈任主编的《宗教词典》设了“巴布教派”、“巴哈教派”等条目，1998年在该词典原来的基础上形成的《宗教大辞典》首次在16个分支学科中将巴哈伊教作为分支学科之一，《中国大百科全书·宗教卷》、《简明不列颠百科全书》、《中国伊斯兰教百科全书》、《伊斯兰教文化》以及其他宗教、文化工具书都设了“巴哈”、“比哈”、“白哈”等教派的专条和其主要代表人物的介绍。在各种宗教专著中，则更多、更详细地论述到它，如金宜久主编的《伊斯兰教史》、于可主编的《世界三大宗教及其流派》、王志远主编的《伊斯兰教历史百问》、金宜久主编的《伊斯兰教概论》、《当代伊斯兰教》以及《各国宗教概况》等著作都有论述。李桂玲编著的《台港澳宗教概况》则详细论及台、港、澳的巴哈伊教概况。戴康生主编的《当代新兴宗教研究》列了巴哈伊教的专章。英国约翰·布克《剑桥插图宗教史》(王立新等译，山东画报出版社2005年版)，美国霍普菲伍德沃德的《世界宗教——培文书系·人文科学系列(影印本)》(北京大学出版社2005年版)等著作中专门探讨巴哈伊教。也有一些宗教研究杂志或学术期刊如《世界宗教资料》、《世界宗教研究》、《世界宗教文化》、《宗教学研究》、《当代宗教研究》、《南亚研究》、《国外社会科学》、《文史哲》，清华大学主办的《世界建筑》，都有介绍巴哈伊教的文章发表。在香港、澳门回归祖国时，各大报章也都涉及两地的巴哈伊教情况。一些发行量大的日报也有些文章提到过巴哈伊的观点。如《光明日报》在1987年1月31日发表的一篇由车宁慈撰写的游记文章《“20世纪的泰姬陵”——莲花宫》，其中就有如下一段文字：

> 巴哈伊又叫大同教，是由一个名叫巴哈欧拉的伊朗人于19世纪创立的。这是个独特的宗

① 参见Jimmy Ewe Haut Seow, *The Pure In Heart*, Bahá'í Publications Australia, 1991, p. 52.

教，严格地说，它不同于一般的宗教，因为巴哈伊中没有传教士，没有仪式，也没有偏见，只有一本信念预言书和有关个人解释的经书。它的教义是争取世界和平、消除种族主义、缩小贫富悬殊、实现男女完全平等和普及教育。它是一个世界性宗教，任何人都可能成为它的信徒。无论是爱斯基摩人，还是黑人或是达罗毗荼人，几乎世界上每个民族都有人信奉巴哈伊，其中印度人占的比例最大。

1994年第1期的《宗教学研究》发表了陈霞的《巴哈伊教概述》。《世界宗教文化》1995年秋季号发表了两篇介绍巴哈伊概况的文章，一篇是李桂玲的《巴哈伊教在台港澳地区的发展及现状》，另一篇是周燮藩的《美国巴哈伊社团访谈》。两位作者都是权威性的，前者是国务院宗教局世界宗教研究中心的研究人员，编著有《台港澳宗教概况》的专著，后者是中国社会科学院世界宗教研究所的研究员，这足见巴哈伊教的研究在国内宗教学研究领域已受到了初步的重视。

另外，国内有些出版社也出版了由巴哈伊人士撰写的学术著作，如社会科学文献出版社于1996年推出了由瑞士兰德格学院院长丹尼什博士撰写的《精神心理学》，用巴哈伊观点系统分析了人类的精神现象。时任北京大学哲学系、宗教系两系系主任的叶朗教授，充分肯定此书的价值，认为这是一本讲述如何寻求人生意义的著作，充满了人生的智能，作者是抱着对人类的无限的信心和爱心来写这本书的，因此会引导读者去思考精神生活的重要性，去思考人生的目的、意义和价值，去追求人的完美。①

进入20世纪90年代，在北京国际图书博览会期间，也有一些巴哈伊出版社提供一些参展书目，其中有英文版的，也有中文版的。这些著作影响虽然不是十分大，但也有一些读者是毫无疑问的。

(二)外籍教师的传教活动

巴哈伊教传播中国的第二个途径，是外籍教师的有意或无意的传教活动。

改革开放以来，我国聘请了大量的外籍教师。改革开放程度越高的地区和城市，外籍教师的数量就越多，而其中有一些教师就与巴哈伊教有关。他们本人可能是巴哈伊教徒，也可能不是，但他们对巴哈伊的观点是熟悉的，会在不同的场合提到巴哈伊教义。有的外籍教师在讲解英语时，有时也会引述巴哈伊的观点或著作。据粗略调查，在我国各大城市，几乎都有巴哈伊的外籍教师，比较集中的有北京、上海、广州、天津、哈尔滨、西安、成都、长春、珠海、深圳、济南等城市。

(三)中外交流活动

巴哈伊教传播中国的第三个途径，是中外人士的交流活动。

有不少巴哈伊通过经商来到中国，开办各种各样的商务公司，尤其是在各大城市，这类公司是不算少的。至于旅游活动，那就更为频繁，比较重要的活动就有如下一些：

20世纪90年代前后，巴哈伊国际社团的最高领袖拉巴尼夫人在精通汉语的女巴哈伊李玫瑰(Roxanne Terrel)的陪同下，到过中国的许多地方，包括东北和西北的一些大城市。

1991年8月，24位来自美国夏威夷的巴哈伊人士游览长城，该旅游活动是由上海金江公司和夏威夷巴哈伊社团联合主办的"中国和平友谊观光团"的节目之一，其宗旨是建立中美两国人民之间的

① 参见[瑞士]丹尼什：《精神心理学》，社会科学文献出版社1996年版，第1页。

友谊桥梁。

1993 年 9 月，澳门巴哈伊代表团访问中国大陆。

1993 年 5 月，美国芝加哥巴哈伊研究中心理事会成员伊曼博士作为瑞士兰德格学院国际教育与发展研究所所长，到北京参加“东方伦理道德传统与青少年教育国际研讨会”。他本人毕业于南加利福尼亚大学，在哈佛大学完成博士后研究，现在从事的是道德教育工作。他对东方文化注重道德的传统非常赞赏，希望中国的现代化建设能走新的路子，在发展经济的同时振兴道德。①

1994 年夏，香港巴哈伊代表团访问大陆。12 月，加拿大阿尔伯塔函授大学国际法顾问、法学博士穆赫辛·埃纳亚特(Mohsen Enayat)参加中国社会科学院的一次国际学术研讨会，提供了《毁灭或新世界秩序》的重要论文，并发表演讲。

1995 年秋，巴哈伊组织了代表团参加在中国举行的第四次世界妇女大会，其中一个由 20 多名巴哈伊成员参加的代表团，包括其中的数名中国籍巴哈伊，以太平洋地区发展与教育协会的名义访问了济南、南京等地，然后去北京参加第四次世界妇女大会。以巴哈伊国际社团新成立的妇女发展办公室第一任主任的鲍尔女士(Mary Power)为团长。她是联合国第四届世界妇女大会的非政府组织活动的协调人之一。她自 1975 年以来一直担任巴哈伊国际社团驻联合国的代表，负责处理有关妇女发展的问题，1989～1991 年还担任过美国妇女全国委员会主席。据巴哈伊人士说，他们资助了第四届世界妇女大会四个课题组的讨论，并散发了他们对妇女发展和男女平等的小册子，如《将属于他们的伟大成就》等，是由巴哈伊国际社团妇女促进署出版的。

1996 年秋天，瑞士兰德格学院院长丹尼什博士等人来中国参加北京大学宗教学系成立大会，之后到南京和上海等地访问。

从另一方面，中国人到海外旅游或参加国际会议，也接触了大量巴哈伊信徒和其教义。如到印度去的中国游客，几乎没有不到新德里巴哈伊灵曦堂游览的。他们对这座建筑物表示赞叹的同时，也对巴哈伊信仰提倡人类团结、世界和平的观点感到非常惊喜。有的参观者说，巴哈伊教义主张天下一家、世界统一的目标，没有贫富之分，没有摩擦，没有矛盾，没有战争，只有世界大同、和平，而后天下将会太平万岁。有的说，和平就像一种非常珍贵的东西，并不是那么容易便能得到，但我们每个人应该努力去争取，我们深切地相信世界真正的和平很快就会来临。②

我国辽宁省还曾派出代表团赴南美洲哥伦比亚，参观一所由巴哈伊社团主办的乡村农业大学。该大学的宗旨在于改善农村经济，使那些濒临破产的农民能应用科学技术来提高生产效率，从而能在农村安居乐业，过上富足、和谐的生活，避免大量农民流入城市。该校采用参与式的教学方法，学生与教师一起设计课程，改变了传统的单向输入教育法，注重提高实际工作能力，对丰富教学内容、提高教学效果起了很大作用，并且提高了学生的自信心与自我尊严，意识到了自身的价值与能力。该校还采用理论联系实际开放式的教育方法，吸引了大批对学校怀有恐惧心的农民。这些办学经验给辽宁农业代表团一定的启发。

1992 年在巴西里约热内卢召开的“地球高峰会议”，此次会议又称“联合国环境与发展大会”。在此次会议上，巴哈伊国际社团作为联合国非政府组织机构的成员，参与了全球论坛的几个非政府

① 参见周燮藩：《美国巴哈伊社团访谈》，载《世界宗教文化》1995 年秋季号。

② 参见纪树芳：《印度巴哈伊灵曦堂见闻》，载《曙光》1993 年第 3 期。

组织机构协议的草拟工作，其中一个叫作《L·28》文件的序言具有典型意义。

该序言的全文是：

我们敬重地球为生灵万物之家；

我们珍惜她的内在美以及她那息息相关而又多姿多彩的各种生命；

我们对她自我更新的能力，即地球所有生命的依据，表示欢迎。

我们承认地球各个有始民族的特殊地位，他们的领土、习俗习惯，及其与地球独特的结合。

我们承诺分担保护地球及使她复原的责任，允许用某些权利，以资源可维持及公平的方法使用她的资源，来满足我们社会、经济、精神的需要，并且保证后代人的权利不受损害。

尽管有许多差异，但我们是一家人，分享着共同的、日益受到威胁的家园；我们需要紧急的应对行动。

我们重申1972年斯德哥尔摩联合国人类环境大会宣言的原则，并加上下列的原则：时刻关注妇女、土著人、发展中国家和在社会中处于劣势的人们。①

巴哈伊国际社团还委派法利·金汉丘女士向大会宣读了《最严峻的挑战》的宣言，强调人类本质的精神是可以被理解为超越窄狭自私心的素质的泉源。这些素质包括爱心、同情、宽忍、诚信、勇气、谦恭、合作以及为共同美好事物自我牺牲。中国政府是这次会议的参加者。会后第二年，即1993年6月6日，中国外交使节与其他国家的代表一起，参加了高峰会议一周年纪念日。

通过经商和各种各样的旅游活动，中国人更多地了解了巴哈伊。

（四）留学人员的传播

巴哈伊教传播中国的第四个途径，是中外留学人员的传播。

留学人员传播巴哈伊教是双向的。改革开放以后，我国派出了大量留学生。其中有一批在美国的留学生，已成为巴哈伊信仰者，较有代表性的有创办巴哈伊中文刊物《曙光》的萧洪、章浙以及康乐、阿明、杨衍干、李仪、柳荫、力华、洪鸣、薇拉、汤信、昌增益等人，还有外籍巴哈伊牛彼得、庄媚雁、丽娟、楚文合作。他们认为人是需要精神支柱的，否则人类便与动物一样。他们有些人自小本来就有纯真的想法，认为人与人之间应常是充满互相信赖、互相帮助的。但是随着年龄的增长，越来越多的现实证明这种想法很虚渺，并常被人批评为思想幼稚，自己不觉都怀疑起来。他们找到了巴哈伊信仰，就感到是找到了知己，坚定了自小的目标，使自己不再被现实所挫。有人谈到，自己深知巴哈伊信仰是真实的存在，它使自己看到了人类希望。人类正向着和平、团结、万众一家发展。一些作为艺术家的巴哈伊信徒，说自己的宗旨与向往便是歌颂人与人之间的爱，反对世界上的暴力和战争，消除人与人之间的争斗、残杀。这一切都与巴哈伊的宗旨是一致的。有人自幼就接受了"青山处处埋忠骨，何必马革裹尸还"的教诲，觉得这与巴哈伊的全人类一家的思想是一致的，也是与自己的艺术目标相一致的，艺术本身是无国界的，从事艺术本身就是致力于"消除民族隔阂、消除国界"。② 在美国曾经举办过华人巴哈伊进修班，1992年11月23日在美国纽约召开的巴哈伊世界大会，有许多中国巴哈伊参加。歌星朱明瑛还为这次大会进行了表演。在外国派到中国的留学人员中，据了解，也

① 《地球高峰会议召开前已见成绩》，载《天下一家》1992年8月。

② 参见卢海英：《巴哈伊信仰》，载《北美行》1993年第15期。

有一部分人是巴哈伊人士，他们有的来自于欧美，有的来自于伊斯兰世界(包括伊朗等国家和阿拉伯国家)。欧美留学生的巴哈伊身份比较公开。1993年3月29日至4月2日，在美国旧金山巴哈伊中心举行了第一届巴哈伊国际华人研讨会，来自18个国家的400余名代表参加了研讨会，中国台湾代表吉显江、中国香港代表黄元环、美国国家传导委员会委员沈国荣和中国内地的歌星朱明瑛、古筝演奏家张燕、声乐家杜秦也参加了研讨会。在3月31日的研讨会上，与会代表集中讨论了华人的民情风俗、文化和思想、生活习惯等，增进了对华人各方面的认识，会议结束的时候，有51位华人自愿加入了巴哈伊教。这次大会扩大了巴哈伊教在华人圈中的影响。

以上就是巴哈伊教在中国传播和对中国大陆影响的基本状况。

第三节　巴哈伊教在台、港、澳地区的传播和影响

一、巴哈伊教在台湾的传播

中国社会科学院世界宗教研究所副所长张新鹰在《台湾"新兴民间宗教"存在意义片论》(《世界宗教文化》1996年7期)中说：台湾还有一些外来的新兴宗教，如来自日本的天理教、创价学会、立正佼成会、灵友会、生长之家、世界救世教、阿含宗和分别发源于美国、韩国、伊朗的摩门教、统一教、巴哈伊教等等，它们的根在外国，在台湾信徒不多，势力较弱，是台湾宗教文化多元化风貌的一个小小侧面。

丘家宜在《光的信徒——在红尘里建构者巴哈伊教简介》(《自立晚报》1992年1月4日)文中说：100多年前巴哈伊教的教主巴哈欧拉曾经指出，种族主义是危害最大、最顽固的罪恶之一，其不但破坏人类尊严，而且妨碍人发挥人类无限潜能，阻碍人类的进步。这种"世界一家"的思想，使巴哈伊教在清末传入中国之后，被学者以其精神与《礼运·大同》的宗旨接近，将其命名为饶富儒家色彩的"大同教"。全球信徒数约600万，台湾则有教友约1.5万人。台湾巴哈伊教总灵体会秘书李定忠解释，在宗教发展史上常出现因仪式或圣典诠释之争所造成的教派分裂，巴哈伊教则认为，仪式的追求是本末倒置，每个人可借由读经和上帝直接沟通。除了相信世界上所有一神之本质同源外，巴哈伊还以更为启蒙的态度认为，应该消除种族偏见、普及教育、推行一种世界共同的辅助性语言，并致力追求男女平等。这种对个人独立精神的鼓励、重视清修以及采民主方式处理会务教会，仿似佛教的上座部。

台湾在很长时间称巴哈伊教为"大同教"。台湾的巴哈伊教团体认为，由于巴哈伊教把世界各宗教的创教人都当作是上帝的圣使，因此它的教义中心就是：天上之主为一、世界各宗教为一、世界人类为一。其戒律是：清洁——任何情况都要保持雅洁的洁容。祈祷——不祈祷灵魂就不能强健。斋戒——在第19月初(崇月)就开始斋期，日出到日落，不饮不食。工作——工作是崇拜上帝的一种方式，乞讨与游堕是罪恶。宣讲上帝之道——加入巴哈伊教后，必须研究教义、传播福音。结婚——结婚是最神圣者。效忠政府——忠于政府是一种最主要的精神社会原则。在世界大同这一精神指导之下，该教认为人类将不应该存在种族、宗教、国籍之分别及限制，全世界将以人类一体为依归，因此，清华大学前校长曹云祥的译作《新时代之大同教》，用"大同教"之名称呼它，台湾地区之沿用"大

同教"名称，即源于此，台湾有时用"巴海大同教"这一名称，偶尔也用"巴哈易"、"巴海信仰"之名称。1992 年 4 月 27 日，与"巴哈伊"国际社团相统一，改为今名。

专门来台的拓荒者中美籍传教人士占多数。如恺施·科莱格夫妇(Keith and Edith Danielsen-Craig)，1958 年最早来台。20 世纪 60 年代则有戴尔夫妇(Dale and Barbara Enger)、查理·邓肯(Charles Duncan)、熊士腾(John Huston)、查理·威布什夫妇(Charles and Wynn Bush)、亨利·查威斯(Henry Jarvis)、施汀博士(Dr. Sidney)和爱沙贝勒女士(Mrs. Isabel Dean)、埃比麦哥(Abbie Maag)、哈威·雷德琛夫妇(Mr. and Mrs. Harvey Redson)。

台湾地区的第一位巴哈伊教徒是一位赴美留学生朱耀龙先生，他是一位报界人士，在美国巴哈伊教徒米瑞姆·哈尼女士(Miriam Haney)和爱德温·巴哈姆夫妇(Edwin Barham)的影响下于 1945 年在华盛顿成为巴哈伊。他曾经得到守基·阿芬第的一封亲笔信，那封信鼓励他，继续传播巴哈伊教。1949 年，他和张天立、袁冕先、阮绪苌四人从大陆来到台湾定居。张天立和袁冕先是在美国加入巴哈伊教的，袁冕先曾经得到米瑞姆·哈尼女士长达一整年的传教受感染而成为巴哈伊。阮绪苌则是在南京由于受邻居的影响而对教义发生了兴趣。另外还有一位信徒王之南，是 1947 年在美国成为巴哈伊的。后来在台湾的外事机构工作。他用笔名吉伦在 1953 年 12 月 15 日《中华日报》第 6 版上发表《一个毫无神秘性的宗教》一文，介绍巴哈伊教的历史及基本教义，阐述了巴哈伊教的 12 条教义：(1)世界人类平等；(2)真理的独立研究；(3)各宗教的基础是一个；(4)宗教必须是人类团结的原因；(5)宗教必须和科学理论一致；(6)男女平等；(7)一切偏见必须消除；(8)世界和平；(9)世界性教育；(10)经济问题的精神解决；(11)国际语言；(12)设立国际裁判所。他认为巴哈伊教是人类同胞主义，提供了一个大同世界的明显轮廓。①

1954 年，曾在上海传教的伊朗商人苏莱曼夫妇来台，在台南建立"大同教中心"，开始传播巴哈伊信仰，但长期受到台湾情治单位监控，进展缓慢；20 世纪 60 年代中期，几名美籍人士衔命来台面向知识分子"重点布教"，信徒增至 500 余人。不少巴哈伊教著作在马来西亚和中国台湾被译成中文出版。1967 年 4 月，台湾"总灵体会"在台北成立；1970 年获"内政部"准许注册。1990 年底，全台湾有地方灵体会 40 个，教徒活动中心 12 个，活动点 203 处；1990 年台湾巴哈伊教总会还组织了完全由中国人组成的朝圣团前往海法朝觐巴哈欧拉故居。1994 年，地方灵体会增至 62 个；1991 年 11 月，"大同教"正名为"巴哈伊教"(1993 年 4 月正式使用)；1997 年底，信徒共 12000 人。现在则有 16000 人。按照规定，台湾巴哈伊每年在 4 月 21 日至 5 月 2 日之间召开代表大会，选出 9 位总会委员。台湾巴哈伊与国际巴哈伊组织和人士有着频繁的联系和来往，与以华人教徒为主的中国港、澳地区及马、新等国总灵体会多次举行有关传教活动的联合会议。台南巴哈伊信徒参与世界性公益组织，推动环境保护、儿童教育、男女平权等社会经济发展活动。台南市成功大学附近设有巴哈伊中心。1953 年 10 月，圣辅资克鲁拉·卡德姆(Zikrullah Khadem)先生访问了台湾。有三个中国人在朱耀龙先生家中举行的一次会议上成为巴哈伊。他们是台湾理工大学建筑学讲师左利时，台湾本地人洪黎明以及汪厚仁先生。从那以后，更多的中国人成为巴哈伊。之后，资克鲁拉·卡德姆先生又到澳门和日本传教。1955 年 Ho Cheng-tsu 先生，C. C. Cheng 先生，C. C. Pai 先生和 Johnson Siao 先生

① 参见芭芭拉·R·西姆斯女士(Barbara R. Sims)：《台湾巴哈伊编年史——台湾巴哈伊教的早期历史记录》，蔡元喆译，东京，1994 年，第 5～6 页。

在苏莱曼夫妇的影响下成为巴哈伊。第一次全台湾传教会议在1956年11月在台湾召开。会议由苏莱曼夫妇主持,参加者有阿格尼丝·鲍德温·亚历山大小姐和其他40个巴哈伊。第一个台湾巴哈伊夏日学校也于几个月后举行。圣辅Jalal Khazeh先生也在这一年的6月访问了台湾。[①] 20世纪90年代,在巴哈伊国际社团里,有来自台湾的李凤凰小姐作为见习生参加联合国举办的有关活动。[②]

伊朗巴哈伊教徒苏莱曼夫妇1953年在印度新德里参加了巴哈伊教第四届洲际大会以后,受到感召,决定去台湾。此前,在1935年,原也在上海的苏莱曼夫人的父亲乌斯库里先生已经到过台湾,并且在那里短期居住和经商,他主要是经营茶叶生意,也带了一些中文的巴哈伊书籍赠送给当地的中国人,据认为他可能是第一个涉足台湾的巴哈伊。1954年10月22日,原在上海居住到1949年的苏莱曼夫妇,从伊朗来到台湾定居,他们发现当时台湾已经有了10位巴哈伊信徒,只是居住得十分分散,台北2人,台南4人,其余住在桃源等地。他们夫妇会见了其中的8个人,最后决定在台南居住,租了一套两室的公寓,开始致力于传教工作。他们开办了一个学习班,教授巴哈伊教义,几个月之后,在1955年的诺露兹节,4个人又宣布入教,他们是:嘉义的贺陈词,几年后就是他设计了台南的巴哈伊中心;在报界工作的台北人郑诚章先生;台南的白中铮先生和嘉义的萧灿章先生。之后另有部分外籍巴哈伊教徒在台湾各地居住,只是分散在台北、桃园、左营、嘉义等地,传教不成规模。苏莱曼夫妇在台南定居之后,传教有了较大的发展。1955年5月,施宏谟先生也成为巴哈伊。

到1955年,台湾的巴哈伊教徒从18位增加到21位。1955年11月,资克鲁拉·卡德姆先生从日本来到台湾,和他同行的还有妻子和朋友哈达德(Ḥaddád)小姐。他们虽然只待了4天,但是正好赶上巴哈欧拉的生日,有17个人听他们讲述了巴哈伊教的历史和巴哈欧拉生日的重要性。来自香港的严沛峰也参加了这次活动。

1956年春天,台湾第一个巴哈伊地方灵体会在台南宣告成立。守基·阿芬第的代表发来贺信,强调台湾第一个巴哈伊地方分会的成立有重要的历史意义。1956年11月,亚历山大小姐从日本来到台湾,后来又于1958年和1962年再次到台湾。[③] 1957年4月21日,台南选举产生了第二届地方巴哈伊灵体会,成员包括朱耀龙、苏莱曼夫妇、杜光昭、陆芸生、左利时、贺陈词、王济昌、白中铮。朱耀龙任主席,苏莱曼任秘书长。1957年地方灵体会推举1955年入教的杜光昭女士参加在日本举行的第一届东北亚国家会议。但她因故未能到会,苏莱曼夫妇代表中国台湾的巴哈伊参加了会议。杜光昭女士是从大陆去台湾的,她成为台湾的第一个巴哈伊女教徒,于1969年去世。

1957年早些时候,黄玺加入巴哈伊教。同年9月,台湾的巴哈伊组织多次举办第一期短期学校,嘉义的沈谦成为巴哈伊。一直到1959年,台湾的巴哈伊教徒仍保持在20多人的规模,人员流动性太大。地方灵体会由一个增加到两个,台北地方灵体会是在1958年成立的,成员有王浦澄、阮绪苌、Edith Danielse-Craig女士、Keith Craig先生、袁冕先、萧灿章、洪黎明、施宏谟。Edith Danilse-Craig女士任主席,洪黎明任秘书长。

1959年10月,苏莱曼夫妇捐资在台南建成巴哈伊中心,中心由贺陈词设计,王济昌负责建造。该中心积极投入活动,促进了台湾全岛巴哈伊事业的发展。1960年,王浦生入教,成为第一位少年

---

① 参见 Jimmy Ewe Haut Seow, *The Pure In Heart*, Bahá'í Publications Australia, 1991, p. 75.

② 参见《结束民族人种间的冲突》,载《天下一家》1990年12月。

③ 参见芭芭拉·西姆斯:《台湾巴哈伊编年史——台湾巴哈伊教的早期历史记录》,第5~6页。

巴哈伊。1961年,高杨素女士和丈夫成为巴哈伊。1962年,杨家一家五口同时成为巴哈伊。后来屏东的吴炳镇入教,他的妻子郑金丝后来也入教。但由于台湾的巴哈伊人士思想非常活跃,国际化倾向十分明显,他们到美国去留学的很多。

1963年1月18日,台湾的第一次巴哈伊婚礼在台南巴哈伊中心举行,新郎是杨思哲,新娘是叶重锦,但到1973年巴哈伊的婚礼才得到台湾当局的认可。1964年,郑美津入教,1965年他的朋友洪宝凤入教。从1965年4月到1966年4月共有400多人入教。台湾著名的巴哈伊教徒有钟锦堂、吴万仁、李良栋、王请颜、丘锦绍、黄海棠、温荣夫、林芳楠、颜哲雄、郭荣辉、曹开敏、王桢民、黄延生、吉显江(马来西亚人)、戴登科、倪仁中(后来退出)、林贻谋、晏贝依丽、单亦健、游施和、曹仁芳、彭富发、洪鹤子、陈榕生、梁浩锐、关国强、陈文生、陈健宏等。

1963年4月,朱耀龙代表中国台湾的巴哈伊到伦敦参加第一届巴哈伊教国际大会。到1967年全台总灵体会在台北成立时,已有近500名教徒。总会设在台北市新生南路一段的一个大楼内,最初在1970年是以财团法人大同教(巴哈伊)注册登记的,登记号码在第24册第400号。

台湾的巴哈伊信徒分散在全岛150多个城市和乡村中。拥有地方灵体会的地区,每年都要选出教友代表,参加一年一度的全岛的年会,以选出总灵体会的9名成员。总灵体会和地方灵体会的编制一样,成员由9人组成,设主席1名,副主席1名,秘书1名,会计1名,日常工作最重要的就是宣传教义,并为教徒安排定期的集会,以增进教友之间敦睦与友爱的情感。在总灵体会的大楼内,也经常举行各种集会,教徒大部分是中国人,还有不少来自美国、伊朗和马来西亚的教徒。

在台湾巴哈伊教的集会时,虽然不举行任何膜拜仪式,但祈祷却是必需的。祈祷的形式不固定,每个人都可以自由选择一种自认为最庄严、最能和上苍沟通的方式来进行。祈祷文也由自己选定。教徒之间的关系亲切而和蔼,经常是笑脸相迎。集会的气氛轻松愉快,但又不失庄严,使每一位参加集会的教徒都有一种和谐安宁的感觉。

台湾巴哈伊教的主要活动是举行各种各样的座谈会,利用这一形式把巴哈伊信仰介绍给有兴趣的亲属和朋友。台湾的巴哈伊教徒,也在各公共场所做传教工作。另外,他们还经常举办深造班、夏令营、冬令营等活动,让教徒们有机会聚在一起研习教义和探讨经典。

"十九日灵宴会"是台湾巴哈伊教重要的固定聚会之一。巴哈伊教历规定每年19个月,每月19天,每年公历3月21日是新年第一天,月份名称是1月:荣月,3月21日;2月:华月,4月9日;3月:美月,4月28日;4月:耀月,5月17日;5月:光月,6月5日;6月:恩月,6月24日;7月:道月,7月13日;8月:全月,8月1日;9月:名月,8月20日;10月:力月,9月8日;11月:志月,9月27日;12月:智月,10月16日;13月:权月,11月4日;14月:言月,11月23日;15月:向月,12月12日;16月:尊月,12月31日;17月:治月,1月19日;18月 :统月,2月7日;19月:崇月,3月2日。从2月26日到3月1日有四天是间历日。19月是斋戒月,从日出到日落,禁绝所有饮食、吸烟及性行为。台湾巴哈伊所过的节日主要有:诺露兹节(新年),3月21日;蕾兹万第一天,4月21日;蕾兹万第九天,4月29日;蕾兹万第十二天 ,5月2日;巴布宣示日,5月23日;巴哈欧拉逝世纪念日,5月29日;巴布殉道日,7月9日;巴布诞辰,10月20日;巴哈欧拉诞辰,11月12日。这些节日,台湾巴哈伊教徒也与其他地区的教徒一样进行庆祝。他们还定期举行"十九日灵宴会",以巴哈伊教历每个月的第一天为灵宴日。这天,大家聚在一起,教徒们祈祷、读圣书、提意见、进行教务磋商,最后则是唱歌、说故事等余兴节目,这就是所谓"灵宴",即精神会餐。

台湾巴哈伊引进教徒，不举行任何仪式，不起教名，只填一张表，上记姓名、住址，签上名字，送到地方灵体会，就成了一名教徒。一旦入教，教徒必须遵守许多义务，如每天祈祷，以礼待人，仪容整洁，勤奋工作，禁止游惰、乞讨，禁止赌博、饮酒，遵守巴哈伊教的婚礼，结婚必须自愿且得到男女双方家长的同意。台湾巴哈伊教以前没有出版社，巴哈伊教中文出版物主要来自马来西亚。1972 年，台湾巴哈伊出版社得到当局批准宣告成立，以后出版了大量巴哈伊教书籍，如《十九日灵宴会》、《上帝之慧语》、《巴哈伊生活典范》、《巴哈伊教浅释》、《巴哈伊教祷文》、《巴哈欧拉》、《巴哈欧拉的天启》、《巴黎片谈》、《世界和平的承诺》、《地方灵体会》、《地方灵体会的崇高与伟大》、《信仰之命脉》、《净化我心灵》、《新园》、《磋商》、《励心集》、《隐言经》、《释放太阳》等，其中影响最大的是 1970 年出版的曹云祥翻译的《新时代之大同教》。这些书籍传播了巴哈伊教义，并扩大了其影响。

台湾巴哈伊也十分注意社会公益事业，如成立了台湾巴哈伊环境保护处，从“天下一家”的立场，开展环保的一系列宣传和教育工作，相继推出各种与环保有关的课程、户外活动、环保艺术展览，如英国自然环境监督官马美华、马罗德夫妇自 1989 年主理台湾巴哈伊社团环保处，他们在 1990 年夏天主持了一系列自然生态保护训练班，训练台湾各地的小学教师有关环保教育的技术，期能在课堂上培养小学生们对自然环境有“关怀备至”的态度。1991 年 3～5 月，3 个月的时间里他们共举办了 38 个研习班，参加训练的人多达 750 个，其中多数为教师。马氏夫妇着手的方法是向教师们提供保护自然资源教育计划的基本要素，开展一系列游戏和活动，在这些活动的背后，主导思想就是让人们普遍树立尊重所有的生物的意识，从而普遍提高台湾的环保意识。快速经济增长使台湾成为太平洋边缘最繁荣的地区之一，但带来的副作用却是环境的严重恶化。开展这些训练活动的目的，就是使公众醒悟到保护自然环境的重要。①

台湾巴哈伊另外的公益活动，是设立服务人群奖，奖励对台湾社会公益事业有贡献的人才；在各大专院校设立奖学金，实践巴哈伊重视教育的教义；在台北林口乡建造灵曦堂，在其周围设立学校、孤儿院、医院等多种福利与慈善机构。巴哈伊总会还支持了由佛教倡议建立的世界宗教博物馆。这些事业也扩大了巴哈伊教在台湾的影响。

与台湾巴哈伊教联系密切的巴哈伊人士有两位：一位是严雅青，即黑尔达·严·梅尔，英文名 Hilda Yen。另一位是美国人 Roxanne Terrel，中文名李玫瑰。她是巴哈伊国际社团洲际顾问助理，长期在中国台湾和澳门从事巴哈伊教事业，并曾陪同巴哈伊教的精神领袖拉巴尼夫人到过中国大陆东北和西北的许多地方。她是那种“若没有巴哈伊信仰便没有生命和生活”的虔诚信徒，直到 20 世纪 90 年代初逝世时为止，在中国台湾、澳门等地活动达 20 年之久。

到目前为止，据美国国务院民主、人权和劳工事务局发布的《2003 年度国际宗教自由报告》所涉及的《宗教人口概况》说：中国台湾总人口中大约 548.6 万人（23.9%）为佛教徒，454.6 万人（19.8%）为道教徒，84.5 万人（3.7%）信奉一贯道，60.5 万人（2.6%）为新教教徒，29.8 万人（1.3%）为罗马天主教徒，26 万人（1.1%）信奉天帝教，20 万人（0.9%）信奉天德教，16.9 万人（0.8%）信奉理教，15 万人（0.7%）信奉轩辕教，10 万人（0.4%）信奉弥勒大道，53000 人（0.2%）为逊尼派穆斯林，3 万人（0.1%）信奉天理教。此外，有约 16000 人信奉巴哈伊教，14000 人信奉儒教，2300 人信奉孩子道，1400 人信奉中华圣教，1000 人信奉真光教，500 人信奉黄中教，300 人信奉弥勒

① 参见《儿童游戏为台湾的环保教育增添活力》，载《天下一家》1991 年 6 月。

皇教，300 人信奉太易教。拯救灵魂教和科学教在 2003 年度登记注册，但这两个宗教团体没有提供教徒人数。非天主教基督教教派包括：长老会、真耶稣会、耶稣基督末世圣徒教会（即摩门教）、浸信会、路德教会、复临安息日会、圣公会以及耶和华见证人会等。还有少数犹太教信徒。台湾本土人口中 70%以上是基督徒。绝大多数宗教信徒信奉佛教或道教，但是很大一部分人认为自己既是佛教徒也是道教徒。约有 50%的人经常参加某种形式的有组织宗教活动。一般认为有近 14%的人口不信教。

二、巴哈伊教在香港的传播

香港在历史上存在着各式各样的传统宗教，而现在则除了传统宗教，还存在着各式各样的新兴宗教。香港新兴宗教蓬勃发展的现象与世界潮流合拍，而且正吸引着不少年轻的、知识水平较高的人。在新兴宗教中，巴哈伊教是发展较快的。

金光《香港主要宗教组织简介》(《中国宗教》1997 年 5 期)说：香港是一个有多种宗教的地区，而且历史悠久。早在南北朝时佛教即已传入香港，天主教、基督教则是随着殖民主义者的炮舰进来的。现在，香港经政府注册的合法宗教共有 10 多种，除天主教、基督教、佛教、道教、回教、孔教六大宗教外，还有印度教、袄教、犹太教、锡克教、巴哈伊教等。

何修文在《香港的宗教团体及其政治倾向》(《东南亚研究》，1999 年第 3 期)中说：香港是一块享有绝对宗教自由的地方，由于历史的原因，在这仅 1069 平方公里的土地上，东西方各大宗教争相传播，一较短长。东方的佛、道、儒及印度教、锡克教；中东的伊斯兰教、巴哈伊教、白头教(琐罗亚斯德教)；西方的基督教、天主教及犹太教在香港都有信徒和堂会组织。印度教、锡克教、犹太教、伊斯兰教、巴哈伊教及白头教由于在港信徒不多，且多为外籍人士，故对中国内地及香港政治影响不大。

据花城出版社 1993 年出版的《港澳大百科全书》"巴哈伊教在香港"条说，波斯商人在 20 世纪初到中国通商时路经香港，才有教徒在香港定居，到 1965 年在香港还以"巴海"为名，直至 1980 年才统一正名为"巴哈伊教"。①

事实上香港早在 1880 年就有伊朗巴哈伊教徒在活动，但直到 20 世纪 20～30 年代才有香港人加入巴哈伊教，人数也少得屈指可数。据有关资料，有姓名可查的，一个叫贝志伟，供职于中国银行香港分行，另一个叫刘灿松，供职于九龙。②

据香港巴哈伊信徒蔡忠友先生说，伊朗商人哈吉·米尔札·穆罕默德·阿里于 1870 年途经香港，到中国经商。以后每年都有一些伊朗籍巴哈伊信徒到香港，主要是经商。1880 年巴哈伊教徒定居香港。以后不断有巴哈伊教商人赴港经商，遂使巴哈伊教传入香港。③

早期的香港华人巴哈伊有陈礼勤和陈礼勋兄弟，他们是于 1956 年成为巴哈伊的。另外有记载的早期华人巴哈伊有荃湾的梅健之先生、黄树芬先生，沙田的易兆明先生。④

1949 年，美国巴哈伊教徒贝尼斯· 务德女士到香港传教。1954 年，伊朗巴哈伊希思玛·亚兹兹到香港定居，1956 年发展了 3 名香港人入教，此时全港共有 14 名巴哈伊教徒，他们于这年 4 月 21

① 参见陈乔之主编：《港澳大百科全书》，花城出版社 1993 年版，第 107 页。

② 参见李桂玲：《台港澳宗教概况》，东方出版社 1996 年版，第 423 页。

③ 参见蔡忠友：《香港巴哈伊信仰 30 年细说从头》，未刊本。

④ 参见蔡忠友：《香港巴哈伊信仰 30 年细说从头》，未刊本。

日蕾兹万节成立了香港第一个巴哈伊行政机构——“巴海教”香港地方灵体会，14 人中的一位爱尔兰裔美国人被委任为香港的第一位洲际顾问助理。①

其他到这一地区定居的巴哈伊还有：Gian Datwani 夫妇，他们于 1954 年 8 月 4 日到达香港。同年 10 月，安东尼和迈米（Anthony Seto）夫妇作为“十年计划”的先锋从旧金山来到香港。安东尼是美籍华人，有纯正的华人血统，而且精通粤语。太太迈米本人是著名的演说家，曾经是美国国家灵体会的成员，1958 年她被世界正义院任命为亚洲的洲际顾问。因为 Seto 夫人是联合国组织的社会秘书，他们夫妇有很多机会为香港许多重要的中国人、印度人和英国人宣讲巴哈伊教。1956 年因为 Seto 先生的健康原因，他们不得不回到美国。他们夫妇参加了 1957 年在东京召开的东北亚第一次国家灵体会会议，安东尼在返回香港登机时猝死于心脏病，被葬于横滨的国际公墓。Seto 夫人后来独自返回香港，继续在香港传教。她在香港一直待到 1963 年。后来她离开香港定居于加利福里亚的 Burlingame。1956 年 2 月 12 日，有 4 个人在香港接受了巴哈伊信仰，成为该地的第一批巴哈伊。他们是：Nari Sherwani 先生，Ng Ying Kay 先生，陈礼勤和陈礼勋兄弟。

直至 1965 年，香港的巴哈伊教徒仍然只有 37 名，1969 年以一家公司注册，办公地点设在九龙尖沙咀中间道汉口中心 C 座十一楼第 6 室。1971 年，教徒增至 80 多人，成立了香港、九龙、沙田三个地方灵体会。1974 年，成立了包括澳门在内的总灵体会，并成立了 6 个地方灵体会，记录在案的巴哈伊信徒大约有 270 多人，选出 9 位委员组成第一届总灵体会。而其主要的地方分会有：(1)香港岛分会；(2)九龙分会；(3)新界分会；(4) 澳门分会等。1976 年 12 月，在香港召开了巴哈伊教国际传道大会，数千名世界巴哈伊教徒参加此次大会，促进了香港巴哈伊教的发展。20 世纪 80 年代初，香港巴哈伊社团仍以一家公司注册，但已正式启用“巴哈伊教”名称。②

1988 年 6 月 15 日，香港立法局通过了承认包括澳门在内的“香港巴哈伊信徒总灵体会”的议案，议案由张有兴代表巴哈伊教提出。该议案承认这一总灵体会为港澳巴哈伊信徒的总机构。被赋予作为合法团体拥有资产和参与香港事务的权力，港、澳巴哈伊居民在社会、文化、道德、信息、教育和灵事方面都可以作出贡献，港督卫奕信签署该议案条例草案，此项立法在 1988 年 6 月 16 日正式生效。自 1989 年 4 月 30 日澳门巴哈伊总灵体会成立，港、澳巴哈伊总灵体会分立。

1992 年 5 月 28 日，在香港市政厅举行了 150 人参加的巴哈欧拉逝世 100 周年纪念活动，主要活动内容有祈祷、音乐会、放映幻灯片。活动由 Lawrence Ip 主持，香港中文大学的 Michael Bond 博士、澳门联国学校的 Roxanne Terrel Metro 广播公司的 Craig Quick 在会上做了演讲。11 月 23～26 日，巴哈伊世界大会在美国纽约市召开，全球 3 万多巴哈伊信仰者聚集在雅克维克斯中心，香港派出代表子乐、钻叶等人与会。

1993 年，香港巴哈伊教徒达 2500 名，铜锣湾区的巴哈伊会堂是他们的活动中心。

1994 年夏，香港巴哈伊信徒总灵体会派员到中国内地访问，1995 年 2 月，香港巴哈伊妇女委员会参加了香港非政府组织论坛赞助的“香港妇女放眼 21 世纪论坛”，黄元环女士代表巴哈伊在论坛上发言。

目前香港巴哈伊教拥有信徒 3000 多人，地方灵体会 22 个。总会位于香港九龙中间道汉口中心

① 参见李桂玲：《台港澳宗教概况》，东方出版社 1996 年版，第 423 页。

② 参见李桂玲：《台港澳宗教概况》，第 424 页。

的场所。香港巴哈伊总会及其各成员的宗旨，是按照巴哈伊教创始人巴哈欧拉、阐释者及典范阿布杜巴哈及圣护守基·阿芬第所订定和确立的巴哈伊信徒从属和管理原则，为香港巴哈伊信徒的利益而管理巴哈伊事务。香港回归祖国之后，《香港基本法》在第六章《教育、科学、文化、体育、宗教、劳工和社会服务》第141条中规定：香港特别行政区政府不限制宗教信仰自由，不干预宗教组织的内部事务，不限制与香港特别行政区法律没有抵触的宗教活动。宗教组织依法享有财产的取得、使用、处置、继承以及接受资助的权利。财产方面的原有权益仍予保持和保护。宗教组织可按原有办法继续兴办宗教院校、其他学校、医院和福利机构以及提供其他社会服务。香港特别行政区的宗教组织和教徒可与其他地方的宗教组织和教徒保持和发展关系。第149条规定：香港特别行政区的教育、科学、技术、文化、艺术、体育、专业、医疗卫生、劳工、社会福利、社会工作等方面的民间团体和宗教组织可同世界各国、各地区及国际的有关团体和组织保持和发展关系，各该团体和组织可根据需要冠用“中国香港”的名义，参与有关活动。

三、澳门巴哈伊教

澳门古称“濠镜”，位于珠江口西南，因盛产牡蛎、海湾波平如镜而得名。“澳”系停泊船舶的港湾，“门”指的是该处两山对峙，形状如门。澳门由澳门半岛、凼仔岛和路环岛组成，总面积23.5平方公里。1968年，通过人工填海造地，澳门修了一条长2240米的长堤路，把凼仔岛与路环岛连接起来；1974年，修了一座2590米的澳凼大桥，把澳门半岛和凼仔岛连在了一起；1994年，长达3900米的中葡友谊大桥又在澳门半岛和凼仔岛之间建成。这样澳门地区被海分割开的三个地方已经紧紧地连成一体。

澳门自古以来就是中国领土。近年学者考证，6000多年前的新石器时代，就有中华民族的先人在这一带生息繁衍。2000多年前秦始皇统一中国后，置岭南六郡，澳门属南海郡番禺县。以后历经变迁，至宋代属香山县并沿袭下来。从明朝起，葡人入侵澳门。1553年(明嘉靖三十二年)，葡人借口船触风暴在澳门登陆，建造临时性的草棚木屋，至1557年，葡人通过贿赂地方官吏定了个协议，长期在澳门居住。1987年，中葡两国政府签署了《关于澳门问题的联合声明》，确认中华人民共和国政府于1999年12月20日恢复对澳门行使主权。1993年3月，全国人大通过了《中华人民共和国澳门特别行政区基本法》(以下简称《澳门基本法》或《基本法》)，从而实现了长期以来中国人民收回澳门的愿望。

澳门的宗教信仰和传播体现着多元、共融的特性。世界各主要宗教及教派如佛教、道教、基督教、伊斯兰教、巴哈伊教、印度教，乃至一些流传不广的宗教教派，都拥有各自的信徒群体。不同教派的信徒安然相处，呈现出“东西宗教兼容，华洋风俗并存，异族通婚共处”的城市品格。骆莉在《澳门宗教文化身份的历史变迁》(《东南亚研究》1999年第3期)中说：据资料记载，澳门历史上直至目前，还有伊斯兰教、琐罗亚斯德教、巴哈伊教、摩门教、基士拿教、新世界会社、神慈秀明会、新使徒教会等，如此众多的教派在约20平方公里的澳门土地上生存共处，也是一个世界宗教的奇观。

《澳门基本法》第六章《文化和社会事务》规定了澳门的宗教政策是：宗教组织亦享有宗教信仰自由，有全权自行处理其内部事务，有权同其他地区的宗教组织和教徒保持和发展关系(《基本法》第128条第1款)。《基本法》尚保障宗教组织为社会提供服务的权利(《基本法》第128条第2款)，保护宗教组织的财产(《基本法》第128条第3款)。澳门行政长官何厚铧在施政报告中指出，“善良、多元、接纳、共融，是我们优秀的人文传统，社会魅力的精华所在”。澳门人对此都会有真切体会。

魏美昌在《论 1999 年前后澳门文化特征之保留及发展》(《学术研究》1997 年第 2 期)中说：澳门这个共存、互相尊重及互相了解的模式，强烈地反映在不同宗教(天主教、基督教、佛教、道教、伊斯兰教及巴哈伊教)之间的关系上。这里不同的宗教在教堂、寺庙进行各自的宗教信仰仪式，教徒以友善方式和睦相处，从来没有发生过流血冲突事件。然而，在日本、菲律宾、印度尼西亚、爱尔兰、波斯尼亚、中东以及世界上其他地方，宗教性质的流血冲突是不可避免的。众多宗教的和平共处，可与比澳门还古老的海上丝绸之路的出发点福建泉州的各宗教和平共处的情况互相媲美，但澳门比泉州更能持久而且没有间断过。宗教自由在《基本法》中得到保证。

澳门巴哈伊信徒认为，巴哈伊教是 1844 年创立的一种新宗教，最初称为“巴哈伊运动”，在波斯文中的意思是“有光明的运动”。1953 年，巴哈伊教的教主策划展开十年的全球宣传运动，澳门是被选为传教的一个地区。据花城出版社 1993 年出版的《港澳大百科全书》“巴哈伊教在澳门”条说，巴哈伊教又称“巴海大同教”，巴哈伊教传入澳门是在 1953 年，初期发展缓慢，近十年来在澳门成立了四个地方灵体会，教徒已达数千人。①

澳门的巴哈伊历史开始于 1953 年。当年巴哈伊教的圣护守基·阿芬第发起了一个声势浩大的十年传教运动，希望通过这一运动，把巴哈伊教传播到尚无巴哈伊教的 131 个国家、地区和岛屿，而没有巴哈伊教的地区中就有澳门。这年的 10 月，一位美国加州女巴哈伊法兰西斯·希拉太太(Mrs. Frances Heller)到印度参加亚洲洲际传教会议，会议期间她利用一段时间在香港和澳门做短暂停留，被澳门所吸引，10 月 20 日她来到澳门，在澳门定居，成为澳门的巴哈伊教拓荒者，按照邵基·阿芬第的指示，法兰西斯·希拉太太应该被称为“巴哈欧拉骑士”。不久卡劳(Carl)、露伟达·奈勒(Loretta Scherer)夫妇也来到澳门。到 1954 年 7 月 15 日，一位广东籍华人严沛峰正式入教。严沛峰也写作“严溥峰”，生于 1915 年，他是一个小业主，家族经营玉石、古董和丝绸的出口，生意兴旺。他的妻子在二战期间死于大陆，其父亲的出口业务终止，他带着妹妹来到澳门，开设了一个店铺，一边做生意，一边教书。当露伟达·奈勒到他的店里买木雕的时候，他得以了解到巴哈伊教的信息，经过几个月的独立思考，成为澳门的第一个巴哈伊信仰者。在他的影响下，他的母亲潘氏也成为巴哈伊，她是在 1960 年访问了世界正义院以后入教的。居住在香港的阿齐兹夫妇也经常到澳门参加巴哈伊教的事务。1954 年 10 月，另一个澳门人高保罗也加入了巴哈伊教。同年 10 月 25 日又有了首位葡人巴哈伊 Manuel Ferreira。1955 年 1 月，夏童容(一作“唐童容”)小姐成为第一位女性巴哈伊，她的丈夫夏莘农先生随后入教。他们夫妇后来在 1956 年移居香港。成为香港第一届地方灵体会的成员。张绍载在 1955 年 5 月 23 日入教，其时他在岭南中学任教，他翻译了第一本巴哈伊祷文出版。此书在澳门和其他地区广泛使用，产生了很大的影响。他后来还到海南传教，被奉为“巴哈欧拉骑士”。他是中国人中唯一获得此称号的。除他们之外，第一批巴哈伊人士还有：杨午华(1954 年)、葡萄牙人 Joaquim Canhita(1956 年)、Julio da Conceicao(1956 年)、William Jasai(1958 年)以及 Suen Shiu Ke(1958 年)、阮康兆(1958 年)、周震宇(1959 年)、吴子明(1959 年)、张瑞君(1959 年，张绍载夫人)、顾泠萼太太(1960 年)、李美桃太太(1960 年)、刘启名(1960 年)、叶慰民(1961 年)、梁震业(1962 年)、杨约翰(1962 年)，还有黄容仟、黄容敞、张奋为、周轻云、叶致兴等青年在 1964 年 3 月

① 参见陈乔之主编：《港澳大百科全书》，花城出版社 1993 年版，第 677 页。此处资料由李平生教授提供。

21 日同一天入教。

从巴哈伊教的组织来看，1958 年 4 月 21 日，澳门成立了第一个巴哈伊地方灵体会。其成员包括 4 名葡人、3 名中国人和 2 名美国人。他们是严沛峰、卡劳(Carl)和露伟达·奈勒(Loretta Scherer)夫妇、Manuel Ferreira、张绍载、杨午华、Joaquim Canhita、Julio da Conceicao 、William Jasai 。阮康兆后来被选举替补 Manuel Ferreira、William Jasai 离开时候的空缺。1959 年，第二届巴哈伊地方灵体会选出，成员由严沛峰、张绍载、Mata、Joaquim Canhita、周震宇、Domingo Vilas、吴子明、杨午华、阮康兆充任。1960 年，全体由中国人充任的第一届澳门巴哈伊地方灵体会产生，成员是：严沛峰、阮康兆、吴子明、顾冷蓴太太、张绍载、周震宇、张瑞君太太、潘氏和李美桃太太。19 年版，第 62 年，巴哈伊教开始向凼仔和路环这两个离岛传播。1974 年，信徒已发展到 50 多名，在阿齐兹捐赠的湾景楼设立了澳门的第一个巴哈伊中心，隶属香港巴哈伊总灵体会。① 1982 年，澳门的巴哈伊教正式向澳门政府注册。现在澳门还有四个地方灵体会，都归澳门巴哈伊教灵体会管理。

20 世纪 80 年代初，澳门约有巴哈伊教数十人，后来邓肯(Charles Duncan)和肯·英格逊到达澳门，他们在澳门居留的时间长，又得到香港中文大学教授彭万克博士的帮助，令巴哈伊教在澳门的发展迅速，达到一个高潮，信徒增加到 2000 多人。巴哈伊教 1984 年于凼仔岛、1988 年于路环又设立了另外的两个澳门巴哈伊中心。1989 年，澳门第一届巴哈伊总灵体会成立，是世界上的第 150 个总灵体会。

1987 年 10 月 20 日至 11 月 12 日，凼仔巴哈伊团体展开一连串文艺交流活动，如音乐歌唱会、放映幻灯、游戏、才能表演、座谈会等，这些活动在官也街 11 号凼仔巴哈伊中心举行。此举目的在于联络教友友谊，结交当地居民，为华人与世界各教团提供友谊的桥梁。1988 年 1 月 1 日，澳门巴哈伊在友谊大马路群曦阁聚会，庆祝印度巴哈伊灵曦堂落成，并欣赏录像带。与会欣赏的还有香港巴哈伊代表。1988 年 2 月 6 日，在澳门南湾街 47 号湾景楼 11 楼 F 座的巴哈伊教中心，举行座谈会，欢迎来自菲律宾、马来西亚和日本东京和大阪的 4 名洲际督导，交流各地巴哈伊团体的信息，增进彼此了解。1988 年，经澳门政府教育司审批，创办了澳门第一所非营利性国际教育学校——联国学校，其宗旨是：通过教育这样一个发掘个人潜能和推动社会转变的强有力的手段，培养学生投身文明进步所必须具备的素质，完善他们的品质，提高他们的心智能力。学校课程经过精心编订并不断加以完善，有三个明显特色：强调服务的重要性、用英语和普通话教学、注重科学知识。该校从 1990 年开始开设道德教育课程，在中学部一至六年级推广。课程由三部分组成：一是让学生通过为社会服务而获得真切实际的体会；二是制定周详的计划使学生参与各项服务活动，使学生们从中了解其所提供的服务和有关服务的组织、运作和管理；三是让学生逐步实践和掌握磋商的方法，使其体认到磋商是和平解决冲突与问题的必要和基本的手段。具体来说，初一的课题是社区经验，服务对象是儿童与青少年；初二是环保，服务对象是公园及其他公众场所；初三的服务对象是老人，看望并为他们提供各种所需要的帮助；高一的服务对象是残疾人士，为他们提供必要的协助；高二的课题是公民教育，向学生灌输社区意识和正确的人群关系概念，使他们能在将来融合于所在社区；高三的课程扩大到全世界，用磋商来解决国与国之间的冲突，寻求实际可行而又不牺牲原则的解决方案。这些活动，意在为学生提高自律的能力创造机会和条件，向学生灌输当今社会所需要的道德观与价值观，培养他们对家庭、社区和

① 李桂玲：《巴哈伊教在台港澳地区的发展及现状》，载《世界宗教文化》1995 年秋季号。

社会作出承诺所必需的基本素质。[①] 该校已培养了数百名学生,来自于几十个不同的国家。

1989 年 2 月,澳门 6 名巴哈伊随首批华人教友赴以色列阿卡和海法朝圣,120 多名华人巴哈伊教友会聚在以色列,澳门的 6 名成员包括公关经理、计算机管理员、传教员、学生、家庭主妇和渔民。他们在以色列期间接受了《耶路撒冷邮报》、《希伯来文报》的采访,与以色列人开展了交流。

1989 年 4 月 29 日,巴哈伊世界中心代表和精神领袖拉巴尼夫人赴澳,参加于 4 月 30 日在澳门举行的"澳门巴哈伊教年会",这次年会选出组成了澳门首届巴哈伊总灵体会,9 名成员是:澳门华人霍金梅(渔民)和吴慧敏,香港移居澳门的教友崔少卿,3 名华侨——美国夏威夷的 Dale Eng,加拿大的李棣荫,马来西亚来的江绍发,还有 3 名外籍人士——苏里南的 Myriam Marrero,美国的富奴田南,美国籍伊朗裔的华里德太太。总灵体会设立了一个办事处,负责收集各区教友的意见,制定发展巴哈伊教的活动。总灵体会成员到澳府拜会了澳督文礼治。这一年,澳门巴哈伊人数达 2000 名。

1992 年 11 月 23 日～26 日,澳门巴哈伊代表陈锦珍、庄媚雁、周丽娟、楚文赴美国纽约参加第二次巴哈伊世界大会,并参观了芝加哥、洛杉矶等城市,与美国巴哈伊广泛接触。1993 年 9 月,澳门巴哈伊代表团首次访问祖国大陆。

香港自 1990 年开始创办巴哈伊季刊《天下一家》杂志中文版,编辑部成员有马德格、乐稀尔、玻哥尼、杜珊、黄元环,后来又增加了古龙、赫谦、氏毕高,由巴哈伊国际社团香港新闻处主办,设在香港九龙尖沙咀中间道 1 号汉口中心 11 楼 C 座 6 室,1994 年迁至澳门,办公处设在南湾街金辉大厦 5 楼 F 座,江绍发出任澳门代表。澳门巴哈伊在注册为澳门社团以后,就成立了巴哈伊出版社,在 1990 年成立了巴哈伊国际出版社澳门中文部,后来在 1997 年又成立了独立的新纪元出版社,出版了大量巴哈伊书籍,并多次赴北京参加国际图书博览会。

1990 年澳门巴哈伊教总灵体会购得金辉大厦 5 楼 E 座与 F 座为第一座永久性会址,1992 年澳门巴哈伊教总灵体会正式登记为一个合法的宗教组织。1998 年由信徒集资购得第二座永久性会址,设在黑沙环新填海区裕华大厦。该组织管理教区内的一切教务,包括个人及整个教区的灵性成长,一切事务都是经过磋商后达成协议,然后由信徒们坚定不移地去执行。巴哈伊团体内的活动,全都是以服务为本的。其服务范围非常广泛,男女老幼都是对象。他们致力于教育,开办定期的儿童班、设计专门的课程培训青年,向妇女提供有关父母与子女之间关系的美德教育课程及专业教师、社工、教育者等人士提供学生辅导课程,不断举行展览及讲座,向公众灌输成为一个良好社会公民和建立温馨和谐家庭的概念,在民间办学,容纳多元文化和种族,致力于发掘个人的潜能和高尚的灵性品德方面的发展,丰富澳门的教育。通过各种活动,增进儿童和青年的道德成长,促进世界和平,加深各种文化之间的沟通和理解,用磋商解决争端和难题,消除种族、性别及国籍的偏见,完善稳固健康的家庭生活。这些活动的经费全部来自巴哈伊信徒捐献的基金。澳门回归祖国之后,澳门的生活方式没有改变,宗教信仰自由也没有改变。澳门巴哈伊教总灵体会配合举行了宣传《澳门基本法》讲座的活动,为迎接澳门的回归,专门到广州、中山、珠海的统战部、宗教局及妇联等部门进行访问,特区政府成立后,他们也配合政府开展过各种活动。

目前澳门教徒人数难以估计,据澳门巴哈伊教总会说大约有 3000 人。

---

① 参见《澳门联国学校的德育课程荣获国际赞誉》,载《天下一家》1996 年第 4 期。

第四节　对外来宗教渗透的响应和实用儒学之建构

一、对策之一：对宗教应取何种态度

宗教是人类社会历史上的一种普遍现象，既是亿万人民的生活方式，也是他们的思想方式、文化方式。宗教的发展速度是令人震惊的。有两个数字能说明这一点：1980 年，《大英百科年鉴》统计，当时全世界宗教徒约 26 亿人，占当年全世界总人口 43 亿人的 3/5。而到 1990 年，据《大不列颠统计年鉴》统计，全世界宗教徒人数为 41 亿，占当年全世界总人口 52 亿的 4/5 弱一点，比 1980 年增加了 15 亿人。伊斯兰教发展较快，占非洲总人口的 43%，亚洲总人口的 20%。巴哈伊教发展最快。在当今社会中，宗教与社会生活紧密相连，政治结构、经济制度、生活习俗、哲学思维、伦理道德、文学艺术，乃至价值取向、心理素质和行为模式等，都与宗教信仰有关。马克思曾说："宗教是人民的鸦片"[1]，同时马克思还说："宗教是这个世界总理论，是它的包罗万象的纲领。"[2]英国历史学家洛德·阿克顿说："宗教是历史的钥匙。"这些都说明宗教现象对于历史和现实的普遍意义。

从种种迹象来看，宗教在相当长的时间内是不能消灭的。世界上的很多国家在进入现代化以后，宗教徒的数量不是减少了，而是增加了，这说明，宗教为适应社会的发展、生产力的发展而随时改造自己、改变自己。宗教是人类的一种需要，虚幻的需要。这是季羡林先生对宗教的基本看法。季先生在早些年曾与哲学家冯定讨论过宗教的消亡问题：是宗教先消灭呢，还是国家、阶级先消灭？他们两人最后意见完全一致：国家、阶级先消灭，宗教后消灭。他们甚至认为，即使人类进入大同之域或共产主义社会，在一定的时期内，宗教或者类似宗教的想法，还会以某种形式存在着。[3] 究其原因，周恩来曾在《关于我国民族政策的几个问题》一文中说过："只要人们还有一些不能从思想上解释和解决的问题，就难以避免会有宗教信仰现象。"所以，当社会还没有发展到使宗教赖以存在的条件完全消失的时候，宗教是会长期存在的。[4] 对宗教的态度，季羡林先生是持很慎重的态度的，他认为，对任何宗教，一方面决不能去提倡，一方面也用不着故意去"消火"，唯一的原因就是，这样做，毫无用处。如果有什么地方宗教势力抬头了，一不张皇失措，二不忧心忡忡。张皇无用，忧心白搭。操之过急，徒费气力。[5] 而且，从世界现有宗教来说，除了个别的，如日本的奥姆真理教，美国的"太阳圣殿教"、"全世界高级计算机宗教组织"，以及我国有些地区存在的观音法门、基督教门徒会(血水圣灵)等，属于邪教之外，绝大多数宗教都是提倡行善的。

也正因为如此，最近一些年，中央领导同志对宗教都有一些明确的指示，如江泽民在 1993 年全国统战工作会议上明确指出，应当"利用宗教教义、教规和宗教道德中的某些积极因素为社会主义服务"[6]。时任全国政协主席李瑞环也在会见中日韩佛教徒时表示：希望佛教徒和大家共同努力，一起

① 《马克思恩格斯选集》第 1 卷，人民出版社 1995 年版，第 2 页。
② 《马克思恩格斯选集》第 1 卷，人民出版社 1995 年版，第 1 页。
③ 参见季羡林：《我和佛教研究》，载《人生絮语》，浙江人民出版社 1996 年版，第 6 页。
④ 参见《周恩来选集》下卷，人民出版社 1984 年版，第 267 页。
⑤ 参见季羡林：《我和佛教研究》，载《人生絮语》，浙江人民出版社 1996 年版，第 2 页。
⑥ 参见 1993 年 11 月 8 日《光明日报》。

消除当今世界的消极现象,使人类向善,使世界光明。[①]

我国是一个宗教信仰最薄弱的国家。日本著名学者吉川幸次郎因此而把中国定名为“无神的文明”,这是因为,在中国文明中找不到像基督教、伊斯兰教中的那种神。所以日本著名宗教活动家池田大作进一步认为,中国正像孔子所说的“不语怪力乱神”,是世界上最早与神诀别的国家。他认为,在中国,不是用一个固定的三棱镜去观察事物,而是把目光对着现实,从实际中探索出普遍的规律性来。他援引英国历史学家汤因比晚年形成的观点:中国将成为今后的世界历史的核心,其主要依据是中国人民在悠久的历史长河中,把握了世界精神。汤因比在中国历史积累起来的精神遗产中,发现了与欧洲的、侵略色彩浓厚的普遍主义完全不同的某种世界精神的萌芽。[②]

但是最近一些年来,海内外有些人极力想把儒学发展成一种宗教。其原因有两方面:一方面,有些人认为儒学本来就是一种宗教,儒教的提法本身就说明了这一问题。另一方面,有些人认为,要抵挡国外越来越大的宗教势力,必须发展中国自己的宗教。亨廷顿曾经预言,伊斯兰教与儒教的联合,将是未来文明冲突中对抗西方文化的主要力量,而有些人认为要真正与西方文化相抗衡,儒学就必须宗教化。

“孔教”概念在中国是近代以来出现的,但有两种用法,有在宗教意义上使用的,如康有为、陈焕章。康有为担心“数千年文化之中华,一旦沦胥至为无教之国”,因此主张以演孔为宗,以翼教为事,要求尊孔子为教主,定孔教为国教,认为“吾国人人皆在孔教之中,鱼相忘于江湖,人相忘于道术,则勿言孔教而自在也”[③]。但他们所说的孔教不是西方的宗教,与西方的神道宗教不同,是人道之教。正如陈独秀在《宪法与孔教》中所道明的,“孔教之精华曰礼教,为吾国伦理政治之根本”[④]。这是人道宗教。

在目前的将儒学宗教化的浪潮面前,在外部的宗教渗透日益加剧的情况之下,我们应该如何对待宗教和宗教研究呢?

我国是一个高度民主的社会主义国家,我国的宗教信仰自由政策主张:每个公民既有信仰宗教的自由,也有不信仰宗教的自由;既有信仰这种宗教的自由,也有信仰那种宗教的自由。事实证明,一个人有点宗教信仰并不可怕。但是,我们应该严格警惕有些人或外国势力,打着宗教信仰的幌子,进行政治渗透,妄想颠覆我们的国家。对此类人和势力,是用不着手软的,必须予以坚决取缔。

一个外来宗教要想真正在中国扎下根,并得到发展,是需要漫长的历史的。以佛教在中国的发展为例,季羡林先生认为它经历了试探、适应、发展、改变、渗透、融合等许多阶段,最终才成为中国思想文化的一部分。而且,在中国有许多佛教宗派,有的流布时间长,有的短,而最终发展到呵佛骂祖几乎要跟佛教对着干的禅宗,流传的时间反而最长。[⑤]

任何一个宗教,只要不与中国传统文化相融合,那么就不可能在中国得到发展。有些宗教在中国流布了上千年,但只是在一定的范围内有信徒存在,就是证明。

经过几年来对巴哈伊教的研究,笔者认为中国的儒学应该从巴哈伊吸取一些现代化的方法和功能,建构起一种实用儒学,以回应外部的宗教渗透,并推进我们自己的传统文化完成现代转换。

---

① 参见 1995 年 5 月 23 日《光明日报》。

② 参见[日]池田大作:《我的人学》,铭九、潘金生、庞春兰译,北京大学出版社 1992 年版,第 349 页。

③ 康有为:《孔教会序》,载《孔教会杂志》第 1 卷第 2 号。

④ 载《新青年》1916 年 11 月 1 日 2 卷 3 号。

⑤ 参见季羡林:《我和佛教研究》,载《人生絮语》,载浙江人民出版社 1996 年版,第 2 页。

二、对策之二:儒学的现代化应该从巴哈伊吸取些什么?

思想文化和物质生活在社会发展过程中是相互依存和相互渗透的。马克思在《德意志意识形态》中说过:“那些发展着自己的物质生活和物质交往的人们,在改变自己的这个现实的同时也改变着自己的思维和思维的产物。”①而根据雅斯贝斯、帕森斯等人的观点,从历史的轴心时代(前800~前200)人类经历了哲学的突破以后,就有了进行历史自我理解的普遍框架,这个框架包括中国孔子开创的儒学体系,希腊苏格拉底、柏拉图的理性主义,以色列的“先知运动”以及印度的佛教等。而且他们认为,从这一时期以后,人类社会每一次新的飞跃,都要回顾这一时期,“轴心潜力的苏醒”和“轴心期潜力的回归”,总是成为物质发展的精神总动力。

应该说,历史发展的史实也的确在某种程度和范围内印证了这种观点。随着物质文明向现代化的进展,人类旧的文化结构和价值观念在解析、融合、重建的复杂进程中,进入一个新生期。精神文化和物质生活的互动性,要求人文学科为人类提供一个新的动力支持。在这一过程中,儒学和产生于东方、生长于东方的宗教(如伊斯兰教等)由于其生成的社会物质水平的落后,而一度被排斥在现代化的大门之外。自20世纪80年代起,人类在日益发达的科技之包围中,开始意识到自己正逐渐成为他所创造的严密社会组织中的一个部件,正在丧失其活生生的、富于情感理智的主宰者的地位。而带来高度科技文明的西方哲学思维传统,面对人们的精神焦虑,则越来越陷于工具理性之中,似乎也显得无计可施。因此,西方的有识之士开始呼唤价值理性的回归。于是,生长在东方社会的儒学和宗教,重新成为人们关注的热点。而决定这些兴起于轴心时代的文明,向现代化转变的不同成功程度的变量,是它们对现代化之要求和逻辑的适应能力。

对此点的说明,可以通过近年来世界人文思想领域内的两个亮点——儒学和新兴的巴哈伊教的比较分析来进行。巴哈伊教于1844年形成于波斯(今伊朗),是在巴布思想的基础上生长起来的。在该教形成至今的160多年的时间内,它成长为分布范围仅次于基督教的世界宗教,发展速度惊人。它的崛起,一方面说明了宗教现代化中的某些问题,另一方面从更广的意义上,在一定程度上为传统文化的现代转折,也提供了一些有价值的借鉴。这里将通过对儒学和巴哈伊在其相似层面上现代化程度的不同表现,来说明儒学的现代化问题。

(一)现代化——对传统机制的创新

史华兹在《共产主义与中国》中说过:现代化是合理的社会行为日积月累的努力,这种努力所追求的,就是寻找一种有效率而且合理的手段,去达到越来越大的,对社会环境和自然环境的控制,以造福于人类这个目的。② 在这种努力的进程中,技术理性主义曾一度将儒学代表的人本精神排除在外。但随着努力的积累,人们对“合理”的理解,有了更深的认识。这种“合理”,更多地包含着由文明的进步带来的对人的文化生命的认识。儒学及宗教在这种背景之下发挥的“轴心期潜力”,就为新价值体系提供了一个人本主义精神的坐标系。

道森也指出:“当今世界混乱之原因,或在于否定精神实存的存在,或在于想把精神秩序与日常

① 《马克思恩格斯选集》第1卷,人民出版社1995年版,第31页。
② 参见[美]史华兹:《共产主义与中国:变化中的意识形态》,美国雅典能公司1970年版,第167~169页。

生活事务当作互不相干的两个独立领域。”[①]前者指的是宗教面临的问题，后者指的是西方哲学中的理性主义框架中产生的问题。与之相对应，儒学自孔孟创立学说之日起，强调的就是正在被现代生活所淡化的对人内在生命的深刻透视。这种特殊的生命文化，不能 由西方的传统思维开拓出来。虽然康德认识到“头上的星空”和“心中的道德律”同样重要，但他始终未能在这两者之间架起沟通的桥梁。而儒学和巴哈伊，正是在这一点上显示出它们的优势，也正是在这一点上，形成它们的共通之处和现代化进程中的可比性。

在东西文化碰撞交融的时期，备受关注的儒学思想本该迅速获得处于精神饥渴中的人们的认同，但现实却是：尽管现代新儒家对儒学理论的发展越来越精深，体系也越来越精巧，但儒学始终未能在现实中发挥它应有的理论引导能力，未能对其发源地——中国的新的价值观的形成产生深刻的影响。在西方社会，它更只是学者书斋中才谈的话题。它的热度，仅局限在理论圈子中。

在儒学的“轴心时代”，孔孟的著书立说不是为了建构一种脱离人伦世界的超世哲学。它的关注点、立足点，是人们此世踏踏实实的生活，其目的是为人的社会确立一部规范的大法典。同时，它又有一种超越现状的理想主义色彩，将伦理规范定位为高于现实的、无处不适用的最高规范。因而儒学具有双重的潜在功能，这种双重性又是矛盾的——在情感上对古圣先贤的上古之礼的依恋，对现实社会政治制度的理智主义认同以及在实际行为上的参与。在这种双重性中，孔子和孟子保持了微妙的平衡：一方面致力于理想主义的伦理理论的建构，一方面积极参政、授学。这种平衡，在后来的儒家那里被破坏了。从汉代开始，已有了这种端倪，后来的宋明理学，又将情感上的理想主义过分发展了，使之距离现实越来越远，清代的训诂学、考据学对理想主义又实行了彻底抛弃。这就必然使儒学在刚与现代化遭遇时，便被拒斥在现代化的大门之外，似乎儒学只配成为学者书斋中的玩偶。正如黄秉泰所言：“当儒学关于现存社会制度的矛盾减少时，儒学就丧失其社会效用和社会的参与。”[②]后来的儒家把“理”具体化、神圣化为一种超越时空的、泛世的、永恒的文化，将孔子的构想绝对化，忽视了社会现实的相对性。如果中国后来的儒学绝对化的习惯得以清除，古代儒家意识形态的灵活性又得以恢复并进行新的变革，那么儒学在当今与现实社会生活或许会结合得紧密些。

但事实与期望的相反。儒学的现代化问题虽然自 20 世纪 80 年代起就已开始成为学界谈论的焦点，关于儒家思想将“整个政治构造，纳入伦理关系中”[③]，将“延续变成一种保护性的防御性的概念”[④]等，关于它的等级观念和男女地位观等种种与现代进程不合拍的东西，在学理上讨论得可谓很多。但是，能将儒学中的内容结合于现实生活，作出合理扬弃，能让普通百姓变成日用常行东西的，却又少之又少。儒家传统，甚至包括极有价值的部分，仍然复而不兴，这是现代新儒家面临的难题。

就此而言，前所述及的宗教领域中亦成为近年亮点的巴哈伊教，倒是做了较成功的尝试。巴哈伊教的人本主义精神，家国天下的社会理想，都与儒家思想有些许相通之处。但是，在现代化的进程中，它却取得了较儒学更为显著的成功，同时，这种成功也正说明了宗教传统现代化的 一些趋向。

汤因比说过，现存的各高级宗教，目前都面临一场情感与理智的冲突，而它们的前途，也在相当

① [英]道森：《论秩序》(*Essays In Order*，New York，1939)，第 6 页。
② 黄秉泰：《儒学与现代化》，社会科学文献出版社 1995 年版，第 157 页。
③ 梁漱溟：《儒学复兴之路——梁漱溟文选》，上海远东出版社 1994 年版，第 175 页。
④ 狄百瑞：《东亚文明——五个阶段的对话》，江苏人民出版社 1996 年版，第 100 页。

大程度上取决于如何认识、解决这场冲突。而且，在他看来，“这场冲突原因在宗教内部”[①]。宗教与现代化之间的冲突，主要表现为对先知启示的情感依恋与科技理性的冲突，其尖锐性甚至使其丧失了妥协解决的可能性。为此，汤因比提出：“除非人们认识到，同一个字眼真理，在哲学家、科学家的用法中和先知们的用法中并不是指相同的实在，而是一个用来表述两种不同经验形式的同形异义词。”[②]这要求宗教作出的让步就是：不要再把先知启示放在居高不下的位置上，应在神的领域中为人的精神争得更大的地盘。同时，要求宗教关注人的现实生活，从中汲取探讨人类意识深层的驱动力。

巴哈伊教可视为传统宗教向现代化迈进的成功一例。从 20 世纪中期，伊斯兰世界出现了种种社会、宗教改革，但无论是霍梅尼、凯末尔等政治家，还是哲马鲁丁·阿富汗尼、穆罕默德·阿布笃、艾哈迈德·艾敏等伊斯兰学者，他们都是提出或实行了种种理论的、形式上的改变。政治改革家改变的是宗教的仪式、制度，对宗教的根本精神未有触动；宗教学家对宗教与科学和现代生活的关系有新的认识，但具体化到宗教教义中的却不多。在解决这种脱节的矛盾中，巴哈伊做了有益的尝试。

巴哈伊教认为，传统与现代化之间的动力性相互作用，是一个相关领域，其中察觉潜藏的道德价值这样一个能力，起着至关重要的作用。现代化的变革，必须植根于传统中那些与现代化相适应的方面，现代化的过程就是要求人们能够自觉地正视自己的文化和传统信念。在该教教义中，有多处对传统宗教教义与现代人类文明要求不相符合的内容进行了明显的改革。它取消了圣战的教义，呼吁和平，主张人类一体；明确反对一夫多妻制，主张男女平等；它并不反对现代商业的营利行为，而是鼓励人们积极从事造福人类的事业；尤为重要的是，它放弃传统高级宗教间对立纷争的敌视态度，极力主张各宗教在平等、认同、磋商的基础上进行沟通，在求同存异的多样化形式中实现各宗教的统一。这对于传统教义来说，是最重要的一项革命。巴哈伊教认为宗教的真理就像人类共同拥有的一个太阳，只是破晓的地方不一样，体现的形式不一样，但真理就是那一个，所以各宗教教义根本上是相通的。作为该教三位核心人物之一的阿布杜巴哈说：“在宗教方面，人类自己炮制的教义及伦理习俗已过时并毫无生命力，不仅如此，确实它已成为人间敌对的原因。 所以我们的责任是在这个灿烂的世纪里，探索神圣宗教的本质，寻找人类世界大同的根本实质。”[③]这种宗教宽容精神是解决目前决定宗教前途的两种矛盾冲突之一的有益途径。对于汤因比所言的另一种冲突——先知启示情感与人类科技文明及其创造物的冲突，巴哈伊教义中也有明确而有效的解决态度。阿布杜巴哈说：“宗教必须符合科学与理性，否则它就是迷信。上帝已创造了人，使它能察觉存在之真谛，并赋予他思维，或称理性，以实现真理。”[④]而且该教创始人巴哈欧拉将宗教和科学比喻为人类前进中的两只翅膀。当然他们所讲的相互协调作用，并不是要以生硬的态度去科学地解释宗教，或让宗教干扰科学发展的轨道，而是力图寻求社会功能的互补。正如汤因比所说：现代科学和高级宗教齐心合力理解上帝的造物——变幻莫测的人类精神。

巴哈伊在教义中实施的深层革新，触及到宗教精神的根本，这就为它取得现实的成功奠定了基础。它对教义中提到的一些传统宗教概念的新诠释，也使它更易为现代人所接受。如它对上帝、天

① 张志刚：《宗教文化学导论》，东方出版社 1996 年版，第 188 页。
② [英]汤因比：《历史研究》，英文版，Ⅶ-Ⅹ，第 97 页。
③ 阿博都巴哈：《世界团结之基础》，马来西亚巴哈伊总灵体会 1993 年版，第 16 页。
④ 阿布杜巴哈：《世界和平之宣扬》，美国伊利诺伊州巴哈伊出版社 1982 年版，第 287 页。

国、地狱、灵魂、复活等的理解是：上帝既不是似人的实体高踞于天堂的宝座操纵着世间事务，也不是泛神意义上的精魂包含在一切事物之中，上帝是不可知之本质；天国是人之精神的完满状况，摆脱了愚昧之黑暗；地狱是人的精神的堕落状态，沉湎于情欲；灵魂是指人类一切精神与意识特质的总和；复活的观念是与肉体无关的，指精神上的永存。[①] 这些新的诠释和深层的变革，使巴哈伊教符合现代社会的逻辑和需要。

相比之下，儒学的现代化进程就显得逊色不少。从客观上来说，巴哈伊作为宗教的特殊性，决定了其方法功能显得较突出，从而也使得它的教义中革新的内容能直接转化到教徒的行为中，变成他们的现实生活，加速了从形而上层次到形而下层次的转变。但是我们更应该看到的是一种理论、思想的新发展，主要的还是其内部的转化，及由这一转化而带来的它对形而下层次的深刻影响。

前面已经谈到，自宋明理学后，儒家思想中情感理想主义和现实理智主义的平衡被破坏，至清代更向极端发展。在现代新儒家那里，关于“大伦理学”、“小伦理学”，关于“改变社会规范和内在价值之源”，关于“良知坎陷”等理论上对传统的深化发展可谓很多，但平民百姓和西方社会对最一般、最浅层的儒学思想仍是所闻不多。本来，从“东亚四小龙”经济的腾飞，人们对儒学看到了希望，但令人深思的是，为什么作为儒学发祥地的中国却不能受其泽被。对此，我们可以先从日本儒学现代化的反思中，找到一些浅层原因。

当 1853 年西方现代化浪潮冲击岛国时，日本的儒家文化并未妨碍这个国家有效地处理政治危机。相反，爱国志士的现代化行动的精神支柱和思想依据，都是从日本儒学中寻找的。日本儒学之所以能成功地适应现代化的挑战，原因就在于其内部所具有的转换新机制的活力。当中国儒学传入日本并扎下根来的时候，它只不过为德川幕府的统治提供了一个可利用的理论工具。日本学者把理学中破坏古典儒学平衡的消极因素去掉，保存了其原始的实用意识形态特色。藤原惺窝把程朱和陆王折中调和到一起，建立了德川的新伦理体系。林罗山则把儒学和神道教调和起来，“日本儒学家为了实际利益对儒学做的手脚成为日本儒学的共同模式”[②]。这种模式被沿袭下来，当日本面临现代化冲击的时候，一系列的移植转化，使来自西方的民族主义、科学运动、功利主义及民主平等观念，被较好地吸收到以儒家思想为支柱的日本文化意识中，并在教育制度、管理模式等具体层面上，得到较好的融会贯通，形成日本特殊的现代化文明。

在日本模式中，古典儒学的实用倾向得以保存。它未堕入儒家永恒主义和泛世主义，摆脱了宋明理学中高度抽象化和玄理化的学风，为日本人探求现代化发展道路，提供了内在动力。日本模式为儒学现代化提供的另一启示是：现代化需要的，不仅仅是消极地去消除与现代化进程相背离的儒家传统中的保守成分，还必须吸收儒学中积极、有价值的因素，并将之推进到现实具体而又可操作的层面，这才是对它的真正发展。

（二）形而上到形而下的转换

前已述及，儒学和巴哈伊教在人本主义精神、家国天下的社会理想等方面具有相通之处。由此而决定了它们在具体的内容、对人的伦理品格设计、对现代生活方式的观念等方面都具有很多相似

① 参见李绍白：《人类新曙光——巴哈伊信仰》，澳门新纪元国际出版社 1995 年版，第 72～80 页。

② 黄秉泰：《儒学与现代化》，社会科学文献出版社 1995 年版，第 483 页。

之处。巴哈伊教由理论而现实，由形而上到形而下的实实在在的转化和贯彻，是它除了从理论上对传统进行扬弃外，取得现代化成功的另一重要原因，这也是颇值得儒学借鉴的一方面。

儒学和巴哈伊都强调精神至上，重义轻利，同时也认识到物质的发达是精神超升的基础。只是，从原始儒家那里，儒学就存在着轻视、蔑视工商行为的倾向。理论上，儒学认为人类社会应建立一定的物质基础，而现实中，又否定或不鼓励有才之士从事工商活动，因而就使精神与物质潜在着分离的倾向。这就使得儒学，尤其是中国理学，不会以积极的态度参与到现代社会的工商活动之中。巴哈伊则在现代社会中坚持对工商业及科技文明活动的参与。其教义及其对教义的阐释均涉及现代社会生活的内容，有关于法律应维护劳动大众利益的部分，有关于劳资关系的论述以及发达国家与不发达国家的经济平衡等方面，而且在这些方面都有详细的设计，这些设计又并不是仅局限在理论层面上。巴哈伊信徒在很多地方建立了新型的民间的巴哈伊服务机构，如欧洲开设了巴哈伊商界论坛，正在实施的“东欧服务工程”，目的就是为发达国家以及发展中国家，尤其是刚解体不久的前苏联和其他东欧国家的商业经济的发展提供更合理的、有利于良好价值观形成的意识引导，力图建立一种以精神价值观念为基础的新型商品经济观念。依照这种观念，虽然短期内获利不丰，但其长期利益却要远远超出现在流行的商品观。巴哈伊教以积极、肯定的方式从事现代商业活动，一方面是对伊斯兰传统中否定利息行为观念的改革，更重要的是凸显了以实际行动实施教义改革的意义。

在社会未来发展路径、大同世界的达成方式上，儒学和巴哈伊教都认为和平、求同存异是一种最可取的途径。但是儒学这种一以贯之的精神在现代新儒家那里，只是有了理论上更精致的分析，对诸如和平和反暴力等现代社会呼吁不断的思想，未见有更多的发挥和形而下层次的推广，更谈不到对现代国际社会生活有什么大的影响。但这些作为巴哈伊创教之初就已有之的思想，巴哈欧拉和阿布杜巴哈都为贯彻这种精神而四处演讲、呼吁，为坚持推行和平运动，甚至不惜忍受牢狱之苦。更有甚者，提倡“与其杀人，不如被人杀”这种纯和平主义的口号。现代巴哈伊信徒则积极参与联合国非政府组织的和平运动，在诸如此类的会议上，积极参与《地球宪章》等文件的制定，并发表《世界和平之承诺》、《人类的繁荣》、《所有国家的转折点》等文件，以实际行动和言论表明他们对人类和平事业的关心，以期对世界和平进程有所贡献。也正是由于这一系列积极活跃的行为，使该教在 160 多年的时间内成长为分布范围仅次于基督教的世界宗教。作为一种宗教，它不单是要求一般意义上的人类和平，而是更注重以积极开放的态度去寻求与其他宗教的和解与交融。巴哈伊着力于组织讨论世界环境、人权等问题的会议，通过此类活动拉近与其他宗教的关系。同时，本着求同存异的原则，巴哈伊在其现行的组织机构体系(以世界正义院为核心的各级灵体会)内，着重提倡并推行磋商等原则，使之逐步健全，希望能为未来社会提供一项行之有效的政治原则，不管这种磋商制度适应范围如何，巴哈伊此举的意义是使求同存异在现代社会中有一种可见可行的方式。

在目前对传统思想的挖掘中，人们谈得最多的，就是天人关系与环境保护的问题。儒学中说的天人合一，与西方哲学中将天、人视为两个对立的主客体的思维传统相反，讲求的是天人之间的和谐。现代新儒家将此发展为与环境保护相一致的理论，对此着力论述颇多。但这些论述往往只是在学术讨论会的范围内提出的，而在解决实际问题的国际国内环保大会上，却很少甚至几乎没有儒家学者的呼吁或提议。而在这类会议上。却时常能听到巴哈伊的声音，有些是非常切合实际的建议，这也正是它备受现代人注意的原因之一。1990 年 8 月，巴哈伊国际社团向联合国环境发展大会筹备会提交了国际环境立法必要的声明。该教还参与组织了 1995 年世界九大宗教与环保会议，参与了"圣文基金会"的环保运动，并且曾在里约热内卢环保会议等国际会议上提交了建设性的建议和章程，建立了和平纪念碑，诸多的杂志等媒介亦被巴哈伊用来宣传报道世界环保信息，凡此种种活动，都可以让人们切切实实地看到巴哈伊的环保意识和它对现实生活所起的作用。

巴哈伊社团最着力从事的另一事业，是对教育和妇女问题的状况作出改善的努力。在世界各地，尤其是发展中国家的落后偏远山区，办教育成为巴哈伊信仰传播的重要方式。他们在印度的村庄创办学校，在南美的穷乡僻壤设立电台，在帮助人们传播信息的同时，对落后部族进行精神启蒙。还有澳门的巴哈伊小学，玻利维亚、哥伦比亚的大学等，通过创办这些学校，巴哈伊的精神得到传播，他们的以"教育抗衡仇恨"的宗旨得到世人认可，因此在巴哈伊教徒中，既有大量高级知识分子，也有落后部族的土著居民，把巴哈伊精神普及到尽可能广泛的层面。而在儒学这里，虽然孔子本人就是大教育家，儒学本身也提倡"己欲立而立人"的言传身教，可是教育并没有被后来的新儒家很好地利用，作为对世界产生积极影响的途径。除此而外，一些传统的、束缚社会向现代化迈进的儒学传统，未能得到彻底而有效的改造，而一些积极的思想也未能进行成功的现代化转换，从而对人们产生更深刻的影响。巴哈伊恰恰就是在呼吁平等、人权及保护妇女儿童权益的实际行动中，使其形象在发展中国家的人们眼中更加光亮，使教义更能吸引人们的心灵。

通过比较可以看出，在儒家思想内部，含有诸多与现代化一致并可对现代化发展提供强有力精神支持的内涵。尽管韦伯断言儒教精神与工业文明占上风的现代社会相排斥，但东亚特殊经济模式的成功，新兴的巴哈伊教与儒家思想的诸多相似之处，都使我们有理由相信儒学内含着与现代化合拍的特质。最根本的一点，就是前已提及的人本主义精神及由此精神而衍生的一系列社会观，现代新儒家力图挖掘、张扬的就是这样一种精神，只是这种挖掘并未脱离将儒学玄理化的路子。儒学在呼声中复而不兴。

通过与巴哈伊教的比较，我们希望达到的目的，借用曹云祥的一句话说："东方（尤指中国）的哲学家遇有忧虑便深刻反省，巴哈伊是一种新的反省方式。……严肃的思想家们正致力于深刻反省人类心灵，并从上帝寻求精神指导的人们，不妨借鉴并了解一下来自巴哈欧拉的预言的价值。"①在这种借鉴中，最有价值的就是如何完成传统思想的现代化改造，使理论从空中楼阁走到世俗百姓的生活中，在此，对儒学的现代转换，我们提倡不妨使用并发展"实用儒学"的概念。

儒学虽是一种学术思想，但它自创说之日起，其目的就是为了经世致用，这也应该成为儒学在现代发展中的一个根本目的。实用儒学和其他实用科学一样，注重儒学中有实用价值的部分，尤其是对现代社会的发展、人类精神家园的重建有一定指导意义的积极方面。应该说明的是，实用儒学与明清时兴起的实学并非一个概念，实学是 17 世纪以来受西方科技知识冲击后出现的实测实用之学，它是为了摆脱宋明理学的樊篱而走向经验科学，是一个历史概念。实用儒学则是一个现实概念。实用儒学与新儒学亦有区别，它不是为了理论上的重建，而是为了能使儒学中有价值的内容能为现代社会利用。② 在实用儒学的发展模式上，应该从巴哈伊的成功经验中汲取一些有益的成分。举一个最一般的例子：同样是注重教化，巴哈伊可以通过它在印度乡村的技术学校、在南美的培训中心、在澳门的语言学校，来传扬其精神。与此经验相似，日本也自始至终把伦理教育放在学校工作最重要

① 转引自李绍白：《人类新曙光——巴哈伊信仰》，第 317 页。

② 参见蔡德贵：《实用儒学刍议》，载山东孔子学会编：《鲁文化与儒学》，山东友谊出版社 1996 年版，第 282 页。

的位置，新加坡前总理李光耀把儒家伦理课程引进学校教育之中付出极大努力。这些都证明，重视教化，不是学究们口头、笔头的讨论就能完成得了的，而是需要更多扎扎实实的具体推行工作。

日本儒学家伊藤仁斋说过："假如道只是圣人和智者可以通过，而愚人和小人都不能，那么它就不可能是道。"①在人类文明向更高级阶段进军的过程中，对"轴心时代"文明的寻根和复兴的努力，就是为了给现代人提供一条建立新型精神家园的道。在这种重建中，每一种人文思想都应该摆脱在脱离世俗生活的空中楼阁中，或对古圣先贤的依恋中，编织空想理论的路子。人文学者应该两条"腿"走路：一条腿踩在人世间，另一条腿走理论架构之路。这样才能成就一个完整的哲学品格，这一点当然也是传统宗教应该思考的问题。

从上文与巴哈伊的比较中可以看出，儒学面临的问题，就是它还没有能够从现代生活范式中汲取足够的动力，以促进儒学现代化转换内部活力的形成。约瑟夫·李文森指出，在传统儒家"道"一元论中，未曾有过非人的客观世界，未曾有过功利主义的经济，也未曾有过发挥职能的社会：一切都融合为一个未分化的整体。即便此观点有失偏颇，但也应该提醒儒家学者，自孔孟时代的情感理想主义和政治现实主义的理智主义之间的平衡被破坏以来，儒学过分地发展了从地上通向理想之国的玄化道路。而巴哈伊则走了一条将理想付诸实现的现实化的道路，它力图将上帝的天国建立在人间。因而，它着力做的，是将其触角伸到现代社会的方方面面，以汲取其宗教发展的营养和动力。同时使其在现实操作中，不断使教义与现实磨合发展。这正是儒学所缺少的，也是它未能成功地与现代化接轨的症结所在，因此应该着力从巴哈伊汲取。

（三）儒学现代转换的根本前提

在这种比较借鉴之后，应当申明的是，儒学毕竟不是一种宗教，因而与强调方法性功能的巴哈伊教在推行其思想的方法和动力等问题上必定有相异之处。巴哈伊的种种践行，都只是在一种无差别的人类之爱的推动下而展开的。我们强调儒学应从内部活力的转换等方面借鉴巴哈伊的践履精神，并非要儒学家们去投身于过度的信仰和无差别的爱所营造的社会行为之中，而是要儒学拿出一点开放精神来，吸取些新东西，焕发出新生机。

从巴哈伊和儒学面对的问题来说，就是如何将传统与现代接轨的问题，具体就是如何将观念的东西转化到可操作层面的问题。在这一过程中，不论是宗教，还是一般人文学科，只要有成功之处，可取之处，就可以进行相互的沟通和借鉴，即采取一种开放的态势，这是一个根本的大前提。正如学者所指出的："传统社会的真正危机，不在于西潮的冲击与入侵，而在于……威权性格阻碍了政治的现代化与民主化。"②若儒学抱住其内向、保守的态度，不能形成由内部深层的开放而辐射到外部的开放态势，便不能真正吸取到有价值的养分，以促成内部生机的形成，不能迈出有创新性的一步。从前面述及的巴哈伊对科学、宗教的态度中，可以看到它的精神，既可称为宽容精神，更可以称作开放的品格。对一种人文社会科学来说，从现实的到学理的，从内部的到外部的，都显出一种"拿来主义"的态度，便有了吸收外来良好素质以充实自身的可能。儒学作为一个历史悠久、体系庞大的学说，做到这一点更为重要。从内部来说，将其面向现实的层面扩而大之，将其支系伸至社会生活各个层面

① 转引自[日]吉川幸次郎：《仁斋、徂徕和宣长》，日本岩波书店1975年，第33页。

② 郑志明：《中国意识与宗教》，台湾学生书局1993年版，第76～77页。

以汲取其营养。比如儒家自古而轻之的商业行为，已成为现代社会生活的一个重要的组成部分，儒学从其经世致用的立场出发，若能注意从中提炼问题，充实到体系中，无疑可以增强与现代社会的磨合力。从体系上对对外开放品格的培养来说，对由西方涌来的功利主义、专业分工中的伦理秩序和情感的中性化，以及国家、民族观，若都能拿出一种开放的而非拒斥的态度，打破自身的有机整体主义的藩篱，则有利于在传统精神的根基上，构架一种多维的价值观，形成一个有大容量的多面体，恰如巴哈伊的九面灵曦堂所表征着的一种开放精神一样 。

这种真正的拿来主义，不是意图将儒学拆得七零八落，从中挑挑拣拣，将有用的部分拼接到现代社会的机器上去。我们的立足点是儒学体系本身，在保持其基本精神的基础上革故鼎新，积极主动地实施从内到外的开放，向别家吸取有益的东西以为己用，这对在现代社会条件下，将儒学真正发展成为具有世界意义的文化体系，达到面对群体意识失落、环境问题、资源问题的人们对它的期望，都有重要意义。

在儒学文化圈内，劳动、节俭、勤奋、谦逊等品质，在人们社会生活中表露出来，而儒学思想中对现代社会发展有更高价值的内容，也潜在着被深化论述和泛化推广的可能性，这不仅仅是理论探讨能完成的。在“五四”时期，在新儒家早期人物中，有梁漱溟创办乡村建设的实验，有陶行知力办的平民教育，他们的形而上学理论背景一点也不比今人薄弱，但却更能扑下身子，在生活的基础层面上干点实事，就儒学现状来说，现代新儒家的重任，应当是将百姓日用而不知或不知又不用的传统文化，在与现代生活模式的磨合中，推而广之，以实现儒学应担当的历史重任。

三、对策之三：关于建构实用儒学的初步设想

（一）问题的提出

“经济上发展了，而道德上倒退了”，这是时下人们对带有普遍性的社会状况的一种忧虑；“手中有了钱，而思想上却更空虚了”，这是时下人们对当前社会中并不是个别的社会成员所出现的那种物质与精神不协调现象的一种慨叹。事实上，当前存在的社会问题还很多，诸如环境污染、贪污腐化、制售假冒伪劣商品等等。为什么会出现这样一些严重问题，解决这些问题的出路何在？

笔者认为，问题出现的原因之一在于在发展中国特色经济的同时，忽视了思想领域对中国特色的教育和灌输；突出了现代化，而放弃了传统，割裂了传统与现代之间动态的发展关系；出路之一在于用传统文化尤其是儒家学说中有生命的部分来整饬人心，为此笔者提出“实用儒学”的概念和研究课题。

设计此课题绝非沽名钓誉之举，而是对于中国传统哲学中的有价值部分长期反思的必然结果，事实上，儒学从创立的那天起，就是一种有生命的思想学说，它经历了 2000 多年的世变沧桑，虽也有过坎坷，有过失落，甚至有过毁灭性的“被打倒”，但由于儒学本身的可塑性，而使它能够不断适应社会的发展和变化的需要，从而重新崛起，然后又有新的发展、新的壮大。儒学在今天仍然是有生命力的，其表现不仅在于不断有大批学者对它进行自觉的系统研究，而且在于在社会生活的各个层面都有或多或少儒家思想不自觉的渗透。问题在于，学者们对儒学的研究，还只重视对儒学理论价值的深掘，而不注重或忽视儒学的应用；而当今社会生活中儒学不自觉渗透的影响又在西方思想文化大量输入的形势下，显得微乎其微，苍白无力。为使中国现代化的过程始终保持中国特色，解决当前社

会中严重的犯罪问题，道德水平下降的问题，有必要从现在起就开始建构“实用儒学”。

任何科学，不管是自然科学还是社会科学，都应重视基础性研究。但基础性研究包括两类性质不同的研究：基础理论研究和基础应用研究。[①] 就儒学的研究而论，对基础理论的研究，可以说已经达到很高的水平，但大陆的研究者对儒学始终是批判有余而继承不足，台湾的研究者为了中国传统思想文化的复兴，亟欲进一步发展代表中国传统主流的儒家思想，却因笼统的继承有余而严格的批判不足，迄今仍无创造性的突破迹象。[②] 这就是说，对于儒学的具体应用研究，不论是大陆还是台湾，都缺乏系统性和体系化，而这与儒家本身的思想倾向是不相符合的，因为儒家思想向来扣紧人生实际，不主张从宇宙大全体探寻其形上真理，再迂回来指导人生。儒家面对人生现实，不忽视于人类之情感实况而运用其理智，故儒家重知识，不重理论，而其求知识，又贵证验，不重玄思。[③] 实用儒学之建构，正是为儒学的实际应用而设计出来的，因为它注重儒学的实用性，所以对儒学的有指导意义的积极面，特别注意挖掘，而对其消极面，则采取存而不论的态度，并不是有意掩盖其消极面。

这里提出的“实用儒学”与“实学”不是一个概念。时下学术界有些学者所热衷探讨的“实学”，是指明清实学思潮，而这一思潮在过去是以“早期启蒙思潮”、“经世致用思潮”、“个性解放和人文主义思潮”等概念来称谓的。[④] 或者说实学是 17 世纪以来受西方科技知识冲击后出现的实测实用之学，它是宋明儒学中的异军突起，是摆脱了宋明“身心性命”之学的樊篱而走向经验科学的新思潮。[⑤] 实学的突出特征是经世致用精神，即强调学术研究与现实政治之间的联系。基于此，所谓实学是一个历史的概念，而实用儒学则是一个现实的概念，重视的是儒学中有价值部分在当今社会的现实应用，是对儒学的实际应用。

实用儒学与现代新儒学也不是一个概念。现代新儒家不管是在中国大陆、港台地区，还是在国外，他们的主张虽然千差万别，但他们的共同点还是以接续儒家道统、复兴儒学为己任，以服膺宋明理学为主要特征，力图以儒家学说为主体，为本位来吸纳、融合、会通西学，以寻求中国现代化道路。[⑥] 现代新儒学的特点是：(1)以儒家为中国文化的正统和主干，在儒家传统里又特重其心性之学；(2)以中国历史文化为一精神实体，历史文化之流程即此精神实体之实现；(3)肯定道统，以道统为立国之本，文化创造之源；(4)强调对历史文化的了解应有 敬意和同情；(5)富根源感，因此强调中国文化的独创性或一本性；(6)有很深的文化危机意 识，但认为危机的造成主要在国人丧失自信；(7)富宗教情绪，对复兴中国文化有使命感。[⑦] 现代新儒家就是改造和加强朱子学与阳明学，谋求建立对现代世界发挥作用的新哲学。[⑧] 而实用儒学绝不是要创造性地去重建传统，它无意去创造或重建，而是要使儒学中本来存在的优秀传统服务于当代，使这些优秀传统在当代社会继续发挥作用，以解决现代化过程中所出现的诸多问题，如自然环境的破坏、人际关系的冷淡、重利轻义拜金主义的倾向、工具理性的副作用，等等。但是否能如愿，当然还不敢肯定，所以只能说是一种“初步设想”。

---

① 参见钱学森：《基础科学研究应该接受马克思主义哲学的指导》，载《哲学研究 》1989 年第 11 期。
② 参见[美]傅伟勋：《儒家思想的时代课题及其解决线索》，载《孔子研究》1987 年第 4 期 。
③ 参见钱穆：《世界局势与中国文化》，台湾东大图书公司 1979 年版，第 150 页。
④ 参见陈鼓应：《明清实学思潮史 · 卷首语》，齐鲁书社 1989 年。
⑤ 参见[美]杜维明：《论陆象山的实学》，载《孔子研究》1988 年第 3 期。
⑥ 参见方克立：《关于现代新儒学研究的几个问题》，载《现代新儒学研究论集》(一)，中国社会科学出版社 1989 年版，第 2 页。
⑦ 参见韦政通：《当代新儒家的心态》，载《评新儒家》，上海人民出版社 1989 年版，第 165 页。
⑧ 参见[日]金谷治：《儒学在当代中国》，载《孔子研究》1988 年第 2 期。

(二)关于实用儒学的体系

实用儒学的建构应该是一个完整的体系,这一体系大致包括这样一些层次:实用宇宙学、实用伦理学、实用教育学。

1. 实用宇宙学

不论在中国,还是在外国;不论在东方,还是在西方;也不论在发达国家,还是在发展中国家:全球都普遍存在着严重的环境生态危机。现代工业文明虽然取得巨大成绩,为人类进步作出重大的贡献,但由于在工业生产、技术革新和核能实验中没能充分地注意到人与自然之间关系的协调,因此出现过核泄漏、核辐射、核污染,为躲避核污染曾出现过不得不迁徙转移的"核能吉普赛人";石油泄漏、废气泄漏、有烟工业造成工业酸雨和臭氧层越来越薄,造成对人类的危害;滥伐森林树木,造成大地沙化日益严重;建筑抢占耕地,使可耕地面积越来越少;江河湖海的改造和利用,给人类带来许多实惠,但也不可避免地导致一些生态失衡;对鲸鱼和许多珍稀动物、生物的近乎灭绝性的捕杀,已经造成了部分地区的生态失衡;对地下矿产资源的掠夺性生产,造成地球表面部分的破坏——人类的这些行为,已经破坏了人与自然之间关系的平衡。破坏了生态环境,给人类造成了难以估量的巨大损失,威胁到人类的健康。据核科学家推算,世界上现存的核武器,足可以把地球摧毁一百次。人类如果还不注意,地球将毁于高科技,人类的生存面临着巨大的隐患。这绝非耸人听闻之论,而是现实摆着的严峻问题。

而现实又是明显的,人类为了更好地生存,矿山不能不开采,地下水资源不能不利用,核工业不能不发展,山河也不能不改造。

矛盾就是这样尖锐地摆在人类面前。

如何解决这一尖锐矛盾,树立起人类自觉的生态意识,注意人与自然之间的协调?中外科学家为此尽了不懈的努力,但效果并不明显,直到 1988 年在巴黎召开的"面向 21 世纪"第一届诺贝尔奖获得者国际大会上,一批国际著名学者和诺贝尔奖得主探讨了 21 世纪科学的发展与人类面临的问题。在会议的新闻发布会上,汉内斯·阿尔文博士发表了非常精彩的演说。他是 1970 年获得诺贝尔物理学奖的瑞典科学家,他在其等离子物理学研究领域的辉煌生涯即将结束的时候,得出了如下结论:"人类要生存下去,就必须回到 25 个世纪之前,去汲取孔子的智能。"[①]这里的"孔子的智能",也就是以孔子为代表的儒家宇宙学说。

传统上,中国哲学史研究者一般都不认为儒家哲学中有宇宙学的内容,但是却一致承认儒家哲学涉及许多天人关系问题。正是天人合一思想,构成了儒家实用宇宙学的核心。儒家天人合一的思想提倡天道与人道、自然与人之间的关系是相通、相类和统一的关系。这种思想在儒家学者那里是一贯的,孔子已经提出"天何言哉!四时行焉,百物生焉,天何言哉"(《论语·述而》),强调"巍巍乎惟天为大"(《论语·泰伯》),所以,人不应该"欺天"(《论语·子罕》),而是应该"畏天命"(《论语·季氏》)、"知天命"(《论语·为政》),因为"不知命,无以为君子也"(《论语·尧曰》)。如果说孔子所主张的,还不是明确的天人合一思想,那么,《周易》则说得明确了:"大人者,与天地合其德,与日月合其

① 参见胡祖尧:《诺贝尔奖得主推崇孔子:悬案十五年终揭晓》,载 2003 年 1 月 17 日《国际先驱导报》(*International Herald Leader*)。

明,与四时合其序,与鬼神合其吉凶"(《乾卦·文言》),天人合一成为人生追求的理想境界。孟子提倡"仁者无不爱"、"君子之于物也,爱之而弗仁;于民也,仁之而弗亲。亲亲而仁民,仁民而爱物"(《孟子·尽心》上)。《中庸》的天人合一思想更为明确,"唯天下至诚,为能尽其性;能尽其性,则能尽人之性;能尽人之性,则能尽物之性;能尽物之性,则可以赞天地之化育,则可以与天地参矣";人与天地万物融为一体,就必须实现整个宇宙的整体和谐,做到"万物并育而不相害,道并行而不相悖"。为此,荀子提倡对于草木鱼畜都要"不夭其生,不绝其长",做到"万物皆得其宜,六畜皆得其长","群生"(包括人类在内)才能"皆得其命"(《荀子·王制》),正常生长和发展。董仲舒更提出"天人之际,合而为一"(《春秋繁露·深察名号》),但他把天人合一向天人相类的方向发展,认为"天亦有喜怒之气,哀乐之心,与人相副,以类合之,天人一也"(《春秋繁露·阴阳义》)。因此,人如果得罪了天,破坏了自然,天就要发出警告,甚至降下灾祸以报复。为了不受到自然的报复,程颢要求"仁者以天地万物为一体"(《遗书》卷二),王守仁也让人与鸟兽、草木、瓦石"皆为一体",做到"以天地万物为一体"的"一体之仁"(《王阳明全集·大学问》)。

儒学这样重视人与天的相通,以达到天人协调、和谐与一致的境界。这样的思想,强调人只有尊重自然规律,顺从自然规律,人才能得到自然的赐予和恩惠,反之,只会身受其害,破坏了自然只会尝到自然报复的苦果。

正是儒家思想中蕴含着这种人与自然要和谐一致的思想,所以,诺贝尔奖获得者才号召到孔子中去寻找人类彼此能和平共处、共同生存的智能。人称"现代大儒"的日本冈田武彦也把儒学思想同克服现代人因科技进步而产生的忧虑结合起来,他认为科学文明的进步一日千里,但本来应该贡献于人类共存繁荣的科学文明反而产生了危害人类生存的弊害,在此前提之下,在拯救人类的对立斗争上,万物一体论基于人我共存的人道主义立场,对不同的思想、文化和宗教采取兼容并包的态度,是一种宽容的、具有普遍性的思想。① 因为儒家期望与物一体从而实现理想的人、理想的社会,与物为体就是使物各得其所,实现万物生存的理想的态度。② 这正说明儒家的宇宙学即天人之学是一种整体性的大生命观,它与当代生态学相一致,同时又表现出热爱生命,泛爱万物的纯朴情感,在中国生态环境虽然局部有所改善,整体却在继续恶化的情况下,我们应当依照儒家天人一体的思想,吸取现代科学的最新成果,建立起生态哲学,从而向更高级的生态文明转型。③

儒家的"天人合一"学说把天看作大宇宙,人是小宇宙,人是天的缩影,人副天数,而且人性也来自天性。人作为小宇宙,不仅要保持与大宇宙(天)的和谐一致,而且人与人之间、人的内在自我和外在表现之间,也应该是和谐一致的,有一些规范性的关系制约,而这些关系也就是儒家的实用伦理学所要解决的问题。

2. 实用伦理学

儒学的核心是伦理学,儒家学者都以伦理为本位,价值观念、行为准则、人生哲学修养都在伦理纲常的限制之内,伦理准绳是评判社会行为的价值尺度。④ 而在当前令人忧虑的社会状况中,最为

① 参见[日]冈田武彦:《儒教的万物一体论》,载《儒学国际学术会议讨论会论文集》,齐鲁书社1989年版,第40~41页。

② 参见[日]冈田武彦:《孔学的运用》,载《孔子研究》1989年第3期。

③ 参见牟钟鉴:《生态哲学与儒家的天人之学》,转引自傅云龙:《海峡两岸首次儒学学术讨论会综述》,载《孔子研究》1992年第1期。

④ 参见尚志英:《儒家伦理精神的价值诠释》,载《学术月刊》1992年第11期。

严重的也就是伦理道德状况，儒学中最能发挥作用，最有实用性的也只能是伦理学部分，因此，实用伦理学自然也就成为实用儒学的核心。

儒学实用伦理学是一个非常宽泛的概念，为了明晰和方便起见，这里把它再具体分为价值学、修养学、管理学、人格学。

当前社会状况不佳，伦理道德宏观失控、水平下降，原因很复杂，但其中一条主要原因是由于传统的价值观发生动摇。

人的经济地位在最近一些年来有了明显的提高，由此而引起的负效应是金钱至上、金钱万能、一切向钱看，人的价值哲学发生了变化，社会中于是发生了许多不良现象；去医院看病，医生接受红包已非个别现象；教育单位向学生收取名目繁多的额外费用；建筑部门承包回扣；社会上各种各样的服务费、手续费；对农民的乱摊派；甚至公安系统也有提“钱”就释放犯人的现象，金钱向法律提出严重挑战；至于见危不救或者救人先讲价钱的现象，也不是个别的……这一切都与金钱有关，是拜金主义。

金钱果真那么重要？在义与利的天平上，到底应该往哪方面倾斜呢？

在儒家的价值哲学中，向来认为人的道德价值高于物质利益，孔子的“见利思义”（《论语·宪问》）、“见得思义”（《论语·季氏》），奠定了义利关系的基础。在义利之间，就价值地位说，义高于利；就价值比值说，义重于利。[①] 在进行价值选择的时候，合义的利可取。“富而可求，虽执鞭之士，吾亦为之”（《论语·述而》）；不合义的利则坚决不取，“饭疏食饮水，曲肱而枕之，乐亦在其中矣。不义而富且贵，于我如浮云”（《论语·述而》）。孔子坚决反对那种孜孜以求利、只见利而不顾义的做法，斥这样的人为小人。后来的荀子，提出“先义而后利者荣，先利而后义者辱”（《荀子·荣辱》），“正利而为谓之事，正义而为谓之行”（《荀子·正名》）；董仲舒提出“利以养其体，义以养其心，心不得义不能乐，体不得利不能安。义者，心之养也；利者，体之养也”（《春秋繁露·身之养莫重于义》），在价值观上基本上定型为“先义后利”、“以义率利”的义利观。

儒家的这种价值观，在当今社会的应用，应体现在两方面，道德上的以义率利，经济上的义利双成。在道德上，价值标准，不能以“利”为首出，而必须导之以“义”，有了义的引导，使得利也可以在价值原则的规范之下达到“善化”，而在经济上，属于客观上的安世济民（如政、法、工、商、农、医等），不能不讲利，但也不能只顾利而不要义，而必须义利双成。[②]

社会伦理状况的改善，在于社会成员个人道德水准的提高，而要使个人道德水准提高，就必须加强个人的修身养性，儒家的修养学说至今仍是有其实用性的。

儒家修养学说的核心是“慎独”说，这是一种反身内省、独善其身的道德修养论，是一种道德自律。这一点正是当今社会所缺乏的：不仅是国内的旅游景点“到此一游”的留言 到处可见，就是在埃及的有 4000 多年历史的阶梯金字塔里，也有“广东到此一游”的题词；大学校园里不文明的所谓“厕所文化”；车站、影剧院、会堂等公共场所中的乱吐痰、乱丢烟头现象；个体商贩短斤少两等等，都是不慎独的表现。针对这些现象，应该提倡儒家的慎独说，“莫见乎隐，莫显乎欲，故君子慎其独也”（《中庸》），“诚于中，形于外，故君子必慎其独也”（《大学》）。这种慎独说，要求人在做只有自己知道而不

① 参见周立升主编：《中华魂·哲理卷》，山东人民出版社 1992 年版，第 259 页。

② 参见蔡仁厚：《道德上的义利之辩与经济上的义利双成》，转引自傅云龙：《海峡两岸首次儒学学术讨论会综述》，载《孔子研究》1992 年第 1 期。

为别人知道的事情上，能够严格谨慎、一丝不苟地要求自己。因为个人独处之时，欲望不加节制于隐微之处显露，比在众人面前更为严重，所以要用慎独的修养功夫加以戒慎自守。通过慎独，可以"反求诸身而自得之。以去夫外诱之私，而充其本然之善"，从而可以"遇人欲于将萌，而不使其滋长于隐微之中"（朱熹《四书集注·中庸章句》）。

儒家的修养学说还主张寡欲、节欲，这也是在当今社会有实用性的学说。儒家承认"饮食男女，人之大欲"（《礼记·礼运》），即肯定人的正常物质生活欲望，但人的物质欲望如果战胜了理性，人就会成为外物的奴隶，所以要通过自我反思、自我体验来减少或节制欲望，只有在平时寡欲、节欲，才能在关键时刻做到"舍生而取义"（《孟子·告子上》）。今天的社会风气不正的一个原因，就是因为在经济发展了的条件下，忽视了对欲望的控制、限制而使物质欲望过分膨胀的结果，如果能减少或节制欲望，那就不至于出现一顿宴席吃掉百万元，社会风气也就不会出现一切向钱看的现象了。

儒家伦理还可以用在管理上，企业管理和社会管理都可以运用。在企业管理中，儒家的管理学可以和现代化接轨。企业经营者应遵从"放于利而行，多怨"（《论语·里仁》）的儒家古训，把追求企业利润和整个国家利益、人民利益结合起来，不然，如果只是追求企业利润，总有一天会遭到民众报复。[①] 企业领导应以身作则，遵守国家的法令、方针，因为"其身正，不令而行；其身不正，虽令不从"（《论语·子路》）；"其身正，天下归之"（《孟子·离娄上》），企业首长的本身行为就是无声命令，是员工效法的榜样。对自己严格要求，对部下则应坚持"和为贵"（《论语·学而》），就可以使企业保持凝聚力。据说日本的企业领导人，有不少就是因为运用了这些古训，协调了企业内部的关系，建立了牢固的劳资关系，齐心协力对付外来的竞争，取得了良好的经济效益，所以被称为"道德经济合一论"的模式。

社会管理是一种更为复杂的管理。当代社会的急速变迁，使全社会普遍受到都市化和工业化两大过程的冲击，这不仅在"亚洲四小龙"是突出问题，在中国大陆同样也是突出问题。由这两大过程的冲击，造成人际关系趋于片面冷淡，家庭的经济生产功能受到削弱；妇女和青年就业机会增多，提高了家庭成员个人的独立性，家庭社会组织结构趋于松散；重视金钱名利，注重物质享受，道德危机确实存在。在这种社会态势之下，儒家伦理可以起到调节人际关系的作用，使社会管理易于进行。具体说来，就是要用儒家提倡的忠恕精神。比如孔子就特别提倡忠恕，"夫子之道，忠恕而已矣"（《论语·里仁》），忠要求的是积极为人的态度，"己欲立而立人，己欲达而达人"（《论语·雍也》）；恕则是人一生可以终身行之者，要求推己及人，"己所不欲，勿施于人"（《论语·卫灵公》）。这种忠恕精神表现在人际关系方面，就其消极面上是减缓了人与人之间的紧张对峙与冲突摩擦，就其积极面上促进了人与人之间心志与情感上的结合。这种规范人际关系的信念，推移到社会，就会孕育敬业乐群的工作观。有了这种工作观，就使一个人的工作与事业植根于深厚的内在精神资源，从而能培养出恭慎诚敬的自觉自持态度。[②] 树立了这样的态度，社会管理自然会趋于合理。

儒家伦理追求的目标是理想人格的实现，这也正是当今社会需要大力提倡的。近些年来，对青年人的理想教育有所忽视，社会上讲理想的人少了，成名成家的思想淡化，发财致富的思想流行，这是一种很危险的信号。

---

① 参见王家骅：《儒家思想与日本文化》，浙江人民出版社 1990 年版，第 421 页。

② 参见曾春海：《试由儒家的忠恕精神培养国人敬业乐群的工作观》，转引自傅云龙：《海峡两岸首次儒学学术讨论会综述》，载《孔子研究》1992 年第 1 期。

儒家学者向来重视理想人格的培养，把道德精神的完美作为追求的目标。孔子一生忧道不忧贫，为寻求道义而执着追求，“朝闻道，夕死可矣”（《论语·里仁》），把道德精神价值看得高于生命价值。孔子本人一生都坚持“学而不厌，诲人不倦”（《论语·述而》），活到老、学到老，乐以忘忧，不知老之将至，为实现自己的理想而奋斗，为中华民族树立了良好的楷模。孟子一生注重丈夫气概的培养，“威武不能屈，富贵不能淫，贫贱不能移”（《孟子·滕文公上》），其伟岸形象也不断启迪世人昭示后代。儒家大多数学者都把修身、齐家、治国、平天下当作自己一生的奋斗目标，宋儒张载更以“为天地立心，为生民立命，为往圣继绝学，为万世开太平”（《张子语录》）作为自己的座右铭。儒家的理想人格突出了人的道德精神价值，高扬精神生活、强调社会责任感和使命感，是一种甘为理想的实现而奋斗而献身的积极人生态度。他们把个人和国家命运联系在一起，扶危定倾、身任天下，正是我们今天建设精神文明应该大力提倡的，不为理想而奋斗，只为挣钱而奋斗，会把整个国家、民族葬送掉，这是已经为我们敲响的警钟。

儒家的伦理学说涉及了许多方面的问题，但就目前社会状况而论，最具实用价值的是上述四个方面。而要使儒家的伦理原则、伦理准绳能够发挥作用，培养人的高尚道德情操，还必须借助于儒家的教育学。

3. 实用教育学

儒家学者向来重视教育。孔子把增加人口、使之富有和实施教育作为立国三要素，自己从事教育四十余年，为社会培养出大量有用人才。孟子也提倡“谨庠序之教，申之以孝悌之义”（《孟子·梁惠王上》），把“得天下英才而教育之”当作自己的“三乐”（《孟子·梁惠王上》）之一，他自己也长期讲学，教授门徒，为教育事业付出巨大的精力。

儒家在从事教育的实践中，提出了许多有价值的思想，其中有一些在今天仍有实用价值。

当今的社会处在科技时代、信息时代，科技的竞争主要就是智力竞争、人才竞争，从而也就是教育的竞争。对于教育，国内许多有识之士是十分重视的，近几年来推行的“希望工程”为许多失学儿童创造了就学机会，教育单位的教师们为培养四化新人贡献了很大精力，培养出许多有用之才。但教育方面也存在令人忧虑的现象，高中毕业生不愿考师范院校，高校毕业生不愿从事教育，已经在教育单位工作过的不少人在市场经济的大潮冲击下跳了槽，改行经商。之所以出现这些现象，与教育思想不牢固、没认识到教育的重要性有关。我们吸取儒家在教育方面的一些智能、方法，是非常有益的，这一部分内容就是儒家的实用教育学。儒家的实用教育学，包括教育目的和教育方法两个方面的内容。

儒家的教育目的分为两个层次：第一个层次是教人如何做人，第二个层次是教人如何做官。

孔子本人提倡“有教无类”（《论语·卫灵公》），“自行束脩以上，吾未尝无诲焉”（《论语·述而》），教育对象是很广泛的，不论富家子弟，贫家子弟、品德好的人、品德有缺陷的人，他都招为学生，教给他们如何做人的道理，力图把他们培养成“君子”。君子的标准就是仁、知、勇，通过德（仁）、智（知）、体（勇）三方面的教育，使他们在这三方面全面发展，最后达到“仁者不忧，知者不惑，勇者不惧”（《论语·宪问》），因为“仁者乐天安命，内省不疚，故不忧也。知者明于事，故不惑。勇者折冲御侮，故不惧”（邢昺《论语疏》）。孟子则把“明人伦”作为如何做人的基础，通过明人伦，最后做到“父子有亲，君臣有义，夫妇有别，长幼有序，朋友有信”（《孟子·滕文公上》）。这五伦我们当然不能照搬，因为这是封建社会的人伦关系，但我们却可以把它改造成父慈子孝、爱国爱民、夫敬妇爱、尊长爱幼、交友诚信的人伦关系，形成人伦关系的双向调节机制，使当代社会体现出儒家提倡的“人和”精神，“信义”原则。

如何做官是儒家进一步追求的目标，也是其教育目的的核心。儒家对做官者要求诚意、正心、齐家、修身，严格要求自己，以身作则，为人垂范。因为“上好礼，则民莫敢不敬；上好义，则民莫敢不服；上好信，则民莫敢不用情”（《论语·子路》）。为政者端正自身，坚持用礼、义、信的标准治身，就能做到“正己而物正”（《孟子·尽心上》）。可见，做好官的根本原则就是以身垂范，这在儒家教育思想中是极为重要的，所以儒家提倡“以其昭昭使人昭昭”，反对“以其昏昏使人昭昭”（《孟子·尽心下》）。“为政以德”是十分重要的，以此为基础，进可以兼济天下，做到“老吾老，以及人之老；幼吾幼，以及人之幼，天下可运于掌”（《孟子·梁惠王上》）；退则可以独善其身；真能做到这样，天下国家还有什么不能治理呢？目前社会风气不正的原因，正可以从儒家的这种教育思想来寻找根源，从而把领导层本身的教育放在首位。治理社会风气要从治理党风入手，治理党风要从领导者入手。

儒家的教育方法，最有实用价值的，是因材施教、启发式教学、注重知识的实际运用、温故知新，等等，这方面学术界已有不少论述，此处不细说。

（三）结论

行文至此，有必要对建构实用儒学的意义作一下申述。

其一是有利于保持中国特色，近代以来开始的体用之争，至今并没有得出一致的结论。但现实的中国是，马克思主义为体，中国传统文化为用。马克思主义的“体”，使中国走的是社会主义道路；中国传统文化的“用”，使社会主义保持中国特色。我国要实现社会主义现代化，不能脱离现实的国情，不能离开传统，传统离不开儒学。① 而儒学本有积极、消极两方面内容，消极面只会阻碍现代化进行，而积极面才有助于现代化进程，积极面正是这里所提出的“实用儒学”，加强儒学的实用性研究正是当前学术界应该重视，应该下大力气、有更大投入的研究课题。

其二是实用儒学可以作为海峡两岸统一的思想基础。中国已经分裂了60多年，现在该到结束分裂局面的时候了。海峡两岸统一的模式只能采取“一国两制”的形式，而不可能采取“一国两府”的形式，因为“一国两府”绝不可能导致真正的统一。但一国两制的难题是，用什么来沟通两岸的思想。大陆方面提出基本路线坚持一百年不动摇，当然是继续坚持社会主义、马克思主义，这是台湾方面不可能接受的；而台湾方面当然也会继续坚持“民主政治”为核心的资本主义，这也是大陆方面所不能接受的，可见两岸统一的基础不可能是政治思想。相形之下，儒家思想作为传统文化的主体则是两岸都可以接受的，这是因为大陆的社会主义可以赖其保持中国特色，而台湾的资本主义也可以赖其调整人际关系。与此相联系，海外华人在寻根过程中，也比较容易接受儒学为核心的传统文化，形成文化上的认同。这也正是儒家思想日新、日日新不断追求发展、追求进步的超时代性、超政治性之所在，正如蔡仁厚先生所说“儒家‘时中’之义，正要随时变应；故儒家之学，亦永远有时代之问题必须面对，是即所谓‘时代性’之考量，或‘现代化’之因应”②。实用儒学之价值也就在此。

最后，笔者提出如下建议：建立两岸统一的儒学研究机构，定期开展经常性的实用儒学研究的交

① 参见朱义禄：《儒家理想人格与中国文化》，辽宁教育出版社1991年版，第1页。

② 谢仲明：《儒学与现代世界·蔡仁厚序》，台湾学生书局1986年版，第1页。

流，以期促进两岸的思想统一，增强中华民族的凝聚力。同时，也希望两岸学者对实用儒学的研究课题开展讨论。

四、对策之四：实现儒学儒教一体化

有关儒学儒教的争论，无论是在国内还是在国外，都有很长的历史。《文史哲》杂志 1998 年第 3 期发起过一场有关儒是"学"还是"教"的争论，季羡林先生和张岱年先生等著名学者都参与了讨论。这里提出的观点是儒学儒教一体论，儒学与儒教既有区别，又有一致，是一而二，二而一的，应该实现其一体化。

(一)中国远古先民有一个独立的上帝观念

儒最早作为一种职业，是殷民族礼教的教士，保存殷人的宗教典礼，穿殷人的服装，在六七百年中，逐渐成为治丧、相礼和教学等各种活动的教师。这说明儒的职业是与宗教活动有关的。从孔子开始，逐渐形成儒家学派。儒作为一种思想体系，既是"学"，又是"教"，也有宗教因素存在其中。

在孔子以前，中国的古代典籍中有很多有关上帝、帝、天、天命的概念，它们虽然有些区别，但大体上是一致的，都是说明在人的主体之外，存在一个独立的神的本体。这个神的本体是不依赖于人的存在而存在的。

中国先民是相信上帝和天命的，古籍中不乏这方面的记载。《尚书》中用"帝"、"上帝"来称呼主宰之天，"天、帝、上帝"是可以通用、并用的，如《尚书・益稷》："徯志以昭受上帝，天其申命用休。"《尚书・康诰》："惟时怙，冒闻于上帝，帝休。天乃大命文王，殪戎殷，诞受厥命"等，天、帝是有主宰性的外在本体。《尚书》中也用"上帝、皇天、皇天上帝、昊天、旻天"等来称呼主宰性的外在本体。《尚书・高宗肜日》："惟天阴骘下民，相协厥居"，"惟皇上帝，降衷下民"。《尚书・汤诰》："惟上帝不常，作善，降之百祥；作不善，降之百殃。""上天孚佑下民，罪人黜伏。"《尚书・君奭》："我亦不敢宁于上帝命，弗永远念天威越我民"，"格于上帝"，"在昔上帝割申劝宁王之德"，"亦惟纯佑秉德，迪知天威，乃惟时昭文王迪见冒，闻于上帝。"《尚书・立政》："尊上帝"、"丕厘上帝之耿命"、"敬事上帝"。《尚书・多士》："上帝引逸"，"惟时上帝不保，降若兹大丧"。"今惟我周王丕灵承帝事"，"予亦念天"，"时惟天命。无违，朕不敢有后，无我怨"。"灭殷，受天明命。"《尚书・汤誓》："有夏多罪，天命殛之"，"予畏上帝，不敢不正"。

这些概念基本是一致的，《史记・封禅书》集解引郑玄云："郊者祭天之名，上帝者，天之别名也。神无二主，故异其处。"孔安国云："帝亦天也。"《月令》云："命有司大雩帝，用盛乐，以祈谷实。"郑玄云："雩上帝者，天之别号，允属昊天，祀于圆丘，尊天位也。"《史记・五帝本纪》集解引郑玄云：昊天上帝，谓天皇大帝；《史记・五帝本纪》索隐：帝，天也。

东汉马融注《尚书・舜典》"类于上帝"的"上帝"所说："上帝，太一神，在紫微宫。""上帝，太一神，天之最尊者。"唐孔颖达在《毛诗正义》所说"天皇大帝，神之最尊者也，为万物之所宗，人神之所主。"他们都肯定了"上帝"是太初独一、至高无上、天上最尊贵、万神中最尊贵的神，是创造宇宙万物的始祖，人类和众神的主宰，也是人类敬畏的对象。

在《诗经》中，这样的上帝概念也很多。《诗经・小雅・菀柳》："上帝甚蹈，无自昵焉。""上帝甚蹈，无自瘵焉。"《诗经・大雅・文王之什・文王》："上帝既命，侯于周服。""殷之未丧师，克配上帝。"

"昭事上帝，聿怀多福。""你上帝临女，无贰尔心！"《诗经·大雅·皇矣》："皇矣上帝，临下有赫；监观四方，求民之莫。""上帝耆之，憎其式廓。乃眷西顾，此维与宅。"《大雅·生民之什·生民》："上帝不宁"，"上帝居歆"。《诗经·大雅·板》："上帝板板，下民卒瘅。"《大雅·荡之什·荡》："荡荡上帝"，"疾威上帝，其命多辟"。"匪上帝不时，殷不用旧。"《诗经·大雅·云汉》："后稷不克，上帝不临"；"昊天上帝，宁俾我遁！""昊天上帝，则不我虞。敬恭明神，宜无悔怒。"《诗经·周颂·执竞》："上帝是皇。"《诗经·周颂·臣工之什·臣工》："明昭上帝，迄用康年。"《诗经·鲁颂·閟宫》："上帝是依，无灾无害"；"无贰无虞，上帝临女"。《诗经·商颂·长发》："昭假迟迟，上帝是祗。"

《中庸》所描述的"郊社之礼，所以事上帝也；宗庙之礼，所以祀乎其先也"。魏征《隋书·志·礼仪》："《礼》：'王者祀昊天上帝，则大裘而冕，祀五帝亦如之。'""祀昊天上帝，则苍衣苍冕；祀东方上帝及朝日，则青衣青冕；祀南方上帝，则朱衣朱冕；祭皇地祇、祀中央上帝，则黄衣黄冕；祀西方上帝及夕月，则素衣素冕；祀北方上帝，祭神州、社稷，则玄衣玄冕。"值得注意的是，中国先民早期的"天"观念明显带有外在神灵的意义，所以人类对它有敬畏感，如"敬天之怒，无敢戏豫，敬天之渝，无敢驰驱"(《诗经·大雅·生民之什》)，"我其夙夜，畏天之威"(《诗经·周颂·清庙之什》)，"荡荡上帝，下民之辟；疾威上帝，其命多辟"(《诗经·大雅·荡之什》)，"惟尔多方探天之威，我则致天之罚"(《尚书·多方》)。但是到春秋战国时期，中国人的思维方式渐趋成熟，形成了一套系统的"天人合一"整体思维方式，人和天有合一的趋势，就使人对天的敬畏感减弱。

(二)综合思维方式泯灭了上帝和人之间的界限

"天人合一"论是儒家学派一以贯之的基本理论，但在不同的历史时期有不同的侧重点。这与儒家学派演变的历史是基本一致的。

"天人合一"论不独是儒家的发明，而是中国古代普遍提倡的一种思维方式，在《黄帝内经》中就有"人与天地相参也，与日月相应也"的话。道家老子、庄子也都有"天人合一"论的思想。但是最集中、影响最大且明确提出"天人合一"这四个字的，显然还是儒家。在《易传·文言》中有"大人者与天地合其德，与日月合其明，与四时合其序，与鬼神合其吉凶。先天而天弗违，后天而奉天时"。《中庸》有"能尽人之性，则能尽物之性；能尽物之性，则可以赞天地之化育，则可以与天地参矣"。《孟子·万章上》有"莫之为而为者，天也；莫之致而致者，命也"。"尽其心者，知其性也；知其性，则知天也。"董仲舒有"天人之际，合而为一"(《春秋繁露·深察名号》)的说法。程颢、程颐也有明确的提法。张载是儒家直接使用"天人合一"的思想家，《正蒙·乾称》说："儒者则因明致诚，因诚致明，故天人合一，致学而可以成圣，得天而未始遗人。""天人合一"思想这么突出，所以金岳霖把它作为整个儒家哲学最突出的特点，钱穆认为它是中国文化对人类最大的贡献。日本池田大作也指出：中国的国学大师季羡林教授早就指出，在 21 世纪的现今，追求人类与自然环境共生的轴心智能就是"天人合一"。日本从中国学习得来的佛教，也同样地有"山川草木，悉皆成佛"的生命观。① "天人合一"只是中国人传统的综合思维方式中的一种，它只是在宇宙观方面的具体表现。具体来说，中国人的综合思维方式表现在宇宙观方面的"天人合一"、认识论方面的审微察著、发展观方面的阴阳和合、方法论方面的中庸中道。其中天人合一是核心的思维方式。儒家"天人合一"的思想提倡天道与人道、自然与人

① 参见[日]池田大作：《摄影与自然"内心对话"》，载 2002 年 10 月 16 日《南方日报》。

之间的关系是相同、相类和统一的关系。

这种综合的思维方式也就是一种整体思维方式，有的学者对它提出过不同的叫法，如美国夏威夷大学田辰山研究员的“互系思维”，也是综合思维方式的另一种表达。他认为，互系思维是一种思维方式，根据这个模式，宇宙中没有一个事物只由一种成分构成，不存在绝对的、极端的、片面性的事物。一切事物都含有对立成分，都是相对的，都是处于一种相比较的平衡，都是可以发生变化的。孔子是基于“二人”提出他的“仁”的概念的。而实际上“仁”字即是“二人”之组合。这说明“仁”实现人与人之间的一种理想平衡，是一种建立于道德之上的社会关系。老子也说：“祸兮，福之所倚；福兮，祸之所伏。”（《老子》第五十八章）“有无相生，难易相成，长短相形，高下相盈，音声相和，前后相随。”（《老子》第二章）《易经》也说：“易有太极，是生两仪，两仪生四象。”太极图是中国传统表示宇宙的模式象征，表现方法是一黑一白的双鱼图形。[①] 而台湾学者黄俊杰则用联系性思维方式来表达，他认为，所谓“联系性思维方式”，是具有中国文化的特殊性的一种思维方式，这种思维方式是将个人、世界、宇宙的诸多部分之间，建构紧密联系性关系的一种思维方式。这种所谓“联系性思维方式”，基本上认为在宇宙间的部分与部分之间，以及部分与全体之间是一种有机的而不是机械的关系，牵一发而动全身。因此，整个宇宙各个部门或部分互相渗透、交互影响，并且互为因果。这种“联系性思维方式”，在中国古代的儒家与道家思想传统中固然以深切著明的方式呈现出来，但是在中国佛教的缘起观中也相当明确的表现出联系性思维方式。[②] 他认为在这种联系性思维方式之下，儒家认为不仅“自然”与“人文”、人的“身”与“心”、“个人”与“社会”等两个范围之间具有联系性，而且他们更认为自己的生命与宇宙的本体之间也有联系性关系。《论语·为政》中孔子自述心路历程有“五十而知天命”一语，清儒刘宝楠《论语·正义》解释这句话说：“知天命者，知己为天所命，非虚生也。盖夫子当衰周之时，贤圣不作久矣。及年至五十，得易学之，知其有得，而自谦言‘无大过’。则知天之所以生己，所以命己，与己之不负乎天，故以天知命自任。‘命’者，立之于己而受之于天，圣人所不敢辞也。他日桓魋之难，夫子言‘天生德于予’，天之所生，是为天命矣。惟知天命，故又言‘知我者其天’，明天心与己心得相通也。”[③]刘宝楠的解释最能说明：在儒家思想传统中，在己心与天命之间确实存在着连接性的关系。余英时先生撰写的“Between the Heavenly and the Human”（未刊文稿），对这个问题有所阐发。他认为儒家的宗教感，就是源自于这种联系性思维方式。而黄俊杰则正好相反，认为儒家之所以没有形成宗教，就是因为这种综合思维方式导致的结果。恐怕原因在于如何看待和界定宗教的问题。

我们一般所理解的宗教，是西方世界那种意义上的宗教，一般是指神学宗教。传统上的神学宗教，一般指三大天启宗教或者亚伯拉罕诸教、中东沙漠一神论诸教，即犹太教、基督教、伊斯兰教。这三大宗教都是产生在东方世界，犹太教产生于西奈沙漠，基督教产生于巴勒斯坦沙漠，伊斯兰教产生于阿拉伯沙漠。《出埃及记》简直就是沙漠流亡记。单调而残酷的自然环境之中，到处是茫茫沙漠，一片死寂，而夜晚之时月明星朗，那种种不可名状的肃穆非常容易使沙漠民族相信万物之外有所主宰，这样就很容易形成一神教宗教。这恐怕是三大宗教都产生于东方的沙漠地区的原因之一。只是其中的基督教在传向西方的过程中，先是遭到顽强抵抗，后来被罗马帝国接受，变成西方的宗教，在

① 参见田辰山：《启蒙运动、辩证法和尤尔根·哈伯马斯》，载《中国与世界》1999年8月号。

② 参见黄俊杰：《传统中国的思维方式及其价值观》，载《本土心理学研究》，1999年6月。

③ 刘宝楠：《论语正义》第2卷，中华书局1982年版，第44～45页。

东方基督教的势力反而很小了。犹太教、基督教、伊斯兰教的产生都是在自然环境极为恶劣的地方，那里的人对自己的命运很难把握，于是就在人类之外去找主宰自己的力量，最后把这种力量归于上帝。这种严格意义上的神学宗教是人和上帝二分的，它是分析的思维方式所产生的主客二分的一种信仰形态。它往往有一个设定的外在神灵，不管它是叫“上帝”、“真主”，还是叫“耶和华”，都是和人类处于一种微妙的对立关系之中。对人类，神灵所起的作用非常复杂，既有对人类的主宰、管理，也有对人类的佑助、慈爱，还有对人类的告诫、警示，甚至还有对人类的审判、惩罚，最后如果人类不听神灵劝告而无药可救的话，还要毁灭现有的人类再进行重新的创造，产生新的人类。所以，犹太教、基督教、伊斯兰教，这些世界性的大宗教，都是这种主客二分的典型，把上帝、真主作为人类的主宰，而人类只能畏惧上帝，听从上帝的主宰和安排，是无法和上帝等同的。宗教世界里，不管是基督教世界，还是伊斯兰教世界，都经过了至少 1400 年以上的不懈努力，树立起上帝或真主最高和绝对的权威。即使尼采喊出“上帝死了”，也没有完全动摇上帝至高无上的地位。而且，一般人是只知道上帝而不知道尼采的。上帝作为外在的能管理人的力量，在人的心灵深处起着主宰作用，使人对这种外在力量时刻怀有一种敬畏之心。这敬畏之心，在时刻提醒人们，不管是做什么事，都有一个外在的力量在监视着自己。做善事，上帝会给予奖赏；做恶事，上帝会给予惩罚。人类历史证明，有这样一个上帝管着人类，比没有一个上帝管着人类要好得多。设想出一套天堂、地狱的赏罚系统，再加上人类自己制定的法律、规章，社会的管理机制应该说就完全了。

而中国的远古时期之所以也有上帝的观念，也与自然环境的恶劣有关，从史前传说中，我们可以看到尧、舜、禹对大自然的那种残酷斗争，那时候有上帝的观念似乎是很自然的。但是到了春秋战国时期，人与自然之间的关系往往是和谐的时候居多，我们在那时候的史载中已经看不到恶劣的自然灾害，所以到这时候中国思想家已经发现出一种在人和天之间的和谐关系，他们看到的是天人和谐，“天人合一”的思想就自然会产生了。如荀子的时候已经看到了自然和人之间的那种和谐的关系，看到了人为的功能，指出“天行有常，不为尧存，不为桀亡。应之以治则吉，应之以乱则凶。强本而节用，则天不能贫。养备而动时，则天不能病。修道而不贰，则天不能祸。故水旱不能使之饥，寒暑不能使之疾，妖怪不能使之凶”（《荀子 · 天论》）。他明显看到了人的因素的重要性，这在三大宗教的经典里是不多见的。

中国“天人合一”的思维方式，由于泯灭了天和人对立的关系，致使天的功能弱化，人的功能强化，结果人需要天的时候，天起作用，人不需要天的时候，天就不起作用了。所谓“祭如在，祭神如神在”（《论语 · 八佾》），就是这种思想的反映。儒家经过发展演变，最后由王守仁把“心”说成是最高实体，天的权威被破坏了。再加上中国自古以来法制就不健全，结果就会导致“无法无天”的现象发生。

所以到现在，中国的“天”、“帝”，一直不是一个像上帝、真主那样有至上权威的神灵，而只是在人需要的时候的一种护符，甚至有时候只是一个符号。汉代提倡“罢黜百家，独尊儒术”的董仲舒，在战国时邹衍“天人相类”思想的基础上，又吸收了齐学中的其他有些思想因素，想把儒学改造成儒教，曾经提出天惩的思想，也试图建构天人感应的神学目的论体系，建立起中国的宗教。他试图建立起“天”的绝对权威，使“天”有近乎“上帝”的意义，“天者，百神之大君”（《春秋繁露 · 郊语》）。董仲舒建立起天的绝对权威，目的是建立起地上君主的绝对权威，建立君权神授论。这正是董仲舒的真实目的所在，“天人之际，合而为一”（《春秋繁露 · 深察名号》），他努力建立天与人之间的联系，即神权与王权的联系，主张“惟天子受命于天，天下受命于天子”，“王者承天意以从事”（《春秋繁露 · 尧舜汤武》),“春秋之法,以人随君,以君随天”(《汉书·董仲舒传》)。以“天”为最高范畴,董仲舒建立起天人感应论、三统说、灾异说,这些都是真正的宗教学说了。宗教性的因素在他的思想中比其他任何儒家学者都要多。如果沿着此路发展下去,有可能建立起中国的“国教”,起码可以建立起君权神授类型的政教合一模式。但是很可惜,董仲舒思想中的“天人感应论”作为思想信仰的层面太少,而术的成分太多,从这里逐渐演化出一套谶纬迷信,完全堕落成专讲灾异祥瑞的宗教巫术,受到人们的批判,后来连当权者也禁止,导致了它的衰落,终使儒学没有最后完全演变成宗教。[①] 中国人最终需要的天,只是起佑助作用的天,而绝不需要一个起惩罚作用的天。这样的天所起的作用是非常有限的。可见由于这样的一种思维方式,使中国人不可能建立起一个和基督教的上帝、伊斯兰教的真主那样的至上神。由此就导致了中国不可能有严格意义上的神学宗教出现,关键问题是中国没有主客二分的分析思维方式,而只有合一的综合思维方式。

(三)“天人合一”思想的长处和局限

“天人合一”作为一种思维方式,有其优长之处。它把天看作大宇宙,把人看作小宇宙,注重天人之间的和谐和共生共存,对于保护地球有其不可忽视的作用。这种作用因为人类对天的畏惧而产生。

对天人合一这种思维方式来说,因为它降低了天的地位,抬高了人的地位,所以对于人来说,无疑是一种思想上的解放。从帝王方面来说,他们自然是天的代表,代替天来统治万民,“奉天承运,皇帝诏曰”,诏诰的这个开头语给皇帝无形中增加了威风,让万民对皇帝有一种不可名状的恐惧感,起码在心理上都畏惧皇帝,这对巩固皇权可以起到多么大的作用,自然是非常清楚的。把天的权威转移到帝王身上,使帝王有了等同于上帝的地位,从而也就使帝王的统治更加专制。中国历史上的一些开国皇帝,哪怕原先仅是市井小民,只要登基做了皇帝,靠这种威风,摇身一变就成了天子,就可以君临百姓进行统治。刘邦、朱元璋都是这种类型的皇帝。中国儒家的孟子,主张“天降下民,作之君,作之师,惟曰其助上帝,宠之四方”(《孟子·梁惠王下》)。而从一般人方面来说,也可以成为和天平起平坐的主体,可以有自己的独立意志。孟子初步奠定了这种思想的基础,完整地提出了一套“尽心”、“知性”、“知天”的认识路线,“尽其心者,知其性也。知其性,则知天矣。存其心,养其性;所以事天也。夭寿不贰,修身以俟之;所以立命也”(《孟子·尽心上》)。到程朱理学一派,完善了这种思想,程颐已经提出:“只心便是天,尽之便知性,知性便知天。”(《程氏遗书》卷二上),而发展到陆王心学一派的时候,把理与心统一起来,把先天的理安置到人心之中,称理即是心,心即是理,良知成为人人皆有的,虽愚夫愚妇也都在那腔子里,都有一点灵明。从此一前提推论开去,很自然地出现了王阳明后学的那种“满街都是圣人”的观点。在这种观点指导下,人人都提高了自己的地位,这对尊重人的个性来说自然是很有利的。难怪在阳明学的指导下,在日本导致了明治维新的成功,使日本在东亚最先进入了近代社会。但是有些坏人干坏事的时候,也说出自良知或良心的指使,所以良心就有了不确定性。

各家各派都认为自己的“理”是正确的、善的、美的。而且还认为依自己的“理”而行,必然会得到“善报”;违背自己的“理”而行,必然会有“凶恶”的结果。然而世间也有善人得不到好报,恶人反而能

① 参见蔡德贵:《儒学儒教一体论》,载《中山大学学报》2001年第5期。

够荣华富贵甚至长寿的情况。如伯牛是好人，却害着治不好的病，孔子时无以归之，只得归之于“命”。但是孔子病危，子路请求祈祷，并且征引古书作证，孔子又婉言拒绝。楚昭王病重，拒绝祭神，孔子赞美他“知大道”(《左传·哀公六年》)。子路问孔子如何服事鬼神。孔子答说：“未能事人，焉能事鬼?”子路问死是怎么回事，孔子答说：“未知生，焉知死?”(《论语·先进》)孔子的态度是：“君子于其所不知，盖阙如也。”(《论语·子路》)孔子讲祭祀，讲孝道，讲三年之丧，是利用古礼来为现实社会服务。他不相信鬼神的实有，却也不去公开否定它，而是利用它。对卜筮，孔子引《易经》“不恒其德，或承之羞”(《论语·子路》)，提倡不必占卜。

由于这种天人合一的思维方式贯彻了中国思想史的始终，所以中国的一部“二十四史”，无不以“究天人之际，通古今之变”(《史记·太史公自序》)为己任，从而使中国没有自己的信仰史。中国的历史纪年非常清楚，不像印度的历史那样理不清楚历史线索，恐怕这是原因之一。因为历史学家的一个主要任务，就是要把上天交给帝王权力的线索搞清楚。

这样的“天人合一”思维方式是一种整体性的思维。整体性的思维和西方分析性的思维是不同的，侯玉波指出：整体思维包含了在看待问题时的联系性、变化性、矛盾性、折中性、和谐性。整体性主要表现在两个方面：用辩证和整体的观点看待和处理问题。辨证观念包含三个原理：变化、矛盾及中和。变化论认为世界永远处于变化之中，没有永恒的对与错；矛盾论认为万事万物都是由对立面组成的矛盾统一体，没有矛盾就没有事物本身；中和论体现在中庸之道上，认为任何事物存在着适度的合理性。与中国人不同，美国人则更相信亚里士多德的形式逻辑思维，它强调的是世界的统一性、非矛盾性和排中性。受这种思维方式影响的人相信一个命题不可能同时对或错，要么对，要么错，无中间性。整体观则反映在看待问题时对事物与其背景关系的看法上，中国人在看待问题时所采取的认知取向是整体性的，强调事物之间的关系和联系；相反，西方文化中的人则用分析式的方式处理问题，强调事物自身的特性。这种整体性与分析性的对立与东西方的传统有着密切的关系，由于中国人把世界看成是由交织在一起的事物组成的整体，所以他们总是力图在这种复杂性之中去认识事物，对事物的分析也不仅仅限于事物本身，而且也包括它所处的背景与环境。与中国人不同，源于古希腊的西方人则认为世界由无数个可以被看成是个体的事物组成，每一个个体都有自己的特性，可以从整体中单独分离出来。因此，使得集中注意力于某一个体、分析它所具有的特性并控制其行为成为可能。[①] 正是有这种分析性的思维方式，才使西方人能够最终接受来自东方沙漠的基督教所创造的上帝的观念。由此也造成西方很早就有“物质”、“空间”、“时间”、“运动”的概念，那是分析思维的结果，而我们在同样的时候却只有“道”、“仁”等含义多的概念，这是综合思维的结果。

有趣的是，思维方式的差异甚至影响到吃饭使用的餐具有区别，中国人使用筷子，显然是综合思维方式的表现，两根简单的筷子，巧妙地运用了物理学上的杠杆原理，考虑了综合的因素。而西方人使用刀叉，显然是分析思维方式的表现。阿拉伯谚语说：“智慧寓于三件事物之中：佛兰克人的头，中国人的手，阿拉伯人的舌头。”[②]佛兰克人指的是希腊人。希腊人的头脑很聪明，与分析的思维方式有关，所以后来西方在希伯来和希腊文化基础上产生的西方文化，科技就发达。中国人的手很灵巧，与运用筷子有关，是综合思维方式造成的结果。用筷子进食，可以训练手的灵活，刺激大脑，提高智

① 参见侯玉波《思维方式与中国人对疾病的认知》，第四届华人心理学家国际学术研讨会暨第六届华人心理与行为科际学术研讨会论文，台北，2002 年 11 月 9 日至 11 月 12 日。

② 转引自[美]希提：《阿拉伯通史》上册，马坚译，商务印书馆 1979 年版，第 105 页。

力，使人心灵手巧。与此相联系，中餐的制作方式也是综合的，炒菜很典型，而西餐的制作则是与分析思维方式有关的，肉是肉，菜是菜；中餐的就餐方式是合餐制，而西餐的就餐方式是分餐制。我们可以设想，像豆腐这样的食品，如果不是综合思维方式指导的话，是不可能研制出来的。因为它的制作过程，是非常复杂的，用分析的思维方式，是切割不出来的。

这样的综合思维方式，使我们看问题比较全面，遇事不但要看人本身，还注意到与人相关的一些事情，但有时导致忽视对事情本身的分析。用辨证和联系的观点看问题，也会使我们在想问题时辨证有余而逻辑不足。① 整体性思维由于导致中国人分析的逻辑思维薄弱，分类能力较差，所以我国古代科学发展不够好，只是技术发展较好，这是重要原因之一。另外，这种思维方式的副产品是容易形成模棱两可的处事态度，与此相类，息事宁人、瞻前顾后、优柔寡断、折中调和、安于守成都是其消极的表现。

（四）发挥儒教作为道德宗教的作用

中国一般被认为是没有国教的国家，普通中国人尤其是汉族人的宗教信仰很淡漠。

但即使这样，能不能就说中国是没有宗教的呢？

如果说中国有宗教，那只能说中国的宗教是“道德宗教”，而不是神学宗教。正如牟宗三说：“自事方面看，儒教不是普通所谓宗教，因它不具备普通宗教的仪式。它将宗教仪式转化而为日常生活轨道中之礼乐。但自理方面看，它有高度的宗教性，而且是极圆成的宗教精神”。② 布莱德雷(F. H. Bradley)说：“宗教其实就是在人之存在的每个面向中，体显善之全貌的一种努力”，阿诺德(Matthew Arnold)说：“宗教就是一种由感情加以升华了的德行”③，他们所说都是这种道德意义上的宗教。儒如果体现有宗教感，也是博都这种充满人文精神的宗教情操。从这个角度，我曾经提出儒学儒教一体论的观点，认为儒学与儒教是一而二、二而一的。

从儒家道德宗教的角度，其作用主要是在以下三个方面表现出来，就是在处理人和自然的关系、处理人和社会的关系、处理人自身的身与心之间的关系中表现出来。

在处理人和自然的关系方面，儒家的宇宙学即天人之学是一种整体性的大生命观，它与当代生态学相一致，同时又表现出热爱生命、泛爱万物的纯朴情感，在中国生态环境虽然局部有所改善、整体却在继续恶化的情况下，我们应当依照儒家天人一体的思想，吸取现代科学的最新成果，建立起生态哲学，从而向更高级的生态文明转型。④ 天人合一体现出一种宇宙秩序，难怪马克斯·韦伯把儒教理性看作是一种秩序的理性主义。而由于对宇宙和谐的提倡，也就导致了“儒家的唯一终极目的就是实现社会的和谐——宇宙和谐在人世间的影子”⑤。

在处理人和社会的关系方面，儒家向来注重社会和谐、家庭和谐、群己和谐，而其核心是贯彻儒家的纲纪学说。陈寅恪先生在《王观堂先生挽词并序》中说：“吾中国文化之定义，具于《白虎通》三纲

---

① 参见董毅然：《中国人为何在逻辑思维上比美国人差》，载 2004 年 12 月 6 日《北京科技报》。

② 牟宗三：《中国哲学的特质》，台湾学生书局 1963 年版，第 99 页。

③ 转引自 William P. Alston, “Religion” in *The Encyclopedia of Philosophy*, Paul Edwards, Editor-in-chief, New York: Mcmillan and The Free Press, vol. 7, 1967, pp. 140-145.

④ 牟钟鉴：《生态哲学与儒家的天人之学》，转引自傅云龙：《海峡两岸首次儒学学术讨论会综述》，载《孔子研究》1992 年第 1 期。

⑤ [法]汪德迈：《新汉文化圈》，陈彦译，江西人民出版社 1993 年版，第 161 页。

六纪之说。"[①]三纲六纪之说就是有些学者所主张的礼教，实际上是处理社会关系的法规。季羡林先生对此的解释是：这里实际上讲的是处理九个方面的关系：君臣、父子、夫妇、诸父、族人、兄弟、诸舅、师长、朋友，也可以解释成国家与人民、父母与子女、夫妻、父亲的兄弟姐妹、族人、自己的兄弟姐妹、母亲的兄弟姐妹、师长、朋友。这九个方面的关系处理好了，就是使这九对关系都能相互照应，相互尊重，形成一种平等的关系，而不是像在儒家思想那里只强调单方面的服从关系，就可以保证社会和谐、家庭和谐、群己和谐。社会和谐安定是和平的基础，而家庭和谐是社会和谐的基础。

处理人自身的身与心之间的关系方面，儒家特别重视修身养性。修齐治平是儒家内圣外王思想的核心内容，它主张格物、致知、修身、齐家、治国、平天下。修身是关键，《大学》对此进行了全面的论述："古之欲明明德于天下者，先治其国；欲治其国者，先齐其家；欲齐其家者，先修其身；欲修其身者，先正其心；欲正其心者，先诚其意；欲诚其意者，先致其知；致知在格物。物格而后知致，知致而后意诚，意诚而后心正，心正而后身修，身修而后家齐，家齐而后国治，国治而后天下平。自天子以至于庶人，壹是皆以修身为本。"孟子说："人有恒言，皆曰'天下国家'。天下之本在国，国之本在家，家之本在身。"（《孟子·离娄上》）修身使人人都能树立起家国一体的观念，为国家的稳定和长治久安作出贡献，从而也为天下的长治久安作出贡献。政治家如果能化除私欲，达到身心的和谐，获得精神与物质的平衡，就会逐渐去平衡社会与众生。修身是通过克己而实现最高的精神境界和觉悟，而不是伪装和压制自己的人性。事实证明，人的欲望可以通过心灵的净化而去除。修身克己，然后才能够谈得上齐家治国、平天下。因此儒家提倡的诚意修身、维护人伦道德、实现和谐相处，作为人们提高理性，维护社会秩序及世界和平的指导思想，日益显其重要。

上述儒家对三种关系的处理作为儒家道德宗教的主要成分，在当代的重要性往往被忽视。但是实际上，它对当代的很多伦理问题是可以用现代的观点加以解释或者解读的。比如过去对三纲的消极解释，被韩国学者赵骏河用一种新解释所代替，他在其著作《东方伦理道德》中把三纲的"纲"解释成模范作用，认为三纲的"君为臣纲，父为子纲，夫为妻纲"就是君主成为大臣的模范，父亲成为儿子的模范，丈夫成为妻子的模范，颇具新意。[②]如果当权者真的能够对下级起模范作用，父亲对儿子起模范作用，丈夫对妻子起模范作用，或者是相互起模范作用，那么这个世界肯定会非常和谐。对这些方面的问题应该花一些力气来重新认识和解读，使儒家的道德思想能够为当代所用。

从儒学本身已经产生的影响来看，我注意到一个与宗教的影响不同的现象。作为一个宗教徒，不管是伊斯兰教徒，还是基督教徒，我认为他们都是从小就熟读宗教经典，宗教中的道德金律已经牢牢地深入到他们的灵魂之中。这些道德金律教育孩子从小就知道应该如何做人、如何做事，而且伴之于一个人的一生。所以，基督教徒和伊斯兰教徒在思想理念中已经解决了如何做人的问题。而中国因为没有国教，没有作为国家理念的道德金律，所以，我们始终要强调做人的问题。在学术界，也是强调做人与做学问同样重要，甚至认为做人更为重要。这就使我们不得不把做人摆在十分重要的地位，下大气力去解决做人的问题。

在如何做人方面，不能说儒家没有自己的主张，儒家的修身之道应该说就是做人之道。儒家提倡通过修身养性，使人成为君子，成为圣人、贤人。但儒家从孟子开始提倡尽心、知性、知天的认识路

① 吴学昭：《吴宓与陈寅恪》，清华大学出版社 1996 年版，第 53 页。

② 参见赵骏河：《东方伦理道德》，吉林人民出版社 2004 年版，第 28 页。

线，把如何成圣锁定在心的领域；又提倡性善论的人性论，使人人都有善性成为普遍定律。经过明代心学大师王守仁的推动，演变出一套“满街筒子都是圣人”的泛圣论逻辑。这样，你也是圣人，我也是圣人，你有你做圣人的一套办法，我有我做圣人的一套办法。结果如何呢？自然成圣就没有客观标准了。王守仁启发一个“梁上君子”也有良知的故事充分说明，提倡性善论的结果，会让人人都自诩为性善者，做事的动机都是善的。性既然是善的，那就用不着外界的约束，任性去发展就是了。道德失范是性善论的必然结果。

有人在北京的一所中等学校里做过一次调查，结果是大多数学生不知道孔子，全部学生都没有读过《论语》。如果“儒”是宗教，还有人不知道孔子、没有读过《论语》吗？

确实，儒学是伟大的，它伟大到能消化一切外部的或外来的文化和宗教，如道教、佛教，都不得不被儒学同化，被纳入到儒学的体系之中。但也正因为儒学的伟大，使它最终没有形成宗教，没有变成一套宗教的道德金律。这又是儒学的可悲之处。现在年轻人接受泰坦尼克号、麦当娜、玛丽莲·梦露和可口可乐、麦当劳、肯德基比接受儒学要容易得多。这是应该引起注意的大问题。现在的年轻人不知道儒学，将来再过几代还会有人知道儒学吗？

“儒”是否能变成真正的宗教，是一个值得深思的问题。由于中国特殊的国情，要人们去马上接受一个儒教是很困难的。很多人对儒教的否定，已经证明推广儒教是十分困难的，也可能是出力不讨好的事情。所以，据我个人的浅见，与其去无休止地争论“儒”是不是宗教，或花大力气去说服人们接受“儒”是宗教的说法，还不如扎扎实实做些普及儒学的工作。当前，最值得推广的是儒家伦理中的普世因素。如果能把这些普世因素挖掘出来，变成像宗教那样的道德金律，用以指导人们的道德实践，是完全可能的。比方说，《论语》中的“己所不欲，勿施于人”，季羡林先生就说过，用不了半部《论语》就能治天下，用这八个字就能治天下。我认为，只有这样，才能重新树立起儒学的权威，使儒学的价值观重振雄风。

所以，结论是，儒学儒教是一体的，用不着再去争论是儒学还是儒教，要花点力气把儒学中的普世因素挖掘出来，把它变成道德金律，起到教化的作用，普及到民间，就算完成了一项大任务。简单一句话就是：要发挥儒家的道德宗教的作用，这也就是前边提到的实用儒学部分所提出的主要思想。

后 记

《当代新兴巴哈伊教研究(修订版)》是国家级人文社科研究平台、教育部普通高等学校人文社会科学重点研究基地山东大学犹太教与跨宗教研究中心"巴哈伊教史"的研究项目,2004 年列入选题计划。

《当代新兴巴哈伊教研究(修订版)》是在《当代新兴巴哈伊教研究》基础上经过大量增补而成的。《当代新兴巴哈伊教研究》于 2001 年 12 月由人民出版社出版,2002 年 5 月第 2 次印刷。该书原是山东大学巴哈伊研究中心(2004 年改为国家级人文社科研究平台"山东大学犹太教与跨宗教研究中心巴哈伊研究所")自 1996 年 3 月成立以来所承担的第一个研究项目,是国家教委人文社会科学研究"九五"规划项目第一批立项的课题,课题名称为"外部的宗教渗透与我国的对策",项目批准号为 96JAQ730004,已经通过结项。2004 年 10 月,教育部公布了"人文社会科学研究项目结项一览表——九五项目结项情况",该项目是其中之一。该项目在开展研究的过程中和修订时得到过国内外不少专家的帮助,如我的老师季羡林先生、仲跻昆先生,以及著名学者黄心川、朱威烈等教授。前联合国政治事务专员阿巴迪(Abdelkader Abbadi)博士,联合国教科文组织顾问、美国太平洋地区发展与教育协会学术委员会主席艾伦(Dwight W. Allen)博士,加拿大著名精神心理学家 H · 丹尼什(Hossain B. Danesh)博士夫妇,美国洛杉矶医院院长夏里阿里(Heshmat & Farideh Shariary)博士夫妇,美国英特科技网络公司总裁华里德(John & Sheedvash Amirkia Farid)先生夫妇,美国太平洋地区发展与教育协会会长饶宇安(Yuan Rao)博士和夫人琼饶(Joan Rao)董事长,美国洛杉矶哈米德(Hamid & Mitra Rastegar)先生夫妇,美国太平洋地区发展与教育协会特别顾问卡姆让 · 巴那杨(Kamran Banayan)先生,美国未来趋势国际集团总裁华赞(Farzam Kamalabadi & Lixin Chen)先生夫妇,美国旧金山 Bosch 巴哈伊学院,美国霍尼韦尔公司(纽约证券交易所)中国区总裁/区域总经理兼首席执行官沈达理 (Shane Tedjarati)先生,美国芝加哥州立大学查尔斯(Charles Nolley)教授,法国电子公司中国区总监华志安先生(Zhian Hedayati),澳大利亚西澳大利亚大学教授伏瑞克(Firaydun Mithaq)博士夫妇,美国圣迭哥通讯专家张国栋博士,英国富尔德律师事务所麦泰伦(Tarrant M. Mahony)博士,香港黄元环(Rosalie Tran)女士,澳门大学江绍发博士,澳门崔少卿女士,澳门巴迪基金会总裁罗兰(Lori M. Noguchi) 博士,加拿大艾德华王子岛大学安(Ann Boyles)博士,法国远东学院宗树人(David A. Palmer)博士,中国社会科学院世界宗教研究所吴云贵教授、卓新平教授、周燮藩教授、冯今源教授,北京程琳小姐,珠海平和英语学校校长洪秀平先生,广东省教育厅电化教育馆总编室副主任杨凌女士,山东大学哲学与社会发展学院院长傅有德博士、教授,宗教、科学与社会问题研究所所长姜生教授、博士,山东大学社科处处长李红研究员、副处长李平生教授、《文史哲》编辑部王大建教授,哲学与社会发展学院牛建科博士等,还有中国社会科学院哲学研究所不幸早逝的徐远和教授、世界宗教研究所戴抗生教授,都为研究项目提出了不少修改意见,提供了不少研究资料，为完成研究提供了必要的条件。在此一并致谢。该项目中“对外来宗教渗透的响应和实用儒学之建构”中的“对策之二：儒学的现代化应该从巴哈伊吸取些什么？”，是由牟宗艳小姐完成的，其余均由蔡德贵完成。这次修订花费了四年多时间，修改了一些地方，纠正了已经发现的错误，增加了一些内容，个别的章节也作了适当的调整。

事实证明，世界社会在加速现代化的进程，宗教也在加速现代化的进程，宗教现代化与社会现代化几乎同步进行。从我们所进行的研究可以看出，巴哈伊教对所有以往的世界性宗教都有继承，同时也都有超越，绝不是哪一个传统宗教的复兴，而是适应世界现代化形势需要应运而生的世界新兴宗教。希望本研究报告能对国内研究者认识这一新兴宗教提供一些必要的背景资料，以期引起对宗教现代化的问题的清醒认识，加强我们的意识形态工作。

蔡德贵

2005 年 7 月 4 日